国家出版基金项目
NATIONAL PUBLICATION FOUNDATION

中国青藏高原鸟类

THE BIRDS IN TIBETAN PLATEAU OF CHINA

卢欣　主编

CTS K 湖南科学技术出版社

序 言

中国是鸟类资源非常丰富的国家。这与中国幅员辽阔，地理位置适中，自然条件优越有密切关系。中国地域自北向南涵盖了寒带、寒温带、温带、亚热带和热带等多种气候带，地形地貌非常复杂，从西向东以喜马拉雅山脉—横断山脉—秦岭—淮河流域为界，将中国疆域分割为南北两大区域，即北方的古北界和南方的东洋界。一个国家拥有两个自然地理界的情况，在世界上是不多见的。中国西部的青藏高原有"世界屋脊"之称，冰峰和幽谷交错，森林与草原镶嵌，高原、湖泊散布其间，是中国众多江河的发源地。自青藏高原向东为若干呈阶梯状的大型台地，不同程度地阻隔了来自东部的季风并影响中、西部地区的气候和降雨量，历经千百万年的演化进程，形成了现今多种多样的山地森林、草原、戈壁和荒漠等自然地理特色。一方面，中国沿海有18 000多千米长的海岸线、5000多个星罗棋布的岛屿，连同内陆遍布各地的江河湖泊，湿地资源极为丰富。然而另一方面，中国又是人口众多、历史悠久的国家，大片地域自古以来就已被开发为居民点、耕地，并建设了与生产、生活有关的各种设施，再加上历史上连绵不断的战争和动乱对山河的破坏，致使许多野生生物已经失去了适合其生存的家园。自中华人民共和国成立以来，农业现代化和现代工业的发展犹如万马奔腾，大型水电、矿产的开发翻天覆地，城镇化的迅速推进以及环境的剧变正在对人们生活质量和方式产生影响，也促使人们逐渐认识到保护环境、与自然和谐相处、建设生态文明的重要性。

中国的鸟类学研究起步较晚，早期的研究多是以鸟类区系和分类为主，而且主要由外国学者主导，调查的范围也很有限。至20世纪40年代，总计记录了中国鸟类1093种（Gee等，1931）或1087种（郑作新，1947）。自中华人民共和国成立以来，中国政府先后组织了多次大规模的野外综合性考察，足迹遍及新疆、青海、西藏、云南等地的一些偏远地区，取得了许多有关鸟类分类与区系研究的重要成果。中国各地也先后组织人力对本地鸟类资源进行普遍调查，出版了许多鸟类的地方志书。在这期间，全国各高等院校和科研单位的有关教师、研究员和研究生等已逐渐成长为鸟类学研究的生力军。经过几代人的不懈努力，研究人员基本上查清了全国鸟类的种类、分布、数量和生态习性，并先后发表了四川旋木雀和弄岗穗鹛两个世界鸟类的新种以及峨眉白鹇等几十个世界鸟类的新亚种。近年通过分子系统地理学研究和鸣声分析，中国科学家提出将台湾画眉和绿背姬鹟等多个鸟类亚种提升为种的见解，所有这些都是令人瞩目的成果。在全国鸟类研究人员、鸟类保护管理人员不懈地努力奋斗以及广大鸟类爱好者的积极参与下，所记录到的中国鸟类种数也在逐年上升，从1958年发表的1099种（郑作新，1955—1958）逐次递增为1166种（郑作新，1976），1186种（郑作新，1987），1244种（郑作新，1994），1253种（郑作新，2000）和1332种（郑光美，2005）。至2011年，所统计的全国鸟类种数已达1371种（郑光美，2011），约占世界鸟类种数的14%。

20世纪70年代初启动的、由"中国科学院中国动物志编辑委员会"担任主编的《中国动物志》编研项目，是一项推动中国生物多样性保护以及对动物种类、分布和生活习性进行全面调查研究的重大课题，是中国动物学发展历史上的一座里程碑。它要求对中国境内已发现的动物种类，依照标本和采集地逐一进行系统分类研究，并根据有关模式标本的描述来判定其正确的学名和分类地位；然后依据所选定的标本描述不同性别、年龄个体的形态特征、量衡度、地理分布、亚种分化以及生态习性等。通俗地说，就是为中国已知的野生动物建立起完整的档案。其中，《中国动物志·鸟纲》共计14卷，分别邀请国内知名的鸟类学家参加编研，并于1978年出版了首卷鸟类志：《中国动物志·鸟纲（第4卷——鸡形目）》。至2006年已经出版了13卷。目前，《中国动物志·鸟纲》的最后一卷尚在审定、印刷之中。整套《中国动物志·鸟纲》的编研工作前后累计耗时30余年，为中国鸟类学各个学科的发展和生物多样性保护奠定了坚实的基础，基本上能反映出20世纪中国分类区系研究工作的主要成就和水平，为以后进一步的发展提供了必要的条件。然而，由于该套志书的出版周期过长，内容已凸显陈旧，迫切需要在条件具备的时候进行修订。而在这一时期，从20世纪后半叶迅速发展起来的分子生物学、分子系统地理学、鸟声学等学科的新理论和新技术，已极大地推动了国内外有关鸟类分类、地理分布、生态、行为和进化等研究领域的快速发展。中国在生物多样性保护、鸟类学研究和鸟类学高级人才的培养方面取得了可喜的成就，鸟类科学的发展已经驶入了快车道，中国鸟类学在国际上的地位也有显著提升。1989年，中国首次成功主办了"第4届国际雉类学术研讨会"。2002年在北京举办的"第23届国际鸟类学大会"，是国际鸟类学委员会成立100多年来首次在亚洲召开的大型国际会议。2002年还在北京举办了"第9届国际松鸡科研讨会"。2007年在成都举办了"第4届国际鸡形目鸟类学术研讨会"。从1994年至今，祖国大陆和台湾地区已轮流主办了12届海峡两岸鸟类学术研讨会。从2005年至今，每年由中国动物学会鸟类学分会主办的"翠鸟论坛"，为年轻的鸟类学家提供了自主交流的平台。所有这些学术交流活动，都在促进着中国鸟类学的后备人才迅速成长，使他们成为科研与教学的主力军。近年来，中国鸟类学家在围绕国家重大需求和重要理论前沿课题方面不断有新的研究拓展，越来越多的高水平研究论文发表在生态学、动物地理学、分子生态学、行为学、生物多样性保护等领域的国际一流期刊上。这些进步，也增进了学界对中国的鸟类及其资源现状的深入认识。此外，改革开放以来，随着人们生活水平的迅速提高以及观察、摄影、录音等有关设备和技术的提高和普及，到大自然中去观赏和拍摄鸟类的生活已逐渐成为时尚，吸引着无数的业余鸟类爱好者，显著地提高了人们到大自然中寻觅、观赏和拍摄鸟类的兴趣和积极性。这不仅能缓解人们日常紧张工作带来的精神压力，也能陶冶情操，增长知识，在很大程度上增大了发现鸟种新分布地点的机会。

鸟类的生存离不开它所栖息的环境。鸟类栖息地内的所有生物物种均是在不同程度上互相依存、彼此制约的。生物多样性程度越高的环境内，所生存着的生物群落越趋于稳定，各个物种之间也能维持相对的动态平衡。我们保护受威胁物种

也主要是通过保护其栖息地内的生物多样性来实现的。大量的科学研究表明，鸟类对环境变化的反应是非常敏感的，也是十分脆弱的，因此可以将某些鸟类的数量动态作为监测环境质量的一种指标。已知某些迁徙鸟类可以携带禽流感病毒，这就需要我们进行长期、大规模的监测，掌握它们的迁飞路径、出现时间以及干扰因素，而且还需要了解这些候鸟与本地常见的留鸟以及家禽饲养场之间有无病原体交叉感染。所有这些都需要我们以更开阔的视角去观察和认识鸟类。结合环境因素来认识不同栖息地内所生活的鸟类，会让我们对鸟类有更具体、深入的了解：既能通过生动的实例去理解诸如种群、群落、生态系统、保护色、拟态、生态适应、生态趋同、合作繁殖、协同进化等科学问题，还可通过比较、联想、综合而更快、更好地认识和深入理解中国的鸟类及其与环境的关系。

基于上述考虑，中国国家地理杂志社旗下的图书公司委托我出面邀请当前国内最有影响的一批中青年鸟类学家来筹划和编写这部《中国野生鸟类》系列丛书。这套丛书共计有《中国海洋与湿地鸟类》《中国草原与荒漠鸟类》《中国森林鸟类》和《中国青藏高原鸟类》4卷，以"繁、中、简"三个级别分别介绍中国的1400多种鸟类的鉴别特征和相关知识以及研究进展等，并配以大量生动的野外照片和精心设计的手绘插图，以方便读者辨识鸟种和鸟类类群，更易于理解与之相关的一些科学问题，增加全书的可读性和趣味性。我相信将一部精美的、具有较高学术水平的科普图书展现给广大读者，一定会吸引全社会，特别是青少年更加关注自然，爱护鸟类，增强保护环境的责任感，更积极地参与到中国的生物多样性保护和生态文明建设活动中去。

中国科学院院士
北京师范大学生命科学学院教授 郑光美

导　言

青藏高原鸟类独有的魅力，一直深深地吸引着我。探索这片神奇大地鸟类生命世界的奥妙，是我一生的荣幸。

我的人生理念是，把探索作为一种生活方式，在理性的探索过程中，享受感性的人生。在青藏高原，我实现着自己的人生理念。

我崇尚野外科学研究。青藏高原独特的自然历史和环境，是观看物种进化与适应的一个理想舞台。俯瞰群峰起伏、大河蜿蜒，观察鸟类的生活，思考它们的演化之路，把我自己，还有我们每一位作者对青藏高原鸟类生命世界的理解，融入《中国青藏高原鸟类》之中，与更多的人分享，是我们的愿望。

历经沧海桑田的青藏高原，积淀出粗犷豪放而又婀娜多姿的自然风貌，孕育出庄严神圣而又绮丽动人的民族文化。这块美丽圣洁的高地，地球上最后的一片净土，遗世独美，是陶冶心灵的天堂，是梦开始的地方。远离尘世的浮躁，感悟生命的意义，是我一生的追求，是我生活的动力，让我有幻想、有期待，让我内心充满阳光、让我踏遍青山不老。

回忆往昔的经历也是一种美好的精神享受。这多因情景触发，但也常常是莫名的原由，使我回到过去的时光：莽莽幽幽的原始丛林，高入云霄的雪岭冰峰，辽阔草原上翱翔的大雕，与藏族乡亲手势比画的攀谈，还有马履覆冰失蹄的重摔，尼姑逗趣抛向我的雪团……所有这些都是仅属于我的珍藏在心底的财富。我现在之所为正是在积累这笔无价的精神财富。

最大限度地摆脱尘世间名利之束缚，享受漫漫心路之旅中的快慰，当是我一生所求。在西藏的工作经历使我对自然与人共同构成了我们的这个世界有了更清晰的认识。我在西藏找到了自然与人的最奇特最完美的和谐。默然不语的沉雄大山，亢奋高昂的马鸡啼鸣，争奇斗艳的朵朵野花，还有佛祖佛宗前不熄的香火，风中劲展的五彩经幡，嬉笑逗趣的善男信女……所有这些，都深化着我对自然、对人生的感悟。

这里，我要赋诗一首，让飞羽携带到蓝天，抒发按捺不住的高原情怀：

> 我仰喜马拉雅高耸连绵的雪山
> 挺拔俊朗，大气凛然
> 我颂雅鲁藏布汹涌奔腾的江水
> 浩浩荡荡，勇往直前
> 我赞南迦巴瓦的原始丛林
> 苍翠幽深，生机无限
> 我叹可可西里的亘古苔原
> 白云舒卷，辽阔无边
> 我痴冈仁波齐的神韵
> 惊心动魄，浮想联翩
> 我醉纳木圣湖的奇观
> 静谧安详，纯洁如蓝
> 我爱高山上盛开的雪莲
> 傲霜斗雪，不畏严寒
> 我慕蓝天间翱翔的雄鹰
> 搏击长空，志在高远
> 我恋神秘的古象雄传奇
> 质朴凝重，天地浑然
> 我敬壮丽的布达拉大殿
> 庄严肃穆，巍峨向天
> 我美长发盘卷的康巴大汉
> 阳刚帅气，耿直勇敢
> 我思明眸清亮的康巴女子
> 健美动人，风情曼曼
> 我要舒展声喉，运足神气
> 歌唱你，如诗如画的雪域
> 我要张开双臂，敞开心扉
> 拥抱你，如梦如幻的高原

武汉大学生命科学学院教授
中国鸟类学会副理事长
国家杰出青年基金获得者　　李　欣

晨光中的布达拉宫

如何阅读本书

本书分为两个主要部分，第一部分为总论，综述青藏高原的地质历史、自然景观、地理特征和人文历史，其中鸟类的多样性、演化历史和适应性特征，以及鸟类研究与保护现状，以大量精美的图片和地图配合文字展示了青藏高原景观及其中的鸟类特点。第二部分为各论，分类群介绍生活在青藏高原中的鸟类类群及物种信息：首先综述该类群的分类地位、形态和行为生态特征，接着以手绘图集中展示该类群的鸟种，最后根据各鸟种受到的关注和目前积累的研究信息对各鸟种进行不同详略程度的分述，并配以鸟类分布图、鸟类形态和野外生境照片，以及行为生态图片。

开篇图

内容提要

正文

地图

图说

知识框

景观图

开篇图

内容提要

类群综述

物种手绘　展示鸟类的形态特征，包括不同鸟种、亚种、性别、季节、色型之间的差异，必要时以不同姿态进行描绘，并对重要辨识部位进行特写展示。

手绘图例

♀：雌

♂：雄

br.：繁殖羽

non-br.：非繁殖羽

ad.：成体

juv.：幼体

chick：雏鸟

物种分述

生态行为照

形态与栖息地照片

分布图　根据《中国鸟类分类与分布名录》（第三版）绘制，主要以行政单位及其方位分区和动物地理区划为基本单位，以不同颜色表示不同的居留型。分布区不表示实际的具体分布范围，只表示在该区域内有分布。沿海地区的分布虽然填色仅限于其陆地部分，但实际代表了各行政区下辖的海洋与岛屿，仅南海诸岛特别标示。在同一区域有不同居留型的情况下，优先体现留鸟，其次夏候鸟，再次冬候鸟、旅鸟、迷鸟。

鸟类分布图例

■ 留鸟

■ 夏候鸟

■ 冬候鸟

　 旅鸟

● 迷鸟

目　　录

左页图：棕尾虹雉雄。
刘璐摄

青藏高原的生态景观

——地球上独特的地理单元

青藏高原的地质历史和地貌特征

- ■ 青藏高原占中国陆地面积的四分之一
- ■ 青藏高原于第三纪末开始崛起，是印度板块与欧亚板块大碰撞的结果
- ■ 青藏高原南部是喜马拉雅山脉和藏南谷地，高山林立，峡谷深幽
- ■ 青藏高原东部是横断山脉和三江大峡谷，山高谷深，水流湍急
- ■ 青藏高原北部是羌塘和可可西里草原荒漠，平坦高亢，广袤无垠

青藏高原的地理位置

在世界的东方，有一块高耸的大地屹立于亚洲大陆腹地。这里，高峰云集，冰川皑皑，峡谷纵横，大河奔流。它，就是被誉为"世界屋脊"和"第三极"的青藏高原。

平均海拔超过 4000 m 的青藏高原是地球上最高、面积最大的高原。它覆盖中国西藏自治区和青海省全部、云南省西北部、四川省西部、甘肃省南部、新疆维吾尔自治区南部。整个青藏高原还包括南亚的不丹、尼泊尔、印度、巴基斯坦，以及阿富汗、塔吉克斯坦、吉尔吉斯斯坦的一部分。其总面积将近 300 万 km²，在中国境内 257 万 km²，占中国陆地总面积的 26.8%。

正是由于这块高亢大地的存在，使中国的地势呈现明显的阶梯状分布。

第一级阶梯：平均海拔 4000m 的青藏高原和柴达木盆地；与第二阶梯的分界线是昆仑山、祁连山和横断山脉。

第二级阶梯：准噶尔盆地、塔里木盆地、内蒙古高原、黄土高原、云贵高原、四川盆地，除少数山地外，海拔多在 3000 m 以下；与第三阶梯的分界线是大兴安岭、太行山、巫山和雪峰山。

第三级阶梯：东北平原、华北平原、长江中下游平原、辽东丘陵、东南丘陵、山东丘陵，海拔多在 1500 m 以下。

左：在冈底斯山和喜马拉雅山之间的札达，沿象泉河谷有一条气势恢宏的土质莽林，这就是著名的札达土林。札达土林是受远古造山运动的影响，古大湖湖盆及大河河床经漫长的流水切割和风化剥蚀而形成的特殊高原地貌，在地质学上称为河湖相。方圆数百平方千米的土林奇观，在朝霞和夕阳的映照下，山纹明暗有致，色调金黄，生动富丽，宛若神话世界。周焰摄

下：青藏高原地形图

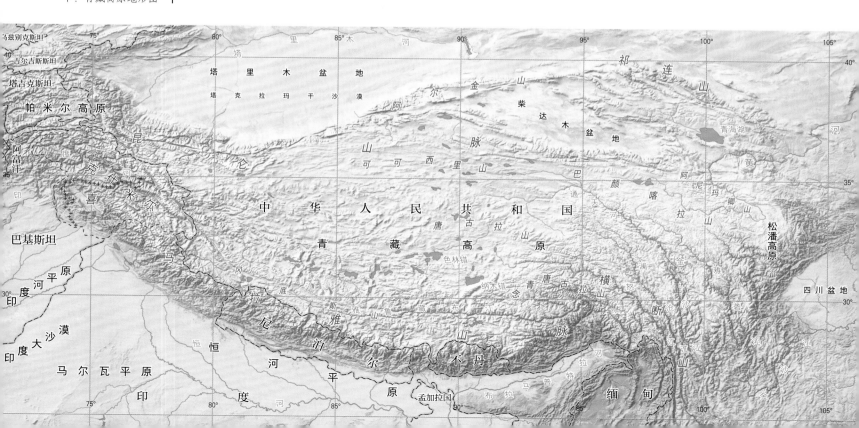

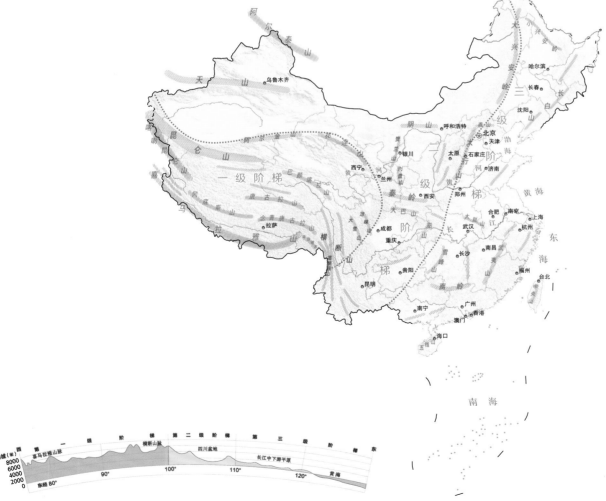

中国东西向（北纬32°）地形剖面示意图

上：青藏高原东北缘的祁连山，延绵近1000 km，海拔4000 m以上，终年被积雪和冰川覆盖，冰川融水滋养着南北两侧的众多河流与湖泊。王金摄

左：中国地势三大阶梯

右：卫星影像俯瞰青藏高原。这里曾是一片汪洋大海，古生代起开始脱离海浸，到新生代早期的2亿4000万年间，上升为海拔1000 m的高原。自第三纪末期至第四纪初，它开始迅速崛起。在200万～300万年这样短的地质时间内，喜马拉雅运动使高原地区整体大幅隆起成为世界屋脊

天山山脉

塔里木盆地
塔克拉玛干沙漠

昆仑山脉

青藏高原

脉

喜马拉雅山

珠穆朗玛峰

山脉

恒河平原

青藏高原的地质历史

青藏高原地质历史：古老而年轻　远在 5 亿年前的奥陶纪，与地球上许多其他区域一样，青藏地区淹没在横贯欧亚大陆南部的古地中海之下。自二叠纪晚期以来，历经一系列地质构造运动，包括海西运动、印支运动和燕山运动，昆仑山、唐古拉山和冈底斯山等先后隆起，由此拉开了波澜壮阔的青藏高原隆起的序幕。

随着隆起范围的扩大，古地中海由北向南撤退。在距今 7000 万年前的中生代白垩纪，冈底斯山脉以北已全部变成陆地，只有藏南地区还有残留的浅海。在 4000 万年前的新生代始新世晚期，古地中海从喜马拉雅地区退却。至此，整个青藏高原彻底脱离海浸。

随着海水退缩和地壳上升，到新生代新近纪上新世末，原始高原面海拔达到 1000 m 左右。从晚二叠纪到上新世末，这个隆起过程历经了 2.4 亿年。

就在从古生代到中生代，青藏地区摆脱海水束缚的漫长日子里，远在上万千米之遥的印度板块开始悄然向北移动。自中生代白垩纪末期以来的 7000 万年间，它向北漂移了 5000～7000 km，有古地磁为证。

终于，在第三纪上新世末，也许是第四纪初，北移的印度板块前端与欧亚板块碰撞，并俯冲于后者之下。这一撞击事件被认为是地球上最大的一起造山运动，也称为喜马拉雅造山运动。印度板块北进受阻，由此产生的强大水平地质应力，推举青藏大地，使之迅速崛起；现在，它每年仍以 5～6 mm 的速度继续上升。也就是说，自新生代晚更新世以来，青藏高原从海拔 1000 m 上升到 4000～5000 m，只用了 200 万～300 万年。所以，人们把青藏高原称为世界上最年轻的高原。

如果说人类诞生是地球进入第四纪以来生物进化的标志性重大事件，那么，源于第三纪大碰撞的青藏高原崛起，则是发生在地球地质史上的标志性重大事件。大碰撞的洪荒之力，不仅造就了青藏高原，也造就了云贵高原、黄土高原和内蒙古高原，造就了烟雨江南和大漠西北。

三江源自然保护区位于青藏高原腹地，是高原隆起河流溯源侵蚀尚未到达的地区，地壳构造运动相对稳定，形成由平缓的高海拔宽谷、湖盆、丘陵及小起伏高山组成的丘状山原地貌。李国平摄

青藏高原的地质历史和地貌特征

青藏高原自然演变过程中的几个重要历史时期

距现在的时间	地质时期	青藏高原的状态
260万年	新生代第四纪	高原面海拔4000~5000 m
0.56亿年	新生代新近纪上新世末	原始高原面海拔0~1000 m
1.61亿年	中生代三叠纪	特提斯海退缩
2.91亿年	古生代二叠纪末	开始脱离海浸成陆
4.38亿年	古生代奥陶纪	一片汪洋大海

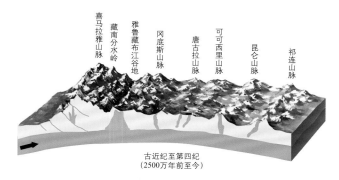

古近纪至第四纪
（2500万年前至今）

■ 自古近纪始新世至今，印度板块持续向北推移，高原地壳受到挤压，在南北方向上剧烈变形、缩短并加厚，高原地形随之急速上升

白垩纪至古近纪
（7000万~2500万年前）

■ 从白垩纪到古近纪，新特提斯海闭合消失，印度板块终于与亚欧板块碰撞聚合

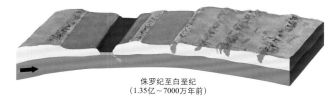

侏罗纪至白垩纪
（1.35亿~7000万年前）

■ 从侏罗纪到白垩纪，印度板块加速向北漂移，新特提斯海开始收缩

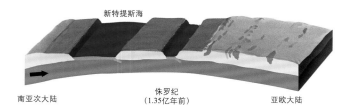

新特提斯海

南亚次大陆　　侏罗纪　　亚欧大陆
（1.35亿年前）

■ 从中生代侏罗纪起，新特提斯海不断扩张，洋壳向北俯冲。北部开裂的海盆到侏罗纪末期即告封闭

地幔　地壳　大陆　大陆浅海　大洋深海　中酸性岩浆岩　蛇绿岩套

强硬的南亚次大陆板块俯冲撞击高原所在的欧亚板块，使得高原隆起，现在，南亚次大陆仍以每年5 cm的速度向北偏东方向移动

青藏高原隆起的证据

地质学：磨拉石沉积和喀斯特地形

高山急剧隆起，山上的物质被流水冲刷下来，在山前凹陷和山间盆地形成厚厚的山麓堆积，地质学上称为磨拉石沉积。在喜马拉雅山南麓，厚达5000~6000 m的西瓦里克地层，就是于第三纪末至第四纪初形成的磨拉石沉积。它绵延2000余千米，与大喜马拉雅形影相随，是青藏高原崛起的可靠证据。

另一个地质学证据是广泛发生在青藏高原的喀斯特地形。研究揭示，它们在第三纪末至第四纪初发育而成，结构与中国华南地区的喀斯特地形十分接近。这就是说，那时的青藏地区具有亚热带气候条件。

高原喀斯特地貌。陈连东摄

古生物学：三趾马化石在青藏高原的发现

三趾马身材矮小，蹄有三趾，是现代马的祖先。上新世，它们与犀牛、长颈鹿等一起，生活在地势低平的热带、亚热带稀树草原。在中国华北、西北以及印度北部低海拔地区上新世地层中，这些动物的化石极为常见。耐人寻味的是，古生物学家也在西藏吉隆、聂拉木、扎达和比如等地发现三趾马动物群化石。显然，直到上新世，青藏高原气候温暖湿润，估计海拔不到1000 m。

三趾马上颌骨化石。张刘仁摄

分子生物学：树蛙系统进化的分子钟

随着时间的推移，生物大分子的结构以恒定的速率发生着随机变化。基于这一理论，建立物种进化树，就可以推测物种分化的时间。

树蛙是一个树栖两栖动物类群，现在广泛分布于非洲和亚洲的热带和亚热带地区。使用线粒体和核基因序列，生物学家构建了114种树蛙的系统发育关系，并根据化石校正分子钟所估算的物种分化时间。结果显示，这类动物起源于非洲大陆和马达加斯加，后来扩散到印度板块，并在中生代白垩纪末期开始随之向北漂移。在3500万年前印度板块与欧亚板块首次碰撞之时，它们由印度板块到达欧亚板块，随后迅速在亚洲大陆包括东南亚大陆和岛屿蔓延。这是从分子生物学角度，为板块撞击学说提供的新证据。

贡山树蛙。王剑摄

青藏高原的自然景观

青藏高原自然景观：壮丽而旖旎　　在 300 万 km² 的辽阔高原，高山巍峨，大河奔流，湖泊荡漾，林海苍苍，草原漫漫，荒漠茫茫，充分展现着大自然的气势磅礴；在这恢宏震撼之间，白云舒卷，溪流潺潺，野花招展，虫鸣幽谷，鱼游水底，鸟翔蓝天，展现着大自然的灵秀恬静。

俯瞰青藏高原，它就像一个巨大的楔子，镶嵌在南亚次大陆和欧亚大陆之间。它的周围，环绕着喜马拉雅山脉和横断山脉形成的巨大断层，断层所包围的是广袤的高原夷平面，而夷平面上也延展着一条条东西而行的山脉，依次有冈底斯山、念青唐古拉山、喀喇昆仑山、唐古拉山和昆仑山。其中，念青唐古拉山和唐古拉山往东延伸然后转向，遂造就了几乎南北纵列的横断山脉。这些山脉，构成了高原地貌的骨架，相邻山系之间是宽谷盆地。

地理学家把青藏高原划分为三个区域：喜马拉雅山脉和藏南谷地、横断山脉和三江大峡谷、北方草原荒漠。

终年白雪皑皑的珠穆朗玛峰，山体呈巨型金字塔状，俊朗厚重，傲立群峰，完美地诠释着山的特质。
刘加富摄

藏东南地区的森林潮湿阴暗，生物产量巨大，树上葛藤缠绕，附生植物众多，林下苔藓丛生，林中云雾弥漫。唐顺富摄

喜马拉雅山脉和藏南谷地

位于青藏高原南缘的喜马拉雅山脉，西起克什米尔的南伽峰（海拔 8125 m），东至南迦巴瓦峰（海拔 7756 m），全长 2400 km，是印度板块与欧亚板块碰撞的最前缘，这里汇集了诸多世界最雄伟的山脉。

东喜马拉雅山脉南坡，印度洋湿润的西南季风被巨大的山体阻挡，汇集形成丰沛降水，使得森林郁郁葱葱；而喜马拉雅山脉北坡，因西南季风难以到达，则干旱少雨。雅鲁藏布江上游和中游山地植被以灌木为主，森林稀疏。

不过，在东喜马拉雅，情况发生了变化。青藏高原的隆起，使得西南季风绕行到高原东侧，进入雅鲁藏布大峡谷。雅鲁藏布大峡谷全长 370 km，谷底最窄处仅 74 m，最宽处约 200 m，深达 5382 m，是地球上最深的峡谷。汇聚在这里的暖湿气流形成巨大降水，滋养着丰茂的植被。

喜马拉雅山脉以北和冈底斯山—念青唐古拉山以南，是相对低洼的宽谷冲积平原，这里被称为藏南谷地。它西起萨噶，东到米林，长达 1200 km，南北宽约 300 km。这里是雅鲁藏布江及其支流拉萨河、年楚河流经的地方，雨量集中，土壤肥沃，农业发达，是西藏人口、城镇最为密集的地区。

横断山脉和三江大峡谷

横断山脉是位于青藏高原东南部的一系列南北平行山脉的总称。自西而东，依次是伯舒拉岭、高黎贡山、怒山、芒康山、云岭、沙鲁里山、大雪山和邛崃山。在这片神奇的地域，有 100 多座海拔高于 5000 m 的冰雪奇峰。其中，位于 27° 10′ N、海拔 5596 m 的玉龙雪山，是中国纬度最低的现代冰川分布区。这里冰蚀湖泊星罗棋布，丹霞地貌发育完整，在重力作用下，山崩、滑坡和泥石流屡见不鲜，是全球自然生态景观的极致。

山高谷深是横断山脉的最大特点，山岭与谷地落差常常在 1000～2000 m 以上。例如，大雪山主峰贡嘎山海拔 7556 m，距离大渡河谷底仅 29 km，而相对高差竟达 6400 m。

倘若从高空俯瞰，眼前就会展现出壮观的景象：平行而卧的巨大山脉之间挟持着三条气势磅礴的大江，分别是金沙江、澜沧江和怒江。它们携手向南，穿行于崇山峻岭之间。其间，澜沧江与金沙江最短直线距离 66 km，澜沧江与怒江最短直线距离 19 km。联合国教科文组织已经把"三江并流"这一世界罕见的自然景观列入《世界遗产名录》。

关注气象卫星云图，就会发现横断山脉地区的上空总有水汽活动。原来，被喜马拉雅山脉所阻挡的印度洋暖湿气流，进入南北走向的横断山脉，再加上来自南太平洋的水汽，给这里带来了丰沛的雨水。通过横断山脉大峡谷的水汽，沿峡谷长驱直入，

输送到长江和黄河上游；在那里，这些水汽与来自北方的冷空气相遇形成降水，为那里的冰川提供着补给。同时，在自西向东的高层大气环流推动下，横断山脉的降水云汽也会转移到华北平原、黄淮平原，乃至长江中下游地区。

山高谷深，水流湍急，横断山脉承载着中国主要的水能资源。以金沙江为例，枯水位条件下干流落差达 3000 m 以上，包括支流在内，水能蕴藏量近 1×10^8 kW。可以说，横断山脉大峡谷是中国水资源的命脉！

横断山脉和三江大峡谷

左上：横断山脉是位于青藏高原东南部一系列南北平行山脉的总称

左下：横断山脉景观。大江在两侧高山峡谷中蜿蜒而行，时而舒缓时而奔腾，形成了世界上独有的壮丽景观

右上：青藏高原北部是辽阔的羌塘草原

右下：藏野驴是羌塘和可可西里最常见的野生动物，集群规模可达上千头，奔跑起来蔚为壮观，它们是这片大地真正的主人。成勇摄

羌塘和可可西里草原荒漠

出拉萨沿青藏公路向北，一到羊八井，就看到巍巍的念青唐古拉山。它的北面，就是辽阔的羌塘高原。一望无垠的草原伸展在蓝天白云之下，

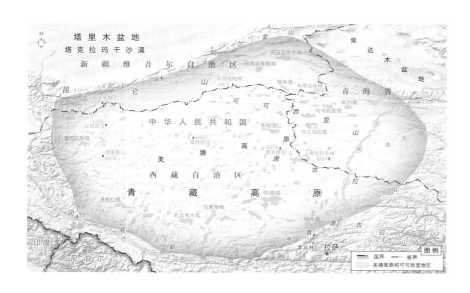

缓缓起伏的山脉之冠冰川皑皑，景象壮观，令人肃然。再往北，进入青海境内，自然条件变得更加恶劣，植被从茵绿如毯的草甸变成稀疏的草原，又从草原变成几乎寸草不生的荒漠。这里，就是可可西里。

羌塘和可可西里，这片冈底斯山、念青唐古拉山、唐古拉山和昆仑山脉之间广袤的高山台地，位于青藏高原腹地，覆盖约 180 万 km²，占青藏高原中国境内总面积的 2/3。

这里地势平坦高亢，平均海拔在 4500 m 以上，气候干燥寒冷，年平均气温不到 −5 ℃，年降水在许多区域少于 300 mm，强风盛行，空气稀薄，人类无法长期居住，被称为"生命的禁区"。正因为如此，这里是目前世界上原始生态环境保存最好的地区之一。

青藏高原的自然条件

■ 青藏高原的气候是三股季风与高原地形相互作用的结果
■ 青藏高原冰川汇集，孕育出许多河流和湖泊
■ 青藏高原的植被呈现水平和垂直演替的清晰层次
■ 青藏高原的野生动物形成了独特的类群和适应模式

青藏高原的气候

青藏高原平均海拔 4000 m 以上，耸立于大气对流层之间，以致形成独树一帜的气候条件。与同纬度的周边地区相比，这里气候寒冷，降水稀少，空气稀薄，辐射强烈。同时，面积广阔，地形复杂，海拔差异巨大，又构成青藏高原多样性的气候格局。

气温 青藏高原年平均气温在 0 ℃以下，最热月平均气温 6～18 ℃。气温日差大，年变化小，也是高原气候的特征之一。受西南季风影响，雅鲁藏布江河谷地带相对温暖，年平均气温在 3～5 ℃，形成独特的亚热带季风气候特征。羌塘和可可西里自成一个闭合的低温区域，年平均气温在 −4 ℃以下，最热月平均气温不到 6 ℃，是青藏高原最冷的地区。冈底斯山、念青唐古拉山和巴颜喀喇山东段，是高原温带与高原亚寒带之间的一条重要气候分界线。

降水 青藏高原从东到西、从南至北，降水逐渐减少。东南部大多数地区年降水量为 400～900 mm；在雅鲁藏布江大拐弯，因印度洋西南温湿气流滞留，降水量可达 4000 mm 以上。沿着雅鲁藏

布江河谷深入高原腹地，降水量急剧减少，西部和北部的年降水一般在 200 mm 以下，柴达木盆地西北部甚至不到 20 mm。降水集中在 5～9 月，此期间的降水量占全年的 80%～90%。

日照 青藏高原海拔高，空气稀薄，大气干洁，接受着最为强烈而直接的阳光辐射。年总辐射量 5000～8000 MJ/m²，几乎是同纬度东部平原的 2 倍。自东南向西北，年辐射总量呈现增加的趋势，藏东南地区小于 5000 MJ/m²，阿里地区、柴达木盆地可达 7000～8000 MJ/m²。

大气氧含量 随着海拔上升，空气变得稀薄，氧气浓度逐渐下降。海平面空气中氧气质量浓度是 282 g/m³，而海拔 4000 m 高原的近地层仅为 182 g/m³，只有海平面的 65%。

青藏高原所呈现的气候特征，是来自东南太平洋的东南季风、西太平洋的西风和印度洋的西南季风，这三股季风与高原地形相互作用的结果。

东南季风的影响主要在高原东部，因受高山峡谷阻挡而很少进入高原腹地。西风气流绕行高原而到达中国西北地区，是这里水汽输送的主要载体。喜马拉雅山脉成为阻止印度洋西南季风北上的巨大障碍，南坡作为迎风面，截留了绝大部分水汽，以致森林郁郁葱葱；而喜马拉雅山脉以北的广大地区，气候十分干燥；由于念青唐古拉山、唐古拉山和昆仑山的进一步阻挡，中国西北地区干旱加剧、沙漠扩张，柴达木盆地数万平方千米的湖面解体变干，塔克拉玛干沙漠正是在这种背景下形成的。

事实上，在地球中纬度地区拔地而起的青藏高原，一举改变了亚洲乃至北半球的气候和生态格局。最典型的作用是它阻挡了西伯利亚高压。

左：青藏高原的山脉与冰川。曹铁摄

下：影响青藏高原气候的三大季风。季风是由于太阳对海洋和陆地加热的效应不同而形成的大范围大气环流，其方向随季节而变化。夏季，海洋热容量大，加热缓慢，海面较冷，气压高；大陆热容量小，加热快，形成暖低压，夏季风由冷洋面吹向暖大陆。冬季则正好相反，由冷大陆吹向暖洋面。在巨大的太阳能作用下，温暖海洋面的水分不断蒸发，所形成的水汽会乘着季风，形成暖湿气流，引起降水

青藏高原的冰川、河流和湖泊

青藏高原的冰川

冰川也称冰河，是大量冰块堆积而形成的如同河川般的地理景观。冰川是地球上最大的淡水资源，也是地球上继海洋之后最大的天然水库。冰川存在于极寒之地，包括南极和北极，以及高海拔的山峰。依照在地球上的分布位置，冰川分为两种类型：大陆冰川和山岳冰川。

大陆冰川　分布在南极和北极，如同巨大的盖子，覆盖着两极大地。南极大陆和格陵兰两大冰盖合计占地球陆地面积的 11%，拥有地球冰川面积的 97%、体积的 99%，地球淡水总量的 69%。特别是南极大陆冰盖面积达到 1398 万 km^2，冰盖最大厚度超过 4000 m。受冰川之间压力的作用，冰川可以运动。

山岳冰川　发育在高山之上，呈舌形，在重力作用下发生运动。中国是中低纬度山岳冰川发育最多的国家，面积分别占世界和亚洲山岳冰川总面积的 14.5% 和 47.6%。

山岳冰川汇集是青藏高原的象征之一。超高海拔导致的低温，为冰川发育提供了必要的热量条件，而巨大的山体为冰川发育提供了广阔的空间。青藏高原在中国境内的冰川面积达 49 903 km^2，占全国冰川总面积的 84%。冰川数量超过 3 万条，其中面积大于 100 km^2 的有 30 多条。喀喇昆仑山乔戈里峰北坡的音苏盖提冰川，面积达 392.4 km^2，是中国最大的山岳冰川。

青藏高原的山岳冰川分为海洋性和大陆性两类。

海洋性冰川　补给来自海洋的水汽，降水充沛，气候湿润，累积和消融速度快，活动性强，冰舌末端常可伸入郁郁葱葱的森林之中。这类冰川占高原冰川总面积的 80%，出现在喜马拉雅山脉南坡和东段、横断山脉、念青唐古拉山脉东南段。

大陆性冰川　发生于大陆性气候区，降水稀少而补给有限，气候寒冷，消融缓慢，活动性弱，冰舌末端远离林线。这类冰川占高原冰川总面积的 20%，集中分布于喜马拉雅山脉北坡、青藏高原中部和北部。

右：冰川是水的一种存在形式，由雪经过一系列变化转变而来。积雪变成粒雪后，随着时间的推移，粒雪相互挤压，紧密地镶嵌在一起，其间的孔隙不断缩小，以至消失，一些空气也被封闭在里面，这样就形成了冰川冰。经过漫长的岁月，冰川冰变得更加致密坚硬，里面的气泡也逐渐减少，慢慢地变得晶莹透彻。位于唐古拉山的各拉丹冬雪山是中国最具特色的冰川雪山之一，山间延展的冰舌末端细水潺潺，最终汇入长江。田捷砚摄

青藏高原：现代山岳冰川的王国

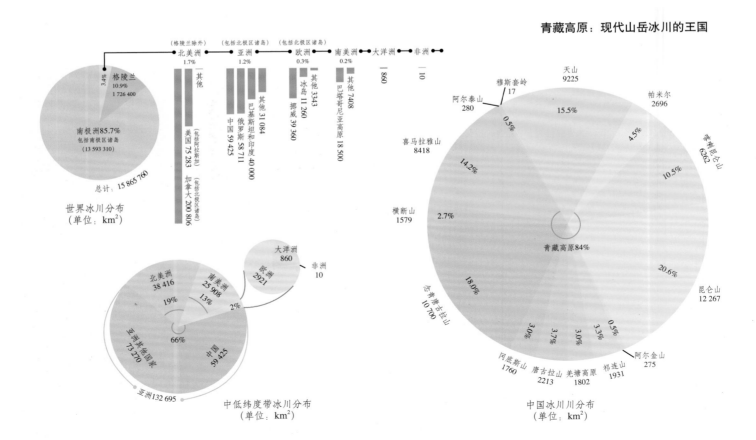

世界冰川分布（单位：km^2）

中低纬度带冰川分布（单位：km^2）

中国冰川分布（单位：km^2）

青藏高原的自然条件

青藏高原的自然条件

河流

青藏高原孕育了数条世界级的河流，包括中国的黄河和长江，南亚的恒河和印度河，东南亚的萨尔温江和湄公河。这些河流从高原之上奔流而下，形成浩浩大川，成为孕育人类文明的摇篮；其中，黄河流域文明、印度河流域文明属于世界五大文明的发祥地。

依照最终归宿，可以把河流分为外流和内流水系。青藏高原外流水系的归宿是海洋，其中又包括太平洋水系和印度洋水系。内流水系的归宿是青藏高原内部的湖泊，一般是比较小的河流，以湖泊为中心呈向心状分布。内流水系又分为藏南内流水系和藏北内流水系。藏南内流水系限于雅鲁藏布江以南和喜马拉雅山脉以北之间的地区，藏北内流水系限于昆仑山、唐古拉山、冈底斯山、念青唐古拉山等高山形成的一个封闭区域。

青藏高原主要河流				
水系	河流名称	发源地	上游名称	主要支流
太平洋水系	黄河	巴颜喀拉山	卡日曲	洮河、湟水、无定河、渭河等
	长江	唐古拉山	纳钦曲、沱沱河、通天河、金沙江	雅砻江、岷江、嘉陵江、乌江、汉江、湘江、赣江等
	湄公河	唐古拉山	扎曲、澜沧江	热曲、昂曲、麦曲、色曲、各同培曲、登曲等
印度洋水系	布拉马普特拉河	喜马拉雅山	马央宗曲、马泉河、雅鲁藏布江	多雄藏布、年楚河、拉萨河尼洋曲、帕隆藏布等
	恒河	喜马拉雅山	南达河、甲扎岗噶河、巴吉拉提河	朋曲、吉隆藏布、孔雀河
	印度河	喜马拉雅山	久思龙、狮泉河	噶尔藏布、朗钦藏布
	萨尔温江	唐古拉山	桑曲、那曲、怒江	卡曲、素曲、姐曲、色曲、达曲、巴曲、冷曲、伟曲、察隅曲
	伊洛瓦底江	伯舒拉山	独龙江、恩梅开江	日东曲
内流水系	塔里木河	乌拉斯台山	孔雀河	叶尔羌河
	弱水	祁连山	甘州河	黑河
	布哈河	祁连山	哈剌锡纳河	夏日格河
	黑马河	祁连山	八宝河、梨园河	八宝河、梨园河
	疏勒河	祁连山	党河、石油河	布隆吉河、左石河、右石河
	石羊河	祁连山	杂木河	西营河、金塔河
	格尔木河	昆仑山	奈金河、舒尔干河	霍兰郭勒舒尔干河
	哈尔盖河	大通山	—	—
	永珠藏布	塔尔玛乡	木纠藏布	阿章藏布、木纠藏布
	毕多藏布	冈底斯山	—	波曲藏布
	扎加藏布	唐古拉山	香噶曲	孔雀河
	大通河	托来南山	湟水河	默勒河

A	B
C	D

A：由印度洋来的暖湿气流沿着雅鲁藏布大峡谷向北输送，形成青藏高原上最大的水汽通道。谢罡摄

B：姜根迪如冰川位于唐古拉山各拉丹冬雪山西南侧，长江正源沱沱河自此发源。杨勇摄

C：澜沧江源区扎曲河谷漫山皆绿，流水潺潺。郑云峰摄

D：尼洋河水量丰足，在林芝地区汇入雅鲁藏布江，沿江而上的暖湿气流和丰富的水系造就了"西藏江南"的景色。谢罡摄

青藏高原的自然条件

青藏高原何以成为亚洲众多河流的发源地

地理位置特殊，降水量大

青藏高原南靠印度洋、东临太平洋，接受来自大洋的暖湿气流；暖湿气流还可沿雅鲁藏布江下游河谷上溯，为高原带来丰沛的降水。太阳辐射使高原夏季成为热源，形成热低压；冬季成为冷源，形成冷高压。这加强了季风的作用，从而吸引更多的暖湿气流。

地势高，冰川广

高亢的地势导致气候寒冷，为冰川发育提供了条件。同时，在冰川作用的外围地区还形成了常年冻土。

面积大，储量大

中国境内总面积达250万km²，盆地镶嵌于山岭之间，加上湖泊、湿地、草原和森林，提供了巨大的蓄水潜力；青藏高原总储水量约占整个中国的1/3。

虽东距太平洋较远，但其东南与中南半岛、西南与印度半岛相连，为发源于青藏高原上的外流河提供了发育空间。

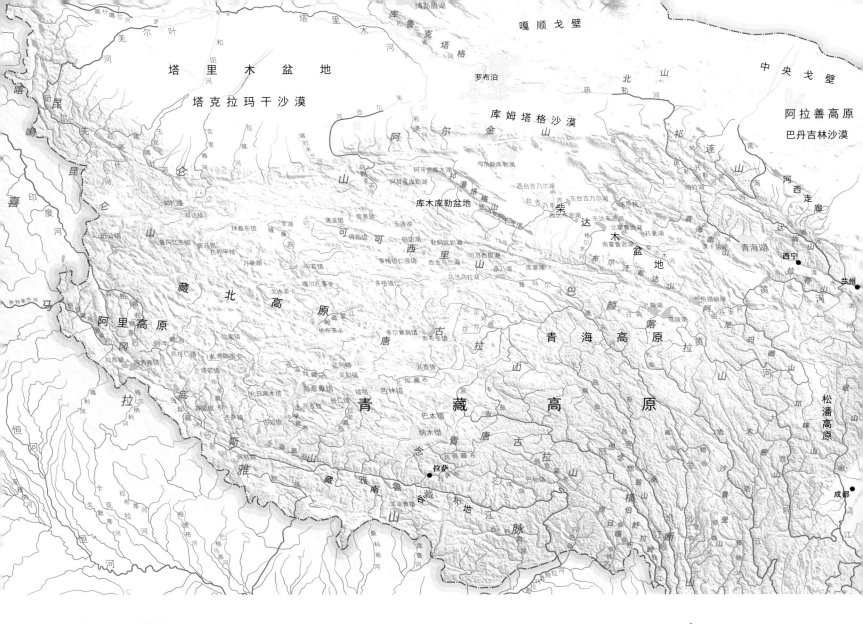

青藏高原的湖泊

在青藏高原广阔无垠的大地上，散布着众多的湖泊。湛蓝的天空，雄伟的雪山，青翠的草原，使这些高原明珠更加美丽动人。

青藏高原是中国湖泊分布最密集的地区之一，也是地球上高海拔地区范围最大的湖泊群。面积大于 0.5 km² 以上的湖泊有 1770 个，合计 29 182 km²，占高原面积的 1.2%；总储水量达到 5182×10⁸ m³，占中国总储水量的 73.2%。

为什么青藏高原拥有如此丰富的湖泊？这可以归因于印度板块与欧亚板块的碰撞。两者碰撞引起南北地形强烈挤压，造成呈纬向排列的巨大山脉与

盆地，从而使得湖泊在盆地间发育成为可能。

按水系分，青藏高原湖泊有外流湖和内流湖。前者的成因有两点：①泥石流、山体崩塌致使河道堵塞，形成堰塞湖，多出现在藏东南地区；②冰川融化而成，主要在藏南、藏东南高山地区。后者是历次造山运动所致的地层变化产生的，大多分布在高原北部。

按水化学分，有淡水湖、咸水湖和盐湖。青藏高原的湖泊除东部的鄂陵湖、扎陵湖等少数为外流淡水湖外，其余多为内陆咸水湖和盐湖。

上：青藏高原河流与湖泊的分布

淡水湖和咸水湖的形成

外流湖既有流入也有流出，水分更新，盐分少而成为淡水湖。内流湖只有径流汇入，没有径流流出，湖泊水分的支出主要靠蒸发。在水分蒸发过程中，盐分留在湖中，日积月累，湖水变咸。青藏高原气温低，水循环弱，蒸发量大于来自径流的汇入量、降水补给量，加快了咸水湖的形成过程。其实，海洋也可以看作一个特大的内流湖。

淡水湖

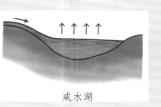

咸水湖

青藏高原的自然条件

A | B
- | -
 | C

A：青藏高原的众多湖泊一般都具有典型的高原生态特点，表现在高原隆起和气候变化引起的湖泊变迁、特殊的生物资源构成和生态景观等方面，湖泊退缩的印记——古湖岸堤就是高原湖泊的特征之一。摄影师从空中俯拍的这两对姊妹湖清晰地体现了这一特征。面积较大的蓝色姊妹湖名为姆错丙尼，与另一对小姊妹湖虽然距离很近，却分属不同的水系，也呈现不同的色彩。王宁摄

B：然乌湖为条带状的河道型湖泊，由右岸山体崩塌堵塞而成。葛宏军摄

C：玛旁雍错是中国湖水透明度最高的淡水湖泊，西藏三大圣湖中唯一的淡水湖，其北岸的冈波仁齐峰是西藏最具代表性的神山。周焰摄

青藏高原的代表湖泊						
名称	水系	水化学	成因	海拔(m)	面积(km²)	位置
纳木错	内流	咸水	构造湖	4718	1920	藏北
羊卓雍错	内流	咸水	堰塞湖	4441	638	藏南
玛旁雍错	内流	淡水	堰塞湖	4588	412	阿里
巴松错	外流	淡水	堰塞湖	3538	80	藏东
班公错	内流	东淡西咸	构造湖	4241	413	阿里
青海湖	内流	咸水	构造断陷湖	3260	4583	藏北
森里错	外流	淡水	—	5386	78	藏西南
当惹雍错	内流	咸水	冰山湖	4535	835	藏北
拉昂错	内流	淡水	堰塞湖	4573	269	阿里
然乌湖	外流	淡水	堰塞湖	3850	22	藏东南
色林错	内流	咸水	构造湖	4530	1640	藏北
扎日南木错	内流	咸水	构造湖	4613	1023	藏北
昂拉仁错	内流	咸水	构造湖	4689	560	藏南
塔若错	内流	咸水	构造湖	4545	520	藏南
格仁错	内流	咸水	构造湖	4650	466	藏中
郭扎错	内流	北淡南咸	构造湖	5080	244	藏西北

湿地

　　《湿地公约》对湿地做出的定义是：天然或人工的、永久性或暂时性的沼泽地、泥炭地和水域，蓄有静止或流动、淡水或咸水水体，包括低潮时水深不超过 6 m 的海水区。

　　冰川发达、河流众多、湖泊遍布且地域辽阔的青藏高原，是中国湿地最为集中的地区，湿地总面积为 $13.2 \times 10^4 \, km^2$。特别是这些湿地的平均海拔在 4000 m 以上，是世界上独一无二的湿地生态系统。

　　青藏高原的湿地分为 5 个类型：湖泊水体、湖泊湿地、沼泽湿地、泥炭湿地和河流湿地。其中，湖泊水体及其周围的湖泊湿地面积最大，占据高原湿地 60% 的份额。其次是河流湿地，湖泊的内流河是这种湿地的主体。沼泽的特点是地表长期或经常处于湿润状态，分布在山体沟谷或平原低洼处，靠冰川、河流、泉水补给。在有些湿地，植物残体长期堆积，形成所谓泥炭层，有的深达 10 m 以上，它们就如同海绵，吸收了大量水分。植被通过光合作用将大气中的 CO_2 转化成有机物，泥炭层因此可以减少大气中的 CO_2 浓度，对于稳定气候具有重要作用。若尔盖湿地是青藏高原最大的泥炭湿地。

　　羌塘和三江源地区，汇集了青藏高原将近 70% 的湿地，柴达木盆地的湿地形成与湖泊萎缩有关。其余的高原湿地分布在雅鲁藏布江、怒江和森格藏布流域，以及若尔盖。

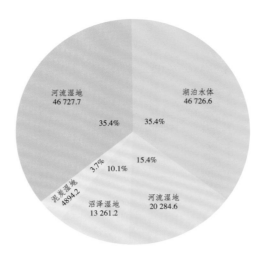

青藏高原湿地的类型和面积
（单位：km^2）

河流湿地 46 727.7　35.4%
湖泊水体 46 726.6　35.4%
泥炭湿地 4894.2　3.7%
沼泽湿地 13 261.2　10.1%
河流湿地 20 284.6　15.4%

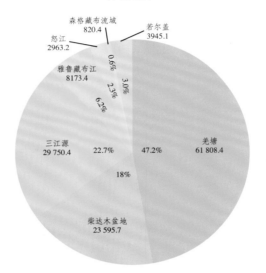

青藏高原湿地的地域分布和面积
（单位：km^2）

森格藏布流域 820.4　0.6%
怒江 2963.2　2.3%
若尔盖 3945.1　3.0%
雅鲁藏布江 8173.4　6.2%
三江源 29 750.4　22.7%
羌塘 61 808.4　47.2%
柴达木盆地 23 595.7　18%

上：青藏高原湿地的类型和分布

下：柴达木盆地是青藏高原内部面积最大的盆地。盆地的中东部是近200万年以来的沉降中心，盐泽广布，湿地面积在青藏高原仅次于羌塘和三江源。霍鲁逊湿地位于盆地中心的察尔汗盐湖沉积平原上，包括南、北霍鲁逊湖。王金摄

右：独特的高原湿地景观——冰川融水汇集成弯曲的河流在高原草地间流动，天边群山巍然隆起

青藏高原的植被

青藏高原植被：从原始森林到高山灌丛再到草原荒漠 晚第三纪以来，喜马拉雅山脉的崛起和整个高原的抬升，致使印度洋暖湿气流受阻，直接的气候效应是高原内部趋向干旱、寒冷。因此，高原内部的森林向东南方向退却，高原腹地的雅鲁藏布江中游演替成为高山灌丛，而高原北部被广袤的草原荒漠所统治。如今高原森林、灌丛和草甸的格局，恰代表着生态系统演替系列的三个典型阶段。

主要分布在高原东南部的森林植被，坐拥中国最原始、单位面积蓄积量最大的森林。受东南季风特别是印度洋季风惠泽，这里成为自然植被的天堂。有多种类型的阔叶林，如热带雨林、常绿阔叶林、硬叶常绿阔叶林、落叶阔叶林；有包括铁杉、云杉、冷杉、圆柏为建群种的常绿针叶林以及落叶松林。这些苍劲挺拔的森林植被，是高原生态系统的中坚力量。在高原北部边缘，如昆仑山和祁连山，也有少量森林，它们是干旱荒漠中的"绿岛"。

青藏高原的灌丛植被同样类型众多。以杜鹃属为代表的常绿革质灌丛是青藏高原东南部的特色。它们顺着阴坡的林线往上延伸，十分稠密。每年春天，烂漫的杜鹃花满山绽放。圆柏灌丛属于生长在阳坡的常绿针叶灌丛，耐旱耐寒是这种匍匐在地面上的

植物的优良品质，也使得它们可以扩展到高原内部。一种名为西藏狼牙刺的灌木，有着极强的适应能力，灿烂的蓝紫色蝶形花朵开放在干旱的高原谷地。金露梅的分布就更为广泛，它们从喜马拉雅山脉延伸到东祁连山，鲜艳的黄色花朵给单调的景观带来了生动的点缀。各种锦鸡儿组成的落叶阔叶灌丛，在藏南及阿里的山麓冲积扇和山坡上随处可见。

草甸更是铺遍高原。湿润的东南部高山上，有多种草甸存在，如圆穗蓼、香青、委陵菜、黄总花草和嵩草等，草层高达 10 cm 以上。春天，五彩缤纷的花朵盛开，草甸宛如华丽的地毯。高寒草原在青藏高原腹地占据着优势，它们主要由多年生禾草和薹草组成，层次简单，生长季节短暂。嵩草草甸和紫花针茅草原最具有代表性，这些低矮的植物有着极强的耐寒能力。气候更为严酷的地区，植被趋向荒漠，阿里的沙生针茅草原、祁连山的短花针茅草原，都是极端条件下顽强生命形式的代表。

显著的垂直演替，也是高原植被的特征。最典型的垂直梯度发生在东喜马拉雅，在垂直高度上，奇迹般地展现了地球表面植被带谱的纬度变化。

500～1100 m：山地热带雨林、季雨林。

1100～1900 m：山地亚热带常绿阔叶林、常绿

青藏高原植被分布图。高原的东南方向是茂密的森林区，高原的腹地是雅鲁藏布江中游的高山灌丛，高原北部是广袤的荒漠草原

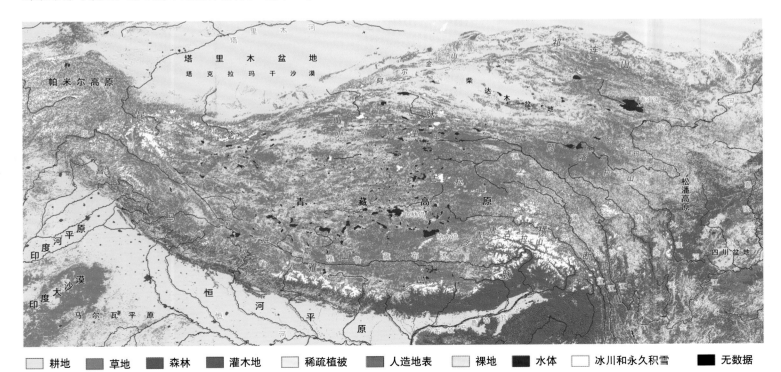

耕地　　草地　　森林　　灌木地　　稀疏植被　　人造地表　　裸地　　水体　　冰川和永久积雪　　无数据

青藏高原的自然条件

落叶阔叶混交林、松林。

1900～3200 m：山地暖温带、温带针阔混交林。

3200～4000 m：山地温带、亚高山寒温带暗针叶林。

4000～4400 m：高山寒带疏林、灌丛。

4400 m 以上：高山寒带灌丛草甸。

从物种构成来看，整个高原现已知包括苔藓在内的高等植物有 13 000 余种。其中，蕨类 800 余种，裸子植物 88 种，被子植物 12 000 种以上，均占各自类群全国总数的 1/3 以上。物种丰富度的空间分布，呈现东南向西北递减的趋势。东南部是世界高山植物区系最丰富的区域，高等植物有 5000 种以上，而高原腹地不及 400 种。高原西北部的昆仑山区，环境恶劣，能够生存在那里的植物只有 100 余种。高原北部的柴达木盆地，气候极端干旱，植物更加稀少。

从历史起源看，青藏高原植物区系有古北、中亚、喜马拉雅和印度−马来西亚等多种成分。这里是许多孑遗植物的家，比如乔杉、铁杉、连香树、水青树、珙桐，特别是第三纪的古老种类，如云杉和冷杉。

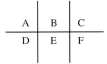

A	B	C
D	E	F

A：墨脱热带雨林。谢罡摄

B：斯农山地阔叶林。彭建生摄

C：鲁朗针阔混交林。王放摄

D：波密针叶林。田捷砚摄

E：白马雪山稀树灌丛。马晓峰摄

F 喜马拉雅南坡高山草甸。李渤生摄

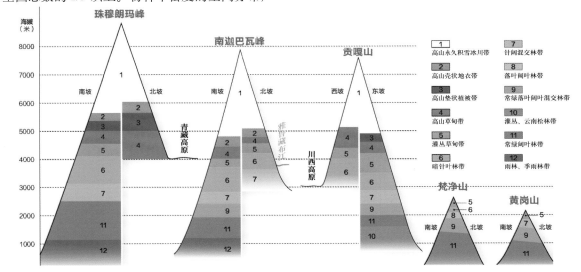

1 高山永久积雪冰川带
2 高山壳状地衣带
3 高山垫状植被带
4 高山草甸带
5 灌丛草甸带
6 暗针叶林带
7 针阔混交林带
8 落叶阔叶林带
9 常绿落叶阔叶混交林带
10 灌丛、云南松林带
11 常绿阔叶林带
12 雨林、季雨林带

青藏高原的野生动物

青藏高原野生动物：多彩而独特 受高原隆升这一短暂而剧烈的地质事件影响，加之第四纪冰期的作用，青藏高原的生态环境发生了深刻而复杂的变迁，构成了强烈而独特的自然选择压力。在这些选择压力的作用下，栖息于这里的野生动物在形态、生态、行为乃至遗传方面表现出令人称奇的变异，形成了独特的类群和适应模式。可以说，青藏高原是观看物种分化和适应的一个最为理想的巨大舞台。

青藏高原东南部茂密的原始森林，集中了北半球亚热带、温带、寒带多种气候和生物群落，是众多野生动物的庇护所。其中，东喜马拉雅被确定为全球十大生物多样性热点地区之一、25 个全球最优先保护的多样性热点之一。据估计，在喜马拉雅山脉东段，有 269 种淡水鱼、105 种两栖动物、1766 种爬行动物、977 种鸟类和 300 种哺乳动物。复杂多变的自然条件，造就了横断山脉地区丰富的生物多样性。这里的动物兼具东洋界西南区、古北界青藏高原区和华北区等多种成分，各个脊椎动物门类的物种数，都占中国的 50% 以上。

世界自然基金会（WWF）报告

2009 年《东喜马拉雅山：世界碰撞的地方》：1998—2008 的 10 年间，各国科学家在喜马拉雅山脉东段一共发现了 353 个植物和动物新物种，包括 242 种植物、61 种无脊椎动物、14 种鱼、16 种两栖动物、16 种爬行动物、2 种鸟和 2 种哺乳动物。

2015 年《隐秘的喜马拉雅：亚洲的奇境》：2009—2014 的 8 年间，在这一地区又发现 211 个新物种，包括 133 种植物、39 种无脊椎动物、26 种鱼、10 种两栖动物、1 种爬行类、1 种鸟和 1 种哺乳动物。

上：西藏沙蜥广泛分布于喜马拉雅山北部地区，生活在海拔 3000～4800 m 或更高的高山荒漠环境。张国刚摄

中上：血雉是高寒山地森林及灌丛雉类的代表。沈越摄

中下：雪豹栖息于海拔 2000～6000 m 的高山林线以上的草甸、裸岩环境，为分布海拔最高的食肉动物。彭建生摄

下：怒江金丝猴发现于 2010 年，是继川、滇、黔和越南金丝猴后发现的世界上第五种金丝猴，总数不超过 200 只。在中国仅分布在云南省怒江州高黎贡山国家级自然保护区。左凌仁摄

青藏高原的自然条件

藏羚羊生活于海拔4100～5500 m的高寒荒漠草原。每年夏季，雌性藏羚羊沿着固定的路线向位于北方的繁殖地迁徙；产仔后，返回过冬地与雄性藏羚羊合群。严苛的高原环境下，藏羚羊展示着生命的顽强品质。成勇摄

高原西北部广袤的草原物种贫乏，但特有种却很丰富。例如，在这里栖息的 29 种哺乳动物中，高原特有 11 种，其中包括许多世界上独有的大型有蹄动物，如野牦牛、藏羚羊和藏野驴。为了应对空气稀薄、气候寒冷、食物贫乏的恶劣条件，这些动物进化出特殊的策略。藏羚羊通过扩大的鼻腔来呼吸更多的氧气，牢固的牙齿用来啃食矮小的牧草。娇憨可爱的鼠兔也是这一地区的代表，它们掘洞而居，其洞穴是许多动物的庇护所；鼠兔也是许多动物包括猛禽和食肉兽的食物来源。在羌塘的一项研究发现，棕熊的食物中 60% 是鼠兔。所以，鼠兔在高原生态系统中起着关键作用。

目前，高原西北部建立了羌塘、可可西里、阿尔金山、三江源等国家级自然保护区，以保护栖息在这里的野生动物和它们赖以生存的生态系统。

青藏高原的人类文化

- 青藏高原的人类文化神秘而绚丽
- 青藏高原的人民享有宗教信仰自由
- 青藏高原是民族团结的祥和圣地

青藏高原的人文历史

人文历史：灿烂而厚重

史前人类活动　16 000 年前的末次冰期，人类沿着黄河谷地到达包括共和盆地在内的青藏高原东北缘；14 000 年前，进入青海湖地区；11 000 年前，进入柴达木盆地，并通过格尔木河河谷过昆仑山进入可可西里和羌塘高原。

早期人类在青藏高原东北缘的活动明显分为两个阶段。

16 000～6000 年前：旧石器晚期，狩猎和采集，流动频繁，没有固定的居所。

6000～2000 年前：新石器和青铜器时代，游牧和种植，有了固定的居所，并由东向西逐步扩散。

在青藏高原发现的旧石器时代遗址显示，这些早期文明与黄河流域文明更为接近，与印度同时代文明显著不同。早在新石器时代，青藏高原上就出现了藏东的卡诺、雅鲁藏布江流域的曲贡和藏北细石器等灿烂的人类文化。这些文化与黄河上游的马家窑、半山文化有相似之处，进一步说明它们与青藏高原早期文明具有深厚的渊源。

秦汉时期　秦朝之前，高原腹地分布着许多游牧部落。秦汉以来，这些部落统称为发羌，接受中原王朝的统治。东汉末年，南凉王国征服诸羌，建立了强大的吐谷浑王国（313—663），雄踞高原 300 多年。

大唐时期　6 世纪初，雅隆部落发展壮大。580 年，年仅 13 岁的松赞干布继承王位。他只用了 3 年时间就统一了藏区。随后迁都于逻娑，也就是现在的拉萨，构筑王宫布达拉宫，象征吐蕃王朝的建立。

640 年，松赞干布向唐朝请婚。翌年，唐高宗封赐松赞干布为"驸马都尉"和"西海郡王"。随后，文成公主带着天文历法、医方、工艺等书籍和擅长

造纸等技术的人员，经过 3 年的长途跋涉，到达拉萨与松赞干布和婚。70 年后，金城公主再次进藏，成为赤德祖赞的王妃。这是吐蕃王朝的鼎盛时期。8 世纪末，赤德松赞委任两名高僧为大相，开启了僧人参政的大门，吐蕃王朝逐渐成为僧侣专政的王朝。846 年，吐蕃王朝崩溃。

宋元明清时期　宋代，内地与青海东部的藏族部落来往密切，并联合抗击西夏，宋朝势力触及高原。1206 年，成吉思汗建立了强大的政权，并向外扩张至高原；1246 年萨迦派领袖八思巴称臣于蒙古，并借助蒙古武力夺取了藏区的统治地位。从此，藏区成为中央政府下属。1260 年元朝册封萨迦寺寺主八思巴为国师，藏区就此开始了"政教合一"体制，并一直延续至西藏和平解放之前。

明、清王朝继续对藏区实行统治。清朝雍正年间，开始派驻藏大臣，并设驻军，首创"金瓶掣签"制度，对达赖、班禅实行册封，这加强了中央的统治地位。

民国时期　民国政权对青藏地区的统治相对较松散，西藏继续沿袭政教合一的农奴制度。

中华人民共和国时期　1949 年中华人民共和国成立。1951 年 5 月，达成《中央人民政府和西藏地方政府关于和平解放西藏办法的协议》，西藏和平解放。之后解放军分兵四路入藏，并于 1952 年年底在拉萨会师。

1959 年，西藏旧政府背信弃义，挑起事端，被中央人民政府迅速平息。1965 年，正式成立西藏自治区，实行民族区域自治。改革开放以后，随着对口支援、西部大开发政策的实施，藏区的政治、经济、社会和文化取得了举世瞩目的发展。

左：官殿建在山崖上，是西藏神山崇拜的信仰的体现，是为了人间与天上的沟通，为了呼应神灵的召唤，为了让精神世界找到安顿的处所。雍布拉康——西藏历史上第一座官殿，据说最初为苯教徒所建，是第一代藏王的官殿，后来五世达赖将其改建为寺院，成为许多高僧大德的修行之地。建筑本身规模并不大，但借助于高耸的山势，也显巍峨挺拔，气势雄伟，成为西藏山崖式建筑的典型代表。周焰摄

青藏高原的宗教与民俗

宗教 7世纪前，藏民族一直崇尚土生土长的苯教，崇拜自然，信仰万物有灵。7世纪，佛教传入藏区，经历多次兴衰，最终在10世纪后半叶形成独具民族特色的藏传佛教。11世纪以后，藏传佛教陆续形成不同的派别，包括萨迦派、宁玛派、噶当派和噶举派。其中，因受到元朝统治者的支持，萨迦派曾是藏区占统治地位的宗教势力。现在，藏传佛教依然深植于藏民族的精神和文化之中。

寺庙是藏族民众的宗教活动场所，青藏高原有大大小小的寺庙2000多座。每一座寺庙，都供奉有释迦牟尼等众神佛像，并住有活佛和僧人。藏民的家中一般都设有佛堂，并在门前或房顶挂有经幡。朗念经书和转动经筒是他们最普遍的日常宗教活动。

雄浑厚重的高原自然景观，孕育了与之相应的独特文化与习俗。

服饰 肥腰、长袖、大襟、右衽、长裙、长靴和富有夸张色彩的金银珠玉佩饰，是藏族传统服饰的基本特征。其特点是厚重保温，白天阳光充足、气温升高，则可以脱袖露臂。长袍的胸前，留有一个突出的空隙，酷似袋子，可存放糌粑、茶叶和饭碗。

食物 高寒作物青稞是藏区人民的主食。炒熟之后可磨制成粉，制成糌粑；也可用来酿制美酒。新鲜的牛乳以及从牛乳中提炼出的酥油，也是藏民族所爱。在沏开的砖茶中加酥油拌匀，就是著名的酥油茶。糌粑拌酥油茶，便可食用。风干的牦牛肉，也是藏区独特的美食。

民居 结构端庄稳固、色彩对比强烈、风格质朴豪放，是高原石砌民居的典型特征。不过，在高原东南部，轮廓精美的木质房占据优势；而在高原西北部，结构简单、拆装方便的帐房，则是游牧民的主要居所。

葬礼 藏族的葬仪分塔葬、火葬、天葬、水葬和土葬五种，并且等级森严，界限分明。塔葬是最高贵的一种丧葬方式，专属大德高僧或王族；活佛或达官贵人则实行隆重的火葬，骨灰撒于高山或河流；天葬和水葬是普通百姓最常用的丧葬方式，通过鸟或鱼超度灵魂；土葬比较少见。

历史遗迹 神秘的高原，有众多象征灿烂文明的历史遗迹。

古象雄国的遗址：位于那曲尼玛县。象雄是西藏早期的古国，苯教的发源地，疆域中心位于现今阿里地区。吐蕃崛起后，象雄逐渐衰落。象雄文化是西藏的根基文化，是佛教传入西藏以前的先期文明。

古格王朝遗址：位于阿里札达县象泉河畔的土林之上，10世纪中叶至17世纪初叶吐蕃王朝晚期的古格王朝的遗址，众多秘密深锁其中。

布达拉宫：耸立在西藏拉萨市红山之上的宫堡式建筑群，是松赞干布为纪念文成公主入藏和亲兴建。气势雄伟，有横空出世、气贯苍穹之势，体现了藏族古建筑迷人的特色。

右：当太阳升起，金色的光芒照在布达拉宫上。布达拉宫是西藏最庞大、最完整的古代宫堡建筑群，最初为吐蕃王朝赞普松赞干布兴建。它曾是世系帝王的宫殿，后成为宗教领袖达赖喇嘛的住所，为藏传佛教的圣地和政教合一的统治中心

A	
B	C
D	E

A：青藏高原的山间、路口、江边、湖畔，随处可见玛尼堆，寄托着藏族人民的理想和希望。徐永春摄

B：高原海拔高，气温低，对农业生产不利。但同时，高原多晴天，辐射强，日照长，则又有利于农作物生长。适应高寒环境的青稞是高原的主要粮食作物，种植历史约3500年，已经从物质文化延伸到精神文化领域，成为高原独特的文化特征

C：将青稞晒干炒熟后磨细制成炒面，就是青藏高原代表食物糌粑了。糌粑营养丰富，携带方便。吴岚摄

D：酥油是从牛奶、羊奶中提炼出的脂肪，不仅是高原的代表性食物，也是宗教文化的重要载体，一盏盏酥油灯，传达着信徒无限的虔诚和祈祷，千姿百态的酥油花更是藏传佛教的艺术结晶。马宏杰摄

E：砖茶被加工成许多不同的品种，最常见的有酥油茶、甜茶和清茶。吴岚摄

青藏高原的人类文化

青藏高原的鸟类多样性

——因独特的演化历程而绚丽

青藏高原鸟类多样性的格局

■ 生物多样性有三个层次：遗传多样性、物种多样性和生态系统多样性
■ 生物多样性是自然选择的结果
■ 中国是鸟类多样性最高的国家之一
■ 青藏高原是中国鸟类多样性最丰富的区域

生物多样性的定义和演化历史

生物多样性的概念于 1986 年被首次提出。狭义上，指一定区域内物种的集合；广义上，指自然生态系统中，从基因到个体、种群、群落及其之间相互联系、相互作用方式的总和。因此，生物多样性是维持生态系统平衡的基础。人们已经充分认识到，生物多样性具有不可估量的生态、经济、科学、教育、文化、伦理和美学价值，保持生物多样性对人类自身的生存和社会的可持续发展至关重要。

地球上原本没有生命，生命是在漫长的时间历程中形成和发展的。

45 亿年前，地球诞生。

38 亿年前，地球深处喷发出大量水蒸气，遇冷形成倾盆大雨，把地壳表面的物质 C、H、O、N 带入海洋，这些元素合成 CO_2、甲烷、氨等，在紫外线、宇宙射线作用下,它们形成有机大分子，包括蛋白质、核酸。

35 亿年前，有机大分子在海洋里合成原始生命——单细胞原核生物，由此，拉开了壮丽的生命演化序幕。

大约在 5.5 亿年前，地球上的生物多样性经历了一次大幅度的增加，人们称之为"寒武纪大爆发"。随后的几亿年间，地球环境历经沧桑，各种生物类群兴衰起伏。当前，地球处在新生代第四纪全新世时期。

生物多样性通常包括三个要素：

遗传多样性。任何一个物种都携带着大量遗传基因，不同个体间基因构成上的差异就是狭义的遗传多样性。广义上，遗传多样性是指一定区域乃至整个地球上生物所携带的各种遗传信息的总和。在长期演化过程中，遗传物质的改变是遗传多样性形成的根本原因，包括染色体数目和结构的变化，核苷酸的变化和基因重组。因此，遗传多样性是生命进化的基础。

物种多样性。物种是生命存在的基本单位。物种多样性是一定区域内动物、植物、微生物等有机体的丰富程度，这是生物多样性的核心。有三个指标可以描述一个地区的物种多样性，即物种总数、物种密度和特有种比例。

生态系统多样性。生态系统是各种生物与其周围环境所构成的自然综合体，其中各物种之间、各物种与环境因子之间相互联系、相互作用。生态系统的功能在于维持地球上各种化学元素和能量

上页图：棕尾虹雉。
左凌仁摄

左：候鸟是青海湖最长久的居民，而青海湖也是候鸟迁徙的重要栖息地。每年3～5月，候鸟回到青海湖畔或湖中的小岛繁殖，为寂静的青海湖增添无限生机。葛玉修摄

自然选择：生物进化的机制

物种进化的基本途径是：变异+选择+适应=进化。其机制可以概括如下：

1. 在自然界，有机体所产生的子代数远远大于能够存活下来的数量。可是，生物的个体数量并没有按几何级数增加，这是由于存在繁殖过剩引起的生存竞争。

2. 生存竞争包括种内竞争和种间竞争。最剧烈的竞争一般发生在同种个体间，因为它们居住的地域相同，食性相同，遭受的生存威胁也相同。

3. 个体间存在的表型和遗传特征变异，导致个体间生存机会的差异。有的特征适应生存环境，有的则不适应。

4. 适者生存，并可把其适应特征传递给后代，不适者将被淘汰。

5. 通过长期的自然选择，变异被定向积累，逐渐形成新的物种。

在各组分之间的流动。生态系统的多样性是指生态系统组成和功能的多样性以及各种生态过程的多样性。

那么，为什么地球上的生物在形态、行为和生态上呈现得如此丰富多彩？

这是由于自然选择的结果。

在同一生物群落里，不同物种在身体结构、生理功能和生态行为上都存在差异，这些差异的本质源于遗传基因的差异。在物种形成初期，这些差异并不明显。为了应对特定的环境和减少生存竞争，有机体的性状产生分化以有利于占据不同的生态位，从而得以共存。

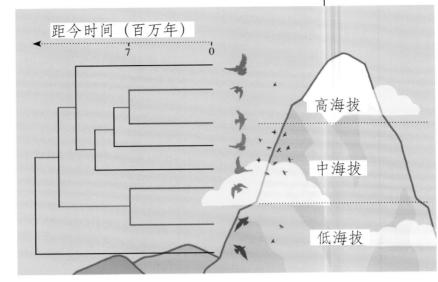

自然选择影响生物演化的例证——达尔文雀：

达尔文雀是一群生活在加拉帕戈斯群岛和科科斯群岛的近缘雀鸟，共有18种。种间最明显的区别是喙的大小和形状，为了避免食物竞争，自然选择导致它们的喙发生了显著分化。普林斯顿大学的Peter Grant夫妇在加拉帕戈斯群岛工作了40年，其研究成果使达尔文雀成为适应辐射与物种形成的经典范例。

最近，科学家通过分析基因组序列发现，不同达尔文雀间的基因流频繁，这在维持遗传多样性、促进物种进化中起着突出作用。科学家还表明，在脊椎动物颅面发育中起着关键性作用的ALXI基因的变异，是导致达尔文雀种间喙型差异的遗传基础。

适应辐射（adaptive radiation）——生命自会找到出路

一个祖先种的不同种群在开拓新的生活环境过程中，在表型和遗传上迅速适应不同的生态位以减少竞争，从而发展为不同的新物种，这个过程就是适应辐射。

上：东喜马拉雅地区有着非常高的鸣禽多样性。在10 000 km² 的区域内，有358个物种。这些体重在5～950 g的物种，分布在多样的气候区，从近热带季雨林到寒冷的高山针叶林。鸟类学家Price及其合作者的一项研究指出，一个地区物种多样性的决定性因素是新的生态位被占据的速度，而并非生殖隔离形成新物种的速度。一个物种的形成通常需要300万年，而相似物种达到共存则平均需要700万年。Price et al，2014

右：鸦科鸟类是适应性非常强的鸟类，被公认为最聪明的鸟类，图为青藏高原集群的红嘴山鸦。彭建生摄

中国的生物多样性

中国是地球上生物多样性最丰富的国家之一，在全球12个"巨大多样性国家（megadiversity nations）"中，位居第8，为北半球国家之首。其原因在于：

环境多样，物种丰富　中国地处北半球欧亚大陆东部，960万 km² 的辽阔地域上，地势起伏，气候多变，奠定了生物多样性丰富的基础。

从南向北，气候经历热带、亚热带、暖温带、温带、寒温带。植物群落经历热带季雨林、亚热带常绿阔叶林、暖温带落叶阔叶林、温带针阔叶混交林、寒温带针叶林。

在北方，针阔叶混交林和落叶阔叶林向西依次更替为草甸草原、典型草原、荒漠化草原、草原化荒漠、典型荒漠和极旱荒漠。

同时，中国的淡水和海洋生态系统类型十分齐备。

就动物地理而言，中国地跨古北、东洋两界，这在世界上绝无仅有。

区系起源古老，特有类群众多　中生代末中国大部分地区已上升为陆地，第四纪冰期又未遭受大陆冰川的影响，因此孕育了许多特有的生物类群。高等植物中，中国特有种 17 300 个，占总数的 57%；581 种哺乳动物中，特有种 110 个，占 19%。特别是白垩纪、第三纪的古老残遗成分得以幸存。如松杉类植物，世界现存 7 个科中，中国有 6 个；动物中，则有大鲵、扬子鳄、大熊猫、白鳍豚等古老孑遗物种。

左：中国拥有许多古老孑遗物种，银杏就是其中的代表

右：中国特有鸟类黑颈鹤是世界上唯一在高原上繁殖的鹤类。奚志农摄

中国的鸟类多样性

在动物分类体系里，鸟类属于脊索动物门、脊椎动物亚门下的一个纲——鸟纲 (Aves)。

鸟类最早出现在中生代侏罗纪，由爬行动物演化而来。世界上现存的鸟类有 10 000 种左右。据估计，历史上曾经存在过的鸟类达 10 万种之多。

鸟类遍布地球各地，热带地区物种多样性最高，亚热带、温带和寒带依次下降。

中国的鸟类精彩纷呈，是世界上鸟类资源最丰富的国家之一。现有鸟类 1371 种，占世界鸟类物种总数的 14%。显然，这是中国多样的环境和独特的自然历史造就的必然结果。

中国鸟类区系包含 7 个大区和 19 个亚区，其中古北界 4 个大区 10 个亚区，东洋界 3 个大区 9 个亚区。

利用经纬线把中国划分为 59 个 5°×5° 的小区，统计各小区内鸟类种数并除以小区面积，发现，中国鸟类物种密度最高的区域集中在横断山脉和东喜马拉雅，而青藏高原西部物种密度最低。

界	区	亚区	合计
		中国鸟类地理区划和物种组成（加深部分为青藏高原地区）	
古北界	I 东北区	I A 大兴安岭亚区	301
		I B 长白山亚区	397
		I C 松辽平原亚区	378
	II 华北区	II A 黄淮平原亚区	468
		II B 黄土高原亚区	556
	III 蒙新区	III A 东部草原亚区	394
		III B 西部荒漠亚区	494
		III C 天山山地亚区	372
	IV 青藏区	IV A 羌塘高原亚区	194
		IV B 青海藏南亚区	499
东洋界	V 西南区	V A 西南山地亚区	793
		V B 喜马拉雅亚区	474
	VI 华中区	VI A 东部丘陵平原亚区	595
		VI B 西部山地高原亚区	610
	VII 华南区	VII A 闽广沿海亚区	679
		VII B 滇南山地亚区	866
		VII C 海南岛亚区	372
		VII D 台湾亚区	482
		VII E 南海诸岛亚区	30

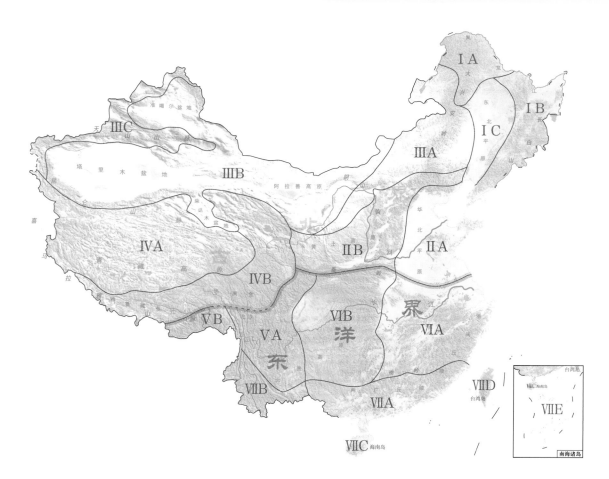

中国动物地理区划：

蒙新区气候干旱，植被以草原和荒漠为主，鸟类的典型代表有大鸨、毛腿沙鸡、沙百灵等

青藏区气候属高寒类型，植被包括高山草甸、高山草原和高寒荒漠。动物区系贫乏，鸟类有雪鸡、雪鹑、藏雀等，为高原独特的种

西南区气候变化很大，植物垂直分布明显。鸟类以雉类和鹛类最多

华中区气候温和，雨量充沛，有古北界的灰喜鹊和攀雀等，也有东洋界的山椒鸟、啄花鸟等

华南区气候炎热多雨，主要为热带雨林和季雨林。许多热带种类如鹦鹉、犀鸟、太阳鸟等生活在那里

青藏高原高山裸岩地带的雪鹑，几乎与背景融为一体。王楠摄

在脊椎动物进化史上，鸟类占据重要地位

• 首次在动物界出现高而恒定的体温，从而保证稳定的新陈代谢水平。鸟类的身体结构产生了相应的适应；双重呼吸，气体交换效率高；完全的双循环，心率高、血压高、心脏比例大，循环效率高；体表被羽，绒羽保温；下丘脑体温调节中枢。

• 有飞翔能力，可主动适应多变的环境，拓展生存空间；鸟类适应于飞行的身体结构体现在：前肢特化成翼，体表被羽毛，身体呈流线型，骨骼坚固、轻便且多有愈合。

• 提高后代的存活力，主要通过完善繁殖方式得以实现，包括造巢、孵卵、育雏。

青藏高原鸟类多样性的特征

青藏高原共有鸟类 758 种，占中国鸟类总数的 50% 以上。地理位置特殊、地域辽阔、生境类型丰富和气候多样是决定中国鸟类物种丰富的主要因素，这也同样适用于青藏高原鸟类。可以从水平分布和垂直分布两个方面来看青藏高原鸟类多样性的空间特征。

水平分布

青藏高原地跨古北界和东洋界两大动物地理界。在中国动物地理区划中，前者对应青藏区，包括羌塘高原和青海藏南两个亚区，动物区系贫乏；后者对应西南区，涵盖西南山地和喜马拉雅两个亚区，是中国生物多样性最丰富的地区。尽管青藏高原的东洋界面积远小于古北界，但其鸟类物种数却占整个高原的 80% 之多。古北界的动物多为高原草原荒漠物种，东洋界则以热带森林动物群为主。

国际鸟类保护组织划定了地球上的重点鸟区（important bird area）和特有鸟区（endemic bird area）。中国确定了 501 个重点鸟区，占亚洲重点鸟区总面积的 50%。就中国重点鸟区的地理分布来说，分布在青藏高原的有 92 个；中国的特有鸟区有 13 个，青藏高原占据 7 个。

高原东南部的东喜马拉雅地区，热带常绿季雨林中的鸟类最富有东洋界色彩。橙腹叶鹎、红耳鹎、金头穗鹛、银耳相思鸟、古铜色卷尾、长尾缝叶莺、纹背捕蛛鸟、翠金鹃、短嘴金丝燕，不胜枚举。东自墨脱，西抵错那一带，山高峡幽，常绿阔叶林是诸多雉科物种如红喉山鹧鸪、灰腹角雉、黑鹇的乐园；各种噪鹛、奇鹛、雀鹛、希鹛、斑翅鹛，也是这里的原住民。但在高海拔的地方，则是以雪鸽、雪鹑、马鸡、血雉、鹩鹛、黑翅拟蜡嘴雀为代表的古北界物种的栖息地。

高原东南部的横断山脉低海拔地带，分布有面积广阔的山地亚热带常绿阔叶林和针叶林，其中的代表物种有楔尾绿鸠、大绯胸鹦鹉、黄嘴蓝鹊、斑文鸟、太阳鸟及许多鹛类。在中海拔和高海拔地带，落叶阔叶林、针阔叶混交林和以云杉、冷杉为主的暗针叶林构成的植被郁郁葱葱，为鸟类提供了重要的栖息环境。这里的物种多样性更加丰富，是中国鸟类物种最丰富的地区之一，也是中国特有鸟类分布最集中的区域之一，有斑尾榛鸡、雉鹑、红腹锦鸡、绿尾虹雉、黑头噪鸦、凤头雀莺、橙翅噪鹛等众多特有种。

高原北部的祁连山地区覆盖着茂密的阔叶林和针叶林，是众多古北种的家，比如斑尾榛鸡、雉鹑、雪鸽、银喉长尾山雀；而东洋种却十分稀少，只有橙翅噪鹛等少许种能延伸至此。

雅鲁藏布江中游高山地带，是以蔷薇、小檗、锦鸡儿、香柏以及藏白蒿为优势种的灌丛。这里的鸟类以古北种高山金翅和朱雀为代表，但也能见到一些东洋种，如大草鹛、灰腹噪鹛。

高原西北部的羌塘和可可西里面积广袤，气候严寒干燥，高山草甸植被占据优势。这里难见东洋种的踪迹，而成为藏雪鸡、西藏毛腿沙鸡、渡鸦、地山雀、角百灵、花彩雀莺、岩鹨、朱雀、雪雀等古北种的天堂。

左：青藏高原东南部的鸟类富有东洋界色彩，这里是鹛类的乐园。图为山南地区的纹喉凤鹛。曹宏芬摄

右：青藏高原北部生活着许多古北界物种，西藏毛腿沙鸡就是其中的代表。曹宏芬摄

青藏高原鸟类多样性的格局

垂直分布

上：高山稠密连片的草甸、灌丛之上，雪线之下，是一片接近荒芜的地带，岩石嶙峋，气候恶劣，只有少数动物能生活在那里，其中包括雪鹑和雪鸡。张瑜绘

下：东喜马拉雅鸣禽物种丰富度的垂直分布和节肢动物作为其食物资源量的垂直分布。Price et al. 2014

因为气候、植被等鸟类赖以生存的环境因子沿着海拔梯度呈现有规律的变化，鸟类的物种丰富度也同样发生变化，递减和中峰是两种基本的模式。青藏高原巨大的海拔梯度，为探索这种模式形成的原因提供了很好的机会。

在青藏高原，鸟类的物种丰富度通常在中海拔最高。例如，东喜马拉雅鸣禽的峰值在 2000 m 上下；横断山地区在 800～1800 m，其中，非特有和特有种分别在 600～1500 m 和 2200～2800 m。在

珠穆朗玛峰自然保护区南坡，海拔 3100 m 以下东洋种占优势，3100～4000 m 古北种与东洋种相当，而 4000 m 以上则是古北种占优势。据此认为，3100～4000 m 是古北界和东洋界的分界线。东洋种的丰富度沿海拔上升是单调递减，古北种的丰富度则在中海拔最高，广布种的变化趋势不甚明显。

那么，导致这种垂直变化的原因是什么呢？

对于东喜马拉雅鸣禽，研究者认为，由于节肢动物作为这些鸟类的重要食物，在中海拔的春天会爆发式出现，从而导致物种向中海拔聚集。鸡类包含东洋和古北两个区系成分，前者更适应比较低的海拔，绝大多数在 4000 m 以下；后者则喜欢比较高的海拔，大都在 3000～5000 m。在这两种成分相遇的中海拔，物种就会更多。鹛类主要是东洋界类群，中海拔地带的植被状况更为适合这些鸟类生存。研究者还认为，鹛类起源于中海拔地区，进化过程中，首先向低海拔分化，发展出一些适应低海拔的物种，接着向高海拔分化，发展出一些适应高海拔的物种。

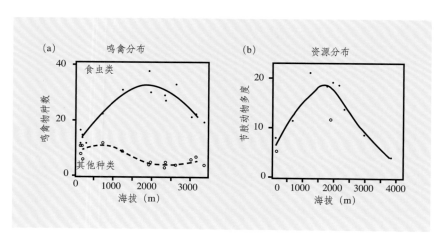

青藏高原鸟类的演化与适应

■ 第四纪冰期对青藏高原鸟类多样性的格局有深刻影响
■ 青藏高原的鸟类在遗传、生理、形态和生态方面表现出对高海拔生活的适应
■ 青藏高原是观看物种演化的理想舞台

青藏高原鸟类的演化历史

在青藏高原还是一片汪洋大海的晚二叠纪，也就是 2.25 亿年前，地球上还没有鸟类。三叠纪晚期，鸟类诞生，经过侏罗纪到 7000 万年前的白垩纪，现代鸟类的各个目已经出现。古生物学家在祁连山腹地玉门白垩纪早期的地层中，发现了一种长脚的涉禽化石，虽然那时古地中海依然占据青藏高原大部分地区。晚中新世，甘肃临夏生活着一种鸵鸟，表明那里曾经是森林－草原环境。第三纪上新世的青藏高原，气候温和多雨，酷似现今的亚热带条件。

始于第三纪上新世的青藏高原强烈隆起，使得生态环境发生了剧烈变化，气候变干、变冷、多风，森林退化并为灌丛和草原所取代。与此同时，第四纪更新世冰期的进退，加剧了这种环境变化，导致物种栖息地和生态位的相应变化。这些，对物种的形成和演化产生了深刻影响，使得包括鸟类在内的青藏高原生物多样性的演化道路格外引人注目。

青藏高原的冰期

欲深入理解青藏高原鸟类的演化历史，就需要了解其冰期历史。

大冰期，也称冰河时代（ice age），是指地球上气候寒冷、冰川作用强烈的地质时期。现在，地球上冰川的总面积是 1497 万 km^2，占陆地面积的 10%。但在冰河时代，极地冰盖扩大，向中、低纬度地区蔓延；同时，高山冰盖扩大，向低海拔蔓延。因此，大冰期时，冰川面积是现在的很多倍。不过，气候转暖，大地复苏，盛极一时的冰川也会逐渐退却，以致冰期与界于两次冰期之间的间冰期轮换登场。

在地球几十亿年的演化历史上，经历过至少 3 次全球性大冰期，周期约 3 亿年一次。

第一次：前寒武纪末期大冰期，约 6 亿年前，当时地球上的生物还很贫乏。

第二次：石炭纪—二叠纪大冰期，约 3 亿年前，主要发生在冈瓦那古陆。冰川退却之后，羊齿植物得到大发展。

第三次：第四纪大冰期，开始于 200 万～300 万年前的第三纪末，结束于 1 万多年前。那时，全球平均气温比现在低 8～15 ℃。披毛犀就是这一时期进化出来适应寒冷气候的代表物种。第四纪大冰期最盛时，许多地区冰层厚达千米，海平

左：青藏高原聚集了许多适应于高海拔极端环境的鸟类类群，研究这些物种的生活史和社会行为，可以增进人们对高海拔生态系统的理解。图为在青海湖畔繁殖的黑颈鹤。奚志农摄

走出青藏高原

披毛犀和猛犸象是第四纪冰期动物的代表。开始于10万年前的末次冰期，是这些动物最繁盛的时代。然而，随着1万年前冰期结束、暖期开始，它们灭绝了。

那么，冰期动物从何而来？

过去，人们一直在极地苔原上寻求答案，坚信冰期动物起源于北极，并由此逐渐迁移到低纬度地区。

2007年，中国科学院古脊椎动物与古人类研究所邓涛研究员领导的科考队，在西藏阿里地区札达盆地发现了披毛犀化石，一个最原始的披毛犀物种，其生活的年代要早于冰河时代。在发表于 Science 的论文里，他们推论，冰期动物极有可能起源于青藏高原，并由此走向极地。

进一步的证据表明，与披毛犀一样拥有巨大体形和厚重长毛的牦牛，也在更新世向北扩散，远至西伯利亚贝加尔湖，在北美阿拉斯加的更新世沉积物中，人们发现了藏野驴化石。

第四纪：人类诞生的时代

人类的演化经历了以下过程：

早期猿人（200万～175万年前）：在东非坦桑尼亚出现，可能是早期的直立猿人。

晚期猿人（100万年前）：直立猿人从非洲扩散，包括至中国，北京猿人为证。

早期智人（50万年前）：在非洲出现并迁移到欧洲。

晚期智人（25万～3.5万年前）：在非洲南部出现，逐渐分布到中东和欧洲。

现代人（3万～2万年前）：更新世晚期，通过白令陆桥进入北美洲并向南迁移。进入全新世后，分布到除南极洲以外的各个大陆。

绒布冰川，可从冰川的冰塔林遥望珠穆朗玛峰。李渤生摄

面下降了130 m，冰川面积占陆地面积的32%，整个北欧和北美都在冰盖之下。冰川消退，留下大规模的湖泊群，所以芬兰和加拿大才有"千湖之国"的称号。

第四纪曾经发生过4次冰期、3次间冰期。一般认为，现在的地球正处于间冰期。至于为什么会出现这种周期性的冰期，依然是地球历史的一个未解之谜。

在青藏高原，第四纪发生的冰期如下：

第一次：希夏邦马冰期 早更新世，青藏高原已经开始崛起。随着全球性气候变冷，高原一些地区进入冰期，其规模只限于喜马拉雅山个别高峰和念青唐古拉山东南麓。这些冰川对地形的影响不甚显著，青藏高原广大山地仍呈现浑圆状山岭和平缓的地形。其遗迹在希夏邦马峰地区保留最好，故名之。

希夏邦马冰期之后，全球气候转暖，进入了帕里间冰期。此时曾被冰雪覆盖的山坡重披绿装。

第二次：聂拉木冰期 中更新世，全球气候再度变冷，冰川广泛发育于青藏高原的高山地区，并大规模推进到山麓平原。这是青藏高原规模最大、范围最广的一次冰期，从青海南部扩展到西藏南部，有些冰川长达百余千米，有的堵塞江河谷地形成湖泊。

中更新世晚期，全球气候复暖，青藏高原冰川逐渐退缩，进入加布拉间冰期，这是第四纪持续最久的一次间冰期，平均气温比现在还高，流水侵蚀较强，把第四纪早期的浑圆山地切割成深谷。

第三次：吉隆寺冰期 进入晚更新世，青藏高原迎来吉隆寺冰期。此时高原已经崛起，阻挡了印度洋水汽的北进，因而冰川规模不及聂拉木冰期。

第四次：绒布寺冰期 吉隆寺冰期之后，也就是约10万年前，高原进入绒布寺冰期，其规模与前者相似。这次冰期大约延续了9万年，1万年前宣告结束。

第四纪大冰期与青藏高原鸟类演化

冰川规模对物种的演化历史具有重要影响。第四纪大冰期冰川的发育程度，在世界各大陆存在差异。欧洲大陆冰盖曾达48°N，北美更是到38°N，而亚洲只限于60°N。

那么，第四纪大冰期期间，青藏高原是否曾经完全被冰川所覆盖呢？

有两种观点：冰盖论和非冰盖论。

冰盖论主张，青藏高原更新世存在过连续的覆盖整个高原的大冰盖；非冰盖论则认为，第四纪期间冰川主要以大规模的山岳冰川方式发育，即使冰川最盛时期，也只是以高耸的山岭为中心，形成向外扩展的小型冰盖，而未形成统一的高原冰盖。更多的科学证据支持后一种观点。

坚冰覆盖大地的寒冷冰期，几乎没有生物能够生存。逃向没有冰盖的"避难地"，是动物们的唯一选择。东亚就是这样的"避难地"，因而保存了许多古老物种。在欧洲，阿尔卑斯山阻碍了物种南迁的脚步，许多物种因此消亡；所以，欧洲的生物种类比中国要少很多。

物种的分布与扩散历史，必然在其分子遗传结构上留下痕迹。科学家研究了青藏高原特有植物和动物的分子谱系地理格局。他们使用分子钟界定类群的分化时间，并把这个时间与高原的地质事件特别是冰期的发生联系起来，分析不同居群的基因流；通过遗传多样性指标，他们寻找物种的避难地，推测种群在冰川退缩期和间冰期的扩张路径。

研究表明，物种分化与第三纪末—第四纪高原的强烈隆起相一致，而种群扩张与第四纪冰川的进退相一致。这里，用雪雀的谱系历史可以说明这种方式。不过，一些物种，比如朱雀，物种分化的时间被估计在1000万～700万年前，也就是早中新世高原尚未强烈隆升之前。在东喜马拉雅地区，许多姐妹物种的分化时间被推测是在710万年前。

青藏高原物种分化与种群扩张的时间 （通过分子钟推测）		
物种	物种分化时间 （百万年前）	种群扩张时间 （百万年前）
雉鹑	1.94～1.88	—
高原山鹑	3.63	—
血雉	2.49～1.20	—
藏雪鸡	0.046	—
喜马拉雅雪鸡	0.98	0.47～0.26
地山雀	9.9～7.7	0.20～0.03
大山雀	2.09～0.84	0.13～0.02
绿背山雀	0.10～0.04	0.06
橙翅噪鹛	0.11	0.13
赭红尾鸲	7.03～1.59	—
雪雀	2.50	0.15
白腰雪雀	2.50～2.00	0.22～0.05

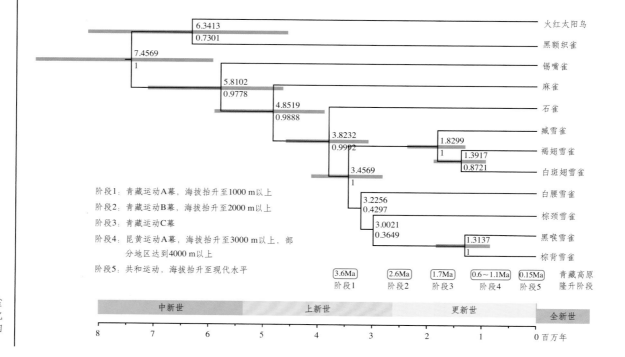

阶段1：青藏运动A幕，海拔抬升至1000 m以上
阶段2：青藏运动B幕，海拔抬升至2000 m以上
阶段3：青藏运动C幕
阶段4：昆黄运动A幕，海拔抬升至3000 m以上，部分地区达到4000 m以上
阶段5：共和运动，海拔抬升至现代水平

雪雀的分子谱系树。可见青藏高原的雪雀种群扩张与物种分化历史与冰期的发生相一致

第四纪冰期对鸟类演化影响的程度：亚种水平

科学家分析了北美63种鸟类体内线粒体DNA的遗传特征，发现37个物种显示种内的深度谱系分支，而这些分化事件的76%发生在晚更新世；相比而言，物种种间的分化时间更早，推测在上新世之初。

第四纪冰川运动和气候变化对青藏高原鸟类的演化历史影响深远

鸟类学家从不同地点搜集物种的组织样品，提取DNA，呈现其序列结构并进行比较，确定同一染色体上多个基因座上决定同一性状等位基因的组合即单倍体基因型的地理分布式样，建立单倍型的系统发育关系，重建物种过去种群的变迁历史。

研究发现，第四纪冰期分布于高原腹地的鸟类，冰川前进时扩散到东部边缘的避难地，而在冰川后退时，又向高原腹地扩散。相反，分布于高原边缘地区的鸟类，其分布地没有被冰川所覆盖，种群保持在一个相对稳定的水平，没有经历过瓶颈、扩张等剧烈的种群波动。

青藏高原鸟类的演化与适应

高原东部和东南部边缘　青藏高原东部边缘可能是物种在第四纪冰期的避难地，因而也是间冰期种群扩散的起始地。由于在冰盖区和避难地之间往复多次的种群迁移，青藏高原广布种的不同种群之间，基因交流频繁，种群间遗传结构具有相似性，呈现"你中有我，我中有你"的奇妙现象。同时，这些地区的鸟类也与北方森林的鸟类发生交流。

不同鸟类物种在高原东部边缘避难地的分布有所不同。各种地雀在冰期的避难地大而连续，以致整个高原种群的遗传分化很弱；而地山雀在冰期分别处于两个独立的避难地，两个避难地的种群表现出遗传分化；橙翅噪鹛有 3 个、血雉有 4 个不同的避难地。如果避难地发生分离，地理隔离会造成种群分化，有利于新亚种乃至新种的形成。

东喜马拉雅也可能是物种在冰期的避难地，接纳了来自不同地区的避难种群，成为保持遗传多样性的博物馆。这些种群被山脉系统和生态小区所隔离，导致遗传分化，乃至亚种形成，因此这里成为遗传多样性的发源地。有观点认为，东喜马拉雅地区最早的物种，比如一些古北界柳莺，大多是从东部地区迁移到喜马拉雅地区，在这里继续进化。

高原东部和东南部边缘与东南亚低地的比较　第四纪发生的数次冰期，造成了海平面的上升和下降，使得菲律宾群岛、中国台湾岛与大陆几度分合。在冰期海平面下降的时候，一些青藏高原的物种到达中南半岛乃至中国台湾岛和菲律宾群岛；冰川退却，气候复暖，动物种群向高原扩张，重新回到以前生活的地方，再次繁荣昌盛。其中，一些高原物种留在东南亚，占据这里的高山地带，并演化成为新的物种。也就是说，东南亚鸟类区系，既包括该地区的土著物种，也有喜马拉雅物种的影子。典型的例子是中国台湾的雉类，台湾山鹧鸪、蓝鹇、黑长尾雉都可以在中国华南和西南找到自己的亲戚；一些中国台湾特有亚种，比如白眉林鸲、黑喉鸦雀和酒红朱雀，其大陆的近亲分布在千里之外的西南山地，说明它们之间存在某种密切的历史渊源。

相比之下，亚洲南部的热带鸟类似乎没有经历冰川的影响，许多种类几十万年来种群数量一直保持稳定，没有经历扩张现象。

高原腹地　朱雀、雪雀等一些现今生活在高原腹地的特有物种，在高原强烈隆升前就已经分化，随着第四纪气候的剧烈变化，这些物种产生了特殊的适应；同时，它们也逐渐向高原以外的地区扩张，包括中亚高地、蒙古高原，以致高原腹地被看作这些物种的起源中心。冰期动物披毛犀化石在高原的发现，支持这个观点。

白鹇是蓝鹇的近缘种，后者是只分布在中国台湾的特有鸟类，而白鹇则出现在青藏高原，这样的渊源揭示出冰期对青藏高原鸟类扩散与演化的影响。沈越摄

青藏高原东部边缘可能是第四纪冰期的物种避难地，避难地的分离与种群分化相关，血雉有4个不同的避难地，从而形成了多个亚种。图为四川帕姆岭的血雉。贾陈喜摄

青藏高原鸟类的演化与适应

高海拔条件下鸟类的生存适应

有机体的形态、生态、行为、生理和遗传等特征，都是特定环境条件下自然选择的结果。青藏高原作为世界上海拔最高的高原，寒冷的气候、稀薄的空气等严酷的条件，成为重要的选择压力，驱动包括鸟类在内的有机体产生相应的生存适应，有些甚至成为高海拔的特化者。

应对低氧：生理适应及其分子机制

一个沿着海拔梯度系统变化的环境因子是氧分压。在青藏高原许多地区，氧分压不到海平面的50%。如何更有效地获取空气中低含量的氧气来支持对新陈代谢要求很高的飞行运动，是高海拔鸟类面临的一个严峻挑战。

生活在青藏高原的鸟类如何应对这一难题呢？这个问题激发了人们的探索兴趣。迄今了解最多的物种是斑头雁，因为这种鸟类在迁徙时要飞越珠穆朗玛峰。与低海拔水禽相比，斑头雁已经进化出各种应对低氧环境的生存策略。

给骨骼肌和心肌提供更多的氧，这些肌肉也相应有更丰富的毛细血管，更多的线粒体和更大的氧化纤维比例。

肺更发达，呼吸更深，增加了对氧的摄入。

控制血红蛋白的一个单核苷酸位点发生突变，使其携带氧气分子的能力得到提高。

另外，中国科学家完成了对青藏高原特有物种地山雀的基因组测序，并解析其适应低氧环境的分子机制。结果发现，地山雀低氧适应及能量代谢相关的基因发生了快速进化，诸多能量代谢相关的基因都位于脂肪酸代谢的通路上，以及与低氧直接相关的通路上。相比之下，高海拔大山雀基因组中，与能量代谢相关的基因主要集中在碳水化合物相关的代谢通路上，与低氧适应的通路及相关基因也与地山雀有所不同。

A：斑头雁与低海拔的加拿大雁在不同氧分压下，血氧饱和度比较。Scott，2011

B：斑头雁心肌毛细血管密度与两种低海拔雁的比较。Scott，2011

C：飞越雪山的斑头雁。彭建生摄

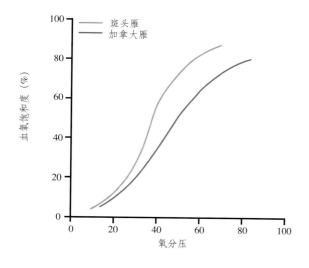

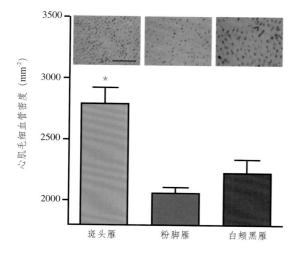

基因组研究揭密动物对高海拔适应的分子机制

　　高通量测序技术的进展，使得分析不同海拔种群或种的基因组变异以寻求适应高海拔的基因更加可行。比如，通过对藏族人群和低海拔汉族人群基因序列的比较，科学家发现，低氧诱导因子EPAS1是藏族人群中受到最强自然选择的基因；古老的、已灭绝的丹尼索瓦人或其近亲的基因渗入，可能使藏族人更快地适应了高海拔地区的缺氧环境，说明基因交流能帮助人类快速适应极端生存环境。

上：同样适应高海拔的藏雪鸡和藏族人。吴秀山摄

下：鸟类的飞行高度。Scott, 2011

应对低温和稀薄的空气：形态适应

　　海拔增加，气温下降。依据两个最普通的生态学原则——贝格曼定律和阿伦定律，我们可以推测，为了保存身体的热量，与低海拔相比，青藏高原的鸟类应当具有大的身体，短的翅、尾和腿，因为大身体的动物体表面积与体积之比小，从而热量散失少，而短的突出部位也可以减少热量的散失。但尚没有研究提供相关科学数据的证据。

　　海平面的空气密度是 1.21 kg/m³，海拔 4000 m 的地方只有 0.74 kg/m³，后者只有前者的 40%。低的空气密度增加了鸟类飞行时的能量消耗和空气动力学代价，使得扇翅上举所形成的作用力大打折扣。为应对这种不利的条件，自然选择让高海拔鸟类增加了翅膀的相对大小，从而降低飞行过程中的能量消耗；在运动力学方面，它们增加了扑翼飞行的拍动幅度。

　　高海拔鸟类的形态特征是不同选择压力作用的一个净结果。例如，身体大小和翅形态的变化，一方面需要应对热量保持的要求，另一方面也需要满足鸟类的飞行需求。此外，随着空气变得稀薄，通过对流而散失的热量以幂函数的方式减少。这在一定程度上抵偿了保持热量对增加身体大小和减少身体突出部分的要求。

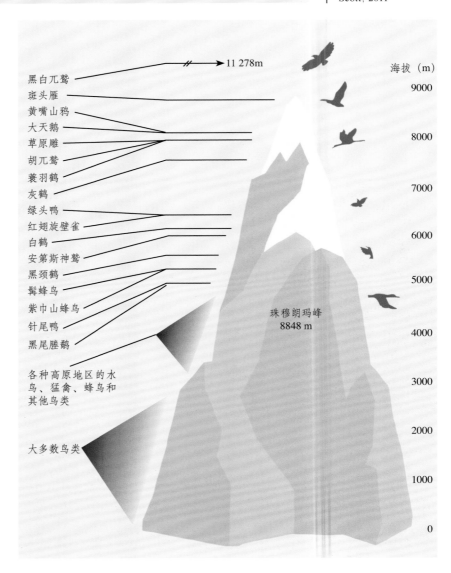

青藏高原鸟类的演化与适应

应对恶劣的环境：生活史响应

生活史是有机体在长期自然选择过程中所形成的、适应于环境的最适生存模式。

一个有机体的生命周期包括 4 个关键阶段，即生长、繁殖、衰老和死亡。在每一阶段，有机体表现出一系列决定这些过程发生的形态、生理和行为特征，例如性成熟年龄、繁殖投入、生殖力、后代的数量和大小、存活率和寿命等。

生活史特征的表达是自然选择的结果。影响其变异的选择压力来自环境，包括气候、食物、天敌、寄生虫等。随着环境不同，有机体的生活史会发生相应的变化，从而使得它们更好地适应环境。

生活史进化遵循两个基本法则：①自然选择导致适合度最大化；②对不同生活史事件的能量投入是权衡的结果。

有机体把从环境中获得的能量分配于各种生活史事件。在一个特定环境中，一个有机体所能够获取的总能量是有限的。因此，投入到某一生活史事件的能量增加，投入到其他事件的能量比重就必然减少。如何权衡，取决于特定的环境条件。

高海拔恶劣的环境，构成鸟类生活史进化的强烈选择压力。

通过比较在不同海拔繁殖的鸟类的生活史特征，研究者发现，与低海拔鸟类相比，高海拔鸟类每年繁殖次数较少，且窝卵数也少，因此，年生殖力低。高海拔鸟类的双亲对 1 个巢的投入要大于低海拔的双亲，因为它们花费更长的时间孵卵和育雏。它们对育雏工作十分卖力，特别是雄性会承担更多的照顾任务。最终，高海拔鸟类的后代存活率更高，从而补偿了低的年生殖力，说明高海拔鸟类把更多的能量投入到后代质量而不是后代数量上。这种策略，显然是对高海拔严酷的气候、贫乏的食物和短的繁殖时间的一种适应。

研究者选择青藏高原 30 多种鸟类，与它们的低海拔同种或近缘种比较，发现高海拔鸟类每年产的窝数少，且每个窝的窝卵数也较低，但它们的卵体积要大，说明对每一枚卵投入了更多的能量。依据生态学理论，沿着海拔梯度，鸟类的生活史策略从 r 选择朝向 K 选择演变。

左：黑颈鹤在藏语中称"格萨尔达子"，被视为神鸟。它是青藏高原体形最大、寿命最长（至少40余年）的禽类，极为适应高原生活。通常每窝产卵2枚，偶尔仅产1枚。卵的大小达到（102～108）mm×（61～63）mm，重209～234 g。图为黑颈鹤的一处地面巢，巢中有2枚卵。张静摄

右：青藏高原与中国低地鸟类生活史参数的比较

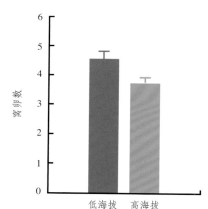

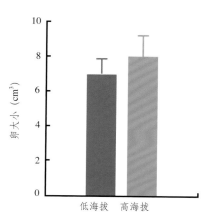

青藏高原鸟类的研究和保护

——中国鸟类学家的责任

青藏高原鸟类的自然历史研究

- 物种的自然历史是鸟类学和鸟类学研究之根
- 青藏高原的鸟类多样性丰富而独特，其自然历史具有独特的价值
- 青藏高原鸟类的自然历史我们知之甚少
- 青藏高原鸟类的自然历史研究是中国鸟类学家的责任和机遇

物种的自然历史

物种的自然历史是物种在长期自然选择过程中所形成的、适应于环境的生态和行为模式。显然，自然历史的核心就是物种在野外条件下的生命表现。鸟类自然历史信息的搜集和分析，是鸟类学和鸟类学研究之根本。遗憾的是，以数字化为特征的现代化社会和科学的发展，让人们逐渐远离野外，背离了这个根本。

物种自然历史的基本要素

物种的自然历史包括如下几个主要信息：

栖息地选择　不同物种有自己特定的繁殖栖息地、巢点、迁徙停歇地和越冬地的气候、植被等特征的需要，这些也是认识物种的最基本方面。

食物和天敌　食物是影响生命活动的关键因子，而捕食是生活史策略的重要选择压力，二者都影响种群动态。

繁殖参数　繁殖是有机体生命周期中最重要的事件，因此，与繁殖有关的参数受到最多的关注。鸟类的主要繁殖参数包括繁殖时间、繁殖季节长度、窝卵数、卵大小、孵化期、育雏期、雏鸟的生长和繁殖成功率。

社会行为　婚配制度、后代亲权分配、双亲照顾方式，这些是一个物种社会组织的基本信息。

种群动态　一个物种的种群数量在时间和空间上变异，对于迁徙的物种而言，还包括迁徙发生的时间和规模。

物种自然历史信息的价值

物种的自然历史信息不仅是构成一个特定地域自然环境特征的基本要素，而且是动物分类和系统学、进化生物学、生态学和保护生物学发展的基石。自达尔文以来，进化生物学和生态学理论的发展，都是建立在对有机体自然历史归纳和分析的基础之上，比如鸟类窝卵数理论，巢捕食压力下繁殖生活史进化理论。这些数据可以帮助我们理解有机体响应环境的机理，增进我们对生态系统结构与功能的认识。在应对全球气候变化、生态环境评价和生物多样性保护方面，物种的自然历史信息也具有重要价值。一些持续 20 年以上的长期研究已经表明，鸟类的繁殖时间在持续提前，这是全球温室效应的有力证据。

长久以来，世界各地的鸟类学家一直在不懈努力，搜集物种的自然历史信息。特别是在西方国家，关于动物自然历史的基础资料，已经有相当丰富的积累。

上页图：程斌摄

左：青藏高原的鸟类丰富而神秘，高原稀薄的空气、严酷的环境和复杂的地形为青藏高原鸟类的研究增加了难度，然而也正因为如此，对它们的研究具有其独特的价值，武汉大学教授卢欣对地山雀的研究就是一个典型的例子。图为一对相视而望的地山雀。朱晖摄

右：通过收集并分析物种的自然历史数据，人们归纳出不同生物响应环境变化的共同机理，推动了进化生物学和生态学理论的发展。图为在青藏高原繁殖的两种鹛类的卵，相对于在较低海拔繁殖的橙翅噪鹛（右图，杜波摄），繁殖海拔较高的灰腹噪鹛（左图，王琛摄）窝卵数较少，卵体积较大

青藏高原鸟类的自然历史

青藏高原鸟类自然历史：独特而神秘 青藏高原孕育着一个丰富多彩且特色鲜明的鸟类世界。可是，人们对这个世界的诸多秘密了解很少，甚至一无所知。本书所涵盖的 700 余个物种，能够详写者，也就是基本自然历史已被专门研究的那些，总共不过 20 个；只有简单的繁殖状态或偶遇鸟巢记述者，也就是简写物种，大约 50 个；而其他的 600 余种，也就是总数的 80%，人们没有任何关于它们在青藏高原自然栖息地的信息，其中就包括常见的麻雀、喜鹊。这不能说不是青藏高原乃至中国鸟类学研究的一大缺憾。

自 19 世纪中叶到 20 世纪中叶，许多外国探险家进入青藏高原搜集鸟类标本，并发表了一些考察报告，例如 Bailey（1914）、Hingston（1927）、Battye（1935） 和 Kinneur（1938, 1940）。1972 年，Vaurie 对前人的资料重新总结，发表了《西藏及其鸟类》（*Tibet and Its Birds*）。1959 年以来，中国科学院先后 13 次考察西藏鸟类，足迹几遍全区，1983 年出版的《西藏鸟类志》是这些考察的综合成果。20 世纪 80 年代以来，各种形式和规模的青藏高原鸟类调查从未停止，其中一些受到国家重大科技基础性项目的支持。

人们不禁会问，青藏高原鸟类的研究已经有如此长的历史，如此大的规模，为什么高原鸟类的自然历史知识依然这般贫乏？实际上，纵观前人已做的工作，大多都以搜集标本为目的，以分类编目为目的，流动性大，调查时间有限，而自然历史数据的获取，则需要长期的野外工作。

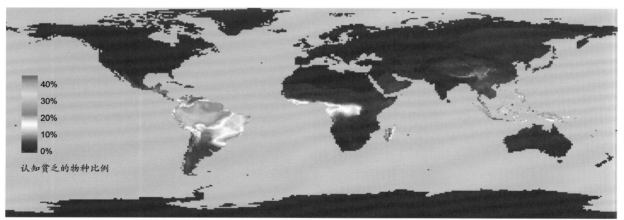

40%
30%
20%
10%
0%

认知贫乏的物种比例

上：全世界鸟类繁殖生物学知识现状的分布图。分析显示，亚马孙热带雨林、东南亚热带雨林和喜马拉雅山脉的信息最为贫乏。Xiao et al，2017

下：2017 年 8 月，由中国科学院青藏高原研究所倡导的第二次青藏高原综合科学考察研究启动。这项雄心勃勃的行动计划打算通过至少 10 年的努力，阐明青藏高原生态环境的一些关键问题，拿出青藏高原生态安全保障的科学方案。相比于 20 世纪历时 20 多年的第一次青藏高原综合科学考察研究，这次行动计划更加强调长期、系统的科学数据的重要性，并由此产生原创性的研究成果和为决策者提供有价值的议案。希望这一轮的考察研究也能推动人们对青藏高原鸟类自然历史的认知。图为在青藏高原考察的研究人员。吴岚摄

林冠对于维系森林生态系统物质和能量交换、生物多样性有着重要作用。一些国际学术组织，比如全球林冠项目（Global Canopy Program）、国际林冠塔吊网络（International Canopy Crane Network）和国际林冠网络（International Canopy Network），专门致力于林冠生态学研究和保护。显然，在林冠活动的森林鸟类，也是林冠生态学的重要研究对象。为了获取生态学数据，早期的科学家使用绳索攀爬到树冠之内，后来通过效率和安全性更高的树冠高塔、索道、走廊开展研究。这些设备，也可以帮助我们更好地探测青藏高原东南部树冠鸟类繁殖的秘密。图为在林冠层架设的空中走廊

青藏高原鸟类自然历史研究的焦点

青藏高原的物种多样性丰富而独特，在地球自然生态系统中占据重要位置。既然如此，开展长期、系统的青藏高原物种自然历史资料的搜集，有助于人们深入理解物种在极端环境下适应与进化的机制，从而贡献于进化生物学和生态学理论的发展。鸟类作为生态系统的重要组成部分，其自然历史数据也可以为科学保护提供有力的支撑。

那么，高原鸟类自然历史研究有哪些优先和最有价值的方面呢？

青藏高原东南部原始森林鸟类的繁殖生物学　包括喜马拉雅山脉和横断山脉在内的青藏高原东南部，拥有地球上最复杂的地质地理环境。位于东喜马拉雅的雅鲁藏布江大拐弯地区，海拔从不足 1000 m 上升到 7000 m 以上，在垂直梯度上展现了从热带雨林到冰峰雪岭变化系列。遗憾的是，人们了解最少的就是在这片神秘森林里繁殖的鸟类，包括鸠鸽、攀禽、鸦类、莺鹛和旋木雀。地处偏远只是限制研究的一个因素，而发现隐藏在茂密的树冠或树干上的鸟巢并观测其繁殖进程，则是主要困难。

莺鹛类的社会组织　莺鹛是一类生活在林缘灌丛的留居型鸟类，其中许多物种为青藏高原特有，青藏高原是它们的家。典型的代表有树莺、莺鹛、绣眼鸟、林鹛、幽鹛和噪鹛。它们中的许多物种以小群体生活，推测与合作繁殖有关。目前已经证实全球有 300 多种鸟类表现出合作繁殖。了解青藏高原莺鹛类的社会组织，无疑可以贡献于鸟类的社会进化研究。特别引人注目的是，中国台湾特有的褐头凤鹛 Yuhina brunneiceps 具有一种独特的合作繁殖行为，也就是不同的繁殖对把卵产在同一个巢里，共同养育后代。青藏高原分布有 6 个与褐头凤鹛同属的鸟种，它们的社会组织尤其引人入胜。

高海拔极端环境优势物种的生活史和社会行为 青藏高原是许多雀类的起源中心，汇聚了许多适应于高原极端环境的类群，在这样的环境里，它们成为鸟类群落的优势物种。其中最典型的代表莫过于生活在高山稀树灌丛的岩鹨、林线以上灌丛的朱雀、高山草原荒漠的地雀和雪雀。揭示这些鸟类的繁殖策略，分析它们的遗传交配系统，将丰富乃至发展鸟类生活史和社会行为进化理论，也可以增进人们对高海拔生态系统的理解。

高原猛禽的种群动态 青藏高原有猛禽50余种，著名的物种包括高山兀鹫 *Gyps himalayensis*、胡兀鹫 *Gypaetus barbatus*。监测它们的种群数量变化，是认识这些猛禽在生态系统中地位和作用的基础，并有助于人们制订保护计划。

高海拔物种的迁徙和越冬生态学 对于许多高原鸟类，人们几乎不知道它们长距离迁徙、沿海拔梯度迁徙的时间、规模和路线。在高原寒冷的冬天，鸟类是如何在栖息地选择、食物和行为上应对恶劣生存条件的？迄今没有任何研究成果。

全球气候变化下高海拔鸟类的响应 地球正在悄然变暖，这个过程在青藏高原的表现尤为明显。作为中低纬度最大的冰川作用区，青藏高原的冰川正在全面并加速退缩。这种变化强烈影响着脆弱而敏感的高原生态系统。其中，研究高原特有鸟类的生活史和种群状态的时空变异及其对气候变化的响应机制，揭示控制这些变化的关键因素，是青藏高原环境变化研究所面临的新的科学问题。

青藏高原珍稀物种的保护生物学 保护生物学关注濒危物种和生物多样性保护的理论、方法和技术。日益增加的人类活动正在对青藏高原的自然环境包括一些鸟类构成威胁，高原气候和植被变化也影响着鸟类的生存。因此，对这些物种进行种群生存力分析、估测影响种群生存的因素是非常有必要的。

显然，关注青藏高原鸟类的自然历史，致力于但不限于以上所提倡的主题，是中国鸟类学家的责任；同时，这样的研究也为鸟类学家自身的学术发展和创新提供了机遇。

青藏高原聚集了许多适应于高海拔极端环境的鸟类类群，研究这些物种的生活史和社会行为，可以增进人们对高海拔生态系统的理解。图为冬季集群的林岭雀。彭建生摄

青藏高原鸟类的自然历史研究

青藏高原的野外鸟类研究需要克服种种困难。图为高黎贡山白尾梢虹雉的营巢地，崖壁陡峭，高耸入云，鸟类学家正是在这种严酷的环境下进行野外研究。梁丹摄

青藏高原鸟类研究的困难和挑战

青藏高原鸟类研究：需要激情与勇气　地处偏远、交通不便、环境艰苦，给青藏高原的野外鸟类科学研究带来很多困难，以致很少有人在这里从事长期的野外工作。正如世界自然基金会的一份报告所指出的那样："东喜马拉雅地区崎岖的、不可通行的地表形态，给该地区的生态调查带来了极大的困难。"

显然，挑战这些困难，需要兴趣所驱动的激情和这种激情所激发的勇气。

这种兴趣，来自对高原自然之美的热爱，对高原自然奥秘的好奇，对高原鸟类科学的理解。由此产生的激情必然变成巨大的正能量，驱动研究者走进高原并坚守在那里，不惧野外工作的艰辛，不屑浮躁之风气流行的学术环境，不受浮华物质世界的诱惑，享受拥有属于自己内心的一种宁静。

在攀登珠穆朗玛峰失败之时，英国登山家乔治·马洛里被记者问到为什么要去攀登，他说："因为山在那里。"1924 年他第 3 次尝试攀登珠峰时，不幸在海拔 8100 m 处遇难。登山不是因为金钱和荣誉，而是因为登山者不能推卸的、简单纯粹的使命，因为内心的指引：我是登山者，因为山在那里，所以我要攀登它。

愿与有奉献精神的中国鸟类学家共勉。

青藏高原鸟类的保护

■ 青藏高原的鸟类具有独特的生态、科学、文化和美学价值
■ 青藏高原脆弱的生态系统正面临人类活动和全球气候变暖的威胁
■ 国家的生态文明建设为推动青藏高原鸟类的保护带来了希望
■ 鸟类学家应该为青藏高原的自然保护作出努力

青藏高原鸟类的价值

青藏高原是地球上的最后一片净土，自由飞翔在蓝天的鸟类是这片神奇大地的歌者、舞者、圣洁的精灵。呵护青藏高原的鸟类和它们赖以生存的环境，是中国人，也是中国政府的责任和使命。

欲要承接这样的责任和使命，我们就有必要理解青藏高原及其鸟类的价值，发自内心地热爱它们，洞悉它们正在遭受和未来可能遭受的威胁，从而竭尽全力地保护它们。

生态价值 青藏高原是全球生物多样性保护的关键区域，这里孕育着诸多特有、国际关注和具有宗教文化意义的物种，它们在高原生态系统中发挥着自己的作用，是维持生态系统平衡的基本要素。生态学家证实，物种间存在紧密而微妙的依赖关系，一个物种的衰退或消失，会影响到与之有关的若干物种的生存。比如生活在广袤草原的各种猛禽，作为位于食物链顶端的捕食者，在控制草原鼠害的生态过程中发挥着不可替代的作用。

科学价值 青藏高原独特的演化历史和生态环境，使得生活在那里的物种在生活史、行为、生理乃至遗传方面产生了适应，揭示这种适应的进化机制，可以为检验乃至发展进化生物学和生态学理论提供机遇，也为人类医学研究提供有价值的启发。

文化价值 青藏高原鸟类的生命活动，是人类知识体系的重要组成部分。地球的生命系统由从基本粒子到生物圈的不同层次构成，个体是人类感觉器官所能直接感受到的尺度，鸟类出现在诗歌、散文等所有的文学形式和精神图腾中，是人类文化的重要成分。比如高山兀鹫，在藏民族的丧葬习俗中扮演着重要角色。

美学价值 青藏高原辽阔无边，鸟儿掠过雪山，飞翔在蓝天白云之间，或鸣唱于苍翠幽深的崇山峻岭，构成了高原自然之美最富魅力的部分，是自然之美的精华。在生态旅游盛行的时代，鸟类可以唤起和激发人们对青藏高原的热爱，因此它们具有很高的生态系统服务价值。

左：正在飞越雪山的黑颈鹤。青藏高原拥有许多特有鸟类，在高原上分布的广布性鸟类也具有适应高原环境的特殊本领，这使得青藏高原鸟类具有其独特的保护价值。为了保护青藏高原的鸟类及高原生态系统，各级政府建立了许多保护区，例如，为保护高原特有的鹤类——黑颈鹤而建立的国家级保护区就有：雅鲁藏布江中游河谷黑颈鹤国家级自然保护区、云南大山包黑颈鹤国家级自然保护区、西藏色林错国家级自然保护区。董磊摄

右：成群飞过巴松措湖面的蓝大翅鸲。青藏高原的鸟类是青藏高原独特生态系统的重要组成部分，为高原的自然之美增添了灵动的色彩，也吸引人们去探索它们适应于高原环境的秘密。郭亮摄

青藏高原自然保护的隐忧

青藏高原独特的生态系统非常脆弱，长期以来，高海拔稀薄的空气与严酷的生存环境阻止了人类向青藏高原迈进的步伐，使之得以成为地球上的最后一片净土。然而现代科技的飞速发展打破了高原的屏障，社会经济的发展需求也驱动人们将目光投向这片久未开发之地，这将给青藏高原脆弱的生态环境带来前所未有的严峻威胁。目前，青藏高原生态环境面临的威胁因素包括：

人口持续增加和人类经济活动增强，使得城镇面积急剧扩张，局部地区水资源遭受污染。

草原鼠害的大规模化学控制，并未取得预期效果，但却通过食物链途径严重威胁高原鸟类尤其是猛禽的生存，从而影响生态系统安全。

载畜量增加、过度放牧使得草原退化，从而加速沙漠化。

藏传佛教对自然有着朴素的自发保护作用，例如，寺庙附近的森林和野生动物会受到庇护。但对薪柴的任意砍伐仍在发生，使得鸟类的栖息地遭受损失，草场围栏对猛禽等鸟类带来灾难，大规模的虫草和其他高原特有药材的采集，不仅导致这些药材资源面临危机，而且严重损害了高山生态环境。

全球气候变暖，影响着包括鸟类在内的青藏高原野生动物的分布、物候和食物链，进而影响到生物多样性和生态系统平衡，尤其是在脆弱的草原荒漠地区。

上：冬虫夏草是蝙蝠蛾和麦角菌共同作用的产物，生长在青藏高原林线以上。因被奉为所谓的养生尊品，引起价格哄抬和掠夺式采挖，同样的劫难也降临于野生大黄、贝母、红景天……这正在把高山草甸推向荒漠。谁来为这沉重的生态代价买单？

下：在青藏高原的寺庙里，鸟类与人类和谐相处。受到藏传佛教影响，青藏高原上的藏族人民对自然有着朴素的自发保护意识。刘璐摄

右：科学家指出，在过去50年里，全球气候变化已经导致青藏高原18%的冰川消失。这个趋势令人担忧，因为这些冰川储存着高原之外大江大河的水源，而这些河水支持10多亿人口的生存。图为米堆冰川。刘云飞摄

青藏高原鸟类的保护

青藏高原自然保护的希望

生态文明建设已经写入中国共产党党章，被纳入中国特色社会主义事业总体布局，成为中国执政党的意志和理念。生态文明建设关系人民福祉，关乎民族未来，关系中华民族伟大复兴的中国梦的实现。

人们已经充分认识到，青藏高原作为世界第三极，对于中国乃至全球的气候调节、水土保持等生态功能至关重要；如果青藏高原的生态系统受到破坏，导致的环境灾难是中国乃至世界都无法承受的。2000年以来，中国政府多次发布关于西藏问题的白皮书，每次都强调保护西藏生态环境的重要性。2011年，国务院制定了中国生态保护的"两屏三带"战略格局，其中，青藏高原生态屏障占据显著地位。

2011年，国家确立了未来20年青藏高原区域生态建设与环境保护规划。

目前，青藏高原拥有中国总面积最大的自然保护区系统，包括著名的卧龙、墨脱、羌塘、可可西里、三江源、祁连山、青海湖和阿尔金山。其中，三江源国家公园和祁连山国家公园的规划设立，是青藏高原自然保护的重大举措，受到全世界的关注。一批大型生态环境综合治理项目得以实施，惠及高原生态环境，当然也包括鸟类。天然林资源保护、退耕还林、退耕还草等工程已经取得成效。例如，长达几百千米的拉萨—山南—日喀则雅江防护林生态效益已经显现。

正在规划建设的祁连山国家公园和三江源国家公园，开启了青藏高原自然保护的新时代。上图肖南波摄，下图周力摄

青藏高原的自然保护

自然保护的成功，必然需要广大公众的理解、支持和参与，有赖于全社会自然保护意识的提高。自然保护意识乃是衡量一个国家文明程度的一项重要标准。作为一个中国公民，树立自然保护意识，从我做起，从现在做起，从小事做起，就是对青藏高原鸟类保护的最大支持。

长期在第一线从事野外研究的青藏高原鸟类学家，对青藏高原鸟类之美及其科研保护价值感受、认识最深。然而，只是自己埋头撰写研究论文并不能为高原生态保护提供有效的帮助。普及青藏高原鸟类知识，唤起人们的自然保护意识，是鸟类学家义不容辞的责任。鸟类学家应该结合自己对青藏高原自然生态长期的感性认识和理性思索，结合自己关于青藏高原鸟类的研究成果，宣扬鸟类的科学价值、美学价值和保护价值，把自然保护思想注入民族文化，为营造青藏高原自然保护的社会氛围贡献自己的力量。

高原东南部原始丛林中羽饰华丽的野生鸡类，高原湖泊中壮观的雁鸭群，高原沼泽上漫步的体态优雅的黑颈鹤，构成了高原自然之美最富魅力、最富感情色彩的部分。鸟类学家要赞誉这天赐之美，要把这种美好传达给更多的人。

青藏高原鸟类是大自然赋予人类的一份宝贵遗产。在长期进化的过程中，鸟类与其生存环境形成了密切的依存关系，这种关系有着深刻的生态学内涵，维系着高原生态系统的协调和稳定，同时为普及进化和生态学知识提供了生动的教材。鸟类学家应该准确、生动地把这些知识告诉公众，让公众理解和支持青藏高原的自然保护事业。

青藏高原脆弱的生态环境，正在遭受过度放牧、矿产开发等人类经济活动的威胁，全球气候变化也使得青藏高原生态系统面临新的挑战，每一个亲临青藏高原的研究者都会感受到这种严峻的形势，心情也因此而沉重，这驱使他们为保护高原鸟类及其栖息地而大声疾呼。

只有满怀对大自然的热爱、对鸟类的热爱、对科学的热爱，才能用心去呵护高原的美丽。这里，武汉大学教授卢欣把《爱的奉献》中的一段歌词，献给过去、现在和未来奉献于青藏高原自然保护的人们：

爱是人类最美好的语言，
爱是正大无私的奉献，
我们都在爱心中孕育生长，
再把爱的芬芳洒播到四方……

云海上飞过的鸟儿为青藏高原庄严圣洁的美增添了一份生机。青藏高原是屹立在世界东方的圣地、净土，她的机体依然健康，千万不可因短视的经济发展而让她染病，然后再想办法治病，如同现在经济发达的江南水乡的境况。要知道，有很多病，纵使用尽浑身解数也难以治愈。我们要更加珍惜和小心翼翼地呵护青藏高原的机体，让那里的空气永远清新，让那里的水永远纯净，让她遗世独美，万世流芳。
董磊摄

青藏高原的鸟类
——形态、分类、分布和生态

鸡类

- 鸡形目鸟类，鸟类进化系统中的基干类群，全球有5科83属307种
- 翼短圆，不善飞；腿强健而爪锐，善走；喙短，锥形，适于啄食和掘食
- 一雄多雌交配系统的物种中，性选择促使雄鸟拥有大的体形和美丽的羽毛
- 多数为留鸟，仅少数几种具有迁徙习性
- 雏鸟早成
- 青藏高原是雉科多样性中心和起源地，包括许多特有物种

分类和分布

鸡类是指鸡形目（Galliformes）鸟类，是鸟纲中的一个古老家族。无论依据传统的形态和生态标准，还是使用现代分子标记，人们都获得这样的共识：在鸟类系统进化树上，鸡形目是一个基干支系，与雁形目（Anseriformes）有姐妹关系，推测二者分离时间在1500万年前的白垩纪。在漫长的演化历程中，鸡形目鸟类发生了显著的适应辐射，分布几乎遍布全球。

任何一个鸟类家族都经历了漫长的演化道路。其间，某些成员已经灭绝，我们今天看到的，只是这个家族留下来的部分成员。传统研究使用现存物种形态、行为等标准来建立类群之间的进化关系，而没有消失成员作为连接，结论并不那么令人信服。在这方面，化石记录也力所难及，这是因为化石之前的演化过程我们难以知晓。

利用遗传物质包含的信息，推测类群的演化关系，开辟了系统学的新天地。分子标记所提供的分子钟，是相对准确的时间之尺，再结合化石资料并用地质历史事件校正，就可以推测不同类群起源和分异的时间。这一技术进展，也为人们了解鸡形目鸟类系统演化开辟了新的道路。有赖于此而取得的主要进展有：松鸡起源于北美，目前的物种分布格局是经历至少3次从北美向欧亚大陆扩散的结果；冢雉和凤冠雉的地位得到认同，且二者不再互为姊妹群；珠鸡类和齿鹑类是独立起源的；传统分类系统将珠鸡、齿鹑、松鸡、火鸡以及雉鸡类分别作为科一级的分类阶元，但分子系统学家认为珠鸡和齿鹑应当是独立的科，而松鸡、火鸡与雉鸡一起归于雉科（Pheasants）。

进一步，雉科内鹑类和雉类各成独立的单系群

这一传统的分类观点，目前也受到很大挑战。新的观点认为每一类都是多起源的。其中雪鸡、石鸡、山鹑和鹧鹑是一个进化支系，代表典型的鹑族；鹧鸪类脱离出传统的鹑类而另有起源；原鸡和竹鸡聚为一类，与鹧鸪类共同处于一个支系；血雉、雉鹑、虹雉、角雉、马鸡、勺鸡、锦鸡、鹇、雉和长尾雉处于一个支系，代表传统的雉族；孔雀和孔雀雉则被排除于传统的雉族之外，成为独立的进化支系；榛鸡属 Bonasa 的3个物种，即北美的披肩榛鸡 B. umbellus、欧亚北部花尾榛鸡 B. bonasia 和青藏高原特有的斑尾榛鸡 B. sewerzowi 形成一个支系，位于松鸡族的基部；山鹧鸪支系在整个雉科其他类群之外。雉科各属的起源主要集中在上新世。

依据最新的分类系统，全球鸡形目鸟类包括5科83属307种。原有的松鸡科（Tetraonidae）和火鸡科（Meleagrididae）被并入雉科，所以中国的鸡类全部属于雉科。雉科是鸡形目中最大的科，有51属187种，中国有26属64种。雉科又可以分为两个亚科，鹧鸪亚科（Rollulinae）和雉亚科（Phasianinae），前者包括8属32种，后者包括43属155种。

中国分布的鹧鸪亚科鸟类都在山鹧鸪属 Arborophila 内，该属全球共23种，中国有10种。山鹧鸪属是鸡形目中继鹧鸪属 Francolinus 之后的第2大属。与以非洲为分布中心的鹧鸪属不同，山鹧鸪属主要分布于亚洲东部和南部。分子系统研究认为，山鹧鸪属独立于雉科其他支系之外，表明了这一类群的古老起源。与雪鸡、石鸡、山鹑不同，色彩浓艳的山鹧鸪喜欢中低海拔潮湿的山地阔叶丛林。因此，东南亚和东喜马拉雅以及中国西南地区

上页图：刘璐摄

左：虹雉是青藏高原及其周边特有的鸡类，雄鸟绚丽多彩。全世界共3种，均在中国有分布，都被列为国家一级重点保护动物。图为中国特有种——绿尾虹雉。彭建生摄

青藏高原东南部的原始森林，恰好符合它们的需求。青藏高原有4种。

雉亚科又被分为7个不同的族（Tribe）。

孔雀族包括4属5种。其特征是体形大，雌雄差异明显，雄性有艳丽的饰羽，尾羽尤其发达，而雌性体羽暗淡。中国有1属1种，青藏高原无分布。

孔雀雉族仅1属8种。中国有2种，青藏高原有1种。

鹑族包括鹌鹑、雪鹑、雪鸡和石鸡，共11属54种。身体较小，大多数种类雌雄体形和羽色相似，都没有亮丽的羽衣；分布广泛，在亚洲、欧洲、非洲、大洋洲都有分布，一些物种甚至还到达马达加斯加、新西兰等岛屿。中国有3属6种，青藏高原有3属5种。

原鸡族包括原鸡、竹鸡、鹧鸪等，共6属26种。中国有3属4种，青藏高原仅1种。

虹雉族包括雉鹑、角雉、血雉和虹雉，共4属11种。全部在中国有分布，青藏高原有4属10种。

雉族包括山鹑、勺鸡、长尾雉、锦鸡、环颈雉、马鸡、彩雉和鹇，共8属29种。多数种类体形比较大，雌雄外形差别明显，雄性不仅体形大，而且羽色鲜艳，具有顶饰、长尾等明显的装饰性特征。仅分布于亚洲，中国有7属18种，青藏高原有6属11种。

松鸡族包括松鸡和火鸡，共9属22种。所有的松鸡都生活在北半球欧亚大陆和北美洲的亚寒带针叶林，是鸡类中分布最北的类群。为了在寒冷的气候条件下生活，松鸡的鼻孔和脚上都被有羽毛以阻止寒气进入，雷鸟还会根据季节变化改变羽毛的颜色以应对雪被的变化。松鸡的脚趾两侧长有栉状突起，有助于攀缘树枝。这些适应寒冷环境的形态，也是松鸡区别于其他鸡类的特征。中国有松鸡5属8种，其中7种都分布于中国最北部，只有斑尾榛鸡远离同类，孤立地生活在青藏高原。

如果说中国因占据亚洲东南部和东部的广大地区而成为世界上鸡类最丰富的国家，那么，青藏高原作为亚洲鸡形目物种分布中心的承接带，就理所当然成为中国鸡类最丰富的地区。这里聚集了中国鸡类54%的成员，其中许多种为青藏高原所特有。

依据所包含物种的数量，鸟类学家归纳出4个雉类物种的分布中心，包括苏门答腊岛和婆罗洲，马来半岛和越南中部，缅甸北部和中国云南，喜马拉雅山脉。其中，苏门答腊岛和婆罗洲被认为是生活在热带和亚热带低地雨林的类孔雀雉类（Peacock-like Pheasants）的起源中心，而喜马拉雅山脉则是典型雉类（Typical Pheasants）的起源中心。

雉科（51属187种）
广泛分布于旧大陆和新大陆
包括火鸡、松鸡、雉、鹑等，分为7个不同的族

齿鹑科（10属35种）
分布于北美
外形似鹑稍大，常有冠羽

珠鸡科（4属8种）
分布于非洲大陆和马达加斯加岛
雌雄羽色相似，黑色基底上遍布白色点斑，善飞，常树栖

凤冠雉科（11属56种）
分布于南美洲热带密林
树栖性强

冢雉科（7属21种）
分布于澳大利亚、新几内亚、印度尼西亚
产卵于腐殖质内或沙土上，借自然热力孵化

世界鸡形目鸟类的类群演化及其分布

左：世界鸡形目鸟类分类系统

右：藏雪鸡分布于青藏高原及其周边地区，是青藏高原的代表性鸡类，因通常生活在海拔4000～6000 m的高山"雪线"附近而得名。彭建生摄

栖息地

　　鸡类的栖息地可以划分为 3 种类型：森林，森林边缘 – 灌丛和草地。森林适应的物种隐藏在林地里，甚至很少光顾比较开阔的森林边缘灌丛，其典型的代表是斑尾榛鸡、山鹧鸪和角雉。而森林边缘 – 灌丛适应的类群，比如马鸡、虹雉和鹇，日活动范围包括林地和林地边缘的灌丛，还经常到草地上觅食。草地种类由鹑类、石鸡和雪鸡构成，其生活的环境植被稀疏、低矮，视野开阔，特别是雪鸡，终年生活在没有任何遮挡的高山草甸上。

　　许多森林鸡类适于生活在潮湿的环境中，栖息地海拔比较低。例如 4 种山鹧鸪分布的海拔范围都在 2000 m 以下。森林边缘 – 灌丛生活的鸡类通常出现在更高的海拔，而草地适应者则占据最高的海拔，例如雪鹑和雪鸡。石鸡是个例外，这是因为它们属

于从中国北方荒漠扩散到青藏高原边缘的类群。

　　那些生活在森林和森林边缘 – 灌丛的鸡类，栖息地良好的隐蔽条件允许它们拥有鲜艳的羽色，特别是雄性，虹雉就是一个典型的例子。相对而言，生活在开阔地带的物种，通常羽色暗淡，并且与其环境相近。显然，防御天敌的选择压力推动了不同环境下物种体色的分化。相关的适应性特征还有，森林种类的集群性要弱于森林边缘 – 灌丛种类和草地种类，这是因为自然选择有利于后者形成群体，从而通过稀释作用降低被捕食的压力。森林种类和森林边缘 – 灌丛种类都具有上树的能力，遇到危险时，它们可以使用这一技能逃生，晚上亦在树上夜宿；而草地类群没有演化出上树的能力，它们夜宿于地面。

A	B
C	D
E	F

青藏高原鸡类的典型栖息地：森林、林缘 – 灌丛和草地

A 甘肃莲花山的针阔叶混交林是斑尾榛鸡的典型栖息地。董磊摄

B 永芝河谷的常绿阔叶林是角雉喜爱的生境。董磊摄

C 高黎贡山的林缘灌丛是白尾梢红雉的栖息地。左凌仁摄

D 白马雪山林缘的杜鹃灌丛是白马鸡出没的地方。陆江涛摄

E 雄色峡谷的高山草甸是雪鸡的乐园。卢欣摄

F 四川巴朗山的高山草甸和裸岩是雪鹑的典型栖息地。王楠摄

鸡类

秋冬季集群是马鸡的共同特征，集体觅食可以减少个体的警惕时间，从而增加寻找食物的时间比例，提高觅食效率。图为集群觅食的白马鸡。彭建生摄

一般行为

觅食　觅食是动物日常生活中最重要的行为。鸡类获取食物的方式有：掘取，用喙在地面掘取植物根茎；啄取，站在地面上或植株上啄食植物的花、芽或叶片；捡食，移动过程中随意捡取地面上的食物，比如掉落的果实。与大多数鸟类一样，鸡类的觅食活动有两个高峰，分布在上午和下午。

饮水　许多鸡类有饮水的习惯，例如高原山鹑和马鸡。饮水的时间和地点一般是随机的，但也有某种习惯性，例如在傍晚夜宿前。

休息和沙浴　鸡类把休息时间安排在中午。它们站立或伏卧于灌丛间的地面上，身体蜷缩，颈部缩回，时常闭目。在阳光明媚的日子，休息的鸡类通过特有的沙浴行为来清洁身体。沙浴流程为：卧伏，用爪刨动身体下面的沙土，使之进入羽毛，然后使劲抖动身体，把沙土甩掉。沙浴之后常伴有理羽，其作用在于维持羽毛对空气的隔离效果。在繁殖期，修饰羽毛、整洁羽衣有助于吸引异性。

鸣叫　与其他鸟类相似，生活在密林中的物种能发出更为响亮的鸣叫，包括音乐般的哨声和粗砺的喊叫声。雄性个体通过啼叫来捍卫领域或保持群体联系。一些集群夜宿的物种，比如马鸡，每天清晨会发出大声鸣叫。

社会行为

雄性鸡类已经演化出几种典型的行为模式，也称为性信号，用于雄-雄竞争和吸引雌性。

正面炫耀　雄鸟在雌鸟前方或侧方，头部下低或后仰，稍展双翅或下垂之，翘起并展开尾羽如扇，靠近雌鸟或绕雌鸟转圈。雄鸟表演时，雌鸟似无反应，依然啄食。当雄鸟更加靠近时，雌鸟蹲伏，引起雄鸟交配。雪鸡、角雉、灰孔雀雉的雄鸟采取这种方式向雌鸟炫耀从而企求交配。不同种类的正面炫耀行为在某些细节上有所不同。如在角雉类中，面对雌鸟，雄鸟会在胸前展开其华丽的肉裙，高潮时，身躯突然挺立，双翅下垂不动，并伴有长鸣之声。

侧面炫耀　雄鸟压低头颈，靠近雌鸟身体一侧的翼羽下垂，展开尾羽，围绕雌鸟运动，同时发出一种特殊的低鸣声。除了求偶外，侧面炫耀也有威慑雄性对手的作用。对马鸡的研究发现，侧面炫耀发生在社会地位不同的雄性个体之间，被炫耀的劣势者蜷缩身体，一副臣服模样。侧面炫耀也时常发生于夜宿树上：优势雄鸟发出低鸣靠近劣势雄鸟，以致后者在树上逐级上攀躲避，直到无处可躲时，从树冠上飞下。

献食和高抬步　雄鸟发现优良的食物时，快速在食物旁边啄击，同时发出一种低的呼唤声，吸引雌鸟靠近指点的地方索食。在许多情况下，地面上实际并没有食物，雄鸟却依然表现出这种行为。一旦雌鸟靠近，雄鸟昂首挺胸，高抬双腿，似欲跨上雌鸟的身体。人们已经在马鸡、环颈雉、鹇、虹雉和孔雀雉等鸡类中观察到这种食物引诱行为。

正在进行正面炫耀的棕尾虹雉。雄鸟面对雌鸟低首展翅，华丽的尾羽展开如扇。李铁军摄

鸡类

生活于开阔地带的鸡类具有集群性，这种习性有利于防御天敌和提高摄食效率；夜宿时还可以互相取暖以适应寒冷环境。图为在雪地上集群休息的藏雪鸡。肖林摄

社会组织和交配系统

生活于相对开阔地带的鸡类喜欢集群生活，一起觅食、夜宿。群体通常是建立在繁殖后的家族基础之上，随着季节的推移，不同的家族合并，从而形成大的非繁殖群体。

群体大小一般在 10～30 只，取决于物种的繁殖力和栖息环境。例如，虹雉的窝卵数只有 2～3 枚，群体通常只由 5～6 只个体组成，最大也不过 8 只；而马鸡的窝卵数通常为 7～10 枚，经常出现在开阔地带，30 只以上的群体并不鲜见。

进化生物学家把动物群体生活的利益归纳为以下几点：

1．抵御天敌。在群体生活中，通过"多只眼"效应可有效地发现危险，通过"个体稀释"效应可降低每只个体被捕食的概率。

2．增加摄食。群体中单只个体投入防备天敌的时间减少相应增加了用于获取食物的时间。

3．维持身体热量。群体中多只个体拥在一起可以互相取暖，特别是在夜宿时。这对于生活在高海拔寒冷环境的物种比如雪鸡尤为重要。

鸟类的交配系统包括 3 种类型：单配制，一雄多雌制和混交制。从演化历史来看，单配制是原始的性状，一雄多雌制和混交制由此衍生而来。关于单配制在鸟类中流行的原因，目前最普遍接受的解释是，双亲抚育后代对繁殖成功是必要的。

大多数松鸡、鹑、鹧鸪、珠鸡，还有冢雉、麝雉、凤冠雉和一些雉类，表现为单配制。繁殖季节配对个体保持在一起，雄性参与对后代的照顾。一雄多雌制是许多松鸡和孔雀的特征。最著名的范例是北美草地上生活的榛鸡，繁殖期来临时，大量个体聚集在被称做"lek"的求偶场上，雄鸟们努力展示自己的品质，唯有 1 只获胜者，可以占有所有雌鸟。这种交配体制下，雄鸟不承担保护雌鸟和抚育后代的责任，其唯一的作用是传播优质的遗传基因。采取混交制的鸡类似乎不多。

交配系统与雌雄体形和羽毛差异程度有关。雌雄体形和羽色相似的物种更可能采取单配制，比如榛鸡、高原山鹑、雪鸡、山鹧鸪和雉类中的雉鹑、马鸡、孔雀雉。雌雄体形和羽色差异大的物种更可能采取一雄多雌制或混交制，典型的代表是角雉、雉鸡、长尾雉。达尔文理论认为，这种性异型是性选择的产物，雌鸟喜欢体形大、羽毛艳丽的雄性个体，因为这些表型象征着优质的基因；结果，体形小的、羽毛不艳丽的个体在进化中被淘汰。

交配系统也与物种的栖息地适应有关。在开阔地带觅食的类群通常是单配制的，可能是因为雄性需要投入更多的精力来保护暴露在开阔地的配偶；而隐蔽条件好的森林适应类群中，一雄多雌制或混交制比较常见。

不过，鸡形目鸟类交配系统的详尽知识，包括配对持续的时间、配偶外交配的发生、社会地位与繁殖成功的关系等，依然有待研究。

繁殖

　　野生鸡类的繁殖时间总是限制在特定的季节，即使那些在热带地区生活的物种也不例外。鸡类 1 只雌鸟每年只繁殖 1 窝。这与许多亚热带和热带的雀形目鸟类不同，这些小鸟甚至全年都可以繁殖，1 只雌鸟每年可以产多窝卵。

　　繁殖开始前伴随有换羽，温带种在春季换羽，热带种则在湿季。小型物种 1 年就可以性成熟，大型物种性成熟需要 2～3 年，雌性通常比雄性要早。笼养条件下，鹌鹑 7 周就可以达到性成熟；但在野外，它们在 1 龄时才开始繁殖。

　　绝大多数鸡类营巢于地面上。巢只是一个浅坑，里面铺垫有少量植物茎叶和自身羽毛。雌鸟并不从远处携带巢材，只是就近聚集一些植物材料；自身的羽毛则来自雌鸟的腹部，孵卵期间腹部羽毛脱落形成孵卵斑。巢的位置是经过精心选择的，因为这对于成功繁殖至关重要。巢总是在稠密的植被间，外面多有大树、灌木或岩石遮挡，以避天敌和风雨。社会性单配制的物种例如马鸡，雌鸟选择巢点时，有雄鸟跟随。唯凤冠雉和角雉的巢建在树上，由植物枝条堆砌，构造简单。

　　大多数鸡类的卵是白色的，上面没有斑点，比如马鸡的卵就是这样；也有浅黄色或浅橄榄褐色。生活在开阔地带的物种，例如高原山鹑和雪鸡，卵壳上斑点很多，显然起到保护的作用。小型种类每天产 1 枚卵，而大型种类则为每 2 天 1 枚。窝卵数从 2 枚到 10 余枚。生活在热带地区的大型种类，例如大眼斑雉和冠眼斑雉，每窝只产 2 枚卵；小型种类，包括鹑类、山鹧鸪和雪鸡，可以产 10 枚以上的卵。

　　大多数鸡类是雌鸟独立承担孵卵任务。某些新大陆鹑，包括彩鹑、山齿鹑，雄鸟会短时间孵卵。南欧的红腿石鸡，雌鸟 1 个繁殖季产 2 窝卵，一窝交给雄鸟孵化，另一窝留给自己孵。青藏高原的石鸡和大石鸡是否也有这种独特的行为呢？这个问题尚待深入的野外研究来回答。

　　鸡类雏鸟为早成雏，孵出几小时之后就能够行走和取食。但发育早期，雏鸟的恒温调节机制尚未充分建立，雌鸟需要经常为它们抱暖，特别是晚上的时候，小家伙们总是在母亲身体的呵护下度过。

下左：岩石洞穴内的蓝马鸡巢。这是蓝马鸡的典型巢址，岩石洞穴有利于改进巢的热量条件并减少对天敌的暴露，巢址靠近洞口边缘，既有一定的隐蔽性，又利于警戒天敌。巢构造简陋，仅铺垫以细的灌木茎和草茎，以及从雌鸟身上掉落的羽毛。吴逸群摄

下右：鸡类雏鸟虽为早成雏，但恒温调节机制尚未成熟，在寒冷的高原地区，雌鸟需要经常将雏鸟放在身下为它们抱暖。图为雏鸟抱暖的蓝马鸡雌鸟。吴逸群摄

繁殖

群种现状和保护

　　大多数鸡类都受到保护关注。这是因为：它们是留居性物种，森林栖息地容易遭受破坏；它们的分布区通常很狭窄；它们体形较大，是人们猎捕的对象。与此相对应，少数鸡类则因适应能力强、分布广，而成为专门的狩猎对象，典型的代表就是山鹑和雉鸡。全世界 307 种鸡类中，有 2 种在 19 ~ 20 世纪灭绝，9 种被 IUCN 列为极危（CR），21 种为濒危（EN），47 种为易危（VU），受胁比例高达 25%，远高于世界鸟类整体受胁比例 14%。

　　中国在全球鸡类保护中具有举足轻重的地位，有许多自然保护区就是为了保护某些特有的鸡类及其栖息地而建立的，如华北地区的几个以保护褐马鸡为主的自然保护区。青藏高原是鸡类的演化中心之一，保护价值尤为突出。在青藏高原分布的 34 种鸡形目鸟类中，有 11 种被列为国家一级重点保护动物，12 种被列为国家二级重点保护动物。

青藏高原生活着许多特有鸡类，被尼泊尔尊为国鸟的棕尾虹雉就是其中之一，它在中国被列为国家一级重点保护动物。图为雪中的棕尾虹雉。董磊摄

斑尾榛鸡
Tetrastes sewerzowi

雪鹑
Lerwa lerwa

藏雪鸡
Tetraogallus tibetanus

暗腹雪鸡
Tetraogallus himalayensis

石鸡
Alectoris chukar

大石鸡
Alectoris magna

斑翅山鹑
Perdix dauurica

高原山鹑
Perdix hodgsoniae

西鹌鹑
Coturnix coturnix

环颈山鹧鸪
Arborophila torqueola

红胸山鹧鸪
Arborophila mandellii

红喉山鹧鸪
Arborophila rufogularis

四川山鹧鸪
Arborophila rufipectus

灰胸竹鸡
Bambusicola thoracicus

黄喉雉鹑
Tetraophasis szechenyii

♂

红翅组

♂

绿翅组

红喉雉鹑
Tetraophasis obscurus

♀

血雉
Ithaginis cruentus

黑头角雉
Tragopan melanocephalus

红胸角雉
Tragopan satyra

红腹角雉
Tragopan temminckii

灰腹角雉
Tragopan blythii

棕尾虹雉
Lophophorus impejanus

白尾梢虹雉
Lophophorus sclateri

绿尾虹雉
Lophophorus lhuysii

白鹇
Lophura nycthemera

黑鹇
Lophura leucomelanos

白马鸡
Crossoptilon crossoptilon

藏马鸡
Crossoptilon harmani

蓝马鸡
Crossoptilon auritum

勺鸡
Pucrasia macrolopha

环颈雉
Phasianus colchicus

白腹锦鸡
Chrysolophus amherstiae

红腹锦鸡
Chrysolophus pictus

灰孔雀雉
Polyplectron bicalcaratum

斑尾榛鸡

拉丁名：*Tetrastes sewerzowi*
英文名：Chinese Grouse

鸡形目雉科

形态 体长约 36 cm，是松鸡族中体形最小的物种。雄鸟额基白色，鼻孔羽黑色，头顶和枕部深栗色的羽毛延长形成短的羽冠；颏、喉黑色，围有白边；身体以栗色为主，遍布黑色横斑。雌鸟和雄鸟相似，但体色较暗，额基和鼻孔羽为淡棕色。眼睑颜色和大小是重要的性二型特征。

分布 分布区局限于中国青藏高原东缘，远离松鸡族其他成员聚集的北半球北部，包括它的姐妹种——分布在中国东北和新疆及其以北地区的花尾榛鸡。

栖息地 典型的栖息地是原始的高山针叶林和针阔叶混交林中，栖息地海拔 2500～4000 m。

食性 冬季，高原的山地白雪皑皑，最低气温达到 -20℃以下，生存条件非常严酷。在甘肃莲花山，斑尾榛鸡冬季的主要食物是柳树的芽苞和嫩枝，一天的大部分时间都能遇见它们站立在柳树上采食。傍晚太阳快落山时，时常会看见斑尾榛鸡在阳坡吃沙棘的果实。这种食性从冬季持续到早春。

繁殖季节，柳树的芽苞和嫩枝依然是雄鸟的主要食物，而雌鸟的食物除了柳树外，还有许多云杉的种子、草本植物和无脊椎动物。一些植物的花、花序、叶、嫩枝也出现在食谱中。秋天的食物比较丰富，包括多种植物的种子。

社会组织和交配系统 每年的 3 月下旬或 4 月初，天气悄然变暖，雄鸟率先离开冬季群体并迁移到繁殖地。上一年参与繁殖的个体回到原来的领域，而新繁殖个体则必须新建自己的领

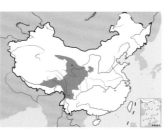

斑尾榛鸡及其分布，寒冷的高山针叶林是其适宜栖息地，最喜欢的食物是柳树的芽和嫩枝，以及云杉种子。左上图为雄鸟，孙悦华摄；下图为一只站在柳树上的斑尾榛鸡雌鸟，唐军摄

域。领域是斑尾榛鸡保护生存和繁殖资源而守卫的一片林地，面积一般在 9 hm² 左右。柳树作为斑尾榛鸡重要的食物资源，是领域选择的关键因素；此外，针叶树作为其躲避天敌的场所，亦是领域中所必备的。为了宣告领域的所有权，每只雄鸟在清晨都表现一致的行为，它们振翅短飞，扑翅发声，以此宣告和捍卫自己的领域，并吸引雌鸟到来。研究者在领域内放置雄鸟模型，观察领域拥有者的行为，发现雄鸟会与模型对峙，并突然冲上去啄击模型。自然情况下，领域拥有者会与入侵者发生打斗，并驱逐之。

雌鸟随后离开群体，它们更可能回到上一年配偶的领地，或者与其周围的雄鸟配对。在甘肃莲花山，种群中雄鸟的数量要大于雌鸟，性比达到 1.8∶1。因而，注定有一些雄鸟无法找到配偶，这些通常是年龄比较小、体重比较轻的个体，这些非配对雄鸟活动范围通常较大。

繁殖季节配对个体保持在一起的时间达到 90%。雄鸟会花更多的精力为雌鸟提供保护，使得雌鸟有更多的时间安心获取食物。有了雄鸟的放哨，雌鸟还能放心低头取食地面的云杉种子、无脊椎动物等营养更丰富的食物，这对雌鸟积蓄能量准备产卵意义重大。斑尾榛鸡是松鸡类中体形最小的，但它的卵相对于体重的比例却是最大的。因此雌鸟产卵期的能量需求很大，雄鸟的保护起到重要的作用。

没有配对的雄鸟其实也并非完全没有繁殖机会。对雏鸟 DNA 进行亲子鉴定发现，有少数巢里有婚外后代存在，其中不排除来自单身雄鸟的后代。

7～8 月，当雌鸟带领幼鸟离开雄鸟的领域后，雄鸟依然坚守在领域里直到 10 月冬季来临之前。冬季，一些雄鸟依然留在领域内，一些游荡于领域和冬季群体之间的区域，而其他一些，特别是非繁殖的雄鸟，则融入到冬季群体里。

随着幼鸟的长大，它们与雌鸟分离，扩散 1～5 km。雌鸟在不同雄鸟领域游荡，有时形成 3～4 只的小群。在冬天的时候，它们移动到上一年群体活动的区域，形成群体活动，群体里有一些成年雄鸟和少量当年出生的幼鸟，群体大小不超过 15 只。

繁殖 繁殖栖息地在针叶林或针阔叶混交林中，筑巢于桦树和柳树等阔叶树（56.2%）或者针叶树（40.4%）的基部，同一只雌鸟不同年份的巢间距离平均只有 150 m 左右。巢材为细的枝条和草叶。雌鸟每 2 天产 1 枚卵，产卵时间多在中午。孵卵的任务由雌鸟单独承担，其羽色与巢周边环境的色彩非常协调，形成好的保护色。在将近一个月的孵卵期中，雌鸟平均每天外出取食 5 次，每次大约 20 分钟。

幼鸟孵出后，雌鸟会带着它们离开雄鸟的领域，到昆虫更为丰富的次生林和灌丛生境中，而雄鸟会继续留在领域内休养生息。到了秋季，长大的幼鸟与母亲分离，融入冬季的群体中，迎接严寒的考验。

种群现状和保护　斑尾榛鸡是中国特有鸟类，IUCN 和《中国脊椎动物红色名录》均评估为近危（NT），在中国被列为国家一级重点保护动物。它们依赖于原始针叶林和针阔叶混交林作为栖息地，由于人类活动的扩展，其适合的栖息地正在面临巨大威胁，许多种群因此被分隔成离散的小种群，严重影响到斑尾榛鸡的种群遗传结构。

随着 1998 年天然林保护工程的实施，大面积的斑尾榛鸡栖息地得到有效的保护，其生存状况有所好转，相信未来斑尾榛鸡的数量和分布会得到一定程度的恢复。

探索与发现　1992—1994 年，在国家自然科学基金的支持下，中科院动物研究所的孙悦华研究员利用无线电遥测技术，在吉林长白山研究花尾榛鸡的种群生态学。那时，他心中就开始牵挂着遥远西部高山上的斑尾榛鸡。

此前，兰州大学的王香亭和刘廼发教授曾经对这个物种进行了一些研究，他们向孙悦华推荐了甘肃南部的莲花山自然保护区。1994 年 4 月，在刘教授的陪同下，孙悦华第一次造访了莲花山。从兰州到康乐县莲麓镇保护区管理局大约 170 km 的路程中，沿途都是荒秃的山峦，根本看不到像样的森林，很难想象斑尾榛鸡这种珍稀的森林鸟类能够在这里生存。然而，从保护区管理局向上，一片郁郁葱葱的原始针叶林显现在眼前。当天，他们就遇到了 2 只原来只在梦中见到的斑尾榛鸡。

1995 年 1 月，踏着厚厚的积雪，孙悦华研究员和助手在莲花山正式开始了斑尾榛鸡的研究，此后，他们从没有间断这项研

斑尾榛鸡的卵和正在孵卵的雌鸟。左图孙悦华摄，右图方昀摄

甘肃莲花山斑尾榛鸡的繁殖参数	
繁殖季节	4 月中旬至 8 月上旬
交配系统	社会性单配制
巢址	大树基部
卵色	浅黄色，有褐色斑点
窝卵数	3～8 枚，平均 6.1 枚
卵大小	长径 42.9 mm，短径 30.4 mm
新鲜卵重	20.5 g
孵化期	27～29 天
孵化率	93.0%

究，到现在已经 20 多年了。多年来，他们通过无线电遥测技术，为超过 200 只斑尾榛鸡佩戴了无线电发射器，单只个体遥测时间最长达到 5 年，为中国最大规模的野生动物无线电遥测研究之一。由此，他们追踪斑尾榛鸡的行为，了解其神秘的生活，首次披露了斑尾榛鸡的婚配制度、领域和社群行为等许多不为人知的秘密，也获得了其生存率、繁殖成功率、繁殖力及幼鸟成活率等重要的种群生态学指标。这些科学数据，丰富了人们对松鸡类的知识，也为物种的保护奠定了基础。

研究组的驻地在一座森林环绕的保护站。2001 年，研究组新标记了一只雌鸟，因为它的脖子比一般的雌鸟要黑，而取名为"小黑"。小黑 6 月 3 日开始孵卵，它的巢在离驻地 100 m 的冷杉林中。到了 7 月下旬，它的姐妹们早在 6 月底就孵出了儿女，幼鸡已经快 1 个月大了。而小黑仍在孜孜不倦地孵卵，已经持续 50 多天了。一阵暴雨过后，研究员心中惦念着还在孵卵的小黑，决定去看望一下。林子里很湿，灌丛上布满水珠，不一会儿迷彩服就湿透了。小黑的巢在一棵冷杉树的根部，一条小溪缓缓地从它巢边 2 m 的地方流过，静静的流水声陪伴着它，度过这异常漫长的孵卵生活。研究员小心翼翼地往前走，想更清晰地观察它。相距只有 2 m 了，研究员停住脚步，透过翠绿的箭竹，望着小黑熟悉的身影。小黑的身体也早已湿透了，但仍一动不动，目不转睛地看着研究员，充满了警惕。不到最后关头它是不会离开巢的，因为它知道，如果它在，它身体的保护色会掩护身下的巢不被发现，如果它离开了，它的巢将展露无遗，它的儿女可能会遭到厄运。小黑总是怀着对自己儿女的关护之情，尽着母亲的责任。

孵卵对于雌鸟是相当艰辛的，这两年研究组在斑尾榛鸡巢中安置了自动温度记录器，可以监视雌鸟孵卵的节律。他们知道雌鸟孵卵期间每天仅出巢很短的时间补充能量，94% 的时间在巢中孵卵，而且还要面临黄鼠狼等天敌的威胁。斑尾榛鸡的正常孵化期是 28 天左右，从科学角度分析，研究员知道小黑已不可能再孵出它的儿女来了。

太阳重新钻出云层，一道阳光透过冷杉林，正好照到小黑的头上，照在它明亮的眼睛上。研究员觉得它的目光中也充满着疑惑，它是不是也对自己儿女这么长时间还不出世而感到迷惑呢？从科学角度，研究员希望知道它到底能坚持多久，可同时又想让它放弃，害怕它越来越疲惫的身体终有一天无法逃脱狡猾的黄鼠狼的魔掌。不愿过多地打搅小黑，研究员决定赶快离开，他一步一步地后退，小黑慢慢消失在视线中。

连绵的阴雨天之后，小黑终于放弃了，它的心中肯定也是那么地不忍，不忍离开它孵了 58 天的 7 个后代。2001 年小黑繁殖失败了，但它那样坚定地付出了努力，那种永不轻言放弃的精神令人钦佩。

"小黑"的身上装有发射器，研究组会继续了解它的行踪，真诚地祝福它安全度过同样艰辛漫长的寒冬，明年能有好运！

雪鹑

拉丁名：*Lerwa lerwa*
英文名：Snow Partridge

鸡形目雉科

形态 体长约 36 cm。通体暗灰色，背及两翼淡染棕褐色，上体布以白色条纹，下体布以矛状栗色条纹，十分醒目。两性羽色相似，但雄性略微大于雌性。

分布 沿喜马拉雅山脉及横断山脉东部和南部分布，向西至阿富汗，向东至中国甘肃西南部。

栖息地 终年生活在海拔 3000～5000 m 原始森林林线之上的高山草甸和多岩石地带。

习性 繁殖季节成对活动，非繁殖季节以小群体生活。2013—2016 年，北京林业大学的研究者在四川巴郎山、云南玉龙雪山和香格里拉县进行调查，一共目击了 15 个群体。每个群

体通常由 6～8 只个体组成，最多可达 40 只。群体中除了成鸟之外，也有当年出生的幼鸟。所有群体出现在林线及灌丛以上陡峭的悬崖和山脊地带，这种环境是由于古冰川切削而形成的。傍晚向高海拔移动到山脊裸岩地带，清晨则由山脊向下移动到草甸觅食，推测其利用陡峭岩崖作为夜栖地。

繁殖 繁殖期 5—7 月，推测婚配制度为社会性单配制。巢位于陡峭岩石下的洞穴或藏匿于草丛间，有苔藓和细草铺垫。有研究者在四川北川海拔 3800 m 的茶坪山草甸见到一个雪鹑巢，内有 3 枚卵，雌鸟承担孵卵工作。1989—1990 年在甘肃龙门山发现了 3 个巢，窝卵数分别为 2、3、5 枚。

探索与发现 Hodgson 于 1837 年最先命名了这个物种，并把它放在山鹑属 *Perdix* 之内，称之为 *Perdix lerwa*。因为其拥有一些独一无二的特征，例如跗跖被羽、雌雄羽色相似，人们又把它放在一个单型属——雪鹑属 *Lerwa* 里。在这个属里，它是唯一的成员。近期分子生物学研究发现，雪鹑是鸡形目鸟类中分化较早的一支，与其他类群的亲缘关系都很远。关于该物种的自然历史，目前了解极少。一个主要的原因是，其栖息地海拔很高，条件恶劣，难以到达并开展长期野外研究。

雪鹑。左上图唐军摄，下图王楠摄

藏雪鸡

拉丁名：*Tetraogallus tibetanus*
英文名：Tibetan Snowcock

鸡形目雉科

形态 体长约 55 cm。上体以灰色为主，翅也是灰色但有棕白色的羽缘，腰和尾羽浅棕色；上体色泽与高山裸岩环境相似，具有保护作用；颏、耳羽后部、喉及上胸均为白色，上胸白斑的形状变异比较大，可以用于野外的个体识别，胸部有一条灰色带斑；腹部白色，有黑色细纹，腹部色泽较暗腹雪鸡浅，故又名淡腹雪鸡。雌性比雄性稍小；雌性腿上无距而雄性有距，这个差异在 3 月龄就已出现；雌性眼周裸皮橘色而雄性更偏红色，雌性喙呈灰绿色而雄性的呈橘红色。

分布 分布在青藏高原及其毗邻的高山地区。

栖息地 终年生活在海拔 3000～6000 m、森林和灌丛上限之上的高山草甸和高山裸岩地带，是世界上 5 种雪鸡中分布海拔最高的一种。

习性 胸部肌肉不十分发达，难以振翅飞翔。滑翔成为其独特的本领，不扇动翅膀，就能轻松越过几个山头。滑翔时，它们尽力地扩展双翼和尾羽，使得身体合拢时的表面积由 400 cm² 增加到 1000 cm² 左右，也就是 2 倍多。滑翔总是由高处向下，不能加速，也不转向。这也就决定了藏雪鸡的活动规律。每天清晨从夜宿地的山顶滑翔到山坡上，由此一路上行觅食，走到山顶正值中午，休息后，又由山顶滑翔到山腰，继续由下而上觅食，傍晚时分到达山顶的夜栖之所附近。

食性 主要取食植物，以天蓝韭、匍匐枸子、蕨麻、珠芽蓼和蒲公英为主，其次是垂穗鹅观草、早熟禾、垂穗披碱草、多枝黄耆。

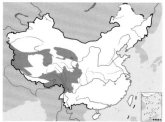

藏雪鸡。左上图为雄鸟，唐军摄；下图为雌鸟，徐健摄

中午在灌丛下休息的藏雪鸡一家。史红全摄

繁殖 采取社会性单配制的交配系统，配偶关系能维系多年。繁殖后，一个家庭通常由 1 只成体雄鸟和 1 只成体雌鸟以及若干幼鸟构成，也有少量单亲家庭。第 2 年繁殖前，雌性幼鸟扩散到其他种群，这样可以避免近亲婚配，而雄性幼鸟加入由未能获得配偶的个体组成的两性混合群。

冬天的时候，几个家族群可以合并成一个群体。群体内的个体具有明显的线性等级关系，而且地位的高低与距的长度有关。距的长度随年龄增长，因此年长的个体有更高的社会地位。社会地位的高低直接决定了能否获得配偶。通过比较获得配偶和未获得配偶的雄鸟的多项身体指标，发现除了距长有明显差异外，其他指标并无显著差异。所以，是年龄而不是身体强壮程度决定着配偶的获得。

进入 4 月，拉萨雄色寺地区的雄性藏雪鸡就开始表现配偶警戒行为，终日尾随着配偶，一旦其他雄鸟靠近，便鸣叫或驱逐。

藏雪鸡的巢点通常都有很好的遮蔽，极难发现。有的在石头缝内、有的在灌丛下，衬垫物是干草和自身羽毛。每年只产 1 窝卵，如果发生弃巢事件，可能会补产 1 窝。

雌鸟孵卵的时候，雄鸟都在巢附近活动和守卫，夜宿也在巢附近。孵化后期，雄鸟守卫巢的行为增强。刚刚孵化出的雏鸟，

雅鲁藏布江中游高山带藏雪鸡的繁殖参数	
繁殖季节	4 月中旬至 6 月上旬
交配系统	社会性单配制
巢址	岩石下
巢大小	巢径 47 cm × 43 cm，深 10 cm
卵色	浅橄榄绿色，有褐色斑点
窝卵数	4～7 枚
卵大小	长径 58～64 mm，短径 41～45 mm
新鲜卵重	51～65 g，平均 60.6 g
孵化期	27～28 天

一对站在岩石上远眺的藏雪鸡，前方的雄鸟喙和眼周裸皮呈橘红色，目视前方；后方的雌鸟喙呈灰绿色，眼周裸皮亦偏黄绿。彭建生摄

藏雪鸡的巢和卵。史红全摄

觅食的藏雪鸡一家。父亲发现高质量的食物后，自己不吃而召唤幼鸟前来取食。史红全摄

在绒羽干后即可在巢周边范围内活动。雌鸟经常要为雏鸟抱暖，每次持续10分钟左右；雏鸟30日龄以后，这种行为就很少发生了。雌鸟暖雏期间，雄鸟在附近警戒，当别的雄鸟靠近时，多以特有的鸣叫并伴随翘尾巴动作向对方发出警告。

探索与发现 2003年年初，兰州大学史红全的博士论文题目最终确定为藏雪鸡的种群生态学。对这种生活在人迹罕至的高山上的鸟类进行生态和行为研究，无疑是一个挑战。

2003年7月，他来到了甘肃天祝的毛毛山，满怀期待地开始了野外工作。然而令人沮丧的是，辛勤的工作却所获甚少。因为当地的捕猎对雪鸡造成了严重的伤害，它们十分怕人，以致难

以获得理想的科学数据。这次经历留下的最大启发是：要想很好地研究动物，就要很好地保护动物。

2004年4月，史红全来到了西藏拉萨的雄色寺。之所以来到这里，是因为武汉大学的卢欣已在此做了多年的鸟类研究工作，既有了一定的生活和工作条件，又有他的指导和帮助。雄色寺海拔4400 m，圣洁的雪域高原既令人向往，也是对研究者身体的巨大考验。有赖于雄色寺僧侣们千百年来的爱护，这里的动物并不怕人。在这里，根据卢老师的指引，史红全第一次在如此近的距离见到藏雪鸡——10 m之内！自此，他正式开始了野外研究……

暗腹雪鸡

拉丁名：*Tetraogallus himalayensis*
英文名：Himalayan Snowcock

鸡形目雉科

形态 体长约 65 cm，比藏雪鸡稍大。头颈部有白色和深栗色形成的图案，在上胸形成栗色环带；上体呈灰褐色，带粗重的皮黄色条纹；胸灰色带黑斑，下胸及腹部灰色且有黑色和栗色条纹。相较于藏雪鸡的白色腹部，暗腹雪鸡腹部的颜色较深，因而得名。藏雪鸡在形态上和行为上都存在着显著的性别差异，而暗腹雪鸡则不明显，其进化原因值得探究。

分布 分布在西喜马拉雅地区、昆仑山、帕米尔高原、天山、阿尔泰山和祁连山，以及相邻的印度北部、克什米尔、巴基斯坦、阿富汗和中亚，被引进到美国。

栖息地 生活在海拔 2000 m 以上的亚高山和高山地带，冬季出现的海拔稍低。

食性 植食性，食谱广泛，有季节和地区差异。对天山种群冬季食物的分析表明，食谱中含 24 科 43 种以上植物的根、茎、叶和种子，但这些食物的营养和能值都比较低，也说明了暗腹雪鸡应对高山贫瘠食物资源的能力。

繁殖 暗腹雪鸡是社会性单配制物种。在祁连山区，2 月中旬开始配对活动，期间，雄鸟花费更多的时间用于警戒，防御天敌和其他雄鸟的干扰，从而确保了雌鸟有更多时间用于觅食。

每年 5 月初开始产卵，巢位于高山岩石草地和裸露岩石区的突出大石下、灌木下或草丛中。随着海拔升高，窝卵数减少，显示从 r 对策到 K 对策的进化趋势。雌鸟孵卵，出来觅食的时候，雄鸟承担警戒的职责。

探索与发现 对中国分布的暗腹雪鸡的 11 个种群进行分子系统地理学分析，发现种群间的遗传分化明显，基因流水平较低；它们可以分为 4 个进化分支，其分化时间相当于第四纪民德-里斯间冰期。

在地处昆仑山的新疆祁漫塔格山，鸟类学家发现一个 30 多只的雪鸡群体里，竟然有藏雪鸡和暗腹雪鸡两个物种。对于两个生态位相近的物种，这一现象值得深入研究。

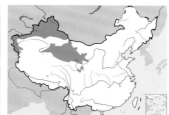

祁连山地区暗腹雪鸡的繁殖参数	
繁殖季节	4 月下旬至 5 月下旬
交配系统	社会性单配制
巢址	岩石下
巢大小	直径 29.0 cm，深 8.7 cm
卵色	浅褐色，有棕色斑点
窝卵数	3～15 枚
卵大小	长径 70.0 mm，短径 48.9 mm
新鲜卵重	73.4～89.0 g，平均 84.2 g
孵卵期	29 天

暗腹雪鸡。左上图摄于新疆，王昌大摄；下图摄于三江源，唐军摄

大石鸡

拉丁名：*Alectoris magna*
英文名：Rusty-necklaced Partridge

鸡形目雉科

形态　体长约 37 cm，外表酷似石鸡，但体形略大。与石鸡外形的重要区别是，始于额基至喉的黑色项圈外有一个棕色边缘。此外，眼先、延上纹和尾羽数目也不同于石鸡。

大石鸡和石鸡的鉴别特征比较		
特征	大石鸡	石鸡
项圈	双层，内层黑而外层棕色	单层，黑色
眼先	黑色	白色
眼上纹	黑色	白色或棕色
尾羽数目	16 枚	14 枚

分布　中国特有物种，只分布于甘肃中部、宁夏六盘山以西、青海东部和柴达木盆地。

栖息地　栖息于海拔 1500～3900 m、干旱少雨、植被稀疏的山地沟壑。

食性　食谱很广，孵出后 2 个月内的幼鸟主要取食各类昆虫等动物性食物，随着年龄增长转而以植物性食物为主。

繁殖　非繁殖期集群生活，从 4 月初开始群体趋于解散，配偶对形成社会性单配制的交配系统。巢位于山坡和沟谷间的灌丛、草丛、悬崖洞穴中。巢简陋，只是地面的凹坑，内垫以枯草。每窝产卵 5～7 枚，最多可达 20 枚，孵化期为 22～24 天。

探索与发现　全球石鸡属 *Alectoris* 包括 7 个物种，其分布从北非和伊比利亚半岛，经中欧和南欧，到中亚至俄罗斯南部、中国北部和青藏高原，南到阿拉伯半岛和地中海岛屿，在英国、美国有引入种群。

关于大石鸡分类问题，一种意见认为它与石鸡为同一物种，另一种意见则是独立出来作为一个物种。兰州大学刘迺发教授研究团队从地理分布、形态、生态、蛋清电泳、线粒体等多方面分析，支持后一种观点，现已被学术界认可。

在六盘山地区，大石鸡与石鸡的分布区相邻。通过比较六盘山西侧 20 只大石鸡和东侧 36 只石鸡的 mtDNA，发现 13 只大石鸡具有石鸡的基因型，而石鸡种群中没有发现大石鸡的基因型。这说明两个物种发生了杂交，但基因是从石鸡到大石鸡单向流动的，很可能是雌性石鸡与雄性大石鸡杂交的结果，并且杂交后代的形态与大石鸡相似。根据分子钟推测，这种不对称的基因流动发生在 9 万～40 万年前，可能是由于冰期隔离后次级相遇，杂交种可与雄性大石鸡回交的结果。

大石鸡种群的遗传多样性与环境条件有着密切的关系，与年平均气温、无霜期负相关，随着水量增加而下降，当降水量超过 510 mm 时，遗传多样性就显著下降。

石鸡

拉丁名：*Alectoris chukar*
英文名：Chukar partridge

鸡形目雉科

体长约 34 cm。曾被认为是红腿石鸡 *Alectoris rufa* 的一个亚种，现在更多学者视之为一个独立的种。头顶至后颈红褐色，有一条黑带从额基开始经过眼到后枕，然后沿颈侧而下至喉，形成一个围绕喉部的完整项圈；上背棕红色，其后灰橄榄色；上胸灰色，下胸深棕色，腹前和尾下覆羽棕色，两胁浅棕色，具 10 多条黑色和栗色并列的横斑；嘴和腿红色。雌雄相似，但雄鸟跗跖有距。

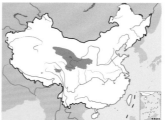

大石鸡。唐军摄

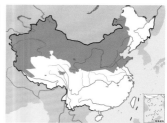

石鸡。沈越摄

典型的欧亚大陆北方鸟类，广布于欧洲至中亚和中国北方。在青藏高原的出现，实际上是中国北方和中亚种群向南延伸，在北边，到达高原的东北部，在西边，到达喜马拉雅山脉。

栖息于丘陵地带的沙石坡或岩石坡，很少见于空旷的原野，更不见于森林地带。雄鸟喜欢站在突出的地方高声鸣叫，声似"嘎嘎啦"。

斑翅山鹑

拉丁名：*Perdix dauurica*
英文名：Daurian Partridge

鸡形目雉科

体长约 30 cm。橘黄色的脸和喉以及腹部中央的马蹄形黑色斑块，是该物种的典型特征。头顶、枕和后颈、胸底色暗灰，具白色羽干纹。上体及两胁有栗色横斑，下腹白色沾棕色。雌雄身体大小和羽色相似。分布区从西伯利亚、蒙古向南延伸，经中国西北、华北和东北，至青藏高原北部的甘肃和青海，最高海拔 3200 m。由此推测，这个物种起源于欧亚大陆北方。

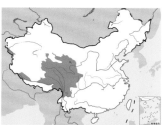

斑翅山鹑。左上图宋天福摄，下图唐军摄

高原山鹑

拉丁名：*Perdix hodgsoniae*
英文名：Tibetan Partridge

鸡形目雉科

形态 体长约 28 cm。白色的眉纹、栗色的颈圈和眼下的黑斑是该物种的典型特征。上体灰底满布深褐色横斑，下体底色淡黄，胸部及体侧黑色鳞状斑纹十分醒目。雌雄身体大小和羽色相似。高原山鹑有 16 枚尾羽，而斑翅山鹑和灰山鹑则为 18 枚。

分类 分子系统学分析显示，山鹑是一个独立进化的单系类群，更接近于雉亚科，高原山鹑是 3 个物种中最原始的，而斑翅山鹑和灰山鹑是一对姐妹种。

分布 分布中心在青藏高原，包括印度、尼泊尔、不丹、巴基斯坦、阿富汗的高原周边地区。早期研究认为在新疆北部包括天山地区有该物种分布，但研究者通过查看大量标本，认为那里的山鹑应当是斑翅山鹑或灰山鹑。相对于它的 2 个近缘种，高原山鹑分布在更高的海拔，在 2800～5200 m，是世界上分布最高的山鹑属鸟类。

栖息地 灌丛稀疏的多岩石山地以及农田边缘，是高原山鹑最喜欢的环境。一个群体的活动范围可以包括几种不同的植被类型，但阳坡的蔷薇 – 小檗群落是它们的最爱。这种选择显然与山鹑类喜欢干燥环境的习性吻合，也跟其食物相关。在川西，高原山鹑倾向于在靠近河谷的低海拔地带活动，明显回避稠密的高山栎灌丛。

习性 对于高原山鹑比较系统的研究，分别在雅鲁藏布江中游海拔 3800～5600 m 的西藏雄色寺和横断山系东部海拔 3820～4700 m 的四川省稻城开展。

高原山鹑在非繁殖期营集群生活，群体形成于繁殖之后。平均群体大小 11.4 只，多者达到 30 只。许多研究表明，鸟类群体大小的增加与冬季气温下降和积雪有关。在 1 月平均气温低于 −10 ℃并有积雪存在的中国北方，30～100 只的斑翅山鹑群体十分常见，甚至有超过 200 只个体的群体。在拉萨山地，11 月到次年 2 月的平均温度是 −1.7 ℃，最低也不低于 −4 ℃；同时，冬季降水少于 50 mm 和强烈的日照使得积雪很少。因此，这里最大的高原山鹑群体不多于 30 只。

从晚秋到早春，高原山鹑群体大小呈现下降趋势，这可以归因于冬季个体的死亡。天敌捕食可能是导致个体死亡的主要原因。在稠密的灌丛间，研究者多次发现高原山鹑的残体，很可能是香鼬所为。在许多雀形目鸟类的巢材中，经常发现高原山鹑的羽毛，这也间接反映出其冬季死亡率甚高。

中午时分，高原山鹑在稠密的灌丛下休息并进行沙浴。沙浴坑数量为 2～3 个，明显少于群体的总个体数，表明并非所有个体在午休时沙浴，或者可能有 1 只以上的个体使用同一个沙浴坑。

拉萨和川西的野外研究都发现，傍晚时分，高原山鹑群体总是向高海拔移动；在清晨从高处直接向下飞到觅食地。在拉萨山地

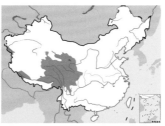

高原山鹑。彭建生摄

西藏拉萨的高原山鹑群体。卢欣摄

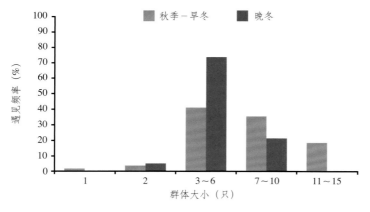

非繁殖季节，高原山鹑喜欢群体生活。图为拉萨山地秋冬季高原山鹑群体大小的变化。可见，早期群体比较大，平均7.4只，由于个体的死亡逐渐变小，晚冬平均只有5.2只

所发现的 14 个夜宿地中，86% 接近山体顶部（4700～4900 m）。夜宿地位于稠密的植被斑块中或靠近岩壁，这对于夜晚保持体温、降低能量损失至关重要。一个夜宿点的夜宿坑数量为 2～4 个，少于群体成员数。在一个坑内有大量降解程度明显不同的粪便，表明数只个体卧于同一个坑里夜宿，直接观察也证实了这一点，

且其有重复利用同一夜栖地的习性。这种聚集夜宿的方式可能有利于个体间共享体温，是一种对寒冷环境的适应策略。

非繁殖期，高原山鹑群体表现一定的领域性。上午时分，常常大声鸣叫以宣示对领域的占有。鸣声录音回放实验发现，高原山鹑对陌生个体发出的领域性鸣叫，总是立即回应，即使距离在 300 m 开外；而对于相邻群体发出的鸣叫，若距离超过 100 m，则不予以理睬。两个群体不期而遇时，通过大声鸣叫警告而不是直接打斗的方式来解决冲突。

随着繁殖配对的形成，高原山鹑群体开始解体。这一过程在拉萨山地发生于 3 月中旬，以致社会性单配制的配对遇见率逐渐增加；至 4 月末，种群内的大多数个体已经建立配对关系。一些在 4 月末和 5 月初观察到的孤立个体，很可能是配对失败者。在川西山地，自 3 月底到 4 月中旬的两周内，每次扫描记录的群体中个体数从 15 只下降至 5 只。

配对形成期间，经常观察到同一群体内的一只个体突然对另一个体发起攻击，并追击之。群体开始表现出较松散的状态，由未配对个体组成的群体也逐渐分散为多个小群。傍晚时分，群体内的多数个体仍通过鸣叫声联络聚集在一起，一同前往夜栖地栖息。

食性　分析几个嗉囊和大量粪便样本，发现蔷薇和小叶锦鸡儿果实是高原山鹑的主要食物，因此阳坡的蔷薇-小檗群落是它们最喜欢的栖息地。

繁殖　在拉萨山地，首次观察到高原山鹑交配行为的时间是 3 月 22 日。此后，共记录到 5 次交配或试图交配的行为，均发生在群体觅食过程中，时间分别为 8:08、8:45、9:05、11:03、13:09。交配前，雄鸟一边觅食一边缓慢接近雌鸟，两者靠近后减缓移动速度，与群体保持 7～15 m 的距离。之后雄鸟和雌鸟先后将其两眼下方的小块裸皮徐徐露出，充血红胀，略有膨大；雄鸟贴近雌鸟，雌鸟缓缓蹲伏于雄鸟前方，雄鸟突然挺直身体，跃上雌鸟背部进行交配；交配完成后，与群体会合。整个交配过程中配偶间时有细微的鸣叫交流，观察者仅在 10 m 范围之内可听见。

配对后的高原山鹑形影不离，两性相距常常小于 5 m，这种亲密关系一直保持到雌鸟开始孵卵。觅食时，雄鸟比雌鸟承担更多的警戒任务。它们频繁扫视环境，遇警时会大声鸣叫并且逃离，配偶相随而逃。总体而言，雄鸟把其日活动时间的 28.2% 用于保护雌鸟，包括警戒、鸣叫和进攻。在拉萨山地观察到的这种行为在横断山区的研究中也得到证实。高原山鹑所表现的社会性单配制的婚配体制和雄性配对警惕行为类似于灰山鹑。当两个配偶对相遇时，雄性间发生激烈的进攻性行为，有时一方追逐另一方到 100 m 之外。在这种情况下，雌鸟与其配偶通过大声鸣叫取得联系。

在拉萨山地，高原山鹑大多于 5 月下旬开始产卵，19 个巢中的 21.1% 产于此时；6 月初最为集中，63.2% 的巢在此期间产卵；一些个体则推迟到 6 月下旬（15.8%）。在川西，7 月 16 日至 23

日发现的 4 个巢都处在孵卵期，而 8 月 18 日发现 1 个刚孵出的巢，显示这里的繁殖季节比较晚。

雅鲁藏布江中游的高山植被以灌丛草甸为主。高原山鹑的巢大多位于向阳而地势平缓的坡面。巢捕食是营地面巢鸡类繁殖失败的主要原因，巢点的隐蔽程度直接影响天敌的发现率。然而，高原山鹑的巢多筑在植被稀疏的地块，常常靠近小路。研究者推测其良好的保护色可能有利于逃避天敌的捕食，一旦天敌进攻，雌鸟可以顺小路逃跑。

巢材包括就近搜集的灌木茎和草本植物，以及一些雌鸟自身的羽毛。窝卵数比灰山鹑（15～17 枚）和斑翅山鹑（新疆阿尔泰山种群 16～20 枚，中国北方种群 8～20 枚）都要小，卵重和大小则比灰山鹑（14.6 g，36.0 mm×27.0 mm）和斑翅山鹑（12.0 g，34.0 mm×26.3 mm）大。而雌性高原山鹑的体重（290～360 g）仅介于灰山鹑（310～450 g）和斑翅山鹑（250～340 g）之间。可见，生活于高海拔的高原山鹑采取 K 对策，把有限的资源投入到少数的后代身上，从而提高后代的适合度。这种生活史对策也见于榛鸡、雪鸡以及一些高原雀形目鸟类。

孵卵由雌鸟承担，经过 20 多天的孵化，幼雏破壳而出。与大多数野生鸟类一样，孵化率很高，达到 94%。不过，总的来看，9 个巢只有 4 个（44%）繁殖成功。5 个失败的巢中，1 个弃巢，4 个被天敌捕食。繁殖成功率略高于灰山鹑（30%），但明显低于斑翅山鹑（61%）。

最后 1 枚卵孵化后，雌鸟仍然在巢内伏卧 15～16 小时以度过孵化后的第 1 个夜晚，然后带着雏鸟离巢。离巢活动期间，雌鸟频繁地为雏鸟抱暖。此时，雄鸟也加入家族活动，主要承担警戒任务。对 1 个巢的观察记录到：离巢的第 1 天晚上，雌鸟与雏鸟一起在距离巢 80 m 的地方夜宿，第二个晚上夜宿点距巢 150 m。离巢后，不同家族常常聚合在一起，其中的成鸟为幼鸟提供照顾，不论是否是自己的后代。

左图为高原山鹑的巢和卵，阙品甲摄；右图为雏鸟，卢欣摄

雅鲁藏布江中游高山地带高原山鹑的繁殖参数	
繁殖期	5 月下旬至 6 月下旬
交配系统	单配制
巢址选择	稀疏低矮的灌丛斑块
巢大小	外径 18.1 cm，深 7.7 cm
窝卵数	5～12 枚，平均 8.3 枚
卵大小	长径 39.2 mm，短径 28.1 mm
新鲜卵重	14.2～18.3 g，平均 16.1 g
孵化期	23～24 天
繁殖成功率	44.4%

四川稻城高原山鹑繁殖后期的家族群。王楠摄

西鹌鹑

拉丁名：*Coturnix coturnix*
英文名：Common Quail

鸡形目雉科

体长约 18 cm。体小而滚圆，尾短而翅尖长。皮黄色眉纹与褐色头顶及贯眼纹成明显对照；上体黑色和棕色斑纹相间，羽干纹浅黄色；下体灰白色。雌雄羽色相似。

欧亚大陆和非洲最普通的鹌类，进行长距离迁徙，这种行为在鸡形目中是独一无二的。繁殖地在欧亚大陆北部，包括中国新疆；越冬地在非洲北部、印度和中国西藏南部。

过去曾把广布于亚洲东部的鹌鹑 *C. japonica* 视为本种下的一个亚种，但现已独立，中国东北、华北和南方各地常见的均为鹌鹑，而西鹌鹑则罕见。

平原、丘陵草丛以及灌木丛，是西鹌鹑最喜欢的栖息地。

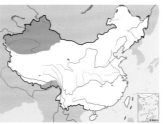

西鹌鹑。左上图陈树森摄，下图邢新国摄

环颈山鹧鸪

拉丁名：*Arborophila torqueola*
英文名：Common Hill Partridge

鸡形目雉科

形态 体长约 32 cm。雄鸟额至后颈深栗色，眉纹黑色，粗而明显。上体橄榄褐色，有半月形黑斑；颈黑白相间，故名之；胸部灰橄榄色，颈与胸之间有一个白斑。腹中央白色，两胁灰色，具栗色和白色纵纹。雌鸟较小，头顶褐色，具黑色纵纹，眉纹棕黄色；颏、喉栗棕色，前颈与胸之间有宽的栗色横带。

分布 分布在喜马拉雅山脉至中国西南和东南亚北部，青藏高原的部分是四川西部、云南西部和西藏东南部。生活在海拔 1500～4000 m 的山地森林，包括常绿阔叶林和针叶林以及灌丛。

习性 在四川白坡山自然保护区，3—4 月处在繁殖期的环颈山鹧鸪喜欢在海拔 2400～2900 m 并靠近水源的稠密林地活动。高黎贡山最早见到亲鸟带着幼鸟活动的时间是 4 月中旬。性情警觉，稍有动静，便驻足观望，或立即逃匿。喜欢鸣叫，先是低哨，之后声调提高如鹰鹃。

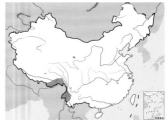

环颈山鹧鸪。左上图时敏良摄；下图彭建生摄

红胸山鹧鸪

拉丁名：*Arborophila mandellii*
英文名：Chestnut-breasted Partridge

鸡形目雉科

　　体长约 26cm。头顶至后枕暗栗色，眉纹灰色，长且狭；上体橄榄褐色，后颈下部和上背栗色并具黑斑，之后有一个黑白两色的横带；胸部深栗色，故有此名；下胸、腹和两胁蓝灰色，两胁还具栗色和白色的斑点。

　　分布于中国西藏东南部、不丹、印度和斯里兰卡。栖息于海拔 1300～2500 m 的山地常绿阔叶林。

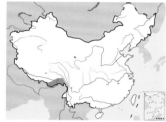

红胸山鹧鸪。James Eaton摄

红喉山鹧鸪

拉丁名：*Arborophila rufogularis*
英文名：Rufous-throated Partridge

鸡形目雉科

　　体长约 27 cm。额灰色，头顶橄榄褐色具黑斑，眉纹灰白色有黑点；背橄榄色，翅棕色具宽阔的黑色和皮黄色横斑；颏和上喉黑色，下喉红棕色，胸、腹灰色，两胁具明显的银色及棕色条纹。

　　分布于中国西南部、印度北部和东南亚，包括中国西藏东南部和云南西部。喜欢栖居在海拔 1200～2500 m 的常绿阔叶林。

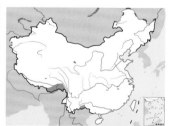

红喉山鹧鸪。王昌大摄

四川山鹧鸪

拉丁名：*Arborophila rufipectus*
英文名：Sichuan Partridge

鸡形目雉科

　　形态　体长约 30 cm。额白色，头顶栗红色，眉纹白色，颈棕色而有黑色条纹；上体以暗绿色为主，具较宽的黑色横斑和细纹；喉白色，胸部具宽阔的栗色环带；腹白色，两胁灰色。

　　分布　中国特有物种，分布在四川南部的青藏高原边缘地区。

　　栖息地　栖息于海拔 1000～2000 m 的常绿阔叶林，尤其喜欢林下植被丰富、靠近水源的地带。冬天高海拔降雪时，它们迁移到比较低的海拔活动。

　　习性　通常单只活动，即使在冬季也很少集群。繁殖季节，雄性占据领域，并在领域内发出响亮的鸣叫，1000 m 以外可闻。早晨和傍晚鸣叫最为频繁，持续时间长达 30 分钟。因此，可以通过这种行为进行数量调查。

　　白天在地面觅食，晚上在树上栖宿。四川老君山的研究发现，夜栖树种有水杉、枰木、连香树、八角枫和峨眉栲，夜栖枝条距离地面 2.3～6.4 m。夜栖树高度与夜栖高度没有相关性，表明它们会选择最佳夜栖高度。

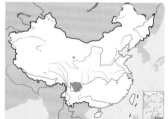

四川山鹧鸪。左上图张永摄，下图付义强摄

繁殖 形成社会性单配制的交配制度，雌鸟孵卵，雏鸟出壳后，雄鸟加入家庭，与雌鸟共同育雏。

鸟类学家特别研究了它们的孵卵行为。对于任何鸟类来说，孵卵都是一种耗能的行为。因此，对于单亲承担孵卵任务的物种来说，一个必须面临的抉择是如何在保证胚胎发育温度和自身能量补充方面取得平衡。研究发现，雌性四川山鹧鸪每天早上 7:00 左右离巢，平均每日离巢时间是 2.8 小时，最长达到 4.5 小时。尽管如此，它们的孵化率高达 88.4%。这说明其胚胎对寒冷高山环境具有很好的适应能力。

四川老君山自然保护区四川山鹧鸪的繁殖参数	
繁殖季节	4 月中旬至 6 月上旬
交配系统	社会性单配制
巢址	林间灌丛地面上
巢大小	外径 41.2 cm×22.8 cm，深 9.8 cm
卵色	白色，无斑点
窝卵数	3～8 枚
卵大小	长径 42.7 cm，短径 32.1 cm
孵卵期	28 天

四川山鹧鸪的巢，用树叶筑于树下。冉江洪摄

正在坐巢孵卵的四川山鹧鸪。付义强摄

种群现状和保护 多位研究者对四川山鹧鸪的种群数量进行了调查，一致的观点是，繁殖季节，四川山鹧鸪在原始原生林密度最高，成熟的次生林次之，而回避人工林。因此，保护原始的常绿阔叶林对于该物种的保护至关重要。不过，在一些地区，冬天的时候，因为原生林的海拔分布高、积雪时间长，海拔比较低的次生落叶阔叶林是其主要栖息地。

据估计，四川山鹧鸪的种群数量只有 2000 只左右。农耕区的扩大、森林的长期采伐，导致四川山鹧鸪赖以生存的原始林——亚热带常绿阔叶林大面积消失，使得其栖息地呈现片段化，种群之间交流困难，降低了遗传多样性。这是当前物种保护的主要挑战。虽然天然林的禁伐与退耕还林政策的实施，使四川山鹧鸪受益，但植被恢复至适宜四川山鹧鸪的生境依然需要很长的时间。

灰胸竹鸡

拉丁名：*Bambusicola thoracicus*
英文名：Chinese Bamboo Partridge

鸡形目雉科

体长约 32 cm。头部棕红色，额、眉纹蓝灰色，上体灰色，有棕红色和白色斑点；尾羽暗栗色，密布黑褐色纹状斑；上胸灰色，往后转为棕黄色，两胁有黑褐色斑。雌鸟与雄鸟羽色相似，但体形稍小，跗跖无距。

中国特有鸟类，广布于中国南方，在青藏高原见于海拔低于 1600 m 的四川盆地西缘。生活在山脚平原地带林地、灌丛和农作区。

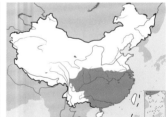

灰胸竹鸡。沈越摄

黄喉雉鹑

拉丁名：*Tetraophasis szechenyii*
英文名：Buff-throated Partridge

鸡形目雉科

形态 体长约 45 cm。头部灰色，颏、喉与前颈棕黄色，红喉雉鹑则为栗色；眼周皮肤裸露，呈现猩红色。上体褐色，翅暗褐色，羽端浅黄色，尾羽有黑色细小横斑，羽端白色；胸、腹和两胁底色灰褐，具有明显的栗色羽端；尾下覆羽棕红色，端部白色。雌雄羽色相似。

分布 分布于四川西部、青海东南部、云南西北部和西藏东南部，较红喉雉鹑的分布区偏向西南，二者相互替代、并不重叠。

栖息地 主要栖息在海拔 3350～4600 m 的针叶林、针阔叶混交林、高山栎林、杜鹃灌丛以及林线以上的高山草甸，冬季可下降到 3400 m 以下活动。

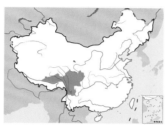

黄喉雉鹑。沈越摄

习性 以家族群为单位活动，群体数量 2～5 只，多为 3 只。全年都生活在领域里。通过无线电追踪确定的活动范围为：繁殖期 10.6 hm²，非繁殖期 13.7 hm²。两个相邻群体的活动区有 20%～30% 的重叠，繁殖期的重叠范围小于非繁殖期。

个体之间常常为保卫领域而发生冲突，冲突通常发生在领域边界，主要是在雄性个体之间，形式有驱逐、对峙和打斗。驱逐是一只个体驱赶另外一只个体；对峙的时候，双方的距离往往不到 2 m，平行移动，并伴随激烈鸣叫，整个过程持续数分钟，有时至十几分钟；对峙的双方发生啄击行为就演变成打斗。在冲突事件中，绝大多数是守卫领域的一方取胜，仅个别例外是入侵者取胜。

在繁殖季节，黄喉雉鹑以家族群为单位进行夜栖。在雏鸟孵出后的头 2 周，雌鸟和幼鸟一起夜栖于地面或一些低矮的树上，而雄鸟则在距离母子 10 m 开外的树上安歇。等幼鸟能上树了，整个家庭，包括助手，一起上树夜栖。大家身体紧挨着，面朝坡下，幼鸟被安排在中间位置。使用最多的夜栖树是高大的鳞皮冷杉和大果红杉，这些树的胸径平均为 25.8 cm，夜栖枝条距离地面平均高度为 6.3 m。

家族群体在日落前 1 小时左右返回夜栖地，这也许是一个家族世袭的领地。天色快黑下来的时候，家族成员逐个从地面飞上夜栖树，在枝叶茂密的地方安歇。清晨，通常 1 只个体带头鸣叫，然后大家都开始鸣叫，在鸣叫过程中纷纷飞离夜栖树。

食性 主要取食各种植物，也捕食一些无脊椎动物。全年采食的植物种类有 34 种之多，其中草本植物 32 种，木本 2 种。在夏季主要吃草本植物的叶与根茎，而在秋季则主要采食成熟的种子和果实。全天的大部分时间用于觅食，中午有 2 小时左右的休息时间。

黄喉雉鹑喜欢在高大的针叶树上夜宿，显然，这不仅可以防御天敌，也有利于借助稠密的枝叶进行保暖，因为在海拔3500 m以上的横断山脉，冬天的野外是极其寒冷的。徐雨摄

繁殖　繁殖期 4 月中旬至 7 月上旬，产卵主要集中在 4 月，7 月初有二次产卵现象。

不同于大部分鸟类只会修筑一种类型的巢，黄喉雉鹑会营造 2 种类型的巢：地面巢和树上巢。地面巢位于树干、灌木或岩石基部，几乎没有专门搜集的巢材。树上巢位于鳞皮冷杉、川滇高山栎、红杉以及粗大的杜鹃灌木上，巢建于树权间，距离地面 1.9～12.0 m，巢材有树枝、树叶、树皮、干草、苔藓、地衣；这些巢材是如何获得的，尚且不知。在一个繁殖季节内，如果第一次繁殖失败，还可再次筑巢繁殖，同一对个体同一个繁殖季可以营造 2 种不同类型的巢。

孵卵由雌鸟负责。孵卵期间，它会在 7:30—11:30 离巢一小会儿觅食，离巢时间只占白天时间的 20% 左右。

黄喉雉鹑表现社会性单配制，但当雌鸟孵卵的时候，雄鸟并不出现在巢附近。一旦雏鸟孵出来，雄鸟就会现身。以下是对一个巢雏鸟离巢第一天双亲行为的观察记录。

9:53，第 1 只雏鸟从雌鸟腹下探出头。雌鸟警戒性一下子提高了许多，挺身而坐，头不停地向外望，嘴里发出"gu-gu"的低声。

11:33，雌鸟离开巢，在距离巢只有 2 m 的地方卧下，4 只雏鸟也跟着离巢，迅速钻进雌鸟腹下，一卧就是 4 个多小时。

15:55，雌鸟带领雏鸟向更远的地方走去，其间，雌鸟每隔一段时间就停下来静卧在地上，雏鸟们钻进其腹下，不久雌鸟又起身带领雏鸟向前行进。

16:52，雄鸟在雌鸟和雏鸟的前方出现。

不论是在雅江帕姆岭，还是在白玉咱嘎寺，研究者都发现，除了孵卵的雌性以外，繁殖季节遇见的黄喉雉鹑都是至少 2 只在一起活动，最常见的是 3～5 只，平均 4.5 只，这些小群体由成体雄性和没有繁殖的个体组成。当雏鸟孵出来以后，雄鸟就参与照顾雏鸟的任务，同时，和雄鸟在一起的其他群体成员也一起前来协助育雏，并担负暖雏和警戒的任务。这就是早成性鸡类中的合作繁殖行为，目前发现于雉鹑和白马鸡、藏马鸡中。当然，并非所有家庭都有帮助者。在雅江帕姆岭，35% 的家庭是双亲单独

大多数黄喉雉鹑在地面上营巢，这是许多鸡形目鸟类的共同特征。然而，少数个体会将巢置于灌木或大树的枝权间，除了黄喉雉鹑外，目前鸡类中只发现角雉也表现出这种习性。图为四川雅江县帕姆岭黄喉雉鹑的地面巢和树上巢。杨楠摄

育雏的，65% 是合作育雏的。合作群体中，雄性的比例是雌性的 8 倍。

在雅江县帕姆岭的一座寺庙周围，许多黄喉雉鹑全年得到额外的食物供应，而那些远离寺庙的群体则得不到这些额外食物。研究者发现，获得额外食物的黄喉雉鹑，开始繁殖的日期较早，产多而大的卵，卵的孵化率也更高。

探索与发现　第一次来到四川甘孜州帕姆岭，眼前的情景让四川大学本科生窦亮印象深刻：听到藏族阿婆的祈祷声，黄喉雉鹑就出来迎接远方的客人。

随后，他在那里待了 40 多天，发现了 4 个黄喉雉鹑的巢，并在苦苦守候了 2 天后，第一次在野外详细地拍摄下黄喉雉鹑雌鸟刚孵出 4 只雏鸟后离巢的整个过程。回到学校，他就决定申请动物生态学的研究生，投身于黄喉雉鹑的野外研究。

在四川雅江帕姆岭，还有白玉咱嘎寺，四川大学的研究者们获得了黄喉雉鹑生活史的各方面数据。特别是，发现了它们的合作繁殖行为。现在，研究团队的老师和同学们依然攀登在川西的高山上。揭示黄喉雉鹑生活的神秘面纱，是他们攀登的动力。

黄喉雉鹑的繁殖参数	
繁殖期	4 月中旬至 7 月上旬
交配系统	单配制
海拔	3600～4500 m
巢基支持	地面，灌木或乔木
巢距离地面高度	0 m，1.9～12.0 m
巢大小	外径 26.2 cm，深 5.4 cm
窝卵数	2～5 枚，平均 4.0 枚
卵色	白色，有红褐色斑
卵大小	长径 54.0 mm，短径 37.0 mm
新鲜卵重	36.9 g
孵卵期	24～27 天
繁殖成功率	43.5%

红喉雉鹑

拉丁名：*Tetraophasis obscurus*
英文名：Chestnut-throated Partridge

鸡形目雉科

形态　体长约 48 cm。与黄喉雉鹑羽色大体相似，最典型的区别在于其颏、喉与前颈为栗色。

分布　中国特有鸟种。见于四川北部岷山、邛崃山，由此向北经过甘肃南部、青海南部和东部到达祁连山。较黄喉雉鹑的分布区偏向东北。

栖息地　由海拔 3000 m 的林线经过灌丛到 4600 m 的多岩山地带，是红喉雉鹑最适宜的栖息地。

食性　植食性，喜欢啄食植物的根和地下鳞茎，也吃植物种子、浆果以及叶片。

繁殖　最早对红喉雉鹑繁殖活动的观察记录，是 20 世纪 80 年代中国科学院动物研究所的研究者在四川宝兴和马尔康获得的。6 月中旬，他们在针叶林上面的高山灌丛先后发现 3 个处于孵化后期的红喉雉鹑巢。当时已经有育雏的家庭，由此推测，其

最早产卵的时间应当在 5 月中旬。3 个巢分别位于地面灌木下、地面岩石下和距离地面 1.9 m 高的杜鹃灌木上。地面巢十分简陋，其实就是地面上的一个浅坑；灌木上的巢也只有稀疏的巢材。窝卵数 2～7 枚，卵大小 50.0 mm×34.1 mm。卵底色浅红，上面有红褐色斑点。孵卵任务全部由雌鸟承担，孵卵期间从未发现雄鸟的踪影。但在育雏的时候，雄鸟现身，并且有其他家族以及没有参与繁殖的个体加入。

四川乐山师范学院的研究者在四川阿坝东南部的茂县，对红喉雉鹑的繁殖进行了比较细致的研究。繁殖季节观察到的群体大小是 2～5 只，平均 3.6 只。所发现的 6 个巢中，3 个在地面，3 个在杜鹃灌木或栎树上，窝卵数为 3～5 枚，平均 4.2 枚。孵化期为 27～28 天。

探索与发现　自 19 世纪末命名以来，红喉雉鹑和黄喉雉鹑一直被认为是 2 个不同的物种。后来，中国鸟类学家郑作新等（1965）把它们当作 2 个亚种。2014 年，研究者进行基因序列对比，发现二者之间的差异在 3% 左右，相比之下，石鸡属物种间的差异是 3.0%～9.6%，角雉属 4.6%～8.7%，鹇属 2.5%～4.5%，锦鸡属 2.5%，孔雀属 3.1%。所以，这种差异达到了种的水平。分子钟指示，两种雉鹑分化时间距今 200 万年左右，那时的青藏高原正处在更新世早期，冰期盛行。

红喉雉鹑。唐军摄

血雉

拉丁名：*Ithaginis cruentus*
英文名：Blood Pheasant

鸡形目雉科

形态　体长约 45 cm。雄鸟上体褐灰色，下体沾绿色；头具冠羽，耳羽黑色；翼短圆，暗褐色；嘴黑色，脚红色；各羽多呈矛状，有白色羽干纹，羽尖多染红色；尾灰色，有红色侧缘；腰及尾上覆羽染绿色，尾下覆羽绯红色。雌鸟棕褐色，有不规则的黑褐色斑。雄鸟常有距，雌鸟无距或仅有瘤状距突。

分类　血雉属 *Ithaginis* 仅有一种，为单型属。由于羽色变异较大以及许多居间类型的存在，其种下分类一直有争议，有 9～14 个亚种之多。不过，根据亚种间雄鸟头胸部的红色和黑色程度，以及翅上大覆羽的颜色，可以将血雉亚种分为 2 个亚种组，即红翅组和绿翅组。

血雉的形态很特殊，兼具鹑类和雉类的特征。其尾较翅短，尾羽的换羽从中央到外侧，这些特征与鹑类相同；但其雌雄异色又与雉类相同，而且具有类似勺鸡的矛状羽、羽冠及短嘴等特征。目前大多数学者认为还是将其列入雉类。

通过对血雉 10 个亚种 23 个地理种群的 2 个线粒体 DNA 和 4 个核 DNA 进行比较分析，研究者检测到 3 个系统进化枝和 4 个现生种群。第四纪时冰期迫使血雉种群退缩至不同的避难地，而在末次冰期时种群则并没有退缩，而是采取沿不同海拔高度垂

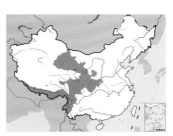

血雉。左上图为四川帕姆岭的个体，头、胸部为灰色，沈越摄；下图为云南纳帕海的个体，头、胸部具有鲜红色羽毛，彭建生摄

直移动的策略，以适应山地冰川和植被的变化。血雉的红翅和绿翅亚种组分别与分子系统模式中的北方种群和南方种群相对应。北方种群雌雄鸟的耳羽簇非常明显，而南方种群则缺乏。此外，西南种群雄鸟头、胸部颜色一般为红色，但东南种群则不具有。

分布　仅分布于青藏高原的边缘地区，沿喜马拉雅山脉向东，经横断山脉向北至秦岭山脉和祁连山脉。分布海拔 2100～4600 m。

栖息地　山地森林是血雉的典型栖息地，其中，高山针叶林、针阔叶混交林是其最爱。血雉有明显的季节性垂直迁移现象，冬季迁移至较低海拔越冬。当然，在一个特定的区域，它们对栖息地有更特殊的要求。比如，研究者发现，血雉在冬季和春季偏爱灌木盖度大、距离永久水源较近的环境，而回避空旷的林地和草地。

习性　冬季集群生活，每群由多只雄鸟和多只雌鸟组成，群体大小从几只到几十只。春天，群体逐渐解体。

在四川省卧龙，越冬群体喜在阳坡、半阳坡较为稀疏的灌木林中进行游荡取食活动，活动区面积在 20 hm² 左右。群体的取食活动自清晨下树后一直持续到傍晚树栖时为止。有危险时，个体会发出报警叫声，以告知其他个体，这时其他个体则停止取食，伸颈张望；当确认无危险时，才又继续低头取食。

在甘肃莲花山，研究者对 22 只血雉进行无线电遥测跟踪，发现产卵、孵卵期繁殖对的活动区面积平均为 8.6 hm²，并且不同繁殖对的活动区有一定重叠。活动区彼此相邻的繁殖对，重叠面积甚至达到繁殖对同期总活动区面积的 70% 以上，说明血雉的领域性并不强。

在四川卧龙，雌鸟孵卵后，雄鸟有时单独活动，也常与其他个体组成临时性群体一起游荡，其活动区面积平均达到 31.9 hm²，而雌鸟只有 8.7 hm²。育雏期的第 1 个月，家族活动区面积是 15.5 hm²，第 2 个月增加到 17.3 hm²。此外，血雉的巢通常位于活动区的一侧，且大部分活动位点距巢 100～300 m，而在距巢 100 m 范围内的活动位点则极少。亲鸟似乎有意避开在巢的附近活动，以降低被天敌捕食的风险。

食性　与其他雉类一样，主食植物，兼食少量动物。所选择的食物随季节和地区的不同而发生变化。在夏天和秋天，多吃木本植物的芽苞、嫩叶，草本植物的根、茎、叶、果实和种子，以及少量昆虫，冬天则几乎只吃苔藓。

繁殖　单配制，配偶关系可维持整个繁殖季节。在四川卧龙，血雉分群时有争斗、驱逐行为。繁殖前期 1 雄 1 雌的遇见率为 65.9%，2 雄 1 雌的遇见率为 26.8%，而后者 2 只雄鸟中往往有 1 只为亚成体。已配对的血雉朝夕相伴，彼此相距不远，常以鸣声保持联络。夜间栖于相距不远的树上，清晨雄鸟先下树，走至雌鸟夜栖树附近，召唤雌鸟，会合后一道觅食。孵卵期间，雌鸟离巢取食时，雄鸟一直相伴，直待雌鸟入巢后，雄鸟才逐渐远离巢址。雌雄亲鸟共同育雏。

四川帕姆岭集小群觅食的血雉，中间1只为雌鸟，4只雄鸟中有2只正立起身体进行警戒。贾陈喜摄

血雉营地面巢，巢址的具体位置因地区和环境不同而有所差异。巢较为简陋，一般用树枝、树叶、竹叶、草茎、苔藓、松萝及少量羽毛等筑成，呈浅碟状。

在甘肃莲花山，采用温度数据自动记录仪研究了雌鸟的产卵和孵卵行为。雌鸟大多在 14:00—16:00 入巢产卵，平均每次在巢中停留 2.2 小时。产卵间隔大多数是 2 天，也有间隔 3 天的，通常最后 2 枚卵之间仅间隔 1 天。在产完最后一枚卵后马上开始孵卵。

四川帕姆岭血雉的巢和卵。贾陈喜摄

四川卧龙血雉的繁殖参数	
繁殖时间	4—7 月
交配系统	单配制
巢址	树基部、灌木下、倒木下、岩石下的洞中
巢大小	长 21.2 cm，宽 19.3 cm，深 5.7 cm
卵色	浅棕色，具深褐色斑点
窝卵数	5～10 枚
卵大小	长径 47.8 mm，短径 33.8 mm
新鲜卵重	30.1 g
孵化期	35～39 天
孵化率	>90%

孵卵工作由雌鸟单独承担，雌鸟离巢取食时往往由雄鸟相伴。雌鸟大多每天仅离巢取食 1 次，在 6:00—7:00 离巢，在 12:00—15:00 回巢，离巢时间长达 6.6 小时。在雌鸟离巢取食的这段时间内，巢中卵的温度持续下降，卵温低于 10 ℃ 的时间可长达 3.5 小时。但这并不会影响血雉的孵化率，长期的进化适应使得血雉的胚胎已经具有很强的低温耐受能力。

雏鸟出壳后，需要先将羽毛暖干，次日便可由雌鸟带领离巢，与雄鸟一起组成家族群活动。此时雏鸟的恒温机制尚未建立，须经常钻到雌鸟腹下取暖，行走速度缓慢，活动范围较小。在四川卧龙雌鸟每次暖雏持续时间为 7.9 分钟，与雏鸟的日龄无关；相邻两次暖雏的间隔时间为 13.6 分钟。随着雏鸟日龄的增长，暖雏次数趋于减少，而在多云、降雨等较冷的天气，暖雏次数增多。雏鸟 40 日龄之后未再观察到雌鸟的暖雏行为。雌鸟暖雏时，雄鸟往往立于突出的位置负责警戒。双亲找到食物后，会发出叫声，召雏鸟过来取食。家族群常一起进行日光浴及沙浴。雏鸟 15 日龄时，已能随雌鸟上树夜栖。雄鸟则在雌鸟及雏鸟的附近上树夜栖。

探索与发现　中国科学院动物研究所的贾陈喜至今还清楚地记得在四川卧龙开展博士论文野外工作时，第一眼见到血雉在林中飞奔的情景。这次相遇使他走上了 20 多年持续探寻这种神秘鸟类的研究之路。这里，他给大家分享对血雉孵卵行为的观察经历。

那是在卧龙，他刚开始研究血雉的时候。有一天午饭后，正准备继续追踪上午那对佩戴无线电发射器的血雉，路上恰好遇见另外一对一前一后匆匆穿过林间小道往坡上而去。尾随其后，很快便来到一片比较平缓的地方。但此时只见雄鸟，雌鸟不知所踪！难道雌鸟进巢孵卵了？在周围仔细寻找后，不经意间发现一个黑暗的洞中，有一双明亮的眼睛正紧盯着他的一举一动。雌鸟正卧在巢中呢，这里果真有个血雉巢！

繁殖期每天上午总是见到雌雄鸟在一起活动，但它们夜间并不在一处。那么，每天雄鸟是如何与孵卵的雌鸟会合结伴活动的呢？

有一天接近傍晚时，他在驻地附近发现一只独自活动的雄鸟，便开始悄悄跟踪，直至其上树夜栖。记下夜栖树的准确位置后，次日天还没亮就摸黑来到夜栖树附近，等待雄鸟下树。天终于亮了，雄鸟慢慢地走下树，开始向坡下走去。不久就听到雄鸟的鸣叫声，等再次见到雄鸟时，雌鸟已经悄然在其身边了。由此推测巢就在附近。经过仔细搜索，终于在一个倾斜的树桩下找到了巢。

孵卵期雄鸟"晨接午送"的行为又令人产生新的疑问：雌鸟清晨就离巢，直到中午才回巢，卵长时间暴露在高海拔的环境温度下，发育中的胚胎是如何应对这种考验呢？这个问题通过后来在甘肃莲花山的研究得到了解答。

黑头角雉

拉丁名：*Tragopan melanocephalus*
英文名：Western Tragopan

鸡形目雉科

形态　雄鸟体长约 70 cm；头黑色，冠羽黑色端部红色，面颊红色，肉角蓝色，肉裙粉红色，中央有紫色纵纹和两侧镶有蓝边的淡黄色斑；繁殖期这些肉角和肉裙都可竖展膨胀，色彩艳丽，用以吸引雌鸟交配。羽衣除枕和胸红色外，其余大部以灰色为主，遍布卵圆形镶着黑边的白色斑点，如同珍珠。雌鸟体形小，羽色以棕灰色为主。

分类　分子生物学证据说明，红腹角雉和黄腹角雉聚成一支，灰腹角雉和红胸角雉聚成另外一支，而黑头角雉则自成一支。推测角雉的物种形成发生于 200 万～300 万年前的更新世，正是喜马拉雅山迅速崛起的时代。

分布　黑头角雉是 5 种角雉中分布最为靠西的种类，其分布区从巴基斯坦西北部，经过印度西北部和克什米尔地区，沿喜马拉雅山脉西北部向东，延伸到青藏高原西南部。在中国，20 世纪 50 年代在西藏西部的狮泉河流域有过记录，此后一直未有新的报道。

栖息地　栖息地为温带阔叶林、针阔叶混交林及针叶林，海拔 1300～4000 m。

习性　有关黑头角雉的野外信息，目前了解极少。在印度大喜马拉雅国家森林公园的研究发现，黑头角雉习惯夜栖于高大乔木的侧枝上，距离地面 10 m 左右。雄鸟占区鸣叫和求偶炫耀从 3 月开始。5 月下旬记录 1 个巢，位于距地面 3 m 的树干上，有 6 枚卵；另有 1 个占用鸦科鸟类废弃的旧巢，距地面 13 m，有 3 枚卵。巢材是干树叶和苔藓。

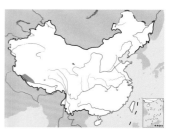

黑头角雉。左上图 Jainy Kuriakose 摄，下图 James Eaton 摄

红胸角雉

拉丁名：*Tragopan satyra*
英文名：Satyr Tragopan

鸡形目雉科

形态 体长约 75 cm。雄鸟头黑色，冠羽黑色端部红色，面颊、肉质角和肉裙蓝色；枕、后颈、上背和肩深绯红色，之后的下背、腰、尾上覆羽黑褐色，布有棕黄色横斑和白色斑点；下体红色，具有外缘白色的黑斑。雌鸟体形略小，羽色以暗灰色为主。雄鸟的羽色第 1 年与成年雌鸟相似，第 2 年开始有明显的差异。

分布 分布区从喜马拉雅山脉中部向东，经过尼泊尔和不丹，直到中国西藏南部和云南西北部。在西部与黑头角雉分布区毗邻，东部与灰腹角雉分布区相接。在系统演化中，红胸角雉和灰腹角雉亲缘关系较近。

栖息地 栖息于温带阔叶林、针阔叶混交林和针叶林中，海拔 1800 ~ 4250 m。

食性 在印度北部的研究发现，红胸角雉除了取食植物的嫩芽、嫩叶、花、果实、种子和苔藓外，还取食少量动物性食物。

繁殖 在尼泊尔，一般从 3 月末开始产卵，窝卵数 3 ~ 6 枚，4 枚最为常见。巢多在树上，距离地面 0.5 ~ 8.0 m，经常利用其他大型鸟类的弃巢。也发现一个地面巢，巢内垫有干树叶和苔藓，雌鸟连续两天伏于巢中，但没有产卵。孵化期 28 天。

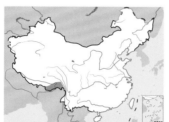

红胸角雉。左上图为雄鸟，下图为雌鸟。**Aseem Kumar Kothiala** 摄

红腹角雉

拉丁名：*Tragopan temminckii*
英文名：Temminck's Tragopan

鸡形目雉科

形态 体长约 73 cm。雄鸟头、颈后部和上胸为橙红色，冠羽黑色，面颊、肉角和肉裙蓝色；上背和胸红色无斑，身体余部深栗红色，上体布满白色镶有黑边的斑点，下体斑点为浅黄色。雌鸟体形小于雄鸟，羽色以棕灰色为主。

分布 在 5 种角雉中，红腹角雉分布最广，出现在青藏高原东南部、横断山脉、云贵高原和武陵山区，也见于印度东北部、缅甸北部和越南西北部。

栖息地 作为典型的森林鸟类，栖息地包括常绿阔叶林、落叶阔叶林、针阔叶混交林、竹林和灌丛，尤喜植被茂密的陡峭山地，海拔 1000 ~ 3500 m。

习性 四川龙门山地区的研究表明，红腹角雉在冬季集小群活动，常见的群体是 2 ~ 5 只，群体中通常只有 1 只雄鸟。而在卧龙，群体大小 2 ~ 10 只，其中 2 只最为常见，主要由 1 雄 1 雌组成。红腹角雉在树上夜宿，每只个体占据一棵树，距离地面 6 ~ 7 m，最高可达 10 m 以上。

食性 全年食谱包括 50 余种植物。但冬天比较单调，多为少数几种植物的叶子。浆果可能是它们最爱的美食，曾发现 1 只

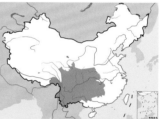

红腹角雉。左上图为雄鸟，下图为雌鸟。彭建生摄。

个体的食物中，花楸的浆果占了 95%。深冬大雪难以融化时，红腹角雉会到海拔比较低的农田吃地里的油菜。

繁殖　出生后的第 2 年春季，体长和体重已接近成体，但直到第 3 年春季才达到性成熟。交配系统应当属于一雄多雌制。在川西，雄鸟 4 月初开始占区鸣叫，求偶炫耀是典型的正面型，侧面型炫耀只是确立社群等级或对入侵者的威吓行为。巢位于树上，距离地面 0.5～8.0 m，由树枝、树叶搭成；偶尔也有地面巢。4 月中旬开始产卵，窝卵数 3～5 枚，以 4 枚居多。卵棕色，有深褐色斑点，大小为 58.9 mm×41.5 mm。雌鸟孵卵，孵化期约 27 天。孵卵的雌鸟每天离巢觅食 1 次，但停留不久就得返回，平均时间是 27.6 分钟，阴雨天气则全天卧巢。

灰腹角雉

拉丁名：*Tragopan blythii*
英文名：Blyth's tragopan

鸡形目雉科

形态　体长约 67 cm。雄鸟头顶黑色，冠羽黑色，面颊黄色，肉角和肉裙蓝色；背部羽色以深红色为主，其余上体黑褐色，布有白色和栗色椭圆形斑点；胸部红色，腹部灰色，布有白色斑点，这一特征与红胸角雉和红腹角雉腹部红色区别明显。雌鸟体形略小，羽色以棕灰色为主。

分布　分布于不丹、印度东北部、缅甸西北部、中国西藏东南部和云南西北部。

栖息地　栖息于海拔 1800～3300 m 的常绿阔叶林和竹林中，有季节性垂直迁移现象。

繁殖　3 月末进入繁殖期，多数巢筑于树上，偶见地面巢。在缅甸西北部，巢距地面的高度为 2～6 m。在印度东北部记录到最早产卵的巢为 4 月 2 日产下第 1 枚卵。窝卵数 2～5 枚，孵化期 28～30 天。

棕尾虹雉

拉丁名：*Lophophorus impejanus*
英文名：Himalayan Monal

鸡形目雉科

形态　体长约 69 cm。雄鸟头绿色，眼周皮肤海蓝色，头顶有一簇长长的蓝绿色羽冠，末端膨大，十分奇特；后颈棕红色，背铜绿色，其余上体紫蓝绿色，下背和腰白色，尾棕红色；下体黑褐色。雌鸟身材娇小，体羽暗淡。

分布　喜马拉雅地区的特有物种，印度、不丹、尼泊尔、巴基斯坦，以及中国西藏和云南高黎贡山都有分布。

栖息地　海拔 2500～4500 m 的高山针叶林，特别是高山杜鹃灌丛和草甸，是它们的典型栖息地。高山地带或阴雨绵绵、云雾笼罩，或白雪皑皑、寒风凛冽，但却是棕尾虹雉的天堂。

习性　冬季集群活动，群体大小可达 20～30 只。夜宿在阔叶树、杜鹃灌木或陡峭的岩石上。在宗教的庇护下，有 40 只左右的棕尾虹雉有规律地活动于西藏洛扎的卡久寺，其中雄鸟 8～10 只，雌鸟 16～20 只，亚成体 7～8 只。由此可见，其交配系统应该属于一雄多雌制。对这种鸟类的深入了解需要持续的野外工作。

灰腹角雉。左上图为雄鸟；下图为雌鸟，Aseem Kumer Kothiala摄

棕尾虹雉。左上图为雄鸟，曹宏芬摄；下图为雌鸟，董磊摄

白尾梢虹雉

拉丁名：*Lophophorus sclateri*
英文名：Sclater's Monal

鸡形目雉科

形态 体长约 65 cm。羽色五彩缤纷，光华艳丽，可以说在鸟类家族中无与伦比。与其他 2 种虹雉的不同之处在于，雄鸟红棕色的尾端部白色。雌鸟体形小，羽色暗淡，尾羽也有白色的末端。

分布 分布于东喜马拉雅地区，包括中国、印度和缅甸交会地区，包括西藏东南部和云南西北部。

栖息地 生活在海拔 2500～4000 m 的高山森林和林缘灌丛与草地。在高黎贡山，高山针叶林、箭竹林和其间的草甸是白尾梢虹雉的典型栖息地。而在西藏地区，它们多出现在林线之上的杜鹃灌丛和草甸。

食性 以植物为主食，喜欢掘取植物的根。

习性 关于白尾梢虹雉的野外研究，主要是在高黎贡山地区进行的。研究者发现，夜宿地位于觅食地下方山坳的乔木或者灌木上，也有在觅食地上方的悬崖峭壁间过夜。冬季有集群现象，但也只见到一个由 2 只雄鸟和 3 只雌鸟组成的群体。

繁殖 已经发现的 3 个巢都位于陡峭山体的巨石间。对孵卵雌鸟的监测说明，它每 2～3 天才离巢一次外出觅食。离巢时间在上午，只有 1 次在傍晚，每次持续 44～97 分钟。最近，研究者记录了 2 个巢从孵化到出飞的全过程。一个令人惊喜的发现是，

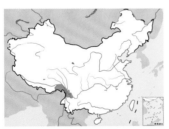

白尾梢虹雉。左上图为雄鸟，下图为雌鸟。董磊摄

高黎贡山正在坐巢孵卵的白尾梢虹雉雌鸟。梁丹摄

云南高黎贡山白尾梢虹雉的繁殖参数	
繁殖季节	3 月下旬至 4 月上旬
交配系统	一雄多雌制
巢址	岩石缝隙或灌木下
巢大小	外径 25 cm
卵色	黄褐色，具深褐色斑点
窝卵数	2～3 枚
卵大小	长径 70.6 mm，短径 47.7 mm
孵卵期	28 天

雏鸟在第一天就能够从 10 多米高的岩石上一飞而下。繁殖后期，在野外目击到一个家族群，由 1 只雄鸟、2 只雌鸟和 3 只雏鸟组成。至今，我们对这个物种的了解依然十分有限。

探索与发现 云南西部边陲的高黎贡山，南北跨 5 个纬度、上下高差 3000 m 以上，蕴藏着极其丰富的生物多样性，令科学家神往。自 20 世纪 90 年代以来，西南林业大学的韩联宪就开始关注这里的鸟类，尤其是高黎贡山之神——白尾梢虹雉。

韩老师的学生罗旭大学本科时就开始在高黎贡山追踪白尾梢虹雉，接着完成了硕士论文，留校之后依然继续着他的事业。白尾梢虹雉的栖息地在海拔 3000 m 以上，那里气候严酷，人迹罕至，山体陡峭，连一块可以搭帐篷的平地都难以找到。罗旭已经几十次来到高黎贡山，山上露营累计达 200 多天。不难想象，在如此恶劣的条件下进行野外科学研究，他克服了多少艰辛。

韩老师后来的学生张雪莲、黄安琪等，继续攀爬高黎贡山。

2015 年 6 月，中央电视台《新闻联播》播出了"全球首次记录白尾梢虹雉孵化的完整视频"的消息；2016 年 5 月，新闻报道，在海拔近 4000 m 的高黎贡山上，首次观测到白尾梢虹雉的求偶行为。这些都是韩老师和他的团队，还有自然保护区科研人员不懈努力的成果。

绿尾虹雉

拉丁名：*Lophophorus lhuysii*
英文名：Chinese Monal

鸡形目雉科

形态　体长约 75 cm。雄鸟头顶绿色，枕和上背青铜色，下背和翅紫铜色，但羽端显绿色，腰白色，尾蓝绿色；下体黑色。这些多彩的羽毛富有金属光泽，如同锦绣。雌鸟体形小，体羽暗褐色。

分布　中国特有物种，也是青藏高原特有物种，分布在高原的东部边缘，包括甘肃南部、青海南部、四川西部和云南西北部。

栖息地　栖息于针阔叶混交林、针叶林、林线上方的高山灌丛和灌丛－草甸地带，尤其喜欢多峭壁悬崖之处。分布海拔在 2300～4200 m，冬天会到较低海拔活动，特别是雌鸟或者当年幼鸟。1982 年 12 月，研究者在卧龙保护区海拔 2000 m 处捕获过 1 只。

习性　集群性，尤其是冬天，群体由 5～8 只个体组成，包括 1 只雄鸟、1～4 只雌鸟和 1～4 只幼鸟。繁殖期群体解散。野外调查表明，繁殖期有各种类型的群体存在，一雄一雌、一雄多雌、多雄一雌、多雄多雌都有。因为没有对这些个体进行标记识别，也没有详细地跟踪观察，绿尾虹雉的交配制度尚不明确。不过，从两性身体大小和羽毛的明显差异来看，应当属于一雄多雌制。

春夏季节的黎明时分，绿尾虹雉喜欢发出洪亮清脆的鸣叫，叫声远及 1 km 之外，持续 10 多分钟。随后，开始忙于觅食，中午在灌木丛中午休。夜宿点在觅食地下方的山坳，包括杜鹃等灌木或乔木距离地面 2～5 m 的树冠间，以及突出岩石的地面上。

最早对绿尾虹雉种群密度的调查，是 20 世纪 80 年代在四川西部进行的，方法是记录一定区域内的叫声和目击个体，得到的密度为每平方千米 1.3～3.5 只；20 世纪 90 年代，在甘肃白水江自然保护区的调查结果是每平方千米 2 只，其中，高山灌丛－草甸为每平方千米 3.3 只，针叶林每平方千米 1.6 只，而针阔叶混交林只有每平方千米 0.5 只。

食性　主要吃植物，也采食少量无脊椎动物。食物物种多样，且因季节而不同。但不同季节各有少数几种食物占据优势。比如，冬春季的食物中，贝母占到胃容物的 65% 以上。

繁殖　繁殖季节，在野外观察到雄鸟进行一种特殊的飞翔，两翅平伸盘旋数圈后降落，单只或 2～3 只一起表演，这种行为一直持续到 8 月。因此，当地人也称之为"鹰鸡"。在北京动物园对笼养绿尾虹雉的观察证明，雄鸟的求偶炫耀属于正面型：面对雌鸟，蹲伏，冠羽竖起，双翅下垂，尾羽扩展，并大声鸣叫。

营巢于陡崖的缝隙或稠密灌丛地面上，为简陋的浅窝，里面有一些苔藓和羽毛。孵卵由雌鸟担任，常常终日坐巢。研究者于 1983 年 6 月 18 日至 23 日每天 5:30～21:00 连续观察一个巢，几乎未发现雌鸟离巢觅食。只有在天气良好时，才于上午出巢觅食一次，一般不超过 40 分钟。

关于离巢后的亲鸟照顾行为，目前没有科学数据。

种群现状和保护　绿尾虹雉生活在人迹罕至的高山地带，受到人类活动的影响比如放牧和采挖贝母等应该比较小。然而其数量在最近 10 多年间大幅减少，以往经常有绿尾虹雉活动的地带，如今全然不见其踪迹。也许，全球气候变化也对这种高山鸟类的生存构成了威胁。

绿尾虹雉的繁殖参数	
繁殖季节	4 月下旬至 5 月中旬
巢址海拔	3340～4000 m
交配系统	尚不明确，推测为一雄多雌制
巢址	岩石缝隙或灌木下
巢大小	外径 36.1 cm
卵色	黄褐色，具深褐色斑点
窝卵数	3～4 枚，平均 3.3 枚
卵大小	长径 69.0 mm，短径 46.0 mm
孵化率	100%

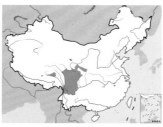

绿尾虹雉。左上图为雄鸟，董磊摄；下图为雌鸟，彭建生摄

小寨子沟自然保护区绿尾虹雉的营巢地、巢和卵。徐翔摄

黑鹇

拉丁名：*Lophura leucomelanos*
英文名：Kalij Pheasant

鸡形目雉科

体长约 58 cm。雄鸟头顶至后颈黑紫色，羽冠明显，脸裸露，赤红色；上体羽毛蓝黑色而有白色端斑；下体大都黑褐色，胸羽呈披针形，羽端白色沾灰色。雌鸟体形略小，上体大都红褐色，羽缘变淡。

分布于东喜马拉雅和缅甸北部，在中国的分布包括西藏南部和东南部。栖息于海拔 1000～3000 m 的山地阔叶林、针阔叶混交林、针叶林以及箭竹林，也常见于低山丘陵的林缘地带。

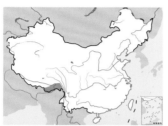

黑鹇。左上图为雄鸟，张明摄；下图为雌鸟，王昌大摄

白鹇

拉丁名：*Lophura nycthemera*
英文名：Silver Pheasant

鸡形目雉科

形态 雄鸟体长为 110 cm；最醒目的特征在于脸部鲜红色，上身披有黑纹点缀的白色羽衣，与青黑色的下体形成鲜明对比。跗跖和脚鲜红色。雌鸟体形比雄鸟小，脸部也是鲜红色，但通体是暗淡的棕褐色，这种隐蔽色有利于地面繁殖时防御捕食者。

分布 分布于中国南部和西南部、缅甸东部、泰国北部以及中南半岛，海拔 20～2000 m。在青藏高原，只出现在四川境内横断山脉海拔 2000 m 以下的亚热带林区。共有 15 个亚种，9 个在中国有分布。其中，峨眉亚种 *L. n. omeiensis* 和榕江亚种 *L. n. rongjiangensis* 分别由中国鸟类学家郑作新等（1964）、谭耀匡和吴至康（1981）命名。之所以特别提到这点，是因为中国鸟类和其他生物类群，99% 以上物种、亚种的发现和命名，都是西方研究者完成的。

栖息地 典型的森林鸟类，主要栖息于亚热带常绿阔叶林。一项研究发现，白鹇种群密度与乔木层盖度的相关系数为 0.78，与灌木层盖度的相关系数为 −0.99，说明它们偏好森林密集但同时林下空旷的环境。

习性 非繁殖期集 2～6 只的小群生活，群体成员包括雄性、雌性成鸟和幼鸟，成员之间有社会地位差异。在繁殖初期，群体则由一些没有获得繁殖机会的个体组成。

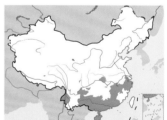

白鹇。左上图为雄鸟，下图为雌雄配对。中南半岛被认为是鹇属物种的起源中心，自南向北扩散。分子系统学分析揭示，鹇属的基干群是生活在马来西亚的凤冠火背鹇 *Lophura ignita* 和生活在泰国、老挝、越南的戴氏火背鹇 *L. diardi*。白鹇与黑鹇的亲缘关系最近，分化于距今约200万年的中更新世，是形成时间比较晚的类群。它们与越南鹇 *L. hatinhensis*、爱氏鹇 *L. edwardsi* 以及中国台湾的蓝鹇 *L. swinhoii* 有共同的祖先。沈越摄

食性 食物包括多种植物的果实和种子，动物性成分的比例不到1%。

繁殖 从体形明显的性别差异推测，白鹇为一雄多雌制。求偶方式为侧面型炫耀。巢位于阴暗的阔叶林或针阔叶混交林地面的草丛中，常靠近山崖。窝卵数4～9枚。雌鸟孵卵，孵化期约24天。雌鸟单独带领雏鸟活动，但有时也会在家族群中发现成体雄鸟的存在。

目前所有关于白鹇的野外知识，都来自于鸟类学家在中国东部地区的研究，但可以为今后研究青藏高原高海拔生活的白鹇提供参考。

谱系地理 可以肯定地说，更新世冰期和气候变化对古北界鸟类的谱系地理影响巨大，但其对东洋界鸟类的影响究竟有多大，仍存在争议。白鹇特殊的分布方式，使它成为研究这个问题的一个理想材料。

于是，鸟类学家开始搜集有关形态和分子遗传证据。他们的数据覆盖中国20个地点的9个白鹇亚种。

研究发现，分布越靠北的种群，羽毛中白色的比例越高。分布于四川、贵州、广西和海南的4个亚种，外侧尾羽特征呈现有规律的变化。因为海南岛与大陆在第四纪的大部分时间是连接在一起的，直到约12 000年前才彻底分开，所以，可以推测这4个亚种很可能具有共同的祖先，虽然先后发展出各自不同的衍征，但是外侧尾羽的黑色作为祖征存留至今。

种群水平的分子系统发育树显示，中国的白鹇分为5个单系群，即元江－红河以北的东部组，金沙江以北的四川组，海南岛特有亚种组成的海南组，元江－红河以南和云南盈江的部分种群构成的西部组，盈江其他种群与黑鹇发生自然杂交形成的盈江－黑鹇组。前面3个组的亲缘关系较近，分化时间在50万年以内，它们与西部组的分化时间估计在100万年以前。

这些演化支系都经历过近期的种群扩张事件，扩张时间在6万~16万年前，远早于第四纪末次最大冰期的发生时间。这说明，白鹇历史种群数量的波动不是由冰期早成的，同时也说明更新世冰期和气候变化对东洋界鸟类的影响可能不大。

白鹇海南亚种*L. n. whiteheadi*。嘉道理中国保育供图

白马鸡

拉丁名：*Crossoptilon crossoptilon*
英文名：White Eared-pheasant

鸡形目雉科

形态 体长约90 cm。一身雪白的羽衣，使得头顶黑色的丝绒状羽冠和绯红色的面颊格外醒目。耳羽簇白色，向斜后方突出。飞羽末端变为褐色，尾羽也渐渐由白色转变成带有金属光泽的绿蓝紫色。

所有4种马鸡中，只有白马鸡有亚种分化。鸟类学家曾经认为藏马鸡也是白马鸡的一个亚种，即藏南亚种 *C. c. harmani*，但现在倾向于把藏马鸡当作一个独立的物种。所以，现在普遍认为白马鸡有4个亚种：指名亚种 *C. c. crossoptilon*、玉树亚种 *C. c. dolani*、昌都亚种 *C. c. drouynii* 和丽江亚种 *C. c. lichiangense*。指名亚种与丽江亚种相似，但其黑色翅膀与昌都亚种的白色翅膀区别明显，而玉树亚种体色淡蓝。

分布 仅分布于中国青藏高原东部。

栖息地 典型的高山雉类，栖息于海拔2800～4600 m的森林、灌丛及其边缘草甸。以云冷杉为主的亚高山针叶林和高山栎林是白马鸡的主要栖息地。冬季，它们在觅食地和夜宿地之间活动，两者之间的距离，依群体而异。在四川稻城，一个群体清

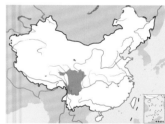

白马鸡。左上图为指名亚种，王楠摄；下图为丽江亚种，肖林摄

白马鸡昌都亚种（左）和玉树亚种（右）。王楠摄

晨从夜宿地飞到 100 m 远处的山谷，在那里待了一整天之后，傍晚只用几分钟就回到林地夜栖；另外一个群体则从觅食地行走了 2 km，才到达比取食地海拔高 300 m 的云杉林夜栖。白马鸡典型取食地一般是有灌丛的山谷溪流地带。那里土壤松软，可以挖出草根和块茎作为食物。有时也会到森林边缘的农田觅食。

习性 冬季的白马鸡群体，大家各自忙于觅食，成员之间的直接冲突很少，群体成员的数量也达到了最大值，常见的有 40 余只，多者可达上百只。

春天，繁殖期来临，白马鸡群体出现躁动。成员之间的关系变得疏远，特别是雄性个体之间，出现了一种特殊的侧面炫耀行为：低头，微展尾羽和翅膀，侧向对手，发出特有的叫声，有时还会啄击对方脚趾或直接驱逐之。随着时间的推移，最后变成了若干小群体和配偶对；不过，虽然这些小群体或配偶对白天经常离群索居，傍晚却常和其他个体聚集共享高大的夜栖树。再次相遇时，雄性之间会更加频繁地进行侧面炫耀。此时，以前生活在不同群体的个体有更多的机会相遇，结果往往是大打出手。繁殖后期，当年新孵出的幼鸟在群体的呵护下逐渐成长，成鸟之间的关系也因为共同参与育雏而变得和谐，群体会逐渐吸引更多成员，等级关系也趋于稳定。

配对生活的白马鸡总是形影不离，雌鸟走在前面，雄鸟跟随，雄鸟在一天中花在警戒上的时间最多，这确保了雌鸟获得随后繁殖所需的能量。当有其他个体接近时，雄鸟则向对手侧面炫耀，若是与等级高的对手相遇，则会催促其配偶逃避，或者表现一种认输的行为，蜷缩身体，故作镇静地理羽甚至啄食。

繁殖 巢很简单，只是在较隐蔽的环境里，用脚在枯枝落叶堆里扒出浅坑，就地产卵。在云南白马雪山自然保护区，未发现白马鸡有利用旧巢的习性。孵卵期间的雌鸟每天离巢在附近取食 1 次，每次 20～30 分钟，遇连雨天，可 1～2 天不离巢觅食。

雏鸟孵出后很快就跟着亲鸟离巢，但要经常钻到雌鸟身体下取暖。成鸟找到可口的食物并发出呼唤，指引雏鸟前来取食。傍晚，鸡群会到高大的树上夜宿，育雏的雌鸟们则躲在灌丛中让雏鸟在自己身体下过夜。非繁殖个体和其他家族可以聚集在一起，群体内的个体共同照顾幼鸟。

探索与发现 2002 年，王楠第一次前往四川稻城著杰寺，第一次见到白马鸡：成群的白马鸡在寺庙区内悠然生活，全然不惧人的存在。这是多么好的研究条件，由此确定了研究课题。2003年年初，他踏上了前往稻城的旅程，在那里开展了 2 年的野外观察。得天独厚的研究条件，使得他对这种高山珍禽的社会行为有了深入的了解。

第一次发现白马鸡的巢是一个有趣的经历。一天早上，王楠看到一只雄鸟从夜栖树飞下之后，急匆匆地跑向远处的灌丛，来到一只雌鸟跟前。在这只雄鸟的警戒下，雌鸟取食。不久后雌鸟消失，雄鸟则走向远处的白马鸡群体。显然，它们是一对，而雌

四川稻城白马鸡的繁殖参数	
繁殖季节	4 月中旬至 6 月上旬
交配系统	社会性单配制
巢址	大树、灌木或岩石下
巢大小	外径 28.3 cm，深 5.5 cm
卵色	白色或青灰色，无斑点
窝卵数	5～11 枚，平均 7.3 枚
卵大小	长径 57.9 mm，短径 42.5 mm
新鲜卵重	57.1～65.8 g，平均 61.7 g
孵卵期	22～28 天

白马鸡的繁殖过程。左上图、右上图和左下图王楠摄；右下图彭建生摄

鸟可能正在孵卵期，巢应该就在附近。第二天一早，王楠从高处向这片林地瞭望。果然，那只雄鸟又出现在昨天位置，并发出鸣叫。就在此时，附近的灌丛里突然飞出一只白马鸡，落在附近的草地上大声鸣叫。雄鸟立刻跑去与之会合。于是，王楠开始搜索雌鸟飞起的那片灌丛。正在这时，雌鸡快步走来钻进灌丛。他俯身张望，高山栎灌丛中静卧着一个白色的身影。采用这种跟踪雄鸡的办法，在 1 个月的时间内找到了 11 个白马鸡的巢。

与人和谐相处的白马鸡。王楠摄

藏马鸡

拉丁名：*Crossoptilon harmani*
英文名：Tibetan Eared-pheasant

鸡形目雉科

形态 体长约 75 cm。身披灰蓝色的羽衣，绒黑色的头顶、红色的面颊和白色的耳羽簇让人印象深刻。雌雄羽色相似，但雄鸟大于雌鸟。值得留意的是其平展排列的尾羽，这个特征同于白马鸡而异于蓝马鸡和褐马鸡，由此也反映了 4 种马鸡的演化进化关系。

分布 青藏高原特有鸟类，分布仅限于西藏境内。具体来说，就是喜马拉雅山东北麓和念青唐古拉山脉之间的森林和高山灌丛，海拔在 2800～4800 m。在西藏东南部与白马鸡分布区相遇的地带，两个物种杂交形成自然种群。

栖息地 在青藏高原大部分地区，马鸡喜欢利用云杉林作为繁殖栖息地。但在易贡藏布上游，它们却回避云杉林，高山栎和大果圆柏才是其最爱。导致这种选择差异的原因是，易贡藏布上

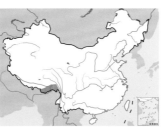

藏马鸡。卢欣摄

集群觅食的藏马鸡。卢欣摄

游充沛的雨量，致使位于峡谷阴坡的云杉林地特别潮湿，形成厚厚的苔藓层，让这种喜干性的雉类感到不适。

在雅鲁藏布江中游山地，降水量小而蒸发量大，地表十分干燥。所以，除了阳坡的绢毛蔷薇－拉萨小檗群落，位于阴坡的高山柳－小叶杜鹃群落也有马鸡栖息。

习性 每年 7 月到翌年 3 月的非繁殖季节，藏马鸡生活在群体里。此期间，觅食占用了日活动时间的 60% 以上。挖掘土壤中的植物根，是其主要的觅食方式。雅鲁藏布江中游高山溪流带丰茂的植被和潮湿的土壤是最理想的采食地。研究发现，马鸡群体大小与核心觅食地面积呈正相关，反映了采食空间的重要性。日间活动的另一个重要任务是防御天敌，溪流带茂盛的植被也有助于藏马鸡躲避其主要天敌——金雕。

鸟类要花一半的时间夜栖，因此夜栖地的选择十分重要。选择的依据有二：便于躲避天敌和保存热量，生活在寒冷地区的物种尤其需要考虑后者。森林地区的藏马鸡夜栖于高大的树木上，雅鲁藏布江中游山地灌丛环境的藏马鸡则选择位于岩石壁附近的粗壮的灌木或溪流源头高大的高山柳树夜栖。夜栖时，藏马鸡喜欢聚集在少数几棵树上。夜栖地全年都是固定的，并且多年不变。即使在繁殖季节群体解体后，不同繁殖对在傍晚依然返回世袭的夜栖地，只不过由于雄性间强烈的互斥作用，各个繁殖对分散而栖。可见，夜栖地是限制灌丛环境藏马鸡种群数量的一个关键因素。

食性 冬季，在雅鲁藏布江高山灌丛栖息的藏马鸡主要在地面掘取植物的根。春、夏季节，它们采食一些植物例如高山柳、小檗、鬼箭锦鸡儿的花芽，也见挖取天南星的根茎。秋季，各种植物特别是蔷薇和香柏的果实，大量出现在食谱中。

繁殖 3 月开始，天气变暖，原先平静的群体里，不时传出一种异样的"咯咯"声，有时伴随着个体的突然惊飞。藏马鸡的配偶关系可以维持多年，而对于那些没有繁殖经历的个体，配偶关系可能在冬天就已经确立了。所以，这种异样情调的出现，意味着雄鸟催促配偶离开群体的时间到了；显然，这种分离是为了避开别的雄鸟对自己父权的潜在威胁。

群体中那些年幼的雄鸟，也就是上一年出生的个体，通常没有配偶；而和它们一起出生的雌鸟绝大多数获得了配偶。这说明两性的性成熟年龄是不同的，雄性需要 2 年，而雌性只要 1 年。

离开群体后的繁殖对终日形影不离。雄鸡花费大量时间担负警戒之责，目的是让雌鸟安心获取更多的食物以补充繁殖所需的营养；同时，也防备情敌的骚扰。随后，它们开始寻觅安家之所。巢安置在峋嶙陡峭的岩石间，或深藏于幽深茂密的灌丛下；森林地区的藏马鸡喜欢选择乔木根部作为巢址。自然选择使其懂得，有效防御天敌是获得繁殖成功的保障。即便如此，每年都有相当比例的雌鸟和尚未出世的胚胎死于黄鼬的利齿之下，自然界的法则就是如此残酷。

藏马鸡雌鸟每48小时产1枚卵，而小型鸟类只要24小时。这是因为马鸡的卵相对要大，需要积累更多的能量才能形成；而且，总卵重几乎相当于自身体重的40%～50%，雌鸟因此而承受很大的营养压力。产卵时间多在中午，通常要1小时以上，此时，雄鸟在巢附近耐心等候。

窝卵数通常不超过11枚。但有2个巢（占总数的3.8%）分别记录到12和19枚卵，且产卵间隔少于48小时。显然，有2只以上的雌鸟把卵产在了同一个巢里。这种现象称为同种巢寄生。究其原因，可能是这些寄生者难以获得合适的巢点。

孵卵的任务由雌鸟承担。需要花20多个日夜，以体热驱动卵内生命的成熟。在雉类中，特别是社会性单配制种类，一个受到关注的问题是，当雌鸟进入孵卵期，其配偶在做什么？

在缺乏详细研究的情况下，人们猜测雄鸟在巢的周围为雌鸟担任警戒。对藏马鸡来说，事实并非如此。雌鸟孵卵期间，雄鸟与群体中的其他雄性，包括成体和亚成体，一起过着游荡的生活。

雅鲁藏布江中游高山带藏马鸡的繁殖参数

繁殖季节	4月中旬至6月上旬
交配系统	社会性单配制
巢址	大树、灌木或岩石下
巢大小	外径30.9 cm，深6.8 cm
卵色	白色，无斑点
窝卵数	4～11枚，平均7.4枚
卵大小	长径57.9 mm，短径41.6 mm
新鲜卵重	46.7～61.2 g，平均54.2 g
孵化期	24～25天

藏马鸡的巢和卵，以及坐巢孵卵的藏马鸡。卢欣摄

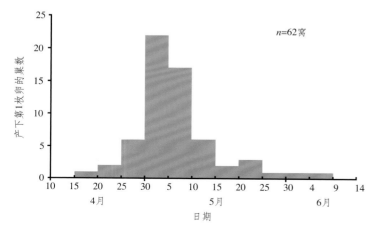

拉萨山地藏马鸡产第1枚卵的日期分布

这是可以理解的，因为产卵前的配偶警戒对于防止夫权损失至关重要；但进入孵卵期，这种担心已是多余。而在巢旁守候，只能增加巢暴露于天敌的机会，对雌鸡和卵的保护无济于事。不过，一些责任感特别强的雄鸟会在早上光顾自己的巢附近，为离巢觅食的雌鸟觅食担任保卫之责。

在雏鸟快要出壳的时候，雌鸟的体能几乎耗尽。幸好，出壳的当天，雄鸟就会第一时间赶到，帮助育雏并担任家族的警戒。它准确预测雏鸟出壳时间的能力，实在令人称奇。

有趣的是，一些情况下，孵卵期间与雄鸟一起活动的其他群体成员，也会加入到这个家族，一同抚育幼鸟。当更多的窝孵出幼鸟后，2个乃至多个家族汇集在一起。在这个大家庭里，不论是谁的后代，都会得到成年和亚成年个体的照顾。这是藏马鸡家族群在繁殖后得以迅速建立的社会基础。包括雉类在内的很多鸟类，繁殖后以群体活动。群体何时和怎样建立？群体内个体是否有亲属关系？回答这些问题，是理解社会组织的必要前提。藏马鸡共同育雏行为的发现，代表早成鸟特别是野生雉类的一种特殊合作繁殖模式。

社会组织 秋冬季集群是马鸡属的一个典型特征。群体由多个家族聚集而成，一个群体一般由15～30只个体组成，在藏东林区有上百只的大群。群体有特定的活动范围，也称为家域，晚上夜宿于多年固定的夜宿地。群体成员包括成体雄鸟和雌鸟，上一年出生的雄鸟，当年出生的雄鸟和雌鸟，以及从其他群体迁移来的上一年出生的雌鸟，而群体成员的1龄雌性后代则迁移到其他群体。雄性后代居留而雌性后代扩散，是鸟类中流行的规则。这样，就可以避免因近亲繁殖而引起种群衰退。

稳定而持久的群体生活，使得个体特别是雄性个体间建立了严格的社会等级，这种等级关系是单向线性的，也就是"A1>A2>A3…"。这种等级制度是鸡类行为研究的一项重要发现。广泛发生于雉类雄性和雌性个体间的仪式化行为侧面炫耀，却令人意外地频繁发生在来自同一个群体的雄性藏马鸡之间：一方压低头颈、展开单翅、涨开鲜红的脸颊而发出一种特殊的低鸣，向对手显示自己的能力和地位；另一方则微闭双目、蜷缩身体、双腿下蹲，一副卑微之态。显然，前者的地位高于后者。如果两只配对后的雄鸟不期而遇，强势者总是主动靠近劣势者，而后者则急忙催促自己的配偶逃避，否则将受到侧炫耀形式的威胁。

那么，社会体制形成的适应意义何在？显然，彼此知道对方的社会地位，处于劣势的一方俯首称臣，可以避免两只雄性个体因争夺食物或其他稀缺资源而发生激烈格斗，因为这种流血的较量对双方都是不利的，也会导致群体生活难以维系。

中国古代文献记述，雄性褐马鸡以善斗而著称。汉武帝时，就有勇猛的武士被授予褐马鸡尾羽的制度。据此，人们习惯性地认为，雄性之间为争夺配偶而发生战斗至少是褐马鸡的典型特点。但对藏马鸡的详细研究否认了这种观点。繁殖季节，来自同一个

繁殖季节藏马鸡的社会相互作用类型：a.配偶警戒；b.回避；c.侧面炫耀。肖白绘

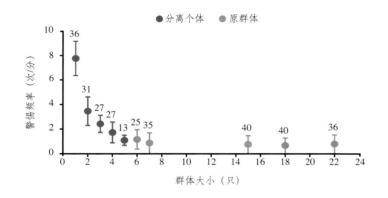

藏马鸡群体生活的好处：随着群体增大，个体警惕率呈指数型下降。图中数据点上的数字是相应的样本量

群体的雄性相遇，总是通过表现侧面炫耀而宣告自己的地位而从不打斗。在野外，有时也会目击到战斗，但只发生在两只来自不同群体的雄性成员不期而遇的时候。

当大家集群在一起觅食的时候，只要有少数个体抬头警戒，就可以有效地防范天敌。这样，每只个体节省了自己用于警戒的时间，从而增加了搜寻食物的时间。

然而，在自然条件下，食物资源并不总是平均分布的。为了独享好的食物资源，有些藏马鸡个体常常远离它们的群体，大的群体更可能发生这样的事件。单独个体分离的事件最为普遍，参与分离的个体愈多，分离持续的时间就愈长。分离个体的警惕水平也与参与者的数量呈负相关，这种关系符合一个指数模型：从单只到 2 只个体警惕率的下降，比 2 只以上群体数量增加后的下降更快。

探索与发现　1995 年春天，依导师郑光美教授的安排，卢欣来到西藏研究藏马鸡的生态学，以完成博士论文。那时，藏马鸡作为一个独立物种的观点正重新流行于国际鸟类学界，而人们对这个物种在野外的生活状态一无所知。

5 月 20 日，由西藏高原生物研究所协助，卢欣乘越野车长途跋涉 3 天，来到嘉黎县尼屋乡；然后，又骑马穿行易贡藏布上游人迹罕至的原始森林，3 天之后，终于到达研究地点——萨旺四村。摆在面前的首要任务就是找到藏马鸡的巢。可是，此时已

是它们繁殖季节的尾声，加上没有经验，最终努力未果。而在原始森林里记录藏马鸡的行为，也几乎是不可能的事情。犯难之际，一个现象引起他的注意：林地里，总能见到掉落的藏马鸡羽毛，表明它们正在经历繁殖后换羽。这提醒他采用"羽迹发现率"的方法，评价野生雄类对不同栖息地的喜好程度。

1995 年 10 月，卢欣辗转来到雅鲁藏布江中游的墨竹工卡县甲马乡，继续藏马鸡的研究。1996 年 1 月，研究地点最后确定于曲水县雄色寺，一座位于山腰海拔 4400 m 的红教尼姑寺。从此，一直到 2007 年的 10 年里，他每年都要来这里进行野外鸟类研究。

每天早晨，山谷里都会响起清澈嘹亮的鸡鸣：循声找寻，肯定会在灌丛茂盛、土质疏松的山涧溪流畔，发现大群藏马鸡在悠然觅食。由于有限的降水和高的蒸发量，念青唐古拉山高山灌丛植被稀疏，为野外观察提供了便利。更令人惊奇的是，有 3 群藏马鸡每天光顾寺庙，等待尼姑喂食。有时，它们竟然在尼姑们的手中啄取食物，一幅人与自然和谐共处的景象。

雄色峡谷的藏马鸡为野外研究提供了难得的机会。只用一把青稞和一条 1 m 多长的绳套，就能把藏马鸡引诱到绳套里并捕捉之。卢欣通过这种方法捕捉标记了大量个体，从而获得了其他野生雄类研究中几乎不可能获得的科学数据。

这里，他想与大家分享发现第一个藏马鸡巢的经过。自 3 月下旬发现配对活动的藏马鸡以来，卢欣几乎搜遍雄色峡谷的每一株灌丛，企图发现藏马鸡的巢，因为这对研究至关重要。但 50 天已经过去依然毫无所获。1996 年 5 月 26 日这一天的中午，他拖着疲惫的身体，来到寺庙下方的溪谷里，眼望高高在上的佛塔，几乎没有力气返回在寺庙的住地。正想坐在小溪边休息一下，不经意发现不远处的土壁上有一个小洞，洞外有灌木遮挡。他顺手拣起一块石头抛向土洞，这一抛只是随意，没有想到石块精确地被抛入洞口。随之，一只藏马鸡惊慌地从洞里窜出。有巢！他一下激动起来，赶紧过去，分开洞口的灌木，9 枚可爱的藏马鸡卵躺在里面！

这是卢欣发现的第一个藏马鸡巢，也是世界上鸟类研究者第一次看到这种雉类的巢。

蓝马鸡

拉丁名：*Crossoptilon auritum*
英文名：Blue Eared-pheasant

鸡形目雉科

形态 体长约 90 cm。体羽青蓝色，如华美的丝绒，散射着高贵的金属光泽；头顶绒黑；脸颊绯红色，一对白色耳羽上翘如角，较藏马鸡和白马鸡，更为突出于头顶；长长的中央尾羽向上翘起，柔软细密的羽支披散而下。雌雄相似，但雌鸟体形小于雄鸟。

分类 单型种，无亚种分化。在进化关系上，与中国北方的褐马鸡相近，而与藏马鸡和白马鸡相对疏远。

使用分子标记，线粒体 DNA 序列和 8 个常染色体微卫星位点，鸟类学家分析了蓝马鸡的种群遗传结构和种群历史，辨认出 4 个分化明显的地理种群：王朗组，若尔盖组，互助－太子山组和贺兰山组。它们的分化时间发生在第四纪更新世，那时的气候受冰期和间冰期的影响，变化剧烈。

分布 分布在青藏高原东北部，从四川省西北部阿坝州的横断山脉之北开始，包括西藏的比如县，通过青海玉树州，蔓延到青海东部到达祁连山山区，最北到达宁夏贺兰山地。在横断山脉，与白马鸡有同域分布的现象，但是否使用同样的栖息地，是否发生杂交，是值得深入研究的问题。

栖息地 典型的亚高山森林和高山灌丛鸟类，栖息于海拔 2000～4000 m 的中、高山林区。亚高山针叶林，包括阴坡的云杉、冷杉林和阳坡的柏树林，是它们最喜欢的林型；其次是针阔叶混

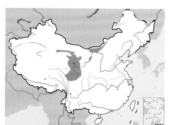

蓝马鸡。左上图李晶晶摄，下图魏东摄

交林和阔叶林。当然，阳坡的杜鹃灌丛也有其踪迹，并经常到达林线以上的高山小蒿草草甸活动。

与许多高山雉类一样，蓝马鸡对栖息地的利用也表现出季节性变化。非繁殖期特别是冬季，它们会到比较低的海拔活动，时常到达农田边缘和居民点附近，甚至悄悄溜到青稞打谷场觅食。而在繁殖期，蓝马鸡则转移到更高的海拔。

食性 用坚硬而弯曲的嘴掘地啄食，是蓝马鸡的典型取食方式，在其经常活动的地方，到处留有掘过的土坑。很少看见它们用脚刨土寻找食物。

对蓝马鸡食性的了解，最直接的证据来自嗉囊内容物分析。显然，这种方法在提倡保护的今天是不妥的。

青海祁连山，夏季剖检的 8 个嗉囊，内有圆穗蓼、青稞、锦鸡儿、菊类、苔藓、早熟禾以及少量动物性食物。7—9 月剖检的 9 个嗉囊中 80% 为植物性食物，包括云杉、高山蓼种子和山柳叶、苔草及紫罗兰等，20% 为毛虫和鞘翅目昆虫；此外，还有少量小石子，用来充实肌胃的研磨功能。冬季剖检的 7 个嗉囊，内有柏树嫩叶、云杉籽、委陵菜、早熟禾、薹草、圆穗蓼、植物根和青稞。

青海尖扎，全年剖检的 33 个嗉囊，食物组成呈现季节变化。春天是嫩枝叶和芽苞占优；6—7 月花蕾的比例开始增加，并取食动物性食物；8—10 月有种子和昆虫，以及植物枝叶；秋冬主要为云杉、珠芽蓼、蕨麻、山柳、蔷薇、枸子等的种子、干叶和部分块根。

嗉囊内的食物质量可以反映摄食量。蓝马鸡夏季的嗉囊最轻，不过，其中的动物性食物可以提供更多的能量。秋季的嗉囊最重，说明它们正在加强能量积累以应对艰苦的寒冬。

繁殖 产卵期在 4 月底至 6 月初，不同地区有一定差异，取决于气候条件。巢位于林间或灌丛间，隐蔽于大树根部，枯枝下，土坎或岩洞内。巢极其简陋，仅在地面用爪刨成一个浅圆形凹坑，里面铺上干草、细枝、树叶、苔藓和自身腹羽。

孵卵完全由雌鸟承担。孵卵期间，雌鸟恋巢性很强，甚至在人接近至 1 m 左右时也不肯离开。研究者在四川王朗对 1 个蓝马鸡的巢进行了一次全天观察，发现雌鸟于傍晚 17:35—18:25 离巢 50 分钟。在甘南，蓝马鸡的日出巢次数为 1.4 次，每次出巢平均时间为 43.6 分钟。在甘肃省莲花山，雌鸟在孵卵期平均日离巢 1.3～4.0 次，通常发生在上午和下午，每次在巢外 17～46 分钟，平均在巢率为 97%。与体形较小的几种雀形目鸟类 70%～80% 的在巢率相比，蓝马鸡的雌鸟显然更有耐心。实际上，这是因为大型鸟类能够积聚更多的能量，在孵卵期对食物的需求不似小型鸟类那样迫切。

雏鸟出壳后的 1～2 天内，雌鸟并不离开巢，而是继续卧伏于巢中。之后，带着雏鸟离开。育雏早期，雏鸟须不时躲进雌鸟的翅膀下取暖；随着它们日渐长大，亲鸟发出"咕咕"声引导它们觅食。

成对觅食的蓝马鸡。董磊摄

蓝马鸡的巢、卵和雏鸟。吴逸群摄

社会组织 非繁殖季节，蓝马鸡以群体生活，群体大小10～30只。群体的形成是家族合并的结果，有人曾记录到由16只成鸟和13只幼鸟组成的蓝马鸡群体。在甘南林区，冬季群体每天41%的时间用于觅食，28%的时间用于午休。夜间，群体在大树上夜宿，在树冠深处几只相互靠拢。

春天，群体逐渐解散。在青海尖扎林区，每年4月底开始，蓝马鸡群体就发生一种特别的现象，一些个体频繁地短距离飞行，群体中时常传出"咯咯"的叫声。伴随着这些行为，群体逐渐分解成3～6只的小群。5月中下旬开始成对活动。雄鸟与它的配偶形影不离。雌鸟低头采食时，雄鸟在旁边守侯，自己很少觅食；雌鸟移动，雄鸟紧随其后，并发出低低的叫声。夜间，成对的蓝马鸡同栖一树。凌晨，雄鸟高声鸣叫，之后靠近雌鸟，点头翘尾，雌鸟则发出单调的"咯咯"声。雌鸟首先飞离夜栖树，雄鸟随即尾随。这种配偶警惕的行为，与藏马鸡和白马鸡很像。因此，蓝马鸡婚配系统属于典型的社会性单配制。

关于蓝马鸡的社会行为，有几个观点有待商榷。

1. 早期的研究者认为，求偶期间，蓝马鸡雄鸟之间经常发生激烈殴斗，甚至鲜血淋漓。这种场面也发生在褐马鸡。而对藏马鸡和白马鸡的详细野外观察证实，配偶关系在冬季群体就已存在，打斗行为只发生在不同群体的个体之间。那么，蓝马鸡和褐马鸡争斗行为的记录是人为推测，还是这两类马鸡的行为的确不同？

2. 以前的观点认为蓝马鸡的配偶关系形成后，二者行动时是雄性移动、雌性跟随。这同样有别于藏马鸡和白马鸡，也与大多数鸟类的配偶警戒行为不符。显然，这是难以近距离观察导致的误判。

3. 以前认为，蓝马鸡繁殖期领域性明显，一个繁殖对占据一条沟谷，严禁其他个体进入。但在四川王朗发现的6个巢，巢间距仅50～200 m，显然不支持这种观点。

4. 蓝马鸡孵卵期间，雄鸟在巢周围担任警戒。但是，在白马鸡和藏马鸡中这只是偶然现象。

勺鸡

拉丁名：*Pucrasia macrolopha*
英文名：Koklass Pheasant

鸡形目雉科

　　体长约60 cm。雄鸟头暗绿色，具醒目的棕褐色和黑色长冠羽，颈部两侧各有一个白斑；身体大部羽毛呈灰色和黑色披针形；下体深栗色。雌鸟体形较小，体羽以棕褐色为主。

　　分布区从喜马拉雅山脉向西延伸到阿富汗，向东到高原以东和中国大部分地区。栖息于海拔600～4300 m的山地森林。常成对活动，很少集群。

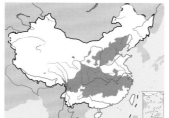

勺鸡云南亚种*P. m. meyeri*。左上图为雄鸟，丁文东摄；下图为雌鸟，彭建生摄

中国分布的勺鸡另外2个亚种雄鸟。左图为河北亚种*P. m. xanthospila*，摄于河北平山；右图为东南亚种*P. m. darwini*，摄于福建泰宁。沈越摄

环颈雉

拉丁名：*Phasianus colchicus*
英文名：Common Pheasant

鸡形目雉科

　　体长约85 cm。雄鸟头部具黑色光泽，有显眼的耳羽簇，宽大的眼周裸皮鲜红色；亚种分化甚多，有些亚种有白色颈圈而有些亚种没有；体羽艳丽，以铜色至金色为主，并有褐色斑纹，两翼灰色，尾长并有黑色横纹。雌鸟体形小且羽色暗淡。

　　分布于西古北区的东南部，包括东亚和东南亚北部。被引种到欧洲、澳大利亚、新西兰、夏威夷及北美洲并形成野外种群。在青藏高原，它们见于东部地区。适应能力很强，出现在从海平面到海拔4100 m的森林、灌丛、草地、沼泽和农田。

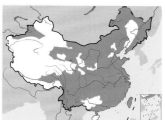

环颈雉雄鸟，青藏高原分布的亚种无白色颈圈。左上图唐军摄，下图丁文东摄

环颈雉雌鸟。向定乾摄

白腹锦鸡

拉丁名：*Chrysolophus amherstiae*
英文名：Lady Amherst's Pheasant

鸡形目雉科

形态 雄鸟体长约 140 cm；头、上背和胸翠绿色，紫红色的羽冠飘然，后颈的白色镶黑边的披肩风度翩翩；下背棕色，至腰转为朱红色；飞羽暗褐色，羽修长，云状横斑黑白相间；腹部银白，由此得名。雌鸟较小，上体及尾以褐色为主，胸棕色，腹银白色。分子生物学的证据表明，它与红腹锦鸡是两个独立的物种，二者分化时间在 170 万年前。

分布 分布于中国西南山区和缅甸东北部，在青藏高原见于四川西部和西藏东南部。

栖息地 栖息于海拔 800～4000 m 的山地常绿阔叶林、针阔叶混交林和针叶林，以及林缘灌丛，也到农田附近活动。

习性 关于白腹锦鸡野外生活的知识，主要来自鸟类学家 20 世纪 70—80 年代在云贵高原所做的研究。冬天集群，群体一般不超过 20 只。春天群体解体后，雄鸟占据领域，并时常高声鸣叫。1 只雄鸟与 2～4 只雌鸟形成一雄多雌的交配系统，同时种群中存在没有获得配偶单独活动的雄鸟。

繁殖 巢位于林木枯枝下或巨岩缝隙里，由雌鸟筑就。产卵季节在 5—6 月。每窝产卵 5～9 枚。卵浅褐色或乳白色，无斑。雌鸟单独孵卵，雄鸟从不光顾巢点。孵化期 21～22 天。雏鸟也

是由雌鸟负责饲育。

与人类的关系 与红腹锦鸡一样，气质典雅、美妙绝伦的白腹锦鸡不仅是中国传统绘画艺术中的常客，而且其羽毛是官位的象征。19 世纪，英国人将其带回饲养，同红腹锦鸡一道，成为世界上最漂亮的观赏雉类之一。

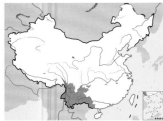

白腹锦鸡。左上图为雄鸟，沈越摄；下图为雌雄配对，彭建生摄

白腹锦鸡。周华明摄

红腹锦鸡

拉丁名：*Chrysolophus pictus* 英文名：Golden Pheasant

鸡形目雉科

　　雄鸟体长约95 cm，羽色华丽，头部羽毛金黄色并延长成丝状，形成羽冠披于后颈；后颈被有橙棕色而缀有黑边的扇状羽，上背浓绿，之后为金黄色；尾羽黑褐色，缀以黄褐色斑点；下体深红色。雌鸟体形较小，体羽暗淡。

　　中国特有物种，分布于秦岭以南，包括青藏高原的东部。栖息于海拔500～2500 m的阔叶林、针阔叶混交林和林缘疏林灌丛地带。非繁殖期集群活动，交配系统属于一雄多雌制。因羽色高贵华丽，是中国古代的文化鸟类之一，中国鸟类学会会徽就以其为标志。

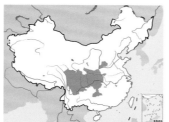

红腹锦鸡，左上为雄鸟，沈越摄；下图为群体，右边两只为雌鸟，赵纳勋摄

昂首阔步的红腹锦鸡。沈越摄

灰孔雀雉

拉丁名：*Polyplectron bicalcaratum*
英文名：Grey Peacock-pheasant

鸡形目雉科

　　雄鸟体长约65 cm，全身羽毛黑褐色，密布白色细点和横斑；上背、翅和尾羽端部有翠绿色富有金属光泽的眼状斑，如孔雀尾屏。雌鸟体形较小，羽色与雄鸟相似但较暗，眼状斑不明显。

　　分布于喜马拉雅山脉和东南亚，在中国见于西藏东南部和云南西部。过去曾把生活在海南岛的孔雀雉作为灰孔雀雉的海南亚种 *P. b. katsumatae*，但现在根据分子生物学证据已将海南孔雀雉列为一个独立种。典型的栖息地是海拔1500 m左右的常绿阔叶林和竹林。喜欢单独活动，在树上夜宿。

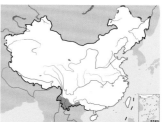

灰孔雀雉。左上为雄鸟，魏东摄；下图为育雏的雌鸟，李利伟摄

灰孔雀雉雄鸟。彭建生摄

雁鸭类

雁鸭类

- 雁形目鸟类，鸟类进化系统中的一个基干类群，与鸡形目关系较近
- 游禽，翅膀尖长，尾短，雄性有鲜艳的羽饰
- 雏鸟早成，许多类群有迁徙习性
- 青藏高原湿地是雁鸭类的重要栖息地，斑头雁和赤麻鸭是青藏高原雁鸭类的代表

分类、分布和形态

左：游禽 (Waterfowl) 和涉禽 (Wader) 都是择水而栖的鸟类，也统称为水鸟。游禽共同的特长是游泳和潜水捕食，自然选择造就了与这种能力相匹配的身体结构。其中，脚蹼最为典型。蹼的发达程度因种而异，与潜水能力有关。涉禽则适于浅水或岸边，脚长适于涉水，嘴长、颈长适于从水中或泥地捕食。图为飞越雪山的斑头雁。彭建生摄

右：达尔文在《物种起源》中，特别留意到琵嘴鸭的喙："在其上颚两侧各有188枚富有弹性的薄栉片一行，这些栉片对着喙的长轴横生，斜列成尖角形。它们都是由颚生出，靠一种韧性膜附着在颚的两侧，位于中央附近的栉片最长，约为1/3英寸，突出边缘下方长达0.14英寸。在它们的基部有斜着横排的栉片构成短的副列。这几点都和鲸鱼口内的鲸须板相类似。但接近嘴先端，它们的差异就很大，鸭嘴的栉片是向内倾斜，而不是下向垂直的。"达尔文说："我们必须记住，每一个鸭类物种都处于激烈的生存斗争之下，并且它的身体的每一部分的构造一定要十分适应它的生活条件。"图为琵嘴鸭。沈越摄

雁鸭类指雁形目（Anseriformes）鸟类。雁形目包括 3 个科，其中叫鸭科（Anhimidae）只有 2 属 3 种，分布于南美洲中部；鹊雁科（Anseranatidae）只有 1 属 1 种，分布在大洋洲；最大的是鸭科（Anatidae），包括 52 属 165 种，也是游禽中最大的科，天鹅、雁和鸭类都是其中的成员。

鸭科又被分成雁和鸭 2 个亚科。雁亚科（Anserinae）包括 5 个族，即红耳鸭族、澳洲斑鸭族、澳洲灰雁族、天鹅族和雁族，共计 7 属 26 种，中国 3 属 14 种，青藏高原 2 属 7 种。天鹅属 Cygnus 有 6 个物种，分布于非洲之外的各个大陆。北半球有大天鹅 C. cygnus、小天鹅 C. columbianus、黑嘴天鹅 C. buccinator 和疣鼻天鹅 C. olor，其特点是体形大，全身洁白；南半球的 2 种天鹅体形略小，大洋洲的黑天鹅 C. atratus 身体大部分为黑色，南美洲的黑颈天鹅 C. melancoryphus 羽色纯白但是颈部为黑色。典型的雁类包括雁属 Anser 和黑雁属 Branta，它们大多在北方繁殖，是迁徙的候鸟。夏威夷黑雁 B. sandvicensis 是个例外，只留居于地处热带的夏威夷群岛。鸭亚科（Anatinae）被分成 7 个族，有 39 属 119 种之多，中国有 17 属 37 种，青藏高原有 7 属 19 种。

雁鸭类高度适应水生生活。体形比较大但瘦长，其中潜鸭更圆润，这有利于增加浮力。有些种类精于潜水，如长尾鸭常能潜入水下 60 m 深处。雁鸭类尤其是天鹅，有长的脖颈，扁平的嘴，尖端有嘴甲；翅膀长而尖，适于长途飞行；大多数种类的次级飞羽色彩艳丽，有金属光泽，被称作翼镜，这种色彩来自羽毛微小结构的光学效应，能够经久不褪。尾巴大多很短，但个别种类如针尾鸭有异乎寻常的中央尾羽。脚短，着生于身体的中后部，向前的三趾间有蹼或半蹼相连，向后的一趾较短；尾脂腺发达，所分泌的油脂通过喙涂抹到羽毛上，有疏水的作用。雄雌异形，但天鹅例外。

麻鸭 分类地位界于雁和鸭之间，全世界共有6个种，都生活在古北界。它们的体形比其他鸭类相对要大，两性羽毛颜色只有微小差异。

浮鸭 英文称 Dabbling Ducks，因多游泳而很少潜水得名，所以它们主要吃水表面的植物。相对于善于潜水的野鸭，浮鸭的腿位置相对靠前，所以能在陆地上行走自如。浮鸭区别于潜鸭的另一个明显特征在于起飞方式，它们可以直接从水面起飞，而潜鸭必须在水面上助跑一定距离才能起飞。与潜鸭一样，浮鸭的飞行能力很强，北方繁殖的类群会进行长距离迁徙。青藏高原的 8 种浮鸭都是欧亚大陆和北美大陆最常见的。

浮鸭大多在北方繁殖，南方越冬。中国的新疆和东北有多种浮鸭繁殖，而在青藏高原繁殖的种类很少，最典型的是绿头鸭，其繁殖地从拉萨郊外的湿地到青海湖、可鲁克湖，但种群数量不是很大；此外，在若尔盖的夏季有记录到针尾鸭和赤膀鸭。在青藏高原广大的北方，包括羌塘、可可西里、若尔盖和柴达木，这些野鸭都是匆匆的过客。因为冬天的时候，这里的水域冰封万里，只有河流的入湖口没有被冰封，一些野鸭在这里过冬。相比之下，气候相对温和的藏南谷地的河流、湖泊，则为这些水禽提供了越冬地。

潜鸭 形态上，潜鸭与浮鸭有很多相似之处，只是它们的头部看上去更大一些。不过，分子系统学研究揭示，二者的演化关系很远，其形态相似是趋同进化的结果。

潜水采食是潜鸭的特长，其食物包括水生植物、水生无脊椎动物和鱼类。潜鸭也进行长距离迁徙，但飞行时，它们翅膀扇动的频率比其他雁鸭类要快一些，这是因为它们的翅膀短而圆，所以不得不加快振翅频率来获得足够的动力。与浮鸭不同，潜鸭很少鸣叫。在外形上，大多数潜鸭的翅膀有白色斑块，但没有泛着金属光泽的翅斑。雌雄两性的形态差异明显，雄性头部通常为黑色或红色，而雌性为褐色。

全世界有 15 种潜鸭，繁殖于欧亚大陆北部，越冬于南方地区。一些潜鸭在中国北方繁殖，在长江流域和东南沿海及台湾地区过冬。青藏高原有 4 种潜鸭。迁徙时见于高原大部分水域。一些繁殖在高原北部的湖泊，许多在藏南越冬。在柴达木盆地东部的可鲁克湖有赤嘴潜鸭繁殖，7 月可见到很多幼鸟，但青海湖却没有繁殖记录；夏季，在若尔盖可看到白眼潜鸭，但没有发现巢。潜鸭在藏南为冬候鸟。在隆冬季节的羊湖，曾一次观察到赤嘴潜鸭近万只，红头潜鸭上千只，凤头潜鸭数百只，十分壮观。也有一些潜鸭在青海湖和若尔盖度过冬天。

秋沙鸭 秋沙鸭是另外一些潜水能力极强的鸭类。和其他鸭类扁平的嘴有所不同，它们的嘴细长而有发达的锯齿，适合捕捉身体光滑的鱼类。与其他善于潜水的野鸭一样，起飞时，需要两翅在水面急速拍打和在水面助跑。头顶突出的冠羽也是秋沙鸭的特征之一。秋沙鸭的大多数成员在寒冷的北方繁殖，它们把巢隐藏在紧靠水边的天然树洞里，有时也在岸边石缝中营巢。越冬期间，结成 4～5 只、顶多 10 余只的小群。

雁鸭类常拥有亮丽的金属光泽翼镜。图为飞行的绿头鸭，翼镜十分醒目。彭建生摄

雁鸭类

鸟类迁徙是最令人惊叹的自然现象之一。每到春天，数十亿只鸟儿，从小巧玲珑的蜂雀到体形庞大的天鹅，都纷纷从越冬地起程，成群结队，浩浩荡荡，长途跋涉，飞往非常遥远的北方，目的是为了完成生命中最重要的任务——繁殖；之后的秋天，它们沿着几乎相同的路线，南下返回越冬地。有些物种迁徙穿越陆地，比如游隼从格陵兰岛纵跨美洲大陆飞到阿根廷北部；有的则飞越海洋，比如体重只有25 g的穗䳭，就从加拿大北部飞过北大西洋到达欧洲西北部，然后向南再飞3000 km抵达西非。候鸟的迁徙遵循固定的路线。全世界有9条候鸟迁徙路线，其中经过中国的有3条，分别是经过中国东部沿海的阿拉斯加−西太平洋路线，经过中国中部的东亚−澳大利西亚路线，经过青藏高原等中国西部地区的中亚−印度半岛路线。在青藏高原的近800种鸟类中，250余种是候鸟，这其中水鸟占了40%。对青藏高原水鸟的迁徙时间和路线，人们掌握了其中少数物种的详情。这主要得益于环志和卫星跟踪技术，特别是后者，它允许人类破解鸟类迁徙之谜。目前，只对3种青藏高原繁殖的水鸟开展了这样的研究，它们是斑头雁、渔鸥和黑颈鹤。青海湖是青藏高原水鸟的重要繁殖地和迁徙停歇地，有150 000只水鸟依赖于它。其中，这里的斑头雁繁殖种群占全球数量的15%。因为湖泊水面在冬季大多冰封，因此，在这里越冬的水鸟不多。图中显示的是繁殖于青海湖的几种水鸟的迁徙路线

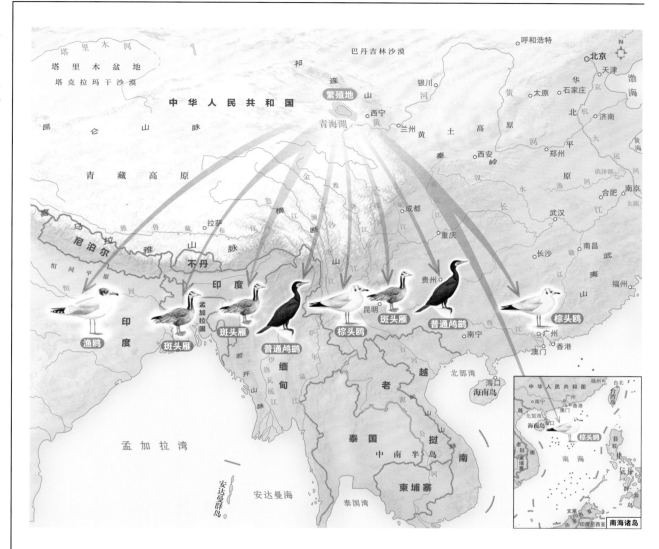

栖息地和习性

雁鸭类都是游禽，湿地是它们的家园，为其提供繁殖、迁徙停歇和越冬所需的基本条件。各种水域环境，从咸水到淡水，从远洋到内陆，都有雁鸭类栖息。不过，不同种类对水体条件的要求有所不同。比如雁和鹅，常常离开水域在农田觅食；浮鸭类更喜欢浅水，而潜鸭类需要在水位比较深的地方活动。

食性 雁鸭类食性多样，一些种类如天鹅与雁是完全的素食者，吃水草、农作物种子；另外一些种类如秋沙鸭则属于完全的肉食者，捕食甲壳动物、软体动物和鱼类；大部分种类在繁殖季节以动物性食物为食，而在迁徙和越冬时以植物性食物维生。许多种类的幼鸟以水生昆虫、蚊子等为食，成鸟则以植物为食。由于不同的取食习性，几种游禽常常在同一地点的不同区域觅食，占据着不同的生态位。

迁徙 绝大多数雁鸭类为候鸟，每年秋季南迁，到比较温暖的地区过冬，翌年春季北飞，返回繁殖地。大雁迁徙飞行时形成有序的队列，"一"字形或"人"字形，是人们自古就熟悉的一种自然现象。

青藏高原位于中亚−印度候鸟迁徙通道上，每年迁徙季节在这条通道上有成百万的雁鸭类成员迁徙。卫星跟踪结果表明，斑头雁、灰雁每年秋季从蒙古、中国青藏高原的北部和中部等繁殖地，沿着这条通道在青藏高原上迁徙，经青海玛多、玉树，西藏拉萨河河谷，至中国西藏雅鲁藏布江河谷和印度北部越冬。青藏高原越冬的大天鹅春季迁徙至新疆北部繁殖。

越冬 雁鸭类选择相对于繁殖地来说气候条件比较温和的地区过冬。中国华北地区比如黄河流域是许多在更北方繁殖的水鸟的过冬地。当然，长江中下游地区越冬水鸟的种类更为丰富，数量更为巨大。

在青藏高原的湖泊，水鸟数量高峰出现在两个时期，春季和秋季。前者是由于大量来自越冬地物

种的到达，后者是由于大量来自繁殖地物种的到达，因为繁殖之后种群数量增加，所以总数量要高于春季。而在冬季，青藏高原湖泊常常冰封，只有小面积的水域因为泉水供应而保持水流。最近的调查表明，青海湖共记录到越冬水鸟72种。不过，过冬水鸟的数量比较少。雅鲁藏布江中游的河流、湖泊和水库，有水鸟过冬，但因为食物资源不足，种类和数量都不多。

集群行为　　集群生活是雁鸭类的典型特征之一。群体大小因种类、时间、地点而异，数量从几十到几百，甚至成千上万。集群主要在非繁殖季节，群体迁徙、觅食和夜宿。许多种类的求偶、配对等活动都发生在非繁殖群体中。繁殖集群也很普遍，比如青藏高原的斑头雁会大量聚集在湖泊中的小岛上繁殖。

雁鸭类的群体有些由同一家族成员组成，有些由同一性别的个体组成；不同物种的群体也会在一起活动。集群的利益在于有效防御天敌，同时增加食物的摄入。大群休息时，有些个体为群体放哨，以便第一时间把危险信号传递给休息中的个体。

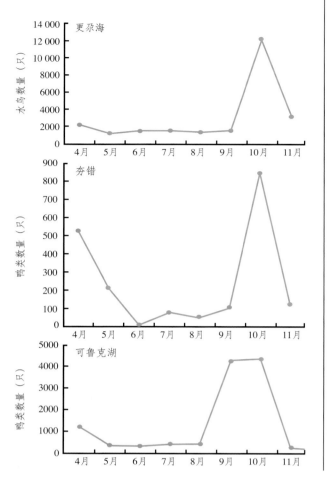

上：青藏高原几个湖泊水鸟数量的季节变化

下：纳帕海集群越冬的普通秋沙鸭。彭建生摄

雁鸭类

交配系统

雁鸭类中最流行的交配制度是季节性单配制。每年在越冬地形成新的配偶对，配对过程常常包括仪式化的求偶行为。雌鸟表现出对出生地的依赖，总是带着在越冬地找到的新配偶返回上一年的繁殖地。这种配偶关系只能维持一个繁殖季，其中有些种类，在孵卵开始之后，雄鸟就弃雌鸟而去，长期以来被人们当作忠贞爱情象征的鸳鸯其实就是这样。不过，也有些种类如天鹅、雁、麻鸭等，会保持长期的配偶关系，甚至终身保持，因此被当成是美好爱情的象征。

正在交配的鸳鸯。吴秀山摄

交配系统的形式与雌性和雄性体形及羽色差异的程度有关，因为这些差异反映了性选择的强度，雄性之间为配偶争夺得越激烈，配偶关系就越不持久。很多配偶关系维持时间短的鸭类，雌雄外形悬殊，雄鸟体形大且羽色艳丽，而雌鸟则体形小且羽色暗淡，婚外交配或多配现象在这些类群中也很常见。相对而言，倾向于保持长久婚配关系的种类比如天鹅、雁和麻鸭，雌雄外形则相差不大。

大多数雁鸭类的成体雄性数量多于成体雌性。因此，与其他鸟类一样，雄性必须采取措施保卫自己的父权。父权保卫的方式包括，雄性保卫特定的空间，限制同种雄性的进入。有些种类，雄鸟的领域主要围绕着配偶本身。当然，即使采取这些防范措施，婚外交配依然难以避免。在雁鸭类中，这是通过强迫交配的方式来实现的，比如绿头鸭就是如此。这种获得婚外后代的方式，是否与雁鸭类的一个独有特征——雄性交接器有关，尚未可知。强迫交配大多是由雄性发动，且在产卵前或产卵期，只有这样才能达到增加自己繁殖成功率的目的。动物行为学家已经证明，这种方式的确能够导致雌鸟受精。实际上，配偶警惕的目的就是防止强迫交配。

近年来，人们开始关注另一种普遍发生于鸟类中的有趣现象：种内巢寄生，即在同一地方种群内，一些雌性个体把卵产于其他个体的巢里而自己不承担孵卵和育雏任务。据最新统计，发现存在种内巢寄生现象的鸟类已将近300种。种内巢寄生的发生概率有很大的种间差异，在雏鸟早成的类群中更普遍。而同为早成鸟，雁鸭类中有46%的物种存在种内巢寄生现象，而鸡类中仅11%。这可能是因为雁鸭类产较大的卵，意味着它们的雏鸟比鸡类更早成；就亲鸟育雏付出而言，巢寄生的代价较低。

既然寄生对宿主总是有代价的，为何这种行为依然在鸟类中流行呢？鸟类学家提出了如下解释：寄生者和宿主通常是亲属，饲育亲属的后代也可以同时传递自己的遗传基因，也就是说，宿主照料寄生后代的代价可以通过广义适合度得到补偿。这就是亲属选择假说，已经在鹊鸭等物种的研究中得到支持。

繁殖

雁鸭类性成熟的时间长短不一，快的如鸭亚科的大多数种类，孵出后9～10个月即能繁殖，而发育较慢的如天鹅则需要4～5年。

雁鸭类的巢可分为露天巢、浮巢和洞穴巢3种类型。露天巢位于离水不远的地面上，由周边易得的植物材料搭建。大多数雁和野鸭包括青藏高原的灰雁、斑头雁和绿头鸭，都营建露天巢。沼泽是露天营巢水鸟最重要的繁殖地。稠密的水生植被为巢提供了很好的隐蔽条件，而如同海绵一样吸满了水的沼泽，也阻止了天敌比如狐狸和艾鼬的靠近，当然也避免了人类的干扰。在青藏高原，一些种类比如斑头雁在湖泊中的鸟岛上繁殖。浮巢是使用水生植物的叶子，在沼泽的水体里编制

成一个像盆一样的漂浮物，漂浮在水面上，能随同水位变化而起落，但水不会渗进巢里。最典型的浮巢建筑师是凤头䴙䴘。洞穴巢是搭建在岩石下面、石隙间或垂直斜坡的土洞中的巢，如青藏高原的赤麻鸭的巢；也有些物种选择在距离水不远的树洞里做巢，如普通秋沙鸭。

雁鸭类窝卵数4～13枚，由雌鸟孵卵和育雏。雏鸟早成，出壳时体表被绒羽，可随亲鸟下水游泳。出生后数月才能具备飞翔能力。幼鸟羽色暗淡，颇似雌性成鸟，出生后7～8个月进行第一次换羽。雏鸟都有明显的印记行为，即把出生后看到的第一个物体当作自己的母亲，本能性地跟在"母亲"身后形影不离直到长大。

A：灰雁的巢和卵。赵晨皓摄

B：鸿雁的巢和卵。宋丽军摄

C：赤麻鸭的巢、卵和雏鸟。宋丽军摄

D：绿头鸭的巢和卵。宋丽军摄

种群现状和保护

雁鸭类体形大，羽色艳丽，绒羽是优良的保暖材料，因此很早以前就被人类因食用、装饰或保暖等目的而捕杀，有些种类被驯养为家禽，但野生种群的猎捕仍长期存在，并威胁到物种生存。如奥克兰秋沙鸭 *Mergus australis* 在 20 世纪 70 年代被确认灭绝，其原因就在于人类的猎杀和天敌入侵。现存雁鸭类整体受胁比例高达 20%，高于世界鸟类整体受胁比例 14%。

以前东亚的湿地面积与西古北界和北美相当，因此雁类的种群应当也与这两个地区相似。然而，目前东亚雁类的数量估计有 50 万只，而西古北界和北美分别有 450 万只和 1700 万只。有证据表明，东亚的雁类最近几十年来经历了严重的种群下降，主要原因是迁徙停歇地和越冬地栖息地的丧失，特别是在中国。

自《中华人民共和国野生动物保护法》颁布以来，中国已将当年曾有纪录的所有雁鸭类列为保护动物，其中中华秋沙鸭为国家一级重点保护动物，白额雁、大天鹅、小天鹅、疣鼻天鹅、红胸黑雁、白颊黑雁和鸳鸯为国家二级重点保护动物。

青藏高原的湖泊中有一些孤立的小岛，这些岛上没有人居住，却是水鸟繁殖的天堂，被称为鸟岛。其中，最常见的繁殖鸟类是棕头鸥、渔鸥、斑头雁和普通鸬鹚；此外，还有赤麻鸭、凤头䴙䴘、普通秋沙鸭、普通燕鸥，以及少量斑嘴鸭、凤头潜鸭和白骨顶。鸥类在鸟岛的出现率最高。在青海湖，除一个鸬鹚鸟岛外，其余16个鸟岛均有棕头鸥分布。其次为斑头雁，出现率达65%。鸬鹚独占一岛，排斥任何其他鸟种。图为青海湖鸟岛上与鸥类混群繁殖的斑头雁。张国钢摄

鸿雁
Anser cygnoides

豆雁
Anser fabalis

斑头雁
Anser indicus

白额雁
Anser albifrons

灰雁
Anser anser

大天鹅
Cygnus cygnus

疣鼻天鹅
Cygnus olor

赤麻鸭
Tadorna ferruginea

br.

br.

non-br.

翘鼻麻鸭
Tadorna tadorna

绿头鸭
Anas platyrhynchos

斑嘴鸭
Anas poecilorhyncha

针尾鸭
Anas acuta

绿翅鸭
Anas crecca

赤膀鸭
Mareca strepera

赤颈鸭
Mareca penelope

白眉鸭
Spatula querquedula

琵嘴鸭
Spatula clypeata

赤嘴潜鸭
Netta rufina

non-br.

红头潜鸭
Aythya ferina

白眼潜鸭
Aythya nyroca

凤头潜鸭
Aythya fuligula

鹊鸭
Bucephala clangula

斑头秋沙鸭
Mergellus albellus

普通秋沙鸭
Mergus merganser

中华秋沙鸭
Mergus squamatus

鸿雁
拉丁名：*Anser cygnoides*
英文名：Swan Goose

雁形目鸭科

体长约 90 cm。额基、头顶到后颈正中央暗棕褐色，而头侧、额和喉淡棕褐色，对比明显；上体暗灰褐色，下体淡黄色；嘴黑色，基部有疣状突起；腿橘黄色。

在西伯利亚、蒙古和中国东北繁殖，越冬于中国中部、东部、台湾地区以及朝鲜。迁徙时，有少量途经青藏高原。

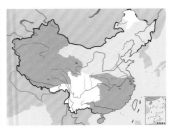

豆雁。左上图左凌仁摄，下图彭建生摄

白额雁
拉丁名：*Anser albifrons*
英文名：White-fronted Goose

雁形目鸭科

体长约 72 cm。上体和胸部灰褐色，腹部白色；从嘴基部至额白色，为该物种的典型特征；嘴橘红色，不同于鸿雁和豆雁；腿橘黄色。

繁殖地从欧亚大陆北部经过白令海峡到北美北部，越冬地在繁殖地的南方，包括中国长江中下游和东南沿海，在西藏拉萨地区偶然会发现 1～2 只，常与斑头雁群体在一起。

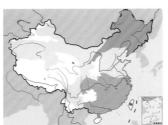

鸿雁。左上图宋丽军摄，下图沈越摄

豆雁
拉丁名：*Anser fabalis*
英文名：Bean Goose

雁形目鸭科

体长约 75 cm，比鸿雁的体形小一些。上体灰褐色或棕褐色，下体污白色，前后颈色差不明显；嘴黑色，端部有黄斑；腿橘黄色。

繁殖于不包括中国在内的欧亚大陆北部，越冬于西欧、伊朗、朝鲜、日本以及中国长江中下游和东南沿海地区，包括台湾地区和海南，迁徙时经过中国大部，包括青海。2016 年 1 月 6 日，调查者在西藏乃东雅鲁藏布江边海拔 3557 m 的农耕地观察到 2 只。

白额雁。左上图沈越摄，下图董磊摄

斑头雁

拉丁名：*Anser indicus*
英文名：Bar-headed Goose

雁形目鸭科

形态　体长约 70 cm。体羽呈灰白色，头和颈侧白色，头顶有两道黑色条纹，一道在头顶稍后方，较长，延伸至两眼，另一道位于枕部，较短。头部斑纹是它独有的典型特征。嘴和腿橘红。雌雄两性羽色相似，雄性体形大于雌性。幼鸟头顶污黑色，不具横斑。

分布　亚洲特有种，繁殖区在亚洲中部的高原地带，自吉尔吉斯斯坦至中国中部，并向北延伸至蒙古。主要在中国青藏高原南部和印度过冬，少量在中国中部越冬。2011 年 5 月，青海湖记录到 1 只颈部佩戴橘红色旗标的斑头雁，它是冬季被环志于印度的个体。

栖息地　繁殖期栖息地为湖滨草滩、湖岸浅水带或湖心岛，越冬栖息地为农田、河流、湖泊和沼泽。

食性　植食性。鸟类学家从贵州草海越冬的斑头雁粪便里检测出 36 种植物，其中禾本科植物平均检出率是 65%，三叶草 16%，莎草科 10%，农作物只有 6%。

繁殖　对青藏高原斑头雁繁殖生活的了解，多来自鸟类研究者 1960 年、1975—1979 年在青海湖的工作。后来，中国鸟类环志中心的无线电和卫星跟踪，提供了其繁殖期活动范围和迁徙路线的信息。

斑头雁是青海湖区的夏候鸟，每年 3 月下旬现身。初到时，多已相配成对，但也有少数个体到达繁殖地后才开始配对。它们栖息于湖滨草滩，或游泳于解冻的湖岸浅水带。

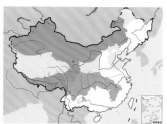

斑头雁。左上图杨贵生摄，下图彭建生摄

育雏的斑头雁。张国钢摄

3 月底，斑头雁纷纷向岛屿集结。在这里它们争相占领巢域，并选择营巢位置。最早于 4 月上旬开始营巢，雌鸟是这项工作的主角，雄鸟只起辅助作用。巢是由雌鸟用脚在地面挖掘出一个小圆坑，再铺上枯草、藻类等衬垫物。新疆巴音布鲁克斑头雁的繁殖时间比青海湖斑头雁要晚 10～20 天。

最早产卵日期记录在 4 月 13—23 日间，可持续至 6 月中旬。产卵多发生于黎明前；如果产卵期受到外界影响，雌鸟容易弃巢。卵纯白色。产下第 1 枚卵后，雌鸟就开始坐巢，5 月中旬为坐巢盛期，占繁殖雌鸟的 70%；最晚开始坐巢的记录是 6 月 20 日。

雌鸟孵卵期间，雄鸟多在巢的附近进行守望和防卫。孵卵持续约 1 个月后，雏鸟就会破壳而出。刚出壳的雏鸟身着黄色绒羽，十分可爱。它们属于早成鸟，很快就能独立活动。

在父母的带领下学习游泳是幼鸟迈向独立生活的第一步。此时，沼泽草绿水清，食物丰盛。双亲带领着它们的后代，逐渐离开出生地，寻找更适宜的栖息地。其间，父母的脊背常常是幼鸟们休憩的场所。后来，它们学会了飞翔，8 月的时候，小雁的个头已经与父母差不多了。虽然有双亲的呵护，但只有发育健壮者能在风浪中存活下来，优胜劣汰，这是自然的法则。

由于斑头雁离巢很早，在鸟岛上很难跟踪观测。于是，研究者就把刚孵出的雏鸟转移到室内饲养，以便观察它们的生长和发育。研究发现，在最初的 15 天内，雏鸟生长缓慢，之后开始加速；37 天后，肩羽开始长出，随后初级飞羽和次级飞羽出现，尾羽开始从针状羽端的基部长出正羽，头部羽毛转为黑褐色；70 天左右，体重可以达到 789 g 左右。

青海湖斑头雁的繁殖参数	
繁殖季节	4 月上旬至 6 月下旬
交配系统	单配制
巢址选择	湖心岛
巢大小	外径 362～452 mm，内径 226～335 mm，深 70～100 mm
窝卵数	3～16 枚，10 枚为多
卵大小	长径 82.7 mm，短径 55.3 mm
新鲜卵重	135.4 g
孵卵期	28 天
育雏期	70～80 天
雏鸟体重	70～105 g，平均 87.9 g

迁徙　9月初，秋风来袭，青海湖的涛声也变得低沉起来，雁群们陆续开始离开，直到10月中旬，南迁宣告结束。卫星跟踪技术使得人们能够准确知晓斑头雁的迁徙模式和路线。

2006年9月，青海湖一群即将南行的雁群中，有6只成体的背部佩戴了太阳能卫星发射器，这是研究人员于7月中旬安装的。除了2只迁徙之前在泉湾不幸死亡外，其余4只在9月10日至10月5日之间出发，均向西藏方向。迁徙路途充满了艰难，其中3只旅程中死亡，只有一只成功抵达西藏贡嘎雅鲁藏布江流域的越冬地。它的行程是这样的：9月24日离开青海湖，当天飞到阿拉克湖并短暂停留5天；9月29日抵达玛多县鄂陵湖，在此停歇31天；随后进入西藏境内，在西藏比如境内停留1天；于10月31日到达当雄湿地，在此停歇17天；最终于11月18日抵达贡嘎，在这里度过整个冬季，直到翌年3月。

2007—2008年，研究者又在青海湖先后通过卫星跟踪了40只斑头雁。结果显示，秋季启程后，它们首先飞至青海玛多、曲麻莱县境内，在鄂陵湖、扎陵湖等湿地作较长时间停留，以补充迁徙时所耗费的能量，最后到达西藏雅鲁藏布江流域的越冬地，翌年3月由越冬地基本沿原路返迁青海湖。不过，其中1只在青海湖完成繁殖和换羽后，取道青海南部，在西藏短暂停留，然后飞越喜马拉雅山脉到印度越冬；1只在青海湖繁殖结束后迁至鄂陵湖换羽，最后迁徙至西藏那曲越冬。

总体而言，青海湖斑头雁的迁徙路线长度为1300～1500 km，途中在3～6个停歇点取食，整个迁徙过程持续73～83天。

而在蒙古北部繁殖的斑头雁，则越过尼泊尔和不丹的喜马拉雅山脉到达印度过冬，显然它们旅行的路途更长。

科学家使用卫星跟踪技术研究了91只斑头雁的迁徙路

斑头雁成群结队，沿着世世代代固定的路线，穿越喜马拉雅山。它们选择的是一条极其艰难的旅途，很少有其他物种这么做。为什么斑头雁不选择一条更舒适的路线呢？也许，在喜马拉雅山隆起之前，斑头雁就已经选择了这条路线，喜马拉雅山一天天长高，把斑头雁推向今天的高空高度，以致让它们有足够的时间，去适应高空。但无论如何，与绕过群山飞行相比，斑头雁利用高空气流，能够节省时间和能量。图为飞越雪山的斑头雁。彭建生摄

线，发现它们尽量回避珠穆朗玛峰，大多挑选海拔最低（低于5489 m）、最狭窄的峡谷，作为穿越喜马拉雅山脉的路线，尽管这样的路线更长。只有10只个体曾经到达海拔6400 m以上的高度。

尽管如此，斑头雁仍不失为世界上飞得最高的鸟类。为此，它们要承受空气中氧含量仅有海平面30%的环境。自然选择使得斑头雁进化出应对低氧的分子和生理适应能力。

越冬　卫星跟踪证明，青海湖繁殖的斑头雁，其越冬地主要位于雅鲁藏布江中游，少量到达印度。越冬期为11月至翌年3月，在越冬地平均停留108天。而蒙古繁殖的种群则在印度过冬。

1990—1996年的冬季调查证实，在西藏中南部越冬的斑头雁数量有13 000～13 500只，占全世界种群数量的25%。其中70%的个体集中于雅鲁藏布江中游。全球其余25%～75%的斑头雁在尼泊尔和印度过冬。2009年的调查中记录到在西藏中南部越冬的斑头雁种群数量大幅增加，达到44 657只。

越冬期间，斑头雁以群体方式活动，平均群体数量为208只，个体越冬活动区域为122.2 km²。农田、河流、湖泊和沼泽是其典型的栖息地，其中在农田里统计到的数量占72%。

种群现状和保护　据IUCN估计，全球斑头雁的种群数量为7万只，目前为无危物种。《中国脊椎动物红色名录》亦将其列为无危（LC）。人类活动是威胁斑头雁生存的主要因素。

位于长江源沱沱河的班德湖海拔4600 m，是世界上最高的斑头雁繁殖地之一。遗憾的是，这里每年有近2000枚斑头雁的卵被人捡拾。这对全球种群数量仅7万只的斑头雁来说，无疑是毁灭性的打击。2012年，民间环保组织"绿色江河"发动了主题为"守护飞得最高的鸟"的活动，在全国招募斑头雁守护志愿者，并联合当地政府和牧民，在长江源斑头雁产卵、孵化期间，彻夜守护斑头雁繁殖地，以保障它们成功繁殖。

探索与发现　斑头雁被公认为是世界上飞得最高的鸟类，因此也是世界上最能忍耐低氧的鸟类。它们繁殖在海拔3200～5000 m的青藏高原腹地，在海拔不到5 m的印度过冬。它们无须借助任何外力，当天就飞过喜马拉雅山脉。因此，它们也是世界上最陡的垂直迁徙者。

人们已经知道，斑头雁在分子和生理上已经进化出有效应对低氧的能力。人们也已经了解，风对迁徙鸟类的飞行影响很大，顺风而飞可以加快飞行速度并减少能量消耗。由于日照和热量的作用，高大的山脉可以促进坡面风的形成。那么，对于斑头雁，除了这些应对低氧的本领，它们是否在穿越喜马拉雅山脉的旅行中，利用了盛行的风力呢？

Charles M. Bishop及其同事企图回答这一问题。他们活捕了一些斑头雁，让它们携带质量只有30 g的卫星发射器。当这些个体迁徙的时候，研究者通过地球卫星接受到来自它们身上的发

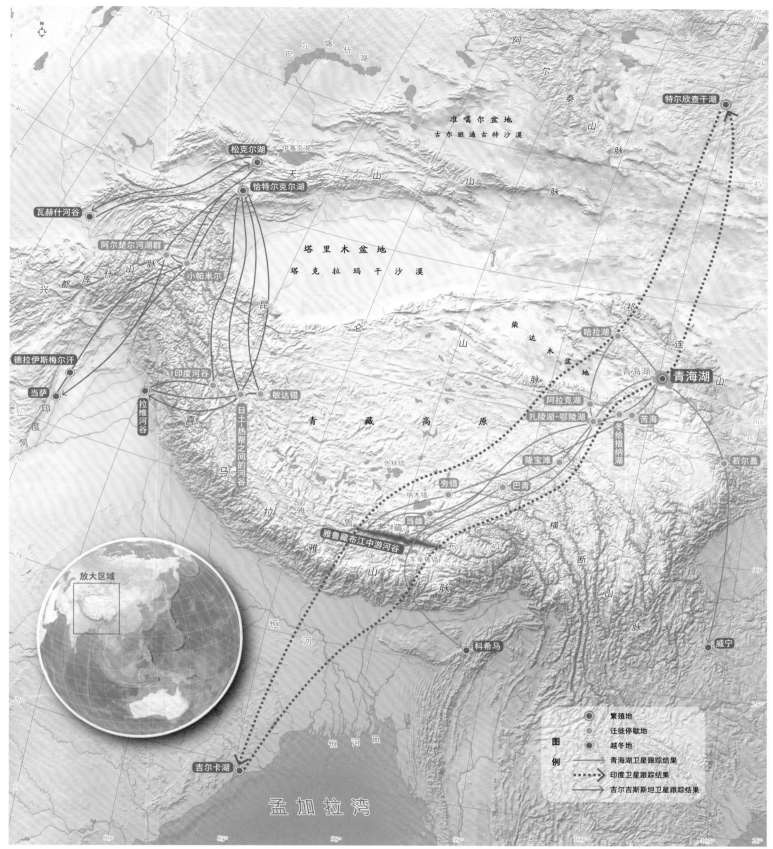

不同地区卫星跟踪得到的斑头雁迁徙路线图

射器发出的信号；与此同时，研究人员也获得了喜马拉雅山区风力的信息。

得到的结果出乎意料。斑头雁并没有依赖可能让它们加速爬升的白天上升气流或顺风，而且无论北迁或南迁，它们都在夜间或清晨开始飞行，那时候风力很弱。研究者这样解释：早晨的空气凉爽而稠密，有助于增加氧气的摄入，减少飞行所需的能量。而喜马拉雅山脉午后的风通常更为强烈，这让飞行更加难以控制。避开强风无疑是一个聪明的决定。

灰雁

拉丁名：*Anser anser*
英文名：Greylag Goose

雁形目鸭科

形态 体长约 80 cm。上体灰褐色，下体污白色。嘴、脚橘红色。雌雄羽色相似，雄性稍大于雌性。

分布 欧亚大陆的特有鸟类，在北方繁殖，南方越冬，南亚次大陆北部也是灰雁的越冬地。在中国，灰雁在新疆西部、北部和青藏高原东北部繁殖，在长江流域及其以南越冬。青海湖和若尔盖亦有灰雁越冬，但数量不多；2009 年 2 月，在拉萨河流域发现 1 只灰雁，它与斑头雁、赤麻鸭在同一生境出现，4 月 2 日，这只灰雁才从这里消失。

习性 灰雁每年 3—4 月到达青海湖，秋天繁殖结束后离开的时间在 9 月下旬。青海可鲁克湖灰雁的数量在 7—8 月达到峰值，这是因为大量幼鸟出现的缘故；9 月以后，数量很少，推测是由于多数已经南迁；而 10 月数量有所增加，可能是由于来自更北方的种群迁徙抵达。

可是，在青藏高原东北部繁殖的灰雁究竟在哪里过冬，我们依然不知。实际上，对于迁徙途经青藏高原的灰雁，我们同样也不知道它们的迁徙路径。

繁殖 在青藏高原东北部的沼泽繁殖，包括若尔盖、青海湖、柴达木盆地的更尕海和可鲁克湖。与青海湖相比，可鲁克湖拥有大面积的芦苇，为灰雁的繁殖提供了很好的隐蔽条件，所以

有更多的灰雁。虽然十分常见，甚至在水鸟群落中数量占优，但至今没有人仔细研究过青藏高原灰雁的繁殖生态学。相关知识来自鸟类学家在新疆巴音布鲁克湿地的研究。

每年 3 月中旬至 4 月初，灰雁来到巴音布鲁克。它们把巢址选在水边的草丛里或小岛上。巢与巢的距离通常在 50 m 以上，这与斑头雁集群营巢的习性不同。它们喜欢沿用旧巢，甚至利用天鹅等非同种水鸟的旧巢。巢由水草的茎和根构成，巢内铺垫细草及大量羽毛。最早产卵始于 4 月中旬，窝卵数大多 3～5 枚，平均为 4.6 枚。孵卵由雌鸟承担，用时约 28 天。雏鸟长有黄褐色绒毛，平均体重 104 g。18 日龄体重已达 400 g，到 10 月中旬幼鸟体重达 3350 g，接近成鸟的 3400 g，羽色也更接近成鸟。

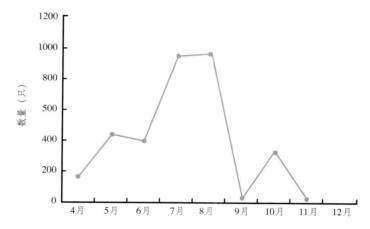

青海可鲁克湖灰雁数量的季节变化

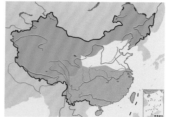

灰雁。彭建生摄

灰雁的巢址选在水边的草丛里或小岛上，巢由水草的茎和根构成，巢内铺垫细草及大量羽毛。图为若尔盖湿地的灰雁巢。赵晨皓摄

大天鹅

拉丁名：*Cygnus cygnus*
英文名：Whooper Swan

雁形目鸭科

形态 体长约 140 cm。全身羽毛洁白如雪，修长的颈几与身躯等长，体形优美，神态端庄；嘴端部黑色、基部黄色，黑色的比例比小天鹅小。飞行的时候，总是发出喇叭声一样的叫声。

分布 在北欧和亚洲北部繁殖，中国的繁殖地包括黑龙江扎龙和兴凯湖、新疆天山巴音布鲁克和青藏高原西北部的盐池湾沼泽。越冬地在中欧、中亚和中国黄河流域以南及青藏高原东部，包括青海湖、可鲁克湖、托素湖、柴达木巴音河、贵德的黄河上游和若尔盖湿地。这些水域也是一些大天鹅迁徙季节的停歇地。2015 年 4 月 12 日，研究者在青海湖发现 1 只来自蒙古的大天鹅。

栖息地 栖息于湖泊和沼泽湿地。

习性 每年 10 月底至 11 月初抵达青海湖。当青海湖千里冰封的时候，湖的北岸有众多温泉眼涌出暖流，形成的泉湾常年不冻，成为数百只到上千只大天鹅以及许多水鸟冬天的乐园。近年来，每年冬季的数量都超过 2000 只。来年 3 月中下旬至 4 月初，大天鹅陆续离开青海湖。

食性 主要为植食性。喙部有丰富的触觉感受器，依靠灵敏的触觉在水中寻觅龙须眼子菜、狐尾藻、水毛茛等水生植物，也捕捉昆虫和蚯蚓等小型动物为食。

青海湖越冬的大天鹅，白天它们在终年不冻的泉湾觅食，晚上则卧在水边的冰雪之上夜宿。通体裹着的厚实的羽被，再加上脂肪层，是它们抵御严寒的保障。图中为青海湖西北部的铁卜恰河口，是青海湖大天鹅越冬的主要栖息地。张国钢摄

疣鼻天鹅

拉丁名：*Cygnus olor*
英文名：Mute Swan

雁形目鸭科

体长约 150 cm，体重可达 23 kg，是天鹅属中最大的成员。全身羽毛洁白，与大天鹅相似。不同之处在于前额有一个突起，由此得名。嘴前端亦为黑色，后部桂红色，而大天鹅为黄色。与大天鹅不同，疣鼻天鹅的叫声非常低沉，而且飞行时很少发声，因此也被称为哑天鹅。

繁殖地在北欧、西伯利亚、蒙古、中国北部和西北部，包括青藏高原的柴达木盆地和若尔盖沼泽。越冬在南欧，北非，中国黄河入海口、长江中下游、东南沿海和台湾地区。最近，在新疆伊犁河谷发现有疣鼻天鹅越冬。

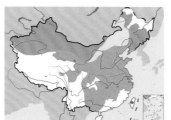

大天鹅。左上图为飞行中的成鸟，沈越摄；下图左侧2只为亚成体，杨贵生摄

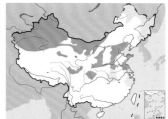

疣鼻天鹅。左上图杨贵生摄，下图沈越摄

赤麻鸭

拉丁名：*Tadorna ferruginea*
英文名：Ruddy Shelduck

雁形目鸭科

形态　体长约 62 cm。通体橙栗色，嘴、腿黑色，头顶和颈侧白色，翅上覆羽白色，初级飞羽黑色。雌雄羽色基本相同，但繁殖季节雄鸟有黑色领圈。

分布　繁殖于欧洲东南部、地中海沿岸、非洲西北部、亚洲中部和东部，在中国的繁殖地包括东北、西北及青藏高原。越冬于非洲尼罗河流域、朝鲜半岛、日本、中国大部、印度、缅甸、泰国和中南半岛，包括青藏高原。

食性　以素食为主，嫩草芽、根、叶、草籽是其喜欢的食物。不过，在它们的嗉囊里也会发现软体动物、昆虫和小鱼。

繁殖　繁殖地遍及整个青藏高原，实际调查的地点包括四川西北炉霍的卡莎湖、四川若尔盖沼泽、青海湖、藏西南当却藏布等，都有赤麻鸭繁殖的身影。

每年 3 月中、下旬，高原依然笼罩在冬日的寒凄之下，赤麻鸭就到达繁殖地。初来时，它们依然保持群体生活。随后，群体开始逐渐解散，变成 2～6 只个体的小群体。雄性活动增加，时常追逐其他靠近其配偶的同种雄性；而雌性则在湖水里悠闲地游弋。随后，只有配对的个体保持在一起。这时雄性更加警惕，紧紧跟随着配偶，防止其他雄性与自己的配偶交配。

在卡莎湖，最早观察到交配行为的日期是 4 月 25 日，最晚在 6 月初。交配在水面或地面进行。雌鸟伸颈低头，在水面游动，

雄鸟绕游一周，衔住雌鸟肩羽，跳上其背部进行交配。

巢安在湖岸、岛屿的土洞、岩隙或树洞中，有时还利用狐狸、旱獭等动物废弃的洞穴，甚至筑巢于大山里高不可攀的峭壁上。最高的繁殖海拔记录是 5700 m。两巢之间的距离一般在 25 m 以上，如果洞口不在一个方向，可以靠近到 10 m。巢很简陋，由少量枯草和大量绒羽构成。

赤麻鸭的产卵的时间在 4 月上旬至 5 月上旬。卵壳淡黄色，无斑点。孵卵的任务完全由雌鸟担任。雏鸟早成，孵出后即长满了绒羽，不仅会游泳，而且还会潜水。雏鸟全部出壳后，一家子在亲鸟带领下来到食物丰富的水域。而在高的岩石壁上出生的雏鸟，则由亲鸟背着到达水边。鸟类学家在青海多次遇见刚孵化不

四川炉霍卡莎湖赤麻鸭的生活史参数	
繁殖季节	4 月上旬至 5 月上旬
交配系统	单配制
巢址选择	洞穴
繁殖海拔	3520 m
窝卵数	7～12 枚，平均 9.3 枚
孵卵期	27～30 天

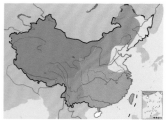

带领着 10 只雏鸟的赤麻鸭雌鸟。沈越摄

赤麻鸭。左上图为繁殖期雄鸟，郭亮摄；下图为越冬群体，沈越摄

迁飞中的赤麻鸭。沈越摄

久的家族，1964 年 6 月 12 日在天峻县记录到 2 窝，分别有 10 只和 11 只雏鸟；1974 年 6 月 17 日和 1981 年 5 月 19 日在青海湖畔各记录到 1 窝，分别有 6 只和 10 只雏鸟；1978 年 6 月 13 日在玉树隆宝滩记录到 1 窝，有 10 只雏鸟。每个窝雏鸟的数量与窝卵数相当，说明孵化成功率很高。

8 月，当幼鸟可在水面上做短距离飞行时，不同的家族开始聚集，形成群体。

迁徙　以群体形式迁徙，呈直线或横排队列前进，边飞边鸣。在停歇地，常常集成数十甚至近百只的更大群体。然而，在青藏高原繁殖的赤麻鸭，其迁徙路线依然不清楚。

越冬　在青海湖，冬天也可以见到赤麻鸭，但这些个体是否来自夏天繁殖在青海湖的种群，目前尚未可知。拉萨河流域有相当数量的赤麻鸭过冬，同样，它们来自何方也是一个未解之谜。

探索与发现　关于赤麻鸭繁殖期的社会行为，有一个问题有待研究。许多雁鸭类的配偶关系是季节性的，一旦雌鸟开始孵卵，雄鸟就弃巢远去。但是，对青藏高原赤麻鸭进行过野外研究的鸟类学家都认为，孵卵期间，雄鸭在巢穴附近担任警戒，并且伴随雌鸟一起出去觅食。雏鸟孵出后，双亲带领它们离巢而奔赴有水的地方。当家族在湖面上活动时，若同种其他个体接近，会遭到双亲的攻击。在青海玉树州隆宝滩的山坡上，见到 2 只赤麻鸭轮番向草原雕反击，保护幼雏。

当然，也有一些雁鸭类，雄性也参加对后代的照料，有些物种的婚配关系可以维持 1 年以上。

那么，赤麻鸭的情况究竟如何呢？这个问题，只有通过个体标记并进行深入细致的研究，才能回答。

翘鼻麻鸭

拉丁名：*Tadorna tadorna*
英文名：Common Shelduck

雁形目鸭科

体长约 56 cm，比赤麻鸭略小。雄鸟头和上颈黑色，体羽大都白色，胸部有一栗色环带，肩羽和尾羽末端黑色，腹中央有一条宽的黑色纵带；嘴红色，繁殖期雄鸟上嘴基部有一红色突起，由此得名。雌鸟似雄鸟，但色较暗淡，嘴基无突起。

繁殖区从欧洲经中亚到东西伯利亚、蒙古。越冬于欧洲南部、非洲北部、伊朗、印度、朝鲜、日本、中南半岛、中国长江中下游和东南沿海地区。在青海湖和更尕海被记录为夏候鸟；11—12 月和 4 月，在西藏拉萨见到零星个体。

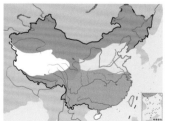

翘鼻麻鸭。左上图为繁殖期雄鸟，沈越摄；下图为雌鸟带领一群雏鸟，阙洪军摄

绿头鸭

拉丁名：*Anas platyrhynchos*
英文名：Mallard

雁形目鸭科

形态 体长约 60 cm。雄鸟头颈亮绿色而有金属光泽，双翼靠近体侧有一片蓝紫色的亮丽飞羽，被称为翼镜。雌鸟整体麻褐色，缺少鲜艳的色彩，虽然深色的过眼纹是其特征之一，但如果不凭借蓝紫色的翼镜，是不容易与其他鸭类雌鸟区分的。

分布 地球上分布最为广泛、数量最多的鸭属鸟类，是许多品系家鸭的祖先。在北半球的亚热带、温带地区几乎所有水体中，都能够发现这种最成功的鸭属鸟类的踪迹。分布遍及青藏高原，在高原北部多为夏候鸟和旅鸟，在藏南越冬，遇见的最大群体 400 只。

繁殖 2001—2007 年，武汉大学的卢欣在拉萨市边上的拉鲁湿地，获得了青藏高原绿头鸭的繁殖信息。它们是湿地最早开始繁殖的鸟类，4 月中旬就开始产卵，少数个体推迟到 6 月中旬才产卵。

高度在 67～180 cm 的芦苇丛深处是绿头鸭最理想的营巢地，这里吸引了 90% 以上的个体，只有少数个体在草地上繁殖。巢只是芦苇丛中地面上的一个浅坑，里面有许多自身脱落的绒羽。在产下第 3 枚或第 4 枚卵后，雌鸟就开始孵卵。拉萨地区绿头鸭的窝卵数明显小于低海拔地区，平均仅 6.1 枚，而低海拔种群平均窝卵数都在 8 枚以上；卵的体积也明显小于低海拔种群。这显然不符合在雀形目鸟类中频繁观察到的规律：青藏高原鸟

类产少而大的卵。推测是这里恶劣的高海拔环境特别是贫乏的食物资源，对绿头鸭来说更为不利，以致它们难以积累能量产足够大的卵。

拉鲁湿地绿头鸭的繁殖参数	
繁殖海拔	3650 m
繁殖期	5 月下旬至 7 月上旬
巢位置	挺水植物丛中
窝卵数	4～9 枚，平均 6.1 枚
卵色	暗白色，没有斑点
卵大小	长径 54.5 mm，短径 39.4 mm
新鲜卵重	43.4～49.0 g，平均 46.4 g
繁殖成功率	44.7%

拉萨拉鲁湿地芦苇丛深处绿头鸭的巢和卵，以及正在孵卵的雌鸭。卢欣摄

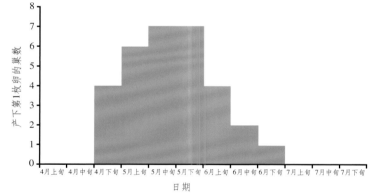

拉萨拉鲁湿地绿头鸭产下第 1 枚卵的日期分布

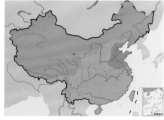

绿头鸭。左上图为飞行中的雄鸟，可见其标志性的蓝紫色翼镜，彭建生摄；下图为拉鲁湿地的雌鸟带领幼鸟游泳觅食，张国钢摄

正在休息的绿头鸭群体。彭建生摄

探索与发现 2001 年 6 月 10 日，武汉大学的卢欣和北京动物园的吴秀山来到拉萨市 10 km 外的巴嘎雪湿地。因为早年在山西太原市郊芦苇蒲草丛中研究水鸟的经历，见到湿地茂密的芦苇丛，卢欣有着进入其中一探究竟的冲动。这种冲动促使他们索性入水，高原湖水刺骨的寒冷和发现绿头鸭巢的激动至今记忆犹新。此后，卢欣经不住拉鲁湿地葱茏的高原挺水植被的诱惑，开始有规律地搜集这里水鸟的繁殖数据。

连续几个夏天，他穿着防水服在稠密的芦苇或蒲草丛中艰难地行进，寻找绿头鸭、黑水鸡还有白骨顶的巢。对所发现的每一个巢，都把一个有编号的小标签塞入巢材间。然后，在巢附近选择高挑的芦苇或蒲草，系上一根塑料带条儿，远远看去十分醒目，便于之后跟踪观测巢的繁殖动态。需要记录的野外数据包括巢点的植被类型、水深、到植被边缘的距离，还有巢的大小、卵的数量和大小。通过有规律的巢访问，可以得知一个巢的孵卵期。为了不给潜在的天敌留下发现鸟巢的线索，每一次检查之后，都要让周围的植被恢复到原来的样子。

与内地的相比，虽然高原的芦苇、蒲草丛里不是那么闷热，也少有蚊虫，但每次穿着沉重的防水服大面积地搜寻，依然很是艰辛。特别值得一提的是，卢欣的学生马小艳也随他参加过几次这样的调查。这些野外研究的成果，凝结成为一篇关于高原 3 种水鸟繁殖生物学的学术论文。

拉萨拉鲁湿地，2004 年 5 月 18 日。此时，绿头鸭的幼鸟已经出壳，正在亲鸟的带领下学习本领呢。卢欣摄

拉萨拉鲁湿地水底生活的螺类，是许多水鸟的食物。卢欣摄

斑嘴鸭

拉丁名：*Anas poecilorhyncha*
英文名：Spot-billed Duck

雁形目鸭科

　　体长约 60 cm，与绿头鸭大小相似。全身褐色，脸、颈侧、眉纹、颏和喉淡黄色。腰、尾上覆羽和尾羽黑褐色。翼镜蓝绿色，有白斑，飞翔时明显；上嘴黑色，先端黄色且顶尖黑色，为该鸟的典型特征。雌雄羽色相似。

　　分布于欧亚大陆、非洲北部、南亚次大陆、中南半岛和东南亚，是最常见的一种野鸭。在中国，繁殖于东北、华北、西北、青藏高原、长江以南和东部地区，在这些繁殖地同时也有大量个体过冬，但这里的斑嘴鸭是否就是留鸟没有得到证实。在青海可鲁克湖为旅鸟，拉萨河流域全年可以看到。

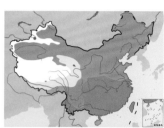

斑嘴鸭。左上图范忠勇摄；下图为成鸟带领一群雏鸟，彭建生摄

针尾鸭

拉丁名：*Anas acuta*
英文名：Northern Pintail

雁形目鸭科

　　体长约 70 cm。头棕色，喉及胸部白色，延伸至颈侧成为细小条纹，形成鲜明的头颈图案。两翼灰色，翼镜铜绿色；尾羽黑色，纤细如针，为该物种独有特征，名字也由此而来。雌鸟翼镜色泽稍暗淡，尾羽不及雄鸟尖长，但长于其他鸭类的雌鸟。

　　与绿头鸭一样，针尾鸭遍布北半球。不过亚种分化较少，推测与其长距离迁徙有关。亚洲的针尾鸭繁殖在西伯利亚和新疆西北部，越冬于长江流域及其以南。在青藏高原，针尾鸭为旅鸟和冬候鸟，3—4 月在若尔盖和青海都兰的阿拉克湖有几只乃至 10 多只的记录；拉萨地区的湖泊河流，冬季可以看到 100～150 只的群体。

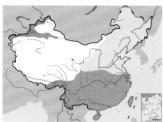

针尾鸭。左上图为雄鸟，沈越摄；下图为雌鸟，张岩摄

绿翅鸭

拉丁名：*Anas crecca*
英文名：Eurasian Teal

雁形目鸭科

　　体长约 37 cm，在鸭类中尤为娇小。雄鸟脸部棕褐色，深绿色的粗重贯眼纹是其典型特征。体羽灰色，肩羽有一道显著的长的白纹，亮绿色的翼镜镶有白边。雌鸟羽色暗淡，可以通过体形和翼镜特征与其他鸭类的雌鸟区别。

　　繁殖于古北界北部，在其南方过冬。在中国，繁殖于东北、西北地区，冬季南迁可见于华北及其以南。迁徙经过青藏高原北部，在青海湖、若尔盖和西藏南部有少量过冬。

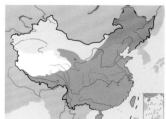

绿翅鸭。左上图为雄鸟，沈越摄；下图右侧第2只为雌鸟，彭建生摄

赤膀鸭

拉丁名：*Mareca strepera*
英文名：Gadwall

雁形目鸭科

体长约 50 cm。雄鸟上体暗褐色，上背及胸部有白色波状细纹，腰、尾侧、尾上和尾下覆羽绒黑色，尾羽灰褐色具白色羽缘，翅缀有棕栗色，翼镜由黑、白两色组成，飞翔时尤为明显。雌鸟上体暗褐色而具白色斑纹，上背和腰羽色深暗，亦具黑、白两色翼镜，但黑色不甚显著，翅上亦无棕栗色斑。

繁殖于欧亚大陆和北美，越冬于欧洲南部和北非、东亚、东南亚、印度和北美南部。在中国的繁殖地为新疆天山、东北北部，越冬于长江中下游、东南沿海及台湾和西南地区。在青藏高原大部分地区为旅鸟，但青海湖和拉萨河流域为冬候鸟。IUCN 和《中国脊椎动物红色名录》均评估为无危（LC）。被列为中国三有保护鸟类。

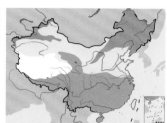

赤膀鸭。左上图为雄鸟；下图左雌右雄。彭建生摄

赤颈鸭

拉丁名：*Mareca penelope*
英文名：Eurasian Wigeon

雁形目鸭科

体长约 47 cm。雄鸟额至头顶浅黄色，其余头部和颈棕红色，脸部有黑色斑点。体羽以灰白色为主，有暗褐色细纹，大覆羽端部黑色，翼镜翠绿色，尾羽黑褐色。雌鸟体羽暗淡，翼镜灰褐色。

在欧亚大陆高纬度地区繁殖，低纬度地区过冬。中国的繁殖地在黑龙江和吉林，越冬地在长江以南。除迁徙时途经青藏高原外，在青海湖、若尔盖和西藏南部也有越冬种群，如在拉萨地区，群体通常 10 余只，最大的一群有 60 只。

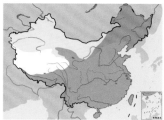

赤颈鸭。左上图为雄鸟，沈越摄；下图左雌右雄，彭建生摄

白眉鸭

拉丁名：*Spatula querquedula*
英文名：Garganey

雁形目鸭科

小型浮水鸭，体长约 38 cm。雄鸟脸棕色，有一道宽而长的白色眉纹，明显区别于其他鸭类。身体以棕褐色为主，两肩与翅蓝灰色，翼镜绿色并镶有白边。雌鸟体羽棕褐色，白色眉纹也比较明显。

在全北界温带地区繁殖，南方越冬。在中国繁殖于东北和新疆，冬季南迁至华北、长江以南和西南地区。迁徙季节和夏季在青藏高原的青海湖有记录。

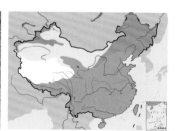

白眉鸭。左上图为雄鸟，沈越摄；下图左雄右雌，袁晓摄

琵嘴鸭
拉丁名: *Spatula clypeata*
英文名: Northern Shoveler

雁形目鸭科

体长约 47 cm，比绿头鸭稍小。雄鸟头至上颈暗绿色且具光泽，背黑色，背的两侧和胸白色，与栗色的腹部和两胁对比鲜明；中央尾羽暗褐色，外侧尾羽白色；翅暗褐色，翼镜绿色；嘴大而扁平，先端扩大成铲状。雌鸟体形较小，体羽暗淡，也有大而呈铲状的嘴。

繁殖于北半球北部，越冬于南部。在中国繁殖于东北和新疆，冬季南迁至华北、长江以南和西南地区。迁徙季节和夏季在青藏高原东缘的若尔盖、青海湖、可鲁克湖和更尕海有记录。20 世纪 40 年代在拉萨地区有记录，但 1990 年以来的冬季调查则没有在拉萨见到其踪迹。

 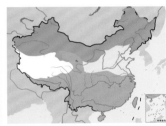

琵嘴鸭。左上图为雄鸟，沈越摄；下图左雌右雄，颜重威摄

赤嘴潜鸭
拉丁名: *Netta rufina*
英文名: Red-crested Pochard

雁形目鸭科

体长约 50 cm。雄鸟嘴赤红色，头浓栗色，格外醒目；上体暗褐色，翼镜白色；下体黑色，两胁白色。雌鸟头灰白色，通体褐色，飞翔时翼上和翼下白斑清晰可见。

繁殖于欧洲中部、亚洲中部，越冬于欧洲南部、埃及、中东、非洲东北隅和西北沿海、缅甸、印度，偶尔也到日本和澳大利亚等地。在中国，繁殖地包括内蒙古乌梁素海、新疆塔里木河流域、青海柴达木盆地，利用有挺水植被的水域。在可鲁克湖 7 月见到很多幼鸟，但青海湖、更尕海却没有繁殖记录。越冬于西藏南部和云贵高原，在隆冬季节的西藏羊湖，可一次观察到近万只。

 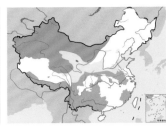

赤嘴潜鸭。左上图为雄鸟，下图左边两只为雌鸟。沈越摄

红头潜鸭
拉丁名: *Aythya ferina*
英文名: Common Mochard

雁形目鸭科

体长约 50 cm。雄鸟头棕红色，趋于圆形，胸和尾为黑色，其余体羽淡棕色，翼镜白色。雌鸟头部浅棕红色，体羽褐色而暗淡。

繁殖范围包括欧洲北部、蒙古和中国，越冬于北非、印度及中国南部。中国的繁殖地在长江以北，越冬地包括华南及华东。在青藏高原东北部的湖泊主要记录为旅鸟，但在拉萨地区冬季常见，1991 年 1 月 19 日，曾经在羊卓雍错观察到 794 只。

 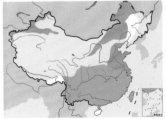

红头潜鸭。左上图为雄鸟，下图为雌鸟。沈越摄

白眼潜鸭

拉丁名：*Aythya nyroca*
英文名：Ferruginous Pochard

雁形目鸭科

体长约 40 cm。雄鸟虹膜白色，是其典型特征。头、颈、胸部和两肋浓栗色，颈部有一圈黑色，背暗褐色，飞羽暗褐色，近端部有宽阔的白斑，飞行时十分醒目；腹和尾下白色。雌鸟虹膜白色不明显，身体以暗褐色为主。

繁殖于古北区北部，越冬于南部。中国的繁殖地在内蒙古和新疆，越冬于长江中游。迁徙季节见于青藏高原，但在若尔盖地区，夏季十分常见，是否在当地繁殖有待证实。

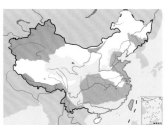

白眼潜鸭。左上图为雄鸟，沈越摄；下图左雌右雄，彭建生摄

凤头潜鸭

拉丁名：*Aythya fuligula*
英文名：Tufted Muck

雁形目鸭科

体长约 42 cm。雄鸟除腹部、两肋、翼镜为白色外，余部黑色。与其他潜鸭相比，头后的羽冠是其典型特征，即所谓的"凤头"。雌鸟体羽暗淡，以棕色为主。

繁殖于古北区北部，越冬于南部。在中国，繁殖于东北，在华北以南包括台湾地区过冬。迁徙季节见于青藏高原东北部，但夏季在一些湿地例如青海更尕海和若尔盖也有发现。在拉萨地区有越冬种群，1991 年 1 月 21 日在羊卓雍错记录到 217 只。

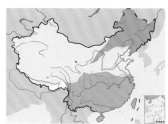

凤头潜鸭。左上图为雄鸟，沈越摄；下图左雄右雌，彭建生摄

鹊鸭

拉丁名：*Bucephala clangula*
英文名：Common Goldeneye

雁形目鸭科

体长约 50 cm。雄鸟头部黑色而泛有光泽，因羽毛蓬松而显得很大。虹膜金黄色，如其英文名所指。眼下方嘴基两侧各有一个圆形白斑，也是其主要特征。上体黑色，下体白色，故名鹊鸭。雌鸟头棕色，虹膜也为金黄色，体羽灰白色。

繁殖于北半球北部，越冬于南部。在中国繁殖于东北大兴安岭地区，在南方过冬，东北地区南部也有越冬种群。在青海湖、可鲁克湖和拉萨有记录。在拉萨地区观察到的多为小群体，最多不过 10 只。

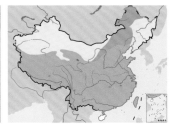

鹊鸭。左上图为雄鸟，沈越摄；下图左雄右雌，宋丽军摄

斑头秋沙鸭

拉丁名：*Mergellus albellus*
英文名：Smew

雁形目鸭科

    体长约 42 cm。雄鸟体羽以黑白色为主，眼周、枕部、背和两翅黑色，腰和尾灰白色。雌鸟体形小于雄鸟，上体黑褐色，下体白色。

    在欧亚大陆北方的针叶林繁殖，营巢于林中河边或湖边的天然树洞中；越冬于欧亚大陆的南方。迁徙季节出现在青藏高原北部和东北部的青海湖、更尕海、可鲁克湖、贵德黄河湿地、若尔盖湿地以及藏南的湖泊河流，但在其中的一些湿地冬天也有它们的身影，比如藏南地区，冬季也能遇见 1～2 只，最多时记录到 4 只。

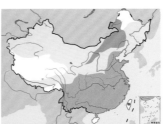

斑头秋沙鸭。左上图为雄鸟，赵国军摄，下图为在水面嬉戏的雌鸟。沈越摄

普通秋沙鸭

拉丁名：*Mergus merganser*
英文名：Common Merganser

雁形目鸭科

    形态   体长约 60 cm，体重可达 2 kg，是体形最大的秋沙鸭。雄鸟头和上颈黑褐色而有光泽，因枕部有短的黑褐色冠羽而显得头部较大。上体黑色，翅上有大的白斑，下体白色。雌鸟头和上颈棕褐色，上体灰色，下体白色。

    分布   繁殖地几乎遍及整个北半球北部，包括欧亚大陆和北美北部；在繁殖地以南越冬。在中国的繁殖地包括东北、西北和青藏高原，北京林业大学的王楠曾在四川稻城发现 1 巢普通秋沙鸭；越冬地包括中国东部、长江流域以及青藏高原的青海湖和藏南地区，在高原越冬的群体通常少于 10 只，最大群体 25 只。

    习性   每年 5 月，拉萨河有很多迁徙途中的成对普通秋沙鸭。雄鸭紧紧跟随在雌鸭后面，雌鸭游到哪里，雄鸭就跟随到哪里，一旦有其他雄鸭靠近，则会奋力驱逐。显然，配对在越冬地就已经形成了，雄鸭保护自己的配偶以免其他雄鸭夺爱。

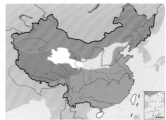

普通秋沙鸭。左上图为雄鸟，沈越摄，下图为春季迁徙途中在拉萨河中休息的配对个体，左雌右雄，卢欣摄

捕鱼的普通秋沙鸭。陈水华摄

中华秋沙鸭

拉丁名：*Mergus squamatus*
英文名：Chinese Merganser

雁形目鸭科

形态 体长约 60 cm。与其他雁鸭类平而扁的喙形不同，中华秋沙鸭的嘴侧扁，前端尖而呈钩形。雄鸟头和颈黑色，头顶的长羽向后飘逸，像精心打造的炫酷发型；上背黑色，下背、腰部和尾上覆羽白色；翅上有白色翼镜。胁羽上有黑色鱼鳞状斑纹，所以也称鳞胁秋沙鸭。嘴和腿脚红色。雌鸟的头和颈棕褐色；上背褐色；下背、腰和尾上覆羽由褐色逐渐变为灰色；尾黑褐色；下体白色，两侧也有鳞状斑；体形比雄鸟略小。

分布 繁殖地在西伯利亚、朝鲜北部及中国东北的森林里，在中国长江流域及其以南和台湾地区过冬。20 世纪早期，国外鸟类学家沿雅安、洪雅、乐山的岷江支流以及滇西北的丽江进行调查，记录到该鸟的存在，被认为在这里过冬。

种群现状和保护 数量稀少，IUCN 和《中国脊椎动物红色名录》均评估为濒危(EN)。在中国被列为国家一级重点保护动物。

探索与发现 作为第三纪冰期后存留下来的物种，中华秋沙鸭已经生存繁衍了 1000 多万年。2014 年、2015 年和 2016 年冬季，中国观鸟组织联合行动平台朱雀会联合 40 多家观鸟组织，开展了中国中华秋沙鸭越冬地调查，阿拉善基金会提供了有力的资金支持。每年的调查记录到中华秋沙鸭 400 多只，并在湖北、河南、安徽的多个地点发现以前未知的越冬地。

中华秋沙鸭以清澈河流、水库为栖息地，是水环境质量的指示物种，一旦确定是中华秋沙鸭栖息地，这些水域的生态保护就需要格外加以关注。调查者通过各种媒体广泛传播保护中华秋沙鸭及其生存环境的意义，产生了很大的社会影响。

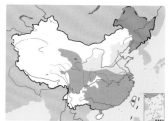

中华秋沙鸭。左上图为雄鸟，赵纳勋摄；下图为雌鸟，沈越摄

中华秋沙鸭雌鸟带领幼鸟在水面嬉戏。沈越摄

鹛䴘类

- 鹛䴘目鸟类，全世界共1科6属20种，中国有2属5种，青藏高原有2属3种
- 小型到大型水鸟，嘴尖，前趾间有瓣状蹼，尾短小
- 在淡水栖息地繁殖，冬季也利用海洋栖息地
- 见于除南极外的世界各地，其中新北界物种多样性最高

类群综述

鹛䴘的羽毛松软如丝，嘴细直而尖，翅短圆，尾羽短小且为绒状；作为适于潜水的游禽，鹛䴘的脚位于身体后部。可以说，鹛䴘一生几乎所有时间都生活在水中。游泳的时候，鹛䴘把眼睛和鼻孔露出水面，遇有危险便潜水而逃。

传统的分类系统把鹛䴘归为潜鸟目（Gaviiformes）鹛䴘科（Podicipedidae），1990 年 Sibley 和 Monroe 提出的 DNA 分类系统把鹛䴘科列为鹳形目（Ciconiiformes）下。《世界鸟类手册》则把它们归为一个单独的目——鹛䴘目（Podicipediformes）。

鹛䴘喜欢生活在湖泊、水库、河流等各种水域环境，匿居草丛间，或成群在水上游荡。它们是肉食动物，以鱼和水生无脊椎动物为主要食物。

鹛䴘的交配系统为社会性单配制，一些物种表现明显的交配前炫耀行为。它们使用挺水植物作为巢材，大多数种类在水面上营造漂浮巢。雌雄亲鸟共同参与筑巢、孵卵和养育幼鸟。窝卵数 2～7 枚，常在产下第 1 或第 2 枚卵时就开始孵卵，因此雏鸟不在同一天出壳。孵化期 20～30 天。最后一只雏鸟出壳后，所有的雏鸟都爬到父母背上，离开巢，过上了家庭生活。有些种类一年中要繁殖 2 次，此时，上一窝的子女就充当父母的帮手。

鹛䴘类见于除南极外的世界各地，其中新北界物种多样性最高。全世界共 1 科 6 属 20 种，中国有 2 属 5 种，其中 2 属 3 种见于青藏高原，分别是小鹛䴘 Tachybaptus ruficollis、黑颈鹛䴘 Podiceps nigricollis 和凤头鹛䴘 P. cristatus。

鹛䴘对栖息地水质要求较高，容易受胁。巨鹛䴘 Podilymbus gigas 等 3 个物种均在 1980 年之后灭绝。现存的 20 个物种中有 2 个被 IUCN 列为极危（CR），1 个为濒危（EN），2 个为易危（VU），受胁比例高达 25%。在中国，赤颈鹛䴘 Podiceps grisegena 和角鹛䴘 P. auritus 被列为国家二级重点保护动物。

左：鹛䴘类的求偶炫耀行为十分有趣，它们常成双成对嬉戏于水面，身体挺立，口中衔起水草，时而深情对望，时而互相点头，时而一起下潜。图为一对凤头鹛䴘。王小炯摄

右：鹛䴘喜欢生活在湖泊、水库、河流等各种水域环境，匿居草丛间，或成群在水上游荡。它们以鱼和水生无脊椎动物为主要食物。图为小鹛䴘。郑永富摄

br.

non-br.

chick

小䴙䴘
Tachybaptus ruficollis

br.

juv.

non-br.

凤头䴙䴘
Podiceps cristatus

br.

non-br.

chick

黑颈䴙䴘
Podiceps nigricollis

小䴙䴘
拉丁名：*Tachybaptus ruficollis*
英文名：Little Grebe

鹳形目䴙䴘科

　　体长约 27 cm。体形最小的䴙䴘，身材短圆。嘴尖如凿，黄色嘴斑明显；上体深褐色，头顶及颈背深灰褐色；下体偏灰色，喉及前颈偏红。趾上有发达的蹼。

　　分布于欧亚大陆和非洲，在欧亚大陆北部为夏候鸟，欧亚大陆南部和非洲为留鸟或冬候鸟。中国全境都有分布，在新疆和东北为夏候鸟，其他地方为留鸟或冬候鸟。在青藏高原北部，如青海湖、可鲁克湖和更尕海，小䴙䴘是旅鸟，5—6 月和 10—11 月可见；在若尔盖湿地，它们是冬季水鸟的优势种；而在拉萨地区，冬季只能偶尔见到。

黑颈䴙䴘
拉丁名：*Podiceps nigricollis*
英文名：Black-necked Grebe

鹳形目䴙䴘科

　　体长约 30 cm。黑色的头和颈，加上松软的黄色耳羽簇，使其在䴙䴘类中特征明显，易于辨识。

　　作为候鸟，黑颈䴙䴘繁殖于欧亚大陆中部、南部，非洲北部和北美西北部，越冬于欧亚大陆南部。在中国，繁殖于天山西部、内蒙古和东北，迁徙时见于中国多数地区，在东南和华南沿海以及西南地区的河流越冬。在青藏高原，比如青海湖和可鲁克湖，黑颈䴙䴘为旅鸟；但在更尕海，5—10 月都可以见到，说明在这里有繁殖。在拉萨地区冬天没有记录。

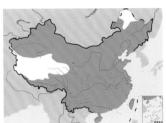
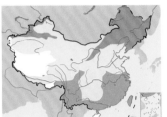

小䴙䴘，左上图为非繁殖羽，下图为繁殖羽。沈越摄

黑颈䴙䴘。左上图为非繁殖羽，杨贵生摄；下图为繁殖羽，沈越摄

正在育幼的黑颈䴙䴘，这只雏鸟可能是这个家庭这个繁殖季唯一的孩子，备受父母宠爱。宋天福摄

凤头䴙䴘

拉丁名：*Podiceps cristatus*
英文名：Great Crested Grebe

䴙䴘目䴙䴘科

形态 体长约 55 cm。大型䴙䴘，嘴长且尖，长长的脖子总是与水面保持垂直；前额和头顶黑色，而头两侧和颈白色，头后面长出两撮小辫一样的黑色羽毛，向上直立，所以叫作凤头䴙䴘。颈部还围有一圈由长长的饰羽形成的、像小斗篷一样的翎领，基部棕栗色，端部黑色，很是显眼。雌鸟与雄鸟相似。

分布 在欧亚大陆北部繁殖，越冬于欧亚大陆南部、非洲南部和澳大利亚。在中国北方和长江中下游繁殖，迁徙时途经华北等地，越冬于长江下游和东南沿海一带，偶尔也到台湾，近年来也发现一些群体在东北的辽东半岛一带过冬。在青藏高原北部的湖泊例如青海湖、可鲁克湖和西藏夯错，凤头䴙䴘为夏候鸟，但在更尕海 4—11 月都能见到，应该是留鸟。在拉萨河流域，冬季常见 5～10 只的小群，最大群体 24 只。

繁殖 繁殖期雄鸟和雌鸟展现出精湛的求偶炫耀行为，它们互相对视，身体高高挺起并同时点头，有时嘴上还衔着植物。但有关青藏高原凤头䴙䴘的繁殖行为目前尚无专门研究，只于 5 月中旬在西藏的羊湖记录到凤头䴙䴘营造的浮巢，建巢材料是水生植物的叶片，里面铺有一层柔软的细干草和羽毛、线头等，巢在水面上摇摇晃晃，随水位上涨而漂起，以致狐狸等捕食者难以靠近。

凤头䴙䴘。左上图为繁殖羽，沈越摄；下图为非繁殖羽，彭建生摄

凤头䴙䴘营建于水面的浮巢。宋丽军摄

5月底西藏阿里地区成对的风头䴙䴘。曹宏芬摄

鸠鸽类

- 鸽形目鸠鸽科鸟类，全球共49属351种，中国有7属31种，青藏高原有5属16种
- 羽毛柔软，喙短，脚短而强，适于行走
- 主要以植物果实、种子为食，常成 群觅食
- 多数为留鸟，有些物种迁徙
- 巢位于树上或岩石上，结构简单；窝卵数1~2枚；分泌"鸽乳"育雏
- 与人类关系密切，原鸽被驯养为形态多样的家鸽

类群综述

分类与分布　鸠鸽类是鸽形目（Columbiformes）鸠鸽科（Columbidae）鸟类的总称。传统的鸽形目还包括沙鸡科（Pteroclidae）和马达加斯加特有的拟鹑科（Mesitornithidae），现在这2个类群被移出而分别成为独立的沙鸡目（Pterocliformes）和拟鹑目（Mesitornithiformes）。新的鸽形目仅鸠鸽科1个科，包括49属351种。除全北界北部外，见于全球的热带和温带地区，有些物种生活于大洋中的荒岛上，比如东南亚一带岛屿上的尼科巴鸠 Caloenas nicobarica。中国有鸠鸽类7属31种，青藏高原有5属16种。

在最新的分类系统中，鸠鸽科下设3个亚科。鸠鸽亚科（Columbinae）包括15属134种，分为2个族，鸠鸽族（Columbini）有9属97种，包括常见的斑鸠属；鹑鸠族（Zenaidini）有6属37种。地鸠亚科（Peristerinae）包括4属17种，只分布在新热带界。绿鸠亚科（Raphinae）包括30属200种。

形态　鸠鸽类羽毛柔软，喙短，喙基有蜡膜，脚短而强，适于行走，雌雄羽色相似。种间体形差异甚大，小者如澳大利亚的宝石姬地鸠 Geopelia cuneata，体长不过20 cm；而新几内亚的3种凤冠鸠体长可超过80 cm，是鸠鸽中体形最大的种类。

习性　鸠鸽类多树栖，少数栖于地面或岩石间。喜集群。多数物种为留鸟，部分物种迁徙。

食性　鸠鸽类主要以植物果实、种子为食，有些种类也吃小动物。

社会组织与交配系统　鸠鸽类的社会系统属于人们了解得最少的鸟类类群之一。已有的几项研究表明，它们表现出社会性单配制，而且同一对个体可以保持长期的配偶关系。不过，当繁殖期成体性别比偏向雄性时，离婚的概率增加；也会发生配偶外交配行为。

繁殖　鸠鸽类的巢十分简陋，位于树上或岩石上，巢材搭建十分松散。窝卵数1~2枚。亲鸟的嗉囊腺会分泌一种富含蛋白质的物质，用来喂饲幼鸽，这种物质称为鸽乳。

种群现状和保护　鸠鸽类长期以来是人类狩猎的对象，集群的特性使其易于被人类大量捕捉，因而威胁到物种生存。旅鸽 Ectopistes migratorius 就是因人类捕杀和栖息地破坏而灭绝的著名案例。现存鸠鸽类受胁比例高达19.5%，还有13.3%处于近危（NT）状态。在中国，所有鸠鸽类均为保护动物。

与人类的关系　野生原鸽是家鸽的祖先，几千年来，人们已经培育出1500多个品种的家鸽，用于食用、观赏、送信和娱乐。原鸽培育成为形态多样的家鸽的现象，为达尔文提出自然选择的进化思想提供了重要启发。通过分析原鸽、36个家鸽品系和2只恢复野生习性家鸽的基因组序列，科学家发现一些家鸽品系起源于中东，而另一些起源于印度。

早在巴比伦时期，人们就利用鸽子传送信件。信鸽能够在数千千米之外找到回家的路，这种神奇的归家本领一直引发着科学家的探索兴趣，搞清楚这个问题，对于解析鸟类迁徙之谜也有很大帮助。科学家发现秘密藏在鸽子的上喙，那里有一种能感应磁场的结晶状组织，具有飞行导航能力。从地球两个磁极发出的磁力线大小和方向存在地理差异，鸽子可以感应磁场的特性，从而确定自己的绝对和相对位置。当然也有其他解释，比如用太阳作为罗盘确定方向。

左：岩鸽，顾名思义，栖息于岩石、崖壁间的鸽子。青藏高原的裸岩、山地为岩鸽提供了适宜的生活环境。图为站在岩石上的岩鸽。董磊摄

岩鸽
Columba rupestris

原鸽
Columba livia

雪鸽
Columba leuconota

灰林鸽
Columba pulchricollis

斑林鸽
Columba hodgsonii

紫林鸽
Columba punicea

山斑鸠
Streptopelia orientalis

欧斑鸠
Streptopelia turtur

灰斑鸠
Streptopelia decaocto

火斑鸠
Streptopelia tranquebarica

珠颈斑鸠
Streptopelia chinensis

楔尾绿鸠
Treron sphenura

针尾绿鸠
Treron apicauda

厚嘴绿鸠
Treron curvirostra

斑尾鹃鸠
Macropygia unchall

绿翅金鸠
Chalcophaps indica

岩鸽

拉丁名：*Columba rupestris*
英文名：Hill Pigeon

鸽形目鸠鸽科

形态 体长约 34 cm。体羽主要为灰色，颈和上胸铜绿色并有光泽，翅上有 2 道黑色横带，近尾端处横贯一道宽阔的白色横带，尾羽先端黑色。

分布 分布于中国、蒙古、西伯利亚南部、朝鲜、中亚、青藏高原和喜马拉雅山地区。分布海拔从海平面到 5000 m 以上。留鸟。

栖息地 见于村庄附近，也见于远离居民区山区的岩石和悬崖峭壁处。

习性 常形成 20～30 只的群体，有时也可见更大的群体，特别是在冬季的河谷地带。例如 1992 年 3 月调查者在拉萨郊外遇见有 600 只的大群。

繁殖 营巢于山地岩石缝隙和悬崖峭壁洞穴中、古塔顶部和高的建筑物上。在西藏，也发现在废弃房屋的墙洞里和屋檐下筑巢。

 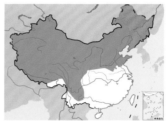

岩鸽。左上图沈越摄；下图杨贵生摄

原鸽

拉丁名：*Columba livia*
英文名：Rock Pigeon

鸽形目鸠鸽科

体长约 32 cm。体羽以蓝灰色为主，颈和胸部有紫绿色金属光泽，翼和尾端各具一明显的黑色横斑，尾上覆羽白色。雌鸟体羽与雄鸟相似，但体形略小。

留鸟。分布于古北界南部、青藏高原、喜马拉雅山脉至南亚次大陆。栖息于平原、荒漠和山地多岩石地带，分布海拔从海平面到 4500 m。已经引种到世界各地，人们饲养的各种类型的家

鸽就是由原鸽驯化而来；被人类驯化后适应城市环境，再野化现象十分普遍。与其他地区一样，青藏高原的原鸽也常集群出现在村庄附近，有时会与岩鸽在一起活动。

原鸽。左上图曹宏芬摄，下图邢睿摄

原鸽。魏希明摄

雪鸽

拉丁名：*Columba leuconota*
英文名：Snow Pigeon

鸽形目鸠鸽科

形态 体长约 35 cm。并非如其名一样全身雪白，而仅颈、下背及下体白色，头、上背和翼灰色，腰和尾黑色，中间是白色宽带。雌雄羽色相似。

分布 留鸟，分布于沿喜马拉雅山脉向西直达阿富汗一带，以及中国甘肃西北部，青海东部，四川北部、西部和南部，云南西北部。

栖息地 栖息于海拔 2000～5200 m 的高山悬岩地带，也出现于高海拔地区裸岩河谷和岩壁上。

习性 常成对或结小群活动。经常飞翔于高山草甸、悬崖峭壁及雪原的上空。

食性 主要以草籽、野生豆科植物种子和浆果等植物性食物为食，也吃青稞、油菜籽、豌豆、四季豆、玉米等农作物。

繁殖 繁殖期4—7月。1 年或许繁殖 2 窝，常集群繁殖。通常营巢于人类难于到达的高山悬崖峭壁石头缝隙中，也营巢于废弃的房屋墙洞中和天花板上。

2001 年 5 月 6 日，在拉萨地区雄色峡谷发现 1 个雪鸽巢，位于岩石壁上。双亲正在衔材筑巢，已经接近完工。巢由少许细的植物根和草茎搭建而成，直径 23.5 cm，深 13.0 cm，高 10.5 cm。

5 月 29 日，2 只雏鸟出现在巢里，它们全身被满黄色绒羽，眼睛已经张开，体重 34 ～ 40 g，但亲鸟依然在抱暖。不幸的是，6 月 5 日夜晚的一场暴风雨中巢被吹下，羽毛日渐丰满的雏鸟掉落崖下遇难。推测是因强劲的风钻入岩隙，卷起尚不能自立的雏鸟，而双亲对这突来的变故无能为力。

西藏樟木沟雪鸽的巢。李晶晶摄

西藏不同地区遇到的雪鸽群体和物种丰富度评价			
地点和栖息地	时间	群体大小	丰富度
萨旺 32°24′N，93°39′E 3600～4500 m 森林，河岸和农田	1995 年 5 月下旬至 6 月中旬	18～120	常见
	1995 年 6 月下旬至 10 月上旬	1～6	80 天中遇见 7 次
	1995 年 10 月中旬	20～100	5 天中遇见 6 次
多吉 29°50′N，95°33′E 3500 m 森林，河岸	2001 年 5 月中旬	50～150	30 km 样线调查遇见 4 次
长毛岭 31°24′N，96°00′E 4100 m 森林，河岸	2001 年 5 月下旬	25，32	25 km 样线调查遇见 2 次
拉萨 29°40′N，91°40′E 3600～4000 m 灌丛，河岸	1995—2002 年全年	2～5	180 天调查偶尔遇见

雪鸽。非繁殖期可集大群活动。彭建生摄

灰林鸽

拉丁名：*Columba pulchricollis*
英文名：Ashy Wood Pigeon

鸽形目鸠鸽科

体长约 38 cm。体羽以深褐色为主，颈环浅黄色而带黑色鳞状斑，上背有绿紫色光泽。雌雄相似，不易区分。

分布于东南亚、印度、尼泊尔和中国，包括藏东南。栖息于海拔 1200～3200 m 的常绿阔叶林。

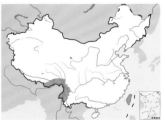

灰林鸽。Dibyendu Ash摄（维基共享资源／CC BY-SA 3.0）

斑林鸽

拉丁名：*Columba hodgsonii*
英文名：Speckled Wood Pigeon

鸽形目鸠鸽科

体长约 38 cm。整体暗灰色，雄鸟上背和胸红褐色。与其他鸽类区别在于颈部羽毛明显较长，翅上具白点，故而得名。雌鸟整体暗灰色，上背和胸无红褐色。

分布于缅甸北部、喜马拉雅山脉和中国西部到西南部，包括青藏高原东部和东南部，为海拔 1800～3300 m 的山地森林和林缘耕地的常见留鸟。

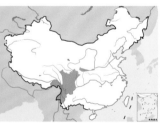

斑林鸽。左上图董磊摄，下图唐军摄

紫林鸽

拉丁名：*Columba punicea*
英文名：Purple Wood Pigeon

鸽形目鸠鸽科

体长约 36 cm。总体呈栗色而具紫色光泽，头顶及颈背灰白色，阳光下尤其明显，翅缘、初级覆羽和尾黑褐色。雌雄相似。

分布于东南亚、印度东北部和中国西藏东南部。栖息于山地阔叶林区或次生林区边缘，数量稀少。

紫林鸽。左上图Sudhir Garg摄，下图Panchami Manoo Ukil摄

山斑鸠

拉丁名：*Streptopelia orientalis*
英文名：Rufous Turtle Dove

鸽形目鸠鸽科

形态 体长约 32 cm。头顶和颈棕灰色，颈两侧有细斑；上背褐色，羽缘红褐色；下背和腰蓝灰色，尾羽近黑色；下体葡萄酒红褐色。雌雄相似。

分布 繁殖区包括西伯利亚、东北亚、中国大陆及台湾地区、越南北部、青藏高原和喜马拉雅山脉、印度。最近在古北界西部也发现繁殖地。海拔范围从海平面到 4500 m。北方为夏候鸟，南方为留鸟。

习性 在青藏高原为留鸟，但有垂直迁移现象。在拉萨地区，夏天在高海拔地区繁殖的山斑鸠冬天已经消失，而在山脚和河谷则整个冬季都可以见到，常成小群活动。

繁殖 在雅鲁藏布江中游地区，山斑鸠是最常见的繁殖鸟之一。在海拔 4400 m 的高山地带，山斑鸠于 4 月初到达，不同年份记录到抵达时间分别是：1996 年 4 月 5 日，1999 年 4 月 2 日，2000 年 4 月 14 日，2001 年 4 月 12 日。它们离开这里的时间是 9

月底。产卵开始于 4 月下旬，巢位于比较粗大的灌木或柳树上。巢结构简陋，仅仅在树上搭几根从周围拣来的细树枝，甚至站在树下透过稀疏的巢材都可以看见里面的卵。值得一提的是，有几个山斑鸠的巢里 2 枚卵大小差别很大，这可能导致孵出的雏鸟身体大小也相差较大，而小的雏鸟更可能在离巢之前夭折。由此推测，亲鸟可以调整卵的大小来应对育雏期不可预测的食物资源。此外，与低海拔地区的种群相比，高海拔地区的山斑鸠产的卵明显较大。

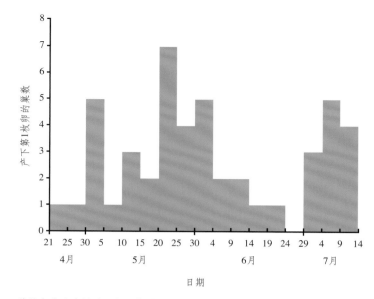

西藏雄色寺山斑鸠种群产下第 1 枚卵的日期分布

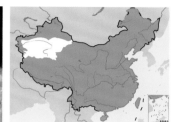

山斑鸠。左上图沈越摄，下图杨贵生摄

西藏雄色寺山斑鸠的繁殖参数	
繁殖期	4 月下旬至 7 月中旬
交配系统	单配制
海拔	3800～4500 m
巢大小	直径 16.1 cm，深 3.0 cm，高 9.4 cm
窝卵数	2 枚
卵色	白色无斑
卵大小	长径 33.5 mm，短径 24.6 mm
新鲜卵重	11.7 g
孵化期	16～19 天
育雏期	16～20 天
繁殖成功率	51.2%

正在孵卵的山斑鸠。卢欣摄

山斑鸠的雏鸟。卢欣摄

欧斑鸠

拉丁名：*Streptopelia turtur*
英文名：Turtle Dove

鸽形目鸠鸽科

体长约 27 cm。身体灰棕色，颈两侧有缀黑白色细纹的新月形斑；翼覆羽深褐色，具浅棕褐色鳞状斑；尾羽具明显的白色末端，展开时尤为显著。雌雄相似。

分布于欧亚大陆和非洲，在中国见于青藏高原西北部及其周边。栖息于平原和低山丘陵林地。在英格兰，鸟类学家发现，与 20 世纪 60 年代相比，欧斑鸠的食性发生了变化，繁殖季节缩短，繁殖成功率下降，种群数量减少了 69%。

 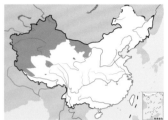

欧斑鸠。刘璐摄

灰斑鸠

拉丁名：*Streptopelia decaocto*
英文名：Eurasian Collared Dove

鸽形目鸠鸽科

体长约 32 cm。整体呈褐灰色，后颈的黑色半月形颈环是其最明显的特征。雌雄相似。

最初分布于亚洲温带和亚热带地区，南达印度和斯里兰卡。因其扩散能力很强，现已分布于欧洲大部、中北美、北非、中亚和中国大部，向东达日本。研究人员在青海黄南尖扎地区多次记录到它们。

栖息于平原和低山丘陵林地，也常出现于农田、果园、城镇和村屯附近。在温暖的地区，一个繁殖对一年可以繁殖 6 窝。

 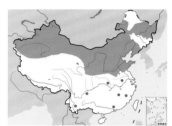

灰斑鸠。左上图宋丽军摄，下图杨贵生摄

起飞的欧斑鸠。可见尾羽显著的白色末端。邢新国摄

火斑鸠

拉丁名：*Streptopelia tranquebarica*
英文名：Red Turtle Dove

鸽形目鸠鸽科

　　体长约 22 cm。体形娇小，雄鸟头至后颈蓝灰色，后颈有一个黑色新月形领环，身体余部紫红色。雌鸟与雄鸟区别明显，整体土褐色，后颈新月形领环细窄，外缘有白边。

　　分布于东南亚、喜马拉雅山脉、南亚和中国大部，包括青藏高原东部和南部。栖息于平原、低山丘陵有稀疏树木的地带。

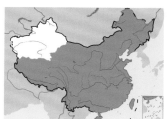

火斑鸠。左上图赵纳勋摄，下图沈越摄

珠颈斑鸠

拉丁名：*Streptopelia chinensis*
英文名：Spotted Dove

鸽形目鸠鸽科

　　体长约 32 cm。整体呈红褐色，后颈有黑白点斑组成的块斑。雌雄相似，但雌鸟羽色稍暗。

　　分布于东南亚、南亚和中国南方，包括四川西部和西藏东南部。栖息于平原、低山丘陵有稀疏树木的地带。

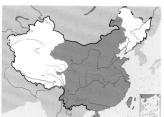

珠颈斑鸠。沈越摄

青海尖扎的珠颈斑鸠。通常在海拔2800 m以下的乡村附近活动，秋收季节更为易见。史红全摄

楔尾绿鸠

拉丁名：*Treron sphenura*
英文名：Wedge-tailed Green Pigeon

鸽形目鸠鸽科

形态 体长约 33 cm。尾与其他鸠类不同，呈楔形。雄鸟头和胸橙黄色，上体橄榄绿色，翼染栗色，飞羽和覆羽褐黑色；下体浅绿色。雌鸟头和胸淡黄绿色。

分布 留鸟，分布于喜马拉雅山脉至中国西南和东南亚，包括青藏高原东部和东南部。

栖息地 成对或结小群栖息于海拔 1200～3000 m 的山区森林环境。

食性 以野果为主食。

繁殖 2013 年 7 月 17 日，研究者在四川老君山自然保护区常绿落叶阔叶混交林边缘的棘茎楤木上发现 1 巢，巢距离地面 5.5 m，巢内有 2 枚卵。8 月 7 日雏鸟出壳，8 月 20 日雏鸟死亡。双亲均参与孵卵、暖雏和育雏。同年 8 月 6 日还在珙桐树上发现 2 只幼鸟，8 月 9 日上午亲鸟带着 2 只幼鸟离去。2014 年 8 月 2 日，在保护区一棵白檀树上距地面 4.0 m 处发现 1 巢，巢内有 2 枚卵，分别重 7.6 g、7.8 g，卵长径 34.5 mm、35.3 mm，短径 28.6 mm、28.3 mm；8 月 16 日孵出 1 只雏鸟，8 月 31 日出飞，育雏期 15 天。

四川老君山楔尾绿鸠的巢和卵。付义强摄

针尾绿鸠

拉丁名：*Treron apicauda*
英文名：Pin-tailed Green Pigeon

鸽形目鸠鸽科

体长约 36 cm，与家鸽大小相似。身体浅橄榄绿色，翅黑色，胸部橙色。一对中央尾羽特别延长，末端尖细，为该物种的典型特征。雌鸟与雄鸟相似，但羽色较暗，尾羽较短。

分布于印度、东南亚、喜马拉雅山脉和中国西南部，包括青藏高原东部和东南部。栖息于海拔 2000 m 以下的山地常绿阔叶林，喜集群。

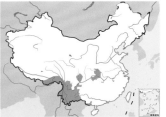

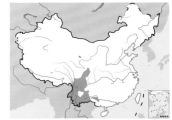

楔尾绿鸠。左上图为雌鸟，李锦昌摄；下图为雄鸟，彭建生摄

针尾绿鸠。左上图为雌鸟，田穗兴摄；下图为雄鸟，刘璐摄

厚嘴绿鸠

拉丁名：*Treron curvirostra*
英文名：Thick-billed Green Pigeon

鸽形目鸠鸽科

体长约 28 cm。雄鸟嘴基部栗色，前额和头顶蓝灰色，背暗栗色，尾羽橄榄绿色，两翼黑色沾黄色；下体绿色，胸部沾红色，尾下覆羽肉桂色并有白斑。雌鸟似雄鸟，但背无栗色。

留鸟，分布于印度东北部、中国西南和东南亚，包括青藏高原南部和东南部，最高分布海拔 1500 m。

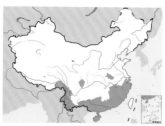

斑尾鹃鸠。左上图田穗兴摄，下图沈越摄

厚嘴绿鸠。左上图为雌鸟，沈越摄；下图为雄鸟，田穗兴摄

斑尾鹃鸠

拉丁名：*Macropygia unchall*
英文名：Bar-tailed Cuckoo Dove

鸽形目鸠鸽科

体长约 38 cm。头灰色，颈背亮蓝绿色，上体和尾部黑褐色并有栗色细纹，下体浅褐色。雌鸟上体少光泽。

分布于东南亚、喜马拉雅山脉、中国华南和西南，包括四川宝兴。栖息于海拔 800～3000 m 的山地森林。

绿翅金鸠

拉丁名：*Chalcophaps indica*
英文名：Emerald Dove

鸽形目鸠鸽科

体长约 23 cm。前额和眉纹白色，头顶至后颈蓝灰色，头侧、颈侧、颏、喉和胸棕褐色，上体亮绿色，尾甚短；下体棕褐色，向后变淡。雌鸟前额蓝白色且无白色眉纹，余部色泽不如雄鸟鲜亮。

分布于南亚次大陆、东南亚至澳大利亚，在西藏东南部的低地及山麓的原始林及次生林也有分布。栖息于海拔 2000 m 以下的山地森林，尤其喜欢阔叶林。

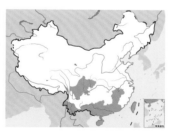

绿翅金鸠。上图为雄鸟，沈越摄；下图为雌鸟，董磊摄

沙鸡类

- 沙鸡目鸟类，全球仅1科2属16种，中国有2属3种，青藏高原有1属2种
- 形态似鸽，翅尖长，腿短，跗跖被羽，行走和飞翔能力强
- 植食性，有群居游荡习性
- 营地面巢，雏鸟早成，不分泌"鸽乳"
- 生活在沙漠、荒原等十分贫瘠的地区，人类对其了解和关注不多

类群综述

分类与分布 沙鸡指沙鸡目（Pterocliformes）的鸟类，全球仅1科，即沙鸡科（Pteroclidae），包括2属16种。它们一度与雉鸡、鸠鸽和鸱鸺类的许多物种归在一起，而最近的分子研究认为其应当自成一目，属于进化中较早的一支，与拟鹑目和鸽形目靠近。分布于欧洲、非洲和亚洲，中国有2属3种，分别是黑腹沙鸡 *Pterocles orientalis*、毛腿沙鸡 *Syrrhaptes paradoxus* 和西藏毛腿沙鸡 *S. s. tibetanus*。后2种见于青藏高原。

形态 体长22～40 cm，体形似鸠鸽，体羽褐色或灰色，背部及翅常有点状或条状斑纹，形成很好的保护色。翅尖长，飞行极快，尾及尾覆羽长，大多数种类有针状中央尾羽。喙短，锥形，稍下弯；腿短，跗跖被羽，后趾退化或全缺。雌鸟体形较雄鸟小且羽色暗淡。

栖息地和习性 生活在沙漠、荒漠、干旱草原及无树草场，喜群居。主食植物种子，偶尔取食植物幼芽。通常贴地面快速飞行，且发出"呼呼"声响，飞行数百米即降落。因栖息环境和食物均缺乏水分，每天需要饮水，常集群长途迁飞寻找水源，也因此有较强的行走和飞翔能力。

繁殖 交配系统为社会性单配制。巢在地面低洼处。窝卵数2～3枚，双亲参与孵卵和育雏。孵卵期20～25天，雏鸟孵出1天后就可以离巢觅食，但无法迁飞饮水，双亲会用腹部羽毛吸水回巢，供雏鸟吸吮；28天后幼鸟具备飞行能力，2个月后可跟随亲鸟迁飞饮水。

种群现状和保护 所有沙鸡均被IUCN列为无危物种（LC），但在中国，黑腹沙鸡被《中国脊椎动物红色名录》评估为近危（NT），并被列为国家二级重点保护动物。

左：成对飞翔的毛腿沙鸡，上雌下雄。宋天福摄

右：沙鸡体形似鸠鸽，生活在荒漠和草原地区，体羽具保护色，大多数种类有延长的针状中央尾羽。图为西藏毛腿沙鸡雄鸟。左凌仁摄

毛腿沙鸡
Syrrhaptes paradoxus

chick & egg

西藏毛腿沙鸡
Syrrhaptes tibetanus

毛腿沙鸡

拉丁名：*Syrrhaptes paradoxus*
英文名：Pallas's Sandgrouse

沙鸡目沙鸡科

　　体长约 36 cm。头锈黄色，上体沙棕色，密布黑色斑点，飞羽外缘蓝灰色，中央尾羽尖长；胸部浅灰色，下缘有黑色细小横斑形成的胸带；腹部淡沙棕色，并有特征性的黑色斑块。雌鸟颈侧有点斑，胸部有黑色横纹。

　　分布于中亚及中国北部，无定性留鸟，东北种群可南下至华北甚至华南过冬，青海湖 6 月中旬记录到雏鸟，可鲁克湖附近冬季可见。

西藏毛腿沙鸡

拉丁名：*Syrrhaptes tibetanus*
英文名：Tibetan Sandgrouse

沙鸡目沙鸡科

　　体长约 40 cm。头侧和喉橙黄色；上体沙棕色，满布黑色横斑，初级飞羽和腋羽黑褐色，中央一对尾羽显著延长；下体棕白色。雌鸟翅上覆羽和三级飞羽布有褐色横斑。

　　分布于蒙古、帕米尔高原和青藏高原。栖息于海拔 3500～5700 m 的荒漠草原以及高山草原。冬季常集成数百只大群，可迁至海拔 4000 m 以下。

毛腿沙鸡。左上图为雄鸟，下图为雌鸟。沈越摄

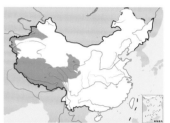

西藏毛腿沙鸡。左上图为雄鸟，左凌仁摄；下图为雌鸟，唐军摄

帕米尔高原海拔 4200 m 的慕士塔格峰下，群飞的西藏毛腿沙鸡。许传辉摄

夜鹰类

夜鹰类

- 夜鹰目除了雨燕和蜂鸟以外的鸟类，全世界共5科25属126种，中国有2科3属8种，青藏高原有2属4种
- 羽色暗淡，雌雄相似；喙短阔，嘴裂宽，嘴须长；跗跖短；眼形大，鼻孔管状，翼长而尖，凸尾
- 夜行性鸟类，通过回声定位导航，主要以昆虫为食
- 营巢于洞穴中或树权上，或直接将卵产于地面上、岩石上、洞穴中或屋顶上
- 行踪隐蔽，少为人知，人们对其了解尚十分有限

类群综述

夜鹰指夜鹰目（Caprimulgiformes）除凤头雨燕科（Hemiprocnidae）、雨燕科（Apodidae）和蜂鸟科（Trochilidae）以外5个科的总称，即油鸱科（Steatornithidae）、蟆口鸱科（Podargidae）、林鸱科（Nyctibiidae）、裸鼻鸱科（Aegothelidae）和夜鹰科（Caprimulgidae）。其中蟆口鸱科和夜鹰科在中国有分布，青藏高原仅夜鹰科1属2种。

顾名思义，夜鹰均为夜行性鸟类。栖于林间，白天蹲伏在林间地面或树枝上。与夜行生活相适应，它们羽色暗淡，几乎与树干融为一体，形成极佳的保护色；羽毛柔软，飞行时悄无声息；眼大，夜视能力强。其他特征还包括喙短阔，嘴裂宽，嘴须长；鼻孔管状；跗跖短；翼长而尖，凸尾。

油鸱科仅1属1种，即油鸱 Steatornis caripensis，分布于南美洲，取食果实。蟆口鸱科包括2属12种，分布于东南亚和大洋洲。嘴裂极大，如同蛙口。栖息于林地，单独活动，以昆虫为食。林鸱科有1属

7种，分布于中南美洲。外形和习性略似蟆口鸱，羽色与树干相似。夜鹰科有20属98种，分为夜鹰亚科（Caprimulginae）和美洲夜鹰亚科（Chordeilinae），生活在除南极洲以外的各大陆。嘴裂宽，嘴须长且多。白天多栖息于林间地面，夜间活动，晨昏时鸣叫最多，飞行时双翼扇动缓慢，几无声响。在山洞岩壁、树权上营巢，或直接在地面和树权上产卵，巢材为树皮、地衣和苔藓等，双亲共同孵卵和育雏。裸鼻鸱科包括1属8种，分布于澳大利亚、新几内亚及附近岛屿。体长约20 cm，林栖，形似小猫头鹰，嘴宽几为长须所遮，栖息方式亦似猫头鹰，但足纤细。在飞行中或从树枝上飞扑捕食昆虫。

大部分夜鹰被IUCN列为无危（LC），仅10个物种被列为极危（CR）、濒危（EN）或易危（VU），受胁率8%，低于世界鸟类平均受胁率14%。但有4个物种被列为数据缺乏（DD）。

左：夜鹰羽色暗淡，腿短，白天蹲伏在林间地面或树枝上，几乎与树干融为一体。图为蹲伏在地面的普通夜鹰。彭建生摄

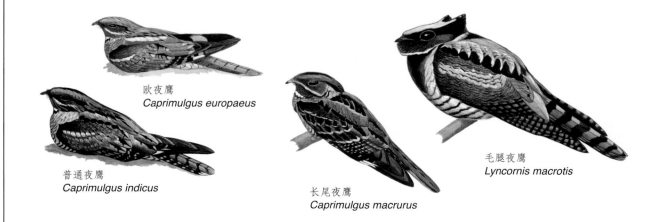

欧夜鹰
Caprimulgus europaeus

普通夜鹰
Caprimulgus indicus

长尾夜鹰
Caprimulgus macrurus

毛腿夜鹰
Lyncornis macrotis

普通夜鹰

拉丁名：*Caprimulgus indicus*
英文名：Grey Nightjar

夜鹰目夜鹰科

体长约 28 cm。通体暗褐色并有白色斑点，初级飞羽有白斑，喉白色。

分布区北起西伯利亚，经朝鲜、日本、中国、东南亚至新几内亚和印度次大陆，包括青藏高原东部和东南部，分布的最高海拔 3300 m。留鸟。

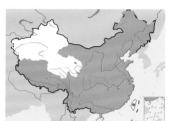

普通夜鹰白天隐伏在林间地面上。左上图彭建生摄，下图董磊摄

欧夜鹰

拉丁名：*Caprimulgus europaeus*
英文名：European Nightjar

夜鹰目夜鹰科

体长约 27 cm。上体棕灰色并具黑色条纹，飞羽暗栗色，尾羽暗栗色并具黑色横斑，最外侧尾羽有白色端斑；喉两侧有白块，下体棕赭色并有黑褐色条纹。雌鸟最外侧尾羽有白色端斑。

繁殖于欧亚大陆和非洲的温带地区，在南方过冬，在中国的繁殖区包括中国北方和青藏高原西北方的新疆喀什。

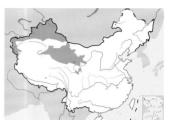

欧夜鹰。除了隐伏在地面上，夜鹰也会栖于树枝上。左上图董文晓摄，下图沈越摄

夜鹰类的嘴可以张得很大，适飞捕昆虫。图为张开大口的欧夜鹰。董文晓摄

长尾夜鹰

拉丁名：*Caprimulgus macrurus*
英文名：Large-tailed Nightjar

夜鹰目夜鹰科

　　体长约 27 cm。整体灰褐色，雄鸟外侧 4 枚初级飞羽的中部具抢眼的白色块斑，两对外侧尾羽的羽尖上有宽阔的白色，雌鸟相应部位为皮黄色；喉具白色横斑。

　　分布于南亚次大陆、中国至东南亚，在中国分布于云南西南部和海南，包括青藏高原东南部。

毛腿夜鹰

拉丁名：*Lyncornis macrotis*
英文名：Great Eared Nightjar

夜鹰目夜鹰科

　　大型夜鹰，体长可达 40 cm。具明显的耳簇羽；整体灰褐色，密布黑色虫蠹状斑和条纹；顶冠皮黄褐色，较头部其他部位色淡；喉部中央白色。

　　分布于南亚、东南亚和中国云南西部，包括青藏高原东南部。

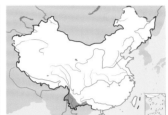

与林下的枯枝落叶几乎融为一体的长尾夜鹰。下图李利伟摄

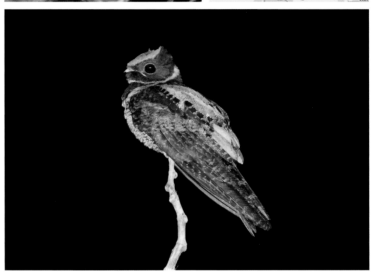

毛腿夜鹰。左上图Jason Thompson摄（维基共享资源／CC BY 2.0），下图Nigel Voaden摄（维基共享资源／CC BY-SA 2.0）

黑暗中的长尾夜鹰，伺机飞捕昆虫。魏东摄

雨燕类

雨燕类

- 雨燕科和凤头雨燕科鸟类，全球共20属100种，中国有5属14种，青藏高原有4属8种
- 羽色朴素，雌雄相似；颈短，翅尖长，尾叉形；喙短，嘴裂宽；跗跖短且被羽，四趾均向前
- 善于在飞行中捕食昆虫，飞行速度快，但不能从地面而只能从高处起飞，部分物种进行长距离迁徙
- 营巢于岩壁、屋檐及树洞中，双亲共同参与繁殖的全过程

类群综述

　　雨燕指夜鹰目（Caprimulgiformes）雨燕科（Apodidae）和凤头雨燕科（Hemiprocnidae）的鸟类，包括20属100种，其中凤头雨燕科仅1属4种，除极地外遍布全球。在传统分类系统中，雨燕科、凤头雨燕科和蜂鸟科（Trochilidae）组成雨燕目（Apodifromes），与夜鹰目互为姐妹关系。而最新分类系统撤销了雨燕目，前雨燕目下面的3个科均被归入夜鹰目，与裸鼻鸱科互为姐妹群。

　　雨燕羽色朴素，雌雄相似。在飞行中捕食昆虫、结群飞翔是雨燕的典型特征。它们喙短，嘴裂宽，适于飞行中捕捉食物；颈短，翅极度尖长，尾叉形，飞行速度快；跗跖短且被羽，四趾均向前，攀附力强，但不能从地面而只能从高处起飞，因此只能歇息于悬崖、建筑物上。营巢于岩壁、屋檐及树洞中，多数物种唾液腺发达，分泌的唾液能黏合巢材，巢经加工为传统滋补品燕窝。窝卵数1～5枚，孵化期2～4周，育雏期6～10周，双亲参与所有的繁殖活动。一些非迁徙的种形成长期的配偶关系，1个物种被证实有合作繁殖行为。

　　雨燕自古为人类熟知。喜在高大建筑物尤其是古建筑上筑巢的普通雨燕 Apus apus 被人们亲昵地称为"楼燕"，但由于没有屋檐的现代建筑取代传统建筑，它们面临无处为家的境地，在北京繁殖的普通雨燕种群数量逐渐下降。此外，一些雨燕和金丝燕的巢被采集加工为传统滋补品燕窝，严重破坏了它们的繁殖活动，威胁到其种群延续。尽管如此，雨燕类的受胁率仍然低于世界鸟类总体受胁水平，仅1个物种被 IUCN 列为濒危（EN），4个物种被列为易危（VU）。但值得注意的是，有6个物种尚处于数据缺乏（DD）状态。

左：雨燕羽色朴素，翅尖长，尾叉形，飞行技巧高超，一生中大部分时间在飞行中度过，在飞行中觅食也在飞行中睡觉，只有在繁殖季节才为了筑巢、产卵、育幼而落到岩壁、屋檐或树洞中。图为在岩壁缝隙中繁殖的白腰雨燕。董磊摄

右：雨燕的翅极度尖长，收起来时飞羽末端超出尾羽。图为落在土壁巢洞前的普通雨燕。王昌大摄

短嘴金丝燕
Aerodramus brevirostris

大金丝燕
Aerodramus maximus

白喉针尾雨燕
Hirundapus caudacutus

普通雨燕
Apus apus

指名亚种
A. p. pacificus

小白腰雨燕
Apus nipalensis

青藏亚种
A. p. salimadii

白腰雨燕
Apus pacificus

棕雨燕
Cypsiurus balasiensis

高山雨燕
Tachymarptis melba

短嘴金丝燕

拉丁名：*Aerodramus brevirostris*
英文名：Himalayan Swiftlet

夜鹰目雨燕科

体长约 14 cm。上体暗褐色，下体灰褐色。雌雄羽色相似。

留鸟，分布于喜马拉雅山脉至中国中部和东南亚，包括西藏南部。有垂直迁徙习性，最高可至海拔 4500 m 繁殖，而在海拔 900 ~ 2700 m 过冬。

常见 50 只左右的群体，但也有超过 300 只的记录。在峭壁和岩洞缝隙内营巢，巢浅盘状，由唾液黏结枯草、苔藓、羽毛而成。

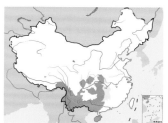

短嘴金丝燕。左上图时敏良摄，下图董磊摄

大金丝燕

拉丁名：*Aerodramus maximus*
英文名：Black-nest Swiftlet

夜鹰目雨燕科

体长约 13 cm。上体为有光泽的黑褐色，腰部稍淡，尾叉较短嘴金丝燕浅，近乎方尾状；喉部颜色暗淡，胸部开始变暗，至腹部颜色最深。

留鸟，分布于不丹东部至东南亚，青藏高原见于西藏东南部靠近不丹的边境地区。分布海拔 0 ~ 3000 m。在峭壁和岩洞缝隙内营巢，巢浅盘状，巢由唾液黏结枯草、苔藓、羽毛而成。

大金丝燕。左上图Wokoti摄（维基共享资源/CC BY 2.0）

白喉针尾雨燕

拉丁名：*Hirundapus caudacutus*
英文名：White-throated Needletail

夜鹰目雨燕科

体长约 20 cm。全身体羽黑色，背部有银白色马鞍形斑块，颏、喉白色，尾下覆羽白色，尾羽羽轴延长突出于尾端呈针状，故名之。雌雄羽色相近，但雌鸟较暗淡。

夏候鸟，繁殖于亚洲北部，包括中国东北，冬季南迁至澳大利亚及新西兰；留居于中国中部、青藏高原东南部和喜马拉雅山脉，最高分布海拔 3000 m。常成群活动，飞行速度可达 169 km/h。

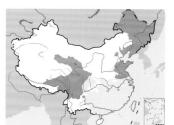

白喉针尾雨燕。左上图彭建生摄，下图董磊摄

普通雨燕

拉丁名：*Apus apus*
英文名：Common Swift

夜鹰目雨燕科

形态 体长约 17 cm。除额和喉灰白色外，全身黑褐色，腹部羽毛有灰白色羽缘。

分布 繁殖于欧亚大陆北部和北非、喜马拉雅山脉及印度，在热带非洲过冬。在中国的繁殖分布区包括西北、东北、华北和青藏高原北部，最高繁殖海拔 5700 m。迁徙也经过青藏高原。

习性 喜欢成群飞行，结群营巢于岩壁缝隙中，城市生活的种群营巢于建筑物屋檐缝隙中，所以也叫楼燕。

探索与发现 2014 年，中国观鸟会为楼燕装上了"光敏定位仪"，探寻其在中国北京繁殖地和非洲越冬地之间的迁徙路线。

数据分析揭示，7 月下旬，楼燕们启程，往西北方向飞经内蒙古，飞越天山北部到达中亚，然后向南穿过阿拉伯半岛到达非洲，再一路向南，穿过赤道，于 11 月上旬到达南非、博茨瓦纳和纳米比亚交界的喀拉哈里跨境国家公园及周边，这里的环境为沙漠和稀树草原。2 月初，它们又沿着相似的路线于 4 月中旬返回繁殖地。

楼燕迁徙路线的单程距离超过 1.6 万 km。以平均年龄 10 年算，一只个体一生的旅程就相当于地球到月球的距离。

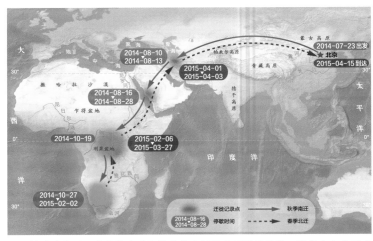

北京繁殖的普通雨燕在繁殖地与越冬地之间的典型迁徙路线。数据来自中国观鸟会

白腰雨燕

拉丁名：*Apus pacificus*
英文名：Fork-tailed Swift

夜鹰目雨燕科

体长约 18 cm。身体乌褐色，腰白色，胸、腹部羽毛端部白色。除喉部明显的白色外，与小白腰雨燕相比体形较大，身形细长，两翅尖长，腰部白斑较窄，尾叉较深。

作为夏候鸟繁殖于西伯利亚、日本、朝鲜和中国北方，包括青海东北部，作为留鸟见于中国南方、喜马拉雅山脉、东南亚至澳大利亚。最高分布海拔 4000 m。有 5 个亚种，其中指名亚种 *A. p. pacificus* 和青藏亚种 *A. p. salimali* 见于青藏高原，也有观点认为青藏亚种与喜马拉雅山亚种 *A. p. leuconyx*、东南亚亚种 *A. p. cooki* 应分别独立为种。在峭壁和岩洞缝隙内营巢，巢浅盘状，巢由唾液黏结枯草、苔藓、羽毛而成。

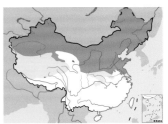

普通雨燕。左上图沈越摄，下图杨贵生摄

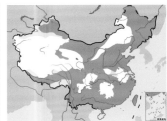

白腰雨燕。左上图沈越摄，下图董磊摄

小白腰雨燕

拉丁名：*Apus nipalensis*
英文名：House Swift

夜鹰目雨燕科

体长约 13 cm，在雨燕中属于体形娇小者。除喉、腰部白色外，通体黑褐色。

留鸟，分布于日本、喜马拉雅山脉及其以南、中国南方、东南亚至大巽他群岛，包括西藏东南部。最高分部海拔 2100 m。常结成大群活动，营巢于岩壁、洞穴中和屋檐下。

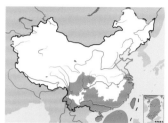

小白腰雨燕。左上图沈越摄，下图王尧天摄

棕雨燕

拉丁名：*Cypsiurus balasiensis*
英文名：Asian Palm Swift

夜鹰目雨燕科

体长约 12 cm，在雨燕中属于体形娇小者。全身深褐色，与金丝燕区别在于两翼较大而窄，尾部大叉开。

留鸟，分布于中国南方、东南亚、喜马拉雅山脉和印度，包括西藏东南部。分布海拔在 1500 m 以下。

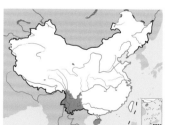

棕雨燕。沈越摄

高山雨燕

拉丁名：*Tachymarptis melba*
英文名：Alpine Swift

夜鹰目雨燕科

形态　体长约 21 cm。体羽深褐色，白色的喉及胸部之间有一道深褐色的横带。

分布　在欧亚大陆、北非、喜马拉雅山脉及印度繁殖，在非洲热带地区过冬。繁殖分布区包括西藏东南部。

栖息地　出现在各种自然环境。最高分部海拔 4000 m。

探索与发现　在瑞士的一个繁殖地，科学家把数据电子自动记录器分别绑在 3 只高山雨燕身上。然后它们迁徙到北非过冬，6 个月后返回到繁殖地，在这里被再次捕获。科学家获取了记录器中的数据，包括加速能力和地理位置。

数据令人惊讶，在 200 天里，这 3 只高山雨燕一直生活在空中。它们以空中的昆虫为食，几乎可以肯定也在空中睡觉。雨燕在 3 年龄性成熟，由此推测，出生后的雨燕 3 年时间都待在空中，之后才会为了繁殖而落在岩石壁上。

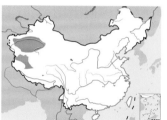

高山雨燕。左上图甘礼清摄，下图董文晓摄

杜鹃类

杜鹃类

- 鹃形目杜鹃科鸟类，全世界共36属149种，中国有20种，青藏高原有18种
- 翅短而微尖，尾长；腿短，对趾型；除金鹃属和杜鹃属外，雌性羽色相似，雄鸟比雌鸟体形稍大
- 大多数树栖，少数地栖，主要以昆虫为食，有些种类兼吃植物果实或种子
- 一些物种有巢寄生现象，一些则自己营巢并照顾后代
- 以其独特的鸣声和巢寄生行为而被人类熟知

类群综述

杜鹃是鹃形目（Cuculiformes）鸟类的俗称，在最新的分类系统中包括 1 科 3 亚科 36 属 149 种。传统的鹃形目还包括仅分布于非洲的蕉鹃科（Musophagidae），现在独立为蕉鹃目（Musophagiformes），研究显示它们与鸨形目（Otidiformes）亲缘关系最近。

杜鹃翅短而微尖，尾长；腿短，对趾型；除金鹃属 Chrysococcyx 和杜鹃属 Cuculus 外，雌雄羽色相似，雄鸟比雌鸟体形稍大。

除高纬度地区及一些海洋岛屿之外，杜鹃几乎遍及世界各地。中国有 20 种，青藏高原 18 种。除鸦鹃和地鹃外，均为树栖性。以昆虫为食，有些种类兼吃植物果实或种子。地栖鹃类为留鸟，而树栖种类则具有迁徙行为。每年春季迁来时，杜鹃隐于

左：杜鹃因独特的叫声而为人们熟知，其寄生行为也引人注目。图为四声杜鹃。沈越摄

右：北红尾鸲正在喂食体形远大于它自己的大杜鹃幼鸟。赵纳勋摄

山林树丛中，高亮的叫声经久不休。

树栖杜鹃的巢寄生繁殖行为是所有鸟类中最为特殊的。它们作为寄主将卵产在其他鸟的巢中，由义亲代为孵化和育雏，寄生的雏鸟孵出后会挤掉巢中宿主的卵或雏鸟。这种行为之所以能够演化成功，是因为杜鹃在产卵时就让自己的雏鸟赢在了起跑线。研究发现，雌性杜鹃能让已经成形的卵长时间留在体内，也就是先在体内孵一段时间。这样就缩短了卵产出后的孵化期。在义亲的巢中，杜鹃雏鸟破壳而出的时间会更早，并能利用这个时间排斥宿主的后代，从而获得竞争上的优势。尽管不承担照顾后代的责任，绝大多数杜鹃依然保持社会性单配制，只有少数表现出一雄多雌或一雌多雄。在中国分布的 17 种寄生性杜鹃中，迄今已发现 11 种杜鹃的宿主达 56 种，均为雀形目（Passeriformes）鸟类，隶属 15 科，其中莺科（Sylviidae）、鸫科（Turdidae）和画眉科（Timaliidae）最多，仍有 6 种寄生性杜鹃的宿主不详。

自己营巢的物种巢为囊状或杯形，窝卵数 1 ~ 5 枚。有些种类为社会性单配制，双亲孵卵和育雏；有些为一雌多雄，雄性照顾后代；而有相当多的种类表现为合作繁殖，几个繁殖对把卵产在同一个巢里，一起照顾后代，此时的窝卵数可以达到 20 枚。

杜鹃自古以其独特的鸣声和巢寄生行为而被人熟知。它们适应能力强，因此较少受胁。虽有 2 个岛屿分布的物种在 18 世纪之后灭绝，但现存物种受胁比例为 6.7%，低于世界鸟类平均受胁水平。中国分布的杜鹃均被 IUCN 列为无危（LC）。2 种鸦鹃被列为中国国家重点保护动物。

斑翅凤头鹃
Clamator jacobinus

红翅凤头鹃
Clamator coromandus

普通鹰鹃
Hierococcyx varius

大鹰鹃
Hierococcyx sparverioides

棕腹鹰鹃
Hierococcyx nisicolor

四声杜鹃
Cuculus micropterus

大杜鹃
Cuculus canorus

中杜鹃
Cuculus saturatus

小杜鹃
Cuculus poliocephalus

栗斑杜鹃
Cacomantis sonneratii

八声杜鹃
Cacomantis merulinus

翠金鹃
Chrysococcyx maculatus

紫金鹃
Chrysococcyx xanthorhynchus

乌鹃
Surniculus dicruroides

噪鹃
Eudynamys scolopaceus

绿嘴地鹃
Phaenicophaeus tristis

褐翅鸦鹃
Centropus sinensis

小鸦鹃
Centropus bengalensis

斑翅凤头鹃

拉丁名：*Clamator jacobinus*
英文名：Pied Cuckoo

鹃形目杜鹃科

体长约 33 cm。体羽为黑白两色。头具黑色羽冠，似红翅凤头鹃，但头和翼均为黑色，初级飞羽基部具白色横带，形成一大块显著的白斑；尾黑色，末端的白色端斑甚宽。

分布于非洲、伊朗至印度及缅甸，在非洲越冬。在喜马拉雅山脉包括西藏东南部为夏候鸟，最高分布海拔可达 4000 m 以上。栖息于开阔的疏林、竹林和灌丛，以昆虫为食，偶尔也取食植物果实和种子。

斑翅凤头鹃。左上图甘礼清摄，下图林植摄

红翅凤头鹃

拉丁名：*Clamator coromandus*
英文名：Chestnut-winged Cuckoo

鹃形目杜鹃科

体长约 46 cm。羽冠黑色，前额至枕黑色，颈后白色，背和尾羽黑色并有蓝色光泽，尾长，两翼棕色；颏、喉棕黄色，胸、腹白色。雌雄羽色相似。

作为夏候鸟，繁殖于喜马拉雅山脉、中国西南、华中、华南和华东，中南半岛北部，包括青藏高原东南部，最高繁殖海拔 2450 m；在南亚和东南亚越冬；作为留鸟，分布于喜马拉雅山脉南麓和东南亚。

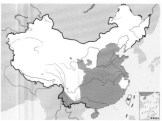

红翅凤头鹃。左上图董磊摄，下图沈越摄

普通鹰鹃

拉丁名：*Hierococcyx varius*
英文名：Common Hawk Cuckoo

鹃形目杜鹃科

体长约 34 cm，明显较大鹰鹃小。雄鸟上体灰色，尾具横斑；喉白色，颏黑色，胸棕色，腹白色而有横纹。雌鸟上体褐色而有深褐色鳞纹，下体有棕黑色纵纹。

分布于南亚次大陆，在中国仅见于藏东南，生活在海拔 1200 m 以下的林地，巢寄生于鹛鹛、噪鹛类。

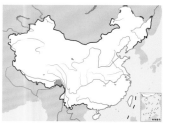

普通鹰鹃。左上图甘礼清摄，下图董江天摄

大鹰鹃

拉丁名：*Hierococcyx sparverioides*
英文名：Large Hawk Cuckoo

鹃形目杜鹃科

形态 体长约 40 cm。外形酷似雀鹰，故名鹰鹃。头蓝灰色，上体暗褐色，尾上有横斑，次端斑棕红色，端斑白色；颏黑色，胸棕色，腹部白色而有褐色横斑。

分布 作为夏候鸟分布于喜马拉雅山脉、中国南部和青藏高原东部，作为留鸟见于中国云南南部及海南岛、菲律宾、加里曼丹岛及苏门答腊岛，冬季见于苏拉威西岛及爪哇岛。

繁殖 2011—2012 年，研究者在甘肃莲花山地区共发现了 5 个大鹰鹃在橙翅噪鹛巢中寄生的案例。被寄生的 5 巢占同期发现的橙翅噪鹛总巢数的 8.3%，其中 4 巢宿主放弃孵卵，只有 1 巢大鹰鹃幼鸟孵化 20 天后成功出飞。

大鹰鹃寄生于橙翅噪鹛巢中，其卵大而无斑点。胡运彪摄

橙翅噪鹛巢中刚孵出的大鹰鹃雏鸟（左），全身裸露无羽；15 日龄的大鹰鹃雏鸟（右）羽翼丰满，占满了整个巢的空间。胡运彪摄

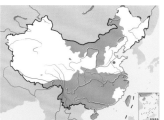

大鹰鹃。左上图 Pjeganathan（维基共享资源／CC BY-SA 4.0）摄，下图沈越摄

刚离巢的大鹰鹃幼鸟。胡运彪摄

棕腹鹰鹃

拉丁名：*Hierococcyx nisicolor*
英文名：Hodgson's Hawk Cuckoo

鹃形目杜鹃科

　　体长约 28 cm。羽色与大鹰鹃近似，但体形小得多。头、背青灰色，枕具白色条带，尾灰褐色而具黑色横斑和红褐色端斑；胸和上腹棕色，下腹白色。

　　繁殖于西伯利亚东南部、朝鲜、日本及中国东北，在中国南部及东南亚越冬；也有作为留鸟分布在喜马拉雅山脉、中国长江以南、泰国及马来半岛。最高分部海拔 2800 m。栖息于森林环境。

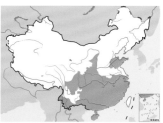

棕腹鹰鹃。左上图李锦昌摄

四声杜鹃

拉丁名：*Cuculus micropterus*
英文名：Indian Cuckoo

鹃形目杜鹃科

　　体长约 30 cm。整体偏灰色，似大杜鹃，但尾具宽阔的黑色次端斑，虹膜为红褐色而非大杜鹃的黄色。与中杜鹃也很相似，主要区别在于尾具宽阔的黑色次端斑。通过鸣声可以区别这 3 个物种。大杜鹃为二声一度，似"bu-gu"；中杜鹃三声一度，似"bu, hu-hu, hu-hu"，第一个音节的音调较高；四声杜鹃为四声一度，似"gu-gu-gu-gu"。

　　作为夏候鸟繁殖于西伯利亚东南部、朝鲜、日本及整个中国东部和西南，包括青藏高原东部和东南部，最高繁殖海拔 3700 m；在南亚次大陆和中南半岛为留鸟。喜栖于茂密的森林，嗜食毛虫。

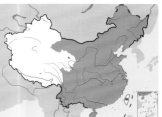

四声杜鹃。左上图为雄鸟，刘松涛摄；下图为雌鸟，沈越摄

大杜鹃

拉丁名：*Cuculus canorus*
英文名：Common Cuckoo

鹃形目杜鹃科

形态 体长约 32 cm。上体暗灰色，两翅暗褐色，尾黑色而先端缀白色；颏、喉、上胸浅灰色，下体余部白色并有黑褐色横斑。雌雄相似，雌鸟上体灰色沾褐色，胸棕色。

分布 繁殖于欧亚大陆，在非洲和东南亚越冬；繁殖于中国大部，包括青藏高原东部和东南部，研究者在拉萨山地记录到它们，最高分布海拔 4500 m。

栖息地 最常见的一种杜鹃，栖息于平原和山地开阔的林地。

习性 常藏匿于树冠，叫声嘹亮。

繁殖 巢寄生行为得到深入研究，特别是在欧洲。

从 1996 年到 2004 年，研究者在雅鲁藏布江中游高山峡谷记录每年首次听见大杜鹃叫声的日期，最早 5 月 2 日，最晚 5 月 6 日，相差只有 4 天。每年 5 月下旬到 6 月初，山脚下会有大杜鹃数量突然增加的现象，可能与迁徙途中该地带食物丰富有关。7 月 20 日以后，峡谷里便没有了大杜鹃的踪迹。

在雅鲁藏布江中游高山峡谷繁殖的鸟类超过 40 种，但被大杜鹃寄生的只有产天蓝色卵的白腹短翅鸲 *Hodgsonius phoenicuroides*，大杜鹃也产同样颜色的卵，但体积稍大。

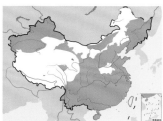

大杜鹃。左上图为雄鸟，董磊摄；下图为棕色型雌鸟。沈越摄

中杜鹃

拉丁名：*Cuculus saturatus*
英文名：Himalayan Cuckoo

鹃形目杜鹃科

形态 体长约 29 cm。与大杜鹃和四声杜鹃甚似，区别在于胸部横斑较粗较宽，鸣声也不同；此外，与大杜鹃的区别还有虹膜红褐色，而非大杜鹃的黄色；与四声杜鹃不同处还在于翅缘纯白而不具横斑，尾不具宽阔的端斑。

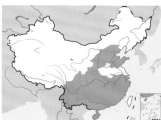

中杜鹃。左上图雄鸟，李锦昌摄；下图为棕色型雌鸟，王昌大摄

分布 繁殖于欧亚大陆北部、中亚、印度东北部、缅甸，越冬于中南半岛至澳大利亚；作为夏候鸟出现在中国大部，包括青藏高原南部和东南部。

栖息地 栖息于山地森林。

繁殖 2002 年 6 月 5 日，研究者在甘肃莲花山自然保护区发现一个淡眉柳莺巢中前一天刚产的首枚卵被一枚大的纯白色卵所替代。随后的观察证实，这是中杜鹃的寄生卵。6 月 23 日 13 时 50 分，已经孵出的中杜鹃雏鸟将 2 只淡眉柳莺雏鸟推至巢外。7 月 6 日，15 日龄的中杜鹃雏鸟体重达到 50.8 g。

中杜鹃寄生于淡眉柳莺巢中。左图大而无斑的是中杜鹃的卵；右图的中杜鹃雏鸟远远大于宿主雏鸟。贾陈喜摄

7 日龄（左）和 11 日龄（右）的中杜鹃雏鸟。贾陈喜摄

小杜鹃

拉丁名：*Cuculus poliocephalus*
英文名：Asian Lesser Cuckoo

鹃形目杜鹃科

形态 体长约 26 cm。羽色与中杜鹃相同，但体形较小。上体灰色，头、颈浅灰色；胸浅灰色，下体余部白色，具有清晰的黑色横斑。

分布 繁殖于中国东部至西南、日本、喜马拉雅山脉，越冬于非洲、缅甸和印度南部；在青藏高原见于其东部和东南部，为夏候鸟。

栖息地 生活在森林环境。

繁殖 在青藏高原被发现寄生于小鳞胸鹪鹛巢中。研究者在四川雷波海拔 1857 m 常绿阔叶林林缘溪边低矮的竹丛中，发现一个小鳞胸鹪鹛巢，巢大致呈球形，侧开口，距离地面 1 m，内有 3 枚卵，其中 2 枚宿主卵为白色，1 枚寄生卵为棕红色，体积明显更大。分子生物学检测证实寄生卵为小杜鹃的卵。

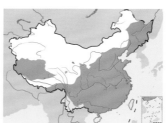

小杜鹃。左上图为雄鸟，甘礼清摄；下图为雌鸟，李利伟摄

小杜鹃寄生于小鳞胸鹪鹛巢中，1枚棕红色卵为寄生卵。王鹏程摄

栗斑杜鹃

拉丁名：*Cacomantis sonneratii*
英文名：Banded Bay Cuckoo

鹃形目杜鹃科

体长约 22 cm。上体栗褐色，下体白色，通体密布暗褐色波状横斑，有明显的过眼纹。鸣声音节为 4 声。

留鸟，分布于中国西南、中南半岛和印度，包括青藏高原东南缘。栖息于海拔 1200 m 以下的山区林地。

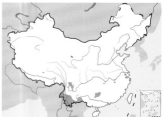

栗斑杜鹃。上图邢超摄，下图沈越摄

八声杜鹃

拉丁名：*Cacomantis merulinus*
英文名：Plaintive Cuckoo

鹃形目杜鹃科

　　体长约 22 cm。头顶、喉和上胸烟灰色，上体余部橙褐色；下胸及腹部棕栗色。鸣声音节为 8 声。

　　分布区从喜马拉雅山脉延伸到南亚次大陆和斯里兰卡、中南半岛、菲律宾及印度尼西亚，青藏高原东南部和中国南方，夏候鸟。栖息于海拔 2000 m 以下的热带、亚热带林区、果园、公园、道路、庭园的稀疏林地。

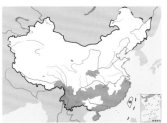

八声杜鹃。左上为雌鸟，李锦昌摄；下图为雄鸟，周彬康摄

翠金鹃

拉丁名：*Chrysococcyx maculatus*
英文名：Asian Emerald Cuckoo

鹃形目杜鹃科

　　体长约 17 cm，体形娇小。雄鸟头、上体及喉、胸金属翠绿色，腹部白色具绿色横纹。雌鸟头顶及后颈棕色，上体余部亦为绿色但比雄鸟暗淡；下体白色而有浅褐色横纹。

　　繁殖于东南亚北部，北至中国湖北，冬季南迁至马来半岛及苏门答腊。在南亚次大陆、中南半岛至苏门答腊，以及中国南方包括云南南部、西藏东南部和海南岛为留鸟。栖息于海拔 1200 m 以下的低地森林及次生林，数量稀少。

翠金鹃。左上为雌鸟，刘璐摄；下图为雄鸟，炊事班长摄

紫金鹃

拉丁名：*Chrysococcyx xanthorhynchus*
英文名：Violet Cuckoo

鹃形目杜鹃科

体长约 17 cm，与翠金鹃同为亚洲体形最小的杜鹃。雄鸟头、上体及喉、胸金属紫罗兰色，腹部白色具紫色横纹。雌鸟头顶和上体铜绿色，下体白色具铜色横纹。

分布于青藏高原东南部以及中国云南南部、印度阿萨姆、孟加拉国、缅甸、马来半岛及其岛屿和菲律宾，为稀有留鸟，最高分布海拔 1500 m。喜欢林缘地带。

 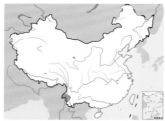

紫金鹃。左上图为雄鸟，下图为雌鸟。刘璐摄

乌鹃

拉丁名：*Surniculus dicruroides*
英文名：Fork-tailed Drongo Cuckoo

鹃形目杜鹃科

体长约 23 cm，中等体形。通体黑蓝色，尾羽呈叉状，与黑卷尾极为相似，但最外侧一对尾羽及尾下覆羽具白色横斑。

留鸟，分布于中国南方、青藏高原东南部、南亚次大陆和东南亚，最高分布海拔 2100 m。栖息于林缘以及平原较稀疏林地，以昆虫为食，尤其喜欢毛虫等鳞翅目昆虫幼虫，也取食植物果实和种子。

 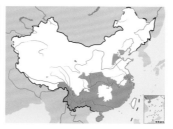

乌鹃。董磊摄

噪鹃

拉丁名：*Eudynamys scolopaceus*
英文名：Asian Koel

鹃形目杜鹃科

体长约 42 cm，体形较大。雄鸟通体亮蓝黑色，雌鸟全身褐色并满布白色斑点，下体有横斑。昼夜鸣叫，鸣声响亮清脆，音调越来越高，节奏越来越快，甚为激昂。

夏候鸟，繁殖于中国华中和澳大利亚；留鸟，分布于南亚次大陆、喜马拉雅山脉、中国华南和华东，以及整个东南亚，包括青藏高原东南部，最高分部海拔 1800 m。栖息于山地森林、丘陵或村边的疏林中，以昆虫为主食，也取食植物果实和种子。

 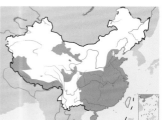

噪鹃。左上图为雌鸟，沈越摄；下图为雄鸟，赵纳勋摄

绿嘴地鹃

拉丁名：*Phaenicophaeus tristis*
英文名：Green-billed Malkoha

鹃形目杜鹃科

体长约 55 cm。通体绿灰色，头部的羽干坚硬如刺，眼周皮肤裸露呈红色，嘴绿色，凸尾型，中央尾羽特长，具白色端斑。雌雄相似。

留鸟，分布于喜马拉雅山脉、中国西南和华南、中南半岛，包括青藏高原东南部，最高分布海拔 1800 m。生活在热带和亚热带原始林、次生林、人工林以及灌丛环境，如松鼠般在密林的树枝间活动。以昆虫和小型无脊椎动物为主食，兼食果实和种子。

绿嘴地鹃。左上图沈越摄，下图周彬康摄

褐翅鸦鹃

拉丁名：*Centropus sinensis*
英文名：Greater Coucal

鹃形目杜鹃科

体长约 50 cm。身体黑色并带蓝色光泽，上背和两翼棕栗色。雌雄体羽相似。

留鸟，分布于南亚，喜马拉雅山脉、中国西南、华中、华东和华南，东南亚，包括青藏高原东南部边缘，最高分布海拔 2100 m。

 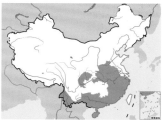

褐翅鸦鹃。左上图田穗兴摄，下图刘璐摄

小鸦鹃

拉丁名：*Centropus bengalensis*
英文名：Lesser Coucal

鹃形目杜鹃科

体长约 42 cm。全身黑褐色，翅栗色。

留鸟，分布于南亚次大陆、东南亚及中国长江中下游以南地区，包括青藏高原东南部。栖息于海拔 1800 m 以下的山谷间茂密的竹林中以及灌丛、草丛环境。

 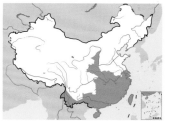

小鸦鹃。左上图为雄鸟，下图为雌鸟，时敏良摄

鹤类

鹤类

- ■ 鹤形目鹤科鸟类，全球共6属15种，见于除南美洲和南极洲以外的各大洲，东亚最多。中国有1属9种，是世界鹤类最多的国家，青藏高原有3种
- ■ 大型涉禽，腿、颈和喙长，翅大而宽，尾短，尾上覆羽发达，雌雄外形相似
- ■ 雏鸟早成，有迁徙习性
- ■ 美丽优雅，深受人们喜爱，对栖息地要求高，是动物保护的旗舰物种

类群综述

分类和分布 鹤类指鹤形目（Gruiformes）鹤科(Gruidae)的鸟类。鹤形目是个分布广泛的大家族，过去认为有 12 个科，最近的分类系统把其中的叫鹤科（Cariamidae）、拟鹑科（Mesitornithidae）、鹭鹤科（Rhynochetidae）、日鸦科（Eurypygidae）、鸨科（Otididae）和三趾鹑科（Turnicidae）归入了别的目。目前的鹤形目包含 6 科 50 属 168 种。其中日鹛科（Heliornithidae）、侏秧鸡科（Sarothruridae）、喇叭鹤科（Psophiidae）和秧鹤科（Aramidae）分布于南半球，秧鸡科（Rallidae）和鹤科为世界性分布。

鹤类是美丽而优雅的大型涉禽，分为冕鹤亚科（Balearicinae）和鹤亚科（Grainae）。冕鹤亚科仅 1 属 2 种，都分布在非洲撒哈拉沙漠以南，能够在树上停栖；鹤亚科 1 属 13 种，分布广泛，其后趾小而高位，不能与前三趾对握，因此不能栖于树上。

中国有 1 属 9 种，是世界上鹤类物种数最多的国家，青藏高原分布有 3 种：灰鹤 *Grus grus*、黑颈鹤 *G. nigricollis* 和蓑羽鹤 *G. virgo*。

栖息地 鹤类喜欢开阔的环境，大多数种类栖息于湿地，特别是繁殖期。在冬季，它们可以更多地依赖陆地栖息地，但这些陆地总是靠近水域的，比如河流两岸的农田。少数种类能在附近有水源的沙漠环境繁殖。

习性 除分布于热带地区的赤颈鹤 *Grus antigone* 为留鸟外，其他鹤类都是候鸟，多南迁或到低海拔越冬。平时多成家族群聚活动，直至迁徙。

食性 繁殖期，鹤类的食谱从无脊椎动物到小型脊椎动物；但在冬季，植物的根、茎则成为它们的主食。

繁殖 鹤类的交配系统是严格的单配制，配偶

左：鹤类是美丽而优雅的大型涉禽，黑颈鹤是青藏高原特有的鹤类，堪称高原明珠。图为对舞求偶的黑颈鹤。彭建生摄

右：大多数鹤类栖息于湿地。图为涉水而行的黑颈鹤，姿态十分优雅，头顶裸露的红色皮肤在简洁的黑白羽色衬托下显得格外醒目。彭建生摄

关系终身保持。不过，研究发现，在不能成功繁殖的情况下，也会有离婚和重新配对的现象发生。在繁殖期，鹤类常有仪式化的求偶炫耀行为，同时发出高亢的叫声。鹤的气管发达，卷曲于胸骨和胸肌间，有利于发声共鸣。

冕鹤 *Balearica* 的巢位于树上，其他鹤类的巢位于沼泽或浅湖孤岛草丛的地面上，这样可以逃避捕食者。巢呈简陋的皿状，以干草茎编成，或仅在土穴中垫以少许茎叶。窝卵数一般为 2 枚，但肉锤鹤 *Grus carunculata* 通常只有 1 枚，而冕鹤为 3～4 枚。雌雄共同分担筑巢、孵卵和照顾后代的责任。孵化期 28～36 天，刚出壳雏鸟被有暗色绒羽，短时间内即有离巢能力。但离巢的幼鸟尚需亲鸟照料 30 余天。

种群现状和保护 鹤类性成熟时间长，繁殖率低；每年要经历 2 次长距离迁徙；对栖息地要求也十分严格，非常容易受到环境变化的冲击。全世界 15 种鹤类中有 11 种被 IUCN 评估为易危（VU）、濒危（ENI）乃至极危（CR）物种。青藏高原的 3 种鹤类里，黑颈鹤为易危（VU），被列为国家一级重点保护动物；灰鹤和蓑羽鹤为无危（LC），被列为国家二级重点保护动物。

鹤类需要很大的生存空间，在其栖息地中可以兼容很多其他物种生存，并且为古今中外人们所喜爱，成为文化的象征，因而适于作为物种多样性保护的旗舰物种。在青藏高原，黑颈鹤就是这样一个旗舰物种，中国在多个繁殖地和越冬地都建立了自然保护区，同时也保护了青藏高原独特的生态系统。

鹤类为严格的单配制鸟类，配偶间通过仪式化的行为加深彼此的感情。图为正在对舞的蓑羽鹤。赵超摄

灰鹤
Grus grus

黑颈鹤
Grus nigricollis

蓑羽鹤
Grus virgo

灰鹤

拉丁名：*Grus grus*
英文名：Common Crane

鹤形目鹤科

形态 体长约 110 cm。体羽大都灰色，头顶裸露皮肤红色，自眼后有一道宽的灰白色条纹伸至颈背。

分布 繁殖地横贯欧亚大陆北部，越冬于欧亚大陆南部、中亚、东南亚和南亚次大陆；在中国，繁殖于新疆天山、东北地区西北部和东部，以及青藏高原。在青藏高原的繁殖地包括若尔盖、阿尔金山、西祁连山和南疆塔里木河流域。华北地区南部及其以南地区是灰鹤传统的越冬地，近年来在新疆、东北地区南部和青藏高原的雅鲁藏布江中游以及云南西北部发现大量越冬种群。青藏高原腹地的越冬灰鹤种群数量稀少，比如雅鲁藏布江中游通常记录的数量不到 10 只。迁徙季节，柴达木盆地包括青海湖流域是灰鹤重要的迁徙停歇地。

习性 迁徙时，数个灰鹤家族结伴而行，有时也有 40～50 只个体组成的群体。在越冬地集结成数百到数千只的大群。

繁殖 鸟类学家研究了新疆巴音布鲁克灰鹤的繁殖生态学。4 月初开始，它们陆续来到繁殖地，成对或以小群体活动。显然，繁殖鹤的配偶关系是早些年就确立了的，刚达到性成熟的灰鹤则是在越冬地结成伉俪，而那些小群体主要由性未成熟个体组成。灰鹤的巢建在沼泽深水区的岛状草丛中，由雌雄共同建造，如同一个直径 1 m 左右的干蔾草组成的草垛。

4 月下旬至 6 月上旬是灰鹤的产卵季节，每窝产卵 2～3 枚，平均 2.1 枚。卵土灰色，上面有褐色斑点。双亲轮流孵卵，换孵时，时常仰颈对鸣。如果有赤狐威胁，双亲起飞俯冲以抵御来犯者。孵卵持续 30 天，雏鸟出壳时身被驼色绒羽，跟随双亲在领地内活动。有研究者测量了 1 只约 55 日龄的幼鹤，其体重已达 2300 g，但依然不能起飞，飞行能力的获得需要 3 个月。

种群现状和保护 IUCN 评估为无危（LC），《中国脊椎动物红色名录》评估为近危（NT）。已列入 CITES 附录 II。在中国被列为国家二级重点保护动物。

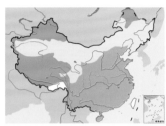

灰鹤。左上图为成鸟，沈越摄；下图每对右侧的为幼鸟，彭建生摄

黑颈鹤

拉丁名：*Grus nigricollis*
英文名：Black-necked Crane

鹤形目鹤科

形态 体长约 115 cm。体羽灰白色，但头、颈、飞羽和尾羽黑色，颈部的特征赋予它们的名字。头顶的红斑是裸露的皮肤，激动的时候面积会扩大。强有力的嘴长度达到 12 cm，有助于它们挖掘埋在泥土里的食物；腿修长，保证它们蹚过沼泽时身体不被水打湿。雌性和雄性有着同样的羽衣和色斑，不过雌鹤的体形稍微小一些。

分布 唯一繁殖在高原的鹤类，繁殖地散布于青藏高原冈底斯山和念青唐古拉山以北的广阔沼泽，包括最西端的克什米尔拉达克和最北端的甘肃盐池湾。越冬地在雅鲁藏布江中游和云贵高原，后者包括云南西北部的纳帕海、云南东北部的大山包和贵州西北部的草海；少数在不丹和印度北部越冬。2010 年 5 月 18 日，动物学家在新疆罗布泊海拔 790 m 的沼泽记录到 1 只成年黑颈鹤，这可能是目前黑颈鹤分布的最北端，也是海拔最低的一个纪录。看来，历史上"烟波浩淼"的新疆第一大湖罗布泊，很可能也是黑颈鹤的栖息之地。

栖息地 繁殖于青藏高原人烟稀少的沼泽，越冬栖息地包括沼泽和河谷，前者在云贵高原最为普遍，后者则以雅鲁藏布江中游和不丹纳凯曲河为典型。

习性 与所有候鸟一样，黑颈鹤每年往返于繁殖地和越冬地。繁殖结束后，黑颈鹤以家庭为单位活动，分散在繁殖地的广大区域，偶尔会有几个家庭走到一起，出现短时间的聚集，但并非真正意义上的集群。实际上，此时不同的家庭之间经常争夺领域。在东昆仑－阿尔金山地区的研究表明，这里的黑颈鹤 10 月上旬开始集群，群体规模持续增加，在 10 月底达到高峰，随后就开始集群迁徙。

相对于繁殖地，黑颈鹤越冬地固定在相对小的范围，这与它们集群过冬的行为和对栖息环境的要求有关。

食性 繁殖季节取食各种水草例如薹草和荸荠，也吃一些水生动物，有时，沙蜥和高原鼠兔也会成为它们的美食。迁徙途中的食物也是如此。在冬天，黑颈鹤以植物为主食，包括自然生长和人工种植的，仅吃少量小鱼等水生动物。在雅鲁藏布江中游过冬的黑颈鹤，主要食物来源是农田里收割后残留的青稞，也兼吃一些草根或水生植物。

繁殖 婚配制度为单配制，大多在越冬地就已经配对，也有一些刚刚性成熟的个体在繁殖地获得配偶。

4 月的某一天，黑颈鹤到达繁殖地。每一对鹤占据 2～4 km² 的领域。建巢前的一段时间，到处都能看到这样的场景：一对黑颈鹤前后相伴漫步于沼泽，不时互相展翅偎依，然后翩翩起舞，如曼妙的华尔兹或激情的探戈，时而引吭高歌，弯曲的气管就像一支管乐器，歌声嘹亮。之后，很可能进行交配。

它们筑巢于周围被水包围的草墩或岛屿状高地上。巢粗大扁平，有些巢天然而成，有些则是用周围草本植物堆积而成，产卵以及孵卵期间，还会不时添加巢材。窝卵数有 1～2 枚，多数 2 枚，每 2 天产 1 枚卵。卵淡青色，带有棕色斑点。

孵卵由双亲轮流承担。当一只亲鸟坐巢孵卵时，另一只在巢

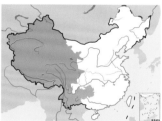

黑颈鹤。虽然主要以植物为食，但在繁殖季节也会捕食小型动物。左上图唐军摄，下图张静摄

青海隆宝滩黑颈鹤的繁殖参数	
繁殖期	4 月下旬至 6 月上旬
交配系统	单配制
巢址选择	沼泽地面
巢大小	外径 80.0 cm，内径 398.3 cm，高 10.6 cm，深 4.9 cm
窝卵数	1～2 枚
卵大小	长径 10.6 mm，短径 6.3 mm
新鲜卵重	200～245 g，平均 218 g
孵卵期	31～33 天

未成年的黑颈鹤，第 2 年秋天才脱下幼年的羽衣。目前还没有研究确定黑颈鹤性成熟年龄，估计需要 4～5 年。图为冬季一对亲鸟照顾当年的幼鸟。彭建生摄

甘肃盐池湾的黑颈鹤,把巢安置在沼泽深处,可以避免狐狸等天敌的靠近。张立勋摄

甘肃盐池湾的黑颈鹤,一枚未孵出的卵和一只刚刚来到世间的幼鹤;父母带着出生不久的幼鹤在沼泽间寻找食物。张立勋摄

周围200～300 m的地方觅食,同时警戒。经过约1个月的孵化,雏鹤出壳。刚出壳的雏鹤披有棕色绒羽,嘴肉红色,腿青灰色,眼睛睁得大大的。第2天父母就迫不及待地带领雏鹤离巢。起初,亲鸟捕捉小鱼、小蛙喂养总是乞食的雏鹤;后来,幼鹤逐渐学会自己寻找食物,并掌握了飞翔的本领。10月中下旬至11月,全家一起飞往越冬地。整个冬季,亲鸟依然照顾着这些不到1岁的后代。

社会组织 冬天,黑颈鹤以两种形式活动:家族和集群。家族由成鸟和它们的后代组成,具有领域性,常常独立于其他家族或群体。集群主要由接近成年的鹤组成,也有一些家族加入其中,从而形成大的群体,数量可以达到100只以上。不过,群体中来自同一个家族的成员更可能保持在一起。

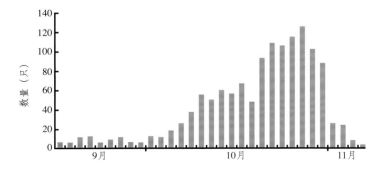

2011年东昆仑－阿尔金山依协克湿地黑颈鹤秋季迁徙前群体的形成

接近成年的黑颈鹤聚集在一起,为选择配偶提供了条件。在越冬地或春季迁徙途中,它们通过潇洒飘逸的舞蹈来求偶,互相挑选中意的配偶。春季北迁的时候,并非所有的越冬个体一起离开,而很可能以配偶或未配对个体组成的小群体方式迁徙。

到了繁殖地,上一年出生的幼鹤便独立生活了,它们通常与接近成年的鹤结为伙伴,形成5～30只的群体,而它们的父母则独自繁殖。在若尔盖繁殖地,5月记录到一个70只的黑颈鹤种群是这样组成的:18个繁殖对,占总数的51.4%;7只单只个体,占10.0%;占总数38.6%的27只个体形成3个非繁殖群体,群体大小分别是4只、8只和15只。

秋季迁徙之前,黑颈鹤以家族活动为主,分散在繁殖地的广大区域里。例如,在东昆仑－阿尔金山地区,9月份记录的68个单位158只鹤中,2只成鸟带着1只幼鸟和2只成鸟带着2只幼鸟分别占29.4%和4.4%,合计33.8%;1只和2只成鸟分别是5.9%和60.3%,合计66.2%。随后,这些家族单位开始会集。10月上旬,群体数量达到10余只;10月中旬,达到40～60只;10月下旬,群体数量增加到60只以上;10月29日达到最大值126只,并在当天开始以群体方式迁徙;3天以后,所有个体都离开了繁殖地。

种群现状和保护 黑颈鹤是青藏高原的旗舰物种,全球目前仅存11 000只左右,其中,不丹有300余只,印度几十只,其余都分布在中国境内。IUCN和《中国脊椎动物红色名录》均评

黑颈鹤。刘璐摄

估为易危（UV）。在中国被列为国家一级重点保护动物。已列入CITES附录Ⅰ。

人类活动的增加，繁殖地、迁徙停歇地和越冬地湿地面积减少和退化，使得这种美丽的高原鹤类的生存受到威胁。20 世纪 50 年代，云南很多低海拔地区以及缅甸、越南还有越冬黑颈鹤的存在，但现在已经绝迹。

中国政府为保护黑颈鹤付出了很大努力。目前，已经建立了多个专门保护黑颈鹤的自然保护区。其中，越冬地有贵州草海，云南大山包、会泽，雅鲁藏布江中游河谷 4 个国家级自然保护区，云南寻甸和纳帕海 2 个省级自然保护区；繁殖地有四川若尔盖、青海隆宝滩、西藏申扎和色林错 4 个国家级自然保护区。此外，黑颈鹤还是一些其他自然保护区的重要保护对象之一。

云南大山包黑颈鹤国家级自然保护区被列入国家湿地生态效益补偿试点单位，中央财政资金对湿地周边村民提供生态效益补偿，实施移民搬迁、退耕还林、退耕还草、退耕还湿等多个湿地保护恢复项目。通过有效的保护措施，大山包的黑颈鹤数量从1990 年的 200 多只增加到现在的 1200 多只。2010 年以来，若尔盖开始湿地恢复工程，黑颈鹤的数量从 600 多只增加到 1500 多只。这种变化让鸟类学家开始思考保护区环境容纳量这一更深层次的保护问题。

探索与发现 黑颈鹤是俄国探险家普尔热瓦尔斯基于 1876 年在中国青海湖发现的，是发现最晚的一种鹤类。鸟类学家认为，

在全球 15 种鹤中，黑颈鹤与丹顶鹤有最近的血缘关系。

1984—1989 年间，鸟类学家吴至康等共环志了 21 只黑颈鹤。其中，2 只在若尔盖繁殖地标记的个体，冬季出现在贵州草海；1 只在青海隆宝滩繁殖地标记的个体，冬季在云南纳帕海被观察到。

1998 年 2 月 12 日，国际鹤类基金会和日本野鸟协会合作，给在不丹越冬的 1 只黑颈鹤亚成体佩戴了卫星信号发射器。这只黑颈鹤向北迁徙，途中在西藏日喀则附近停留了 2 个月左右，然后继续北上，到西藏申扎繁殖。

2000 年 7 月，国际鹤类基金会在藏北高原环志了 18 只黑颈鹤幼鸟，其中的 2 只于 2004 年 3 月 6 日在西藏日喀则附近被发现。

2005—2007 年，中国鸟类学家与国际鹤类基金会合作，在云南大山包和贵州草海为 8 只越冬的黑颈鹤佩戴了卫星发射器，得到 10 条完整的春季迁徙路线和 5 条完整的秋季迁徙路线。3 月中旬至 4 月初，黑颈鹤离开越冬地，踏上春季迁徙的征程。它们首先飞越金沙江，折向西北，经过大凉山、邛崃山和大雪山交界地带，再沿大渡河河谷向北飞，最终到达若尔盖沼泽。整个过程历时 2～16 天，迁徙距离 568～852 km，最大日飞行距离418 km。10 月末至 11 月中旬，它们离开繁殖地，沿着春季迁徙的路线，历时 3～10 天，返回越冬地。

2015 年，兰州大学的鸟类学家对甘肃盐池湾的 2 只黑颈鹤进行卫星追踪，发现在这里繁殖的黑颈鹤在拉萨河谷过冬。

申扎自然保护区处于羌塘内流区南部宽广的湖盆地带，因位置偏南，气温稍高，有少量农田可种植青稞；年降水量300 mm。但受到冈底斯山顶冰川与积雪融化的补给，湖水矿化度低，适于水生生物生长和繁衍，尤其是低洼湖区内广泛分布着由大嵩草等组成的沼泽草甸滩地，加上巴汝藏布、永珠藏布等内流河，使这里发育着良好的湿地生态系统，成为黑颈鹤的理想的繁殖地。曹中阳摄

蓑羽鹤

拉丁名：*Grus virgo*
英文名：Demoiselle Crane

鹤形目鹤科

形态 体长约 80 cm，是鹤类中体形最小的。通体蓝灰色，眼先、头侧、喉和前颈黑色，前颈黑羽如缨，悬垂于胸部；颊部两侧各有一丛白色长羽，状若披发，故名之。大覆羽和初级飞羽灰黑色，内侧飞羽石板灰色，但羽端黑色。

分布 繁殖地位于欧亚大陆中部，包括黑海东部、蒙古和中国东北至西北广阔的草原和高原地带，越冬地在非洲东部、中国南方、东南亚和印度。以往文献记录，有大量蓑羽鹤在西藏南部过冬，但在近 20 多年的调查中并未在此发现其踪迹。在青藏高原，蓑羽鹤主要为旅鸟，虽然在青海更尕海 6—8 月期间也有记录。1988 年 9—10 月的 17 天时间里，研究者在青海湖泉湾记录到过境的蓑羽鹤 52 群，共计 6648 只个体。每年，有数万只蓑羽鹤途经青藏高原，飞越喜马拉雅山，到印度过冬。在穿越喜马拉雅山之前，除塔克拉玛干沙漠边缘的湿地外，再没有任何栖息地可以停留。

种群现状和保护 分布广泛，数量较多。IUCN 和《中国脊椎动物红色名录》均评估为无危（LC）。已列入 CITES 附录 II。在中国被列为国家二级重点保护动物。

探索与发现 1991 年日本野鸟协会与国际鹤类基金会合作，通过卫星跟踪的方法确认了蓑羽鹤秋季迁徙的路线。后来，瑞典皇家科学院的鸟类学家通过深入研究，得知每年有 5 万～6 万只蓑羽鹤穿越喜马拉雅山脉到达印度过冬，它们大多来自俄罗斯南部的卡尔梅克干草原。2008 年 6 月 1 日，中央电视台《我们的地球》播放了 BBC 录制的蓑羽鹤穿越珠穆朗玛峰全过程的纪录片，一时间不知感动了多少人。

10 月，俄罗斯南部的卡尔梅克干草原枯草摇曳，寒冷的冬天就要来临。一向孤僻的蓑羽鹤开始聚集，短短 10 多天里就形成一支 6000 只的队伍，其中包括许多不到 5 月龄的幼鹤。旷野上，蓑羽鹤紧挨在一起，一排排站立，沉闷的"嘎嘎"声响彻草原上空，就像一场生死大战前的悲壮宣誓。几分钟内，所有的蓑羽鹤在萧瑟的秋风中腾空而起，踏上了去往万里之遥的印度之旅。

11 月，历尽艰辛的蓑羽鹤来到塔克拉玛干沙漠边缘的湿地。要到达温暖的喜马拉雅山脉南麓，就必须穿越喜马拉雅山。喜马拉雅山脉是世界上最高大雄伟的山脉，这里雪峰连绵，寒冷无比，氧气稀少，暴风肆虐，被称为"鸟儿都飞不过去的高山"。

这一天，鹤阵向喜马拉雅进发，由此开始了动物界最神奇、最惊心动魄的穿越之旅。临近珠峰，呼啸的风雪如巨浪掀空，几乎把凄美单薄的羽阵淹没；漫天的鹤儿，如一片片飘飞的枯叶，悬浮在天宇间。强大的气流逼迫蓑羽鹤原路返回，它们相拥在山腰上，度过寒冷的夜晚。

新的一天开始了，蓑羽鹤再次披挂上阵，没有得到任何给养的它们，每一次扇翅都艰难无比，每一次托举都竭尽全力。这样的冲刺也许要尝试几天。期间，6000 多只蓑羽鹤中，至少有 4500 只因体力不支坠入万年冰涧中或丧生在金雕的利爪下。

自然选择成就了这生命的壮举。在有限的生命时间，阅尽无限的千山万水，体验极致的艰辛与快乐，获得整个精神境界的升华，这是生性羞怯、娴雅曼妙的闺秀鹤带给我们的人生启迪。

蓑羽鹤。沈越摄

秧鸡类

秧鸡类

- ■ 鹤形目秧鸡科鸟类，共38属143种，全球广布，是涉禽中种类最多、分布最广的科。中国有12属20种，青藏高原可见6属7种
- ■ 翅膀短圆，尾短，腿和脚趾长，雌雄外形相似
- ■ 雏鸟早成，许多类群有迁徙习性
- ■ 有些种类数量很大，是传统的猎禽，但目前一些种类也面临生存的威胁

类群综述

秧鸡类指鹤形目（Gruiformes）秧鸡科（Rallidae）的鸟类。秧鸡科进一步可分为两个亚科——噪大秧鸡亚科（Himantornithinae）和秧鸡亚科（Rallinae），前者仅1属1种，分布于西非；后者由38属142种组成，包括秧鸡、田鸡、苦恶鸟、水鸡、骨顶鸡等小型和中型涉禽。体色多为褐色、栗色、黑色、蓝灰色和灰色。喙通常细长，稍大于头长，有时略向下弯曲，也有的种类喙短而侧扁，或粗大呈圆锥形，董鸡属 Gallicrex、黑水鸡属 Gallinula 和骨顶属 Fulica 的前额还具有与喙相连的角质额甲。骨顶属的趾两侧延伸成瓣蹼用来游泳。

秧鸡类广泛分布于除极地和无水沙漠以外的地区，也见于海岛。在全北区分布的种类多迁徙到非洲、印度、南美越冬。热带种类为留鸟。中国有秧鸡类12属20种，其中6属7种见于青藏高原。

栖息于沼泽，"秧鸡"得名于它们常在稻田秧丛间活动的习性。性情羞怯，多在晨昏和夜间活动，善于快速步行，偶尔也作短距离飞行。非繁殖季节通常单独活动，繁殖期为季节性配对或以家庭活动。有一些种类在冬季集群，如黑水鸡属、紫水鸡属

Porphyrio、骨顶属。

细喙的种类在软土中或枯叶中探食，主食无脊椎动物；粗喙的种类能扯下植物，取食种子、核果、嫩枝、叶等，也吃无脊椎动物、小鱼、小鸟及其卵和雏鸟。

大多数种类为单配制，但也有一些是多配制或混交制，同一种种内包含多种交配系统、合作繁殖和同种巢寄生的情况也有发生，比如我们常见的黑水鸡 Gallinula chloropus 就是同种巢寄生的代表。巢通常位于挺水植被间的地面上，少数物种在树上筑巢。每年产卵1～2窝，每窝产卵5～10枚，孵化期13～34天。单配制情况下，双亲共同照顾后代；而多配制情况下，则仅由雌鸟孵卵和育幼。

许多秧鸡种群数量较大，是传统的猎禽。但许多分布于岛屿的种类生存状况不容乐观，一些种类已灭绝，如圣岛苦恶鸟 Porzana astrictocarpus、库岛田鸡 P. monasa 等。现存物种中也有33种被IUCN列为受胁物种，受胁比例高达23%，远高于世界鸟类平均受胁水平。

左：白骨顶是为数不多的在青藏高原繁殖的秧鸡类，在拥有大片芦苇荡的青海更尕海，繁殖初期白骨顶的数量至少有500只。图为在水面游弋的骨顶鸡，它的喙较粗，前额与喙相连处有白色的角质额甲。彭建生摄

右：在收割后的稻田里活动的西秧鸡。沈越摄

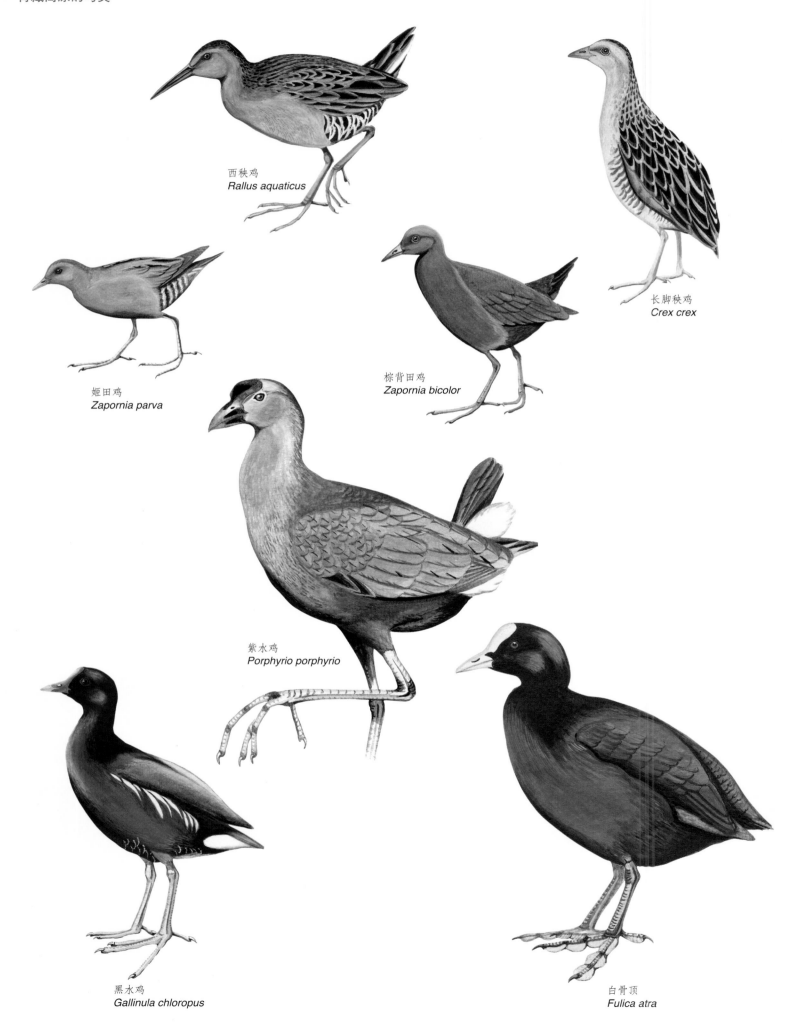

西秧鸡
Rallus aquaticus

长脚秧鸡
Crex crex

姬田鸡
Zapornia parva

棕背田鸡
Zapornia bicolor

紫水鸡
Porphyrio porphyrio

黑水鸡
Gallinula chloropus

白骨顶
Fulica atra

西秧鸡

拉丁名：*Rallus aquaticus*
英文名：Water Rail

鹤形目秧鸡科

体长约 29 cm。嘴长直而侧扁稍弯曲，鼻孔呈缝状。羽色暗，上体多纵纹，头顶褐色，脸灰色，眉纹浅灰色而眼线深灰色。颏白色，颈及胸灰色，两胁具黑白色横斑。亚成鸟翼上覆羽具不明晰的白斑。

作为夏候鸟，繁殖于欧洲、中东、中亚，包括青藏高原西南部，最高繁殖海拔 2000 m；在繁殖区以南越冬；欧洲南部有留居种群。

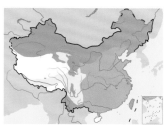

西秧鸡。左上图王尧天摄，下图沈越摄

长脚秧鸡

拉丁名：*Crex crex*
英文名：Corncrake

鹤形目秧鸡科

体长约 26 cm。眼先、颊部、耳区和眉纹为灰色，虹膜红褐色。头顶和上体淡灰褐色，具黑色斑纹。翅上覆羽和翅下覆羽为栗色。喉部和腹部白色，两胁具红褐色横斑。脚趾长，在湿地行走十分便捷，飞翔时长腿悬垂。

繁殖于欧洲、俄罗斯和亚洲中部，越冬在非洲和马达加斯加等地。在中国，它们繁殖于新疆天山和南疆塔里木河流域，迁徙期间曾经见于西藏班公湖。

长脚秧鸡。左上图关雪燕摄，下图郑秋旸摄

姬田鸡

拉丁名：*Zapornia parva*
英文名：Little Crake

鹤形目秧鸡科

体长约 19 cm。上体褐色，下体灰色，上有白色点斑。雌鸟下体羽色较浅，脸、颏及喉偏白。

繁殖于欧洲南部和东部、亚洲中部、俄罗斯中部和中国新疆天山及塔里木河流域，最高海拔 2000 m；越冬于非洲地中海沿岸、亚洲西部和印度西北部。

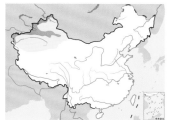

姬田鸡。左上图权毅摄，下图向文军摄

棕背田鸡

拉丁名：*Zapornia bicolor*
英文名：Rufous-backed Crake

鹤形目秧鸡科

体长约 20 cm。头和下体灰色，与橄榄色的上体对比明显，飞羽黑褐色，尾上覆羽白斑。雌雄相似。

留鸟，分布在东喜马拉雅山、东南亚北部和中国西南地区，包括西藏墨脱。栖息于海拔 2500 m 以下林缘小溪、湿地以及稻田。

 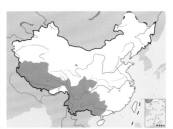

棕背田鸡。左上图罗永川摄，下图牛蜀军摄

紫水鸡

拉丁名：*Porphyrio porphyrio*
英文名：Purple Swamphen

鹤形目秧鸡科

体长约 44 cm。喙红色，额甲宽大，橙红色；脚趾长而有力，能抓住和操纵食物，这在秧鸡类中很特殊。体羽以紫色或蓝色为主，尾下覆羽白色。雌雄相似。

留鸟，广泛分布于欧亚大陆、非洲和大洋洲，但在中国仅见于云南西部和西南部，可能也包括西藏东南部。栖息于海拔 1500 m 以下挺水植被丰富的沼泽环境。

紫水鸡。沈越摄

利用粗大的喙撕扯植物取食莲藕的紫水鸡。郑康华摄

黑水鸡

拉丁名：*Gallinula chloropus*
英文名：Common Moorhen

鹤形目秧鸡科

形态 体长约 30 cm。通体羽毛以黑褐色为主，第 1 枚初级飞羽外翈及翅缘、两胁和尾下覆羽两侧白色，红色的额甲和喙是其典型特征。雌雄成鸟羽色相似，不过雌鸟稍小。

分布 除大洋洲外，遍及全世界。在中国，长江以北主要为夏候鸟，长江以南多为留鸟。在青藏高原东南部繁殖的黑水鸡属于夏候鸟。在拉达克地区，发现有小群体过冬。

栖息地 繁殖于有挺水植被的湿地，海拔从海平面到青藏高原的 4000 m 左右。

繁殖 青藏高原黑水鸡的繁殖信息，是从拉萨拉鲁湿地获得的。2001 年以来，武汉大学的卢欣开始关注海拔 3650 m 的西藏拉萨拉鲁湿地的水鸟，每年繁殖季节进行调查。2003 年以前，拉鲁湿地有大量牲畜自由进入，6.2 km² 的范围里有 1200 头牦牛，200 匹马。所以，几乎没有水鸟繁殖。之后，禁止放牧的第一年，也就是 2004 年，黑水鸡开始在这里繁殖。根据以往记录，黑水鸡在青藏高原的繁殖地在高原东北和西北，这是首次发现在高原南部繁殖。

它们的巢隐藏在密密匝匝的挺水植物丛里，这些植物距离水面的高度在 1～2 m。在一共发现的 18 个巢中，68% 在芦苇丛里，32% 在灯心草丛里。巢用草茎搭建，高出水面 13～31 cm。其中

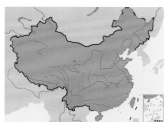

黑水鸡。左上图沈越摄，下图董磊摄

1 个巢中刚发现时已经有 5 枚卵，几天之后才出现另外 2 枚卵，很可能是同种巢寄生的结果。

由芦苇和蒲草组成的挺水植被对于许多水鸟的繁殖至关重要。在青藏高原，随着海拔升至 3500 m 以上，挺水植被就变得稀有了。位于拉萨市区边上的拉鲁湿地国家级自然保护区占地面积 6.2 km²，是一块不可多得的高原挺水植物宝地。卢欣在这里的研究，从 2001 年持续到 2007 年，见证了湿地保护对水鸟繁殖的呵护。

2003 年以前，虽然拉鲁湿地已经成为市级自然保护区，但依然是大型牲畜的牧场。因此，2 年的野外调查中只发现了 2 个绿头鸭的巢。从 2003 年开始，放牧受到限制，繁殖的黑水鸡随即在 2004 年现身；2007 年，白骨顶出现。而且，这 3 种水鸟的数量也大幅上升。2002 年一共发现 2 个巢，2004 年发现 30 个，而 2007 年达到 47 个。

拉萨拉鲁湿地黑水鸡的繁殖参数	
繁殖期	5 月下旬至 7 月上旬
繁殖海拔	3650 m
巢位置	挺水植物丛中
巢大小	外径 22.8 cm，内径 14.3 cm，高 21.3 cm，深 5.9 cm
窝卵数	6～10 枚，平均 7.8 枚
卵色	暗白色，有褐色斑点
卵大小	长径 41.3 mm，宽径 29.5 mm
新鲜卵重	20.4 g
孵卵期	20～22 天
繁殖成功率	68.8%

拉萨拉鲁湿地黑水鸡的巢和卵。卢欣摄

拉萨拉鲁湿地黑水鸡产第1枚卵的时间分布

不同年份在拉鲁湿地所发现的3种水鸟巢的数量				
年份	搜索时长（天）	发现的巢数		
		绿头鸭	黑水鸡	白骨顶
2001 年	6	0	0	0
2002 年	6	2	0	0
2004 年	13	19	11	0
2007 年	12	25	9	13

黑水鸡雏鸟。沈越摄

白骨顶

拉丁名：*Fulica atra*
英文名：Eurasian Coot

鹤形目秧鸡科

形态 体长约 40 cm。全身深黑灰色，仅飞行时可见翼上狭窄的白边；嘴和额甲白色。比黑水鸡小，但外观有相似之处。不过，二者并非同属物种。

分布 分布几乎遍及古北界，北方种群南迁至非洲、东南亚过冬，也见于澳大利亚、新西兰和新几内亚。繁殖于中国北方大部，冬季见于黄河流域及其以南。青藏高原全年都可以见到。青海更尕海芦苇荡面积广大，繁殖初期白骨顶的数量至少有 500 只。

栖息地 栖息于各种水域。除繁殖期外，迁徙时和冬季集群活动，常成数十甚至上百只的大群。一天的大部分时间游弋在水中，穿梭在稀疏的芦苇丛间或开阔水面上。

繁殖 2007 年，白骨顶作为繁殖鸟，首次现身拉萨的拉鲁湿地。它们的巢以弯折的芦苇或蒲草作基础，上面堆集截成小段的芦苇和蒲草，形状似圆柱体，可以随水面升降。孵卵由双亲轮流承担，孵化期 20 多天。雏鸟刚出壳时，全身被有黑色绒羽，头部橘黄色绒羽十分醒目，出壳后当天就能游泳。

探索与发现 种内巢寄生在水鸟中十分普遍，包括黑水鸡和白骨顶。寄生对宿主来说总是不利的。因此，宿主发展了各种反寄生行为。

通过对美洲骨顶鸡 *Fulica Americana* 的研究，人们对同种巢寄生行为的进化机制有了更为深入的认识。研究者发现，有高达 41% 的美洲骨顶鸡巢含有寄生卵。雌性亲鸟能够依据卵出现的时间和色斑，识别出大约 50% 的寄生卵。它们把这些外来的卵埋藏在巢材下面，或移到不利的孵卵位置，从而降低其孵化的可能性。更为奇特的是，在寄生的压力下，雌性美洲骨顶鸡演化出知道自己产卵数量的能力，会计算自己究竟应该去除多少其他雌性所产的卵。然而，它并不能识别所有的寄生卵，也会把其中一些当成自己的卵来孵化。每接受 1 个寄生卵，它自己就相应少产 1 个卵，从而达到它认为正确的窝卵数。

对拉萨地区白骨顶的研究中，并没有发现种内巢寄生的证据。那么，作为美洲骨顶鸡的同属成员，高海拔地区白骨顶的社会组织演化有独特之处吗？这有待研究者的解答。

白骨顶。左上图董磊摄；下图彭建生摄

拉鲁湿地白骨顶的繁殖参数	
繁殖期	5 月下旬至 6 月下旬
繁殖海拔	3650 m
巢位置	挺水植物丛中
巢大小	外径 31.6 cm，内径 20.2 cm，高 16.7 cm，深 6.0 cm
窝卵数	4～6 枚，平均 5.0 枚
卵色	暗白色，有褐色斑点
卵大小	长径 51.7 mm，短径 36.0 mm
新鲜卵重	35.0 g
繁殖成功率	42.9%

拉萨拉鲁湿地白骨顶的卵孵化期间遭受捕食。卢欣摄

拉萨拉鲁湿地白骨顶的巢和卵。卢欣摄

拉萨拉鲁湿地白骨顶产下第 1 枚卵的时间分布

鸻鹬类

鸻鹬类

- 鸻形目鸻亚目和鹬亚目的鸟类，是涉禽中物种数量最大的一类，全世界共14科54属226种，中国有9科26属79种，青藏高原有8科21属54种
- 喙或短或长，形状各异，翅尖长，腿长，多数雌雄羽色相似
- 鸻类大多表现社会性单配制的交配系统，双亲共同育幼；鹬类有多种交配系统，部分物种表现出典型的性转换现象
- 营巢于地面上，除少数物种外，窝卵数为恒定的4枚，雏鸟早成
- 大多为候鸟，是水鸟保护的重点对象

分类和分布

鸻鹬类是涉禽中最大的一类，是湿地生态系统的重要成员，指传统分类系统中鸻形目（Charadriiformes）鸻亚目（Charadrii）的鸟类。在最新的分类系统中，鸻形目被分为 3 个亚目：鸻亚目、鹬亚目（Scolopaci）和鸥亚目（Lari），传统鸻亚目中的燕鸻科（Glareolidae）被分到鸥亚目，其他鸟种则分别归为鸻亚目和鹬亚目。其中鸻亚目包括石鸻科（Burhinidae）、鞘嘴鸻科（Chionidae）、麦哲伦鸻科（Pluvianellidae）、埃及鸻科（Pluvianidae）、蛎鹬科（Haematopodidae）、鹮嘴鹬科（Ibidorhynchidae）、反嘴鹬科（Recurvirostridae）、鸻科（Charadriidae），共 8 科 22 属 102 种；鹬亚目包括领鹑科（Pedionomidae）、籽鹬科（Thinocoridae）、彩鹬科（Rostratulidae）、水雉科（Jacanidae）、鹬科（Scolopacidae），计有 5 科 27 属 107 种。再加上燕鸻科 5 属 17 种，鸻鹬类合计 14 科 54 属 226 种，中国有 9 科 26 属 79 种，青藏高原有 8 科 21 属 54 种，本书介绍其中 40 种。

燕鸻科 5 属 17 种，在欧亚大陆北部繁殖，在印度、东南亚、大洋洲和非洲过冬。中国有 1 属 4 种，青藏高原有普通燕鸻 *Glareola maldivarum* 与灰燕鸻 *G. lacteal* 2 种。主要取食昆虫，是蝗虫的天敌；飞行迅速但距离短，一般单次飞行距离仅 200～300 m，落地也很迅速，有时几乎呈垂直状，常在地面作短距离疾走。繁殖期常结成几百只的大群。

石鸻科 2 属 10 种，中国 2 属 2 种，青藏高原仅分布 1 种，即石鸻 *Esacus magnirostris*，但非常少见。

鞘嘴鸻科 1 属 2 种，过去称为鞘嘴鸥，喙似鹑鸡类，分布于亚南极地区的海岛。

麦哲伦鸻科 1 属 1 种，分布于南美洲南端。

埃及鸻科 1 属 1 种，分布于尼罗河和撒哈拉以南非洲地区。

蛎鹬科 1 属 9 种，中国青藏高原仅 1 种，即蛎鹬 *Haematopus ostralegus*。

鹮嘴鹬科 1 属 1 种，即鹮嘴鹬 *Ibidorhyncha struthersii*，是古北界唯一的非雀形目特有鸟科，青藏高原有分布。

反嘴鹬科 3 属 7 种，中国青藏高原分布有 2 属 2 种，即反嘴鹬 *Recurvirostra avosetta* 和黑翅长脚鹬 *Himantopus himantopus*。喙尖长而向上翘，在浅滩上来回横扫取食；常排成行，一起涉水围捕小鱼和甲壳动物。

鸻科 包括金鸻亚科（Pluvialinae）、鸻亚科（Charadriidae）和麦鸡亚科（Vanellinae），总计 12 属 71 种。鸻科鸟类数量众多，是重要的湿地鸟类。嘴形细狭，尖端具隆起；跗跖具网状鳞；趾不具瓣蹼；中爪不具栉缘。在湿地中常和鹬类混群在一起，与鹬类相比，鸻类的喙短而直，尾短而眼睛较大，有些种类颜色较鲜艳，一些麦鸡还有凤冠或肉垂。在高纬度繁殖的物种为候鸟，其中有些物种能迁徙到很远的地方越冬。除繁殖季节外，喜欢结群。以动物性食物为主，部分取食植物。中国有 4 属 18 种。环颈鸻 *Charadrius alexandrinus*、蒙古沙鸻 *C. mongolus* 在青藏高原较为常见，并且有大量的繁殖种群。

领鹑科 1 属 1 种，分布于澳大利亚。

左：鸻鹬类多为小至中型涉禽，其中鹮嘴鹬是典型的内陆河流栖息种，青藏高原是其重要的分布区。图为冬季在砾石河滩中觅食的鹮嘴鹬。彭建生摄

籽鹬科 2 属 4 种，分布于南美洲。

彩鹬科 2 属 3 种，表现出性作用反转现象，即雌鸟比雄鸟体形大且色彩艳丽。栖息于沼泽型草地及稻田，飞行时双腿下垂。中国青藏高原有 1 种，即彩鹬 *Rostratula benghalensis*。

水雉科 6 属 8 种，分布于中国南部、南亚次大陆、东南亚、澳大利亚、非洲、中美洲和南美洲。

中国有 2 属 2 种。

鹬科 16 属 91 种，嘴形直，有时微向上或向下弯曲，跗跖具盾状鳞，趾不具瓣蹼，飞行时颈与脚均伸直，雌雄相似。遍布全球，繁殖于北半球，越冬于南方，在温暖的地区为留鸟。中国有 12 属 50 种，其中红脚鹬 *Tringa totanus* 在青藏高原数量很多。

涉禽包括传统分类系统中鹳形目、鹤形目和鸻形目鸻亚目的鸟类，在北美也称滨鸟（Shorebirds）。它们没有游泳能力，依靠长长的腿在河流、沼泽和海边浅水区域活动。长腿可以保证它们的身体不会被水淹没，并能快步行走。许多种类的胫部没有羽毛，还有些种类，趾间基部有蹼，称为半蹼；有些种类比如秧鸡、水雉，脚趾细长，能在莲叶或浮萍上疾走。除了长腿，涉禽的另外一个显著特点是它们拥有长而尖的喙。依靠这样的喙，它们可以从水底和污泥中获得食物。鹳、鹤等大型涉禽的喙粗壮而先端尖锐，有如鱼叉，以鱼、蛙等水生动物为食，捕食方式是以静伺或潜行啄捕为主。鸻鹬类主要在海岸的潮间带或河湖岸边啄食螺类等小型水生生物，边行走边觅食，十分迅捷；它们的喙比较细弱，形态也随食性和取食方式的不同而有所不同。当然，长而灵活的颈部也增强了它们探测水中食物的能力。鹳形目与鹤形目鸟类为大型涉禽，外形和生活习性相近。但前者的后趾发达，能栖树握枝，后者后趾退化。与鹤类相似，鸻鹬类的后趾欠发达，因此它们都是地栖性涉禽。图为涉水觅食的黑翅长脚鹬。陈林摄

形态

鸻鹬类为小到中型涉禽，羽色平淡，体羽与栖息地环境吻合。喙的形态变异较大，或细或粗，或直或上翘或下弯，有些呈勺状，与食性相一致。颈和脚均较长，便于涉食于沼泽；趾间蹼不发达或没有，不善游泳。后趾短小或消失，存在时位置亦较其他趾稍高。翅形尖长，适于长距离飞行；第1枚初级飞羽退化，形狭窄，甚短小；第2枚初级飞羽较第3枚长或者等长，但麦鸡属 Vanellus 例外。三级飞羽特长。尾形多样，大多短圆，尾羽大都12枚。雌雄大多相似，但雄鸟的羽色比雌鸟稍微艳丽一些。

换羽 鸻科鸟类的头部羽毛在刚孵化时就开始换羽了，然而季节性换羽并不明显。金鸻属 Pluvialis 的一些鸟类，其头部、胸部及腹部上红色区域的羽色在繁殖季节要比冬季艳丽得多。迁徙能力极强的鸻属 Charadrius 鸟类往返于极地或亚极地、中纬度地区以及热带地区，下体羽色在繁殖季节更黑更亮，而在非繁殖季节则呈灰色。幼鸟羽色与成鸟没有显著的区别，所有幼鸟与新换羽的成鸟，上体羽色轮廓都有浅黄色到锈色的边缘。过了非繁殖季节，随着羽毛的生长，上体羽毛的边缘退化，几个月后，幼鸟便长成与成鸟一致的羽毛。在繁殖期前期，大部分鸻科鸟类仅进行部分换羽，尤其是起重要信号作用的部分体羽。大部分鸻科鸟类在非繁殖期的1/4阶段是进行完全换羽，这个时候，翅膀上的羽毛与尾羽也会更新。一些例子显示，换羽发生在繁殖地或繁殖后期迁徙的中途停歇地。飞羽换羽时，先换初级飞羽，等初级飞羽换羽完成一半时，接着便是次级飞羽、三级飞羽和尾羽。初级飞羽从"腕关节"开始换羽，由外向内依次进行换羽，次级飞羽由内向外进行换羽。完成翅膀上的完全换羽需要3～5个月的时间或延缓到更长。

鸻鹬类会进行季节性换羽，其中金鸻属鸟类是羽色季节性差异显著的代表类群。上图为繁殖季节的金鸻，上体的金色斑点十分艳丽，下体的黑色与体侧的白带也很醒目；下图为冬季南迁的金鸻，已经换上暗淡的非繁殖羽。沈越摄

栖息地和习性

鸻鹬类的生活环境多与湿地有关，包括海滨和淡水环境。迁徙季节，栖息于潮间带泥滩的鸻鹬类以滨鹬属 Calidris 为主，沙锥属 Gallinago 则隐匿于河道附近的沼泽之中。鸻属 Charadrius 种类更喜欢单独觅食或只在稀疏的群体中觅食；而不同种的鹬类更喜欢结成群体，这样可以共同获益，比如分散警戒压力和分享不同的取食策略。造成这种差异的原因是前者依赖视觉和快速跑动来搜寻沙滩表面的小型无脊椎动物，集群显然会造成较大的干扰；而后者埋头在泥水中搜寻食物，依赖嘴端敏感区的触觉感受器探测猎物，移动速度慢，彼此干扰较小，集群有利于防范天敌。

鸻鹬类少数为留鸟，而大部分进行长距离迁徙，一年内使用不同类型的栖息地，从苔原到海岸泥滩以及内陆草地。与鹬类不一样，鸻科鸟类在觅食地与夜宿地之间没有特殊的迁移行为，它们在觅食地里夜宿，在夜宿地里觅食。鸻科鸟类很少站在或坐在树上或灌丛的枝上，因其后趾很短或退化，无法抓握树枝。

鸻鹬类在迁徙季节的中途停歇地、觅食地和越冬地也会建立自己的领域，这种领域可能会维持几天、几周甚至几个月。一旦建立起自己的领域，同一个体会年复一年地返回到同一个地方。大部分种类白天活动于在短草堆和溪流附近建立的长期领域，但晚上会聚集在共同的夜宿地。非繁殖季节，鸻类在领域里还会有高度仪式化的领域竞争，而且不同种类之间的仪式很相似。

迁徙　鸻鹬类大多具有迁徙性，单独或集群迁徙，比如灰鸻经常集 30 多只的群体一起迁徙。不同物种也会一起迁徙，如灰鸻与红腹滨鹬、灰鸻与斑尾塍鹬的混合群体。

它们通常沿海岸线、河道迁徙，迁徙距离很长。研究表明，鸻亚目鸟类经过中国的迁飞途径大约可划分为 3 条：环太平洋路线，东亚－大洋洲路线，西伯利亚－中亚－西南亚／非洲路线。

迁徙途中，多数种类都要在中途停歇，以便补充能量。可是，有些种类却不是这样。2007 年 9 月，一只雌性斑尾塍鹬用了 8.2 天的时间，不吃不喝不睡觉，连续不停地飞了 11 587 km，从美国阿拉斯加斜跨太平洋飞到了新西兰，打破了同类大杓鹬从澳大利亚东部迁徙到中国时创下的 6400 km 的连续飞行纪录，展示了鸟类惊人的能力。

春季成群迁徙的黑腹滨鹬。许志伟摄

鸻鹬类

鹬类的觅食方式多样，与此相适应，它们的喙形态各异，而鸻类通过视觉觅食，因此往往具有相对较大的眼睛

A：勺嘴鹬的喙先端延展呈勺状，可以有效地滤食。陈林摄

B：反嘴鹬的喙细长且向上反曲，在水面左右扫动，捕食蠕虫和甲壳动物。徐永春摄

C：正在觅食的金眶鸻，大大的眼睛在金色眼眶的衬托下显得更加有神。彭建生摄

食性　鸻鹬类的喙形状各异，细长、粗短、平直、下弯、上翘、先端膨大，这与其食性和觅食方法有关。比如反嘴鹬的喙，像一根黑色的钢丝向上弯成优雅的弧度，上翘到了极限，在滩涂上、在浅水中搜寻猎物时，它的上翘长喙左右地扫动，捕食蠕虫和甲壳动物。勺嘴鹬则利用自己的优势，在扫动觅食的同时还可以有效地滤食。杓鹬、塍鹬、沙锥、半蹼鹬、滨鹬等大多采用"触摸式"觅食，可以在淤泥中搜寻猎物；翻石鹬，顾名思义，常常在石块下面寻找食物；鹮嘴鹬的喙适于在山间溪流的鹅卵石隙中捕食底栖生物；瓣蹼鹬则是利用其特有的"旋转式"游泳技巧，将水下生物淘出水面；燕鸻更善于在空中像燕子一样一边快速飞行一边捕捉昆虫。

所有鸻类都是专性视觉搜寻者，经常以快速行走的方式觅食，能够从地表下面猎取无脊椎动物。在夜间弱光照条件下，也能够有效捕食。鸻科鸟类的腺胃比肌胃要小得多，仅占整个胃的10%，因此无法储存大量食物，需要持续捕食。

鸻鹬类白天和晚上都会觅食，但是日取食节律受食物状况和捕食者的影响变化很大。它们主要以蚯蚓、甲壳类、蜘蛛、昆虫、鱼类等动物性食物为食，有些种类也取食浆果、种子等。大部分的鸻科鸟类一般是在地表面等待着猎物的出现，然后快速移动追逐小猎物并吞食；如果没有等到猎物，它们便会变换新的姿势继续等待食物的出现。有些种类为了增加捕食率，常常采用挖陷阱的方法。

交配系统和繁殖

　　大部分鸻类遵守一雌一雄制，但有些鹬类具有多样的婚配和育雏模式。一雌多雄制和性角色变换在一些鹬类中比较流行，也就是雄鸟身体不如雌鸟强大，雌鸟会寻找雄鸟，与雄鸟交配后，就在对方筑好的巢中产卵，之后的孵化和育雏任务留给雄鸟承担。许多在北极圈附近繁殖的物种喜欢采取这种策略，一只雌鸟与多只雄鸟交配并快速产下多窝卵，分别由多只雄鸟孵化和抚育，以便繁育更多的后代，这是对短暂繁殖期的一种适应。

　　在繁殖期，大部分鸻科鸟类并不群居，常常成对分离出去，有时也会以小群繁殖对为单元分离出去，每一对都建立自己的繁殖领域。鸻鹬类的繁殖领域很小，且相邻领域的间距很近。巢筑于地面上，结构很简单，有时仅在地面挖个小坑，没有任何铺垫。窝卵数 2～4 枚，其中许多种类产恒定的 4 枚卵。卵通常比较大，例如中杓鹬每枚卵的质量可以达到繁殖雌鸟体重的 12 %。较大的卵对雏鸟的早熟和快速独立十分有益。孵化期通常为 21～30 天，相较于同等体形的其他鸟类而言，孵化时间偏长。雏鸟均为早成性。鸻鹬类的繁殖周期是一年一窝，但是在第 1 窝繁殖失败后也能选择再次繁殖。有些种类在高纬度地带繁殖，由于繁殖季节短暂，第 1 窝繁殖失败后就来不及产第 2 窝卵了。

种群现状和保护

　　作为依赖湿地生活的候鸟，鸻鹬类的种群状态受到广泛关注。由于全球尤其是东亚地区湿地的丧失和退化，许多鸻鹬类的种群数量正在下降。在中国，除了一些新记录种外，鸻鹬类均已列入保护名录，但除了铜翅水雉 *Metopidius indicus*、小杓鹬 *Numenius minutus*、小青脚鹬 *Tringa guttifer* 和灰燕鸻 *Glareola lactea* 是国家二级重点保护动物，其他仅为三有保护动物，其中包括被 IUCN 列为极危（CR）的勺嘴鹬 *Calidris pygmeus*，濒危（EN）的大杓鹬 *Numenius madagascariensis* 和大滨鹬 *Calidris tenuirostris*，亟需加大保护力度。多数鸻鹬类在青藏高原为旅鸟，受到的关注不多，但作为东亚－澳大利西亚迁徙路线和中亚迁徙路线的重叠区域，青藏高原对鸻鹬类的意义值得进步一关注。

鸻鹬类亲鸟在发现天敌接近巢区时会表现出强烈的"拟伤"行为，作受伤状抖动翅膀，试图将天敌引离巢区，以保护巢中的雏鸟。图为表现"拟伤"行为的普通燕鸻。颜重威摄

鸻鹬类

鸻鹬类多数为早成鸟，雏鸟孵出后就可以随亲鸟进行短距离活动，但体温调节机制尚未完善，仍需亲鸟抱暖以维持体温。图为钻入亲鸟腹下取暖的环颈鸻雏鸟。颜重威摄

juv.

ad.

普通燕鸻
Glareola maldivarum

chick and eggs

juv.

ad.

灰燕鸻
Glareola lactea

石鸻
Burhinus oedicnemus

♂

♀

chick

彩鹬
Rostratula benghalensis

鹮嘴鹬
Ibidorhyncha struthersii

蛎鹬
Haematopus ostralegus

凤头麦鸡
Vanellus vanellus

黑翅长脚鹬
Himantopus himantopus

♂

♀

反嘴鹬
Recurvirostra avosetta

juv.

br.

金鸻
Pluvialis fulva

juv.

br.

灰鸻
Pluvialis squatarola

长嘴剑鸻
Charadrius placidus

juv.

br.

br.

juv.

金眶鸻
Charadrius dubius

non-br.

non-br.

♂

br.

♂

♀

非br.

non-br.

♂

br.

non-br.

环颈鸻
Charadrius alexandrines

br.

蒙古沙鸻
Charadrius mongolus

juv.

铁嘴沙鸻
Charadrius leschenaultii

针尾沙锥
Gallinago stenura

丘鹬
Scolopax rusticola

孤沙锥
Gallinago solitaria

扇尾沙锥
Gallinago gallinago

br.

non-br.

半蹼鹬
Limnodromus semipalmatus

non-br.

br.

黑尾塍鹬
Limosa limosa

小杓鹬
Numenius minutus

白腰杓鹬
Numenius arquata

br.

non-br.

鹤鹬
Tringa erythropus

红脚鹬
Tringa tetanus

泽鹬
Tringa stagnatilis

br.

青脚鹬
Tringa nebularia

白腰草鹬
Tringa ochropus

br.
林鹬
Tringa glareola

矶鹬
Actitis hypoleucos
br.

翘嘴鹬
Xenus cinereus

non-br.
红颈滨鹬
Calidris ruficollis
br.

翻石鹬
Arenaria interpres
non-br.

br.
青脚滨鹬
Calidris temminckii
non-br.

红腹滨鹬
Calidris canutus
br.
non-br.

long趾滨鹬
non-br.
长趾滨鹬
Calidris subminuta
br.

non-br.
尖尾滨鹬
Calidris acuminate
br.

br.
黑腹滨鹬
Calidris alpina
non-br.

♂ br.
♂ br.
♂
non-br.
♂
流苏鹬
Calidris pugnax
br.

普通燕鸻

拉丁名：*Glareola maldivarum*
英文名：Oriental Pratincole

鸻形目燕鸻科

体长约 25 cm。上体棕灰色，尾羽叉状，白色，尖端黑色。喉部皮黄色，外围一圈黑色环带，尤其在繁殖期更为显著，胸棕灰色，腹白色，胸腹之间为浅橙色。

繁殖于亚洲北部，越冬于亚洲南部和大洋洲。在青藏高原主要为迁徙过境鸟。

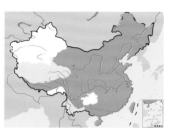

普通燕鸻繁殖羽。杨贵生摄

灰燕鸻

拉丁名：*Glareola lactea*
英文名：Small Pratincole

鸻形目燕鸻科

体长约 18 cm。上体沙灰色，下体白色，胸皮黄色。尾平，白色，近端部有黑色楔形斑。

分布于阿富汗东部、南亚至东南亚，以及中国西南边缘，在青藏高原见于西藏东南部的丹巴河谷，最高繁殖海拔 750 m。

灰燕鸻。左上图罗永川摄，下图Jason Thompson摄（维基共享资源/CC BY 2.0）

石鸻

拉丁名：*Burhinus oedicnemus*
英文名：Eurasian Thick-knee

鸻形目石鸻科

体长约 41 cm。上体黄褐色并有灰色条纹，腹白色。虹膜黄色，眼上下各有一道宽白纹。喙基部黄色，先端黑色。

分布于非洲和欧亚大陆及其附近岛屿。在青藏高原为留鸟，见于西藏东南部，最高分布海拔 1000 m。栖息于植被稀疏的开阔地带，相对远离水源。

石鸻。沈越摄

彩鹬

拉丁名：*Rostratula benghalensis*
英文名：Painted Snipe

鸻形目彩鹬科

体长约 25 cm。头顶和上体黑褐色，颏、喉和上胸棕栗红色，眉、翅和上胸有宽的白带，下体白色。有性作用反转现象，雌鸟比雄鸟体形大且羽色艳丽。

多为留鸟，分布于非洲大陆、马达加斯加、东南亚、印度和澳大利亚等地。在中国，留居于西南和沿海地区，曾经记录于珠穆朗玛峰北麓的卡达河谷。

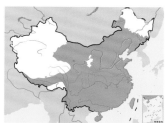

彩鹬。左上图为雄鸟，赵纳勋摄；下图左雄右雌，颜重威摄

蛎鹬

拉丁名：*Haematopus ostralegus*
英文名：European Oystercatcher

鸻形目蛎鹬科

体长约 45 cm。体羽以黑白两色为主。嘴红色，较长而强，适于开启坚硬的贝壳获取食物。腿亦为红色。

在欧亚大陆北方繁殖，南方越冬。在中国，繁殖于北方沿海，越冬于华南和东南沿海及台湾地区。1932 年 9 月 6 日在西藏南部曾有一记录，可能为迷鸟。

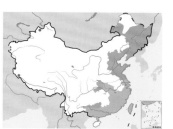

蛎鹬。左上图沈越摄，下图范忠勇摄

彩鹬是鹬类中性作用反转现象的典型代表，雌鸟明显比雄鸟体形大且羽色艳丽。图为一对彩鹬，后方的雌鸟正紧紧跟随雄鸟守卫自己的配偶。许志伟摄

鹮嘴鹬

拉丁名：*Ibidorhyncha struthersii*
英文名：Ibisbill

鸻形目鹮嘴鹬科

形态 体长约 40 cm。顾名思义，其喙像朱鹮一样长而下弯。繁殖期羽色相对于冬季较为鲜艳，身体灰色，远看就像河滩里的一块鹅卵石；前额、头顶、脸、颏和喉均为黑色，并且连成一片，周围镶有白色窄边；飞羽黑褐色，飞翔时可见两翼各有一大块白斑；胸部具宽阔的黑色横带，看似黑色项链。暗红的喙、粉红的脚也是其显著特征。雌雄羽色相似但雌鸟体形略大。

分类 曾经把鹮嘴鹬跟黑翅长脚鹬、反嘴鹬一起列入鸻形目反嘴鹬科。而现在的观点是，它应当独立成为鹮嘴鹬科，因此，鹮嘴鹬科就成为古北界的 5 个特有鸟科之一，而且是单型科，鹮嘴鹬为该科中的唯一物种。

分布 留鸟，分布于中国、中亚、喜马拉雅山脉及其周边地区。青藏高原是鹮嘴鹬的分布中心。

栖息地 栖息于山地、高原和丘陵地区多砾石的河流沿岸。栖息地海拔跨度从东部的近海平面到西部高山地区的海拔 4500 m 左右。

习性 在四川稻城海拔 3700～3900 m 的稻城河，全年栖息于流速较缓，并有宽阔的砾石河滩和河心岛的河段，水深10～15 cm，砾石的直径多数在 10～20 cm。晚上栖息在离水较近的砾石滩。夏季栖息河段内的遇见率为每千米 1.24 只。冬季可形成 12 只左右的群体，繁殖期群体会分散开，每个繁殖对会占领一段砾石河滩。

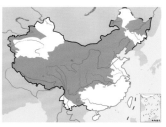

鹮嘴鹬喜欢生活在多卵石的河道。沈越摄

鹮嘴鹬主要以各种小型水生生物为食。徐健摄

食性 喙长而下弯，用以探寻石头下面的食物。卵石下隐藏的大量底栖动物，包括节肢动物、小鱼和蛙类，都是鹮嘴鹬的食物。在四川稻城冬季觅食地调查的 50 个样方中，检测到可供鹮嘴鹬取食的食物共 9 类，其中石蛾幼虫、石蝇幼虫和甲壳类合计占 91.8 %。觅食频率为每分钟（18.4 ± 2.4）次，其中获得食物的频率平均是每分钟 5.4 次，成功率 29.4 %。底栖动物的多少会直接影响鹮嘴鹬投入觅食的时间和能量。如果环境中没有充足的底栖动物，它们就会放弃觅食地。

探索与发现 虽然没有被列入濒危物种，但鹮嘴鹬却比很多濒危鸟类还难以见到。因此，它也成为观鸟爱好者追随的目标。

稻城河从海拔 4400 m 的海子山流淌出来，蜿蜒曲折。2003年冬天，王楠在这条河里第一次见到了鹮嘴鹬，一种令人兴奋的鸟儿。随后他查找了关于这个物种的研究文献，发现几乎没有人研究过它，于是决定深入了解。

2008 年开始，王楠和几个学生在稻城河搜集鹮嘴鹬的生态学信息。在 130 km 的河段上，他们记录每一只遇见的鹮嘴鹬所处的环境、栖息地点的水深和流速、砾石数量，同时也在河边记录它们做什么、吃什么，甚至还在寒冷的冬季调查了 50 多处鹮嘴鹬取食点，翻开水中的石头寻找它们可能取食的底栖动物，把这些猎物收集起来进行鉴定和计数。这样的工作持续了 2 年。

通过这些野外数据，他们认为食物是影响鹮嘴鹬栖息地选择的关键因素，它们喜欢有砾石滩的河段，并且要求砾石大小适中，因为石块大小直接影响它们是否能使用长而下弯的喙有效地获取食物。而这样的河段只有在特殊的落差、水量和地质条件下才有可能出现。

鹮嘴鹬生态位狭窄，虽然分布范围很广，但实际分布面积有限，种群密度很低。好在稻城的河流没有任何的开发和污染，底栖动物丰富。可是，这种适合鹮嘴鹬和其他物种生存的栖息地正在日益减少。

黑翅长脚鹬

拉丁名：*Himantopus himantopus*
英文名：Black-winged Stilt

鸻形目反嘴鹬科

体长约 37 cm。体羽为黑白两色，喙黑色，长长的腿红色，使得身材显得格外修长。

繁殖于欧洲东南部、中亚，越冬于非洲和东南亚，偶尔到日本。在中国，繁殖于东北和华北北部，迁徙途经中国大部，一些留在广东、香港和台湾过冬。曾经于 8 月记录于西藏然乌湖，近些年来在拉萨地区、那曲和高原东北部的水鸟调查中没有遇见。

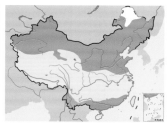

黑翅长脚鹬。左上图为雄鸟繁殖羽，沈越摄；下图为非繁殖羽，宋丽军摄

反嘴鹬

拉丁名：*Recurvirostra avosetta*
英文名：Pied Avocet

鸻形目反嘴鹬科

体长约 40 cm。与黑翅长脚鹬同在反嘴鹬科，但在不同的属。体羽黑白两色，以其细长上翘的喙而与众不同，寻找食物时用长而上翘的喙在水里扫来扫去。与多数鸻鹬类不同，反嘴鹬趾间有蹼，因此除了在浅水中踱步外，也善于游泳。

繁殖于欧亚大陆北部，越冬于南部。在中国，繁殖于东北和华北北部，迁徙途经中国大部，部分留在南部沿海过冬。曾经于 4—5 月记录于青藏高原南部，近些年来在拉萨地区、那曲和高原东北部的水鸟调查中没有遇见。

反嘴鹬。沈越摄

凤头麦鸡

拉丁名：*Vanellus vanellus*
英文名：Northern Lapwing

鸻形目鸻科

体长约 30 cm。黑褐色的头顶上几缕细长的"凤头"是它独一无二的特征。上体披着泛金属光泽的墨绿色羽衣，前 3 枚初级飞羽的羽尖染白色，尾羽白色，并有宽阔的黑色端带；胸部黑色，腹部白色。雌雄体形和羽色相似。

在欧亚大陆北方繁殖，南方过冬。在中国繁殖于东北地区，在长江以南和东南沿海过冬，西到四川、贵州和云南。在青藏高原为旅鸟，记录于拉萨拉鲁湿地、那曲和高原东北部的青海湖等地区。

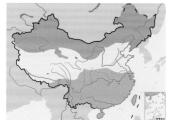

凤头麦鸡。左上图为繁殖羽，沈越摄；下图为非繁殖羽，杨贵生摄

金鸻

拉丁名：*Pluvialis fulva*
英文名：Pacific Golden Plover

鸻形目鸻科

体长约 25 cm。繁殖羽上体黑褐色，背上有金黄色斑点，故名之；下体从喉至腹黑色；体侧有一条醒目的白带自前额开始经眉、再沿颈侧而下与胸侧相连。非繁殖期羽色多呈黄色。

在欧亚大陆北部及阿拉斯加西北部繁殖，越冬于非洲东部、印度、东南亚及大洋洲。在中国越冬于 25°N 以南的沿海地区。在青藏高原为旅鸟，8—9 月在青海湖等湖泊记录到 31～57 只，但春季只有 1～2 只的记录。

金鸻。左上图为繁殖羽，下图为非繁殖羽。沈越摄

灰鸻

拉丁名：*Pluvialis squatarola*
英文名：Grey Plover

鸻形目鸻科

体长约 28 cm。眉纹灰白色，上体银灰色，有深褐色斑点，故也名灰斑鸻；繁殖期下体黑色，故又有黑腹鸻之称。非繁殖期下体则变为白色。雌雄羽色相似。

在全北界北部繁殖，越冬于亚热带及热带沿海，在中国华东、华南沿海是常见的冬候鸟。为青藏高原的稀有过客，8—9 月在青海湖有 2～10 只的记录。

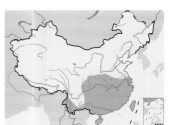

灰鸻。左上图为非繁殖羽，沈越摄；下图为繁殖羽，杨贵生摄

集群的金鸻。杨贵生摄

长嘴剑鸻

拉丁名：*Charadrius placidus*
英文名：Long-billed Plover

鸻形目鸻科

体长约 22 cm。上体灰褐色，下体白色；前额白色，头顶前端黑色，眉纹白色，后颈的白色领环与额、喉的白色相连，胸带黑色，外侧尾羽羽端白色。雌雄体形和羽色相似。

繁殖于东北亚，包括中国华中和华东，冬季迁至中国 32°N 以南以及东南亚，包括四川、云南和西藏交界地区，9 月曾在若尔盖的花湖观察到 5 只。

金眶鸻

拉丁名：*Charadrius dubius*
英文名：Little Ringed Plover

鸻形目鸻科

体长约 16 cm。最明显的特征是金黄色的眼圈；前额、眉纹白色，额基和头顶前部为黑色；上体褐色，下体白色，有一道白色领圈，外接黑色领圈。

繁殖于欧亚大陆，越冬于非洲、东南亚和印度，但在一些地区全年都出现。在中国的繁殖区域包括华北、华中、东南、四川、云南以及西藏南部，在华南沿海过冬。在青藏高原北部为旅鸟，数量稀少，4 月在若尔盖的花湖发现 1 只，4—6 月在青海湖见到 1～4 只，8 月见到 2 只，7—8 月在西藏羌塘观察到 2 只。

长嘴剑鸻。沈越摄

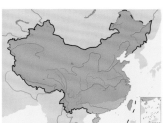

金眶鸻。左上图为繁殖羽，沈越摄；下图为非繁殖羽，董磊摄

金眶鸻幼鸡。沈越摄

环颈鸻

拉丁名：*Charadrius alexandrines*
英文名：Kentish Plover

鸻形目鸻科

形态 体长约 16 cm，在鸻类中算是小型种类。雄鸟上体棕灰色，头顶棕红色，前额及眉纹白色，过眼纹黑色，后颈有一道白色领圈；下体白色，胸部有黑色或棕色斑。雌鸟与雄鸟体色近似，但头顶、前额横斑和颈环均为棕褐色。在中国东部沿海繁殖个体的腿及跗趾淡粉色，而青藏高原的个体多为灰黑色。

分布 繁殖于欧洲西部至东亚之间的海岸和盐水湖畔，多数种群南迁越冬。共有 4 个亚种。其中最常见的是指名亚种 *C. a. alexandrines*，在中国北方的沿海和内陆地区均有繁殖，可能在中国东南部、西南地区及南亚越冬。华东亚种 *C. a. dealbatus* 繁殖于华南沿海至中南半岛，也有人把该亚种当作一个独立的物种，即白脸鸻 *C. dealbatus*。遗传研究证实，繁殖于青藏高原的种群为指名亚种。

栖息地 在青藏高原，通常在咸水湖边平缓的沙地和砂石地繁殖，如青海湖、鄂陵湖等。目前纪录的最高繁殖海拔为 4700 m。冬季偶见于藏南、藏东南和滇西北的低海拔河谷地带。

习性 迁徙时集群。根据野外观察，青海湖环颈鸻总数量从 4 月的 31 只一直增长到 8 月的 388 只，9 月降至 62 只，到了 10 月观察到 167 只。4 月在若尔盖的花湖观察到 40 只，而 9 月仅为 4 只。7—8 月在西藏羌塘 8 个地点共观察到 70 只。

食性 食性很广，不同地区种群的食物偏好差异较大，但通常都是本地容易获取的高蛋白动物性食物。在中国东部的亚热带沿海地区，环颈鸻的食物主要是小型蟹类、潮间带底栖动物。在青藏高原，环颈鸻的食物以蝇类的幼虫、水生甲虫、双翅目昆虫为主，这些食物在环颈鸻的繁殖季节相对丰富且容易获得。

繁殖 通常为单配制，每年繁殖 1～2 次，繁殖失败后会重新筑巢繁殖。在青藏高原，5 月中旬开始繁殖。多在咸水湖畔平缓的沙地或砂石地营地面巢。筑巢的工作由雄鸟承担，通常会用脚刨 2～5 个不同的浅坑供雌鸟选择。以不同颜色小石子装饰在巢的周围，偶尔会用风干的泥块或碎草茎，有研究认为这可能是为了给巢提供保护色。巢到水边的直线距离不会超过 500 m。

环颈鸻窝卵数为 2～4 枚，多数是 3 枚，每天产 1 枚卵。但受天气影响，产卵期的气温降到 10 ℃ 以下时产卵的间隔时间会延长。青藏高原种群的卵大小为 33.11 mm×3.47 mm，孵化期为 26～28 天。雌雄双方都参与孵卵，雌鸟在白天孵卵，而雄鸟多在下午和夜间孵卵，很少轮换，雄鸟的总体孵卵时间略多于雌鸟。在青藏高原，因气候多变，昼夜温差较大，雌鸟偶尔会在较为温暖的下午离巢觅食，此时由雄鸟代为孵卵。

卵的孵化率较低，为 20% 左右，孵化失败的主要原因是巢被畜群踩踏、人工捡拾鸟卵或人为干扰导致弃巢、成鸟或雏鸟被天敌捕食。

雏鸟早成，出壳时身上即长有稀疏的绒羽。约 1 天后，雏鸟便可跟随父母到湖畔自行觅食。雏鸟体羽通常为浅黄色或浅棕色，具深色斑点，不同地区的雏鸟羽色略有差异。青藏高原种群的雏鸟整体羽色较深，以灰黑色为主色调；而在中国南方沿海地区繁殖的种群雏鸟羽色则较浅，以浅棕为主色调。研究者猜想这可能与对繁殖区地面背景颜色的适应有关。

环颈鸻的雏鸟身体长满绒羽，但保暖能力依然较差，需要亲

青海湖东部环颈鸻的繁殖参数	
繁殖期	5 月中旬至 7 月中旬
海拔	3300～3500 m
巢基支持	地面
巢大小	8～9 cm
窝卵数	2～4 枚，平均 2.1 枚
卵色	浅棕色，有褐色斑
卵大小	长径 33.1 mm，短径 23.5 mm
孵化期	26～28 天
育雏期	20～30 天
孵化率	20.0%

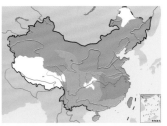

环颈鸻。左上为繁殖期雄鸟，杨贵生摄；下图为雌鸟，董磊摄

青藏高原的环颈鸻在咸水湖畔平缓的沙地或砂石地营地面巢，巢周边通常有石块修饰，窝卵数通常为 3 枚。刘阳摄

巢被畜群踩踏是影响青海湖环颈鸻繁殖成功率的主要因素。中山大学鸟类生态与进化研究组摄

环颈鸻雌雄共同孵卵，白天主要由雌鸟孵卵，雄鸟多在下午和夜间孵卵。图为正在孵卵的雌鸟。中山大学鸟类生态与进化研究组摄

孵卵期间，亲鸟需要调整卵的位置以保证胚胎的热量需要。中山大学鸟类生态与进化研究组摄

鸟暖雏才能存活。天敌或人类接近雏鸟的活动区域时，亲鸟会表现出强烈的"拟伤"行为，表现为全身扑在地上，不断抖动翅膀，试图将天敌或人类引开。雏鸟此时则趴在地面一动不动，利用羽毛的保护色保护自己。在研究过程中，通过观察亲鸟的行为，可以较容易地找到已经孵化的雏鸟。

探索与发现 动物交配系统的演化一直是行为生态学研究的热门领域。以往的研究显示，生活在不同地区的环颈鸻种群雌雄两性的繁殖投入差异很大。是什么因素导致了种内繁育制度的巨大差异呢？研究者们很自然地猜想，也许是不同环境下气候、食物等重要生态因子的差异，影响了环颈鸻的繁殖成功率，从而迫使不同种群选择不同的繁殖策略。在气候适宜、食物丰富的地区，比如沿海，环颈鸻采取单亲抚育制度。而在气候多变、食物匮乏的高海拔地区，双亲应当一起协作，增大对于后代的投入。顺着这个设想，中山大学鸟类生态与进化研究组决定去青藏高原研究环颈鸻的繁殖制度。

青藏高原那么大，去哪里找环颈鸻呢？通过查阅文献和观鸟报告，研究组把目标锁定在青海湖。2013年6月，研究组来到

青海湖，那时油菜花刚刚开放。在湖区东部，有很多平坦的砂质和土质滩地，在这里，他们发现了几个繁殖群体，每个群体都有20～30对亲鸟。

直到2015年，研究组才正式系统地开展对青海湖环颈鸻繁殖生态的研究工作。每年5月上旬开始，环颈鸻从越冬地迁到青海湖，研究人员也如期而至。环颈鸻开始孵卵之后，遇到人为干扰亲鸟就会表现出"拟伤"的行为，研究者通过这个行为判断它们巢的大概位置。在找到巢之后，他们使用网笼捕捉成鸟，进行个体标记。在繁殖早期，比如刚开始产卵时，如果受到较大的干扰，环颈鸻的亲鸟往往会弃巢，1～2周后重新开始产卵繁殖。在繁殖的中后期，比如已经孵卵10天以上，亲鸟受到干扰的概率则较小。研究者使用红外相机、小型自动温度记录机来收集它们的孵卵节律等数据。

这项研究才刚刚起步，很多问题仍然在探索中。比如，青藏高原环颈鸻的食物能量、天敌压力、群体的性别比例与低海拔种群相比有什么显著差别？这些因素继而如何影响双亲的繁殖投入？研究者们期待能够更深入地了解这种繁殖制度的适应性。

蒙古沙鸻

拉丁名：*Charadrius mongolus*
英文名：Mongolian Plover

鸻形目鸻科

形态 体长约 20 cm。喙较铁嘴沙鸻短，但明显长于环颈鸻。繁殖期具醒目的黑色前额和贯眼纹、白色喉部以及棕红色的胸带，上体余部为棕灰色，下体为白色。东部沿海个体黑色的额部中央为白色，青藏高原的个体额部黑色。非繁殖期羽色较为平淡。

分布 繁殖于中亚至东北亚，在非洲、印度、东南亚、大洋洲过冬。全球共有 5 个亚种，在中国皆有分布。依照繁殖地的分布区和形态差别，可以分为两大支：①西伯利亚支系，该支系雄性繁殖期前额中央有白色斑，包含 2 个亚种：指名亚种 *C. m. mongolus*，繁殖于西伯利亚东部和俄罗斯远东，迁徙时经过中国东部，少量个体越冬；台湾亚种 *C. m. stegmanni*，繁殖于楚科奇半岛、勘察加和千岛群岛北部，迁徙时经过中国台湾，部分种群在台湾越冬。②青藏高原支系，该支系所有亚种雄性繁殖期前额无白色，包含 3 个亚种：新疆亚种 *C. m. pamirensis*，繁殖于新疆西北部、天山山脉和昆仑山脉，越冬于非洲东部和印度西部沿岸；西藏亚种 *C. m. atrifrons*，繁殖于青藏高原南部和喜马拉雅山地区；青海亚种 *C. m. schaeferi*，繁殖于青藏高原东部往北至内蒙古高原中部。

在青藏高原，蒙古沙鸻为夏候鸟。根据野外调查，4 月青海湖记录到 44 只，5 月 54 只，而 10 月只有 20 只。7—8 月在西藏羌塘观察到的总数量为 521 只。

繁殖 一雌一雄制，双亲共同孵卵。每年繁殖 1 次，每窝产卵 2～3 枚，卵大小为 36.39 mm×25.78 mm。初步观察发现，雌鸟通常在白天孵卵，雄鸟多在夜间孵卵，自然孵化率为 75%。

探索与发现 对于蒙古沙鸻的分类，一直存在不同的意见。西伯利亚支系和青藏高原支系的繁殖区不相连，这两个支系在羽色、越冬地和迁徙线路上也存在显著的不同，因此在青藏高原及新疆繁殖的蒙古沙鸻很可能是一个独立物种，由于青藏高原的隆起带来了强烈的地理隔离，促使这一地区的种群演化成独立物种。对于青藏高原蒙古沙鸻的分类地位正在研究中。

铁嘴沙鸻

拉丁名：*Charadrius leschenaultii*
英文名：Greater Sand Plover

鸻形目鸻科

体长约 21 cm。与蒙古沙鸻非常相似，但体形稍大，喙更长而粗厚，且缺乏领环或胸部横纹。

在中东、中亚和蒙古繁殖，越冬于非洲沿海、印度、东南亚和大洋洲。在中国繁殖于新疆和内蒙古，迁徙经中国全境，少量在广东、海南和台湾地区沿海越冬。在青藏高原地区主要为旅鸟，数量稀少，5 月在青海湖记录到 1 只。

青藏高原的蒙古沙鸻。左上图为非繁殖羽，彭建生摄；下图为繁殖羽，曹宏芬摄

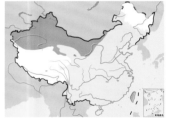

铁嘴沙鸻。左上图为繁殖羽，杨贵生摄；下图为非繁殖羽，沈越摄

丘鹬

拉丁名：*Scolopax rusticola*
英文名：Eurasian Woodcock

鸻形目鹬科

体长约 36 cm。体羽以黑褐色、红锈色和浅白色斑纹为主，喙长且直，腿短，飞行时嘴朝下，姿态笨重。单独生活，白天隐藏在潮湿的树林或灌丛里，黄昏和夜晚到水域觅食。

分布于欧亚大陆温带和亚北极地区，在中国繁殖于北方，越冬于 32°N 以南地区。以往在拉萨等地有记录，但近些年在青藏高原各地的水鸟调查中没有遇见。

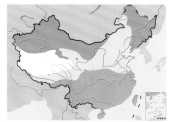

丘鹬。白天在灌丛或树林中藏匿。沈越摄

孤沙锥

拉丁名：*Gallinago solitaria*
英文名：Solitary Snipe

鸻形目鹬科

体长约 30 cm。体羽棕色、深褐色和白色斑纹相间；喙长而直，基部灰色，前端黑色；飞行时脚不伸出于尾后。

在东亚北部、喜马拉雅山脉及中亚地区繁殖，越冬于巴基斯坦至日本及堪察加半岛的山麓地带。在中国，繁殖于东北地区，越冬于长江流域及其以南。以往在西藏拉萨、林芝等地冬季采集过标本。

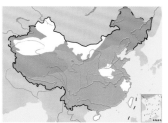

孤沙锥。左上图沈越摄，下图董磊摄

针尾沙锥

拉丁名：*Gallinago stenura*
英文名：Pintail Snipe

鸻形目鹬科

体长约 25 cm。体羽棕色、深褐色和白色斑纹相间，嘴长而直，基部黄绿色，端部黑褐色，最外侧 7 枚尾羽狭窄呈针状。

繁殖于欧亚大陆北部，冬季南迁至印度、东南亚。在中国大部分地区为旅鸟，越冬于沿海地区。秋季在青海湖、然乌湖有记录。

针尾沙锥。左上图袁晓摄，下图董磊摄

扇尾沙锥

拉丁名：*Gallinago gallinago*
英文名：Common Snipe

鸻形目鹬科

体长约 26 cm，比针尾沙锥稍大，体羽与针尾沙锥相似，但次级飞羽有白色较宽的后缘，外侧尾羽宽度正常。

繁殖于古北界，南迁至非洲、印度、东南亚越冬。在中国大部分地区为旅鸟，越冬于沿海地区。在青藏高原主要为旅鸟，数量稀少，5 月在青海湖出现过 1 只，秋季在拉萨地区有过记录。

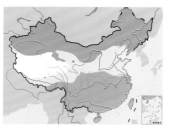

扇尾沙锥。左上图沈越摄，下图杨贵生摄

半蹼鹬

拉丁名：*Limnodromus semipalmatus*
英文名：Asiatic Dowitcher

鸻形目鹬科

体长约 35 cm。前三趾间基部具蹼，尤以中趾和外趾间蹼较大。繁殖羽全身以锈红色为主，并有暗褐色斑点；非繁殖羽红褐色消失，全身以灰褐色为主。

繁殖于西伯利亚并东延至阿拉斯加，越冬于东南亚、美国西部和南部沿海以及南美洲。在中国繁殖于东北地区，迁徙期见于中国大部，8 月在青海湖记录到 19 只。

半蹼鹬。左上图宋丽军，下图颜重威摄

黑尾塍鹬

拉丁名：*Limosa limosa*
英文名：Black-tailed Godwit

鸻形目鹬科

体长约 42 cm。喙直，基部橙色，前端黑色；眉纹白色，头、颈、上背和胸棕色，胸侧黑褐色，腰和尾白色，尾端部黑色；两翅覆羽灰褐色，飞羽黑色，内侧初级飞羽外侧具宽阔的白色基部，次级飞羽白色，仅末端黑色，在翅上形成宽阔的白色翅斑，飞行时十分明显；下体白色，有褐色斑点。非繁殖期上体棕色部分变为灰褐色。

繁殖于全北界北部，越冬于非洲、印度、东南亚和大洋洲；繁殖地包括中国东北和新疆，迁徙途经中国华北、华中和华东，部分在华南、海南岛和台湾地区过冬。在青藏高原为旅鸟，4 月在青海湖记录到 54 只，5 月 36 只，9 月 199 只，10 月则达 474 只；8～9 月在更尕海和可鲁克湖也有 15～50 只的记录。

黑尾塍鹬。左上图为繁殖羽，下图为非繁殖羽。杨贵生摄

飞行的黑尾塍鹬，可见黑色的尾羽端部，有别于斑尾塍鹬。沈越摄

小杓鹬

拉丁名：*Numenius minutus*
英文名：Little Curlew

鸻形目鹬科

体长约 30 cm。喙较长而向下弯曲，基部橙色，端部褐色；头顶黑褐色，有明显的冠纹；上体浅褐色，有深褐色斑，尾羽有黑褐色横斑；胸部浅褐色，有细的深褐色斑点；腹部白色，两胁有黑褐色横斑。雌雄羽色相同，雌鸟体形稍大。

繁殖于西伯利亚和蒙古，越冬在印度尼西亚至澳大利亚一带。迁徙途经中国，近年也有繁殖于内蒙古和宁夏的报道。在青藏高原为旅鸟，9～10 月在青海可鲁克湖记录到 10 余只。

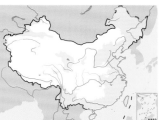

小杓鹬。相比其他杓鹬，小杓鹬更偏爱草地生境。沈越摄

白腰杓鹬
拉丁名：*Numenius arquata*
英文名：Eurasian Curlew

鸻形目鹬科

　　体长约 55 cm。喙长且向下弯曲；头、颈、上体和前胸浅褐色，有细密的褐色纵纹，飞羽有褐色横斑，腰、尾上覆羽和尾羽白色，有黑褐色横纹；腹和两胁白色，有黑褐色斑。

　　繁殖于欧亚大陆北部，在欧洲南部、非洲、东南亚和印度越冬。在中国繁殖于东北地区，越冬于长江中下游及其以南地区和东部、南部沿海；在青海湖 3—10 月都有记录，4 月最多，为 38～60 只，其余月份不超过 10 只。

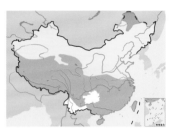

白腰杓鹬。飞行时腰和尾上覆羽的白色明显，与大杓鹬相区别。沈越摄

鹤鹬
拉丁名：*Tringa erythropus*
英文名：Spotted Redshank

鸻形目鹬科

　　体长约 30 cm，喙细长而尖直，腿红色，故也称红脚鹤鹬；整体以黑褐色为主，满布白色斑点。下背、腰和尾上覆羽白色，下腰和尾上覆羽有黑褐色横斑，尾暗灰色，有白色横斑。非繁殖期上体黑褐色变为灰褐色，下体黑褐色变为白色，与红脚鹬非常相似，但体形较大，灰色较深。

　　繁殖于北极，越冬于地中海、非洲、波斯湾、东南亚和印度；在中国新疆有繁殖记录，迁徙季节见于中国大部，长江流域及其以南越冬。在青藏高原为旅鸟，4 月在青海湖遇见 3 只，7—10 月有 1～2 只。11 月曾在拉萨见到单只个体。

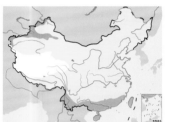

鹤鹬。左上图为繁殖羽，整体黑褐色；下图为非繁殖羽，整体偏灰白。沈越摄

在草地上觅食的白腰杓鹬。宋丽军摄

红脚鹬

拉丁名：*Tringa tetanus*
英文名：Common Redshank

鸻形目鹬科

形态 体长约 28 cm。橙红色的腿是其最典型的特征，由此得名。喙基部红色。上体褐灰色，下体白色，胸具密集的褐色纵纹，飞翔时可见次级飞羽明显的白色外缘。

分布 繁殖于欧亚大陆，冬季南迁到欧洲南部、非洲、印度和中南半岛等地。在中国繁殖于东北、西北和青藏高原，迁徙途经华北、华东及华南，在长江流域及南方各地、海南岛、台湾地区过冬。分布海拔从 0～4800 m。在拉萨地区，冬天也会见到少量个体。

栖息地 栖息在各种湿地，包括海滩、沼泽及稻田。

习性 通常结小群活动，也与其他水鸟混群。性机警，飞行时发出激越的鸣叫。

繁殖 英国西北部的研究发现红脚鹬的交配系统为社会性单配制。在上一年标记并返回到原繁殖地的个体中，有 6% 保持配偶关系不变，9% 离婚并各自找到新的配偶。年龄大的个体开始繁殖的时间早，产的卵也大。

青藏高原的红脚鹬数量很多，对其繁殖行为的研究却很有限。武汉大学的卢欣在拉萨地区的研究发现，红脚鹬的巢多位于沼泽中小土丘稠密的草丛间。与其他鸻鹬类一样，所有巢的窝卵数都是 4 枚。双亲共同孵卵。在瑞典东部的哥得兰岛，鸟类学家发现，

孵卵期间红脚鹬亲鸟的体重呈线性下降，由此可见双亲为繁殖所付出的代价。因为没有进行个体标记，青藏高原红脚鹬的社会行为是否有其特殊性尚未可知。

青藏高原拉鲁湿地红脚鹬的繁殖参数	
繁殖期	5 月中旬至 6 月中旬
巢址选择	沼泽中小土丘稠密的草丛间
海拔	2600 ～ 4718 m
巢基支持	地面
巢大小	外径 12.1 cm，深 5.9 cm
窝卵数	4 枚
卵色	白色，具有红褐色斑点
卵大小	长径 46.1 mm，短径 31.3 mm
新鲜卵重	21 ～ 24 g

拉鲁湿地佩戴旗标的红脚鹬。旗标的颜色表示它是在新加坡被环志的。曹宏芬摄

 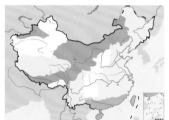

红脚鹬。上下嘴基均为红色，有别于鹤鹬的非繁殖羽。左上图为繁殖羽，沈越摄；下图为亚成体，杨贵生摄

泽鹬

拉丁名：*Tringa stagnatilis*
英文名：Marsh Sandpiper

鸻形目鹬科

　　体长约 23 cm。额白色，眉纹白色，头顶、颈侧和上体为浅灰白色，有暗色纵纹，飞羽淡黑褐色；下体白色。非繁殖羽较暗淡。繁殖于欧亚大陆北部，越冬于其南部，包括东南亚和大洋洲。在中国繁殖于东北地区，迁徙途经中国大部分地区，台湾地区有越冬种群。在青藏高原为旅鸟，数量稀少，在青海湖 5 月遇见 2 只，8 月 14 只，9 月 1 只。

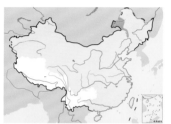

泽鹬。左上图为繁殖羽，沈越摄；下图为非繁殖羽，杨贵生摄

青脚鹬

拉丁名：*Tringa nebularia*
英文名：Common Greenshank

鸻形目鹬科

　　体长约 32 cm。上体灰褐色，密布白色与黑褐色条纹，腰和尾上覆羽白色，飞行时十分明显；下体白色，喉和胸有黑色纵斑；腿青灰色，飞行时伸出尾外。冬季羽色较暗，喉和胸的黑色纵斑消失。

　　繁殖于古北界北部，越冬于非洲南部、南亚次大陆、东南亚和大洋洲。在中国为冬候鸟，见于长江以南。在青藏高原为旅鸟和冬候鸟，分布广但数量少，主要出现在夏末及整个秋季。7—9 月在若尔盖、可鲁克湖和更尕海记录到 1~4 只，西藏羌塘记录到 5 只；青海湖数量较多，8 月记录到 29 只，9 月 45 只，10 月 11 只，12 月 2 只；拉萨地区冬季有 2~8 只的记录。

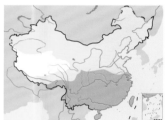

青脚鹬。左上图为繁殖羽，沈越摄；下图为非繁殖羽，董磊摄

正在打斗的 2 只泽鹬。颜重威摄

白腰草鹬

拉丁名：*Tringa ochropus*
英文名：Green Sandpiper

鸻形目鹬科

体长约 23 cm。黑色眼线仅到眼先；上体黑褐色，具细密的白色斑点，腰和尾白色，尾具黑色横斑；飞行时，黑色的翼和白色的腰形成鲜明对比；下体白色，胸部具黑褐色纵纹。非繁殖羽偏灰色，胸部纵纹淡褐色。

繁殖于欧亚大陆北部，越冬于其南部。在中国东北和新疆为夏候鸟，长江流域以南的广大地区为冬候鸟。在青藏高原为旅鸟，分布广但数量少，在青海湖 5 月记录到 2 只，8 月 11 只，10 月 7 只；6 月在青海可鲁克湖发现 1 只，7—8 月在西藏羌塘 3 个不同地点共记录到 7 只，11 月在拉萨地区也见到少量个体。

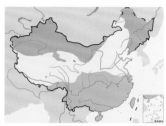

白腰草鹬，起飞时可见黑色的翼和白色的腰形成鲜明对比。左上图沈越摄，下图彭建生摄

林鹬

拉丁名：*Tringa glareola*
英文名：Wood Sandpiper

鸻形目鹬科

体长约 21 cm。黑色眼线过眼，眉纹白色；头灰褐色，颈侧灰白色；上体灰褐色，密布浅黄色斑点，腰和尾白色，尾端有黑褐色横斑；下体白色，上胸有黑褐色纵纹。冬季上体羽色更深一些，背部斑点减少，胸部褐色纵纹变浅。

繁殖于欧亚大陆北部，越冬于其南部以及东南亚和大洋洲。在中国繁殖于东北地区、河北北部和新疆西部，迁徙经过中国大部，在东部和南部沿海以及贵州和云南有越冬种群。在青藏高原地区主要为旅鸟，在高原东北部的湖泊，4—5 月记录到 5~6 只，7 月 10 只，8 月 31 只，9 月 6 只，10 月 10 只；7—8 月在西藏羌塘 3 个不同地点共记录到 8 只；冬季在拉萨地区偶尔遇见 1~2 只。

林鹬。左上图为繁殖羽，沈越摄；下图为非繁殖羽，董磊摄

矶鹬

拉丁名：*Actitis hypoleucos*
英文名：Common Sandpiper

鸻形目鹬科

体长 20 cm。眼圈白色，深褐色贯眼纹直达眼后，眉纹白色；上体褐色，飞行时，翼上的白带和尾侧的白色横斑十分明显；下体白色，上胸具黑色细纵纹，胸腹部的白色延伸到翼前。

繁殖于欧亚大陆，越冬于欧洲南部、非洲、中东、南亚次大陆、东南亚和大洋洲；在中国繁殖于东北和西北地区，越冬于长江流域及其以南地区。在青藏高原主要是旅鸟，但 4—10 月都有记录。在若尔盖 4 月记录到 190 只，10 月仅为 3 只；在青藏高原东北部的几个湖泊，各月都能遇见 1~6 只；7—8 月在西藏羌塘 5 个不同地点共观察到 16 只；冬天在拉萨也观测到少数个体。

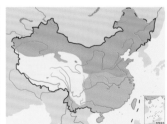

矶鹬。左上图为繁殖羽，杨贵生摄；下图为非繁殖羽，董磊摄

翘嘴鹬

拉丁名：*Xenus cinereus*
英文名：Terek Sandpiper

鸻形目鹬科

体长约 23 cm。喙较长并微向上翘；贯眼纹黑褐色，眉纹白色，上体灰褐色，头、颈部有深褐色纵纹，飞羽黑褐色，外侧尾羽白色；下体白色。繁殖期上体两侧从肩部到尾部形成两条非常明显的黑色纵带，非繁殖期则消失。

繁殖于欧亚大陆北部，越冬于东非、波斯湾、东南亚和澳大利亚；在中国主要是旅鸟，青藏高原数量稀少，6—9 月在青海湖和可鲁克湖偶见 1～2 只，在西藏羌塘记录到 4 只。

翘嘴鹬。左上图沈越摄，下图冯启文摄

翻石鹬

拉丁名：*Arenaria interpres*
英文名：Ruddy Turnstone

鸻形目鹬科

体长约 20 cm。体羽以黑色、白色和红棕色为主，容易发现与鉴别；喙黑色且短，因此取食行为与其他鹬类不同，不是将喙插入泥土中而是翻开石头，寻找下面的猎物，故名之。非繁殖期上体棕色部分大多变为暗褐色，胸部黑色变为黑褐色。雌鸟羽色较暗。

繁殖于北极圈冻原带，越冬于非洲、亚洲、大洋洲及南美洲的热带地区；迁徙途经中国，包括青藏高原，但数量稀少。

 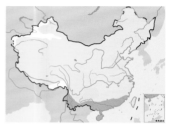

翻石鹬。上图为非繁殖羽，沈越摄；下图为繁殖羽，颜重威摄

正在掀开蚌壳取食的翻石鹬。颜重威摄

红腹滨鹬

拉丁名：*Calidris canutus*
英文名：Red Knot

鸻形目鹬科

体长约 24 cm。上体灰褐色，眉纹红棕色，头顶、枕及后颈有细密的黑色纵纹，背部有红棕色和灰色斑纹；头侧和整个下体为红棕色，下腹中央和尾下覆羽白色。非繁殖期上体的红棕色被灰色取代，下体白色。

繁殖于北极和近北极地区，越冬于北海、西非、东南亚、大洋洲和南美洲。在中国主要为旅鸟，黄渤海地区是其在东亚－澳大利西亚迁徙路线上重要的停歇地。7—8 月在西藏羌塘记录到 20 余只。

红腹滨鹬。上图为非繁殖羽，董江天摄；下图为繁殖羽，沈越摄

红颈滨鹬

拉丁名：*Calidris ruficollis*
英文名：Red-necked Stint

鸻形目鹬科

体长约 15 cm。头、颈和上胸为红棕色，上体灰褐色，翼上覆羽为黑褐色，有红褐色和白色斑纹；腹部白色；非繁殖期上体的红棕色变为灰褐色。

繁殖于西伯利亚北部冻原地带，在菲律宾、大洋洲过冬。在中国迁徙途经东北地区和东部沿海，越冬于东南地区和广东沿海。在青藏高原主要为旅鸟，5 月在更尕海记录到 34 只，青海湖 57 只，8 月在青海湖记录到 17 只；7—8 月在西藏羌塘记录到 20 只。

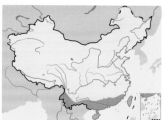

红颈滨鹬。上图为繁殖羽，沈越摄，下图为非繁殖羽，范忠勇摄

青脚滨鹬

拉丁名：*Calidris temminckii*
英文名：Temminck's Stint

鸻形目鹬科

体长约 14 cm。头、颈、上体和胸暗灰色，有棕色条纹，飞羽黑褐色，大覆羽有白色翼斑，尾羽外侧白色；腹部白色。非繁殖期体羽的棕色斑纹消失。

在北极苔原地区繁殖，大多在北回归线与赤道附近越冬。在中国大部分地区为旅鸟，在东部和南部沿海以及云南有越冬种群。在青藏高原为旅鸟，在若尔盖的花湖春季记录到 20 只；在青海湖 5 月记录到 87 只，而 10 月为 279 只，同期青海的其他湖泊不超过 70 只；7—8 月在羌塘共记录到 700 只，其中热帮错就有 500 只。

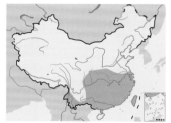

青脚滨鹬。上图为繁殖羽，宋丽军摄；下图为非繁殖羽，董磊摄

长趾滨鹬

拉丁名：*Calidris subminuta*
英文名：Long-toed Stint

鸻形目鹬科

　　体长约 14 cm。最明显的特征是有较长的趾，中趾长度超过喙长；头、颈、上体包括翅棕褐色，具较粗的黑褐色纵纹和细的白色斑纹；胸浅灰色，具细密的纵纹，腹部白色。冬季体羽变为浅棕色，粗的斑纹依然明显。

　　繁殖于西伯利亚，越冬于东南亚、印度和澳大利亚；在中国主要为旅鸟，在东部和南部沿海有越冬种群，数量稀少。在青藏高原，5 月在青海湖记录到 1 只，7—8 月在西藏羌塘的 2 个地点共记录到 8 只。

长趾滨鹬。上图为繁殖羽，赵国君摄；下图为非繁殖羽，颜重威摄

尖尾滨鹬

拉丁名：*Calidris acuminate*
英文名：Sharp-tailed Sandpiper

鸻形目鹬科

　　体长约 19 cm。眉纹白色；头顶红棕色，有黑褐色纵纹；颈灰褐色，有褐色纵纹；上体黑褐色，羽缘染深棕色和浅棕色；中央尾羽黑褐色，两侧白色，尾羽尖长使得尾呈楔形；胸浅棕色，具暗色斑纹，下胸及两胁皮黄色并具粗的黑褐色斑纹，这是该物种的典型特征；腹部白色。非繁殖期头顶的棕色较淡。

　　繁殖于西伯利亚，越冬于东南亚和大洋洲；在中国为旅鸟，8 月在青海湖记录到 2 只。

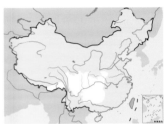

尖尾滨鹬。上图为繁殖羽，颜重威摄；下图为非繁殖羽，宋丽军摄

在水面嬉戏的尖尾滨鹬，尾羽张开可见其羽端尖长。沈越摄

黑腹滨鹬

拉丁名：*Calidris alpina*
英文名：Dunlin

鸻形目鹬科

　　体长约 19 cm。头灰褐色，具白色眉纹；前颈和胸部白色，具细密的棕色纵纹；上体棕色，具黑色和白色斑纹；腰和中央尾羽黑褐色，边缘白色；腹部中央黑色，这是其典型特征，下体余部白色。非繁殖羽以浅灰褐色为主，黑色腹斑消失，下体变为白色。

　　繁殖于欧亚大陆北部，往东延伸到阿拉斯加，越冬于其南部。迁徙季节见于中国大部，长江流域及其以南有越冬种群。在青藏高原，主要见于东北部湿地，春季记录通常少于 5 只，但 9 月达到 30 只以上，最多为 60 只。

流苏鹬

拉丁名：*Calidris pugnax*
英文名：Ruff

鸻形目鹬科

　　体长约 28 cm。面部裸露，繁殖期雄鸟的头和颈有丰富的饰羽，簇集在一起呈扇状，不同的雄性个体间饰羽颜色差别很大。雌鸟体形小，面部无裸区，头和颈没有装饰羽，上体以黑褐色为主，下体以白色为主。

　　繁殖于欧亚大陆北部，越冬于非洲、东南亚和澳大利亚。迁徙途经中国大部，东南和南部沿海有越冬种群。在青藏高原为旅鸟，数量稀少。4 月在青海湖等湖泊只发现 1 只，8—9 月最多遇见 6 只；7—8 月在西藏羌塘的当惹雍错记录到 4 只；11 月在拉萨地区记录到 1 只。

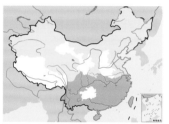

黑腹滨鹬。上图为繁殖羽，沈越摄；下图为非繁殖羽，范忠勇摄

流苏鹬。上图为饰羽夸张的雄鸟繁殖羽；下图为非繁殖羽，董磊摄

正在打斗的两只流苏鹬雄鸟

鸥类和燕鸥类

- 鸻形目鸥科鸟类，全世界共21属101种，中国有19属41种，青藏高原常见4属5种
- 上体以黑色、灰色为主，下体多白色；翅长，腿短；雌雄羽色相似，但雄鸟体形稍大
- 社会性单配制，后代由双亲共同照顾
- 喜欢集群繁殖，多数物种营巢于地面上，少数营巢于岩石壁和树上
- 幼鸟出壳即具备体温调节能力但依然需要双亲喂养
- 一些种类为留鸟，一些为候鸟，海洋种类有盐腺

分类和分布

鸥类和燕鸥类指鸻形目鸥亚目鸥科（Laridae）的鸟类。鸥亚目下有5科41属168种，除鸥科外，还有三趾鹑科（Turnicidae）、蟹鸻科（Dromadidae）、燕鸻科（Glareolidae）、贼鸥科（Stercorariidae）和海雀科（Alcidae）。

三趾鹑科 2属18种，分布于中国南部、南亚次大陆、东南亚、大洋洲和非洲。最初被放在传统的鹤形目里，最近的分子生物学证据建议归入鸻形目。栖息于草地、灌丛和稀疏树林，与同亚目其他类群依赖的湿地环境明显不同。表现出性作用逆转现象，即雄鸟羽色较暗淡并且负责孵卵和育雏，而雌鸟则较鲜艳。1只雌鸟最多与7只雄鸟交配，产下不同窝的卵。

蟹鸻科 1属1种，分布于非洲东部、马达加斯加岛、中东和南亚的海岸，以蟹为主食，也吃软体动物等。

鸥科 21属101种，全球广布，所有大陆均有繁殖，包括南极和北极。分为5个亚科，玄燕鸥亚科（Anoinae）、白燕鸥亚科（Gyginae）、剪嘴鸥亚科（Rynchopinae）、鸥亚科（Larinae）和燕鸥亚科（Sterninae）。生活在海岸带、海洋中的岛屿和淡水湿地。行为学研究表明鸥亚科与燕鸥亚科关系最近，但二者又有一些明显的差异：鸥亚科鸟类全身几乎白色，带有银灰色到深灰色至黑色的顶冠，体形通常大于燕鸥；鸥类的喙颜色各异，银鸥为黄色并有红点缀于上喙，红嘴鸥为红色，还有一些为黑色，嘴端具钩，用来钩食贝类，燕鸥的喙直而无钩；鸥类尾为圆形，而燕鸥的尾分叉似燕尾；鸥类擅长在水面游泳而不能潜水，燕鸥则不常游泳但擅长空中悬停和俯冲潜水，空中展示在燕鸥的求偶过程中起着关键的作用。中国有19属41种，青藏高原常见4属5种。

贼鸥科 2属7种，羽色以深棕色为主，上嘴基部具蜡膜。繁殖于两极地区，可游荡至亚热带和热带海域。常掠夺其他海鸟的食物。

海雀科 10属24种，羽色以黑色和白色为主，翅窄而短小，尾短，趾间有蹼，为典型的海鸟。在太平洋和大西洋北部沿岸繁殖，到地中海、中国台湾和美国加利福尼亚等地越冬。

左：鸥类和燕鸥类具有尖长的翅膀，善于飞行。图为棕头鸥繁殖羽

右：鸥类和燕鸥类羽色以白色为主，繁殖期带有银灰色到深灰色至黑色的顶冠。但鸥类体形粗胖、嘴端具钩、尾为圆形；燕鸥类体形纤细、喙直而无钩、尾分叉似燕尾。图为繁殖期的棕头鸥（左）和普通燕鸥（右）。杨贵生摄

鸥类也演化出多种取食方法，包括空中捕捉法、水面捕捉法、高空摔贝壳法以及抢夺同种或其他物种的食物。图为在空中互相抢食的红嘴鸥。宋天福摄

行为习性

习性 通常集群繁殖、栖息、觅食和迁徙，群体规模从几只乃至几千只个体。聚集地可以利用很多年，甚至几世纪，比如某些远洋岛屿上的乌燕鸥集群地。对巢址也有很高的忠诚度，在悬崖和遥远的远洋岛屿筑巢的种类能够数年占据同一片营巢地。

食性 食性很广，包括无脊椎动物、活鱼及死鱼、两栖类、爬行类，鸟卵和雏鸟、啮齿动物等，也以动物的腐肉、内脏为食，还取食植物果实和种子。相应地，鸥类也演化出多种取食方法，包括空中捕捉法、水面捕捉法、高空摔贝壳法以及抢夺同种或其他物种的食物。燕鸥采用的取食方法则充分展示了它们高超的飞行技巧、优美的姿态和高度的敏捷性。在密集鱼群上空捕食的普通燕鸥 Sterna hirundo 和玄燕鸥 Anous minutus 是最优美的海岸景观之一，乌燕鸥 Onychoprion fuscatus 飞向开阔海域时优美的俯冲则令人感到惊险万分，穿过亮蓝色天空飞往被轻轻飘荡的香蒲或芦苇环绕的水塘静水区域的黑浮鸥 Chlidonias niger 深色的轮廓格外吸引人。

鸥类和燕鸥类

繁殖 一般实行一雌一雄制，偶有记录到其他婚配制度。受益于长期的环志研究，目前已知几个物种第一次繁殖的年龄。小型物种首次繁殖年龄为2龄，中型物种3~4龄，一些大型物种则推迟到5~10龄。在冬季群体中进行配对，期间常能看到求偶炫耀行为。求偶期的雄鸟常捕食献给雌鸟。

大多数物种每年繁殖1次，同一群体中繁殖成员的繁殖时间可以是不同步的。极地繁殖的物种或种群繁殖季节持续2~3个月，温带持续3~4个月，热带则达4~5个月甚至更长。事实上，一些热带种类比如乌燕鸥根本就没有明显的繁殖周期，在一年中的各个月份都可能繁殖。

繁殖群体通常只有单一物种，繁殖密度常常很高，有些物种5 m之内就有1个繁殖对，但大多数物种繁殖对距离在5~100 m或更远。有些种类也会与其他物种混群繁殖，比如与其他鸥类、雁鸭类、鲣鸟、海雀甚至海龟混群繁殖。在青藏高原，渔鸥 *Ichthyaetus ichthyaetus*、棕头鸥 *Chroicocephalus brunnicephalus* 和燕鸥类有混群营巢的现象。

巢一般是在地面的浅穴内铺上少许草茎，有的直接把卵产于地面。有些种类每窝只产1枚卵，海雀科只产2枚，而多数种类为2~3枚。同一物种中，窝卵数与食物丰富度有关，食物贫乏的时候窝卵数小，而食物丰富的时候则多一些。

雌雄亲鸟都参与领域保护和孵卵，共同承担抚育、喂养和保护雏鸟的任务。在深入研究过的物种中，人们发现雌鸟在孵卵上贡献稍多，而雄鸟在孵化后一周内的幼鸟抚育上做得更多。为了解决为幼鸟提供食物和保护幼鸟的矛盾，双亲会轮流出去觅食。一次替换从20分钟到20小时，普通燕鸥中通常是1~4小时。黄昏前取食活动增加，因为它们要为过夜捕获充足的食物。

迁徙 大多数鸥亚目鸟类有迁徙习性。在北温带繁殖的种类在热带或南半球越冬，一些种类进行长距离迁徙，要在繁殖地和越冬地之间飞行几千千米；南半球繁殖的种类迁徙模式多样，但目前人类对它们了解很少。在迁徙的种类中，体形小的种类比体形大的迁徙距离更远。个体年龄也影响迁徙距离，幼鸟比成鸟迁徙得更远。迁徙以群体的方式进行，常发生在夜间，有时也在黎明和黄昏。青藏高原位于中亚－印度候鸟迁徙通道上，每年春秋季节棕头鸥和渔鸥在这条通道上大规模迁徙。

种群现状和保护 鸥类和燕鸥类自古受到人类喜爱，也受到广泛的保护关注，多数被列入各国以及国际间的保护名录。由于全球尤其是东亚地区湿地的退化和消失，很多鸥类和燕鸥类的种群数量正在下降。就在2017年，三趾鸥 *Rissa tridactyla* 和白腰燕鸥 *Onychoprion aleuticus* 被 IUCN 从无危（LC）提升为易危（VU）。目前，鸥科鸟类的受胁比例与世界鸟类整体受胁比例相当。在中国，除了一些新记录种外，鸥类和燕鸥类均已列入保护名录，有些还列入了中国和其他国家联合签署的候鸟保护协定，如《中日候鸟保护协定》《中澳候鸟保护协定》。

鸥类和燕鸥类繁殖期常有求偶献食行为，图为白额燕鸥雄鸟正在将小鱼献给雌鸟。颜重威摄

棕头鸥
Chroicocephalus brunnicephalus

non-br.

br.

红嘴鸥
Chroicocephalus ridibundus

br.

non-br.

渔鸥
Ichthyaetus ichthyaetus

non-br.

br.

普通燕鸥
Sterna hirundo

non-br.

br.

白翅浮鸥
Chlidonias leucopterus

non-br.

棕头鸥

拉丁名：*Chroicocephalus brunnicephalus*
英文名：Brown-headed Gull

鸻形目鸥科

形态 体长约 45 cm，在鸥类中属于中等体形。棕褐色的头是其最典型的特征。上体白色但背部灰色，外侧两枚初级飞羽黑色，翼尖有大块白斑，飞翔时极明显。喙和脚皆为红色。与红嘴鸥相似，但体形较红嘴鸥大，飞行时翼尖可见白色点斑，而红嘴鸥没有。

分布 繁殖于亚洲中部，包括中国内蒙古西部的鄂尔多斯高原、新疆的帕米尔高原和青藏高原。冬季至中国、印度、孟加拉湾及东南亚越冬，在中国的越冬地包括云南、香港等地，偶见于浙江，但常见于若尔盖沼泽和雅鲁藏布江中游。

繁殖 在青藏高原的所有繁殖水鸟中，棕头鸥是最常见的，几乎在高原湖泊中所有的鸟岛和沼泽都有它们繁殖的身影。在高原北部的湖泊，如青海湖，棕头鸥 3 月初就开始出现，3 月下旬开始大批到达。

棕头鸥选择土质疏松的草地或砂地营巢，而避开多石的地面。它们会尽量远离别的水鸟，但因为繁殖空间太有限了，有时也不得不与斑头雁混在一起营巢。1981 年 6 月 26 日，鸟类学家测量了青海湖鸟岛棕头鸥的巢密度，其巢域占地约 5000 m²，每 0.3 m² 就有一个巢，以此推算，那年鸟岛有棕头鸥 17 000 巢。

营巢任务由雌雄两性共同承担。它们用爪和嘴在地面挖掘一个土坑，并卧在坑内转动身体；然后到周围寻找枯枝、干草、羽毛、藻类等巢材，每次寻找需要花 20 ~ 30 分钟。从天亮一直到傍晚，

棕头鸥夫妻辛勤地工作着，直到 3 ~ 4 天后竣工。从营巢前直到筑巢完成后，期间都能记录到棕头鸥的交配活动。

每 48 小时产 1 枚卵，凌晨产卵。卵壳底色为淡绿色、浅褐色或浅灰色，散布茶褐色斑及带纹，钝端斑纹较密集。双亲轮流孵卵，每天换班 3 ~ 5 次，雌鸟用于孵卵的时间比雄鸟长。为了让卵受热均匀，亲鸟不时把头伸入胸腹下，用喙转动卵的位置，每天要进行好几次。亲鸟也常常改变坐卧的方位。有趣的是，刮大风时，整个鸟岛所有孵卵的棕头鸥都头朝风向，逆风而卧。

刚出壳的雏鸟双眼半闭，身披浅棕色并缀以黑色斑点的绒羽。喙肉红色，跗跖和爪深红色。出壳后一周内，因体温调节机制尚未建立，雏鸟在白天仍然需要钻入亲鸟腹下取暖。

育雏由双亲共同承担。从日出到日落，它们忙着为雏鸟捕鱼，每天往返 5 ~ 9 次。回到巢中，亲鸟低头、张口、收缩嗉囊、摆动身体，一点点地吐出食物供雏鸟取食。一周后，雏鸟开始抢食，当亲鸟将食物吐至嘴端时，雏鸟会围上去抢食。繁殖期间，如果有玉带海雕或渡鸦等天敌靠近，棕头鸥就集成 10 ~ 20 只的群体联合攻击入侵者。

在亲鸟的精心饲育和保护下，雏鸟生长发育很快，10 日龄就可以离巢，在亲鸟带领下到湖岸浅水区域学习游泳。不过，在 25 日龄后，它们仍然依赖亲鸟喂食。恶劣的天气对幼鸟的威胁很大，例如 1981 年 8 月布哈河因为连日降雨水位猛涨，导致许多幼鸥死亡。

10 月中旬，棕头鸥离开青海湖。

棕头鸥繁殖羽。左上图沈越摄，下图董磊摄

青海湖棕头鸥的繁殖参数	
繁殖期	4 月下旬至 6 月上旬
交配系统	单配制
巢址选择	湖心岛，地面
巢大小	外径 27.1 cm，深 4.3 cm，高 3.0 cm
窝卵数	1 ~ 6 枚，平均 2.7 枚
卵大小	长径 60.0 mm，短径 41.0 mm
新鲜卵重	45.0 ~ 66.0 g，平均 53.8 g
孵化期	22 ~ 24 天

棕头鸥是青藏高原最常见的繁殖鸟类，在湖畔土质疏松的草地或砂地集群营巢，巢密度往往很高。图为青海湖畔集群繁殖的棕头鸥。葛玉修摄

棕头鸥非繁殖羽。彭建生摄

红嘴鸥

拉丁名：*Chroicocephalus ridibundus*
英文名：Black-headed Gull

鸻形目鸥科

中型鸥类，体长约 40 cm。头至颈上部褐色，如英文名所指。体羽白色，飞羽灰色，外侧黑色，喙及脚红色。非繁殖期头部褐色变白。雌雄体形和羽色相似。与相似种棕头鸥的区别是：红嘴鸥体形小、虹膜褐色、飞行时翼端无白斑；棕头鸥体形大、虹膜淡黄、飞行时翅端有白斑。

繁殖于古北界北部，在印度、东南亚越冬。在中国的繁殖地包括新疆天山西部和东北湿地，越冬于 32°N 以南地区，在拉萨地区冬季偶见。

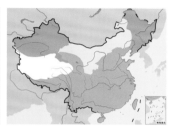

红嘴鸥。左上图为繁殖羽，沈越摄；下图为非繁殖羽，彭建生摄

飞行的红嘴鸥，可见其翼端无白斑，这是它区别于棕头鸥的重要特征。杨贵生摄

渔鸥

拉丁名：*Ichthyaetus ichthyaetus*
英文名：Great Black-headed Gull

鸻形目鸥科

形态　大型鸥类，体长约 68 cm。头顶纯黑色，除了翅膀和尾巴是暗灰色外，身体的其余部分白净如雪。嘴黄色，尖端变红，上面围绕有一圈黑色。非繁殖期头部则由黑变白，上面有暗的纵纹。腿黄绿色，明显不同于银鸥的粉红色和棕头鸥的朱红色。幼鸟背部羽毛褐色居多。

分布　繁殖地包括克里米亚、里海、中亚以及西伯利亚南部和蒙古。在中国，内蒙古的乌梁素海、青藏高原羌塘和可可西里无人区的大型湖泊是其繁殖地，最高繁殖海拔 4800 m。越冬地包括地中海、红海、黑海、里海、波斯湾和孟加拉湾，拉萨地区冬季常见 20～30 只的群体。不同繁殖地种群的越冬地不同，因此迁徙的路线也不同。在中国境内，迁徙季节的渔鸥途经新疆西部和整个青藏高原。

栖息地　在青藏高原选择大型湖泊繁殖，如申扎的错鄂湖、青藏高原东北部的青海湖和扎陵湖。较小的湖泊，如那曲的夯错，则只有棕头鸥而无渔鸥繁殖的踪迹。

习性　喜欢几只一群，在河湖上空缓慢飞翔。若发现鱼群，立即俯冲入水捕食。善于游泳而不善于潜水，所以只游行于浅水区觅食。

食性　以鱼类为主食，此外也取食虾、蟹、软体动物及水生昆虫。

繁殖　对青藏高原渔鸥繁殖生活的了解，来自廖炎发先生1972—1980 年在青海湖的工作。后来，中国鸟类环志中心通过无线电和卫星跟踪研究，提供了其繁殖期活动范围的信息。

渔鸥最早在 3 月上旬回到青海湖。那时，广大湖区依然冰封

渔鸥。左上图为繁殖羽，沈越摄；下图为非繁殖羽，彭建生摄

渔鸥幼鸟。彭建生摄

1974—1980年青海湖鸟岛渔鸥繁殖情况		
年份	巢数	每巢平均雏鸟数（巢数>100时取样100巢）
1974 年	86	3.0
1976 年	410	3.1
1977 年	4570	3.4
1978 年	5076	2.8
1979 年	6437	2.5
1980 年	12 150	2.5

青海湖渔鸥的繁殖参数	
繁殖季节	4 月下旬至 6 月下旬
交配系统	单配制
巢址选择	湖心岛地面
窝卵数	1～5 枚，平均 2.7 枚
卵大小	长径 83.1 mm，短径 52.9 mm
新鲜卵重	112～140 g，平均 126.3 g
孵化期	28～30 天
育雏期	14～15 天

未解，不过河口一带的冰面已开始消融。4 月上旬，随着湖面解冻，大批渔鸥开始到达。它们散布在布哈河、黑马河、沙柳河、甘子河入湖口和湖周有泉水的地方，捕食鱼类补充繁殖所需的能量。

4 月中旬，渔鸥们纷纷向鸟岛集结。在这里，它们争相占据巢域，并选择巢址。巢址是用爪和喙在地面挖出的圆坑。然后，一只亲鸟守护巢址，另一只外出寻找巢材，包括碱蓬、蒿类、风毛菊等野草枯枝和刚毛藻等构成的堆积物，用嘴叼着或在地面拖行回巢，交给护巢者。产卵和孵卵期间，仍会继续携回巢材以加固碟状巢穴。

交配系统为社会性单配制。为保卫父权，雄性亲鸟间有时会发生激烈战斗。

4 月下旬开始产卵。1978—1981 的 4 年里，每年最早产卵日期在 4 月 24～29 日，5 月中旬是产卵盛期，6 月底之后再无个体产卵。产卵时间多在清晨，产卵间隔 48～72 小时。卵浅灰色、浅绿色或浅褐色，布有茶色斑点，钝端斑点密集。

产下第 1 枚卵后就开始孵卵。雄鸟和雌鸟轮流承担孵卵任务，

每天换班 2～3 次。多在早晨和傍晚换孵，一只亲鸟回来，另一只才离去，总是那么尽责。将近 1 个月过去，雏鸟破壳而出，从破壳到完全出壳须经 24～30 小时。刚出壳的雏鸟全身披有纯银白色的稠密而柔软的绒羽，但也有一些为银灰色。与典型的晚成鸟不同，新出壳的渔鸥雏鸟眼睛已经睁开，在接触到阳光的那一刻，它们伸长脖子，张大嘴巴，惊奇地看着周围的世界。亲鸟站在巢中将双翅垂下来呵护雏鸟，并不时把头垂于双足前，仿佛与孩子们耳语。第 2 天，雏鸟开始叫唤着向亲鸟索食，同时还需要亲鸟抱暖。因此出壳后的一周内，一只亲鸟为雏鸟抱暖，另一只外出采集食物，如此轮流。亲鸟把含有自己消化液的碎鱼块吐出，让雏鸟啄食。雏鸟进食速度很慢，亲鸟不得不将鱼重新吞回自己胃里，然后再次吐出。一周后，雏鸟已能啄食掉在地上的食物；再后来，雏鸟开始在亲鸟的嘴角抢食。有时，还有棕头鸥等前来抢夺渔鸥吐出的食物。

2 周之后，亲鸟带领幼鸟向湖边走去，教它们学习游泳，这是独立生活的第一步。岸边已经聚集了许多家族，这是雏鸟即将接受下水洗礼的日子。亲鸟先入水示范，雏鸟跟随，但第一次只在水里停留几分钟就很快涌上岸，浩瀚的青海湖使它们有些恐惧。不过，从此之后，家族群日常活动就离不开浅水湖滩。再后来，幼鸟又学会了自由飞翔。

因为好多家族在水边活动，幼鸟有时会与父母失散。不小心走到别的窝边是一件极其危险的事情，因为它们会遭受主人的啄击，有些幼鸟甚至因此而死亡。有时，亲生父母就在附近，见此情景，它们立即冲向邻居，与之发生格斗。

暴风雨也会使得一些弱小的幼鸟死亡。离岛时每对亲鸟只能带走 1～2 只幼鸟，说明幼鸟的成活率只有 60%～70%。

迁徙　卫星跟踪发现，渔鸥在 8 月初就开始陆续离开青海湖。3 只标识的成鸟离开的时间是 8 月 2～14 日，而 1 只幼鸟为 8 月 9 日。

离开青海湖后，渔鸥并没有直接飞往越冬地，而是分别在距离青海湖 200～1300 km 的地方游荡或逗留，长达 80 余天。这些地点被称为秋季迁徙的停歇地。

在青海湖繁殖的渔鸥，至少这 4 只佩戴卫星发射器的个体，越冬地点都在与青海湖直线相距 2100 km 的孟加拉湾，绕道飞行的个体秋季迁徙的实际飞行距离最少也要 4100 km。最早到达越冬地的日期是 11 月 3 日，最迟 12 月 3 日。从出发算起，历时 81～116 天。

在孟加拉湾，渔鸥的居留时间长达 4 个月。

日照变长，天气转暖，血液里的激素催动渔鸥们踏上返回出生地的旅程。4 只卫星跟踪的个体，最早离开孟加拉湾的日期是 3 月 1 日，最迟是 3 月 30 日。其中 1 只完成直线距离 2100 km 的迁徙返回青海湖只用了 6 天时间，另外 3 只分别历时 15 天、18 天和 32 天。看来，返回繁殖地获得更好的繁殖机会，是这些鸟

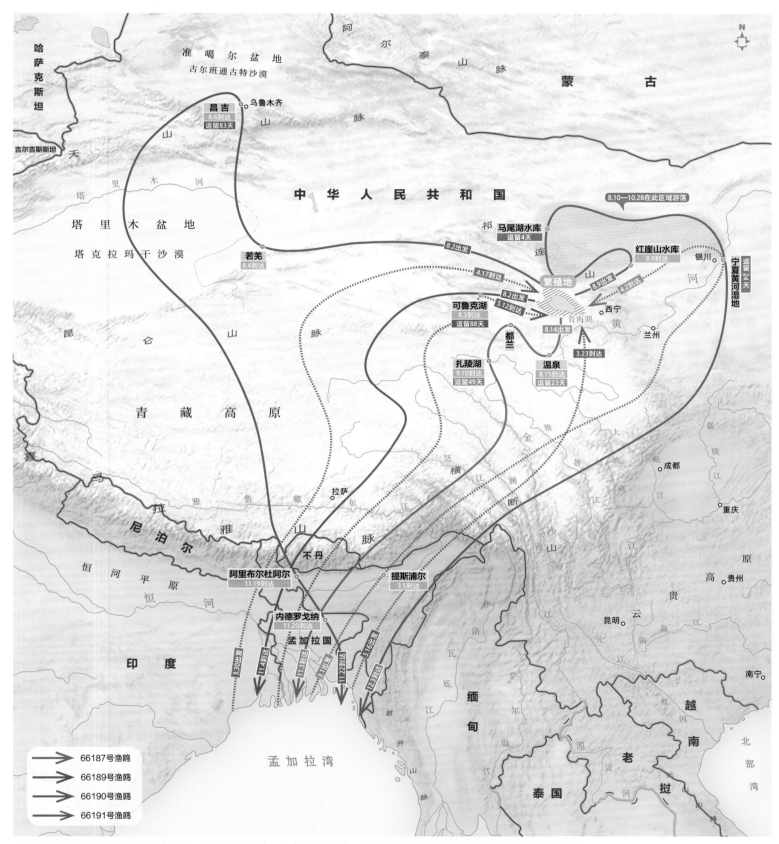

吉尔吉斯斯坦

准噶尔盆地
古尔班通古特沙漠

蒙　古

乌鲁木齐

昌吉
8.6到达
逗留83天

中　华　人　民　共　和　国

8.10—10.28在此区域游荡

塔里木盆地

塔克拉玛干沙漠

若羌
8.4到达

马尾湖水库
逗留4天

红崖山水库
8.9到达

银川

宁夏黄河湿地
逗留24天

8.2出发

4.17到达

繁殖地

8.2出发

可鲁克湖
8.3到达
逗留88天

5.12到达

8.9出发

4.2到达

西宁

青海湖

8.14出发

兰州

都兰

3.23到达

扎陵湖
9.10到达
逗留49天

温泉
8.15到达
逗留23天

青　藏　高　原

昆仑山脉

成都

重庆

尼泊尔

拉萨

喜雅

布江

怒江

金沙江

澜沧江

横断山脉

大渡河

岷江

嘉陵江

沅江

云

贵　州

高　原

阿里布尔杜阿尔
11.19到达

提斯浦尔
3.5到达

不丹

昆明

南宁

内德罗戈纳
11.20到达

孟加拉国

印度

恒河平原

恒河

3.30出发

11.4到达

11.3到达

3.1出发

11.22到达

3.16出发

12.3到达

缅甸

老

泰国

越

南

北

部

湾

孟加拉湾

红河

澜沧江

怒江

66187号渔鸥

66189号渔鸥

66190号渔鸥

66191号渔鸥

卫星跟踪4只青海湖渔鸥的迁徙路线图，66190号是幼体，其余3只是成体。实线为2006年秋季南迁，虚线为2007年春季北迁

青海湖鸟岛上繁殖的渔鸥。张国钢摄

渔鸥在可鲁克湖出现的日期和持续时间				
年份	秋季		春季	
	日期	天数	日期	天数
2006 年	8 月 3 日—10 月 30 日	88 天	—	—
2007 年	8 月 9 日—8 月 28 日	19 天	3 月 22 日—5 月 10 日	49 天
2008 年	8 月 7 日—8 月 28 日	21 天	3 月 21 日—5 月 26 日	66 天
2009 年	—	—	3 月 31 日—4 月 26 日	26 天

注：可鲁克湖地处柴达木盆地东北部，距青海湖约 300 km，平均海拔 2800 m

儿急切起程的动因。

　　尽管如此，春季返回青海湖之前，渔鸥还会在外围逗留一段时间，比如宁夏银川的黄河湿地和德令哈附近的可鲁克湖，这些地方可以看作是春季迁徙的停歇点。在这里逗留的时间取决于青海湖湖面何时解冻。

　　中国鸟类环志中心的野外调查发现，在渔鸥迁徙的重要停歇地可鲁克湖，春季渔鸥数量略多于秋季，而不论是春季还是秋季，停歇持续时间都有年际变化。比如，2007 年春季的停留时间比 2008 年要短，而 2009 年最短；2006 年秋季停留时间比 2007 年和 2008 年多 60 余天。迁徙停歇期间渔鸥的活动区覆盖整个可鲁克湖，有时还飞往湖周边的湿地。如 2006 年秋季，一只渔鸥在停歇点的活动面积达 178 km²，大于湖泊面积，这是因为它在可鲁克湖西北约 20 km 处的湿地活动了较长时间。值得注意的是，2007 年以后，不论秋季还是春季，渔鸥都喜欢在可鲁克湖、青海湖和大柴旦之间游荡。

　　探索与发现　新华社 2001 年 7 月 5 日电：西藏藏北高原无人区科学考察团的野生动物学家，在藏北申扎错鄂湖上发现数万只渔鸥群集于湖心小岛，在砂砾地面上繁衍后代。错鄂湖是色林错的卫星湖，它有大大小小 6 个湖心岛。这个渔鸥栖息的小岛藏语称"桑勒日热"。过去人们一直以为，渔鸥在西藏只是过客。海拔 4600 m 的错鄂湖是迄今发现的海拔最高、数量最多的渔鸥繁殖地。

普通燕鸥

拉丁名：*Sterna hirundo*
英文名：Common Tern

鸻形目鸥科

小型鸥类，体长 35 cm。头顶黑色，上体银灰色，尾部白色，下体白色。雌雄羽色相似，但雄鸟大于雌鸟。与其他鸥类强壮圆形的体形不同，普通燕鸥的身体细长，翅膀长而狭窄，外侧尾羽延长而使得尾形呈"V"字深开，因此飞行更为优雅灵巧。

繁殖于古北界至北美州，冬季南迁至非洲、印度洋、印度尼西亚、澳大利亚和南美洲。遍布中国，在北方为夏候鸟，南方为旅鸟。在青藏高原大部分地区是夏候鸟，海拔 5000 m 左右的高原河湖常有其身影。

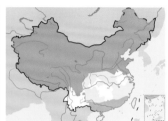

普通燕鸥繁殖羽。左上图沈越摄；下图唐军摄

白翅浮鸥

拉丁名：*Chlidonias leucopterus*
英文名：White-winged Tern

鸻形目鸥科

中型鸥类，体长约 40 cm。身体黑色，翼上覆羽银灰色，尾羽白色。非繁殖期头部变为白色，但有黑色斑点，上体黑色变浅，下体银灰色。

繁殖于欧亚大陆北部和中部，越冬于欧亚大陆南部和澳大利亚。在中国的繁殖地包括河北北部和整个东北，到南方过冬。在青藏高原是旅鸟，只在青海湖和可鲁克湖有记录。

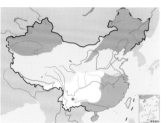

白翅浮鸥。左上图为繁殖羽，下图为非繁殖羽。沈越摄

普通燕鸥的巢和卵。杨贵生摄

鹳类

- 鹳形目鹳科的鸟类，全世界共6属20种，遍布除北美洲以外的全球温带和热带地区，青藏高原可见2属3种
- 大型涉禽，喙、颈和腿均长，喙尤其粗大
- 雌雄相似，羽毛通常为黑色或白色，下体常为白色，翅长而宽大，尾短
- 单配制，双亲共同参与营巢、孵卵和育雏活动，巢位于大树、岩壁或建筑物上

类群综述

鹳类指鹳形目（Ciconiiformes）鹳科（Ciconiidae）的鸟类，传统的鹳形目还包括鹮科（Threskiornithidae）和鹭科（Ardeidae），这2个科现已经被置于鹈形目（Pelecaniformes）下。现在的鹳形目只有鹳科，包括6属20种。除北美洲外，遍布全球温带和热带地区，其中非洲和亚洲南部种类最多，中国有4属7种，青藏高原上可见2属3种。

鹳类均为大型涉禽，喙十分粗大，体形明显有别于鹮类和鹭类。生活在沼泽地、水田湿地环境，常在浅水处涉水而行，以鱼类为主食，也捕食其他小动物。巢建于大树、岩壁或建筑物上，以树枝等为材料，十分简陋。窝卵数2～5枚，孵化期30天左右。雏鸟晚成性，育雏期约60天。雌雄亲鸟共同筑巢、孵卵和育雏。

作为大型涉禽，鹳类对栖息地要求较高。由于栖息地退化和消失，鹳类的受胁状态相当严重，全球20种鹳类中有4种被IUCN列为濒危（EN），2种被列为易危（VU），受胁比例高达30%。中国的形势更为严峻，IUCN列为无危（LC）的黑鹳 *Ciconia nigra* 和白鹳 *C. ciconia* 在《中国脊椎动物红色名录》中分别被评估为易危（VU）和区域灭绝（RE），被列为国家一级重点保护动物。此外，彩鹳 *Mycteria leucocephala* 被列为国家二级重点保护动物。

左：鹳类生活在沼泽地、水田湿地环境，常在浅水处涉水而行，以鱼类为主食，也捕食其他小动物。彭建生摄

右：水质清澈的河流上游是黑鹳的典型栖息地。青藏高原海拔3265 m的纳帕海湿地是黑鹳的越冬栖息地之一。彭建生摄

彩鹳
Mycteria leucocephala

东方白鹳
Ciconia boyciana

黑鹳
Ciconia nigra

彩鹳

拉丁名：*Mycteria leucocephala*
英文名：Painted Stork

鹳形目鹳科

体长约 97 cm。最明显的特征是粗而长、前端微向下弯曲的橙黄色喙，红色且裸露的长腿。上体白色，飞羽、尾羽黑色，具绿色金属光泽，羽缘和尖端粉红色；下体白色，胸部有宽阔的黑色胸带。

留鸟，目前主要分布于南亚次大陆和东南亚。历史上在中国沿海省份、长江下游以及西南地区包括西藏有记录，但近 60 年来在这些地区已绝迹。2008 年 5 月，在贵州威宁草海发现 13 只。

 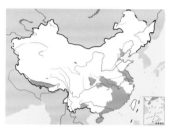

彩鹳。李锦昌摄

东方白鹳

拉丁名：*Ciconia boyciana*
英文名：Oriental White Stork

鹳形目鹳科

体长约 100 cm。喙长，腿长，呈红色。眼周、眼先和喉部的裸露皮肤黑色，体羽以白色为主，翅黑色。

繁殖于远东地区中国与俄罗斯交界地带、蒙古和中国内蒙古东部，迁徙经过中国北方大部分地区，大多在长江中下游地区越冬，偶见于中国台湾以及朝鲜、日本、菲律宾、缅甸、印度和孟加拉国。2000 年以来，在中国山东黄河三角洲、江苏高邮和大丰、安徽安庆及江西鄱阳湖地区繁殖。冬季曾经在青藏高原的泸沽湖有记录。

 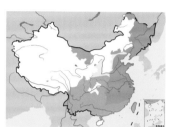

东方白鹳。左上图宋丽军摄，下图彭建生摄

集群迁徙的东方白鹳。沈越摄

黑鹳

拉丁名：*Ciconia nigra*
英文名：Black Stork

鹳形目鹳科

形态 体长约 110 cm。头、颈、脚均长；嘴及腿红色，眼周裸露皮肤红色；体羽黑白分明，上体从头至尾包括翼羽黑色，喉至上胸为黑色，腹部白色。

分布 繁殖在欧亚大陆温带地区，越冬在其南部，包括非洲、中国南部、东南亚和印度。在中国，其繁殖地包括华北和青藏高原，海拔范围 700～3600 m。在青藏高原的繁殖地为新疆南部的塔里木盆地和祁连山黑河流域。越冬地包括长江流域及其以南地区，青藏高原的云南纳帕海和新疆塔里木盆地；但近年来，在华北一些地区全年都可以记录到它们的存在。

栖息地 水质清澈的河流上游是黑鹳的典型栖息地。在青藏高原，海拔 3265 m 的纳帕海湿地是黑鹳的越冬栖息地之一，这儿水体丰富的沼泽是它们冬季最重要的觅食地，同时也是晚上的夜宿地。夜宿地位置相对固定，处于水面宽广的浅水区，远离村落。鸟类学家的研究显示，相对于草地，在纳帕海越冬的黑鹳更偏好沼泽栖息地。

习性 性情孤独，喜欢单独或成对活动，无论迁徙期还是冬季，大群黑鹳都并不多见。在越冬地纳帕海，常与灰鹤或白鹭聚在一起夜宿。大的群体常出现于青藏高原，如四川理塘春季记录到的群体数量为 52 只，在塔里木盆地边缘繁殖季节初期为 90 只。

迁徙 全球主要有 3 条迁徙路线：欧洲路线，繁殖于欧洲的黑鹳，穿越直布罗陀海峡或经西奈半岛到非洲越冬；东亚路线，繁殖于蒙古的黑鹳经中国西北和西南至缅甸或印度东部越冬，迁徙停歇地包括纳帕海；中亚路线，繁殖于西伯利亚地区的黑鹳，经南疆和帕米尔高原至南亚次大陆越冬。中国境内的繁殖种群迁

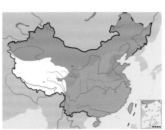

徙路线尚不清楚，推测繁殖于东北地区的黑鹳迁徙至长江中下游越冬，华北地区的繁殖种群到缅甸和印度东部越冬，南疆繁殖种群经帕米尔高原到印度西部越冬。

繁殖 在华北地区，利用山区悬崖峭壁的凹处或浅洞作为巢点，而在新疆塔里木河中游，则是在绿洲高大的胡杨树上营巢，并有沿用旧巢的习性。

在南疆塔里木河流域的野外研究发现，黑鹳每年 3 月中旬陆续迁来。初期多为家族群，群体大小 4～7 只。随后群体数量开始增加，5 月下旬达到高峰。一些个体继续北上，一些个体留下来繁殖。10 月开始，繁殖后的黑鹳开始南迁，不过，在冬季依然能够见到少数个体。

黑鹳有利用旧巢的习性。在塔里木河流域监测的 13 个巢中，1/3 属于旧巢重新利用。巢由枝条构成，内垫胡杨树皮。孵卵的任务由雌雄亲鸟轮换承担。雏鸟刚出壳时全身被有白色绒毛，由双亲共同育雏。雏鸟的食物 95% 为鱼类，鲫鱼最多，也有少量条鳅。6 月下旬至 7 月上旬大批幼鸟离巢。

种群现状和保护 华北地区繁殖的数量估计不到 100 只；中国冬季水鸟调查发现，南方 6 个湿地合计数量不超过 50 只，在鄱阳湖越冬的黑鹳也不过 10 余只。青藏高原的黑鹳种群在中国乃至全球占有重要地位。根据 1985—1992 年对新疆塔里木盆地周缘绿洲 40 多条河流和水库的调查，平均每条河有 1～4 对，新疆南部的大小河流计 200 余条，由此推算出种群总数为 500～1000 只。在甘南尕海湿地，2004 年以来春季记录到的最大数量逐年增加，2004 年记录到 10 多只，2005 年增至 70 余只，2007 年 130 余只，2008 年 170 余只，2009 年 210 余只。甘肃张掖黑河湿地自然保护区 2010—2014 年间迁徙停歇的黑鹳数量从 300 多只增加到 400 多只。云南纳帕海越冬黑鹳的数量在 300～350 只。在越冬地，黑鹳的数量曲线呈现单峰型，即最高值出现在秋季迁徙期。不过，最大数量发生在冬季的情况也不鲜见。

黑鹳曾经是一种分布广且比较常见的大型涉禽，IUCN 评估

新疆塔里木河流域黑鹳的繁殖参数	
繁殖季节	4 月中旬至 7 月上旬
交配系统	社会性单配制
巢址	胡杨树上，岩壁
巢距地面高度	5～10 m
巢大小	外径 90～180 cm，高 30～70 cm，深 5～11 cm
卵色	白色，无斑点
窝卵数	2～6 枚，平均 4.6 枚
卵大小	长径 69.2 mm，短径 48.7 mm
新鲜卵重	平均 84.5 g
孵化期	31～34 天
孵化率	61%
育雏期	60～70 天

黑鹳在纳帕海，相对于草地，它们更偏好沼泽栖息地。彭建生摄

雏鸟刚出壳时全被有白色绒毛，由双亲共同喂养。Frank Vassen摄（维基共享资源／CC BY 2.0）

捕食小鱼的黑鹳。彭建生摄

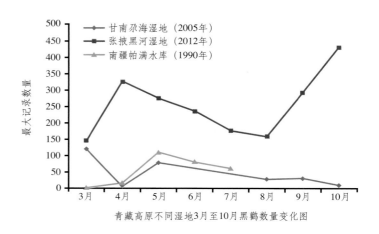

青藏高原三个地点黑鹳数量的季节动态

为无危（LC）。但由于人类活动的影响，在全球范围内种群数量明显下降。在其传统繁殖地西欧现已绝迹，唯有南欧和东欧一些国家有少量幸存。中国的情况也不乐观，它们需要在清澈的河流、湖泊和水库觅食，而这些水域已经或正在经历污染。《中国脊椎动物红色名录》评估其状态为易危（VU）。在国际上，黑鹳被列入CITES附录Ⅱ。中国已将黑鹳列为国家一级重点保护动物。

探索与发现　2002年，捷克科学家领导的一个研究小组实施了"中亚跟踪"计划，目的是探索黑鹳如何经过中国或其他地方，并飞越喜马拉雅山脉。

研究小组的鸟类学家来到西伯利亚和阿尔泰山地区，在叶尼塞河、鄂毕河、额尔齐斯河之间穿梭，寻找和捕捉黑鹳。其间，他们经历了巨大的艰辛。7月11—21日，他们成功地给3只黑鹳佩戴上卫星发射器。DNA分析显示，3只个体中，有1只雌性、2只雄性，分别命名为凯特琳娜、皮特和罗马。

8月中旬，凯特琳娜首先启程，它飞行上千千米，于8月19日抵达中国新疆的艾比湖，在这里逗留了2周。10月2—14日，它又折回新疆，奇迹般地出现在阿克苏的塔里木河流域。在这里，凯特琳娜周游2个多月，其间几次冲过昆仑山和喀喇昆仑山，但没有成功。直到12月12日，凯特琳娜再次鼓足勇气，飞向帕米尔高原。这次，它采取迂回策略，绕过海拔7546 m的慕士塔格峰、7719 m的公格尔峰和8611 m的乔戈里峰，穿过海拔比较低的红其拉山口进入印度河上游克什米尔地区。凯特琳娜的飞行轨迹，证实了中国鸟类学家马鸣多年来在其途经地区调查推测的黑鹳迁徙路线。

再说皮特和罗马，它们分别在9月4日和9月7日离开鄂毕河进入哈萨克斯坦。其间，它们每天飞行10～200 km。但在9月10日，罗马一天就飞行了565 km，打破了1999年3月一只黑鹳飞越撒哈拉沙漠时创造的日飞行488 km的纪录。遗憾的是，11月皮特在阿富汗首都喀布尔附近失联，而罗马也在去往巴基斯坦途中失踪。

鸬鹚类

鸬鹚类

- 鸬鹚科鸟类，全世界共2属34种，中国有2属5种，青藏高原仅1种
- 羽毛以黑色为主，翅长，尾长，腿短，嘴端有钩，4趾相连成全蹼足
- 善于潜水捕鱼，喜群居
- 单配制，双亲参与营巢、孵卵和育雏过程

类群综述

鸬鹚类是指鸬鹚科（Phalacrocracidae）的鸟类，在传统分类系统中被归为鹈形目（Pelecaniformes），而在最新的分类系统中被归为鲣鸟目（Suliformes）。鲣鸟目是在现代分子证据的基础上，鸟类系统学家对传统的鹳形目（Ciconiiformes）和鹈形目进行了重新安排后设置的新目。在新的分类系统中，鹳形目中只留下了以白鹳为代表的鹳类。其他的传统鹳形目成员，如鹮、琵鹭、鹭和鸻，则与传统鹈形目中的鹈鹕一起被归为鹈形目。而传统鹈形目中其他的科，包括鸬鹚科、军舰鸟科（Fregatidae）、鲣鸟科（Sulidae）和蛇鹈科（Anhingidae），一起组成了鲣鸟目，共计7属53种。其中，军舰鸟和鲣鸟属于海洋鸟类，蛇鹈只见于南半球，鸬鹚则在世界各大洲都有分布。

鸬鹚科有34种，是鲣鸟目中最大的家族。被划分为2个属：小鸬鹚属 Microcarbo 和鸬鹚属 Phalacrocorax，前者体长在100 cm 以下，包含5个物种，在中国分布的有黑颈鸬鹚 M. niger，见于云南。后者体形较大，包含29个物种，中国有4种，青藏高原只有1种，即普通鸬鹚 P. carbo。

鸬鹚类羽色以黑色为主。翅长，尾长，腿短。嘴端有钩，4趾相连成全蹼足。善于潜水捕鱼。

许多鸬鹚生活在海岸带，繁殖在距离岸边不远的岛屿上；也有一些物种主要依赖淡水环境。鸬鹚善游泳和潜水，巧于捕鱼，可以潜入水下3～4 m 捕到比自身体重大一倍以上的鱼类。但在陆地上显得笨拙，停息时常以硬尾羽支撑于地面。

鸬鹚喜欢群居，尤其在繁殖的时候。多数物种在悬崖上筑巢，用泥巴和粪便将灌木枝条、草茎等巢材粘连起来，十分坚固；也有一些物种在树上营巢。窝卵数通常2～4枚，孵化期23～35天，育雏期50～80天，双亲参与繁殖的全过程。

鸬鹚的受胁状况较严重，有1种被IUCN列为极危（CR），3种为濒危（EN），7种为易危（VU），受胁比例高达32.4%。中国分布的5种鸬鹚均被IUCN列为无危（LC），黑颈鸬鹚和海鸬鹚 Phalacrocorax pelagicus 被列为国家二级重点保护动物。

左：鸬鹚羽色以黑色为主；翅长，尾长，腿短。嘴端有钩，4趾相连成全蹼足。它们善于游泳和潜水捕鱼。图为普通鸬鹚。赵国君摄

普通鸬鹚
Phalacrocorax carbo

普通鸬鹚

拉丁名：*Phalacrocorax carbo*
英文名：Great Cormorant

鲣鸟目鸬鹚科

形态 体长约 80 cm。通体黑色，带有紫色金属光泽。嘴长，前端有钩。脸部皮肤裸露而呈黄绿色，后面接有白色羽毛，后头部有一不明显的羽冠。繁殖期间脸部有红色斑，头部及上颈部有白色丝状羽，腰两侧有白斑。趾间有蹼相连。

分布 地理分布甚广。繁殖在北半球北部，包括欧亚大陆和北美；越冬于北半球南部和大洋洲。在中国，它们在东北、内蒙古、新疆和青藏高原繁殖，迁徙经中国中部，在长江流域及其以南、台湾地区、海南岛越冬。有 6 个亚种，青藏高原分布的为指名亚种。

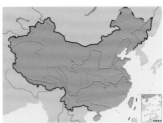

普通鸬鹚。左上图为繁殖羽，彭建生摄，下图为非繁殖羽，董磊摄

栖息地 栖息于河川、湖沼中，在青藏高原，繁殖于湖泊中的鸟岛上。

习性 善于游泳和潜水，同时也有很强的飞翔能力，但在地面上行走时，却十分笨拙，站立的时候需要用坚硬的尾羽支撑地面。鸬鹚很少鸣叫，只有在群栖时，彼此间为争夺有利位置发生纠纷，才会发出低沉的咕咕声。飞行时颈和脚均伸直，姿态与雁类相似，常成群结队排成一字或人字形。

与雁鸭类不同，鸬鹚常常张开双翅，在阳光下把潜水时湿透的羽毛晒干，才能再次回到空中飞翔。这是因为雁鸭类发达的尾脂腺能分泌油脂，它们把油脂涂在羽毛上起到防水的作用。鸬鹚则没有尾脂腺，羽毛防水性差，很容易被水浸湿。

在青海湖地区，鸬鹚 3 月迁来，10 月迁走。1999 年繁殖后期，鸟类学家在这里进行环志，年底收到从印度反馈的信息，说明青海湖的鸬鹚每年都要飞越喜马拉雅山，到印度低海拔地区过冬，翌年春天，又返回青海湖繁殖。

食性主要以各种鱼类为食。鸬鹚可以轻而易举地潜入水下 1～3 m 追踪鱼群，这得益于它们的高超的潜水能力、长长的喙和嘴端锐利的弯钩。它们喉下还有一个大喉囊，可将捕获的鱼暂时保存在里面。鸬鹚也会在树上或岸边悬崖上站立，一双黑亮的眼睛紧紧盯着水面，一旦发现水下的猎物，就冲向水里。

繁殖 与其他水鸟比如斑头雁、棕头鸥相比，青藏高原鸬鹚的繁殖地只局限在几个湖泊的鸟岛上，它们是青海的青海湖、更尕海，藏北无人区的错鄂湖和阿里的班公湖。一个有趣的现象是，凡是被鸬鹚占领的岛屿，就不会有其他任何水鸟在上面繁殖。

由于缺乏尾脂腺，鸬鹚的羽毛防水性差，很容易被水浸湿。因此，在捕鱼上岸后，它们常常张开双翅，在阳光下晾干。沈越摄

在青藏高原，鸬鹚繁殖于湖泊的鸟岛上，它们往往排斥其他鸟类，在鸬鹚集群繁殖的岛上就不会有其他鸟类繁殖，成为鸬鹚独占的鸬鹚岛。图为青海湖的鸬鹚岛，岛上密密地布满了普通鸬鹚的巢，巢址安在悬崖上突出的岩石及凹陷处。张国钢摄

在鸬鹚岛上集群繁殖的普通鸬鹚。张国钢摄

青海湖边突兀矗立着一个峻峭的圆柱形礁岛，似一座城堡，它专属于鸬鹚。这里的鸬鹚把巢址安在嶙峋的悬崖上突出的岩石及凹陷处，而东北扎龙的鸬鹚在芦苇丛中营巢，乌苏里江的鸬鹚则在树上筑巢。

春天迁来的时候，鸬鹚就已经配对了。雌雄共同参与营巢，巢由细树枝和软草编织，呈碗状。鸬鹚有偷盗巢材的行为，邻里之间也常为此发生打斗。筑巢活动一般从天亮开始，一直持续至傍晚，3～5天即可完成，而对巢的修复加固工作却会延续整个孵卵期。当然，也有很多旧巢被重新利用。

筑完巢后，一般要经过8～10天或更长时间才开始产卵。最早的产卵时间在4月上旬，4月下旬至5月中旬为产卵高峰期。通常每48小时或72小时产1枚卵。卵浅白色，略带蓝色，上面有褐色斑点。孵卵由雌雄亲鸟共同承担。通常产下第1枚卵后即开始孵卵，孵化期平均为28.1天。刚孵出的雏鸟需要亲鸟为它们抱暖。双亲共同育雏。在青海湖的鸬鹚岛上，繁殖季节有上万只雏鸟聚集在堡礁上，昂头向远方注目，等待狩猎归来的亲鸟喂食。当亲鸟降落在窝边，雏鸟们纷纷把嘴伸向亲鸟口中，掏取储存在喉囊里面的食物。经过50天的辛勤抚育，幼鸟离巢出飞。它们在附近练习飞翔和潜水，累了就在礁石上休息。随后，在亲鸟带领下，家族的活动范围扩展。10月中上旬，随着青海湖地区气候变冷，鸬鹚们开始向南迁徙。

与人类的关系　中国古代有训练鸬鹚捕鱼的习俗。唐代诗人杜甫有诗曰"家家养乌鬼，顿顿食黄鱼"，这里的"乌鬼"指的就是鸬鹚。渔民用草筋在鸬鹚的颈部做适度的结扎，使得大鱼留在喉嗓中，然后用钩竿套住它脚上的绳环，拖到船边，握住脖子把鱼从喉囊里挤出来。当然，捉住鱼的鸬鹚，主人是一定会奖励它一条小鱼的。一只训练有素的鸬鹚，一天可捕获10 kg的鱼。鸬鹚捕鱼对渔业资源会造成破坏，现在在中国已经被禁用，只在一些景区作为特色技艺而保留。

鹈鹕类

鹈鹕类

■ 鹈形目鹈鹕科鸟类，全世界共1属8种，中国有3种，青藏高原仅1种
■ 大型游禽，全蹼足，羽色以白色为主，下喙有巨大的喉囊
■ 善于游泳和飞行，以捕鱼为生
■ 单配制，集群繁殖，雏鸟晚成，双亲参与营巢、孵卵和育雏活动

类群综述

鹈鹕类指鹈形目（Pelecaniformes）鹈鹕科（Pelecanidae）的鸟类。传统分类观点认为，鹈形目和鹳形目有密切的亲缘关系。近年来的分类研究对这两个目进行了重新调整。原鹈形目各科则仅鹈鹕科保留下来，同时又吸纳了原属鹳形目的鹮科（Threskiorothidae）、鹭科（Ardeidae）、锤头鹳科（Scopidae）和鲸头鹳科（Balaenicipitidae），组成新的鹈形目，而传统鹈形目的其他科一起划分出去组成鲣鸟目（Suliformes）。最新的鹈形目共5科35属109种，其中锤头鹳科和鲸头鹳科都只有1属1种，分布在南美洲；其余3个科分布广泛，遍及全球的温带和热带地区，其中非洲和亚洲南部种类最多。鹈鹕科包括1属8种，全球大部分地区都有分布，但热带种类相对较多。中国有3种，青藏高原仅1种，即白鹈鹕 Pelecanus onocrotalus。

鹈鹕均为大型游禽，多数物种体羽白色，与黑色的翅尖对比鲜明；2个物种体羽以褐色为主。喙长，喉囊发达，四趾均朝前，大多具全蹼，善于游泳，善于捕鱼，食物几乎都是鱼类。飞行时头部向后缩，颈部弯曲靠在背部，脚向后伸直，两翅鼓动缓慢而有力，也能像鹰一样在空中利用上升的热气流来回翱翔和滑翔。觅食时从高空直扎入水中。

交配系统为单配制。集群营巢繁殖，大的繁殖群可达数千对。巢多位于地面上，结构十分简单，也有些物种的巢在树上。每窝产卵1~6枚，孵化期30~36天。雏鸟晚成，育雏期75~80天。双亲共同承担繁殖过程中的各项任务。

鹈鹕类尚无物种被IUCN列为受胁物种，但有3种被列为近危（NT）。在中国，有分布的3种鹈鹕均较为罕见，《中国脊椎动物红色名录》均评估为濒危（EN），亦被列为国家二级重点保护动物。

左：鹈鹕类均为大型游禽，多数物种体羽白色，与黑色的翅尖对比鲜明。图为一只正要降落在水面的白鹈鹕。李铁军摄

non-br.

br.

白鹈鹕
Pelecanus onocrotalus

白鹈鹕

拉丁名：*Pelecanus onocrotalus*
英文名：Great White Pelican

鹈形目鹈鹕科

形态　体长约 160 cm，体形巨大，体格强壮。体羽粉白色，仅初级飞羽及次级飞羽黑褐色，与白色的覆羽形成鲜明对比。头的后部有一束长而狭的悬垂式冠羽，胸部有一束淡黄色的羽毛。嘴长而粗直，呈铅蓝色，嘴下有一个与皮肤相连的橙黄色皮囊。

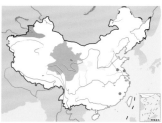

面部裸露的皮肤呈粉黄色，脚为肉红色。

分布　在欧洲东南部地区繁殖，越冬在非洲以及亚洲中部和西南部。在中国新疆天山西部、准噶尔盆地、塔里木河流域和青海湖过冬，迁徙季节在华北、长江流域和四川南充偶有发现。20世纪 60 年代，在青海湖每年可以看到 4～6 只白鹈鹕与大天鹅混群越冬，70 年代以后，再也没有见过它们的踪迹。

习性　常成群生活，飞行时头部向后缩，颈部弯曲靠在背部，脚向后伸，两翅鼓动缓慢而有力，也能像鹰一样在空中利用上升的热气流来回翱翔和滑翔。在水中游泳时，颈常曲成"S"形。

种群现状和保护　IUCN 评估为无危（LC），但在中国近年来十分罕见，《中国脊椎动物红色名录》评估为濒危（EN），被列为中国国家二级重点保护动物。

白鹈鹕。左上图李铁军摄，下图董磊摄

白鹈鹕亚成体。邢新国摄

琵鹭类

- 鹮科琵鹭属鸟类，全世界共6种，中国有2种，青藏高原仅1种
- 大型涉禽，体羽以白色为主，嘴粗长扁平，嘴端延展如勺
- 单配制，雏鸟晚成，双亲参与营巢、孵卵和育雏活动
- 多集群繁殖，巢位于地面或树上

类群综述

琵鹭类指鹮科（Threskiorothidae）琵鹭属 *Platalea* 的鸟类，在传统分类系统中属于鹳形目，而在最新的分类系统中被归入鹈形目。鹮科包括鹮类和琵鹭类，广布于热带和温带地区，全世界共 14 属 35 种，中国有 5 属 6 种，其中鹮类在青藏高原并无分布。琵鹭类全世界共 6 种，中国有 2 种，青藏高原仅 1 种。

鹮科鸟类体羽多为白色、黑色、红色，头和颈有部分皮肤裸露，翅长而宽，尾短。鹮类的嘴长而向下弯曲，比如朱鹮 *Nipponia nippon*；而琵鹭的嘴粗长扁平，端部延展如勺。除粉红琵鹭 *Platalea ajaja* 体羽为粉红色外，所有琵鹭均通体羽毛白色。

琵鹭喜欢生活在开阔的环境，以各种水生动物为食。社会性单配制，双亲共同育雏。有些物种在大树上或者岩壁上集群筑巢，而有些则不集群繁殖。巢是由树枝搭成的平台。每窝通常产 2 ～ 5 枚卵，孵化期 2 ～ 3 周，育雏期 30 ～ 60 天，双亲参与筑巢、孵卵和育雏。

除黑脸琵鹭 *Platalea minor* 被 IUCN 列为濒危 (EN) 外，其他琵鹭类均为无危（LC）。中国的 2 种琵鹭均被列为国家二级重点保护动物。

左：琵鹭类大型涉禽，体羽以白色为主，嘴粗长扁平，嘴端延展如勺。图为一只白琵鹭，身后的黑翅长脚鹬衬托出其体形之大。杨贵生摄

右：琵鹭类喜欢生活在开阔水域，以各种水生动物为食。图为一群水中觅食的白琵鹭。宋丽军摄

白琵鹭
Platalea leucorodia

白琵鹭

拉丁名：*Platalea leucorodia*
英文名：Eurasian Spoonbill

鹈形目鹮科

  体长约 85 cm。喙黑色，前端黄色并特化为扁平状，似琵琶，故得此名。全身体羽白色；面部裸露的皮肤黄色，头部冠羽明显；繁殖羽胸部黄色，但非繁殖羽纯白。

  繁殖于欧亚大陆和非洲西南部的部分地区，在非洲、中国长江以南、日本和东南亚越冬。在中国北方繁殖的种群为夏候鸟，到东南地区越冬；南方繁殖的种群为留鸟。迁徙季节在青海湖、可鲁克湖有记录，但在更尕海 6—7 月观察到它们的出现，最高繁殖海拔 3200 m。

白琵鹭亚成体。沈越摄

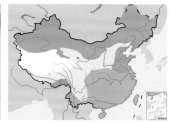

白琵鹭。左上图为繁殖羽，下图为非繁殖羽。杨贵生摄

鹭类和鸦类

- 鹈形目鹭科鸟类，全球共18属64种，中国有9属26种，青藏高原有5属6种
- 涉禽，雌雄相似，体羽疏松，通常白、灰、紫、褐色，有些种类具深色条纹
- 单配制，集群繁殖，巢位于树上，雏鸟晚成，双亲参与营巢、孵卵和育雏
- 自古为人类熟知，有些种类对人工环境适应得很好

类群综述

鹭类和鸦类是指鹭科（Ardeidae）鸟类，共18属64种，是传统鹳形目中最大的一科，但在最新的分类系统中被划入鹈形目。中国有9属26种，青藏高原有5属6种。

鹭类和鸦类均为中、大型涉禽，雌雄体形、羽色相似。喙长直而尖，翅大而长，颈长，脚和趾均细长，四趾在同一平面，中趾的爪上具梳状栉缘，胫部部分裸露。体羽疏松，多为单色，通常有白色、灰色、紫色、褐色，有些种类具深色条纹。很多种类在头、背或前颈下部具有丝状蓑羽，繁殖期尤为突出。具有发达的粉翈，在胸、腹和胁部成斑块分布。停栖于树上时，缩颈驼背。飞翔能力强，飞行时，颈亦呈"S"形收缩于肩间，脚向后伸直。

开阔的水域是鹭类的主要栖息地，它们在浅水区涉行，觅食水生动物。

通常为单配制，也有多配制和混交制。多数物种集群繁殖，但一些大型鹭类和鸦类则孤立繁殖。繁殖季节，许多种类的头部和背部羽色变得亮丽。巢通常位于大树上，但鸦类的巢在芦苇丛中。窝卵数3～7枚，孵化期14～30天，育雏期25～90天。双亲共同筑巢、孵卵和育雏。

鹭科鸟类自古为人类熟知，对人工环境的适应较好。但仍有许多物种处于受胁状态。在中国，几乎所有鹭类和鸦类均被列入保护名录。

左：鹭类均为中、大型涉禽，站立时常将颈部蜷缩，似驼背状。图为牛背鹭。沈越摄

右：鹭类繁殖期头部和背部的羽色会变得鲜艳亮丽。图为繁殖期池鹭正在水边觅食，头颈和前胸为漂亮的栗红色，冠羽甚长达背部。沈越摄

夜鹭
Nycticorax nycticorax

br.

non-br.

牛背鹭
Bubulcus ibis

br.

non-br.

池鹭
Ardeola bacchus

苍鹭
Ardea cinerea

大白鹭
Ardea alba

白鹭
Egretta garzetta

夜鹭

拉丁名：*Nycticorax nycticorax*
英文名：Night Heron

鹈形目鹭科

形态 体长约 50 cm。体形较粗胖，颈较短；嘴尖细，黑色，微向下弯曲；胫裸出部分较少，脚和趾黄色；头顶至背黑绿色且具金属光泽；上体余部灰色，下体白色；枕部披有 2～3 枚长带状白色饰羽，下垂至背，极为醒目。

分布 分布于欧洲大陆、非洲、马达加斯加、亚洲中部和南部，向东至俄罗斯远东滨海边疆区、朝鲜和日本。见于中国大部分地区，在青藏高原的繁殖记录只有南疆的塔里木河流域，在青海湖为旅鸟。

习性 眼睛具备大量视杆细胞，所以具备夜视能力。通常于黄昏后从栖息地分散成小群飞出，于浅水处涉水觅食，也单独伫立在水中树桩或树枝上等候，清晨则陆续回到树上隐蔽处休息。白天结群隐藏于密林中僻静处，或分散成小群栖息在灌丛或高大树木的枝叶丛中，驼背缩颈站立。偶见单独活动和栖息的个体。

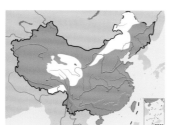

夜鹭。左上图为亚成体，彭建生摄；下图为成鸟繁殖羽，沈越摄

牛背鹭

拉丁名：*Bubulcus ibis*
英文名：Cattle Egret

鹈形目鹭科

体长约 50 cm。体羽大多白色，唯头、颈橙黄色，颈基部和背中央有橙黄色发状羽丝。非繁殖羽通体白色，发状羽丝消失。唯一不食鱼而以昆虫为主食的鹭类，时常跟随在水牛后捕食被惊起的昆虫，或在牛背上歇息，故得名。

分布于全球温带、热带地区，在中国见于长江以南各地。在青藏高原为旅鸟，记录于拉萨拉鲁湿地、那曲夯错和青海可鲁克湖。

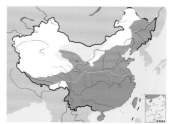

牛背鹭。左上图为繁殖羽，沈越摄；下图为非繁殖羽，董磊摄

池鹭

拉丁名：*Ardeola bacchus*
英文名：Chinese Pond-heron

鹈形目鹭科

　　体长约 47 cm。头、颈和前胸与胸侧栗红色，冠羽甚长达背部；上体蓝黑色，羽毛长如披丝，翼白色，飞行时与深色的背对比鲜明，尾白色；下体白色，颈部有栗褐色丝状长羽悬垂于胸。非繁殖期头顶白色而有褐色条纹，背和肩羽暗黄褐色，胸淡黄色并有粗的褐色条纹。

　　分布于孟加拉国至东北亚和东南亚，北方为夏候鸟，南方为留鸟。在青藏高原，若尔盖湿地夏季有记录，而在可鲁克湖只见于迁徙期。

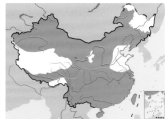

池鹭。左上图为繁殖羽，沈越摄；下图为非繁殖羽，彭建生摄

苍鹭

拉丁名：*Ardea cinerea*
英文名：Grey Heron

鹈形目鹭科

　　体长约 100 cm。头顶白色，头顶两侧和枕部黑色，黑色羽冠状若发辫；上体灰色，翅黑褐色；下体白色，颈基有灰白色长羽披散于胸前；前胸至两胁有褐色长斑。多单独于浅水处涉水，并时常站在一个地方等候食物，故有"长脖老等"之称。

　　分布于欧亚大陆和非洲，在北方繁殖的种群南迁越冬，而南方则为留鸟。见于中国全境。在青藏高原，夏天有记录的地区包括若尔盖、青海湖和塔里木河流域，而在那曲记录为旅鸟，拉萨河流域冬季时有单只个体记录。

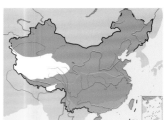

苍鹭。左上图杨贵生摄，下图董磊摄

正在打斗的苍鹭。颜重威摄

大白鹭

拉丁名：*Ardea alba*
英文名：Great Egret

鹈形目鹭科

　　体长约 90 cm。成鸟繁殖羽乳白色，喙黑色，头后有短小羽冠，两肩之间着生成丛的长蓑羽，向后伸展，超过尾羽尖端 10 cm 以上；蓑羽羽干基部强硬，羽枝纤细分散。非繁殖期无蓑羽和羽冠。

　　分布于全球温带、热带地区。多单只或以 10 余只的小群活动，在繁殖期亦见 300 多只的大群。在青藏高原繁殖于南疆塔里木河流域，在青海湖、可鲁克湖和贵德黄河清湿地属于旅鸟，但在更尕海夏天记录到它们出现。

白鹭

拉丁名：*Egretta garzetta*
英文名：Little Egret

鹈形目鹭科

　　体长约 60 cm。全身白色，腿、脚黑色，趾黄色；繁殖期枕部着生两条长羽，背、胸均披蓑羽。

　　从欧亚大陆南部到澳大利亚北部、日本列岛、整个非洲大陆和马达加斯加岛均有分布。迁徙季节途经青藏高原东北部的湖泊。

 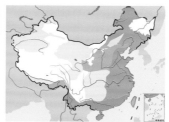

大白鹭。左上图为繁殖羽，沈越摄；下图为非繁殖羽，彭建生摄

 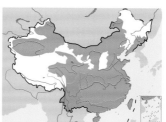

白鹭。左上图为非繁殖羽，彭建生摄；下图为繁殖羽，董磊摄

白鹭步行和飞行时常常将颈弯曲成"S"形。它们在浅水处涉水捕食小动物。彭建生摄

鹰类

鹰类

- 鹰形目鸟类，全世界共71属250种，中国有21属47种，青藏高原有16属32种
- 昼行性猛禽，喙基有蜡膜，喙侧有圆突，翼形宽，雌鸟体形大于雄鸟；扑翼速度不如隼
- 大多为肉食性且食物种类多样，少数腐食，在维持青藏高原生态系统中具有重要意义，其中高山兀鹫、秃鹫和胡兀鹫共同构成了藏传佛教文化中的"天葬鸟"
- 均为国家一级或二级重点保护动物，在青藏高原许多种类作为藏传佛教文化中的神鸟而受到当地人保护

类群综述

分类和分布 鹰类指鹰形目（Accipitriformes）鸟类，包括蛇鹫科（Sagittariidae）、鹗科（Pandionidae）和鹰科（Accipitridae）。这3个科在传统分类系统中与隼等其他昼行性猛禽一起置于隼形目（Falconiformes），但在最新的分类系统中，一起从隼形目中分离出来组成一个新的目——鹰形目。鹰类全球共71属250种。其中蛇鹫科和鹗科都仅有1属1种，蛇鹫 *Sagittarius serpentarius* 分布于非洲中部、南部的热带稀树草原和开阔森林地区；鹗 *Pandion haliaetus* 则见于除南极洲以外的世界各地，中国大部分地区包括青藏高原有分布。鹰科是猛禽中种类和数量最多的科，全世界有69属248种，广泛分布于各大洲，包括鹰、雕、鹞、鸢、兀鹫，中国有20属46种，青藏高原可见15属31种。

形态 鹗体形中等，上体褐色，头及下体白色，具显著的黑色贯眼纹。鹰科鸟类体形差别较大。鸢、鹞和鹰体形较小，体长 30～50 cm，体重从几百克到 2 kg；大型种类如雕和鹫的体长可达 120 cm，翼展有 250 cm，体重 8～12 kg。存在性二型性，但与大多数鸟类的情况恰好相反，雌鸟体形大于雄鸟，其中以鹰属 *Accipiter* 最为显著，如雀鹰 *Accipiter nisus* 的成年雌鸟体重可接近雄鸟的 2 倍。

左：鹰形目猛禽在青藏高原生态系统中扮演着非常重要的角色，其中食腐的鹫类是青藏高原动物尸体以及"天葬"的人类尸体的清理者。图为清晨站在山巅上的高山兀鹫。史红全摄

右：不同于隼类长而狭尖的翅形，鹰类的翅形钝而宽圆，初级飞羽打开后在翼尖分离，形如叉开的手指，被称为"翼指"，"翼指"的数量和形状是不同鹰科鸟类之间重要的识别特征之一。图为在空中翱翔的草原雕。邢睿摄

鹰的羽色以棕、黑、白为主，亚成鸟多有斑纹，胸、腹的颜色比背部浅，这是空中捕猎时隐蔽自己的保护色，大多数鵟和鹰的胸腹部和翼下还有深色斑纹，是猛禽特有的外形特征。鹰的尾羽色常有别于体羽，有些种类的尾羽上覆有宽的横斑。相对于隼长而狭尖的翅形，鹰的翅钝而宽圆，适于高空盘旋，扇翅频率不及隼。初级飞羽打开后在翼尖形成分离的"翼指"，是鹰不同于隼的重要特征之一。

大多数的鹰靠主动出击抓捕活食，与此相适应，它们下肢强健有力，足为3趾向前、1趾向后的不等趾足，趾骨上发达的屈趾肌使爪的抓握力极大，趾端都长有弯曲带钩、强壮锐利的爪，对于猎物来说是致命的武器；喙坚硬，基部都有明显的蜡膜，外鼻孔开口其上，上喙端部钩曲，适于撕扯肉食；而主要以尸体、腐肉为食的兀鹫属 Gyps，爪和喙就没有鹰、雕那么锐利。

鹰的眼球构造与隼相似，视觉敏锐。盘旋在2000 m 高空的金雕 Aquila chrysaetos 和草原雕 A. nipalensis 能够轻易发现地面的野兔和岩羊，当它们出击扑向猎物时，还会有一个加速的过程，金雕捕猎时的冲刺速度可达 300 km/h，仅次于游隼。

栖息地 鹰的种类繁多，栖息环境多样，包括湖岸沼泽、海岸潮间带、林地草原、丘陵灌丛、高山裸岩。高山兀鹫 Gyps himalayensis 是中国境内最大的猛禽，干燥严寒的喜马拉雅山脉是其主要分布区；它是世界上飞得最高的鸟类之一，翱翔的海拔高度常超过 6000 m。

食性 鹗以鱼为主食，鹰食性多样。除了个别食性特化的种，绝大多数鹰为肉食性，食谱宽泛而且不同属有各自的偏好。与隼类相同，鹗和鹰也是在白天活动的猛禽。

鵟属 Buteo 喜捕食啮齿目、兔形目等小型哺乳动

与大部分取食昆虫或陆生脊椎动物的猛禽不同，鹗跟许多水鸟一样捕鱼为生。但不同于水鸟用喙捕鱼的方式，鹗的捕鱼利器是其强壮的爪。王小炯摄

鹰类

大部分鹰捕食小型陆生脊椎动物，尤其是啮齿目和兔形目等小型哺乳动物，图为捕得一只鼠兔的大鵟。徐永春摄

物。鹰属包括48个物种,是鹰科中种类最多的一个属。热带地区栖息于森林和灌丛环境的小型种类主要吃鸟类，也吃昆虫、蛙类和蜥蜴；大型种类则主食啮齿类和野兔。雕属 *Aquila* 是鹰科的大型猛禽，活动于高山、草原、山地的稀疏森林，多捕食体形较大的鸟类和哺乳类。在喜马拉雅山脉，曾记录到2只金雕合作捕杀到一只迁徙途中的幼年蓑羽鹤。海雕属 *Haliaeetus* 常在水域附近觅食，繁殖期的白尾海雕 *Haliaeetus albicilla* 经常成对猎捕受伤的水鸟，通过轮流攻击阻止猎物浮出水面换气，大大提高了捕食成功率。

鹰科中少数种类具有专一食性。如蜂鹰属 *Pernis* 的凤头蜂鹰 *Pernis ptilorhynchus* 嗜食蜂类和蜂巢、蜂蜜；栖息于湿地和河流附近的食螺鸢属 *Rostrhamus* 食物中90%是淡水螺类；兀鹫属依靠灵敏的嗅觉寻找草原上的动物尸体为食；棕榈鹫 *Gypohierax angolensis* 主要以油棕榈树的果实为食；

而分布在中、南美洲海岸和岛屿的3种鸡鵟已进化成为专门吃螃蟹的类群。

青藏高原的高山兀鹫、秃鹫 *Aegypius monachus* 和胡兀鹫 *Gypaetus barbatus* 均以动物尸体为食，但食性有所分化，前两种混群吞食尸体上的组织，体形较小的胡兀鹫则耐心等它们散去后，捡拾剩下的残骸，小的骨块直接吞下，长的腿骨带到空中反复抛下摔碎，取食骨髓和小块骨头。它们是藏族人天葬尸体的主要清理者，共同构成了藏传佛教文化中的"天葬鸟"。

交配系统和社会行为 鹰大多为单配制，仅少数种类有合作形式的多配现象。西班牙比利牛斯山的胡兀鹫种群中约有15%的巢存在一雌多雄的婚配系统；美国新墨西哥州的哈氏鹰（红尾鵟亚种 *Buteo jamaicensis harlani*），也同样属于一雌多雄的合作繁殖模式：超过一半的繁殖群内同时存在多只雄鸟，

其中约有 60% 是春季第一窝的未成年雄鸟，出飞后它们将在巢附近停留 3 ～ 4 个月，且参与父母在当年夏末的第二窝繁殖过程，约 3 年后，这些未成年雄鸟才会完全飞离父母的巢域，开始独立生活。

哈氏鹰是猛禽中为数不多的表现显著社会性的物种，它们在非繁殖期的合作狩猎就是一个典型例子。2 ～ 6 只成鸟组成"狩猎小队"在领域中巡视，发现猎物时，分为 2 个小组分别负责空中和地面进攻，成员间密切配合，它们能够捕获相当于自身体重 2 ～ 3 倍的黑尾长耳大野兔，肉量足够满足所有成员进食，这一策略保证了较高的猎物捕获率以及参与者的适合度利益。

繁殖　进入繁殖期，雄鸟经常用高难度的飞行向雌鸟进行求偶炫耀，常见的有腹部朝上飞行、与雌鸟相对握爪后螺旋式下降；善鸣叫的物种如蛇雕 *Spilornis cheela*，雄鸟则会用独特的鸣声来吸引雌鸟。一旦确定配偶，两只亲鸟在整个繁殖期都紧密相随，共同筑巢、守卫领域和养育后代，不仅如此，大型的雕、鹫还会保持长期的固定配偶关系，例如金雕的配偶关系可达 10 年以上。

鹰筑巢于高处，离地几米至上百米，树冠顶端、崖壁凹陷、石洞均是理想的营巢地点。与隼相似，鹰形目的猛禽也有沿用往年旧巢的习性，并会修饰、增补破损的巢材。巢呈开放的盘状，多由枯枝搭建而成，有时掺有草茎，最内侧垫有皮毛、碎骨、布片、塑料等，体积随种类不同而变化。在连年使用的巢周围，常有明显的白色粪迹。一些雕、兀鹫在同一个巢域内还有好几个巢轮流使用，可能是为了避免天敌和寄生虫的侵扰。大多数情况下，亲鸟占领巢点后即表现出领域行为，对来犯者有明显的驱逐和攻击行为。领域面积在几百平方米到十几平方千米，但也有少数种集中营巢，如高山兀鹫在一处繁殖区就有上百个巢。

鹰的窝卵数随体形增大而变小，小型种类 2 ～ 6 枚，大型种类 1 ～ 3 枚，产卵间隔也从 1 ～ 2 天增加到 3 ～ 4 天。雌雄亲鸟均参与孵卵，但主要由雌鸟承担。不同体形种类的孵卵期种间变异很大，平均为 20 ～ 60 天，如胡兀鹫是 55 ～ 61 天。由于雌鸟在产下第 1 枚卵后就开始孵卵，因此最先孵出的雏鸟更大更强壮。在食物匮乏的年份，大雏鸟可能吞掉小雏鸟以求存活。人们在多个物种中记录到这种同胞相残行为，以雕属和雕属为多。从种族繁衍

青海玉树筑巢于电线杆上的大𫛭，枯枝搭建而成的巢中垫有皮毛和大量人工织物，成鸟正站在巢边喂食巢中雏鸟。贾陈喜摄

鹰类

高山兀鹫、秃鹫和胡兀鹫是青藏高原动物尸体的主要清理者，前两种吞食尸体上的组织，胡兀鹫则捡拾剩下的骨架。图为吞食小块骨头的胡兀鹫亚成体。彭建生摄

角度来说，这是一种保险策略，只有在食物充足的情况下，才能保证 2 只以上的雏鸟成功出飞。

雌鸟孵卵时，雄鸟负责警戒与猎食。大多数亲鸟会带回整只猎物，撕成小块喂给雏鸟；鹫类则比较特别，大多数为反吐饲雏，雏鸟用喙啄击亲鸟的嗉囊，刺激其反吐食物。兀鹫属的育雏期较长，高山兀鹫和胡兀鹫的幼鸟在离巢后还需亲鸟继续喂养 2 个月左右才能独立生活，而高山兀鹫的繁殖周期长达 8 ~ 10 个月。对于鹫和雕这些有 10 年以上寿命的猛禽来说，幼鸟达到性成熟至少需要 3 年甚至更久。

居留型　鹗是世界性广布种，冬季北方水面结冰，无法捕鱼，繁殖在欧洲中部和北部的种群会迁飞到低纬度地区越冬。在中国，鹗作为夏候鸟见于东北、新疆和西藏。鹰有全年留居、迁徙过境、繁殖和越冬 4 种居留类型，同一物种的地方种群可以表现为不同的居留型。在中国拥有广大繁殖分布的鹰科物种有黑鸢 Milvus migrans、金雕、白腹鹞 Circus spilonotus、白尾鹞 Circus cyaneus、赤腹鹰 Accipiter soloensis、雀鹰、苍鹰 Accipiter gentilis、

凤头蜂鹰和大鵟 Buteo hemilasius，其余种类只是过境时在特定区域被记录到，其中不乏落单的迷鸟。

种群现状和保护　猛禽善于捕猎，许多地区的人类很久以前就有驯养猛禽进行狩猎活动的传统，在中亚、中东等地，鹰猎更成为身份和地位的象征。这刺激了猛禽作为宠物进入贸易领域，成为威胁猛禽生存的重大因素。作为顶级消费者，猛禽的生存需要大量环境资源的支持，因此种群数量有限，也就格外受到保护关注。《濒危野生动植物种国际贸易公约》对涉及猛禽的贸易都有明确的保护条款，中国把所有猛禽都列为国家一级或二级重点保护动物，许多猛禽栖息地和迁徙路线上有环保组织和鸟会组建了猛禽救助机构。

与人类的关系　鹰身姿矫健，迅捷勇猛，自古受到人类的喜爱和崇拜，因此常常成为诗文书画描述的对象乃至自然崇拜的图腾。在青藏高原，藏族人将高山兀鹫看作引渡亡人进入天堂的使者，他们进行"天葬"，将尸体带到天葬台肢解供兀鹫食用，以求飞升。

鹗
Pandion haliaetus

黑翅鸢
Elanus caeruleus

黑鸢
Milvus migrans

栗鸢
Haliastur indus

凤头蜂鹰
Pernis ptilorhynchus

凤头鹰
Accipiter trivirgatus

苍鹰
Accipiter gentilis

雀鹰
Accipiter nisus

松雀鹰
Accipiter virgatus

白尾鹞
Circus cyaneus

草原鹞
Circus macrourus

白头鹞
Circus aeruginosus

鹊鹞
Circus melanoleucos

大鵟
Buteo hemilasius

白腹鹞
Circus spilonotus

棕尾鵟
Buteo rufinus

普通鵟
Buteo japonicus

喜山鵟
Buteo refectus

毛脚鵟
Buteo lagopus

白眼鵟鹰
Butastur teesa

指名亚种
N. n. nipalensis

鹰雕
Nisaetus nipalensis

ad.

juv.

ad.

juv.

金雕
Aquila chrysaetos

ad.

juv.

白肩雕
Aquila heliaca

ad.

juv.

草原雕
Aquila nipalensis

乌雕
Clanga clanga

玉带海雕
Haliaeetus leucoryphus

ad.

ad.

juv.

白尾海雕
Haliaeetus albicilla

蛇雕
Spilornis cheela

黑兀鹫
Sarcogyps calvus

ad.

juv.

秃鹫
Aegypius monachus

高山兀鹫
Gyps himalayensis

长嘴兀鹫
Gyps indicus

ad.

juv.

白兀鹫
Neophron percnopterus

胡兀鹫
Gypaetus barbatus

鹗
拉丁名：*Pandion haliaetus*
英文名：Osprey

鹰形目鹗科

体长约 56 cm。头白色，枕部羽毛形成短冠羽，黑色眼纹向后延伸至颈部，上体黑褐色，翅下翼角有黑斑，尾具横斑；下体白色，胸部有褐色纵纹。雌雄异形，雌鸟体形较雄鸟大。

繁殖于欧亚大陆和北美，在北半球低纬度地区和南半球过冬，出现在中国大部分地区，在青藏高原为留鸟和繁殖鸟，在水域环境活动，极善捕鱼。

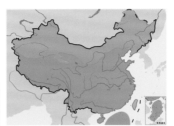

鹗。左上图赵国君摄，下图徐永春摄

黑翅鸢
拉丁名：*Elanus caeruleus*
英文名：Black-winged Kite

鹰形目鹰科

体长约 30 cm，小型的鹰。虹膜红色，与大多数猛禽迥然不同；眼先和眼上部黑色，头和上体浅灰色，肩部有大块黑斑；下体白色，翼端飞羽下面为黑色，空中飞行时从下方看去十分醒目，因此而得名。

分布于非洲中部及南部、东南亚和南亚，以及中国华南、西南地区，包括青藏高原东南缘的云南西北部，分布海拔可超过3000 m。活动于开阔草地、灌丛和农田，搜寻猎物时常通过快速振翅悬停于空中。

黑翅鸢。左上图沈越摄，下图颜重威摄

鹗以鱼类捕食，故又名"鱼鹰"。常在天气晴朗之日，盘旋于水面上空，定点后俯冲而下，捕获的鱼被带到岩石等高处享用。赵建英摄

黑鸢

拉丁名：*Milvus migrans*
英文名：Black Kite

鹰形目鹰科

体长约 57 cm。上体黑褐色，翅外缘的飞羽基部为白色，形成明显的翼下白斑，尾呈浅叉状，是其独有特征；下体棕褐色并具有黑褐色纵纹。

分布于欧亚大陆、非洲中部和南部，直到澳大利亚，大部分地区为留鸟。中国全境包括青藏高原均有分布，在拉萨罗布林卡的高大杨树上筑巢繁殖。

 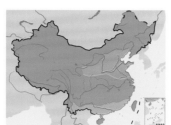

黑鸢。上图董磊摄，下图沈越摄

栗鸢

拉丁名：*Haliastur indus*
英文名：Brahminy Kite

鹰形目鹰科

体长约 48 cm。头和胸白色，初级飞羽黑色，其余部位均棕红色。雌鸟体形更大。亚成鸟全身近褐色，胸部具纵纹，随年龄增长逐渐变白，3 龄左右初现成鸟羽色。

分布于东南亚、南亚，向南至巴布亚新几内亚、所罗门群岛和澳大利亚。留鸟。在中国繁殖于南方沿海地区，在青藏高原记录于西藏昌都和林芝，拉萨为冬候鸟。

 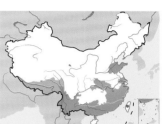

栗鸢。左上图为成鸟，沈越摄；下图为亚成鸟，魏东摄

捕得猎物的黑鸢。彭建生摄

凤头蜂鹰

拉丁名：*Pernis ptilorhynchus*
英文名：Crested Honey Buzzard

鹰形目鹰科

　　体长约 60 cm。头顶羽毛微微突出形成羽冠，上体暗褐色，尾羽有黑色横斑，尾端黑色；下体棕褐色或栗褐色，密布点斑和纵纹。有多种色型，尤其下体羽色从黑褐色到米白色的变化显著。

　　繁殖区从西伯利亚南部至日本，越冬于东南亚，东南亚和南亚也有留居种群。中国境内在东北繁殖，越冬于华东和华南的广大地区，青藏高原东部为旅鸟。活动于森林边缘地带，嗜食蜂类和蜂蜜，也捕食小型脊椎动物。

凤头蜂鹰。沈越摄

苍鹰

拉丁名：*Accipiter gentilis*
英文名：Northern Goshawk

鹰形目鹰科

　　体长约 58 cm。头颈灰褐色，具白色眉纹，其余上体青灰色；胸腹部白色，密布黑褐色纵斑，尾下覆羽白色，尾羽上有宽的黑色横斑。雌雄异形，雌鸟体形更大且羽色较深。随年龄增长，体羽颜色逐渐加深，变为灰黑色。

　　分布于欧亚大陆和北美，大多数地区为留鸟，在中国的东北和新疆是留鸟，长江以南为冬候鸟。在西藏昌都有繁殖记录，拉萨有越冬记录。

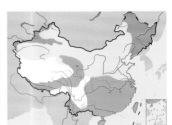

苍鹰。上图为成鸟，郭亮摄；下图为亚成鸟，沈越摄

苍鹰是肉食性猛禽，其视觉敏锐，飞行敏捷，以森林小型动物为食

凤头鹰

拉丁名：*Accipiter trivirgatus*
英文名：Crested Goshawk

鹰形目鹰科

　　体长约 42 cm。头部有短冠羽，上体黑褐色，尾羽具黑色横斑。喉白色，中央有一条黑色纵纹；胸腹部白色或浅黄色，胸部布有褐色纵纹，腹部有暗褐色横斑。雌鸟体形更大且羽色较深。

　　分布于中国西南地区、东南亚和南亚，留鸟。近年来可能扩张到青藏高原东南部边缘。

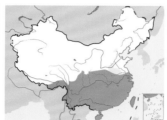

凤头鹰。沈越摄

雀鹰

拉丁名：*Accipiter nisus*
英文名：Eurasian Sparrowhawk

鹰形目鹰科

　　体长约 33 cm，小型的鹰。两颊栗红色，上体蓝灰色，尾羽具黑色横斑；下体白色，布满栗色斑纹。雌鸟体形大于雄鸟，脸颊无棕色，上体灰褐色。

　　分布于整个欧亚大陆，欧洲种群基本为留鸟，繁殖在亚洲北部的个体越冬于南亚和非洲东北部。中国的繁殖地在东北、新疆以及青藏高原东部和南部，冬季见于长江以南地区。

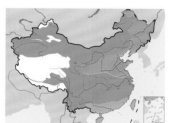

雀鹰。左上图为雄鸟，丁文东摄；下图为雌鸟，董磊摄

雀鹰幼鸟。沈越摄

松雀鹰

拉丁名：*Accipiter virgatus*
英文名：Besra

鹰形目鹰科

体长约 30 cm，小型的鹰。雄鸟上体深灰色，尾羽黑褐色横斑明显；喉白色，中央有一条黑色纵纹，胸、腹白色，两胁棕色且有褐色横斑。雌鸟体形较大，上体褐色，两胁棕色少。

分布于中国南方、东南亚、喜马拉雅山脉、南亚，包括青藏高原南部和东南部，留鸟。

 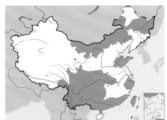

松雀鹰。左上图沈越摄；下图彭建生摄

白尾鹞

拉丁名：*Circus cyaneus*
英文名：Hen Harrier

鹰形目鹰科

体长约 48 cm。雄鸟有白色眉纹，上体灰色；下体白色并具灰色斑纹，翅外缘飞羽黑色，尾下覆羽白色，尾羽上有黑色横斑。雌雄体形和羽色不同。雌鸟体形更大，上体褐色，头颈和下体皮黄色并具黑褐色纵纹。

在欧亚大陆和北美北部繁殖，南部越冬；在中国繁殖于东北和新疆，越冬于长江以南地区。在青藏高原，尕海－则岔自然保护区夏季比较常见，西藏南部有冬候鸟记录。

 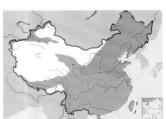

白尾鹞。左上图为雄鸟，沈越摄；下图为雌鸟，董磊摄

白尾鹞常沿地面低空飞行搜寻猎物，发现后急速降到地面捕食。沈越摄

草原鹞

拉丁名：*Circus macrourus*
英文名：Pallid Harrier

鹰形目鹰科

体长约 44 cm。雄鸟全身浅灰白色，翅外缘飞羽黑色。雌鸟体形较大，上体褐色，下体具黑褐色纵纹。

在东欧至中亚一带繁殖，越冬于非洲南部和南亚；中国境内繁殖于新疆天山，其余地区偶见，西藏江孜有冬候鸟记录。

鹊鹞

拉丁名：*Circus melanoleucos*
英文名：Pied Harrier

鹰形目鹰科

体长约 45 cm。雄鸟头颈、胸和背黑色，肩部有明显白斑，翅外缘黑色，其余身体白色。雌鸟体形较大，上体褐色，下体布有黑褐色纵纹。

繁殖于远东至中国东北和朝鲜，越冬于南亚；中国长江以南为旅鸟或冬候鸟，青藏高原东部有旅鸟记录。

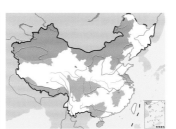

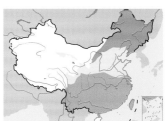

草原鹞。上图为雌鸟，董文晓摄；下图为雄鸟，马鸣摄

鹊鹞。上图为雄鸟，沈越摄；下图为雌鸟，Induchoodan A摄（维基共享资源／CC BY–SA 4.0）

鹊鹞常单独活动，多在林边草地低空飞行，搜寻地面的猎物，发现目标后迅速捕食。赵国君摄

白头鹞

拉丁名：*Circus aeruginosus*
英文名：Western Marsh Harrier

鹰形目鹰科

体长约 52 cm。头部白色并有细黑纹，上体棕褐色，肩部有少许白色；下体深棕色。雌鸟身体较大，头部皮黄色，全身的褐色更深。

繁殖区从西欧至蒙古，越冬地在中非、南非以及南亚；中国境内的繁殖地在新疆，西藏南部、东南部为旅鸟和冬候鸟。

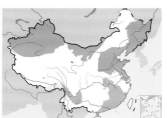

白头鹞。上图为雌鸟，沈岩摄；下图为雄鸟，Artur Mikolajewski摄（维基共享资源／CC BY–SA 3.0）

白腹鹞

拉丁名：*Circus spilonotus*
英文名：Eastern Marsh Harrier

鹰形目鹰科

体长约 50 cm。上体黑褐色，翅外缘飞羽黑色，尾羽灰白色；下体白色，具稀疏的黑色纵纹。雌鸟上体红褐色，尾羽有宽黑色横斑；下体遍布红褐色纵纹。

繁殖于远东至中国东北和朝鲜，越冬于南亚。中国繁殖于东北，长江以南为旅鸟或冬候鸟，青藏高原东部有旅鸟记录。

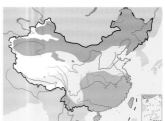

白腹鹞。左上图为雄鸟，赵国君摄；下图为雌鸟，赵建英摄

白腹鹞，常低空飞翔寻找猎物，发现后迅速下降猎捕，并就地分解吞食。贾云国摄

大鵟

拉丁名：*Buteo hemilasius*
英文名：Upland Buzzard

鹰形目鹰科

形态 体长约 67 cm。头白色，上体淡褐色，各羽贯以褐色纵纹，下体大都棕白色，跗跖前面通常被羽，飞翔时翼下白斑十分明显。羽色有淡色型和暗色型两种。外形与普通鵟、毛脚鵟相似，但体形比后者大，飞翔时下面的白斑明显。此外，大鵟和普通鵟仅部分跗跖被羽，而毛脚鵟整个跗跖被羽。

分布 遍布欧亚大陆及非洲北部。在中国东北、华北、西北和青藏高原藏为留鸟，冬季见于华北及其以南地区。

栖息地 在青藏高原，大鵟见于各种环境，分布海拔可以超过 5000 m。

食性 鸟类学家对青海玛多大鵟胃容物和食团中的猎物进行分析鉴定，发现 3 种类型的食物：高原鼠兔、青海田鼠和小型鸟类，胃容物中三者的比例分别是 59%、40% 和 1%，食团中的比例为 89%、10% 和 1%。青藏高原的野外观察发现，大鵟捕食的时候通常迎风站立在距离猎物洞口 15～30 cm 处守候，并且与洞口朝向的夹角在 0°～15°。

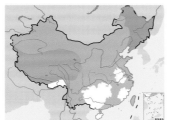

大鵟。左上图徐永春摄，下图唐军摄

繁殖 青藏高原许多地方的悬崖峭壁上都可以发现大鵟的巢，此外它们也在大树上营巢。四川若尔盖的大鵟繁殖生态学调查发现，这里的大鵟产卵时间在 4 月上旬至 5 月下旬。巢呈盘状，主要由树枝构成，里面垫有干草、羽毛、兽毛和布条。巢距离地面 2.2～12.6 m，平均 7.0 m。平均窝卵数 3.1 枚，小于蒙古繁殖种群的 3.49 枚。

四川若尔盖大鵟的繁殖参数	
繁殖季节	4 月上旬至 5 月下旬
巢址	岩石壁
巢大小	外径 63 cm，高 56 cm
卵色	浅褐色，有深褐色斑点
窝卵数	1～5 枚，平均 3.1 枚
卵大小	长径 63.0 mm，短径 48.0 mm
繁殖成功率	79.2%

在没有岩石和大树的空旷草原，大鵟在电线杆顶部筑巢。这里显示的是在青海玉树草原，正在坐巢孵卵的大鵟和长大的幼鸟。贾陈喜摄

棕尾鵟

拉丁名：*Buteo rufinus*
英文名：Long-legged buzzard

鹰形目鹰科

体长约 57 cm。上体栗褐色，飞羽黑色，翅下白色，尾羽棕褐色；下体深棕色。羽色从深到浅有多种色型。雌鸟体形大于雄鸟。

繁殖于欧亚大陆北部，越冬于欧亚大陆南部和非洲。中国境内繁殖于新疆，研究者于 2009 年 5 月 27 日在青藏高原甘南尕海一处距地面 37 m 的山崖发现一个繁殖巢，里面有 4 只满身白色绒羽的雏鸟；在拉萨和藏南有冬候鸟记录。

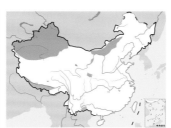

棕尾鵟。左上图为浅色型，魏希明摄；下图羽色偏深，沈越摄

普通鵟

拉丁名：*Buteo japonicus*
英文名：Eastern Buzzard

鹰形目鹰科

体长约 46 cm。由原普通鵟普通亚种 *Buteo buteo japonicus* 提升为种。由于中国分布的普通鵟多为此亚种，故继承了普通鵟的中文名，原普通鵟 *Buteo buteo* 改称为欧亚鵟。上体褐色，飞羽和尾羽有横斑，外侧飞羽和尾羽深褐色；下体棕白色并有深色纵纹。亚成鸟翅和尾上的横斑不如成鸟显著，下体羽色略浅且斑纹少。

分布于欧亚大陆和非洲，迁徙和留居情况多样。见于中国全境，繁殖于东北，在新疆为留鸟，青藏高原有繁殖和越冬记录。2008—2014 年的 5—7 月间，研究者在甘南尕海自然保护区多次目击到它们；2009 年 7 月 5 日在一处距地面约 40 m 的崖壁上发现一个巢，巢中有 3 只羽翼丰满的幼鸟，当人靠近时则从巢边迅速飞离。在拉萨冬季可见，记录到的浅色型个体要多于深色型。

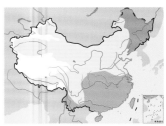

普通鵟。左上图沈越摄，下图郭亮摄

喜山鵟

拉丁名：*Buteo refectus*
英文名：Himalayan Buzzard

鹰形目鹰科

体长约 55 cm。由原普通鵟亚种 *Buteo buteo refectus* 提升为种。上体深红褐色，下体暗褐色。尾羽淡灰褐色，具有多道暗色横斑。飞翔时两翼宽阔，初级飞羽基部可见明显白斑，翼尖、翼角和飞羽全为黑褐色或外缘黑色。

分布于喜马拉雅山脉。

喜山鵟。董文晓摄

毛脚鵟

拉丁名：*Buteo lagopus*
英文名：Rough-legged Buzzard

鹰形目鹰科

体长约 55 cm。头、颈白色并有褐色斑纹，其余体羽黄褐色。腿部包括跗跖覆盖有厚实的羽毛，为其所特有。雌鸟头部斑纹较浅，翅外缘飞羽深褐色，翅下基本呈白色。

在北半球北部繁殖，南部过冬。见于中国全境，在青藏高原东北部为旅鸟。

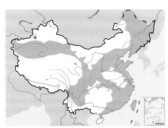

毛脚鵟。左上图郭玉民摄，下图宋丽君摄

白眼鵟鹰

拉丁名：*Butastur teesa*
英文名：White-eyed Buzzard

鹰形目鹰科

体长约 40 cm。浅白色的虹膜是其特征；喉白色，中央有黑色斑纹，后颈也有一小块白斑；上体灰褐色，下体褐色并缀有白点斑。幼鸟的虹膜褐色，头部羽色较浅，下体无斑点。

分布于南亚，留鸟。在西藏南部有迷鸟的记录。

白眼鵟鹰。左上图李锦昌摄，下图 T.R.Shankar Raman 摄（维基共享资源／CC BY–SA 4.0）

鹰雕

拉丁名：*Nisaetus nipalensis*
英文名：Mountain Hawk-eagle

鹰形目鹰科

体长约 70 cm。长而竖立的冠羽是其典型特征；上体棕褐色并有浅色斑纹，下体浅褐色并密排深色横斑。亚成鸟的头、胸、腹和尾羽白色，背部浅褐色。原来归入黑白鹰雕属 *Spizaetus*。

分布于喜马拉雅山脉，包括西藏南部，向东经过云贵高原，中国台湾也有分布。留鸟。栖息在海拔 600 ～ 4000 m 的森林环境。

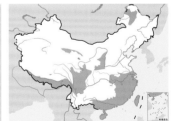

鹰雕。左上图沈越摄，下图王昌大摄

金雕

拉丁名：*Aquila chrysaetos*
英文名：Golden Eagle

鹰形目鹰科

　　体长约 80 cm。头枕部披有黄褐色羽毛，全身黑褐色。雌雄异形，雌鸟体重比雄鸟大 20%。亚成鸟的翅下和尾羽基部有大块白斑。以威猛的外观和敏捷有力的飞行而著称。

　　分布于北半球，包括中国全境。在喜马拉雅山的栖息海拔可以达 8000 m。2009 年 6 月 10 日，研究者在尕海目击到 7 只红嘴山鸦似乎在围攻 1 只成体金雕。

金雕。左上图为成鸟，彭建生摄；下图为亚成鸟，沈越摄

金雕常筑巢于高大树木上，有时也筑巢于崖壁，巢由枯树枝堆积成盘状，内垫细枝松针、草茎毛皮。李振东摄

白肩雕

拉丁名：*Aquila heliacal*
英文名：Eastern Imperial Eagle

鹰形目鹰科

　　体长约 75 cm。头颈浅褐色，其余体羽黑褐色，肩部的大块白斑极为醒目。亚成鸟通体黄褐色并具深色纵纹，随年龄增长而逐渐接近成鸟羽色。

　　繁殖于古北界北部，越冬于非洲东南部、印度西北部及中国全境，包括青藏高原。多在河谷、草地和林间空地等开阔地活动。

 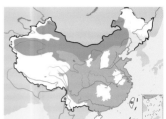

白肩雕。左上图为成鸟，Sumeet Moghe摄（维基资源共享／CC BR–SA 3.0）；下图为亚成鸟，沈越摄

白肩雕喜欢站在岩石上或树上、地上等待猎物，也在空中飞翔寻猎。钱斌摄

草原雕

拉丁名：*Steppe eagle*
英文名：Aquila Nipalensis

鹰形目鹰科

　　体长约 65 cm。全身深褐色，翅缘黑色，尾羽有稀疏横斑。雌雄羽色相似，雌鸟体形大于雄鸟。

　　繁殖于欧洲东南部到中亚，越冬于非洲东南部、阿拉伯半岛和南亚；中国境内繁殖于新疆、东北和青藏高原，冬候鸟见于南方地区。研究者证实夏季在尕海－则岔自然保护区有草原雕分布；2011 年 7 月 2 日观察到一只草原雕俯冲而下抓到一只鼠兔，就地撕扯进食。

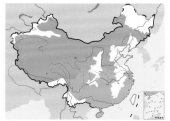

草原雕。左上图为成鸟，王昌大摄；下图为亚成鸟，沈越摄

乌雕

拉丁名：*Clanga clanga*
英文名：Greater Spotted Eagle

鹰形目鹰科

　　体长约 77 cm。通体黑褐色，尾羽基部贯穿一道白色横斑。幼鸟上体灰褐色或黄褐色，布有白色点斑及横纹，随年龄增长羽色渐深。由雕属 *Aquila* 独立出来，单列为乌雕属 *Clanga*。

　　繁殖区从欧洲东部、非洲东北部，经俄罗斯至中国东北和西北，越冬地包括中国东南部、中南半岛和印度，在青藏高原东南部横断山脉的甘孜地区偶见。

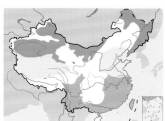

乌雕。上图为亚成鸟，赵国君摄；下图为成鸟，田穗兴摄

草原雕的猎食时间多在清晨和傍晚，与啮齿类活动的规律一致。唐军摄

玉带海雕

拉丁名：*Haliaeetus leucoryphus*
英文名：Pallas's Fish Eagle

鹰形目鹰科

体长约 80 cm。头和颈沙黄色，身体棕褐色，尾羽中间贯穿一道宽阔的白色横斑。雌鸟体形略大。幼鸟全身黑褐色，飞羽灰白色。

繁殖于中亚和南亚，多数地区为留鸟，也有一些个体到纬度稍低的地方越冬；中国境内繁殖于新疆和青藏高原，分布海拔可达 5200 m。常在湖泊、河流区域捕鱼，也吃雁、鸭等水鸟，在草原和荒漠地带主要以旱獭和鼠兔为食。

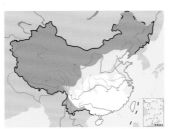

玉带海雕。上图为成鸟，彭建生摄；下图为亚成鸟，沈越摄

白尾海雕

拉丁名：*Haliaeetus albicilla*
英文名：White-tailed Eagle

鹰形目鹰科

体长约 88 cm。头颈淡褐色，整体棕褐色但飞羽的褐色更深。具有特征性的纯白色楔形尾羽，喙和脚为醒目的黄色。雌鸟体形较大。幼鸟全身深褐色，喙黑色，直到 5 龄后才会出现成鸟羽色和黄色的喙；尾羽外侧褐色，内侧白色，要到 8 龄后才会变成全白色。

在欧亚大陆北部繁殖，越冬可以到达中亚和南亚。在中国黑龙江有繁殖记录，东南部为冬候鸟；近年来，有记录显示其越冬范围扩大到西部，包括青藏高原，2011 年 12 月 11 日，研究人员在尕海同时记录到 4 只成鸟和 1 只亚成鸟，冬季在拉萨河边也有目击记录，大多是 1 只，最多一次记录是 4 只。喜欢在水域附近活动。

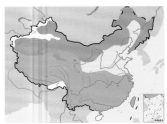

白尾海雕。上图为成鸟，下图为亚成鸟。沈越摄

蛇雕

拉丁名：*Spilornis cheela*
英文名：Crested Serpent Eagle

鹰形目鹰科

体长约 67 cm。头顶有黑白两色的短冠羽，眼至喙间有裸露的黄色皮肤，上体暗褐色，腹部浅褐色且缀有白色斑点，翅下和尾羽有左右贯穿的白色横斑。跗跖覆盖有坚硬的网状鳞片，可防御蛇的毒牙。

留鸟，分布于中国黄河以南地区、东南亚和南亚，包括青藏高原东部，最高分布海拔 1900 m。喜欢在丛林的开阔区域活动。

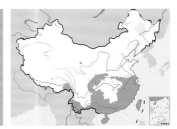

蛇雕。沈越摄

黑兀鹫

拉丁名：*Sarcogyps calvus*
英文名：Pondicherry Vulture

鹰形目鹰科

体长约 81 cm。整体深褐色，头部裸露皮肤橘红色，颈部悬着两个橘红色的巨大肉垂。飞翔时前胸、后胁和翼下的白斑与通体的黑色形成鲜明对照。与高山兀鹫的区别最明显的是体色，后者土黄色，初级飞羽黑色，飞行时与身体其他部分的对比十分明显。

分布于南亚次大陆、东南亚和中国西南部。在青藏高原只见于西藏东南部。与秃鹫和高山兀鹫不同的是，它们多生活在海拔比较低的地区，营巢于村庄附近和农田等开阔地的树上，每窝产卵 1 枚。

 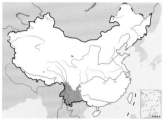

黑兀鹫。左上图为亚成鸟，下图为成鸟

秃鹫

拉丁名：*Aegypius monachus*
英文名：Black Vulture

鹰形目鹰科

体长约 120 cm，即便在鹫类中也堪称体形硕大。体色以深褐色为主，裸露的头部皮肤浅蓝色，喙黑褐色，蜡膜浅蓝色。

分布于欧亚大陆和非洲西北部，包括整个中国，但在大多数地区数量十分稀少，在青藏高原尚保持一定的种群。草原和林地的荒岩地带是其典型的栖息地。性格孤僻，喜欢单独活动，但有时也形成小的群体。

秃鹫。上图杨贵生摄，下图沈越摄

秃鹫以大型动物尸体为食，被称为"草原上的清洁工"。彭建生摄

高山兀鹫

拉丁名：*Gyps himalayensis*
英文名：Himalayan Vulture

鹰形目鹰科

形态 大型猛禽，体长约 120 cm。头、颈裸露，颈基部具矛状羽，是其突出特征。上体茶褐色，下体淡黄色，飞羽黑色，飞翔时下体和翅羽色对比鲜明。雌雄羽色相似。翅形宽阔，展开时像张开一面长方形的宽大斗篷。

分布 为青藏高原所特有，分布于整个高原及其周边地区，包括中亚。在高原大多数地区全年可见，但在高原周围的一些低海拔地区则仅在冬季出现，且大多是未成年个体。

栖息地 栖息于海拔 2500～4500 m 的高山、草原及河谷地区。在青藏高原的三种典型环境中，野外调查结果如下：草原支持最大的高山兀鹫密度，高山灌丛次之，林区最少。不同环境下每次遇见的群体大小也不同。如 10～30 只的群体，在草原的遇见率是 20%，高山灌丛只有 0.9%，林区是 4.5%。在西藏直贡梯寺周围，常年有 200 只左右高山兀鹫活动，夜晚成群栖息在悬崖上。

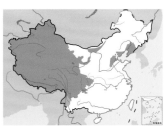

高山兀鹫。左上图唐军摄，下图为跟渡鸦在一起，在高山兀鹫面前，渡鸦显然很弱小，柯坫华摄

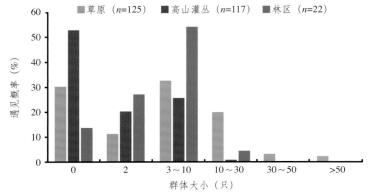

青藏高原三种典型环境中高山兀鹫的群体大小分布

食性 死亡的牦牛是高山兀鹫最重要的食物，占据其食谱 60% 的份额。自然界中，这些动物的尸体并不那么常见，要找到它们需要毅力和耐心。在青藏高原的草原、荒漠、戈壁或荒山野岭间，经常看到几只甚至十几只高山兀鹫展翅翱翔于蓝天，目的就是寻找食物。上升气流是一种神奇的自然能量，高山兀鹫用它们特有的感觉捕捉着肉眼看不见的气流，借此它们可以悠然自如地漫游，用敏锐的视觉寻找食物。当然，高山兀鹫可能也具备发达的嗅觉，用以探测腐肉的气味。

适应于嗜食腐肉的习性，高山兀鹫的爪不及鹰隼强大，但它们演化出了强有力的喙，喙形侧扁，先端钩曲，像钢钳一样可以轻而易举地啄破和撕开坚韧的牛皮。裸露无羽的头部能很方便地伸进动物尸体的腹腔之内，而颈基部的一圈长羽则如同围巾一样可以防止身体羽毛受到污染。

有时高山兀鹫也会与秃鹫和胡兀鹫一起光顾同一具尸体。对于秃鹫，这种情况的发生率是 2.4%，对于胡兀鹫是 12.2%；如果用个体数量衡量，725 只次高山兀鹫进食中，只有 1 只次秃鹫和 9 只次胡兀鹫。高山兀鹫明显更为强势，它们狼吞虎咽的时候，秃鹫和胡兀鹫只能在 10 m 开外处等候。渡鸦也经常围拢在高山兀鹫发现的尸体附近，伺机分得一杯残羹。

繁殖 对高山兀鹫繁殖习性的了解来自新疆天山地区的研究。2012—2014 年间，中国科学院新疆生态与地理研究所马鸣研究员在天山中段进行大面积的搜索，发现 14 个巢群，每群有 5～16 个巢。高山兀鹫喜欢在向阳的崖壁上集群营巢，巢群相对固定，旧巢多修复后继续使用。研究者使用自动录像机和小型无人机监测高山兀鹫的繁殖活动。从寒冷的 12 月开始，它们就开始营巢，不同于其他大型猛禽，巢的树枝条少，以大量细小松软的禾草铺垫成硕大的巢，直径达 100～320 cm。产卵在 1—4 月，每窝产 1 枚白色的卵，重 212～278 g。孵卵期估计 1 个多月。雏鸟出飞的时间在 8—11 月，刚孵化的雏鸟体被白色绒羽，体重约 150 g，出飞的时候估计在 9000 g 左右。双亲育雏，时间长达 6～7 个月。

种群现状和保护 利用路线调查得到的不同环境下高山兀鹫种群密度，再乘以三种典型环境的总面积，初步估算出青藏高原高山兀鹫的总数是（229 339±640 447）只；其中，草原、高山灌丛和林区的份额各是 71%、23% 和 6%。用潜在可利用的食物数量和每只个体的日食物需要量估算出的整个青藏高原所能承载的高山兀鹫种群大小是 507 996 只，草原、高山灌丛和林区的比例是 76%、17% 和 6%。

目前，高山兀鹫被 IUCN 和《中国脊椎动物红色名录》均评估为近危（NT）。已列入 CITES 附录 II。在中国，高山兀鹫被列为国家重点二级保护动物。通过研究高山兀鹫的栖息地需要，获取种群特征的基本参数，监测它们的种群数量动态，检测导致个体死亡甚至种群数量下降的潜在因素，并在此基础上建立种群变化的预测警报系统，及时、准确地发现任何种群灾难出现的征兆，

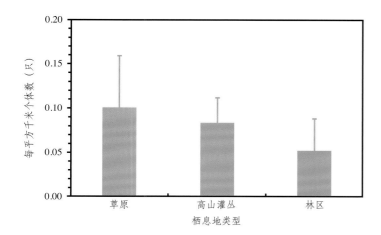

青藏高原三种典型环境中高山兀鹫的密度

从而制定并实施科学有效的保护措施，是维护高山兀鹫种群的繁衍的最有效途径。

与人类的关系 自佛教传入藏区，高山兀鹫就与藏民族独树一帜的生命理念紧密地联结在一起，它们被认为是天国的使者、神灵的化身，有非凡魔力。藏族人民将亡者的尸体暴露于天葬台上献给高山兀鹫，相信它们可以帮助人们实现回归上苍的愿望。这种世界上独一无二的丧葬文化在青藏高原根深蒂固，至今兴盛不衰。因此在天葬习俗中扮演着关键角色的高山兀鹫深受藏族同胞的尊崇，被视为图腾，在荒野堆积的玛尼石上，在寺庙村间飘荡的风马旗上，在神圣宫殿的雕梁画柱上，都有高山兀鹫的形象。

2000—2002 年间，紧邻青藏高原的南亚次大陆发生了一场兀鹫灾难：整个次大陆几乎 100% 的兀鹫突然死亡。1986 年兀鹫研究专家在巴哈普鸟类保护区记录到 350 个兀鹫巢，最近则一个也没有发现。印度平原北部曾经是成千上万白背兀鹫的家，如今人们偶尔只能见到 1 ~ 2 只存活个体，而死亡的兀鹫则随处可见。在巴基斯坦和尼泊尔，同样的悲剧也已发生。可以说，这场兀鹫灾难已经波及整个南亚次大陆。这一突如其来的事件为科学家和广大公众所始料不及。2009 年，IUCN 把印度的 2 种兀鹫列为极危物种(CR)，这是濒危物种红皮书的最高受威胁等级。这场兀鹫灾难，不仅使得该地区的自然生态平衡受到严重威胁，导致一系列生态灾难，更引起印度帕西人的极大恐慌。因为这个只有几千人的古老民族奉行天葬，兀鹫的消失使其传统文化面临严峻挑战。

同样的兀鹫灾难也发生在非洲大陆。最近 10 余年里，非洲 8 种兀鹫中的 7 种种群数量下降了 80%。

南亚次大陆的兀鹫危机引起我们的高度警觉。不难设想，假如西藏兀鹫遭受同样的命运，藏族同胞的丧葬习俗将陷入极其尴尬的境地。这无疑将对西藏的宗教文化，进而对西藏的民族团结和政治稳定产生不可估量的影响。因此，为了尊重数百万藏族同胞的传统文化，支持党和国家的民族政策，维护民族团结和社会公共安全，我们有责任、有义务关注西藏兀鹫这一关键物种的命运。

高山兀鹫的爪和喙特写。彭建生摄

长嘴兀鹫

拉丁名：*Gyps indicus*
英文名：Long-billed Vulture

鹰形目鹰科

体长约 90 cm。以细长的颈和薄而细长的喙区别于其他兀鹫。喙黑色，嘴峰白色，蜡膜黑色。颈黑色，裸露无羽，多褶皱。羽色偏深，显得脏污。

主要分布于南亚次大陆，在中国分布于西藏南部。作为南亚次大陆兀鹫灾难的受害者，被 IUCN 评估为极危 (CR)，《中国脊椎动物红色名录》评估为数据缺乏 (DD)。已列入 CITES 附录 II。在中国被列为国家二级重点保护动物。

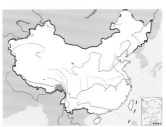

长嘴兀鹫

白兀鹫

拉丁名：*Neophron percnopterus*
英文名：Egyptian Vulture

鹰形目鹰科

体长约 60 cm。体羽白色，飞羽黑色，面部皮肤黄色，并具长的鬃毛。被认为是最古老的秃鹫之一，现存的最近亲属是胡兀鹫。

通常生活在欧洲南部、北非以及西亚和南亚。2012 年 4 月，中国学者在新疆乌恰海拔 2100 m 处发现 1 只个体，这是首次在中国记录到白兀鹫。

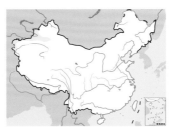

白兀鹫。郭宏摄

白兀鹫与乌鸦齐飞。郭宏摄

胡兀鹫

拉丁名：*Gypaetus barbatus*
英文名：Bearded Vulture

鹰形目鹰科

形态 体长约 110 cm。非成体羽色与成体差别很大，3 年龄以下的幼体暗褐色，头颈部黑色；至 6 年龄性成熟，羽色逐渐变淡，头部全无黑色，整个头颈部和胸腹部呈现鲜明的橙黄色，颏部有长而硬的黑色须状羽，黑色的贯眼纹向前延伸与颏部的须状羽相连，看上去像长着"络腮胡须"，因此，胡兀鹫还有一个外号叫"大胡子雕"。

分布 分布于欧洲、非洲和亚洲，也许是世界上分布最广的鹫类。有 2 个亚种，指名亚种 *G. b. barbatus* 分布于欧亚大陆和北非；也门亚种 *G. b. meridionalis* 分布于非洲东部和南部。在中国见于整个青藏高原及其周边，并延伸到东北和华北。不过，广袤的青藏高原才是它们真正的家园。

栖息地 栖息于高山裸岩、高山草甸草原、高山荒漠草原等开阔地带。

习性 性格孤僻，常单独活动。开阔地带是它们最喜欢的环境，翱翔是其最常用的飞行方式，可以翱翔几小时乃至一整天，即使大风乍起，胡兀鹫自得苍穹之间，"胜似闲庭信步"。显然，翱翔的目的是寻找食物。胡兀鹫的视力极强，这是因为它们的视网膜视觉细胞达 150 万至 200 万个，而人类只有 20 万个。

食性 腐食性，以动物尸体为食。但与高山兀鹫不同，它们更喜欢骨头。英国的动物学家证实其食谱中 90% 由骨头组成。当与高山兀鹫共同进食的时候，体形较小的胡兀鹫只能守候在一

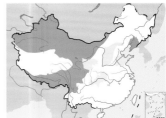

胡兀鹫。董磊摄

胡兀鹫嗜食骨头，甚至会抓住大骨头从高空扔向岩石砸碎后吞下。图为抓着骨头的胡兀鹫

旁，显然它们在等待高山兀鹫不屑的骨头。

胡兀鹫的食管非常有弹性，允许大块的骨头通过。对于更大的骨头，胡兀鹫的办法是抓起来飞到岩石地带从几十米的空中扔下，紧跟着俯冲而下奔向摔碎的骨头，否则乌鸦会捷足先登。胡兀鹫的胃细胞能释放大量盐酸，把矿物骨架溶解，从而充分享用高营养的蛋白质。在没有充足的尸体为食时，胡兀鹫也吃一些小型动物，比如蜥蜴。

除了自己寻找食物，胡兀鹫还掠夺其他动物的食物，如果看见大鵟、猎隼甚至金雕携带显得沉重的猎物飞过，胡兀鹫会出击追赶，迫使其放下猎物。同时，乌鸦则经常伺机从胡兀鹫的巢中叼走食物或枝条、破布作为巢材，甚至胡兀鹫在巢的时候也进行这种偷窃行为。红嘴山鸦有时也这么做。

繁殖 1990—1993 年和 2011—2014 年，鸟类学家在青藏高原记录到 14 个巢 29 次繁殖事件，揭示了青藏高原胡兀鹫的繁殖秘密。

这些巢在悬崖峭壁上的浅洞穴或凹入的岩石平台上。与高山兀鹫集群营巢的习性不同，胡兀鹫繁殖对是孤立的，巢间直线距离 6.2～47.3 km，领域面积 39～2237 km^2。但同一繁殖对的领域内有多个巢，不同年份轮流使用，许多繁殖对在同一个巢区被记录到连续繁殖超过 20 年。虽然胡兀鹫繁殖对之间彼此排斥，但它们经常与高山兀鹫为邻，两个物种的巢间距最近只有 15 m。

巢底部由树和灌木枝条组成，上面铺着大量兽毛。这些材料搜集于周围，树枝用爪运送，而兽毛则用喙叼着。因为繁殖开始于寒冷季节，柔软且保温性能优良的衬里巢材是保证卵和雏鸟正常发育的关键要素。羊毛是胡兀鹫首选的材料，保温和吸湿性能俱佳；在找不到羊毛的情况下，它们使用牛毛。有些巢中铺垫有不同面料的废弃衣物和纺织品。

隆冬，青藏高原尚处于滴水成冰的严寒中，胡兀鹫就开始产卵了，记录的产卵时间是 12 月上旬至 1 月下旬。每窝产卵 1～2 枚，雏鸟于 2—3 月间孵出。初出壳时亲鸟日夜守护在巢里为雏鸟抱暖，随着雏鸟长大，抱暖时间减少。此时正是青藏高原家畜和野生动物死亡率最高的时期，为胡兀鹫育雏提供了丰富的食物。通过检测巢边的食物残余，研究者分析了胡兀鹫喂养雏鸟的食性，其中羊和牛分别占 26.8% 和 24.4%，其余有马、驴、家犬、高原兔、鼠兔、旱獭以及几种鸟类。在雏鸟发育的早期，鲜肉是不可或缺的食物。当羽毛长出时，雏鸟才能食用骨头。兀鹫和秃鹫把吞咽后的食物吐出来喂养雏鸟，而胡兀鹫则用喙或爪撕碎食物喂给雏鸟。经过 100 多天的养育，幼鸟才能离巢，此时已是初夏。

种群现状和保护 20 世纪初，在欧洲的一些高山地区胡兀鹫还是比较常见的猛禽。后来当地人误以为胡兀鹫捕食羊羔乃至婴儿，开始大肆捕杀。1913 年，意大利最后一只胡兀鹫在阿奥斯特山谷中死去。目前，整个欧洲，这种威武的大鸟总数不足 50 对，大部分幸存于比利牛斯山脉的荒野。

带领出飞的幼鸟学习觅食的胡兀鹫。左侧为成鸟，右侧为幼鸟。彭建生摄

　　青藏高原现存的胡兀鹫繁殖对数量估算为 1410 对，这里是胡兀鹫的最后避难所。然而相隔近十年的野外调查表明，胡兀鹫的遇见率从 1992—1993 年的 2.42 只 / 天下降到 2010—2012 年的 0.93 只 / 天，幼体对成体的比例从 63.4% 下降到 41.2%，这意味着种群的繁殖潜力正在衰退。

　　大规模化学灭鼠导致的中毒、输电线路和风电场导致的触电、对体弱家畜的加工利用方式和家畜疫病防治，以及保温性能差的废弃化纤纺织品被利用为巢内铺垫物，都会威胁到胡兀鹫的生存。

　　IUCN 和《中国脊椎动物红色名录》均将胡兀鹫列为近危 (NT)。已列入 CITES 附录 II。在中国，胡兀鹫被列为国家一级重点保护动物。

2011年3月10日，四川甘孜的一个胡兀鹫巢，内有2枚卵。苏化龙摄

青藏高原胡兀鹫的繁殖参数	
产卵期	12 月上旬至 1 月下旬
交配系统	单配制
巢址选择	悬崖
海拔	2600～4718 m
窝卵数	1～2 枚，平均 1.86 枚
卵色	白色，具有红褐色斑点
卵大小	长径 84.8 mm，短径 68.0 mm
孵化期	55～61 天
育雏期	110～120 天
繁殖成功率	81.8%

2012年4月22日，青海海西的一个胡兀鹫巢，雏鸟出壳20天左右。苏化龙摄

探索与发现 鹫类形体庞大，翼展开阔，是现今世界上能够在蓝天飞翔的最大鸟类。全世界共有 23 种鹫，包括旧域鹫和美洲鹫两大类。前者属于鹰形目鹰科，有 9 属 16 种，分布于除美洲以外的大陆；后者属于美洲鹫目，有 7 种，分布于美洲。澳大利亚和大部分海岛没有鹫的踪迹。

虽然旧域鹫和美洲鹫外形相似，但亲缘关系却比较远。前者在树上或悬崖上用枝条搭巢，有时群居，大多数物种只产 1 枚卵。后者不筑巢，直接把卵产在天然树洞里或悬崖上，独立繁殖，小型物种产 2 枚卵，孵化期 1 个月，大型物种只产 1 枚卵，孵化期接近 2 个月。

部分旧域鹫和全部新大陆鹫头部裸露无羽，都以动物尸体为食。这可以一定程度上阻断动物之间以及动物和人类之间鼠疫、炭疽病等传染病的传播，在生态系统中具有独特而重要的地位和作用。

遗憾的是，世界各地的兀鹫数量正在持续下降。自 20 世纪中期以来，马来半岛以及东南亚的兀鹫数量开始减少；1990—2000 年，南亚次大陆 3 种兀鹫的种群数量下降了 95% 以上，而非洲大陆兀鹫的状况同样堪忧，过去 30 年来，8 个物种种群数量平均下降 62%，这些物种 3 个世代的下降率达到 80% 甚至更高。

兀鹫是次级消费者，环境污染物容易在体内富集。研究发现，兀鹫血液、肝脏和骨组织的铅浓度很高，并且随着年龄增加而升高；不合理地大规模使用灭鼠药物，通过食物链，导致大量兀鹫死亡。这是导致兀鹫种群衰退的主要因素之一。广泛使用的兽药双氯灭痛，在兀鹫体内富集，引起肾脏功能衰退，以致死亡，这被证明是南亚次大陆兀鹫种群衰退的主要原因。

人们也认识到，要有效地挽救这类大型猛禽，必须协调人类资源开发和保护的冲突。因此，当地社区的参与就显得尤为重要。人们也在探索一条协调生态社会经济、保护与可持续发展双赢的途径。

在一些西方国家，人类的活动已经导致兀鹫灭绝。因此，这些国家启动了再引入计划。其中，加利福尼亚秃鹫的保护是一个成功的范例。

胡兀鹫。程斌摄

鸮类

■ 鸮形目鸟类，全球共2科28属236种，遍布除南极洲外的世界各地

■ 羽色暗淡，一些种类具有显著的面盘和耳羽簇，足部常被羽，趾型3前1后，爪大而锐利，以利抓握猎物和树栖

■ 夜行性猛禽，夜间视觉和听觉发达，以昆虫和各种脊椎动物为食

■ 多数为留鸟或短期游荡，少数物种具有迁徙行为

类群综述

分类和分布 鸮类指鸮形目（Strigiformes）鸟类，分为2个科——鸱鸮科（Strigidae）和草鸮科（Tytonidae），前者包括26属220种，后者包括2属16种。鸮类遍布除南极洲外的世界各地，中国有鸮类2科13属31种，青藏高原有1科9属15种。

已发现的鸮化石只局限于欧洲和北美洲新生代地层中，它们被认为是鸮类的原始类群，但因化石资料仍然十分稀少，尚不能明确它们早期的演化历史。

依据夜行性的共同特征，传统分类系统认为鸮形目与夜鹰目（Caprimulgiformes）的关系最近。后来的观点则强调捕食行为及捕食相关形态的重要性，把鸮类与昼行性猛禽当作亲属，其中又与鹰形目关系更近。最新的研究则认为鸮形目是鼠鸟目（Coliiformes）的姐妹群，远离了其传统的近亲。

形态 不同种类的鸮体形变化很大，大者如雕鸮 Bubo bubo，体长达75 cm；小者如角鸮和鸺鹠，体长不及20 cm。大多数鸮类羽色暗淡，通常为灰色、棕黄色和褐色；腹部常满缀块状或条状的细斑纹，白天停歇在林木、树洞等处，这样的斑纹构成了极佳的保护色。成体雌性一般比雄性大，羽色也相对更深。

鸮的羽毛柔软蓬松，气流穿过其间时能起到消音作用。两翼宽且长，翼展一般为体长的2倍，最外侧初级飞羽的边缘有一种梳子状的构造，可削减气流的声响，使其飞行和捕猎时迅速而安静，适合夜间活动；这种羽毛特征也利于抵御夜间寒冷。多

左：多数鸮类在夜间活跃，可以出现在多种生境。雕鸮适应范围尤其广，青藏高原的山地峡谷为其提供了绝佳的栖息地。图为在暮色初降时在岩石上等候猎物的雕鸮，橘红色的眼睛格外有神。徐永春摄

右：鸮类的眼睛位于头部正面，眼周着生放射状排列的硬羽，形成特有的面盘，有些种类头顶还有一对耳羽簇，看起来酷似猫科动物，因而得名猫头鹰。它们颈部尤其灵活，转动幅度达到270°。图为将耳状簇羽竖起、头转向身后的红角鸮。沈越摄

数种类的尾短圆，尾羽不发达。

与其他猛禽不同，鸮拥有鸟类中最大的头部比例，宽阔的颅骨使它们具有特殊的面部构造。一对大而圆的眼位于头部正面，眼周着生放射状排列的硬羽，形成特有的面盘。面盘的形状因种而异，如草鸮科为心形，一些鸱鸮科种类的头顶两侧还生有一对耳羽簇，看起来酷似猫科动物，也就有了"猫头鹰"的俗称。此外，鸮的上下眼睑均能完全闭合，这也有别于其他鸟类。眼睛虹膜颜色多样，呈现黄色、红色或褐色。与夜行生活相适应，鸮的瞳孔大且调节能力强，同时视网膜上能够在弱光下成像的视杆细胞数量非常丰富，在暗环境中可形成清晰视觉。不过，由于圆柱形的眼球外侧被坚硬的巩膜骨环支撑，所以鸮的眼球无法转动，要看向不同方向时须转动整个头部，由此它们进化出了鸟类中最灵活的颈骨，颈部的转动幅度达到 270°。

鸮的喙短而粗壮，上嘴端钩曲尖锐，宽的口角适合吞咽大块食物。嘴基处着生有长的硬须，蜡膜被掩盖其下。腿长而健壮，跗跖部分或全部覆毛，特别是生活在寒带地区的种类如雕鸮和雪鸮 *Bubo scandiacus*；但渔鸮因有涉浅水捕鱼的习性而跗跖裸露。

鸮具有极为敏锐的听觉，它们能够听到超过 6000 Hz 的高频声波，例如啮齿动物发出的声音。

可在水平和垂直方向上准确定位声音来源，形成立体听觉；耳孔周缘的耳羽有聚拢声波的作用，就像一个扩音装置，使其可以感知极微弱的声音。有研究发现，鸮类面盘上层次致密的硬毛还能进一步增强对声波的分辨能力。面盘发达的种类如乌林鸮 *Strix nebulosa* 甚至可察觉 40 cm 雪层下活动的田鼠。

栖息地　虽然可以见于森林、森林－灌丛和草原地带，但总体上更依赖于林地。

习性　在夜间和晨昏时分活动，白天或藏在浓密的枝叶中，或立在树洞里闭目而栖，有时也憩息在乡村房屋的屋檐下。角鸮属 *Otus*、草鸮属 *Tyto* 是严格夜行性的种类，白天一旦受干扰而不得不从藏身处飞出，会呈现一种高低起伏的不稳定飞行姿态。但斑头鸺鹠 *Glaucidium cuculoides*、领鸺鹠 *G. brodiei* 全天均能外出活动；小鸮属 *Athene*、渔鸮属 *Ketupa* 是部分昼行性的，从黄昏开始到夜间一直活动。

食性　鸮的食物包括了昆虫和各种脊椎动物。体形较大的雕鸮和雪鸮主食是鼠、兔、雷鸟、鸡类和鸠鸽；角鸮属和小鸮属等小型种类以昆虫、小型蜥蜴为食；渔鸮则专门捕食鱼类等水生动物。夜行性的草鸮科嗜食以啮齿类为主的小型哺乳动物，如仓鸮 *Tyto alba* 的食物中，田鼠和鼩鼱占据了 90%，因此它们是控制农林鼠类的重要类群。

鸮类大部分为夜行性猛禽，但以昆虫为主食的斑头鸺鹠和领鸺鹠全天均能外出活动。下图为捕得蝴蝶的领鸺鹠，董磊摄

鸮类

鸮类抓到比较小的猎物时，习惯从头部将其整个吞下，再将一些不能消化的毛、骨、几丁质等以食丸的形式吐出。

社会组织和交配系统　由于夜间活动的习性对研究工作的限制，人们对于大多数鸮类的社会生活了解很少。目前已知鸱鸮科种类以单配制为主，许多物种能够保持多年的配偶关系。例如芬兰的长尾林鸮 *Strix uralensis* 和灰林鸮 *S. aluco*，繁殖后配偶的离婚率分别只有 2.7% 和 12.1%。但这 2 种鸮同时也存在一雄多雌的婚配关系。一雌多雄的繁殖模式甚为罕见，目前仅报道于鬼鸮 *Aegolius funereus*。此外，研究显示兰屿角鸮 *Otus elegans*、穴小鸮 *Athene cunicularia* 和美洲角鸮 *Psiloscops flammeolus* 的配偶外亲权现象均低于 2%，而大多数研究过的鸱鸮科鸟类均未发现任何配偶外亲权的迹象。

繁殖　鸮一般很少自己营巢，最常利用的是鸦科鸟类及其他猛禽的旧巢；体形略小的角鸮属、鬼鸮属 *Aegolius* 会选择天然树洞或啄木鸟的旧洞，对人工巢箱也有一定的利用率；栖息于高海拔山地的种类（如鸺鹠）主要在砂石垂壁或岩石缝内营巢；而茂密的草丛和灌丛是草鸮 *Tyto longimembris*、短耳鸮 *Asio flammeus* 的最佳营巢地，它们的巢位于地面，巢周围有亲鸟踩出的通道，以便幼鸟受到威胁时及时"撤退"。只有那些生活在开阔环境的种类（如雪鸮）会筑巢在几乎没有遮挡的地表或石堆上，但亲鸟的护巢行为极其强烈，育雏期雌鸟必定留在巢中警戒，会猛烈攻击任何靠近的动物。

鸮的幼鸟发育期较长，因此大多数物种每年只繁殖 1 窝。以小型哺乳类为食的物种，如长耳鸮 *Asio otus*、短耳鸮、鬼鸮、猛鸮 *Surnia ulula* 和草鸮，其繁殖成功率与猎物的年间种群变化密切相关，在食物丰富的年份里常成功出飞 2 窝以上的幼鸟。这是因为当食物得到充分保障时，一只雄鸟会同时与多只雌鸟保持配偶关系，雌鸟各自产下 1 窝卵后，同一雄鸟为每一巢的雌鸟及幼鸟提供食物，这种制度被认为是资源关联型的一雄多雌制。与之较为相似的是鸡形目雉科的一些种类，如在求偶场上获胜的雄性艾草松鸡 *Centrocercus urophasianus* 可占有多只雌鸟，但它与雌鸟们一一交配后即离去，雌鸟独自营巢、产卵和抚养幼鸟。相比起鸮类雄鸟高强度的育幼行为，这也许与鸡类雏鸟早成、无须过多的亲代照料有关。

食物的多寡还影响着种群中进行繁殖的成鸟比例。芬兰对长尾林鸮的研究发现，旅鼠极其匮乏的年份只有 24% 的雌鸟繁殖；而猎物丰富时这一比例是 76%。不仅如此，这些大量捕食鼠类的鸮营巢和产卵时间也提前到了冬末和早春时节，利用此时较长的夜间来尽可能多地为雏鸟觅食。同理，主要以昆虫为食的鸮繁殖时间则集中在 3—5 月，即全年昆虫种类和数量最多的季节。

所有鸮的卵都是白色无斑。窝卵数因种而异，大多数为 2 ~ 4 枚，而以鼠和兔为主食的鸮能产较多的卵，如草鸮科的平均窝卵数为 4 ~ 7 枚，在食物丰富的年份可多达 11 枚乃至更多。孵化期 22 ~ 35 天。雌鸟产下第 1 枚卵即开始孵卵，因而同窝雏鸟的出壳时间差别很大，在窝卵数偏大的巢中尤其明显，第一只孵出的雏鸟可早于最后一只 2 周出壳。这种异步孵化是一种保险策略，因为育雏期较长，经常遇到食物锐减的情况，父母会保证最大雏鸟的存活。但有一些洞穴繁殖的种类，如鸺鹠，则是待产下满窝卵后才开始孵化，雏鸟出壳时间基本同步。

孵卵期间亲鸟分工明确，雄鸟承担全部觅食任务，每天数次携带食物返巢喂给雌鸟。孵卵和育雏早期，雌鸟几乎不离巢，用腹部孵卵斑的皮肤紧贴卵和雏鸟进行抱暖，并将雄鸟带回的食物撕成小块喂给雏鸟。各种鸮之间育雏期差别较大，体形小的角鸮平均为 20 多天，而大型种类的雏鸟需要在巢 2 个月以上。

大型鸮的寿命要长于中小型鸮，雕鸮属 Bubo 的野外寿命可达 20 年以上，美洲雕鸮 Bubo virginianus 的最大年龄纪录是 28 年，中小型鸮能活到 10 年左右。一生大部分时间都留在领域内不扩散的种类与表现迁徙行为的种类相比，寿命会更长一些。在人工饲养条件下会有更长的寿命，有动物园的数据显示鬼鸮可以活 16 年之久。

迁徙 非繁殖期，不同种类的鸮可以采取不同的居留方式，包括永久留居、短期游荡、部分迁徙和完全迁徙。鸱鸮科中只有不到 10% 的种类（也就是少于 20 个物种）有真正的迁徙种群，而这些迁徙种类里也只有一部分物种的种群中多数个体参与迁徙，主要是食昆虫的角鸮类，例如长耳鸮、短耳鸮和东方角鸮 Otus sunia。它们繁殖于高纬度亚寒带地区，包括蒙古、俄罗斯东部以及中国东北、朝鲜和日本，在中国南方及东南亚过冬，一些个体还可能飞到印度。繁殖于北美西部至加拿大的美洲角鸮，冬天则在墨西哥和中美洲的松栎混交林度过，两地之间的距离达到 3000 km。

种群现状和保护 作为猛禽，处于食物链顶层的鸮类很容易受胁。现存鸮类中有 3 种被 IUCN 列为极危（CR），15 种为濒危（EN），26 种为易危（VU），受胁比例高达 18.6%。在 CITES 中，所有鸮类均被列入附录 I 或 II。

鸮类的繁殖多数依赖天然洞穴或其他鸟类的旧巢。图为在石缝中繁殖的纵纹腹小鸮。彭建生摄

指名亚种
O. l. lettia

领角鸮
Otus lettia

灰色型

棕色型

红角鸮
Otus sunia

雕鸮
Bubo bubo

林雕鸮
Bubo nipalensis

黄腿渔鸮
Ketupa flavipes

指名亚种
G. b. brodiei

领鸺鹠
Glaucidium brodiei

斑头鸺鹠
Glaucidium cuculoides

藏南亚种
N. s. lugubris

鹰鸮
Ninox scutulata

纵纹腹小鸮
Athene noctua

灰色型

褐林鸮
Strix leptogrammica

棕色型

华南亚种
S. a. nivicola

灰林鸮
Strix aluco

四川林鸮
Strix davidi

长耳鸮
Asio otus

鬼鸮
Aegolius funereus

短耳鸮
Asio flammeus

领角鸮

拉丁名：*Otus lettia*
英文名：Collared Scops Owl

鸮形目鸱鸮科

体长约 20 cm。虹膜褐色，面盘浅灰色，有一对明显的耳羽簇，领翎皮黄色或灰白色，上体灰褐色并有斑驳黑斑，下体皮黄色而缀有淡褐色和黑色条纹。

分布于中国东北到西南地区、喜马拉雅山脉（包括西藏东南部）、东南亚和南亚。栖息于林地，可以到海拔 2000 m。严格的夜行性鸮类。

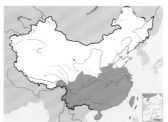

领角鸮。沈越摄

红角鸮

拉丁名：*Otus sunia*
英文名：Oriental Scops Owl

鸮形目鸱鸮科

体长约 20 cm。虹膜黄色，面盘灰褐色，耳羽簇明显；体羽灰褐色或棕栗色，并有黑褐色纵纹和少量白斑。

分布于亚洲东北部和南部，越冬于东南亚。中国全境可见，东北及华东的种群为夏候鸟，华南和藏东南的种群为留鸟。常在森林边缘的开阔地活动。

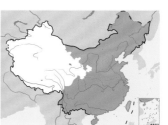

红角鸮。沈越摄

除繁殖期成对活动外，红角鸮喜欢单独活动。它们白天多躲藏在浓密的枝叶丛间，晚上才开始活动。徐永春摄

雕鸮

拉丁名：*Bubo bubo*
英文名：Eagle Owl

鸮形目鸱鸮科

形态 大型鸮类，体长约 69 cm。身披棕色并具深褐色斑纹的体羽，圆形的面盘上橘黄色的大眼睛炯炯有神，突出的耳羽簇十分发达，加上钩曲的、强有力的喙，显得格外英武。

分布 遍布于欧亚大陆和非洲北部，包括整个青藏高原。留鸟。

栖息地 栖息于人迹罕至的偏僻之地。每年的 3—10 月，在雅鲁藏布江中游海拔 3800～4700 m、面积 400 hm² 的高山峡谷，研究者在岩壁比较多的地带常会遇见 1～2 只雕鸮。

食性 主要以各种鼠类为食，但食性广泛。在雅鲁藏布江中游峡谷研究者曾发现 4 个雕鸮吐出的食团，证明在该地区其主要食物是高原兔。

繁殖 青藏高原种群尚无相关研究。1999 年 5 月 28 日，研究人员在雅鲁藏布江中游峡谷发现一个雕鸮的巢。它位于一个距地面 6 m 的土石壁的平台上，里面没有巢材，只有粪便和一些食物残渣，其中有野兔的残骨。只有 1 只雏鸟在巢中，当时体重为0.75 kg。2002 年 7 月 30 日，遇见 2 只成鸟与 1 只幼鸟在一起，说明此时幼鸟仍未能独立生活。

 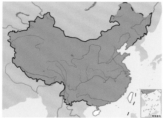

雕鸮。左上图唐军摄，下图宋丽军摄

种群现状和保护 20 世纪 90 年代，青藏高原推行草场承包到户政策。牧民用有刺的铁丝围栏把各自的草场圈起来。这项政策带来了许多生态问题，比如藏羚羊、普氏原羚等食草动物的栖息地遭到分割，阻碍了迁徙和种群交流，许多动物直接挂死在铁丝围栏上。这对夜行性猛禽同样造成威胁，例如 2008 年研究人员曾在甘南尕海草原发现一只因此毙命的雕鸮。

受惊从巢中飞下的雕鸮幼鸟。王楠摄

羽翼初丰开始离巢的雕鸮幼鸟。范毅摄

林雕鸮

拉丁名：*Bubo nipalensis*
英文名：Spot-bellied Eagle-owl

鸮形目鸱鸮科

体长约 60 cm。虹膜褐色，黑白相间的耳羽簇很明显；上体深褐色并具横斑，腹部白色，布满黑褐色斑点；跗跖覆毛。

分布于中南半岛、南亚、喜马拉雅山脉和藏东南地区，并延伸到四川和云南，留鸟。栖息在海拔 3000 m 以下的常绿阔叶林，喜马拉雅地区的种群繁殖时间在 2—3 月，利用旧的鹰巢，每窝产 1 枚纯白色卵。

黄腿渔鸮

拉丁名：*Ketupa flavipes*
英文名：Tawny Fish Owl

鸮形目鸱鸮科

体长约 60 cm。虹膜黄色，具显著耳羽簇；全身棕黄色，上体遍布黑褐色纵纹，下体斑纹稀疏；尾羽黑色，有棕色横斑。

分布于喜马拉雅山脉和南亚，以及中国华南和台湾地区，留鸟。在杭州千岛湖记录到其在黑鸢的旧巢中繁殖。全天可活动，栖息于茂密森林中的溪流和池塘附近。

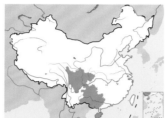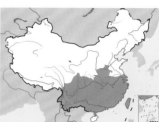

林雕鸮。左上图为成鸟，曾祥乐摄；下图为幼鸟，牛蜀军摄

黄腿渔鸮。左上图王昌大摄，下图赵纳勋摄

黄腿渔鸮喜欢单独活动，多在黄昏外出捕食。它们常栖于河边高高的树枝上，俯视水面，见有猎物则猛扑下来。董磊摄

领鸺鹠

拉丁名：*Glaucidium brodiei*
英文名：Collared Owlet

鸮形目鸱鸮科

　　小型鸮类，体长约 16 cm。虹膜黄色，面盘和领翎不明显，也无耳羽簇。整体棕褐色，上体布满白色横斑，颈背有眼状黑斑，下体则有褐色纵纹。

　　分布范围从喜马拉雅山脉、印度东北部至中国南部及东南亚，留鸟。中国见于藏东南和台湾地区。栖息于海拔 1000 m 以上的林地边缘和灌丛带，能全天候进行觅食。

领鸺鹠。董磊摄

斑头鸺鹠

拉丁名：*Glaucidium cuculoides*
英文名：Asian Barred Owlet

鸮形目鸱鸮科

　　体长约 24 cm。虹膜黄色，有细的白色眉纹；圆形的头部密布褐色斑纹，其间夹有白色斑纹，为本种的特征；体羽深褐色，遍布棕色横斑，下腹部白色，上有褐色纵斑。雌鸟的体形大于雄鸟。

　　分布于喜马拉雅山脉、中国南部和东南亚，包括青藏高原东部和东南部，留鸟。2008 年 5 月下旬在尕海土壁上发现一个繁殖洞，距地 3 m 高，洞下方的食丸中有大量鼠兔残骸，以及一枚由研究人员环志的地山雀幼鸟的金属脚环。2014 年 6 月记录到一个巢，有 3 只雏鸟。

斑头鸺鹠。沈越摄

头转过去露出颈背"假眼"的领鸺鹠。董磊摄

鹰鸮

拉丁名：*Ninox scutulata*
英文名：Brown Hawk-owl

鸮形目鸱鸮科

体长约 30 cm。虹膜黄色，无面盘和耳羽簇。上体为暗棕褐色，下体白色并有宽红褐色纵纹，尾羽上有黑色横斑。由于外形似鹰而得名。雌雄羽色相似，雌鸟体形更大。

分布于除西部外的亚洲所有地区，多数地区是留鸟；在中国东部为夏候鸟，藏东南和云南为留鸟。黄昏前即开始觅食，并持续整夜。

鹰鸮。上图沈越摄，下图赵纳勋摄

纵纹腹小鸮

拉丁名：*Athene noctua*
英文名：Little Owl

鸮形目鸱鸮科

体长约 23 cm。虹膜黄色，面盘和领翎不明显，也没有耳羽簇。上体沙褐色或灰褐色，并散布白色斑点；下体棕白色而有褐色纵纹。

欧亚大陆和非洲北部的留鸟，见于中国全境，分布海拔可达 5000 m。栖息于各种环境，常在大树顶端和电线杆上休息。在阿尔金山国家级自然保护区，研究者分析了 343 个纵纹腹小鸮的食团，从中鉴定出 353 个猎物残骸，其中小型哺乳动物占 95%，鸟类 4%，昆虫 1%。

 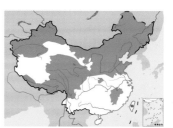

纵纹腹小鸮。左上图沈越摄，下图曹宏芬摄

纵纹腹小鸮营巢于悬崖、山坡岩石缝隙、土洞中。图为青海玉树的一个巢。贾陈喜摄

褐林鸮

拉丁名：*Strix leptogrammica*
英文名：Brown Wood Owl

鸮形目鸱鸮科

    体长约 50 cm。虹膜褐色，面盘棕黄色，无耳羽簇，有"V"形白色眉纹，眼周黑色；上体黑褐色，翅和尾上有白色横斑；下体皮黄色并具细密的褐色横纹。

    分布于东南亚和南亚，包括藏东南，留鸟。严格的夜行性鸮类，栖息于海拔 1500 m 以上的林地。

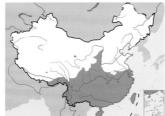

褐林鸮。左上图为成鸟，沈岩摄；下图为幼鸟，林剑声摄

灰林鸮

拉丁名：*Strix aluco*
英文名：Tawny Owl

鸮形目鸱鸮科

    体长约 43 cm。虹膜褐色，面盘浅灰色，无耳羽簇；上体灰棕色，散布白斑；下体白色或皮黄色，密布褐色细纵纹。雌鸟体形大于雄鸟。

    分布遍及欧亚大陆，留鸟。在中国见于长江以南和青藏高原东南部。严格的夜行性鸮类，栖息于林地。

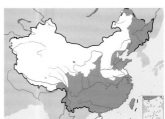

灰林鸮。上图沈越摄，下图李利伟摄

灰林鸮幼鸟。沈越摄

四川林鸮

拉丁名：*Strix davidi*
英文名：Sichuan Wood Owl

鸮形目鸱鸮科

形态　体长约 54 cm，在鸮类中体形比较大。虹膜褐色，体羽灰褐色，面盘灰色，腹部有一些纵纹。

分布　中国特有鸟类，仅分布于青藏高原东缘。1866 年，法国博物学家 Armand David 首次在四川的森林中猎获了这种猫头鹰，1875 年 Sharpe 将它命名为长尾林鸮的一个亚种——四川亚种 *S. uralensis davidi*。鉴于它与遍布于欧亚大陆北部针叶林的长尾林鸮已经长期隔离，学术界倾向于将其单独列为一个物种。20 世纪末以前，国内有记录的分布点包括青海班玛，四川宝兴、松潘和巴塘等。1995—2000 年，中国科学院动物研究所孙悦华研究员和其团队在甘肃南部发现该物种的分布。

栖息地　栖息于海拔 2700～4200 m 的高山针叶林中。

习性　具有很强的领域性。繁殖期喜欢鸣叫，雌雄鸣声不同。鸟类学家傍晚播放雄鸟的叫声，发现雄鸟会靠近并表现出攻击或驱赶行为。

繁殖　有关四川林鸮的繁殖信息，是鸟类学家在甘肃莲花山自然保护区内通过挂置人工巢箱的方法获得的。窝卵数 1～3 枚，孵化期 30 天左右。孵卵工作由雌鸟担任，期间雄鸟会给雌鸟提供食物。不过，雌鸟自己也会离巢觅食，离巢时间通常在晚上 7:00—10:00 和凌晨 3:00—5:00，随着孵卵时间的增加，出巢次数减少，离巢时间也缩短。育雏期也是 30 天左右，雌雄共同承担育雏任务，在雏鸟 20 日龄之前，雌鸟需要暖雏，期间雄鸟会为雌鸟和雏鸟提供食物。根据从巢箱中捡取的食丸分析，四川林鸮在繁殖期的食物主要是仓鼠以及鼠兔。幼鸟出巢后依然需要亲鸟喂食。

种群现状和保护　通过录音回放的方法，研究者调查了莲花山自然保护区大约 5 km² 的区域，发现该区域分属 3 只四川林鸮雄鸟的领域，这说明四川林鸮的数量非常稀少。其原因可能与缺乏适宜巢址有关，由于早期的砍伐，四川林鸮营巢所需要的粗大针叶树目前已经很难发现。当然，种群数量也可能受食物丰富度的制约。四川林鸮是中国唯一一种特有分布的鸮类。被列为中国国家二级重点保护动物。

探索与发现　2002—2003 年，在英国石油公司保护项目的支持下，研究者在莲花山森林中挂置了 40 个适于四川林鸮繁殖的巢箱。巢箱大小参照欧洲长尾林鸮研究中使用的尺寸，长 40 cm，宽 30 cm，高 60 cm。巢箱挂置于阴坡林区较为粗大的云杉或冷杉的主干上，高度一般在 4～5 m。

2002—2004 年，没有四川林鸮进入巢箱繁殖。不过，根据欧洲长尾林鸮的研究经验，林鸮学会利用林中的人工巢箱需要一定的时间过程。因此研究者继续耐心地等待。

2005 年 4 月 19 日，在巢箱沉寂 3 年之后，第 1 对四川林鸮入住了！发现的时候，巢箱里已经有了 2 枚纯白色的卵。5 月 18 日，两只雏鸟成功出壳，并于 6 月 21 日和 24 日先后成功繁殖出巢。

关于这种鸟类更多的秘密，仍有待揭开。

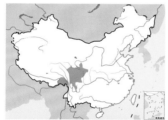

四川林鸮及其典型栖息地。左上图方昀摄，下图罗平钊摄

长耳鸮

拉丁名：*Asio otus*
英文名：Long-eared Owl

鸮形目鸱鸮科

　　体长约 36 cm。虹膜橙红色，整体棕褐色并有深褐色斑纹，耳羽簇特别明显。与短耳鸮不同，长耳鸮喜欢林地。

　　分布于整个欧亚大陆北部和北非、印度西北部、北美北部，中国全境可见，北方为留鸟和夏候鸟，南方和沿海地区为冬候鸟。在青藏高原东北部繁殖，4—8 月青海大学校园内可以见到，其余地区为旅鸟。

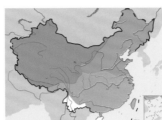

长耳鸮。左上图杨贵生摄，下图董磊摄

短耳鸮

拉丁名：*Asio flammeus*
英文名：Short-eared Owl

鸮形目鸱鸮科

　　体长约 38 cm。虹膜黄色，体羽以黄褐色为主，并缀以深褐色斑纹；头顶具两根短的耳羽簇，不如长耳鸮明显。

　　全球除极地外均有分布。在中国东北地区繁殖，其余地区包括青藏高原为冬候鸟。喜欢有草的开阔地，林地中相对较少。

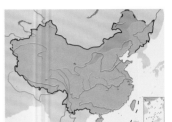

短耳鸮。左上图沈越摄，下图董磊摄

长耳鸮幼鸟。沈越摄

鬼鸮

拉丁名：*Aegolius funereus*
英文名：Boreal Owl

鸮形目鸱鸮科

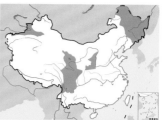

形态 体形较小的鸮类，体长约 25 cm。虹膜黄色，体羽以褐色为主，上面有许多白色斑点。雌雄相似。

分布 分布遍及北半球北部，留鸟。在中国有 3 个分布区，东北、西北和青藏高原东北部，分别为不同的亚种，青藏高原的为甘肃亚种 *A. f. beickianus*，由德国人 Stresemann 于 1928 年在甘肃西北部的天堂寺发现。

栖息地 适宜栖息地为针叶林，甘肃亚种的适宜生境主要集中在海拔 2500～4200 m。在甘肃莲花山自然保护区，鬼鸮的栖息地主要为阴坡的云杉和冷杉针叶林以及针阔叶混交林等。

繁殖 鸟类学家在甘肃莲花山对鬼鸮进行了比较深入的研究，其中包括悬挂人工巢箱。每年 4 月中旬至 5 月中旬，莲花山的鬼鸮开始繁殖，营巢于天然树洞或人工巢箱里。一般每隔 2～4 天产卵 1 枚，卵重 13 g 左右。窝卵数 2～3 枚，产下第 1 枚卵后即开始孵卵，雏鸟异步孵化。孵化期 29～31 天，育雏期 38～48 天。与北欧和北美的种群相比，莲花山鬼鸮开始繁殖的时间较晚，窝卵数较少，孵卵期和育雏期较长。

鬼鸮。左上图为幼鸟，董文晓摄；下图为成鸟，刑新国摄

从树洞中探出头来的鬼鸮。由于叫声多变，如吹笛一般，鬼鸮给人一种阴森可怕的感觉，因此得名。董江天摄

咬鹃类

- 咬鹃目鸟类，全球共1科8属43种，中国有1属3种，青藏高原有2种
- 羽色艳丽，尤其是雄性，翅短圆，尾长，尾下面有黑白相间的横斑，跗跖短，异趾型
- 热带、亚热带森林的攀禽，树栖，留鸟
- 许多物种因热带、亚热带森林的砍伐而受到威胁

类群综述

咬鹃是指咬鹃目（Trogoniformes）的鸟类，该目仅1科，即咬鹃科（Trogonidae），全球共8属43种。咬鹃分布于热带和亚热带森林，大致在南、北回归线之间，包括东南亚、非洲和中南美洲。但咬鹃化石却发掘于德国梅塞尔化石遗址，该化石形成于距今4900万年前的始新世早中期，据此人们认为咬鹃起源于旧大陆，但也有DNA分子证据认为咬鹃起源于非洲。

咬鹃羽色艳丽，尤其是雄性，被认为是最华丽的鸟类之一。翅短圆，尾长，尾下面有黑白相间的横斑。跗跖短，异趾型，第1、第2趾向前，第3、第4趾向后。

咬鹃是严格的林栖鸟类，鸣声单调、粗哑。因在密林中栖息，翅短小，不善飞行而善于攀爬，常年栖居于同一区域而不迁徙。主要以昆虫、蜥蜴和野果为食。在树洞中营巢，窝卵数2～4枚，孵卵期15～19天，育雏期16～30天，双亲共同参与所有繁殖活动。

由于热带、亚热带原始森林遭受砍伐，咬鹃的天然栖息地大幅减少，种群数量下降。1种被IUCN红色名录列为濒危物种（EN），10种为近危物种（NT）。中国有1属3种咬鹃，其中红腹咬鹃 *Harpactes wardi* 为近危物种，橙胸咬鹃 *Harpactes oreskios* 被列为国家二级重点保护动物。

左：咬鹃为生活在热带亚热带森林的攀禽，羽色艳丽，异趾型。图为红头咬鹃雌鸟。刘璐摄

右：咬鹃雌雄异形，雄鸟羽色尤其艳丽。图为红头咬鹃雄鸟（左）和雌鸟（右）。李锦昌摄

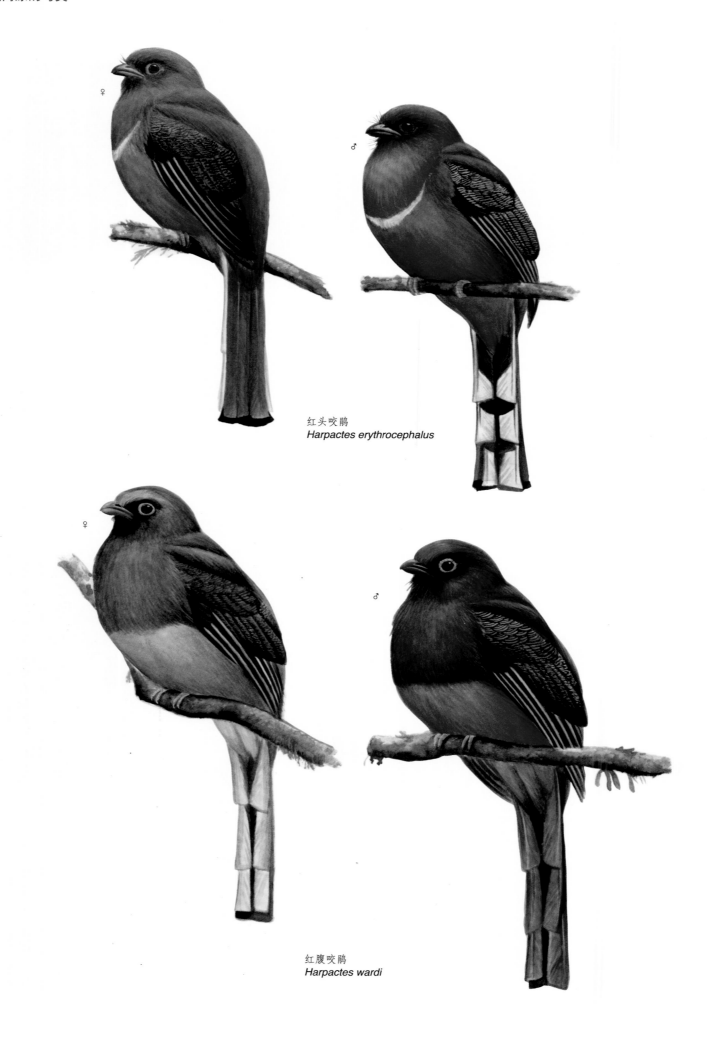

红头咬鹃
Harpactes erythrocephalus

红腹咬鹃
Harpactes wardi

红头咬鹃

拉丁名：*Harpactes erythrocephalus*
英文名：Red-headed Trogon

咬鹃目咬鹃科

体长约 33 cm。雄鸟头、胸暗红色，背、腹和尾下覆羽鲜红色，胸、腹部间有一条狭窄的半月形白带；雌鸟头、胸锈褐色，腹和尾下覆羽同雄鸟，胸、腹间也有半月形白带。

分布于喜马拉雅山脉至中国南部和东南亚，栖息于海拔 300 ～ 2500 m 的热带、亚热带阔叶林。

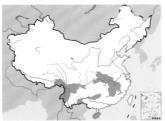

红头咬鹃。左上图为雌鸟，下图为雄鸟，董磊摄

红腹咬鹃

拉丁名：*Harpactes wardi*
英文名：Ward's Trogon

咬鹃目咬鹃科

体长约 37 cm。雄鸟喙鲜绯红色，前额、腹部、尾羽外侧腹面也为鲜绯红色，头、上体、喉、胸部栗褐色；雄鸟绯红色部位雌鸟为橙黄色，余部与雄鸟相似，但较灰暗。

分布于喜马拉雅山脉东部至印度东北部、缅甸东北部及越南北部，中国的分布区包括西藏东南部和云南西部，栖息于海拔 1600 ～ 3000 m 的森林环境。

红腹咬鹃。左上图雄鸟，下图为雌鸟，李锦昌摄

戴胜类

- 戴胜科鸟类，全世界仅1属2种，青藏高原有1种
- 具有醒目的羽冠，喙长而弯，雌雄形态相似
- 适应多种生境，常在地面翻动觅食昆虫及其幼虫、蚯蚓、螺类
- 单配制，在洞穴缝隙内繁殖，少有巢材
- 分布广泛而易于辨识，是人们熟知的鸟类

类群综述

戴胜是指戴胜科（Upupidae）鸟类，原属于佛法僧目（Coraciiformes），在新的分类系统中与原佛法僧目下的犀鸟科（Bucerotidae）和林戴胜科（Phoeniculidae）一起独立出来组成犀鸟目（Bucerotiformes）。戴胜科现存物种仅1属2种，即戴胜 *Upupa epops* 和马达加斯加戴胜 *U. marginata*，前者广泛分布于欧亚大陆和非洲大陆，后者只生活在马达加斯加。

戴胜具有醒目的羽冠，羽色鲜明，喙长而弯，十分易于辨识。能适应多种生境，栖息于各种开阔潮湿的环境，常在地面翻动觅食昆虫及其幼虫，也取食蚯蚓、螺类等。

单配制。繁殖于洞穴缝隙内。窝卵数4～12枚，随着纬度的增高而增多。雌鸟孵卵，孵化期15～18天，期间由雄鸟为其提供食物。双亲育雏，持续25～30天。

戴胜大量捕食农林害虫，在中国被列入《国家保护的有益的或者有重要经济、科学研究价值的陆生野生动物名录》，即被列为中国三有保护鸟类。

左：戴胜分布广泛，具有醒目的羽冠，十分易于辨识，是人们熟知的鸟类。图为正在给巢中雏鸟喂食的戴胜。付强摄

戴胜
Upupa epops

戴胜

拉丁名: *Upupa epops*
英文名: Common Hoopoe

犀鸟目戴胜科

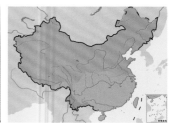

形态　体长约 27 cm。头顶的羽冠醒目，喙细长，头、背和胸淡棕栗色，翅黑色，有宽阔的白斑，尾黑色；腹部白色。雌雄羽色相似，雄性的叫声似鸠鸽，英文名字由此而来。

分布　作为夏候鸟在欧亚大陆北部繁殖，越冬和留居于欧亚大陆南部和非洲大陆；遍布中国全境，北方繁殖，南方过冬和留居，在青藏高原为夏候鸟。

栖息地　栖息于各种比较开阔的环境。

繁殖　在青藏高原，研究者在雅鲁藏布江中游海拔 4400 m的雄色寺的记录显示，戴胜到达的时间为 4 月 5—6 日，雌雄共同营巢，巢位于土石壁缝隙里，无任何铺垫。发现的 4 个巢都为 6 枚卵。新生雏鸟头顶、枕、后背、尾基有长约 15 mm 的白色绒羽，其余部分光裸，嘴角灰白色。在一个瑞士戴胜种群中，长达 11 年的个体标记的数据显示，有 21% 的雄性和 36% 的雌性个体一年能够成功地繁殖 2 窝。个体质量和第 1 窝繁殖发动时间是影响是否再次繁殖的关键因素，高质量个体和第 1 窝繁殖较早的个体更可能繁殖第 2 窝。在一个西班牙的戴胜种群中，鸟类学家发现 10% 的巢里有配偶外父权现象，配偶外父权的后代占后代比例的 7%。

"戴胜"之名意指其华丽的冠羽如同头戴古代妇女的一种名为"胜"的饰物，美丽机智、尽职尽责的戴胜是以色列的国鸟。沈越摄

带着食物飞向巢中雏鸟的戴胜。由于雌鸟在孵卵期间从尾部腺体中排出一种黑棕色的油状液体，加之亲鸟对雏鸟的粪便不进行处理，巢内又脏又臭，故戴胜又有"臭姑姑"的俗名。杨艾东摄

戴胜。沈越摄

佛法僧类

- 佛法僧目佛法僧科的鸟类，包括2属13种，青藏高原有2属3种
- 喙较宽，先端具钩；腿短，并趾型；翅长而宽；尾长，有些物种外侧尾羽延长；雌雄形态相似
- 等候式捕食，捕食昆虫和小型脊椎动物
- 社会性单配制，洞穴繁殖，但不自行凿洞

类群综述

佛法僧是指佛法僧目（Coraciiformes）佛法僧科（Coraciidae）的鸟类，包括 2 属 13 种，分布于欧亚大陆、非洲和澳大利亚。青藏高原有 2 属 3 种。

在最新的分类系统中，佛法僧目还包括另外 5 个科，分别是蜂虎科（Meropidae）9 属 31 种，分布于旧大陆热带地区；地鸫科（Brachypteraciidae）4 属 5 种，分布于马达加斯加；短尾鸫科（Todidae）1 属 5 种，分布于美洲西印度群岛；翠鸫科（Momotidae）6 属 14 种，分布于新热带区；翠鸟科（Alcedinidae）19 属 120 种，广布于各大陆。

佛法僧为中等体形攀禽。羽色鲜艳；喙中等长，较宽，先端具钩；腿短，并趾型；翅长而宽；尾长，有些物种外侧尾羽延长；雌雄形态相似。栖息于开阔的林地或林缘地带。采取坐等式捕食方式，捕食昆虫和小型脊椎动物。与蜂虎和翠鸟等同目鸟类一样在洞穴繁殖，但不同的是它们不自行凿洞，属于次生洞穴繁殖者。交配系统为社会性单配制，雌雄共同承担繁殖任务。热带物种窝卵数 2～4 枚，温带物种可多达 6 枚。孵化期 17～24 天，育雏期 25～30 天。

佛法僧类尚无物种被 IUCN 列为受胁物种，仅翠蓝三宝鸟 *Eurystomus azureus* 被列为近危（NT）。在中国，佛法僧类均被列为三有保护鸟类。

左：佛法僧羽色艳丽，喙先端具钩，采取等候式觅食。图为捕得昆虫飞回停息处的棕胸佛法僧。刘璐摄

右：正在进行求偶献食的蓝胸佛法僧。邢新国摄

蓝胸佛法僧
Coracias garrulous

棕胸佛法僧
Coracias benghalensis

三宝鸟
Eurystomus orientalis

蓝胸佛法僧

拉丁名：*Coracias garrulous*
英文名：European Roller

佛法僧目佛法僧科

体长约 32 cm。通体淡蓝绿色，背部栗色。

繁殖于欧洲、北非，东至阿尔泰山脉和中亚，在非洲和印度越冬。在中国为边缘分布，繁殖种群仅见于新疆西部和北部，迁徙时偶见于西藏日土。

蓝胸佛法僧。沈越摄

棕胸佛法僧

拉丁名：*Coracias benghalensis*
英文名：Indian Roller

佛法僧目佛法僧科

体长约 32 cm。头顶蓝色，上体棕色，翅蓝色，有浅蓝色斑；喉淡紫色，胸、腹棕色。

留鸟，分布于中国西南、东南亚和印度，包括中国西藏南部和东南部。栖息于开阔原野或干热河谷，长时间静立于突出的枝头，从栖处飞起捕食。

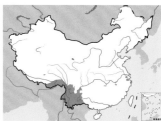

棕胸佛法僧。左上图沈越摄，下图刘璐摄

三宝鸟

拉丁名：*Eurystomus orientalis*
英文名：Oriental Dollarbird

佛法僧目佛法僧科

体长约 30 cm。喙红色，体羽为暗蓝绿色，喉部更为亮丽。头部的颜色更深，尾羽近方形。

作为夏候鸟分布于朝鲜、日本南部、中国东部至西南部，包括西藏东南部，在中国东南部、东南亚和印度为留鸟。生活于各种森林环境，尤其喜欢森林边缘的开阔地带。以昆虫为主食，常常立于树枝上，伺机捕捉飞行中的昆虫，然后又飞回同一树枝继续等候。

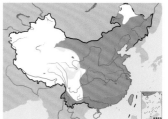

三宝鸟。左上图沈越摄，下图赵纳勋摄

蜂虎类

蜂虎类

- 佛法僧目蜂虎科鸟类，全世界共9属31种，中国青藏高原有1属4种
- 羽色艳丽，喙细长，腿短，并趾型，翅长而尖，中央尾羽或两侧尾羽延长，雌雄形态相似
- 等候式捕食，捕食大型飞行昆虫
- 社会系统多样，包括配对繁殖和集群合作繁殖，在土壁上凿洞营巢

类群综述

蜂虎是指佛法僧目蜂虎科（Meropidae）的鸟类，包括9属31种，分布于旧大陆热带地区，在欧洲地区为夏候鸟，而在东南亚和非洲则多为留鸟。中国青藏高原有1属4种。

蜂虎体形中等至小型，头大而颈短，与同目其他5个科成员的共同特征为并趾足，停栖时三趾朝前，一趾朝后。掘穴营巢，因而喙形尖锐如凿状。喜欢生活在开阔地带，比如热带的稀树草原和林地边缘，少数物种生活在稠密的森林环境。采取空中兜捕的方式进行捕食：会长时间静立于树枝上，突然从栖处起飞捕捉昆虫。

雌雄共同挖穴筑巢，双亲共同育雏。一些物种表现出合作繁殖行为，也就是种群中一些达到性成熟的个体放弃自己繁殖，帮助其他个体饲养后代。窝卵数2~7枚，孵化期20天左右，育雏期1个月左右。

蜂虎目前尚无物种被IUCN列为受胁物种，仅蓝髭蜂虎 *Merops mentalis* 被列为近危（NT）。中国本已将所有蜂虎列入保护名录，但近年来不断出现的新记录种尚未得到保护关注。

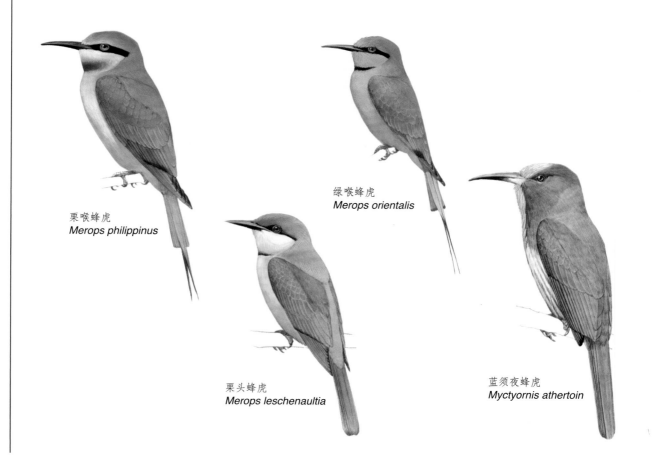

栗喉蜂虎
Merops philippinus

绿喉蜂虎
Merops orientalis

栗头蜂虎
Merops leschenaultia

蓝须夜蜂虎
Myctyornis athertoin

在土壁上挖洞为巢的栗喉蜂虎，艳丽的羽色与单调的土壁形成鲜明对比。牛蜀军摄

栗喉蜂虎

拉丁名：*Merops philippinus*
英文名：Blue-tailed Bee-eater

佛法僧目蜂虎科

形态　体长约 30 cm。具黑色过眼纹，头顶、上体和胸腹部为青绿色至淡黄色，因亚种而异；喉栗红色，腰和尾羽蓝色，中央尾羽延长。

分布　分布于喜马拉雅山南麓、南亚次大陆和东南亚，在中国南方为夏候鸟，海南岛为留鸟。在青藏高原见于东部边缘的云南西部。

繁殖　在海拔 670～1300 m 的怒江河谷，鸟类学家对栗喉蜂虎的繁殖行为进行了系统研究。为了获得雌鸟的青睐，种群中大多数雄鸟会频繁地向雌鸟献食，投喂的主要食物为蜻蜓目和膜翅目昆虫，从而可能获得交配机会。全世界估计有 13% 的鸟类集群营巢，尤其是海鸟，栗喉蜂虎也表现这种行为。它们在土壁上掘洞为巢，巢洞的深度为 60～105 cm。此外，栗喉蜂虎还有合作繁殖行为。

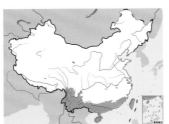

栗喉蜂虎。牛蜀军摄

正在交配的栗喉蜂虎。颜重威摄

回巢育雏的栗喉蜂虎。颜重威摄

绿喉蜂虎

拉丁名：*Merops orientalis*
英文名：Little Green Bee-eater

佛法僧目蜂虎科

体长约 21 cm。具黑色过眼纹，头顶和枕部栗红色，喉淡蓝色并有黑色的前领，上体和下体绿色，中央尾羽延长。

留鸟，分布于非洲、中东、南亚至东南亚，在中国仅见于西南部，可能包括藏东南地区。

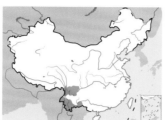

绿喉蜂虎。沈越摄

栗头蜂虎

拉丁名：*Merops leschenaultia*
英文名：Chestnut-headed Bee-eater

佛法僧目蜂虎科

体长约 20 cm。黑色贯眼纹显著，前额、头顶至背部亮栗色，腰部蓝绿色，尾和两翼绿色；颊、喉黄色，下喉有亮栗色环带，栗色下接黑色环带，胸腹浅绿色。雌雄羽色相似。

作为夏候鸟，繁殖于喜马拉雅山脉；作为留鸟，分布于印度、斯里兰卡、中国西南和东南亚，包括青藏高原东南部。最高分布海拔 3100 m。

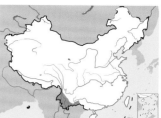

栗头蜂虎。左上图甘礼清摄，下图田穗兴摄

蓝须蜂虎

拉丁名：*Nyctyornis athertoni*
英文名：Blue-bearded Bee-eater

佛法僧目蜂虎科

体长约 33 cm。前额至头顶前部浅蓝色，上体草绿色沾蓝色，外侧尾羽黄色；颏、喉和上胸浅蓝色，腹至尾下覆羽赭黄色，并有绿褐色的纵纹。雌雄羽色相似。

留鸟，分布于印度西部和东部、喜马拉雅山脉、中国西南和海南、中南半岛，包括青藏高原南部和东南部边缘，分布海拔 0~2200 m。

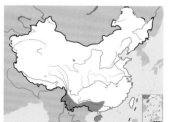

蓝须蜂虎。左上图沈越摄，下图田穗兴摄

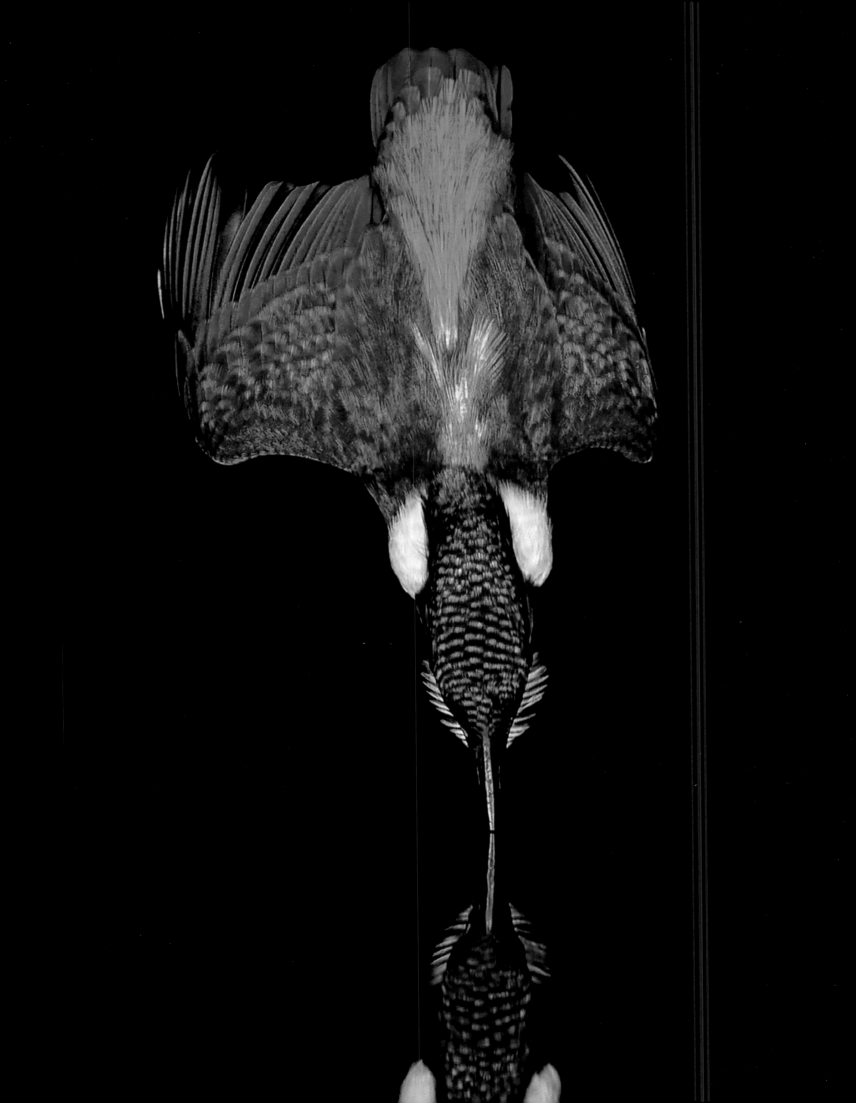

翠鸟类

- 佛法僧目翠鸟科鸟类，全世界共19属120种，中国青藏高原有5属7种，主要见于东部和东南部海拔较低的地区
- 体羽以蓝色、绿色和棕色为主，黑色或红色的喙直长而强，腿短，并趾型，雌雄形态相似，但少数种两性异形
- 等候式捕食，在水边生活的物种食鱼，陆生环境物种则捕食昆虫和小型脊椎动物
- 在土壁或树洞内繁殖，自行凿洞或利用旧洞，社会系统多样，有配对繁殖也有合作繁殖

类群综述

翠鸟是指佛法僧目翠鸟科（Alcedinidae）鸟类，包括19属120种，广布于各大陆。中国青藏高原有5属7种。

翠鸟羽色以鲜艳的蓝色、绿色和棕色为主，少数物种为黑白两色。喙直长而强,通常为黑色或红色。腿短，并趾型。雌雄形态相似，但少数两性异形。

翠鸟多数生活在靠近水体的环境，以捕鱼为生；但一些物种则栖息于各种类型的林地，捕食昆虫和小型脊椎动物。常在在水边静静守候，发现鱼类游近时突然扎入水中；或在空中悬停，瞄准目标后一头扎入水里。锋利如匕首的喙是对捕鱼习性的适应。翠鸟也有敏锐的视力，可以迅速跟踪运动的猎物。它们通常占有一定范围的水域作为领域。

翠鸟在土壁或树洞内繁殖，自行凿洞或利用旧洞。通常表现出社会性单配制的交配系统，但一些物种具有合作繁殖行为。洞穴繁殖者,窝卵数2～10枚，热带生活的物种产的卵要少；孵卵期从2周到1个月，育雏期3～6周。双亲共同承担包括筑巢在内的所有繁殖任务。

翠鸟类多栖息于湿地环境，相对容易受胁，目前有16种翠鸟被IUCN列为受胁物种。在中国，翠鸟更是因其羽毛闪着美丽的蓝色金属光泽而被捕杀，用于制作传统工艺品点翠。点翠的制作工艺十分残忍，现在已被用代用品制作的仿点翠取代，且翠鸟被列为保护动物，使用翠鸟羽毛来制作点翠是违法的。目前中国已将鹳嘴翡翠 Pelargopsis capensis 和蓝耳翠鸟 Alcedo meninting 列为国家二级重点保护动物。

左：翠鸟是一类逐水而居的鸟，溪流湖泊、江河水库，到处都可以见到它们的身影。其中普通翠鸟最为常见，喜爱在水边静候小鱼的出现，常常尖叫着急速掠过水面。图为发现猎物后笔直扎入水中的普通翠鸟

右：翠鸟多数以捕鱼为生，但一些栖息于林地中的物种也捕食昆虫和小型脊椎动物。图为捕捉昆虫的白胸翡翠。陈林摄

斑鱼狗
Ceryle rudis

冠鱼狗
Megaceryle lugubris

三趾翠鸟
Ceyx erithacus

普通翠鸟
Alcedo atthis

斑头大翠鸟
Alcedo hercules

白胸翡翠
Halcyon smyrnensis

蓝翡翠
Halcyon pileata

冠鱼狗

拉丁名：*Megaceryle lugubris*
英文名：Crested Kingfisher

佛法僧目翠鸟科

大型翠鸟，体长约 42 cm。最引人瞩目的特征是明显蓬起的羽冠。包括羽冠在内的上体羽色黑白相间，面部有大块白斑延伸至颈侧；下体白色，胸部有黑色斑纹，两胁有淡橙色横斑。

作为留鸟，分布于喜马拉雅山脉及印度北部山麓，中国东部、南部和西南部，包括青藏高原东南部，最高可至海拔 2000 m。

 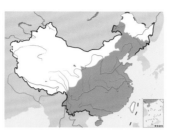

冠鱼狗。左上图沈越摄，下图赵纳勋摄

斑鱼狗

拉丁名：*Ceryle rudis*
英文名：Pied Kingfisher

佛法僧目翠鸟科

体长约 27 cm。与冠鱼狗比较，体形较小且均无发达的羽冠。最明显的特征即是全身羽毛黑白相间，这也是其名称的来由。

分布于欧亚大陆及非洲北部、中南部地区，包括中国南方和西南地区，可能出现于西藏东南部地区。

 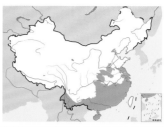

斑鱼狗。左上图时敏良摄，下图魏东摄

斑头大翠鸟

拉丁名：*Alcedo hercules*
英文名：Blyth's Kingfisher

佛法僧目翠鸟科

体长约 23 cm。形态颇似普通翠鸟，但体形显著较大，头顶具明显的白色点斑。

留鸟，分布区沿喜马拉雅山脉至中南半岛的缅甸、老挝和越南北部，包括泰国北部和孟加拉国，在中国的分布记录仅见于西藏东南部、云南南部和海南岛，最高分布海拔 1200 m。

 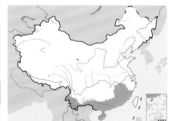

斑头大翠鸟。左上图为雄鸟，下图为雌鸟。陈林摄

普通翠鸟

拉丁名：*Alcedo atthis*
英文名：Common Kingfisher

佛法僧目翠鸟科

　　常见的小型翠鸟，体长约 16 cm。头顶和翅深的绿蓝色，其上有淡蓝色斑点，背至尾为鲜艳的湛蓝色；下体橙棕色。雌雄喙色有别。雄鸟上下喙均为黑色；雌鸟上喙黑色，下喙橙色。

　　作为夏候鸟繁殖于欧亚大陆北方，在中国华北以南（包括青藏高原东部和东南部）、东南亚至新几内亚岛和南亚为留鸟。

三趾翠鸟

拉丁名：*Ceyx erithacus*
英文名：Three-toes Kingfisher

佛法僧目翠鸟科

　　小型翠鸟，体长约 13 cm。嘴红色，头顶和上体橙红色，上背、肩和翅蓝黑色，但一些亚种为棕红色；下体鲜黄色。脚趾仅 3 趾，后趾退化，由此得名。

　　分布于中国西南和南亚次大陆，包括西藏东南部。栖息于海拔 1500 m 以下稠密的森林环境，飞行捕食昆虫或其他小动物，或者站立于溪边的树枝或石头上，伺机捕食水中的鱼类。

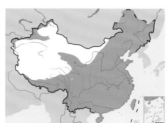

普通翠鸟。左上图为雌鸟，杨艾东摄；下图为雄鸟，杨贵生摄

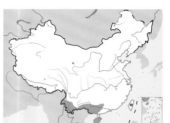

三趾翠鸟。左上图田穗兴摄；下图魏东摄

捕鱼出水的普通翠鸟。该物种性情孤僻，习惯于独自站立在河边树桩或岩石上，长时间一动不动地注视水面，等待猎物的出现。陈林摄

白胸翡翠

拉丁名：*Halcyon smyrnensis*
英文名：White-breasted Kingfisher

佛法僧目翠鸟科

　　体长约 27 cm。喙深红色。头栗色，上背、翼和尾蓝色，翅上有白斑，翼端黑色；喉及胸部白色，腹部栗色。

　　留鸟，分布于中国南方、东南亚和印度，最近在西藏墨脱发现它们的存在。

蓝翡翠

拉丁名：*Halcyon pileate*
英文名：Black-capped Kingfisher

佛法僧目翠鸟科

　　体长约 30 cm。喙红色。体羽由鲜明的蓝色、棕色、黑色和白色组成，飞行时白色翼斑显著。

　　分布于中国大部、朝鲜、东南亚和南亚，北方为夏候鸟，南方为留鸟，青藏高原东缘为夏候鸟。研究者曾在甘肃甘南尕海湿地记录到蓝翡翠，并推测在这里繁殖。

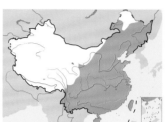

白胸翡翠。左上图彭建生摄；下图沈越摄

蓝翡翠。左上图为雄鸟，下图左雌右雄。沈越摄

栖息于针叶林中的蓝翡翠。杨贵生摄

拟啄木鸟类

- 啄木鸟目拟啄木鸟科鸟类的总称，全球共2属35种，分布于中国、东南亚和南亚次大陆，中国有1属9种，青藏高原有1属5种
- 雌雄形态相似，头部颜色多样，体羽以绿色为主，喙较大，边缘具齿，腿短，并趾型
- 主要取食植物果实，也吃昆虫和小型脊椎动物
- 社会性单配制，部分物种合作繁殖，自行在松软的枯树干上凿洞繁殖，偶尔利用蚁穴

类群综述

拟啄木鸟是指啄木鸟目（Piciformes）拟啄木鸟科（Megalaimidae）鸟类的总称，全球共2属35种，分布于中国、东南亚和南亚次大陆。啄木鸟目包括9科74属484种，除拟啄木鸟科外，还包括鹟䴕科（Galbulidae）5属19种，蓬头䴕科（Bucconidae）12属38种，须䴕科（Capitonidae）2属18种，巨嘴鸟科（Ramphastidae）5属50种，巨嘴拟啄木鸟科（Semnornithidae）1属2种，以上5个科均仅分布于中美洲和南美洲；非洲拟啄木鸟科（Lybiidae）10属52种，分布于非洲；响蜜䴕科（Indicatoridae）4属16种，大多数生活在非洲，少数在喜马拉雅山脉和东南亚；啄木鸟科（Picidae）33属254种，全球除极地和大洋洲外均有分布。

拟啄木鸟为中、小型攀禽，腿短，并趾型。喙较大，边缘具齿。雌雄形态相似，头部颜色多样，体羽以绿色为主。主要栖息于林地，特别是阔叶林地，有些种类栖息在灌丛边缘以及果园、花园等人工环境。不同于啄木鸟，拟啄木鸟以植物果实为主食，许多物种依赖于无花果，是重要的种子散布者。此外，它们也捕食昆虫和小型脊椎动物，比如两栖类。

拟啄木鸟采取社会性单配制，部分物种合作繁殖。洞穴繁殖，双亲营巢，自行在松软的枯树干上凿洞为巢，偶尔利用蚁穴，巢内通常不放置巢材。窝卵数1~6枚，双亲孵卵和育雏，在合作繁殖的物种中，帮助者也参与承担这些职责。孵卵期2周左右，育雏期5~6周。

拟啄木鸟的分布中心在马来半岛和苏门答腊，青藏高原是拟啄木鸟分布的边缘区域，仅可见1属5种。

左：拟啄木鸟羽色鲜艳，体羽以绿色为主，头部颜色多变，主要取食植物果实。图为正在取食果实的蓝喉拟啄木鸟。王昌大摄

右：金喉拟啄木鸟栖息于常绿阔叶林中，单独活动，以植物性食物为食，有时也吃昆虫。彭建生摄

缅甸亚种
P. f. ramsayi

指名亚种
P. f. franlinii

金喉拟啄木鸟
Psilopogon franklinii

大拟啄木鸟
Psilopogon virens

云南亚种
P. a. davisioni

绿拟啄木鸟
Psilopogon lineatus

指名亚种
P. a. asiaticus

蓝喉拟啄木鸟
Psilopogon asiaticus

赤胸拟啄木鸟
Psilopogon haemacephalus

大拟啄木鸟

拉丁名：*Psilopogon virens*
英文名：Great Barbet

鴷形目拟鴷科

　　体长约 34 cm，体形最大的拟啄木鸟。有口须，头、颈深蓝色，上背暗绿褐色，下背和尾上覆羽草绿色；上胸暗褐色，下胸和腹淡黄色，具宽阔的绿色或蓝绿色纵纹，尾下覆羽红色。

　　分布区从喜马拉雅山脉延伸至中国南部，直到东南亚，包括中国西藏东南部。栖息于海拔 2500 m 以下的森林环境，能在树枝上平行移动。

大拟啄木鸟。左上图沈越摄，下图邢超摄

金喉拟啄木鸟

拉丁名：*Psilopogon franklinii*
英文名：Golden-throated Barbet

鴷形目拟鴷科

　　体长约 22 cm。额深红色，头顶金黄色，后枕深红色，过眼纹黑色，耳羽和头侧银灰色，上体绿色；颏和上喉金黄色，下喉淡银灰色，胸、腹淡黄绿色。

　　分布区从喜马拉雅山脉延伸至中国南部，直到东南亚，包括中国西藏东南部。栖息于海拔 2500 m 以下的常绿阔叶林。

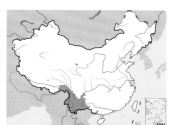

金喉拟啄木鸟。上图沈越摄，下图邢超摄。

大拟啄木鸟常单独或成对活动，在食物丰富的地方也成小群。董磊摄

蓝喉拟啄木鸟

拉丁名：*Psilopogon asiaticus*
英文名：Blue-throated Barbet

䴕形目拟䴕科

体长约 20 cm。额深朱红色，头顶蓝黑色，后枕朱红色，上体绿色；头侧、颏亮蓝色，胸侧各有一个红色斑点，下体淡黄绿色。

分布区包括喜马拉雅山脉、云贵高原至东南亚，包括西藏东南部。栖息于海拔 2000 m 以下的常绿阔叶林。

蓝喉拟啄木鸟。左上图沈越摄

绿拟啄木鸟

拉丁名：*Psilopogon lineatus*
英文名：Lineated Barbet

䴕形目拟䴕科

体长约 28 cm。头至颈浅黄褐色并有深色纵纹，上背至尾绿色；下体黄褐色并带深色纵纹。雌雄羽色相似。

留鸟，分布于喜马拉雅山脉、印度东北部、中国西南部和东南亚，包括青藏高原东南部边缘。

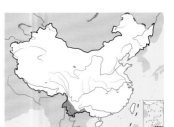

绿拟啄木鸟。左上图甘礼清摄，下图田穗兴摄

赤胸拟啄木鸟

拉丁名：*Psilopogon haemacephalus*
英文名：Coppersmith Barbet

䴕形目拟䴕科

体长约 16 cm。前额和头顶前部朱红色，头顶后部黑色，眼圈亮黄色、过眼纹黑色，上体橄榄绿色；喉橙黄色，下体淡黄色。

分布于中国西南部、东南亚和南亚次大陆，在青藏高原见于西藏东南部。栖息于海拔 1000 m 以下的稀疏林地，也出现于村镇环境。

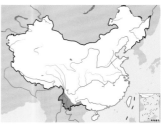

赤胸拟啄木鸟。沈越摄

赤胸拟啄木鸟。田穗兴摄

响蜜䴕类

- ■ 啄木鸟目响蜜䴕科鸟类，全球共4属16种，中国青藏高原仅1属1种
- ■ 小型攀禽，羽色较不鲜艳，翅长而尖，喙短，腿短而强，对趾型，趾长而粗，爪弯曲
- ■ 生活在森林环境和稀树草原，食性独特，喜食蜂巢的蜂蜡，偶食昆虫和果实
- ■ 专性巢寄生鸟类，产卵于其他洞穴鸟类的巢，多数种一雄多雌制
- ■ 通过引导哺乳动物到达蜂巢而与其分享食物，一些人类也利用它们的这种习性而与其合作获取蜂蜜

类群综述

响蜜䴕是指啄木鸟目响蜜䴕科（Indicatoridae）鸟类，全球共 4 属 16 种，大多数物种生活在非洲，少数在喜马拉雅山脉和东南亚。中国青藏高原仅 1 属 1 种。

响蜜䴕为小型攀禽，体长 10 ~ 20 cm。它们的羽色单调，上体褐色或橄榄色，下体淡白色。多数种类喙短而钝，如雀科鸟类，这一特征与其他啄木鸟目鸟类有很大区别。

响蜜䴕特别喜欢吃蜂巢的蜂蜡。然而它们自己摧毁蜂巢而获得美味的能力却很差。因此，响蜜䴕在发现蜂巢后会通过鸣叫或舞姿引导食蜜的哺乳动物找到蜂巢，借助哺乳动物摧毁蜂巢而分享食物，其英文名字 Honeyguide 意为蜂蜜引导者。2016 年英国剑桥大学和南非开普敦大学的鸟类学家发表在 Science 上的一篇文章讲述了人类与响蜜䴕合作共享蜂蜜的故事。莫桑比克原住民很早就知道响蜜䴕会通过蜜蜂的嗡嗡叫声寻找充满蜂蜜的蜂房，于是他们利用这个特点吸引响蜜䴕，然后跟随鸟儿寻找蜂巢，人们得到蜂蜜，同时鸟儿也得到它们的美味——蜂巢。这其实是一个人类与野生鸟类成功沟通的例子，证实了自然环境中的野生动物能够自适应地响应人类的合作信号。

响蜜䴕的繁殖行为与啄木鸟目其他成员截然不同，它们如杜鹃和燕八哥一样专营巢寄生，也就是把卵产在别的鸟种的巢内，由"义亲"代为孵化。响蜜䴕雏鸟拥有非常锋利的钩喙，用于刺杀"义亲"的后代。响蜜䴕雏鸟在异类巢中孵化，它们没有机会从自己的父母那学到经验，包括巢寄生繁殖，但自然选择让它们知道怎样成为一只响蜜䴕。在 16 种响蜜䴕中，已有 12 种有明确的寄主信息，大多喜欢选择近亲拟啄木鸟和啄木鸟，偶尔也选择翠鸟、蜂虎、鹩、柳莺、太阳鸟和山雀。

左：响蜜䴕的食性和取食行为十分独特，它喜食蜂巢的蜂蜡，与食蜜的哺乳动物合作觅食。响蜜䴕引导哺乳动物到达蜂巢，哺乳动物则负责破坏蜂巢，二者分享蜂蜜和蜂巢。图为在蜂巢上取食的黄腰响蜜䴕。董磊摄

黄腰响蜜䴕
Indicator xanthonotus

黄腰响蜜䴕

拉丁名：*Indicator xanthonotus*
英文名：Yellow-rumped Honeyguide

䴕形目响蜜䴕科

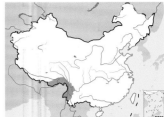

形态 体长约 15 cm。头黄色，上背深灰色，腰亮黄色，飞羽有白色条纹；下体白色且具深色纵纹。雌鸟羽色暗淡，头部黄色较少。

分布 分布于中国西南部、缅甸东北部以及印度北部，在青藏高原分布于西藏南部。与非洲的黑喉响蜜䴕 *Indicator indicator* 亲缘关系较近，推测二者有共同的近祖，它们从非洲扩散到亚洲，并形成新的物种。

栖息地 生活在海拔 600～3500 m 的针阔叶混交林和针叶林，常出现在山顶的裸岩地带边缘。

繁殖 巢寄生繁殖，但寄主的信息尚不明确。

黄腰响蜜䴕，翅间露出的腰部黄色羽毛十分醒目。上图为雄鸟，沈岩摄；下图为雌鸟，吴秀山摄

黄腰响蜜䴕雄鸟，李锦昌摄

在蜂巢上取食的黄腰响蜜䴕。李锦昌摄

啄木鸟类

啄木鸟类

- 啄木鸟目啄木鸟科鸟类，全球共33属254种，中国有14属33种，青藏高原有13属27种
- 喙直长而强，腿短而强，对趾型，趾长而粗，爪弯曲，许多物种雄性的头顶为红色
- 在树干上探食节肢动物，偶尔空中捕捉食物，许多种类也补充坚果和种子
- 自行凿树洞繁殖，当没有合适的树可以筑巢时，则在仙人掌上凿洞为巢或利用地面上的白蚁洞道
- 社会性单配制，一些物种合作繁殖

类群综述

分类与分布　啄木鸟是啄木鸟目（Piciformes）啄木鸟科（Picidae）鸟类的总称，全球共33属254种，除极地和大洋洲外均有分布。中国有14属33种，青藏高原有13属27种。

形态　啄木鸟是小到中型攀禽，体长10～60 cm。喙长且直，端部不为钩状，与须䴕科、鹟䴕科相似；而啄木鸟目其他科的物种喙端都是钩状。颈短且粗，脚短且强健，对趾型，且具锋利的爪，便于攀栖树干。尾羽坚硬，在啄木时起支撑身体的作用。

栖息地　啄木鸟生活环境多与森林有关，包括次生林、林地以及雨林环境，部分生活在平原、荒漠等环境中。

习性　啄木鸟通常皆为树栖生活，在森林中取食。少数物种有地面生活习性，但在树上筑巢。

食性　啄木鸟主要以树干内的各种节肢动物为食，大多啄开树皮或者朽木来寻找食物。发现食物时，喙如一把凿子，啄开树皮，凿出洞来。它们的舌头演化出非常好的柔韧性，以适应于探取缝隙深处的昆虫。比如体长32 cm的绿啄木鸟，舌长达13 cm；有些啄木鸟的舌头甚至比自身身体长度还长，为鸟类世界中最长的舌头。有一些啄木鸟专食蚂蚁，有一些取食树汁，橡树啄木鸟 *Melanerpes formicivorus* 有独特的储藏食物的行为，储存橡子过冬。

一只啄木鸟每天啄击树干的次数可达12 000次，每次啄木的速率可达6～7 m/s，瞬时加速度可达重力加速度的1000倍，发出清脆的"笃笃"声。求偶时，也会用坚硬的喙在树干上有节奏地敲打。它们的头骨结构疏松而充满空气，头骨内部还有一层坚韧的外脑膜，外脑膜与脑髓之间含有液体；同时，喙基部的颅骨非常坚硬，由骨头和肌肉组成的舌绕着颅骨背后到眼窝或鼻孔处；这些减震特征是对啄击行为的适应，因此也引起了仿生学家的兴趣。

繁殖　所有的啄木鸟都在洞穴内繁殖，在树干尤其是枯木上打洞，很少重复使用繁殖洞穴，巢内没有巢材。一般独立筑巢，也有少数集群繁殖。多数啄木鸟的交配制度为社会性单配制，雌雄共同参与包括筑巢在内的所有繁殖任务。少数物种表现出合作繁殖行为，帮助者大多来自亲鸟以前繁殖的后代，它们参与保卫领域、筑巢等各种繁殖任务。除后代留巢帮助以外，还具有一种特殊的家族联合的合作形式，一般由2～3只雄鸟与2～3只雌鸟形成多配制的交配系统，不同雌鸟把卵产在同一个巢内。

与多数洞穴繁殖鸟类相似，啄木鸟的卵为白色。窝卵数2～12枚。孵化期9～14天，晚上孵卵的任务由雄鸟承担。育雏期3～4周。

居留型　大多数啄木鸟是留鸟，只进行一些扩散或季节性迁移。在分布区边缘繁殖的种群会表现出迁徙行为，比如小斑啄木鸟 *Dendrocopos minor* 的北欧种群会在繁殖后南迁到黑海。迁徙日期及越冬栖息地的选择可能与食物有关，大斑啄木鸟 *Dendrocopos major* 有暴发式迁徙的习性，在繁殖后，由于松树或云杉种子的减产，导致它们迁徙到3000 km以外。黄腹吸汁啄木鸟 *Sphyrapicus varius* 南迁过冬，雌性比雄性迁徙距离远，但雄鸟却总是提前到达繁殖地。

种群现状和保护　啄木鸟是人们熟知的森林益鸟，其啄木的声音传出很远，往往未见其形，先闻其声。相对其他鸟类，啄木鸟较少受到人类活动的威胁，整体受胁比例为8.3%。在中国，除一些新记录种外，所有啄木鸟均被列为国家重点保护动物或三有保护动物。

左：作为攀禽的典型代表，多数啄木鸟为对趾型，适合攀爬树木。图为黑啄木鸟。沈越摄

从树干中啄取昆虫幼虫的大斑啄木鸟。赵纳勋摄

西藏亚种
J. t. himalayana

蚁䴕
Jynx torquilla

指名亚种
P. i. innominatus

斑姬啄木鸟
Picumnus innominatus

白眉棕啄木鸟
Sasia ochracea

西藏亚种
D. h. marshalli

棕腹啄木鸟
Dendrocopos hyperythrus

星头啄木鸟
Dendrocopos canicapillus

纹腹啄木鸟
Dendrocopos macei

纹胸啄木鸟
Dendrocopos atratus

褐额啄木鸟
Dendrocopos auriceps

赤胸啄木鸟
Dendrocopos cathpharius

黄颈啄木鸟
Dendrocopos darjellensis

白背啄木鸟
Dendrocopos leucotos

西南亚种
D. m. stresemanni

大斑啄木鸟
Dendrocopos major

西南亚种
P. t. funebris

三趾啄木鸟
Picoides tridactylus

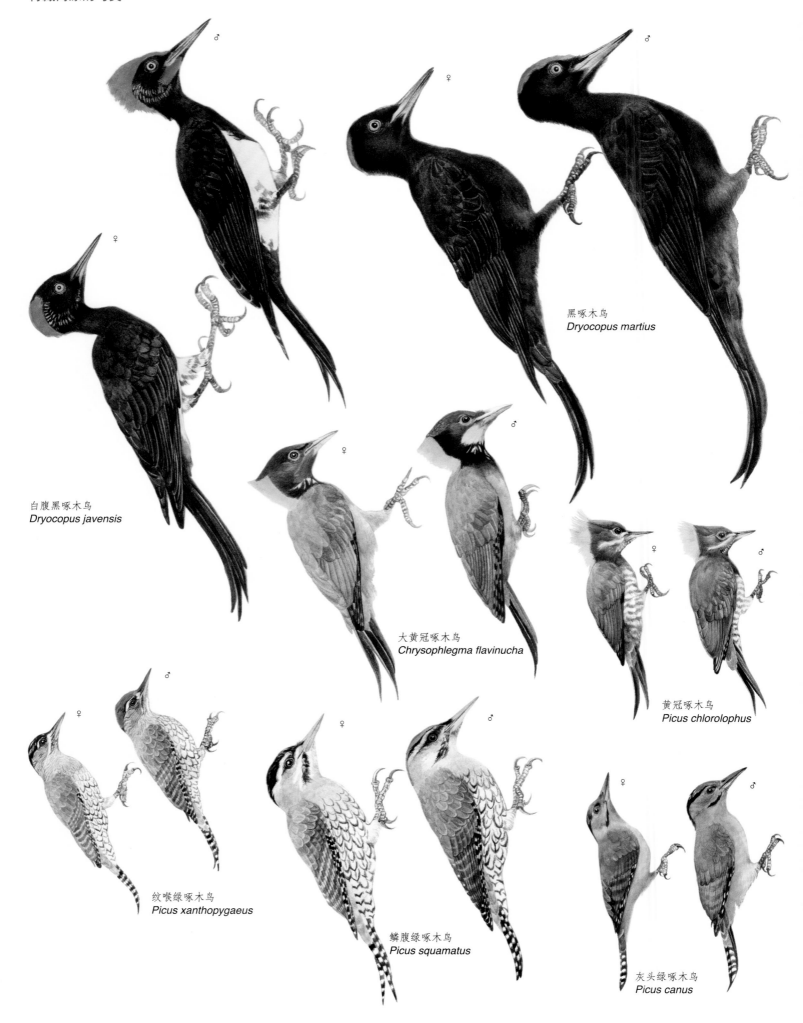

黑啄木鸟
Dryocopus martius

白腹黑啄木鸟
Dryocopus javensis

大黄冠啄木鸟
Chrysophlegma flavinucha

黄冠啄木鸟
Picus chlorolophus

纹喉绿啄木鸟
Picus xanthopygaeus

鳞腹绿啄木鸟
Picus squamatus

灰头绿啄木鸟
Picus canus

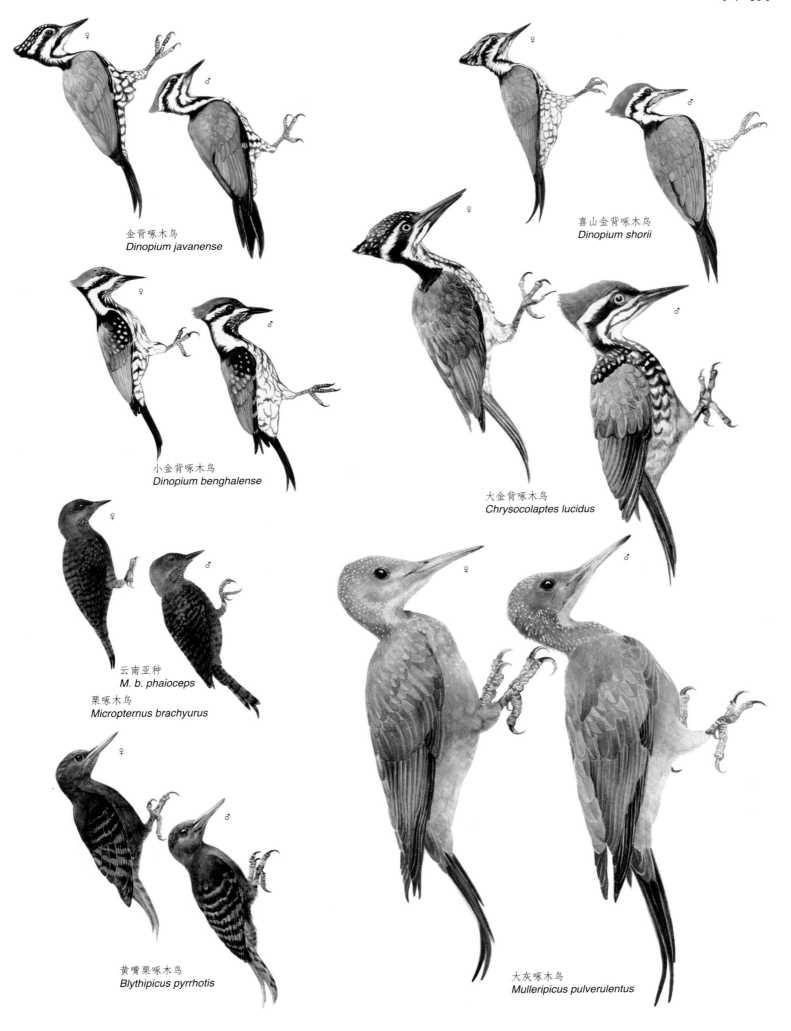

金背啄木鸟
Dinopium javanense

喜山金背啄木鸟
Dinopium shorii

小金背啄木鸟
Dinopium benghalense

大金背啄木鸟
Chrysocolaptes lucidus

云南亚种
M. b. phaioceps

栗啄木鸟
Micropternus brachyurus

黄嘴栗啄木鸟
Blythipicus pyrrhotis

大灰啄木鸟
Mulleripicus pulverulentus

蚁䴕

拉丁名：*Jynx torquilla*
英文名：Eurasian Wryneck

䴕形目啄木鸟科

体长约 17 cm。上体棕褐色，密布深色或浅色斑点，后枕至下背有一个暗色斑块，尾较其他啄木鸟长，上面有黑褐色横斑；下体灰白色，密布褐色横斑。

在欧亚大陆北方繁殖，欧亚大陆南方和非洲过冬；在中国北方为夏候鸟，南方和西藏南部为冬候鸟。栖息于低山丘陵和山脚平原林地，利用旧的啄木鸟洞穴繁殖。

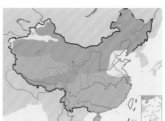

蚁䴕。沈越摄

斑姬啄木鸟

拉丁名：*Picumnus innominatus*
英文名：Speckled Piculet

䴕形目啄木鸟科

小型啄木鸟，体长约 11 cm。前额橘黄色，面部由黑白条纹组成，包括白色过眼纹，头栗褐色，上体橄榄色，两翅暗褐色，尾羽黑白两色；下体近白色，有很多黑色斑点。

作为留鸟分布于中国南部以及西南部、东南亚、喜马拉雅山脉和印度，包括青藏高原东部和东南部。栖息于海拔 900～3000 m 的森林。

斑姬啄木鸟。左上图沈越摄，下图赵纳勋摄

白眉棕啄木鸟

拉丁名：*Sasia ochracea*
英文名：White-browed Piculet

䴕形目啄木鸟科

小型啄木鸟，体长约 11 cm。上体橄榄绿色，眉纹白色，尾黑色；下体棕黄色。

分布于喜马拉雅山脉并延伸到东南亚，包括西藏东南部。栖于海拔 2000 m 以下的森林，也喜欢竹林。

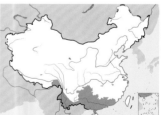

白眉棕啄木鸟。左上图刘璐摄，下图沈越摄

棕腹啄木鸟

拉丁名：*Dendrocopos hyperythrus*
英文名：Rufous-bellied Woodpecker

䴕形目啄木鸟科

体长约 20 cm。雄鸟头顶和枕深红色，上体黑色具白色斑点；头侧和下体浓棕褐色，臀部羽毛粉红色。雌鸟头顶黑色而具白色斑点。

分布区从喜马拉雅山脉向东延伸至中国西南部及东南亚，包括青藏高原东南部。栖息于海拔 1500～4300 m 的高山森林。

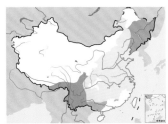

棕腹啄木鸟。左上图为雄鸟，下图为雌鸟。沈越摄

星头啄木鸟

拉丁名：*Dendrocopos canicapillus*
英文名：Grey-capped Woodpecker

䴕形目啄木鸟科

体长约 15 cm。额至头顶灰色，雄鸟枕部两侧各有一深红色斑，白色眉纹自眼后延伸至颈侧，面部白色，上体黑色而具有白斑；下体淡棕黄色，满布黑褐色纵纹，臀部羽毛无红色。雌鸟枕侧无红斑。

分布于中国大部、东南亚、喜马拉雅山脉和印度，包括青藏高原东南部。栖息于海拔 2500 m 以下的天然和人工林地。

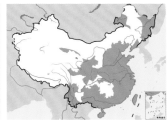

星头啄木鸟。左上图沈越摄，下图颜重威摄

纹腹啄木鸟

拉丁名：*Dendrocopos macei*
英文名：Fulvous-breasted Woodpecker

䴕形目啄木鸟科

体长约 19 cm。雄鸟头顶红色，脸颊白色，下颊纹黑色，上体黑色并带有白色横斑，尾上有白斑；下体浅黄色并有黑色纵纹，尾下覆羽朱红色。雌鸟似雄鸟，但头顶黑色。

留鸟，分布于喜马拉雅山脉、印度东北部和东南亚，包括青藏高原东南部边缘，分布海拔 600～2800 m。

纹腹啄木鸟。左上图为雄鸟，甘礼清摄；下图为雌鸟，李锦昌摄

纹胸啄木鸟

拉丁名：*Dendrocopos atratus*
英文名：Stripe-breasted Woodpecker

䴕形目啄木鸟科

体长约 22 cm。雄鸟头顶和枕深红色，面部、上体黑色具白色斑点；下体黄色，其中胸部黑色纵纹明显，臀部羽毛红色。雌鸟头顶和枕黑色。

分布于中国南部以及东南亚、印度北部，包括青藏高原的滇西北地区。栖息于海拔 800～2200 m 的阔叶林。

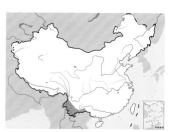

纹胸啄木鸟。左上图为雌鸟，李锦昌摄；下图为雄鸟，吴秀山摄

褐额啄木鸟

拉丁名：*Dendrocopos auriceps*
英文名：Brown-fronted Woodpecker

䴕形目啄木鸟科

体长约 20 cm。雄鸟前额黄褐色，头顶朱红色，脸颊灰色，下颊纹黑色，上体黑色并有白色横斑；下体灰白色并有黑色纵纹，尾下覆羽朱红色。雌鸟似雄鸟，但头顶黄褐色。

留鸟，分布于喜马拉雅山脉西段和印度北部，包括青藏高原南部边缘，繁殖海拔 900～3000 m。2012 年 5 月在西藏吉隆海拔 2197 m 的高山针阔叶混交林观察到该物种，为中国鸟类新记录。

褐额啄木鸟。左上图为雄鸟，董江天摄；下图为雌鸟，2012年5月摄于西藏吉隆，为中国首次记录，李晶晶摄

赤胸啄木鸟

拉丁名：*Dendrocopos cathpharius*
英文名：Crimson-breasted Woodpecker

䴕形目啄木鸟科

体长约 18 cm。头顶和枕红色，面部暗白色，一条黑色的条带从面颊延至下胸，背黑色，翅膀白色斑块明显；胸红色，腹茶黄色并有黑色纵纹；臀部红色。雌鸟头顶后部和枕黑色。

分布于中国中部、西南部，喜马拉雅山脉和东南亚。栖息于海拔 1500～2750 m 的阔叶林及高山杜鹃林。

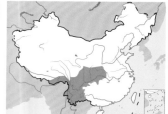

赤胸啄木鸟。左上图为雌鸟，王昌大摄；下图为雄鸟，沈越摄

黄颈啄木鸟

拉丁名：*Dendrocopos darjellensis*
英文名：Darjelling Woodpecker

䴕形目啄木鸟科

体长约 25 cm。雄鸟头顶黑色，枕红色，面部茶黄色，上体黑色，翅有白斑；下体淡黄色，具黑色纵纹，臀羽红色。雌鸟枕部无红色。

分布于东喜马拉雅山脉、青藏高原东部和东南部及东南亚北部。栖息于海拔 1200～4000 m 的山地森林。

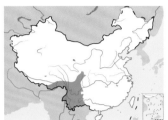

黄颈啄木鸟。左上图为雄鸟，唐军摄；下图为雌鸟，王昌大摄

白背啄木鸟

拉丁名：*Dendrocopos leucotos*
英文名：White-backed Woodpecker

䴕形目啄木鸟科

体长约 25 cm。雄鸟头顶红色，颊部黑色，头部其余部分白色；上背黑色，下背白色，翅为黑白相间的横纹，尾黑色；下体白色，臀红色。雌鸟头顶黑色。

分布于欧亚大陆，包括中国东北部地区和南部部分地区，包括青藏高原东部。栖息于海拔 1200～2000 m 的森林。

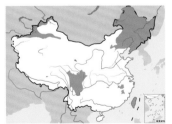

白背啄木鸟。左上图为雄鸟，下图为雌鸟。沈越摄

大斑啄木鸟

拉丁名：*Dendrocopos major*
英文名：Great Spotted Woodpecker

䴕形目啄木鸟科

体长约 22 cm。雄鸟头顶黑色，枕部红色，头部其余部分白色；上体黑色，肩和翅上各具一大白斑，尾黑色且外侧尾羽具黑白相间横斑；下体白色，臀部红色。雌鸟枕部黑色。

分布于欧亚大陆温带地区，包括整个中国，见于青藏高原东部。栖息于山地和平原林地以及城市园林。

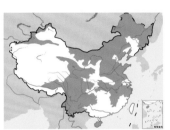

大斑啄木鸟。左上图为雌鸟，下图为雄鸟。沈越摄

三趾啄木鸟

拉丁名：*Picoides tridactylus*
英文名：Three-toed Woodpecker

鴷形目啄木鸟科

形态 体长约 22 cm。上体黑白，下体白色，雄鸟额部黄色，而雌鸟为白色。与呈对趾型的大多数啄木鸟不同，三趾啄木鸟的拇趾退化，仅具 3 趾。

分布 分布于全北界。在中国的分布区包括两个分离的区域，一个是与其大片分布区相连的东北和新疆，另一个是青藏高原东部。

栖息地 亚寒带针叶林和高山针叶林的典型代表鸟种。

食性 通过无线电遥测跟踪，鸟类学家对一对三趾啄木鸟的取食行为进行了研究，发现它们的活动区面积为 90 hm² 左右，几乎全部位于以云杉和冷杉为主的针叶林。通过分析雄鸟的 28 个取食样本和雌鸟的 89 个取食样本，发现三趾啄木鸟更加偏好在胸径平均 32.7 cm 的云杉和其他枯树上取食，啄取为主，也进行剥皮，吸取树汁，并且雌性和雄性的生态位有所不同，可能与雄鸟的喙比雌鸟稍大有关。

繁殖 依据在甘肃卓尼发现的 2 个巢推测其繁殖开始于 5 月中旬。巢位于粗大树干的树洞里，巢洞深度 24～26 cm，巢口直径 3.6～4.2 cm。尚未进行更深入的研究。

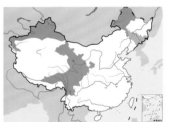

三趾啄木鸟。左上图唐军摄，下图彭建生摄

白腹黑啄木鸟

拉丁名：*Dryocopus javensis*
英文名：White-bellied Woodpecker

鴷形目啄木鸟科

体长约 44 cm。雄鸟前额、头顶、枕部红色，并形成明显的羽冠；嘴角红色，面部和颈侧有白色条纹，上体黑色；胸黑色，腹白色。雌鸟头顶黑色，嘴角无红色羽毛。

分布于印度、东南亚和中国南部，包括西藏东南部。栖息于海拔 3000 m 以下的常绿和落叶阔叶林。

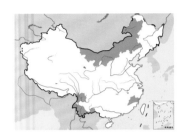

白腹黑啄木鸟。左上图为雄鸟，董文晓摄，下图为上雌下雄

黑啄木鸟

拉丁名：*Dryocopus martius*
英文名：Black Woodpecker

䴕形目啄木鸟科

大型啄木鸟，体长约50 cm。雄鸟额、头顶、枕后和羽冠朱红色，其余部分黑色。雌鸟头顶朱红色区域较小。

分布于欧亚大陆大部分地区，包括青藏高原东部和东南部，研究者曾在海拔3800 m的西藏类乌齐针叶林地记录到该物种。

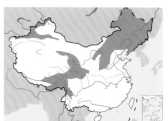

黑啄木鸟。左上图为雄鸟，沈越摄；下图为雌鸟，左凌仁摄

大黄冠啄木鸟

拉丁名：*Chrysophlegma flavinucha*
英文名：Greater Yellownape

䴕形目啄木鸟科

体长约34 cm。标志性特征为显著的黄色羽冠，与黄冠啄木鸟的区别在于头部无红色，上体黄绿色，飞羽有深褐色横斑，尾黑色。雄鸟喉黄色，胸橄榄绿色，腹橄榄灰色。雌鸟喉栗色。

分布于中国西南部、东南亚和印度北部，包括中国西藏东南部。栖息于海拔2000 m以下的常绿阔叶林。

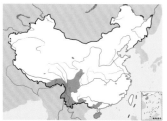

大黄冠啄木鸟。左上图为雌鸟，魏东摄；下图为雄鸟，周红摄

黄冠啄木鸟

拉丁名：*Picus chlorolophus*
英文名：Lesser Yellownape

䴕形目啄木鸟科

体长约 25 cm。头枕部具鲜黄色羽冠，雄鸟额和眉纹红色，颊、颈白色，上体橄榄绿色，尾黑褐色；胸橄榄绿色，腹浅黄色。雌鸟额不为红色，自眼后到枕有一条红色带斑。

分布于中国南部、东南亚、喜马拉雅山脉和印度，包括中国西藏东南部。栖息于海拔 2000 m 以下的常绿阔叶林和混交林。

 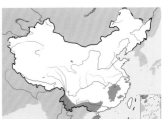

黄冠啄木鸟。左上图为雌鸟，下图为雄鸟。田穗兴摄

纹喉绿啄木鸟

拉丁名：*Picus xanthopygaeus*
英文名：Streak-throated Woodpecker

䴕形目啄木鸟科

体长约 30 cm。雄鸟头顶红色，眉纹白色，脸颊灰色并有细纹；上体草绿色，腰部亮黄色，尾羽绿褐色，基部白色；下体黄绿色并有暗色的鳞状纵纹。雌鸟似雄鸟，但头顶黑色。

留鸟，分布于南亚次大陆、喜马拉雅山脉、中国西南部和中南半岛，包括青藏高原南部和东南部，分布海拔 450～1700 m。

纹喉绿啄木鸟。左上图为雄鸟，甘礼清摄；下图为雌鸟，李锦昌摄

鳞腹绿啄木鸟

拉丁名：*Picus squamatus*
英文名：Scaly-bellied Woodpecker

䴕形目啄木鸟科

体长约 34 cm。雄鸟头顶和冠羽绯红色，眉纹白色，其上有一条黑纹，上体绿色，腰黄色，翅和尾暗褐色且具白色横斑；下体浅绿色并有黑色鳞状纹。雌鸟头顶和冠羽黑色。

分布于喜马拉雅山脉和中东一些地区，在中国见于西藏西南部。生活在海拔 2500 m 以下的山地阔叶林和针阔叶混交林。

鳞腹绿啄木鸟。左上图为雌鸟，董文晓摄；下图为雄鸟，林植摄

灰头绿啄木鸟

拉丁名：*Picus canus*
英文名：Grey-headed Woodpecker

䴕形目啄木鸟科

　　体长约 28 cm。雄鸟额朱红色，头灰色，上体橄榄绿色，腰及尾上覆羽黄色，尾大部黑色；下体灰绿色。雌鸟额暗灰色。

　　分布于欧亚大陆，南至南亚次大陆、马来西亚和印度尼西亚，包括中国大部，在青藏高原见于东部、东南部和南部。

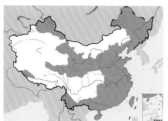

灰头绿啄木鸟。左上图为雌鸟，沈越摄；下图为雄鸟，彭建生摄

金背啄木鸟

拉丁名：*Dinopium javanense*
英文名：Common Flameback

䴕形目啄木鸟科

　　体长约 29 cm。雄鸟头顶和羽冠红色，十分醒目；面部由黑色和白色条纹组成，上体金黄色，飞羽黑褐色，腰红色，尾黑色；下体浅黄色，具鳞状斑。雌鸟羽冠黑色。足仅具 3 趾。

　　分布于东南亚、印度西南部、中国南部和西南部，包括西藏东南部。栖息于海拔 1500 m 以下的常绿阔叶林和混交林。

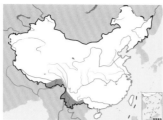

金背啄木鸟。左上图为雌鸟，邓嗣光摄；下图为雄鸟，唐卫民摄

喜山金背啄木鸟

拉丁名：*Dinopium shorii*
英文名：Himalayan Flameback

䴕形目啄木鸟科

　　体长约 31 cm。雄鸟具显著的红色长羽冠，脸颊具黑白色条纹，上体金色，腰红色，尾羽黑色，脚 3 趾；喉部浅黄色并有 2 道黑色细纹，下体黄白色，并具黑色条纹和鳞状斑。雌鸟似雄鸟，但前额和羽冠黑色带白色细纹。与金背啄木鸟极其相似，不同处为颈侧的黑色粗纵纹在喉侧被褐色斑分割成 2 道黑色细纹。

　　留鸟，分布于喜马拉雅山脉和中南半岛西部，包括青藏高原南部边缘，分布海拔 300 ～ 1220 m。

喜山金背啄木鸟。左上图为雄鸟，田穗兴摄；下图上雄下雌，董江天摄

小金背啄木鸟

拉丁名：*Dinopium benghalense*
英文名：Black-rumped Flameback

䴕形目啄木鸟科

体长约 28 cm。雄鸟具显著的红色长羽冠，脸颊具黑白色条纹，上体金色，腰和尾羽黑色；喉黑色而密布白色点斑，下体黄白色并有黑色纵纹和鳞状斑。雌鸟似雄鸟，但前额黑色并密布白色点斑，仅羽冠红色。

留鸟，分布于巴基斯坦、喜马拉雅山脉、印度和斯里兰卡，包括青藏高原南部，最高分布海拔 1700 m。

小金背啄木鸟。左上图为雄鸟，下图为雌鸟。牛蜀军摄

大金背啄木鸟

拉丁名：*Chrysocolaptes lucidus*
英文名：Greater Flameback

䴕形目啄木鸟科

体长约 31 cm。额褐色，面部由黑白条纹组成，上背金黄橄榄色，下背和腰深红色，尾上覆羽及尾黑色；下体暗白色，具黑色鳞状斑。雄鸟头顶和冠羽红色，雌鸟头顶和冠羽黑色并缀有白点。

分布于中国南部和西南部、东南亚和南亚次大陆，包括青藏高原东南部。栖息于海拔 1500 m 以下的林地和林缘地带。

大金背啄木鸟。左上图为雄鸟，田穗兴摄；下图为雌鸟，董磊摄

黄嘴栗啄木鸟

拉丁名：*Blythipicus pyrrhotis*
英文名：Bay Woodpecker

䴕形目啄木鸟科

体长约 26 cm。羽色与栗啄木鸟相似，但体形相对较大，且黑色横斑更显粗重，颈侧和枕有红色斑块。

分布于中国南部和西南部、南亚次大陆及东南亚，包括西藏东南部。栖息于海拔 500～2200 m 的开阔林地、森林边缘。

黄嘴栗啄木鸟。左上图为雌鸟，董磊摄；下图为雄鸟，田穗兴摄

栗啄木鸟

拉丁名：*Micropternus brachyurus*
英文名：Rufous Woodpecker

鴷形目啄木鸟科

　　体长约 21 cm。全身体羽栗色并有黑色横斑，眼下有一道深红色纵纹，喙黑色。

　　分布于中国南部和西南部、南亚次大陆及东南亚，包括西藏东南部。栖息于海拔 1000 m 以下的阔叶林和竹林。

栗啄木鸟。左上图为雌鸟，董文晓摄；下图为雄鸟，田穗兴摄

大灰啄木鸟

拉丁名：*Mulleripicus pulverulentus*
英文名：Great Slaty Woodpecker

鴷形目啄木鸟科

　　大型啄木鸟，体长约 50 cm。通体灰色，喉及颈皮黄色，雄鸟具有红色颊斑。

　　分布于喜马拉雅山脉至东南亚，在中国见于西藏东南部及云南南部。

大灰啄木鸟。左上图为雄鸟，甘礼清摄；下图左雄右雌，魏东摄

从巢洞中探出头来的大灰啄木鸟。飞翔时两翅扇动有力，常常发出声响。董磊摄

隼类

- 隼形目隼科鸟类，全球共11属64种，中国有2属12种，青藏高原有1属6种
- 喙两侧有齿突，面部常有深色斑纹；翅长而狭尖，飞行快而灵活，适于猎捕；喙钩状，爪锐利，适于撕扯食物
- 多数为迁徙性，雏鸟晚成，双亲共同育雏
- 处于食物链的顶端，对维持生态系统平衡具有重大意义，都是中国国家二级重点保护动物

类群综述

分类与分布　隼类指隼形目（Falconiformes）隼科（Falconidae）鸟类。从林奈时期开始，隼就和其他的昼行性猛禽如雕、鹰、鸢归在一起，其依据是形态、解剖、行为、换羽特征，因此在传统分类系统中它们共同组成了隼形目。最近的观点认为这些猛禽是多起源的，隼与鹰并非近亲，而与猫头鹰、鹦鹉、杜鹃亲缘关系更近，猛禽之间相似的形态特征是趋同进化的结果。

在最新的分类系统中，原隼形目中的美洲鹫科（Cathartidae）上升为独立的目，即美洲鹫目（Cathartiformes），鹰科（Accipitridae）、鹗科（Pandionidae）和蛇鹫科（Sagittariidae）则一起组成鹰形目（Accipitriformes）。因此新的隼形目下仅有隼科，被分为笑隼亚科（Herpetotherinae）和隼亚科（Falconinae）2个亚科，共计11属64种。

除南极洲和少数海岛外，隼类在世界范围内广泛分布，中国境内有隼属 Falco 和小隼属 Microhierax 的12个种，青藏高原有隼属的6个种。

形态　隼类的体形在猛禽中是相对较小的，体长多为30～50 cm，小型隼类如红腿小隼 Microhierax caerulescens 和白腿小隼 Microhierax melanoleucos，体长仅为10～20 cm，与麻雀相差无几。隼类存在性二型性，但与大多数鸟类的情况恰好相反，雌性的体重比雄性大5%～10%。成鸟全身覆有厚实紧凑的体羽，其色泽比较单调，上体以灰褐色、棕褐色为主，下体多有斑纹。

隼类以敏捷的飞行和迅猛的猎捕著称，这得益于其独特的身体结构。不同于鹰类宽圆的翅，隼类的翅长而狭尖，利于疾飞，其中游隼 Falco peregrinus 的飞行速度为猛禽之冠；与鹰翅的另一区别在于隼类飞羽排列紧凑，空中飞行时观察不到翼指；尾部大多着生12枚发达的尾羽，在空中转向时呈扇形打开以维持平衡。颅顶扁平，可减少飞行中的空气阻力；眼球体积大，视力调节迅速精准，不仅适合发现远距离目标，还能在近距离冲刺中始终看清猎物；上眼眶骨有突出部分，可防止眼球被冲刺中面对的高速气流压迫变形。喙钩状，短而锐利，两侧具齿突，可辅助撕裂肉食，这也是区别隼和鹰的一个重要标志；喙基部具蜡膜，其中央有圆形鼻孔，鼻孔内着生一柱形骨突，可缓解飞行时气流的冲击。一对下肢健壮有力，屈趾肌发达，使爪的抓握力强，钩状爪锋利无比，可轻易刺穿和撕开猎物。

栖息地　隼类很好地适应几乎所有类型的环境，从高山裸岩到低矮丘陵，从苍茫草原到村庄农田，从海岸峭壁到湿地沼泽，均能见到它们的身影，分布海拔可达5000 m。由于喜欢在开阔环境觅食，青藏高原是隼类的乐园，在海拔3000 m以上的草甸、高山灌丛和裸岩地带有相对很高的种群密度。

食性　现存的隼类都为肉食性，但食谱很广，包括无脊椎动物、鱼、蛙、蜥蜴、鸟类、鼠类、野兔。小型隼类以昆虫为主食，如繁殖于中国新疆北部的黄爪隼 Falco naumanni，取食昆虫的比例高达95%；体形大的隼则以脊椎动物为主食。随着被捕食动物的种群数量变化，食物结构在年内和年间也会发生改变。隼食量较大，进食频繁，以适应快速飞行带来的高代谢率。食物中不能消化的骨、羽、毛部分，最后会形成食丸被吐出体外。

左：隼形目猛禽翅长而尖，飞行迅速，适于追逐，喜开阔生境。青藏高原是中国隼形目猛禽重要的分布区，其中猎隼是非常典型的代表。图为起飞瞬间的猎隼。徐永春摄

隼类均为肉食性，图为刚刚捕获小型雀鸟的灰背隼。沈越摄

隼在白天捕食。觅食时，或静立在山顶岩石或电线杆上等候猎物出现；或低空掠过巡视，一旦发现猎物即迅速扑下。不同于鹰和雕从落脚点飞扑抓取猎物的策略，隼的捕食策略以追击为主。发现目标后，先急速冲至猎物上方，再收翅俯冲，在靠近猎物的瞬间展开双翅，用爪击打或抓住猎物，袭击猎物时速度可达 360 km/h，乃鸟类之冠。

红隼 Falco tinnunculus、黄爪隼体形小巧，能够追逐昆虫和小鸟，它们有两种独特的"空中悬停"技能：一种是通过快速振翅在空中作短暂的悬停，常发生在搜寻地面猎物时；另一种则是迎风时靠风力保持静止不动的"漂浮悬停"，这是它们在强风天气着陆前的常用姿势。一些处在繁殖期的隼，双亲为了提高捕食效率还会进行合作狩猎。例如筑巢于极地苔原地带的矛隼 Falco rusticolus 捕捉岩鸽时，双亲中的一只负责驱赶鸽群，另一只则伺机扑杀。

社会行为和交配系统　大多数隼为一雄一雌的单配制，也有一些物种表现出合作繁殖行为，即一个繁殖巢中除了雌雄亲鸟外，还有帮手参与繁殖活动，这样的物种已知有游隼、灰背隼 Falco columbarius、黄爪隼、地中海隼 Falco biarmicus、非洲侏隼 Polihierax semitorquatus 和黑腿小隼

Microhierax fringillarius。另外，新疆北部的黄爪隼还有不同家族共同御敌的行为。关于灰背隼的合作繁殖和婚外交配有详细记录，但无证据表明被照料的巢中有这些雄性帮手的后代。

繁殖　大多数隼在繁殖季节有利用其他鸟类旧巢的习性，尤其喜欢鸦科鸟类和其他隼的旧巢，有时候甚至直接赶走原"户主"，将对方正使用的巢据为己有。在巢址的选择上，矛隼、猎隼 Falco cherrug、红隼的巢常见于高大的树冠顶端、悬崖的岩缝、荒漠和草原的石堆上或石洞中；城市中的游隼等多在高层建筑上繁殖；栖于林地的燕隼 Falco subbuteo 等经常占据喜鹊的巢；小隼属鸟类则主要利用啄木鸟、松鼠等树栖动物的巢洞；灰背隼除了占用别的鸟巢外，还会在林间或灌丛的地面营巢，巢中只铺有雌鸟从腹部扯下的一些羽毛。大体上，隼的巢都比较简陋，主要由枯枝堆叠而成，内层有少许草茎、落叶或兽毛等物。

隼的卵为黄褐色或赭红色，并有暗色斑点。窝卵数 2～7 枚，大型种如矛隼、猎隼和游隼的窝卵数不超过 4 枚，小型种如红隼、燕隼、小隼的窝卵数可达 5 枚以上。孵化期 20～30 天，大型种类的孵化期较长。

隼在繁殖季节领域性很强，无论同类还是其他猛禽，只要进入其领域，都会被驱逐。领域大小因种而异，一般从几百平方米到数平方千米。在新疆北部戈壁山崖上集群营巢的黄爪隼形成共同的领域，当黑耳鸢 *Milvus lineatus* 等天敌入侵时，多个巢内的个体会发出尖利的报警声并群起而攻之，是一种合作互利的行为。

大多数隼为一雄一雌的单配制，由雌鸟单独或双亲轮流孵卵。在孵卵期和雏鸟出壳后的育雏早期，通常雌鸟在巢中抱暖，雄鸟在巢外警戒，并承担主要的猎食任务。当雏鸟绒羽长出，可以独自待在巢中时，双亲均外出觅食。育雏期随体形、分布纬度和海拔而变化：如亚热带森林的红腿小隼幼鸟只需 22 天就可以出巢，而苔原地区的矛隼则需要 50 天。此外，食物丰富度的年间变化也可影响育雏期长短：食物充足的年度，幼鸟成长快，育雏期也相应缩短。隼的性成熟时间比较晚，常常超过 2 年，同时寿命较长，大型种类如游隼的野外生存记录可达 10 年以上。

迁徙 大多数隼在非繁殖期会离开繁殖地，或游荡在领域外围，或下降到低海拔区域寻找食物，尤其是未成年个体。目前已知艾氏隼 *Falco eleonorae* 和烟色隼 *Falco concolor* 从地中海飞往马达加斯加越冬，黄爪隼、红脚隼 *Falco vespertinus*、阿穆尔隼 *Falco amurensis* 和燕隼往返于欧洲和非洲。值得一提的是，迁徙中的隼通常以家族群为单位，这与雁鸭类迁飞群的结构颇为相似，也曾记录到这几种隼一同迁徙的现象。

分布于中国境内的大部分隼属于候鸟，如黄爪隼和红脚隼于每年 4—5 月到达东北、华北进行繁殖，9 月底前后开始集群飞往云南以及更远的印度乃至非洲过冬。

种群现状和保护 作为站在食物链顶层的物种，隼类跟其他猛禽一样对栖息地要求较高，容易受胁。此外，由于一些地区具有驯养猛禽进行鹰猎的传统习俗，隼类还严重受到偷猎和非法贸易的威胁。目前有 7 种隼类被 IUCN 列为受胁物种，其中猎隼 *Falco cherrug* 和毛里求斯隼 *F. punctatus* 为濒危（EN），其他 5 种为易危（VU）。此外，另有 8 个物种被列为近危（NT）。CITES 已将所有隼类列入附录 I 或附录 II。在中国，所有隼类均被列为国家二级重点保护动物。

猛禽常利用其他鸟类的旧巢，图为利用鸦科鸟类旧巢繁殖的红隼。宋丽军摄

猎隼
Falco cherrug

矛隼
Falco rusticolus

♀ ♂

南方亚种
F. p. peregrinator

灰背隼
Falco columbarius

燕隼
Falco Subbuteo

新疆亚种
F. p. babylonicus

游隼
Falco peregrinus

♂

♀

♂

♀ ♂

红隼
Falco tinnunculus

猎隼

拉丁名：*Falco cherrug*
英文名：Saker Falcon

隼形目隼科

形态 体长约 50 cm。整个身体背部暗褐色，有纵行条纹，尾上具横斑，头顶棕红色，眉纹、颊、下体棕白色，具细纵纹。蜡膜浅黄色；脚浅黄色。

分布 分布遍及欧亚大陆，从中欧、北非，经中亚到俄罗斯，蒙古，中国西北、华北、东北和印度北部。整个青藏高原都可以见到，海拔可以达到 5200 m。中国猎隼的分布区都有繁殖种群，但同时卫星跟踪证实，俄罗斯、蒙古、吉尔吉斯斯坦和哈萨克斯坦的猎隼，繁殖后向南迁徙，经过中国西北、华北等地区，在青藏高原和印度北部过冬。

栖息地 山区开阔地带、河谷、荒地和草原，是猎隼喜欢的栖息地。

习性 性情孤傲，总是单独活动。

食性 身形矫健，翅形狭长，飞行迅捷，具有空中捕捉飞鸟的能力，先用翅膀猛击在空中飞行的野鸭、野鸽、百灵等，使之从空中下坠，再俯冲将其捕获。尽管如此，猎隼的大多数食物捕自地面，主要是鼠兔。

繁殖 2001—2007 年，中国科学院与英国鸟类研究中心联合在新疆准噶尔盆地和昆仑山、青海玉树、西藏那曲地区，对猎隼展开调查，首次获得了该物种在青藏高原的繁殖信息。

调查记录到的猎隼巢址位于悬崖凹陷处（21 个）、河岸砂土洞（5 个）、桥梁（2 个），巢高于地面 7～30 m，常常使用渡鸦、大鵟、棕尾鵟、金雕的旧巢，也常常与这些鸟类毗邻。巢间距最小 2.5 km，通常为 4～8 km 或相距更远。巢用枯枝等构成，内垫有兽毛、羽毛等物；因为高原缺乏合适的巢材，那些人类遗弃的胶皮管、铁丝、塑料制品、皮带、破衣布、绳子等充斥于巢材中。

4—5 月产卵，窝卵数 3～5 枚，平均 4 枚；雏鸟出壳的时间在 5 月上旬至中旬；6 月下旬至 7 月初，大量幼鸟离巢。因为巢难以接近，而且在一个点调查的时间有限，没有获得大小量度、生长发育等特征的测量信息。

与许多猛禽一样，猎隼有吐食丸的习性。在新疆卡拉麦里山地区和北塔山地区，鸟类学家利用在巢内及其周围散落的食丸分析育雏期猎隼的食性。收集到的 342 个食丸中，有鼠毛出现的占 83.9%，有鼠骨出现的占 34.2%，可见鼠类在猎隼食物中占绝对优势，这与目击的结果吻合。

种群现状和保护 据估计，全球只有 35 000～40 000 只猎隼；其中，青藏高原有 3000 只，是现存最大的种群。这在很大程度上得益于其主要食物——鼠兔在当地数量丰富，因此猎隼对于控制鼠害具有积极作用。

猎隼是中东国家驯养的主要猛禽，拥有猎隼成为时尚、财富和身份的象征，一只优良的猎隼可以卖到 40 万沙特里亚尔，约合 11 万美元。因此，非法走私猎隼的活动一度猖獗，其中包括从中国偷猎的。仅新疆红其拉甫海关 2001 年就抓获 3000 个猎隼偷猎者，缴获猎隼约 600 只。此外，栖息地丧失和食物中毒也是导致猎隼数量下降的原因。2012 年，IUCN 已经把猎隼从易危（VU）提升为濒危（EN），《中国脊椎动物红色名录》亦评估为濒危（EN）。在国际上，猎隼已列入 CITES 附录 II。在中国，猎隼被列为国家二级重点保护动物。

探索与发现 2013 年，著名学术刊物《自然》（*Nature*）的子刊《自然遗传学》（*Nature Genetics*）发表了游隼和猎隼的基因组，这是全球首次发表的猛禽基因组。论文表明，游隼和猎隼的神经系统、嗅觉、钠离子运输、线粒体呼吸链发生了快速演化，控制和调节喙发育以及嗅觉相关基因，以及适应干旱环境的猎隼稳态相关基因都显示出隼类特异性的演化，快速演化的基因组和基因为隼类演化为成功的捕食者提供了遗传学的基础。这些成果，对于深入理解游隼和猎隼的捕食行为和演化历史具有重要价值，并将有助于挽救这两个珍稀的物种。论文的第一作者，是当时在英国卡迪夫大学从事博士后研究的詹祥江。

2014 年，詹祥江回到中国科学院动物研究所，担任种群和进化遗传学研究组组长。在英国结下的猛禽情结使他毫不犹豫地把研究目标聚焦在青藏高原猎隼的种群进化遗传学研究上，并试图回答如下问题：青藏高原猎隼种群的遗传多样性如何？有多少个遗传学种群或亚种群？应该优先保护哪个遗传种群？猎隼的物种进化历史、近期波动及其影响因素是什么？对于猎隼研究来说，这项研究是开拓性的。

在中国共产党中央委员会组织部"青年千人计划"和国家自然科学基金委员会优秀青年科学基金的资助下，2015 年詹祥江与团队成员踏上青藏高原开始了野外工作。

我们期待他获得新的发现。

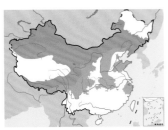

猎隼。上图为成鸟，董磊摄；下图为亚成鸟，杨贵生摄

矛隼

拉丁名：*Falco rusticolus*
英文名：Gyrfalcon

隼形目隼科

体长约 56 cm。跗跖覆毛，此特征有别于其他隼。有暗色型和白色型。暗色型头部白色，上体具暗色粗纵纹和白色斑点，下体具暗色横斑；白色型基本纯白色，上体有黑色矛状斑纹。雌鸟体形更大且褐色斑纹更深。

在北极地区繁殖，典型的栖息环境是苔原。在中国为冬候鸟，偶见于东北和新疆，藏北和藏东南可能有未被确认的分布。

游隼

拉丁名：*Falco peregrinus*
英文名：Peregrine Falcon

隼形目隼科

体长约 45 cm。上体蓝灰色，下体白色，有黑色纵纹。雌鸟体形大于雄鸟。

全球分布，繁殖于北半球高纬度地区的种群迁徙，在中低纬度繁殖的则为留鸟。中国全境可见，在新疆和长江以南为留鸟，其余地区包括青藏高原为冬候鸟。

矛隼

游隼。左上图为成鸟，沈越摄；下图为亚成鸟，袁晓摄

游隼平时飞行并不迅速，但却是俯冲最快的鸟类，瞬时速度最快可达460km/h。袁晓摄

灰背隼

拉丁名：*Falco columbarius*
英文名：Marlin

隼形目隼科

体长约 30 cm。雌雄羽色不同，且雌鸟体形更大。雄鸟上体蓝灰色，下体浅黄褐色，全身布有黑色细纵纹。雌鸟上体红褐色且布有浅色斑纹，胸腹布满深褐纵纹，尾羽有白色横斑。

在北半球北部繁殖，南迁越冬时在中国多地可见，包括青海东部和西藏南部，迁徙时喜欢集群。

 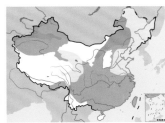

灰背隼。左上图为雌鸟，彭建生摄；下图为雄鸟，沈越摄

燕隼

拉丁名：*Falco subbuteo*
英文名：Eurasian Hobby

隼形目隼科

体长约 30 cm。翅狭长而尖，停歇时翅尖几乎与尾羽末端平齐，形似家燕而得名。上体近黑色，下体白色，具黑色纵纹。

繁殖于欧亚大陆和非洲西北部，越冬于东亚和南亚。中国全境可见，为留鸟和候鸟，青海和西藏有繁殖记录。能够在空中追捕昆虫。

 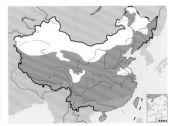

燕隼。左上图为亚成鸟，沈越摄；下图为成鸟，徐永春摄

红隼

拉丁名：*Falco tinnunculus*
英文名：Eurasian Kestrel

隼形目隼科

体长约 34 cm。雄鸟头顶及颈背灰色，上体红褐色有黑色横斑，翅长而狭尖；尾长，蓝灰色；下体皮黄色而具黑色纵纹。雌鸟体形略大，羽色也与雄鸟有别，主要在于头部、背部、尾上覆羽和尾羽的黑褐色横斑更为显著。

留居于或作为夏候鸟繁殖于古北界北部，在印度等南方地区越冬。见于中国全境，在东北和新疆为夏候鸟，其余地区包括青藏高原为留鸟。

红隼。左上图为进食鼠类的雌鸟，徐永春摄；下图为雄鸟，沈越摄

红隼营巢于悬崖、山坡岩石缝隙、土洞、树洞或喜鹊、乌鸦等鸟类在树上的旧巢中，巢由枯枝构成，内垫有草茎、落叶和羽毛。这里是青海玉树的一个巢，位于土洞中，亲鸟正站在巢边撕碎食物给巢中的数只雏鸟喂食。贾陈喜摄

鹦鹉类

- 鹦鹉目鸟类，全世界共3科88属398种，中国仅4属10种，青藏高原有1属5种
- 嘴短厚，基部具蜡膜，端部下弯呈钩状，可辅助攀爬
- 绝大多数物种树栖，喜群居；跗跖短健，对趾型，适于攀爬
- 翅稍长或短而略圆，飞行有力，但不适宜长距离飞行
- 适应热带和亚热带气候，留鸟

类群综述

分类与分布 鹦鹉指鹦鹉目（Psittaciformes）鸟类，包括 3 科 88 属 398 种。分为新西兰鸮鹦鹉科（Strigopidae）、凤头鹦鹉科（Cacatuidae）和鹦鹉科（Psittacidae）。新西兰鸮鹦鹉科包括 2 属 3 种，它们分属 2 个不同的亚科，只分布于新西兰。凤头鹦鹉科有 7 属 21 种，分属 3 个亚科，生活于澳大利亚及其邻近岛屿，头顶的羽冠是其典型特征。鹦鹉科是鹦鹉目中最大的科，包括 9 个亚科 79 属 374 种，分布于南半球的南美洲、非洲、大洋洲以及中国西南部、南亚次大陆和东南亚。

传统分类学把鹦鹉目放在鸽形目和鹃形目之间，因为它们具有一些共同的特征，如上嘴基部的蜡膜、对趾型和食果性。分子证据显示，鹦鹉目应该与雀形目为姐妹群。

鹦鹉在地球上已经存在了很长时间。最早的化石证据发掘于上始新世及中始新世，距今已有 4000 万年。脚部特征显示，它们并不适宜于在树上攀爬。在澳大利亚昆士兰发现的中新世早期到中期的凤头鹦鹉化石证实了鹦鹉的古老起源，也说明澳大利亚是其演化和辐射中心之一。

鹦鹉适应于热带及亚热带气候，分布中心是在南美洲亚马孙河流域、马来群岛和澳大利亚。一些物种可以到达较冷地区，如南美洲的巴塔哥尼亚及大洋洲的塔斯马尼亚。中国有 4 属 10 种，其中青藏高原有 1 属 5 种。历史上，鹦鹉在中国的分布很广泛。清朝道光年间以前，黄土高原西部到黄河中游都有鹦鹉活动；清朝中期以后，长江流域到浙江东部的鹦鹉已经绝迹；西南和华南的鹦鹉，不但分布范围大大缩小，数量也大幅减少。这些变化一定程度上反映了中国气候和森林分布的变迁。

形态特征 鹦鹉的体形差距很大，体长小至 10 cm，大到 100 cm。羽毛稀疏而硬，体羽多为绿色、绿蓝色、红色或白色，艳丽而光亮；雌雄羽色微有差异。

鹦鹉具有一些高度特化的共同特征，包括上颌的可活动关节、肉质且柔软厚实的舌及其角质勺状端，这与取食坚果的习性相适应。此外，鹦鹉进化出适于攀爬的身体特征，如跗跖短健、对趾型。

栖息地 大部分鹦鹉都适应于树栖生活，对趾足有利于攀爬树枝，下曲且具钩的嘴端能作为第三足帮助攀爬。所以，森林是它们最主要的栖息地。有一些种类以地栖为主，但也可以自由地停歇和攀爬于树枝间，并在树上营巢。

食性 鹦鹉取食浆果、谷粒、花蜜及其他植物性食物，有时亦兼食昆虫。为了觅食，它们也常集群飞到果园、农田等处。冬季常会看到结大群的鹦鹉呼啸而过。

习性 鹦鹉是一种很喧闹的鸟类。鸣声粗砺单调，有些种类经驯养后，能模仿人语。

繁殖 鹦鹉以单配制为主，只有 1 个物种发现有合作繁殖现象。鹦鹉大都在树洞营巢，有些在石隙或沙堤间，甚至侵占白蚁巢穴。通常不用巢材，少数物种会用少量巢材垫底。窝卵数 1 ~ 11 枚；大多数物种雌鸟孵卵，孵化期 14 ~ 28 天，产下第 1 枚卵即开始孵卵，因此导致异步孵化。雏鸟孵出时裸露，亲鸟从嗉囊中吐出食物喂养之，育雏期 18 ~ 63 天。

种群现状和保护 全球 42% 的鹦鹉被 IUCN 列为濒危或近危，自 1600 年以来已经有至少 9 个物种灭绝。这是因为它们是留居物种，森林栖息地容易

左：鹦鹉是一类爱集群的鸟，飞行迅速而灵活，适应树栖生活。图为成群飞行的大紫胸鹦鹉。彭建生摄

遭受破坏。此外,鲜艳的羽色和善于模仿人言的天性,使鹦鹉自古以来就在宠物贸易中占有重要地位。从野生鸟类捕获,长途贩运,进入市场,到被人工驯养,其成活率是1：17,大量野生鹦鹉因此而遭遇厄运。如果这些美丽的鸟儿都步上鸮鹦鹉 Strigops habroptila 后尘濒临灭绝,或者干脆如从牛顿鹦鹉 Psittacula exsul 等已经罹难的同类一样从我们生活的地球上消失,那将是人类真正的悲哀。在 CITES 中,除了桃脸牡丹鹦鹉 Agapornis roseicollis、虎皮鹦鹉 Melopsittacus undulates、鸡尾鹦鹉 Nymphicus hollandicus 和红领绿鹦鹉 Psittacula krameri 容易饲养和繁殖,人工培育十分成功而未列入附录外,其他鹦鹉均被列入附录 I 或附录 II。中国所有鹦鹉都被列为国家二级重点保护动物。

鹦鹉在树洞营巢。这只大紫胸鹦鹉正在与树洞中的雏鸟交流着什么。彭建生摄

绯胸鹦鹉
Psittacula alexandri

大紫胸鹦鹉
Psittacula derbiana

花头鹦鹉
Psittacula roseata

灰头鹦鹉
Psittacula finschii

青头鹦鹉
Psittacula himalayana

绯胸鹦鹉

拉丁名：*Psittacula alexandri*
英文名：Red-breasted Parakeet

鹦形目鹦鹉科

　　体长约 30 cm。体形小于大紫胸鹦鹉。雄鸟头部葡萄灰色，前额有一条细的黑带延伸至双眼，上体羽毛以绿色为主，尾羽尖长，中央两枚蓝色特长；颈白色，喉、胸葡萄红色，下体灰色；上喙红色，下喙褐色，喙先端象牙色。雌鸟头部蓝灰色，喉、胸橙红色，上、下喙均为黑褐色。

　　分布于南亚次大陆、东南亚和中国西南部，包括藏东南地区。栖息于山麓常绿阔叶林，也到平原、河谷、农田和居民点附近结小群活动。

大紫胸鹦鹉

拉丁名：*Psittacula derbiana*
英文名：Lord Derby's Parakeet

鹦形目鹦鹉科

　　体长约 48 cm。也叫大绯胸鹦鹉，与绯胸鹦鹉羽色相似，但体形明显更大。

　　分布于印度东北部，中国西藏东南部、四川西南部和云南。是鹦鹉目中耐寒的物种，生活在相对偏北的温带及寒温带，海拔2000 ～ 4000 m 的针阔叶混交林为其典型栖息地。常结成十几只甚至上百只的大群，边飞边发出高亮的哨音。研究者曾在西藏波密记录到该鸟的群体。

绯胸鹦鹉。沈越摄

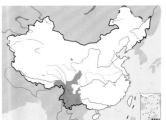

大紫胸鹦鹉。左上图为雌鸟，下图为雄鸟。彭建生摄

成对的大紫胸鹦鹉，左雌右雄。董磊摄

花头鹦鹉

拉丁名: *Psittacula roseata*
英文名: Blossom-headed Parakeet

鹦形目鹦鹉科

体长约 30 cm。体羽主要为黄绿色。雄鸟头玫瑰红色，在后方和颈部变为蓝紫色，翅绿色；雌鸟头灰蓝色。

分布于印度东北部、东南亚，中国西南部是其边缘分布区域。生活在海拔不超过 1500 m 的较开阔林地，成小群活动，但在食物丰富的地方也会形成大群。

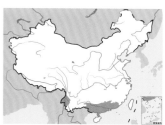

花头鹦鹉。左上图刘璐摄，下图邢超摄

灰头鹦鹉

拉丁名: *Psittacula finschii*
英文名: Grey-headed Parakeet

鹦形目鹦鹉科

体长约 35 cm。头青灰色，喉黑色，身体大多绿色，肩羽有栗色斑，尾羽延长，尖端黄色。

分布于喜马拉雅山脉东部至中国西南部及东南亚，包括青藏高原东南部。栖息于海拔不超过 2700 m 的亚热带阔叶林，常下至耕地取食玉米等农作物。

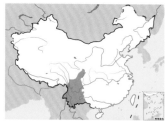

灰头鹦鹉。左上图董文晓摄，下图雷进宇摄

青头鹦鹉

拉丁名: *Psittacula himalayana*
英文名: Slaty-headed Parakeet

鹦形目鹦鹉科

体长约 40 cm。似灰头鹦鹉，但体形更大，尾相对较短，头部的青色更鲜明。

分布于喜马拉雅山脉。中国鸟类新记录种，2010 年记录于西藏樟木地区。

青头鹦鹉。董江天摄

八色鸫类和阔嘴鸟类

- 雀形目八色鸫科和阔嘴鸟科鸟类，都是古北界亚鸣禽的成员
- 八色鸫体羽艳丽，翅短圆，尾极短，喙强，多雌雄相似，但蓝八色鸫属雄性更艳丽
- 阔嘴鸟头大，颈粗，翅短圆，喙宽阔强壮且前端钩曲，腿短，通常雌雄相似
- 主要以小动物为食，但非洲绿阔嘴鸟食果
- 社会性单配制，但一些阔嘴鸟合作繁殖

类群综述

八色鸫指雀形目（Passeriformes）八色鸫科（Pittidae）的鸟类，阔嘴鸟指雀形目阔嘴鸟科（Eurylaimidae）的鸟类，它们都是古北界亚鸣禽的成员。雀形目鸟类多数善于鸣叫，又被分为鸣禽与亚鸣禽。鸣禽指燕雀亚目（Passerii）的鸟类，亚鸣禽则指其余3个亚目，其中琴鸟亚目（Menura）仅分布于澳洲界，阔嘴鸟亚目（Eurylaimi）和霸鹟亚目（Tyranni）主要分布于新热带界和东洋界，仅少数从东洋界渗透到古北界。青藏高原仅有八色鸫和阔嘴鸟2个科。

八色鸫　八色鸫科包括3属30种，分布在亚洲南部和非洲中部，中国有2属9种，青藏高原仅2属3种。

八色鸫科是一个单系类群，与其他古北界亚鸣禽科互为姐妹群，包括只分布在马达加斯加的裸眉鸫科（Philepittidae），分布在喜马拉雅山脉、东南亚和非洲中部的阔嘴鸟科，分布于东南亚和非洲中部的绿阔嘴鸟科（Calyptomenidae）和古北界亚鸣禽唯一的新世界代表科——分布在厄瓜多尔、巴拿马和哥伦比亚的阔嘴霸鹟科（Sapayoidae）。

八色鸫羽色艳丽，故有"八色"之名。翅短圆，尾极短，喙强。多数物种雌雄相似，但蓝八色鸫属 Hydrornis 的雄鸟比雌鸟更艳丽。

八色鸫生活在热带和温带森林中，尤其喜欢潮湿地带。它们以动物为食，因为喜欢吃蠕虫，所以常在林下潮湿地带活动。

八色鸫建球形巢，巢开口在侧面。巢位于地面或树上，甚至同一种群的不同个体也会选择地面巢和树巢这两种不同的巢位。八色鸫为社会性单配制

鸟类，筑巢、孵卵和育雏任务由雌雄共同承担。窝卵数2～5枚。孵化期14～18天，育雏期15～17天。

人类活动使得地球上的森林大面积减少，尤其是八色鸫喜爱的雨林被严重破坏。30种八色鸫中，有13种被IUCN评估为全球受胁鸟类。在中国，所有八色鸫均被列为国家二级重点保护动物。

阔嘴鸟　全世界共7属9种，其中8种分布在喜马拉雅山脉和东南亚，只有1种出现在非洲中部的狭小区域，即非洲绿阔嘴鸟 Pseudocalyptomena graueri。在演化关系上，阔嘴鸟科与八色鸫科较近。在阔嘴鸟科内，非洲绿阔嘴鸟属 Pseudocalyptomena 与其他6个属互为姐妹关系。

顾名思义，阔嘴鸟的喙宽阔强壮，上喙前端钩曲。但非洲绿阔嘴鸟则不然，其喙比较细弱。此外，阔嘴鸟头大，颈粗，翅短圆，腿短，身形臃肿；羽色艳丽，雌雄通常相似。

阔嘴鸟为留鸟，生活在森林环境，一些物种喜欢森林边缘地带。主要取食无脊椎动物和小型脊椎动物，非洲绿阔嘴鸟则以植物果实为主食。

阔嘴鸟的巢为悬挂在树上的小球或小袋，由草茎叶和须根组成。婚配制度为社会性单配制，雌雄共同参与筑巢、孵卵和育雏活动，一些物种表现出合作繁殖行为。窝卵数1～8枚，孵化期和育雏期尚不明确。

作为在森林中生活的鸟类，阔嘴鸟同样受到森林破坏的威胁，其中3种被IUCN评估为全球受胁物种。在中国，阔嘴鸟科成员均被列为国家二级重点保护动物。

左：八色鸫羽色艳丽，生活在热带和温带森林中，青藏高原是其分布的边界，见于青藏高原东南缘的河谷森林中。图为绿胸八色鸫

顾名思义，阔嘴鸟的喙较为宽阔，作为亚鸣禽，在青藏高原属于边缘分布，仅可见长尾阔嘴鸟1种。唐卫民摄

juv.

♀

♂

蓝八色鸫
Pitta cyanea

juv.

ad.

绿胸八色鸫
Pitta sordida

♀

♂

蓝枕八色鸫
Pitta nipalensis

长尾阔嘴鸟
Psarisomus dalhousiae

蓝八色鸫

拉丁名：*Pitta cyanea*
英文名：Blue Pitta

雀形目八色鸫科

体长约 24 cm。体形圆胖，过眼纹黑色，脸颊黄色，头顶两侧橘黄色并延伸至后颈；上体亮蓝色，翼尖黑褐色；下体黑白相间的横斑明显。雌鸟较雄鸟色暗。

分布于喜马拉雅山脉、中国西南部和东南亚。栖息于海拔700～1500 m 的常绿阔叶林的林下阴湿处或沟谷林旁的灌丛间。

蓝枕八色鸫

拉丁名：*Pitta nipalensis*
英文名：Blue-naped Pitta

雀形目八色鸫科

体长约 24 cm。雄鸟前额和脸颊茶黄色，枕部和颈后蓝色，眼后有一道浅黑色细纹，上体橄榄绿色，两翼浅褐色；下体茶黄色。雌鸟似雄鸟，但枕部茶黄色，颈后橄榄绿色。

留鸟，分布于喜马拉雅山脉东段、中国西南和中南半岛，包括青藏高原东南部边缘，最高分布海拔 2150 m。

蓝八色鸫。左上图为雄鸟，田穗兴摄；下图为雌鸟

 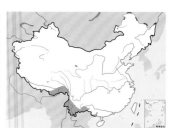

蓝枕八色鸫。左上图为雌鸟，甘礼清摄；下图为雄鸟，牛蜀军摄

成对活动的蓝八色鸫

绿胸八色鸫

拉丁名：*Pitta sordida*
英文名：Hooded Pitta

雀形目八色鸫科

体长约 17 cm。头顶栗褐色，头部余部黑色，上体绿色而富有光泽；下体绿色，臀红色。

分布于喜马拉雅山脉、中国西南部和东南亚，包括西藏东南部。2006 年 8 月 17 日，研究者在四川阿坝古尔沟海拔 2250 m 的落叶阔叶林采得 1 只个体。

绿胸八色鸫。左上图田穗兴摄，下图魏东摄

长尾阔嘴鸟

拉丁名：*Psarisomus dalhousiae*
英文名：Long-tailed broadbill

雀形目阔嘴鸟科

体长约 25 cm。顶冠及颈背黑色，头顶具蓝色小点斑，喙黄绿色，脸及喉部黄色；身体余部呈绿色且两翼有蓝斑，尾楔形。

分布于中国西南部、东南亚和南亚，栖息于海拔 1500 m 以下的常绿阔叶林。2015 年 10 月 21 日首次在西藏发现该物种的分布，记录地点为墨脱德兴海拔 780 m 处，这是该物种已知的最北分布记录。

长尾阔嘴鸟。左上图魏东摄，下图田穗兴摄

长尾阔嘴鸟，下方为其悬挂在枝头上的巢。王昌大摄

黄鹂类

黄鹂类

- 雀形目黄鹂科鸟类，全世界共3属32种，中国有1属7种，青藏高原有6种
- 雄鸟羽色艳丽，多为黄色、红色、黑色等组合，雌鸟通常为褐色，条纹明显
- 翅长而尖，喙直而粗壮，腿短
- 以植物果实和动物为食
- 为社会性单配制

类群综述

黄鹂是雀形目黄鹂科（Oriolidae）成员的总称，为鸦总科（Corvoidea）的组成部分。全世界有 3 属 32 种，分布于古北界，大多在非洲和东南亚热带地区，并延伸到印度尼西亚、新几内亚和澳大利亚。鸦总科是一个高度分化的类群，多数物种生活在澳大利亚，少数类群的适应辐射中心在非洲，也有几个科是全球分布的。其中，黄鹂科被认为与冠啄果鸟科（Paramythiidae）、莺雀科（Vireonidae）和啸冠鸫科（Psophodidae）有比较近的亲缘关系。

黄鹂科又分为 3 个亚科，即林鵙鹟亚科（Pitohuinae），包括 1 属 2 种，分布于新几内亚；裸眼鹂亚科（Sphecothresnae），包括 1 属 3 种，眼周围的皮肤裸露，集群繁殖，分布于印度尼西亚的一些岛屿和澳大利亚；黄鹂亚科（Oriolinae），包括 1 属 27 种，眼周围的皮肤不裸露，繁殖期不集群，分布于非洲、亚洲和大洋洲。

黄鹂为中型鸣禽，体长 20～30 cm，雌雄体形相似，但雄鸟羽色更艳丽。典型的林栖鸟类，生活在湿地雨林、低山和山脚平原地带的天然次生阔叶林，也出入于农田、原野、村寨附近和城市公园的林地。鸣声洪亮悦耳。

黄鹂科中大多数物种不表现迁徙行为，一些物种部分种群迁徙，部分种群终年留居。只有 2 个物种所有种群均进行长距离迁徙，它们是欧亚金黄鹂 *Oriolus oriolus* 和鹊鹂 *O. mellianus*，前者在欧亚大陆北方繁殖，在非洲热带地区越冬；后者繁殖于中国南方，越冬于东南亚。

在繁殖季节，真正的黄鹂（即黄鹂亚科的种类）具有领域性。它们在水平枝杈间编织碗状巢，筑巢的任务主要由雌鸟承担，雄鸟有时帮助收集巢材。窝卵数 1～6 枚，以 2～3 枚居多。孵化期 2～3 周，多数物种由雌鸟负责孵卵。双亲共同育雏，持续 2～3 周。裸眼鹂在雏鸟发育初期喂食动物性食物，随后育之以果实；真正的黄鹂雏鸟主要吃动物食物，不过也吃少量植物浆果。对金黄鹂的研究表明，繁殖期的食物通常在巢周围 200 m 的范围内获得，但有时亲鸟也会飞到 3 km 以外食物资源丰富的地方为雏鸟采食。

中国有黄鹂 1 属 7 种，青藏高原有 6 种。黄鹂以其美丽的羽色和动听的鸣叫而为人类熟悉，但也因此而被捕捉作为笼养观赏鸟，从而威胁到物种生存。一些物种在中国数量稀少。

左：黄鹂以其美丽的羽色和动听的鸣声而为人类熟知。图为在中国最为常见的黑枕黄鹂。赵纳勋摄

右：站在枝头鸣叫的朱鹂。董磊摄

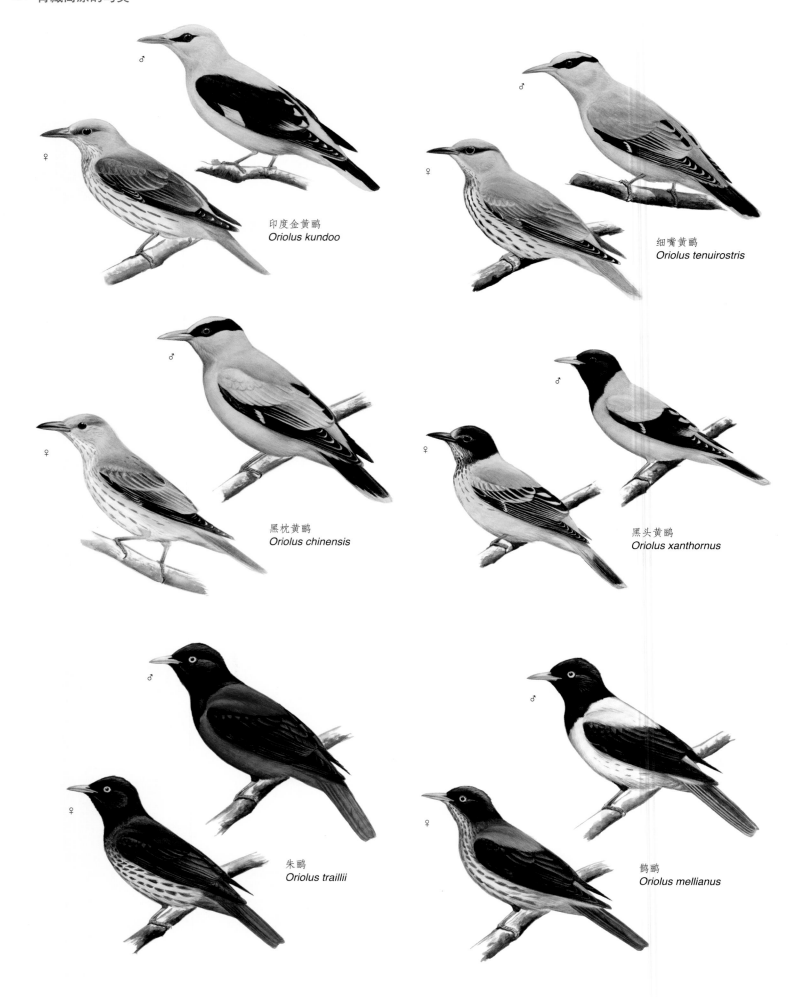

印度金黄鹂
Oriolus kundoo

细嘴黄鹂
Oriolus tenuirostris

黑枕黄鹂
Oriolus chinensis

黑头黄鹂
Oriolus xanthornus

朱鹂
Oriolus traillii

鹊鹂
Oriolus mellianus

印度金黄鹂

拉丁名：*Oriolus kundoo*
英文名：Indian Golden Oriole

雀形目黄鹂科

　　体长约 25 cm。全身体羽黄色，翅黑色，翅上有一个明显的黄斑，相似种细嘴黄鹂仅翅缘为黑色，尾黑色。因形态和叫声的差异，由欧亚金黄鹂 *Oriolus oriolus* 的亚种提升为种，二者与非洲金黄鹂 *O. auratus* 组成一个超种，该超种也许还包括细嘴黄鹂 *O. tenuirostris* 和黑枕黄鹂 *O. chinensis*。

　　在中亚、喜马拉雅山脉包括西藏西部为夏候鸟，印度大部分地区为留鸟，而印度南部和斯里兰卡有越冬种群。栖息在各种林地，在喜马拉雅地区最高分布海拔为 4400 m。

印度金黄鹂。左上图为雄鸟，甘礼清摄；下图为雌鸟，李锦昌摄

细嘴黄鹂

拉丁名：*Oriolus tenuirostris*
英文名：Slender-billed Oriole

雀形目黄鹂科

　　体长约 23 cm。嘴较其他黄鹂细。雄鸟通体黄色，黑色的过眼纹延至颈背，与黑枕黄鹂相似；翅缘黑色。雌鸟体羽偏绿色，下体有深色纵纹。

　　在中国西南部、东喜马拉雅山脉至缅甸为夏候鸟，东南亚为留鸟，印度北部和东北部以及东南亚有越冬种群。最高繁殖海拔为 4300 m。

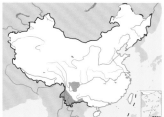

细嘴黄鹂。左上图为雄鸟，魏东摄；下图为雌鸟，田穗兴摄

捕得猎物的细嘴黄鹂。董磊摄

黑枕黄鹂

拉丁名：*Oriolus chinensis*
英文名：Black-naped Oriole

雀形目黄鹂科

　　体长约 27 cm。雄鸟通体金黄色，翅和尾黑色，黑色贯眼纹向后延伸形成一条围绕头顶的黑带，甚为醒目。雌鸟羽色暗淡。

　　黑枕黄鹂是中国分布最为广泛而常见的黄鹂。夏候鸟繁殖于中国大部，包括青藏高原东北部，在印度和东南亚北部越冬，而在东南亚南部则为留鸟。栖息于阔叶林地，每年 4～5 月迁来中国北方繁殖，9—10 月南迁。

黑头黄鹂

拉丁名：*Oriolus xanthornus*
英文名：Black-hooded Oriole

雀形目黄鹂科

　　体长约 24 cm。头、颈及上胸黑色，上体黄色，翅和尾黑色；下体黄色。

　　留鸟分布于四川西部、云南西北部和西藏东南部、东南亚和印度。最高海拔记录为 2000 m。

黑枕黄鹂。左上图为雌鸟，马晓峰摄；下图为雄鸟，赵纳勋摄

黑头黄鹂。左上图为成鸟，下图为亚成鸟。刘璐摄

正在衔材筑巢的黑枕黄鹂。王昌大摄

朱鹂

拉丁名：*Oriolus traillii*
英文名：Maroon Oriole

雀形目黄鹂科

　　体长约 27 cm。雄鸟头、上胸及翼黑色，余部紫红色。雌鸟背部深灰色；下体白色，密布黑色纵纹。

　　夏候鸟繁殖于中国西南，包括青藏高原东北部；留鸟分布于喜马拉雅山脉、东南亚以及中国海南和台湾地区；在东南亚一些地区有越冬种群。最高分布海拔为 4000 m。

朱鹂。左上图为雄鸟，王昌大摄；下图为雌鸟，沈越摄

鹊鹂

拉丁名：*Oriolus mellianus*
英文名：Silver Oriole

雀形目黄鹂科

　　体长约 28 cm。雄鸟头和翅黑色，背和下体白色，尾红褐色。雌鸟背和下体深灰色，下体有黑色纵纹。

　　夏候鸟繁殖于中国西南，包括四川西部和云南西北部；东南亚北部有越冬种群。最高繁殖海拔为 1700 m。

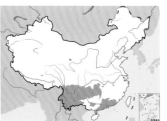

鹊鹂。左上图为雄鸟，田穗兴摄；下图为雌鸟，罗永川摄

正在取食的朱鹂。时敏良摄

莺雀类

莺雀类

- 雀形目莺雀科鸟类，全世界共6属58种，中国有2属6种，青藏高原有2属4种
- 体羽以黄色和绿色为主，翅圆，一些物种雄鸟羽色更亮丽
- 以植物果实和动物为食
- 社会性单配制

类群综述

　　莺雀指雀形目莺雀科（Vireonidae）的鸟类，是鸦总科的组成部分，全世界有 6 属 58 种，分布于亚洲和新大陆。亚洲的𫛛鹛属 Pteruthius 和单型属白腹凤鹛属 Erpornis 最初被置于画眉科（Timaliidae），但最近的分子证据表明这些类群与新大陆的莺雀科物种有密切的亲缘关系。为什么这些亲缘关系密切的鸟类会产生如此显著的地理隔离，是鸟类分类学中令人困惑的问题。在科水平上，最近的研究认为莺雀科与啸冠鸫科（Psophodidae）组成姐妹群，二者又与冠啄果鸟科（Paramythiidae），然后再与黄鹂科（Oriolidae）互为姐妹关系。

　　莺雀为小型鸣禽，体羽以黄色和绿色为主，翅圆，一些物种雄鸟羽色更亮丽。它们栖息于各种森林，从热带雨林到高山针叶林，也出现在次生林和灌丛环境。食性多样，有植物浆果、种子，也有无脊椎动物和小型脊椎动物。一些物种具有迁徙行为，迁徙种在繁殖季节食虫，但在非繁殖期则依赖植物性食物。

　　莺雀在水平树杈上建杯形巢，巢材以植物材料为主。双亲共同参与筑巢、孵卵和育雏工作。窝卵数 1～5 枚，孵化期 13～15 天，育雏期 10～14 天。

　　中国有莺雀 2 属 6 种，青藏高原有 2 属 4 种，相关研究资料甚少。IUCN 多评估为无危（LC），仅 1 个物种被列为濒危（EN），2 个物种为易危（VU）。但在中国很多被评估为数据缺乏（DD）。

左：莺雀原本是只分布于新大陆的一个科，但分子证据显示分布于亚洲地区的原画眉科𫛛鹛属和白腹凤鹛属也应归于该科。它们都是生活于森林中的小型鸣禽，体羽以黄色和绿色为主。图为分布于青藏高原东部和东南部边缘的淡绿𫛛鹛。巫嘉伟摄

棕腹𫛛鹛
Pteruthius rufiventer

淡绿𫛛鹛
Pteruthius xanthochlorus

栗喉𫛛鹛
Pteruthius melanotis

白腹凤鹛
Erpornis zantholeuca

棕腹鵙鹛

拉丁名：*Pteruthius rufiventer*
英文名：Black-headed Shrike-babbler

雀形目莺雀科

　　体长约 21 cm。雄鸟头黑色，上体栗色，翅和尾黑色；喉和胸浅灰色，胸两侧染黄色，腹部浅棕色。雌鸟背、翅和尾偏绿色。

　　分布于喜马拉雅山脉、中国西南部、缅甸北部和越南北部。留鸟，栖息于海拔 1200～2600 m 的林地。

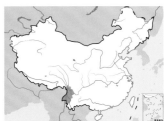

棕腹鵙鹛。左上图为雌鸟，下图为雄鸟。董文晓摄

淡绿鵙鹛

拉丁名：*Pteruthius xanthochlorus*
英文名：Green Shrike-babbler

雀形目莺雀科

　　体长约 12 cm。眼圈白色，上体橄榄绿色；腹部和臀部黄色。外形和柳莺甚相似，但体较粗壮，动作笨拙。

　　分布于喜马拉雅山脉、青藏高原东部和东南部、缅甸北部。留鸟，栖息于海拔 700～3600 m 的山地森林。

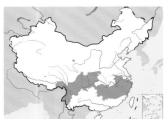

淡绿鵙鹛。刘璐摄

淡绿鵙鹛。赵纳勋摄

栗喉鵙鹛

拉丁名：*Pteruthius melanotis*
英文名：Chestwect-turoated Shrike-babbler

雀形目莺雀科

　　体长约 12 cm。眼圈白色，上体橄榄绿色，翅具两道醒目的白色翼斑；喉栗色，下体浅黄色。雌鸟喉黄色，翼斑浅黄色。

　　分布于喜马拉雅山脉、中国西南和东南亚。留鸟，栖息于海拔 1200～2500 m 的山地森林。

白腹凤鹛

拉丁名：*Erpornis zantholeuca*
英文名：White-bellied Erpornis

雀形目莺雀科

　　体长约 13 cm。头部羽冠明显，上体橄榄绿色；下体灰白色，尾下覆羽黄绿色。过去置于雀鹛属 *Alcippe* 内。

　　分布于喜马拉雅山脉、中国西南部和南部以及东南亚。留鸟，栖息于海拔 600～2000 m 的森林。

栗喉鵙鹛。左上图为雌鸟，魏东摄；下图为雄鸟，田穗兴摄

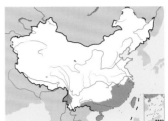

白腹凤鹛。左上图李锦昌摄，下图沈越摄

正在取食的栗喉鵙鹛。罗永川摄

山椒鸟类

- 雀形目山椒鸟科鸟类，包括11属82种，中国有3属11种，青藏高原3属8种
- 羽色以黑色、白色、灰色为主，喙基宽阔，前端钩状似伯劳，腿短而弱
- 取食昆虫包括防御很强的蜜蜂、胡蜂和毛虫，以及其他节肢动物
- 大多数物种为社会性单配制，少数一雄多雌，个别物种合作繁殖

类群综述

山椒鸟指雀形目山椒鸟科（Campephagidae）的成员，是鸦总科的组成部分，包括 11 属 82 种。分布局限于旧大陆热带，从非洲撒哈拉以南地区、马达加斯加岛、南亚，向东到新几内亚、澳大利亚以及太平洋西南部群岛；只有灰山椒鸟 Pericrocotus divaricatus 出现在俄罗斯东部、中国北方、朝鲜和日本。中国境内有 3 属 11 种，除斑鹃鵙 Lalage nigra、灰山椒鸟 Pericrocotus divaricatus、琉球山椒鸟 Pericrocotus tegimae 外，其余 8 种在青藏高原均有发现。

虽然没有直接的化石证据确定山椒鸟的祖先，但是根据现存山椒鸟的分布及分支多样性可以推测，南亚次大陆可能是非洲和大洋洲诸岛山椒鸟种群的一个共同起源地。

山椒鸟科的大部分成员生活在热带、亚热带气候稳定的环境，只有少数物种生活在季节性较强的温带地区，比如喜马拉雅山脉、中国北方和日本。温带物种表现出迁徙行为，例如灰山椒鸟在西伯利亚东南部以及中国东北、华北地区繁殖，长途迁徙到东南亚和南亚过冬；而一些在喜马拉雅山高海拔地区繁殖的山椒鸟会在繁殖结束后向低海拔迁徙。

山椒鸟体形瘦长，体长 13 ~ 38 cm，体形没有明显的性二型性。羽色从雌雄同型到强烈的性二型性变化。羽色亮丽的物种雌雄羽色差异较大，雄鸟多红色，雌鸟多黄色。翅膀相当长，而且有斑点，初级飞羽和次级飞羽各 10 枚，尾羽 12 枚。臀部羽毛长而厚重，求偶展示时或遇到威胁时会竖立起来。多数腿细弱而短小，不等趾型，只适合于在树枝上站立。但细嘴地鹃鵙 Coracina maxima 是个例外，它的腿和脚不仅长而且强健。

山椒鸟属于典型的树栖生活鸟类，栖息地以森林为主，能适应热带、亚热带的各种林地环境。觅食时基本不叫，只在求偶或者相互通信时，才像其他林鸟一样发出响亮的鸣声。大多数山椒鸟是单独筑巢的，但至少澳大利亚的白翅鸣鹃鵙 Lalage tricolor 集群筑巢，在同一棵树上多达 15 巢。巢筑在高树的冠层，碟状或杯状，巢材有地衣、毛发、细树枝等，大部分山椒鸟会用蜘蛛网将巢固定在枝杈上，有的还会用唾液粘连巢材的边缘。

山椒鸟的婚配制度主要为社会性单配制，但也存在例外。例如，白翅鸣鹃鵙为一雄多雌制，每只雌鸟有自己单独的巢。另有一些物种表现出合作繁殖行为，比如澳大利亚的细嘴地鹃鵙，上一年出生的后代留下来帮助父母繁殖。热带地区的山椒鸟全年可繁殖，温带种群则在夏季繁殖。窝卵数 1 ~ 5 枚，孵化期 14 ~ 27 天，育雏期 12 ~ 30 天。雌雄都参与亲代照顾，但一些种由雌鸟承担所有的亲代照顾任务。

山椒鸟跟其他生活在森林中的鸟类一样受到栖息地破坏的威胁，许多物种被 IUCN 评估为近危物种或全球受胁物种。在中国，山椒鸟受到的关注较少，《中国脊椎动物红色名录》评估均为无危（LC），均被列入《国家保护的有益的或有重要经济、科研价值的陆生野生动物名录》，即中国三有保护鸟类。

左：山椒鸟是以昆虫和其他节肢动物为食的森林鸟类，分布局限于旧大陆热带地区，在青藏高原主要见于东南边缘。图为西藏墨脱的长尾山椒鸟。程斌摄

右：山椒鸟的羽色以黑色、白色、灰色为主，但也有的种类羽色亮丽，它们也呈现明显的雌雄差异，雄鸟红色，雌鸟多黄色。图为赤红山椒鸟。沈越摄

大鹃鵙
Coracina macei

暗灰鹃鵙
Lalage melaschistos

小灰山椒鸟
Pericrocotus cantonensis

粉红山椒鸟
Pericrocotus roseus

灰喉山椒鸟
Pericrocotus solaris

长尾山椒鸟
Pericrocotus ethologus

短嘴山椒鸟
Pericrocotus brevirostris

赤红山椒鸟
Pericrocotus flammeus

大鹃鵙

拉丁名：*Coracina macei*
英文名：Large Cuckoo-shrike

雀形目山椒鸟科

体长约28 cm。额、颏和脸黑色，头和上体灰色，外侧尾羽黑色，端部白色；下体浅灰色，腹部偏白。雌鸟羽色较浅，胸及两胁有灰色横斑。

分布于喜马拉雅山脉、中国西南部和南部、东南亚和南亚次大陆，包括青藏高原东南边缘地区。栖息于海拔2400 m以下的森林和林缘。

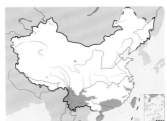

大鹃鵙。董文晓摄

暗灰鹃鵙

拉丁名：*Lalage melaschistos*
英文名：Black-winged Cuckoo-shrike

雀形目山椒鸟科

体长约23 cm。体羽以青灰色为主，两翼黑色，尾羽黑色而端部白色；尾下覆羽白色。雌性下体有白色横斑。

夏候鸟分布在中国大部分地区，包括青藏高原东南部边缘，留鸟分布于喜马拉雅山脉、西藏东南部、云南西北部、海南岛和台湾地区，在印度和东南亚有越冬种群。栖息于平原、山地森林，最高繁殖海拔为2450 m。

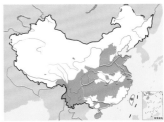

暗灰鹃鵙。董磊摄

粉红山椒鸟

拉丁名：*Pericrocotus roseus*
英文名：Rosy Minivet

雀形目山椒鸟科

体长约19 cm。雄鸟头顶及上背灰色，喉白色，胸玫红色，具红色或黄色斑纹；嘴、脚黑色。雌鸟腰部及尾上覆羽比背部略浅，并淡染黄色，下体为甚浅的黄色。

夏候鸟分布于中国西南部和南部，包括青藏高原东南部；留鸟分布于喜马拉雅山脉、中国西南部和东南亚，而在印度和东南亚有越冬种群。栖息海拔300～1800 m。

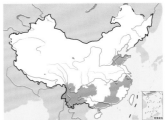

粉红山椒鸟。左上图为雄鸟，唐卫民摄；下图为亚成鸟，田穗兴摄

小灰山椒鸟

拉丁名：*Pericrocotus cantonensis*
英文名：Swinhoe's Minivet

雀形目山椒鸟科

体长约 16 cm。额白色，上体灰色，有醒目的白色翼斑，腰及尾上覆羽浅黄色；下体白色。

繁殖于中国，越冬于东南亚，包括青藏高原东南边缘。

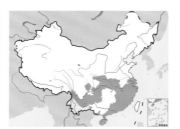

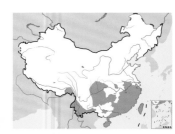

灰喉山椒鸟。左上图为雄鸟，沈越摄；下图为雌鸟，周彬康摄

小灰山椒鸟。沈越摄

灰喉山椒鸟

拉丁名：*Pericrocotus solaris*
英文名：Grey-chinned Minivet

雀形目山椒鸟科

体长约 18 cm。雄鸟头和背深灰色，腰和尾上覆羽红色，翅深灰色有红色斑，中央尾羽深灰色而外侧尾羽红色；喉灰色，下体余部红色。雌鸟头和背相应于雄鸟深灰色部位为浅灰色，红色部位为橄榄黄色。

留鸟，分布于喜马拉雅山脉、中国西南部和南部（包括海南岛和台湾）、东南亚。最高繁殖海拔为 3050 m。

长尾山椒鸟

拉丁名：*Pericrocotus ethologus*
英文名：Long-tailed Minivet

雀形目山椒鸟科

体长约 20 cm。雄鸟头至背蓝黑色，腰和尾上覆羽红色，中央尾羽蓝黑色而外侧尾羽红色，翅黑色有红色斑；喉黑色，下体余部红色。雌鸟额基黄色，面颊浅灰色，头和背相应于雄鸟蓝黑色的部位为浅灰色，红色部位为橄榄黄色。

夏候鸟见于喜马拉雅山脉，中国华北、华中和西南地区，包括青藏高原东南部，留鸟分布于东南亚北部，在印度和东南亚有越冬种群。最高海拔记录为 3965 m。

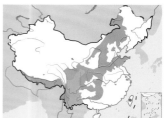

长尾山椒鸟。左上图为雄鸟，沈越摄；下图为雌鸟，杨贵生摄

短嘴山椒鸟

拉丁名：*Pericrocotus brevirostris*
英文名：Short-billed Minivet

雀形目山椒鸟科

体长约 20 cm。雄鸟头至背黑色，腰和尾上覆羽红色，中央尾羽黑色而外侧尾羽红色，翅黑色有红色翼斑；喉及上胸黑色，腹部红色。与长尾山椒鸟的区别在于几枚初级飞羽和中央尾羽外缘的色泽。雌鸟额基黄色，面颊黄色，头和背相应于雄鸟蓝黑色部位为浅灰色，红色部位为橄榄黄色。

留鸟，分布于喜马拉雅山脉，中国西南、华南和东南亚北部。最高海拔记录为 2745 m。

赤红山椒鸟

拉丁名：*Pericrocotus flammeus*
英文名：Scarlet Minivet

雀形目山椒鸟科

体长约 19 cm。头至背黑色，腰和尾上覆羽红色，中央尾羽黑色而外侧尾羽红色，翅黑色有 2 个红色翼斑；喉黑色，下体余部红色。雌鸟额黄色，头和背相应于雄鸟黑色部位为浅灰色，红色部位为橄榄黄色。

留鸟，分布于喜马拉雅山脉，中国西南和华南地区（包括海南岛）、东南亚和南亚次大陆。最高海拔记录为 2100 m。

 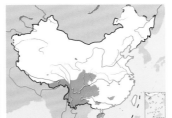

 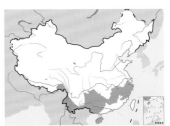

短嘴山椒鸟。左上图为雌鸟，彭建生摄；下图为雄鸟，丁文东摄

赤红山椒鸟。左上图为雌鸟，下图为雄鸟。彭建生摄

短嘴山椒鸟。沈越摄

钩嘴鵙类

- 雀形目钩嘴鵙科鸟类，全世界共21属37种，中国有2属2种，青藏高原2种
- 喙形种间差异甚大，从短而强直到长而弯曲；腿短而强
- 许多物种雄性色彩更为艳丽
- 以昆虫为主食，也取食小型脊椎动物
- 社会性单配制，一些物种合作繁殖，也有一雌多雄

类群综述

钩嘴鵙是雀形目钩嘴鵙科（Vangidae）成员的总称，为鸦总科的组成部分，全世界有21属37种，分布在古北界，大多在非洲，特别是马达加斯加，少数在热带亚洲。传统分类系统中本科只包括马达加斯加的类群，但最近的研究认为分布于非洲大陆的盔鵙属 Prionops 以及由非洲的黑白鵙鹟属 Bias、非洲鵙鹟属 Megabyas 和东南亚的林鵙属 Tephrodornis、鹟鵙属 Hemipus、王鵙属 Philentoma 组成的进化支也应当在钩嘴鵙科内。

钩嘴鵙科分为2个亚科。钩嘴鵙亚科（Vanginae）包括马达加斯加的15属21种，它们有着极其丰富的多样性，虽然只有21个物种，却涵盖了6000多种雀形目鸟类的体形变异范围，喙形变异甚大：体长只有13 cm的红嘴钩嘴鵙 Hypositta corallirostris 喙很小，在灌木丛中捕捉昆虫；体长30 cm的弯嘴鵙

Falculea palliate 喙大而弯，能划开树皮探取其下的昆虫；范氏厚嘴鵙 Xenopirostris damii 有巨大的喙，捕食青蛙和蜥蜴。这些马达加斯加特有鸟类的分化程度堪比达尔文雀。盔鵙亚科（Prionopinae）包括分布在非洲大陆和亚洲的6属16种，体形和喙形的变化不如钩嘴鵙亚科。

钩嘴鵙建杯形巢，置于树枝端部或悬挂在树枝上。窝卵数2～5枚，孵化期16～24天，育雏期17～24天。雌雄共同参与筑巢、孵卵、暖雏和育雏的所有繁殖任务。

中国有钩嘴鵙2属2种，均见于青藏高原。相关研究和数据十分缺乏。虽然中国的2种钩嘴鵙均被IUCN列为无危（LC），但整个钩嘴鵙科的受胁比例达20%，远高于世界鸟类平均受胁水平。

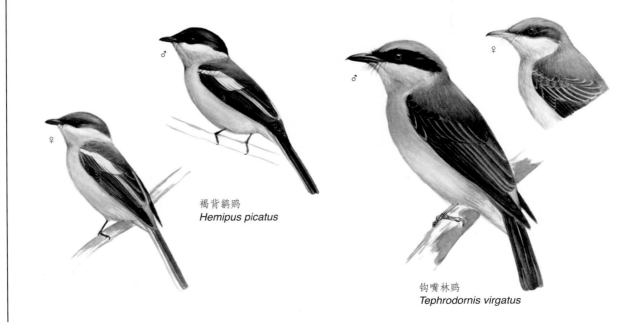

褐背鹟鵙
Hemipus picatus

钩嘴林鵙
Tephrodornis virgatus

左：钩嘴鵙是分类地位较不明确的一类鸟类，传统分类系统中的钩嘴鵙仅分布于马达加斯加，而新的分类系统将非洲的盔鵙、鹟鵙和亚洲的林鵙、鹟鵙、王鵙也都归于钩嘴鵙科。图为褐背鹟鵙。董文晓摄

褐背鹟鵙

拉丁名：*Hemipus picatus*
英文名：Bar-winged Flycatcher Shrike

雀形目钩嘴鵙科

体长约 15 cm。雄鸟头黑色，背深褐色，翅黑色有白斑，尾黑色，最外侧尾羽有白边；喉和眼下白色，下体褐色。雌鸟头和背都为深褐色。

留鸟，分布于喜马拉雅山脉、南亚次大陆、东南亚和中国西南部，包括西藏东南部。栖息于海拔 2100 m 以下的林地。

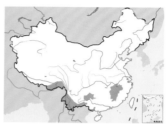

褐背鹟鵙。左上图邓嗣光摄，下图董磊摄

钩嘴林鵙

拉丁名：*Tephrodornis virgatus*
英文名：Large Woodshrike

雀形目钩嘴鵙科

体长约 21 cm。前额白色，黑色贯眼纹显著，头顶至背灰褐色，腰白色，尾羽黑色，两翼灰褐色；下体白色，雄鸟胸部沾栗红色。雌鸟似雄鸟，但胸部灰褐色。

留鸟，分布于印度、喜马拉雅山脉东段、中国西南和华南、东南亚，包括青藏高原东南部，最高分布海拔 1500 m。

钩嘴林鵙。左上图张永摄，下图田穗兴摄

褐背鹟鵙。董文晓摄

正在取食的钩嘴林鹛

雀鹎类

雀鹎类

- 雀形目雀鹎科鸟类，包括1属4种，中国有2种，青藏高原仅1种
- 体形小，体羽以黄绿色为主，翅膀上通常有白斑
- 喙强而尖
- 雄性比雌性体羽艳丽
- 食虫，偶尔吃植物芽和种子

类群综述

雀鹎是指雀形目雀鹎科（Aegithinidae）的成员，为鸦总科的组成部分，包括1属4种，都分布在喜马拉雅山脉、南亚次大陆、中国西南部和东南亚的亚热带到热带地区。传统分类学把雀鹎置于叶鹎科（Chloropseidae）之内或附近，但分子证据表明，雀鹎与斑啸鹟科（Rhagologidae）、棘头鵙科（Pityriasidae）和丛鵙科（Malaconotidae）有密切的亲缘关系。

雀鹎为小型鸣禽，喙强而尖，体羽以黄绿色为主，翅膀上通常有白斑，雄性比雌性体羽艳丽。作为留鸟生活在各种类型的林地和灌丛环境，主要取食昆虫，偶尔也吃植物芽和种子。具有社会性单配制的交配系统。由雌鸟建造杯形巢。窝卵数2～4枚。双亲共同参与孵卵和育雏。孵化期14天，育雏期尚无研究数据。

雀鹎均为非全球受胁物种。中国有雀鹎2种，青藏高原仅1种。被列为中国三有保护鸟类，甚少受到关注。

黑翅雀鹎
Aegithina tiphia

左：雀鹎全球仅1属4种，是黄绿色的小型鸣禽。图为青藏高原唯一可见的一种雀鹎——黑翅雀鹎。沈越摄

黑翅雀鹎

拉丁名：*Aegithina tiphia*
英文名：Common Iora

雀形目雀鹎科

体长约 14 cm。上体橄榄绿色，翅黑色，有两道近白色条斑；下体黄色。

分布于喜马拉雅山脉、南亚次大陆、中国西南部和东南亚。栖息于海拔 1600 m 以下的森林和灌丛，并在村寨附近活动。

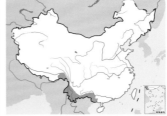

黑翅雀鹎。张永摄

准备捕食的黑翅雀鹎。田穗兴摄

捕得虫子的黑翅雀鹎。沈越摄

黑翅雀鹎雄鸟

扇尾鹟类

- 雀形目扇尾鹟科的鸟类，包括3属45种，中国有1属2种，青藏高原仅有1种
- 体色主要由灰色、黑色、褐色或棕色组成，常有显著的白色区域，雌雄羽色相似
- 体形小，尾长，末端呈扇形，喙短而宽，有嘴须
- 食虫
- 社会性单配制

类群综述

扇尾鹟是指雀形目扇尾鹟科（Rhipiduridae）的成员，是鸦总科的组成部分，包括 3 属 45 种，分布在喜马拉雅山脉、南亚次大陆、中国西南和华南地区、东南亚和大洋洲。其中只分布于新几内亚的单型属须嘴卷尾属 *Chaetorhynchus* 原来被放在卷尾科（Dicruridae），在最新的分类系统中被移到扇尾鹟科。

扇尾鹟均为小型鸣禽，体长 15 ～ 22 cm，因喜欢扩展并摆动其长长的扇形尾而得名。喙短而宽，有嘴须；羽色主要由灰色、黑色、褐色或棕色组成，常有显著的白色区域，雌雄羽色相似。它们都是留鸟，生活在林地和灌丛环境，分布海拔从海岸带到4000 m，有几个物种被驯养成花园鸟。昆虫是扇尾鹟的主食，它们在植物间或地面上搜索昆虫，也在空中追击飞行的昆虫。尾羽的扩展和摆动可能有助于它们获取食物。

扇尾鹟为社会性单配制鸟类。在树上或灌木上筑杯状巢，巢由植物材料组成，并用蜘蛛丝精致地黏合。须嘴卷尾属的繁殖信息尚且未知。分布于太平洋岛屿的单型属丝尾阔嘴鹟属 *Lamprolia* 只产 1 枚卵。而物种最为丰富的扇尾鹟属 *Phipidura* 产 2 ～ 4 枚卵，孵化期 12 ～ 14 天，育雏期 13 ～ 17 天，双亲共同参与筑巢、孵卵和育雏。

扇尾鹟较少受胁，受胁水平低于世界鸟类整体受胁水平。中国有扇尾鹟 1 属 2 种，青藏高原仅 1 种。受到的关注甚少。

左：扇尾鹟是分布于南亚、东南亚到大洋洲的小型鸣禽，以其打开呈扇形的尾羽得名。图为青藏高原可见的唯一一种扇尾鹟——白喉扇尾鹟，正在展示其标志性的尾羽。董磊摄

白喉扇尾鹟
Rhipidura albicollis

白喉扇尾鹟

拉丁名：*Rhipidura albicollis*
英文名：White-throated Fantail

雀形目扇尾鹟科

体长约 19 cm。体羽深灰色，眉纹白色，喉白色，尾扇形，尾羽边缘白色。

分布在喜马拉雅山脉、东南亚、中国西南部和华南，包括青藏高原东南部。分布海拔 600～3000 m。

白喉扇尾鹟。沈越摄

白喉扇尾鹟。彭建生摄

展示尾羽的白喉扇尾鹟。张永摄

卷尾类

卷尾类

- 雀形目卷尾科鸟类，包括1属25种，中国有1属7种，均见于青藏高原
- 体羽黑色或古铜色，头部常有装饰，雌雄形态相似
- 翅长，尾长而分叉、外侧卷曲；喙短而强，先端成钩状，腿短
- 等候式捕食昆虫
- 社会性单配制

类群综述

卷尾指雀形目卷尾科（Dicruridae）的成员，为鸦总科的组成部分，包括 1 属 25 种。分布在旧大陆的热带或亚热带地区，包括南亚次大陆、东南亚、澳大利亚和西太平洋岛屿、非洲撒哈拉以南地区、马达加斯加。个别物种作为夏候鸟繁殖于中国北方。

基于形态和行为的相似性，过去认为卷尾科与鸦科（Corvidae）关系比较密切。现代分子遗传研究表明，卷尾科可能起源于澳大利亚，比较形态学也发现卷尾科与澳大利亚的王鹟科关系最为密切。最近的研究认为，古铜色卷尾 Dicrurus aeneus 是卷尾科中最古老的种，它在 1800 万年前从鸦科的祖先演化而来。1500 万年前非洲和印度洋岛屿的卷尾从亚洲卷尾分离出来，自此两个大陆的卷尾分别形成了多样的种。

卷尾为中型鸣禽，体长 18～70 cm。喙短而强，

先端成钩状，腿短。羽毛多为黑色且富有光泽，有些带有羽冠或者头上拖着细长的饰羽，具有通常深叉形的长尾，有些外侧尾羽末端还拖着外翈显著增大而形成的"盘状尾"。

卷尾生活在有树的环境，包括稠密的森林、开阔的热带稀树草原以及城市公园，尤其喜欢开阔的环境。这与它们采取等候式捕食昆虫的行为有关，它们常常长时间停留在视野开阔的地方，待昆虫飞过，突然急速起飞捕捉猎物。此外，卷尾也吃小型脊椎动物，甚至还有报道称卷尾在冬季食物缺乏的情况下捕食小型鸟类。卷尾也与其他物种一起活动，在捕食群体中充当"哨兵"。不过，南非开普敦大学的鸟类学家研究发现，非洲的叉尾卷尾 Dicrurus adsimilis 具有欺骗行为：起初发现敌情时，它们会忠实地报警，一起活动的同伴如斑鸫鹛 Turdoides bicolor 等鸟类习惯了这种警报；后来，它们会在斑鸫鹛找到美味的食物时发出报警信息，以致斑鸫鹛逃跑，从而将食物据为己有。

卷尾采取社会性单配制的交配系统。繁殖期表现出很强的领域性，领域的主人会站立在突出位置警戒或进行巡逻，驱逐进入领域的同种或异种鸟类。巢筑在水平的树杈上或从树杈上悬吊下来。巢呈杯状，巢材有干草、须根和其他植物材料，蜘蛛网被用作固定巢材的黏合剂，地衣作为巢的装饰。双亲参与防御、筑巢、孵卵和育雏。窝卵数 1～5 枚，孵化期 13～20 天，育雏期 15～22 天，幼鸟出飞后仍然需要亲鸟 4～7 周的照顾。

卷尾较少受胁，仅 3 种被 IUCN 列为濒危（EN）或易危（VU）。中国有卷尾 1 属 7 种，青藏高原均有分布。

左：顾名思义，卷尾以其独具特色的尾羽而得名。图为卧巢的发冠卷尾，头部有数缕丝状发冠，最外侧尾羽向上卷起。沈越摄

右：盘尾的外侧尾羽末端外翈增大为盘状。图为大盘尾。田穗兴摄

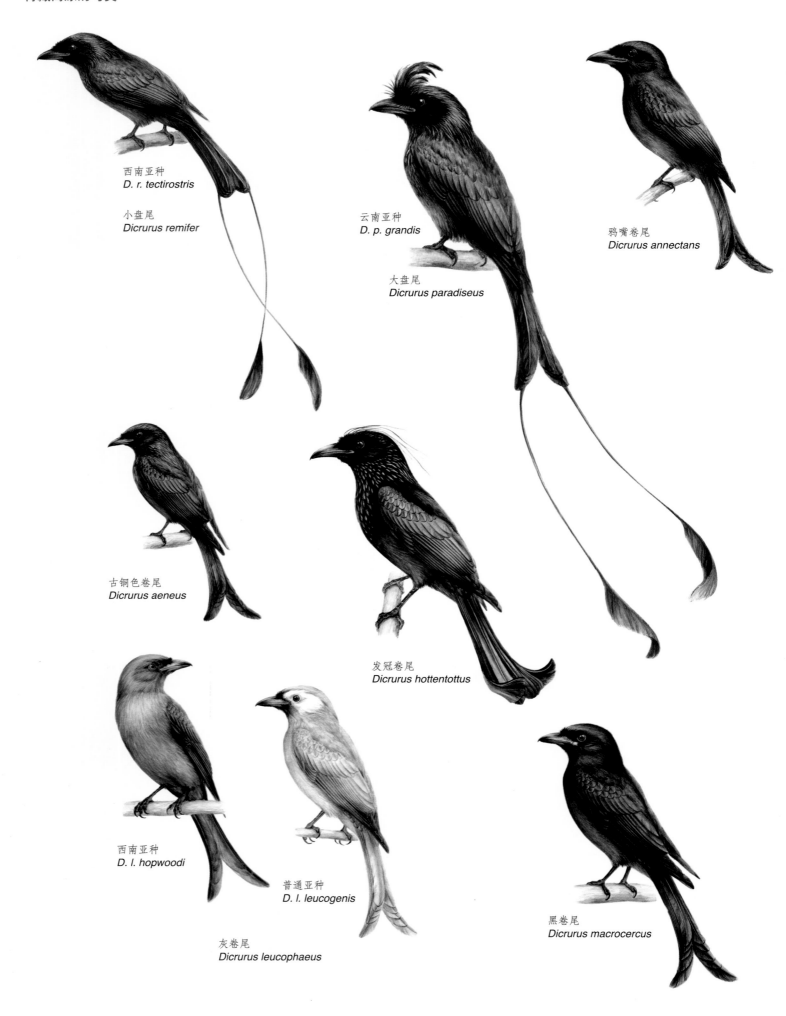

西南亚种
D. r. tectirostris

小盘尾
Dicrurus remifer

云南亚种
D. p. grandis

大盘尾
Dicrurus paradiseus

鸦嘴卷尾
Dicrurus annectans

古铜色卷尾
Dicrurus aeneus

发冠卷尾
Dicrurus hottentottus

西南亚种
D. l. hopwoodi

普通亚种
D. l. leucogenis

灰卷尾
Dicrurus leucophaeus

黑卷尾
Dicrurus macrocercus

小盘尾
拉丁名：*Dicrurus remifer*
英文名：Lesser Racket-tailed Drongo

雀形目卷尾科

　　不包括最外侧尾羽体长约 26 cm，包括最外侧尾羽可长达 58 cm。通体黑色，具金属光泽；尾近方形，最外侧一对尾羽特别延长，羽干部分裸露，末端成 盘状。

　　留鸟，分布于喜马拉雅山脉、东南亚和中国西南部，包括西藏东南部。最高分布海拔 2500 m。

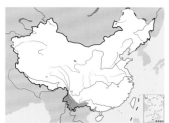

小盘尾。左上图董文晓摄，下图李利伟摄

大盘尾
拉丁名：*Dicrurus paradiseus*
英文名：Lesser Racket-tailed Drongo

雀形目卷尾科

　　不包括最外侧尾羽体长约 30 cm，包括最外侧尾羽长达 65 cm，明显大于小盘尾。通体黑色，具金属光泽；尾深叉形，最外侧一对尾羽特别延长，羽干部分裸露，末端成盘状。

　　留鸟，分布于喜马拉雅山脉、东南亚、南亚次大陆、中国西南部和海南岛，包括西藏东南部。分布海拔较小盘尾低，最高海拔 1500 m。

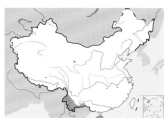

大盘尾。沈越摄

鸦嘴卷尾

拉丁名：*Dicrurus annectans*
英文名：Crow-billed Drongo

雀形目卷尾科

体长约 28 cm，体形比古铜色卷尾大，比黑卷尾稍小。体羽黑色，典型的特征是嘴粗壮。

留鸟，生活在喜马拉雅山脉、东南亚、中国西南地区和海南岛，包括西藏东南部；在东南亚南部有越冬种群。最高繁殖海拔为 1450 m。

鸦嘴卷尾。左上图李锦昌摄；下图董文晓摄

古铜色卷尾

拉丁名：*Dicrurus aeneus*
英文名：Bronzed Drongo

雀形目卷尾科

体长约 23 cm。通体黑色，缀古铜色金属光泽。

留鸟，分布于喜马拉雅山脉，中国西南地区、海南岛和台湾地区，东南亚和印度。最高分布海拔 2100 m。

 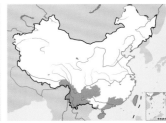

古铜色卷尾。沈越摄

发冠卷尾

拉丁名：*Dicrurus hottentottus*
英文名：Har-crested Drongo

雀形目卷尾科

体长约 32 cm。通体绒黑色，缀蓝绿色金属光泽，额部具发丝状羽冠。

夏候鸟繁殖于中国黄河流域以南，包括青藏高原东南部；留鸟见于喜马拉雅山脉、中国西南和华南地区、东南亚和南亚次大陆；马来半岛有越冬种群。最高繁殖海拔为 2400 m。

 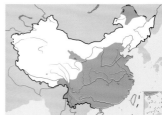

发冠卷尾。左上图沈越摄，下图赵纳勋摄

灰卷尾

拉丁名：*Dicrurus leucophaeus*
英文名：Ashy Drongo

雀形目卷尾科

　　体长约 28 cm。全身蓝灰色，前额黑色，眼先及头之两侧白色；下体淡灰色。

　　夏候鸟繁殖于喜马拉雅山脉和中国黄河流域以南，包括青藏高原东南部；留鸟见于中国西南和华南地区、东南亚；越冬于南亚次大陆。最高繁殖海拔为 4000 m，研究者曾在西藏易贡藏布上游海拔 3800 m 的高山森林记录到该物种。

灰卷尾。分布于青藏高原的为亚种 **D. l. hopwoodi**，羽色较深。王昌大摄

黑卷尾

拉丁名：*Dicrurus macrocercus*
英文名：Black Drongo

雀形目卷尾科

　　体长约 30 cm。全身黑色，背部和翅膀有蓝绿色光泽。

　　夏候鸟繁殖于中国大部，包括青藏高原东南部；留鸟生活于喜马拉雅山脉、中国西南和华南地区（包括海南岛和台湾地区）、东南亚和南亚次大陆，在马来半岛有越冬种群。最高繁殖海拔为 2600 m。

黑卷尾。沈越摄

站在羊背上的黑卷尾。王昌大摄

王鹟类

- 雀形目王鹟科鸟类，包括16属86种，中国有2属5种，青藏高原仅有2属2种
- 喙微平展、先端具钩，尾长
- 雄性羽色艳丽
- 食虫
- 社会性单配制

类群综述

王鹟类是指雀形目王鹟科（Monarchidae）鸟类，为鸦总科的组成部分，包括 16 属 86 种。留鸟分布于旧大陆南部和大洋洲以及夏威夷的亚热带和热带地区，少数物种作为夏候鸟繁殖于中国东北地区。

王鹟为中、小型鸣禽，喙微平展、先端具钩，尾长，部分物种的雄鸟具一对特别延长的中央尾羽。羽色变化多端，雄鸟羽色艳丽。

王鹟生活在多种多样的林地，包括红树林、稠密的森林和热带稀树草原。它们主要以昆虫为食，偶尔吃一些小型脊椎动物，在非常少见的情况下，也会吃植物果实和种子。觅食方式有两种：一种是在树叶或树干上寻找食物；另一种是通过空中盘旋寻觅食物。

大多数成员为社会性单配制，双亲共同承担筑巢、孵卵、育雏和领域防御的任务。巢筑在树杈上，小型杯状，结构疏松，巢材有树皮纤维、滕蔓卷须、干草、植物茎、苔藓和蜘蛛网。窝卵数 1～5 枚，孵化期 12～18 天，育雏期 7～20 天，幼鸟出飞后继续由双亲喂食长达 6 周。

王鹟类有的数量丰富，有的则濒临灭绝，受胁比例高达 22%，远高于世界鸟类平均受胁水平。中国是王鹟科分布的边缘区域，仅 2 属 5 种，青藏高原仅 2 属 2 种。

黑枕王鹟
Hypothymis azurea

印度寿带
Terpsiphone paradisi

左：王鹟科鸟类体态优美，羽色艳丽。图为黑枕王鹟。沈越摄

印度寿带

拉丁名：*Terpsiphone paradisi*
英文名：Indian Paradise Flycatcher

雀形目王鹟科

　　不包括中央尾羽体长约 20 cm，雄鸟一对中央尾羽特别延长，形如绶带，可超出其他尾羽 30 cm。雄鸟具 2 种色型。白色型头和羽冠深蓝色，身体其余部分白色而具黑色羽干纹；栗色型上体自颈以下为栗色。雌鸟羽冠和尾羽较雄鸟短小，羽色同栗色型雄鸟。由寿带的部分亚种独立成种。

　　分布于喜马拉雅山脉、中国西南部、南亚次大陆和东南亚，包括青藏高原东北部。最高分布海拔为 3100 m。2015 年研究者曾在西藏札达拍摄到印度寿带。

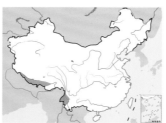

印度寿带。左上图为雄鸟，李锦昌摄；下图为雌鸟，米小其摄

黑枕王鹟

拉丁名：*THypothymis azurea*
英文名：Black-naped Monarch

雀形目王鹟科

　　体长约 15 cm。雄鸟通体青蓝色，嘴基部黑色，枕黑色；胸部有一条黑色胸带，腹部和尾下覆羽白色。雌鸟枕部无黑色，背灰褐色，胸部无胸带。

　　分布于喜马拉雅山脉，南亚次大陆，中国西南、华南和东南亚。分布海拔 0 ~ 1500 m。

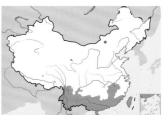

黑枕王鹟。左上图为雄鸟，沈越摄；下图为雌鸟，董磊摄

黑枕王鹟。沈越摄

印度寿带栗色型雄鸟

伯劳类

伯劳类

- 雀形目伯劳科的鸟类，包括4属31种，中国有1属15种，青藏高原有6种
- 喙强而钩曲，头大，雌雄羽色相似
- 一些物种主食昆虫，一些物种主食小型脊椎动物
- 社会性单配制，少数物种合作繁殖

类群综述

　　伯劳是指雀形目伯劳科（Lanidae）的成员，为鸦总科的组成部分，包括 4 属 31 种。其中，所谓真正的伯劳——伯劳属 Lanius 包含 27 个种，分布在整个欧亚大陆、非洲和北美洲，而大洋洲和南美洲没有它们的踪迹；其余的黄嘴伯劳属 Corvinella、鹊伯劳属 Urolestes 和林伯劳属 Eurocephalus 都分布在非洲。分子生物学证据证实，伯劳科与鸦科（Corvidae）有密切的关系，这两个类群精子的形态也很相近，说明二者具有共同的祖先。

　　喙大而强，尖端钩曲，嘴须发达，黑纹过眼，翅膀短圆，尾巴显长，这些是关于伯劳科物种形态特征的几个关键词。而最令人印象深刻的就是黑色的过眼纹，看起来就像戴着眼罩的侠客，自信而霸气。雌雄形态相似，只有极少数物种的形态有性别差异。

　　大多数伯劳都是留鸟，只有少数繁殖在北方的物种有迁徙行为。留居的伯劳每年只在繁殖后进行 1 次完全换羽，而迁徙物种往往要进行 2 次完全换羽。

　　伯劳习惯于独来独往，从不集结成群。视野相对开阔的平原至山地疏林或林缘地带，是它们最喜欢的环境。这种鸟类采用"坐等型（sit-and-wait）"的捕食方式：立于高枝，警觉瞭望，伺机而动。坐等的地点常常固定。显然，开阔的地形有利于有效地发现和捕捉猎物。伯劳的食物有昆虫、蛙、蜥蜴、蛇、鸟和鼠类，有些猎物的体形甚至比其自身还要大。伯劳有一种十分特别的习惯，它们会把猎物固定在带刺的树枝上，以便于撕食，故有"屠夫鸟"（butcher bird）的称号。它们也会用这种方式储存食物，以便食物匮乏的时候食用。

　　伯劳实行社会性单配制。繁殖时会建立领域。巢碗状，多位于带刺的灌木或树上，由雌雄一起建造。在热带地区，一窝通常有 2～3 枚卵；而在温带，窝卵数可以达到 7～9 枚。雌鸟孵卵，孵化期 15～20 天；双亲共同哺育雏鸟，孵出 17～21 天后雏鸟离巢。

　　中国有伯劳 1 属 15 种，青藏高原有 6 种。青藏高原的 6 种伯劳中，有 5 种主要分布区在中国内陆及国外，青藏高原只是其分布区的很小一部分，关于它们的生态和行为研究都来自低地，而它们在高原的生活情况依然不为人知。只有一个物种——灰背伯劳 Lanius tephronotus——主要分布在青藏高原，它的繁殖生物学特性研究来自雅鲁藏布江中游的高山地带。

左：伯劳喙强而钩曲，性情凶猛孤独，被视为雀形目中的"猛禽"。图为繁殖海拔最高的伯劳——灰背伯劳。董磊摄

右：把猎物插在领域内一些带刺的树枝上是伯劳科鸟类的最典型习性之一。这样做有利于固定并分解猎物，因为与鹰隼相比，伯劳喙和爪的力量还是稍逊一筹。图为正将猎物挂在树枝上撕扯的红背伯劳

牛头伯劳
Lanius bucephalus

荒漠伯劳
Lanius isabellinus

西南亚种
L. s. tricolor

棕背伯劳
Lanius schach

台湾亚种
L. s. formosae

楔尾伯劳
Lanius sphenocercus

普通亚种
L. c. lucionensis

指名亚种
L. c. cristatus

红尾伯劳
Lanius cristatus

灰背伯劳
Lanius tephronotus

牛头伯劳

拉丁名：*Lanius Bucephalus*
英文名：Bull-headed Shrike

雀形目伯劳科

体长约 19 cm。头顶褐色，背灰褐色是其典型特征；下体白色，具黑色横斑，两胁沾棕色。雄鸟耳羽黑色而雌鸟褐色。

分布于俄罗斯、朝鲜、日本和中国大部。在青藏高原见于甘肃南部，在这里分布高度可达海拔 3000 m。

牛头伯劳。左上图为雄鸟，甘礼清摄；下图为雌鸟，沈越摄

荒漠伯劳

拉丁名：*Lanius isabellinus*
英文名：Isabelline Shrike

雀形目伯劳科

体长约 19 cm。曾被认为与红尾伯劳 *Lanius cristatus* 和红背伯劳 *Lanius collurio* 为同一物种。但其整个上体浅沙灰色，有白色的翅斑，尾羽棕色或棕褐色的特征，与后两者区别明显。

分布于非洲和欧亚大陆，中国东北、西北和青藏高原都有分布。在青藏高原见于北部的青海湖周围山地、祁连山和柴达木盆地。最高分布海拔 3200 m。

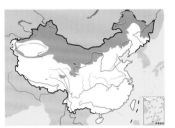

荒漠伯劳。左上图为雄鸟，宋丽军摄；下图为雌鸟，杨贵生摄

捕得虫子的荒漠伯劳。杨贵生摄

棕背伯劳

拉丁名: *Lanius schach*
英文名: Long-tailed Shrike

雀形目伯劳科

体长约 25 cm。头顶、上背灰色，下背和尾上覆羽棕色，翅和尾羽黑色。

通常为留鸟，分布于西亚、中亚、南亚和东南亚地区。在中国主要分布在长江流域及其以南的广大地区，包括台湾地区和海南岛。在青藏高原见于喜马拉雅山脉和西藏东南部，在这里的最高分布海拔为 4300 m。

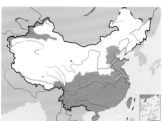

棕背伯劳。分布于青藏高原的亚种为西南亚种 *L. s. tricolor*，头顶羽色较深，几乎与黑色眼罩融为一体。时敏良摄

楔尾伯劳

拉丁名: *Lanius sphenocercus*
英文名: Chinese Grey Shrike

雀形目伯劳科

中国体形最大的伯劳，体长约 31 cm，上体灰色，两翼黑色并有大块白斑；尾特长，也叫长尾灰伯劳，中央尾羽黑色，外侧白色。

分布于俄罗斯西伯利亚东南部、蒙古、朝鲜和中国大部。在北方为夏候鸟，北方低海拔地区和南方为冬候鸟。在青藏高原为夏候鸟，繁殖于青海柴达木盆地、四川西部和西藏东北部。最高分布海拔 3600 m。

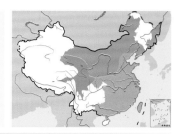

楔尾伯劳。左上图沈越摄，下图郭亮摄

红尾伯劳

拉丁名: *Lanius cristatus*
英文名: Brown shrike

雀形目伯劳科

体长约 19 cm。前额和眉纹白色，贯眼纹黑色，上体灰棕色，尾羽端部黑色；颏、喉灰白色，胸、腹至尾下覆羽皮黄色。雌鸟似雄鸟，但两胁具深褐色的细小鳞状纹。

作为夏候鸟，繁殖于俄罗斯，蒙古，中国东北、华北、西北、华中和西南，朝鲜半岛，以及日本，包括青藏高原东北部边缘，繁殖海拔 0～1800 m；在中国华东、华南和西南，南亚，东南亚越冬。作为留鸟，分布于中国华中、华东以及朝鲜半岛。

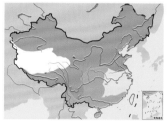

红尾伯劳。左上图为雄鸟，沈越摄；下图为捕得虫子的雌鸟，朱英摄

灰背伯劳

拉丁名：*Lanius tephronotus*
英文名：Grey-backed Shrike

雀形目伯劳科

形态　体长约 25 cm。头顶至整个背部灰色，翅和尾黑褐色；下体近白色，胁染锈棕色。

分布　作为夏候鸟繁殖于喜马拉雅山脉、青藏高原东南部，延伸到甘肃、宁夏、陕西、四川、贵州；在云南是留鸟。越冬于印度及中南半岛。

栖息地　繁殖海拔 2700 ~ 4500 m，保持伯劳中繁殖海拔最高的世界纪录，是青藏高原的典型适应者。

习性　喜独居，择高枝而栖。在青藏高原，村边的树尖上，青稞地边的木篱笆桩子上，孤独而栖的灰背伯劳给人留下深刻印象。

繁殖　在雅鲁藏布江中游，从海拔 3000 m 的河谷到 4400 m 的高山灌丛，灰背伯劳都是最常见的夏候鸟，虽然高海拔地区种群数量有所减少。在雄色峡谷海拔 4400 m 地带开展的多年野外研究证实，灰背伯劳最早出现的时间是 5 月初（5 月 2—12 日）。初到达的时候，40% 的个体单独活动，而 60% 的个体已经配对。10 月初，灰背伯劳离开峡谷；不过，一直到 12 月中旬，偶尔会遇见少数个体。

灰背伯劳选择在几种灌木和小树上建巢，使用最多的是峡谷最常见的蔷薇和小檗。巢用细的灌木枝或须根编织而成，巢内垫有鸟羽、羊毛，有时还有苔藓。

完成建巢工作后，要经过 6 ~ 10 天才开始产卵。最早产卵时间在 5 月下旬，最晚要到 7 月上旬，高峰在 6 月初。繁殖于高海拔的个体开始产卵的日期要晚一些。每天产 1 枚卵，窝卵数 3 ~ 5 枚。卵为白色，有褐色斑点。孵化期 15 ~ 18 天。在高原边缘的甘肃兴隆山，研究者记录了灰背伯劳全天孵卵的时间分配，他们发现，一次坐巢最短和最长的时间分别是 25 分钟和 185 分钟，一次空巢最短和最长的时间分别是 12 分钟和 32 分钟。双亲共同育雏，需 14 ~ 15 天。对甘肃兴隆山一个有 4 只雏鸟的窝的观察发现，在雏鸟 8 日龄这天双亲全天共叼食物 149 次。

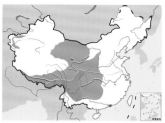

灰背伯劳。沈越摄

雅鲁藏布江中游高山峡谷灰背伯劳的繁殖参数

繁殖期	5 月下旬至 7 月上旬
交配系统	单配制
繁殖海拔	3600 ~ 4500 m
巢基支持	灌木或幼树
距地面高度	1.5 ~ 2.8 m
巢大小	外径 14.6 cm，内径 10.9 cm，高 15.3 cm，深 6.8 cm
窝卵数	3 ~ 5 枚，平均 4.12 枚
卵大小	长径 25.7 mm，短径 18.6 mm
新鲜卵重	5.0 g
孵化期	15 ~ 18 天
育雏期	14 ~ 15 天
出飞幼鸟与成鸟体重比	71%
繁殖成功率	45.8%

正在育雏的灰背伯劳。彭建生摄

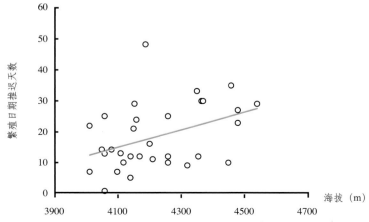

雅鲁藏布江中游高山峡谷灰背伯劳繁殖日期与海拔的关系

鸦类

- 雀形目鸦科鸟类，全球共21属133种，中国有13属29种，青藏高原有11属23种
- 头大，翅圆，足与爪长，雌雄羽色相似
- 食性多样
- 多数为社会性单配制，许多物种合作繁殖

类群综述

分类与分布 鸦类指雀形目鸦科（Corvidae）鸟类，为鸦总科的组成部分，包括 21 属 123 种，几乎遍及世界各地。鸦科起源于澳大利亚，并从那里扩布到除极地和南美洲最南端外的全球各地，后来又重新进入澳大利亚，导致了 5 个新物种和 1 个新亚种的产生。鸦属 *Corvus* 为鸦科中进化最成功的一支，包含鸦科物种的 1/3。

形态 鸦类为雀形目中体形最大的类群，但其体形的种间变异也很大，最小的小蓝头鹊 *Cyanolyca nanus* 体长仅 20 cm、重 41 g，而最大的渡鸦 *Corvus corax* 体长达 70 cm、重 2000 g。不同鸦类羽色差异也较大，"天下乌鸦一般黑"这种说法只适用于生活在温带开阔环境中的鸦类，如鸦属，它们的黑色羽毛通常会有蓝色或者紫色反光，这有利于在寒冷环境中吸收太阳光的热量；有些物种体羽还带有白色。生活在热带森林环境中的鸦科鸟类羽毛色彩鲜艳，还有羽冠和长尾，如蓝鹊属 *Urocissa* 以蓝色或黑白色为主，绿鹊属 *Cissa* 以绿色为主。

左：生活在青藏高原的鸦类大多体羽以黑色为主，以适应于在寒冷环境中吸收太阳光的热量。图为青藏高原鸦类的典型代表——红嘴山鸦。贾陈喜摄

右：鸦类是鸣禽中体形最大的类群，但物种间体形和羽色的差异较大。不同于鸦属的黑色羽衣，蓝鹊属和绿鹊属羽色艳丽。图为红嘴蓝鹊。彭建生摄

习性 大多数鸦为留鸟，但食物匮乏时，它们往往会从高山向低地迁移。鸦适应生活在多种环境，从热带雨林到寒带针叶林、从荒野到人居环境，分布海拔从平原到 5000 m 以上的高山。

食性 鸦的食性多样，从各种植物材料到昆虫和小型脊椎动物。植物浆果是鸦的最爱，而各种植物种子也是它们的美食，生活在寒冷地区的物种会在秋天种子丰富的时候把它们储藏起来以备食物短缺的季节食用，这是一种适应行为。每年春天，美洲地区大量剑纹带蛇从冬眠中醒来，就成了短嘴鸦 *Corvus brachyrhynchos* 的美食。还有许多物种学会了伴随猛禽而获取食物残羹。

社会组织 社会性是鸦类的一个显著特征。在所有鸟类中，鸦科鸟类的大脑相对于体重的比例是最高的，其值只比人类小一点，类似于黑猩猩，几乎与海豚相同。因此，鸦具有较高的智慧，这可以体现在它们复杂的社会结构、群体行为、觅食技巧，以及超强的记忆和使用工具的能力。许多鸦科物种喜群居，尤其在非繁殖期，群体成员间形成明显的社会等级。在所有鸟科中，鸦科中表现出合作繁殖

鸦类为杂食性，从植物到昆虫乃至小型脊椎动物都是鸦类的食物，但它们最爱的是植物浆果。图为正在取食浆果的黑头噪鸦。杨宪伟摄

鸦类

作为公认最聪明的鸟类，鸦类具有高度社会性，表现出复杂的社会结构和群体行为。图为集群的达乌里寒鸦。杨贵生摄

行为的物种比例较高。在寒冷地区生活的鸦有储藏食物的习性，它们在几个月后依然能找到所储藏的食物，而且还会改变自己食物的藏匿地点防止食物被盗。有些鸦能够利用树枝制作钩子，以此从树洞内钓出幼虫，这种使用工具的特性还具有地区差异。

繁殖 社会性单配制的鸦配偶关系牢固，常常保持一生。大多数鸦的巢为杯形，由树枝组成，位于树上、灌丛上或岩石壁上，有一些物种则在树洞、岩石洞或建筑物缝隙里繁殖。窝卵数 1～9 枚，孵化期 17 天左右，育雏期 15～45 天。雌鸟孵卵，双亲共同育雏。一些物种集群繁殖，比如秃鼻乌鸦

Corvus frugilegus 和灰喜鹊 *Cyanopica cyanus*。许多物种表现合作繁殖行为，典型的例子是佛罗里达丛鸦 *Aphelocoma coerulescens*。

种群现状和保护 虽然作为公认最聪明的鸟类，鸦类适应性很强，但人类造成的栖息地破坏还是严重威胁到一些种类的生存，尤其是分布于岛屿上的物种。关岛乌鸦 *Corvus kubaryi* 等 3 个物种被 IUCN 列为极危（CR），白翅蓝鹊 *Urocissa whiteheadi* 等 4 个物种被列为濒危（EN），琉球松鸦 *Garrulus lidthi* 等 9 个物种被列为易危（VU）。在中国，大部分鸦科鸟类被列为三有保护动物。

云南亚种
G. g. leucotis

黑头噪鸦
Perisoreus internigrans

普通亚种
G. g. sinensis

西藏亚种
G. g. intertinctus

蓝绿鹊
Cissa chinensis

松鸦
Garrulus glandarius

黄嘴蓝鹊
Urocissa flavirostris

红嘴蓝鹊
Urocissa erythroryncha

喜鹊
Pica pica

灰喜鹊
Cyanopica cyanus

棕腹树鹊
Dendrocitta vagabunda

云南亚种
D. f. himalayana

灰树鹊
Dendrocitta formosae

黑额树鹊
Dendrocitta frontalis

白尾地鸦
Podoces biddulphi

黑尾地鸦
Podoces hendersoni

星鸦
Nucifraga caryocatactes

黄嘴山鸦
Pyrrhocorax graculus

红嘴山鸦
Pyrrhocorax pyrrhocorax

家鸦
Corvus splendens

白颈鸦
Corvus pectoralis

寒鸦
Corvus monedula

达乌里寒鸦
Corvus dauuricus

小嘴乌鸦
Corvus corone

秃鼻乌鸦
Corvus frugilegus

大嘴乌鸦
Corvus macrorhynchos

渡鸦
Corvus corax

黑头噪鸦

拉丁名：*Perisoreus internigrans*
英文名：Sichuan Jay

雀形目鸦科

形态 体长约 30 cm。头黑色，体羽总体偏灰色；翅和尾黑色，外侧初级覆羽上有白斑。雌雄相似，雌鸟体形略小，但在野外不易区别。

分布 中国特有鸟类，仅分布于青海东南部、甘肃西部、四川北部及西藏东部。

栖息地 典型栖息地是海拔 3000～4500 m 的高山针叶林，尤其喜欢暗针叶林。

食性 食性多样，包括昆虫、小型无脊椎动物和动物尸体，也吃浆果、种子。

与其他许多鸦类一样，黑头噪鸦也有储食行为。每年秋季，它们会把发现的食物就近藏在树皮或苔藓下，如果食物比较多，则选择多处储藏点分散储藏。储食行为对来年的成功繁殖十分重要。黑头噪鸦是当地较早开始繁殖的鸟类，其时气温很低，食物有限，储存的食物发挥了重要作用。低温要求雌鸟花费 95% 的时间卧巢孵卵，这些事先储存的食物可以确保其能量补给。雄鸟向雌鸟和雏鸟提供的食物显然也依赖于这些储藏品。

繁殖 每年 3 月即开始繁殖，这比许多鸟类要早。此时森林的地面往往还覆盖着厚厚的积雪，夜间温度也常常降到 0 ℃ 以下。

四川九寨沟黑头噪鸦的繁殖参数	
繁殖季节	3 月下旬至 5 月
婚配制度	单配制
繁殖海拔	3000～3700 m
巢基支持	针叶树
距地面高度	平均 15 m
窝卵数	3 枚
孵卵期	22 天
育雏期	25 天
繁殖成功率	22.2%

在四川九寨沟和甘肃卓尼，研究者利用无线电遥测跟踪对繁殖期黑头噪鸦的栖息地利用进行了研究，发现平均每个繁殖对拥有 42 hm² 的领域，两个繁殖对之间的平均距离为 2.7 km。领域几乎全部位于成熟的高山针叶林中。

黑头噪鸦的鸣声相对单调，没有明显的求偶鸣唱。在繁殖前期和孵卵期，雌鸟会发出类似雏鸟的乞食叫声。学者认为这种行为应该是雏鸟行为的遗存，并在整个繁殖生活史中具有重要意义。这是因为雌鸟的乞食往往伴随着雄鸟的喂食，从而有效补充孵卵雌鸟巨大的能量消耗，保证成功繁殖。

巢位于针叶树树冠的上部，靠近树干，距离地面高度平均约 15 m，由细的树枝编成。雌鸟孵卵，双亲共同参与育雏。黑头噪鸦有合作繁殖现象，也就是说，所有记录的 5 个繁殖单位中，都有性成熟的非繁殖者充当帮手，每个繁殖单位群体帮手的数量为 1～3 只。研究显示，帮手多的情况下，每只雏鸟平均可以获得更多的食物。

种群现状和保护 分布区域狭小且不连续。IUCN 和《中国脊椎动物红色名录》均评估为易危（VU）。被列为中国三有保护鸟类，有待进一步加强保护。

探索与发现 噪鸦属 *Perisoreus* 全世界共有 3 个种，分别是北噪鸦 *P. infaustus*、灰噪鸦 *P. canadensis* 和黑头噪鸦。北噪鸦分布于欧亚大陆北部，灰噪鸦在北美北部，二者一起呈现环北极分布。而黑头噪鸦仅分布于青藏高原东南边缘，与它在全北界北部生活的亲属们远远分离，这种分布方式被认为与青藏高原的隆起有关。19 世纪，大多数中国的鸟类已经被西方探险者发现并命名，但直至 20 世纪初，隐秘而稀少的黑头噪鸦才被德国博物学家 J. E. Thayer 和 O. Bangs 在四川松潘采到标本，并于 1912 年作为一个新物种发表。

2001 年 3 月中国科学院动物研究所的鸟类学家在甘肃卓尼捕获了一对成年黑头噪鸦，并在尾羽上佩戴了无线电发射器，通过跟踪雌鸟找到了它们的巢。这是世界上首次发现的黑头噪鸦巢，它位于一棵冷杉的侧枝和主干间，非常隐蔽。实际上，中国科学院动物研究所的研究团队一共标记了 34 只黑头噪鸦，其中包括 4 只雏鸟。

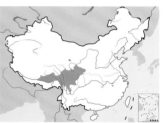

黑头噪鸦。唐军摄

松鸦

拉丁名：*Garrulus glandarius*
英文名：Eurasian Jay

雀形目鸦科

体长约32 cm。头棕褐色，有黑色纵纹；上体棕褐色，翅黑色，有黑、白、蓝三色相间横斑，尾黑色；颏、喉灰白色，下体葡萄红色，臀白色。

留鸟，分布于欧亚大陆、北非、喜马拉雅山脉，包括中国大部和青藏高原东南部。最高海拔记录为4000 m。

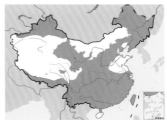

松鸦。分布于青藏高原的亚种头部无黑色纵纹或纵纹较细。左上图彭建生摄，下图董江天摄

蓝绿鹊

拉丁名：*Cissa chinensis*
英文名：Common Green Magpie

雀形目鸦科

体长约38 cm。喙红色，腿红色。体羽以绿色为主，黑色的贯眼纹延伸至后颈；翅栗红色，内侧飞羽有黑色次端斑和白色端斑；尾长，绿色并有黑色次端带斑和白色端斑。

分布于喜马拉雅山脉、中国西南部和东南亚，包括青藏高原东南部。分布的最高海拔是2011 m。

蓝绿鹊。左上图田穗兴摄，下图刘五旺摄

黄嘴蓝鹊

拉丁名：*Urocissa flavirostris*
英文名：Yellow-billed Blue Magpie

雀形目鸦科

　　体长约 60 cm。喙黄色，腿黄色。头黑色，枕部有白斑；上体蓝灰色；尾特长，蓝色并具黑色亚端斑和白色端斑；胸蓝紫色，腹白色。

　　分布于喜马拉雅山脉、中国西南部和东南亚北部，包括青藏高原东南部。最高分布海拔 3600 m。

黄嘴蓝鹊。左上图魏东摄，下图彭建生摄

红嘴蓝鹊

拉丁名：*Urocissa erythroryncha*
英文名：Red-billed Blue Magpie

雀形目鸦科

　　体长约 60 cm。与黄嘴蓝鹊相似，但喙和腿红色，头顶灰白色，枕部无白斑。

　　分布于喜马拉雅山脉、中国华北及其以南和东南亚北部，包括青藏高原东部和东南部。最高分布海拔 2200 m。

红嘴蓝鹊。沈越摄

喜鹊

拉丁名: *Pica pica*
英文名: Magpie

雀形目鸦科

　　体长约 48 cm。体羽由黑白两色组成，头和上体黑色，具有蓝色金属光泽；翅黑色，翼肩有一个大型白斑；尾楔形；胸部黑色，腹部白色。

　　留鸟，分布于欧亚大陆、北非、喜马拉山脉，包括中国大部，青藏高原东南部。最高分布海拔为 5500 m。研究者在拉萨地区记录到的最大群体为 14 只，并在海拔 4400 m 的高山峡谷的柳树上记录到 2 个巢。巢距离地面 4～5 m。1 个巢发现于 1996 年 5 月 27 日，内有 4 只体重 138～160 g 的雏鸟。另外 1 个巢发现于 2001 年 5 月 28 日，里面有 6 枚卵，卵灰色，有褐色斑点。这说明喜鹊在拉萨地区的产卵季节为 4～5 月。

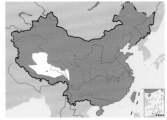

喜鹊。杨贵生摄

在雪地里交配的喜鹊。宋丽军摄

灰喜鹊

拉丁名: *Cyanopica cyanus*
英文名: Azure-winged Magpie

雀形目鸦科

　　形态　体长约 40 cm。头黑色，背灰色，翅及尾灰蓝色，尾端部有白斑；腹部灰白色。雌性腹部偏浅粉红色，可作为野外性别识别的一个依据。

　　分布　存在两个孤立的分布区，分别是欧洲南部伊比利亚半岛和东亚，后者包括中国、蒙古、朝鲜半岛和日本。在青藏高原只见于东北边缘，也就是甘肃南部和青海北部。分布海拔从海平面到 3700 m。关于这两个谱系的起源颇有争议。有研究者认为，10 万年前的末次冰期到来之前，灰喜鹊呈现连续分布，如今的隔离是因为中东和中亚地区的种群灭绝所致。但另一些学者则认为，现存于伊比利亚半岛的灰喜鹊是 16 世纪由葡萄牙的探险家

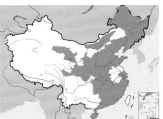

灰喜鹊。左上图沈越摄，下图杨贵生摄

灰喜鹊西方谱系和亚洲谱系被中东和中亚地区大片沙漠分隔。线粒体DNA的证据也表明两个谱系的存在

从远东地区引入的。直到 21 世纪初，人们在伊比利亚半岛南部地区发现了一块晚更新世的灰喜鹊腿骨，才证明了这个地区的灰喜鹊并不是后来引入的。

社会行为 作为鸦科鸟类，灰喜鹊同样具有社会性，这在它们的集群繁殖中有多方面体现。

同种劫巢 对于集群繁殖的鸟类来说，繁殖者之间对食物资源的争夺十分激烈。除了扩大觅食范围外，袭击同种的卵或雏鸟的同种劫巢行为也有发生。甘南的灰喜鹊种群中同种劫巢现象十分明显，成为繁殖失败的主因。营群巢会增加同种劫巢风险，甘南种群建立了明显的空间遗传结构：邻居之间形成血缘关系，增加了营群巢的利益，同时降低了同种劫巢的代价。

离婚 甘南灰喜鹊表现出高水平的离婚现象，因为有 30% 的繁殖对于次年重新配对。高原灰喜鹊种群表现季节性迁徙，繁殖在较高海拔，天气变冷后迁移到较低海拔。越冬期间与其他地方的种群相遇，个体获得了更多重新选择配偶的机会，这可能是离婚频发的主要原因。

合作繁殖 合作繁殖是灰喜鹊社会婚配制度的重要特征。不同地理种群合作繁殖强度差异明显，高原种群合作繁殖比例在 20% 左右，是所有报道的种群中最低的。帮助者几乎都是雄性亲鸟或者雌性亲鸟上一年的后代，其中绝大多数是雄性。一个繁殖单位帮助者的数量在 1～5 个。

帮助者在合作家庭内主要承担三方面的工作：情饲孵卵的雌鸟、饲喂雏鸟和巢保卫。由于帮助者的存在，合作巢的雏鸟可以吃到更多的食物，因此与非合作巢的雏鸟相比，它们出飞的时候有更大的体重。当天敌入侵巢区时，帮助者会预先发出预警叫声；如果入侵者继续接近巢并攻击卵或者雏鸟，帮助者、繁殖对以及毗邻的其他巢个体会一起群攻入侵者；当同种劫巢者入侵时，帮助者会直接冲上去将其赶走。因此，合作繁殖群体比非合作繁殖群体有更高的巢存活率。对于高原的灰喜鹊来说，帮助者的"保安"作用要大于"保姆"作用。

不过，帮助者在给弟弟妹妹们递食的时候，有时候会采取欺骗的手段。它们会叼来一片叶子递给雏鸟，诱使它们排便，然后再吃掉雏鸟的粪便，推测是因为雏鸟粪便中含有较多的益生菌，有帮助消化和吸收营养的作用。

配偶外亲权 在甘南地区，45% 的雌性和 37% 的雄性灰喜鹊有配偶外交配行为，由此产生了较高水平的配偶外父权和母权。36% 的独立繁殖家庭和 49% 的合作群含有配偶外父权后代，19% 的独立繁殖家庭和 22% 的合作群含有配偶外母权后代。

繁殖 甘南灰喜鹊的繁殖时间从 4 月下旬开始，到 9 月下旬结束，比平原的种群晚 2 个月左右。

灰喜鹊花 5～10 天筑巢。巢筑好后，雌鸟并不马上产卵，而是等待 5～7 天。如果窝卵数小于 6 枚，雌鸟产完满窝卵之后才开始孵卵；但如果窝卵数超过 6 枚，在产下最后 1 枚之前便开始

灰喜鹊主要由雌鸟孵卵，孵卵期间雄鸟有情饲行为。杜波摄

甘南地区灰喜鹊的巢，外层多以带刺的沙棘枝构成，内层以牛毛或羊毛为铺垫，厚度超过 2cm，在底部，内外层之间还有苔藓和泥土组成的黏合部，以增加稳定性。杜波摄

孵卵。孵化期平均 16 天左右，育雏期 18 天。当窝雏数小于 4 只时，全部雏鸟在同一天孵出；当窝雏数大于 4 只小于 6 只时，出壳的时间需要 2 天，也就是有 1～2 只雏鸟在第 2 天孵出；当窝雏数大于 6 只时，往往还有 1 只雏鸟在第 3 天孵出。

卵的鲜重随产卵次序而增加，但这种趋势不是造成后代大小等级的关键因素，因为孵出异步性所起的作用更大。第 1 天孵出的雏鸟体重大于后来孵出的，因此在争夺食物时较它们的同胞有明显优势。但是双亲会调控这种不平等竞争，从而保证晚出生的雏鸟得到必需的食物，以致其拥有较高的生长速度，从而在出飞时达到与早出生的雏鸟相似的体重。雏鸟离巢后仍须依靠双亲饲育 1 个月左右，直到它们的飞羽完全长成，能够独立获取食物。

野猫捕食和劫巢行为是造成灰喜鹊繁殖失败的主要原因。孵卵期有 17% 的巢完全损失，其中独立繁殖巢占 98%，而合作巢

甘肃南部灰喜鹊的繁殖参数	
繁殖期	5 月上旬至 8 月下旬
交配系统	社会性单配制
繁殖海拔	2200～3400 m
巢基支持	沙棘，黄花柳等
距地面高度	0.5～5.0 m，平均 2.5 m
巢大小	外径 26.0 cm，内径 10.5 cm，高 13.5 cm，深 7.0 cm
卵色	灰色，具有黑色斑点
窝卵数	5～8 枚，平均 6.5 枚
卵大小	长径 28.5 mm，短径 18.5 mm
新鲜卵重	5.0—9.0 g，平均 6.5 g
孵化期	15～18 天，平均 16 天
育雏期	15～20 天，平均 17 天
繁殖成功率	50.0%

只占 2%。天敌捕食占 38%，同种劫巢者占 62%；在育雏期，有 16% 的巢完全损失，全都是独立繁殖对的，其中捕食占 34%，同种劫巢占 56%。

探索与发现　对于行为生态学家来说，找到一个合适的研究系统至关重要。但要获得这样的研究系统，不仅需要野外经验，还需要运气。

2011 年 5 月底的一天，一直在寻找研究对象的兰州大学生命科学学院杜波博士，无意中从一位藏族朋友那里得知，甘南碌曲的洮河湖心岛上沙棘林中有许多灰喜鹊繁殖。于是，他带领学生穿上水裤，蹚水到达岛上。

"岛上灰喜鹊巢太多了，而且大多数巢距地面高度只有 2 m 左右，我们检测的第一个巢离地只有 40 cm 高，已经产了 7 枚卵。"杜波回忆起当时的情景。那一年，他们总共搜集了 100 多个巢的数据。尽管从早到晚录像、测量非常辛苦，但研究者们始终保持着高昂的斗志。

2012 年，博士研究生蒋爱伍传授了用绳套捕捉灰喜鹊的方法，这对于杜波的研究可以说是一次重要转折！因为只有能够给成鸟做上标记，才能在对它们的领域行为、递食行为等进行观察时做到个体识别；只有得到了亲鸟的血液样本，才能对巢内雏鸟进行亲子分析，进而去验证行为生态学上很多的理论和假说。他们的灰喜鹊研究依然在继续。

棕腹树鹊

拉丁名：*Dendrocitta vagabunda*
英文名：Rufous Treepie

雀形目鸦科

体长约 44 cm。头棕黑色，脸部最暗；上体棕褐色，翅上有白斑，尾羽淡蓝灰色；胸棕黑色，腹黄褐色。

留鸟，分布于喜马拉雅山脉、中国西南部、东南亚和南亚次大陆。最高分布海拔 2100 m。

在高原上，灰喜鹊喜欢在水流附近活动，河心岛是灰喜鹊群体最喜欢的营巢区域，少了人为干扰和地面捕食者的风险，它们可以把所有精力用于应付猛禽上。图为研究团队蹚水去湖心岛上研究灰喜鹊繁殖。杜波摄

棕腹树鹊。王昌大摄

灰树鹊

拉丁名：*Dendrocitta formosae*
英文名：Grey Treepie

雀形目鸦科

　　体长约 36 cm。额黑色，头余部浅褐色，头顶至后枕偏灰色；上体棕褐色，腰及尾上覆羽灰色，翅黑色，其上有一个白斑，尾羽黑色；下体灰色，尾下覆羽栗色。

　　分布于喜马拉雅山脉，中国西南、华南和华东以及东南亚北部，包括青藏高原东部和东南部。最高分布海拔 2300 m。

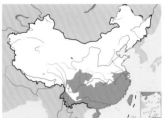

灰树鹊。左上图王昌大摄；下图沈越摄

黑额树鹊

拉丁名：*Dendrocitta frontalis*
英文名：Collared Treepie

雀形目鸦科

　　体长约 38 cm。头黑色，头顶后部、枕至后颈白色，并向下延伸至胸，形成一个领环；背、肩、腰、尾上覆羽栗色，翅黑色，尾黑色；胸黑色，腹至尾下覆羽栗色。

　　分布于喜马拉雅山脉、中国西南部和东南亚北部，包括中国西藏东南部的墨脱。栖息于海拔 2100 m 以下的林地，尤其喜欢开阔的林间空地、林缘和稀树灌丛地带。

黑额树鹊。左上图魏东摄，下图沈越摄

白尾地鸦

拉丁名：*Podoces biddulphi*
英文名：Xinjiang Ground Jay

雀形目鸦科

形态 体长约 29 cm。喙长而向下弯曲，前额、头顶至颈后黑色带金属蓝灰色，眼周、脸颊浅沙棕色，背、腰深沙棕色，尾羽白色，中央尾羽黑色，两翼有大块白斑；颏、喉黑色，胸腹沙棕色，尾下覆羽浅沙棕色。雌雄羽色相似。

分布 中国特有物种。留鸟，分布于新疆塔克拉玛干沙漠，包括昆仑山北部边缘，分布海拔 780～1500 m。

栖息地 典型栖息地是沙漠绿洲边缘，通常单独或者成对活动于沙丘间稀疏的胡杨林、红柳包、旱生芦苇丛，善于在沙地上奔跑。比较适合白尾地鸦生存的地区，目前正被黑尾地鸦所利用。但这两个种的竞争排斥机制目前尚不清楚。

繁殖 最早于 2 月下旬开始繁殖，通常在 3—4 月。营巢于胡杨树或红柳灌丛上，巢距离地面 0.8～2.3 m，杯状，直径 26～55 cm，外层由松散的树枝构成，里层有甘草、枯叶，垫羊毛等动物毛发。窝卵数 3～5 枚，卵淡青灰色，有深褐色斑，大小 33 mm×23 mm。双亲共同育雏。目前缺乏更详细的繁殖信息。

种群现状和保护 IUCN 评估为近危（NT），《中国脊椎动物红色名录》评估为易危（VU）。

探索与发现 自从 1874 年定名以来，白尾地鸦的野外生活就一直保持着神秘，虽然它被国际组织列为需要特别保护的对象。中国科学院新疆生态与地理研究所的马鸣研究员对白尾地鸦进行了持续多年的关注。1983—2003 年的 20 年间，马鸣的足迹遍及新疆的沙漠腹地。他的长期野外调查证明，白尾地鸦存在于北纬 37°N～42°N、77°E～90°E 的整个塔克拉玛干沙漠，从而改变了人们以前认为该物种只分布于沙漠边缘的认识。他所获得的繁殖生物学数据，虽然十分有限，却是全世界首次获得的该物种的繁殖信息。

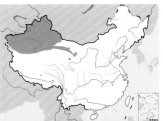

白尾地鸦。刘璐摄

黑尾地鸦

拉丁名：*Podoces hendersoni*
英文名：Mongolian Ground Jay

雀形目鸦科

体长约 28 cm。喙长而弯曲，体羽以沙褐色为主，额、头顶至后颈黑色，翅蓝黑色而有白斑，尾黑色。

分布于塔吉克斯坦、蒙古、中国西部和西北部，包括青藏高原的青海柴达木盆地。栖息于海拔 200～3800 m 的荒漠地带。在地面活动，灌木上营巢。

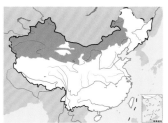

黑尾地鸦。沈越摄

新疆阿尔金山的黑尾地鸦的巢、卵和雏鸟。彭志伟摄

新疆阿尔金山的黑尾地鸦选择营巢植物黑枸杞。彭志伟摄

星鸦

拉丁名：*Nucifraga caryocatactes*
英文名：Spotted Nutcracker

雀形目鸦科

　　体长约 33 cm。额、喉、头顶至枕黑褐色，面部和喉部有短的白色纵纹；后颈、背肩、腰和下体棕褐色，羽端有白色圆形斑点，下背至腰斑点逐渐变小而稀疏；翅黑褐色，尾黑褐色，除中央一对外，其余尾羽均有白色端斑；尾下覆羽白色。

　　分布于欧亚大陆北方、喜马拉雅山脉、中国西南至华北和缅甸，包括青藏高原东部和东南部。栖息于山地针叶林和针阔叶混交林，最高分布海拔 4000 m。以红松、云杉和落叶松的种子为食，也吃浆果、其他种子以及昆虫。

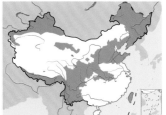

星鸦。左上图彭建生摄，下图唐军摄

黄嘴山鸦

拉丁名：*Pyrrhocorax graculus*
英文名：Yellow-billed Chough

雀形目鸦科

　　体长约 36 cm。通体黑色。喙黄色，细长而曲；腿红色。雌雄羽色相似，雄鸟体形略大于雌鸟。

　　分布范围从欧洲南部和北非，经过中亚到喜马拉雅山脉和青藏高原东部。生活在林线以上的高山草甸和多岩石地带，繁殖海拔 1260 ～ 5000 m，有记录它们在海拔超过 8000 m 的地带活动。冬季下移到峡谷，集结成群体活动。在青藏高原，黄嘴山鸦生活在高山圆柏林之上，而红嘴山鸦出现在低海拔村庄附近的农田。春季和夏季以无脊椎动物为食，秋季和冬季吃各种植物。

黄嘴山鸦。左上图沈越摄，下图董磊摄

红嘴山鸦

拉丁名：*Pyrrhocorax pyrrhocorax*
英文名：Red-billed Chough

雀形目鸦科

形态 体长约 40 cm。通体黑色。喙红色，细长而曲；腿红色。雌雄外形相似。

分布 分布范围从欧洲和北非，经过中亚到喜马拉雅山脉和青藏高原，并扩展到中国华北和东北。

栖息地 喜欢生活在山地裸岩、沟壑土崖地带，也常到山边平原田地或园圃间活动。栖息海拔最高可以达到 5000 m。

食性 食物主要是植物嫩芽、果实和种子，也吃昆虫。

繁殖 在雅鲁藏布江中游的高山峡谷，红嘴山鸦营巢于岩石洞穴、建筑物窟窿和大树上；在甘肃南部草原，许多巢则建在居民的房屋缝隙间。巢的最高海拔是 4700 m。

3 月下旬，雅鲁藏布江中游的红嘴山鸦就成对活动。红嘴山鸦的配偶关系终身保持，因此，这些成对的个体只不过是离开群体的夫妻。配偶对的活动范围相当大，可以从一个峡谷到另一个峡谷。

营巢时间在 4 月初至 5 月初，雌雄共同营巢。不同繁殖对的巢点是分离的。营巢期间，配偶形影不离，包括衔材进入洞穴中，总是同时返回，同时进入，同时离开。期间，有交配行为发生。巢为浅碟状，以灌木枝条、布条构成，内铺兽毛和鸟羽。同一个巢点可以被多年利用。

雅鲁藏布江中游红嘴山鸦的产卵日期是 4 月中旬至 5 月中旬。卵暗白色，上面有褐色斑点，大小为 41.0 mm × 26.8 mm。窝卵

土壁上的红嘴山鸦巢洞。贾陈喜摄

红嘴山鸦的巢和卵。魏赛摄

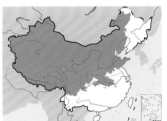

红嘴山鸦。左上图贾陈喜摄，下图曹宏芬摄

红嘴山鸦幼鸟。王琛摄

数 2～3 枚，而低海拔地区是 4～6 枚。

孵卵任务由雌鸟担任。双亲共同育雏，幼鸟要在巢中生活 36～41 天。离巢后，需要亲鸟继续照料 50 多天才能独立生活。

欧洲学者对红嘴山鸦进行了仔细研究。他们发现红嘴山鸦至少要到出生后的第 3 年才达到性成熟。在苏格兰，一项为期 20 年的个体标记研究揭示，繁殖成功率一开始随着雌鸟的年龄增加而上升，随后下降，而与雄鸟年龄无关。短寿的雌鸟在生命早期繁殖投入高，而长寿的雌鸟在生命早期繁殖投入低，这是繁殖与生存权衡的结果。在法国西部，红嘴山鸦的繁殖成功率与采食区的总面积和平均飞行距离无关，而与靠近巢的采食区面积有关。但是对于中国的红嘴山鸦，包括青藏高原种群，我们目前的知识十分有限。

社会行为　红嘴山鸦的配偶关系十分密切。不仅营巢期间一同出行，而且在雌鸟孵卵时，雄鸟也会为它提供食物。1996 年，研究者在雅鲁藏布江中游高山峡谷的一个巢记录到如下场景：下午 3:56，雌鸟听到雄鸟快要返回的呼唤，从巢飞出站在附近岩石上；在雄鸟降落前，它蹲下来，开始不断扇动双翅，并发出嘤嘤的乞食声；雄鸟把嘴伸入其口中，掉落的食物也被捡起，再次送入口中。下午 4:46，雄鸟把雌鸟从巢洞中呼唤出来，一起飞离，也许是发现了好的食物。育雏期间，二者总是一起离开，又一同返回，并且互相梳理羽毛。在甘肃南部，红嘴山鸦也在村庄的屋脊下做巢。根据一对标记个体的记录，配偶关系可保持至少 7 年，并且连续使用同一个巢点。

红嘴山鸦捍卫领域的行为十分激烈，时常攻击靠近其巢的其他物种。1996 年 5 月 8 日，研究者目击到处于孵卵期的红嘴山鸦向站立在突出岩石上的藏马鸡发起俯冲攻击，1 分钟内俯冲 7 次，引起马鸡惊叫。5 月 13 日，当 2 只马鸡从巢附近的岩石上飞下时，红嘴山鸦从空中攻击它们。

非繁殖季节集群是红嘴山鸦的典型特征之一。常见几十乃至上百只红嘴山鸦在山谷间盘旋飞翔，鸣叫。在雅鲁藏布江高山峡谷，5～8 月的繁殖季节也经常看到 10 只以上的群体活动，据研究者记录，在 27 次红嘴山鸦目击中，这样的群体有 9 次。

种群现状和保护　IUCN 和《中国脊椎动物红色名录》均评估为无危（LC）。但在欧洲种群数量呈现下降趋势，因此是受到保护关注的鸟类。最近 30 年来，中国黄土高原的种群数量也明显下降。青藏高原红嘴山鸦的种群趋势也值得关注。

探索与发现　山鸦属仅红嘴山鸦和黄嘴山鸦 2 个种，均分布于古北界。有研究者测量了不同地区这 2 种山鸦标本的形态特征，发现它们都遵循贝格曼法则——寒冷的北方和高海拔地区的个体体形更大，以及阿仑法则——身体突出部分例如喙和跗跖在寒冷地区地区要短。

在阿尔卑斯山脉，这两种山鸦共存。鸟类学家发现，红嘴山鸦只利用自然岩壁营巢，而黄嘴山鸦除了利用自然岩壁，还利用建筑物缝隙。红嘴山鸦的繁殖时间要比黄嘴山鸦早一个月。

在青藏高原，红嘴山鸦出现在低海拔的村庄附近的农田，而黄嘴山鸦生活在高山圆柏林之上。长期在阿尔卑斯地区研究两种山鸦的意大利鸟类学家 Paola Laiolo 博士，专门来到东喜马拉雅山，求证这两个亲缘种的生态位分化的机制。他认为，这种栖息地分化可以归因于采食行为和食性的差异：红嘴山鸦喜欢在土壤中挖掘，而黄嘴山鸦则吃圆柏的果实。

站在岩石上的红嘴山鸦。彭建生摄

家鸦
拉丁名：*Corvus splendens*
英文名：House Crow

雀形目鸦科

体长约 42 cm。嘴短，头前部为蓝黑色，头后部、颈、上背、喉和前胸形成一个暗灰色的颈环，腰和尾羽黑色；颏黑色，下体余部暗灰色。雌雄羽色相似。

留鸟，分布于南亚次大陆、喜马拉雅山脉东段和中南半岛，包括中国青藏高原南部和东南部，最高分布海拔 4240 m。

家鸦。左上图甘礼清摄，下图王昌大摄

白颈鸦
拉丁名：*Corvus pectoralis*
英文名：Collared Crow

雀形目鸦科

体长约 53 cm。嘴粗厚，身体黑色并带蓝色金属光泽，颈后和胸带白色。雌雄羽色相似。

留鸟，分布于中国东北、华北、西北、华中、西南、华东和华南，以及中南半岛，包括青藏高原东部边缘，最高分布海拔 2500 m。

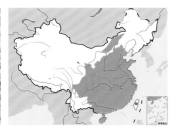

白颈鸦。左上图彭建生摄，下图沈越摄

寒鸦
拉丁名：*Corvus monedula*
英文名：Eurasian Jackdaw

雀形目鸦科

体长约 32 cm。通体黑色，颈部有一个近白色的项圈延伸到胸、腹部。

作为夏候鸟繁殖于欧亚大陆北方，包括中国新疆；在伊朗至印度西部和中国西藏西部有越冬种群；在欧亚大陆西部到中亚为留鸟。冬季在克什米尔的海拔纪录为 3500 m。

寒鸦。左上图王昌大摄，下图刘璐摄

达乌里寒鸦

拉丁名：*Corvus dauuricus*
英文名：Daurian Jackdaw

雀形目鸦科

形态 体长约 32 cm。大小、羽色与寒鸦相似，体羽黑色，仅后颈有一宽阔的白色项圈向两侧延伸至胸部和腹部。刚出巢的幼鸟与成鸟羽色相同，但当年幼鸟秋季换羽后直到第二年秋季换羽前全身为黑色，该特征与寒鸦明显不同。

分布 作为夏候鸟繁殖于俄罗斯东部、蒙古、中国东北和华北；朝鲜、日本和中国东南有过冬种群；作为留鸟生活在华北南部、华中、青藏高原东部和东南部，包括甘肃南部、青海南部、四川西部、西藏东部和东南部。

栖息地 栖息于山地、丘陵、平原、农田、旷野环境，非繁殖期集群。在西藏昌都地区记录的分布海拔为 3800 m。

繁殖 王楠在四川稻城获得了青藏高原达乌里寒鸦集群繁殖的信息：在一片原始冷杉林里至少有 10 个巢，都是利用腐朽树洞筑巢。一个巢位距离地面 2 m 左右，巢树直径 80 cm，洞口距离地面 2 m，洞深 80 cm，洞底垫有牦牛的毛发；附近其他巢的位置都比较高，距离地面 15～18 m。

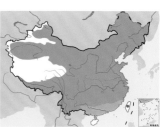

达乌里寒鸦。沈越摄

在四川稻城，达乌里寒鸦巢筑在亚高山针叶林中的树洞中，巢中有2只幼鸟。
王楠摄

秃鼻乌鸦

拉丁名：*Corvus frugilegus*
英文名：Rook

雀形目鸦科

体长约 47 cm。通体黑色，有蓝紫色金属光泽，嘴基部的皮肤裸露呈白色，但幼鸟此处被羽。

作为夏候鸟繁殖于欧亚大陆北方，包括中国新疆、内蒙古和东北；在南欧、北非、伊朗至印度西部和中国西藏西部、日本和中国东部有越冬种群；在欧亚大陆西部到中东，中国华北、华中、四川盆地、青藏高原东北部为留鸟。最高繁殖海拔 2000 m。

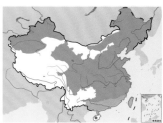

秃鼻乌鸦。杨贵生摄

小嘴乌鸦

拉丁名：*Corvus corone*
英文名：Carrion Crow

雀形目鸦科

体长约 50 cm。通体黑色，有紫蓝色金属光泽；尾较平，不呈楔状；喙较细，弯曲不明显。

作为夏候鸟繁殖于俄罗斯远东和日本北部；在中东和中国西南、华南有越冬种群；作为留鸟生活在欧洲西南部、中东、中亚、蒙古、中国北方和日本。最高繁殖海拔为 3600 m。迁徙时经过青藏高原东部。

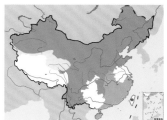

小嘴乌鸦。左上图沈越摄，下图董磊摄

大嘴乌鸦

拉丁名：*Corvus macrorhynchos*
英文名：Large-billed Crow

雀形目鸦科

    体长约 56 cm。通体黑色，后颈羽毛柔软如发；尾呈楔状；喙粗大，先端弯曲，峰嵴明显，嘴基有长羽至鼻孔处。

    留鸟，分布于俄罗斯远东、日本、朝鲜、中国大部、东南亚、喜马拉雅山脉和南亚次大陆，包括青藏高原东北部、东部和东南部。最高分布海拔 4500 m。

渡鸦

拉丁名：*Corvus corax*
英文名：Common Raven

雀形目鸦科

    体长约 65 cm，为体形最大的雀形目鸟类。通体黑色，具紫蓝色光泽；喉部和胸部羽毛较长，呈刚毛状；尾呈楔形。

    留鸟，分布于欧亚大陆、北非和北美，包括中国大部，见于青藏高原全境，特别是开阔的草原、河谷。非繁殖期集大群，在西藏当雄草原 5 月记录到的群体达数百只。在青藏高原的最高分布海拔为 5500 m。

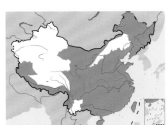

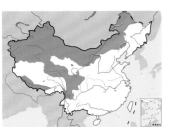

大嘴乌鸦。左上图吴秀山摄，下图董磊摄

渡鸦。左上图王小炯摄，下图董磊摄

冬季雪浴的大嘴乌鸦。彭建生摄

玉鹟类

■ 雀形目玉鹟科鸟类，全世界共4属9种，中国仅2属2种，青藏高原均有分布
■ 小型鸟类，喙短，腿和足亦短，雌雄体羽相似
■ 以昆虫和其他无脊椎动物为食

类群综述

玉鹟是指雀形目玉鹟科（Stenostiridae）的成员，也是莺总科（Sylvioidea）的组成部分，包括 4 属 9 种，分布在亚洲南部和非洲。中国仅 2 属 2 种，青藏高原均有分布。玉鹟科是最新分类系统中的一个新的鸟科，由来自传统分类系统中鹟科（Muscicapidae）、王鹟科（Monarchidae）和扇尾鹟科（Rhipiduridae）等几个不同类群的部分物种所组成。分子生物学的证据表明，这些物种与其原先所在科的其他成员亲缘关系较远，而它们彼此又比较接近，说明这些物种较早地从莺类中分离出来。

玉鹟是一类体形娇小的林栖食虫鸟类，喙短，腿和足亦短，体长不超过 15 cm。在栖木上等待以捕捉飞行的昆虫。

玉鹟的交配系统都是社会性单配制，有一些物种的配偶关系甚至能终身保持。非洲的蓝凤头鹟 Elminia longicauda 表现出合作繁殖行为。玉鹟建杯形巢，窝卵数 1～4 枚，以 2 枚最普遍。孵卵由雌鸟承担，持续 15～18 天。双亲共同育雏，持续12～14 天。

玉鹟均被 IUCN 评估为无危（LC）。但其受到的关注和研究较少，种群数量并不明确。

左：玉鹟科是由传统的鹟科、王鹟科和扇尾鹟科部分物种组成的一个新的鸟科，均为体形较小的林栖食虫鸟类，中国仅黄腹扇尾鹟和方尾鹟2种。图为黄腹扇尾鹟雄鸟。董磊摄

右：玉鹟常在栖木上等待以捕捉飞过的昆虫。图为方尾鹟。彭建生摄

黄腹扇尾鹟
Chelidorhynx hypoxanthus

方尾鹟
Culicicapa ceylonensis

黄腹扇尾鹟
拉丁名：*Chelidorhynx hypoxanthus*
英文名：Yellow-bellied Fantail

雀形目玉鹟科

体长约 12 cm。前额和眉纹黄色，黑而宽的眼罩一直延伸到颈部，上体橄榄绿色，扇形的尾羽末端白色；下体黄色。雌鸟的眼罩为深的橄榄绿色。

留鸟，分布区沿喜马拉雅山脉向东至中国西南，向南至东南亚，包括青藏高原东南部，最高分布海拔 4000 m。

黄腹扇尾鹟。左上图为雄鸟，董磊摄；下图为雌鸟，沈越摄

方尾鹟
拉丁名：*Culicicapa ceylonensis*
英文名：Grey-headed Canary-flycatcher

雀形目玉鹟科

体长约 13 cm。头灰色，具羽冠，上体橄榄绿色；喉和胸浅灰色，腹部黄色。

作为夏候鸟，繁殖于喜马拉雅山脉，中国西南、华中和华南，包括青藏高原南部和东南部，最高繁殖海拔 3100 m；越冬于南亚次大陆。作为留鸟，分布于中国云南南部和东南亚。

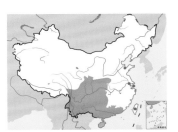

方尾鹟。沈越摄

黄腹扇尾鹟活泼好动，常将尾羽张开或向上翘起。彭建生摄

山雀类

- 山雀形目山雀科鸟类，全世界共14属57种，中国有12属23种，青藏高原有11属19种
- 小型鸟类，喙短而尖，腿短而强，雌雄体羽相似
- 食虫，生活在寒冷地区的物种冬季食种子
- 生活在森林环境，包括天然林和人工林
- 在洞穴内繁殖
- 社会性单配制，一些物种合作繁殖

分类与演化

分类与分布　山雀是指雀形目山雀科（Paridae）的成员，是莺总科的一部分。生活在整个欧亚大陆、北美和非洲，而南半球的新热带界和澳洲界则没有它们的踪迹，全世界有 14 属 57 种。中国有 12 属 23 种，青藏高原有 11 属 19 种。

形态　大多数山雀体长 10～16 cm，其中最小的物种体长仅 9 cm，最大的达 21 cm。有些种类具羽冠，有些则无。翅短圆，尾长适中，翼长大于尾长，而长尾山雀的翼长与尾长相当或略短于尾长，可据此区分这两个类群。喙短钝，略呈锥状，偏食虫的种类喙较细，取食较多种子或坚果的种类则相对粗而结实。地山雀 *Pseudopodoces humilis* 是唯一的例外，它的喙长而下弯。除了 3 个典型的单种属——林雀属 *Sylviparus*、冕雀属 *Melanochlora* 和地山雀属 *Pseudopodoces* 外，山雀的外形都极相似，雌雄差异也较小。科内成员的形态差异主要在于羽毛，尤其是羽色。

系统演化　关于山雀科内的分类，一直存在很大争议。1998 年以前，山雀科被划分为 5 个属，2 个美洲属——凤头山雀属 *Baeolophus* 和高山山雀属 *Poecile*，2 个东方种黄眉林雀 *Sylviparus modestus* 和冕雀 *Melanochlora sultanea* 分别作为最小和最大的山雀各自划为单种属，其他所有物种都被归入山雀属 *Parus*。2003 年，James 等依据骨骼和线粒体 DNA 证据，把地山雀（原名拟地鸦）从鸦科移到山雀科，从而使之成为世界上第二大的山雀。此外，也有人依据洞穴筑巢的习性，强调通常位于攀雀科

（Remizidae）的火冠雀 *Cephalopyrus flammiceps* 也应该归为山雀科。

随着一系列分子证据的发表，人们对这些鸟类的演化历史才有了比较清楚的认识。证据揭示，山雀科为莺总科的一个组成部分，起源于古北界，攀雀科是其近亲。一些物种比如煤山雀 *Periparus ater*、沼泽山雀 *Poecile palustris* 等从山雀属 *Parus* 分离出来置为新属，使山雀科由 9 个属变为 14 个属。大多数山雀（除了蓝山雀属 *Cyanistes* 和凤头山雀属 *Baeolophus*）发生在喜马拉雅地区，指示这里很可能是山雀科的起源中心。从分子系统树来看，山雀分为两大进化支系，一个支系含有 4 个属，高山山雀属、煤山雀属 *Periparus*、冠山雀属 *Lophophanes* 和凤头山雀属 *Baeolophus*；高山山雀属又可分出 2 个进化支系，一个代表生活在北美的种，另一个则包括古北界和东洋界的成员；另外一个支系是由山雀属、蓝山雀属、林雀属、冕雀属和地山雀属等 10 个属组成。这两个大的支系的分化时间在 500 万年之前，其中主要类群的分化时间也有 200 万年之久。此外，在种下水平，4 个物种具有最明显的亚种分化，它们是大山雀 *Parus major*（34 个亚种，但也有将其分为数个独立物种）、煤山雀 *Periparus ater*（21 个亚种）、褐头山雀 *Poecile montanus*（15 个亚种）和蓝山雀 *Cyanistes caeruleus*（11 个亚种）。岛屿、山脉和冰期避难所的隔离，被认为是导致亚种形成的主要原因。

生态习性

栖息地和习性 所有山雀都是留鸟，只是在冬季迁移到低海拔地带。它们的栖息地是林地和灌丛。山雀性情活泼，常在树枝间移动或在树间作短距离飞行，并发出多种叫声和鸣唱声。非繁殖季节，许多山雀喜欢聚集成小群活动，不同种的山雀常常形成混合群体，特别是在寒冷的地区。这种行为有利于协同防御天敌，并提高采食效率。

食性 在繁殖期，山雀以昆虫为主食，特别是喂养雏鸟的时候。对大山雀的研究表明，雏鸟刚刚出生时，大山雀双亲挑选小的毛虫饲喂幼雏，随着雏鸟长大，猎物的大小也相应增加。非繁殖期，尤其是生活在寒冷地区的山雀，以种子作为冬季的主要食物。

山雀种类多，不同物种常常同域分布。因此，如何避免种间对资源的竞争，引起了人们的很大兴趣。身体结构的差异有助于避免这种竞争。对欧洲山雀属鸟类的研究发现，自然选择导致山雀体形、喙形、脚爪等身体特征的差异，这些差异进一步导致采食方法和食性的差异。体形大的山雀花更多时间在地面或靠近地面觅食，而体形小的山雀则喜欢把自己"悬挂"在树枝上，从各个角度探测隐藏在叶芽里的无脊椎动物。这种行为差异甚至出现在不同体重的同种个体之间。山雀的食谱依种而异，也取决于其体形和喙的大小。喙比较强大的山雀掌握了"固定锤打（hold-hammering）"的技术：用一只脚踩住食物，用喙垂直敲击，以杀死毛虫或剥开坚果。此外，匈牙利的大山雀在冬季会寻找在洞穴里冬眠的蝙蝠，并将之杀死作为食物。

生活在北方地区的山雀，身体要积累许多脂肪以支持漫长而寒冷的冬季夜晚的新陈代谢活动。小型山雀的新陈代谢活动强，它们不得不每天积累脂肪用于过夜。在气温低的日子，脂肪积累就要多一些。但是脂肪积累过多会增加被天敌捕食的风险。因此，携带最适量而不是最大量的脂肪是一种正确的做法。另一种确保能量供应的策略是储存食物。一些山雀能在食物充足的时候储存一些备用粮，以便在食物短缺的时候享用。食物通常被藏在树皮的裂缝里或埋藏在苔藓下面，需要时，它们总能准确地找回自己很久以前埋藏的食物。这种行为使得它

们能够在那些严冬季节会出现食物匮乏的地区生存下去，从而保障种群的繁衍生息。同处于一个进化支的高山山雀属、煤山雀属、古北界的冠山雀属和新北界的凤头山雀属的成员，以及林雀属和冕雀属的成员，都表现种子储藏（seed-hoarding）的本能，而山雀属和蓝山雀属鸟类则不具备这种行为。

社会行为 大多数山雀采取一雄一雌制的婚配制度，而且配偶关系保持一生，例如几个美洲的高山山雀属种类。当种群密度很高的时候，蓝山雀形成一雄多雌的关系。在这种社会性单配制的体制下，私生子在山雀的巢中是很普遍的。例如荷兰的大山雀，8.5%的巢中有非配对雄鸟的后代，或者说3.5%的后代的亲生父亲并非配对的雄鸟；对于英国和德国的大山雀，这些数字分别是17%和14%、44%和8.6%。

配偶关系终身保持的物种，配偶全年都停留在领域内，这些模式被称为配偶领域。有些物种在繁殖之后，以一个繁殖对为核心，有时包括另外一个成体对，加上一个或一些幼体，形成一个稳定的群体，这种社会组织模式被称为群体领域。在山雀科中形

寒冷的北美针叶林里，冬季可供黑顶山雀 *Poecile atricapillus* 果腹的食物极为稀少，自然选择迫使它们在秋天的时候储藏食物以度过寒冷的冬季。分布于欧亚大陆的同属鸟类沼泽山雀同样具有种子储藏行为。图为沼泽山雀。沈越摄

山雀类

体形小的黄腹山雀可以把自己"悬挂"在树枝上，从各个角度探取食物。沈越摄

成群体领域的物种十分常见，包括许多高山山雀属的物种以及黑冠山雀等，都表现这种行为。有些山雀，比如大山雀、蓝山雀和煤山雀，繁殖后也是由一对成体加一些依附于它们的幼体形成核心群体，但群体的组成会随着时间而发生变化，这样的物种被称为集群性的。

春天，群体逐渐解体，繁殖个体各自建立领域，这些领域通常是在冬季群体的家域之内。实际上，对于配偶领域和群体领域的物种，配偶关系是以前的延续或形成于上一年秋季。虽然山雀在1年龄就可以达到性成熟，但有许多1年龄的个体，因为没有配偶或合适的领地不能进行繁殖，对于群体领域的物种，它们可以成为繁殖个体的帮助者，但对于集群性物种，这些非繁殖个体沦为飘荡者。

情饲（courtship feeding），也就是雄性为其配偶提供食物的行为，在山雀中是比较普遍的。黑冠凤头山雀在繁殖领域建立之前就表现出这种行为，可能是向雌鸟展示自己养育后代的能力。有些山雀在雌鸟产卵之前进行情饲，这有助于卵的形成。

繁殖 所有山雀都在洞穴里繁殖。巢呈浅杯状或盘状，由绒毛、苔藓、地衣等构成，筑于树洞、岩壁缝隙中。有些山雀能够自己建造繁殖洞穴，属于初生洞穴繁殖者（primary cavity nester）；有些则是利用现成的洞穴繁殖，包括人类产生的各种建筑缝隙，属于次生洞穴繁殖者（secondary cavity nester）。在具有种子储藏行为的4个山雀属中，高山山雀属、冠山雀属和凤头山雀属都能够自己挖掘巢洞，而煤山雀属则不能。配对领域和群体领域的山雀更可能具备自己挖掘巢穴的能力，也更可能表现出合作繁殖行为，比如许多非洲的山雀属成员。至少有26种山雀，包括10个高山山雀属成员、1个煤山雀属成员、1个冠山雀属成员、5个凤头山雀属成员、7个山雀属成员和2个蓝山雀属成员，繁殖于人工巢箱，其中也包括初生洞穴繁殖者。

大多数山雀产白色并布有红褐色斑点的卵，其中3个物种是例外，黄眉林雀、白眉冠山雀 *Baeolophus wollweberi* 和地山雀，它们都产白色无斑的卵。

总的来说，山雀的窝卵数是比较大的。但随着环境不同而不同。高纬度的种群或种比低纬度的窝卵数更多。例如,欧洲的大山雀通常每窝产卵12枚,而东洋界的山雀窝卵数通常在3～7枚,而非洲的山雀仅2～4枚。配偶领域和群体领域的物种比集群物种的窝卵数要小。对于同一物种,一只雌鸟产多少枚卵取决于它对当年毛虫丰富度的估计,这是鸟类窝卵数演化的一个重要理论。

有些种群或种每年可以繁殖2窝甚至3窝,这种情况通常发生在食物能够持续而不是爆发式供应的环境中。

大部分山雀孵卵由雌鸟承担,但有2个种例外,它们是亚洲的眼纹黄山雀 Machlolophus xanthogenys 和非洲的白翅黑山雀 Melaniparus leucomelas,它们的雄鸟分担孵卵任务。孵卵期12～14天,北方的物种要长一些,例如西伯利亚山雀 Poecile cinctus 和凤头山雀 Lophophanes cristatus 达18天。但其中超过50%的山雀科成员,人们尚未获得其孵卵期的数据。

山雀双亲共同育雏。几个凤头山雀属和非洲的山雀属物种以及地山雀表现出合作繁殖行为。人们只获知了山雀科中50%的物种的育雏期,通常是16～22天,但地山雀可以长达25天。幼鸟离巢后依然需要从双亲那里获取食物,直到最后完全独立。

对于配偶领域和群体领域的山雀,离巢后接受双亲照顾的时间要长于集群性物种。例如,凤头山雀属21～45天,南黑山雀 Melaniparus niger 50天,卡罗山雀 Poecile carolinensis 60天,丽色山雀 Pardaliparus elegans 80天;而集群性物种大山雀为6～8天,蓝山雀7天。

种群现状和保护　IUCN将大部分山雀评估为无危(LC),仅白枕山雀 Machlolophus nuchalis 为易危(VU)等级的受胁物种,台湾黄山雀 Machlolophus holsti、白额山雀 Sittiparus semilarvatus、巴拉望山雀 Pardaliparus amabilis 为近危物种(NT)。

与人类的关系　山雀分布广泛,是世界各地人们都较为熟悉的鸟类类群,从普通的自然观察爱好者到鸟类学研究者都喜欢关注山雀。一些山雀的生态学和进化受到动物学家的高度关注,每年有超过100篇关于山雀的学术论文得以发表。利用人工巢箱的习性使得山雀成为理想的研究对象。在欧洲,特别是荷兰和英国,鸟类学家持之以恒地对大山雀进行着研究;在北美,对黑顶山雀的了解最多。这些研究,对于理解山雀本身,乃至对理解一般鸟类的自然历史,做出了贡献。

山雀均筑巢于洞穴中,其中有自行挖掘洞穴的初生洞穴繁殖者,也有利用天然洞穴或其他物种废弃洞穴的次生洞穴繁殖者。图为在啄木鸟废弃树洞中繁殖的黄颊山雀。林植摄

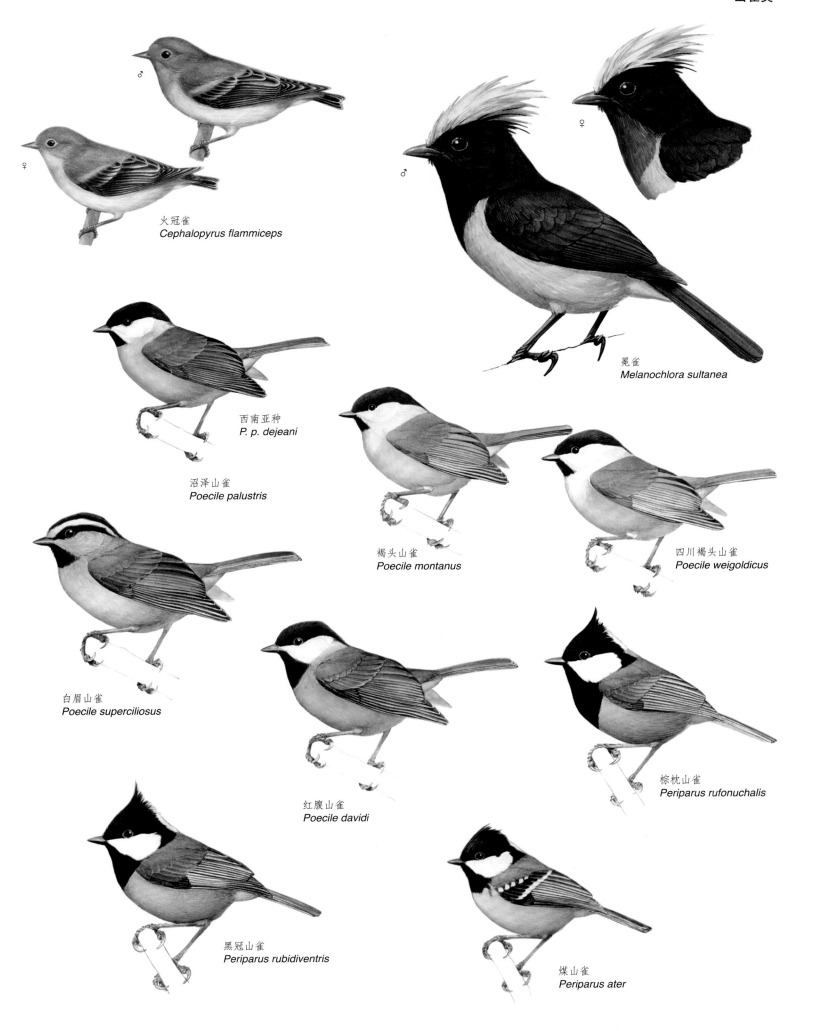

火冠雀
Cephalopyrus flammiceps

冕雀
Melanochlora sultanea

西南亚种
P. p. dejeani

沼泽山雀
Poecile palustris

褐头山雀
Poecile montanus

四川褐头山雀
Poecile weigoldicus

白眉山雀
Poecile superciliosus

红腹山雀
Poecile davidi

棕枕山雀
Periparus rufonuchalis

黑冠山雀
Periparus rubidiventris

煤山雀
Periparus ater

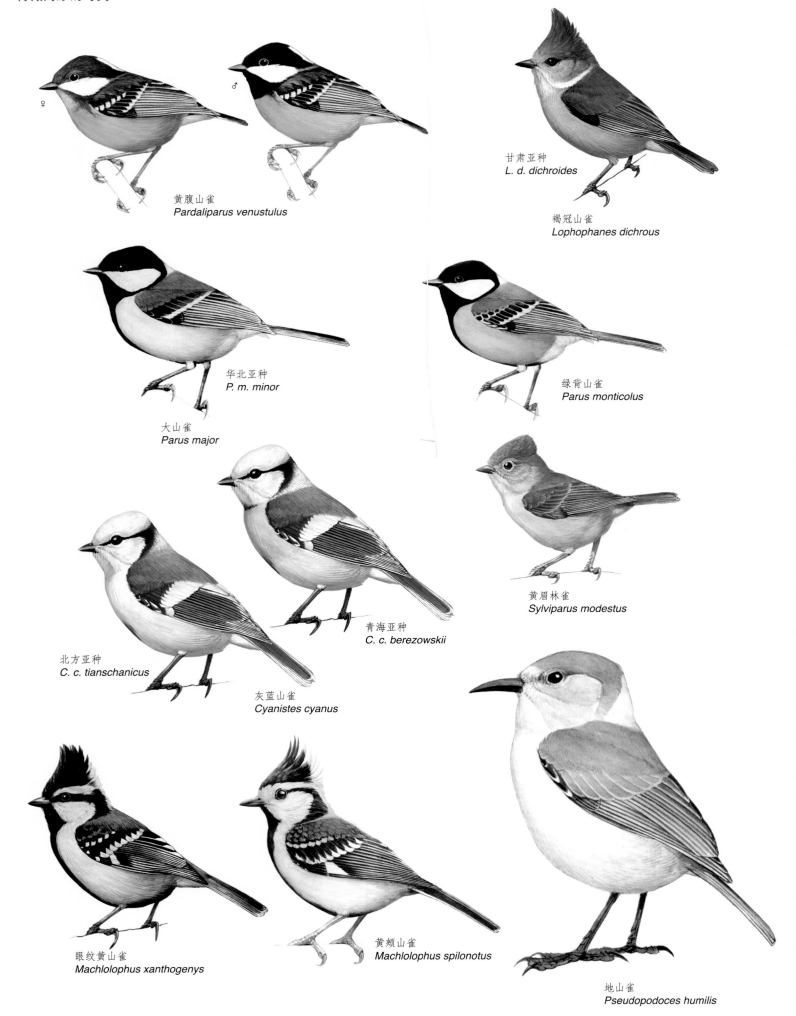

黄腹山雀
Pardaliparus venustulus

甘肃亚种
L. d. dichroides

褐冠山雀
Lophophanes dichrous

华北亚种
P. m. minor

大山雀
Parus major

绿背山雀
Parus monticolus

北方亚种
C. c. tianschanicus

青海亚种
C. c. berezowskii

灰蓝山雀
Cyanistes cyanus

黄眉林雀
Sylviparus modestus

眼纹黄山雀
Machlolophus xanthogenys

黄颊山雀
Machlolophus spilonotus

地山雀
Pseudopodoces humilis

火冠雀

拉丁名：*Cephalopyrus flammiceps*
英文名：Fire-capped Tit

雀形目山雀科

体长约 10 cm。嘴小而尖，前额火红色，上体橄榄绿色，翼斑黄色，尾短小；喉中心火红色，胸黄色，腹和尾下覆羽灰白色。雌鸟上体暗黄橄榄色，翼上有黄斑，下体皮黄色。

作为夏候鸟，繁殖于喜马拉雅山脉、中国西南部和中南半岛，包括青藏高原东南部、东部和东北部，繁殖海拔 1800～4000 m；越冬于印度和中南半岛。

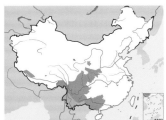

火冠雀。左上图为雄鸟，下图为雌鸟。赵纳勋摄

冕雀

拉丁名：*Melanochlora sultanea*
英文名：Fire-capped Tit

雀形目山雀科

体长约 21 cm。雄鸟上体黑色，具有醒目的黄色长羽冠；颏、喉和胸部黑色，腹黄色。雌鸟似雄鸟，但喉和胸橄榄黄色，上体浅橄榄色。

留鸟，分布于喜马拉雅山脉、印度东北部、东南亚、中国西南和东南，包括西藏东南部。分布海拔 200～2000 m。

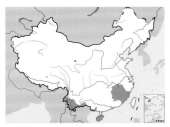

冕雀。左上图为雄鸟，刘璐摄；下图为雌鸟，沈越摄

沼泽山雀

拉丁名：*Poecile palustris*
英文名：Marsh Tit

雀形目山雀科

体长约 12 cm。头顶和后颈黑色，脸颊白色，背和尾上覆羽灰褐色，尾羽深灰褐色；颏、喉黑色，胸、腹白色，两胁浅褐色。雌雄羽色相似。

留鸟，广泛分布于欧亚大陆，从英国往东，经巴尔干半岛、俄罗斯、蒙古、中国直抵日本，南到印度、缅甸。在中国，分布在东北、华北、西北、华中和西南，包括青藏高原东部。分布海拔 0～4270 m。

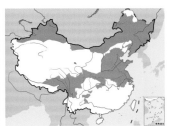

沼泽山雀。沈越摄

褐头山雀

拉丁名：*Poecile montanus*
英文名：Willow Tit

雀形目山雀科

体长约 12 cm。前额和头顶黑褐色，上体灰棕褐色；颏黑色，喉、胸和腹部中央白色，两胁皮黄色。雌雄羽色相似。

留鸟，广泛分布于欧亚大陆。在中国，分布在东北、华北、西北和西南，包括青藏高原东部和东南部。分布海拔 0～4275 m。

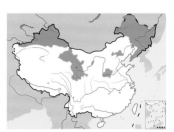

褐头山雀。沈越摄

四川褐头山雀

拉丁名：*Poecile weigoldicus*
英文名：Sichuan Tit

雀形目山雀科

体长约 11cm。由褐头山雀西南亚种 *P. m. weigoldicus* 提升为种。似褐头山雀，但翅较长而尾较短，上体赭褐色，尾具棕色外缘。

中国特有物种。分布于中国西藏东南部、青海南部、云南西北部和四川。

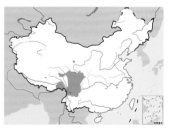

四川褐头山雀。左上图李锦昌摄，下图彭建生摄

白眉山雀

拉丁名：*Poecile superciliosus*
英文名：White-browed Tit

雀形目山雀科

形态 体长约 14 cm。头顶黑色，白色眉纹显著，因此得名；脸颊棕色，上体深灰色，尾羽暗褐色；颏、喉黑色，胸、腹棕褐色，尾下覆羽皮黄色。雌雄羽色相似。

分布 中国特有物种。留鸟，分布于中国西北、华中和西南，包括青藏高原东北部、东部和东南部，繁殖海拔 3200～4235 m。

繁殖 研究者在青海湖和雅鲁藏布江中游的高山地带首次获得了白眉山雀繁殖生态学的信息。繁殖期 5—7 月。巢位于土质洞穴内，洞穴长度 17～50 cm，很可能是自己挖掘的。巢材重 19～20 g，绝大多数是高原兔的毛，外加少量鸟羽和苔藓。卵白色，有红褐色斑点，大小为 17.3 mm×12.9 mm。窝卵数 4 枚。

繁殖季节，白眉山雀雏鸟离巢后，家族群体成员喜欢在小檗上采食隐藏在叶芽里的鳞翅目幼虫，这些虫子很小，体长不到 3 mm。常常与大山雀、拟大朱雀、曙红朱雀在同一植株上采食，但相互之间没有攻击行为。

在雅鲁藏布江中游的高山地带，白眉山雀的种群密度很低，研究者在这里进行了长达 9 年的野外研究，仅仅发现 3 个巢。它们生活的诸多秘密，有待于人们去揭示。

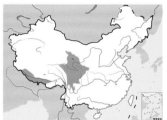

白眉山雀。左上图唐军摄，下图董磊摄

红腹山雀

拉丁名：*Poecile davidi*
英文名：Rusty-breasted Tit

雀形目山雀科

体长约 13 cm。头顶黑色，脸颊白色，上体灰棕色，尾羽深褐色；颏、喉黑色，胸、腹栗色是其典型特征，又称红胸山雀。雌雄羽色相似。中国特有物种。

留鸟，分布于中国华中和西南，包括青藏高原的东部边缘。分布海拔 2135～3400 m。

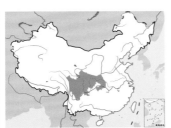

红腹山雀。赵纳勋摄

棕枕山雀

拉丁名：*Periparus rufonuchalis*
英文名：Rufous-naped Tit

雀形目山雀科

体长约 13 cm。羽冠黑色，脸颊白色，枕棕色是其典型特征，上体暗灰色，两翼浅蓝色；颏、喉和胸黑色，腹暗灰色，尾下覆羽棕色。雌雄羽色相似。

留鸟，分布于中亚、中国西北、巴基斯坦北部和喜马拉雅山脉，包括青藏高原西南部。分布海拔 760～4000 m。

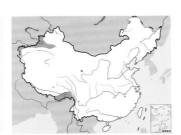

棕枕山雀。左上图甘礼清摄，下图雷进宇摄

黑冠山雀

拉丁名：*Periparus rubidiventris*
英文名：Rufous-vented Tit

雀形目山雀科

形态　体长约 13 cm。羽冠黑色是其典型特征，脸颊白色沾棕色，上体灰色，颈后有白斑；颏、喉和上胸黑色，胸、腹灰棕色，尾下覆羽棕色。雌雄羽色相似。

分布　留鸟，分布于喜马拉雅山脉，印度东北部，中国西南、华中和西北，中南半岛北部，包括青藏高原南部和东部。分布海拔 2100～4575 m。

繁殖　在甘肃南部曾发现 1 巢，位于云杉树基部的洞穴中，距离地面仅 17 cm，巢材主要为苔藓、草茎、须根、羊毛、云杉叶等。巢内有 6 只约 14 日龄的雏鸟，体重 12.7 g，翅长 46.37 mm，跗跖 19.10 mm，嘴峰 6.91 mm，尾长 20.73 mm。雌雄亲鸟均参加育雏，育雏频率约为每 1.5 分钟 1 次，食物包括鳞翅目和鞘翅目昆虫。

另在喜马拉雅山脉，有资料记录到黑冠山雀的巢位于距地面高 6 m 的树洞中，窝卵数 2～3 枚。在四川瓦屋山，记录到黑冠山雀营巢于冷杉树皮裂缝里，巢距离地面 10 m 左右。

探索与发现　在四川瓦屋山，黑冠山雀与煤山雀同域分布，鸟类学家对二者的生态位进行了比较。发现黑冠山雀花 74% 的时间在树冠中层以下活动，而煤山雀则只有 48%。黑冠山雀在树干和横枝基部的活动频次达 45%，而煤山雀则只有 23%。这种对微栖息地选择的差异，与两个物种体形大小不同有关。

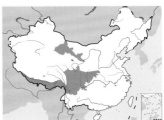

黑冠山雀。彭建生摄

在甘肃莲花山，每年5月底是黑冠山雀搜集巢材筑巢的时期。图为嘴中叼满植物纤维的黑冠山雀。贾陈喜摄

煤山雀

拉丁名：*Periparus ater*
英文名：Coal Tit

雀形目山雀科

形态 体长约 11 cm。羽冠黑色，脸颊白色，颈后有大块白斑，背橄榄灰色，翼上有 2 道白斑；颏、喉和上胸黑色，腹部中央白色，两胁棕褐色。雌雄羽色相似。

分布 留鸟，分布遍及欧亚大陆和北非。在中国，分布于东北、华北、华中、西南和东南，包括青藏高原东部、东南部和南部。分布海拔 500～4570 m。

繁殖 在中国长白山的研究发现，繁殖季节煤山雀到达海拔 780～1800 m 的山地针叶林。它们属于次生洞穴繁殖者，有时企图占据普通䴓建造好的洞穴。繁殖完成之后形成群体，并与多种鸟类混群，随后逐渐下降到低山和平原地带过冬。在四川瓦屋山，煤山雀营巢于冷杉树皮裂缝里，巢距离地面 11 m 左右。

探索与发现 煤山雀是欧洲鸟类学家深入研究的鸟类之一，特别是其社会行为。煤山雀巢内出现私生子的现象很普遍。通常婚外父亲要比"戴绿帽子"的配对雄鸟更年长，而且年长的个体有更多的私生子，但两者的关系不是线性的，到一定年龄之后，私生子数量就不再增加。对于单只雄鸟个体的纵向数据分析也得出同样结论。研究还发现，非私生子与私生子的性成熟年龄和寿命没有显著差异，不过，雄性非私生子比私生子一生中产生更多的窝、留下更多的后代，但雌性则没有差别。因此，配偶外交配并不带来成体存活、生殖力和配偶受精成功的利益。不过，这些分析并没有考虑雄性配偶外交配成功，而这是一个重要的适合度因子。

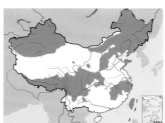

煤山雀。左上图彭建生摄，下图曹宏芬摄

黄腹山雀

拉丁名：*Pardaliparus venustulus*
英文名：Yellow-bellied Tit

雀形目山雀科

体长约 11 cm。雄鸟羽冠黑灰色，脸颊白色，上体暗灰色，两翼沾黄色并有 2 道条形白斑；颏、喉黑色，胸、腹黄色，尾下覆羽白色。雌鸟似雄鸟，但头顶灰色，颏、喉白色。

中国特有物种。作为夏候鸟，繁殖于中国东北、华北、西北，包括青藏高原东北部边缘；在中国东南有越冬种群；作为留鸟，分布于长江以南地区，包括青藏高原东部边缘。海拔分布 350～3050 m。

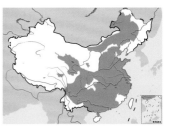

黄腹山雀。左上图为雄鸟，下图左雄右雌。沈越摄

褐冠山雀

拉丁名：*Lophophanes dichrous*
英文名：Grey-crested Tit

雀形目山雀科

体长约 13 cm。羽冠灰褐色是其显著特征，上体暗灰色，颈后蓝灰色并有一道白带；颏、喉灰色，下体浅棕色。雌雄体羽相似。

留鸟，分布于喜马拉雅山脉，中国西南、华中和西北，中南半岛北部，包括青藏高原东部和东南部，分布海拔 2200～4570 m。

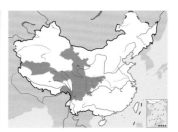

褐冠山雀。沈越摄

大山雀

拉丁名：*Parus major*
英文名：Great Tit

雀形目山雀科

形态 体长约 14 cm。头黑色，脸颊和枕白色，上背和肩灰色沾黄色，尾羽灰黑色，外侧尾羽白色，翼上有一道白色条形翅斑；颏、喉黑色，胸、腹白色沾黄色，中央有一条黑色纵带，是辨识大山雀的一个重要特征，尾下覆羽白色。雌雄体羽相似。

分布 留鸟，亚种分化很多，分布遍及欧亚大陆和非洲西北部，包括青藏高原南部和东南部，分布海拔 120～4700 m。

繁殖 研究者对低海拔地区大山雀的栖息地选择、繁殖和食性有比较深入的了解。而在雅鲁藏布江中游，虽然全年都可以在海拔 4400 m 以上的高山上见到大山雀，但数量比较少。鸟类学家在这里的长期研究，只发现 4 个巢，位于海拔 4400～4700 m。巢位于石壁的缝隙内，巢材由苔藓和动物毛发构成，重 23～40 g。窝卵数 5 枚，卵白色并有棕色斑点，平均长径 19.5 mm，短径 14.0 mm，卵体积 3822 mm^3。而中国低海拔地区大山雀的平均窝卵数 8 枚，卵体积 2436 mm^3。可见青藏高原的大山雀把更多能量投入到后代的单只个体上，以保证恶劣环境下的繁殖成功率。

探索与发现 大山雀的分类问题长期以来存在不同意见。近期多数分类系统将西域山雀 *Parus bokharensis* 并入了大山雀，但又将大山雀分布于远东地区的多个亚种独立出去。有的分类系统将分布于远东地区的亚种分离出来但归并在同一种下，即将原来的大山雀分为 2 个独立物种——*P. major* 和 *P. cinereus*，《中国鸟类分类与分布名录》（第三版）采纳了这种意见，并将"大山雀"的名字给了在中国广泛分布的 *P. cinereus*，青藏高原的大山雀即为该种；而将分布横跨欧亚大陆但在中国局限于新疆北部和内蒙古东北部的 *P. major* 更名为"欧亚大山雀"。更多的分类系统则将远东地区的亚种进一步分为北部的远东山雀 *P. minor* 和南部的苍背山雀 *P. cinereus*，按照这种分类方式，青藏高原的大山雀则被分在了远东山雀中，而苍背山雀在中国仅分布于海南。

欧洲鸟类学家对大山雀的研究尤为深入。在荷兰，大山雀的研究始于 1912 年，英国牛津大学的研究则始于 1947 年，堪称鸟类科学研究的典范。英国鸟类学家 Lack 指出，决定大山雀种群数量的关键因素是幼体从离巢到冬季到来期间的死亡率，食物而非捕食和疾病是导致幼鸟死亡的主要原因。这形成了他关于动物种群数量密度依赖性调节理论的基础。

绿背山雀

拉丁名：*Parus monticolus*
英文名：Green-backed Tit

雀形目山雀科

形态 体长约 14 cm。头黑色，脸颊白色，肩和上背黄绿色，由此得名，颈部黑色与肩部绿色之间有一条亮黄色环带，尾上覆羽和尾羽蓝灰色，翅上有 2 条白斑；颏、喉黑色，胸、腹黄色，中央有一条黑色纵带，尾下覆羽白色沾黄色。

分布 留鸟，分布于喜马拉雅山脉，中国西南、华中和东南，中南半岛，包括青藏高原东部和东南部，分布海拔 100～3960 m。

繁殖 在四川卧龙，栖息于各种林地以及耕作区和庭园。在树洞内营巢，也见于墙壁等缝隙，并利用人工巢箱。雌雄亲鸟共同营巢，巢外壁为苔藓，中层为禾草、兽毛，内壁为绒毛、绒羽，历时 5～7 天完成。卵白色缀以浅棕色斑点，窝卵数 6 枚。孵化期 14～15 天，育雏期 15～16 天。

探索与发现 分子谱系地理研究发现，绿背山雀喜马拉雅居群与印度北部和中国西南山地居群有更为密切的关系，而中国华中居群则与中国台湾和越南居群相近。绿背山雀的种群扩张时间始于末次间冰期。更新世冰期气温变化以及台湾海峡的地理隔离，推动着种群的分化。

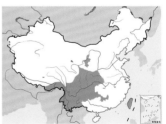

大山雀。左上图为雄鸟，沈越摄；下图为雌鸟，赵纳勋摄

绿背山雀。沈越摄

灰蓝山雀

拉丁名：*Cyanistes cyanus*
英文名：Azure Tit

雀形目山雀科

体长约 13 cm。头蓝灰色，贯眼纹黑色，颈部有蓝黑色领环，背浅蓝灰色，尾上覆羽蓝色并有白斑，尾羽深蓝色，外侧尾羽白色；下体灰白色，腹中央有黑斑。雌雄体羽相似。

留鸟，分布自西向东贯穿欧亚大陆中部，包括中国西北和东北，在青藏高原见于青海东部和北部，最高分布海拔 3500 m。

 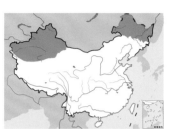

灰蓝山雀。左上图魏希明摄，下图沈越摄

黄眉林雀

拉丁名：*Sylviparus modestus*
英文名：Yellow-browed Tit

雀形目山雀科

体长约 12 cm。羽冠短，眼圈黄色，浅黄色的短眉纹是其典型特征，上体橄榄色，尾浅黄色；下体浅黄色。雌雄体羽相似。

留鸟，分布于喜马拉雅山脉、中南半岛、中国西南和东南，包括西藏东南部，分布海拔 600～4270 m。

 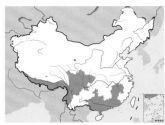

黄眉林雀。左上图田穗兴摄，下图彭建生摄

眼纹黄山雀

拉丁名：*Machlolophus xanthogenys*
英文名：Himalayan Black-lored Tit

雀形目山雀科

体长约 13 cm。羽冠黑色但尖端黄色，脸颊黄色，过眼纹黑色延伸至前额，上背黄绿色，下背灰绿色，翼上有 2 条白斑；颈、喉和上胸黑色，腹和尾下覆羽黄绿色，中央有一条黑色纵带。雌雄体羽相似，但雌鸟色浅。

留鸟，分布于喜马拉雅山脉和印度中南部，最高分布海拔 2950 m。

眼纹黄山雀。左上图甘礼清摄，下图林植摄

黄颊山雀

拉丁名：*Machlolophus spilonotus*
英文名：Yellow-cheeked Tit

雀形目山雀科

体长约 14 cm。雄鸟黑色羽冠显著，眼后黑纹不过眼，脸颊鲜黄色，背部有黑色和灰色的纵纹，翼上有白色条形翼斑；颏、喉和胸黑色，腹和尾下覆羽暗灰色，中央有一条黑色纵带。雌鸟似雄鸟，但体羽黄绿色，具 2 道黄色的条形翼斑。

留鸟，分布于喜马拉雅山脉、中国西南、华中和东南，中南半岛，包括青藏高原南部和东南部，在中国的首次记录来自 2010 年西藏樟木镇，分布海拔 350～3100 m。

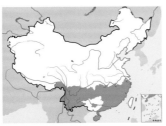

黄颊山雀。左上图为雄鸟，下图为雌鸟。沈越摄

地山雀

拉丁名：*Pseudopodoces humilis*
英文名：Ground Tit

雀形目山雀科

形态 体长约 19 cm。喙长而弯，上体沙褐色，中央尾羽黑褐色，外缘白色；下体灰白色。雌雄体羽相似。

分布 留鸟，分布于整个青藏高原，分布海拔 3100～5500 m。

栖息地 栖息于青藏高原的草原和荒漠环境。

分类 地山雀的归属问题，近年来备受关注，可以说是鸟类分类学上一个重要的事情。因为在形态、习性和栖息地上，它与地鸦属 *Podoces* 十分相似，最初人们把它放在鸦科，代表世界上最小的鸦类，赋以"褐背拟地鸦"的中文名。2003 年，美国学者 James 等在鸟类学期刊 *Ibis* 上发表论文，依据骨骼和 DNA 证据，主张该鸟应该属于山雀科。同年，著名期刊 *Science* 对此作了专文评论。2013 年，中国科学院动物研究所的鸟类学家基于全基因组的序列，证明这个主张是对的。所以，地山雀是更为准确、合适的名字。

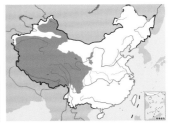

地山雀是一种奇特的鸟类，为青藏高原所特有。左上图魏希明摄，下图曹宏芬摄

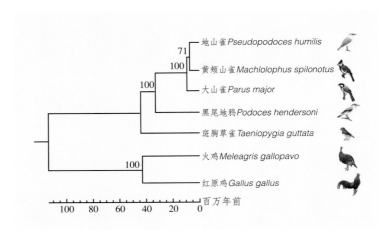

遗传分析表明，相对于地鸦，地山雀与大山雀和黄颊山雀有更近的亲缘关系。红色显示的是基于分子进化速率估算的以百万年为单位的分化时间。引用自 Qu et al., 2013，并稍有修改

繁殖 开阔的草原，没有一株灌木，更别说树木了。山雀家族的成员都是次生洞穴繁殖者，在树洞或岩石缝隙里做巢。对于地山雀来说，合适的巢点在哪里呢？

过去，看到地山雀叼着虫子进入草原上的洞穴，因为这样的洞穴在草原有很多，它们的主人更多是高原鼠兔，人们认定地山雀利用鼠兔的洞穴繁殖，因此有了"鸟兽同穴"之说。

当开始对地山雀进行深入研究的时候，鸟类学家首先澄清了一个事实：在草原的地面之下，这种小鸟用它们弯而长的嘴巴自己挖掘洞穴！它们是草原上的鸟类洞穴建筑师。

在青藏高原草原荒漠低矮的土坎上，有时就在平坦的草地上，地山雀用长而弯曲的嘴挖掘一个1.5～3.2 m长的洞穴，把巢安在洞穴尽头的巢室里。图为地山雀的巢洞口和正在掘洞为巢的地山雀。卢欣摄

地山雀的巢由动物毛发组成，特别厚实。雌鸟担任孵卵任务，为此，腹部的羽毛脱落，形成孵卵斑。图为地山雀的巢和雌鸟的孵卵斑。柯坫华摄

地山雀的雏鸟，从出壳到羽翼丰满。柯坫华摄

西藏当雄地山雀的生活史参数

繁殖季节	5—7月
交配系统	单配制
巢址选择	洞穴
卵色	白色，无斑点
窝卵数	4～8枚，平均6.3枚
卵大小	长径22.9 mm，短径16.2 mm
新鲜卵重	3.0～3.8 g，平均3.3 g
孵卵期	15～16天
育雏期	24～26天
雏鸟体重生长常数	K=0.22～0.42，平均0.33
繁殖成功率	95.0%
集群行为	非繁殖期明显，群体大小3～8只，平均4.5只

西藏当雄地山雀繁殖期的家庭构成

构成因素	类别	巢数	占比
帮助者的数量	0	114	71.7%
	1	38	23.9%
	2	6	3.8%
	3	1	0.6%
帮助的对象	双亲	21	39.6%
	父亲	9	17.0%
	母亲	2	3.8%
	兄弟	8	15.1%
	叔叔	1	1.9%
	儿子	3	5.7%
	未知	9	17.0%
帮助的年数	1	48	90.6%
	2	4	7.5%
	3	1	1.9%

与鼠兔洞穴不同，地山雀洞穴的洞道笔直，直径5～6 cm，长度1.5～3.2 m，末端是一个膨大的巢室，巢室距离地面0.2～2.5 m。巢室里是用牦牛、羊或其他动物的毛造就的巢。同时，研究者的观察也揭露了地山雀生活的另一个秘密，那就是它们在繁殖后，要再挖掘一个新的洞穴，用于夜宿。这次，当年出生的后代参加了洞穴的建造，这不仅可以加快工程进度，更重要的是让后代学会了生存的本领。

极端恶劣的气候条件，让地山雀学会了如何为自己和后代保暖。其他与地山雀生活在同样环境里的鸟类，比如各种百灵和云雀，则只是把巢放在地面的小洼坑里，直面风吹日晒和香鼬等天敌的威胁。也正因为如此，与地山雀相比，它们的繁殖成功率要低很多。雪雀虽然也演化出洞穴繁殖的习性，可它们没有像地山雀那样学会自己挖洞，所以只好把巢安于鼠兔的洞穴里。

社会组织 地山雀社会系统最典型的特征是，全年保持在领域里的群体生活。正是因为这种特性，它们表现出合作繁殖行为。地山雀社会系统属于兼性合作繁殖（facultative cooperation）。也

合作繁殖（cooperative breeding）是指一些性成熟的个体放弃自己的繁殖机会，延迟扩散并援助其他个体繁殖的自然现象。目前，有9%的现存鸟种被发现表现这种有趣的行为。自从被发现的一个世纪以来，这种现象就一直激励着进化生态学家的探索热情，同时也带给人们深沉的哲学思考。图为一个典型的地山雀合作家庭，包括双亲和留下来作为帮助者的儿子。张莉绘

就是说，在同一个地方种群内，繁殖单位既有简单的非合作繁殖者，又有由一对繁殖个体加上帮助者组成的合作群体。

依赖于连续多年的标记重捕记录，研究者发现地山雀家族结构有这样几个特点：①社会性单配制，30% 左右的巢有助手存在，助手的数量 1～3 个，都是雄性个体；②帮助者与被帮助者有密切的亲属关系，更多的是儿子帮助父母，也有帮助兄弟的现象，只有极少数长辈帮助晚辈的例子；③帮助者通常只帮助 1 年，随后，它们继承亲属的繁殖领域，或在亲属领域旁边建立自己的领域。

以上特征，可以用进化生物学中著名的亲属选择理论（kin selection theory）加以解释。基于自然界任何动物个体生存的唯一目的就是最大限度地传递自己的遗传基因的前提，该理论认为，帮助这种貌似利他的行为之所以能够不被自然选择所淘汰，就是因为它发生在亲属之间，因为助手与被帮助者有血缘关系，通过帮助提高亲属的繁殖成功率，就相当于把自己的遗传基因通过亲属传递下去。

合作繁殖的成因 实际上，在鸟类中，独立繁殖所获得的利益显然要大于帮助其他繁殖对，即使是帮助亲属。因此，帮助行为是一种无奈之举。那么，哪些因素限制了个体独立繁殖的机会呢？显然，这些因素必然包括：合适的繁殖领域和配偶。这构成合作繁殖研究中生态压力理论的核心。

对地山雀来说，选择成为助手的原因究竟是领域限制还是配偶限制？在地山雀生活的高海拔地区，气候的季节变化十分明显，许多个体死亡于严酷的冬季。这导致种群更替很快，领域饱和的可能性不大。因为所有地山雀助手都是雄鸟，并且种群中没有多余的雌鸟，所以，配偶缺乏是一些个体沦为助手的主要原因。

研究者发现，大多数的地山雀助手是 1 年龄的雄鸟，这又是为什么呢？

要回答这个问题，要从扩散模式（dispersal model）说起。与大多数鸟类一样，地山雀繁殖之后，当年出生的雌性幼鸟就离开出生地，这种离开出生地的扩散运动一直持续到下一个繁殖季节开始之前。其目的只有一个，到陌生的地方寻找陌生的雄鸟作为配偶，从而避免在出生地与亲属配对承担近亲繁殖的风险。

地山雀遵守严格的一雄一雌制。大量数据证明，它们的配偶关系保持多年不变，除非一方死亡。不过，每年有 40% 左右的雄鸟成为鳏夫，另外 40% 左右的雌鸟成为寡妇。但值得注意的是，更多的雌性幼鸟在非繁殖期死亡，致使种群的性别比例偏向雄性，这是更多的雄性幼鸟存在之故。而当外来的雌鸟进入一个非繁殖群体里时，它们更喜欢选择鳏夫作为配偶，结果，多出来的年幼的雄性就不得不成为帮助者。

以上的发现，对于理解鸟类合作系统的形成和维持具有很大的启发意义。

合作繁殖的演化动力 精子竞争理论（sperm competition theory）认为，在社会性单配制的物种中，雄鸟始终面临着父权损失，这是因为雄性个体企图与更多的雌鸟交配，以传递自己的遗传基因；同时，雌鸟也企图与高质量的婚外雄鸟交配，以改进自己后代的遗传质量，特别是当自己无奈选择了一个低质量的社会配偶时。

不同雄性所面临的父权损失风险的程度不同，低质量的雄鸟面临的风险更大。研究者搜集了每个地山雀繁殖单位所有成鸟和

新疆阿尔金山衔食育雏的地山雀。郭阳阳摄

幼鸟的血液样本，然后在实验室通过 DNA 进行亲子鉴定。结果发现，独立成对繁殖的地山雀巢内的婚外父权比例明显比合作繁殖者的要低。值得注意的是，前者 88% 的婚外雄性配偶来自其他独立成对繁殖者，而后者 87% 的婚外雄性配偶来自群体内的助手。在这两种社会系统中每巢繁殖的幼鸟总数并无差异，但帮助者对亲权的瓜分降低了被帮助雄鸟的实际繁殖输出。然而，因为帮助者与繁殖雄鸟有更近的亲缘关系，如果考虑广义适合度利益，两种雄性类型间最终繁殖成功率的差异消失。

研究者比较了有帮助和无帮助的繁殖雄性的体形，这是一个雄性质量的标准，发现前者体形要小于后者。根据亲权分析的结果，这些体形小的雄性可能面临更大的亲权丧失风险。因此，它们愿意接纳亲戚作为帮助者并出让一些父权，从而使得自己的遗传利益最大化。

这项工作从父权保护的角度，提出一个关于合作繁殖行为进化的新途径。

如果进一步分析雌鸟与它们选择的婚外配偶的遗传关系，结果令人惊奇，它们喜欢亲属！

基于遗传利益，3 个假说可以解释社会性单配制鸟类的雌性的婚外性行为：①近亲回避，如果雌性与其社会配偶的遗传关系较近的话，它们应当与遗传关系远的婚外雄性交配，从而避免由于近亲导致的适合度下降；②远亲回避，与近亲回避假说的预测相反；③亲属选择，不管社会配偶的亲缘度，雌性应当把婚外交配的机会提供给亲属以获得广义适合度利益，但前提是近亲交配

新疆阿尔金山衔食育雏的地山雀正在钻进巢洞。郭阳阳摄

的代价要低。

　　显然，研究者在地山雀身上的发现符合第 3 个假设。并且，没有证据表明，婚外后代的适合度较低。究其原因，可能是因为地山雀的婚外近亲交配发生在一个中等程度，不会过于亲近而导致近亲繁殖衰退。

　　探索与发现　自从 1995 年以来，鸟类学家卢欣一直在雅鲁藏布江中游高山上，研究那里的藏马鸡和其他鸟类。到 2004 年的时候，这项工作已经持续了近 10 年。那时，他有一个最大的愿望，就是把拉萨地区所有的鸟类都研究一番。拉萨是一个很大的地理单位，环境涉及森林、灌丛、草原和湿地，他把目光盯在了几次路过但都没有仔细探索的当雄草原。

　　2004 年 5 月 1 日，西藏大学的次仁老师开着自己的汽车，送从雄色峡谷下来的卢欣和新入学的研究生柯坫华前往当雄，车上拉着在拉萨购置的生活用品。把柯坫华安排在一个叫索央的退休女教师家里后，卢欣随次仁返回了拉萨，他希望柯坫华成为当雄草原鸟类研究的探路者。

　　柯坫华在当雄调查了尽可能多的鸟种的繁殖习性，包括云雀、百灵、地山雀和雪雀。工作快结束时，他向卢欣汇报进展情况。提到地山雀，说找到几个巢，其中有些是 3 只成鸟一起育雏。这立刻引起卢欣的注意，合作繁殖？

　　卢欣问："你如何确定的？"

　　柯坫华答："我用一张网罩在洞口，抓住成鸟并标记之。"

　　卢欣很兴奋。因为他知道，地球上具有合作繁殖行为的物种大多分布在热带或亚热带地区，特别是的非洲萨瓦那和澳大利亚沙漠，而寒冷的北温带则少有。地山雀的社会系统，代表严酷环境下合作繁殖的一个罕见例子。

　　那年，柯坫华的博士论文确定为地山雀合作繁殖行为的研究。

　　随后，他们的研究扩展到青藏高原更多的地点。通过 15 年的努力，他们已经在 36 个研究点获得数据，包括环境极度恶劣

的西藏安多（海拔 4700 m）和青海沱沱河（海拔 4600 m）。一批又一批研究生，还有来自国内、国外的志愿者，通过这些研究，挑战高原的野外生活，经受人生的历练。

　　他们深感地山雀是一个非常好的研究鸟类生态和社会行为的模式物种。因为：①研究区域内所有的成鸟和幼鸟可以被标记；②它们的生活环境是草原荒漠，视野开阔，容易观察标记的个体；③作为留鸟，地山雀每年都在同一地区生活，使得获取多年连续数据成为可能；④地山雀广泛分布于整个青藏高原，不同地区的海拔和气候特别是降水差异巨大，提供了一个透视选择压力强度作用效果的机会。

　　进化生物学家说，诸多生态学和进化生物学领域的重要问题，只能通过长期的数据来回答。综观自然种群的经典研究范例，无一不是十多年乃至几十年的持续探索。地山雀的研究，尽管条件艰苦，卢欣和他的团队一直在坚持。因为他们希望：让地山雀的故事成为鸟类生活史和社会行为进化领域的经典。

使用彩色塑料环和金属环对鸟类进行标记，从而区别不同的个体，是鸟类学研究中最常用的方法。图为脚带彩色塑料环和金属环的地山雀。柯坫华摄

2005 年和 2006 年 7 月拍摄于西藏海拔 4300 m 当雄草原同一地点的植被景观，表明地山雀因降水的年际变化而面临不同的食物资源。柯坫华摄

百灵类

百灵类

- 雀形目百灵科鸟类，全世界共21属95种，中国有7属14种，青藏高原有6属10种
- 体羽暗淡多斑纹，隐蔽性强
- 雌雄体羽相似，但雄鸟体形大于雌鸟
- 地栖，生活在开阔环境
- 社会性单配制，也有一雌多雄制和合作繁殖

类群综述

百灵是雀形目（Passeriformes）百灵科（Alaudidae）成员的总称，也是莺总科的一部分。谱系分析表明，百灵科与文须雀科（Panuridae）互为姐妹群，二者一起又与斗鹎科（Nicatoridae）互为姐妹群。全世界共21属95种，除南美洲和南极洲外，分布遍及全球，但旧大陆是其起源中心，物种丰富度明显要高于澳大利亚和新大陆。在旧大陆，青藏高原、中亚和非洲支持更多的百灵科物种。中国有百灵7属14种，青藏高原有6属10种。

百灵体形大小似麻雀，外形似鹨，体羽暗淡，头上常有明显或不明显的羽冠。它们的喙在不同物种间变化较大，有的细小呈圆锥形，有的则长而向下弯曲。它们的爪相对较长，与其地面生活的习性相关。百灵栖息于气候较为干燥、植被简单的开阔地带，包括非洲稀树草原、亚洲高地草原、荒漠、苔原、农田，善于在草地上疾走。因此，青藏高原有广大的适合百灵生活的栖息地。一些百灵全年以昆虫和其他无脊椎动物为主食，另外一些物种只是繁殖季节如此，而非繁殖期则取食植物种子。

百灵善于飞行和歌唱，尤其在求偶炫耀飞行的时候，常自地面垂直升空，直冲云霄，并在空中悬停、歌唱，歌声欢快悦耳。

百灵在地面上建造杯形巢，由雌鸟用草茎编制而成。窝卵数1～7枚。雌鸟孵卵，持续8～16天。双亲共同育雏，持续7～14天。

百灵自古以其善于鸣唱为人熟知。在中国，百灵是名贵的笼养鸟。因此，人类的捕捉贩卖成为它们受胁的主要因素。

左：百灵生活在开阔地区，常在草原上下翻飞鸣唱，深受人们喜爱。图为正在鸣唱的小云雀。颜重威摄

右：为了在开阔的环境中免于被天敌捕食，百灵往往具有很好的保护色，羽色暗淡如土。角百灵是其中形象最鲜明最易辨识的一个物种，它的头部图案黑白分明。图为角百灵雄鸟，正将羽冠竖起如同头侧长了一对角。魏希明摄

双斑百灵
Melanocorypha bimaculata

长嘴百灵
Melanocorypha maxima

蒙古百灵
Melanocorypha mongolica

大短趾百灵
Calandrella brachydactyla

细嘴短趾百灵
Calandrella acutirostris

短趾百灵
Alaudala cheleensis

凤头百灵
Galerida cristata

云雀
Alauda arvensis

小云雀
Alauda gulgula

角百灵
Eremophila alpestris

双斑百灵

拉丁名：*Melanocorypha bimaculata*
英文名：Bimaculated Lark

雀形目百灵科

体长约 18 cm。喙相对粗壮，翅长，尾短，羽冠明显。上体沙褐色，具深褐色斑；下体白色，胸部有 2 个黑斑，两胁棕色。

作为夏候鸟，繁殖于北非和中亚；在中非、南亚次大陆西北部有越冬种群；在中亚东南部，包括青藏高原西南部，为留鸟，最高分布海拔 2700 m。

双斑百灵。刘忠德摄

长嘴百灵

拉丁名：*Melanocorypha maxima*
英文名：Tibetan Lark

雀形目百灵科

体长约 22 cm，欧亚大陆体形最大的百灵。其特征是长的、细弱而微微弯曲的喙。上背黄褐色并有暗棕色条纹，外侧尾羽白色，飞羽端部白色，从而形成宽阔的白斑，飞行时特别明显；下体白色，喉和上胸有黑斑。

留鸟，分布于喜马拉雅山脉和青藏高原，分布海拔 3200～4800 m。

 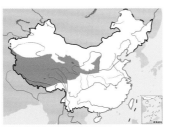

长嘴百灵。左上图董磊摄，下图沈越摄

蒙古百灵

拉丁名：*Melanocorypha mongolica*
英文名：Mongolian Lark

雀形目百灵科

体长约 19 cm，大型百灵。头顶栗色，羽冠浅棕色，眉纹白色并在枕部相连，上体黄褐色并具棕黄色羽缘，初级飞羽黑褐色并具白色翅斑；下体白色，胸部有黑褐色宽阔横带。

作为夏候鸟，繁殖于俄罗斯南部；在蒙古和中国东北、青海东北部有越冬种群。作为留鸟，分布于蒙古和中国内蒙古。最高分部海拔 3400 m。

 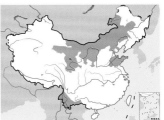

蒙古百灵。杨贵生摄

大短趾百灵

拉丁名：*Calandrella brachydactyla*
英文名：Greater Short-toed Lark

雀形目百灵科

体长约 15 cm。上体沙褐色，具黑色纵纹，冠羽不明显；喉浅黄色，胸浅褐色，前胸两侧各有一条黑色斑纹，腹部白色。

作为夏候鸟，繁殖于欧洲南部、北非、中亚直到中国西北、华北，包括青藏高原北部，最高繁殖海拔 3200 m；在中非、南亚次大陆北部和中国黄河中下游地区有越冬种群；在北非和中亚少数地区为留鸟。

 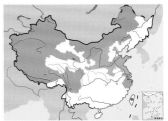

大短趾百灵。左上图董磊摄，下图杨贵生摄

细嘴短趾百灵

拉丁名：*Calandrella acutirostris*
英文名：Hume's Short-toed Lark

雀形目百灵科

　　体长约 14 cm，喙相对短小，颈侧有黑色块斑，眉纹皮黄色，上体灰褐色并有黑色纵纹，尾羽深褐色且外侧白色，初级飞羽甚长，在两翼收拢时内侧初级飞羽超过翼尖；胸部有纵纹。

　　作为夏候鸟，繁殖于中亚以及中国西北部和中部，包括青藏高原东部和东南部，繁殖海拔 1000～5000 m；越冬于印度北方。

细嘴短趾百灵。左上图为成鸟，唐军摄，下两图为西藏当雄的巢和卵，贡国鸿摄

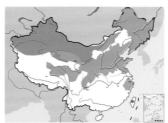

短趾百灵

拉丁名：*Alaudala cheleensis*
英文名：Asian Short-toed Lark

雀形目百灵科

　　体长约 13 cm。上体沙褐色，具黑色纵纹，冠羽不明显，尾中央黑褐色，外缘白色；喉白色，胸部有黑色纵纹并向两边散开，两胁具棕褐色纵纹，腹部白色。

　　留鸟，分布于古北界南部至蒙古和中国大部，包括青藏高原东部和东北部，最高分布海拔 3200 m。

短趾百灵。左上图沈越摄，下图杨贵生摄

凤头百灵

拉丁名：*Galerida cristata*
英文名：Crested Lark

雀形目百灵科

　　体长约 18 cm。冠羽细长，上体沙褐色并具黑色纵纹，尾上覆羽皮黄色，中央一对尾羽浅褐色，尾羽外侧皮黄色；下体浅黄色，胸部布满黑色纵纹。

　　留鸟，分布于欧亚大陆中部，包括青藏高原北部，最高分布海拔 2300 m。

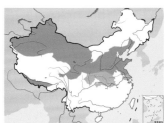

凤头百灵。左上图沈越摄，下图杨贵生摄

云雀

拉丁名：*Alauda arvensis*
英文名：Eurasian Skylark

雀形目百灵科

　　体长约 18 cm。顶冠耸起并具细纹，上体黑褐色，翅和尾羽外缘淡棕色，最外侧一对尾羽近纯白色；下体白色，胸部淡棕色并有黑褐色斑点。

　　作为夏候鸟，繁殖于欧亚大陆北部，包括中国黄河流域及其以北地区；在北非、西亚、中亚和东亚有越冬种群，包括中国华北和黄河以南地区，以及西藏西北部和青海东北部。作为留鸟，分布于欧洲中部和南部，中亚，蒙古，中国内蒙古和青藏高原北部，以及日本，最高分布海拔 3500 m。

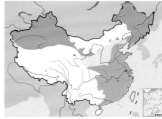

云雀。左上图为成鸟，沈越摄；左下图为巢中雏鸟，宋丽军摄；右下图为离巢幼鸟，杨贵生摄

小云雀

拉丁名：*Alauda gulgula*
英文名：Oriental Skylark

雀形目百灵科

形态 体长约 15 cm。具羽冠，眉纹浅色，上体沙棕色并布满黑褐色纵纹；胸部棕色且具黑褐色纵纹，腹部棕白色。

分布 作为夏候鸟，繁殖于中亚、喜马拉雅山脉、青藏高原和中国中部，最高繁殖海拔 4300 m；作为留鸟，分布于南亚、东南亚和东亚，包括中国中部、东部和南部。

繁殖 在西藏拉萨，每年 4 月底至 5 月初，小云雀就变得十分常见。它们不仅善于在地面上快速行走，而且也频繁地在空中展翅飞翔，并伴各种鸣叫声，有时在空中短暂悬停，落地时双翅平展。

雄鸟求偶时，除了鸣叫吸引雌鸟外，还双翅或单翅不停地扇动逐渐靠近雌鸟，常常将尾巴翘起，有时用喙啄雌鸟头部。而雌鸟低头，很少鸣叫，背部羽毛耸起，作短距离飞行，雄鸟紧随其后。其间，时有交配行为发生。

巢位于地面的浅坑，材料是少量草茎和羽毛，十分简陋。在雌雄亲鸟的共同参与下，3～5 天便告完工。

产下第 1 枚卵之后，亲鸟就开始孵卵。这项任务由雌鸟和雄鸟轮流承担。研究者记录了全天亲鸟的离巢次数，11 小时内共计 92 次，平均每小时 9.2 次，在 13:00 左右出现一个明显的高峰，1 小时离巢多达 17 次。

双亲共同承担育雏任务。研究者对拉萨一巢有 2 只 8 日龄雏鸟的小云雀进行了全天的育雏行为观察。晚上亲鸟卧在巢里，于早上 6:43 第一次离巢，而第一次喂雏的时间为 7:04；停止喂雏时间为 20:55。全天雌雄亲鸟共计喂雏 159 次，出现 2 次育雏高峰，分别出现在 13:00 和 17:00 左右。育雏期间，雌雄亲鸟都有清理雏鸟粪便的习性。1 日内共清理粪便多达 33 次。

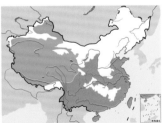

小云雀。左上图彭建生摄，下图沈越摄

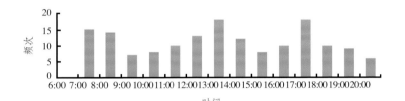

西藏拉萨小云雀的繁殖参数	
繁殖季节	5 月上旬至 6 月上旬
繁殖海拔	3650 m
巢位置	地面
巢大小	外径 8.7 cm，内径 5.6 cm，深 4.1 cm，高 5.2 cm
窝卵数	2～3 枚，平均 2.6 枚
卵色	暗灰色，布满黑褐色斑点
卵大小	长径 20.4 mm，短径 14.2 mm
孵卵期	14～16 天，平均 15.0 天
育雏期	11～13 天，平均 12.0 天
繁殖成功率	45%

拉萨地区小云雀双亲喂养雏鸟频次的日节律

在巢中张开嘴乞食的小云雀雏鸟。王琛摄

探索与发现 在青海北部，研究者用微型摄像机记录了小云雀的全天孵卵行为，并与当地的角百灵进行对比。结果发现：环境温度低的时候，亲鸟延长坐巢时间，反之则减少坐巢时间。小云雀全天坐巢总时间是 9.0 小时，而角百灵只有 7.5 小时。其原因在于，小云雀每小时平均离巢 1.8 次，每次坐巢平均时长 25 分钟；而角百灵则每小时离巢 4.2 次，每次在巢 8.7 分钟。

那么，是什么原因造成这种差异呢？研究者认为，小云雀的巢较隐蔽，限制了阳光辐射，结构简单而保温性能差，维持巢内温度必然要靠增加亲鸟坐巢时间为代价。而角百灵的巢多直接暴露，巢内有较多花絮作垫铺，使得巢的保温效果很好，不必长时间坐巢也能维持巢内温度。小云雀减少出入巢的频次，从而降低被天敌发现的概率，但又以牺牲亲鸟摄食时间为代价。而角百灵有更多的觅食时间，但以增加被捕食风险为代价。这代表两种不同的策略。

角百灵

拉丁名：*Eremophila alpestris*
英文名：Horned Lark

雀形目百灵科

形态　体长约 16 cm。上体棕褐色，头部羽毛黑白色型鲜明，在白色前额与红褐色头顶之间有一道黑色带纹，带纹后两侧的羽毛突起于头后如角，故得此名。尾暗褐色，最外侧一对尾羽白色，胸部的黑色带斑醒目，腹部白色。雌鸟体形略微小于雄鸟，虽然色型与雄鸟相似，但背部色浅，羽冠不明显，胸部黑色横带亦窄小，野外很容易区别。

分布　分布于全北界。在古北界，从斯堪的纳维亚半岛往东覆盖俄罗斯西伯利亚地区，南可以到英国北部、巴尔干半岛、蒙古、中亚和日本北部，并广布于整个青藏高原。在北美，其分布覆盖包括北极圈、墨西哥南部和哥伦比亚安第斯山区的北美大部。分布海拔从海平面直到 5400 m。在北方地区，角百灵是夏候鸟，虽然有些地区部分发生迁徙，越冬地包括北海、亚洲北部和东南部、北美南部。在南方地区则为留鸟，只进行垂直迁移。全世界被确认的亚种有 42 个。

栖息地　喜欢的典型栖息地是开阔的苔原、荒漠、高山草甸和农田。

习性　非繁殖季节，角百灵常常结群生活，在 8 月下旬的藏北，就可以见到 20 多只的群体。冬季的时候，群体可以达到 100 只。其间以草籽、草芽等为食。

繁殖　随着春天的来临，繁殖开始了。在甘南地区，兰州大学的研究者发现，角百灵最早的产卵时间在 4 月中旬，最晚在 8 月初，持续 110 天之久。其间，一些繁殖对最多可以繁育 3 窝雏鸟。

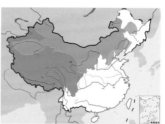

角百灵。左上图为雌鸟，唐军摄；下图为雄鸟，沈越摄

北极地区角百灵的繁殖季节是 6 月下旬到 7 月中旬，显然是因为这里的气温比青藏高原还要低。

营巢前，为了获得与雌鸟交配的机会，雄鸟常常低头，下垂双翅并快速扇动之，同时发出啾啾的叫声，有时快步直冲到雌鸟面前，并追随雌鸟移动而改变方位。有趣的是，有时会有第三者雄鸟闯入领地，对雌鸟表现这种炫耀行为。一旦发现第三者，原配将奋力驱逐。

巢址位于地面上，通常选在迎风面有遮挡物的地方，比如石块、土坎、牛粪堆，甚至人类生活垃圾，也有些巢址没有任何遮挡。雌鸟单独执行筑巢任务，包括用喙和爪在地面刨坑，或卧进地面已有的凹陷用腹部反复磨蹭。巢外层多为枯草茎、草根，里面是莲座蓟的花絮或羊毛。收集巢材时，雌鸟要等到嘴里叼满巢材之后，才送回巢址；巢址积攒了一些巢材之后，再进行编筑工作。巢之间巢材差别很大，有的结构粗糙、巢材稀少，有的则精细、结实。

清晨时分，雌鸟悄悄进入巢里产卵。1 天产 1 枚卵，窝卵数 2～4 枚。同一只雌鸟每个繁殖季节可以繁育 1～3 窝。进一步研究发现，随着食物条件的改善，雌鸟在当年第 2 和第 3 窝产更多的卵。

孵卵由雌鸟承担，白天 66% 的时间和整个晚上卧在巢里。研究者在青海北部细致地研究了角百灵白天的孵卵行为。他们发现，当环境温度过低或过高的时候，雌鸟都会增加卧巢时间，防止胚胎过冷或过热。

雏鸟刚孵出时尚未建立体温调节机制，需要雌鸟抱暖，一直延续到它们 7 日龄的时候。双亲共同育雏，雏鸟只吃动物性食物。喂食之后，如果巢中有幼鸟的粪便，亲鸟就会在离开的时候将粪便叼到巢外，有时也将其吞吃掉。经过 7～10 天的抚育，幼鸟离巢。

对于地面繁殖的角百灵来说，后代能够成功离巢是一件非常幸运的事情，因为只有不到 25% 的巢有这样的运气。大多数巢的卵和雏鸟，遭受渡鸦、红嘴山鸦、青鼬或狐狸捕食，或因恶劣的天气而夭折。

出巢之后，幼鸟会继续向亲鸟乞食，这种行为可以持续 20 天

甘南尕海角百灵的繁殖参数	
繁殖季节	4 月中旬至 8 月上旬
交配系统	单配制
海拔	3480m
巢大小	外径 8.1～9.4cm，内径 6.5～7.3cm，深 4.6cm
窝卵数	2～4 枚，平均 2.48 枚
卵色	浅土色，有浅黄棕色斑点
卵大小	长径 23.06mm，短径 16.35mm
新鲜卵重	3.28g
孵化期	11.7 天
育雏期	7～10 天，平均 9.3 天
出飞幼鸟体重/成鸟体重	77.3%
繁殖成功率	22%

角百灵的巢位于地面，雌鸟在几小时内就可以建成。天敌捕食是角百灵成功繁殖所面临的强大选择压力。它们的雏鸟与环境背景十分相似，这有利于防御天敌。图为甘南尕海角百灵的巢和雏鸟。刘昌景摄

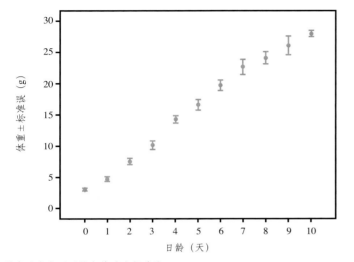

甘南尕海角百灵雏鸟体重生长曲线

离巢的角百灵幼鸟。杨贵生摄

左右。离巢早期，家族在巢区附近活动，晚上回巢休息。离巢后的递食行为主要由雄鸟承担，雌鸟专注于自己觅食，准备下一次繁殖。

生活史适应 沿着海拔梯度变化的环境条件能够影响物种在生长和繁殖之间的能量分配策略。就角百灵而言，其生活的海拔从海平面到5000 m以上的青藏高原。那么，沿着这样巨大的海拔落差，其生活史到底发生了哪些变化呢？

窝卵数和卵大小是一对相互竞争的特征。通过比较繁殖在不同海拔的角百灵的这两个特征，就会发现，在排除了纬度的影响之后，高海拔地区鸟类的窝卵数较小但卵体积较大。这种策略保证了高海拔地区的雌鸟把有限的能量投入到少数后代中，从而提高后代个体的生存能力。不过，值得注意的是，海拔4300 m的西藏当雄的角百灵窝卵数要大于海拔3200 m的青海北部和3480 m的甘肃南部。究其原因，可能是当雄的自然条件更为严酷，

每年繁殖窝数少，提高每个窝的卵数可以补偿总生殖力的损失。

研究者对美国华盛顿州海拔3～122 m和加拿大英属哥伦比亚海拔1500～1850 m的2个角百灵种群进行了更为详细的比较，发现，高海拔种群的体形大，成体存活率高，窝卵数多，雏鸟存活率高，当年两窝之间的间隔时间短。这样，就抵偿了因繁殖季节缩短而导致的年繁殖窝数的减少。这个结论与以上整个海拔梯度的比较相一致。

育雏策略 在青藏高原，鸟类育雏期食物资源常常是不可预测的。双亲在饲养后代期间对雏鸟的照顾策略，是鸟类行为研究的一个重要方面。刚孵化的雏鸟体形不同，亲鸟可以采取调节不同顺序卵的大小或给不同大小的雏鸟不同食物量的办法，来提高繁殖成功率。

兰州大学的鸟类学者使用录像的方法，研究了角百灵的育雏行为。雌性亲鸟在雏鸟发育早期贡献小而晚期贡献大，雄鸟则相反。亲鸟在育雏过程中，都喜欢在相对固定的位置递食。它们在最偏好的位置上出现的概率显著高于其他位置，表明亲鸟可能通过递食位置的固定性和可预测性来鼓励雏鸟之间的竞争，从而增强个体的身体素质。

发育早期，亲鸟对每只雏鸟都是公允的，中期倾向于给最小的雏鸟更多的食物，这是一种巢存活策略；而晚期则是让最小的雏鸟得到最少的食物，这是一种巢降低策略。双亲可以根据窝雏数调节其育雏策略。对于单只雏鸟的窝，如果雏鸟举头张嘴乞食的时间变长，双亲就会增加往返巢的次数，也就是乞食强度越大，亲鸟递食概率越高；在2只雏鸟的窝，双亲并不根据雏鸟企求食物的强度而改变食物分配的模式，说明亲鸟没有对雏鸟间的食物竞争做出调控；当窝里有3只雏鸟时，双亲给予出壳晚也就是最小的雏鸟更多的食物，尽管早出来的同胞也急不可耐地乞食，说明亲鸟对雏鸟间的食物竞争做出了调控，优势者独占食物的企图受到压制。有趣的是，递食者的性别对雏鸟乞食强度有明显影响。当递食者为雄鸟时，雏鸟会增加乞食强度；但是当递食者是雌鸟时，雏鸟不会调整乞食强度。

探索与发现 兰州大学的杜波博士及其同事对角百灵双亲–后代行为有着浓厚的兴趣。对这个问题的探究中，小型电子摄像机发挥了关键作用。

他和学生们在甘南尕海草原搜寻角百灵的巢。对于每一个发现的巢，雏鸟出壳后，研究者就在巢旁边把一台摄像机隐藏固定好，镜头对准巢，从而自动记录下双亲和雏鸟的一举一动。当然，亲鸟和雏鸟都进行了个体标记。

雏鸟出飞后，他们把数据下载到电脑上，在屏幕上搜集所需要的科学数据。每只亲鸟每小时跑多少趟，到达巢的时候是否会发出叫声，把食物喂给哪只雏鸟，喂雏鸟要花多长时间，雏鸟是否扬起头张开嘴乞求食物……对这些问题的解答，允许研究者解读角百灵适应高原生活的诸多秘密。

文须雀类

- 雀形目文须雀科鸟类，全世界仅1属1种，中国青藏高原有分布
- 喙短而强，翅短，尾长
- 雄性大于雌性，眼下方有黑色胡须状斑
- 生活在芦苇丛等沼泽环境
- 社会性单配制，少数雄鸟有2个配偶

类群综述

文须雀是指雀形目文须雀科（Panuridae）的成员，也是莺总科的一部分，只有1属1种，分布在欧亚大陆北方。文须雀起初被置于莺科（Sylviidae），分子证据认为它应当自成一个独立的科。

文须雀为小型鸟类，喙短而强，翅短，尾长。雄鸟体形大于雌鸟，眼下方有黑色胡须状斑，雌鸟则无。文须雀生活在沼泽环境，繁殖期以昆虫为主食，非繁殖期吃芦苇种子。在冬季条件特别恶劣时，它们会迁徙到南方过冬。

文须雀的交配制度为社会性单配制，只有少数雄性同时拥有2个配偶。它们在芦苇丛中建杯形巢，窝卵数3～11枚，孵化期10～14天，育雏期12～16天。雌雄亲鸟共同参与营巢、孵卵和育雏任务。

左：文须雀的雄鸟眼下具有黑色胡须状的髭纹，而雌鸟没有。图为立于芦苇秆上的文须雀雄鸟。魏希明摄

文须雀
Panurus biarmicus

文须雀

拉丁名：*Panurus biarmicus*
英文名：Bearded Reedling

雀形目文须雀科

体长约16 cm。头灰色，雄鸟眼下方有特征性的黑色"八"字髭纹，上体黄褐色，翅上具黑白色斑，尾黄褐色且长；下体白色，胸及两胁沾黄褐色。雌鸟无髭纹。

留鸟，生活在欧亚大陆北方，包括中国西北、华北和东北，在青藏高原，它们出现在青海北部，如克鲁克湖，最高分布海拔3100 m。

文须雀雄鸟。权毅摄

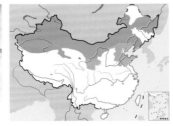

文须雀雌鸟整体色调柔和，憨态可掬。魏希明摄

扇尾莺类

- 雀形目扇尾莺科鸟类，全世界共27属154种，中国有3属11种，青藏高原可见3属9种
- 翅短圆，大多数物种具长尾，可以向背部翘起
- 以昆虫和其他无脊椎动物为主食，偶尔吃果实和种子
- 社会性单配制，少数物种一雄多雌

类群综述

分类与分布　扇尾莺是指雀形目扇尾莺科 (Cisticolidae) 鸟类，属于莺总科的一部分，全世界有 27 属 154 种，分布在非洲、欧洲南部、亚洲，少数扩散到大洋洲，大多数物种来自非洲，其中大部分为埃塞俄比亚所特有。它被分为 4 个亚科：丽鹛亚科 (Neomixnae)，1 属 3 种；孤莺亚科 (Eremomelinae)，16 属 58 种；扇尾莺亚科 (Cisticolinae)，8 属 58 种；山鹪莺亚科 (Prininae)，2 属 35 种。中国有扇尾莺 3 属 11 种，青藏高原可见 3 属 9 种。

形态　扇尾莺是一类体形娇小的食虫鸟类，大多数物种体长在 9 cm 左右，个别可以达到 20 cm。相较于其他食虫鸟类，扇尾莺的嘴更细长。羽色单调暗淡，多数物种上体棕色、橄榄色或灰色，并有黑色条纹，头部和下体的羽色种间变化较大。大多数物种雄鸟体形比雌鸟大，尤其是一些物种雄鸟拥有明显更长的尾，性别间羽色差异不大，但一些物种雄性羽色更醒目。繁殖季节，雄性扇尾莺会频繁地炫耀尾羽，尾羽呈扇状展开或直立向上竖起，此为该类群的象征性特征。

栖息地和习性　扇尾莺从北温带 40° N 到南温带 40° S 均有分布，喜温暖气候，一些北方分布的种群在冬天会迁徙至更温暖的南方。栖息于多种环境，包括热带雨林、稀树草原和沼泽，分布海拔低于 4000 m。除了红头缝叶莺 *Orthotomus sericeus* 采取追击的策略觅食外，其他扇尾莺通常在树枝间或地面搜寻觅食。一些物种在秋冬季会形成 10 ～ 20 只的群体。

左：雄性扇尾莺在繁殖季节会频繁地将尾羽展开或向背部翘起，这是求偶炫耀的方式。图为正在炫耀尾羽的长尾缝叶莺。田穗兴摄

右：扇尾莺主要以昆虫为食，通常在树枝间或地面搜寻觅食。图为捕得蝗虫的纯色山鹪莺。颜重威摄

繁殖 扇尾莺的鸣声丰富，许多种类是通过鸣声来辨别的，鸣声也是其交流的重要途径。繁殖期的雄鸟通常于树枝或显著处鸣唱或炫耀，从而保卫领地。除棕扇尾莺 Cisticola juncidis 和金头扇尾莺 Cisticola exilis 为领域性一雄多雌外，其余均为社会性单配制。个别物种在领域内有多只成鸟，但尚不清楚是否有合作繁殖。一个有意思的现象是，有些物种繁殖期的尾羽要比非繁殖期短，如澳大利亚的金头扇尾莺繁殖期的尾羽比其他时间短 30%～40%。研究发现，被人为处理成短尾的雄鸟有更高的适合度，可以吸引更多的雌鸟，繁殖更多的后代，推测短尾有利于在浓密的植被条件下更好地进行求偶炫耀。

扇尾莺筑巢于稠密的植被中，多数物种的巢为侧开口的囊状，一些物种比如缝叶莺属 Orthotomus 直接将叶子对折缝合成一个巢，巢内填充一些保暖的材料。窝卵数 1～7 枚，以 2～5 枚居多；孵化期 10～18 天，仅由雌鸟孵卵或双亲承担；双亲共同育雏，持续 13～16 天；雏鸟出飞后，双亲会继续喂食 10～20 天，直到幼鸟扩散。但在一雄多雌的情况下，雄鸟并不饲养雏鸟。

种群现态和保护 扇尾莺虽然不成大群出现，但通常在其分布区内数量丰富，大部分种群状态稳定，在中国分布的 11 种均为无危物种（LC）。

扇尾莺堪称建筑师，它们通常在稠密的植被中营建侧面开口的囊状巢。图为纯色山鹪莺的巢。颜重威摄

br.
non-br.
棕扇尾莺
Cisticola juncidis

non-br.

br.
金头扇尾莺
Cisticola exilis

non-br.

br.
山鹪莺
Prinia crinigera

黑喉山鹪莺
Prinia atrogularis

暗冕山鹪莺
Prinia rufescens

灰胸山鹪莺
Prinia hodgsonii

黄腹山鹪莺
Prinia flaviventris

br.
non-br.
纯色山鹪莺
Prinia inornata

长尾缝叶莺
Orthotomus sutorius

棕扇尾莺

拉丁名：*Cisticola juncidis*
英文名：Zitting Cisticola

雀形目扇尾莺科

　　体长约10 cm。眉纹棕白色，头顶和上体棕褐色并有黑色纵纹，尾短，具黑色次端斑和白色端斑；下体近白色，两胁沾棕色。雌雄体羽相似。

　　作为夏候鸟，繁殖于日本北方，朝鲜和中国东北、华北、华中；在东南亚有越冬种群。作为留鸟，分布于欧洲南部，非洲，南亚，中国西南、华南、华东，东南亚，澳大利亚和日本南部，包括青藏高原东南部，最高分布海拔3000 m。

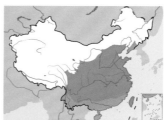

棕扇尾莺。左上图为非繁殖羽，下图为繁殖羽。沈越摄

金头扇尾莺

拉丁名：*Cisticola exilis*
英文名：Golden-headed Cisticola

雀形目扇尾莺科

　　体长约9 cm。头顶棕色，有些亚种白色，上体浅褐色，尾深褐色，具白色端斑，飞羽深褐色而有白边；下体近白色，两胁沾棕色。雌鸟头顶有深褐色条纹。

　　留鸟，分布于印度，喜马拉雅山脉东段，中国西南、华南、华中和华东，东南亚和澳大利亚，包括青藏高原东南部，分布海拔0～1800 m。

金头扇尾莺。左上图董江天摄，下图薄顺奇摄

正在育雏的棕扇尾莺。颜重威摄

山鹛莺

拉丁名：*Prinia crinigera*
英文名：Striated Prinia

雀形目扇尾莺科

　　体长约 16 cm。上体棕褐色，头顶和背有皮黄色和黑色纵纹，具长的凸形尾；喉白色，颈侧有黑色斑点，下体污白色，两胁及尾下覆羽棕黄色。雌雄体羽相似。

　　留鸟，分布于喜马拉雅山脉，中国西南、华南和华东，中南半岛北部，包括青藏高原东南部，最高分布海拔 3100 m。

山鹛莺。左上图赵纳勋摄，下图彭建生摄

黑喉山鹛莺

拉丁名：*Prinia atrogularis*
英文名：Black-throated Prinia

雀形目扇尾莺科

　　体长约 18 cm。上体灰色，眉纹白色，具凸形长尾；喉黑色，胸部并有黑色纵纹，腹部白色，两胁灰色。雌雄体羽相似。

　　留鸟，分布于喜马拉雅山脉东段，中国西南、华南、中南半岛，包括青藏高原东北部，最高分布海拔 2745 m。

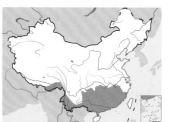

黑喉山鹛莺。左上图为华南亚种 *P. a. superciliaris*，下图为指名亚种 *P. a. atrogularis*。彭建生摄

叼着巢材的山鹛莺。董磊摄

暗冕山鹪莺

拉丁名：*Prinia rufescens*
英文名：Rufescent Prinia

雀形目扇尾莺科

　　体长约 11 cm。头灰色，眼先及眉纹近白色，上体棕色；下体白色，两胁及尾下覆羽沾皮黄色。雌雄体羽相似。

　　留鸟，分布于印度东北部、中南半岛、马来半岛，包括青藏高原东南部，分布海拔 500 ~ 1800 m。

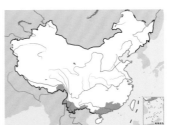

暗冕山鹪莺。左上图董磊摄，下图彭建生摄

灰胸山鹪莺

拉丁名：*Prinia hodgsonii*
英文名：Grey-breasted Prinia

雀形目扇尾莺科

　　体长约 11 cm。上体灰褐色，尾长，飞羽边缘棕色；下体白色，有明显的灰色胸带。两性体羽相似。

　　留鸟，分布于喜马拉雅山南麓、南亚次大陆、中南半岛和中国西南，包括西藏东南部和云南西北部，分布海拔 0 ~ 1800 m。

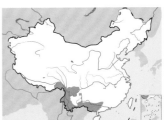

灰胸山鹪莺。沈越摄

繁殖期的灰胸山鹪莺，尾羽显著增长。李晶晶摄

黄腹山鹪莺

拉丁名：*Prinia flaviventris*
英文名：Yellow-bellied Prinia

雀形目扇尾莺科

体长约13 cm。头灰色，上体橄榄灰色，尾长，翅上有2道白斑；喉、胸白色，腹黄色，为其典型特征。雌雄体羽相似。

留鸟，分布于喜马拉雅山南麓和东段、东南亚，以及中国西南、华南、华东，包括西藏东南部，分布海拔0～1450 m。

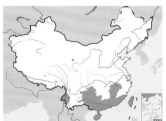

黄腹山鹪莺。沈越摄

纯色山鹪莺

拉丁名：*Prinia inornata*
英文名：Plain Prinia

雀形目扇尾莺科

体长约15 cm。眉纹棕白色，上体灰褐色，尾上覆羽棕黄色；下体白色，两胁皮黄色。雌雄体羽相似。

留鸟，分布于喜马拉雅山脉，南亚次大陆、中国西南、华南、华中和华东，以及东南亚，包括青藏高原东南部，分布海拔0～2100 m。

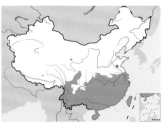

纯色山鹪莺。左上图沈越摄，下图彭建生摄

长尾缝叶莺

拉丁名：*Orthotomus sutorius*
英文名：Common Tailorbird

雀形目扇尾莺科

体长约12 cm。头顶棕色，上体橄榄绿色；下体白色，两胁灰色。雌雄体羽相似。

留鸟，分布于喜马拉雅山脉，南亚次大陆、中国西南、华南、华中和华东，以及东南亚，包括青藏高原东南部，最高分布海拔2100 m。

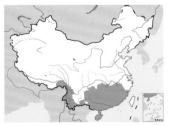

长尾缝叶莺。时敏良摄

苇莺类

- 雀形目苇莺科鸟类，全世界共6属53种，中国有3属16种，青藏高原仅1属2种
- 体羽以棕褐色为主，背部条纹明显，通常有浅色眉纹，翅圆，雌雄体羽相似
- 生活在沼泽、稀树草原灌丛，食虫或其他小型动物，也吃果实
- 多数社会性单配制，其中一些合作繁殖，少数物种一雄多雌

类群综述

分类与分布 苇莺是指雀形目苇莺科 (Acrocephalidae) 鸟类，属于莺总科的一部分，包括6属53种，分布于欧亚大陆，少数扩散到大洋洲。在传统分类系统中，苇莺属于莺科 (Sylviidae)，但根据分子证据，最新的分类系统将传统的莺科拆分为苇莺科、蝗莺科 (Locustellidae)、柳莺科 (Phylloscopidae)、树莺科 (Cettiidae)、莺鹛科 (Sylviidae) 等多个科，部分种类被置于扇尾莺科、噪鹛科 (Leiothrichidae)。新建立的苇莺科由原苇莺亚科 (Acrocephalinae) 中的部分物种组成。中国有苇莺3属16种，多数分布于东部平原或沿海湿地以及西北地区，其中青藏高原仅2种。

形态 苇莺喙尖细，翅圆，尾长。雌雄羽色相似，体羽以棕褐色为主，背部条纹明显，通常有浅色眉纹。

栖息地与习性 苇莺科中以苇莺属 *Acrocephalus* 为代表的大多数物种栖息于沼泽环境，另外一些以靴篱莺属 *Iduna*、篱莺属 *Hippolais*、薮莺属 *Nesillas* 为代表的物种依赖干燥而长满矮树、灌丛及草簇的环境。主要以昆虫或其他小型无脊椎动物为食，也吃植物果实和种子。繁殖于欧亚大陆北方的物种会进行长距离迁徙，到欧亚大陆南方过冬。

繁殖 苇莺建造杯形巢，巢位于芦苇、灌木或树上，由雌鸟或双亲建造。窝卵数2~6枚；孵化期12~14天，由雌鸟或双亲负责；育雏期12~14天，由双亲共同育雏，但一雄多雌制的雄鸟则不饲养雏鸟。

塞岛苇莺 *Acrocephalus sechellensis* 是合作繁殖的典型代表，帮助者来自早出生的后代，雌雄皆有。蒲苇莺 *Acrocephalus schoenobaenus* 是一雄多雌制的典型代表，同时也普遍存在配偶外亲权，同一巢里的雏鸟可以来自5个不同的雄性亲本；更为有趣的是其交配行为，在大多数鸟类中交配只持续几秒，而蒲苇莺持续交配可达25分钟。

种群现状和保护 虽然苇莺体形小，较小面积的栖息地即可以支撑较大数量的种群，有些物种在分布区内数量丰富，但其依赖的沼泽湿地环境受到人类影响而退化或消失，许多苇莺处于受胁状态，尤其是仅分布于岛屿或狭域分布的物种。根据《世界自然保护联盟濒危物种红色名录》(*IUCN Red List of Threatened Species*)，全世界现存的53种苇莺有16种处于受胁状态，受胁比例高达30.2%，远远高于世界鸟类总体受胁比例13.7%；另有塞舌尔岛的特有种阿达薮莺 *Nesillas aldabrana* 于1986年灭绝。青藏高原分布的2种苇莺为无危物种 (LC)。

噪苇莺
Acrocephalus stentoreus

稻田苇莺
Acrocephalus agricola

左：苇莺体羽以棕褐色为主，通常有浅色眉纹，喜欢在芦苇丛中活动。图为稻田苇莺。刘璐摄

噪苇莺。巫嘉伟摄

噪苇莺

拉丁名：*Acrocephalus stentoreus*
英文名：Clamorous Reed-warbler

　　体长约 19 cm。上体橄榄褐色，眉纹近白色；喉白色，下体棕黄色。

　　作为夏候鸟，繁殖于中东和中亚；在印度和东南亚越冬。留鸟分布于非洲东北部、中东、中亚至南亚次大陆、喜马拉雅山脉、东南亚，包括青藏高原南部和东南部，最高繁殖海拔 3000 m。

 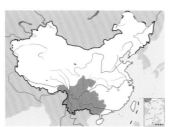

噪苇莺。左上图甘礼清摄，下图董江天摄

稻田苇莺

拉丁名：*Acrocephalus agricola*
英文名：Paddyfield Warbler

　　体长约 13 cm。上体棕褐色，眉纹白色；下体白色，两胁和尾下覆羽沾黄褐色。

　　作为夏候鸟，繁殖于东欧、西伯利亚西南部、中东、中亚至中国西部，包括青藏高原西南部，最高繁殖海拔 1500 m；越冬于中东、中亚和南亚次大陆。

稻田苇莺。魏希明摄

站在稻草堆上的稻田苇莺。宋丽军摄

鳞胸鹪鹛类

- 雀形目鳞胸鹪鹛科的鸟类，全世界共1属4种，中国均有分布，青藏高原可见3种
- 上体褐色并有浅色斑点，下体色浅，有斑点，雌雄体羽相似
- 颈短，翅短圆，尾极短，腿和足长而健
- 喜欢生活在林下稠密的灌丛间

类群综述

分类与分布　鳞胸鹪鹛是指雀形目鳞胸鹪鹛科（Pnoepygidae）的成员，也是莺总科的一部分。在传统分类系统中鳞胸鹪鹛被置于画眉科（Timaliidae），根据分子证据，最新的分类系统将原来的画眉科拆分为莺雀科（Vireonidae）、鳞胸鹪鹛科（Pnoepygidae）、莺鹛科（Sylviidae）、绣眼鸟科（Zosteropidae）、林鹛科（Timaliidae）、幽鹛科（Pellorneidae）、噪鹛科（Leiothrichidae）、丽星鹩鹛科（Elachuridae）等多个科。鳞胸鹪鹛科仅1属4种，分布于亚洲南部，包括喜马拉雅山脉，中国西南、华中、华东和华南，以及东南亚。中国分布有全部4种鳞胸鹪鹛，除台湾鹪鹛 Pnoepyga formosana 仅分布于台湾地区外，其余3种均见于青藏高原。

形态　鳞胸鹪鹛是小型鸟类，体长不过10 cm。体形矮圆，颈短，翅短圆，尾极短，腿和足长而健，其英文名字"Cupwings"即来自它们的短而圆的翅膀。雌雄羽色相似，上体褐色并有浅色斑点，下体色浅，有深色斑点。

栖息地与习性　栖息于潮湿的森林环境，大多数时间生活在有着稠密的灌丛植被，地面苔藓发达的环境。以昆虫和其他无脊椎动物为食，食物来自地面或接近地面，可能也吃少量果实和种子。

繁殖　推测为社会性单配制，双亲共同筑巢、孵卵和育雏。巢球形，开口于上方，巢位于低矮的树枝上或岩石壁上。窝卵数2～6枚，孵化期12～14天。人们尚未获得其育雏期的信息。

保护　鳞胸鹪鹛性隐蔽，人类对其了解有限，目前均为无危物种（LC）。

左：鳞胸鹪鹛颈短、翅短、尾短，身体矮圆，但腿较长而强健，站立时显得身姿挺拔。图为鳞胸鹪鹛。朱晖摄

右：鳞胸鹪鹛主要以地面或近地面的昆虫或其他无脊椎动物为食。图为小鳞胸鹪鹛。赵纳勋摄

浅色型

深色型

指名亚种
P. p. pusilla

小鳞胸鹪鹛
Pnoepyga pusilla

深色型

浅色型

鳞胸鹪鹛
Pnoepyga albiventer

尼泊尔鹪鹛
Pnoepyga immaculata

鳞胸鹪鹛

拉丁名：*Pnoepyga albiventer*
英文名：Scaly-breasted Wren-babbler

雀形目鳞胸鹪鹛科

体长约9 cm。上体橄榄褐色，有浅褐色鳞状斑点，羽端具皮黄色斑点，尾极短是其典型特征；下体白色，胸部中心色深且有深灰色鳞状斑点，两胁鳞状斑橄榄褐色。

留鸟，分布区自喜马拉雅山脉至中国西南、中南半岛北部，包括西藏南部和东南部、云南西北部和四川中南部，分布海拔275～3900 m。

 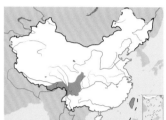

 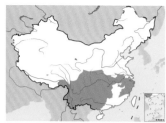

小鳞胸鹪鹛。左上图为浅色型，赵纳勋摄；下图为深色型，田穗兴摄

鳞胸鹪鹛。左上图为深色型，邢新国摄；下图为浅色型，罗平钊摄

小鳞胸鹪鹛

拉丁名：*Pnoepyga pusilla*
英文名：Pygmy Wren-babbler

雀形目鳞胸鹪鹛科

体长约8 cm。形态似鳞胸鹪鹛，但体形更小，头顶无斑点，上体斑点不明显且仅分布于上背及覆羽，棕褐色较重，几乎无尾；下体具醒目的扇贝形斑纹。

留鸟，分布于南亚次大陆北部、喜马拉雅山脉、中国南方、中南半岛，包括青藏高原东南部，分布海拔180～3050 m。研究者在四川发现1例被小杜鹃寄生的小鳞胸鹪鹛鸟巢，这也是首次发现小杜鹃巢寄生于除树莺以外的宿主。

尼泊尔鹪鹛

拉丁名：*Pnoepyga immaculate*
英文名：Nepal Wren-babbler

雀形目鳞胸鹪鹛科

体长约10 cm。上体棕褐色，有深褐色细纹；下体棕色或白色，每根羽毛都有一个有深褐色扇贝形斑纹。

留鸟，分布于喜马拉雅山脉，在中国的首次记录来自2010年西藏樟木，分布海拔250～3100 m。

尼泊尔鹪鹛。左上图李海涛摄，下图董文晓摄

蝗莺类

- 雀形目蝗莺科鸟类，全世界共13属57种，中国有2属18种，青藏高原有2属8种
- 体羽以棕色为主，布有条纹，翅圆，尾长，雌雄相似
- 生活在多种植被，以昆虫和其他无脊椎动物为食
- 巢位于各种植被间，靠近地面

类群综述

分类与分布 蝗莺是雀形目蝗莺科（Locustellidae）成员的总称，也是莺总科的一部分，有13属57种。分布于欧亚大陆，少数扩散到大洋洲；一些物种繁殖于欧亚大陆北方，长距离迁徙到南方过冬，生活在温暖地区的物种则为留鸟。中国有蝗莺2属18种，青藏高原有2属8种。

在传统分类系统中蝗莺属于莺科，最新的分类系统根据分子证据将这一分支提出来新建立了蝗莺科。在演化关系上，蝗莺科与黑顶鹪鹩科（Donacobiidae）和马岛莺科（Bernieridae）组成的分支互为姐妹关系。

形态 蝗莺形态与苇莺相似，喙尖细，翅圆，尾长。体羽以棕色为主，布有条纹，雌雄羽色相似。

栖息地与习性 蝗莺栖息于多样的环境，包括森林、沼泽和草地，以昆虫和其他无脊椎动物为食，特别是蜘蛛，一些物种也吃少量种子，每天花大量时间在地面或植被下部搜索食物。许多成员翅膀短圆，生活在林下灌丛，往往是当地留鸟而不作长距离迁徙。有些繁殖于欧亚大陆北部茂密的芦苇或草地，迁徙到南方过冬。

繁殖 蝗莺的交配系统推测为社会性单配制，虽然鹨莺属 Cincloramphus 的物种常常有一雄多雌现象。蝗莺建造深杯形的巢，侧面开口，位于各种植被间，接近地面。窝卵数1～7枚，孵化期10～16天，育雏期10～17天，雌鸟或双亲筑巢、孵卵，双亲共同育雏。

种群现状和保护 蝗莺的适应范围较广，种群状态相对于同样从莺科中分离的苇莺要好，但受胁率仍高于鸟类总体水平。除查塔姆蕨莺 Poodytes rufescens 在1900年灭绝外，有2个物种处于濒危（EN）状态，8个物种处于易危（VU）状态，8个物种处于近危（NT）状态。其中在中国分布的有东亚蝗莺 Locustella pleskei 为濒危（EN），巨嘴短翅蝗莺 Locustella major 和矛斑蝗莺 Locustella lanceolata 为近危（NT）。

左：蝗莺翅圆，尾长，体羽以棕色为主。图为斑胸短翅蝗莺。董磊摄

右：蝗莺主要以昆虫和其他无脊椎动物为食。图为棕褐短翅蝗莺。甘礼清摄

高山短翅蝗莺
Locustella mandelli

四川短翅蝗莺
Locustella chengi

斑胸短翅蝗莺
Locustella thoracica

巨嘴短翅蝗莺
Locustella major

中华短翅蝗莺
Locustella tacsanowskia

棕褐短翅蝗莺
Locustella luteoventris

沼泽大尾莺
Megalurus palustris

小蝗莺
Locustella certhiola

高山短翅蝗莺

拉丁名：*Locustella mandelli*
英文名：Russet Bush Warbler

雀形目蝗莺科

体长约 14 cm。上体暗褐色，眉纹皮黄色；下体白色，喉有暗色条纹，胸沾灰褐色，两胁和尾下覆羽橄榄色。

留鸟，分布在喜马拉雅山脉东段、中国南方和中南半岛北部，包括青藏高原东南部，分布海拔 25～2615 m。

 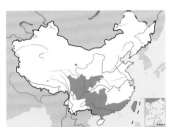

高山短翅蝗莺。向定乾摄

四川短翅蝗莺

拉丁名：*Locustella chengi*
英文名：Sichuan Bush Warbler

雀形目蝗莺科

形态 体长约 14 cm。形态与高山短翅蝗莺相似，只是喙较长而尾羽较短，上体颜色与后者稍有不同，鸣声更为尖利。

分类 四川短翅蝗莺是最近才发现的一个新物种，形态与高山短翅蝗莺极其相似，最初被认为是高山短翅蝗莺，通过分子证据确立为新鸟种，二者在 85 万年前从共同的祖先分离、演化而来。

分布 中国特有物种。留鸟，分布于四川北部、中部和南部，陕西中部和南部，贵州北部和湖南西北部，包括青藏高原东缘的峨眉山，分布海拔 1000～2250 m。在四川南部与高山短翅蝗莺同域分布，但其分布海拔多在 1900 m 以下，而高山短翅蝗莺在海拔 1900 m 以上。

探索与发现 1992 年 5 月的一天，四川峨眉山，瑞典鸟类学家皮尔·奥斯特罗姆（Per Alström）和厄本·奥尔森（Urban Olsson）听到一种不熟悉的鸟叫声，从茂密的灌丛中传来，有点像高山短翅蝗莺，但却又不同。究竟是谁在叫呢？

这个疑虑一直埋藏在这两位鸟类学家的心底。直到 20 年之后，皮尔博士与中国同行合作开始探究谜底。

为了录音和采样，研究团队跋涉于陕西秦岭和中国西南的高山深谷，他们也到世界各地的博物馆查看高山短翅蝗莺的标本，同时寻找分子遗传学的证据。经过这些艰难而严谨的努力，研究者最终确认了一个新的物种——四川短翅蝗莺。

为了纪念中国现代鸟类分类学的奠基者之一郑作新院士（1906—1998），四川短翅蝗莺的种名被指定为 *chengi*，也就是郑作新院士姓氏的韦氏拼音拼写。

 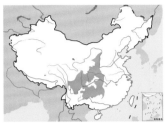

四川短翅蝗莺。巫嘉伟摄

四川短翅蝗莺看起来并不那么特别，但它是最近才发现的一个新物种。图为 2014 年 5 月 27 日在四川老君海拔 1350 m 处拍摄的一只成体雄性，性别是依据鸣声、泄殖腔形态和有无孵卵斑确定的。戴波摄

斑胸短翅蝗莺

拉丁名：*Locustella thoracic*
英文名：Spotted Bush Warbler

雀形目蝗莺科

体长约 14 cm。上体暗褐色，眉纹狭长而呈灰白色，尾羽褐色并具暗色横斑；下体白色，喉至上胸有深褐色斑点，两胁、尾下覆羽褐色。

作为夏候鸟，繁殖区自西喜马拉雅山脉向东至中国西南和华中，包括青藏高原东南部、东部和东北部，繁殖海拔3000～4850 m；在喜马拉雅山脉南麓有越冬种群。

 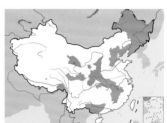

斑胸短翅蝗莺。左上图贾陈喜摄，下图唐军摄

巨嘴短翅蝗莺

拉丁名：*Locustella major*
英文名：Long-billed Bush Warbler

雀形目蝗莺科

体长约 14 cm。亚洲喙最长的短翅蝗莺。上体棕褐色，眉纹白色；下体白色，喉、上胸有暗褐色斑点，两胁、尾下覆羽褐色。

留鸟，分布于喜马拉雅山脉西部和昆仑山脉，局限于巴基斯坦北部、印度西北部和中国西部的狭小区域，包括新疆西部和南部、西藏西南部，分布海拔 2400～3600 m。

 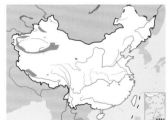

巨嘴短翅蝗莺

中华短翅蝗莺

拉丁名：*Locustella tacsanowskia*
英文名：Chinese Bush Warbler

雀形目蝗莺科

体长约 13 cm。体羽褐色，眼先白色；胸具褐色斑点，两胁棕褐色，尾下覆羽淡褐色。

作为夏候鸟，繁殖区从西伯利亚东部至中国大部，包括青海东部、甘肃南部，最高繁殖海拔 3600 m；在东南亚和南亚有越冬种群。

 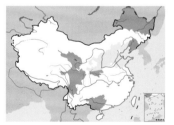

中华短翅蝗莺。左上图张永文摄

棕褐短翅蝗莺

拉丁名：*Locustella luteoventris*
英文名：Brown Bush Warbler

雀形目蝗莺科

体长约 13 cm。上体棕褐色，眉纹浅皮黄色，尾长，翅短；胸棕褐色，腹部白色，两胁、尾下覆羽棕褐色。

留鸟，分布于喜马拉雅山脉至中国西南、华南和东南，以及中南半岛北部，包括青藏高原东南部，最高分布海拔 3300 m。

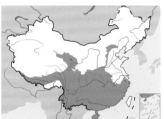

棕褐短翅蝗莺。赵纳勋摄

小蝗莺

拉丁名：*Locustella certhiola*
英文名：Pallas's Grasshopper Warbler

雀形目蝗莺科

体长约 13 cm。上体深褐色，有黑褐色纵纹，眉纹皮黄色，尾楔形；颏、喉近白色，胸棕褐色，腹白色，两胁、尾下覆羽橄榄褐色。

作为夏候鸟，繁殖于亚洲东北部和中部；在南亚和东南亚，包括中国西藏东南部，有越冬种群。

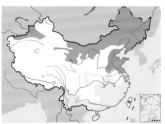

小蝗莺。左上图邢新国摄，下图董文晓摄

沼泽大尾莺

拉丁名：*Megalurus palustris*
英文名：Striated Grassbird

雀形目蝗莺科

体长约 25 cm。眉纹白色，上体淡栗色，有黑色纵纹。下体白色，两胁、尾下覆羽淡栗色，有细的黑褐色纵纹。

留鸟，分布于喜马拉雅山脉南麓、中国西南和东南亚，包括中国西藏东南部，最高分布海拔 2000 m。栖息于沼泽环境。

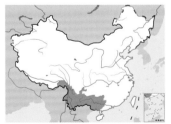

沼泽大尾莺。叶昌云摄

燕类

- 雀形目燕科鸟类，全世界共20属83种，中国有6属14种，青藏高原有5属8种
- 喙短而扁宽，翅长而尖，尾短到中等长，方形到深叉形
- 雄性通常比雌性体羽艳丽
- 喜欢靠近水域的开阔环境，少数生活在林区
- 食虫，少数物种在非繁殖期吃浆果
- 社会性单配制

类群综述

　　燕是雀形目燕科（Hirundinidae）鸟类的总称，也是莺总科的一部分，全世界共 20 属 83 种，分布于除南极洲外的世界各地，一些物种作为夏候鸟在北温带地区繁殖，然后长距离迁徙到南方温暖的地区过冬；在亚热带和热带地区繁殖的物种则无迁徙行为。燕科在莺总科的分类地位尚且没有确切的结论。燕科又被分为 2 个亚科，河燕亚科（Pseudochelidoninae）只有 1 属 2 种，仅分布于非洲和泰国；燕亚科（Hirundininae）包括 19 属 81 种，分布于除南极洲外的世界各地。中国有燕类 6 属 14 种，青藏高原有 5 属 8 种。

　　燕类喙短而扁宽，翅长而尖，尾短到中等长，方形到深叉形，雄鸟通常比雌鸟羽色艳丽。它们体形小巧，行动敏捷。主要生活于居民点、农田以及山谷中较为空旷的岩壁周围和湖泊沙丘岸边。善飞行，常长时间地在空中飞翔，捕食空中昆虫。少数物种在非繁殖期采食浆果。休息时多成群栖息于电线、岩石或潮湿的沙地上。

　　营巢于自己在沙质壁上挖掘的洞穴内、各种天然或人工缝隙内，或在峭壁和人类建筑物上用泥巴建造成杯形到囊状的巢。窝卵数 2 ~ 8 枚，孵化期 10 ~ 21 天，育雏期 21 ~ 28 天。雌鸟或双亲筑巢和孵卵，双亲共同育雏。

　　燕类常出现在人类居住区，又因捕食昆虫而被视为益鸟，受到人们喜爱和保护。大部分燕类为无危物种（LC），但一些狭域分布的物种容易受胁，例如仅分布于泰国的白眼河燕 *Pseudochelidon sirintarae* 已多年无记录，被 IUCN 评估为极危（CR），分布于岛屿的巴哈马树燕 *Tachycineta cyaneoviridis* 和加岛崖燕 *Progne modesta* 为濒危物种（EN）。

左：燕类主要在空中捕食飞虫为生，是人们较为熟悉的一类鸟类。图为岩燕。彭建生摄

右：燕类营巢于自己在沙质壁上挖掘的洞穴内、各种天然或人工缝隙内，或在峭壁和人类建筑物上用泥巴建造成杯形到囊状巢。图为正在衔泥筑巢的烟腹毛脚燕。沈越摄

崖沙燕
Riparia riparia

淡色崖沙燕
Riparia diluta

家燕
Hirundo rustica

岩燕
Ptyonoprogne rupestris

烟腹毛脚燕
Delichon dasypus

毛脚燕
Delichon urbicum

黑喉毛脚燕
Delichon nipalense

金腰燕
Cecropis daurica

崖沙燕

拉丁名：*Riparia riparia*
英文名：Sand Martin

雀形目燕科

形态 体长约 12 cm。上体深灰褐色，尾叉状；下体白色，胸带灰褐色。雌雄羽色相似。

分布 作为夏候鸟，繁殖于欧亚大陆和北美，见于整个青藏高原，最高繁殖海拔 4500 m；在非洲、东南亚和南美洲越冬。

栖息地 喜欢较为开阔的地带，一般不远离水域。

习性 集群生活，群体大小多为 30～50 只，亦见数百只的大群。有时与家燕、金腰燕一起飞翔。休息时成群停栖在沙丘、沼泽或沙滩上，或停栖在电线上。

繁殖 集群营巢于沟壑、河岸沙土崖的洞穴内，由雌鸟和雄鸟共同用喙凿成；坑道水平，深 0.5～1.3 m，洞末端扩大成巢室；巢浅盆状，由草茎叶和鸟羽构成。2007 年 6 月，研究者在西藏拉萨市郊山脚面积仅 100 m² 的沙土壁上观察到 60 多个巢。巢洞一个接一个，彼此挨得很近。一项在匈牙利的研究表明，1494 只环志的成鸟中，128 只翌年返回到同一繁殖群体，而且，上一年的邻居在翌年依然倾向于做邻居。

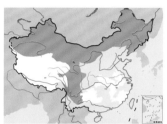

崖沙燕。左上图彭建生摄，下图杨贵生摄

从巢中探出头来的崖沙燕幼鸟。付义强摄

淡色崖沙燕

拉丁名：*Riparia diluta*
英文名：Pale Sand Martin

雀形目燕科

体长约 12 cm。与崖沙燕相似，但上体更显浅灰色，下体胸带不甚明显。

作为夏候鸟，繁殖于中西伯利亚、蒙古、中国西南至东南、喜马拉雅山脉，包括青藏高原，最高繁殖海拔 4500 m；在印度西北部和中国东南部有越冬种群。

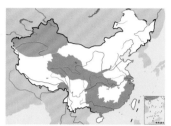

淡色崖沙燕。左上图董磊摄，下图沈越摄

家燕

拉丁名：*Hirundo rustica*
英文名：Barn Swallow

雀形目燕科

体长约 20 cm。上体蓝黑色而富有金属光泽，前额深栗色；尾长，呈深叉状，羽端有白斑；颏、喉和上胸棕栗色，其下有一个黑色环带，下胸、腹及尾下覆羽白色。雌雄羽色相似。

作为夏候鸟，繁殖于欧亚大陆北部，包括中国全境，最高繁殖海拔 3000 m；在欧亚大陆南部越冬。

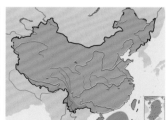

家燕。左上图沈越摄，下图杨贵生摄

岩燕

拉丁名：*Ptyonoprogne rupestris*
英文名：Eurasian Crag Martin

雀形目燕科

　　体长约 15 cm。上体灰褐色，尾不分叉、尾羽近端处具 2 个白色斑点是其显著特征；颏、喉和上胸白色，下胸和腹深棕色，两胁和尾下覆羽烟褐色。雌雄羽色相似。

　　作为夏候鸟，繁殖于欧洲南部、非洲东北部；在东非和南亚有越冬种群；作为留鸟，分布于西亚、中亚、南亚、中国西南和华中，包括整个青藏高原，分布海拔 0 ~ 4500 m。

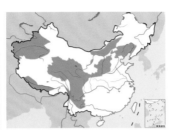

岩燕。左上图为成鸟，下图为巢和雏鸟。贾陈喜摄

正在给雏鸟喂食的岩燕。贾陈喜摄

烟腹毛脚燕

拉丁名：*Delichon dasypus*
英文名：Asian House Martin

雀形目燕科

　　形态　体长约 13 cm。后颈羽毛基部白色，上背黑色并泛有金属光泽，下背和腰白色，尾呈浅叉状，尾上覆羽和尾羽黑褐色；下体自颏、喉到尾下覆羽均为烟灰白色。雌雄体羽相似。

　　分布　作为夏候鸟，繁殖于俄罗斯、蒙古、日本、朝鲜、中国，包括整个青藏高原，最高繁殖海拔 4800 m；在东南亚和印度北部越冬。

　　栖息地　生活在海岸带和人迹罕至的山区峡谷地带，也出现在人类居住区。

　　繁殖　在雅鲁藏布江中游的高山上，烟腹毛脚燕每年 4 月初到达，从 5 月初到 7 月初都能发现它们的筑巢活动。巢长球形，高 9.5 ~ 16.0 cm，宽 9.8 ~ 10.2 cm，由双亲用泥土、枯草、羽毛混合成泥丸堆砌而成，一端开口。有时观察到几只成鸟携带巢材至同一个巢。它们习惯性地利用固定的岩壁营巢。通常 7 ~ 8 巢聚集在一起，巢间距 3 ~ 90 cm，有时也有 1 ~ 2 个巢孤立地存在于一个岩壁。5 月 29 日记录的一个巢里有 4 枚白色的卵，平均大小 19.0 mm × 14.2 mm。另一个记录于 6 月 19 日的巢中有 3 只雏鸟，每只重 11 ~ 13 g。在其他地区，烟腹毛脚燕也在房屋、桥梁等人类建筑物上做巢。

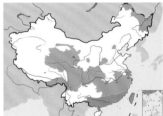

烟腹毛脚燕。左上图董磊摄，下图贾陈喜摄

毛脚燕

拉丁名：*Delichon urbicum*
英文名：Common House Martin

雀形目燕科

体长约 13 cm。上体黑色，富有蓝黑色金属光泽，腰及尾上覆羽白色，尾叉形；下体纯白色，腿、脚均被以白色绒羽。雌雄羽色相似。

作为夏候鸟，繁殖于欧亚大陆北部和中部，包括青藏高原东南部，最高繁殖海拔 4500 m；在中非和南非、西亚以及东南亚有越冬种群。

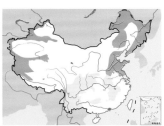

毛脚燕。左上图焦庆利摄，下图关学丽摄

黑喉毛脚燕

拉丁名：*Delichon nipalense*
英文名：Nepal House Martin

雀形目燕科

体长约 12 cm。上体黑色且具深蓝色金属光泽，颈圈白色，腰部有狭窄的白带，尾平而非叉形；颏、喉暗黑色，胸两侧黑褐色，尾下覆羽黑色并具蓝色光泽。雌雄羽色相似。

留鸟，分布于喜马拉雅山脉、中国西南和缅甸西部，包括中国西藏东南部，分布海拔 150～4000 m。

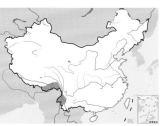

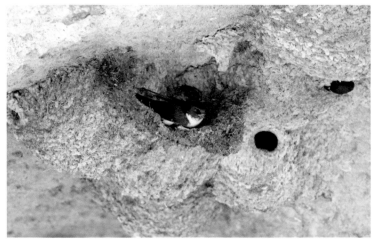

黑喉毛脚燕。左上图董磊摄，下图李晶晶摄

金腰燕

拉丁名：*Cecropis daurica*
英文名：Red-rumped Swallow

雀形目燕科

体长约 18 cm。上体黑色，具有辉蓝色光泽，腰浅栗色，十分醒目；尾甚长，且为深凹形；下体棕白色，具黑色细纵纹。

作为夏候鸟，繁殖区遍及欧亚大陆和非洲北部，包括中国大部，同时覆盖青藏高原大部；在中非和东南亚有越冬种群。作为留鸟，分布于非洲中部、中亚、喜马拉雅山脉、青藏高原东南部和南亚次大陆。分布海拔 0～3700 m。

金腰燕。沈越摄

鹎类

- 雀形目鹎科鸟类，全世界共31属131种，中国有7属22种，青藏高原有6属13种
- 体羽以褐色、黄色和橄榄色为主，一些物种头部有羽冠，雌雄相似
- 以植物和昆虫等小动物为食
- 营杯形巢于灌木或树上
- 社会性单配制，少数物种合作繁殖

类群综述

分类与分布 鹎类是雀形目鹎科（Pycnonotidae）物种的总称，为莺总科的组成部分，共有 31 属 131 种。这些物种分布于亚洲南部和非洲，其中一些仅分布于亚洲，另一些仅分布于非洲，只有 2 个属同时见于亚洲和非洲。分子标记也支持鹎类分为亚洲和非洲两大分支。亚洲分支包含 3 个分布于非洲的物种：鹎属 Pycnonotus 的黑眼鹎 P. barbatus、红眼鹎 P. nigricans 和短脚鹎属 Hypsipetes 的马岛短脚鹎 H. madagascariensis，亚洲的白颊鹎 Pycnonotus leucogenys 与来自非洲的 2 个同属物种亲缘关系最近，由此推测鹎属可能不是一个单系类群，非洲的鹎属鸟类有可能起源于亚洲的鹎属原始类群。此外，推测非洲的鹎属物种可能是近期由亚洲经巴基斯坦、中东扩散而至。最新分类系统将原本被归在鹎科的非洲马达加斯加的许多物种移出鹎科，建立了新的马岛鹎科（Bernieridae），如马岛旋木鹎 Bernieria madagascariensis、短嘴旋木鹎 Xanthomixis zosterops 等。

鹎科与其他莺总科鸟类的姐妹关系依然悬而未决。有研究认为它与扇尾莺科（Cisticolidae）关系最近，另外的研究则发现它与燕科（Hirundinidae）、纹鹪莺科（Scotocercidae）、长尾山雀科（Aegithalidae）、柳莺科（Phylloscopidae）关系密切，而也有研究认为它与莺鹛科（Sylviidae）、噪鹛科（Leiothrichidae）、绣眼鸟科（Zosteropidae）和扇尾莺科组成的分类组互为姐妹关系。

中国有鹎科鸟类 7 属 22 种，青藏高原有 6 属 13 种。

形态 鹎的体长多在 20 cm 左右，最小者姬旋木鹎 Phyllastrephus debilis 仅 13 cm，而最大者黄冠鹎 Pycnonotus zeylanicus 可达 29 cm。多数物种头部有冠羽，颈较短而尾羽较长；翅短而圆，有 10 枚

左：鹎类颈短而尾长，多数具羽冠，体羽以褐色、黄色和橄榄色为主，性活泼而不甚畏人。其中，分布区不断扩大的白头鹎尤其广为人知。图为白头鹎。沈越摄

右：鹎类在非繁殖期好集群。图为集群的白头鹎。赵纳勋摄

初级飞羽；喙除雀嘴鹎属 *Spizixos* 粗短而强壮之外，其他种均细而弱；跗跖较短而弱，大多被以靴状鳞。体羽以褐色、黄色和橄榄色为主，雌雄相似。

习性 鹎善鸣叫，叫声悦耳动听。印度北部的黑喉红臀鹎 *Pycnonotus cafer* 可以发出 7 种不同类型的声音信号。有些物种具有效鸣的能力，如印度的白眉鹎 *Pycnonotus luteolus* 可仿效黑喉红臀鹎以及绿喉蜂虎 *Merops orientalis* 的鸣声。

鹎大多为留鸟，少数具有迁徙行为。栖息于森林或灌丛边缘，也常见于居民区和庭园附近，尤其是鹎属物种，如白头鹎 *Pycnonotus sinensis*。

繁殖期大部分物种具有领域性。在非洲加蓬，绿鹎鹎 *Chlorocichla simplex* 会守卫面积 1～2 hm² 的领域。小旋木鹎 *Phyllastrephus icterinus* 具有明显的领域忠诚度，在 64 只环志的个体中，有 36 至少在同一区域内被重捕 1 次，其中 1 只在 66 个月内重捕 7 次，另外 1 只在 90 个月内重捕了 12 次；它们对配偶也有很强的忠诚度，有一对在 61 个月后还在同一张鸟网被捕获。在非繁殖期，鹎好群栖。如在香港地区，红耳鹎 *Pycnonotus jocosus* 越冬期可形成 200 只以上的大群，而白头鹎甚至可以形成 1000～2500 只的大型越冬群。斑鹎 *Ixonotus guttatus* 全年形成 5～50 只的家族群。

食性 鹎类食谱广泛，从果实、草籽、花蜜、花粉，节肢动物到小型脊椎动物，但是在非洲和马达加斯加的一些物种偏食昆虫。对香港地区红耳鹎的排泄物样本分析发现，92% 的样本里面包含草籽或果实，19% 包含有昆虫成分。许多物种平时以种子、浆果等为食，兼吃鞘翅目、鳞翅目、膜翅目、直翅目等昆虫及其幼虫。夏季育雏期间捕食大量昆虫，有些物种，如黑喉红臀鹎、红耳鹎等主要喂饲软体的昆虫和幼虫以补充雏鸟发育对蛋白和钙的需求。

鹎类食谱广泛，育雏期多捕食昆虫，但越冬期主要以植物果实和种子为食

上：冬季取食金银木果实的白头鹎。沈越摄

下：繁殖期捕食昆虫的白头鹎。颜重威摄

鹎类

大多数鹎类在灌丛枝间营杯状或碗状巢。图为白头鹎的巢和雏鸟。颜重威摄

繁殖 鹎科大部分物种为单配制，有些物种有合作繁殖行为。许多物种在同一繁殖季会繁殖多窝，常见 3 窝，多至 5 窝。大多数鹎类筑巢于树枝或灌丛中，在灌丛枝间营巢。白眉黄臀鹎 Pycnonotus goiavier 和红耳鹎曾经筑巢于灌丛下的地面。

巢呈杯状或碗状，以细枝、苔藓、枯草茎根等构成，常内垫有细软的草叶、棉花、兽毛、鸟羽等材料。通常每窝产卵 2～5 枚。尽管早期有报道红耳鹎的雌雄个体均参与筑巢，但是大多数物种还是主要由雌鸟承担筑巢工作。巢多数情况下很分散，但是有一些物种呈现松散的集群。卵通常白色、灰白色或粉色，具有深色斑点。孵卵由雌鸟承担，通常需要11～14 天。双亲共同育雏，持续 12～16 天。

种群现状和保护 鹎类多数在其分布区内数量丰富。青藏高原分布的鹎类均被 IUCN 评估为无危（LC），但黄绿鹎在中国分布区域狭窄，数量稀少，被《中国脊椎动物红色名录》评估为近危（NT）。在中国，一些常见鹎类被列为三有保护鸟类，但数量较少的黄绿鹎却并未列入保护名录。

凤头雀嘴鹎
Spizixos canifrons

纵纹绿鹎
Pycnonotus striatus

红耳鹎
Pycnonotus jocosus

黄臀鹎
Pycnonotus xanthorrhous

白头鹎
Pycnonotus sinensis

白颊鹎
Pycnonotus leucogenis

黑喉红臀鹎
Pycnonotus cafer

白喉红臀鹎
Pycnonotus aurigaster

绿翅短脚鹎
Ixos mcclellandii

黄绿鹎
Pycnonotus flavescens

黄腹冠鹎
Alophoixus flaveolus

黑色型

白色型

灰短脚鹎
Hemixos flavala

黑短脚鹎
Hypsipetes leucocephalus

凤头雀嘴鹎

拉丁名：*Spizixos canifrons*
英文名：Crested Finchbill

雀形目鹎科

　　体长约 20 cm。头灰色，灰黑色的羽冠为其典型特征，嘴短厚似鹦鹉，又名鹦嘴鹎，上体橄榄绿色，尾羽、飞羽端部黑褐色。

　　留鸟，分布于喜马拉雅山脉东段、印度东北部、中国西南和中南半岛北部，包括青藏高原东南部，分布海拔 300～4000 m。

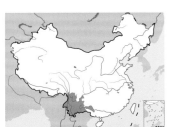

凤头雀嘴鹎。左上图董文晓摄，下图彭建生摄

纵纹绿鹎

拉丁名：*Pycnonotus striatus*
英文名：Striated Bulbul

雀形目鹎科

　　体长约 22 cm。头具暗绿褐色羽冠，羽冠上有浅黄色纵纹，上体橄榄绿色，枕、背及肩有白色纵纹；颏及喉黄色，胸布以黑、白色纵纹，腹浅黄色，布以浅褐色纵纹。

　　留鸟，分布于喜马拉雅山脉、中国西南部、中南半岛北部，包括青藏高原东南部，分布海拔 300～3000 m。栖息于山地沟谷阔叶林，常成群活动于高大乔木冠部。

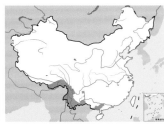

纵纹绿鹎。左上图时敏良摄，下图董磊摄

红耳鹎

拉丁名：*Pycnonotus jocosus*
英文名：Red-whiskered Bulbul

雀形目鹎科

　　体长约 19 cm。额至头顶黑色，羽冠高耸，颊及耳羽白色，耳前方有一个赤红色斑，后颈至上体棕褐色，外侧尾羽有白色端斑；下体白色，尾下覆羽鲜红色。

　　留鸟，分布于印度，中国西南和华南，东南亚，包括青藏高原东南部，最高分布海拔 2000 m。

红耳鹎。左上图董磊摄，下图沈越摄

黄臀鹎

拉丁名：*Pycnonotus xanthorrhous*
英文名：Brown-breasted Bulbul

雀形目鹎科

体长约 19 cm。额至头顶黑色，上体棕褐色，尾深褐色；颏、喉白色，胸烟褐色并形成一条胸带，尾下覆羽橙黄色。

留鸟，分布于中国黄河以南、中南半岛北部，包括青藏高原东南部，分布海拔 600 ~ 4275 m。

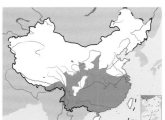

黄臀鹎。沈越摄

白头鹎

拉丁名：*Pycnonotus sinensis*
英文名：Light-vented Bulbul

雀形目鹎科

体长约 19 cm。头黑色，羽冠显著，枕后有白色斑延伸至颈背，上体暗灰色并泛黄绿色；颏和喉白色，胸淡灰褐色并有不明显的胸带，腹部灰白色并具黄绿色纵纹。

作为夏候鸟，繁殖于中国西北、华北、华中和华东，以及朝鲜和日本，包括青藏高原东北部；在中国华南和越南北部有越冬种群。作为留鸟，分布于中国西南和华南、东南，包括青藏高原东南部边缘。最高分布海拔 2300 m。

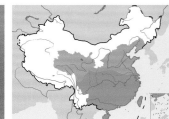

白头鹎。沈越摄

白颊鹎

拉丁名：*Pycnonotus leucogenis*
英文名：Brown-breasted Bulbul

雀形目鹎科

体长约 20 cm。头黑色，冠羽褐色，脸颊白色，上体灰褐色，尾黑色而端部白色；下体近白色，尾下覆羽浅黄色。

留鸟，分布于喜马拉雅山脉，包括西藏东南部，冬季出现在喜马拉雅山脉南麓。分布海拔 300 ~ 2400 m。

白颊鹎。左上图田穗兴摄，下图薄顺奇摄

黑喉红臀鹎

拉丁名：*Pycnonotus cafer*
英文名：Red-vented Bulbul

雀形目鹎科

　　体长约 20 cm。头黑色而富有光泽，耳羽棕色，上体褐色，尾上覆羽灰白色，尾黑褐色而先端白色；颏、喉至上胸黑色，腹白色而两胁沾褐色，尾下覆羽橘红色。

　　留鸟，分布于喜马拉雅山脉、南亚次大陆、中国西南和中南半岛北部，包括青藏高原东南部，最高分布海拔 2285 m。

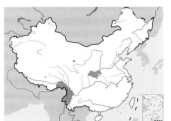

黑喉红臀鹎。沈越摄

白喉红臀鹎

拉丁名：*Pycnonotus aurigaster*
英文名：Sooty-headed Bulbul

雀形目鹎科

　　体长约 21 cm。头顶黑色而富有光泽，颊及耳羽白色，上体灰褐色，尾上覆羽灰白色，尾羽黑褐色而先端白色；颏黑色，下体余部灰白色，尾下覆羽橘红色。

　　留鸟，分布于中国西南、华中、华东和华南，以及东南亚，包括青藏高原东南部边缘，最高分布海拔 1830 m。

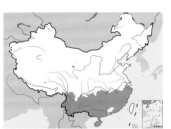

白喉红臀鹎。沈越摄

白喉红臀鹎幼鸟。颜重威摄

黄绿鹎

拉丁名：*Pycnonotus flavescens*
英文名：Flavescent Bulbul

雀形目鹎科

体长约 22 cm。上体橄榄褐色，眉纹白色；喉白色，胸、腹浅黄色并有浅棕色纵纹，尾下覆羽鲜黄色。

留鸟，分布于印度东北部、中国西南和东南亚，包括青藏高原东南部，分布海拔 450～3500 m。

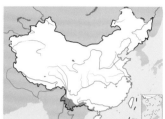

黄绿鹎。左上图沈越摄，下图田穗兴摄

黄腹冠鹎

拉丁名：*Alophpixus flaveolus*
英文名：White-throated Bulbul

雀形目鹎科

体长约 22 cm。头顶褐色并具有明显的羽冠，脸部灰白色，上体橄榄黄色，翅棕褐色；喉白色，下体鲜黄色。

留鸟，分布于喜马拉雅山脉、中国西南和中南半岛北部，包括青藏高原东南部，最高分布海拔 1500 m。

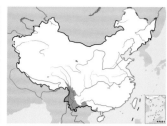

黄腹冠鹎。左上图薄顺奇摄，下图董磊摄

绿翅短脚鹎

拉丁名：*Ixos mcclellandii*
英文名：Mountain Bulbul

雀形目鹎科

体长约 23 cm，头栗褐色，头顶具白色羽轴纹，颈背浅褐色，上体余部橄榄绿色；颏、喉灰白色并有黑色纵纹，胸浅棕色，下体余部浅黄色。

留鸟，分布于喜马拉雅山脉、中国长江以南和东南亚，包括青藏高原东南部，最高分布海拔 2700 m。

绿翅短脚鹎。沈越摄

灰短脚鹎

拉丁名：*Hemixos flavala*
英文名：Ashy Bulbul

雀形目鹎科

体长约 21 cm。头黑棕色，有羽冠，耳羽棕褐色，上体暗灰色，尾羽暗褐色，外侧泛黄绿色，翅上有黄绿色斑块；颏、喉白色，上胸灰色，下体余部灰白色。

留鸟，分布于喜马拉雅山脉、中国西南、中南半岛北部，包括青藏高原东南部，最高分布海拔 2100 m。

灰短脚鹎。田穗兴摄

黑短脚鹎

拉丁名：*Hypsipetes leucocepalus*
英文名：Black Bulbul

雀形目鹎科

体长约 23 cm。喙橘红色，有 2 种明显不同的色型。黑色型通体黑色，为西藏亚种 *H. s. psaroides*、滇南亚种 *H. s. concolor*、滇西亚种 *H. s. sinensis*、台湾亚种 *H. s. nigerrimus*、海南亚种 *H. s. perniger* 的特征；白色型头部至后颈、喉至胸白色，为四川亚种 *H. s. leucothorax* 和东南亚种 *H. s. leucocephalus* 的特征。

作为夏候鸟，繁殖于中国西南和华南，包括青藏高原南部；作为留鸟，分布于喜马拉雅山脉、中国西南以及中南半岛，包括中国西藏南部和东南部。最高分布海拔 3200 m。

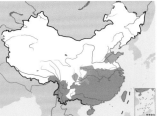

黑短脚鹎。左上图为白色型，彭建生摄；下图为黑色型，曹宏芬摄

黑短脚鹎育雏。颜重威摄

柳莺类

- 雀形目柳莺科鸟类，全世界共2属77种，中国有2属50种，青藏高原可见2属27种
- 上体以橄榄绿色为主，下体灰白色，冠纹和眉纹明显，雌雄体羽相似
- 翅长而尖，特别是长距离迁徙种；喙短而弱
- 食虫
- 社会性单配制，少数物种一雄多雌

类群综述

柳莺是雀形目柳莺科（Phylloscopidae）成员的总称，是莺总科的一部分，有2属77种，绝大多数分布在旧大陆，只有1个种扩散到阿拉斯加。柳莺科是由传统莺科（Sylviidae）中的柳莺亚科（Phylloscopinae）独立出来的一个新鸟科，与长尾山雀科（Aegithalidae）和纹鹪莺科（Scotocercidae）亲缘关系密切。

柳莺类均为小型鸟类，体长仅9～13 cm。翅长而尖，尤其是长距离迁徙种；喙短而弱。雌雄羽色相似。上体以橄榄绿色为主，下体灰白色，具明显的冠纹和眉纹。柳莺类形态极为相似，肉眼不易区分，但应用分子遗传学和鸣声声谱分析技术能很好地识别。近年来很多隐存种相继被发现，一些亚种也被提升至种的地位。

柳莺栖息于从海平面至海拔5000 m的各种环境，包括热带森林、温带阔叶林、针叶林、竹林及灌丛。以昆虫为主食，主要的觅食方式是在树冠的枝条和叶片间频繁运动搜索昆虫。

柳莺类主要为社会性单配制，一些物种的雄性在2个不同的领域各有雌性配偶，形成一雄多雌的交配制度。巢囊状，置于地面或靠近地面的灌丛间。窝卵数2～9枚，孵化期13～14天，育雏期10～22天。雌鸟或双亲筑巢或孵卵，双亲共同育雏。

柳莺类广泛适应于多种生境，多数在其分布区内数量丰富，为无危物种（LC），个别分布于岛屿的物种因面临栖息地丧失的威胁而被IUCN列为易危（VU），如繁殖于日本伊豆群岛的日本冕柳莺 *Phylloscopus ijimae*、仅分布于所罗门群岛的库岛柳莺 *Phylloscopus amoenus* 和海南岛的特有种海南柳莺 *Phylloscopus hainanus* 等。青藏高原有分布的柳莺均为无危物种（LC），大部分被列为中国三有保护鸟类。

左：柳莺为小型莺类，翅长而尖，喙和腿均短而细弱，多数上体橄榄绿色，下体灰白色，种间形态极为相似，差异主要在于冠纹、眉纹和翅斑，在野外很多情况下需要依据行为和鸣声来辨别物种。图为灰柳莺。贾陈喜摄

右：柳莺的巢置于地面或近地面的灌丛间。图为甘肃莲花山竹丛间的甘肃柳莺巢。贾陈喜摄

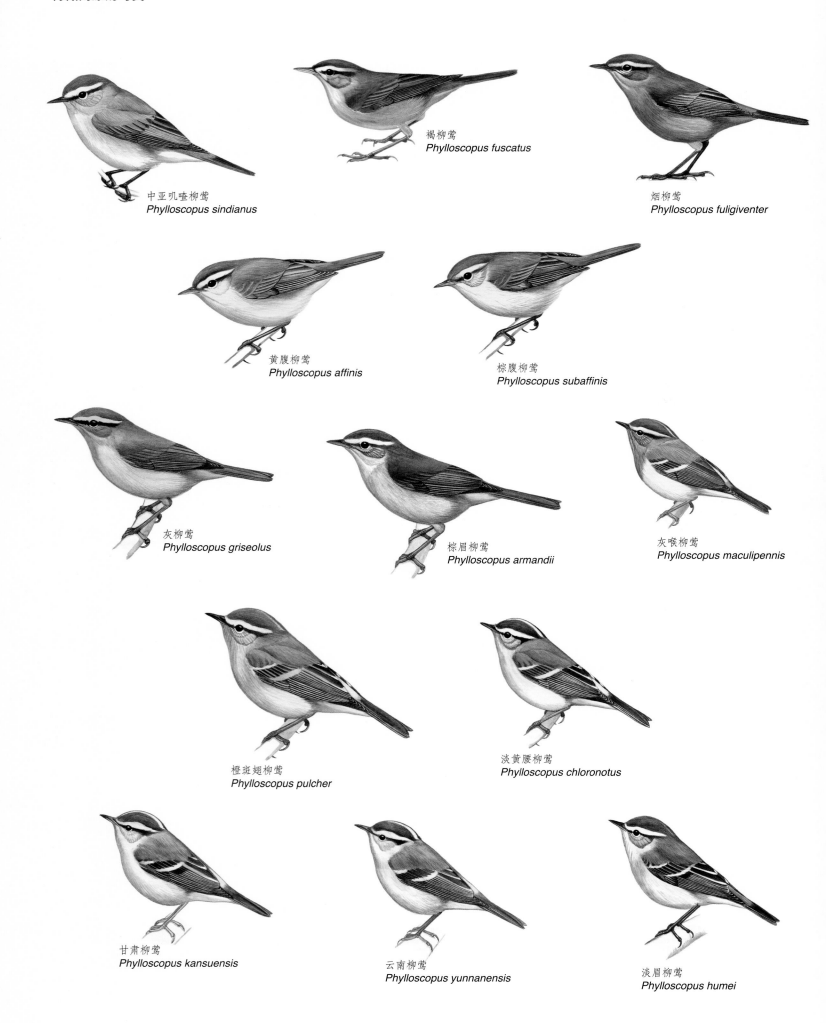

中亚叽喳柳莺
Phylloscopus sindianus

褐柳莺
Phylloscopus fuscatus

烟柳莺
Phylloscopus fuliginventer

黄腹柳莺
Phylloscopus affinis

棕腹柳莺
Phylloscopus subaffinis

灰柳莺
Phylloscopus griseolus

棕眉柳莺
Phylloscopus armandii

灰喉柳莺
Phylloscopus maculipennis

橙斑翅柳莺
Phylloscopus pulcher

淡黄腰柳莺
Phylloscopus chloronotus

甘肃柳莺
Phylloscopus kansuensis

云南柳莺
Phylloscopus yunnanensis

淡眉柳莺
Phylloscopus humei

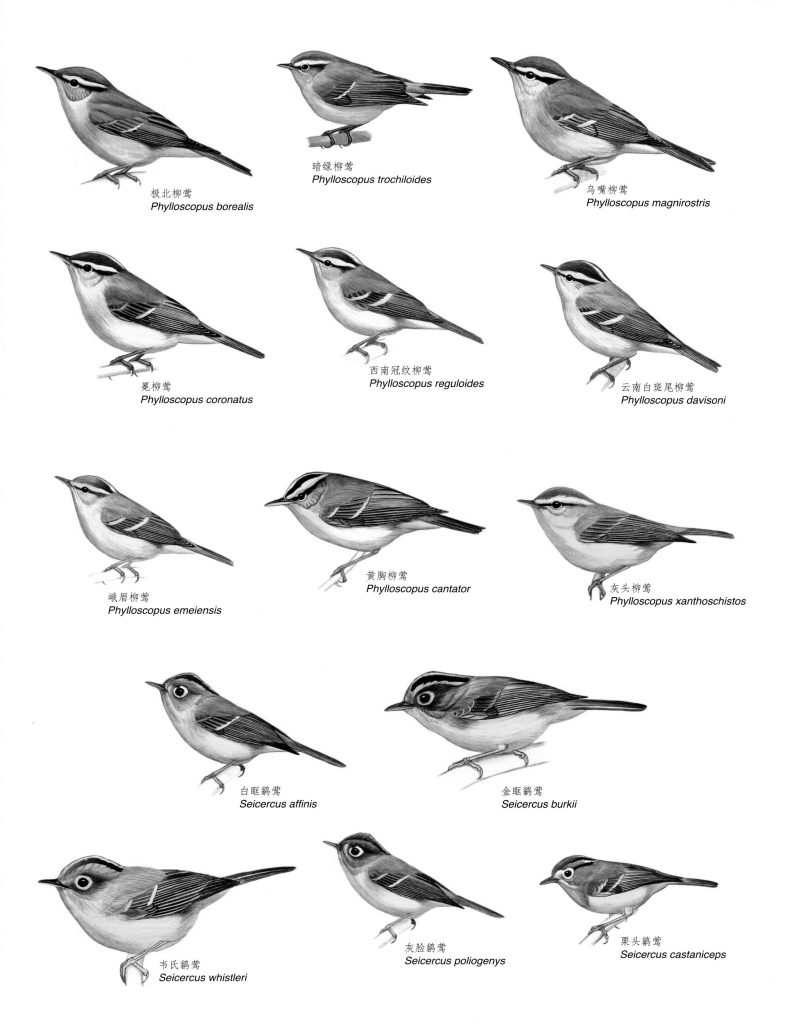

极北柳莺
Phylloscopus borealis

暗绿柳莺
Phylloscopus trochiloides

乌嘴柳莺
Phylloscopus magnirostris

冕柳莺
Phylloscopus coronatus

西南冠纹柳莺
Phylloscopus reguloides

云南白斑尾柳莺
Phylloscopus davisoni

峨眉柳莺
Phylloscopus emeiensis

黄胸柳莺
Phylloscopus cantator

灰头柳莺
Phylloscopus xanthoschistos

白眶鹟莺
Seicercus affinis

金眶鹟莺
Seicercus burkii

韦氏鹟莺
Seicercus whistleri

灰脸鹟莺
Seicercus poliogenys

栗头鹟莺
Seicercus castaniceps

中亚叽喳柳莺

拉丁名：*Phylloscopus sindianus*
英文名：Mountain Chiffchaff

雀形目柳莺科

体长约 11 cm。又称东方叽喳柳莺。上体灰褐色，眉纹淡黄色，贯眼纹黑色；下体皮黄色。

作为夏候鸟，繁殖于中东、高加索山脉、帕米尔高原、喜马拉雅山脉西北部及中国西部，在青藏高原仅见于西藏极西部和新疆西南部，最高繁殖海拔 5000 m；在伊朗南部和巴基斯坦南部有越冬种群。

中亚叽喳柳莺。贾陈喜摄

褐柳莺

拉丁名：*Phylloscopus fuscatus*
英文名：Dusky Warbler

雀形目柳莺科

体长约 11 cm。上体褐色，眉纹在眼先处为白色，在眼后为皮黄色，翅缘橄榄色；下体近白色，两胁黄褐色。

作为夏候鸟，繁殖于西伯利亚，蒙古北部，中国西北、东北和西南；冬季迁徙至中国南部、喜马拉雅山脉和中南半岛北部，最高繁殖海拔 4200 m。

 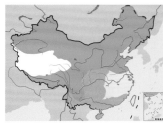

褐柳莺。沈越摄

烟柳莺

拉丁名：*Phylloscopus fuligiventer*
英文名：Smoky Warbler

雀形目柳莺科

体长约 11 cm。上体深烟褐色，头侧暗皮黄色，眉纹暗绿色，尾、翅暗褐色且具橄榄绿色羽缘；下体深褐色，两胁沾暗褐色。

作为夏候鸟，繁殖于喜马拉雅山脉、中国西南，包括西藏南部和东南部，最高繁殖海拔 5000 m；冬季迁至印度北部和东北部。

烟柳莺。左上图田穗兴摄，下图董磊摄

黄腹柳莺

拉丁名：*Phylloscopus affinis*
英文名：Tickell's Leaf Warbler

雀形目柳莺科

形态 体长约 10 cm。上体暗橄榄褐色，眉纹黄色；下体橄榄黄色。

分布 作为夏候鸟，繁殖于喜马拉雅山脉，经青藏高原延伸到陕西西南部，最高繁殖海拔 4880 m；在中国西南、缅甸北部、孟加拉国和印度越冬。

繁殖 在雅鲁藏布江中游的高山地带，黄腹柳莺每年 4 月中旬到达，最早的记录为 2000 年 4 月 14 日、2001 年 4 月 20 日；最晚能观察到它们的时间是 11 月中旬。一来到繁殖地，黄腹柳莺就喜欢站在灌木梢上鸣唱，不论阳坡阴坡，不论海拔高低，不论植被类型，都有它们娇小的身影。

稠密的植被为黄腹柳莺所偏爱的营巢地，因为一个隐蔽性好的巢对繁殖成功特别重要。测量发现，巢点周围的植被盖度达到 52%，高于研究地点的平均值 37%。巢建于 7 种多刺灌木上，其中 3 种锦鸡儿最受青睐，占到所有巢支持灌木的 48%。黄腹柳莺选择的支持灌木明显低矮，因为这样的灌木曾经历砍伐而分枝茂密。巢隐藏在枝条之间，距离地面只有 0 ～ 85 cm，而且这个高度与巢支持灌木本身的高度无关，说明它们偏好在低的位置建巢。巢椭圆形，开口于靠近顶部的侧面，外壁由细草茎或灌木的皮组成，里层的柔软材料是鸟羽。

产卵时间在 5 月下旬到 7 月上旬之间，生活在低海拔地区的繁殖对开始繁殖的时间明显早于高海拔的同类。卵为白底点缀锈红色斑点。只有雌鸟承担孵卵任务。新孵出的雏鸟皮肤黄色，有几簇灰色绒羽，6 天以后第一次睁眼。双亲共同参与育雏。雏鸟

黄腹柳莺。左上图彭建生摄，下图董磊摄

雅鲁藏布江中游高山地带黄腹柳莺的繁殖参数	
繁殖期	5 月下旬至 7 月上旬
交配系统	单配制
巢址选择	植被稠密的灌丛
繁殖海拔	3980 ～ 4700 m
巢基支持	灌木
距离地面	0 ～ 0.9 m，平均 0.2 m
巢大小	外径 11.2 cm，深 8.2 cm，高 14.0 cm
窝卵数	3 ～ 5 枚，平均 3.99 枚
卵大小	长径 15.7 mm，短径 11.7 mm
新鲜卵重	1.0 ～ 1.2 g，平均 1.1 g
孵卵期	13 ～ 14 天，平均 13.3 天
育雏期	14 ～ 17 天，平均 15.7 天
繁殖成功率	76%

黄腹柳莺的巢位于稠密的灌丛中。贾陈喜摄

48% 的食物是蝴蝶或蛾子的幼虫，52% 是各种昆虫的成虫。整个繁殖种群的最早出飞记录在 6 月 2 日，最晚在 8 月 6 日，出飞前幼鸟已羽翼丰满，与成鸟相似。

探索与发现 暗绿柳莺所呈现的沿高原边缘环形分布的现象，已成为鸟类物种形成的一个经典案例，这个案例令中国科学院动物研究所的鸟类学家贾陈喜博士陷入了沉思：与暗绿柳莺有着相似分布方式的物种——黄腹柳莺，其环形分布链上的不同地理种群在形态、鸣声和遗传方面存在怎样的差异？这些差异的地理变异规律如何？邻接种群之间是否存在基因流动？

在这些问题的驱动下，2012 年，贾博士向国家自然科学基金委员会提出申请，阐述了关于重塑黄腹柳莺物种分化的历史和原因的一项为期 4 年的研究计划，得到了专家的高度认可，并成功获得资助。于是，每年一到黄腹柳莺的繁殖季节，贾博士便驾车跋涉于茫茫的青藏高原，对整个分布范围内的黄腹柳莺进行采样：录制鸣声，捕捉和测量个体，采集血液样品。其中的艰苦可以想见，而研究成果也十分令人期待。

棕腹柳莺

拉丁名：*Phylloscopus subaffinis*
英文名：Buff-throated Warbler

雀形目柳莺科

体长约 11 cm。上体橄榄褐色，眉纹皮黄色，尾羽暗褐色；下体棕黄色。

作为夏候鸟，繁殖于中国黄河以南大部分地区，包括陕西秦岭，在青藏高原仅见于其东部和东北部边缘地带，繁殖海拔 1800～3600 m；在中国南部和中南半岛北部越冬。

棕腹柳莺。左上图赵纳勋摄，下图彭建生摄

灰柳莺

拉丁名：*Phylloscopus griseolus*
英文名：Sulphur-bellied Warbler

雀形目柳莺科

体长约 11 cm。上体灰褐色，眉纹长，鲜黄色，过眼纹黑色；下体硫磺色，颏白色，上胸、胸侧及两胁沾灰褐色。

作为夏候鸟，繁殖于中亚、南亚和中国西部，在青藏高原见于祁连山西端、昆仑山和阿尔金山，繁殖海拔 2590～4575 m；在印度中部有越冬种群。

 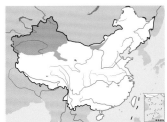

灰柳莺。贾陈喜摄

棕眉柳莺

拉丁名：*Phylloscopus armandii*
英文名：Yellow-streaked Warbler

雀形目柳莺科

体长约 12 cm。上体橄榄褐色，眼先皮黄色，眉纹长，棕白色，由此得名；下体近白色，喉部有黄色纵纹向下延伸至腹部，两胁沾橄榄色。中国特有物种。

作为夏候鸟，繁殖区从东北延伸至西南，包括青藏高原东南部，最高繁殖海拔 3500 m；越冬于云南南部和中南半岛北部。

 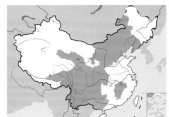

棕眉柳莺。贾陈喜摄

灰喉柳莺

拉丁名：*Phylloscopus maculipennis*
英文名：Ashy-throated Warbler

雀形目柳莺科

体长约 9 cm。头暗褐色，眉纹灰白色，背橄榄绿色，腰亮黄色，具 2 道黄色翅斑；颏、喉灰色，下体余部黄色。

留鸟，分布区自克什米尔沿喜马拉雅山脉至中国西南、缅甸及中南半岛，在青藏高原见于西藏南部及东南部、四川和云南西北部；在中南半岛北部有越冬种群。

灰喉柳莺。左上图董磊摄，下图彭建生摄

橙斑翅柳莺

拉丁名：*Phylloscopus pulcher*
英文名：Buff-barred Warbler

雀形目柳莺科

体长约 12 cm。上体橄榄绿色，眉纹黄色，背橄榄褐色，腰浅黄色，尾羽暗褐色，外侧尾羽白色，翅暗褐色，翅上具 2 道十分明显的橙黄色翅斑，由此得名；喉白色，下体余部浅黄色。

留鸟，分布于喜马拉雅山脉，中国西南、华中、华北南部，包括青藏高原东南部，最高分布海拔 4300 m；越冬于缅甸东部、南部和泰国西北部。

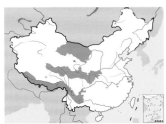

橙斑翅柳莺。左上图贾陈喜摄，下图曹宏芬摄

淡黄腰柳莺

拉丁名：*Phylloscopus chloronotus*
英文名：Lemon-rumped Warbler

雀形目柳莺科

体长约 10 cm。上体橄榄绿色，眉纹长，白色，顶冠纹白色，腰色浅，翅暗褐色，具 2 道偏黄色的翅斑；下体灰白色沾黄色。

作为夏候鸟，繁殖区自喜马拉雅山脉西部延伸至中国西南和华中，包括西藏南部、东部和东南部，云南及四川西部，最高繁殖海拔 4200 m；越冬于东南亚北部和南亚次大陆北部。

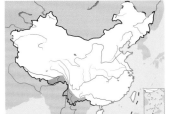

淡黄腰柳莺。左上图董文晓摄，下图董磊摄

甘肃柳莺

拉丁名：*Phylloscopus kansuensis*
英文名：Gansu leaf Warbler

雀形目柳莺科

形态　体长约 10 cm。上体橄榄绿色，顶冠纹浅黄色，眉纹粗，白色，腰色浅，翅褐色，有 2 道翅斑；下体灰褐色。

分布　中国特有物种。作为夏候鸟，繁殖于中国中部，包括青海东部和甘肃西南部，最高繁殖海拔 3200 m；越冬区域目前尚不清楚。

繁殖　根据在甘肃莲花山的报道，繁殖期在 5—8 月。筑巢于云杉侧枝或小灌木上。巢球状，侧面开口，外层为蓝靛果忍冬树皮杂以苔藓编织而成，内层衬以鸟羽。巢外径 8.5 cm×7.9 cm，深 6.4 cm，巢口大小 2.5 cm×2.9 cm。卵白色，缀以细小栗红色斑点；雌鸟单独孵卵，孵卵期平均每小时离巢 3.7 次，每次 5.9 分钟，平均每次坐巢时间为 9.5 分钟。

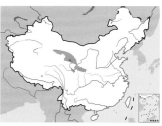

甘肃柳莺。贾陈喜摄

云南柳莺

拉丁名：*Phylloscopus yunnanensis*
英文名：Chinese Leaf Warbler

雀形目柳莺科

体长约 10 cm。上体灰橄榄褐色，眉纹长，白色，腰淡黄色，翅暗褐色，具 2 道淡黄色翅斑；下体灰白色沾黄色。

作为夏候鸟，繁殖于中国中部及北部，包括青海东部、甘肃南部，最高繁殖海拔 3200 m；东南亚有越冬种群。

根据在甘肃莲花山的研究，窝卵数 4 枚，卵平均大小为 13.9 mm×11.1 mm，重 0.88 g；雌鸟孵卵，孵卵期间雌鸟平均每天离巢 32.7 次，每次离巢时间 6.6 分钟，每次坐巢时间 18.4 分钟，坐巢率 73.1%。

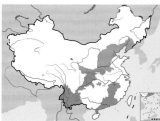

云南柳莺。左上图董文晓摄，下图薄顺奇摄

淡眉柳莺

拉丁名：*Phylloscopus humei*
英文名：Hume's Leaf Warbler

雀形目柳莺科

形态　体长约 10 cm。上体橄榄绿色，贯顶纹暗灰色，眉纹长，淡黄白色，贯眼纹深灰色，翅上具 2 道明显的黄白色翅斑；下体近白色，胸、腹沾黄色。

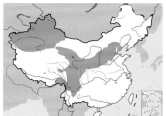

淡眉柳莺。左上图沈越摄，下图贾陈喜摄

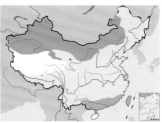

淡眉柳莺的巢和卵。贾陈喜摄

极北柳莺。左上图董磊摄，下图杨贵生摄

分布　作为夏候鸟，繁殖于中亚、中国西北和喜马拉雅山脉北麓，包括新疆、西藏南部以及青海东部，最高繁殖海拔3980 m；越冬于印度、中国西南部及东南亚。

繁殖　在青藏高原仅有的繁殖资料来自甘肃莲花山。繁殖期从5月底至8月初。巢球状，侧面开口，筑于地面幼树根部被苔藓覆盖的浅坑内、小土坡或灌丛下。巢结构可明显分为3层：由灌木外皮和草叶组成松散的外层，由草茎组成厚而致密的中间层，由牦牛毛发和植物的白色毛发状纤维组成柔软的内层。巢外径8.2 cm，内径4.0 cm，巢口外缘至内壁的平均距离为6.6 cm。窝卵数4～5枚。卵白色，表面有红褐色斑点，呈环状集中于钝端，卵平均大小为14.0 mm × 11.2 mm。仅雌鸟孵卵，孵卵期雌鸟平均每天离巢46.6次，每次离巢时间为5.3分钟，每次在巢时间为12.7分钟，在巢率为72.4%。育雏期13～14天，双亲共同育雏。曾观察到其巢被中杜鹃寄生。

极北柳莺

拉丁名：*Phylloscopus borealis*
英文名：Arctic Warbler

雀形目柳莺科

体长约12 cm。上体灰橄榄绿色，眉纹黄白色，眼先及过眼纹近黑色，翅上有白色翅斑；下体白色，两胁橄榄褐色。

作为夏候鸟，繁殖于欧亚大陆北部、东部以及北美西北部，最高繁殖海拔2500 m；在中国东南部和东南亚有越冬种群，在青藏高原为旅鸟。IUCN和《中国脊椎动物红色名录》均评估为无危（LC）。被列为中国三有保护鸟类。

暗绿柳莺

拉丁名：*Phylloscopus trochiloides*
英文名：Greenish Warbler

雀形目柳莺科

体长约10 cm。上体橄榄绿色，眉纹长，黄白色，过眼纹黑褐色，耳羽具暗色细纹，翅上具2道明显的黄白色斑；下体浅黄色，两胁沾橄榄色。

作为夏候鸟，繁殖于欧亚大陆北部、中亚和喜马拉雅山脉，并延伸至青藏高原东缘，最高繁殖海拔4500 m；越冬于巴基斯坦东北部、印度、东南亚、中国西南和华南。

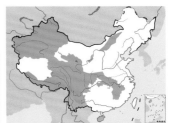

暗绿柳莺。左上图董磊摄，下图曹宏芬摄

乌嘴柳莺

拉丁名：*Phylloscopus magnirostris*
英文名：Large-billed Leaf Warbler

雀形目柳莺科

体长约 13 cm。嘴大而色深，由此得名，上体橄榄绿色，眉纹前黄而后白，翼斑细而色浅；下体白色，两胁沾黄色。

作为夏候鸟，繁殖于喜马拉雅山脉、青藏高原，包括西藏东南部、青海东北部、甘肃西南部、四川、云南西北部，最高繁殖海拔 3700 m；在印度南部、斯里兰卡以及缅甸中部和南部有越冬种群。

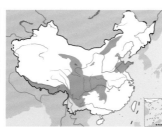

乌嘴柳莺。左上图何屹摄，下图李小燕摄

冕柳莺

拉丁名：*Phylloscopus coronatus*
英文名：Eastern Crowned Warbler

雀形目柳莺科

体长约 12 cm。上体橄榄绿色，眉纹和顶纹白色，眼先及过眼纹黑色，具 2 道黄色翅斑；下体灰白色沾黄色。

作为夏候鸟，繁殖于东北亚、中国东北部和西南，在青藏高原仅见于东部边缘，最高繁殖海拔 2000 m；冬季南迁至中南半岛、苏门答腊和爪哇。

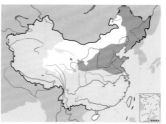

冕柳莺。左上图沈越摄，下图赵纳勋摄

西南冠纹柳莺

拉丁名：*Phylloscopus reguloides*
英文名：Blyth's Leaf Warbler

雀形目柳莺科

体长约 12 cm。上体橄榄绿色，顶冠纹黄色，眉纹黄色，具 2 道黄色翅斑，最外侧 2 枚尾羽边缘白色；下体浅黄色。

作为夏候鸟，繁殖区自巴基斯坦北部沿喜马拉雅山脉至缅甸、中南半岛以及中国西南部、中部和南部，包括青藏高原东部和南部，最高繁殖海拔 3700 m；在印度东北部、中南半岛和中国华南有越冬种群。

在中南半岛有留居种群。在喜马拉雅地区繁殖于海拔 2400 m 以上，繁殖期 5—7 月，筑巢于岸上洞穴或树洞中；巢球形，主要由苔藓构成，内垫以柔软的植物纤维或羽毛，窝卵数 4 ~ 5 枚，卵白色，无斑点，50 枚卵平均大小为 15.3 mm × 11.9 mm。

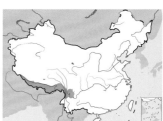

西南冠纹柳莺。左上图李晶晶摄，下图贾陈喜摄

云南白斑尾柳莺

拉丁名：*Phylloscopus davisoni*
英文名：Davison's Leaf Warbler

雀形目柳莺科

　　体长约 11 cm。上体亮绿色，贯眼纹深绿色，头顶中央淡黄色，腰鲜绿色，尾暗褐色，外侧尾羽白色，翅暗褐色，具 2 道黄色翅斑；下体白色沾黄色。

　　作为夏候鸟，繁殖于中国西南部及南部，包括青藏高原东南部，最高繁殖海拔 2565 m；在中国南方和中南半岛有留居种群。

 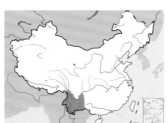

云南白斑尾柳莺。左上图甘礼清摄，下图董磊摄

峨眉柳莺

拉丁名：*Phylloscopus emeiensis*
英文名：Emei Leaf Warbler

雀形目柳莺科

　　体长约 10 cm。上体橄榄绿色，眉纹黄色，具 2 道黄色翼斑；下体白色沾黄色。

　　作为夏候鸟，繁殖于四川峨眉山、贵州梵净山，最高繁殖海拔 1900 m；在缅甸东南部越冬。

 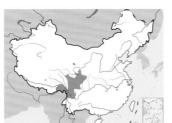

峨眉柳莺。刘璐摄

黄胸柳莺

拉丁名：*Phylloscopus cantator*
英文名：Yellow-vented Warbler

雀形目柳莺科

　　体长约 11 cm。上体橄榄绿色，顶纹黄色，眉纹黄色，侧冠纹黑色，有 2 道黄色翼斑；喉、胸黄色，腹白色，尾下覆羽黄色。

　　作为夏候鸟，繁殖于喜马拉雅山脉东段、中国西南和中南半岛北部，最高繁殖海拔 2500 m；在中南半岛北部越冬。

黄胸柳莺。左上图董江天摄，下图刘璐摄

灰头柳莺

拉丁名：*Phylloscopus xanthoschistos*
英文名：Grey-hooded Warbler

雀形目柳莺科

体长约 11 cm。上体橄榄色，头顶灰色，顶纹深灰色，眉纹白色，背灰色，腰、尾和翅绿色，尾褐色，外侧尾羽边缘白色；下体黄色。

留鸟，分布于喜马拉雅山脉至中国西南部，包括西藏南部和东南部，分布海拔 1000～2700 m。

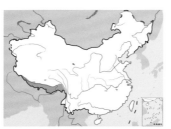

灰头柳莺。左上图董江天摄，下图田穗兴摄

白眶鹟莺

拉丁名：*Seicercus affinis*
英文名：White-spectacled Warbler

雀形目柳莺科

体长约 10 cm。头顶蓝灰色，侧冠纹黑色，眼周白色，由此得名；背橄榄绿色，翅上有 1 道明显的黄色翅斑；下体亮黄色。

作为夏候鸟，繁殖于喜马拉雅山脉东段、中国西南，包括青藏高原东南部，最高繁殖海拔 2600 m；在中国中部和东南部有呈斑块分布的留居种群。

白眶鹟莺。董文晓摄

金眶鹟莺

拉丁名：*Seicercus burkii*
英文名：Green-crowned Warbler

雀形目柳莺科

体长约 13 cm。头侧有黑色冠纹，眼周金黄色，由此得名，上体黄绿色，翅斑黄色但不明显；下体鲜黄色，两胁沾橄榄色。

作为夏候鸟，繁殖于喜马拉雅山脉、中国西南，包括西藏东南部，最高繁殖海拔 2600 m；越冬于印度东部和孟加拉西南部。

金眶鹟莺。左上图彭建生摄，下图袁情敏摄

韦氏鹟莺

拉丁名：*Seicercus whistleri*
英文名：Whistler's Warbler

体长约 12 cm。侧冠纹黑色，眼周黄色，上体黄绿色，具 1 道亮黄色翼斑；下体黄色。

作为夏候鸟，繁殖于喜马拉雅山脉，包括西藏东南部，最高繁殖海拔 3500 m；在喜马拉雅山脉南麓越冬。作为留鸟，分布于喜马拉雅山脉东段和中南半岛北部。

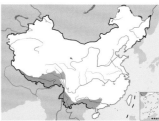

灰脸鹟莺。刘璐摄

韦氏鹟莺。左上图董磊摄，下图张永摄

灰脸鹟莺

拉丁名：*Seicercus poliogenys*
英文名：Grey-cheeked Warbler

体长约 10 cm。头灰色，头侧纹暗灰色，眼周白色，背部黄绿色，具 1 道亮黄色翼斑；颏灰色，下体余部黄色。

留鸟，分布于喜马拉雅山脉东段、中国西南和中南半岛北部，包括中国西藏东南部和云南南部，最高分布海拔 2100 m。

栗头鹟莺

拉丁名：*Seicercus castaniceps*
英文名：Chestnut-crowned Warbler

体长约 9 cm。头顶栗色，侧冠纹黑色，眼圈白色，上背灰色，下背尾橄榄绿色，腰黄色，尾橄榄绿色，翅橄榄绿色，具 2 道黄色翅斑；颏、喉、胸灰色，腹白色，两胁黄色。

作为夏候鸟，繁殖于中国长江以南地区；在华南和东南有越冬种群。作为留鸟，分布于喜马拉雅山脉东段、中国西南、东南亚、马来半岛及苏门答腊，最高分布海拔 2750 m。

栗头鹟莺。左上图董磊摄，下图董江天摄

树莺类

■ 雀形目树莺科鸟类，包括10属32种，中国有8属19种，青藏高原可见7属15种
■ 上体通常深褐色，下体灰色，翅圆，雌雄体羽相似
■ 以昆虫和其他无脊椎动物为主食，吃少量种子
■ 社会性单配制，一些物种一雄多雌，少数物种合作繁殖

类群综述

　　树莺是雀形目树莺科（Cettiidae）成员的总称，也是莺总科的一部分，包括 10 属 32 种，分布在旧大陆。树莺科是最近由传统的莺科（Sylviidae）中分离出来的一个新科，与长尾山雀科（Aegithalidae）和柳莺科（Phylloscopidae）、红鹟科（Erythrocercidae）、纹鹪莺科（Scotocercidae）有密切的亲缘关系。也有的分类意见把树莺科、红鹟科和纹鹪莺科作为亚科并置于纹鹪莺科（Scotocercidae）下。

　　树莺体形小，喙短而尖，嘴须不发达，翅圆，脚细长而强；尾羽 10 枚，有些种类如地莺属 Tesia，尾甚短。雌雄羽色相似，通常上体深褐色，下体灰色。树莺栖息于森林环境灌丛植被发达的地带，以昆虫和其他无脊椎动物为主食，也吃少量植物种子。一些物种在植被中上层活动，如树莺属 Cettia 和暗色树莺属 Horornis；而许多物种喜欢在接近地面的灌丛间觅食，受到干扰时并不起飞，而是在地面上逃窜。最典型的为地莺属，由于特殊的体形，它们喜欢生活在茂密潮湿的林下灌木和草丛中，不善于长距离飞行。

　　树莺主要为社会性单配制，也有一雄多雌现象，少数物种合作繁殖。通常在地面上或稠密灌丛靠近地面的位置营建杯形巢，一些物种营建球形巢，侧面开口。窝卵数 1～6 枚，孵化期 13～17 天，育雏期 13～16 天，雌鸟或双亲筑巢、孵卵，双亲共同育雏。

　　树莺在其分布区内数量丰富，无受胁物种，仅台岛树莺 Horornis carolinae 和布岛树莺 Horornis haddeni 被 IUCN 评估为近危（NT）。

左：树莺为小型莺类，喙尖，翅圆，通常上体深褐色，下体灰色。图为棕顶树莺。贾陈喜摄

右：树莺通常在地面上或稠密灌丛靠近地面的位置营建杯形巢，但也有些物种营建侧面开口的球形巢，如异色树莺的巢。梁丹摄

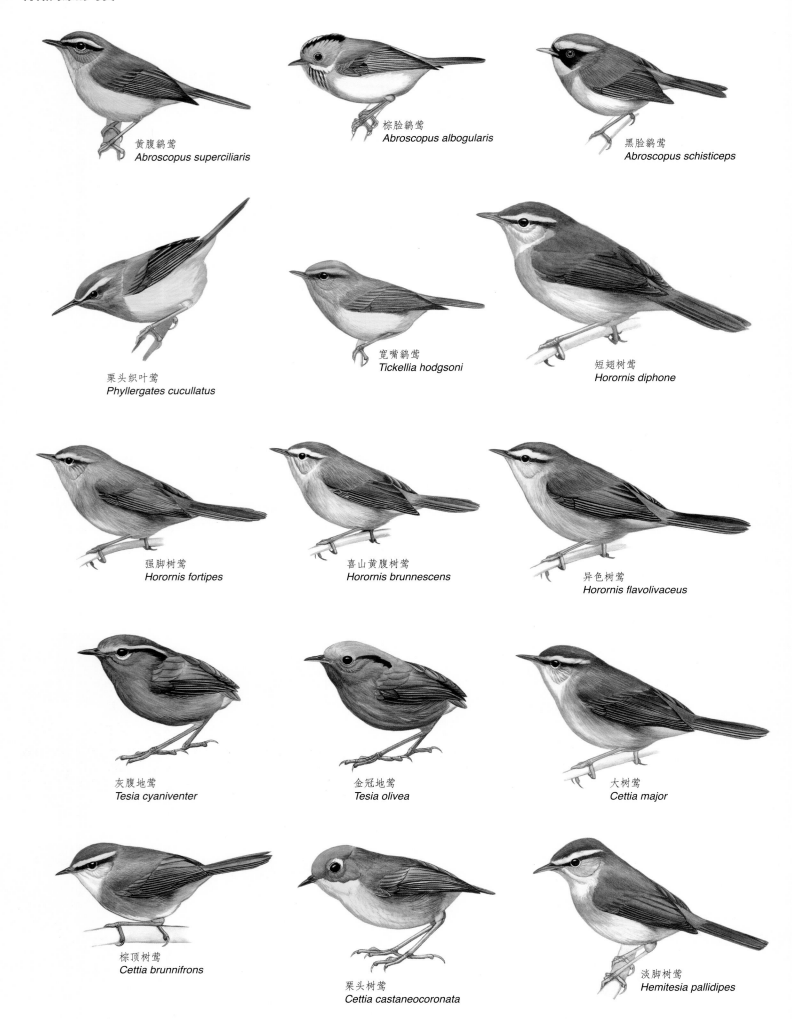

黄腹鹟莺
Abroscopus superciliaris

棕脸鹟莺
Abroscopus albogularis

黑脸鹟莺
Abroscopus schisticeps

栗头织叶莺
Phyllergates cucullatus

宽嘴鹟莺
Tickellia hodgsoni

短翅树莺
Horornis diphone

强脚树莺
Horornis fortipes

喜山黄腹树莺
Horornis brunnescens

异色树莺
Horornis flavolivaceus

灰腹地莺
Tesia cyaniventer

金冠地莺
Tesia olivea

大树莺
Cettia major

棕顶树莺
Cettia brunnifrons

栗头树莺
Cettia castaneocoronata

淡脚树莺
Hemitesia pallidipes

黄腹鹟莺

拉丁名：*Abroscopus superciliaris*
英文名：Yellow-bellied Warbler

雀形目树莺科

体长约 10 cm。头顶深灰色，眉纹白色，后颈至背部橄榄色，尾暗褐色；颏、喉及上胸白色，下体余部亮黄色。

留鸟，分布于喜马拉雅山脉，中国西南和华南，中南半岛，包括中国西藏南部、东南部和云南西部、南部，最高分布海拔 2285 m。

黄腹鹟莺。左上图沈越摄，下图董磊摄

棕脸鹟莺

拉丁名：*Abroscopus albogularis*
英文名：Rufous-faced Warbler

雀形目树莺科

体长约 10 cm。背部亮绿色，头及脸部为棕色，头顶橄榄色，与棕色脸部交界处有明显黑色纵纹，腰淡黄色；喉部有一圈黑色纵纹，胸部皮黄色，腹部灰白色。

留鸟，分布于喜马拉雅山脉东段、中国长江以南和中南半岛北部，包括青藏高原东南部，分布海拔 300 ~ 1800 m。

 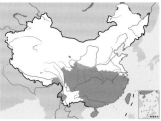

棕脸鹟莺。沈越摄

黑脸鹟莺

拉丁名：*Abroscopus schisticeps*
英文名：Black-faced Warbler

雀形目树莺科

体长约 10 cm。头顶深灰色，眉纹黄色，脸颊黑色，因此得名；背和翅橄榄绿色；喉、胸黄色，腹灰白色。

留鸟，分布于喜马拉雅山脉、中国西南和中南半岛北部，包括青藏高原东南部，最高分布海拔为 2350 m。

黑脸鹟莺。左上图董江天摄，下图董磊摄

栗头织叶莺
拉丁名：*Phyllergates cucullatus*
英文名：Mountain Tailorbird

雀形目树莺科

体长约 12 cm。又名金头缝叶莺。头顶栗色，眉纹白色，上体橄榄绿色；喉、胸白色，腹黄色。

留鸟，分布于喜马拉雅山脉东段、中国西南和华南、东南亚，包括青藏高原东南部，最高分布海拔 2500 m。

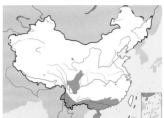

栗头织叶莺。左上图田穗兴摄，下图沈越摄

宽嘴鹟莺
拉丁名：*Tickellia hodgsoni*
英文名：Broad-billed Warbler

雀形目树莺科

体长约 10 cm。喙宽且厚，具有发达的嘴须，头顶栗褐色，具有短而不明显的淡灰色眉纹，头侧暗灰色，背和翅暗橄榄绿色，腰黄色，尾羽暗褐色，羽端橄榄绿色，最外侧尾羽白色；颏、喉及胸灰色，其余下体皮黄色。

留鸟，分布于喜马拉雅山脉、南亚次大陆东北部、中国西南和中南半岛北部，包括青藏高原东南部，最高分布海拔 2850 m。

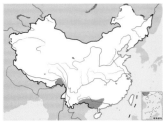

宽嘴鹟莺。左上图董文晓摄，下图甘礼清摄

短翅树莺
拉丁名：*Horornis diphone*
英文名：Japanese Bush Warbler

雀形目树莺科

体长约 10 cm。头顶栗色，眉纹皮黄色，上体浅褐色；下体白色，两胁沾棕色。

作为夏候鸟，繁殖于俄罗斯远东，日本北部，朝鲜，中国东北、华北、华中和青藏高原东北部边缘，最高繁殖海拔 3000 m；在中国长江以南和中南半岛北部越冬。作为留鸟，分布于日本南部。

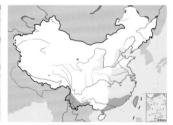

短翅树莺。田穗兴摄

强脚树莺

拉丁名：*Horornis fortipes*
英文名：Brownish-flanked Bush Warbler

雀形目树莺科

体长约 12 cm。眉纹皮黄色，上体橄榄褐色，飞羽边缘棕色；下体白色，胸侧及两胁黄褐色。

留鸟，分布于喜马拉雅山脉、中国黄河以南和中南半岛北部，包括青藏高原东部和东南部，分布海拔 215～2135 m。

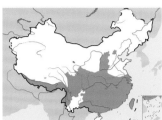

强脚树莺。沈越摄

喜山黄腹树莺

拉丁名：*Horornis brunnescens*
英文名：Hume's Bush Warbler

雀形目树莺科

体长约 11 cm。由黄腹树莺西藏亚种 *Horornis acanthizoides brunnescens* 提升为种，又名休氏树莺。眉纹白色，头顶棕色，上体褐色，外侧飞羽的羽缘棕色；下体白色，两胁和尾下覆羽沾黄色。

留鸟，分布区自印度北部沿喜马拉雅山脉向东延伸至中国西南，包括西藏东南部，分布海拔 75～4300 m。

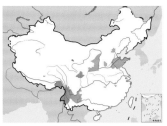

喜山黄腹树莺。左上图Francesco Veronesi摄（维基共享资源／CC BY-SA 2.0），下图Pkspks摄（维基共享资源／CC BY-SA 4.0）

异色树莺

拉丁名：*Horornis flavolivaceus*
英文名：Aberrant Bush Warbler

雀形目树莺科

体长约 14 cm。眉纹浅黄色，贯眼纹黑褐色，上体暗橄榄褐色，喉部黄白色，下体余部淡棕色。

留鸟，分布于喜马拉雅山脉、中国西南和华中、中南半岛北部，包括青藏高原东南部，分布海拔 700～4900 m。

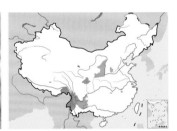

异色树莺。左上图唐军摄，下图董磊摄

灰腹地莺

拉丁名：*Tesia cyaniventer*
英文名：Grey-bellied Tesia

雀形目树莺科

　　体长约 10 cm。形态特殊，腿长，尾极短。头顶黄色具鳞状斑，过眼纹黑色，上体橄榄绿色；下体石板蓝色。

　　留鸟，分布于喜马拉雅山脉、中国西南和华南、中南半岛北部，包括青藏高原东南部，分布海拔 60 ~ 2550 m。

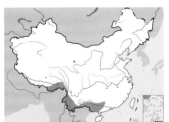

灰腹地莺。左上图徐燕冰摄，下图田穗兴摄

金冠地莺

拉丁名：*Tesia olivea*
英文名：Slaty-bellied Tesia

雀形目树莺科

　　体长约 10 cm。头顶黄色具鳞状斑，上体橄榄绿色，尾极短；下体暗灰蓝色。

　　留鸟，分布于喜马拉雅山脉东段、中国西南和华中、中南半岛北部，包括青藏高原东南部，分布海拔 150 ~ 2700 m。

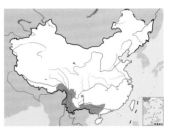

金冠地莺。左上图罗永川摄，下图董磊摄

大树莺

拉丁名：*Cettia major*
英文名：Chestnut-crowned Bush Warbler

雀形目树莺科

　　体长约 13 cm。头顶及枕部的棕褐色、上扬的皮黄色眉纹是其典型特征，耳羽具橄榄色细纹，上体灰褐色；下体灰白色，胸侧及两胁沾黄色。

　　留鸟，分布于喜马拉雅山脉和中国西南，包括青藏高原东南部，分布海拔 250 ~ 4000 m。

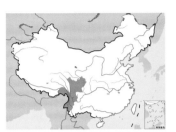

大树莺。董磊摄

棕顶树莺

拉丁名：*Cettia brunnifrons*
英文名：Grey-sided Bush Warbler

雀形目树莺科

体长约 11 cm。头顶栗色，眉纹皮黄色，贯眼纹黑褐色，上体棕褐色，尾上覆羽和尾羽棕色；颏、喉及胸灰色，下体中央白色，两胁及尾下覆羽灰褐色。

留鸟，分布于喜马拉雅山脉，向东至缅甸及中国西南，包括西藏东南部、四川西部和云南西北部，最高分布海拔 4300 m。栖息于森林和林缘灌丛、杜鹃林、竹林。

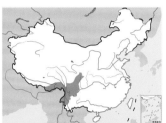

棕顶树莺。贾陈喜摄

栗头树莺

拉丁名：*Cettia castaneocoronata*
英文名：Chestnut-headed Tesia

雀形目树莺科

体长约 10 cm。又名栗头地莺。头顶和脸颊栗色，上体橄榄绿色，尾很短；下体黄色，两胁沾橄榄绿色。

留鸟，分布区自印度北部沿喜马拉雅山脉向东延伸至中国西南、华中和东南及台湾地区，包括青藏高原地区的西藏东南部、云南北部以及四川西南部，分布海拔 245～3600 m。

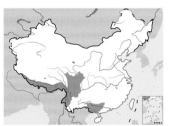

栗头树莺。贾陈喜摄

淡脚树莺

拉丁名：*Hemitesia pallidipes*
英文名：Pale-footed Bush Warbler

雀形目树莺科

体长约 12 cm。眉纹皮黄色，贯眼纹黑褐色，上体深褐色，飞羽边缘黄褐色；下体白色，胸沾褐色。

留鸟，分布于喜马拉雅山脉、中国西南和中南半岛北部，包括青藏高原东南部，分布海拔 250～4300 m。

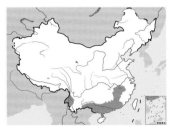

淡脚树莺。左上图董文晓摄，下图张永摄

长尾山雀类

- 雀形目长尾山雀科鸟类，包括4属13种，中国有2属8种，青藏高原有2属7种
- 头大，颈短，翅短圆，尾中等长到很长，喙短，雌雄体羽相似
- 以昆虫和其他无脊椎动物为食，偶吃植物果实和种子
- 社会性单配制，少数物种合作繁殖

类群综述

长尾山雀是雀形目长尾山雀科（Aegithalidae）鸟类的统称，是莺总科的一部分。该科过去被置于山雀科（Paridae）下，后来独立出来自成一科。长尾山雀生活在北半球森林、灌丛地带。

长尾山雀科包括4属13种，其中最大的属是长尾山雀属 Aegithalos，包括9个种。从外形和生态习性来看，长尾山雀属的这9个种无疑具有相似的特征，这表现为：身材娇小，大多数种类体长不足12 cm，少数达16 cm，而尾长就占了至少1/2，长尾山雀科的名字就来自于这一特征；头大，颈短，翅短圆，尾甚长，喙短；非繁殖期以小群体为单位活动。分子生物学的证据也支持这些种类归于同属。其他3个属的4个物种则与典型的长尾山雀至少在外形上差异较大，并无特征性的长尾。它们在本属的地位也不如长尾山雀属明确，例如雀莺属 Leptopoecile 长久以来被归在莺科（Sylviidae），直到2006年才被归为长尾山雀科。

不过，这13种鸟类也有许多相似的地方。最典型的就是它们都在树枝间，以苔藓、羽毛、花絮营造精致的囊状、侧面开口的巢；产白色的卵，上面有少量红色斑点；此外，它们的鸣叫声也很接近。这与山雀科鸟类大不相同，山雀的巢筑于树洞、岩壁缝隙中，并不经过精细的编制。

长尾山雀以昆虫和其他无脊椎动物为食，偶

左：长尾山雀体形娇小，身圆尾长，十分可爱。图为挂在梨花枝头的红头长尾山雀。沈越摄

右：除了典型的长尾山雀外，长尾山雀科还包括一些并不具有特征性长尾、分类地位较不明确的物种，如雀莺属。图为花彩雀莺。沈越摄

在树枝间营造精致的
囊状、侧面开口的巢
是长尾山雀科的一个
典型特征；相比之
下，山雀科的物种则
筑巢于洞穴里，巢也
不如长尾山雀的巢那
样精致。图为黑眉长
尾山雀的巢。梁丹摄

吃植物果实和种子。长尾山雀科的大多数物种生活在欧亚大陆，其中中国西南山地、喜马拉雅山脉和青藏高原的种类最为丰富，这里拥有长尾山雀属所有9个物种的7个，也就是说，除了北长尾山雀 Aegithalos caudatus 和缅甸长尾山雀 Aegithalos sharpei 外其他种都集中在这里。所以，这里很可能就是该属的演化中心。鸟类学家利用分子进化速率来推测这些鸟类的演化历史，发现长尾山雀属的物种分化时间在晚第三纪到第四纪，也就是距今550万至10万年前。此外，这一区域还包括本科雀莺属的2个物种，花彩雀莺 Leptopoecile sophiae 和凤头雀莺 L. elegans。本科另外2个属均为单种属：只生活在印度尼西亚爪哇山区的侏长尾山雀 Psaltria exilis 是长尾山雀科中个体最小的，一片树叶就能把它遮挡得严严实实；分布于墨西哥到北美西部的短嘴长尾山雀 Psaltriparus minimus 是唯一生活在新北界的长尾山雀科成员。

长尾山雀的交配系统为社会性单配制，一些物种表现合作繁殖行为，最典型的为北长尾山雀、银喉长尾山雀 Aegithalos glaucogularis 和红头长尾山雀 A. concinnus。与大多数合作繁殖者不同，长尾山雀的帮助者不是亲鸟以前繁殖的后代，而是当年繁殖失败的亲属。长尾山雀的巢为球状，位于枝杈间；或为葫芦状，在树枝上悬挂。窝卵数2~15枚，孵化期12~18天，育雏期14~18天，雌鸟或双亲参与筑巢和孵卵，双亲共同育雏。

长尾山雀科鸟类均被 IUCN 评估为无危物种（LC），但凤头雀莺被《中国脊椎动物红色名录》评估为近危（NT）。

银喉长尾山雀
Aegithalos glaucogularis

红头长尾山雀
Aegithalos concinnus

棕额长尾山雀
Aegithalos iouschistos

黑眉长尾山雀
Aegithalos bonvaloti

银脸长尾山雀
Aegithalos fuliginosus

花彩雀莺
Leptopoecile sophiae

凤头雀莺
Leptopoecile elegans

银喉长尾山雀

拉丁名：*Aegithalos glaucogularis*
英文名：Silver-throated Tit

雀形目长尾山雀科

　　体长约 16 cm。头顶黑色并具浅色纵纹，脸部棕色，背灰色，尾黑色且长，外缘镶有白边；下体淡葡萄红色，喉部的中央有银灰色斑。

　　中国特有物种。留鸟，分布于中国华中、东北和东部，在青藏高原的分布区包括青海东部以及云南西北部，最高分布海拔 3050 m。栖息于山地以及丘陵针叶林或针阔叶混交林和灌丛。

红头长尾山雀

拉丁名：*Aegithalos concinnus*
英文名：Black-throated Tit

雀形目长尾山雀科

　　体长约 10 cm。有显眼的栗红色头顶，由此得名。体羽由棕红色、黑色、白色和灰色组成，色块界限醒目分明，尤其是黑色的喉斑，英文名 Black-throated Tit 由此得来。

　　留鸟，分布区沿着喜马拉雅山脉，向东经过中国西藏东南部扩展到长江流域直到海边乃至海峡对岸的台湾地区，向北经过西南、华南抵达甘肃、陕西和河南南部，包括青藏高原的南部及东南部，最高分布海拔 3960 m。栖息于山区阔叶林和灌丛，也见于城市公园。性情特别活泼，常站在树梢枝头，神态英气。

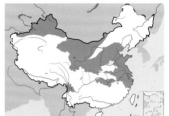

银喉长尾山雀。沈越摄

红头长尾山雀。左上图赵纳勋摄，下图沈越摄

分布于中国华北、长江中下游和西南（包括青藏高原边缘）的银喉长尾山雀与分布于欧亚大陆北方的北长尾山雀曾被视为同种下的不同亚种，但二者的许多形态特征不同，比如后者的头部是纯白色的，因此被分为 2 个独立的种。图为北长尾山雀。Thez 摄（维基共享资源／CC BY-SA 3.0）

红头长尾山雀的巢和雏鸟。付义强摄

棕额长尾山雀

拉丁名：*Aegithalos iouschistos*
英文名：Rufous-fronted Tit

`雀形目长尾山雀科`

体长约 11 cm。头两侧黑色，额、头顶、耳羽和颈侧棕色，背和尾灰色；下体棕黄色。

留鸟，分布于东喜马拉雅山脉的狭长地带，包括尼泊尔、不丹和中国西藏东南部，分布海拔 2200～3770 m。

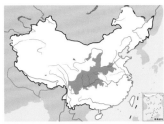

银脸长尾山雀。赵纳勋摄

棕额长尾山雀。田穗兴摄

银脸长尾山雀

拉丁名：*Aegithalos fuliginosus*
英文名：Sooty Tit

`雀形目长尾山雀科`

体长约 12 cm。脸部银灰色，头顶及上体灰色；颏和喉银灰色，上胸白色，下胸褐色，两肋棕色，下体余部白色。中国特有物种。

留鸟，分布区狭小，包括甘肃南部、四川中部和东北部、陕西南部以及湖北西南部，最高分布海拔 2600 m。栖息于落叶阔叶林及多荆棘的栎树林。

黑眉长尾山雀

拉丁名：*Aegithalos bonvaloti*
英文名：Balck-browed Tit

`雀形目长尾山雀科`

体长约 11 cm。与棕额长尾山雀形态相似，但体羽颜色较浅，额及胸兜边缘白色明显，头顶黑色；胸、腹部白色。

留鸟，分布于中国中南部以及缅甸东北部，包括青藏高原东南部，分布海拔 700～4400 m。

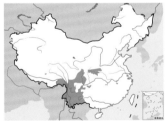

黑眉长尾山雀。沈越摄

花彩雀莺

拉丁名：*Leptopoecile sophiae*
英文名：White-browed Tit-warbler

雀形目长尾山雀科

形态 体长约 10 cm。雄鸟顶冠棕红色，眉纹白色，如其英文名所指；胸及腰紫罗兰色，尾蓝色，外侧尾羽有白边。与雄鸟相比，雌鸟的色彩不那么鲜艳，上体黄绿色，腰部蓝色不显眼。

分布 留鸟，分布于整个青藏高原、新疆和中亚山地，最高分布海拔为 5000 m。

栖息地 特别喜欢矮灌丛。

繁殖 4 月初，雅鲁藏布江中游的高山峡谷寒风料峭，群山苍茫。花彩雀莺是最早光临山谷的春之飞羽。

不及洗去旅途的风尘，不等灌木生出可以遮风挡雨的枝叶，它们就迫不及待地营造爱巢了。这种小鸟简直就是天生的建筑师。它们衔来柳絮、羊毛、苔藓，在灌丛间编制成一个长长的圆筒，筒壁很厚实，里面垫上细软的鸟羽，筒上方留有一个很小的出口，只允许它们纤细的身体出入。巢的质量达到 36 g，是它们自身质量的数倍。严酷的自然选择使这些鸟儿懂得，要想在早春成功繁殖后代，最有效的策略就是为雏鸟提供温暖的摇篮。与许多鸟类不同，花彩雀莺雌鸟和雄鸟都参加这项为期 2 周的工作，而且雄性的叼材次数比雌性还稍微多一些。可见，雄鸟的参与对于完成如此艰巨的任务十分重要。

雅鲁藏布江中游高山带花彩雀莺的繁殖参数

繁殖季节	4 月上旬至 7 月下旬
交配系统	单配制
繁殖海拔	4110～4780 m
巢基支持	灌木
距离地面	0.2～2.5 m，平均 0.9 m
巢大小	外径 11.1 cm，深 9.3 cm，高 13.9 cm
窝卵数	4～6 枚，平均 4.7 枚
卵色	白色，有浅褐色斑
卵大小	长径 15.6 mm，短径 11.6 mm
新鲜卵重	1.14 g
孵卵期	20.5 天
育雏期	17.5 天
出飞幼鸟与成鸟的体重比	104%
繁殖成功率	66%

峡谷谷底海拔只有 3800 m，但花彩雀莺的巢都在海拔 4110～4780 m，说明它们更喜欢高处。研究者总共在 13 种灌木上发现了花彩雀莺的巢，这些灌木总体来说很矮，平均高度是 1.7 m，最矮的仅 0.8 m。巢与地面的距离平均不到 1 m。

建巢工作完成之后，花彩雀莺并不马上产卵，而是要再等 1 周左右，最长的间隔达 20 天。许多小鸟也是如此。这可能是因为建巢的劳动强度太大，以致亲鸟需要获取更多的能量加以补偿，并为卵的形成提供能量。

雄鸟不仅参与建巢，而且也分担孵卵和养育幼鸟的工作。大多数巢的配偶关系是社会性单配制的。但是研究者发现有 1 个巢内有 9 枚卵，几乎是平均窝卵数的 2 倍，而且有两只雌鸟参与后代的照料。这是一种雌鸟作为帮助者的共同合作繁殖行为（joint-nesting cooperative breeding）。

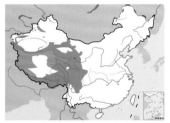

花彩雀莺是雅鲁藏布江中游高山上最娇美的鸟儿，它们身着似乎只有在热带森林才能见到的艳丽羽饰。图为花彩雀莺，左上图为雌鸟，下图为雄鸟。沈越摄

雅鲁藏布江中游的高山上花彩雀莺的巢、卵、雏鸟和成鸟。囊状的巢和白色有斑点的卵，体现了长尾山雀科的典型特征。从只有花生米大小的卵里，竟能出现一只光知道伸颈蹬腿的小鸟来，更难料想，这光溜溜的小家伙十几天后就会出落成整个山谷最美丽的鸟儿。左上图和左下图贾陈喜摄；右上图吴秀山摄；右下图沈越摄

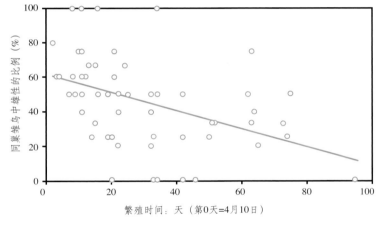

繁殖时间：天（第0天=4月10日）

花彩雀莺窝内雏鸟的性别比随时间推移而发生变化，繁殖早的个体产更多的儿子，而繁殖晚的个体则养育更多的女儿。进化理论可以解释这种现象

另一个有趣的现象是雏鸟性别比的季节变化。在雏鸟6日龄的时候就可以通过羽毛的颜色分辨花彩雀莺的性别了，这提供了一个研究后代性别控制理论的机会。研究者发现，对于整个花彩雀莺种群而言，后代性比是平衡的；但具体到每个窝，情况则不然。繁殖开始早的巢中产更多的儿子，而繁殖晚的巢则养育更多的女儿。为什么呢？进化理论认为，繁殖早的个体年龄大，遗传质量高，这种遗传特征可以传递给后代，而雄性个体间繁殖成功率的变异大，高质量的后代因更可能获得配偶而能保证较高繁殖成功率。繁殖晚的个体年龄小，遗传质量低，在低质量的后代中，女儿比儿子更有机会获得基本的繁殖成功率。

种群现状和保护　关于花彩雀莺的数量，很多资料都说它在中国是"罕见留鸟"。但在雅鲁藏布江中游的高山上，它们却是比较常见的鸟儿，然而它们只在这里繁殖，冬天则去向不明。IUCN 和《中国脊椎动物红色名录》均评估为无危（LC）。尚未列入保护名录。

凤头雀莺
拉丁名：*Leptopoecile elegans*
英文名：Crested Tit-warbler

雀形目长尾山雀科

形态　体长约 10 cm。色彩鲜艳，带有明显紫色，易与其他小型鸟类区分。雄鸟顶冠淡紫色，额和显著的凤头白色，枕和上背粉棕色，腰、翅和尾蓝色；喉、胸和脸颊棕红色，腹部至臀部淡紫色。雌鸟头顶灰白色，凤头稍显，凤头和枕部被一道黑线所分隔，耳羽灰色，喉及上胸白色。

分布　中国特有物种。留鸟，分布于青海中部和东部、甘肃南部、内蒙古南部、宁夏、四川中部及西部、云南西北部和西藏东南部，最高分布海拔为 4300 m。

栖息地　栖于冷杉林及林线以上的灌丛。

繁殖　在甘肃莲花山自然保护区，研究者发现 2 个凤头雀莺巢，都位于高大的云杉树上，巢囊状，距离地面高 15 m，而且还是在侧枝上。

凤头雀莺。左上图为正在收集巢材的雌鸟，贾陈喜摄；下图为雄鸟，董磊摄

莺鹛类

- 雀形目莺鹛科的鸟类，包括20属65种，中国有14属37种，青藏高原有13属29种
- 翅圆，尾中等长到长；通常雌雄羽色相似，少数物种雄鸟羽色更亮丽
- 以昆虫和其他无脊椎动物为主食，一些物种植物性食物占更大比例
- 社会性单配制

类群综述

分类与分布 莺鹛是莺鹛科（Sylviidae）成员的总称，也是莺总科的一部分，有20属65种，分布在旧大陆，只有1个物种也就是鹪雀莺 *Chamaea fasciata* 出现在新大陆的北美太平洋沿岸。Sylviidae 在传统分类系统中是包括苇莺、柳莺、蝗莺等类群的庞大的莺科，但最新的分类意见将传统的莺科分解，并与画眉科（Timaliidae）的部分类群重新组合，建立了一个新的鸟科，并继承了原莺科的学名 Sylviidae。鉴于这个新的鸟科是由部分莺类和鹛类组合而成，其中文科名随之改为莺鹛科。当前的莺鹛科由传统莺科中的金胸雀鹛属 *Lioparus*、莺鹛属 *Fulvetta*、林莺属 *Sylvia*、山鹛属 *Rhopophilus*，与画眉科的猫鹛属 *Parophasma*、绿鹛属 *Myzornis*、鹛雀类及鸦雀亚科（Paradoxornithinae）共同组成。在这次重组中，一种方案把原来雀鹛类的乌线雀鹛属 *Schoeniparus* 分配到幽鹛科（Pellorneidae），而雀鹛属 *Alcippe* 归入噪鹛科（Leiothrichidae）；另一种分类意见则把这2个属都归到幽鹛科。

相对于以前庞大的莺科，现在的莺鹛科是一个比较小的科。分子证据显示，它与绣眼鸟科（Zosteropidae）、林鹛科（Timaliidae）、幽鹛科和噪鹛科有比较近的亲缘关系。莺鹛科内有2个主要分支，一个是林莺属组成的欧亚种组，体羽以灰色、白色或棕色为主；另一个以鸦雀属 *Paradoxornis* 为主，其中包括雀形目中唯一仅具3趾的三趾鸦雀 *Cholornis paradoxa*。全世界共有23种鸦雀，它们主要分布在亚洲南部的山地林区，只有棕头鸦雀 *Sinosuthora webbiana* 和震旦鸦雀 *Paradoxornis heudei* 出现在亚洲东部。中国是鸦雀的故乡，分布有19种鸦雀，其中5种为中国所特有。这些物种大多生活在中国西南地区，包括青藏高原东南部。遗憾的是，我们对鸦雀的野外生态学了解极少。

形态 莺鹛体形纤细，体长7～28 cm。非迁徙物种翅短圆，而迁徙物种翅相对要尖；尾短至特长。喙的形状变化很大，一些物种细而直，而鸦雀的喙短而粗厚，且呈锥状，嘴峰呈圆弧状，尖端有钩，

左：莺鹛由传统莺科和画眉科的部分物种组成，包括林莺、雀鹛、鹛雀、鸦雀等类群。图为捕食昆虫幼虫的山鹛。沈越摄

右：莺鹛类下的物种颇为混杂，形态变化较大，有的喙细而直，有的则喙粗厚且嘴峰向下弯曲。图为三趾鸦雀，可清晰地看到它抓握竹竿的脚仅具3趾，略微张开的喙短而粗厚。赵纳勋摄

颇似鹦鹉，其英文名 Parrotbill 即意为鹦嘴。

栖息地和习性 莺鹛栖息于有植被覆盖的环境
中，如森林、灌丛、草原和芦苇沼泽。其中鸦雀作
为留鸟分布在海拔 900～3600 m，喜欢森林边缘稠
密的灌丛环境，只进行小范围的垂直迁徙，夏季在
高海拔，冬季下移至低海拔。莺鹛以昆虫和其他无
脊椎动物为主食，一些物种取食较多的植物性食物。
大多生性隐蔽，但鸣声多变、悦耳。

繁殖 莺鹛的巢位于灌丛、芦苇、草丛间或树
上。巢的位置多样，鸦雀的巢距离地面比较近，常
常小于 2 m。巢杯形，有些物种为深杯形甚至囊状，
侧面开口；巢以树皮、草茎、竹叶、苔藓、蛛网等
材料编织而成。窝卵数 2～8 枚，卵白色或蓝色，
有些鸦雀比如红头鸦雀 Psittiparus ruficeps 只产白色

卵，而有些鸦雀如棕头鸦雀 Sinosuthora webbiana
的卵有 2 种色型，白色或蓝色。这种"卵色多态性"
现象被认为是鸦雀抵御杜鹃寄生的适应性结果。莺
鹛的孵化期 10～18 天，育雏期 11～19 天，筑巢、
孵卵和育雏的工作由雌雄亲鸟共同分担。

种群现状和保护 莺鹛多数集中分布于某一
地区，分布范围并不广泛，但往往在适宜栖息地具
有较高密度，因此大部分物种被 IUCN 评估为无危
（LC）。但这种集中分布导致其种群状态容易受到
栖息地破坏或丧失的影响，一些物种因此成为受胁
物种，例如，斑胸鸦雀 Paradoxornis flavirostris、暗
色鸦雀 Sinosuthora zappeyi、灰冠鸦雀 Sinosuthora
przewalskii 等 5 个物种被 IUCN 列为易危物种（VU）。

火尾绿鹛
Myzornis pyrrhoura

白喉林莺
Sylvia curruca

漠白喉林莺
Sylvia minula

东歌林莺
Sylvia crassirostris

指名亚种
L. c. chrysotis

金胸雀鹛
Lioparus chrysotis

宝兴鹛雀
Moupinia poecilotis

藏南亚种
F. v. chumbiensis

白眉雀鹛
Fulvetta vinipectus

路氏雀鹛
Fulvetta ludlowi

褐头雀鹛
Fulvetta cinereiceps

指名亚种
F. r. ruficapilla

棕头雀鹛
Fulvetta ruficapilla

中华雀鹛
Fulvetta striaticollis

金眼鹛雀
Chrysomma sinense

non-br.

br.

山鹛
Rhopophilus pekinensis

红嘴鸦雀
Conostoma aemodium

三趾鸦雀
Cholornis paradoxus

褐鸦雀
Cholornis unicolor

白眶鸦雀
Sinosuthora conspicillata

灰喉鸦雀
Sinosuthora alphonsiana

长江亚种
S. w. suffusa

棕头鸦雀
Sinosuthora webbiana

褐翅鸦雀
Sinosuthora brunnea

暗色鸦雀
Sinosuthora zappeyi

灰冠鸦雀
Sinosuthora przewalskii

黄额鸦雀
Suthora fulvifrons

黑喉鸦雀
Suthora nipalensis

黑眉鸦雀
Chleuasicus atrosuperciliaris

红头鸦雀
Psittiparus ruficeps

灰头鸦雀
Psittiparus gularis

点胸鸦雀
Paradoxornis guttaticollis

斑胸鸦雀
Paradoxornis flavirostris

火尾绿鹛

拉丁名: *Myzornis pyrrhoura*
英文名: Fire-tailed Myzornis

形态 体长约 13 cm。头顶有黑色点斑,过眼纹黑色,上体橄榄绿色并具金属光泽,翼斑橙红色,中央尾羽绿色,外侧尾羽红色;颏、喉及上胸沾火红色,腹部及尾下覆羽黄褐色。雌鸟体形较小,体羽暗淡。

分类 在所有鸟类分类系统中,火尾绿鹛一直被当作单型属。它曾被归入相思鸟亚科(Liotrichinae)、画眉亚科(Timaliinae)、画眉科(Timaliidae)或鸦雀科(Paradoxornithidae)。最近的分子生物学工作把它移入新建立的莺鹛科(Sylviidae),与鹛雀属 *Chrysomma*、宝兴鹛雀属 *Moupinia*、雀鹛属 *Fulvetta*、鸦雀属 *Paradoxornis*、林莺属 *Sylvia* 有比较近的亲缘关系。

分布 留鸟,分布于喜马拉雅山脉、缅甸北部和中国西南,包括西藏东南部和云南西北部,分布海拔 1600～4265 m。

栖息地 4—8 月在较高海拔的杜鹃灌丛活动,10 月则垂直向低海拔迁移至常绿阔叶林。

食性 常在高山杜鹃灌丛林取食杜鹃花蜜,有时也取食昆虫。

繁殖 交配系统为社会性单配制。繁殖季节始于 4 月中旬,7 月上旬基本结束。双亲参与构筑体积巨大、侧面开口的球形巢,历时 7～8 天。巢位于垂直的土坡或石头上,距地面 0.2～1.5 m,巢材包括苔藓和杜鹃树皮,巢干重 70 g 左右。

火尾绿鹛。左上图为雄鸟,张永摄;下图为雌鸟,董磊摄

火尾绿鹛的巢和雏鸟。梁丹摄

带食物回巢育雏的火尾绿鹛雄鸟。梁丹摄

火尾绿鹛与其他体形相近的莺鹛科鸟类繁殖参数(平均值)的比较					
物种	体重(g)	繁殖海拔(m)	窝卵数(枚)	卵重(g)	孵化期(天)	育雏期(天)
火尾绿鹛	11	3200	2.9	1.84	15	20
暗色鸦雀	10	2830	3.1	1.3	14	14
金胸雀鹛	8	2800	3.5	—	11	11
灰喉鸦雀	9	280	4.5	1.52	14	13
白喉林莺	12	68	5.0	1.43	12	13

窝卵数 2～4 枚,平均 2.9 枚,比体形相近的低海拔莺鹛类的窝卵数少,但卵体积较大,平均卵重 1.84 g,远大于体形相似的鸟类。双亲均参与孵卵、暖雏、育雏和巢的清洁工作,且双方投入相当。孵化期 15 天。雏鸟 15 日龄前需要亲鸟抱暖,亲鸟的喂食频率平均每小时 6.5 次。值得注意的是,火尾绿鹛育雏期长达 20 天,在小型雀鸟中十分罕见。更重的巢、较少的窝卵数、较大的卵、较长的育雏期,这些应当是火尾绿鹛适应于高山极端环境的繁殖策略。刚出飞的雏鸟体重比成鸟重 19%,繁殖成功率 43%。红外相机记录到红嘴蓝鹊为火尾绿鹛的巢捕食者之一。

白喉林莺

拉丁名：*Sylvia curruca*
英文名：Lesser Whitethroat

雀形目莺鹛科

　　体长约 14cm。上体灰色，贯眼纹和耳羽黑褐色，外侧尾羽边缘白色；下体白色，胸侧及两胁沾皮黄色。

　　作为夏候鸟，分布于欧亚大陆北方；在非洲、中东、南亚次大陆越冬；迁徙时见于青海柴达木盆地。

白喉林莺。左上图沈越摄，下图宋丽军摄

漠白喉林莺

拉丁名：*Sylvia minula*
英文名：Desert Whitethroat

雀形目莺鹛科

　　体长约 13cm。上体灰色，翼灰褐色；下体白色，两胁染灰色。

　　作为夏候鸟，繁殖于西亚、中亚和中国西北，包括青藏高原的祁连山及柴达木盆地；在东非、巴基斯坦和印度西北部越冬。

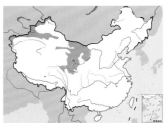

漠白喉林莺。左上图魏希明摄，下图邢新国摄

东歌林莺

拉丁名：*Sylvia crassirostris*
英文名：Eastern Orphean Warbler

雀形目莺鹛科

　　体长约 15 cm。头顶黑色，上体灰褐色，尾羽具白色狭缘；颏、喉近白色，胸、腹灰色。

　　作为夏候鸟，繁殖于欧洲东南部、中东、中亚；越冬于非洲、阿拉伯半岛东南部和印度。2015 年 6 月 13 日在西藏阿里的孔雀河谷海拔 3750m 的柳树林地发现此鸟，为中国鸟类新记录，推测其在当地为偶见迁徙过境鸟。IUCN 评估为无危（LC）。

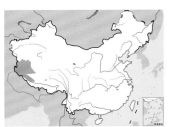

东歌林莺。郭克疾摄

金胸雀鹛

拉丁名：*Lioparus chrysotis*
英文名：Golden-breasted Fulvetta

雀形目莺鹛科

　　体长约 10 cm。头顶灰色，部分亚种有白色顶纹，耳羽白色，上体橄榄灰色；尾近黑色，基部羽缘黄色；翼近黑色，有黄色斑块，三级飞羽羽端白色；喉深灰色，胸、腹黄色。

　　留鸟，分布于喜马拉雅山脉、中国西南、华中和西北，中南半岛，包括青藏高原东北部、东部和东南部，分布海拔 1100～3050 m。

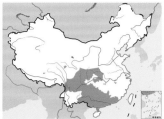

金胸雀鹛。左上图张永文摄，下图彭建生摄

宝兴鹛雀

拉丁名：*Moupinia poecilotis*
英文名：Rufous-tailed Babbler

雀形目莺鹛科

体长约 15 cm。眉纹白色，上体棕褐色，尾栗色而长；下体从喉部到腹部由白色逐渐过渡到棕黄色。

中国特有物种。留鸟，分布于中国西南地区，包括云南西北部、四川西南部，分布海拔 1500～3700 m。

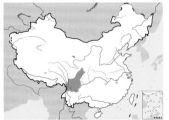

宝兴鹛雀。左上图丁文东摄，下图唐军摄

白眉雀鹛

拉丁名：*Fulvetta vinipectus*
英文名：White-browed Fulvetta

雀形目莺鹛科

体长约 12 cm。白色和深褐色组成的眉纹十分醒目，头顶及颈背灰褐色，尾棕褐色，翅棕褐色并有黑色和白色条斑；喉近白色而带棕色纵纹，下体余部浅棕色。

留鸟，分布于喜马拉雅山脉、中国西南和中南半岛北部，包括青藏高原南部和东南部，分布海拔 1525～4200 m。

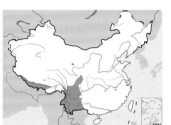

白眉雀鹛。左上图董磊摄，下图曹宏芬摄

白眉雀鹛的巢和卵。梁丹摄

路氏雀鹛

拉丁名：*Fulvetta ludlowi*
英文名：Ludlow's Fulvetta

雀形目莺鹛科

体长约 12 cm。头顶和上背棕褐色，尾棕色，翅棕色并有黑色和白色条斑；喉白色而具棕色纵纹，胸灰色，腹棕色。

留鸟，分布于喜马拉雅山脉东段和中国西南，包括西藏东南部，分布海拔 2125 ~ 4000 m。

路氏雀鹛。左上图董磊摄，下图彭建生摄

褐头雀鹛

拉丁名：*Fulvetta cinereiceps*
英文名：Grey-hooded Fulvetta

雀形目莺鹛科

体长约 12 cm。头灰色，上体棕褐色，尾羽沾灰色，翅棕色并有黑色和白色条斑；喉粉灰色而具暗黑色纵纹，胸灰色，腹浅棕色。

中国特有物种。留鸟，分布于中国西南、西北、华中、华东和华南，包括青藏高原东北部和东部，最高分布海拔 3400 m。

褐头雀鹛。左上图方昀摄，下图沈越摄

褐头雀鹛的巢和卵。贾陈喜摄

棕头雀鹛

拉丁名：*Fulvetta ruficapilla*
英文名：Spectacled fulvetta

雀形目莺鹛科

体长约 11 cm。头顶棕色，深褐色侧冠纹延至颈背，上体棕黄色，翅棕黄色并有黑色和白色条斑；喉白色而带棕色纵纹，胸白色而两侧灰色，腹棕色。

中国特有物种。留鸟，分布于青藏高原东部边缘、陕西秦岭和云贵高原，分布海拔 1250 ～ 4000 m。

棕头雀鹛。沈越摄

中华雀鹛

拉丁名：*Fulvetta striaticollis*
英文名：Chinese Fulvetta

雀形目莺鹛科

体长约 12 cm。上体灰褐色，翅有棕色、黑色和白色条斑；喉白色而具棕色纵纹，胸白色，腹浅棕色。

中国特有物种。留鸟，分布于青藏高原东北部、东部和东南部，分布海拔 2200 ～ 4300 m。

中华雀鹛。左上图董磊摄，下图彭建生摄

金眼鹛雀

拉丁名：*Chrysomma sinense*
英文名：Yellow-eyed Babbler

雀形目莺鹛科

体长约 20 cm。典型特征为金红色眼圈。眉纹白色，上体棕褐色，尾长而凸；下体从喉部到腹部由白色逐渐过渡到皮黄色。

留鸟，分布于南亚次大陆、中国西南和中南半岛北部，包括青藏高原东南部，分布海拔 500 ～ 1830 m。

金眼鹛雀。刘璐摄

山鹛

拉丁名：*Rhopophilus pekinensis*
英文名：Chinese Hill Babbler

雀形目莺鹛科

体长约 17 cm。上体棕灰色具深色纵纹，眉纹灰色，尾甚长，外侧尾羽边缘白色；下体灰白色，腹部和两胁有棕红色纵纹。

留鸟，分布于中亚，中国西北、华北和东北，以及朝鲜北部，在青藏高原见于青海北部和甘肃南部，最高分布海拔 3600 m。栖息于干旱丘陵地带的灌丛和低矮树丛环境。

山鹛。沈越摄

红嘴鸦雀

拉丁名：*Conostoma aemodium*
英文名：Great Parrotbill

雀形目莺鹛科

大型鸦雀，体长约 28 cm。喙黄色，额灰白色，上体棕褐色，飞羽棕色和深灰色；下体浅灰褐色。

留鸟，分布于喜马拉雅山脉，中国西南、西北和华中，包括青藏高原东南部、东部和东北部，分布海拔 1400～4575 m。

 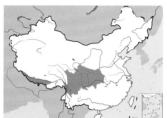

红嘴鸦雀。左上图沈越摄，下图唐军摄

三趾鸦雀

拉丁名：*Cholornis paradoxus*
英文名：Three-toed Parrotbill

雀形目莺鹛科

体长约 20 cm。喙黄色，白色眼圈明显，眼先、眉纹深褐色，上体棕色，初级飞羽羽缘灰白色，翼收拢时成灰白色斑块；额深褐色、下体余部棕色。足仅具 3 趾。

中国特有物种。留鸟，分布于陕西南部、四川中南部和东北部、甘肃南部，分布海拔 1500～3660 m。

三趾鸦雀。赵纳勋摄

褐鸦雀

拉丁名：*Cholornis unicolor*
英文名：Brown Parrotbill

雀形目莺鹛科

体长约 21 cm。眉纹黑色，整个体羽棕色。

留鸟，分布于喜马拉雅山脉东段、中国西南和缅甸北部，包括青藏高原东南部，分布海拔 1850～4270 m。

 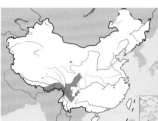

褐鸦雀。左上图何屹摄，下图董磊摄

白眶鸦雀

拉丁名：*Sinosuthora conspicillata*
英文名：Spectacled Parrotbill

雀形目莺鹛科

体长约 14 cm。典型特征为白色眼圈。头栗色，尾、翅褐色；下体浅黄色，喉部和胸部具深褐色纵纹。

中国特有物种。留鸟，分布于四川西北部、甘肃南部、青海东部以及陕西南部和湖北，分布海拔 1000～3300 m。

白眶鸦雀。左上图唐军摄，下图沈越摄

棕头鸦雀

拉丁名：*Sinosuthora webbiana*
英文名：Vinous-throated Parrotbill

雀形目莺鹛科

体长约 12 cm。头红棕色，上体橄榄褐色，翅红棕色；下体浅褐色。

留鸟，分布于中国整个东部地区、俄罗斯东南部和朝鲜，包括甘肃南部，最高分布海拔为 3100 m。

 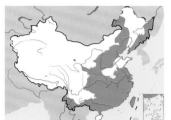

棕头鸦雀。沈越摄

灰喉鸦雀

拉丁名：*Sinosuthora alphonsiana*
英文名：Ashy-throated Parrotbill

雀形目莺鹛科

体长约 13 cm。头红棕色，脸颊灰色，耳后有深褐色细纹，上体棕褐色，飞羽羽缘红棕色；颏、喉灰色并具不明显的纵纹，下体余部浅褐色。

留鸟，分布于中国西南和越南北部，包括青藏高原东南部，分布海拔 320～2570 m。

 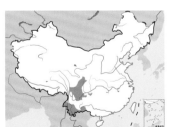

灰喉鸦雀。左上图田穗兴摄，下图董磊摄

褐翅鸦雀

拉丁名：*Sinosuthora brunnea*
英文名：Brown-winged Parrotbill

雀形目莺鹛科

体长约 13 cm。头红棕色，上体橄榄褐色；颏、喉及上胸酒红色并具栗色细纹，腹部和尾下覆羽浅褐色。

留鸟，分布于中国西南和缅甸北部，包括云南西北部和四川西南部，分布海拔 1525～2800 m。

 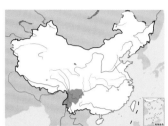

褐翅鸦雀。左上图董江天摄，下图沈越摄

暗色鸦雀

拉丁名：*Sinosuthora zappeyi*
英文名：Grey-hooded Parrotbill

雀形目莺鹛科

体长约 13 cm。喙黄色，头灰色，羽冠明显，眼圈白色，上体棕褐色；颏、喉和胸浅灰色，腹部和尾下覆羽淡棕褐色。

中国特有物种。留鸟，分布于四川中南部以及贵州西北部，分布海拔 2350～3437 m。在适宜栖息地有相当高的种群密度。但分布区域狭窄，种群数量正在下降。IUCN 和《中国脊椎动物红色名录》均评估为易危（VU）。

 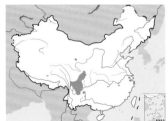

暗色鸦雀。董文晓摄

灰冠鸦雀

拉丁名：*Sinosuthora przewalskii*
英文名：Przevalski's Parrotbill

雀形目莺鹛科

体长约 13 cm。头灰色，额、眼先和眉纹深褐色，上体橄榄褐色，翼上有棕色斑块；喉及上胸橙红色，下胸灰色，腹部浅褐色。

中国特有物种。留鸟，仅分布于甘肃南部至四川西北部的松潘地区，分布海拔 2440～3050 m。

自 1891 年 Berezowski 和 Bianchi 在甘肃南部采集到灰冠鸦雀标本并作为新种发表后，其后 100 余年间人们再未见其踪影。直到 20 世纪 80 年代末，观鸟者在四川九寨沟再次观察到它们。2007 年 7 月，野生动物摄影师奚志农和董磊在四川唐家河国家级自然保护区内首次拍摄到灰冠鸦雀，证实这种神秘的小鸟依然生活在中国西部的森林中。作为典型的狭域分布物种，IUCN 评估其为易危（VU），《中国脊椎动物红色名录》评估为濒危（EN）。

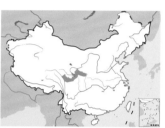

灰冠鸦雀。左上图唐军摄，下图董磊摄

黄额鸦雀

拉丁名：*Suthora fulvifrons*
英文名：Fulvous Parrotbill

雀形目莺鹛科

体长约 12 cm。头顶橙黄色，头侧冠纹深褐色，上体棕褐色，棕色的翼斑与白色的初级飞羽边缘对比明显；喉、胸橙黄色，两侧有白色条斑，腹部白色，尾下覆羽橙黄色。

留鸟，分布于喜马拉雅山脉，中国西南和华中，包括青藏高原东南部，分布海拔 2440～4575 m。IUCN 和《中国脊椎动物红色名录》均评估为无危（LC）。被列为中国三有保护鸟类。

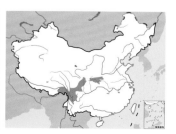

黄额鸦雀。唐军摄

黑喉鸦雀

拉丁名：*Suthora nipalensis*
英文名：Black-throated Parrotbill

雀形目莺鹛科

体长约 12 cm。额基黑色，眉纹白色，头侧冠纹深褐色，眼下有白斑，上体棕褐色，两翼黑色而具白色翼缘及明显的棕色翼斑；喉黑色，胸、腹灰色，两胁黄褐色。

留鸟，分布于喜马拉雅山脉、中国西南和中南半岛，包括中国西藏东南部、云南西北部和西部，分布海拔 600～3300 m。

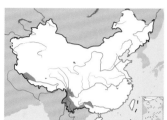

黑喉鸦雀。董文晓摄

黑眉鸦雀

拉丁名：*Chleuasicus atrosuperciliaris*
英文名：Pale-billed Parrotbill

雀形目莺鹛科

体长约 15 cm。头棕色，黑色眉纹短但明显，上体余部棕褐色；下体浅棕色。

留鸟，分布于喜马拉雅山脉东段、中国西南和中南半岛，包括青藏高原东南部，分布海拔 215～2100 m。

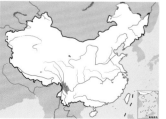

黑眉鸦雀。沈越摄

红头鸦雀

拉丁名：*Psittiparus ruficeps*
英文名：Rufous-headed Parrotbill

雀形目莺鹛科

　　体长约 19 cm。头棕色，上体余部棕褐色；下体浅棕色。

　　留鸟，分布于喜马拉雅山脉东段、中国西南和中南半岛北部，包括中国西藏东南部及云南西北部，分布海拔 200～1930 m。

红头鸦雀。左上图董文晓摄，下图董磊摄

灰头鸦雀

拉丁名：*Psittiparus gularis*
英文名：Grey-headed Parrotbill

雀形目莺鹛科

　　体长约 18 cm。喙黄色，头、脸颊灰色，前额至头侧纹黑色，眉纹白色且短，上体棕色；喉中部黑色，颊和下体白色。

　　留鸟，分布于喜马拉雅山脉东段，中国西南、华中、华南和东南，中南半岛，包括青藏高原东南部，分布海拔 300～2400 m。

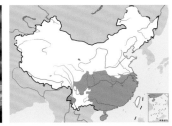

灰头鸦雀。董文晓摄

点胸鸦雀

拉丁名：*Paradoxornis guttaticollis*
英文名：Spot-breasted Parrotbill

雀形目莺鹛科

　　体长约 18 cm。喙橘黄色，脸颊、颏、喉黑色并有白色斑纹，上体棕色；下体白色沾黄色，胸部有黑色斑纹。

　　留鸟，分布于喜马拉雅山脉东段，中国西南、华南、华东、华中和西北，中南半岛北部，包括青藏高原东部边缘，分布海拔 350～3355 m。

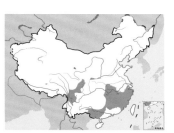

点胸鸦雀。左上图华英摄，下图董磊摄

斑胸鸦雀

拉丁名：*Paradoxornis flavirostris*
英文名：Black-breasted Parrotbill

雀形目莺鹛科

　　体长约 20 cm。喙黄色，脸颊、颏、喉黑色并有白色斑纹，从耳后到胸部有一个明显的黑色环带，其余体羽棕色。

　　留鸟，分布于喜马拉雅山脉东段、中国西南和缅甸西部，包括青藏高原东南部，最高分布海拔 915 m。分布区域狭窄，IUCN 评估为易危（VU）。

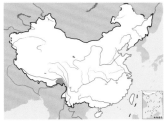

斑胸鸦雀。Gadajignesh摄（维基共享资源／CC BY-SA 4.0）

绣眼鸟类

- 雀形目绣眼鸟科鸟类，全世界共12属120种，中国有2属12种，青藏高原分布有2属9种
- 翅短圆，雌雄羽色相似，具有白色或其他浅色眼圈
- 以昆虫和其他无脊椎动物为主食，也吃花蜜、果实和种子
- 社会性单配制，一些物种合作繁殖

类群综述

分类与分布　绣眼鸟是绣眼鸟科（Zosteropidae）成员的总称，也是莺总科的一部分，包括12属120种，分布于亚洲、非洲和大洋洲。绣眼鸟的刷头状舌与太阳鸟科（Nectariniidae）和吸蜜鸟科（Meliphagidae）相似，因此分类学家曾认为它与这两个科亲缘关系较近。但分子证据显示，绣眼鸟在渐新世从传统的莺科分离，与莺鹛科（Sylviidae）、林鹛科（Timaliidae）、幽鹛科（Pellorneidae）和噪鹛科（Leiothrichidae）的演化关系比较近。具体而言，传统的绣眼鸟与穗鹛和凤鹛的亲缘关系较近。事实上，传统画眉科中的一些穗鹛和凤鹛在当前的分类系统中被划入了绣眼鸟科，包括凤鹛属 *Yuhina*、纹穗鹛属 *Zosterornis*、侏穗鹛属 *Dasycrotapha* 和冠穗鹛属 *Sterrhoptilus*。

形态　绣眼鸟是一类娇小的鸟类，体长在10～16 cm。生活在高海拔地区的种群比同种的低海拔种群平均体形要大，岛屿种群与大陆种群相比也是如此。上体通常橄榄绿色，一些物种眼周围有一圈白色或其他颜色的绒状短羽，因此它们的英文名为"White-eye"。喉部黄色，腹部白色或黄色。雌雄形态差异很小，只能通过行为判断性别。

左：绣眼鸟多具有白色或其他浅色眼圈，故得其名，主要以昆虫和其他无脊椎动物为食，但也取食植物花蜜、果实和种子。图为红胁绣眼鸟。沈越摄

右：在最新的分类系统中，绣眼鸟科还包括凤鹛、纹穗鹛、侏穗鹛等传统画眉科物种。图为棕臀凤鹛。沈越摄

绣眼鸟的喙小而尖，舌纤细而先端分叉，每个分叉的尖端具有可伸缩的角质纤维簇，适于伸入花中捕食小型昆虫或采食花蜜和花粉。图为灰腹绣眼鸟。彭建生摄

栖息地 绣眼鸟翅短圆，脚细小而有力，适应于树栖生活。它们栖息于多种森林和灌丛环境，也常会出现在公园等人工环境。分布海拔从山谷到山顶。也经常扩散到一些岛屿上，快速演化为新的物种。在一些岛屿上，它们的物种数可能占到当地雀形目鸟类的 30%，因此绣眼鸟也是研究物种辐射进化的绝佳对象。

食性 绣眼鸟的食谱主要由昆虫构成，最喜欢蚜虫，但也包括了大量果实和花蜜。一些物种的喙很特别，细短而尖，嘴峰稍有拱形。它们的舌纤细，呈弧形管状，有 2 个分叉，每个分叉的尖端有毛刺，舌先端还有可伸缩的角质纤维簇，这些都是适应于采集花蜜和花粉的结构。有研究表明，非洲东部的白胸绣眼鸟 Zosterops abyssinicus 会系统地访问植物，在活动区域内每天按固定的路线取食，而且连续几天会在同样的时间出现在同一棵树上。绣眼鸟的访花行为可以促进植物传粉。为了吸食花蜜，它们演化出独特的技能。例如，灰腹绣眼鸟 Zosterops palpebrosus 会刺穿木槿属植物花的基部来获取花蜜。虽然大部分绣眼鸟为泛食性，但其中也不乏一些专食花蜜者，如毛里求斯绣眼鸟 Zosterops chloronothos。

习性 绣眼鸟是一种社会性鸟类，通常集群生活，经常集大群从一棵树飞到另外一棵树去取食，也常会加入到多种小型森林鸟类组成的混合鸟群中，并且是混合鸟群中的核心物种。非繁殖季节的群体通常由父母及其后代构成，待到下一个繁殖季节，后代扩散至周边领域，形成新的群体。大的集群可达上百只个体。

繁殖 绣眼鸟的巢多为杯状，由植物材料构成，置于树杈上、悬挂在树枝上或枝条的端部。窝卵数 1~6 枚，以 2~3 枚居多，孵化期 10~16 天，育雏期 10~17 天。绣眼鸟多数为社会性单配制，双亲共同筑巢、孵卵和育雏。一些热带地区的绣眼鸟 1 年内可以连续繁殖 3 巢。凤鹛属物种表现特殊的合作繁殖方式，多个单配制的繁殖对共同筑一个囊状巢并把卵都产在这个巢里。绣眼鸟会被一些巢寄生鸟类所寄生，例如，东南亚的灰腹绣眼鸟常常被大杜鹃、小杜鹃和八声杜鹃所寄生。

种群状态和保护 由于许多绣眼鸟为岛屿分布物种，栖息地面积较小且相对孤立，因而容易受到栖息地丧失等因素的威胁，许多物种被 IUCN 关注。例如，塞舌尔栗胁绣眼鸟 Z. semiflavus 和硕绣眼鸟 Z. strenuus 在 19 世纪末 20 世纪初相继灭绝，马里亚纳绣眼鸟 Zosterops conspicillatus 自 1983 年后再无记录，2016 年被 IUCN 列入灭绝物种（EX）；金绣眼鸟 Cleptornis marchei、毛里求斯绣眼鸟 Zosterops chloronothos 等 5 个物种被列为极危物种（CR）。在中国分布的 12 种绣眼鸟科成员均为无危物种（LC）。

绣眼鸟的巢多为杯状，由植物材料构成，置于树杈上、悬挂在树枝上或枝条的端部。图为白领凤鹛的巢和卵。付义强摄

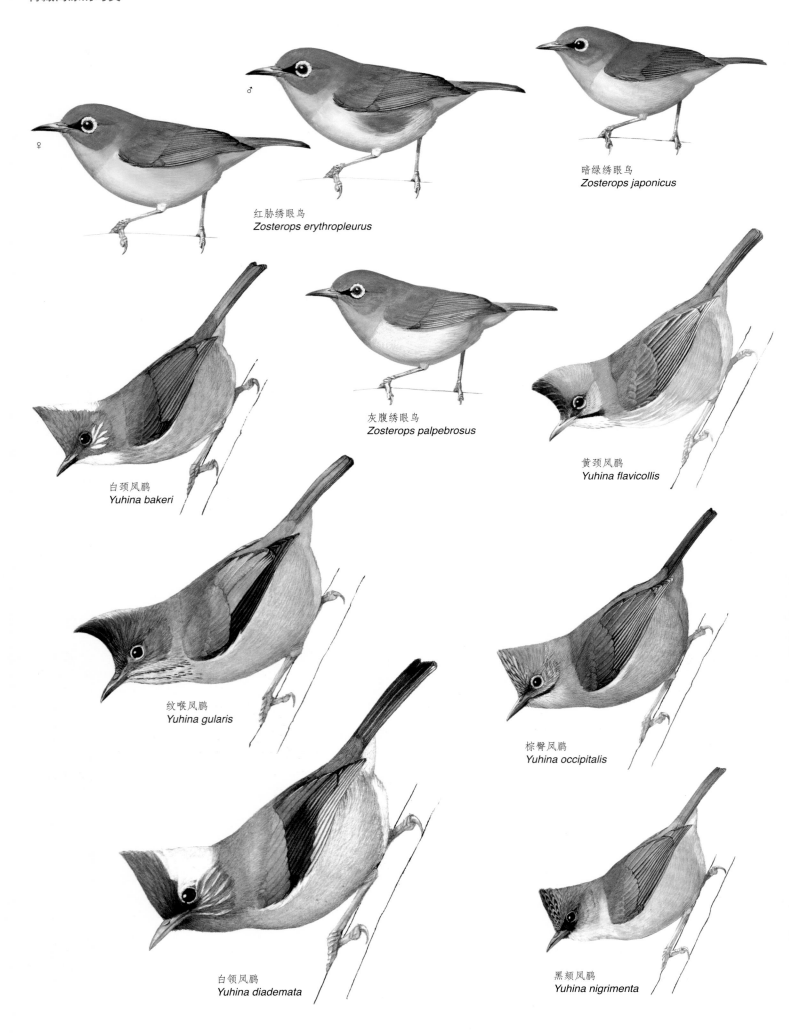

红胁绣眼鸟
Zosterops erythropleurus

暗绿绣眼鸟
Zosterops japonicus

白颈凤鹛
Yuhina bakeri

灰腹绣眼鸟
Zosterops palpebrosus

黄颈凤鹛
Yuhina flavicollis

纹喉凤鹛
Yuhina gularis

棕臀凤鹛
Yuhina occipitalis

白领凤鹛
Yuhina diademata

黑颏凤鹛
Yuhina nigrimenta

红胁绣眼鸟

拉丁名：*Zosterops erythropleurus*
英文名：Chestnut-flanked White-eye

雀形目绣眼鸟科

体长约 12 cm。眼圈白色，眼先黑色，眼下有黑色细纹，上体黄绿色，尾羽暗褐色，飞羽黑褐色；颏、喉和上胸黄色，腹中央灰色，两胁栗色，尾下覆羽黄色。

作为夏候鸟，繁殖于俄罗斯东南部和中国东北黑龙江地区；在中国西南和东南亚越冬，包括青藏高原东部边缘。

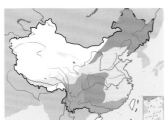

红胁绣眼鸟。左上图为雌鸟，下图为雄鸟。沈越摄

暗绿绣眼鸟

拉丁名：*Zosterops japonica*
英文名：Japanese White-eye

雀形目绣眼鸟科

体长约 10 cm。上体绿色，眼圈白色，腰灰色；颏、喉和上胸黄色，腹白色，尾下覆羽黄褐色。

作为夏候鸟，繁殖于中国华中、华北、华东和华南，以及日本北部；在中国西南和东南亚过冬。作为留鸟，分布于中国西南和华南、日本中部和南部，包括青藏高原东南部边缘，最高分布海拔 2590 m。

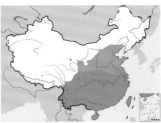

暗绿绣眼鸟。左上图彭建生摄，下图沈越摄

灰腹绣眼鸟

拉丁名：*Zosterops palpebrosus*
英文名：Oriental White-eye

雀形目绣眼鸟科

体长约 10 cm。上体黄绿色，眼圈白色；颏、喉和上胸黄色，腹灰色，中央有一条柠檬黄色纵带，尾下覆羽黄色。

留鸟，分布在印度、中国西南和东南亚，包括青藏高原南部和东南部，分布海拔 200 ～ 4000 m。

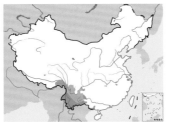

灰腹绣眼鸟。沈越摄

白颈凤鹛

拉丁名：*Yuhina bakeri*
英文名：White-napped Yuhina

雀形目绣眼鸟科

体长约 13 cm。羽冠、枕栗褐色，颈后有一个明显的白斑，背暗褐色，尾和两翼黑褐色；颏、喉白色，胸、腹橄榄褐色，尾下覆羽浅红色。

留鸟，分布于喜马拉雅山脉、中国西南和中南半岛北部，包括中国西藏东南部和云南西北部，分布海拔 300～2200 m。

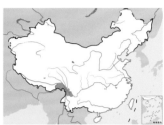

白颈凤鹛。左上图彭建生摄，下图董磊摄

黄颈凤鹛

拉丁名：*Yuhina flavicollis*
英文名：Whiskered Yuhina

雀形目绣眼鸟科

体长约 13 cm。眼圈白色，羽冠棕黑色，具明显的黑色髭纹，后颈棕黄色，背、尾和两翼褐色；颏、喉白色，胸、腹中央灰白色，两胁浅黄褐色。

留鸟，分布于喜马拉雅山脉、中国西南和中南半岛北部，包括青藏高原南部和东南部，分布海拔 215～3000 m。

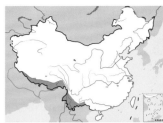

黄颈凤鹛。左上图曹宏芬摄，下图沈越摄

纹喉凤鹛

拉丁名：*Yuhina gularis*
英文名：Stripe-throated Yuhina

雀形目绣眼鸟科

体长约 14 cm。上体暗褐色，羽冠棕褐色，脸颊灰色，两翼黑褐色并具橙黄色翼斑；颏、喉棕白色并有黑色纵纹，胸、腹暗棕黄色。

留鸟，分布于喜马拉雅山脉、印度东北部、中国西南和中南半岛北部，包括青藏高原南部和东南部，分布海拔 800～3700 m。

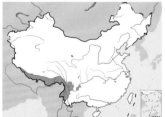

纹喉凤鹛。左上图彭建生摄，下图曹宏芬摄

棕臀凤鹛

拉丁名：*Yuhina occipitalis*
英文名：Rufous-vented Yuhina

雀形目绣眼鸟科

体长约 13 cm。上体橄榄褐色，羽冠前半部灰色，后半部棕红色；下体皮黄色，尾下覆羽棕色。

留鸟，分布于喜马拉雅山脉、中国西南和中南半岛北部，包括青藏高原南部和东南部，分布海拔 400～3900 m。

棕臀凤鹛。左上图沈越摄，下图曹宏芬摄

白领凤鹛

拉丁名：*Yuhina diademata*
英文名：White-collared Yuhina

雀形目绣眼鸟科

体长约 16 cm。上体暗褐色，羽冠烟褐色，颈后的白斑与白色眼圈在眉后相接是其典型特征，尾羽黑褐色并有白色纵纹，飞羽黑色；下体浅灰褐色，腹白色。

留鸟，分布于中国华中和西南、中南半岛北部，包括青藏高原东部和东南部，分布海拔 800～3600 m。

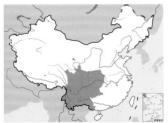

白领凤鹛。彭建生摄

白领凤鹛的巢和雏鸟。付义强摄

黑颏凤鹛

拉丁名：*Yuhina nigrimenta*
英文名：Black-chinned Yuhina

雀形目绣眼鸟科

体长约 11 cm。头灰色，羽冠暗灰色并有灰黑色的鳞状斑纹，上体灰棕色；颏黑色，喉白色，胸、腹和尾下覆羽棕黄色，两胁皮黄色。

留鸟，分布于喜马拉雅山脉、中国西南、华中和华南，以及中南半岛北部，包括青藏高原东部和东南部，分布海拔 200～2800 m。

黑颏凤鹛。沈越摄

林鹛类

林鹛类

- 雀形目林鹛科鸟类，全世界共10属51种，中国有8属27种，青藏高原分布有8属19种
- 雌雄相似，体羽多棕色
- 翼短圆，腿和爪中等长，强健，善在灌丛间活动
- 擅长在枝叶上觅食，食物以无脊椎动物为主，也吃一些花蜜、果实和种子
- 具有明显的社会性，单配制

类群综述

林鹛是林鹛科（Timaliidae）物种的总称，也是莺总科的一部分，有10属51种，分布在亚洲，特别是亚热带和热带地区。Timaliidae在传统分类系统中是指画眉科，包括林鹛与幽鹛、噪鹛等类群。根据分子证据，最近鸟类系统学家把传统画眉科分解为5个不同的科，原画眉科学名Timaliidae留给了由10个属51个种组成的林鹛类。中国有林鹛类8属27种，青藏高原分布有8属19种。

林鹛翼短圆，腿和爪中等长，强健，体羽多棕色，雌雄相似。林鹛是地方留鸟，其典型的栖息地是山区森林边缘、农田、居民区附近稠密的灌丛。它们喜欢在枝叶间觅食，只有少数物种更多的时间在地面觅食，这也是其英文名字Tree Babblers所表达的意思。食物以昆虫和其他无脊椎动物为主，也吃花蜜、果实和种子。

林鹛具有明显的社会性，交配系统为单配制。巢位于地面或靠近地面，由植物纤维以及苔藓构成。巢通常为球状或囊状，一些物种建造杯形巢。窝卵数2～5枚，孵化期12天左右，育雏期10～11天，双亲共同参与筑巢、孵卵和育雏。

林鹛的受胁状况相对较轻，仅锈喉鹩鹛 *Spelaeornis badeigularis* 等6个物种被IUCN列为易危（VU），棕喉鹩鹛 *Spelaeornis caudatus* 等9个物种为近危（NT）。

左：相对于其他鹛类，林鹛更擅长在枝叶上而非地面上觅食。图为棕头钩嘴鹛。田穗兴摄

右：林鹛喜欢在林缘灌丛中活动。图为红头穗鹛。沈越摄

斑胸钩嘴鹛
Erythrogenys gravivox

灰头钩嘴鹛
Pomatorhinus schisticeps

棕头钩嘴鹛
Pomatorhinus ochraceiceps

棕颈钩嘴鹛
Pomatorhinus ruficollis

细嘴钩嘴鹛
Pomatorhinus superciliaris

滇南亚种
P. f. orientalis

指名亚种
P. f. ferruginosus

红嘴钩嘴鹛
Pomatorhinus ferruginosus

短尾钩嘴鹛
Jabouilleia danjoui

斑翅鹩鹛
Spelaeornis troglodytoides

棕喉鹩鹛
Spelaeornis caudatus

锈喉鹩鹛
Spelaeornis badeigularis

长尾鹩鹛
Spelaeornis chocolatinus

黑胸楔嘴穗鹛
Stachyris humei

楔嘴穗鹛
Stachyris roberti

黑头穗鹛
Stachyris nigriceps

红头穗鹛
Cyanoderma ruficeps

黑颏穗鹛
Cyanoderma pyrrhops

金头穗鹛
Cyanoderma chrysaeum

纹胸鹛
Mixornis gularis

红顶鹛
Timalia pileata

斑胸钩嘴鹛

拉丁名：*Erythrogenys gravivox*
英文名：Black-streaked Scimitar Tabbler

雀形目林鹛科

体长约 23 cm。喙长而弯，灰色；上体橄榄棕色；下体白色，胸部有黑色纵纹，因此得名，两胁棕红色。

留鸟，分布于中国西南至东南、越南北部，包括中国西藏东南部和云南西北部，分布海拔 200 ~ 3800 m。

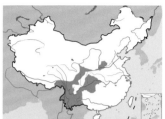

斑胸钩嘴鹛。左上图彭建生摄，下图董磊摄

灰头钩嘴鹛

拉丁名：*Pomatorhinus schisticeps*
英文名：White-browed Scimitar Babbler

雀形目林鹛科

体长约 22 cm。喙长而弯，黄色；头顶灰色，具白色长眉纹和黑色贯眼纹，颈背猩红色，背棕褐色；下体白色，两胁和尾下覆羽褐色。

留鸟，分布于喜马拉雅山脉、中国西南和东南亚，包括中国西藏东南部，分布海拔 245 ~ 2650 m。

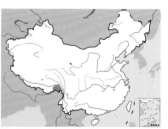

灰头钩嘴鹛。左上图李一凡摄，下图陈树森摄

棕头钩嘴鹛

拉丁名：*Pomatorhinus ochraceiceps*
英文名：Red-billed Scimitar-babbler

雀形目林鹛科

体长约 24 cm。典型特征为弯曲而呈橙黄色的喙。上体棕褐色，眉纹白色，过眼纹黑色；喉、胸、腹白色，尾下覆羽棕褐色。

留鸟，分布于印度东北部、中国西南和中南半岛，包括中国西藏东南部，分布海拔 230 ~ 2400 m。

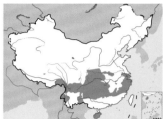

棕头钩嘴鹛。左上图魏东摄，下图沈越摄

棕颈钩嘴鹛

拉丁名：*Pomatorhinus ruficollis*
英文名：Streak-breasted Scimitar-babbler

雀形目林鹛科

形态 体长约 19 cm。英文名中的 "scimitar"，意为短弯刀，指其喙长而弯。白色的长眉纹、粗长的黑色过眼纹、栗色的后项圈也是其典型特征；喉和胸白色，不同亚种胸部的羽色和纵纹有所不同。

分布 留鸟，分布区自喜马拉雅山南麓西部、印度东北部，北抵秦岭，东达福建，南至中南半岛北部以及海南岛，分布海拔 200 ~ 3400 m。

栖息地 栖息于阔叶林下层、林缘灌丛。

习性 生性活泼，但胆怯畏人，飞行能力较弱，常成对或结成 3 ~ 5 只的小群在林下活动。善于鸣叫，鸣声响亮，清脆单调却不乏优美动听。通常只闻其声，不见其形。

繁殖 棕颈钩嘴鹛在青藏高原的繁殖记录来自四川甘洛。繁殖期从 3 月开始，筑巢于稠密的灌丛之中，离地面 1 ~ 2 m。巢杯形，外壁以竹叶和阔叶构成，内垫柔软的纤维。外径 11 cm，内径 6.0 cm，高 12 cm。窝卵数 2 ~ 5 枚。卵白色，无斑，大小为 23 mm × 17 mm。双亲均参与孵卵，共同哺育雏鸟。

探索与发现 棕颈钩嘴鹛的分类长期存在争议，主要表现在其与台湾棕颈钩嘴鹛 *P. musicus* 和灰头钩嘴鹛 *P. schisticeps* 的关系上。台湾棕颈钩嘴鹛长期被作为棕颈钩嘴鹛的亚种处理，2006

年有鸟类学家基于其显著的形态特征将其提升为种。之后的分子系统学研究结果也支持这一建议，但同时也揭示了二者更令人迷惑的演化关系，表现为线粒体和核基因系统发育信号的不一致性。这种不一致性缘于分化过程中台湾棕颈钩嘴鹛线粒体对棕颈钩嘴鹛线粒体的袭夺效应，也就是演化过程中棕颈钩嘴鹛的线粒体单倍型进入台湾棕颈钩嘴鹛，并最终取代台湾棕颈钩嘴鹛的原生单倍型线粒体。

棕颈钩嘴鹛与灰头钩嘴鹛的争议在于：形态上，二者非常相似，常常难以区分；生态上，两者在东南亚北部的邻接区存在杂交，然而在喜马拉雅地区同域分布却没有发现杂交，以致基于生物学的物种概念很难判断二者的分类关系。近期的谱系地理学研究发现，灰头钩嘴鹛东南亚种群实际上是棕颈钩嘴鹛喜马拉雅种群的近缘分支，就是说两者均应属于棕颈钩嘴鹛，因此建议将灰头钩嘴鹛东南亚种群并入棕颈钩嘴鹛，然而喜马拉雅地区的棕颈钩嘴鹛和灰头钩嘴鹛遗传关系较远，确实应分属于不同的物种。

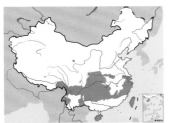

棕颈钩嘴鹛。左上图彭建生摄，下图唐军摄

细嘴钩嘴鹛

拉丁名：*Pomatorhinus superciliaris*
英文名：Slender-billed Scimitar-babbler

雀形目林鹛科

形态 体长约 20 cm。长而弯曲的黑色喙，是钩嘴鹛中最典型的。头部深灰色，下颚略浅，眉纹白色，身体余部棕褐色。

分布 留鸟，分布于喜马拉雅山脉东部、中国西南、缅甸西北部和越南北部，包括中国西藏东南部、云南西部和西北部，分布海拔 915～3500 m。

探索与发现 细嘴钩嘴鹛又名剑嘴鹛，曾被置于单型属剑嘴鹛属 *Xiphirhynchus*，分子系统发育研究将其并入钩嘴鹛属 *Pomatorhinus*。自从 1842 年被外国鸟类学家命名以来，中国学者一直未能采集到它的标本。在 1987 年出版的《中国动物志·鸟纲 第十一卷 雀形目 鹟科 II 画眉亚科》一书中，对细嘴钩嘴鹛的形态描述只好引用英国人 Baker 于 20 世纪 20 年代所著的 *The Fauna Of British India, Including Ceylon And Burma : Birds* 一书。

根据细嘴钩嘴鹛滇西亚种 *P. s. forresti* 的命名人 Rothschild 于 1926 年发表的文献 *On the avifauna of Yunnan, with critical notes* 记载，他当年采集到该亚种标本的地点在云南西部怒江与龙川江之间的山脉，也就是高黎贡山，它从贡山地区向南绵延千里直至腾冲。

1990 年 8—11 月，中国科学院昆明动物研究所的鸟类学家进入独龙江流域开展科学考察，独龙江的东岸便是高黎贡山西坡。在海拔 2000 m 山腰地带的野考营地附近，鸟类学家韩联宪支起了 4 张鸟网。营地周围是茂密灌丛，并有小片的原始次生林，乃是典型的鹛类栖息地。不久鸟网就有了收获。最引人注目的是一只嘴又长又曲的鸟，它细长弯曲的嘴特别侧扁，很像古代土耳其人佩带的弯剑，头顶呈灰黑色，白色眉纹十分醒目，整个背部为辉棕褐色，胸、腹部呈漂亮的锈红色，这就是细嘴钩嘴鹛。中国的鸟类学家终于首次采集到了这种鸟类，结束了引用外国文献描述中国的细嘴钩嘴鹛的历史。

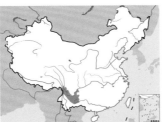

细嘴钩嘴鹛。左上图董文晓摄，下图董磊摄

红嘴钩嘴鹛

拉丁名：*Pomatorhinus ferruginosus*
英文名：Coral-billed Scimitar-babbler

雀形目林鹛科

体长约 24 cm。典型特征为弯曲而呈猩红色的喙。上体棕褐色，眼先至脸颊黑色，眉纹白色，头顶黑色或棕色，颚白色，构成特征性的面部图案；胸棕红色，腹棕褐色。

留鸟，分布于印度东北部、中国西南和中南半岛，包括中国西藏东南部，分布海拔 400～2285 m。

 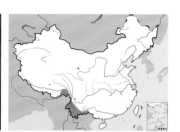

红嘴钩嘴鹛。左上图张岩摄，下图董文晓摄

短尾钩嘴鹛

拉丁名：*Jabouilleia danjoui*
英文名：Short-tailed Scimitar Babbler

雀形目林鹛科

体长约 19 cm。喙长而向下弯曲，脸颊灰棕色，上体深褐色，尾短；颏、喉白色，胸部和两肋棕色并带黑色纵纹，腹部白色。

留鸟，分布于缅甸北部、老挝、越南和中国西南，包括青藏高原东南部边缘，分布海拔 50～2100 m。

 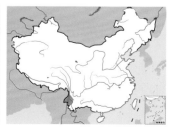

短尾钩嘴鹛。Tim摄

斑翅鹩鹛

拉丁名：*Spelaeornis troglodytoides*
英文名：Bar-winged Wren-babbler

雀形目林鹛科

体长约 10 cm，体形小，尾长。头顶至后颈黑褐色并有白色斑点，背棕色，尾、翅灰色并有褐色斑纹；喉白色，胸、腹至尾下覆羽棕色，胸部有白色斑点。雌鸟下体色浅。

留鸟，分布于喜马拉雅山脉东段、中国西南和华中，包括青藏高原东南部，分布海拔 1600～3500 m。

 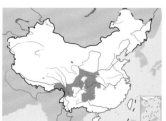

斑翅鹩鹛。左上图董江天摄，下图赵超摄

棕喉鹩鹛

拉丁名：*Spelaeornis caudatus*
英文名：Rufous-throated Wren-babbler

雀形目林鹛科

体长约 9 cm，体形小，尾短。脸颊灰色，上体棕色，头顶、后颈和背有深褐色斑点；下体浅棕色，有深褐色斑点，腹部有深褐色和白色斑点。

留鸟，分布于喜马拉雅山脉东段至中国西南，包括西藏东部，分布海拔 1400～2440 m。

 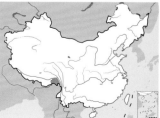

棕喉鹩鹛。杨远方摄

锈喉鹩鹛

拉丁名：*Spelaeornis badeigularis*
英文名：Rusty-throated Wren-babbler

雀形目林鹛科

体长约 9 cm，与棕喉鹩鹛相似，但体羽比棕喉鹩鹛更暗。

留鸟，分布于喜马拉雅山脉东段，包括西藏东南部，分布海拔 1700～2400 m。因分布区狭窄，被 IUCN 评估为易危（VU）。

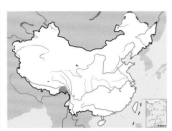

锈喉鹩鹛。左上图Mike Prince摄

长尾鹩鹛

拉丁名：*Spelaeornis chocolatinus*
英文名：Long-tailed Wren-babbler

雀形目林鹛科

体长约 10 cm。与棕喉鹩鹛、锈喉鹩鹛不同之处在于尾较长。脸颊灰色，体羽棕色，喉白色，胸、腹有白色斑点。

留鸟，分布于喜马拉雅山脉东段，包括西藏东南部，分布海拔 1200～3100 m。分布区狭窄，IUCN 评估为近危（NT）。

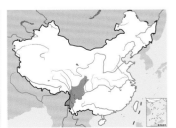

长尾鹩鹛。董文晓摄

黑胸楔嘴穗鹛

拉丁名：*Stachyris humei*
英文名：Blackish-breasted Babbler

雀形目林鹛科

形态 体长约 18 cm。眉纹始于眼后并延伸至胸侧，上体棕褐色，尾和翅有深褐色横斑；喉黑色，胸黑色，腹灰白色。

分布 留鸟，分布区局限在喜马拉雅山东段，分布海拔 900～1950 m。2014 年 11 月 10 日，首次在西藏墨脱记录到该物种。当时，研究者在海拔 1437m 常绿阔叶林下茂密的灌丛中，观察到 1 群约 7 只个体。

种群状态和保护 IUCN 和《中国脊椎动物红色名录》均将黑胸楔嘴穗鹛列为近危物种（NT），估计其全球种群数量少于 10 000 只且呈下降趋势，所面临的威胁主要为森林采伐和刀耕火种的农业模式。

探索与发现 Mandelli（1873）根据锡金采集的标本最早命名了这个物种，将之归入楔嘴鹩鹛属 *Sphenocichla*。后来其下划分出两个亚种，即 *S. h. humei* 和 *S. h. roberti*。2012 年 Moyler 等根据分子证据构建的系统发育关系将楔嘴鹩鹛属并入穗鹛属 *Stachyris*，这里我们采用了这个观点，因此也将其中文名中的鹩鹛改为穗鹛。最近，鸟类分类学家把其下的 2 个亚种分别提升为独立的物种，即黑胸楔嘴穗鹛 *Stachyris humei* 和楔嘴穗鹛 *S. roberti*，这是因为二者在形态上差异显著，其中喙和尾的差异分别达到 6% 和 9%，同时二者地理分布区接近但没有中间型，而且鸣唱也不同。

黑胸楔嘴穗鹛及其栖息地。赵超摄

楔嘴穗鹛

拉丁名：*Stachyris roberti*
英文名：Wedge-billed Babbler

雀形目林鹛科

体长约 18 cm。体羽与黑胸楔嘴穗鹛相似，但喉、胸为浅棕色而非黑色，并有白色 "V" 形斑纹。

留鸟，分布区局限在喜马拉雅山脉东段，包括西藏东南部和云南西北部，分布海拔 300～2010 m。分布区狭窄，IUCN 评估为近危（NT）。

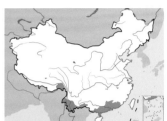

楔嘴穗鹛。田穗兴摄

黑头穗鹛

拉丁名：*Stachyris nigriceps*
英文名：Grey-throated Babbler

雀形目林鹛科

体长约 14 cm。头顶为黑白相间的纵纹，黑色长眉纹下有一道连着眼圈的白纹，脸颊棕黄色，上体棕褐色；喉白色，有黑色下颊纹，下体棕黄色。

留鸟，分布于喜马拉雅山脉东段、中国西南、东南亚至马来群岛，包括青藏高原东南部，分布海拔 150～2500 m。

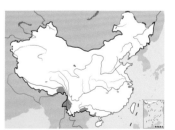

黑头穗鹛。左上图周彬康摄，下图董磊摄

红头穗鹛

拉丁名：*Cyanoderma ruficeps*
英文名：Rufous-capped Babbler

雀形目林鹛科

体长约 12 cm。头顶棕红色为其典型特征，上体暗橄榄褐色；下体橄榄绿色。

留鸟，分布于喜马拉雅山脉东部，中国西南、华南、华中和华东，东南亚，包括青藏高原东南部，分布海拔 40～3200 m。

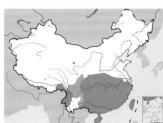

红头穗鹛。沈越摄

黑颏穗鹛

拉丁名：*Cyanoderma pyrrhops*
英文名：Black-chinned Babbler

雀形目林鹛科

体长约 10 cm。上体暗橄榄褐色，眼先黑色；颏黑色为其典型特征，下体余部黄褐色。

留鸟，分布于巴基斯坦、印度和尼泊尔，分布海拔 245～2750 m，2010 年 2 月中国在西藏日喀则樟木地区首次记录。

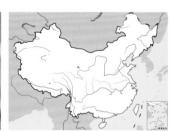

黑颏穗鹛。董江天摄

金头穗鹛
拉丁名：*Cyanoderma chrysaeum*
英文名：Golden Babbler

雀形目林鹛科

体长约 11 cm。头顶黄色并有黑色纵纹，眼先具明显的黑色，脸颊橄榄黄色，上体橄榄黄色；下体为明亮的黄色。

留鸟，分布于喜马拉雅山脉、中国西南、中南半岛、马来半岛及苏门答腊岛，包括青藏高原东南部，分布海拔 300～3000 m。

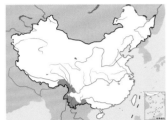

金头穗鹛。左上图董磊摄，下图田穗兴摄

纹胸鹛
拉丁名：*Mixornis gularis*
英文名：Striped Tit-babbler

雀形目林鹛科

体长约 11 cm。眉纹黄色，上体栗色，下体黄色并有细的褐色纵纹。

留鸟，分布于喜马拉雅山脉、印度东北部、中国西南和东南亚，包括青藏高原东南部，分布海拔 800～1525 m。

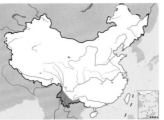

纹胸鹛。左上图甘礼清摄，下图周彬康摄

红顶鹛
拉丁名：*Timalia pileata*
英文名：Chestnut-capped Babbler

雀形目林鹛科

体长约 16 cm。头顶栗色为其典型特征，眉纹白色且前端在喙基相连，过眼纹黑色，上体橄榄棕色；脸颊、喉白色，由胸部开始逐渐过渡为灰色至浅褐色，胸部有黑色条纹。

留鸟，分布区自喜马拉雅山脉，向东延伸至中国西南、华南，向南至中南半岛，包括青藏高原东南部，分布海拔 340～1500 m。

红顶鹛。左上图刘璐摄，下图田穗兴摄

幽鹛类

幽鹛类

- 雀形目幽鹛科鸟类，包括16属59种，中国有9属18种，青藏高原可见8属13种
- 翼短圆，尾短，腿长爪大；雌雄羽色相似，体羽多棕色
- 主要在地面觅食昆虫和其他无脊椎动物，也吃少量花蜜、果实和种子
- 社会性明显，主要为单配制，一些物种表现合作繁殖

类群综述

幽鹛是指雀形目幽鹛科（Pellorneidae）的成员，也是莺总科的一部分。幽鹛科是一个新建立的科，是由传统的画眉科分解出来的 5 个科之一，包括 16 属 59 种，均为留鸟，分布在亚洲东部、东南部和非洲中部。

幽鹛翼短圆，尾短，腿长爪大；雌雄羽色相似，体羽多棕色。适宜栖息地为森林边缘的稠密灌丛。与林鹛不同，它们更擅长在地面觅食昆虫和其他无脊椎动物，甚至从落叶层和土壤中探取食物，这是其英文名 Ground Babblers 的由来。此外，它们也吃少量的花蜜、果实和种子。

幽鹛的巢类型多样，有些为杯形，有些为囊形。巢由植物纤维材料以及苔藓构成，隐藏于地面上，或者位于距离地面不高的稠密灌丛或树丛间，也有

的悬挂在枝条上。雌雄共同筑巢。窝卵数 2～5 枚。孵化期 10～15 天，通常由双亲共同孵卵，但非洲雅鹛属 Illadopsis 的一些成员表现合作繁殖，雌鸟承担孵卵任务。雏鸟需要双亲以及帮助者在巢中喂养 10～14 天。一些物种出飞后还需要亲鸟照顾 9 周之久才能营养独立。

跟其他鹛类一样，幽鹛的分布区域较为集中，大部分物种在其适宜栖息地内密度较高，但容易受到栖息地丧失的威胁。沼泽山鹪莺 Laticilla cinerascens 和白喉鹪鹛 Rimator pasquieri 被 IUCN 列为濒危物种（EN），金额雀鹛 Schoeniparus variegaticeps 等 7 个种被 IUCN 评估为易危（VU）。在中国，幽鹛相对缺乏保护关注，很少被列入保护名录。

左：跟其他鹛类一样，幽鹛以昆虫和其他无脊椎动物为主食，图为灰眶雀鹛。赵纳勋摄

右：与在树木枝叶间活动的林鹛类不同，幽鹛常在地面觅食。图为正在用喙翻开土壤表层探取食物的棕头幽鹛。薄顺奇摄

黄喉雀鹛
Schoeniparus cinereus

栗头雀鹛
Schoeniparus castaneceps

棕喉雀鹛
Schoeniparus rufogularis

褐胁雀鹛
Schoeniparus dubius

灰眶雀鹛
Alcippe morrisonia

白眶雀鹛
Alcippe nipalensis

短尾鹩鹛
Turdinus brevicaudatus

纹胸鹩鹛
Napothera epilepidota

棕胸雅鹛
Trichastoma tickelli

棕头幽鹛
Pellorneum ruficeps

白腹幽鹛
Pellorneum albiventre

云南亚种
G. r. torquatus

指名亚种
G. r. rufulus

长嘴鹩鹛
Rimator malacoptilus

白头鵙鹛
Gampsorhynchus rufulus

黄喉雀鹛

拉丁名：*Schoeniparus cinereus*
英文名：Yellow-throated Fulvetta

雀形目幽鹛科

体长约11 cm。头顶黑色而满布白色鳞状纹，眉纹黄色，贯眼纹黑色，面颊白色且有黑色条纹，上体橄榄绿色；喉黄色，下体余部淡黄色，两胁灰色。

留鸟，分布于喜马拉雅山脉、中国西南、中南半岛北部，包括青藏高原东南部，分布海拔600～2745 m。

黄喉雀鹛。左上图刘璐摄，下图彭建生摄

栗头雀鹛

拉丁名：*Schoeniparus castaneceps*
英文名：Rufous-winged Fulvetta

雀形目幽鹛科

体长约12 cm。头顶栗色，眼后纹和髭纹黑色，与白色的脸颊形成鲜明对比，翅上具醒目的黑色和黄色图案，上体余部橄榄褐色；下体白色，两胁皮黄色。

留鸟，分布于喜马拉雅山脉、中国西南和东南亚，包括青藏高原东南部，分布海拔300～3505 m。

栗头雀鹛。左上图董磊摄，下图彭建生摄

棕喉雀鹛

拉丁名：*Schoeniparus rufogularis*
英文名：Rufous-throated Fulvetta

雀形目幽鹛科

体长约14 cm。侧冠纹黑色，眉纹白色，头顶棕红色，上体余部棕褐色；喉、胸白色，其间由醒目的棕红色环带分割，腹棕色。

留鸟，分布于喜马拉雅山脉东段、中国西南和中南半岛北部，包括青藏高原东南部，分布海拔300～1100 m。

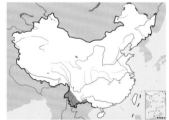

棕喉雀鹛

褐胁雀鹛

拉丁名：*Schoeniparus dubius*
英文名：Rusty-capped Fulvetta

雀形目幽鹛科

体长约 15 cm。头棕色并具黑色纵纹，侧冠纹黑色，眉纹白色，上体棕色；下体白色，两胁沾棕色。

留鸟，分布于喜马拉雅山脉东段，中国西南和华南，以及中南半岛，包括青藏高原东南部，分布海拔 300～3100 m。

褐胁雀鹛。左上图沈越摄，下图董磊摄

白眶雀鹛

拉丁名：*Alcippe nipalensis*
英文名：Nepal Fulvetta

雀形目幽鹛科

体长约 14 cm。侧冠纹黑色，白色眼圈明显，上体棕色，翅上有黑斑；下体白色。

留鸟，分布于喜马拉雅山脉、中国西南及缅甸西部和北部，包括青藏高原东南部，分布海拔 300～2400 m。

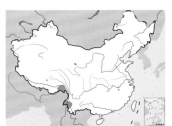

白眶雀鹛。左上图董文晓摄，下图田穗兴摄

灰眶雀鹛

拉丁名：*Alcippe morrisonia*
英文名：Grey-cheeked Fulvetta

雀形目幽鹛科

体长约 14 cm。头顶及上背灰色，侧冠纹色深，具明显的白色眼圈，上体余部橄榄褐色；颏、喉及上胸灰色，下体余部浅皮黄色。

留鸟，分布于中国长江以南和中南半岛北部，包括青藏高原东部和东南部，分布海拔 50～3050 m。

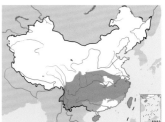

灰眶雀鹛。沈越摄

短尾鹩鹛

拉丁名：*Turdinus brevicaudatus*
英文名：Streaked Wren-babbler

雀形目幽鹛科

体长约 16 cm。头和上背浅灰棕色，有黑色斑纹，下背、尾上覆羽和尾棕色，翅浅灰棕色，具 1 道细长的白斑；喉、胸白色，有灰色斑纹，腹和两胁棕色。

留鸟，分布于喜马拉雅山脉东段、中国西南和东南亚，包括青藏高原东南部，分布海拔 300～2100 m。

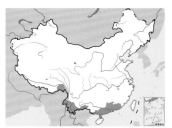

短尾鹩鹛。沈越摄

纹胸鹪鹛

拉丁名：*Napothera epilepidota*
英文名：Eyebrowed Wren-babbler

雀形目幽鹛科

　　体长约 11 cm，体形小，尾短。头和上背浅灰棕色，有黑色斑纹，下背、尾上覆羽和尾棕色，翅浅棕色，具 2 道细长的白斑；下体白色，喉有黑色条纹，胸、腹有浅棕色条纹。

　　留鸟，分布于喜马拉雅山脉东段、中国西南、华南和东南亚，包括青藏高原东南部，分布海拔 300 ～ 2135 m。

棕胸雅鹛

拉丁名：*Trichastoma tickelli*
英文名：Buff-breasted Babbler

雀形目幽鹛科

　　体长约 14 cm。上体浅褐色，喉白色，胸浅棕色，腹白色，两胁沾棕色。

　　留鸟，分布于喜马拉雅山脉东段、中国西南和东南亚，包括青藏高原东南部，分布海拔 610 ～ 1550 m。

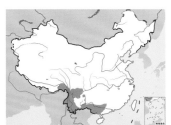

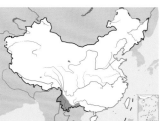

纹胸鹪鹛。董文晓摄

棕胸雅鹛。左上图杨远方摄，下图董文晓摄

纹胸鹪鹛。董文晓摄

棕头幽鹛

拉丁名：*Pellorneum ruficeps*
英文名：Puff-throated Babbler

雀形目幽鹛科

　　体长约 16 cm。头顶棕色，上体浅褐色；下体白色，胸和两胁有浅棕色斑纹。

　　留鸟，分布于喜马拉雅山脉、印度中南部、中国西南和东南亚，包括青藏高原东南部，最高分布海拔 1900 m。

棕头幽鹛。左上图田穗兴摄，下图薄顺奇摄

白腹幽鹛

拉丁名：*Pellorneum albiventre*
英文名：Spot-throated Babbler

雀形目幽鹛科

　　体长约 16 cm。上体褐色；喉浅褐色，有褐色细小斑点，下体余部黄褐色。

　　留鸟，分布于喜马拉雅山脉东段、中国西南和东南亚，包括青藏高原东南部，分布海拔 280～2135 m。

白腹幽鹛。左上图甘礼清摄，下图达志供图

棕头幽鹛。周红摄

白头鹛鹛

拉丁名：*Gampsorhynchus rufulus*
英文名：White-hooded Babbler

雀形目幽鹛科

　　体长约 24 cm。头白色，上体暗褐色；下体白色，腹部沾棕色。

　　留鸟，分布于喜马拉雅山脉东段、中国西南和中南半岛北部，包括青藏高原东南部，分布海拔 200～1400 m。

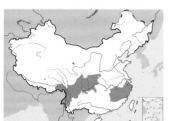

白头鹛鹛。左上图沈越摄，下图刘璐摄

长嘴鹩鹛

拉丁名：*Rimator malacoptilus*
英文名：Long-billed Wren-babbler

雀形目幽鹛科

　　体长约 12 cm。喙细长而略向下弯曲，尾短。上体深棕褐色，除尾和翅外，有皮黄色纵纹；喉皮黄色，下体余部深褐色，胸部有皮黄色纵纹。

　　留鸟，分布于印度东北部（包括锡金邦）、缅甸北部以及中国西南，包括云南西北部以及西藏东南部，分布海拔 900～2700 m。

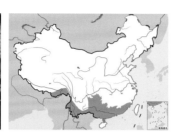

长嘴鹩鹛。左上图董磊摄，下图唐军摄

白头鹛鹛亚成鸟。刘璐摄

噪鹛类

- 雀形目噪鹛科鸟类，全世界共21属138种，中国有13属66种，青藏高原13属53种
- 翼短圆，尾长，腿强健；羽色多样，雌雄体羽相似
- 适宜栖息地为森林边缘的灌丛
- 常在枝叶间或地面觅食无脊椎动物，也吃少量植物花蜜、果实和种子
- 社会性明显，主要为单配制，一些物种有合作繁殖行为

类群综述

分类与分布　噪鹛是噪鹛科（Leiothrichidae）成员的总称，也是莺总科的一部分。噪鹛科是从传统的画眉科分离出来的一个新的鸟科，包括 21 个属 138 个种。均为留鸟，生活在亚洲和非洲，特别是亚热带和热带地区，其中东南亚和南亚次大陆是其物种多样性中心。青藏高原东南部是许多噪鹛的家，中国有 13 属 66 种，其中 53 种见于青藏高原。

形态　噪鹛是小到中型的鸟类，总体上说，它们的体形比同样从传统画眉科中分离出来的林鹛科（Timaliidae）、幽鹛科（Pellorneidae）和莺鹛科（Sylviidae）物种要大。亚成体羽毛与成体相似，而不是像大多数鸟类一样呈现满布斑点的幼体特征。

噪鹛的翼短圆，不善飞而善在灌丛间活动；喙有力，腿强健，通常在植被中上层活动，一些类群喜欢在地面取食。白耳奇鹛 Heterophasia auricularis 的舌特化而适于采食花蜜。

习性　噪鹛是高度社会化的鸟类，以小群体为主的社会生活是其典型特征，许多物种非繁殖期集群，少数种类全年集群。群体成员关系密切，经常靠在一起休息，相互梳理羽毛的现象十分普遍。

繁殖　虽然多数噪鹛科鸟类表现为社会性单配制的交配系统，由双亲共同照顾后代，但其中许多物种具有合作繁殖行为，包括鸫鹛属 Turdoides、噪鹛属 Garrulax 的许多成员，其中一些物种得

左：作为鸣禽中莺总科的成员，噪鹛科是由原来的画眉科分出另立的新鸟科，它们属于古北界鸣禽，分布在亚洲和非洲，其中东南亚和印度次大陆物种最为丰富。顾名思义，噪鹛类多数喧闹，歌声婉转。图为正站在树枝上鸣唱的画眉。沈越摄

右：只生活在中国西藏的灰腹噪鹛，身着蓝灰色羽装，长长尾巴的边缘缀有醒目的白点儿，黑亮的眼睛上那道棕红色眉纹，增添了别致的秀气。田穗兴摄

到深入的研究，包括阿拉伯地区的阿拉伯鸫鹛 *T. squamiceps*，非洲南部的斑鸫鹛 *T. bicolor* 和南亚次大陆的丛林鸫鹛 *T. striatus*。在这些合作繁殖的物种中，有时会发生一雄多雌现象，也记录到 2 个繁殖对产卵于同一巢中。

噪鹛建造杯形巢，巢位于灌木或树上而不在地面上。窝卵数 2～6 枚，孵化期 13～17 天，育雏期 9～16 天，个别物种长达 21 天。雌雄共同筑巢、孵卵和育雏，合作繁殖的物种中，帮助者也参与这些工作。非合作繁殖物种的幼鸟出飞后需亲鸟持续照顾 1 个月左右，合作繁殖物种的幼鸟延迟扩散，与家族在一起生活更长时间。

种群状态和保护 噪鹛类对繁殖栖息地的要求较为苛刻，而其分布中心东南亚和南亚次大陆是人口密集区，面临较高的栖息地破坏的风险，且形势日益严峻。红额噪鹛 *Garrulax rufifrons*、蓝冠噪鹛 *Garrulax courtoisi*、黑冠薮鹛 *Liocichla bugunorum* 被 IUCN 列为极危（CR），其中黑冠薮鹛 2014 年起被 IUCN 从易危（VU）提升为极危（CR），红额噪鹛更是 2013 年从近危（NT）提升为濒危（EN），2016 年进一步提升为极危（CR）；白喉鹩鹛 *Kupeornis gilberti* 等 7 个物种被列为濒危（EN），白点噪鹛 *Garrulax bieti* 等 9 个物种为易危（VU），还有大草鹛等 17 个物种处于近危（NT）状态。中国虽然将多数噪鹛类列入了《国家保护的有益的或者有重要经济、科学研究价值的陆生野生动物名录》，但尚未列入《国家重点保护野生动物名录》，许多种类依然作为笼养鸟而遭到捕猎，亟需提高保护力度。

噪鹛在灌木或树上建造杯形巢，巢外层为粗的植物茎叶，内层为细软的植物须根，并不像多数鸟类那样衬垫鸟羽、兽毛等柔软材料。卵多为鲜艳的蓝色，但也有的为白色、粉色等其他颜色。图为甘肃莲花山大噪鹛的巢和卵。贾陈喜摄

矛纹草鹛
Babax lanceolatus

大草鹛
Babax waddelli

棕草鹛
Babax koslowi

画眉
Garrulax canorus

白冠噪鹛
Garrulax leucolophus

褐胸噪鹛
Garrulax maesi

黑额山噪鹛
Garrulax sukatschewi

灰翅噪鹛
Garrulax cineraceus

棕颏噪鹛
Garrulax rufogularis

斑背噪鹛
Garrulax lunulatus

白点噪鹛
Garrulax bieti

眼纹噪鹛
Garrulax ocellatus

大噪鹛
Garrulax maximus

白喉噪鹛
Garrulax albogularis

小黑领噪鹛
Garrulax monileger

黑领噪鹛
Garrulax pectoralis

栗颈噪鹛
Garrulax ruficollis

山噪鹛
Garrulax davidi

栗臀噪鹛
Garrulax gularis

灰胁噪鹛
Garrulax caerulatus

白颊噪鹛
Garrulax sannio

棕噪鹛
Garrulax berthemyi

斑胸噪鹛
Garrulax merulinus

条纹噪鹛
Grammatoptila striata

橙翅噪鹛
Trochalopteron elliotii

灰腹噪鹛
Trochalopteron henrici

细纹噪鹛
Trochalopteron lineatum

纯色噪鹛
Trochalopteron subunicolor

蓝翅噪鹛
Trochalopteron squamatum

黑顶噪鹛
Trochalopteron affine

杂色噪鹛
Trochalopteron variegatum

珠峰亚种
T. e. nigrimentum

滇西亚种
T. e. woodi

滇南亚种
T. e. melanostigma

红翅噪鹛
Trochalopteron formosum

红尾噪鹛
Trochalopteron milnei

红头噪鹛
Trochalopteron erythrocephalum

斑胁姬鹛
Cutia nipalensis

蓝翅希鹛
Siva cyanouroptera

斑喉希鹛
Chrysominla strigula

红尾希鹛
Minla ignotincta

红翅薮鹛
Liocichla ripponi

黑冠薮鹛
Liocichla bugunorum

灰胸薮鹛
Liocichla omeiensis

栗额斑翅鹛
Actinodura egertoni

纹头斑翅鹛
Sibia nipalensis

纹胸斑翅鹛
Sibia waldeni

灰头斑翅鹛
Sibia souliei

红嘴相思鸟
Leiothrix lutea

银耳相思鸟
Leiothrix argentauris

栗背奇鹛
Leioptila annectens

黑顶奇鹛
Heterophasia capistrata

黑头奇鹛
Heterophasia desgodinsi

灰奇鹛
Heterophasia gracilis

长尾奇鹛
Heterophasia picaoides

丽色奇鹛
Heterophasia pulchella

矛纹草鹛

拉丁名：*Babax lanceolatus*
英文名：Chinese Babax

雀形目噪鹛科

形态 体长约 26 cm，是草鹛属 *Babax* 中体形最小的物种。纵纹密布是其典型特征。头栗褐色，背灰色，头顶和上体有灰色或栗色纵纹，具特征性的深色髭纹；下体棕白色，胸和两胁具暗色纵纹。

分布 留鸟，分布区从印度东北部和缅甸北部向北经云贵高原扩展到整个中国长江以南地区并达秦岭南麓，在西面，经过东喜马拉雅，沿着横断山脉北上，抵达西藏昌都，分布海拔350～4200 m。中国分布有 3 个亚种，除华南亚种 *B. l. latouchei* 外，其余 2 个都见于青藏高原。指名亚种 *B. l. lanceolatus* 见于滇西北和川西，四川宝兴是该物种的模式产地；西南亚种 *B. l. bonvaloti* 见于横断山脉。

栖息地 生活在山地森林边缘和灌丛环境，也常见于在低海拔地区、农田边缘。

繁殖 目前尚没有关于青藏高原矛纹草鹛繁殖和社会组织的研究，相关信息只有来自贵州水城地区的报道。那里的矛纹草鹛3—4 月开始繁殖，直到 7 月中旬仍然有个体产卵。卵蓝色，上面没有任何斑点，每窝有卵 2～4 枚。孵卵期 14～15 天，育雏期

矛纹草鹛的巢，巢中雏鸟已死亡。梁丹摄

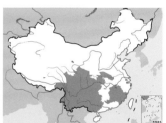

矛纹草鹛。左上图彭建生摄；下图为正在衔材筑巢，贾陈喜摄

11～12 天。与生活在高海拔地区的同属鸟类大草鹛和棕草鹛相比，低海拔地区的矛纹草鹛孵卵期和育雏期都要短一些，每个繁殖对1 年可以养育 1 窝以上的后代。

矛纹草鹛生活在小群体里，2 只以上的个体参加巢保卫的现象很普遍，这些都是合作繁殖行为的迹象。而且它的 2 个密切亲属大草鹛和棕草鹛都表现出合作繁殖行为，有理由认为矛纹草鹛也同样具有合作繁殖的社会属性。

探索与发现 关于草鹛类合作繁殖问题，有两点需要澄清。

通常认为，合作繁殖更可能发生在亚热带和热带地区，因为这里的环境比较稳定，容易导致栖息地饱和，也就是一些个体不能获得繁殖必需的领域，只能沦为帮助者加入其他个体的巢。目前对非洲和大洋洲鹛类的研究证实了这种观点。在海拔 3000 m 以上的青藏高原，如此强烈的季节性气候条件下，草鹛类的合作繁殖行为实属罕见。显然，栖息地饱和假说无法圆满解释其背后的原因，因为这里大草鹛的繁殖密度每平方千米不过 3 只，而棕草鹛也不过 6只，在各自的栖息地内依然有很多潜在可利用的繁殖场所。

在鸟类的合作繁殖系统里，有一种特殊的合作现象，称为联合繁殖（joint nesting）。也就是在一个合作群体里有一个以上的繁殖对，各自仍保持一雌一雄的交配体制，多个繁殖对共用一巢，雌鸟把卵产在同一个巢里，大家共同抚育巢里的后代。台湾的褐头凤鹛就是如此，一个巢里有卵 4～8 枚是很普通的现象。但所有 3 种草鹛的窝卵数均为 2～4 枚，少于大多数鹛类 2～5 枚的一般情况。有理由认为草鹛的每个合作繁殖群体只有 1 个繁殖对。

无论如何，通过标记识别、亲子鉴定等手段来揭示这些物种社会组织的秘密，是中国鸟类研究者所面临的一项挑战。

大草鹛

拉丁名：*Babax waddelli*
英文名：Giant Babax

雀形目噪鹛科

形态 体长约 32 cm，是体形最大的草鹛。喙较长而弯是其显著特征。额、头顶及上体灰色并具显著的黑褐色纵纹，眼先、颊及耳羽沾茶黄色，髭纹黑白相间；颏、喉灰色且具黑色细纹，胸、腹肌两胁具栗色的黑色纵纹，其余下体亮灰色。雌雄羽色相似。

分布 中国特有鸟种。留鸟，仅见于西藏南部和东南部，分布海拔 2800～4600 m。

栖息地 栖息在森林边缘的灌丛。

1995—2004 年，卢欣在大草鹛分布区内的 11 个点进行了野外调查，并在雅鲁藏布江中游的雄色峡谷进行了更为详细的研究工作，对这种神秘鸟类的栖息地要求和社会行为有了一个系统的认识。

大草鹛的分布区包括原始森林和高山灌丛，但在原始林区，它们也只生活在林地的边缘。显然，大草鹛是一种典型的适应于灌丛的鸟类。它们对灌丛植被也是有要求的，高度超过 1.5 m 且连续分布的灌丛是大草鹛的适宜栖息地。

在原始森林边缘地带，每小时平均遇见大草鹛群体 0.35 次，在灌丛环境是 0.32 次，转换成相应的种群密度分别是每平方千米 4 只和 3 只个体，两种环境下的种群密度没有显著差异。与种群密度达到每平方千米 200 只以上的灰腹噪鹛比较，大草鹛的种群密度是很低的。依据种群密度和分布区面积，可进一步估算出全球大草鹛的总数约为 120 000 只。

繁殖 在雄色峡谷发现的 10 个巢中，3 个于 5 月初、3 个于5 月中旬分别产下第 1 枚卵，而其余 2 个巢于 6 月初开始繁殖。因此，种群的繁殖时间仅仅持续 1 个月。

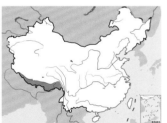

大草鹛。左上图唐军摄，下图魏东摄

大草鹛分布区11个调查点的种群数量						
位置	海拔(m)	调查日期	总调查时间(h)	群体大小(只)	每小时遇见群体数量	每平方千米个体数量(只)
藏东林区						
萨旺	3800	1995 年 5—8 月	32	4～7	0.13	1
东久保护区	2800	2001 年 5 月	7	—	—	—
巴结保护区	3100	2001 年 5 月	4.5	6	0.22	2
多吉	3020	2001 年 5 月	2.5	5	0.40	3
热振寺	4100	1999 年 9 月	3	6～7	0.67	7
藏南灌丛						
斯布	3750	2001 年 5 月	6	—	—	—
拉萨东郊	3650	1996 年 4—5 月	12	—	—	—
拉萨南郊	3800	1996—1999 年 4—7 月	20	—	—	—
曲水	4200	1998 年 9 月	11	6～7	0.27	3
青坡	4100	2001 年 6 月	4	6～8	0.50	6
雄色	4200	1999—2002 年 4—7 月	31	3～6	0.19	1

有好几种灌木适合大草鹛筑巢，其中包括高山柳。巢点选择的一个显著特点是，它们总是偏爱一个灌丛地内最高最壮实的那株，这也许与它们体形较大有关。巢的外廓由较粗的灌木茎编制而成，内垫以细的灌木须根，从未发现有鸟羽或兽毛。

大草鹛的卵是湛蓝色的，像宝石一般。一窝最少有 2 枚卵，最多 4 枚，但 3 枚最为常见。孵卵期间至少有 2 只个体轮流卧在巢里。雏鸟出壳后，成鸟要为它们抱暖 10 天左右。抱暖期间，雏鸟也需要营养以满足生长发育。有时会看到 1 只成鸟把自己采集的食物先送入抱暖者嘴里，再由抱暖者转送给雏鸟。42% 的巢有帮助者，其数量从 1 只到 4 只。帮助者参与孵卵的可能性不大，也不为孵卵或者抱暖的亲鸟提供食物。不过可以肯定的是，帮助者会参与育雏活动。

社会组织 与灰腹噪鹛相比，大草鹛的群体性显然更强，它们一年四季都生活在小群体里，即使繁殖的时候也不例外。群体终年生活在领域内，这种群体领域的生活方式是大草鹛合作繁殖行为的基础。

群体成员常常在地面用喙刨取食物，此时有 1 只个体担任警戒。大草鹛特别喜欢站立在高大的灌木上鸣叫，鸣声多样，很远便可以听到。也时常看见两只个体互相理羽的现象，说明群体成员间的社会联系十分密切。

遗憾的是，因为没有实施捕捉和个体标记、采血，以致大草鹛社会合作系统的结构，特别是帮助者与繁殖者的遗传关系、帮助者的年龄和性别，依然是一个谜。

后代投入与育雏策略 生活在恶劣、不可预测环境中的鸟类，常常采取窝降低策略 (brood reduction strategy) 以应对这种不利条件：亲鸟通过产大小不同的卵来实现孵化后雏鸟身体大小的差异。如果条件不允许，则放弃其中较小的个体，任其死亡，从而保证

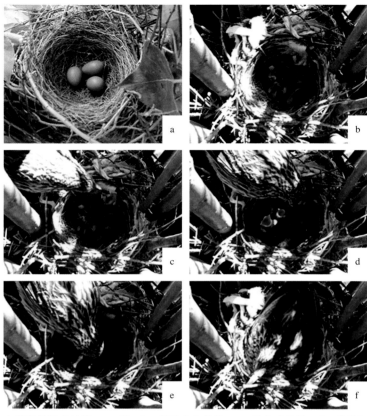

大草鹛的繁殖过程。a：卵，b：新孵出的雏鸟，c：喂食者回巢，d：雏鸟乞食，e：喂食者清理雏鸟粪便，f：喂食者卧巢。杜波摄

雅鲁藏布江中游高山带大草鹛的繁殖参数	
繁殖期	5月初至6月中旬
交配系统	单配制，42% 的巢有帮助者
海拔	3800～4450 m
巢基支持	高山柳等灌木
距离地面	0.9～3.8 m
巢大小	外径 17.1 cm，内径 10.6 cm，深 6.6 cm，高 15.4 cm
窝卵数	2～4 枚，平均 2.9 枚
卵大小	长径 32.5 mm，短径 22.0 mm
新鲜卵重	8.2～8.9 g
孵卵期	16～18 天
育雏期	16～18 天
雏鸟体重生长常数	$k=0.33～0.42$
繁殖成功率	75%

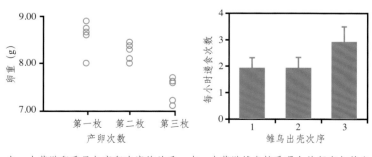

左：大草鹛卵重量与产卵次序的关系；右：大草鹛雏鸟接受喂食的频率与其出壳次序的关系

其他雏鸟存活；若恰逢条件优良，则增加对弱小者的照顾，争取所有后代都能出飞。

2010 年，兰州大学的杜波博士带领一个研究小组来到雅鲁藏布江中游的高山峡谷，以大草鹛为对象深入研究高海拔鸟类的育雏策略。

他们测量了同一窝里每个卵的大小。发现，同一个窝里，卵的体积随着产卵次序靠后而变小；相应地，雏鸟也呈现一致的大小顺序。显然，在食物条件不佳的情况下，出壳晚而弱小的雏鸟挨饿死亡的概率会很高。

他们把小型数码录像机架设在巢边，连续检测亲鸟的育雏行为。他们发现，亲鸟通过两种办法挽救那些弱小的雏鸟。一方面是增加对弱小者的照顾；另一方面是约束其他雏鸟，限制同胞间的竞争。统计分析揭示，一只雏鸟是否能够从养育者那里获得食物，与它距离养育者的远近，或者伸长脖子乞食的顺序、高度和持续时间都无关，也不管它是否嗷嗷乞求或是否排泄粪便以引起注意。然而，细心的喂养者能够知道自己在上一次叼食回巢的时候把食物放入了哪个后代的嘴里，这一次它会照顾其他后代，特别是弱小者。亲鸟能够调整育雏策略从而消除这些弱者的劣势状态，保证它们的存活。这种产卵与育雏明显不同的繁殖投入方式，被认为是大草鹛在不可预测环境条件下，最大化繁殖成功的一种策略。

种群现状和保护 虽然在其分布区内，大草鹛是比较常见的物种，但是鸟类学家卢欣的野外研究清楚地显示一个事实：它们对繁殖栖息地的要求非常苛刻。高大的灌木在原始森林的边缘也许不算稀罕，但在高山灌丛环境，人类的薪材砍伐使得这样的灌木变得稀缺。同时，一些同域分布的物种如山斑鸠，也与大草鹛竞争同样类型的灌木，这可能直接危及这种中国特有鸟类的繁衍。此外，作为合作繁殖和终年保持领域性的物种，大草鹛更容易受到栖息地质量下降的影响。IUCN 和将其评估为近危（NT）。

探索与发现 大草鹛是雅鲁藏布江中游山地仅有的 2 个画眉亚科物种之一。

它们的羽色并不艳丽，灰色的身体布满黑色的条纹，身上甚至连一处醒目的颜色也找不到。虽然相貌不那么出众，但结伴活动、吵嚷喧闹的习性会给人们留下深刻印象。更重要的是，在国际鸟盟（BirdLife International）指定的雅鲁藏布江中游特有鸟区（The Mid-Brahmaputra River Endemic Bird Area）里，大草鹛与藏马鸡被并提为这个鸟区的两个代表物种；同时，大草鹛被 IUCN 列为近危物种（NT）。难怪有许多国外观鸟者打听它们的情况。

如此特殊而重要的物种，以前竟然没有任何关于其繁殖和社会行为的记录。于是，长期在雄色峡谷进行鸟类研究的鸟类学家卢欣开始寻找大草鹛的巢。东方鸟类俱乐部（Oriental Bird Club）也为此提供了资金援助。1995 年 5 月 12 日，在雄色峡谷一片稠密的灌丛里，他终于在一株粗壮的枸子枝桠间发现了第一个巢。

棕草鹛

拉丁名：*Babax koslowi*
英文名：Tibetan Babax

雀形目噪鹛科

形态　体长约28 cm。上体棕褐色而具浅色鳞状斑，眼先黑色，头侧灰色，两翼及尾羽棕褐色，上背及初级飞羽具灰色羽缘；喉部灰色，胸部浅黄褐色并具灰色鳞状斑，尾下覆羽浅黄褐色。雌雄羽色相似，但雌鸟上体深棕色。

分布　中国特有物种。留鸟，仅见于横断山脉北端，分布海拔3650～4500 m。指名亚种 *B. k. koslowi* 在澜沧江上游的玉树及其周围，而1979年发现的玉曲亚种 *B. k. yuquensis* 在怒江支流的玉曲和雅鲁藏布江支流泊龙藏布江的上游，也就是八宿然乌和左贡一带。两亚种的分布区为唐古拉山东支和他念他翁山所隔阻，指名亚种在昌都西北，玉曲亚种在昌都西南。

栖息地　典型的栖息地是森林边缘的灌丛。

繁殖　在澜沧江上游，棕草鹛的繁殖时间从5月中旬开始，一直延续到7月下旬。幼鸟离巢的最晚纪录是8月11日。繁殖持续的时间显然要比大草鹛长。

棕草鹛的巢是用树皮和纤细的灌木编织而成。在澜沧江上

棕草鹛。唐军摄

澜沧江上游棕草鹛的巢、卵和雏鸟。贡国鸿摄

澜沧江上游棕草鹛的繁殖参数	
繁殖期	5月中旬至7月下旬
交配系统	单配制，所有的巢都有帮助者
海拔	3700～4300 m
支持	幼年针叶树
距离地面	0.8～1.7 m
巢大小	外径20.0 cm，内径11.7 cm，深6.0 cm，高13.7 cm
窝卵数	2～4枚，平均3.3枚
卵大小	长径29.3 mm，短径21.3 mm
育雏期	13～14天
繁殖成功	100%

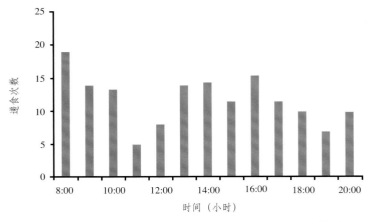

一个育有4只接近出飞的雏鸟的棕草鹛巢一日内不同时间的递食次数变化

游所发现的3个巢，2个位于小的圆柏树上，1个位于小的云杉树上，距离地面不到2 m。没有在灌木上发现棕草鹛的巢。显然，稠密的针叶树树冠能够提供更持久良好的隐蔽条件，这也可能是这里的棕草鹛繁殖季节比雅鲁藏布江中游高山灌丛带的大草鹛长的原因之一。

社会组织和行为　研究者发现的所有棕草鹛巢都有合作繁殖行为，帮助者的数量为1～4只。与大草鹛相似，孵卵的职责由至少2只成鸟承担。每只成鸟单次卧巢孵卵的时间变化很大，短至3分钟，长达224分钟，平均31分钟。孵卵期间594分钟的观察中没有发现情饲行为。

合作群体的所有个体都参与养育雏鸟的工作，包括清理巢中的粪便。带回巢中喂给雏鸟的食物包括成体昆虫（59%）、毛毛虫（25%）、虫蛹（5%）、蚯蚓（6%）以及一些植物果实（6%）；271次递食事件中，32次看见成鸟为幼鸟叼粪。这些工作从早到晚，没有休息的时候。同时，大家也一同抵御同种的入侵者，以及喜鹊、乌鸦等外敌，当然，也包括人类观察者。

种群现状和保护　澜沧江上游的森林植被砍伐现象在历史上是比较严重的，因此，在当地的野外研究区域内大多数针叶树的高度都不到5 m。虽然表面上看来低矮的树木对棕草鹛这些适应灌丛生活的鸟类可能是有利的，但长远来看，生态系统稳定性的下降，将不利于包括棕草鹛在内的高山鸟类的长期生存。IUCN将棕草鹛列为近危物种（NT）。

探索与发现 探究棕草鹛野外生活的念头，萌生于卢欣揭秘大草鹛合作繁殖行为时候的冲动。进化生物学家指出，合作繁殖烙有谱系惯性，也就是说，这种行为在种系历史上有一个古老的起源，演化关系相近的物种更可能共同继承了这种行为。既然大草鹛已经被证实表现合作繁殖，依此推测，它的密切亲属棕草鹛也应当表现这种行为，矛纹草鹛也不会例外。

除了想与大草鹛的社会行为进行比较，另一个驱使卢欣开展这项研究的动因是棕草鹛的保护价值。它不仅是青藏高原的特有物种，还是西藏东部特有鸟区（Eastern Tibet Endemic Bird Area）的指示物种，被 IUCN 列为近危物种（NT）。卢欣的想法得到东方鸟类俱乐部的认可，他们为这项研究提供了一些资金支持。

于是，2005 年 6 月下旬，武汉大学的 4 位研究生贡国鸿、马旭辉、范丽卿、康洪莉奔赴位于澜沧江上游的青海玉树。7 月 10—27 日，他们首先在巴青（3700～4000 m）开展野外研究。在这里虽然没有发现棕草鹛的巢，但看见了一个由 6 只成鸟和 2 只离巢不久的幼鸟组成的家族群。7 月 28 日，他们转移到尕尔寺（4000～4300 m）继续开展研究。十分幸运的是，8 月 5 日他们发现了一个处在育雏后期的巢，其中的 2 只雏鸟由 4 只成鸟共同养育，8 月 11 日，雏鸟成功离巢。他们在这里的研究持续到 8 月 24 日。

显然，2005 年的研究开始得太晚。2006 年，2 位志愿者章麟和王林在 5 月初就出发了。这次他们去的地方是玉树囊谦的北扎林场（3880～4200 m）。在这里，他们发现了 2 个巢，同样都有帮助者存在。通过这 2 个巢，他们获得许多详实的科学数据。

所有发现的 3 个巢和离巢后的家族群都明确地证实了卢欣最初的推测：棕草鹛具有合作繁殖行为。

青海玉树州囊谦县北扎林区位于澜沧江上游，卢欣和他的研究团队在这里研究了棕草鹛的繁殖习性。贡国鸿摄

画眉
拉丁名：*Garrulax canorum*
英文名：Chinese Hwamei

雀形目噪鹛科

体长约 23 cm。全身棕褐色，眼圈白色并在眼后形成狭长的白色条纹，顶冠及颈背具黑色纵纹。

留鸟，分布于中国黄河以南、中南半岛北部，包括青藏高原东部，最高分布海拔 1800 m。在中国因作为著名笼养鸟而面临非法捕捉的威胁。

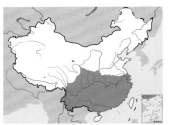

画眉。沈越摄

白冠噪鹛
拉丁名：*Garrulax leucolophus*
英文名：White-crested Laughingthrush

雀形目噪鹛科

体长约 27 cm。白色羽冠为其典型特征，头部、喉部及前胸纯白色，贯眼纹黑色，身体余部棕栗色。

留鸟，分布于喜马拉雅山脉、中国西南和东南亚，包括中国西藏东南部、云南西部和南部，最高分布海拔 2135 m。

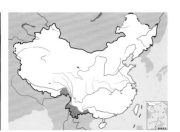

白冠噪鹛。左上图叶昌云摄，下图董江天摄

褐胸噪鹛

拉丁名：*Garrulax maesi*
英文名：Grey Laughingthrush

雀形目噪鹛科

体长约 29 cm。脸前部黑色，耳后部白色，身体余部黑灰色；颏黑色，喉和上胸棕灰色。

留鸟，分布于中国西南、华南和越南北部，包括青藏高原东部边缘，分布海拔 380～1700 m。

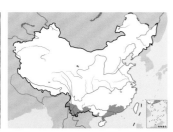

褐胸噪鹛。王进摄

黑额山噪鹛

拉丁名：*Garrulax sukatschewi*
英文名：Snowy-cheeked Laughingthrush

雀形目噪鹛科

形态 体长约 31 cm。脸颊及耳羽白色，具黑色贯眼纹，鼻须黑褐色，遮于前额，上体橄榄灰色，尾楔形，尾上覆羽棕色，外侧尾羽偏灰色而末端白色，飞羽边缘白色；下体棕灰色。

分布 中国特有物种。留鸟，分布区仅限于甘肃南部和四川

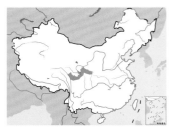

黑额山噪鹛。左上图唐军摄，下图方昀摄

西北部的岷山山脉，分布海拔 2000～3500 m。

栖息地 活动于针叶林和针阔叶混交林的林下灌丛，致密的次生植被，河谷中的云杉和柳灌丛。

习性 非繁殖季节常成对活动，很少结群。繁殖期表现领域性，一个繁殖对的鸣叫能激起相邻的几个繁殖对同时鸣叫，也会对鸣声回放进行回应或循声靠近。

食性 以昆虫、种子和浆果为食，觅食于地面落叶层，偶尔也会上到树上搜索食物。

繁殖 黑额山噪鹛的繁殖生态学研究是在甘肃莲花山进行的。繁殖期 5 月初至 7 月中旬。双亲共同筑巢，持续 8 天左右。筑巢期十分敏感，稍有干扰就会弃巢。巢址多数选择在针阔叶混交林或针叶林中，位于云杉、冷杉侧枝上或忍冬等阔叶灌木上，巢距离地面 1.2～2.8 m，巢间距 55～250 m。巢呈杯状，外层大多由金银花枝构成，包括少量云冷杉和桦木枝条，中层由茜草组成，内层则以细竹枝为材料。卵蓝绿色，无斑点。窝卵数 2～5 枚，每天产一枚卵，产完最后一枚之后开始孵卵，由双亲共同负责，历时 14 天；双亲育雏，携带食物返巢的频率是每小时 7.9 次，育雏期 16～18 天。

种群现状和保护 分布区面积仅约 29 000 km²。由于森林采伐和农业开垦，其栖息地大幅减少，种群逐渐退缩并出现地理隔离，已被 IUCN 列为易危物种（VU）。

甘肃莲花山在巢中孵卵的黑额山噪鹛，以及巢和卵。贾陈喜摄

甘肃莲花山黑额山噪鹛的繁殖参数	
繁殖期	5 月初至 7 月中旬
巢基支持	云杉、冷杉侧枝或忍冬灌丛
巢大小	外径 14.2 cm，内径 9.5 cm，深 5.3 cm
窝卵数	2～5 枚
卵大小	长径 27.1 mm，短径 19.8 mm
卵重	4.9～6.0 g，平均 5.4 g
孵化期	14 天
育雏期	16～18 天

灰翅噪鹛

拉丁名：*Garrulax cineraceus*
英文名：Moustached Laughingthrush

雀形目噪鹛科

体长约 23 cm。头顶黑色，脸颊白色，下部有黑色条纹，眼后有一道黑色细纹；上体棕栗色，尾羽次端部黑色、端部白色，飞羽末端黑色，有显著的灰色翅斑；下体浅棕栗色。

留鸟，分布于喜马拉雅山脉东段，中国西南、华南、华中和华东，以及缅甸东北部，包括青藏高原东南部、东部和东北部，分布海拔 200～2745 m。

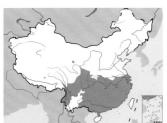

灰翅噪鹛。左上图赵纳勋摄，下图田穗兴摄

棕颏噪鹛

拉丁名：*Garrulax rufogularis*
英文名：Rufous-chinned Laughingthrush

雀形目噪鹛科

体长约 24 cm。头顶黑色，眼先白色，脸颊灰色，上体棕栗色，有黑色条纹，尾羽次端部黑色、端部棕色，飞羽黑色；颏棕色，喉白色，有深褐色条纹，下体余部浅棕色，有深褐色斑点。

留鸟，分布于喜马拉雅山脉、中国西南、缅甸和越南北部，包括青藏高原东南部，分布海拔 610～2200 m。

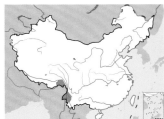

棕颏噪鹛。左上图Soumyajit Nandy摄（维基共享资源／CC BY–SA 2.0）；下图董文晓摄

斑背噪鹛

拉丁名：*Garrulax lunulatus*
英文名：Barred Laughingthrush

雀形目噪鹛科

体长约 25 cm。体羽灰褐色，上体有明显的黑色和棕黄色组成的横斑，尾长，次端部黑色、端部白色；喉、胸部有黑色和白色组成的横斑。中国特有物种。

留鸟，分布在青藏高原的甘肃南部、四川西部和云南西北部，也见于陕西南部、湖北西部，分布海拔 1200～3660 m。

斑背噪鹛。左上图向定乾摄，下图唐军摄

白点噪鹛

拉丁名：*Garrulax bieti*
英文名：White-speckled Laughingthrush

雀形目噪鹛科

形态 体长约 25 cm。头顶棕褐色，脸部白色，体羽浅棕色，满布由黑色和白色组成的斑点；喉、上胸及两胁的基色较深。

分布 中国特有物种。留鸟，仅分布于四川西南部木里和云南西北部丽江、德钦的狭小区域，分布海拔 2500～4270 m。

种群现状和保护 分布区域狭窄，数量稀少，IUCN 评估为易危（VU）。

探索与发现 1897 年，法国传教士兼博物学家 Francois Biet 在滇西北一个叫 Tsekou 的地方采到一种浅棕色而满布斑点的噪鹛，这被认为是一个新的物种——白点噪鹛。不过，这个 Tsekou 到底是哪里，现已无从查证。

直到 1956 年，中国鸟类学家才在丽江鲁甸采集到白点噪鹛标本；1960 年，在丽江玉龙雪山脚下又采集到了标本。之后的漫长时间里，白点噪鹛犹如潜入茫茫林海之中，从人们的视野里消失了，乃至其分类地位都无法确定。1987 年，郑作新在他的《中国鸟类区系纲要》一书中，将白点噪鹛列为斑背噪鹛的一个亚种。1984 年，Mayr 认为它是介于大噪鹛和斑背噪鹛之间的一个物种。

1989 年，《东南亚鸟类野外手册》（*A Field Guide to the Birds of South East Asia*）的作者、美国人 Ben King 来到四川木里，与林业部门合作开展鸟类调查。这次调查一共记录到 87 个鸟种，其中就有白点噪鹛。

2005 年，在北京工作的观鸟爱好者安德森资助了在木里开展的白点噪鹛调查，但没有收获。2006 年 12 月，香港观鸟爱好者孔思义和黄亚萍来到木里寻找白点噪鹛，也无功而返。

2008 年 5 月，安德森与孔思义和黄亚萍再访木里。这一次，他们在蚂蟥沟内的小溪边终于等来了 2 只神秘的白点噪鹛。

2010 年，在滇西北的丽江纳西族传统贸易盛会"棒棒节"期间，鸟类爱好者孙家杰发现了被装在笼子里出售的白点噪鹛。根据捕鸟者提供的线索，他在野外发现了白点噪鹛。

眼纹噪鹛

拉丁名：*Garrulax ocellatus*
英文名：Spotted Laughingthrush

雀形目噪鹛科

形态 体长约 32 cm。头、颈黑色，脸、眉纹及颈茶黄色，上体棕褐色并有黑、白和黄色斑点，飞羽端部白色形成翼斑，尾端白色；喉黑色，胸棕黄色有黑色横斑，腹部棕色。

分布 留鸟，分布于喜马拉雅山脉、中国西南和华中，包括青藏高原的西藏南部和东南部、云南西部和西北部以及四川西部，最高分布海拔 4100 m。

繁殖 1984 年 5 月 14 日，研究者在四川卧龙自然保护区记录了 1 个巢。巢筑在云杉幼树上，巢距离地面 3.5 m。巢内有卵 2 枚，纯蓝色，当时亲鸟正在孵卵。5 月 27 日和 28 日，2 只雏鸟相继孵出；孵化期估计为 16～18 天。育雏任务由雌雄亲鸟共同承担，19～20 天后，雏鸟离巢。

白点噪鹛。左上图彭建生摄，下图唐军摄

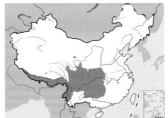

眼纹噪鹛。左上图陈一文摄，下图曹宏芬摄

大噪鹛

拉丁名：*Garrulax maximus*
英文名：Giant Laughingthrush

雀形目噪鹛科

形态 体长约34 cm，体形最大的噪鹛。体羽暗栗色，眼先近白色，面部栗色，躯体每枚羽毛端部都有一个近似圆形的被黑色围起来的白色斑点，以致白色斑点尤为醒目，尾长而端部白色。

分布 中国特有物种。留鸟，分布区自甘肃南部和青海东南部，向南延伸至西藏东部和东南部以及云南北部，分布海拔2135～4115 m。

栖息地 栖息于开阔的山区林地附近的灌丛。

繁殖 在甘肃莲花山地区，大噪鹛的繁殖期在5—8月，巢位于云杉或冷杉上，距离地面1～4 m。巢浅杯状，外层由细枝组成，内衬以较细的植物茎。卵蓝色，无斑点。窝卵数2～3枚，双亲共同参与孵卵和育雏。

甘肃莲花山大噪鹛的繁殖参数	
繁殖期	5—8月
巢基支持	云杉或冷杉侧枝
巢距地面高度	1～4 m
巢大小	外径19.3 cm，内径11.6 cm，深5.1 cm，高9.4 cm
窝卵数	2～3枚
卵大小	长径33.5 mm，短径22.9 mm
卵重	8.8 g

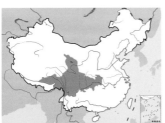

大噪鹛。左上图沈越摄，下图左凌仁摄

白喉噪鹛

拉丁名：*Garrulax albogularis*
英文名：White-throated Laughingthrush

雀形目噪鹛科

体长约29 cm。上体橄榄棕色，前额橘黄色；白色的喉部为其典型特征，胸橄榄褐色，腹部棕黄色。

留鸟，分布于喜马拉雅山脉、中国西南和华中、越南西北部，包括青藏高原东南部、东部、东北部，分布海拔300～3800 m。

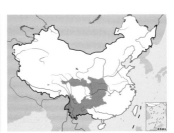

白喉噪鹛。左上图沈越摄，下图赵纳勋摄

正在捕食的白喉噪鹛。曹宏芬摄

小黑领噪鹛

拉丁名：*Garrulax monileger*
英文名：Lesser Necklaced Laughingthrush

雀形目噪鹛科

体长约 27 cm。上体棕栗色，白色眉纹狭长，眼先和脸颊黑色并在前胸连接形成一道黑色带纹为其典型特征，外侧尾羽黑色；下体白色，两胁及尾下覆羽棕栗色。

留鸟，分布于喜马拉雅山脉、中国西南、华南和华东，以及东南亚，包括青藏高原东南部，分布海拔 0～1800 m。

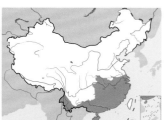

小黑领噪鹛。左上图田穗兴摄，下图薄顺奇摄

黑领噪鹛

拉丁名：*Garrulax pectoralis*
英文名：Greater Necklaced Laughingthrush

雀形目噪鹛科

体长约 30cm。形态与小黑领噪鹛相似，但体形明显较大，脸颊黑色面积也更大。

留鸟，分布于喜马拉雅山脉、中国黄河以南和东南亚，包括青藏高原东南部，最高分布海拔 2000 m。

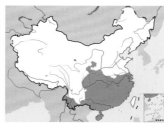

黑领噪鹛。沈越摄

栗颈噪鹛

拉丁名：*Garrulax ruficollis*
英文名：Rufous-necked Laughingthrush

雀形目噪鹛科

体长约 25 cm。又称棕颈噪鹛。上体橄榄灰色，头顶深灰色，眼周、喉黑色，颈侧的红棕色斑为其典型特征；腹橄榄灰色，尾下覆羽红棕色。

留鸟，分布于喜马拉雅山脉、中国西南和中南半岛北部，包括中国西藏东南部，分布海拔 120～2200 m。

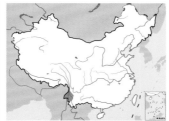

栗颈噪鹛。左上图田穗兴摄，下图刘璐摄

山噪鹛

拉丁名：*Garrulax davidi*
英文名：Plain Laughingthrush

雀形目噪鹛科

形态 体长约 25 cm。体羽黑褐色，脸颊具棕白色羽缘，喙稍向下弯曲，鼻孔完全被嘴须掩盖。

分布 中国特有物种。留鸟，分布于华北、西北和青藏高原东北边缘，最高分布海拔 3300 m。

栖息地 栖息于温带森林、温带疏灌丛及河流、溪流两侧的山地灌丛，也见于城市园林灌丛。

繁殖 在甘南地区，山噪鹛的繁殖时间为 4—9 月，其间一

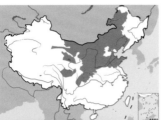

山噪鹛。左上图沈越摄，下图杨贵生摄

甘南地区山噪鹛的繁殖参数	
繁殖期	4—9 月
巢基支持	多刺灌丛
窝卵数	2～4 枚，通常 3 枚
卵大小	长径 28.0 mm，短径 20.0 mm
卵重	5.3 g
孵化期	18 天
育雏期	13 天

个繁殖对可以养育 1～2 窝雏鸟。营巢始于 4 月初，巢位于多刺的灌丛上，如小檗、沙棘。雌鸟负责建造，而雄鸟只是运送巢材。巢呈碗状，外层为小树枝，借助灌木的尖刺固定，内层由枯根或枯草编织而成，结构精致细密，里面并不铺垫鸟羽和兽毛。

卵蓝色，平均大小 28.0 mm × 20.0 mm，重 5.3 g 左右；窝卵数 2～4 枚，以 3 枚居多。产完满窝卵后才开始孵卵。孵卵由雌鸟和雄鸟共同承担，孵化期 18 天；双亲饲养雏鸟，持续 13 天。

雏鸟孵化呈现明显的异步性，尤其是在窝卵数大的巢内，一般前 2 枚卵第 1 天孵出，第 3 枚卵第 2 天孵出；或前 3 枚卵第 1 天孵出，第 4 枚卵第 2 天孵出。新生雏鸟平均体重 4.3 g，出飞时达到 32.9 g 左右。出飞体重与出壳次序显著相关，早孵出的个体出飞时体重大，说明异步孵化对雏鸟的生长发育造成了很大影响。

亲鸟的递食率随雏鸟日龄增加显著提高，窝雏数越多，递食率的增幅越大，表明父母会努力满足雏鸟增加的食物需要。有趣的是，亲鸟会根据雏鸟的乞食行为决定食物的分配。每次亲鸟携带食物回巢，较大的雏鸟就算上一次已经得到食物也依然会乞食，并且比同胞有更大的优势。面对这种情况，为了照顾其他雏鸟，亲鸟会使用"二次食物分配法"，即把食物先放入优势雏鸟的口中，如果咽食速度慢，则说明它此时并非十分饥饿，亲鸟会把食物从其口中取出，喂给体弱的雏鸟。这种策略使得亲鸟能够评估不同雏鸟的饥饿程度，限制优势雏鸟独占食物的企图，保证劣势雏鸟的存活概率。

探索与发现 青藏高原山噪鹛野外生态学的研究是由兰州大学鸟类行为学研究组在甘肃甘南的碌曲地区进行的，这项研究始于 2010 年，是杜波从武汉大学博士后出站来到兰州大学工作的第一年。

第一次找到山噪鹛的巢是 2010 年 8 月 6 日在 312 国道附近的一个山谷。这里密集生长着以小檗为主的灌丛。顺着雄性山噪鹛的叫声，他们在附近的小檗灌丛里找到了一个巢，里边安安静静地躺着 3 枚卵，如蓝宝石般诱人，摸摸还是热的。几天后，杜波再次来到这个山谷，把灌丛仔细搜索了一遍，发现了 6 个处在孵卵期的山噪鹛巢。看来，在甘南地区，它们每年会繁殖 2 窝呢。

第二年 4 月初，杜波和一个硕士研究生早早地来到了碌曲，开始在县城周围的山谷里搜索山噪鹛巢，短短一个月的时间里他们就找到了 28 个巢。山噪鹛的密度比较低，研究者需要花费大量的精力去不同的山谷里采集数据，几乎每天都要爬 4 座山头去测量卵和小鸟，还要录像，体能消耗很大，探索的动力在驱动他们坚持。

2012 年，宋森博士加入了山噪鹛的研究小组，还有更多的研究生补充进来。队伍的壮大让杜博士对未来的研究工作充满了希望。由于山噪鹛独特的递食行为，研究组认为这个物种特别适合作为研究亲子冲突的模型，也有助于解释鸟类如何通过行为策略来适应高原恶劣的生态环境。

栗臀噪鹛

拉丁名：*Garrulax gularis*
英文名：Rufous-vented Laughingthrush

雀形目噪鹛科

体长约 23 cm，上体棕褐色，顶冠、颈背及胸侧灰色，眼罩黑色；喉至胸黄色，下腹、尾下覆羽及尾羽羽缘棕色。

分布于喜马拉雅山脉东段，由不丹东部、印度阿萨姆的东北部和缅甸北部延至老挝北部及中部。在中国记录到该种之前，《中国鸟类野外手册》就认为它很可能出现于中国西藏东南部海拔 1220 m 左右的地带。在这个合理推断的指引下，2007 年鸟类学家终于在云南江城西南部海拔 1100 m 处的次生林中见到了一群栗臀噪鹛，数量约 10 只。进一步的野外调查表明，栗臀噪鹛在云南南部江城、景洪和勐腊一带沿中国－老挝边界分布，并有一定数量。

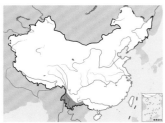

栗臀噪鹛。Tanmoy Ghosh摄

灰胁噪鹛

拉丁名：*Garrulax caerulatus*
英文名：Grey-sided Laughingthrush

雀形目噪鹛科

体长约 28 cm。上体棕褐色，眼先及眼后细纹黑色，眼周裸露皮肤蓝灰色，耳羽白色；下体白色，两胁灰色为其典型特征。

留鸟，分布在喜马拉雅山脉、中国西南和缅甸北部，包括中国西藏东南部，分布海拔 600 ~ 2745 m。

灰胁噪鹛。左上图李锦昌摄

白颊噪鹛

拉丁名：*Garrulax sannio*
英文名：White-browed Laughingthrush

雀形目噪鹛科

体长约 25 cm。脸颊白色为其典型特征，眉纹白色，头、颈和上背栗褐色，上体余部灰棕色；喉及上胸棕褐色，两胁及尾下覆羽棕色。

留鸟，分布于喜马拉雅山脉东段、中国黄河以南和中南半岛北部，包括青藏高原东北部、东部和东南部，分布海拔 75 ~ 2600 m。

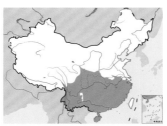

白颊噪鹛。沈越摄

棕噪鹛

拉丁名：*Garrulax berthemyi*
英文名：Rusty Laughingthrush

雀形目噪鹛科

形态 体长约 28 cm。上体棕褐色，头顶具黑色羽缘，外侧尾羽具白色端斑，额、耳羽上部、脸前部和颏黑色，眼周裸皮蓝色，极为醒目；喉、上胸棕褐色，下胸、腹部及两胁灰色，尾下覆羽白色。

分布 中国特有鸟类。留鸟，分布在中国西南至东南以及台湾地区，包括青藏高原东部边缘，最高分布海拔 2100 m。

栖息地 生活于山地常绿阔叶林边缘的灌丛。

繁殖 1964 年 5 月 29 日，李桂垣在四川屏山海拔 1400 m 的竹杈上发现 1 个巢，里面有 2 枚卵。2009 年 5 月 24 日，付义强在四川老君山自然保护区海拔 1900 m 的常绿阔叶林林缘记录到 1 个巢，它位于小灌木侧枝上，距离地面 1.6 m，呈碗状，外层以藤本植物的茎和须为主，中层为竹叶和树叶，内层是短小的树枝及须根。巢外径 14.5 cm，内径 10.3 cm，深 5.0 cm，高 8.5 cm。内有 4 枚亮蓝色的卵。5 月 26 日孵出 4 只雏鸟，5 月 29 日遭天敌捕食。

 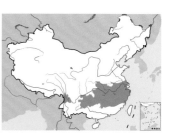

棕噪鹛。左上图沈越摄，下图付义强摄

四川老君山棕噪鹛的巢和卵。付义强摄

斑胸噪鹛

拉丁名：*Garrulax merulinus*
英文名：Spot-breasted Laughingthrush

雀形目噪鹛科

体长约 26 cm。上体棕褐色；喉、胸浅黄色并有黑褐色条纹，腹部棕褐色。

留鸟，分布于喜马拉雅山脉东段、中国西南和东南亚，包括青藏高原东南部，分布海拔 800 ～ 2000 m。

 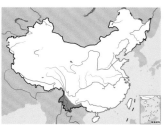

斑胸噪鹛。左上图Francesco Veranesi摄（维基共享资源／CC SA–BY 2.0）；下图Jason Thompson摄（维基共享资源／CC BY 2.0）

条纹噪鹛

拉丁名：*Grammatoptila striata*
英文名：Striated Laughingthrush

雀形目噪鹛科

体长约 32 cm。由原噪鹛属 *Garrulax* 独立出来而成为单种属 *Grammatoptila*。头顶有特征性的蓬松羽冠，体羽棕色，腹部羽色较浅，除飞羽和尾羽外羽轴白色，形成遍布全身的细小纵纹。

留鸟，分布于喜马拉雅山脉、中国西藏东南部和云南西北部、缅甸西北部，分布海拔 600 ～ 3060 m。

 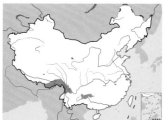

条纹噪鹛。左上图甘礼清摄，下图董磊摄

橙翅噪鹛

拉丁名：*Trochalopteron elliotii*
英文名：Elliot's Laughingthrush

形态 体长约 25 cm。体羽呈灰褐色，上背及胸深色且具白色羽缘形成的鳞状斑纹，初级飞羽基部的黄色羽缘和尾羽黄色或红色的外缘是其典型特征。

分布 留鸟，分布区从印度东北部向北，经过中国滇西北，沿横断山经四川西部、西藏东部、青海北部、甘肃南部，并由此向东延伸到秦岭和山西南部的中条山，分布海拔 600～4200 m。

栖息地 栖息于山地森林边缘和灌丛。

繁殖 青藏高原橙翅噪鹛繁殖生态学的研究，一项在四川卧龙自然保护区进行，另一项来自甘肃卓尼桃河林场。

在卧龙，研究者对橙翅噪鹛筑巢行为做了观察。雌雄鸟共同承担筑巢任务，90 分钟内，两者总计衔巢材 41 次，平均约 2 分钟 1 次，巢材取自距巢 30 m 范围之内。巢外壁多为苔藓、草根、草茎、树枝，可以起到加固作用；中层常以竹叶、桦树皮、树叶等宽大的材料为主，可能有助于遮挡风雨；内壁用须根精心编织，以保证舒适。研究者对 2 个巢的巢材数量进行了清点，分别有巢材 904 件和 812 件。

值得注意的是，四川卧龙橙翅噪鹛的巢更多地位于灌木上，而甘肃卓尼的 10 巢中有 7 巢在小云杉树上。不过，两个地点巢

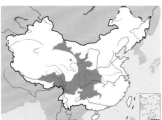

橙翅噪鹛。左上图彭建生摄，下图沈越摄

橙翅噪鹛的巢和卵。王琛摄

青藏高原橙翅噪鹛的繁殖参数		
研究地区	四川卧龙	甘肃卓尼
繁殖期	5 月下旬至 7 月下旬	5 月下旬至？
交配系统	单配制	单配制
海拔	2500～3400 m	2800 m
巢基支持	灌木或幼树	幼树
距离地面	1.0～2.5 m，平均 1.3 m	0.9～2.1 m，平均 1.6 m
巢大小	外径 14.2 cm，内径 8.1 cm，高 12.8 cm，深 6.0 cm	外径 12.9 cm，内径 8.2 cm，高 10.4 cm，深 5.9 cm
窝卵数	3～4 枚，平均 3.8 枚	3～4 枚，平均 3.4 枚
卵色	浅蓝色，钝端有褐斑	蓝色，偶有黑斑
卵大小	长径 29.0 mm，短径 20.6 mm	长径 28.2 mm，短径 20.1 mm
新鲜卵重	5.5～6.6 g	平均 5.8 g
孵卵期	15～17 天	14 天
育雏期	15～16 天	15 天
出飞幼鸟体重/成鸟体重	71.6%	—
繁殖成功率	—	70%

距离地面的高度则惊人地相似。不仅如此，海拔 1000 m 左右的山西中条山橙翅噪鹛的巢距地高度也与高海拔的情况相似，在 1.4～1.9 m。这说明，作为一个适应低矮茂密灌丛的物种，橙翅噪鹛在决定把巢建在距离地面多高这个选择上，表现出很强的保守性。那么，为何卓尼的橙翅噪鹛更多地选择幼树呢？其实并不奇怪，因为该研究区域主要是人工种植的云杉幼林，林区边缘除了少量箭竹和柳灌丛，其他可供营巢的灌丛很少。

2 个高原橙翅噪鹛种群的平均窝卵数都比山西中条山的 4 枚要少，而且，最大窝卵数也比中条山的 5 枚要少，而卵的体积微

正在取食植物果实的橙翅噪鹛。沈越摄

微大于后者的 28.0 mm × 20.0 mm。这同样表明，沿着海拔梯度，鸟类演化出不同的生活史对策。

卧龙的橙翅噪鹛产下第 2 枚卵后便进行孵卵，这与卢欣在灰腹噪鹛的研究中所看到的现象一致。而在卓尼，研究者认为"橙翅噪鹛产完卵后即开始孵卵"。这可能是因为没有在产卵期间连续监测繁殖的进展。实际上，这种通过推测作出结论的现象，常常发生在中国早期的研究论文中。

雏鸟刚出壳的 1~2 天，亲鸟几乎全天都卧在巢里为它们抱暖。随着雏鸟长大，抱暖的时间逐渐减少，而喂雏的时间增多。雏鸟 10 日龄后，亲鸟白天已不再暖雏，但晚上仍有一只亲鸟在巢里过夜，因为高海拔地区夜晚的温度依然是很低的。

与其他噪鹛一样，孵卵、育雏的工作也是雌雄亲鸟一起承担。这是社会性单配制婚配体制的典型现象。不过，橙翅噪鹛窝里的雏鸟是否全部都是养育它们的雄鸟的后代，即是否是遗传单配制（genetic monogamy），依然悬而未决。

值得注意的是，研究者在甘肃莲花山地区还发现了 5 例鹰鹃在橙翅噪鹛巢中寄生繁殖的案例。

探索与发现 虽然没有专门花时间研究橙翅噪鹛，卢欣对这位高原歌手却一点儿也不陌生。在西藏昌都和青海玉树之旅中，他总能看到几只橙翅噪鹛结队在灌丛里敏捷地穿梭，总有它们的歌声相伴，音质优美，不绝于耳。这种感觉，与灰腹噪鹛带给他的体验一模一样。

2005 年 7 月 20 日，西藏昌都郊野的一个傍晚，卢欣发现了一个橙翅噪鹛的巢，里面有 3 枚卵。这说明它们的繁殖季节可以延续比较长的时间，与他在雄色峡谷对灰腹噪鹛的发现一致。看来，橙翅噪鹛和灰腹噪鹛，二者不仅外形相似，而且在繁殖时间上也相似。可别小看这种相似，因为物种的繁殖持续时间是其漫长进化历史中应对气候、植被和食物条件而受到自然选择的结果。

灰腹噪鹛

拉丁名：*Trochalopteron henrici*
英文名：Brown-cheeked Laughingthrush

雀形目噪鹛科

形态 体长约 26 cm。整体羽色和体形与橙翅噪鹛相似，但区别特征也很明显：灰腹噪鹛有细白的眉纹、棕色的面颊和面颊下白带；翅膀和尾羽边缘呈现蓝灰色，初级飞羽具黑色块斑，尾端具白色狭窄尾端；下体灰色，臀部暗栗色。

分布 中国特有物种。留鸟，分布于西藏南部和东南部，但也偶见于印度东北部，分布海拔 1980 ~ 4570 m。

栖息地 喜欢栖于灌丛和森林边缘，出现在高山峡谷各种类型的灌丛中。2003—2004 年在雅鲁藏布江中游高山地带进行 50 米宽样线调查的结果列于表中。

繁殖 在雄色峡谷，灰腹噪鹛产卵发生在 5 月 10 日到 8 月 19 日。有 2 个产卵的高峰，一个在 5 月下旬至 6 月上旬，另一个在 6 月底至 7 月初，可见每个繁殖对一个繁殖季节可以繁殖 2 窝。灰腹噪鹛长达 100 来天的种群繁殖期为其他高山鸟类所不及，大部分高山鸟类的繁殖期通常只持续 50 天左右。

灰腹噪鹛。左上图卢欣摄，下图董磊摄

灰腹噪鹛实行社会性单配制。雌鸟和雄鸟共同参与筑巢活动，不过雌鸟似乎付出更多。虽然灰腹噪鹛可以在 4500 m 以上的高海拔地带安家，但更多个体青睐隐蔽条件好、食物多的相对低海拔区域，特别是溪流边。研究者发现的 91 个巢中，16 个在海拔 4300 m 以上，75 个在海拔 4300 m 以下。有 13 种灌木为灰腹噪鹛提供了建巢之所，其中最受青睐的 3 种是蔷薇、小檗和高山柳。

巢建好后，雌鸟似乎并不急于产卵。从巢完成到第一枚卵出现要间隔 2～5 天，平均间隔 3.7 天。没等一窝卵产完，亲鸟就开始卧巢孵卵。这种看似不经意的现象背后有着重要的进化玄机。通过这种方式，可以让较晚产下的卵孵出时间推迟，从而导致雏鸟的个体大小差异，这为双亲依据当时的食物条件调节自己的繁殖成功率提供了必要条件。在只有 2 只雏鸟的巢里，最大和最小者的体重平均差异只有 8%，而在有 3 只雏鸟的巢里，这个差异达到 20%。

在海拔 4000 m 以上的雄色峡谷，灰腹噪鹛的窝卵数为平均 2.5 枚。而姐妹种橙翅噪鹛在海拔 2300 m 繁殖的窝卵数是 2.9 枚。而大多数亚热带和热带的噪鹛窝卵数最少是 2 枚，最多为 4～7 枚。不过，灰腹噪鹛的卵体积却比低海拔的橙翅噪鹛的卵要大。这种繁殖策略允许高海拔的双亲把有限的能量更多地投入到少数后代上，而获得更多能量的后代有更高的存活概率。一个让研究者不解的疑惑是，每次当研究者观察尚在巢中嗷嗷待哺的小鸟时，都只有一只亲鸟围着研究者焦急地鸣叫。另一只，很可能是它们的父亲，在忙什么呢？

白天，孵卵的任务由雌鸟和雄鸟共同承担。但晚上，是谁负责这项工作呢？

新孵出来的雏鸟身体大部分裸露，仅被稀疏的灰黑色绒毛。双亲轮流为年幼的雏鸟抱暖，轮流为它们叼食。在雏鸟的口腔下部放置一小团棉花（neck-collar method），由此搜集亲鸟喂给雏鸟的食物的种类和数量。得到这样一份菜单：蜂类 24%，甲虫 16%，蝴蝶或蛾子幼虫 16%，蜘蛛 12%，多足动物 12%，蚂蚁 12%，成体蝴蝶 4%，苍蝇 4%。

社会组织 虽然灰腹噪鹛有群体生活的习惯，但领域性并不明显。在全年的 478 次目击记录中，58% 是单只活动的个体，30% 成对活动，其余 12% 是由 3～7 只个体组成的小群体，这主要见于非繁殖期。

共栖一枝并相互梳理羽毛是灰腹噪鹛也是大多数噪鹛显著的特点之一。不过，这种行为的发生似乎与季节有关，6～8 月间的 43 次栖木而息的记录中，只有 1 次看到相互理羽的现象；而非繁殖期的 127 次记录中，有 16 次看到这一现象。在晚上，灰腹噪鹛也喜欢成对而栖。在秋天和冬天的夜晚发现的 17 次夜宿记录中，14 次是两只在一起的，只有 3 次是单独的个体。

在鸟类中，噪鹛是表现合作繁殖行为最多的类群之一，包括黑脸噪鹛、白颊噪鹛。生活在阿拉伯地区的阿拉伯鸫鹛、非洲南

雅鲁藏布江中游高山地带灰腹噪鹛的栖息地利用

栖息地	秋季（9—11月）		冬季（12—1月）	
	样线数	每小时遇见数量（只）	样线数	每小时遇见数量（只）
蔷薇 - 小檗灌丛	9	0.6	11	4.8
香柏灌丛	7	0.4	7	0.7
柳 - 杜鹃灌丛	6	1.4	6	1.0
高山草甸	6	0.7	6	0.5
人类居住地	6	5.0	6	30.1

雅鲁藏布江中游高山带灰腹噪鹛的繁殖参数

繁殖期	5—8 月
交配系统	单配制
繁殖海拔	3000～4800 m
巢基支持	各种灌木
距离地面	0.4～2.6 m
巢大小	外径 17.1 cm，内径 10.6 cm，深 6.6 cm，高 15.4 cm
窝卵数	2～3 枚，平均 2.6 枚
卵大小	长径 30.1 mm，短径 20.7 mm
新鲜卵重	6.1～7.2 g，平均 6.7 g
孵卵期	13～17 天，平均 15.8 天
育雏期	14～16 天，平均 15.2 天
雏鸟体重生长常数	$k=0.30～0.65$，平均 0.44
繁殖成功率	55%

西藏林芝灰腹噪鹛的巢和卵。巢置于柳树上，巢材常常包括人工材料，内无柔软内衬，其中有 2 枚蓝色的卵，难以想象这看上去不起眼的灰色鸟儿竟能生出这般鲜亮的"宝石"。杜波摄

正在取食的灰腹噪鹛。甘礼清摄

部的斑鸫鹛以及南亚次大陆的丛林鸫鹛都是鸟类行为学家深入研究的对象。虽然灰腹噪鹛符合留居性、集群性和食虫性这些合作繁殖鸟类的共同特性，但研究者并没有发现任何灰腹噪鹛的巢有助手存在。如果合作繁殖行为具有谱系的烙印，又是什么原因导致高原生活的灰腹噪鹛放弃合作繁殖呢？

探索与发现 在聚焦青藏高原的鸟类学家卢欣熟悉的鸟类当中，有身披蓝装、隐匿丛林的藏马鸡，志存高远、搏击长空的胡兀鹫，仪态高雅、信步湖边的黑颈鹤，还有羽色艳丽、娇小可爱的花彩雀莺，高枝炫酷、性情刚毅的灰背伯劳，以及花纹饰面、憨态可掬的棕颈地雀。不过，仔细想来，与他的高原野外生活息息相伴、最能触发他对高原野外生活思念的鸟儿，非灰腹噪鹛莫属。

1995年5—10月，当卢欣最初踏上青藏高原并在西藏东南部易贡藏布上游研究鸟类时，灰腹噪鹛就已经成为他最熟知的一种鸟类。随后直到2007年的10多年间，卢欣一直在雅鲁藏布江中游的高山上从事野外工作，灰腹噪鹛依然一直陪伴着他。后来，他把研究的注意力转移到高原草甸生态系统的鸟类，野外生活远离了灰腹噪鹛，但它们依然飞翔在他的心中，歌唱在他的心中。

大多数噪鹛类生活在低海拔的亚热带和热带地区，在中国北方只有山噪鹛一个物种，能在海拔2500 m以上生活的种类同样寥寥无几，而世界上能生活在海拔4500 m以上的噪鹛类，恐怕就只剩下灰腹噪鹛了。凭借独特的高海拔适应能力，灰腹噪鹛成为西藏特有物种，当然也是中国的特有物种。

灰腹噪鹛是高原鸟类群落中的一个优势种。山脚河谷稠密的灌木丛，还有藏民田地、院落周围的篱笆，是它们的乐园。至于海拔高度和灌木类型，则对它们没有什么限制，从海拔3200 m的河谷到海拔4600 m的大河源头冰川脚下，都是灰腹噪鹛的自由世界。雅鲁藏布江中游的高山峡谷没有莽莽的原始丛林，灌丛是这里的典型植被，这恰是灰腹噪鹛最理想的栖所。

自然选择已经让灰腹噪鹛很好地适应于灌丛间的生活，它们翅膀短圆、尾巴修长，不善于长距离飞翔，终年居住在一个地方。在棘刺丛生的灌丛间，灵巧地窜来窜去是灰腹噪鹛的拿手好戏，尖利的刺儿一点也奈何它们不得。也许自然选择同时还塑造了它们的性情：活泼，嬉闹。

灰腹噪鹛特别喜欢鸣唱，是山谷最出色的歌手之一。歌声欢快纯美、韵味无穷，总是山谷中群鸟协奏曲的主旋律。

这是一种对人类最友好的鸟儿，经常从窗户飞进藏民的屋中。藏东易贡藏布江上游山脚溪流边的石屋里，住着一位老活佛，与几只噪鹛交了朋友。只要他一呼唤，鸟儿们便飞到他的小院，吱吱喳喳闹着要食吃，有时竟放肆地落在老活佛身上。在雅鲁藏布江中游高山上的雄色寺，灰腹噪鹛简直就是庙里的成员，寺前殿后、草垛柴堆，到处都有它们的身影。它们还时常飞到大殿之前和尼姑的小院，衔取各种供品。有一段时间，几只灰腹噪鹛成了卢欣的客人，只要发现他的小土屋上飘起袅袅炊烟，它们就光临驾到，叽叽喳喳的，他总是照例撒几把大米或扔几块干馒头。

野外工作是艰苦的，更难忍的是只身生活的寂寞。好在一年中的任何季节，总能看到几只灰腹噪鹛结队在灌丛里敏捷而欢快地穿梭，总有它们的优美歌声相伴，这让研究者的内心充满快慰。卢欣还记得1995年10月告别易贡藏布的冰川和原始森林时，灰腹噪鹛的歌声一直飘荡在他马背上的漫长行程中。每年从西藏结束野外工作返回内地，便不能看到灰腹噪鹛活泼的身影，听到它们悦耳的叫声。所以，与心爱的小鸟相会，也是卢欣再上高原的动因之一。

自从卢欣1995年进入西藏，灰腹噪鹛始终伴随在他身边。这里是他从事野外研究时间最长的雅鲁藏布江中游的一个高山峡谷，灰腹噪鹛正在溪流边饮水。卢欣摄

细纹噪鹛

拉丁名：*Trochalopteron lineatum*
英文名：Streaked Laughingthrush

雀形目噪鹛科

体长约 19 cm。体羽为暗淡的灰褐色，由于羽轴与羽毛颜色不一致，形成浅色纵纹，头顶及后颈偏灰色，翅及尾羽偏棕橙色，耳羽橙色；下体羽色更浅。

留鸟，分布于中亚、喜马拉雅山脉和中国西南，包括西藏南部和东南部，分布海拔 600～3905 m。

细纹噪鹛。左上图董江天摄，下图胡慧建摄

纯色噪鹛

拉丁名：*Trochalopteron subunicolor*
英文名：Scaly Laughingthrush

雀形目噪鹛科

体长约 24 cm。通体褐色，因羽毛边缘偏黄色而呈现鳞片状斑纹，尾、翅黄褐色；腹部淡棕黄色。

留鸟，分布于喜马拉雅山脉、中国西南、缅甸和越南北部，包括青藏高原南部和东南部，分布海拔 800～3960 m。

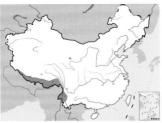

纯色噪鹛。左上图为指名亚种，董江天摄；下图为滇西亚种，董磊摄

蓝翅噪鹛

拉丁名：*Trochalopteron squamatum*
英文名：Blue-winged Laughingthrush

雀形目噪鹛科

体长约 24 cm。头和背灰褐色，因羽毛边缘偏深褐色而呈现鳞片状斑纹，尾黄褐色，次端黑色、先端黄褐色，翅黄褐色，有明显黑色和白色斑；喉、胸灰褐色，腹黄褐色。

留鸟，分布于喜马拉雅山脉、中国西南、中南半岛北部，包括青藏高原南部和东南部，分布海拔 500～2400 m。

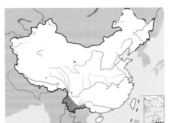

蓝翅噪鹛。董文晓摄

黑顶噪鹛

拉丁名：*Trochalopteron affine*
英文名：Black-faced Laughingthrush

雀形目噪鹛科

体长约 30 cm。头顶黑色，眉纹、脸颊和下颏黑色，喙下方、脸颊后方各有一白斑，眼后方也有一小白斑，形成了独特的脸部纹饰；上体棕色，尾黄色，端部灰色，翅有黄色斑块，翅端灰色；下体棕色，羽缘灰色。

留鸟，分布于喜马拉雅山脉、中国西南和华中、越南北部，包括中国西藏南部和东南部、云南西北部和四川西南部，分布海拔 500 ～ 4600 m。

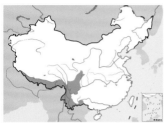

黑顶噪鹛。左上图李晶晶摄，下图沈越摄

杂色噪鹛

拉丁名：*Trochalopteron variegatum*
英文名：Variegated Laughingthrush

雀形目噪鹛科

体长约 26 cm。前额栗色，脸颊黑色，眼后有一小撮白羽，头顶、颈部至背部棕灰色；尾黑色，尾次端灰色而最先端白色；翼棕灰色，其上有由黑色、棕色、黄色和白色组成的图案；喉黑色，胸和腹部棕灰色，靠近尾部棕红色。

留鸟，分布于喜马拉雅山脉，包括西藏南部，分布海拔 1000 ～ 4200 m。

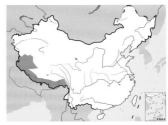

杂色噪鹛。左上图李晶晶摄，下图董磊摄

红头噪鹛

拉丁名：*Trochalopteron erythrocephalum*
英文名：Chestnut-crowned Laughingthrush

雀形目噪鹛科

体长约 25 cm。头顶棕红色，眼先、脸、颏、喉黑色，上体橄榄色，尾基部金黄色，外侧飞羽金黄色；下体暗橄榄褐色，腹部沾棕色。

留鸟，分布于喜马拉雅山脉和中国西南，包括西藏东南部，分布海拔 300 ～ 3500 m。

红头噪鹛。左上图董磊摄，下图曹宏芬摄

红翅噪鹛

拉丁名：*Trochalopteron formosum*
英文名：Red-winged Laughingthrush

雀形目噪鹛科

形态 体长约 28 cm。头顶灰橄榄褐色并有黑色纵纹，头侧、颊、喉黑色，耳羽灰白色而具黑色纵纹，背棕褐色，尾红色，翅上有醒目的鲜红色斑；下体棕褐色。

分布 留鸟，分布于中国西南和越南北部，包括中国四川西部，分布海拔 900 ～ 3150 m。

栖息地 研究者在四川老君山国家级自然保护区对红翅噪鹛的冬季栖息地利用进行了调查。红翅噪鹛喜欢在海拔较低、坡位较高、坡向偏阳、乔木稀疏矮小、灌木稠密、草本植物较高、藤本植物较丰富及植被总盖度较大的区域活动；坡向、乔木均高和灌木盖度是影响红翅噪鹛冬季栖息地选择的 3 个最重要变量。

习性 非繁殖期成小群活动。2010 年 1 月，在四川老君山记录的群体大小是 2 ～ 7 只，平均 3.7 只；2011 年 1 月，群体大小 2 ～ 5 只，平均 3.8 只。

繁殖 2009 年 5 月 25 日，在四川老君山的一片方竹林里，发现 1 个红翅噪鹛巢，筑于 4 棵方竹间，距离地面 1.6 m。巢呈碗状，内径 9.2 cm，外径 16.0 cm，深 6.5 cm，高 12.5 cm。巢材可分为 3 层，外层由藤本植物的茎和须、短树枝、竹枝、苔藓、草茎及一些黑色的气生根等编织而成，中层为竹叶，内层为一些黑色的须根。发现时巢内有 2 只雏鸟。5 月 29 日，2 只雏鸟成功出飞。

2014 年 8 月 7 日，在该保护区林区公路旁的一棵棘茎楤木上发现 1 个巢。8 月 10 — 12 日连续产下 3 枚卵后，亲鸟开始孵卵，孵化期 14 天。雏鸟于 8 月 26 日出壳，9 月 10 日成功出飞，历时 15 天。

红尾噪鹛

拉丁名：*Trochalopteron milnei*
英文名：Red-tailed Laughingthrush

雀形目噪鹛科

体长约 35 cm。头顶至后颈棕红色，嘴及眼先黑色，眼圈及脸颊白色，背部棕灰色，尾、翅橙红色，翅端黑色；下体暗灰色并有黑色羽缘，尾下覆羽黑色。

留鸟，分布于中国西南、华南和东南，以及中南半岛北部，包括青藏高原东南部，分布海拔 610 ～ 2500 m。

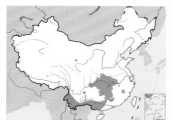

红翅噪鹛。左上图董磊摄，下图付义强摄

红尾噪鹛。左上图时敏良摄，下图董文晓摄

斑胁姬鹛

拉丁名：*Cutia nipalensis*
英文名：Himalayan Cutia

雀形目噪鹛科

体长约 19 cm。雄鸟头蓝灰色，黑色过眼纹宽阔，上背、腰、尾上覆羽和尾棕色，尾端黑色，翅黑色而具蓝灰色斑块；下体白色，两胁的黑色横斑纹为其典型特征，腹、尾下覆羽皮黄色。雌鸟羽色较淡，过眼纹深褐色，背橄榄褐色而具黑色纵纹。

留鸟，分布于喜马拉雅山脉、中国西南和东南亚，包括青藏高原东部和东南部，分布海拔 700～3050 m。

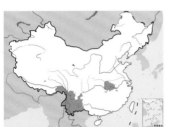

斑胁姬鹛。左上图为雄鸟，下图为雌鸟。董文晓摄

蓝翅希鹛

拉丁名：*Siva cyanouroptera*
英文名：Blue-winged Minla

雀形目噪鹛科

体长约 15 cm。雄鸟头蓝灰色，有细的黑色羽轴纹，眉纹白色，眼圈白色，上体棕黄色，中央尾羽灰褐色，外侧尾羽蓝色，翅蓝色；颏至胸灰色，腹灰白色。

留鸟，分布于喜马拉雅山脉、中国西南、中南半岛和马来半岛，包括青藏高原东北部，分布海拔 200～3000 m。栖息于山地林区，常在树冠上层活动。

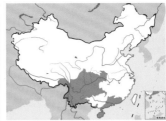

蓝翅希鹛。沈越摄

斑喉希鹛

拉丁名：*Chrysominla strigula*
英文名：Bar-throated Minla

雀形目噪鹛科

体长约 17 cm。羽冠棕褐色，髭纹黑色，上体橄榄色，中央尾羽棕色而端黑，两侧尾羽黑色而羽缘黄色，初级飞羽边缘橙黄色；喉白色，胸、腹黄色且有特征性黑色鳞状纹。

留鸟，分布于喜马拉雅山脉、中国西南、中南半岛和马来半岛，包括青藏高原东北部，分布海拔 1300～3750 m。栖息于山地林区，喜欢在树冠上层活动。

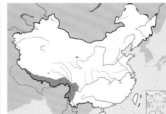

斑喉希鹛。左上图沈越摄，下图王楠摄

红尾希鹛
拉丁名：*Minla ignotincta*
英文名：Red-tailed Minla

雀形目噪鹛科

　　体长约 14 cm。顶冠黑色，贯眼纹黑色，与宽阔的白色眉纹形成鲜明对比，背橄榄灰色；中央尾羽黑色，两侧尾羽边缘红色，具白色次端斑和红色端斑；翼黑色，初级飞羽边缘红色；下体灰白色沾淡黄色。雌鸟尾羽边缘粉红色，飞羽边缘颜色较淡。

　　留鸟，分布于喜马拉雅山脉、中国西南和中南半岛北方，包括青藏高原东南部，分布海拔 200 ～ 3750 m。

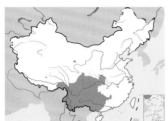

红尾希鹛。左上图唐军摄，下图谢莉摄

红翅薮鹛
拉丁名：*Liocichla phoenicea*
英文名：Red-faced Liocichla

雀形目噪鹛科

　　体长约 22 cm。体羽黄褐色，面颊棕红色，眉纹黑色，两翼各有一个黑色和白色组成的小斑块和大的棕色斑块。

　　留鸟，分布于喜马拉雅山脉东段、中国西南和中南半岛北方，包括青藏高原东南部，分布海拔 500 ～ 2500 m。

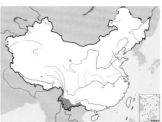

红翅薮鹛。左上图时敏良摄，下图魏东摄

黑冠薮鹛
拉丁名：*Liocichla bugunorum*
英文名：Bugun Liocichla

雀形目噪鹛科

　　体长约 22 cm。头顶黑色为其典型特征，体羽橄榄灰色，贯眼纹黄色，翅由黄色、黑色、棕色三部分组成；下体沾黄色。

　　留鸟，分布于喜马拉雅山脉东段，包括西藏东南部，分布海拔 2060 ～ 2340 m。

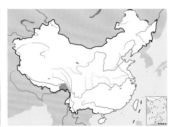

黑冠薮鹛。James Eaton摄

灰胸薮鹛

拉丁名: *Liocichla omeiensis*
英文名: Emei Shan Liocichla

雀形目噪鹛科

形态 体长约 18 cm。雄鸟额、眉纹及颈侧橄榄黄色，上体灰橄榄色，有醒目的红黄色翼斑；初级飞羽及三级飞羽黑色，羽缘黄色；尾方形，橄榄色而带黑色横斑，尾端红色；脸颊及下体灰色，臀部黑色，但羽缘橘黄色。雌鸟翼斑偏黄色，尾端黄色。

分布 中国特有物种。留鸟，分布于四川中南部和云南东北部，分布海拔 600～2400 m。

栖息地 栖息于山地常绿阔叶林林缘灌丛及竹林。有垂直迁徙行为，繁殖于海拔 1450～2400 m 的灌竹丛，冬季迁移到海拔 1350m 以下的灌草丛地带。

繁殖 3 月下旬，灰胸薮鹛陆续离开越冬地向高海拔繁殖地迁移。最早于 3 月底，在繁殖地就可以听到雄鸟的歌声。灰胸薮鹛性羞怯，总是隐藏在茂密的灌竹丛中，虽然雄鸟歌声嘹亮，但极少在树木的梢头放歌，可谓"只闻其声，不见其形"。雌鸟除了在繁殖早期的 4 月会发出一种单调的鸣声外，似乎比较沉默。

灰胸薮鹛喜欢利用天然阔叶林的林缘或林窗等生境筑巢，巢址周围的植被主要由方竹、一些小灌木和藤本植物组成，而高大乔木较少。

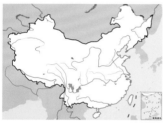

灰胸薮鹛。左上图为成年雄鸟，沈越摄；下图为亚成体雄鸟，付义强摄

四川老君山灰胸薮鹛的典型繁殖地和越冬地。付义强摄

四川老君山灰胸薮鹛的繁殖参数	
繁殖期	4—8 月
繁殖海拔	1450～2400 m
巢基支持	各种灌木
巢大小	外径 11.3 cm，内径 7.0 cm，深 6.0 cm，高 10.9 cm
窝卵数	2～3 枚
卵大小	长径 24.9 mm，短径 17.4 mm
新鲜卵重	3.8～4.2 g，平均 4.0 g
孵卵期	14 天
育雏期	13～14 天
繁殖成功率	28%

营巢工作主要由雌鸟承担，在筑巢完成后，到产下首枚卵之前，通常有 1～3 天的间歇，可能是因为营巢消耗了大量精力，而卵的发育又需要积蓄一定能量。产卵多发生在早晨，每天 1 枚。卵蓝绿色或亮蓝色，缀有棕红色条纹或斑块。产完最后一枚卵后开始孵卵，双亲都参与这项工作。育雏也由双亲承担，而且雌鸟和雄鸟的递食率没有显著差异，雏鸟离巢后，亲鸟会继续喂养它们一段时间。

冬季行为 在冬季，四川峨眉山的灰胸薮鹛多单只或成对活动，偶见 3～4 只的小群，且不与其他鸟类混群。这与同属的其他 3 种薮鹛不同。例如，黄痣薮鹛 *L. steerii* 在冬季可组成 20～30 只的群体，红翅薮鹛 *L. phoenicea* 常单只、成对或组成 4～5 只的小群活动，而黑冠薮鹛 *L. bugunorun* 冬季多以 4～6 只的小群活动，并亦与其他鹛类混群。值得指出的是，灰胸薮鹛雄鸟在冬季也鸣唱，只是鸣唱的频次和变化较繁殖期少，冬季鸣唱行为的生态学意义已经引起鸟类学家的关注。

种群现状和保护 20 世纪 30 年代，国外鸟类学家曾描述灰胸薮鹛在峨眉山并不稀有。90 年代，中国学者基于一个山谷的调查显示，该鸟的平均密度达到每平方千米 60 只。然而，2010 年 5—6 月，一项在其分布区 5 个地点的调查表明，平均繁殖密度只有每平方千米 1.8 只雄鸟。显然，灰胸薮鹛的种群数量可能正在下降。

基于其分布区极为狭窄、且总种群数量很小的事实，灰胸薮鹛已被 IUCN 列为全球性易危物种（VU），《中国脊椎动物红色名录》亦将其列为易危物种（VU）。幸运的是，目前在灰胸薮鹛适宜栖息地内，中国已经建立了至少 10 个自然保护区。

探索与发现 2008 年秋季，付义强来到北京师范大学，师从张正旺先生开展鸟类生态学研究。根据导师的建议，他选择了灰胸薮鹛作为研究对象。灰胸薮鹛是中国特有种鸟类，人们对它的了解极为有限。因为没有前人的经验可以借鉴，他怀着忐忑的心情开始了灰胸薮鹛的研究之旅。

2009 年的 3 月中旬，付义强来到四川老君山国家级自然保

四川老君山灰胸薮鹛的巢和卵。付义强摄

灰胸薮鹛的新生雏鸟,巢内尚有一枚未孵化的卵。付义强摄

护区,住在海拔 1550 m 的二燕坪保护站。那时保护站还没有通电,且大多数时候就只有他孤身一人,旁边有一个残存的寺庙,夜里不免令人有些害怕。更大的挑战是这里连续的阴雨,拾来的柴火总是点不燃,做饭变得异常困难。当然,更让人郁闷的是,不知道灰胸薮鹛在哪里繁殖。郁闷中,4 月 4 日第一次确切地听到了灰胸薮鹛鸣唱声,这让他十分兴奋!

找第一个巢的过程颇有戏剧性。发现它的时候,里面有 2 只幼鸟。一开始付义强以为是红嘴相思鸟的巢,并没当回事。直到再次路过的时候,发现亲鸟在一旁警戒,这才知道这就是他日思夜想的灰胸薮鹛。后来,经过仔细观察,他发现繁殖期的灰胸薮鹛雄鸟有很强的领域性,它每天都要在自己的领地尽情歌唱,根据这一线索就可以找到它们的巢。

如今,付义强在老君山的研究已经进入第 7 个年头。随着对灰胸薮鹛野外生活的了解,他深深体会到"每个物种都是一个传奇"这句话的含义。

栗额斑翅鹛

拉丁名:*Actinodura egertoni*
英文名:Rusty-fronted Barwing

雀形目噪鹛科

体长约 22 cm。前额及脸颊栗色,头顶及眼后棕灰色,上体棕褐色,尾和翼上有细小的黑色横斑;颏、喉及胸部偏红,下体余部灰白色。

留鸟,分布于南亚次大陆东北部、中国西南以及中南半岛北部,包括中国云南西北部和西部以及西藏东南部,分布海拔215 ~ 2600 m。

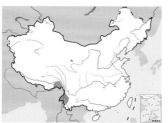

栗额斑翅鹛。左上图董文晓摄,下图董磊摄

纹头斑翅鹛

拉丁名:*Sibia nipalensis*
英文名:Hoary-throated Barwing

雀形目噪鹛科

体长约 21 cm。头侧灰色,髭纹黑色,头和背棕褐色,具淡黄色细纵纹,尾、翼上有黑色横斑;下体浅灰褐色,后腹部棕黄色。

留鸟,分布于喜马拉雅山脉和中国西藏南部,分布海拔900 ~ 3500 m。

纹头斑翅鹛。左上图曹宏芬摄,下图董江天摄

纹胸斑翅鹛

拉丁名：*Sibia waldeni*
英文名：Streak-throated Barwing

雀形目噪鹛科

　　体长约 21 cm。冠羽边缘色浅而形成鳞状斑纹，上体棕黄色，尾、翼上有黑色横斑，尾端部白色；下体灰褐色，并带有棕色纵纹，下腹棕黄色。

　　留鸟，分布于喜马拉雅山脉东段、中国西南和中南半岛北部，包括中国西藏东南部和云南西北部，分布海拔 500～3300 m。

纹胸斑翅鹛。左上图田穗兴摄，下图董文晓摄

灰头斑翅鹛

拉丁名：*Sibia souliei*
英文名：Streaked Barwing

雀形目噪鹛科

　　体长约 22 cm。浅灰色且蓬松的冠羽是其典型特征，头侧深栗色，上体棕色，羽缘黄褐色而形成矛状纹，翼上有黑色横斑；喉栗色，下体棕色。

　　留鸟，分布于中国西南和越南北部，包括青藏高原东南部，分布海拔 1000～3300 m。

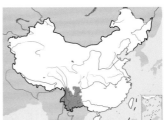

灰头斑翅鹛。董磊摄

红嘴相思鸟

拉丁名：*Leiothrix lutea*
英文名：Red-billed Leiothrix

形态 体长约 16 cm。上体橄榄绿色，嘴红色，眼周具黄色块斑，尾黑色，翼黑色并有橙色翼斑；喉黄色，胸、腹橙黄色。

分布 留鸟，分布于喜马拉雅山脉，中国西南、华中和华南，缅甸北部，越南北部，包括青藏高原东北部，分布海拔 75～3400 m。

栖息地 栖息于常绿阔叶林、竹林和灌丛环境。

习性 具垂直迁徙行为，冬季集群活动。

繁殖 在四川老君山国家级自然保护区，红嘴相思鸟繁殖于 4～9 月，喜欢在竹林及灌木上筑巢，窝卵数 3～5 枚，卵色在不同的巢变异很大，有白色、灰白色、浅蓝色及淡粉红色，推测是抵御杜鹃寄生的策略。研究者利用红外相机对 6 个红嘴相思鸟的巢进行监测，发现只有 2 巢成功繁殖。导致其繁殖失败的主要因素是天敌，包括松鼠和其他鼠类盗食卵或雏鸟。

红嘴相思鸟的巢和卵。贾陈喜摄

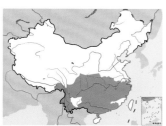

红嘴相思鸟。沈越摄

银耳相思鸟

拉丁名：*Leiothrix argentauris*
英文名：Silver-eared Mesia

体长约 18 cm。头黑色，额橘黄色，脸颊银白色，上体橄榄灰色，尾上覆羽朱红色，翼为朱红、橙黄两色，十分醒目；喉、胸橙红色，腹灰棕色，尾下覆羽朱红色。

留鸟，分布于喜马拉雅山脉、中国西南和东南亚，包括青藏高原东南部，分布海拔 175～2600 m。在中国作为著名笼养观赏鸟而遭到猎捕，导致种群数量下降。

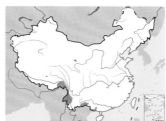

银耳相思鸟。沈越摄

栗背奇鹛

拉丁名：*Leioptila annectens*
英文名：Rufous-backed Sibia

雀形目噪鹛科

体长约 20 cm。头黑色，背、腰和尾上覆羽棕色，尾黑色，尾羽边缘白色，翅黑色，边缘白色；下体白色。

留鸟，分布于喜马拉雅山脉东段、中国西南和东南亚，包括青藏高原东南部，分布海拔 215～2650 m。

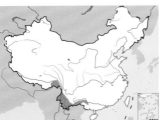

栗背奇鹛。左上图田穗兴摄，下图董文晓摄

黑顶奇鹛

拉丁名：*Heterophasia capistrata*
英文名：Rufous Sibia

雀形目噪鹛科

体长约 23 cm。头黑而微有羽冠，上体棕色，飞羽黑色，尾具黑色次端带和灰色端带；下体棕色。

留鸟，分布于喜马拉雅山脉、中国西藏东南部，分布海拔 800～3410 m。

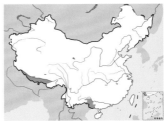

黑顶奇鹛。左上图董磊摄，下图曹宏芬摄

黑头奇鹛

拉丁名：*Heterophasia desgodinsi*
英文名：Black-headed Sibia

雀形目噪鹛科

体长约 23 cm。头黑色具有金属光泽，上背灰褐色，尾和翼黑色；下体白色，两胁烟灰色。

留鸟，分布于中国西南和华中、中南半岛北部，包括中国四川西南部和云南西北部，分布海拔 350～2895 m。

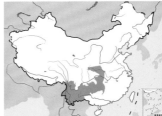

黑头奇鹛。左上图彭建生摄，下图董磊摄

灰奇鹛

拉丁名：*Heterophasia gracilis*
英文名：Grey Sibia

雀形目噪鹛科

体长约 23 cm。头顶和头侧深灰，脸黑褐色，背暗灰色，尾灰色，次端黑色而先端淡灰色，两翼近黑色，三级飞羽浅灰色；喉白色，胸、腹灰白色，尾下覆羽皮黄色。

留鸟，分布于中国西南、印度东北及缅甸西北部，包括中国西藏东南部和云南西部，分布海拔 900 ~ 2800 m。

 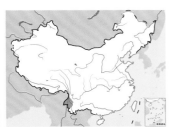

灰奇鹛。左上图沈越摄，下图田穗兴摄

长尾奇鹛

拉丁名：*Heterophasia picaoides*
英文名：Long-tailed Sibia

雀形目噪鹛科

体长约 34 cm。上体暗灰色，尾长，端部浅灰色，翼斑白色；下体浅灰色。

留鸟，分布于喜马拉雅山脉东段、中国西南和东南亚，包括中国西藏东南部和云南西部，分布海拔 100 ~ 3000 m。栖息于山区森林，多在乔木顶部活动。

长尾奇鹛。左上图彭建生摄，下图沈越摄

丽色奇鹛

拉丁名：*Heterophasia pulchella*
英文名：Beautiful Sibia

雀形目噪鹛科

体长约 23 cm。黑色贯眼纹明显，上体蓝灰色，尾羽褐色，尾端蓝灰色，飞羽黑褐色沾棕色，外缘蓝灰色；下体浅蓝灰色。

留鸟，分布于喜马拉雅山脉东段、中国西南，包括西藏东南部、云南西北部和西部，分布海拔 300 ~ 3200 m。

丽色奇鹛。左上图董磊摄，下图彭建生摄

旋木雀类

旋木雀类

- 雀形目旋木雀科鸟类，有1属9种，分布在欧亚大陆和北美，中国有1属7种，均见于青藏高原
- 喙细长而弯，腿短而强健，尾楔形，脚趾长，爪长而弯
- 雌雄羽色相似，背面褐色而有斑点，腹面白色
- 留鸟，林栖，适于在树干上攀援生活
- 主要为社会性单配制，在树皮缝隙或树洞内筑巢

类群综述

旋木雀是指雀形目旋木雀科（Certhiidae）的成员，为旋木雀总科（Certhioidea）的一部分，该总科还包括䴓科（Sittidae）、蚋莺科（Polioptilidae）和鹪鹩科（Troglodytidae）。旋木雀科共有 1 属 9 种，分布于欧亚大陆和北美，其中中国有 7 种，均见于青藏高原。

旋木雀体长 10～20 cm，喙细长弯曲，腿短但强健，尾为尖而硬的楔形尾，似啄木鸟，有支撑身体的作用；脚趾和爪特别长，非常适合在树上攀爬。

旋木雀栖息于针叶林中，体羽整体为褐色，与针叶树的树干颜色类似，雌雄羽色相似。其觅食方式十分特别：沿着树干自下而上地呈螺旋式环绕树干攀爬，边爬边寻找隐藏在树皮底下的昆虫，"旋木雀"的名字就来自这种独特的行为。

旋木雀营巢于树皮缝隙或树洞内，巢外层由树皮和树枝组成，里层有细软的苔藓、地衣、植物纤维和羽毛，筑巢任务由雌鸟和雄鸟共同承担。窝卵数 3～6 枚，卵白色，上面有红褐色斑点。雌鸟孵卵，孵化期 15 天左右，其间雄鸟为其提供食物。双亲共同育雏，历时 2～3 周。

大多数旋木雀大多数被 IUCN 评估为无危(LC)，仅四川旋木雀 *Certhia tianquanensis* 被列为近危物种(NT)。在中国尚未列入各种保护名录。

左：旋木雀常沿着树干自下而上地呈螺旋式攀爬，寻找隐藏在树皮底下的昆虫，其尖而硬的楔形尾可支撑身体。图为欧亚旋木雀。沈越摄

右：旋木雀营巢于树皮缝隙或树洞内，双亲共同育雏。图为一对正在育雏的旋木雀，一只亲鸟带着虫子归来，另一只飞离巢洞。李利伟摄

欧亚旋木雀
Certhia familiaris

高山旋木雀
Certhia himalayana

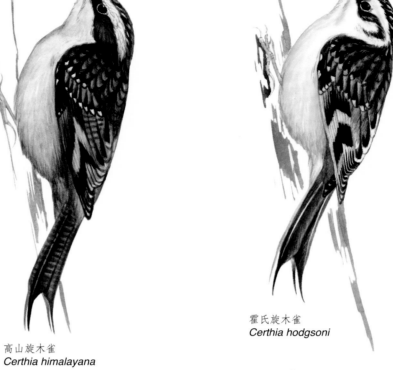

霍氏旋木雀
Certhia hodgsoni

褐喉旋木雀
Certhia discolor

四川旋木雀
Certhia tianquanensis

休氏旋木雀
Certhia manipurensis

红腹旋木雀
Certhia nipalensis

欧亚旋木雀

拉丁名：*Certhia familiaris*
英文名：Eurasian Treecreeper

雀形目旋木雀科

体长约 14 cm。眉纹白色，上体褐色并有白色纵纹，腰和尾上覆羽棕色，尾黑褐色，翅上有浅棕色斑；腹部白色。

分布于广阔的欧亚大陆北部，包括中国北方至青藏高原，栖息于海拔 2000～4500 m 的针叶林。

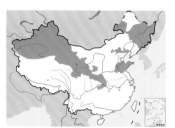

欧亚旋木雀。沈越摄

高山旋木雀

拉丁名：*Certhia himalayana*
英文名：Bar-tailed Treecreeper

雀形目旋木雀科

体长约 14 cm。与其他旋木雀不同的是，尾上具明显横斑，其英文名即意为"斑尾旋木雀"。

留鸟，分布于中亚至阿富汗北部、喜马拉雅山脉、缅甸及中国西南地区，包括青藏高原东部和东南部。栖息于海拔 2000～3700 m 的落叶混交林及针叶林。

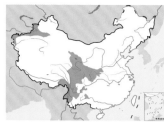

高山旋木雀。沈越摄

霍氏旋木雀

拉丁名：*Certhia hodgsoni*
英文名：Hodgson's Treecreeper

雀形目旋木雀科

体长约 12 cm。上体浅灰色沾棕色，并布满白色和褐色斑点；下体纯白色。

留鸟，分布于喜马拉雅山脉、印度东北、中国西南和西北，包括青藏高原南部、东南部和东部，分布海拔 1675～4200 m。

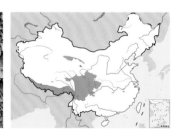

霍氏旋木雀。董文晓摄

四川旋木雀

拉丁名：*Certhia tianquanensis*
英文名：Sichuan Treecreeper

雀形目旋木雀科

形态 体长约 14 cm。羽色与欧亚旋木雀有比较明显的差异，上体呈浓重的栗褐色，喉白色，胸部、腹部则为灰棕色而不同于欧亚旋木雀的白色。

分布 中国特有物种。目前所知仅限于四川盆地西缘和陕西秦岭 10 余个地点。

栖息地 栖息于海拔 2000 m 以上的针阔叶混交林和针叶林。

繁殖 仅有的繁殖资料来自四川瓦屋山地区 5 个巢的观测。

繁殖期 5—7 月，营巢于枯死的针叶树树干上的树洞里，距离地面 1.7～13.0 m，巢材以苔藓为主，内部填充有动物毛发，外部有一些干的竹叶。窝卵数 4 枚，卵白色，布有红色斑点。

种群现状和保护 分布区狭窄，IUCN 评估为近危（NT），《中国脊椎动物红色名录》评估为易危（VU）。

探索与发现 1995 年，四川农业大学李桂垣教授第一次描述了采集自四川西部的旋木雀标本，并将其当作欧亚旋木雀的天全亚种 *Certhia familiaris tianquanensis*。2000 年，中国科学院动物研究所鸟类学家孙悦华和德国鸟类学家 Jochen Martens 在四川瓦屋山发现了李桂垣教授描述的这种旋木雀，通过形态学比较、鸣声分析以及 DNA 鉴定，他们认为该亚种应该是一个独立的物种，并命名为四川旋木雀 *Certhia tianquanensis*。后来，英国观鸟爱好者 Paul Holt 在陕西秦岭太白山也发现了四川旋木雀的分布；2005 年，孙悦华和 Jochen Martens 通过录音回放技术，确认了四川旋木雀在秦岭的分布。

四川旋木雀。左上图董磊摄，下图唐军摄

休氏旋木雀

拉丁名：*Certhia manipurensis*
英文名：Hume's Treecreeper

雀形目旋木雀科

体长约 14 cm。上体深棕褐色，头顶布满白色斑点，尾羽棕黄色；下体浅棕黄色，腹至尾下覆羽黄白色。

留鸟，分布于印度东北、中国西南和中南半岛，包括青藏高原东南部边缘，分布海拔 800～3050 m。

休氏旋木雀。左上图 Dr. Rajn Kasambe 摄（维基共享资源／CC BY-SA 4.0），下图 JJ Harrison 摄（维基共享资源／CC BY-SA 3.0）

褐喉旋木雀

拉丁名：*Certhia discolor*
英文名：Brown-throated Treecreeper

雀形目旋木雀科

体长约 15 cm。眉纹棕白色，背部体羽以棕褐色为主，与欧亚旋木雀相似；喉和下体灰褐色，明显不同于欧亚旋木雀和高山旋木雀。

分布于喜马拉雅山脉、中国西南部和东南亚。栖息于海拔 1500～3000 m 的山地森林。

褐喉旋木雀。董文晓摄

红腹旋木雀

拉丁名：*Certhia nipalensis*
英文名：Brown-throated Treecreeper

雀形目旋木雀科

体长约 15 cm。眉纹棕白色，上体灰褐色并有棕色纵纹；喉和胸白色，腹和臀锈红色，由此很容易区别于其他旋木雀。

分布区狭窄，基本沿喜马拉雅山脉分布，包括西藏东南部和云南西北部。栖息于海拔 1500～3600 m 的山地森林。

红腹旋木雀。董文晓摄

鸭类

鸭类

- 雀形目鸭科的鸟类，包括3属32种，中国有2属12种，青藏高原可见2属10种
- 多数物种上体羽毛蓝灰色，舌常有鬃毛，尾短而直，脚趾或爪长而强
- 林栖或依赖土石壁，温暖季节食虫，寒冷季节吃种子
- 在洞穴里繁殖，社会性单配制，2个物种表现合作繁殖

类群综述

分类与分布　鸭是雀形目鸭科（Sittidae）物种的统称，为旋木雀总科（Certhioidea）的一部分，包括3属32种，广泛分布于欧亚大陆、澳大利亚、北美洲和拉丁美洲北部。其下有3个亚科，各只包括1个属，鸭亚科（Sittinae）下为鸭属 *Sitta*，共29个物种，中国有11种，其中9种见于青藏高原；旋壁雀亚科（Tichodrominae）下为旋壁雀属 *Tichodroma*，仅1种，即红翅旋壁雀 *Tichodroma muraria*，中国有分布，青藏高原可见；斑旋木雀亚科（Salpornithinae）下为斑旋木雀属 *Salpornis*，仅2种，中国无分布。

红翅旋壁雀是古北界一个独特的鸟种，自从1766年林奈命名之后，其分类地位一直存在

争议。有人把它放在旋木雀科，后来有人依据分子生物学证据把它独立出来单独列为旋壁雀科（Tichodromadidae），但最新的分类意见则把它置于鸭科之内。这种争议是因为鸭、旋壁雀和旋木雀这3个类群在形态、生态和行为方面有一些相似之处。它们均适应于树干攀爬和采食，脚趾或爪延长，有利于附着；舌有鬃毛或细长的前端分叉，有利于探取树干缝隙里的昆虫。

斑旋木雀最初被置于鸭科内，后来又被放在旋木雀科里，也曾被置于独立的斑旋木雀科（Salpornithidae），而最新的分类系统又把它们归于鸭科。与真正的旋木雀的不同之处在于，斑旋木雀在树干上攀爬时并不使用尾部来支撑身体。

左：鸭是在树干上攀缘最为灵活的鸟类，它们无须借助尾部的支撑就能在树干上攀爬，可以上行，也能下行，还能在横向树枝上平行移动，其灵巧程度是其他在树干上攀缘的鸟类所不能比的。图为绒额鸭。田穗兴摄

右：红翅旋壁雀是鸭科颜色最鲜艳的物种，它们喜好在光秃秃的岩壁上活动，艳艳的翅斑显得尤为醒目。图为站在水边岩石上的红翅旋壁雀。沈越摄

䴓和旋壁雀全年都夜宿在洞穴里，繁殖季节也营巢于洞穴中，双亲参与筑巢。图为一对正在筑巢的黑头䴓。沈越摄

形态　䴓的体长 12 ～ 20 cm，除丽䴓 *Sitta formosa* 的体羽为亮丽的蓝绿色外，其他物种体羽以灰蓝色为主。翅尖，第 1 枚初级飞羽短，长度不及第 2 枚的一半。

栖息地和习性　䴓栖息于山地森林，其最典型的生活习性和适应特征就是在树干上攀援，长而强健的脚趾或爪是对攀援生活的适应。攀援的目的是在树皮或土石壁的缝隙里寻找昆虫或虫卵，相应地，它们有尖细的喙，长长的舌，舌上还长有鬃毛。虽然同样适于攀缘生活，但不同类群也各有绝招。䴓和旋壁雀有时会在地面活动，但斑旋木雀和旋木雀从来不会落在地面上。䴓可以沿着树干向上攀爬，也能头朝下顺着树干下行，还能在横向树枝上平行移动，其灵巧程度为旋木雀和啄木鸟所不及。旋木雀只会围绕着树干向上螺旋移动，而啄木鸟只能头朝上向树干上方运动，如果要到树干中部活动，它们只能先飞向下方。红翅旋壁雀很少在树干上活动，但飞檐走壁却是它们的拿手本领。

繁殖　䴓和旋壁雀全年都夜宿在洞穴里，而斑旋木雀只在繁殖季节利用洞穴。它们营巢于洞穴中，自己在腐朽的树干上凿出洞穴，或利用现成的树洞和缝隙，常常用泥土、树脂加固洞口。双亲参与筑巢，雌鸟孵卵，双亲育雏。窝卵数 1 ～ 8 枚，孵化期 12 ～ 19 天，育雏期 18 ～ 29 天。

种群现状和保护　䴓科鸟类常单独活动，种群密度往往较低。白眉䴓 *Sitta victoriae*、阿尔及利亚䴓 *S. ledanti*、巴哈马䴓 *S. insularis* 和巨䴓 *S. magna* 被 IUCN 列为濒危物种（EN），其中巨䴓是 2013 年从易危（VU）提升为濒危（EN）的，巴哈马䴓是 2016 年由褐头䴓巴哈马亚种 *Sitta pusilla insularis* 提升为种的；白头䴓 *S. whiteheadi* 和丽䴓 *S. formosa* 被列为易危物种（VU）；滇䴓 *S. yunnanensis* 和淡紫䴓 *S. solangiae* 被列为近危（NT）。

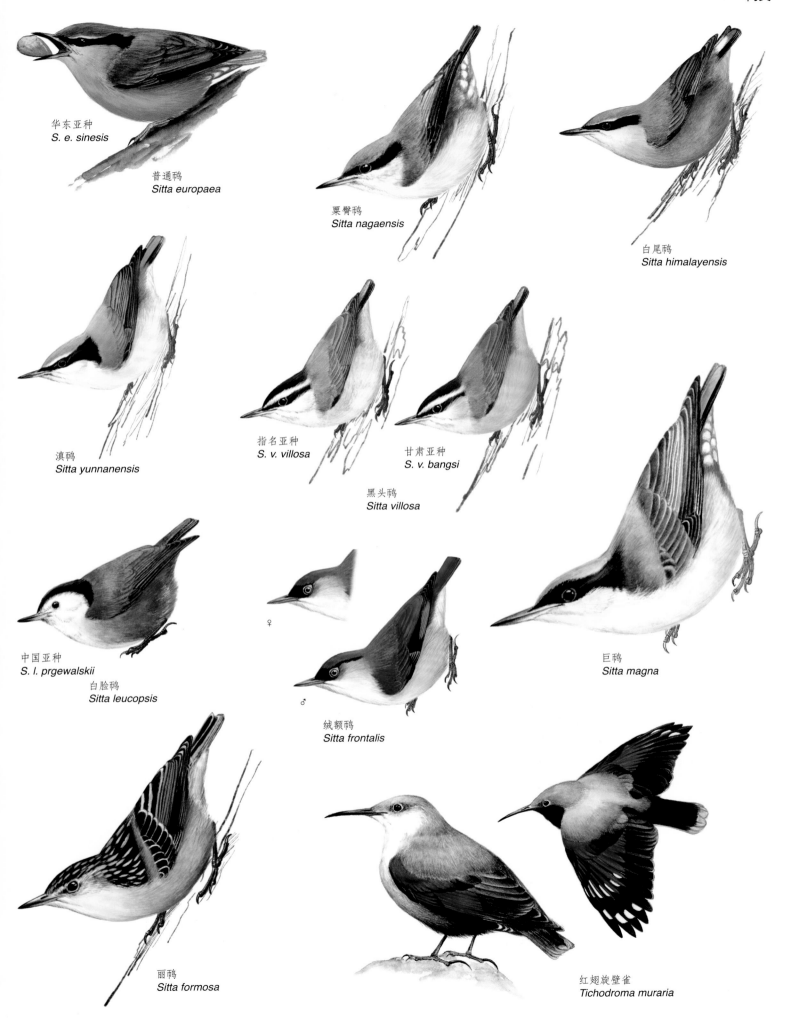

华东亚种
S. e. sinesis

普通鸭
Sitta europaea

粟臀鸭
Sitta nagaensis

白尾鸭
Sitta himalayensis

滇鸭
Sitta yunnanensis

指名亚种
S. v. villosa

甘肃亚种
S. v. bangsi

黑头鸭
Sitta villosa

巨鸭
Sitta magna

中国亚种
S. l. prgewalskii

白脸鸭
Sitta leucopsis

♀

♂

绒额鸭
Sitta frontalis

丽鸭
Sitta formosa

红翅旋壁雀
Tichodroma muraria

普通䴓

拉丁名：*Sitta europaea*
英文名：Eurasian Nuthatch

雀形目䴓科

体长约 13 cm。一条明显的黑色贯眼纹沿头侧伸向颈侧，上体石板蓝色，飞羽黑色，中央尾羽蓝灰色，其余为黑色；颏、喉、颈侧和胸部白色，腹部黄褐色，两侧栗色。

有多个亚种，分布遍及整个欧亚大陆的森林地区，青藏高原分布的是华东亚种 *S. e. sinensis*。栖息于海拔 300～3200 m 的各种林地，也出现在有高大乔木的城市公园。

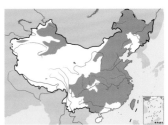

普通䴓华东亚种。左上图赵纳勋摄，下图彭建生摄

栗臀䴓

拉丁名：*Sitta nagaensis*
英文名：Chestnut-vented Nuthatch

雀形目䴓科

体长约 13 cm。体色与普通䴓相似，但两胁深棕色，尾下覆羽也为深棕色，为其典型特征。

分布在中国西南、印度东北部和东南亚，包括中国西藏东南部。栖息于海拔 1400～2600 m 的山地森林。

栗臀䴓。沈越摄

白尾䴓

拉丁名：*Sitta himalayensis*
英文名：White-tailed Nuthatch

雀形目䴓科

体长约 12 cm。上体蓝灰色，中央尾羽基部白色；喉灰白色，其余下体包括尾下覆羽棕色。

分布于中国西南、喜马拉雅山脉和东南亚北部，包括中国西藏东南部，最高分布海拔 2600 m。栖息于热带和亚热带森林。

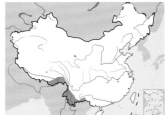

白尾䴓。彭建生摄

滇䴓

拉丁名：*Sitta yunnanensis*
英文名：Yunnan Nuthatch

雀形目䴓科

体长约 12 cm。前额黑色，具细长的白色眉纹，其下为黑色贯眼纹，前端与额基黑色相连，后端止于肩部，上体蓝灰色；下体淡灰色。雌鸟的黑色贯眼纹不如雄鸟黑亮。

中国特有鸟类，仅分布于云贵高原、四川西南和西藏东南部。栖息于海拔 1300 m 以上的山地针叶林和针阔叶混交林，最高分布海拔为 4000 m。IUCN 评估为近危（NT），《中国脊椎动物红色名录》评估为易危（VU）。

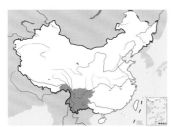

滇䴓。左上图唐军摄，下图彭建生摄

黑头䴓

拉丁名：*Sitta villosa*
英文名：Chinese Nuthatch

雀形目䴓科

体长约 11 cm。雄鸟头顶黑色，粗大醒目的眉纹白色沾黄色，是其典型特征；上体灰蓝色，翅棕色；下体浅棕色。雌鸟头顶黑褐色，眉纹灰白色，体羽较雄鸟暗淡。分布于朝鲜、中国北方、甘肃中部、青海及四川，最高分布海拔 3400 m。栖息于寒温带低山至亚高山的针叶林或混交林带。

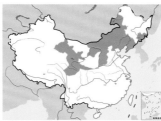

黑头䴓。沈越摄

白脸䴓

拉丁名：*Sitta leucopsis*
英文名：White-cheeked Nuthatch

雀形目䴓科

体长约 13 cm。头顶黑色，眼先和头侧近白，上体蓝灰色；下体栗色。

分布于喜马拉雅山脉，青藏高原北部、东部、南部和东南部。生活在海拔 1000 m 以上的山地森林，最高分布海拔 3800 m。

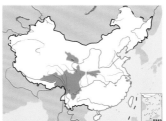

白脸䴓。左上图唐军摄，下图彭建生摄

绒额䴓
拉丁名：*Sitta frontalis*
英文名：Velvet-fronted Nuthatch

雀形目䴓科

体长约 13 cm。嘴红色，前额天鹅绒黑色，眼后一道眉纹黑色，脸颊灰白色，上体紫罗兰色，尾短；颏纯白色，下体白色沾粉色。雌鸟似雄鸟，但眼后无黑色眉纹。

留鸟，分布于南亚次大陆、喜马拉雅山脉东段、中国西南和华南、东南亚，包括青藏高原东南部，分布海拔 180～2200 m。

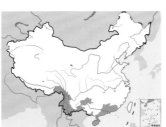

绒额䴓。左上图沈越摄，下图董磊摄

巨䴓
拉丁名：*Sitta magna*
英文名：Giant Nuthatch

雀形目䴓科

体长约 20 cm，为同类中体形最大者。黑色过眼纹明显且向后延伸，头顶和整个上体石板蓝色，翅黑褐色，下体白色，臀栗色。雌鸟羽色暗淡。

分布于中国西南、缅甸东部及泰国西北部。典型的栖息地是海拔 1000～2000 m 的针叶林，有时也出现于常绿阔叶林。多在树干高处觅食，冬季与当地的其他䴓一起活动。

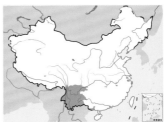

巨䴓。董文晓摄

丽䴓
拉丁名：*Sitta formosa*
英文名：Beautiful Nuthatch

雀形目䴓科

体长约 17 cm。上体黑色并有亮蓝色的纵纹；下体棕褐色，尾下覆羽白色沾棕色。

留鸟，分布于印度东北、喜马拉雅山脉东段、中国西南和中南半岛，包括青藏高原东南部边缘，分布海拔 300～2290 m。IUCN 评估为易危（VU），《中国脊椎动物红色名录》评估为濒危（EN）。

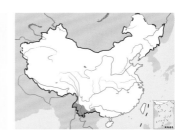

丽䴓。左上图Bhavesh Rathod摄，下图李利伟摄

红翅旋壁雀

拉丁名：*Tichodroma muraria*
英文名：Wallcreeper

雀形目鸭科

形态 体长约 16 cm。喙长，尾短。上体蓝灰色，外侧尾羽有白斑；繁殖期雄鸟脸及喉黑色，雌鸟则黑色较少；飞羽黑色，上面有醒目的绯红色，初级飞羽有 2 排白斑，飞行时连成带状。叫声为尖细的管笛音及哨音，与鸭类的沙哑声不同。

分布 广泛分布于欧亚大陆，从欧洲南部，往东至帕米尔高原，经青藏高原扩展到整个中国大陆及蒙古。分布海拔 600～5000 m，表现出很强的适应能力。留鸟，有垂直迁移。在青藏高原，红翅旋壁雀的分布环绕整个高原，也就是除了内部的荒漠草原，高原周围的山地都有它们的存在。

栖息地 典型栖息地为山区的悬崖和陡坡。

食性 在崖壁上攀缘寻觅食物，包括各种昆虫。

习性 单独活动，数量稀少，性情羞怯。

繁殖 欧洲鸟类学家通过个体标记对红翅旋壁雀进行了深入研究。他们发现，红翅旋壁雀是社会性单配制的，雌鸟和雄鸟共同保卫繁殖领域。非繁殖季节，单独活动的个体保卫自己常年使用的个体领域（individual territory）。巢位于深的岩石缝隙里，一些巢点可以被使用多年，虽然使用者可以是不同的个体。巢由雌鸟建造。巢材为草茎、苔藓、羽毛和毛发。窝卵数 3～4 枚，卵白色，上面有黑色或红褐色斑点。雌鸟孵卵，孵化期 19～20 天，其间雄鸟为其提供食物。双亲养育后代，28～30 天后，幼鸟离巢。不过，关于青藏高原红翅旋壁雀的野外生物学和社会行为，目前还没有人研究过。

探索与发现 新疆鸟类学家马鸣对红翅旋壁雀情有独钟。他曾写道："2011 年 3 月开始的昆仑山－阿尔金山综合科学考察历时 6 个月，我们满眼看到的尽是荒凉景色，没有森林，也没有花花草草。然而，就在这样的极端环境中，却有一种美丽的小鸟一直吸引着我，为艰苦而枯燥的野外工作平添了许多乐趣。它就是姹紫嫣红的蝴蝶鸟——红翅旋壁雀。"

为了观察这种神秘的鸟儿，马鸣设法穿过一条叫阿塔提罕的大河，到达对面的峭壁。这里，有金雕、红隼、大鵟、松雀鹰和雕鸮等猛禽，还有一大群岩鸽、红嘴山鸦，以及褐岩鹨、红腹红尾鸲、大朱雀和黄嘴朱顶雀。众多鸟中，他终于发现了心仪的红翅旋壁雀，如同岩石上盛开的一朵小花。

关于更多青藏高原红翅旋壁雀的神秘生活，马鸣无奈地说，让它们保留这份神秘吧。

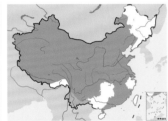

红翅旋壁雀。沈越摄

旋壁雀是峭壁上的"独行侠"，它的爪子特别强健，具有很强的吸附力，好像完全不需要像啄木鸟那样借助尾羽作为支撑。徐永春摄

鹪鹩类

■ 雀形目鹪鹩科鸟类，全世界有19属85种，中国仅1种，也见于青藏高原
■ 翅短圆，尾短而翘，大多数物种体羽以棕色为主，雌雄羽色相似
■ 主要食虫，也吃少量浆果和种子
■ 多数物种单配制，一些物种一雄多雌制，一些物种合作繁殖

类群综述

　　鹪鹩是指雀形目鹪鹩科（Troglodytidae）的成员，也是旋木雀总科（Certhioidea）的一部分，全世界共有19属85种，绝大多数生活在中美和南美热带地区的新大陆；欧亚大陆包括中国只有1种，即鹪鹩 Troglodytes troglodytes，它也居住在青藏高原。

　　鹪鹩是一类小型食虫鸟类，大多数物种体长10～15 cm。它们拥有尖的并微微钩的嘴；翅膀短而圆，尾巴短而翘，使得身体显得有些短胖；体色以灰色或褐色为主，上面有红褐色条斑。

　　鹪鹩多数为社会性单配制，雌鸟和雄鸟共同筑巢，雌鸟孵卵，双亲育雏。一些物种为一雄多雌制，

雄鸟对后代的投入很少；一些表现合作繁殖，帮助者参与筑巢、育雏和领域保卫。窝卵数2～9枚，孵化期12～23天，育雏期12～21天。

　　鹪鹩的受胁程度相对较轻，主要是一些岛屿分布的物种，如圣岛鹪鹩 Troglodytes monticola 等3个物种被IUCN列为极危物种（CR），扎巴鹪鹩 Ferminia cerverai 等3个物种为濒危（EN），科氏鹪鹩 Troglodytes cobbi 等3个物种为易危（VU），细嘴鹪鹩 Hylorchilus sumichrasti 等5个物种为近危（NT）。

鹪鹩
Troglodytes troglodytes

左：鹪鹩翅短而圆，尾短而翘，整体显得短胖，憨态可掬。沈越摄

鹪鹩

拉丁名：*Troglodytes troglodytes*
英文名：Northern Wren

雀形目鹪鹩科

形态 体长约 9 cm。全身棕褐色，布满黑褐色条斑。喙长直而较细弱，先端稍曲，无嘴须。翅短而圆，尾短而翘。

分布 分布甚广，从全北界的南部至非洲西北部、印度北部、缅甸东北部、喜马拉雅山脉、中国及日本。总共有 44 个亚种；分子生物学研究揭示，鹪鹩有 6 个进化支系，分别为新北区西部支系、新北区东部支系、欧洲支系、亚洲东部支系、尼泊尔支系和高加索支系。在中国几乎见于全境，包括青藏高原和台湾地

区。在一些地区是留鸟，而在其他地区则是候鸟。青藏高原鹪鹩的迁徙状况尚不明确。

栖息地 喜欢森林下部、溪流边缘等潮湿的地方。

习性 性情活泼，总是把短短的尾巴翘得高高的，在灌木、草丛间轻捷地移动或短距离飞行。有时会从低枝逐渐攀向高枝，鸣声清脆响亮。冬季，鹪鹩会紧挤于缝隙内而群栖。

食性 终年以蜘蛛和昆虫为主食。

繁殖 对鹪鹩繁殖生态学的了解，来自华北山地的研究。其巢位于横木或树桩上的洞穴、树洞、河流岸边岩壁或石坝缝隙内，也有的在农家屋檐下。雌鸟和雄鸟均衔材筑巢，巢以细枝、草叶、苔藓、羽毛等编织而成，呈深碗状，结构紧凑，外围粗糙，内部精细。卵白色，上面有褐色和红褐色细斑，窝卵数 3～5 枚。孵卵由雌鸟承担，孵化期 13～14 天；育雏由双亲承担，育雏期 14～15 天。鹪鹩在青藏高原的生活史信息尚无人知晓。

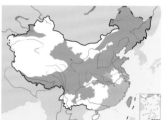

鹪鹩。沈越摄

青海黑马河发现的鹟鹟巢。贾陈喜摄

河乌类

- 雀形目河乌科鸟类，共1属5种，中国分布有2种，均见于青藏高原
- 体羽稠密，黑褐或咖啡褐色，有些物种有大的白斑，雌雄相似
- 生活在山地溪流环境，有潜水能力，以水生动物为食
- 社会性单配制，一些物种一雄多雌

类群综述

河乌是指雀形目河乌科（Cinclidae）的成员，为鹟总科（Muscicapoidea）的组成部分，该总科还包括牛椋鸟科（Buphagidae）、椋鸟科（Sturnidae）、嘲鸫科（Mimidae）、鸫科（Turdidae）和鹟科（Muscicapidae）。河乌科共有1属5种，全球除大洋洲外均可见。中国境内有2种，二者都出现在青藏高原。河乌身体浑圆，短小的尾巴总是高高翘起，翅膀相对短圆，初级飞羽10枚，纤细的喙略带弯曲，鼻孔为膜所掩盖，腿长，羽毛柔软而浓密。

分类学家曾把河乌科放在鹪鹩科附近。最近的研究显示，河乌科应该放在鸫科和鹟科附近。河乌属Cinclus在400万年前起源于欧亚大陆，然后迅速扩散到新世界。系统发育阐明，河乌Cinclus cinclus与褐河乌C. pallasii这一对旧大陆的物种关系密切，

而白顶河乌C. leucocephalus与棕喉河乌C. schulzii这一对南美洲的物种之间关系密切，美洲河乌C. mexicanus则处于这两个物种对之间。

河乌栖息在高海拔地区，经常在水流湍急的小溪和河流活动，偶尔也在静水区。河乌是鸣禽中唯一具有潜水技能的一个类群，能在水面浮游，也能在水底潜走，以捕食水生昆虫及其他小动物。

河乌筑巢于溪流旁的岩石下或树根下，双亲承担筑巢任务。巢囊状，由苔藓、细枝等构成。每窝产2~6枚白色的卵，孵卵期16~17天，由雌鸟孵卵。双亲育雏，持续20~28天。

除分布于南美洲的棕喉河乌被IUCN列为易危物种（VU）外，其他河乌均为无危（LC）。

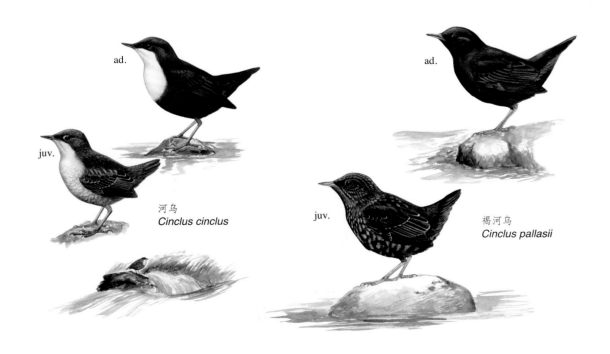

ad.

juv.

河乌
Cinclus cinclus

ad.

juv.

褐河乌
Cinclus pallasii

河乌

拉丁名：*Cinclus cinclus*
英文名：White-throated Dipper

雀形目河乌科

形态 体长约 19 cm。头和上体黑褐色，下背至尾上覆羽石板灰色，尾和翼短，翼褐色，飞羽外缘石板灰色；喉白色，胸白色或黑褐色，腹、胁黑褐色。

分布 留鸟，分布于整个欧亚大陆和北非。在青藏高原，从帕米尔高原沿喜马拉雅山脉向东经过横断山脉，最高分布海拔5500 m。在寒冷地区繁殖的种群，会迁徙到更南或低海拔的地带过冬。

栖息地 栖息于森林及开阔地带清澈而湍急的山间溪流。

习性 总是沿河流活动，很少发现它们离开水流，哪怕只是十几米开外。飞行时，往往从一块岩石飞到另一块岩石上，栖在岩石上时，总是俯头翘尾。河乌主要在水中取食，它们能在急流中行走，进行短距离水面浮游，也能在水底潜走。在水面上或水底砾石间找寻食物，包括水生昆虫和水生无脊椎动物。它们的喙细长而尖，鼻孔上有一可活动的盖，眼睑发达，短的体羽紧密而不透水，加上流线型的身体，使得它们很好地适应于在水里活动。

繁殖 欧洲鸟类学家对河乌的生态和社会行为有深入的研究。他们指出，河乌的婚配制度属于社会性单配制，配偶关系可以保持几年，并占据同一个沿着河道的长形领域。不过，也有一雄多雌现象，在这种体制下，第 1 位雌性的繁殖成功率并不比社会性单配制的雌性低，但第 2、第 3 位雌性的窝雏数比社会性单配制的雌性低 25%，这可以归诸于雄性对后代的照顾减少。

河乌开始繁殖的时间早于其他鸟类，在欧洲是 2—3 月。人们发现，由于全球气候变暖和城市化，导致溪流水温上升，从而使得当前河乌的繁殖时间相对于几十年前有所提早。

河乌筑巢于湍急的水流边的岩石或树根下，或水流上方的岩石上，距离水流不过几米。巢点可以被同一繁殖对使用多年，当两个成员相继死亡后，同一个巢点可以被其他个体继续使用，连续利用 30 年是很普通的，最长的纪录达到 123 年。河乌也使用研究者设置的人工巢箱。巢呈球形，为苔藓、细枝等构成，具有保温、防水和隐蔽的功能。河乌的卵白色，在欧洲，每窝产卵 3～6枚。雌鸟孵卵，需时 16～17 天；雏鸟由双亲喂养 20～27 天之后离巢出飞。

在雅鲁藏布江中游的高山峡谷，胸部白色型的指名亚种 *C. c. cinclus* 和胸部非白色型的西藏亚种 *C. c. cashmeriensis* 同时存在。这里最早见到河乌的时间是 4 月 30 日。5 月 7 日见叼取苔藓。6月 20 日曾见雏鸟 1 只，已具有飞翔能力。可见繁殖时间应该在5 月初。虽然卢欣在雄色峡谷从事野外研究多年，但遗憾的是终究没有发现一个河乌的巢，高原河乌的繁殖生活依然保持神秘。

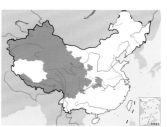

你会在雅鲁藏布江中游的高山峡谷的溪流边如期遇见河乌，它是山涧溪流的精灵，沿溪流擦水面疾飞，不安分地上下摆弄身体是其本能。凭借流线型的身体，河乌可以入水捕捉各种小型水生动物。左上图彭建生摄，下图郭亮摄

从巢中探出头来的河乌。贾陈喜摄

褐河乌

拉丁名：*Cinclus pallasii*
英文名：Brown Dipper

雀形目河乌科

形态 体长约 21 cm。全身深褐色，呈巧克力光泽。与河乌不同的是，其喉部、胸部不为白色。

分布 留鸟，分布区从东亚经过喜马拉雅山向东，经中南半岛北部、中国南部，并向北到达中国华北和东北、俄罗斯远东地区、朝鲜、日本，最高分布海拔 5000 m。

栖息地 栖息于湍急溪流附近。

习性 与河乌相似。

繁殖 对于低海拔地区褐河乌的繁殖行为已有一些研究。在黑龙江张广才岭，褐河乌 4 月下旬开始筑巢，雌鸟和雄鸟合力筑巢。巢材是苔藓和少量树叶、树皮和细草。窝卵数 3～5 枚，卵平均大小为 25.7 mm×19.5 mm。雌鸟孵卵，双亲育雏，雏鸟 21 日龄离巢。育雏期间，褐河乌更多捕捉小鱼喂养幼鸟，而在其他时间，水生昆虫是它们的主食。但遗憾的是，目前还没有人对青藏高原的褐河乌进行过研究。

探索与发现 从分布区域来看，褐河乌与河乌在青藏高原和其他地区有很大重合，但人们并不知道这两个物种是否生活在同一个地区、同一条河流，它们之间是否有杂交，它们各自的生态位是怎样的，如何避免种间竞争……这些都有待于研究者去探索。

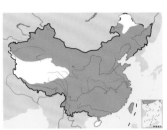

褐河乌。在东北和华北的山区河流，这种可爱的鸟儿已为人们所熟悉，但在青藏高原，褐河乌的生活保持神秘。左上图为亚成鸟，郭亮摄；下图为成鸟，沈越摄

椋鸟类

- 雀形目椋鸟科的鸟类，全球有33属115种，中国有10属21种，青藏高原有7属9种
- 小到中型鸟类，翼长而尖，腿和脚粗壮，许多物种的雄性羽色比雌性鲜艳
- 常集群活动，主要吃植物果实和种子，也吃昆虫等动物性食物
- 社会性单配制，一些物种合作繁殖
- 营巢于啄木鸟放弃的树洞内以及其他天然或人工洞穴中

类群综述

分类与分布 椋鸟指雀形目椋鸟科（Sturnidae）的成员，为鹟总科（Muscicapoidea）的组成部分，全球有 33 属 115 种，大多作为留鸟分布在欧亚大陆和太平洋岛屿，少数物种作为夏候鸟繁殖在欧亚大陆北方。椋鸟科又被划分为 3 个亚科：椋鸟亚科（Sturninae）包括 22 属 73 种，八哥亚科（Mainatinae）包括 10 属 39 种，纹旋木雀亚科（Rhabdornithinae）包括 1 属 3 种。其中前 2 个亚科互为姐妹关系，生活在菲律宾的纹旋木雀一度被认为是一个独立的科。中国有椋鸟 10 属 21 种，其中 7 属 9 种见于青藏高原。

形态与习性 椋鸟为小到中型鸟类，体长 16～42 cm。一些物种的头部有冠、肉垂或皮肤裸斑。它们栖息于开阔地带，树栖或地栖。有的物种比如八哥和鹩哥善于模仿其他鸟类的鸣声，经训练可模仿人类简单的语言。椋鸟主要吃植物果实和种子，也吃昆虫等动物性食物，例如，一对正在喂养雏鸟的灰椋鸟 *Spodiopsar cineraceus* 每天要捕捉 400 g 害虫。因此，很多国家把人工巢箱挂在树上，以招引椋鸟，帮助消灭害虫。少数物种如生活在非洲稀树草原的牛椋鸟 *Buphagus*，从大型哺乳动物的皮毛中啄食扁虱。非繁殖季节，许多物种成群活动，比如丝光椋鸟 *Spodiopsar sericeus* 和紫翅椋鸟 *Sturnus vulgaris*，群体可以达上万只，掠夺式地采食成熟的果实。

繁殖 多数椋鸟是次生洞穴繁殖者，营巢于啄木鸟放弃的树洞内以及其他天然或人工洞穴中。窝卵数 1～6 枚，孵化期 13～17 天，育雏期 16～28 天，双亲共同参与筑巢、孵卵和育雏的任务。椋鸟的交配制度为社会性单配制，但合作繁殖物种的比例很高，尤其是生活在气候季节性变化的非洲热带稀树草原的物种。

种群现状和保护 椋鸟有许多物种分布在太平洋岛屿上，栖息地面积有限，且种群相对孤立，容易受到威胁，留尼汪椋鸟 *Fregilupus varius* 等 6 个物种就在 19 世纪至 20 世纪由于外来物种入侵以及人类的捕杀而灭绝。爪哇斑椋鸟 *Gracupica jalla* 等 7 个物种被 IUCN 列为极危物种（CR），白眼辉椋鸟 *Aplonis brunneicapillus* 等 2 个种被列为濒危（EN），白脸椋鸟 *Sturnornis albofrontatus* 等 6 个种为易危（VU）。

左：椋鸟为集群性鸟类，在非繁殖季节可集结上万只的大群。图为集群的灰椋鸟。宋丽军摄

右：椋鸟在繁殖期会大量捕捉昆虫喂养雏鸟。图为嘴里衔满昆虫的粉红椋鸟。贾陈喜摄

鹩哥
Gracula religiosa

家八哥
Acridotheres tristis

丝光椋鸟
Spodiopsar sericeus

灰椋鸟
Spodiopsar cineraceus

北椋鸟
Agropsar sturninus

灰头椋鸟
Sturnia malabarica

黑冠椋鸟
Sturnia pagodarum

粉红椋鸟
Pastor roseus

br.

non-br.

紫翅椋鸟
Sturnus vulgaris

鹩哥

拉丁名：*Gracula religiosa*
英文名：Hill Myna

雀形目椋鸟科

体长约 30 cm。喙橙色，嘴须发达。通体黑色并有金属光泽，头顶有硬而卷曲的羽毛，脸颊有黑色短绒羽，头后有两个橙黄色肉垂，眼后下方皮肤裸露，翅黑色，其上有一个明显的白斑。雌雄羽色相似。

留鸟，分布于喜马拉雅山脉东段、中国西南和华南、东南亚，包括青藏高原东南部，最高分布海拔 2000 m。在中国因作为笼鸟而被捕捉，导致数量下降。

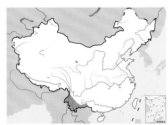

鹩哥。左上图田穗兴摄，下图沈越摄

家八哥

拉丁名：*Acridotheres tristis*
英文名：Common Myna

雀形目椋鸟科

体长约 24 cm。喙黄色。头、颈黑色，与八哥的区别在于无羽冠；眼周裸皮黄色，背浅棕褐色，尾黑色而具白色端斑，飞羽黑褐色，基部白色，形成显著的白斑；喉、胸浅棕褐色，腹和尾下覆羽白色。

留鸟，分布于中亚、南亚、喜马拉雅山脉、中国西南和华南、东南亚，包括青藏高原东南部，最高分布海拔 3000 m。

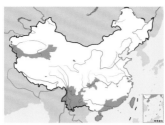

家八哥。董文晓摄

丝光椋鸟

拉丁名：*Spodiopsar sericeus*
英文名：Red-billed Starling

雀形目椋鸟科

体长约 22 cm。喙红色，尖端黑色。头、颈白色，体羽灰色，尾、翅黑色。雌雄羽色相似。中国特有物种。

留鸟，分布于长江以南地区，包括青藏高原东北部边缘。

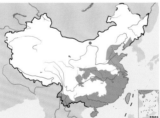

丝光椋鸟。沈越摄

灰椋鸟

拉丁名：*Spodiopsar cineraceus*
英文名：White-cheeked Starling

雀形目椋鸟科

体长约 24 cm。喙橙黄色。全身以灰褐色为主，头顶至后颈黑色并间有白色细纹，脸颊白色而有少许黑色细纹，尾上覆羽白色，外侧尾羽黑褐色，飞羽黑褐色；颏白色，下体余部由深灰褐色过渡到浅灰褐色，腹中部和尾下覆羽白色。雌雄羽色相似。

作为夏候鸟，繁殖于东北亚至青藏高原东北部，最高繁殖海拔 3200 m；在中国华东和华南越冬，日本南部有居留种群。

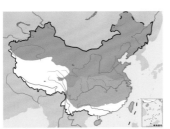

灰椋鸟。沈越摄

北椋鸟

拉丁名：*Agropsar sturninus*
英文名：Daurian Starling

雀形目椋鸟科

体长约 18 cm。喙黑色。头和下体白色，背、尾和翅黑色，翅上有醒目的白斑。雌雄羽色相似。

作为夏候鸟，繁殖于东北亚，包括中国东北、华北和青藏高原的甘肃南部，最高繁殖海拔 3200 m；在东南亚越冬。

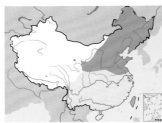

北椋鸟。左上图为雌鸟，下图为雄鸟。宋丽军摄

灰头椋鸟

拉丁名：*Sturnia malabarica*
英文名：Chestnut-tailed Starling

雀形目椋鸟科

体长约 20 cm。喙橙黄色。上体白色，头顶和枕部羽毛呈矛状，中央尾羽银灰色，外侧尾羽栗色；下体白色，喉部羽毛矛状，胸、腹沾棕色，两胁和尾下覆羽栗色。雌雄羽色相似。

作为夏候鸟，繁殖于印度北部；在印度南部越冬；作为留鸟，分布于印度南部和东北部，中国西南、华南和东南，以及东南亚，包括青藏高原东南部。最高分布海拔 2000 m。

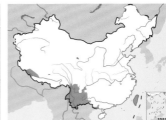

灰头椋鸟。左上图董磊摄，下图田穗兴摄

黑冠椋鸟

拉丁名：*Sturnia pagodarum*
英文名：Brahminy Starling

雀形目椋鸟科

体长约 20 cm。喙黄色。头顶黑褐色，上体灰色，尾羽褐色，具白色端斑，翅黑色；下体淡黄褐色。雌雄羽色相似。

作为夏候鸟，繁殖于阿富汗、巴基斯坦、克什米尔和青藏高原西南部边缘；在斯里兰卡有越冬种群；作为留鸟，遍布南亚次大陆。最高分布海拔 1800 m。

黑冠椋鸟。董江天摄

紫翅椋鸟

拉丁名：*Sturnus vulgaris*
英文名：Common Starling

雀形目椋鸟科

体长约 20 cm。喙黄色。全身紫铜色，羽端浅黄色而形成斑纹，翅黑褐色，边缘色浅。

作为夏候鸟，繁殖于欧亚大陆北方，包括西喜马拉雅山脉和青藏高原西南部，最高繁殖海拔 2500 m；在北非、中东和南亚次大陆有越冬种群；作为留鸟，分布于西南欧、南欧、北非、中东和印度。

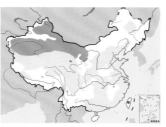

紫翅椋鸟。左上图为繁殖羽，魏希明摄；下图为非繁殖羽，沈越摄

粉红椋鸟

拉丁名：*Pastor roseus*
英文名：Rosy Starling

雀形目椋鸟科

体长约 21 cm。背、胸及两胁粉红色，身体余部亮黑色；雌鸟羽色较暗淡。

繁殖于欧洲东部至亚洲中部及西部，包括中国新疆；迁徙时途经青藏高原；在南亚次大陆越冬。

粉红椋鸟。左上图左雌右雄，下图为雌鸟。魏希明摄

鸫类

■ 雀形目鸫科的鸟类，共有20属153种，中国有4属37种，青藏高原有4属23种
■ 羽色多样，许多物种的幼体和一些物种的成体胸部有斑点，雄性比雌性更艳丽
■ 善于鸣叫，繁殖期以各种动物为食，非繁殖期吃果实
■ 社会性单配制，一些物种合作繁殖

类群综述

鸫是指雀形目鸫科（Turdidae）鸟类，是鹟总科（Muscicapidae）的一部分，共有 20 属 153 种，全球除南极洲外均有分布。鸫科与鹟科（Muscicapidae）有密切的亲缘关系，以致一些物种在不同的分类系统中时而归于鸫科时而归于鹟科；这两个科一起与河乌科互为姐妹群。鸫科又分为 2 个亚科：孤鸫亚科（Myadestinae），由 5 属 19 种组成；鸫亚科（Turdinae），由 15 属 134 种组成。中国有鸫类 4 属 37 种，其中 4 属 23 种见于青藏高原。

鸫是小到中型鸣禽，体色多样，许多物种的幼体和一些物种的成体胸部有斑点，雄性比雌性羽色更艳丽；它们有嘴须，鼻孔明显；翅长而尖，因此飞行能力强；腿强健，足趾大，适于在地面上活动、觅食。善于鸣叫也是鸫的特点之一，尤其是在繁殖期。鸫属于林栖鸟类，也出现在灌丛、草地和农田。它们的食物包括各种地面上活动或生活在土壤中的无脊椎动物，在非繁殖期，植物浆果成为它们的主食。

鸫的交配系统为社会性单配制，一些物种具有合作繁殖行为，如西蓝鸫 Sialia mexicana，帮助者大多是繁殖对上一年的雄性后代。鸫建造杯形巢，由植物材料编织而成，并用泥巴加固，筑巢任务仅由雌鸟承担，期间雄鸟只是跟随雌鸟，也就是表现配偶守护行为，以确保自己的父权。巢的位置种间差异甚大，包括树上或灌木上、树洞、岩石壁上或地面上。窝卵数 1～7 枚，雌鸟孵卵，孵化期 11～15 天；双亲共同育雏，育雏期 11～19 天。

19 世纪以来，考岛孤鸫 Myadestes myadestinus 等 4 个岛屿分布的物种灭绝，小考岛鸫 Myadestes palmeri 等 3 个物种被 IUCN 列为极危物种（CR），棕褐孤鸫 Cichlopsis leucogenys 等 3 个物种被列为濒危（EN），夏威夷鸫 Myadestes obscurus 等 11 个物种为易危（VU），另有 28 个物种处于近危状态（NT）。

左：鸫在繁殖期以各种地面上活动或生活在土壤中的无脊椎动物为食。图为嘴中叼着食物准备回巢育雏的棕背黑头鸫。贾陈喜摄

右：在非繁殖期，植物浆果是鸫类的主食。在雅鲁藏布江中游高山峡谷地带，蔷薇科植物的果实尤其受到青睐。图为在蔷薇丛中取食的藏乌鸫。卢欣摄

云南亚种
G. c. innotata

两广亚种
G. c. melli

橙头地鸫
Geokichla citrina

四川淡背地鸫
Zoothera griseiceps

喜山淡背地鸫
Zoothera salimalii

小虎斑地鸫
Zoothera dauma

长尾地鸫
Zoothera dixoni

长嘴地鸫
Zoothera marginata

大长嘴地鸫
Zoothera monticola

蒂氏鸫
Turdus unicolor

白颈鸫
Turdus albocinctus

灰翅鸫
Turdus boulboul

藏乌鸫
Turdus maximus

乌鸫
Turdus mandarinus

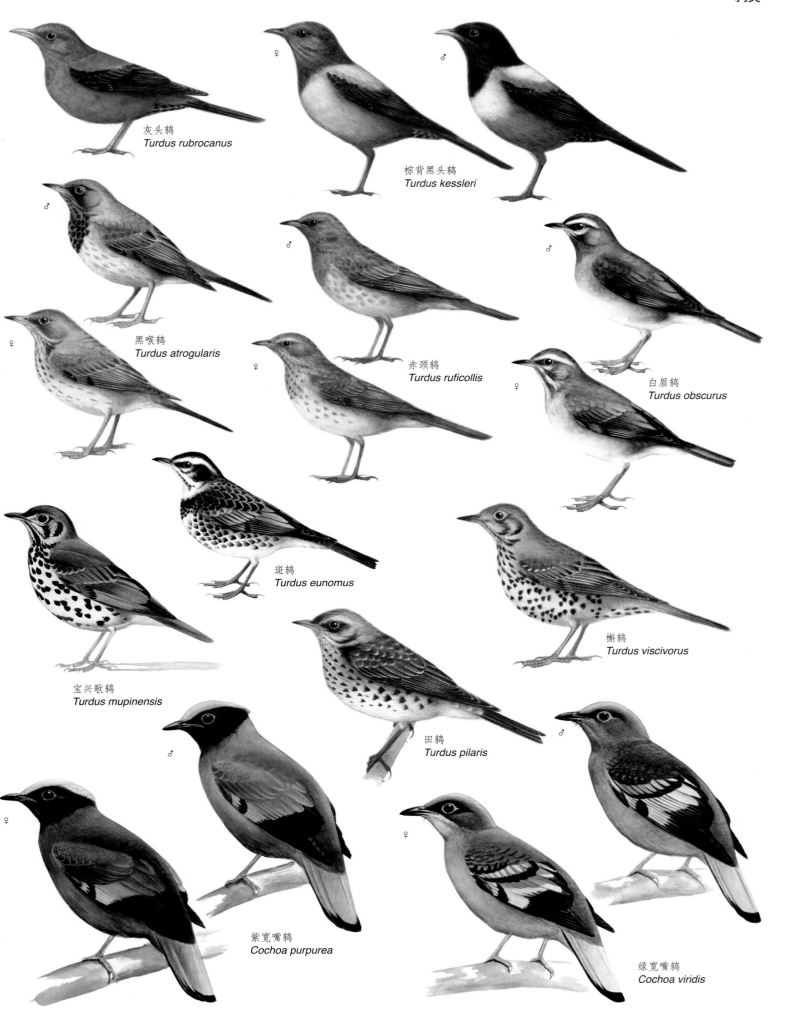

灰头鸫
Turdus rubrocanus

♀
♂
棕背黑头鸫
Turdus kessleri

♂
黑喉鸫
Turdus atrogularis

♀

♂
赤颈鸫
Turdus ruficollis

♀

♂
白眉鸫
Turdus obscurus

♀

斑鸫
Turdus eunomus

宝兴歌鸫
Turdus mupinensis

槲鸫
Turdus viscivorus

田鸫
Turdus pilaris

♂
♀
紫宽嘴鸫
Cochoa purpurea

♂
♀
绿宽嘴鸫
Cochoa viridis

橙头地鸫

拉丁名：*Geokichla citrina*
英文名：Orange-headed Thrush

雀形目鸫科

　　体长约 22 cm。雄鸟头暗橙色，上体灰蓝色，翅膀有白斑；下体暗橙色，尾下覆羽白色。雌鸟上体橄榄灰色。

　　作为夏候鸟，繁殖于喜马拉雅山脉东段、中国西南和东南亚，包括青藏高原南部，最高繁殖海拔 2300 m；在印度南部、马来半岛有越冬种群；作为留鸟，分布于南亚次大陆，中国西南、华南和东南亚，包括青藏高原东南部。

橙头地鸫。左上图为雌鸟，王昌大摄；下图为雄鸟，沈越摄

喜山淡背地鸫

拉丁名：*Zoothera salimalii*
英文名：Himalayan Thrush

雀形目鸫科

　　体长约 26 cm。由分布于喜马拉雅山脉的淡背地鸫指名亚种 *Zoothera mollissima mollissima* 提升为种。上体橄榄褐色，眼圈白色，翼下有两道白斑，飞行时明显，外侧尾羽边缘白色；下体白色，有鳞状斑纹。

　　留鸟，分布于喜马拉雅山脉、中国西南和东南亚北部，包括青藏高原东南部，分布海拔 1300～4500 m。

喜山淡背地鸫。刘璐摄

四川淡背地鸫

拉丁名：*Zoothera griseiceps*
英文名：Sichuan Thrush

雀形目鸫科

　　体长约 26 cm。由淡背地鸫西南亚种 *Zoothera mollissima griseiceps* 提升为种。头黑褐色，眼圈白色，上体褐色，翼下有两道白斑，飞行时明显；下体白色，胸沾黄棕色并有鳞状斑纹。

　　留鸟，分布于喜马拉雅山脉东部、中国西南，包括青藏高原东南部，分布海拔 3000～4500 m。

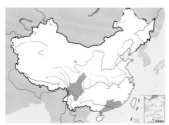

四川淡背地鸫。刘璐摄

长尾地鸫

拉丁名：*Zoothera dixoni*
英文名：Long-tailed Thrush

雀形目鸫科

　　体长约 25 cm。上体褐色，眼圈白色，尾长，外侧尾羽端部白色，翼下有地鸫属 *Zoothera* 特有的两道白斑，飞行时明显；下体灰白色，两胁棕黄色，有鳞状斑纹。

　　留鸟，分布于喜马拉雅山脉东段、中国西南和中南半岛北部，包括青藏高原东部和东南部，分布海拔 1200～4000 m；一些种群在中国西南和东南亚北部越冬。

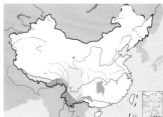

长尾地鸫。魏东摄

小虎斑地鸫

拉丁名：*Zoothera dauma*
英文名：Scaly Thrush

雀形目鸫科

体长约 27 cm。因原虎斑地鸫普通亚种 *Zoothera dauma aurea* 提升为种后称虎斑地鸫，体形相对较小的指名亚种等更名为小虎斑地鸫。上体橄榄褐色，布满深褐色鳞片状斑；下体浅棕白色，除颏、喉和腹中部外的体羽有深褐色鳞状斑。

作为夏候鸟，繁殖于欧亚大陆北部、喜马拉雅山脉东部、中国西南部，包括青藏高原西南部，繁殖海拔 600～3000 m；在印度东北部、东南亚东部、日本南部和中国西南部有越冬种群；作为留鸟，分布在南亚次大陆南部、中国西南和东南亚。

 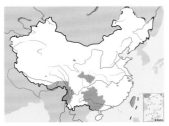

小虎斑地鸫。沈越摄

大长嘴地鸫

拉丁名：*Zoothera monticola*
英文名：Long-billed Thrush

雀形目鸫科

体长约 27 cm。喙长而略下弯。头侧有浅色斑纹，上体蓝褐色，飞羽棕褐色；下体灰白色，两胁橄榄绿色，具深褐色点状斑。

留鸟，分布于喜马拉雅山脉东段、中国西南和东南亚西北部，包括青藏高原东南部，分布海拔 2200～3800 m。

 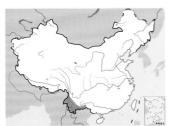

大长嘴地鸫。左上图罗平钊摄，下图董磊摄

长嘴地鸫

拉丁名：*Zoothera marginata*
英文名：Dark-sided Thrush

雀形目鸫科

体长约 25 cm。喙长而略下弯，但比大长嘴地鸫的喙要短。头侧有浅色斑纹，上体深褐色，飞羽棕色，尾甚短；下体白色，有褐色鳞状斑纹。

留鸟，分布于喜马拉雅山脉东段、中国西南部和东南亚北部，分布海拔 750～2100 m。

 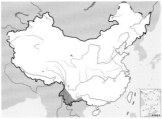

长嘴地鸫。薄顺奇摄

蒂氏鸫

拉丁名：*Turdus unicolor*
英文名：Tickell's Thrush

雀形目鸫科

体长约 23 cm。喙黄色。雄鸟全身灰色，腹部和尾下覆羽白色；雌鸟全身褐色。

作为夏候鸟，繁殖于喜马拉雅山脉，包括青藏高原西南部，繁殖海拔 1200～2400 m，2007 年 6 月，香港观鸟者余日东等在西藏中尼边境的樟木镇见到蒂氏鸫，为中国鸟类新记录；在喜马拉雅山脉南麓和印度东北部有越冬种群。

 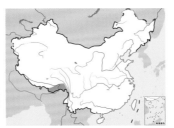

蒂氏鸫。左上图为雌鸟，Abledo 摄（维基共享资源／CC BY-SA 4.0）；下图为雄鸟，董江天摄

白颈鸫

拉丁名：*Turdus albocinctus*
英文名：White-collared Blackbird

雀形目鸫科

形态 体长约27 cm。雄鸟身体黑褐色，颈环和颏、上胸白色；雌鸟相应部分羽色较浅。

分布 留鸟，分布于喜马拉雅山脉，包括青藏高原东南部，分布海拔2100～4000 m；在印度东北部有越冬种群。

繁殖 1995年5月，在易贡藏布上游海拔3700 m的原始森林，经常观察到白颈鸫从云杉林的边缘叼着虫子进入林子，显然它们的巢在林子里。在海拔4000 m的大果圆柏林中发现一个巢，位于距离地面2 m高的树杈上，巢杯形，由苔藓、枯草、树根和叶构成。

兰州大学杜波带领的团队在西藏林芝对白颈鸫的繁殖行为进行了深入研究。他们发现，产卵于4—5月与7—8月的窝相比，前者窝卵数较少，卵体积较小，育雏期较短，雏鸟质量很高，以致出飞的雏鸟数量与后者相比没有明显差异。特别有趣的是，在喂养雏鸟方面，早繁殖的窝雄鸟贡献要明显大于雌鸟，但后繁殖的窝两者的贡献差异不大。

西藏林芝白颈鸫的巢。位于华山松的侧枝间，距离地面5 m，用细草编织而成。杜波摄

西藏林芝白颈鸫的繁殖参数	
繁殖期	5月上旬至7月下旬
交配系统	单配制
海拔	3800～4500 m
巢基支持	灌木、幼树、石壁
距地面高度	0.5～2.7 m
巢大小	外径16.7 cm，内径9.9 cm，深5.5 cm，高15.0 cm
窝卵数	2～4枚，平均2.86枚
卵色	浅蓝色，有褐色斑
卵大小	长径32.8 mm，短径22.3 mm
新鲜卵重	8.2 g
孵卵期	12～13天
育雏期	16～18天
出飞幼鸟体重/成鸟	75.1%
繁殖成功率	59%

白颈鸫。左上图田穗兴摄，下图董磊摄

白颈鸫的巢、卵和雏鸟。王玶摄

灰翅鸫

拉丁名：*Turdus boulboul*
英文名：Grey-winged Blackbird

雀形目鸫科

体长约 28 cm。喙黄色。雄鸟全身黑色，翼上有灰色斑块，腹部有灰色鳞状纹。雌鸟身体橄榄褐色，翼上有浅褐色斑块。

留鸟，分布于喜马拉雅山脉、中国西南部和华南，包括青藏高原东南部，分布海拔 640～3000 m；有些种群会迁徙到东南亚一带越冬。

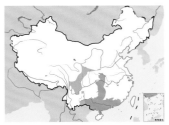

灰翅鸫。左上图为雌鸟，时敏良摄；下图为雄鸟，彭建生摄

乌鸫

拉丁名：*Turdus mandarinus*
英文名：Chinese Blackbird

雀形目鸫科

体长约 26 cm。由原乌鸫普通亚种 *Turdus merula mandarinus* 提升为种。雄鸟全身体羽黑色，喙橘黄色，眼圈黄色；雌鸟上体黑褐色，喙黑色，眼圈颜色略淡。

中国特有物种。作为夏候鸟，繁殖于西南、华中、华南和东南，包括青藏高原东北部和东部，最高繁殖海拔 2700 m；在华南过冬。

乌鸫。沈越摄

藏乌鸫

拉丁名：*Turdus maximus*
英文名：Tibetan Blackbird

雀形目鸫科

形态 体长约 25 cm。雄鸟喙黄色，全身黑色；雌鸟喙黑色，全身黑褐色。以前被认为是广泛分布于欧亚大陆包括中国南方的欧亚乌鸫的一个亚种 *Turdus merula maximus*，最近，主要基于鸣声的差异，把它列为一个独立的物种。

分布 留鸟，分布区沿着喜马拉雅山脉，经过雅鲁藏布江中游扩展到青藏高原东南部，分布海拔 3200～4800 m。

栖息地 栖息于高山灌丛植被和多岩石的环境。与中国南方和欧洲的欧亚乌鸫不同，目前没有发现藏乌鸫在人类聚集地活动。

繁殖 对藏乌鸫的野外研究是在雅鲁藏布江中游高山上进行的。几年下来一共发现了 39 个巢，其中 79% 位于 6 种不同的植物上，21% 位于石壁上。用于建巢的灌木要比没有被用于建巢的高且粗壮。

与低海拔的乌鸫相比，藏乌鸫窝卵数较少，但卵体积较大；同时孵化期和育雏期也延长，以此提高后代的存活力。这是适应高海拔恶劣环境的一种生存策略。

在欧洲低海拔地区的研究发现，乌鸫雏鸟的食谱中，蚯蚓占有很大比例。但在雅鲁藏布江中游的高山上，蚯蚓是很少的，藏乌鸫用各种昆虫养育它们的后代。秋天，各种植物果实，特别是蔷薇果实是藏乌鸫的主要食物。随着天气变冷，藏乌鸫开始集群。群体喜欢在高山溪流源头活动，因为这里的植被茂密，更重要的是有很丰富的食物。

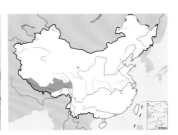

藏乌鸫。左上图为雌鸟，下图为雄鸟。贾陈喜摄

雅鲁藏布江中游高山峡谷藏乌鸫的繁殖参数	
繁殖期	5月上旬至7月下旬
交配系统	单配制
繁殖海拔	3800～4500 m
巢基支持	灌木、幼树、石壁
巢距离地面高度	0.5～2.7 m
巢大小	外径16.7cm，内径9.9cm，深5.5cm，高15.0cm
窝卵数	2～4枚，平均2.86枚
卵色	浅蓝，有褐色斑
卵大小	长径32.8mm，短径22.3mm
新鲜卵重	8.2g
孵化期	12～13天
育雏期	16～18天
出飞幼鸟体重/成鸟	75.1%
繁殖成功率	59%

雅鲁藏布江中游的高山上藏乌鸫的巢和卵。卢欣摄

一只嘴里叼满食物的雌性藏乌鸫正准备回巢喂养雏鸟。卢欣摄

秋天，雅鲁藏布江中游高山峡谷的藏乌鸫主要取食植物果实，尤其是蔷薇果实。图为正在取食蔷薇果实的藏乌鸫。卢欣摄

灰头鸫

拉丁名：*Turdus rubrocanus*
英文名：Chestnut Thrush

雀形目鸫科

　　体长约 26 cm。喙黄色，头深灰色，背、腰和尾上覆羽棕色，尾、翼黑色，胸、腹和两胁栗棕色。雌鸟体色偏浅。

　　作为留鸟，分布于喜马拉雅山脉西段、中国西南部和南部，包括青藏高原东部和东北部，分布海拔 450～3300 m；一些种群在东南亚北部越冬。

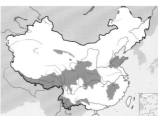

灰头鸫。左上图为雌鸟，下图为正在育雏的雄鸟。彭建生摄

棕背黑头鸫

拉丁名：*Turdus kessleri*
英文名：Kessler's Thrush

雀形目鸫科

　　形态　体长约 28 cm。雄鸟头黑色，背中部白色，所以英文名又叫 White-backed Thrush，背两侧棕色，如其中文名所指，尾、翅黑色；喉、胸黑色，腹棕色。雌鸟相应部位的体羽比雄鸟色浅。

　　分布　留鸟，分布于青藏高原东部和东北部，包括青海东部、甘肃西南部和云南东部，分布海拔 2700～4500 m；一些种群在西藏东南部越冬。

　　繁殖　在四川雅江，棕背黑头鸫繁殖于 5—8 月。它们把巢筑于高山栎树上或鳞皮冷杉树上，前者巢距地面高度平均为

1.6 m，后者 1.9～3.3 m。巢为杯形，外层由树枝、苔藓组成，内层垫有干草。窝卵数 2～3 枚，卵呈钝椭圆形，浅鸭蛋绿色，缀以稠密的褐色细点和渍斑，在卵的钝端比较密集，卵平均大小为 32.7 mm × 21.9 mm，重 8.0 g。

双亲共同孵卵，但以雌鸟为主，雌鸟孵卵时，雄鸟偶尔也会给雌鸟喂食。孵化期 15～17 天。双亲共同育雏，育雏期 15～17 天。

刚出壳的雏鸟肉红色，背、枕、头顶以及翅基有少量稀疏绒毛。6～7 天以后能够睁眼。随着雏鸟日龄的增加，同窝雏鸟有巢内竞争现象，一窝雏鸟中的 2 只会将另外 1 只挤出巢。

研究者仔细记录了一个巢的亲鸟喂养雏鸟的行为，一共观察了 881 分钟，记录到 69 次亲鸟回巢育雏行为，其中雌鸟 19 次，雄鸟 40 次，雌鸟平均每 41.6 分钟回来 1 次，而雄鸟则为 21.5 分钟。由此认为，雌鸟的育雏贡献不如雄鸟大。

刚离巢的棕背黑头鸫幼鸟，仍在等待亲鸟喂食。贾陈喜摄

棕背黑头鸫巢和卵。杨楠摄

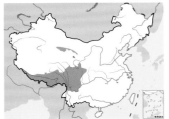

棕背黑头鸫。左上图为雄鸟，下图为叼满食物准备回巢育雏的雌鸟。贾陈喜摄

虽然通常由雌鸟承担孵卵任务，但有时雄鸟也会帮忙。图为正在孵卵的棕背黑头鸫雌鸟和雄鸟。左图杨楠摄，右图窦亮摄

白眉鸫

拉丁名：*Turdus obscurus*
英文名：Eyebrowed Thrush

雀形目鸫科

体长约 22 cm。雄鸟头灰色，白色长眉纹明显，眼下有一白斑，背褐色；颏白色，胸灰色，腹棕色，尾下覆羽白色。雌鸟喉白色，具褐色条纹。

作为夏候鸟，繁殖于亚洲北部；越冬于喜马拉雅山脉东段，中国西南、华南和台湾，以及东南亚，包括青藏高原东南部，冬季最高分布海拔 3300 m；也作为旅鸟见于青藏高原。

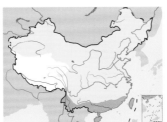

白眉鸫。左上图为雌鸟，下图为雄鸟。颜重威摄

黑喉鸫

拉丁名：*Turdus atrogularis*
英文名：Black-throated Thrush

雀形目鸫科

体长约 26 cm。喙黑色，上体灰色，尾、翼暗棕色，面颊、颏、喉和胸黑色，腹白色。雌鸟体色偏浅。

作为夏候鸟，繁殖于俄罗斯和蒙古；越冬于中东、中亚、喜马拉雅山脉和南亚次大陆北部，包括青藏高原西南部，冬季最高分布海拔 4200 m。

黑喉鸫。左上图为雌鸟，邢新国摄；下图为雄鸟，刘璐摄

赤颈鸫

拉丁名：*Turdus ruficollis*
英文名：Dark-throated Thrush

雀形目鸫科

体长约 25 cm。上体灰褐色，面部棕色，两翼黑褐色；喉和上胸棕色，腹部近白色。

作为夏候鸟，繁殖于亚洲大陆北部；越冬于喜马拉雅山脉东段、中国西南和中南半岛北部，包括青藏高原东部和东南部，冬季最高分布海拔 3900 m。

 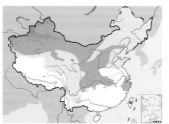

赤颈鸫。左上图为雌鸟，下图为雄鸟。沈越摄

斑鸫

拉丁名：*Turdus eunomus*
英文名：Dusky Thrush

雀形目鸫科

体长约 24 cm。眉纹白色，上体橄榄褐色，并有黑色斑点，翅棕色；下体白色，并有黑色斑点，尤以胸部和两胁明显。雌鸟羽色不及雄鸟鲜明。

作为夏候鸟，繁殖于欧亚大陆北部；越冬于朝鲜、日本、喜马拉雅山脉东段、中国西南和华南，包括青藏高原东部和东南部，冬季最高分布海拔 3000 m。

斑鸫。沈越摄

宝兴歌鸫

拉丁名：*Turdus mupinensis*
英文名：Chinese Thrush

雀形目鸫科

形态 体长约 23 cm。体羽以橄榄色为主，脸部灰白色并有黑色条纹；胸部和腹部白色，密布圆形黑色斑点。雌鸟羽色暗淡。

分布 中国特有物种。留鸟，分布于西南地区经秦岭至华北，包括青藏高原东部，最高分布海拔 3500 m。

繁殖 在甘肃莲花山，宝兴歌鸫每年 4 月下旬开始繁殖，并持续到 8 月初。雌鸟和雄鸟共同筑巢，巢位于林地中的乔木或灌木上，距地面高 1～7 m，多数集中在 1～3 m。巢材以苔藓、树枝和细草茎为主，外层由苔藓、较粗的树枝构成，内层铺以细草叶和细草茎。巢筑好后，雌鸟开始产卵，每天产 1 枚，窝卵数 4～6 枚；卵灰白色，有锈色斑点，钝端更多。孵卵由雌鸟承担，在中午气温较高时离巢时间会更长一些，孵化期 14～16 天。双亲共同育雏，育雏期 15 天。

 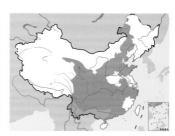

宝兴歌鸫。沈越摄

田鸫
拉丁名：*Turdus pilaris*
英文名：Fieldfare

雀形目鸫科

　　体长约 26 cm。雄鸟头灰蓝色，背栗褐色，腰灰蓝色，尾黑色；下体白色，胸及两胁满布黑色纵纹。雌鸟头灰色并有褐色。

　　作为夏候鸟，繁殖于欧亚大陆北方和中国西南部，包括青藏高原西北部；越冬于南欧、北非及中亚一带，包括青海柴达木盆地；作为留鸟分布于南欧。最高分布海拔 3200 m。

田鸫。沈越摄

槲鸫
拉丁名：*Turdus viscivorus*
英文名：Mistle Thrush

雀形目鸫科

　　体长约 28 cm。喙黑色，基部黄色，上体深灰褐色，外侧尾羽端部白色；下体皮黄白色而密布黑色点斑。雌雄羽色相似。

　　作为夏候鸟，繁殖于欧亚大陆北方，包括青藏高原北部；在北非、中东、中亚有越冬种群；作为留鸟，分布于南欧和北非、中东、中亚和南亚次大陆北方。最高分布海拔 3800 m。

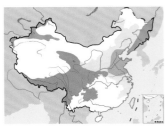

槲鸫。田穗兴摄

紫宽嘴鸫
拉丁名：*Cochoa purpurea*
英文名：Purple Cochoa

雀形目鸫科

　　体长约 26 cm。雄鸟通体淡紫色，头顶沾蓝色，贯眼纹黑色，尾灰蓝色并有黑色端斑，飞羽端部黑色，翼上有白斑。雌鸟上体棕褐色，下体浅褐色。

　　留鸟，分布于喜马拉雅山脉、印度东南部、中国西南和东南亚，包括青藏高原东部和东北部，分布海拔 1000～3000 m。

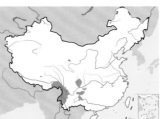

紫宽嘴鸫。左上图为雌鸟，邢新国摄；下图为雄鸟，董江天摄

绿宽嘴鸫
拉丁名：*Cochoa viridis*
英文名：Green Cochoa

雀形目鸫科

　　体长约 27 cm。头顶蓝色，脸颊黑色，上体暗绿色，尾蓝色并有黑色端斑，翅上有黑、白斑块组成的图案；下体淡绿色。雌鸟羽色比雄鸟浅淡。

　　留鸟，分布于喜马拉雅山脉、中国西南和福建、中南半岛北部，包括青藏高原东北部，最高分布海拔 1800 m。

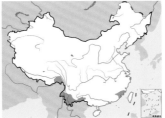

绿宽嘴鸫。董江天摄

鹟类

鹟类

- 雀形目鹟科鸟类，包括57属298种，中国分布有29属104种，青藏高原有26属74种
- 羽色以棕色或黑白灰色为主，喙短、细、平直，腿短，尾中等长度或较长
- 雌雄形态相似，有些物种雄鸟羽色鲜艳
- 主要以昆虫和其他无脊椎动物为食，常在空中捕食昆虫
- 单配制或一雄多雌制，一些物种合作繁殖

类群综述

分类与分布　鹟是雀形目鹟科（Muscicapidae）成员的总称，为鹟总科（Muscicapoidea）的组成部分，包括 57 属 298 种。遍布除澳大利亚以外的整个东半球，只有少数物种生活在北美。其中，亚洲大陆的热带和东南亚一直到印度尼西亚，物种多样性最为丰富。中国有鹟类 29 属 104 种，青藏高原有 26 属 74 种。

鹟科分为 4 个亚科：鹟亚科 Muscicapinae，包括 2 个族，鹊鸲族（Copsychini）有 7 属 22 种，鹟族（Muscicapini）有 8 属 42 种；仙鹟亚科（Niltavinae），包括 4 属 47 种；歌鸲亚科（Cossyphinae），包括 10 属 37 种；石䳭亚科（Saxicolinae），包括 26 属 154 种。

形态　鹟是小型鸟类，体长 9～22 cm，体重 4～42 g。体羽主要是灰色和棕色，有些属的雄鸟羽色鲜艳。鹟类的典型特征是喙短而基部宽，背腹部扁平，嘴须发达，少数物种比如林鹟属 Rhinomyias 则有长而强的喙，而非洲的森莺属 Fraseria 甚至有类似伯劳的喙。与鸫和莺相比，鹟的叫声并不那么悦耳动听。

栖息地和习性　鹟是典型的树栖鸟类，它们需要树枝或灌木枝作为栖位，由此出击捕捉飞行的昆虫。其栖息地包括森林、稀树草原和灌丛。鹟的食物主要是昆虫和其他无脊椎动物，一些幼虫也在鹟的食谱里。一些物种如乌鸫喜欢在潮湿的土壤里寻找蚯蚓。此外，鹟也吃一些植物浆果和种子。因为食虫的特性，在温带繁殖的物种要长距离迁徙到温暖的地方过冬，比如在欧洲北部繁殖的物种要到非洲越冬。在高海拔地区繁殖的物种也因食物的原因而迁移到低海拔地带越冬。热带地区全年都有足够的昆虫可捕食，所以生活在那里的物种是留居的。

繁殖　鹟通常采取社会性单配制的交配系统。

左：鹟均为小型鸟类，大部分羽色以棕色或黑白灰色为主，但有些属的雄鸟呈现非常美丽的蓝色。这是因为羽毛发育过程中，随着细胞的死亡，留下的角蛋白形成布满气穴的结构，在白光照射下，红色和黄色光波从气穴中穿过，而蓝色光波被气穴反射并发生散射。图为铜蓝鹟。彭建生摄

右：鹟经常站在树枝或灌木枝上，由此出击捕捉飞行的昆虫，在食物匮乏时也会取食植物浆果。图为赭红尾鸲。贾陈喜摄

蓝色鸟羽的秘密

鹟科中的许多物种拥有极为漂亮的蓝色羽毛，如蓝鹟属 Cyanoptila、仙鹟属 Niltava、蓝仙鹟属 Cyornis 等。科学家已经知道，鸟类如火烈鸟羽毛中的黄色和红色来自食物中的色素。那么，这些漂亮的蓝鸟羽毛中的蓝色又是从何而来呢？

为了解答这个问题，耶鲁大学鸟类学家理查德·普鲁姆（Richard Prum）及其同事分析了数百种鸟的羽毛，几乎涵盖了所有演化出来的蓝色鸟种。他们发现，羽毛发育过程中，随着细胞的死亡，留下的角蛋白形成布满气穴的结构，在白光照射下，角蛋白使得红色和黄色光波穿过，蓝色光波增强——如同天空呈现蓝色的原理，红色和黄色光波穿过大气层，但波长短的蓝色光波被大气层中的颗粒反射并发生散射，从而使天空呈现蓝色。不同的角蛋白形态结构会产生深浅不同的蓝色。因此，相对于色素色，这种蓝色也被科学家称为结构色。

鹟的巢是典型的开放
式杯形巢，巢材有多
种植物纤维和细树
枝，而且常常包含大
量苔藓。图为蓝额红
尾鸲的巢和雏鸟。贾
陈喜摄

一些物种是一雄多雌制的，1 只雄鸟可与多达 3 只雌鸟配对，典型的例子是欧洲的白领姬鹟 Ficedula albicollis。在德国的一项研究表明，白领姬鹟种群中 8% 的雄性个体表现社会性单配制，拥有 1 个巢点，这些通常是 1 年龄的个体；而年长的雄鸟拥有几个巢点，其中的 6% 有 2 个或更多的配偶。一些种也表现合作繁殖，比如非洲森莺 Fraseria ocreata，生活在由 3～20 个个体组成的小群体中，群体中包括 1～4 个繁殖对，或者由 1 个繁殖对加上一年出生的后代组合，这种小群体可以保持 10 年之久。

繁殖期间，鹟要建立领域，有些物种特别是那些合作繁殖者，全年都生活在领域内。在欧洲和非洲的研究已经测量了一些物种的领域面积。

鹟的巢是典型的开放式杯形巢，球形的比较少见。巢材有多种植物纤维和细树枝，而且常常包含大量苔藓。巢址依物种不同而不同，多数物种在树枝或灌木间筑巢，少数在地面上筑巢，一些是专性的洞穴筑巢者，利用这个特点，鸟类学家悬挂人工巢箱招引它们繁殖，以进行科学研究，欧洲的斑姬鹟 Ficedula hypoleuca 就是一个例子。鹟的窝卵数 2～8 枚，热带种窝卵数较小而温带较大。大多数种由雌鸟单独筑巢，独自孵卵，也有一些种是雌雄轮流孵卵。孵化期 11～18 天，育雏期 10～18 天，双亲都参与育雏的工作。幼鸟出飞后，需要双亲喂食 1～10 周。

种群状态和保护 鹟科鸟类的受胁比例稍低于世界鸟类的整体水平，鲁氏仙鹟 Cyornis ruckii 被 IUCN 列为极危物种（CR），棕头歌鸲 Larvivora ruficeps 等 15 个物种为濒危（EN），白喉林鹟 Cyornis brunneatus 等 18 个物种为易危（VU），贺兰山红尾鸲 Phoenicurus alaschanicus 等 28 个物种处于近危状态（NT）。在中国，大部分鹟科鸟在其分布区内并不罕见，但一些歌鸲如红喉歌鸲 Calliope calliope 作为传统笼养鸟而受到捕捉，导致种群数量下降。

栗腹歌鸲
Larvivora brunnea

红尾歌鸲
Larvivora sibilans

黑胸歌鸲
Calliope pectoralis

红喉歌鸲
Calliope calliope

金胸歌鸲
Calliope pectardens

蓝喉歌鸲
Luscinia svecica

白腹短翅鸲
Luscinia phoenicuroides

蓝眉林鸲
Tarsiger rufilatus

金色林鸲
Tarsiger chrysaeus

白眉林鸲
Tarsiger indicus

棕腹林鸲
Tarsiger hyperythrus

栗背短翅鸫
Heteroxenicus stellatus

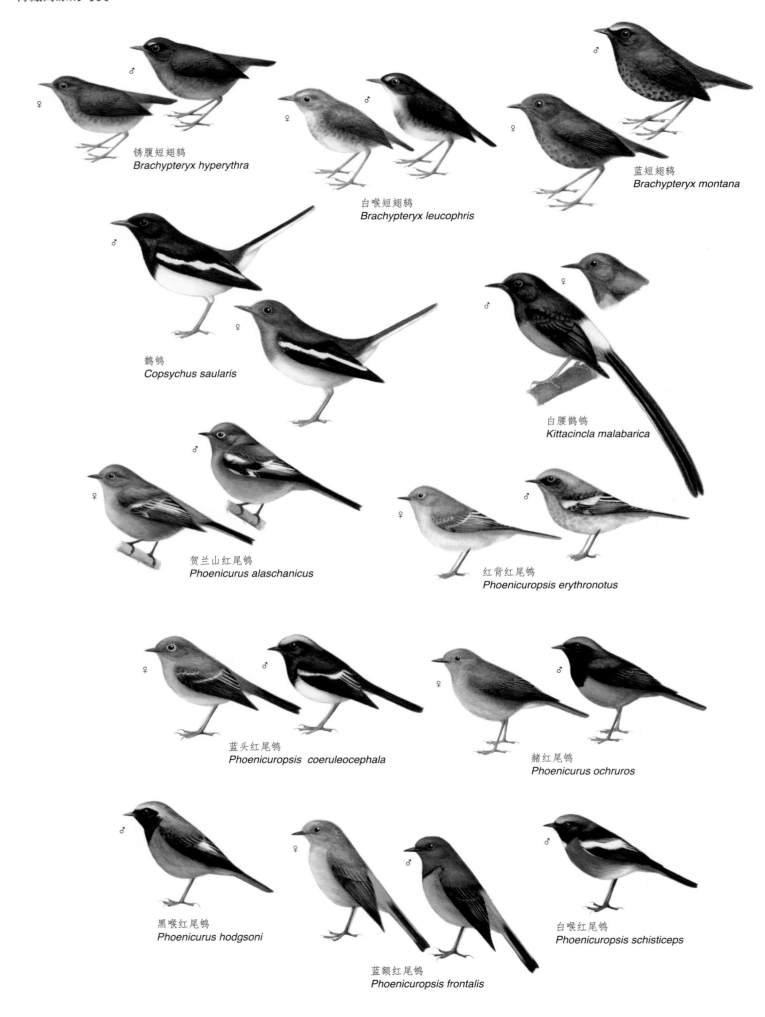

锈腹短翅鸫
Brachypteryx hyperythra

白喉短翅鸫
Brachypteryx leucophris

蓝短翅鸫
Brachypteryx montana

鹊鸲
Copsychus saularis

白腰鹊鸲
Kittacincla malabarica

贺兰山红尾鸲
Phoenicurus alaschanicus

红背红尾鸲
Phoenicuropsis erythronotus

蓝头红尾鸲
Phoenicuropsis coeruleocephala

赭红尾鸲
Phoenicurus ochruros

黑喉红尾鸲
Phoenicurus hodgsoni

蓝额红尾鸲
Phoenicuropsis frontalis

白喉红尾鸲
Phoenicuropsis schisticeps

北红尾鸲
Phoenicurus auroreus

红腹红尾鸲
Phoenicurus erythrogastrus

红尾水鸲
Rhyacornis fuliginosa

白顶溪鸲
Chaimarrornis leucocephalus

蓝地鸲
Myiomela leucurum

蓝额地鸲
Cinclidium frontale

西藏亚种
M. c. temminckii

指名亚种
M. c. caeruleus

紫啸鸫
Myophonus caeruleus

蓝大翅鸲
Grandala coelicolor

小燕尾
Enicurus scouleri

黑背燕尾
Enicurus immaculatus

灰背燕尾
Enicurus schistaceus

白额燕尾
Enicurus leschenaulti

斑背燕尾
Enicurus maculatus

白喉石䳭
Saxicola insignis

黑喉石䳭
Saxicola maurus

白斑黑石䳭
Saxicola caprata

灰林䳭
Saxicola ferreus

白顶䳭
Oenanthe pleschanka

沙䳭
Oenanthe isabellina

漠䳭
Oenanthe deserti

白背矶鸫
Monticola saxatilis

蓝头矶鸫
Monticola cinclorhyncha

红腹亚种
M. s. philippensis

华南亚种
M. s. pandoo

栗腹矶鸫
Monticola rufiventris

蓝矶鸫
Monticola solitarius

北灰鹟
Muscicapa dauurica

褐胸鹟
Muscicapa muttui

棕尾褐鹟
Muscicapa ferruginea

斑鹟
Muscicapa striata

乌鹟
Muscicapa sibirica

栗尾姬鹟
Ficedula ruficauda

锈胸蓝姬鹟
Ficedula sordida

橙胸姬鹟
Ficedula strophiata

红胸姬鹟
Ficedula parva

棕胸蓝姬鹟
Ficedula hyperythra

小斑姬鹟
Ficedula westermanni

白眉蓝姬鹟
Ficedula superciliaris

灰蓝姬鹟
Ficedula tricolor

玉头姬鹟
Ficedula sapphira

铜蓝鹟
Eumyias thalassinus

海南蓝仙鹟
Cyornis hainanus

纯蓝仙鹟
Cyornis unicolor

灰颊仙鹟
Cyornis poliogenys

山蓝仙鹟
Cyornis banyumas

白喉姬鹟
Anthipes monileger

蓝喉仙鹟
Cyornis rubeculoides

棕腹大仙鹟
Niltava davidi

棕腹仙鹟
Niltava sundara

棕腹蓝仙鹟
Niltava vivida

大仙鹟
Niltava grandis

小仙鹟
Niltava macgrigoriae

栗腹歌鸲

拉丁名：*Larvivora brunnea*
英文名：Indian Blue Robin

雀形目鹟科

体长约 14 cm。上体青蓝色，眉纹白色，眼先和脸颊黑色；喉、胸和两胁栗色，腹部中心和尾下覆羽白色。雌鸟上体灰褐色，胸和两胁沾黄色。

作为夏候鸟，繁殖于喜马拉雅山脉、中国西南和秦岭地区，包括青藏高原东南部，繁殖海拔 1600～3300 m；在印度南部和斯里兰卡越冬。

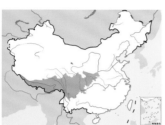

栗腹歌鸲。左上图为雌鸟，下图为雄鸟。唐军摄

红尾歌鸲

拉丁名：*Larvivora sibilans*
英文名：Rufous-tailed Robin

雀形目鹟科

体长约 14 cm。上体棕褐色，眼先和脸颊黄褐色，眼周浅黄褐色，尾羽栗色；下体灰白色，两胁浅棕黄色。

作为夏候鸟，繁殖在俄罗斯和中国黑龙江北部；在青藏高原东南部、中国西南和华南过冬。

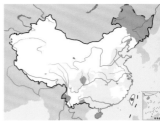

红尾歌鸲。左上图田穗兴摄，下图沈越摄

黑胸歌鸲

拉丁名：*Calliope pectoralis*
英文名：White-tailed Rubythroat

雀形目鹟科

体长约 15 cm。与红喉歌鸲为姐妹种，别称为西藏红点颏。雄鸟上体灰色，眉纹白色，脸颊黑色，颊部下缘也为白色，尾羽黑褐色，外侧尾羽基部白色；喉为艳丽的红色，胸带黑色，腹部白色。雌鸟上体褐色较浓，喉白色，胸带灰色。

作为夏候鸟，繁殖于喜马拉雅山脉、青藏高原东部和新疆天山，繁殖海拔 2600～4800 m；在喜马拉雅山脉南麓过冬。

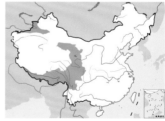

黑胸歌鸲。左上图为雄鸟，下图为雌鸟。彭建生摄

红喉歌鸲

拉丁名：*Calliope calliope*
英文名：Siberian Rubythroat

雀形目鹟科

体长约 15 cm。又名红点颏。雄鸟上体褐色，白色眉纹明显，颊部下缘也为白色；喉为亮丽的红色，边缘黑蓝色，腹部白色。雌鸟眉纹浅黄色，喉部白色。

作为夏候鸟，繁殖于俄罗斯，蒙古，日本，中国东北、华北和西北，包括青藏高原东北部；在中国南方和东南亚越冬。

在甘肃莲花山海拔 2815 m 的路边草丛中地面上，记录到 2 个巢，巢杯形，由枯草、草叶等材料构成。卵绿色，钝端沾少许褐色微小斑点，窝卵数 3～4 枚。在中国因作为笼养鸟而遭到捕捉。

金胸歌鸲

拉丁名：*Calliope pectardens*
英文名：Firethroat

雀形目鹟科

体长约 14 cm。上体灰蓝色，眼先和脸颊的黑色一直延伸到胸部两侧，颈侧有白色块斑，尾基部具白斑；喉和胸部橙红色，腹浅黄褐色。雌鸟上体深褐色，尾羽无白斑，腹部中央白色。

作为夏候鸟，繁殖于喜马拉雅山脉东段、中国西南和华中，包括青藏高原东南部和东部，繁殖海拔 2800～3700 m；在印度东北部和中国云南过冬。

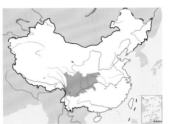

红喉歌鸲。左上图为雌鸟，薄顺奇摄；下图为雄鸟，沈越摄

金胸歌鸲。左上图为雌鸟，下图为雄鸟。唐军摄

甘肃莲花山记录到的红喉歌鸲巢和卵。胡运彪摄

蓝喉歌鸲

拉丁名：*Luscinia svecica*
英文名：Bluethroat

雀形目鹟科

体长约 14 cm。又名蓝点颏。雄鸟上体土褐色，头顶深褐色，眉纹白色，尾羽端部黑褐色，基部红色；喉部鲜艳的蓝色一直延伸到上胸，其中央有棕色斑，上胸蓝色区域的下面有窄的黑色和白色横纹，然后是红棕色宽带，腹部白色。雌鸟似雄鸟，但喉部白色。

作为夏候鸟，繁殖于古北界北方以及阿拉斯加，包括青藏高原大部，繁殖海拔 2600～3800 m；在非洲北部和中部、南亚次大陆和中南半岛越冬。

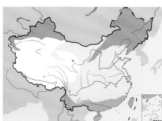

蓝喉歌鸲。左上图为雄鸟，田穗兴摄；下图为雌鸟，董江天摄

白腹短翅鸲

拉丁名：*Luscinia phaenicuroides*
英文名：White-bellied Redstart

雀形目鹟科

形态 体长约 19 cm。身体青石蓝色，翼短而呈黑褐色，初级飞羽有小块白斑，尾长且呈楔形，外侧尾羽基部栗色；腹部白色，尾下覆羽褐色。雌鸟体羽橄榄褐色，眼圈皮黄色，腹部白色。

分布 作为留鸟，分布于喜马拉雅山脉东段、中国西南和西北、中南半岛北部，包括青藏高原东南部和东部，分布海拔 1300～4300 m。作为夏候鸟，繁殖于喜马拉雅山脉中段；在印度东北和中南半岛北部越冬。

繁殖 在雅鲁藏布江中游的高山灌丛地带，白腹短翅鸲建巢于 4 种带刺的灌木上，距离地面平均 38.6 cm。巢杯形，由草茎编制，里面有动物毛发和鸟羽。与低海拔的贵州宽阔水自然保护区相比，这里的巢位置要低一些，有更多的动物毛发和鸟羽，同时也更深一些。显然，这都是对高海拔寒冷气候的适应。

白腹短翅鸲的卵湛蓝色，如同宝石。高海拔短翅鸲产的卵要大于低海拔种群；同时，每窝卵的数量要少于后者；孵卵期和育雏期也比低海拔种群要长。

大杜鹃是雅鲁藏布江中游高山地带唯一的巢寄生鸟类。武汉大学卢欣在长达 9 年的野外研究中，只发现它们在白腹短翅鸲的巢中寄生成功，被寄生的比例是 14%。有趣的是，在贵州宽阔水自然保护区，虽然有多种杜鹃，但它们从来不选择白腹短翅鸲作为寄主。

羽毛延迟成熟 1 龄雄鸟的羽色与雌鸟相似，但可以繁殖，即雄鸟需要超过一年的时间才能最终获得成鸟的鲜艳体羽，这种现象称为羽毛延迟成熟（delayed plumage maturation）。北美非雀形目和雀形目鸟类中，分别有 11 科和 21 科存在这种现象。白腹短翅鸲也有这种现象。在 1930 年北平东陵同一繁殖季节采集的

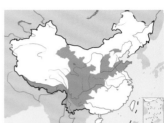

白腹短翅鸲。左上图为雄鸟，下图为雌鸟。彭建生摄

雅鲁藏布江中游高山地带白腹短翅鸲的繁殖参数	
繁殖期	5月31日至7月3日
繁殖海拔	4032～4460 m
巢基支持	各种灌木
巢距地面高度	0.4 m
巢大小	外径12.7 cm，内径7.1 cm，深6.1 cm，高11.6 cm
卵大小	长径23.0 mm，短径16.0 mm
新鲜卵重	2.9～3.1g，平均3.0g
窝卵数	2～3 枚，平均2.73 枚
孵化期	15～16 天，平均15.5 天
育雏期	16～17 天，平均16.3 天
繁殖成功率	57%

西藏雄色寺白腹短翅鸲的巢和卵。卢欣摄

108 只雄鸟标本中，亚成体雄鸟占 19%，成体雄鸟的翅长和尾长明显大于亚成体。

鸟类学家在甘肃莲花山的研究发现，具有雌性羽色的雄鸟可以繁殖，它们的声谱结构与成体雄鸟相似。而且，两者在巢址、巢材、窝卵数、卵色、卵大小等特征上也非常一致。在 15 个与巢有关的环境因子中，两类个体只在巢址郁闭度上差异显著，成体较亚成体更倾向于选择郁闭度较高的栖息地。

为什么鸟类会演化出羽毛延迟成熟的现象？鸟类学家提出了很多假说企图回答这个问题，有影响的假说有 3 个：①隐蔽假说，暗淡的羽色可以降低被捕食风险；②模仿雌鸟假说，通过模仿雌鸟的外表，亚成体可以增加接近潜在配偶的机会；③状态信号假说，亚成体羽色是表明其从属地位的忠实信号，它能减少来自成体雄鸟的攻击，并被允许留在成体雄鸟的领域内，从而能获得交配的机会或学习到繁殖经验。至于哪个假说能够解释白腹短翅鸲的羽毛延迟成熟现象，依然需要深入的研究。

探索与发现　武汉大学卢欣在雅鲁藏布江中游的高山地带已经获得了白腹短翅鸲繁殖生物学的许多数据。后来，海南师范大学的梁伟在贵州宽阔水自然保护区也进行了同样的工作。有一次，他们谈到这个物种，不由想到，为何不把两者的数据放在一起进行分析，从而阐明鸟类繁殖策略沿着海拔梯度演化的规律呢？

随后，他们将想法付诸实施，合作在 *Journal of Field Ornithology* 发表了研究结果。

雅鲁藏布江中游和贵州宽阔水白腹短翅鸲的栖息地比较。上图为雅鲁藏布江中游，卢欣摄；下图为贵州宽阔水，梁伟摄

蓝眉林鸲
拉丁名：*Tarsiger rufilatus*
英文名：Himalayan Bluetail

雀形目鹟科

体长约 14 cm。由原红胁蓝尾鸲西南亚种 *Tarsiger cyanurus rufilatus* 提升为种，蓝色体羽较红胁蓝尾鸲更亮。雄鸟上体青蓝色，眉纹亮蓝色略显白色；下体白色，胸、腹沾灰色，与白色喉部对比明显，两胁橙红色。雌鸟上体橄榄褐色，腰和尾亮蓝色，喉纯白色，两胁浅橙红色。

作为夏候鸟，繁殖于中国秦岭至青藏高原东部、东南部和南部边缘地带；越冬于中南半岛中北部。作为留鸟，分布于喜马拉雅山脉南麓，从中国藏东南沿不丹、印度锡金邦、尼泊尔至印度西北部和巴基斯坦。最高繁殖海拔 4400 m。

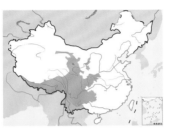

蓝眉林鸲。左上图为雄鸟，下图为雌鸟。沈越摄

金色林鸲

拉丁名：*Tarsiger chrysaeus*
英文名：Golden Bush Robin

雀形目鹟科

形态　体长约 14 cm。雄鸟上体橄榄褐色，眉纹黄色，眼先和脸颊黑色，尾上覆羽金黄色，尾羽端部黑色；下体金黄色。雌鸟上体橄榄褐色，眉纹浅黄色，下体浅黄色。

分布　作为夏候鸟，繁殖于喜马拉雅山脉东段、中国西南及陕西秦岭，包括青藏高原的东南部和东部；在喜马拉雅山脉南麓和中南半岛越冬。作为留鸟，分布于喜马拉雅山脉和中国西南，包括青藏高原东南部。分布海拔 600～4600 m。

繁殖　在四川瓦屋山，中国科学院动物研究所孙悦华和其助手对金色林鸲的繁殖生态学进行了详细研究。繁殖开始于 4 月下旬，并持续到 8 月初。巢多位于道路两侧土坡的天然洞穴中，偶尔也位于树桩下。雌雄共同筑巢，在繁殖季节初期的 4—5 月，筑巢耗时 5 天左右，筑巢完成后，有些亲鸟会等待几天才开始产卵；而在繁殖季后期的 6—7 月，可以在 2 天内完成筑巢，筑巢完成后立即产卵。

金色林鸲每天产卵 1 枚，卵蓝色。产卵完成后立即由雌鸟开始负责孵卵。其间，雌鸟每天离巢 18～19 次，通常每次离巢时间在 20 分钟以内，但有时长达 50 分钟以上。离巢时间的长度和环境温度呈明显的正相关。不过，尽管如此，雌鸟白天在巢的时间比例依然高达到 80%。雏鸟出壳后，雌雄亲鸟共同育雏，雌鸟的递食频次一般要高于雄鸟。

四川瓦屋山金色林鸲的繁殖参数	
繁殖期	4 月下旬至 8 月上旬
巢距地面高度	0.4 m
巢大小	外径 12.6 cm，内径 5.8 cm，深 4.7 cm，高 6.9 cm
窝卵数	3～4 枚，平均 3.5 枚
卵大小	长径 19.3 mm，短径 14.5 mm
新鲜卵重	2.1 g
孵化期	16～17 天
育雏期	16 天
繁殖成功率	46%

四川瓦屋山的金色林鸲繁殖记录。图为卧巢孵卵的雌鸟和把食物喂给雏鸟后顺便叼走粪便的雄鸟。蒋迎昕摄

白眉林鸲

拉丁名：*Tarsiger indicus*
英文名：White-browed Bush Robin

雀形目鹟科

　　体长约 14 cm。雄鸟白色眉纹鲜明，脸颊黑色，上体青蓝色，尾上覆羽浅褐色；下体橙棕色，腹部中心和尾下覆羽白色。雌鸟上体橄榄褐色，白色眉纹醒目；下体浅黄褐色，腹部白色。

　　留鸟，分布在喜马拉雅山脉、中国西南和台湾，包括青藏高原东南部，海拔分布 2000～4200 m。

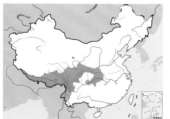

金色林鸲。左上图为雌鸟，董磊摄；下图为雄鸟，唐军摄

白眉林鸲。左上图为雄鸟，唐军摄；下图为雌鸟，曹宏芬摄

棕腹林鸲

拉丁名：*Tarsiger hyperythrus*
英文名：Rufous-breasted Bush Robin

雀形目鹟科

体长约 14 cm。雄鸟上体深蓝灰色，前额、眉纹白色，脸颊黑色；下体棕褐色，腹和尾下覆羽白色。雌鸟上体浅橄榄褐色，尾上覆羽青蓝色；下体黄褐色，胸部浅褐色，尾下覆羽白色，两胁棕色。

作为夏候鸟，繁殖于喜马拉雅山脉东段、中国西南，包括青藏高原东南部；在繁殖区以南的狭小三角地区越冬。作为留鸟，分布于喜马拉雅山脉、中国西南和中南半岛。分布海拔 1300～3800 m。

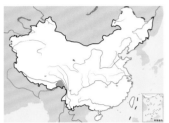

棕腹林鸲。左上图为雄鸟，董磊摄；下图为雌鸟，董江天摄

栗背短翅鸫

拉丁名：*Heteroxenicus stellatus*
英文名：Gould's Shortwing

雀形目鹟科

体长约 13 cm。额、眼先黑色，上体栗色，尾短，翅短；下体深灰色，其上有鳞状斑，腹部有三角形白色斑点，尾下覆羽棕褐色并有浅棕色横斑和白色斑点。雌雄羽色相似。

留鸟，分布于喜马拉雅山脉、中国西南和中南半岛北部，包括青藏高原东南部，分布海拔 1500～4200 m。

栗背短翅鸫。董文晓摄

锈腹短翅鸫

拉丁名：*Brachypteryx hyperythra*
英文名：Rusty-bellied Shortwing

雀形目鹟科

体长约 13 cm。尾短，翅短。雄鸟上体青石蓝色，眉纹白色，尾羽黑色，下体锈棕色。雌鸟上体橄榄褐色，下体锈棕色，但腹部中央白色。

留鸟，分布于喜马拉雅山脉东段、中国西南，包括青藏高原南部和东南部，分布海拔 450～3000 m。

锈腹短翅鸫。左上图为雌鸟，Porag Jyoti Phukan摄；下图为雄鸟，Firoz Hussain摄

白喉短翅鸫

拉丁名：*Brachypteryx leucophris*
英文名：Lesser Shortwing

雀形目鹟科

体长约 13 cm。雄鸟上体青石蓝色，眉纹白色；喉白色，胸、腹灰白色，胸侧和两胁蓝灰色。雌鸟上体红褐色，喉和腹部白色。胸及两胁红褐色而具鳞状纹，

留鸟，分布于喜马拉雅山脉东段、中国西南和华南、东南亚，包括中国西藏东南部、云南西部和四川西南部，分布海拔 250～3900 m。

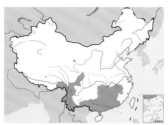

白喉短翅鸫。左上图为雄鸟，下图为雌鸟。董文晓摄

蓝短翅鸫

拉丁名：*Brachypteryx montana*
英文名：White-browed Shortwing

雀形目鹟科

体长约 15 cm。雄鸟上体深灰蓝色，白色眉纹明显，尾及两翼端部黑色；下体深蓝色。雌鸟浅褐色，喉和胸部浅褐色，腹部中央白色，两翼及尾棕色。

留鸟，分布于喜马拉雅山脉东段、中国西南、华中和华南，以及东南亚，包括青藏高原东南部，分布海拔 300～3600 m。

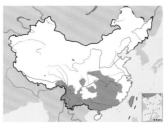

蓝短翅鸫。左上图为雄鸟，下图为雌鸟。沈越摄

鹊鸲

拉丁名：*Copsychus saularis*
英文名：Oriental Magpie Robin

雀形目鹟科

体长约 20 cm。雄鸟上体黑色并带蓝色光泽，外侧尾羽白色，两翼有白色条纹；颏、喉和胸部蓝黑色，腹和尾下覆羽白色，两胁沾皮黄色。雌鸟似雄鸟，但以浅灰色取代黑色，下体白色沾棕色。

留鸟，分布于南亚次大陆、中国西南和长江以南地区、东南亚，包括青藏高原东南部边缘，最高分布海拔 2000 m。

鹊鸲。左上图为雄鸟，下图为雌鸟。沈越摄

白腰鹊鸲

拉丁名：*Kittacincla malabarica*
英文名：White-rumped Shama

雀形目鹟科

体长约 25 cm。上体黑色，腰白色显著，外侧尾羽白色；颏、喉和上胸黑色，下胸、腹和尾下覆羽棕色。雌雄羽色相似。

留鸟，分布于南亚次大陆、喜马拉雅山脉南麓、中国西南和东南亚，包括青藏高原东南部，分布海拔 500～1500 m。

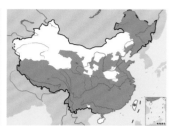

白腰鹊鸲。左上图为雌鸟，下图为雄鸟。沈越摄

贺兰山红尾鸲

拉丁名：*Phoenicurus alaschanicus*
英文名：Ala Shan Redstart

雀形目鹟科

形态 体长约 16 cm。头顶、后颈和肩部蓝灰色，背、尾上覆羽和尾羽红棕色，外侧尾羽黑色，翼上有白色的长条形翼斑；下体红棕色，腹中央和尾下覆羽白色。雌鸟体羽黄褐色，两翼暗褐色并有黄色条形横斑。

分布 中国特有物种。作为夏候鸟，繁殖于贺兰山区，包括宁夏、甘肃中部以及青海省的东北部，在青藏高原仅分布于东北部边缘，最高繁殖海拔 3300 m；越冬时见于陕西、山西、河北和北京。

探索与发现 贺兰山红尾鸲是 1876 年由俄罗斯探险家 Nikolai Przevalski 在宁夏贺兰山发现的，并依模式标本采集地进行命名。但对该鸟的野外生态学，很少有人描述。

直到 2011 年，才在青海黑马河附近一个断崖的凹陷处发现一个巢，由苔藓和草茎组成，内层装饰有苔藓和毛发，外层饰以枯叶和地衣，内有 5 枚卵，奶油色并缀有浅红棕色的斑点。可是，2016 年 5—6 月，中国科学院动物研究所蒋迎昕在这个地区甚至没有见到贺兰山红尾鸲的身影。

早在 1936 年，寿振黄先生就在他的《河北鸟类志》中提到，Rev Wilder 曾在北京通县观察到一只贺兰山红尾鸲，郑作新先生也在其《中国鸟类区系纲要》中将贺兰山红尾鸲描述为"偶见于北京通县"。这应该算是最早的有关贺兰山红尾鸲在北京的分布记录。但直到 2001 年才又见到第二笔贺兰山红尾鸲在北京的分布记录。一篇发表于《生态学杂志》的文章，记述了孙忻等人在 1992—1994 年冬季在对北京门头沟小龙门林场进行调查时，在海拔 1000 m 左右的灌丛中发现有贺兰山红尾鸲的分布。2013 年和 2014 年冬季，英国观鸟爱好者 Terry Townshend 等人在北京西部的灵山发现了贺兰山红尾鸲。

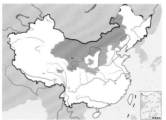

贺兰山红尾鸲。左上图为雌鸟，董江天摄，下图为雄鸟，沈越摄

红背红尾鸲

拉丁名：*Phoenicuropsis erythronotus*
英文名：Eversmann's Redstart

雀形目鹟科

体长约 15 cm。雄鸟头顶至颈后蓝灰色，脸颊黑色，上体红棕色，外侧尾羽黑色，两翼浅褐色并具大块白斑；下体红棕色，腹中央和尾下覆羽白色。雌鸟体羽黄褐色，尾羽红棕色，腹部白色。

作为夏候鸟，繁殖于俄罗斯贝加尔湖、中亚和中国西北，包括青藏高原北部和西北部，繁殖海拔 2100～5400 m；在喜马拉雅山脉西段和印度西北部越冬。

红背红尾鸲。左上图为雌鸟，王昌大摄；下图为雄鸟，邢新国摄

蓝头红尾鸲

拉丁名：*Phoenicuropsis caeruleocephala*
英文名：Blue-capped Redstart

雀形目鹟科

体长约 15 cm。雄鸟头顶至枕部蓝灰色，头余部和上体黑色，两翼白色且具宽阔的长条形翼斑；胸部黑色，腹部和尾下覆羽蓝白色。雌鸟整体褐色，具黑色和褐色的长条形翼斑，尾羽褐色，外侧尾羽栗色。

留鸟，分布于天山山脉、阿富汗东部和喜马拉雅山脉中西部，包括青藏高原西南部，分布海拔 1200～4300 m。

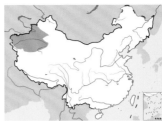

蓝头红尾鸲。左上图为雄鸟，下图为雌鸟。王昌大摄

赭红尾鸲

拉丁名：*Phoenicurus ochruros*
英文名：Black Redstart

雀形目鹟科

形态　体长约 15 cm。雄鸟前额、眼先黑色，头顶至上背灰黑色，尾上覆羽和尾羽外侧棕栗色，中央尾羽黑色，两翼黑褐色；颏、喉和上胸黑色，腹和尾下覆羽棕色。雌鸟体羽褐色，尾上覆羽和外侧尾羽棕色，中央尾羽褐色。

分布　作为夏候鸟，繁殖于欧洲南部、黑海、里海、中东、喜马拉雅山脉、中国西南和西北，包括青藏高原南部、东南部和东部，繁殖海拔 1300～5200 m；在地中海、北非、东非、西亚

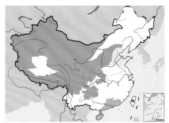

赭红尾鸲。左上图为雄鸟，彭建生摄；下图为雌鸟，贾陈喜摄

南亚和中南半岛北部越冬。

栖息地 自然进化的早期，赭红尾鸲生活在多岩石的山区，这里，它们筑巢于天然形成的缝隙内。后来，赭红尾鸲向人类居住区扩展，以致乡村和城市都有它们的存在，建筑物的缝隙成为筑巢地点。赭红尾鸲的分布海拔从海平面到青藏高原，代表着世界上分布海拔最高的雀形目物种之一。而且，赭红尾鸲是最常见的一种鸟类，生活在各种植被背景的多岩石地带和人类居住地。

繁殖 对中国赭红尾鸲的几项研究都来自青藏高原。在西藏当雄，作为夏候鸟的赭红尾鸲于 4 月初到达，11 月初从这里消失。在最初见到它们的 10 多天里，雄鸟要比雌鸟多很多，比例达到 3.6∶1。雄性早于雌性出现在繁殖地，是动物界的一种普遍现象。与许多迁徙鸟类一样，成体赭红尾鸲总是能够准确地返回到上一年的繁殖地，2014 年，研究者在甘南草原发现了 2 只 2008 年标记的雄性成鸟。

在甘南草原，赭红尾鸲喜欢利用地山雀或鼠兔遗弃的洞穴繁殖，这种类型的巢占 49%；而在藏北草原，只有 5% 的赭红尾鸲巢位于地山雀或崖沙燕的旧巢洞里，95% 的巢都在居民房屋的缝隙里。

通过个体标记，在藏北高原记录了 12 个赭红尾鸲繁殖巢的社会组织情况。其中 10 个巢都是雌雄两只个体参与繁殖，而另外 2 个巢有 3 只个体参与育雏，其中有 2 只的羽毛呈现雌鸟的特征。使用分子生物学技术鉴别这 2 只个体的性别，发现一只为雌鸟，并且具有孵卵斑，显然它是这个巢的雌性繁殖者；而另外一只为雄性，因为赭红尾鸲的雄性幼鸟要在 2 龄之后才呈现成年雄鸟的羽色，所以这只个体是 1 龄的雄性帮助者，但它与繁殖者的亲缘关系并不清楚。总的来说，有 16.7% 的巢有帮助者援助繁殖。其中一个合作巢一个繁殖季节产了 2 窝卵，第 1 窝有 5 个卵，第 2 窝也是 5 个卵。另一个合作繁殖巢有 7 枚卵，超出了正常的窝卵数范围，尚不清楚是否为同种寄生。

鸟类可以根据是否有天敌威胁存在来调整自己的繁殖行为。人类对鸟类的干扰也可以看作有与天敌相似的作用。兰州大学的

鸟类研究者在甘南草原对赭红尾鸲的研究发现，如果巢受到人类影响的话，它们就会在下一年的繁殖期把巢筑在洞穴更靠里一些的位置。

与其他高原鸟类一样，高原赭红尾鸲与低海拔的相比产少而大的卵。在同一个种群里，窝卵数与卵体积存在显著的负相关，说明存在后代数量与质量的权衡。

雌鸟负责孵卵，双亲共同承担育雏的职责。雌鸟为雏鸟递食的频率是每小时 18 次，略微少于雄鸟的每小时 25 次。

赭红尾鸲的繁殖参数		
	甘肃南部	西藏北部
繁殖期	5 月上旬至 7 月中旬	5 月上旬至 7 月上旬
交配系统	—	单配制，少数合作繁殖
繁殖海拔	3470 m	4300 m
巢位置	土石缝隙，鸟类旧巢	土石缝隙，鸟类旧巢
巢大小	外径 12.5 cm，内径 6.9 cm，深 5.9 cm	—
窝卵数	3～6 枚，平均 4.8 枚	4～5 枚，平均 4.6 枚
卵色	浅蓝色，无斑点	浅蓝色，无斑点
卵大小	长径 20.33 mm，短径 14.95 mm	长径 20.50 mm，短径 14.49 mm
新鲜卵重	2.51 g	2.51 g
孵化期	15～18 天	12～14 天，平均 13.0 天
育雏期	13～18 天，平均 16.9 天	13～18 天，平均 16.7 天
出飞幼鸟体重／成鸟	—	104%
繁殖成功率	83%	89%

青藏高原赭红尾鸲的巢和带食物回巢育雏的雄鸟。贾陈喜摄

尽管巢在洞穴里，赭红尾鸲也不能幸免被杜鹃寄生。图为在甘肃莲花山自然保护区，一只赭红尾鸲的雌鸟正在不辞劳苦地喂养大杜鹃的幼鸟。陈水华摄

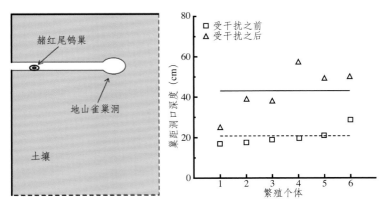

在甘南草原，赭红尾鸲利用地山雀的旧洞繁殖。兰州大学的鸟类学者在这里研究赭红尾鸲的繁殖生态学，发现了一个有趣的现象：受到人为干扰后，第 2 年回到研究地点繁殖的时候，赭红尾鸲会把巢置于洞穴更深的位置。图为赭红尾鸲的巢址示意图和受干扰前后赭红尾鸲巢距洞口距离的变化

黑喉红尾鸲

拉丁名：*Phoenicurus hodgsoni*
英文名：Hodgson's Redstart

雀形目鹟科

形态 体长约 15 cm。雄鸟前额和眉纹白色，头顶至背灰色，尾上覆羽和尾羽棕色，两翼浅褐色；颏、喉和胸部黑色，腹和尾下覆羽棕栗色。雌鸟上体灰褐色，腰至尾与雄鸟相似，亦为棕色；下体灰褐色，腹部白色，尾下覆羽浅棕色。

分布 作为夏候鸟，繁殖于喜马拉雅山脉、中国西南和西北、中南半岛北部，包括青藏高原东南部、东部和东北部，繁殖海拔 2100～4300 m；越冬于中南半岛北部。作为留鸟，分布于中国西南和中南半岛北部。

繁殖 在青藏高原，黑喉红尾鸲是夏候鸟。它们到达甘肃榆中兴隆山自然保护区的时间是 4 月 12—16 日，从河谷逐渐向高山扩散；最后撤离这里的时间是 10 月 12—18 日。所发现的几个巢都在靠近地面被草丛掩遮的洞穴里，巢呈圆形杯状，外层用细树枝、草茎编织而成。在雅鲁藏布江中游的高山地带，所发现的 15 个巢中，12 个在土石缝隙里，3 个在居民房屋的门槛上。

黑喉红尾鸲的繁殖参数		
	甘肃兴隆山	西藏拉萨
繁殖期	4 月下旬开始，结束时间不明	5 月上旬至 7 月上旬
繁殖海拔	2000～4000 m	4000～4550 m
巢位置	土石缝隙	土石缝隙
巢大小	外径 10.5 cm，内径 7.1 cm 深 5.5 cm	外径 11.4 cm，内径 7.0 cm 深 4.0 cm，高 6.8 cm
窝卵数	4～5 枚	3～5 枚，平均 3.71 枚
卵色	暗白色，有棕色斑点	青绿色，无斑点，偶有棕色斑点
卵大小	长径 19.78 mm，短径 14.71 mm	长径 20.42 mm，短径 14.86 mm

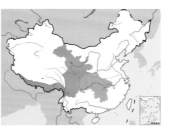

黑喉红尾鸲。左上图为雄鸟，下图为雌鸟。贾陈喜摄

蓝额红尾鸲

拉丁名：*Phoenicurus frontalis*
英文名：Blue-fronted Redstart

雀形目鹟科

形态 体长约 16 cm。雄鸟蓝色的前额和眉纹是其典型特征，头顶至上背黑色并有蓝色金属光泽，尾上覆羽橘棕色，中央尾羽黑色，外侧尾羽棕色并有宽阔的黑色端斑，两翼浅褐色；颏、喉和上胸黑色，腹和尾下覆羽橘棕色。雌鸟体羽棕褐色，尾上覆羽棕红色。

分布 作为夏候鸟，繁殖于喜马拉雅山脉、中国西南和华中，包括青藏高原东南部，繁殖海拔 2200～5200 m；在喜马拉雅山脉南麓及中南半岛北部越冬。

繁殖 在四川松潘海拔 3100 m 的杜鹃林边缘，4 月中旬就开始见到发情的蓝额红尾鸲：雄鸟站立于枝端，鸣叫或急骤短飞；雌鸟在雄鸟周围，任由其绕飞。此时，地面积雪仍未消融，寒意尚浓。之后，它们建立配偶关系并保卫领域。巢建于草丛根部的缝隙里，巢外壁主要为薹草，里面垫着兽毛及鸟羽。营巢期间，亲鸟仍然交配。

6 月 22 日，研究者在青海祁连山海拔 2750 m 的云杉林内发现一巢，巢位于灌木根部的土洞内，外壁由苔藓和薹草构成，内为动物毛发。在松潘记录到的卵为白色，有少量褐色斑点，平均大小为 20.00 mm×14.75 mm，窝卵数多为 4 枚。在祁连山发现的卵呈棕白色，具粉色云状纹。孵化期 15 天。育雏期 15～16 天。期间，亲鸟企图驱逐任何接近其鸟巢的动物，曾目睹雌鸟对一只接近其鸟巢的鼠兔不停鸣叫，随后又以伪装受伤的方式引诱鼠兔远离，但仍然无效，最后向鼠兔俯冲，直到鼠兔离开。

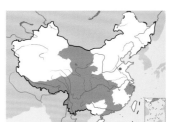

蓝额红尾鸲。左上图为雄鸟，下图为雌鸟。沈越摄

白喉红尾鸲

拉丁名：*Phoenicurus schisticeps*
英文名：White-throated Redstart

雀形目鹟科

形态 体长约 15 cm。雄鸟前额、头顶至颈后灰蓝色，脸颊、上背、两翼黑色，尾基部红棕色，端部黑色，两翼有大块白斑；颏、喉黑色，喉中央白斑显著，胸腹红棕色，腹部中央灰白色。雌鸟体羽褐色，两翼浅褐色并有白斑，尾羽棕褐色，喉白色。

分布 留鸟，分布于喜马拉雅山脉东段、中国西南和西北，包括青藏高原东南部和东部，分布海拔 1400～4500 m。

习性 与其他红尾鸲一样，喜欢立在灌木的枝梢上，一旦猎物出现，立刻出击捕之。春天，雄鸟也常常在枝梢上以甜润的歌声吸引配偶。

繁殖 在雅鲁藏布江中游的高山地带，所发现的 28 个巢都置于土石缝隙里。巢外层由禾本科草茎、灌木茎编制而成，里面是苔藓、鸟羽和兽毛，其中，高原山鹑和藏马鸡的羽毛最为普遍。雌鸟衔材，取自巢周围 10～40 m 范围内。同时，雄鸟在附近的高枝上担任警戒，驱逐临近领域的同种雄鸟，或密切跟随雌鸟。显然，此时正是雌鸟与别的雄鸟发生婚外情的关键时期。遗憾的是，这种雄性警惕的实际效果究竟如何尚未可知。

坐巢孵卵的白喉红尾鸲雌鸟，以及巢和卵。贾陈喜摄

雅鲁藏布江中游高山地带白喉红尾鸲的繁殖参数	
繁殖期	5 月上旬至 7 月上旬
繁殖海拔	4155～4810 m
巢位置	土石缝隙
巢大小	外径 13.8 cm，内径 6.9 cm，深 4.2 cm，高 8.1 cm
窝卵数	3～4 枚，平均 3.79 枚
卵色	白色或暗白色，无斑点或偶有棕色斑点
卵大小	长径 20.2 mm，短径 14.8 mm

北红尾鸲

拉丁名：*Phoenicurus auroreus*
英文名：Daurian Redstart

雀形目鹟科

体长约 14 cm。雄鸟前额和脸颊黑色，头顶至背石板灰色，两翼黑色并有明显的白色翅斑，尾上覆羽和尾羽橘棕色，外侧尾羽黑色；颏、喉和上胸黑色，腹和尾下覆羽橘棕色。雌鸟体羽褐色，翅上有白斑，尾上覆羽橘棕色。

作为夏候鸟，繁殖于俄罗斯东南部，蒙古，中国东北、华北、西北和西南，以及朝鲜半岛，包括青藏高原东部和东南部，最高繁殖海拔 3700 m；越冬于日本、中国长江以南和喜马拉雅山脉东部。

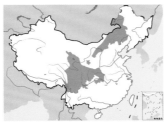

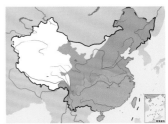

白喉红尾鸲。左上图为雄鸟，下图为雌鸟。彭建生摄

北红尾鸲。左上图为雌鸟，下图为雄鸟。沈越摄

红腹红尾鸲

拉丁名：*Phoenicurus erythrogastrus*
英文名：White-winged Redstart

雀形目鹟科

体长约 18 cm。雄鸟头顶至颈后白色，上体黑色，尾羽栗色，翼上有大白斑；颏、喉和上胸黑色，腹和尾下覆羽的栗色醒目。雌鸟体羽褐色，翼上无白斑，尾羽棕色。

留鸟，分布于贝加尔湖、阿尔泰山、中东、中国西北和西南、喜马拉雅山脉，包括青藏高原东北部、东部和东南部，分布海拔 1500～5500 m。

红腹红尾鸲。左上图为雌鸟，下图为雄鸟。沈越摄

红尾水鸲

拉丁名：*Rhyacornis fuliginosa*
英文名：Plumbeous Water-redstart

雀形目鹟科

体长约 13 cm。雄鸟身体青石蓝色，翅黑褐色，尾羽、尾上覆羽和尾下覆羽栗色，下体有浅的黑色纵纹。雌鸟体羽灰褐色，翼上有两道白色横斑，尾羽浅褐色，尾上覆羽纯白色；下体白色并有蓝灰色"V"形斑纹，且由前向后转为波纹横斑，尾下覆羽纯白色。

留鸟，分布于喜马拉雅山脉、中国西南至东部、中南半岛，包括青藏高原南部和东南部，分布海拔 600～4000 m。

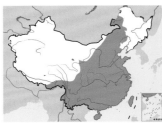

红尾水鸲。左上图为雌鸟，下图为雄鸟。沈越摄

白顶溪鸲

拉丁名：*Chaimarrornis leucocephalus*
英文名：White-capped Redstart

雀形目鹟科

形态 体长约 19 cm。头顶至枕部白色，前额、头侧延伸至背部深黑色，尾上覆羽和尾羽栗棕色，尾羽端部黑色；颏、喉和胸部深黑色，腹至尾下覆羽深栗红色。雄雌相似，但雌鸟羽色稍暗淡。

分布 作为留鸟，分布于喜马拉雅山脉东段，中国西南、华中和华北，以及中南半岛北部，包括青藏高原南部和东南部，分布海拔 1800～5100 m。作为夏候鸟，繁殖于中东、喜马拉雅山脉西段和中国长江下游地区；在中南半岛北部越冬。

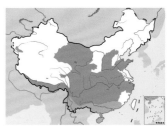

白顶溪鸲。沈越摄

栖息地 生活在溪流和湍急的河流。

习性 常立于近水或水中突出岩石上，频繁点头且上下摆动尾羽。

食性 5—8月，白顶溪鸲的食物是各种水生虫和陆生鞘翅目、鳞翅目、膜翅目昆虫及其幼虫。9—10月，除了昆虫外，还有草籽提供了20%的食物。

繁殖 在甘肃兴隆山自然保护区，白顶溪鸲为夏候鸟，每年3月底或4月初由海拔1800 m以下地区沿河流陆续迁来，10月中旬又沿河流相继下迁至海拔1800 m以下地区越冬。它们最早4月中旬开始营巢，8月下旬仍见有亲鸟育雏。在同一个巢里，一对亲鸟每年可以繁殖2窝。

雌鸟和雄鸟共同营巢，巢材由苔藓和兽毛组成，内夹有少许棉线和细塑料丝，巢的形状和大小随营巢洞隙情况不同而异。每窝产卵2～4枚，卵灰白色，散布少许褐色斑点，平均大小为22.5 mm × 18.5 mm。雌鸟单独孵卵。双亲育雏，对一个巢的全天观察记录到双亲总共叼食回巢148次。育雏期15～16天。白顶溪鸲表现很强的领域性，总是驱逐进入领域的同种或异种个体。雏鸟离巢后，雌雄亲鸟带领它们一起活动，亲鸟常常为幼鸟梳羽毛。幼鸟独立后相互之间也梳理羽毛。

在雅鲁藏布江中游的高山峡谷，白顶溪鸲最早到达海拔4200 m的日期在4月30日至5月2日，在这里，它们最高可以到达海拔4270 m。然而，在藏北的当雄，最高繁殖海拔是4800 m。5月22日，在雄色峡谷溪流边的大石壁距地面8 m的地方，研究者发现一个巢。巢浅盘形，置于岩壁小平台上，上有遮挡，巢外周主要为苔藓，还有细草茎、须根，内垫以羊毛以及少量鸟羽。雌鸟和雄鸟共同在巢周围50 m范围内衔材。2007年7月14日，在当雄县城前往纳木错的路上，海拔4537 m的溪流附近的岩壁上发现了另一个巢，当时巢里有2只雏鸟和1枚未孵化的卵。

探索与发现 1995年，卢欣来到雅鲁藏布江中游的雄色峡谷，第一次认识了白顶溪鸲。在整个雄色峡谷，只有一条溪流。每年，只有1对白顶溪鸲来到这里繁殖。找到它们的巢是卢欣的最大心愿，然而愿望一年又一年地落空。

终于，在1999年5月22日，卢欣发现了一个巢，可遗憾的是，在产卵之前，亲鸟弃巢了。

2007年7月14日，卢欣带领他的研究组与来自挪威奥斯陆大学的两位学者Jan Lifjeld和Lars Johannessen一同前往圣湖纳木错。一路上，他们不放过任何一次可能发现鸟巢的机会。在一个溪流边，一只白顶溪鸲叼着虫子从河边起飞，飞向高高的悬崖。河水湍急，身材魁梧的Lifjeld教授找到一个过河的地方，几个箭步踏石而过，而Johannessen和卢欣的一个学生只能挽起裤腿，寻找水流浅的地方蹚水而过，此时，Lifjeld教授已经开始攀岩。令人难以想象的是，Lifjeld教授的身手如此矫健，到达了常人觉得几乎不可能到达的地方，开始记录和测量白顶溪鸲的巢。两个年轻人则在下面眼巴巴地望着这位年过五十的学者。

"I like this！"返回的Lifjeld教授骄傲地说。他是国际上知名的鸟类分子生态学家，擅长实验室的工作。但从这件事可以想见，他对野外研究有着同样的热爱。

白尾蓝地鸲

拉丁名：*Myiomela leucurum*
英文名：White-tailed Robin

雀形目鹟科

体长约18 cm。雄鸟身体蓝黑色，前额和肩部蓝灰色，尾基部白色，端部黑色。雌鸟体羽褐色，尾羽基部白色，颏、喉白色并带褐色纵纹，腹部白色。

留鸟，分布于喜马拉雅山脉东段，中国西南、华中和华南，以及中南半岛，包括青藏高原东南部，分布海拔1000～2700 m。

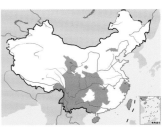

白尾地鸲。左上图为雌鸟，下图为雄鸟。董磊摄

蓝额地鸲

拉丁名：*Cinclidium frontale*
英文名：Blue-fronted Robin

雀形目鹟科

体长约 19 cm。身体蓝黑色，前额和肩部蓝灰色，尾羽和尾下覆羽黑色。雌鸟体羽褐色，尾羽黑色，颏和腹部中央白色。

留鸟，分布于喜马拉雅山脉东段、中国西南和中南半岛北部，包括青藏高原东南部边缘，分布海拔 800 ~ 3000 m。

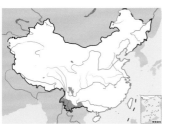

蓝额地鸲。左上图为雌鸟，John Willsher摄；下图为雄鸟，白日梦游摄

紫啸鸫

拉丁名：*Myophonus caeruleus*
英文名：Blue Whistling-thrush

雀形目鹟科

体长约 32 cm。身体深蓝紫色，头部有亮色小羽片，肩部有滴状斑，两翼黑褐色；下体具鲜亮的紫色滴状斑。雌雄羽色相似。

留鸟，分布于天山、喜马拉雅山脉、中国西南至东部、东南亚，包括青藏高原南部、东南部和东部，分布海拔 1000 ~ 4000 m。野外调查表明，在西藏墨脱平均海拔 1294 m 的德阳沟，紫啸鸫为优势种。

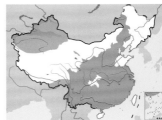

紫啸鸫。沈越摄

蓝大翅鸲

拉丁名：*Grandala coelicolor*
英文名：Grandala

雀形目鹟科

体长约 21 cm。雄鸟身体青石蓝色，眼先黑色，尾端部和两翼黑色。雌鸟身体浅灰褐色并布满白色纵纹。

留鸟，分布于喜马拉雅山脉、中国西南和西北，包括青藏高原东南部、东部和东北部，分布海拔 2000 ~ 5500 m。

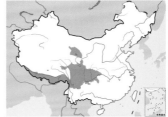

蓝大翅鸲。左上图为雌鸟，下图为雄鸟。唐军摄

小燕尾
拉丁名：*Enicurus scouleri*
英文名：Little Forktail

雀形目鹟科

体长约 13 cm。前额白色，颈后至背黑色，腰白色，两翼黑褐色并有白斑，短尾是其显著区别于其他燕尾的特征；颏、喉和上胸黑色，腹至尾下覆羽白色。雌雄羽色相似。

留鸟，分布于中东，天山南部，喜马拉雅山脉，中国西南、华中、华东和华南，中南半岛北部，包括青藏高原西南部、南部和东南部，分布海拔 600～3300 m。

 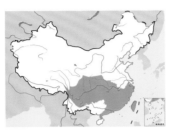

小燕尾。沈越摄

黑背燕尾
拉丁名：*Enicurus immaculatus*
英文名：Black-backed Forktail

雀形目鹟科

体长约 23 cm。前额白色，脸颊黑色，头顶至背部黑色，尾上覆羽白色，尾长，尾羽黑色且有白斑，翼上亦有白色横斑；颏、喉黑色，下体白色。雌雄羽色相似。

留鸟，分布于喜马拉雅山脉东段、中国西南和中南半岛北部，包括青藏高原的东南部边缘，最高分布海拔 1450 m。

 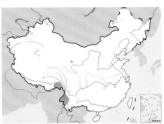

黑背燕尾。左上图薄顺奇摄，下图董文晓摄

灰背燕尾
拉丁名：*Enicurus schistaceus*
英文名：Slaty-backed Forktail

雀形目鹟科

体长约 24 cm。前额白色，脸颊黑色，头顶至背部灰色，尾上覆羽白色，尾长，尾羽黑色且有白斑，翼上有白色横斑；颏、喉黑色，下体白色。雌雄羽色相似。

留鸟，分布于喜马拉雅山脉东段，中国西南、华中和华南，以及中南半岛，包括青藏高原东南部，分布海拔 300～1800 m。

 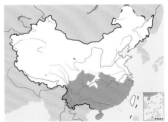

灰背燕尾。左上图沈越摄，下图田穗兴摄

白额燕尾

拉丁名：*Enicurus leschenaulti*
英文名：White-crowned Forktail

雀形目鹟科

体长约 27 cm。前额白色，脸颊黑色，头顶至背部黑色，尾上覆羽白色，尾长，尾羽黑色且有白斑，翼上有白色横斑；颏、喉和胸部黑色，腹白色。雌雄羽色相似。

留鸟，分布于喜马拉雅山脉东段、中国西南、华中和华南，以及东南亚，包括青藏高原东南部边缘，分布海拔 300～1950 m。

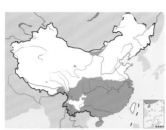

白额燕尾。左上图为成鸟，下图为亚成鸟。沈越摄

斑背燕尾

拉丁名：*Enicurus maculatus*
英文名：Spotted Forktail

雀形目鹟科

体长约 26 cm。前额白色，脸颊黑色，头顶至背部黑色，背部有鱼鳞状白斑，尾上覆羽白色，尾长，尾羽黑色且有白斑，翼上亦有白色横斑；颏、喉和胸部黑色，胸部有鱼鳞状白斑，腹至尾下覆羽白色。雌雄羽色相似。

留鸟，分布于喜马拉雅山脉、中国西南和华南、中南半岛北部，包括青藏高原东南部，分布海拔 600～3000 m。

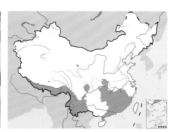

斑背燕尾。左上图沈越摄，下图董磊摄

白喉石䳭

拉丁名：*Saxicola insignis*
英文名：Hodgson's Bushchat

雀形目鹟科

形态　体长约 17 cm。雄鸟头顶、脸颊、背部和尾羽黑色，翅亦然，但飞羽基部白色；不同于黑喉石䳭的典型特征是颏、喉白色，胸部棕红色，腹部白色。雌鸟似雄鸟，但背部呈现灰色，下体浅棕色。

分布　作为夏候鸟，繁殖于蒙古西部及邻近的哈萨克斯坦、俄罗斯阿尔泰山区的狭小地带，冬季到达印度北部、尼泊尔，迁徙途经内蒙古阿拉善和青藏高原。

栖息地　繁殖于有矮灌丛、多岩石的高山草甸，繁殖海拔 2100～3100 m。冬季栖息地是海拔 250 m 以下的低矮开阔的草地、农田。

种群现状和保护　分布区域狭小，种群数量有限，IUCN 评估为易危（VU）。在中国更为罕见，《中国脊椎动物红色名录》评估为濒危（EN）。

探索与发现　2011 年 4 月 26 日，观鸟爱好者张铭等 3 人在青海隆宝滩国家级自然保护区内邂逅了一只羽毛黑白相间的小鸟，它敏捷地落在了前方草地，然后笔直地站在一个小石头上。他们拍下了它的照片。原来，它是一只白喉石䳭。

在中国，这是一种非常罕见的过境候鸟。1935 年在青海冲池寺首次被观测到，1960 年 10 月在青海扎陵湖首次采集到标本。此外在宁夏和云南也曾有少量记录。

在青海隆宝滩偶遇白喉石䳭，丰富了中国鸟类自然历史的知识。

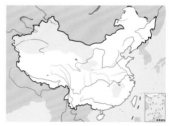

白喉石䳭。韩雪松摄

黑喉石䳭

拉丁名：*Saxicola maurus*
英文名：Common Stonechat

雀形目鹟科

形态 体长约 13 cm。雄鸟头和喉部黑色，以此区别于白喉石䳭；颈侧有明显白斑，翅黑色，上有白斑，腰白色，尾羽黑色；下体浅棕色。雌鸟体羽较暗而无黑色，喉部浅白色，仅翼上有白斑。

分布 作为夏候鸟，繁殖于整个古北界，包括青藏高原大部，繁殖海拔 0～4000 m；在北非、西亚、南亚和东南亚、中国南方过冬。作为留鸟，分布在地中海和非洲东南部。

栖息地 栖息在开阔的环境，如稀疏的次生灌丛、农田、花园等。

习性 栖于凸出的低树枝上，如果发现飞过的昆虫，就立即飞捕之；如果地面有猎物，则立即擒拿。

繁殖 国外学者对黑喉石䳭的研究比较深入。在东非，研究者在黑喉石䳭的领域内放置它们的天敌，一种伯劳的标本，并设置了没有天敌存在的对照组。结果发现，如果领域内有伯劳存在的话，黑喉石䳭很少繁殖第 2 窝；同时雄性血液中的睾酮浓度上升，而雌性的睾酮浓度与天敌存在与否无关。这个实验强调了天敌限

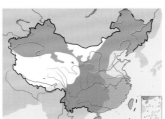

黑喉石䳭。左上图为雄鸟，彭建生摄；下图为雌鸟，沈越摄

繁殖季节，叼着食物准备回巢育雏的黑喉石䳭雄鸟。杨贵生摄

制鸟类繁殖的作用，被用来解释为什么每年适宜繁殖的季节虽长，热带鸟类却很少比温带鸟类繁殖更多的窝。野外实验还表明，天敌的存在会导致雏鸟的生长率下降，这是因为天敌引起双亲采取首先保护自身的策略，从而减少对雏鸟递送食物的次数。

关于青藏高原黑喉石䳭的繁殖生态学，来自于雅鲁藏布江中游高山峡谷的研究。它们每年通常在 4 月中旬到达海拔 4400 m 的高山峡谷，而到达海拔 2000 m 左右的云南昆明的日期是 2 月下旬，到达海拔 1100 m 的贵州龙洞堡是在 3 月初，到达海拔 700～800 m 的吉林长白山是在 4 月底至 5 月初。

到达繁殖地后，雄鸟就开始建立领域。配偶关系属于社会性单配制，雌鸟和雄鸟都参与筑巢。在青藏高原，黑喉石䳭的巢位于灌木的根部或土壁凹坎儿上；在其他地区，还发现在地埂、石缝或薹草墩子侧面的凹坑筑巢。巢的形状如碗。

与其他地区一样，高原黑喉石䳭的卵呈浅蓝色，其上有棕色斑点，钝端较多。每窝有卵 4～5 枚，要少于云南昆明和贵州龙洞堡的 4～6 枚、吉林长白山的 6～7 枚。孵卵由雌鸟承担，双亲共同抚养后代。

探索与发现 黑喉石䳭全世界有 24 个亚种，分子生物学证据认为它可以划分为 6 个不同的物种，在中国分布的亚种可分为黑喉石䳭和史氏石䳭 *Saxicola stejnegeri* 2 个种。但《世界鸟类手册》仍将其作为一个种处理，本书亦然。

雅鲁藏布江中游高山地带黑喉石䳭的繁殖参数

繁殖期	5 月上旬至 6 月下旬
繁殖海拔	4195～4560 m
巢基支持	土石缝隙
巢大小	外径 13.4 cm，内径 7.1 cm，深 5.0 cm，高 7.8 cm
窝卵数	4～5 枚，平均 4.8 枚
卵色	浅蓝色，有棕色斑点
卵大小	长径 18.9 mm，短径 14.1 mm
孵化期	15 天
育雏期	14 天
繁殖成功率	71%

白斑黑石䳭
拉丁名：*Saxicola caprata*
英文名：Pied Bushchat

雀形目鹟科

    体长约 14 cm。雄鸟身体烟黑色，翼上有醒目的白斑，腰部白色。雌鸟身体褐色，没有白色翅斑，腰部浅褐色，全身有深色纵斑。

    作为留鸟，分布于中亚、印度、喜马拉雅山脉、中国西南和东南亚，包括青藏高原东南部，分布海拔 0～2400 m。作为夏候鸟，繁殖于伊朗和中亚；在印度西北部越冬。

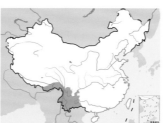

白斑黑石䳭。左上图为雄鸟，沈越摄；下图为雌鸟，王进摄

灰林䳭
拉丁名：*Saxicola ferreus*
英文名：Grey Bushchat

雀形目鹟科

    体长约 15 cm。雄鸟上体灰黑色，白色眉纹显著；下体灰白色，腹部中央白色。雌鸟上体以褐色取雄鸟的灰黑色，喉白色，胸腹浅褐色。

    作为夏候鸟，繁殖于喜马拉雅山脉、中国西南和长江中下游流域，包括青藏高原南部和东南部，繁殖海拔 1500～3300 m；在印度北部、中南半岛和中国华南越冬。

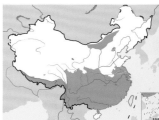

灰林䳭。左上图为雌鸟，薄顺奇摄；下图为雄鸟，沈越摄

白顶䳭
拉丁名：*Oenanthe pleschanka*
英文名：Pied Wheatear

雀形目鹟科

    体长约 16 cm。雄鸟头顶及颈后白色，上体黑色，腰白色，外侧尾羽基部灰白色；下体仅颏及喉黑色，其余白色。雌鸟上体褐色，外侧尾羽基部白色；颏及喉色深，胸部沾棕色，臀白色，两胁皮黄色。

    作为夏候鸟，繁殖于欧洲西南、中东至蒙古、喜马拉雅山脉和中国北方，包括青藏高原西部和北部，最高繁殖海拔 3500 m；在非洲东北部和阿拉伯半岛越冬。

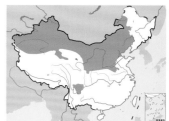

白顶䳭。左上图为雄鸟，杨贵生摄；下图为正在衔材筑巢的雌鸟，宋丽军摄

沙鹏

拉丁名：*Oenanthe isabellina*
英文名：Isabelline Wheatear

雀形目鹟科

形态 体长约 17 cm。眉纹白色，头顶至上背和两翼灰黄色，尾羽基部白色，端部黑色；喉白色，胸部浅棕色，腹部白色。雌鸟似雄鸟，但上体更显灰色。

分布 作为夏候鸟，繁殖于欧洲南部、中亚、俄罗斯南部、蒙古、中国西北和华北，包括青藏高原北部，繁殖海拔 1200～4600 m；在中非、东非、西亚、南亚和东南亚越冬。

繁殖 在青海海拔 3430 m 的天峻草原，研究者获得了沙鹏的繁殖信息。在这里，它们通常利用鼠兔洞穴筑巢，有时也利用地山雀洞穴。婚配制度为社会性单配制，并表现领域性。雌鸟和雄鸟共同建巢，巢杯形，外周是草茎，里面衬有鸟羽和动物毛发。雌鸟孵卵，双亲育雏。

与低海拔地区的同种相比，青藏高原的沙鹏产少而大的卵，每年繁殖窝数也较少，并延长孵卵和育雏的持续时间。显然，这种繁殖策略有利于它们的后代在条件恶劣的高原环境中存活下来。

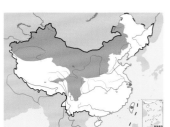

沙鹏。左上图为雌鸟，沈越摄；下图为雄鸟，杨贵生摄

青海天峻草原沙鹏的繁殖参数	
繁殖期	4 月下旬至 6 月上旬
繁殖海拔	3430 m
巢基支持	鼠兔洞穴，地山雀洞穴
巢大小	外径 14.7 cm，内径 7.8 cm，深 4.9 cm
窝卵数	4～6 枚，平均 5.11 枚
卵色	白色，无斑点
卵大小	长径 22.78 mm，短径 16.87 mm
孵化期	13.5 天
育雏期	18.5 天
繁殖成功	81%

漠鹏

拉丁名：*Oenanthe deserti*
英文名：Desert Wheatear

雀形目鹟科

体长约 15 cm。雄鸟眉纹白色，脸颊黑色，头顶至上背沙褐色，肩部白色，尾羽和两翼黑色；颏、喉黑色，胸浅棕色，腹至尾下覆羽沙白色。雌鸟似雄鸟，但上体灰色，贯眼纹白色，喉白色。

作为夏候鸟，繁殖于北非、阿拉伯、中东至蒙古、喜马拉雅山脉、中国西北和青藏高原，繁殖海拔 1500～5100 m；在北非和东非、西亚和南亚越冬。

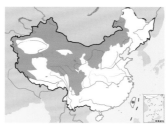

漠鹏。左上图为雌鸟，沈越摄；下图为雄鸟，杨贵生摄

白背矶鸫

拉丁名：*Monticola saxatilis*
英文名：Common Rock Thrush

雀形目鹟科

　　体长约 18 cm。雄鸟头部和上背浅蓝色，下背白色，尾羽黑色且基部橘棕色，两翼暗灰色；胸、腹橘棕色。雌鸟上体暗灰色，颏、喉白色，下体浅棕色，全身具鱼鳞状横斑。

　　作为夏候鸟，繁殖于欧洲中南部、非洲西北部、中亚、喜马拉雅山脉、贝加尔湖、蒙古、中国西北和华中，包括青藏高原西部和北部，繁殖海拔 500～5000 m；在中非和东非有越冬种群。

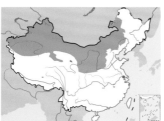

白背矶鸫。左上图为成年雄鸟，沈越摄；下图为亚成鸟，魏东摄

蓝头矶鸫

拉丁名：*Monticola cinclorhyncha*
英文名：Blue-capped Rock Thrush

雀形目鹟科

　　体长约 18 cm。雄鸟头蓝色，眼先、脸颊和背部黑色，尾上覆羽栗色，尾羽基部蓝色，端部黑色，两翼有大块白斑；下体棕色。雌鸟上体灰色，下体白色并具深色鱼鳞状斑纹。

　　作为夏候鸟，繁殖于阿富汗东部、喜马拉雅山脉，包括青藏高原东南部，繁殖海拔 900～3000 m；在印度南部越冬。

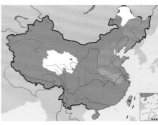

蓝头矶鸫。左上图为雌鸟，甘礼清摄；下图为雄鸟，田穗兴摄

蓝矶鸫

拉丁名：*Monticola solitarius*
英文名：Blue Rock Thrush

雀形目鹟科

　　体长 22 cm。雄鸟上体深蓝色，尾羽基部青石蓝色，端部黑色，两翼沾黑色；颏、喉深蓝色，胸、腹和尾下覆羽棕色。雌鸟上体青石灰色，下体浅灰色并具深色鱼鳞状斑纹。

　　作为留鸟，分布于欧洲南部、喜马拉雅山脉、中国西南至东部、日本，包括青藏高原南部、东南部和东部，分布海拔 0～4200 m。作为夏候鸟，繁殖于黑海、里海、中亚至蒙古、中国东北、俄罗斯东南以及日本；在北非、东非、西亚、南亚和东南亚越冬。

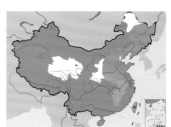

蓝矶鸫。左上图为雌鸟，时敏良摄；下图为雄鸟，彭建生摄

栗腹矶鸫

拉丁名：*Monticola rufiventris*
英文名：Chestnut-bellied Rock Thrush

雀形目鹟科

体长约 22 cm。雄鸟上体浅蓝色，眼先、脸颊和颈侧黑色，尾羽端部黑色；颏、喉青石蓝色，下体栗棕色。雌鸟上体灰褐色，耳后浅黄白色，下体浅黄白色并具鱼鳞状黑色横纹。

作为夏候鸟，繁殖于喜马拉雅山脉、中国西南、华中和华南，包括青藏高原东南部，繁殖海拔 1200～3400 m；在繁殖区南部越冬，包括中国西南和中南半岛北部。

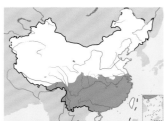

栗腹矶鸫。左上图为雄鸟，下图为雌鸟。沈越摄

斑鹟

拉丁名：*Muscicapa striata*
英文名：Spotted Flycatcher

雀形目鹟科

体长约 14 cm。上体灰褐色，头顶具明显的黑色细纹，尾和两翼褐色；下体白色，胸部有灰色纵纹。雌雄羽色相似。

作为夏候鸟，繁殖于欧亚大陆中南部和北非，包括青藏高原的西部边缘，繁殖海拔 0～3000 m；在东非、中非和南非越冬。

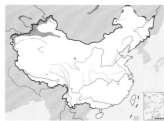

斑鹟。沈越摄

乌鹟

拉丁名：*Muscicapa sibirica*
英文名：Dark-sided Flycatcher

雀形目鹟科

体长约 14 cm。上体灰褐色，眼圈白色；下体白色，喉和两胁有灰色纵纹。雌雄羽色相似。

作为夏候鸟，繁殖于喜马拉雅山脉、中国西南、西北和东北，俄罗斯东南部，日本，包括青藏高原东南部、东部和东北部，繁殖海拔 1400～3800 m；在中国华南和东南亚越冬。

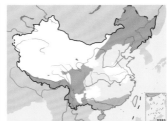

乌鹟。左上图沈越摄，下图董磊摄

北灰鹟

拉丁名：*Muscicapa dauurica*
英文名：Asian Brown Flycatcher

雀形目鹟科

体长约 13 cm。上体灰褐色；下体灰白色，尾下覆羽白色。雌雄羽色相似。

作为夏候鸟，繁殖于喜马拉雅山脉、中国华北和东北、俄罗斯东南部、日本，繁殖海拔 900～1800 m；越冬于中国西南和华南、东南亚、印度，包括青藏高原东南部边缘；作为留鸟，分布于印度和东南亚。

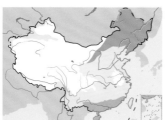

北灰鹟。左上图时敏良摄，下图宋丽军摄

褐胸鹟

拉丁名：*Muscicapa muttui*
英文名：Brown-breasted Flycatcher

雀形目鹟科

体长约 13 cm。上体灰褐色，眼先和眼圈白色，尾羽浅棕褐色；下体灰白色，胸部黄褐色。雌雄羽色相似。

作为夏候鸟，繁殖于喜马拉雅山脉东段，中国西南、西北和华南，以及中南半岛，繁殖海拔 150～1700 m；在印度西南和斯里兰卡越冬。

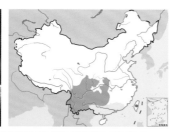

褐胸鹟。时敏良摄

棕尾褐鹟

拉丁名：*Muscicapa ferruginea*
英文名：Ferruginous Flycatcher

雀形目鹟科

体长约 13 cm。上体灰褐色，眼圈白色，眼先红褐色，尾羽棕色，两翼沾棕色；喉白色，胸部有褐色横斑，腹白色，两胁和尾下覆羽棕色。

作为夏候鸟，繁殖于喜马拉雅山脉、印度东北、中国西南和西北、中南半岛北部，包括青藏高原东南部和东部，繁殖海拔 1200～3300 m；在东南亚越冬；作为留鸟，分布于中国台湾。

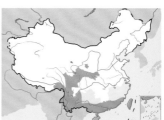

棕尾褐鹟。左上图田穗兴摄，下图董磊摄

栗尾姬鹟

拉丁名：*Ficedula ruficauda*
英文名：Rusty-tailed Flycatcher

雀形目鹟科

体长约 14 cm。上体灰褐色，尾羽栗色；颏、喉白色，胸、腹和尾下覆羽灰色。雌雄体羽相似。

作为夏候鸟，繁殖于中东和喜马拉雅山脉，繁殖海拔 1500～3600 m；在印度西南部越冬。2016 年 4 月 20 日记录于成都市区，是中国鸟类新记录。IUCN 评估为无危（LG）。

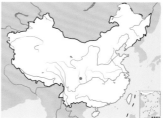

栗尾姬鹟在中国的首次记录照。帅军摄

锈胸蓝姬鹟

拉丁名: *Ficedula sordida*
英文名: Slaty-backed Flycatcher

雀形目鹟科

体长约 13 cm。雄鸟上体石板蓝色，外侧尾羽基部白色；喉、胸橘黄色，腹部和尾下覆羽白色。雌鸟上体深褐色，喉、胸浅黄褐色。

作为夏候鸟，繁殖于喜马拉雅山脉、中国西南和西北，包括青藏高原东南部、东部和东北部；在中国西南和中南半岛越冬；作为留鸟，分布于中国西南和中南半岛北部。分布海拔2000～4300 m。

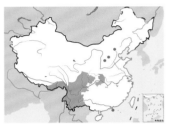

锈胸蓝姬鹟。左上图为雄鸟，彭建生摄；下图为雌鸟，董江天摄

橙胸姬鹟

拉丁名: *Ficedula strophiata*
英文名: Rufous-gorgeted Flycatcher

雀形目鹟科

体长约 14 cm。上体灰褐色，前额有狭窄白斑，尾羽黑色，外侧尾羽白色，两翼浅棕色；颏、喉灰黑色，胸、腹灰色，胸部有橙色带，尾下覆羽白色。雌鸟下体灰色，胸部有浅橙色带。

作为夏候鸟，繁殖于喜马拉雅山脉、中国西南、华中和西北，中南半岛，包括青藏高原南部、东南部和东部，繁殖海拔1000～3800 m；在中南半岛、中国西南和华南越冬。

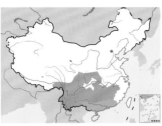

橙胸姬鹟。左上图为雄鸟，沈越摄；下图为雌鸟，时敏良摄

红胸姬鹟

拉丁名: *Ficedula parva*
英文名: Red-breasted Flycatcher

雀形目鹟科

体长约 11 cm。以前是红喉姬鹟的一个亚种。上体灰褐色，尾羽黑色，外侧尾羽白色；颏、喉和胸部橙红色，腹白色。雌鸟喉、腹白色。

作为夏候鸟，繁殖在欧亚大陆北部；越冬于喜马拉雅山脉、南亚次大陆、中国西南和华南、东南亚，包括青藏高原南部和东南部。

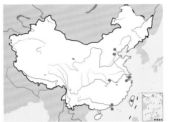

红胸姬鹟。左上图为雄鸟，沈越摄；下图为雌鸟，时敏良摄

棕胸蓝姬鹟

拉丁名：*Ficedula hyperythra*
英文名：Snowy-browed Flycatcher

雀形目鹟科

体长约 12 cm。雄鸟上体黑蓝色，白色眉纹明显，以此区别于锈胸蓝姬鹟；颏、喉、胸及两胁橘黄色。雌鸟上体褐色，眉纹浅橘黄色，喉、胸颜色较淡。

作为夏候鸟，繁殖于喜马拉雅山脉；在喜马拉雅山脉南麓、印度东北和中国西南越冬；作为留鸟，分布于喜马拉雅山脉东段、中国西南和华南、东南亚，包括青藏高原东南部和东部。分布海拔 275 ~ 3300 m。

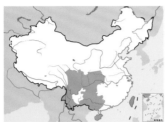

棕胸蓝姬鹟。左上图为雌鸟，下图为雄鸟。沈越摄

小斑姬鹟

拉丁名：*Ficedula westermanni*
英文名：Little Pied Flycatcher

雀形目鹟科

体长约 11 cm。雄鸟上体黑色并有蓝色光泽，宽而长的眉纹白色，并延伸至颈部，尾羽黑色，外侧尾羽白色，翼上有白斑；下体白色。雌鸟上体灰棕色，没有白色眉纹和白色翼斑。

作为夏候鸟，繁殖于喜马拉雅山脉和印度北部；在喜马拉雅山脉南麓、印度东北和中南半岛越冬；作为留鸟，分布于印度东北、中国西南和华南、东南亚，包括青藏高原东南部，分布海拔 200 ~ 3000 m。

小斑姬鹟。左上图为正在衔材筑巢的雌鸟，甘礼清摄；下图为雄鸟，沈越摄

白眉蓝姬鹟

拉丁名：*Ficedula superciliaris*
英文名：Ultramarine Flycatcher

雀形目鹟科

体长约 12 cm。雄鸟上体深蓝色，眉纹白色，尾浅灰蓝色；颈侧蓝色，下体白色。雌鸟上体灰褐色，无眉纹，下体浅灰白色。

作为夏候鸟，繁殖于喜马拉雅山脉和中国西南，包括青藏高原东南部，最高繁殖海拔 3200 m；在中国西南和南亚次大陆有越冬种群。

白眉蓝姬鹟。左上图为雌鸟，甘礼清摄；下图为雄鸟，袁倩敏摄

灰蓝姬鹟

拉丁名：*Ficedula tricolor*
英文名：Slaty-blue Flycatcher

雀形目鹟科

形态 体长约 13 cm。雄鸟上体深蓝色，前额蓝灰色，尾羽黑色，外侧尾羽白色；下体白色，胸腹沾灰色。雌鸟上体深棕黄色，尾羽棕色，两翼有红褐色的边缘，下体浅棕黄色。

分布 作为夏候鸟，繁殖在喜马拉雅山脉、中国西南、华中和西北，以及中南半岛北部，包括青藏高原南部、东南部和东部；在喜马拉雅山脉南麓、印度东北、中国西南和中南半岛北部越冬；作为留鸟，分布于喜马拉雅山脉东段、中国西南和华南、中南半岛北部。分布海拔 160～4000 m。

繁殖 中国科学院动物研究所的鸟类学家于 2002 年 6 月 18 日在甘肃莲花山自然保护区发现一个处在孵卵期的灰蓝姬鹟巢，巢位于一棵桦树树干的裂缝中，内有 3 枚卵。孵卵任务由雌鸟担任。雌鸟日平均离巢 31.3 次，平均每次离巢持续时间为 7 分钟，平均在巢持续时间 21 分钟。显然，孵卵行为与环境温度有密切的关系，雌鸟通过调节离巢时间的长短来控制孵卵节律。

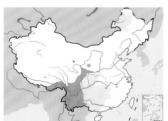

灰蓝姬鹟。左上图为雄鸟，下图为雌鸟。彭建生摄

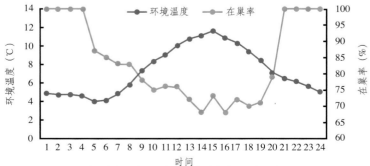

灰蓝姬鹟雌鸟在巢率与环境温度存在负相关关系，每次离巢持续时间与环境温度呈显著的正相关，在巢时间和离巢次数均与环境温度无关。图为环境温度与灰蓝姬鹟雌鸟平均每小时在巢率在一天中的变化

玉头姬鹟

拉丁名：*Ficedula sapphira*
英文名：Sapphire Flycatcher

雀形目鹟科

体长约 11 cm。雄鸟上体蓝黑色，贯眼纹黑色；颏、喉和胸部棕褐色，腹部和尾下覆羽灰白色。雌鸟上体橄榄褐色，喉、胸橙色，腹部和尾下覆羽灰白色。

留鸟，分布于喜马拉雅山脉东段、中国西南和西北，包括青藏高原东南部和东部，分布海拔 150～2800 m。

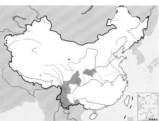

玉头姬鹟。左上图为雌鸟，田穗兴摄；下图为雄鸟，董文晓摄

铜蓝鹟

拉丁名：*Eumyias thalassinus*
英文名：Verditer Flycatcher

雀形目鹟科

体长约 16 cm。眼先黑色，身体蓝绿色，两翼铜蓝色，尾下覆羽有白色鳞状斑纹。雌鸟似雄鸟，但羽色更偏灰。

作为夏候鸟，繁殖于喜马拉雅山脉；在喜马拉雅山脉南麓、印度、中国西南和华南、东南亚越冬；作为留鸟，分布于喜马拉雅山脉东段，中国西南、华中和华南，以及东南亚。分布海拔 1200～3000 m。

铜蓝鹟。左上图沈越摄，下图董磊摄

海南蓝仙鹟

拉丁名：*Cyornis hainanus*
英文名：Hainan Blue Flycatcher

雀形目鹟科

体长约 14 cm。雄鸟上体蓝色，两翼沾黑色；颏、喉和上胸深蓝色，腹和尾下覆羽白色。雌鸟似雄鸟，但上体橄榄褐色，胸浅棕色。

留鸟，分布于中国西南和华南、中南半岛，包括青藏高原东南部边缘，最高分布海拔 1100 m。

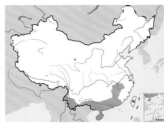

海南蓝仙鹟。左上图为雄鸟，沈越摄；下图为雌鸟，时敏良摄

纯蓝仙鹟

拉丁名：*Cyornis unicolor*
英文名：Pale Blue Flycatcher

雀形目鹟科

体长约 17 cm。雄鸟上体蓝色，前额浅蓝色，两翼沾黑色；颏、喉和胸部浅蓝色，腹部和尾下覆羽白色。雌鸟上体灰褐色，下体浅灰色。

作为留鸟，分布于中国西南和华南以及东南亚，包括青藏高原东南部，分布海拔 275～2200 m；作为夏候鸟，繁殖于喜马拉雅山脉东段；在繁殖区以南地区有越冬种群。

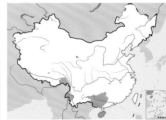

纯蓝仙鹟。左上图为雌鸟，周彬康摄；下图为雄鸟，董文晓摄

灰颊仙鹟

拉丁名：*Cyornis poliogenys*
英文名：Pale-chinned Flycatcher

雀形目鹟科

体长约 17 cm。雄鸟头灰色，上体灰褐色，尾基部棕色；喉白色，胸浅棕色，腹和尾下覆羽白色。雌鸟身体褐色，喉白色，胸带棕色。

留鸟，分布于喜马拉雅山脉东段、中国西南和中南半岛北部，包括青藏高原东南部，分布海拔 270～1335 m。

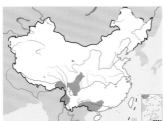

灰颊仙鹟。左上图为雌鸟，董江天摄；下图为雄鸟，张岩摄

山蓝仙鹟

拉丁名：*Cyornis banyumas*
英文名：Hill Blue Flycatcher

雀形目鹟科

体长约 15 cm。雄鸟前额浅蓝色，上体深蓝色，眼先、贯眼纹和脸颊黑色，尾端部和两翼翅缘深褐色；喉、胸橙色，腹部白色。雌鸟似雄鸟，但上体灰褐色，尾棕色，喉、胸橙黄色，腹部白色。

留鸟，分布于喜马拉雅山脉东段、中国西南和东南亚，包括青藏高原东南部，分布海拔 0～2500 m。

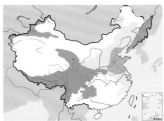

山蓝仙鹟。左上图为雌鸟，董文晓摄；下图为雄鸟，薄顺奇摄

蓝喉仙鹟

拉丁名：*Cyornis rubeculoides*
英文名：Blue-throated Flycatcher

雀形目鹟科

体长约 15 cm。雄鸟上体蓝色，眼先黑色；颏、喉蓝色，上胸橙红色，腹部白色。雌鸟上体灰褐色，喉橙黄色。

作为夏候鸟，繁殖于喜马拉雅山脉、中国西南和华中，包括青藏高原东南部和东部，繁殖海拔 300～2090 m；在南亚次大陆、中国西南、中南半岛越冬；作为留鸟，分布于中国西南和中南半岛北部。

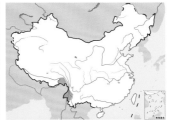

蓝喉仙鹟。左上图为雌鸟，李锦昌摄；下图为雄鸟，董磊摄

白喉姬鹟
拉丁名：*Anthipes monileger*
英文名：White-gorgeted Flycatcher

雀形目鹟科

体长约 11 cm。上体浅褐色，眉纹黄色；颏、喉白色，白色喉部外圈黑色，胸、腹灰色沾黄，尾下覆羽白色。雌雄羽色相似。

留鸟，分布在喜马拉雅山脉东段、中国西南和中南半岛北部，包括青藏高原东南部，分布海拔 600～3000 m。

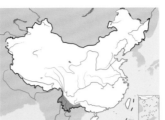

白喉仙鹟。时敏良摄

棕腹大仙鹟
拉丁名：*Niltava davidi*
英文名：Fujian Niltava

雀形目鹟科

体长约 18 cm。雄鸟上体深蓝色，脸颊、眼先和贯眼纹黑色，前额、颈侧、翼角及尾上覆羽浅蓝色；喉部黑色，胸、腹棕黄色。雌鸟全身灰褐色，喉部下方有白色细纹，颈侧浅蓝色。

作为夏候鸟，繁殖于中国西南、陕西和华南，包括青藏高原东南部边缘，繁殖海拔 1000～1700 m；在中国西南和中南半岛越冬。

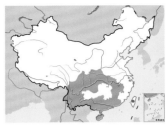

棕腹大仙鹟。左上图为雄鸟，下图为雌鸟。董磊摄

棕腹仙鹟
拉丁名：*Niltava sundara*
英文名：Rufous-bellied Niltava

雀形目鹟科

体长约 17 cm。雄鸟上体深蓝色，脸颊黑色，前额、颈侧、翼角及腰部为亮丽的浅蓝色；喉部黑色，下体棕黄色，尾下覆羽近白色。雌鸟体羽灰褐色，喉部下方有白色斑纹，颈侧有浅蓝色斑，尾羽和两翼沾棕色。

作为夏候鸟，繁殖于喜马拉雅山脉；在喜马拉雅山脉南麓、中国西南和中南半岛北部越冬；作为留鸟，分布于喜马拉雅山脉东段，中国西南、华中和华南，包括青藏高原东南部和东部。分布海拔 245～3200 m。

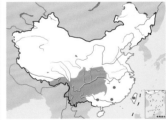

棕腹仙鹟。左上图为雌鸟，Jason Thompson（维基共享资源／CC BY 2.0）；下图为雄鸟，董磊摄

棕腹蓝仙鹟

拉丁名：*Niltava vivida*
英文名：Vivid Niltava

雀形目鹟科

体长约 19 cm。雄鸟上体蓝色，头顶浅蓝色，贯眼纹和脸颊黑色；颏、喉黑色，胸、腹棕黄色。雌鸟上体灰褐色，下体浅灰色。

留鸟，分布于喜马拉雅山脉东段、中国西南和华南、中南半岛北部，包括青藏高原东南部，分布海拔 750～2700 m。

棕腹蓝仙鹟。左上图为雄鸟，沈越摄；下图为雌鸟，胡慧建摄

大仙鹟

拉丁名：*Niltava grandis*
英文名：Large Niltava

雀形目鹟科

体长约 21 cm。雄鸟上体深蓝色，头顶亮蓝色，贯眼纹和脸颊黑色；颏、喉黑色，胸腹蓝黑色。雌鸟体羽橄榄褐色，颈侧浅蓝色，喉部有浅黄色斑。

留鸟，分布在喜马拉雅山脉、中国西南和东南亚，包括青藏高原东南部，分布海拔 450～2850 m。

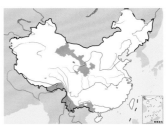

大仙鹟。左上图为雄鸟，下图为雌鸟。田穗兴摄

小仙鹟

拉丁名：*Niltava macgregoriae*
英文名：Small Niltava

雀形目鹟科

体长约 13 cm。雄鸟上体深蓝色，前额亮蓝色，脸颊黑色，尾上覆羽亮蓝色；喉部黑色，胸深蓝色，至腹变为浅蓝色。雌鸟上体褐色，颈侧浅蓝色，下体灰色，尾下覆羽浅蓝色。

留鸟，分布于喜马拉雅山脉、中国西南和华南以及中南半岛北部，包括青藏高原东南部，分布海拔 270～2560 m。

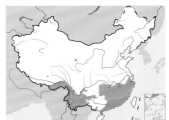

小仙鹟。左上图为雌鸟，下图为雄鸟。田穗兴摄

和平鸟类和叶鹎类

■ 和平鸟雀形目和平鸟科鸟类，只有1属2种，中国仅分布有1种，见于青藏高原
■ 叶鹎指雀形目叶鹎科鸟类，共1属11种，中国分布有3种，仅1种见于青藏高原
■ 雄鸟羽色比雌鸟更艳丽，和平鸟以蓝色和黑色为主，翅长而尖；叶鹎则以亮绿色和黄色为主，腿和足短而强
■ 和平鸟以果实为主食，也吃少量动物性食物；叶鹎以节肢动物为主食，也吃花蜜和果实

类群综述

和平鸟 和平鸟是雀形目和平鸟科（Irenidae）的成员，是雀总科（Passeroidea）的一部分。和平鸟只有 1 属 2 种，分布在亚洲南部和非洲，也有观点认为和平鸟菲律宾亚种 *Irena puella tweeddalii* 应独立为巴拉望和平鸟 *Irena tweeddalii*。分子证据显示，和平鸟科与叶鹎科（Chloropseidae）互为姐妹关系。

和平鸟为中型鸣禽，翅长而尖，体羽以蓝色和黑色为主，雄鸟比雌鸟更艳丽。它们喜欢栖息在低海拔到中海拔的森林和森林边缘，在树冠上营造杯形巢，巢距地面数米。关于它们在野外的生活，目前没有更多的信息。

和平鸟在其分布区内较为常见，但蓝腹和平鸟 *I. cyanogastra* 和巴拉望和平鸟仅分布于有限的几个岛屿上，被 IUCN 列为近危物种（NT）。而被 IUCN 评估为无危（LC）的和平鸟在中国因分布区狭小而被《中国脊椎动物红色名录》评估为近危（NT）。

叶鹎 叶鹎是雀形目叶鹎科（Chloropseidae）成员的总称，为雀总科的一部分，包括 1 属 11 种，分布在喜马拉雅山脉、东南亚及中国南方。也有观点认为蓝翅叶鹎指名亚种 *Chloropsis cochinchinensis cochinchinensis* 应独立为爪哇叶鹎，分布于中国南方和越南的橙腹叶鹎华南亚种 *Chloropsis hardwickii melliana* 和海南亚种 *C. h. lazulina* 应独立为灰冠叶鹎 *C. lazulina*。叶鹎科与其他鸟科的关系，虽然经过长久的探索，依然没有定论。

叶鹎为小型鸣禽，体羽以绿色为主，因此英文名字是 Leafbird，不过，有些种有蓝色、黑色、黄色和橙色等色块，色彩鲜艳。雌雄羽色相似，但雄鸟更艳丽。黑色的脸罩也是叶鹎的一个特征，但仅仅限于雄性；它们的腿很短，适于树栖生活。

叶鹎通常是留鸟，栖息于海拔 2400 m 以下的开阔常绿阔叶林，以各种节肢动物为食，也吃花蜜和果实。关于繁殖生物学，11 种叶鹎中只有 3 种被研究过，5 种只有很有限的记录，而其余 3 种全然不知。已有的信息显示，叶鹎在树枝间建造杯形巢，材料是细茎、卷须、叶片，特别是植物的须根。每窝产卵 2～3 枚，由雌鸟孵卵。

叶鹎本来在其分布区内并不罕见，但近年来因被捕捉为笼养鸟进行贸易和栖息地丧失，受胁状态有所加剧。分布于东南亚岛屿的苏门答腊叶鹎 *Chloropsis media*、大绿叶鹎 *C. sonnerati* 和黄翅叶鹎 *C. flavipennis* 被 IUCN 列为易危物种（VU），其中前 2 种都是 2016 年从无危（LC）提升为易危（VU），原因是被捕捉为笼养鸟和栖息地丧失导致群数量急剧下降。小绿叶鹎 *Chloropsis cyanopog*、蓝脸叶鹎 *C. venusta* 和从蓝翅叶鹎中独立的爪哇叶鹎被列为近危（NT）。在中国分布的叶鹎均被 IUCN 列为无危物种（LC），但金额叶鹎 *Chloropsis aurifrons* 在中国也因被捕捉贸易而数量下降，被《中国脊椎动物红色名录》评估为近危（NT）。

左：和平鸟为中型鸣禽，体羽以蓝色和黑色为主，翅长而尖，以植物果实为主食。图为和平鸟雄鸟。关翔宇摄

右：叶鹎体羽以绿色为主，有些种还有黄色、橙色等鲜艳色块。图为橙腹叶鹎雄鸟。彭建生摄

和平鸟
Irena puella

橙腹叶鹎
Chloropsis hardwickii

和平鸟

拉丁名：*Irena puella*
英文名：Asian Fairy-bluebird

雀形目和平鸟科

体长约 26 cm。上体金属蓝色，红色眼圈醒目，脸颊黑色，尾、翅黑色；下体黑色。雌鸟通体铜蓝色，眼圈红色。

留鸟，分布于南亚次大陆西南和东北、喜马拉雅山脉、中国西南和东南亚，包括青藏高原东南部，最高分布海拔 1900 m。

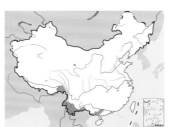

和平鸟。左上图为雄鸟，下图为雌鸟。刘璐摄

橙腹叶鹎

拉丁名：*Chloropsis hardwickii*
英文名：Orange-bellied Leafbird

雀形目叶鹎科

体长约 19 cm。雄鸟上体绿色，两翼及尾蓝色，尾羽暗褐色；前额基部、颊部与颏、喉和上胸呈蓝黑色，下颏向后有一条狭长的紫蓝色纵纹，下体橘黄色。雌鸟不似雄鸟显眼，体多绿色，腹部中央具一道狭窄的褐色条带。

留鸟，分布在喜马拉雅山脉、中国长江以南和东南亚，包括青藏高原东南部，最高分布海拔 2000 m。在喜马拉雅地区，繁殖于 3—8 月，建杯形巢吊挂于树枝间，窝卵数 2～3 枚。

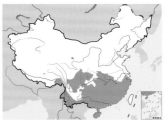

橙腹叶鹎。左上图为雄鸟，董磊摄；下图为正在取食花蜜的雌鸟，彭建生摄

和平鸟亚成鸟。刘璐摄

啄花鸟类

■ 雀形目啄花鸟科鸟类，包括2属44种，中国分布有1属6种，其中5种见于青藏高原
■ 身体娇小，喙短至中等长，微弯，雄性羽色比雌性艳丽
■ 以果实和花蜜为食，也吃少量昆虫或其他动物
■ 巢为悬挂的袋状，侧面开口

类群综述

分类与分布 啄花鸟是指雀形目啄花鸟科（Dicaeidae）的成员，为雀总科的组成部分，有2属44种，分布在亚洲南部和大洋洲的亚热带和热带森林地区。中国有啄花鸟1属6种，均分布于秦岭以南，其中5种见于青藏高原。由于许多雀形目类群都独立进化出采食花蜜的习性，以致啄花鸟的分类地位难以确定。最近的分子证据表明，它与花蜜鸟科（Nectariniidae）互为姐妹群。

形态 与花蜜鸟相比，啄花鸟的体形短圆，嘴形种间变异比较大，或纤细或厚实，一些种类喙前端略下弯，先端还有锯齿。翅和尾都较短，跗跖短而强壮。啄花鸟羽色亦具明显的性二型性，雄性的体羽更为亮丽。

栖息地 啄花鸟生活在气候温暖的地区，栖息于原始森林、红树林以及人工林地。

食性 啄花鸟以花蜜果实为食，特别是槲寄生类植物的浆果，因此能帮助槲寄生传播种子。啄花鸟的舌扁平而前部有凹，或呈管状，体现了对采食花蜜的适应。此外，啄花鸟还取食小型昆虫，如甲虫和蚊蝇类，因此也常见到它们在枝叶之间悬停搜索猎物。觅食时，常与太阳鸟一起加入混合鸟群，常在树冠层活动，叫声尖细，动作敏捷。

繁殖 啄花鸟的巢是一个悬挂在树枝上的小囊，开口于侧面，巢材由须根、苔藓和蜘蛛丝构成。窝卵数1~4枚，孵化期10~12天，育雏期15天左右。雌鸟或双亲筑巢、孵卵，两性育雏。喂养雏鸟的食物主要是花蜜和果实。

种群状态和保护 啄花鸟大多在其分布区内数量较为丰富，受胁物种比例较鸟类平均受胁比例低。仅分布于菲律宾宿务岛的四色啄花鸟 *Dicaeum quadricolor* 被IUCN列为极危物种（CR），同样仅分布于菲律宾岛屿的红领啄花鸟 *Dicaeum retrocinctum* 和黑腰啄花鸟 *Dicaeum haematostictum* 被列为易危（VU），赤胸锯齿啄花鸟 *Prionochilus thoracicus* 等5个种被列为近危（NT）。在中国分布的啄花鸟均为无危物种（LC），未列入保护名录。

左：啄花鸟体形较小，常在枝叶茂密的树冠层活动，觅取果实、花蜜或小型昆虫。图为朱背啄花鸟。魏东摄

右：朱背啄花鸟雌鸟。魏东摄

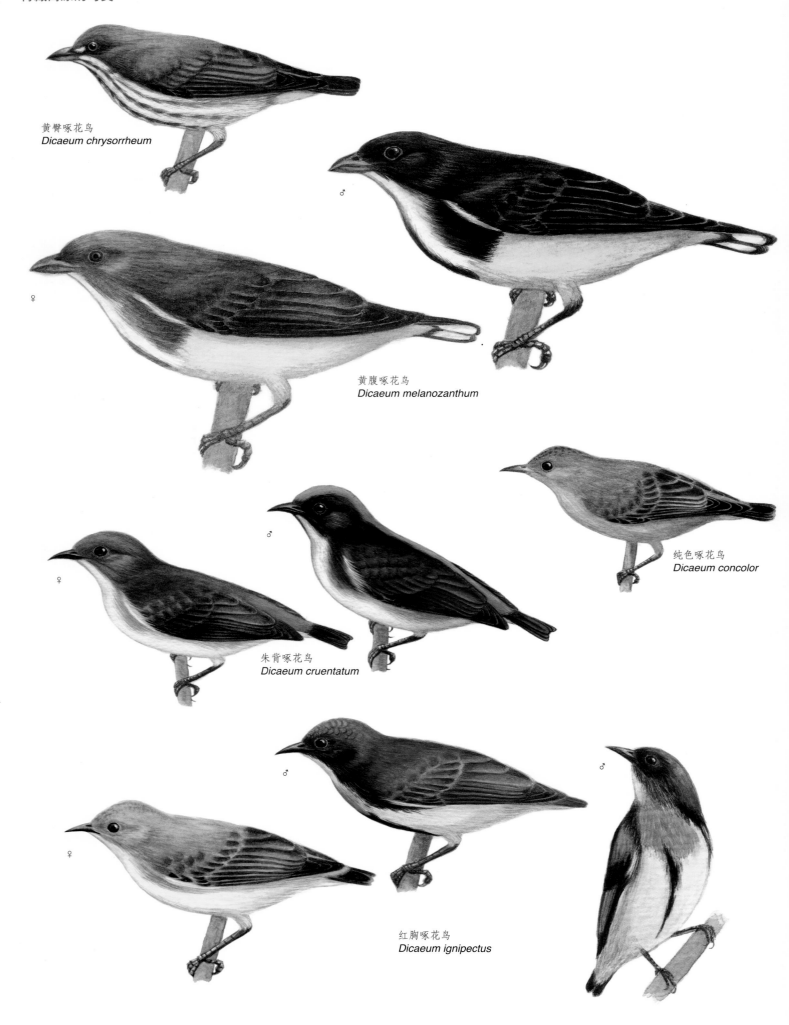

黄臀啄花鸟
Dicaeum chrysorrheum

黄腹啄花鸟
Dicaeum melanozanthum

纯色啄花鸟
Dicaeum concolor

朱背啄花鸟
Dicaeum cruentatum

红胸啄花鸟
Dicaeum ignipectus

黄臀啄花鸟

拉丁名：*Dicaeum chrysorrheum*
英文名：Yellow-vented Flowerpecker

雀形目啄花鸟科

体长约 9 cm。上体橄榄绿色，尾、翅褐色；下体白色而密布黑色纵纹，尾下覆羽黄色为其典型特征。雌鸟尾下覆羽的黄色较淡。

留鸟，分布于喜马拉雅山脉东段、中国西南和东南亚，包括青藏高原东南部，分布海拔 0～2000 m。

黄腹啄花鸟

拉丁名：*Dicaeum melanoxanthum*
英文名：Yellow-bellied Flowerpecker

雀形目啄花鸟科

体长约 13 cm，体形较大的啄花鸟。雄鸟上体黑色，外侧尾羽有白斑；喉白色，胸黑色，喉至胸部有一条白色纵纹，腹黄色。雌鸟羽色浅淡。

留鸟，分布于喜马拉雅山脉、中国西南和中南半岛北部，包括中国西藏东南部、云南西部和西北部、四川西南部，分布海拔 775～3915 m。

 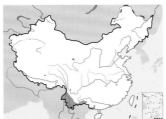

黄臀啄花鸟。左上图董文晓摄，下图王瑞卿摄

黄腹啄花鸟。左上图为雄鸟，下图为雌鸟。田穗兴摄

正在觅食的黄臀啄花鸟。沈越摄

纯色啄花鸟

拉丁名: *Dicaeum concolor*
英文名: Plain Flowerpecker

雀形目啄花鸟科

体长约 8 cm。上体橄榄绿色，翼角白色；下体浅灰色，腹部和尾下覆羽沾黄色。雌雄羽色相似。

留鸟，分布于喜马拉雅山脉、中国南方、南亚和东南亚，包括青藏高原东南部，分布海拔 0～3660 m。

纯色啄花鸟。左上图沈越摄，下图田穗兴摄

朱背啄花鸟

拉丁名: *Dicaeum cruentatum*
英文名: Scarlet-backed Flowerpecker

雀形目啄花鸟科

体长约 8 cm。雄鸟从头顶到腰和尾上覆羽猩红色，脸颊黑色，尾、翅黑色；下体白色，两胁深灰色。雌鸟上体橄榄褐色，腰和尾上覆羽猩红色，尾、翅深褐色；下体白色，两胁浅灰色。

留鸟，分布于喜马拉雅山脉东段，中国西南、华南和东南，以及东南亚，包括青藏高原东南部，最高分布海拔 2135 m。

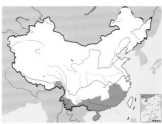

朱背啄花鸟。左上图为雄鸟，下图为雌鸟。田穗兴摄

红胸啄花鸟

拉丁名: *Dicaeum ignipectus*
英文名: Fire-breasted Flowerpecker

雀形目啄花鸟科

体长约 9 cm。雄鸟上体金属蓝色；颏、喉黄色，胸猩红色为其典型特征，腹和尾下覆羽黄色，由胸部而下至腹部有一条黑色纵纹，两胁橄榄绿色。雌鸟羽色暗淡，上体橄榄绿色，下体浅黄色。

留鸟，分布于喜马拉雅山脉、中国南方和东南亚，包括青藏高原东南部，分布海拔 300～3950 m。

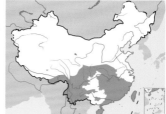

红胸啄花鸟。左上图为雄鸟，下图为雌鸟。彭建生摄

红胸啄花鸟雄鸟，可见胸部至下腹的黑色纵纹。刘璐摄

花蜜鸟类

- 雀形目花蜜鸟科鸟类，全世界有16属132种，中国有6属13种，其中5属10种见于青藏高原
- 体形娇小，喙细长而弯，捕蛛鸟更甚，翅中等长且圆，雄性羽色比雌性艳丽
- 以虫为食，对花蜜也有很强的依赖
- 社会性单配制，少数物种合作繁殖

类群综述

分类与分布　花蜜鸟是指雀形目花蜜鸟科（Nectariniidae）的成员，为雀总科的组成部分，全世界有 16 属 132 种。花蜜鸟是一类分布在旧大陆南部的小型鸣禽，包括太阳鸟和捕蛛鸟，分布在东洋界、撒哈拉以南的非洲、大洋洲以及太平洋西南部的岛屿。中国有 6 属 13 种，均分布在秦岭以南，其中喜马拉雅山南麓至横断山地区是中国花蜜鸟种类最集中的区域，青藏高原有花蜜鸟 5 属 10 种。花蜜鸟属 Cinnyris 是这个类群最大的属，有 50 个物种；太阳鸟属 Aethopyga 则是第二大属，青藏高原分布的几种太阳鸟都位于这个属，它一共有 18 个物种，喜马拉雅山脉和菲律宾岛屿是这个属的 2 个分布中心。

早期的分类学家把太阳鸟和捕蛛鸟以及啄花鸟放在一起，因为它们有相似的生态习性，比如喜欢在树冠层活动，动作灵活敏捷，既捕食昆虫也喜食花蜜，因此有为植物传粉的作用。但在形态上，类群间的差别则十分明显。也许因为如此，关于它们之间演化关系的争论一直没有休止。最新的 DNA 证据建议将啄花鸟单独分出来建立一个新科，同时认为花蜜鸟的起源中心应该在亚洲。

形态　由于喜欢访花吸食花蜜，花蜜鸟在形态上出现了一些适应食性的特化。它们有娇小的体形，体长只有 8～23 cm。喙细长、前端尖而下弯并边缘有锯齿；舌呈管状，富伸缩性，先端分叉或具毛刷。翅膀短圆，跗跖短而强壮。这些形态特点也出现在其他专食花蜜的种类里，如分布在新大陆的蜂鸟，

左：顾名思义，花蜜鸟喜欢访花吸食花蜜。图为正在空中悬停访花的黑胸太阳鸟。田穗兴摄

右：太阳鸟具有明显的性二型性，雄鸟羽色华丽且具金属光泽，雌鸟则为平淡的橄榄绿色或灰褐色。图为蓝喉太阳鸟的雄鸟和雌鸟。彭建生摄

这应该是趋同适应演化的结果。花蜜鸟也可以看作是东半球热带地区生态地位与西半球蜂鸟相当的类群。花蜜鸟尾羽也很有特色，除平尾、圆尾、凸尾之外，有些种类有特化，如火尾太阳鸟 *Aethopyga ignicauda* 的雄性繁殖期尾羽可达 20 cm，而叉尾太阳鸟 *Aethopyga christinae* 的一对中央尾羽末端尖细延长，形成小叉状。太阳鸟羽色具明显的性二型性，雄鸟羽色华丽，很多种类的羽毛具金属光泽；而雌鸟羽色较平淡，多橄榄绿色或者灰褐色。

栖息地　花蜜鸟的典型栖息地是森林、多花灌丛的高山草甸以及人工园林。分布海拔很广，从海边一直到海拔 4900 m 的高原都可以看到其身影，其中分布海拔最高的便是青藏高原的火尾太阳鸟。活动的海拔随季节变化，比如蓝喉太阳鸟 *Aethopyga gouldiae* 一般分布于海拔 1200 ～ 4300 m，但是在冬季则下降到海拔 330 ～ 2700 m；再比如火尾太阳鸟的繁殖海拔在 3000 ～ 4900 m，而冬季下迁到 610 ～ 2900 m。

食性　除花蜜外，花蜜鸟的食性还包括果实和动物性食物，比如捕蜘蛛鸟类喜食蜘蛛。觅食时，太阳鸟常常加入由绣眼鸟、啄花鸟和柳莺类共同组成的混合鸟群，光顾树冠层和灌丛顶层的花朵，特别是在青藏高原，高海拔的太阳鸟常常造访杜鹃花。

繁殖　大多数花蜜鸟的婚配制度为单配制，少数表现合作繁殖。雄鸟在繁殖期有很强的领域性，筑巢主要由雌鸟完成。太阳鸟的巢为囊状，侧面开口，位于矮树枝或灌丛间；捕蜘蛛鸟的巢为杯形或管形，依附于蜘蛛网、棕榈树或香蕉树叶下。巢材主要为草茎，太阳鸟巢还有地衣、树皮和树叶。窝卵数通常 3 枚。孵化期 14 ～ 15 天。太阳鸟仅由雌鸟孵卵，捕蜘蛛鸟则是双亲孵卵。双亲育雏，持续 2 ～ 3 周。

花蜜鸟是许多杜鹃的寄主。如翠金鹃曾被报道将卵产于蓝喉太阳鸟、绿喉太阳鸟 *Aethopyga nipalensis* 和黄腰太阳鸟 *A. siparaja* 的巢内。

种群现状和保护　跟啄花鸟一样，花蜜鸟多数在其分布区内较为常见，受胁比例低于世界鸟类整体受胁比例，但一些岛屿分布的物种还是面临一定的灭绝风险。阿曼尼直嘴太阳鸟 *Hedydipna pallidigaster*、拉氏花蜜鸟 *Cinnyris loveridgei* 和亮丽太阳鸟 *Aethopyga duyvenbodei* 被 IUCN 列为濒危物种（EN），红领食蜜鸟 *Anthreptes rubritorques* 等 4 个物种被列为易危（VU），赤胸锯齿啄花鸟 *Prionochilus thoracicus* 等 10 个物种被列为近危（NT）。中国分布的花蜜鸟均为无危物种（LC）。

高黎贡山火尾太阳鸟的巢和巢中的雏鸟。梁丹摄

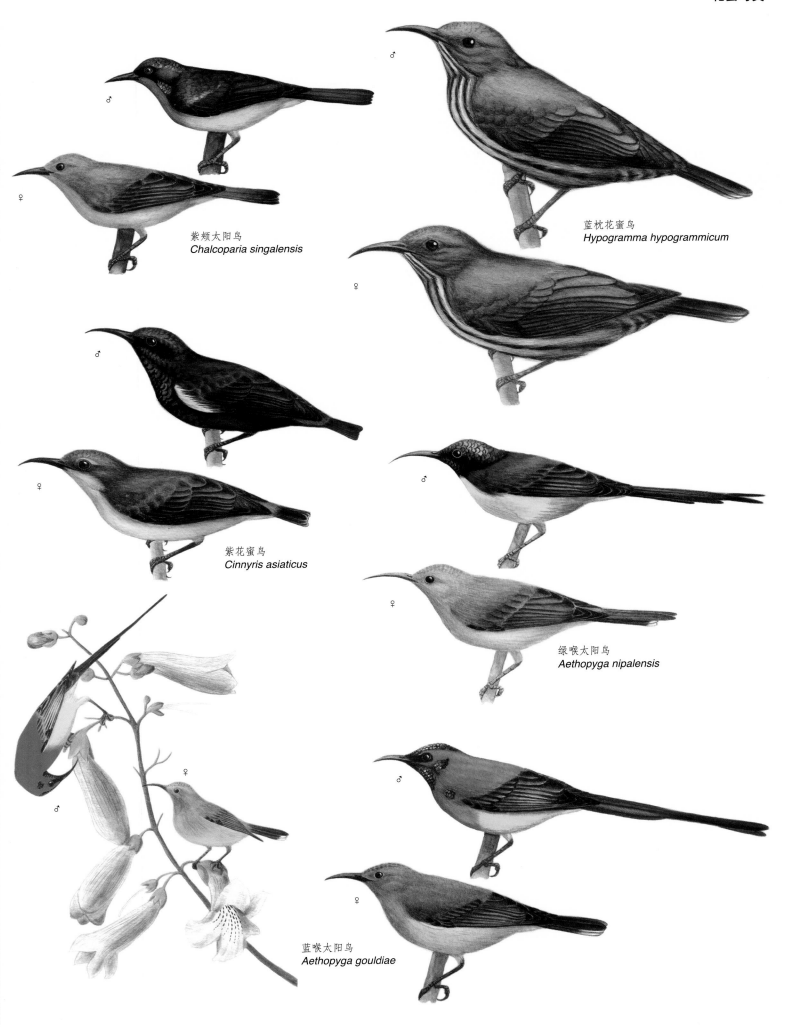

紫颊太阳鸟
Chalcoparia singalensis

蓝枕花蜜鸟
Hypogramma hypogrammicum

紫花蜜鸟
Cinnyris asiaticus

绿喉太阳鸟
Aethopyga nipalensis

蓝喉太阳鸟
Aethopyga gouldiae

黑胸太阳鸟
Aethopyga saturata

黄腰太阳鸟
Aethopyga siparaja

火尾太阳鸟
Aethopyga ignicauda

长嘴捕蛛鸟
Arachnothera longirostra

纹背捕蛛鸟
Arachnothera magna

紫颊太阳鸟

拉丁名：*Chalcoparia singalensis*
英文名：Ruby-cheeked Sunbird

雀形目花蜜鸟科

体长约 10 cm。雄鸟上体深绿色并有金属光泽，脸颊古铜色；喉、胸橙褐色，腹部黄色。雌鸟上体橄榄绿色，下体与雄鸟相似但色泽较浅。

留鸟，分布于喜马拉雅山脉东段、中国西南和东南亚，包括青藏高原东南部，分布海拔 0～1000 m。

紫颊太阳鸟。左上图为雌鸟，田穗兴摄；下图为雄鸟，沈越摄

蓝枕花蜜鸟

拉丁名：*Hypogramma hypogrammicum*
英文名：Purple-naped Sunbird

雀形目花蜜鸟科

体长约 10 cm。雄鸟上体草绿色，枕部、腰和尾覆羽金属紫色并有蓝色斑纹，尾羽深褐色，飞羽边缘深褐色；下体黄色而具浓密纵纹。雌鸟似雄鸟，但上体是均匀的绿色而缺乏金属紫色部分。

留鸟，分布于中国西南和东南亚，包括青藏高原东南部，分布海拔 0～1200 m。

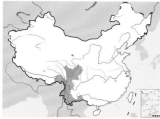

蓝枕花蜜鸟。左上图为雌鸟，董文晓摄；下图为雄鸟，赵江波摄

紫花蜜鸟

拉丁名：*Cinnyris asiaticus*
英文名：Purple Sunbird

雀形目花蜜鸟科

体长约 11 cm。雄鸟全身体羽黑色，翅上覆羽金属蓝色，胸部亮绿色和紫色，胸侧亮黄色。雌鸟上体橄榄色，下体暗黄色。

留鸟，分布于中东、中亚、南亚次大陆、喜马拉雅山脉、中国西南和东南亚北部，包括青藏高原东南部，最高分布海拔 2400 m。

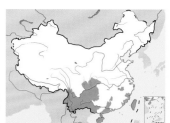

紫花蜜鸟。左上图为雌鸟，下图为雄鸟。田穗兴摄

蓝喉太阳鸟

拉丁名：*Aethopyga gouldiae*
英文名：Gould's Sunbird

雀形目花蜜鸟科

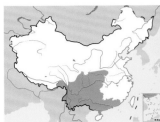

形态　体长约 15 cm。喙比其他太阳鸟短。雄鸟头金属紫蓝色，脸颊暗红色，颈侧和上背暗红色，肩和下背橄榄绿色，腰黄色，尾金属紫蓝色，翅灰褐色，飞羽边缘黄褐色；喉紫蓝色，下体余部黄色。雌鸟体形比雄鸟小，头灰色，上体橄榄绿色，腰黄色，下体浅黄色。

分布　留鸟，分布于喜马拉雅山脉、中国西南、华南和华中，以及中南半岛北部，包括青藏高原东南部，最高分布海拔4270 m；在越南和老挝有越冬种群。

栖息地　栖息于高山阔叶林、沟谷林、稀树灌丛，常在盛开花的树丛或森林中层以上的寄生植物花丛活动。在云南高黎贡山分布的 5 种太阳鸟中，蓝喉太阳鸟也有最宽的海拔分布范围，从海拔 1500 m 一直到海拔 3000 m，这个范围覆盖了低海拔黑胸太阳鸟的分布区，而高海拔段覆盖了绿喉太阳鸟和火尾太阳鸟的分布区。蓝喉太阳鸟在数量上也比其他太阳鸟多。

习性　与其他太阳鸟相遇时，蓝喉太阳鸟的竞争能力非常强，会主动驱赶其他太阳鸟。2016 年 3 月，研究者在高黎贡山海拔1700 m 的一个村庄附近看到一种羊蹄甲的白花一枝独秀，多种吸蜜鸟类都到这棵树上来取食花蜜。蓝喉太阳鸟数量最多，显得十分强势，而黑胸太阳鸟只有在它们饱食完后才能分得一杯羹。这可能是它们分布广、数量多的原因。

繁殖　在喜马拉雅地区，蓝喉太阳鸟的繁殖期在 4—8 月。巢为梨形或椭圆形，侧面开口。卵白色，有淡红褐色斑点。有被翠金鹃寄生的记录。

蓝喉太阳鸟西南亚种 *A. g. dabryii*。左上图为雌鸟，下图为雄鸟。赵纳勋摄

西藏亚东沟蓝喉太阳鸟指名亚种 *A. g. gouldiae* 雄鸟。李小燕摄

绿喉太阳鸟

拉丁名：*Aethopyga nipalensis*
英文名：Green-tailed Sunbird

`雀形目花蜜鸟科`

体长约 15 cm。喙长且弯曲度大。雄鸟头金属天蓝色，脸颊黑紫色，颈侧和上背暗红色，肩和下背橄榄绿色，尾金属绿色，腰黄色；额、喉金属天蓝色，下体余部黄色，胸部沾红色。雌鸟体形比雄鸟小，上体黄褐色，腰黄色。

留鸟，分布于喜马拉雅山脉、中国西南和中南半岛东北部，包括中国西藏东南部和云南西北部，分布海拔 300～3665 m。

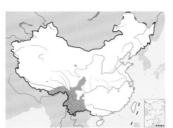

绿喉太阳鸟。左上图为雌鸟，下图为雄鸟。董磊摄

黑胸太阳鸟

拉丁名：*Aethopyga saturate*
英文名：Black-throated Sunbird

`雀形目花蜜鸟科`

体长约 14 cm。雄鸟头金属蓝色，脸颊黑色，背暗紫红色，尾金属蓝色，中央尾羽长，翼黑褐色；喉金属蓝色，胸黑色，腹浅黄色。雌鸟体形比雄鸟小，上体橄榄绿色，腰鲜黄色。

留鸟，分布于喜马拉雅山脉、中国西南、中南半岛和马来半岛，包括中国西藏东南部，分布海拔 300～2200 m。

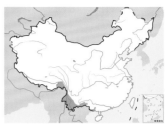

黑胸太阳鸟。左上图为雌鸟，下图为雄鸟。田穗兴摄

黄腰太阳鸟

拉丁名：*Aethopyga siparaja*
英文名：Crimson Sunbird

`雀形目花蜜鸟科`

体长约 13 cm。雄鸟额金属绿色，具蓝紫色细长颊纹，头顶至背猩红色，腰黄色，尾上覆羽和尾羽亮绿色，翅褐色；喉、胸猩红色，腹灰色。雌鸟体形比雄鸟小，上体暗橄榄绿色，尾、翅暗褐色；喉灰色，下体余部浅橄榄黄色。

留鸟，分布于喜马拉雅山脉、中国西南和华南、东南亚，包括青藏高原东南部，分布海拔 0～2000 m。

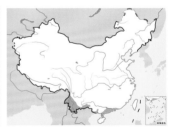

黄腰太阳鸟。左上图为雄鸟，下图为雌鸟，沈越摄

火尾太阳鸟

拉丁名：*Aethopyga ignicauda*
英文名：Fire-tailed Sunbird

雀形目花蜜鸟科

形态 体长约 17 cm。雄鸟额金属紫色，面颊黑紫色，头顶至背火红色、腰黄色，尾上覆羽和尾火红色；喉金属紫色，下体余部黄色，胸部沾橘黄色。雌鸟体形比雄鸟小，头灰色，上体灰橄榄绿色，腰黄色，下体浅黄绿色。

分布 留鸟，分布于喜马拉雅山脉、中国西南和中南半岛北部，包括青藏高原东南部，最高分布海拔 4880 m。

探索与发现 太阳鸟因食性与蜂鸟相似，有"东方的蜂鸟"之称。在中国分布的 6 种太阳鸟中，羽色最为惊艳的非火尾太阳鸟莫属。在非繁殖期，它们常常组成觅食群。在野外曾观察到 50 多只火尾太阳鸟组成的群体在杜鹃花丛取食，火红的颜色和长长的尾巴格外显眼。

2013—2014 年春季，西南林业大学韩联宪带领的研究组在高黎贡山片马垭口对火尾太阳鸟的生活史做了研究。初步确定火尾太阳鸟为单配制，巢为侧开口的梨形巢，吊在柏树、杜鹃及其他灌木的枝条上，距地面高度在 3 m 以下。筑巢工作主要由雌鸟完成，但有时雄鸟也会衔取巢材。产卵前有 3～5 天的空巢期。窝卵数 1～2 枚，其中以 2 枚居多。孵卵和育雏需要 10 天左右。仅雌性孵卵，但双亲均参与雏鸟的喂养。巢容易被星鸦等天敌侵袭。

火尾太阳鸟。左上图为雄鸟，曹宏芬摄；下图为雌鸟，沈越摄

高黎贡山火尾太阳鸟的巢和卵。梁丹摄

正在从非繁殖羽换成繁殖羽的火尾太阳鸟雄鸟。魏东摄

长嘴捕蛛鸟

拉丁名：*Arachnothera longirostra*
英文名：Little Spiderhunter

雀形目花蜜鸟科

  体长约 15 cm。喙长而弯。头灰色，上体橄榄绿色；喉灰色，下体余部黄色并有灰色纵纹。雌雄羽色相似。

  留鸟，分布于印度南部、喜马拉雅山脉东段、中国西南、中南半岛，包括青藏高原东南部，分布海拔 0～2200 m。

 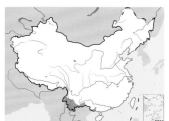

长嘴捕蛛鸟。沈越摄

纹背捕蛛鸟

拉丁名：*Arachnothera magna*
英文名：Streaked Spiderhunter

雀形目花蜜鸟科

  体长约 19 cm。喙长而弯且粗壮。头至上体橄榄色，遍布由黑色羽轴形成的纵纹；下体白色沾黄色，遍布黑色纵纹。雌雄羽色相似。

  留鸟，分布于喜马拉雅山脉东段、中国西南和华南、中南半岛，包括青藏高原东南部，分布海拔 150～2200 m。

纹背捕蛛鸟。左上图彭建生摄，下图沈越摄。

岩鹨类

岩鹨类

- 雀形目岩鹨科鸟类，共有1属13种，中国有9种，其中8种生活在青藏高原
- 小型鸟类，喙相对较短而弱，雌雄羽色相似
- 典型栖息地是高山灌丛，在地面觅食，繁殖期以昆虫为食，非繁殖期吃植物种子
- 交配系统多样

类群综述

分类与分布 岩鹨是雀形目岩鹨科（Prunellidae）成员的总称，也是雀总科的组成部分。岩鹨原为雀科（Passeridae）下的岩鹨亚科（Prunellinae），新的分类意见将它们提出来自成一科。所有岩鹨都分布在古北界，共有 1 属 13 种，中国有 9 种。青藏高原是岩鹨的故乡，有 8 个物种生活在这里。

形态 岩鹨的体形与麻雀相仿，羽色多灰褐和棕色，并有暗色纵纹。在细尖而基部较宽的喙的中间部位，有一个明显的紧缩，这是该科鸟类的特异之处。

栖息地和习性 岩鹨是高山留鸟，生活在海拔1500 m 以上的高山针叶林带、灌木丛及多岩地带，冬天下降到溪谷活动。食物以昆虫为主，辅以植物果实。

繁殖 对生活在英国剑桥大学植物园里的林岩鹨 *Prunella modularis*、法国比利牛斯和日本富士山的领岩鹨 *Prunella collaris* 的深入研究，使得岩鹨的社会行为受到关注。别看它们貌不惊人，其社会系统却异常惊人：在同一个种群里，一雄一雌、一雄多雌、一雌多雄和多雄多雌 4 种类型的交配系统同时存在，各占一定比例。林岩鹨的多雄多雌单位通常由 2 雄 +2 雌组成，而领岩鹨为 2～4 雄 +4 雌。

不同于合作繁殖系统，在多雄多雌制的岩鹨群体内，个体之间没有亲缘关系。值得注意的是，雄性群体成员之间具有明显的社会等级，年长的个体地位要高。高地位雄鸟强烈地限制低地位雄鸟与雌鸟交配的机会。尽管如此，一个窝内的雏鸟仍然来自不同的父亲，而母亲通常只是一个。雄鸟可以为群体中的几个雌鸟巢内的雏鸟提供食物，但前提是它在这个窝里获得父权。假如一个低地位的雄鸟没有留下自己的后代，它可能毁坏卵或杀死雏鸟。相对于实行单配制的雌鸟，拥有 2 个以上配偶的雌鸟能够产更多的卵；当 2 只以上雄鸟参加育雏活动时，这些雏鸟可以获得更多的食物，长得更为强壮。因此，雌鸟间为了雄鸟而竞争，显然，通过跟若干雄鸟交配，雌鸟可以获得减轻育雏任务的直接好处；当然，多配所带来的间接遗传利益，也可能促进这种行为的进化。

种群现状和保护 岩鹨数量丰富，暂无灭绝风险，均被 IUCN 列为无危物种（LC）。在中国，贺兰山岩鹨较为罕见，被《中国脊椎动物红色名录》评估为易危（VU）。

左：岩鹨常在多岩石地带活动，它们体形与麻雀相仿，羽色多灰褐色和棕色，并有暗色纵纹，形成很好的保护色。图为站在岩石上的领岩鹨。向定乾摄

右：研究者发现，林岩鹨和领岩鹨表现啄泄殖腔（cloaca-pecking）行为。交配前，特别是在雌鸟不久前很可能与另外的雄鸟交配过的情况下，通过这种行为，雄鸟刺激雌鸟排出泄殖腔中已有的精子。图为正在啄泄殖腔的领岩鹨。Bogbumper 摄（维基共享资源／CC BY 2.0）

鸟类的婚配制度：

婚配制度指繁殖季节雄性和雌性繁殖者的联系方式，包括社会交配系统（social mating system）和遗传交配系统（genetic mating system）。有4种类型的婚配制度：单配制（monogamy），一雄多雌制（polygyny），一雌多雄制（polyandry），多雄多雌制（polygynandry）。

现存鸟类的92.0%为单配制，1.6%为一雄多雌制，0.4%为一雌多雄制，6.0%为混交制。不过，同一物种的不同种群间、同一种群内的不同个体间，婚配制度可以不同。

领岩鹨
Prunella collaris

高原岩鹨
Prunella himalayana

棕胸岩鹨
Prunella strophiata

鸲岩鹨
Prunella rubeculoides

棕眉山岩鹨
Prunella montanella

褐岩鹨
Prunella fulvescens

黑喉岩鹨
Prunella atrogularis

栗背岩鹨
Prunella immaculata

领岩鹨

拉丁名：*Prunella collaris*
英文名：Alpine Accentor

雀形目岩鹨科

　　体长约 18 cm。头至上背灰色，次级飞羽边缘有醒目的白色斑点，腰栗色，有深褐色条斑，尾羽黑褐色；颏、喉和上胸灰色，上腹及两胁栗色，各羽有较宽的白色边缘，下腹淡黄褐色，各羽有暗色横斑。

　　留鸟，分布于地中海、西伯利亚中部和东部、青藏高原；冬季出现在地中海南部和中国东北。最高分布海拔 5000 m。

领岩鹨。沈越摄

高原岩鹨

拉丁名：*Prunella himalayana*
英文名：Altai Accentor

雀形目岩鹨科

　　体长约 16 cm。头灰色，上体栗色且有粗的褐色纵纹；喉白色而边缘黑色，胸灰色并具醒目的棕色纵纹，腹部中心乳白色。

　　留鸟，分布于中亚至蒙古西北部、俄罗斯贝加尔湖以东、帕米尔高原东部、中国西北和青藏高原西北部，在喜马拉雅山地有越冬种群，最高分布海拔 5500 m。多岩石高山草甸是其典型的栖息地。

高原岩鹨。刘璐摄

鸲岩鹨

拉丁名：*Prunella rubeculoides*
英文名：Robin Accentor

雀形目岩鹨科

　　形态　体长约 16 cm。头和上体灰褐色，上背棕褐色并具有黑色纵纹，翼覆羽有狭窄白色边缘；喉灰色，胸栗褐色，下体余部白色。

　　分布　留鸟，分布区自喜马拉雅山向东延伸至中国西南和华中，包括西藏南部和东南部、青海东北部、甘肃南部和四川西部，最高分布海拔 5500 m。

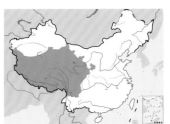

鸲岩鹨。贾陈喜摄

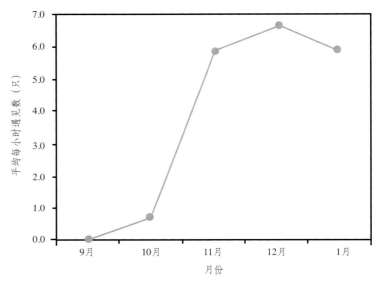

在雅鲁藏布江中游高山灌丛环境，鸲岩鹨是冬候鸟。其数量在12月达到最高值

种群动态 在雅鲁藏布江中游的高山灌丛，鸲岩鹨是冬候鸟。它们于 10 月到达后，数量一直攀升，在 12 月达到最高，成为那里冬季鸟类的优势物种，随后数量有所减少，但依然保持一个比较高的水平；在 5 月底，它们从高山峡谷消失。

繁殖 在西藏当雄的峡谷底部，研究者于 2007 年 6 月 29 日发现 2 个鸲岩鹨巢，其中一个巢里有 2 只雏鸟，另一个有 3 只雏鸟。它们位于地面上，被灌木遮挡。巢的外层由锦鸡儿的茎和苔藓构成，里面垫着动物毛发。巢的外径 11 ～ 15 cm，内径 6.5 ～ 7.2 cm，深 6 ～ 6.3 cm。

青海称多鸲岩鹨的巢和卵。贾陈喜摄

青海称多鸲岩鹨的巢和雏鸟。贾陈喜摄

棕胸岩鹨

拉丁名：*Prunella strophiata*
英文名：Rufous-breasted Accentor

雀形目岩鹨科

体长约 15 cm。眼先从狭窄的白线起，至眼后转为黄褐色眉纹，上体褐色具黑褐色纵纹；颏、喉白色并具黑褐色点斑，胸棕红色形成的宽阔胸带是该鸟的典型特征，下胸以下白色且具黑色纵纹。

留鸟，分布区从阿富汗东部经过喜马拉雅山脉延伸至青藏高原东南部、缅甸东北和中国中部，包括青海东部、甘肃、陕西西南部、西藏东南部、云南北部和四川西部，最高分布海拔 5000 m。

棕胸岩鹨。沈越摄

青海祁连山地灌木丛中棕胸岩鹨的巢和卵。贾陈喜摄

棕眉山岩鹨

拉丁名：*Prunella montanella*
英文名：Siberian Accentor

雀形目岩鹨科

体长约 15 cm。头顶及头侧近黑色，眉纹及喉橙皮黄色，形成醒目的图纹，余部赭黄色，上背及下胸有棕褐色纵纹，尾深褐色。

作为夏候鸟，繁殖于俄罗斯以及中亚地区；越冬于朝鲜半岛，中国东北、华北及华中，偶见于青海。

棕眉山岩鹨。左上图沈越摄，下图杨贵生摄

褐岩鹨

拉丁名：*Prunella fulvescens*
英文名：Brown Accentor

雀形目岩鹨科

形态 体长约 15 cm。整体以淡棕黄色为主，前额及头顶暗褐色，头两侧黑色，在暗的头部背景下，长而宽的白色眉纹显得格外醒目，背上有暗褐色纵纹，尾深褐色；颏、喉白色，其余下体淡棕色。雌雄相似，但雌鸟羽色稍浅。

分布 留鸟，分布于中亚、阿尔泰、蒙古和青藏高原，包括中国西藏南部和东南部、青海东北部、甘肃西南部以及四川西部和南部，最高分布海拔 5100 m。

栖息地 栖息于有零星灌木生长的多岩石高原草地，常到居民点附近活动，是高原常见的鸟类之一。

在雅鲁藏布江中游，褐岩鹨是留鸟。非繁殖期，它们出现在

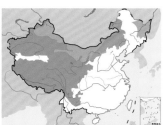

褐岩鹨。沈越摄

海拔 3000～5000 m 的各种环境，包括河谷、村庄、农田和高山灌丛。在高山带，非繁殖期人类居住地的褐岩鹨密度最高，其次是蔷薇–小檗灌丛。但在繁殖期，它们仅仅出现在海拔 4200 m 以上的高山带。

种群动态 在雅鲁藏布江中游高山带，褐岩鹨的数量从秋季开始增加，之后保持一个高的水平；但在 5 月中旬繁殖开始前，种群数量迅速减少，繁殖季节的密度不到非繁殖季节的 5%。2004 年，在面积 183 hm² 的南坡只找到 4 个巢。

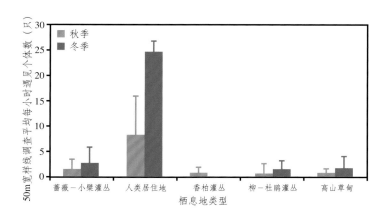

雅鲁藏布江高山带2003—2004年秋季和冬季褐岩鹨在不同环境中的数量。图为样线法调查结果

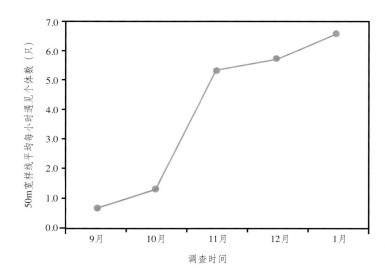

雅鲁藏布江中游高山带秋冬季节褐岩鹨的数量变化。图为样线法调查结果

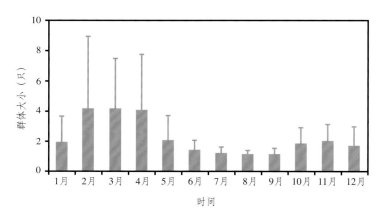

雅鲁藏布江中游高山带褐岩鹨群体大小在一年间的变化

社会行为　在非繁殖季节，28% 的个体生活在由 2 只以上个体组成的群体里，最多可以见到 20 余只个体组成的松散群体；而在繁殖期，93% 的个体单独或成对活动。但是，因为没有进行个体标记，目前的调查结果并不能说褐岩鹨就不表现其亲属林岩鹨和领岩鹨所具有的特殊社会婚配制度。

繁殖季节，会看到雄鸟在地面追逐雌鸟，后者翘起尾羽露出泄殖腔。这说明褐岩鹨也表现在林岩鹨和领岩鹨中发现的啄泄殖腔行为，虽然 5 次目击的这种现象都并没有导致交配。

繁殖　大多数巢建在锦鸡儿和小檗这两种带刺的灌木间，距离地面 0～0.8 m。巢杯形，外壁由细的草或灌木茎编织而成，里面铺垫着苔藓、鸟羽和牦牛毛。巢建好后，要再过 5～11 天才开始产卵。最早发现有卵的巢在 5 月 1 日，最晚在 7 月 17 日。卵浅蓝色，有少量暗褐色斑点。

雌鸟承担孵卵职责。因为高山上天气寒冷，卧巢期间需要补充能量。据 4 月份的观察，雌鸟每次在巢的时间平均为 15.2 分钟，而每次离巢时间平均为 9.5 分钟。曾观察到一只个体给孵卵的雌鸟提供食物，但因没有标记，不能确定是否是其配偶。

雌鸟为雏鸟抱暖，有一个巢在雏鸟孵出已经 12～13 天时依然需要雌鸟抱暖。双亲育雏，其间亲鸟每一次回巢嘴里都叼着好几只虫子。在育雏的食谱中，同翅目是最多的，占总数的 38.5%。大多数的虫子体长小于 5 mm。

雅鲁藏布江中游高山带褐岩鹨的繁殖过程。巢和卵、坐巢孵卵、雏鸟、带着食物准备回巢的雌鸟。卢欣摄

雅鲁藏布江中游高山带褐岩鹨的繁殖参数	
繁殖期	5—7 月
繁殖海拔	4280～4713 m
巢基支持	各种灌木
距地面高度	0～0.8 m
巢大小	外径 10.5 cm，内径 58.4 cm，深 48.4 cm，高 10.3 cm
窝卵数	2～3 枚，平均 2.90 枚
卵大小	长径 19.8 mm，短径 14.6 mm
新鲜卵重	2.1～2.3 g，平均 2.2 g
孵化期	13～14 天
繁殖成功率	56%

雅鲁藏布江中游高山带褐岩鹨的育雏食谱			
食物种类	食物数量（只）	食物占比	食物平均体长 (mm)
蜘蛛目 Araneae	8	10.3%	4.2
直翅目 Orthoptera	5	6.4%	7.4
鞘翅目 Coleoptera	10	12.8%	7.8
双翅目 Diptera	5	6.4%	3.0
鳞翅目 Lepidoptera	2	2.6%	13.0
同翅目 Homoptera	30	38.5%	2.4
翅目 Plecoptera	3	3.8%	6.2
啮虫目 Psocoptera	11	14.1%	2.6
长翅目 Mecoptera	1	1.3%	8.0
幼虫 Larvae	3	3.8%	12.7
合计	78	100.0%	4.5

黑喉岩鹨

拉丁名：*Prunella atrogularis*
英文名：Black-throated Accentor

雀形目岩鹨科

体长约 15 cm。头顶、面部黑褐色，眉纹粗重且呈浅黄色，上体余部褐色而具暗褐色纵纹；喉黑色，胸及两胁粉色偏黄色，臀部白色。

留鸟，分布在亚洲中西部，包括阿尔泰山南部以及帕米尔高原，最高繁殖海拔 3000 m；越冬于亚洲西南部，包括中国西藏西南部、印度西北部、巴基斯坦南部以及伊朗东北部。

了一些栗背岩鹨的繁殖信息。它们 4 月下旬现身莲花山，5 月上旬开始繁殖。巢位于高大针叶树树枝与树干分支的地方，呈碗状，开口向上。巢外层由桦、忍冬和云杉的小细枝构成，内有苔藓、鸟羽和兽毛。雌鸟每天清晨产卵，卵墨绿色，没有斑点，产完最后一枚就开始孵卵。孵卵由雌鸟承担，日出巢 26 次，每次离巢时间为 11.6 分钟，在巢率 78.7%。雏鸟孵出后，由双亲饲养。

繁殖期间，栗背岩鹨表现很强的领域性。野外观察发现，当一只个体落在距离一个巢约 7 m 左右的树上时，领域内正在喂养幼鸟的 2 只亲鸟互相鸣叫，然后先后飞向入侵者并驱逐之。

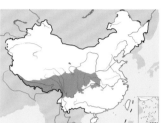

黑喉岩鹨。左上图邢新国摄，下图魏东摄

栗背岩鹨。沈越摄

栗背岩鹨

拉丁名：*Prunella immaculate*
英文名：Maroon-backed Accentor

雀形目岩鹨科

形态 体长约 14 cm。头、喉、胸和上腹灰色，眼圈红色，背栗色，初级飞羽灰色，外侧边缘带白色；下腹至臀栗红色，尾下覆羽淡棕黄色。雌雄相似。

分布 留鸟，分布区自喜马拉雅山脉东部，向东延伸至中国西南和南部，包括西藏东南部、甘肃南部、四川和云南，最高分布海拔 5000 m；在印度西北部、中国四川南部和云南北部有越冬种群。

繁殖 中国科学院动物研究所鸟类研究组在甘肃莲花上获得

甘肃莲花山栗背岩鹨的繁殖参数	
繁殖季节	5 月下旬至 7 月上旬
婚配制度	单配制
巢基支持	针叶树
距地面高度	4～12 m
巢大小	外径 12.0 cm，内径 6.9 cm，深 3.3 cm
窝卵数	4 枚
卵大小	长径 19.6 mm，短径 14.5 mm
新鲜卵重	2.3～2.5 g
孵化期	14 天
育雏期	14 天

朱鹀类

朱鹀类

- 朱鹀指雀形目朱鹀科鸟类，仅1属1种，分布于我国青藏高原东北边缘
- 朱鹀喙圆锥形，翅长，尾长，具有10枚初级飞羽
- 朱鹀主要以植物果实和种子为食，也吃部分昆虫等动物性食物
- 朱鹀的生活史信息还很欠缺，需要进一步研究

类群综述

朱鹀是雀形目朱鹀科（Urocynchramidae）成员的总称，也是雀总科的组成部分，只有1属1种，即朱鹀 Urocynchramus pylzowi，是仅分布于青藏高原东北边缘的中国特有鸟种。

朱鹀的分类归属长期存有争议。从形态特征上看，它具有一些独特之处，比如朱雀般的红色体羽、长尾雀般的尾羽和燕雀般的喙，以致人们一直迷惑于它到底属于古北界鹀科（Emberizidae），还是朱雀所在的燕雀科（Fringillidae）。最近，分类学家依据更多的分子证据，认为朱鹀与梅花雀科（Estrildidae）、维达雀科（Viduidae）、岩鹨科（Prunellidae）和绿森莺科（Peucedramidae）组成的进化支，以及其余9枚初级飞羽的雀类（Passeroid）有更近的亲缘关系，将其单立一科，并推测它在大约2500万年前分化出来，从而成为迄今所知的青藏高原最古老的雀形目鸟类。

左：朱鹀是分类地位独特的一种中国特有鸟类，拥有朱雀般的红色体羽、长尾雀般的长尾和燕雀般的喙，是迄今所知青藏高原最古老的雀形目鸟类，然而人们对其自然历史信息所知甚少。图为繁殖后期朱鹀的雄鸟和亚成鸟。唐军摄

朱鹀喙圆锥形，翅长，尾长，初级飞羽10枚，雄鸟体羽粉红色，背部有深褐色条纹，雌鸟暗褐色。栖息于高山和高原地带，繁殖期单独或成对活动，非繁殖期集结成小群，主要以植物果实和种子为食，也吃部分昆虫等动物性食物。其他生活史信息尚未可知。作为分类地位特殊的古老物种，还分布于青藏高原这一特殊的地理单元，值得进一步关注。

朱鹀被IUCN评估为无危（LC），《中国脊椎动物红色名录》评估为近危（NT）。

朱鹀
Urocynchramus pylzowi

朱鹀

拉丁名：*Urocynchramus pylzowi*
英文名：Pink-tailed Rosefinch

雀形目朱鹀科

体长约14 cm。雄鸟头顶黄褐色，眉纹玫瑰红色，背部、肩部葡萄红色并具黑褐色纵纹，两翼棕褐色，中央尾羽深棕色，外侧尾羽和尾下覆羽沾粉色；颏至上胸均呈玫瑰红色，其余下体污白色。雌鸟通体淡黄褐色，胸部皮黄色而具深色纵纹，尾基部浅粉橙色。

中国特有物种。留鸟，仅分布于青藏高原东北边缘，包括青海东部、甘肃西南部、西藏东部和四川西部，最高分布海拔5000 m。

朱鹀雌鸟。蒋迎昕摄

站在枝头的朱鹀雄鸟。董磊摄

织雀类

■ 雀形目织雀科鸟类，有15属116种，中国分布有1属2种，仅1种见于青藏高原
■ 小型鸟类，喙锥状，短而尖，繁殖期雄鸟体羽比雌鸟鲜明，但非繁殖期两性相似
■ 喜群居，栖息于相对开阔的环境，大多取食植物种子和果实，但也有一些食虫
■ 能够编织精美的巢，交配系统种间变异很大

类群综述

织雀指雀形目织雀科（Ploceidae）的成员，也是雀总科的一部分，有15属116种，分布于非洲撒哈拉以南地区和南亚、东南亚，中国仅1属2种，青藏高原仅1种。织雀科与鹡鸰科（Motacillidae）和雀科（Passeridae）组成的进化支互为姐妹群，但更细致的研究则认为它与梅花雀科（Estrididae），或者由梅花雀科和维达雀科（Viduidae）组成的进化支有更近的亲缘关系。

在繁殖期，雄性织雀的体羽由黑色、黄色、橙色或红色组成，但雌鸟不那么显眼，呈淡黄色或褐色。在非繁殖季节，有几种织雀的雄鸟羽色变得与雌鸟一样单调。

织雀喜欢相对开阔的林地、灌丛、草地和农田环境，大多数取食植物种子和果实，尤其是草籽，但也有一些物种以食虫为主。织雀喜欢群居，即使在繁殖季节。其中的代表是生活在非洲的奎利亚雀 Quelea，一个群体可以达到几十上百万只个体，如同蝗虫爆发，对农业生产构成威胁。

织雀拥有多样的交配系统，从单配制到多配制，从孤立营巢到集群营巢，比如在奎利亚雀繁殖的灌木丛中，每棵灌木上有几百个鸟巢；一些物种表现合作繁殖。在一雄多雌的系统内，雄鸟建巢，并在领域内炫耀以吸引雌鸟。织雀是鸟类中优秀的编织者，它们以草茎、草叶、柳树纤维等编织出呈精美的长梨形巢，悬吊于树梢。窝卵数2~6枚。单配制的物种由双亲共同筑巢、孵卵和育雏；而一雄多雌物种中，孵卵、育雏任务由雌鸟负责，雄鸟只是偶尔帮助饲喂雏鸟。

毛里求斯织雀 Foudia rubra 等7个物种被 IUCN 列为濒危（EN），亚洲金织雀 Ploceus hypoxanthus 等8个物种被 IUCN 列为近危（NT）。中国分布的2种织雀均为无危物种（LC）。

左：织雀是鸟类中优秀的编织者，它们以草茎、草叶、柳树纤维等编织出呈精美的长梨形巢，悬吊于树梢。图为纹胸织雀

纹胸织雀
Ploceus manyar

纹胸织雀

拉丁名：*Ploceus manyar*
英文名：Streaked Weaver

雀形目织雀科

    体长约 15 cm。繁殖期雄鸟头顶金黄色，脸颊黑褐色，上体黑褐色，羽缘浅黄色；颏、喉黑褐色，下体余部白色并有黑色纵纹；非繁殖期雄鸟与雌鸟相似，头顶褐色，眉纹黄色，脸颊褐色并有黄色细条纹，颏、喉黄色。

    留鸟，分布于南亚次大陆、中国西南部和东南亚，包括青藏高原东南部边缘，最高分布海拔 1000 m。

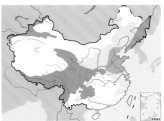

纹胸织雀。左上图为繁殖期雄鸟，下图为衔材筑巢的雌鸟。徐燕冰摄

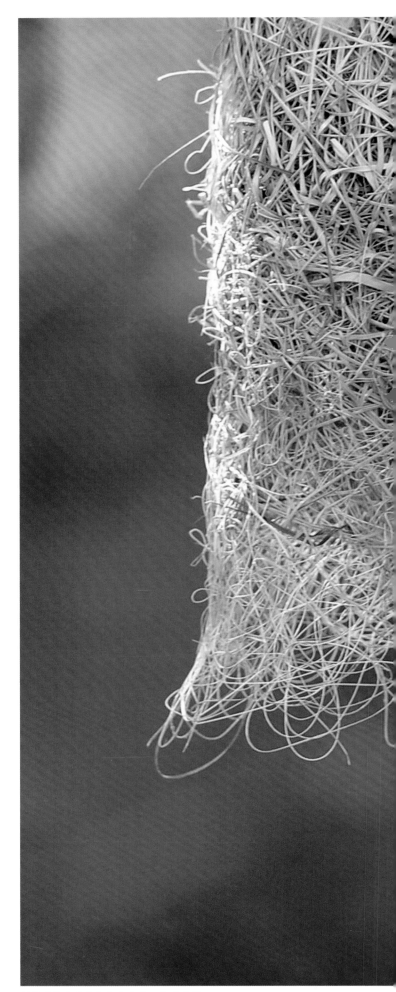

倒挂在巢上的纹胸织雀雄鸟。徐燕冰摄

梅花雀类

梅花雀类

- 雀形目梅花雀科鸟类，有34属134种，中国分布有5种8属，3种见于青藏高原
- 喙圆锥形，一些物种雄性体羽比雌性亮丽，其他一些雌雄相似
- 主食草籽，也吃少量浆果、花蜜以及昆虫

类群综述

梅花雀是指雀形目梅花雀科（Estrildidae）的成员，也是雀总科的一部分，包括 34 属 134 种，原来作为梅花雀亚科（Estrildinae）置于雀科（Passeridae）下。梅花雀科分为 2 个亚科，梅花雀亚科（Estrildinae）和文鸟亚科（Lonchurinae），前者包括梅花雀属 *Estrilda*、火雀属 *Lagonosticta*、斑腹雀属 *Pytilia* 等，后者包括文鸟属 *Lonchura*、鹦雀属 *Erythrura*、星雀属 *Neochmia* 等。梅花雀适应于气候温暖的地区，分布在非洲、亚洲南部和大洋洲，少数物种生活在澳大利亚南方，适应了当地较为寒冷的气候。中国分布有 5 属 8 种，包括 3 种梅花雀和 5 种文鸟，其中 3 种文鸟见于青藏高原。

梅花雀多数物种体形甚小，体长只有 8～15 cm，体重 6～25 g。羽毛色彩华丽，物种间差异很大。栖息于多种开阔的环境，包括草地、稀树草原和林地，喜欢集群。筑巢于地面、灌丛或树上。窝卵数 2～6

枚，孵化期 12～14 天；育雏期 18～21 天，雏鸟也取食草籽。建巢、孵卵和育雏的任务由双亲共同承担。少数物种表现合作繁殖，其方式为多只雌鸟产卵于同一个巢。一些火雀和斑腹雀会在维达雀的巢内产卵寄生。

梅花雀多数在其分布区内数量丰富，受胁比例较低。因羽色艳丽，梅花雀一些种类被驯化成为笼养观赏鸟，如文鸟属的许多种类；禾雀 *Lonchura oryzivora* 已经被引进很多地方，包括中国东南沿海。虽然这些笼养种的人工饲养培育已经有很长的历史，但实际上贸易个体仍有许多是来自野外捕捉，成为梅花雀最大的受胁因素。农业开垦导致的栖息地丧失是另一致胁因素。禾雀、灰颊梅花雀 *Estrilda poliopareia* 等 7 个物种被 IUCN 列为易危（VU），红额啄花雀 *Parmoptila rubrifrons* 等 6 个物种为近危（NT）。

左：梅花雀主要生活在亚热带、热带地区，仅少数几种见于中国，其中青藏高原仅见 3 种文鸟。图为白腰文鸟。沈越摄

右：白腰文鸟。沈越摄

白腰文鸟
Lonchura striata
ad.

斑文鸟
Lonchura punctulata
ad.
juv.

栗腹文鸟
Lonchura atricapilla
ad.
juv.

白腰文鸟

拉丁名：*Lonchura striata*
英文名：White-rumped Munia

雀形目梅花雀科

体长约 11 cm。上体褐色，背部有白色纵纹，腰白色是其典型特征，尾尖形，黑褐色；颏、喉黑褐色，有白色纵纹，胸、腹近白色，各羽具浅褐色 "U" 形斑，尾下覆羽褐色并有白色细纹。雌雄羽色相似。

留鸟，分布于印度和斯里兰卡，喜马拉雅山脉东段，中国西南、华南和东南，以及东南亚，包括青藏高原东南部，最高分布海拔 2500 m。

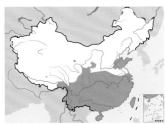

白腰文鸟。左上图沈越摄，下图赵纳勋摄

斑文鸟

拉丁名：*Lonchura punctulata*
英文名：Scaly-breasted Munia

雀形目梅花雀科

体长约 11 cm。脸颊棕色，头顶、肩、背淡浅褐色，并有白色纵纹；颏、喉深褐色，下体余部白色，各羽具深褐色 "U" 形斑，尾下覆羽白色。雌雄羽色相似。

留鸟，分布于印度和斯里兰卡，喜马拉雅山脉东段，中国西南、华南和东南，以及东南亚，包括青藏高原东南部，最高分布海拔 3000 m。

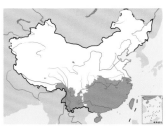

斑文鸟。沈越摄

栗腹文鸟

拉丁名：*Lonchura atricapilla*
英文名：Chestnut Munia

雀形目梅花雀科

体长约 12 cm。头黑褐色，上体棕色；颏、喉黑褐色，下体余部黑褐色，两胁棕色。雌雄羽色相似。

留鸟，分布于印度恒河流域，喜马拉雅山脉东段，中国西南、华南和东南，以及东南亚，包括青藏高原东南部，最高分布海拔 1700 m。

栗腹文鸟。沈越摄

雀类

雀类

- 雀形目雀科鸟类，共8属41种，中国分布有5属13种，青藏高原可见5属11种
- 喙圆锥形，腿短而强，羽色斑驳朴素
- 主要取食谷物，但繁殖季节以昆虫和其他无脊椎动物育雏
- 社会性单配制，配对关系可以持续几个繁殖季节

类群综述

分类与分布 雀是雀形目雀科（Passeridae）成员的总称，也是雀总科的一部分。分布限于旧大陆，包括非洲、欧洲和亚洲，因此通常又被称为旧大陆雀（Old World Sparrows），包括麻雀、石雀、灌丛雀、雪雀、地雀以及桂红绣眼鸟，共8属41种。此科鸟类的组成与归属问题长期存在争议。基于巢结构、角质腭形态、换羽方式等特征，早期学者把它们当作 Ploceidae，也就是过去所称的文鸟科、现在织雀科中的一个亚科。随着研究的深入，主要基于舌的结构和分子生物学方面的证据，而将其视为独立的科，可能与燕雀科（Fringillidae）、鹡鸰科（Motacillidae）以及新大陆具有9枚初级飞羽的鸣禽关系更近。

麻雀被归于雀属 Passer，共26种，起源于大约4000万年前的热带非洲，约200万年前扩散至欧亚大陆。石雀分为3个属，2个为地栖的单型属，淡色石雀属 Carpospiza 具有独特的三角形翅膀，飞翔时更像是云雀，在低矮灌丛中建杯状巢；石雀属 Petronia 多见于开阔裸露的多岩地带，尾短，有白色端斑，翅较长，集群繁殖于岩石缝隙、土洞中，非繁殖季节也集大群；另一个为由4个树栖物种组成的细嘴石雀属 Gymnoris，所以也叫灌丛雀（Bush Sparrow），广布于热带非洲、古北区南部和东方地区，见于空旷而干燥的稀树草原、开阔林地，尾细长而稍分叉，无白色端斑，喙尖而细，繁殖于树洞中。

雀科鸟类体形相对较小，体长12～18 cm，体

左：最新分类系统中的雀科鸟类为仅分布于旧大陆的麻雀、石雀、灌丛雀、雪雀等，其中雪雀是青藏高原的代表性物种。图为两只正在打斗的白腰雪雀。徐永春摄

右：非繁殖期集群是雀类的共同特征。图为秋季集群的麻雀。彭建生摄

重一般为 17 ～ 40 g，但白斑翅雪雀 Montifringilla nivalis 例外，它的体重可达 57 g。与科内其他成员相比，雪雀的体形更大，分布局限于亚洲高海拔地区，只有白斑翅雪雀扩散至欧洲极西南部。所有 8 种雪雀明显归于两组。第一组是真正的雪雀，即雪雀属 Montifringilla，包括 3 个种，生活在多岩环境，善于飞翔，繁殖于岩石缝隙。藏雪雀 Montifringilla henrici 过去曾被作为白斑翅雪雀或褐翅雪雀 Montifringilla adamsi 的亚种，考虑到与前者区别明显，与后者虽在一些地区分布重叠，但并无杂交，故作为独立物种对待，三者共同形成超种。第二组包括 5 种地雀（Ground sparrows），其中，白腰雪雀 Onychostruthus taczanowskii 构成一个单型属白腰雪雀属 Onychostruthus，其余 4 种在黑喉雪雀属 Pyrgilauda 内。它们栖息于高山草原环境，冬季下移至低海拔处；更适于地栖，善跑而不善飞；领域性强，喜欢在小型鼠类的洞中栖息、繁殖和躲避天敌。生活在菲律宾的桂红绣眼鸟 Hypocryptadius cinnamomeus 也构成雀科的一个单型属。

雀在中新世扩散至亚洲的干旱草原，并于第三纪晚期的造山运动时分化。石雀的 2 个属则留居于低地草原，后向西扩散，4 种灌丛雀后来定居于非洲，而黑喉雪雀属适应高海拔的干旱草原，雪雀属适应于高海拔的多岩山地。

形态和习性 雀类羽色多为棕色、栗色、灰色和白色，大多具黑色或黄色斑块，背部还具有很多条纹。雌雄相似，虽然雄性羽色通常比雌性显眼，只有一些雀属物种例外。幼鸟出生时裸露无羽，出飞 1 ～ 3 个月后进行完全的稚后换羽。成鸟每年只有一次在繁殖期之后的换羽。

雀的喙呈粗而尖的圆锥状，大鼻孔部分地被短嘴须和前额的羽毛所覆盖，适食植物种子。其取食器官和消化道都产生了特化，以更好地处理和消化种子。比如雀科鸟类的舌上具有特殊的骨骼结构，这与其他食谷鸟类相区别。石雀和灌丛雀的喙最强最钝，而雪雀和地雀的则变更尖些。雀科鸟类喜欢吃中等大小的草籽，比鸦类所吃的种子要小些。麻雀专食人类种植的谷物；生活在高海拔地区的雪雀和地雀，几乎不吃这些种子。有研究表明，夏季雀类的喙较冬季要长些，这反映出全年食性的变化，从夏季柔软的无脊椎动物转变为冬季吃坚硬的种子。

雀的翅膀宽而钝，具有 10 枚初级飞羽，但最外侧飞羽也就是第 10 枚明显要短，并隐藏于第 9 枚之下，被覆羽所遮盖。雪雀和地雀的飞行能力强，能在空中进行各种炫耀，因此其翅相应地要长些，占体长平均比例为 65%。石雀和灌丛雀的翅长仅占体长的 60%。尾相对较短，具有 12 枚尾羽。麻雀、

雀的喙呈粗而尖的圆锥状，但不同种类也有分化，石雀和灌丛雀的喙最强最钝，而雪雀和地雀的则更尖。图为石雀和白腰雪雀的喙对比。左图为石雀，沈越摄；右图为白腰雪雀，唐军摄

雀类

石雀和灌丛雀的腿较短，跗跖前方覆盖有大型鳞片；而雪雀和地雀的腿更强健些，适于快速奔跑、刨土寻食。

栖息地　干旱－半干旱的草原并散布有少许树木的环境，是雀类的典型栖息地。不过，有一些种类进入了沙漠或半沙漠地区，树麻雀和灌丛雀则渗透进了疏林。雪雀属于高海拔物种，全年生活于雪线附近的多岩山地。大多数麻雀都会利用人类的建筑物筑巢繁殖；石雀也会来到人类住宅边缘活动，并在建筑物上筑巢；高海拔的雪雀和地雀也会利用居民区取食，比如白斑翅雪雀会捡拾冬季滑雪场的游人丢弃的食物残渣。

繁殖　雀科鸟类为单配制，大多数种以松散的集群方式繁殖。巢大多位于树木、悬崖、建筑物的洞中，甚至也会缠绕在树枝间。巢为干草和植物的茎编成，通常为碗状，内衬以毛发、皮毛或羽毛。窝卵数 3~5 枚，孵化期 12~14 天。育雏期 14~17 天，但高海拔种类如白斑翅雪雀为 18~22 天，双亲育雏，有些种类能够把植物种子反吐给雏鸟。

种群现状和保护　雀类多数在其分布区数量丰富，且很好地适应了人工环境，很少受胁，仅阿布德库里麻雀 Passer hemileucus 被 IUCN 列为易危（VU），其他均为无危（LC）。

雀类幼鸟在离巢之后仍需双亲照顾一段时间。图为白腰雪雀离巢的幼鸟向亲鸟乞食。贾陈喜摄

麻雀
Passer montanus

家麻雀
Passer domesticus

山麻雀
Passer cinnamomeus

石雀
Petronia petronia

白斑翅雪雀
Montifringilla nivalis

藏雪雀
Montifringilla henrici

褐翅雪雀
Montifringilla adamsi

白腰雪雀
Onychostruthus taczanowskii

黑喉雪雀
Pyrgilauda davidiana

棕颈雪雀
Pyrgilauda ruficollis

棕背雪雀
Pyrgilauda blanfordi

麻雀

拉丁名：*Passer montanus*
英文名：Eurasian Tree Sparrow

雀形目雀科

形态 体长约 14 cm。额、头顶至后颈栗褐色，头侧白色，颊部有黑斑，白色的头侧醒目，这是区别于家麻雀和山麻雀的显著特征。上体背部棕褐色具有黑色纵纹，颈背具完整的灰白色领环；颏、喉黑色，其余下体皮黄灰色。雌雄相似，但雌鸟肩部羽毛为橄榄褐色。

分布 留鸟，分布于亚洲东部、中部和南部以及欧洲全境，包括中国全境，最高分布海拔 4500 m；在伊朗和巴基斯坦少数地区有越冬种群。树麻雀是欧亚大陆最常见的留鸟之一，已经被引入北美和澳大利亚。

栖息地 喜欢人类居住的环境，无论偏僻的农村还是繁华的城市，都有其身影。晚上匿藏于屋檐下，或土洞、岩穴内以及村旁的树林中。

习性 除繁殖期外，成群活动，特别是秋冬季节，集群多达数百只。

繁殖 世界各地对麻雀的研究包括繁殖、婚配系统、种群动态、食性等许多方面，发表的论文累计已经超过 500 篇。然而，关于青藏高原的麻雀，则没有任何发表的信息。最近，主要在西藏当雄，武汉大学卢欣的研究团队获得了一些数据。

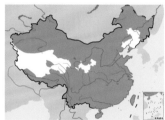

麻雀。左上图沈越摄；下图为冬季集群的盛况，杨贵生摄

西藏当雄繁殖期捕捉昆虫育雏的麻雀。卢欣摄

西藏当雄麻雀的繁殖参数	
繁殖期	4 月下旬至 7 月下旬
交配系统	单配制
繁殖海拔	4300 m
巢基支持	缝隙、洞穴
窝卵数	4～5 枚，平均 4.3 枚
卵色	暗白色，有大量灰褐色斑点
卵大小	长径 20.68 mm，短径 14.94 mm
新鲜卵重	2.26～2.77 g，平均 2.53 g
孵卵期	16.0 天
育雏期	18.5 天
出飞幼鸟体重/成鸟	103.4%

与低海拔的同类一样，高原的麻雀早早就开始繁殖了。在海拔 4300 m 的当雄，从 4 月底一直持续到 8 月底。每对一年最多可以繁殖 3 窝。

大多数的巢置于人类建筑物缝隙里。巢呈杯状或碗状、球形或椭圆形，侧面开口。外周巢材有叶茎、须根、破布等，内垫有兽毛、鸟羽等。在青海天峻还记录到树麻雀利用废弃的地山雀洞穴。双亲共同营巢、孵卵、喂养幼鸟。幼鸟习飞离巢后，先随亲鸟一起活动，而后亲鸟再次繁殖，幼鸟自行结群活动。秋后，所有成鸟与当年的幼鸟会合形成大的群体。

种群现状和保护 由于杀虫剂的大量使用，世界各地麻雀的数量明显减少，最近一些年数量有所恢复。没有确凿的数据说明青藏高原的麻雀是否也经历这样的变化。

家麻雀

拉丁名：*Passer domesticus*
英文名：House Sparrow

雀形目雀科

形态　体长约 15 cm。与麻雀相似，区别在于头顶灰色，脸颊部无黑色斑块，浅色眉纹为白色，耳后有一栗色条纹；喉部和胸部为明显的黑色。雌鸟羽色较淡，上背两侧具皮黄色纵纹，胸侧有黑褐色纵纹。

分布　留鸟，分布于欧洲、北非、中亚、东亚、南亚和东南亚北部，包括青藏高原西南部，最高分布海拔 4900 m。

栖息地　生活在各种环境，包括农田和居民区。

繁殖　由于在欧洲广泛分布，家麻雀常被作为研究鸟类生活史、性选择的模式物种。丹麦的研究表明，雄性家麻雀喉部黑斑的大小与性选择显著相关。喉部黑斑大的雄鸟比黑斑小的雄鸟更早到达繁殖地，占据的领域中有更多可供选择的繁殖地，这使得它们在繁殖过程中取得优势，获得更大的适合度。此外，该鸟类存在配偶外父权现象，但不同种群的发生率不同，也广泛存在同种巢寄生现象。肯无该物种在青藏高原的详细生活史信息。

种群现状和保护　IUCN 和《中国脊椎动物红色名录》均评估为无危（LC）。但 IUCN 的报告也指出，家麻雀的种群数量从 20 世纪 80 年代至今一直处于缓慢下降趋势。由英国牛津大学爱德华·格雷野外鸟类学研究所领衔的研究团队对英国农村的 4 个家麻雀种群进行了野外试验、遗传分析和种群数量统计研究，发现农业集约化引起的冬季食物的减少，可能是导致英国家麻雀种群数量较少的原因；另一项针对法国农村家麻雀的研究也得出了类似的结论。

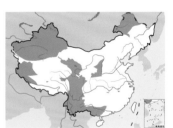

家麻雀。左上图为雌鸟，杨贵生摄；下图为捕捉昆虫幼虫育雏的雄鸟，魏希明摄

山麻雀

拉丁名：*Passer cinnamomeus*
英文名：Russet Sparrow

雀形目雀科

形态　体长约 14 cm。雄鸟顶冠及上体栗红色是其典型特征，脸颊白色，背中央有黑色纵纹，两翅暗褐色，初级飞羽有两道棕白色横斑；颏、喉中央黑色，其余下体灰白色微沾淡黄色。与雄鸟不同，雌鸟羽色较暗，具深色的宽眼纹及奶油色长眉纹，上体橄榄褐色；颏、喉无黑色，下体淡灰棕色，腹部中央白色。

分布　作为夏候鸟，繁殖于中国北方、朝鲜半岛以及日本；在中国广西南部和缅甸南部有越冬种群；作为留鸟，分布区自阿富汗东北部沿喜马拉雅山脉向东延伸至中国东部和南部，包括西藏南部和东南部、青海南部、长江流域、珠江流域和台湾。最高分布海拔 4300 m。

繁殖　营巢于山坡岩壁天然洞穴中，也利用墙壁、堤坝、桥梁洞穴。在中国内地几个地区已有山麻雀繁殖生态学的报道，但青藏高原的情况则所知甚少，只有在四川马边崖壁天然洞穴中记录的 2 巢。巢由枯草茎和叶组成，内垫有棕丝、鸟羽、羊毛，巢外径分别为 6.4 cm×8.8 cm 和 9 cm×13 cm，内径 5.2 cm×6.1 cm 和 7 cm×9 cm，高 9.7 cm 和 6 cm，深 2.8 cm 和 2.5 cm。

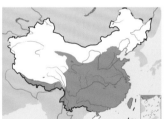

山麻雀。左上图为雄鸟，下图为雌鸟。沈越摄

石雀

拉丁名：*Petronia petronia*
英文名：Common Rock-sparrow

雀形目雀科

形态 体长约 15 cm。前额和头顶两侧暗褐色，头顶中央至枕部淡黄褐色，形成一条宽阔的中央淡色带，眉纹皮黄色，贯眼纹暗灰色；后颈、背、腰和尾羽淡灰褐色，尾羽端部白色，两翼暗褐色，羽缘淡灰皮黄色，有两道白色横斑；下体喉部有一黄色斑，胸和两胁暗褐色纵纹。雌雄羽色相似。

分布 留鸟，分布区从欧洲南部和北非，经中亚到喜马拉雅山脉和青藏高原北部和东部，最高分布海拔 4800 m；在印度恒河流域有越冬种群。

栖息地 栖息于草原荒漠地带。

繁殖 在海拔 3400 m 的青海天峻草原，武汉大学卢欣团队研究了石雀的繁殖生态。这里，它们喜欢把巢安置在废弃的地山雀洞穴里，而且喜欢 2～10 对集群繁殖，巢的最近距离平均只有 2.5 m。而欧洲的石雀通常孤立地在自然缝隙里繁殖。这些洞穴的平均长度是 1.2 m，巢的位置在洞穴末端。只有少数的巢位于自然或墙壁的缝隙里。巢杯形，由草茎编制而成，里面有动物毛发和鸟羽。

与欧洲的石雀相比，高原的石雀开始繁殖的时间较晚，繁殖期短，产少而大的卵，用于孵卵和育雏的时间长。这种把更多的能量用于提高个体后代成活率的策略，无疑是高海拔恶劣条件选择的结果。

社会行为 在非繁殖季节，石雀集结成 10～100 只的群体觅食，并共同夜宿于废弃的洞穴或窝棚下。随着繁殖季节的到来，群体解体，雌鸟和雄鸟形成社会性单配制的关系。对欧洲的石雀而言，除了社会性单配制，也有一雄多雌的婚配体制。

孵卵开始之前，雄鸟对其配偶表现强烈的警戒行为，但却不具有领域性；并且频繁地与配偶交配，每小时的次数达到 2.1 次，显然，这两种策略都有利于保护自己的父权，特别是很多繁殖对聚集在一起的情况下。当雌鸟产卵、孵卵和抱暖的时候，雄鸟给它提供食物。雌鸟和雄鸟一起建巢，雌鸟孵卵，双亲育雏。在整个繁殖期，配偶双方都夜宿于繁殖洞穴中。

欧洲的石雀弃巢（brood desertion）现象很常见，而在高原则很少发生这种行为。为什么双亲要弃巢，这是一直令鸟类学家困惑的问题。在高海拔地区，双亲为繁殖而付出了更大的代价，这种代价可能阻止了这种行为的进化。

青海天峻草原石雀的繁殖参数	
繁殖期	5 月下旬至 6 月下旬
繁殖海拔	3400 m
巢位置	洞穴、土石缝隙
巢大小	外径 12.6 cm，内径 8.1 cm，深 3.4 cm
窝卵数	5～7 枚，平均 5.1 枚
卵色	白色，有棕色或黑色斑点
卵大小	长径 22.45 mm，短径 15.64 mm
孵化期	12～14 天，平均 12.7 天
育雏期	19～21 天，平均 19.9 天
繁殖成功率	89%

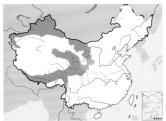

石雀。左上图董磊摄，下图唐军摄

成体石雀在非繁殖期吃植物的种子，但育雏时它们为后代提供营养含量更高的昆虫。在青海天峻草原，62% 的食物是鳞翅目幼虫，19%、12% 和 7% 分别是双翅目、同翅目和鞘翅目昆虫。魏希明摄

白斑翅雪雀

拉丁名：*Montifringilla nivalis*
英文名：White-winged Snowfinch

雀形目雀科

形态 体长约17 cm。头灰，背、肩及腰沙褐色，中央尾羽黑色，边缘白色并具黑色羽端，翼边缘有两道大的白色横斑，飞行时特别显著；下体污白色，喉部具黑色斑块，羽端沾有白色斑纹，腹部皮黄色。雌鸟形同雄鸟，但中覆羽底色较暗。

分布 留鸟，分布区从青藏高原向西扩展，经新疆天山、阿尔泰山，蒙古中部，到中东、中亚和地中海，包括中国西藏西北部和青海西部地区，最高分布海拔5300 m。

栖息地 在西藏当雄，白斑翅雪雀生活在海拔4500 m以上的多岩石山地，分布海拔高于其他雪雀。在岩石壁上集群繁殖，巢位于岩石缝隙里。冬天，尤其是降雪之后，在海拔4300 m的河谷地带，见到它们成群活动。

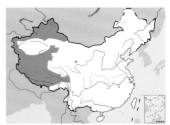

白斑翅雪雀。左上图董磊摄，下图彭建生摄

与许多鸟类一样，白斑翅雪雀也用虫子喂养幼鸟。图为叼满食物准备回巢育雏的白斑翅雪雀。董磊摄

藏雪雀

拉丁名：*Montifringilla henrici*
英文名：Tibetan Snowfinch

雀形目雀科

体长约17 cm。上体暗棕色，翅上有大的白色斑，飞行时尤其明显；下体灰色，两胁锈棕色。雌鸟体羽暗淡。中国特有物种。

留鸟，分布于青藏高原东部，包括青海东北部、西藏东北部以及四川西北部，最高分布海拔4500 m。栖息于高山草甸和高山草原，包括周边多岩石的地带。

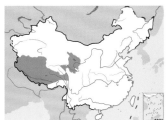

藏雪雀。唐军摄

褐翅雪雀

拉丁名：*Montifringilla adamsi*
英文名：Black-winged Snowfinch

雀形目雀科

体长约 17 cm。头部及上体褐色较深，两翼深褐色，边缘有白斑，翼肩具近黑色的小点斑，尾短；下体暗灰色微沾皮黄色，腹部及尾下覆羽灰白色。雌雄相似。

留鸟，分布于青藏高原南部和东部，最高分布海拔 5200 m。栖息于多岩石地带。繁殖于岩石缝隙里，也见于废弃的地山雀洞穴里。

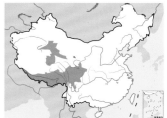

新疆阿尔金山衔食喂雏的褐翅雪雀。郭阳阳摄

褐翅雪雀。左上图董磊摄，下图唐军摄

新疆阿尔金山褐翅雪雀的巢洞。郭阳阳摄

白腰雪雀

拉丁名：*Onychostruthus taczanowskii*
英文名：White-rumped Snowfinch

雀形目雀科

形态 体长约 17 cm。前额及眉纹白色，过眼纹暗褐色，头、枕、后颈和背淡褐色，上背具浓密的斑纹，腰及尾上覆羽白色，腰具白色斑块，中央尾羽褐色，其余尾羽黑褐色具白色端斑；下体污白色，胸及两胁灰褐色。雌雄相似，但雌鸟额部白色范围较小，尾部白色羽端较窄。

分布 留鸟，分布于青藏高原南部和东部，包括西藏南部和东南部、青海东北部、四川西北部和甘肃西南部，最高分布海拔5100 m。

栖息地 栖息于草原和荒漠地带。

繁殖 与甘南尕海地区相比，在海拔更高的西藏当雄草原，白腰雪雀开始繁殖的时间要推后一些。巢位于高原鼠兔的洞穴内，这些洞穴在地面之下 80～100 cm，有一个开口、多个分支和一个巢室，雪雀的巢通常置于洞道中间，平均到洞口的距离在尕海是 1.6 m，当雄 1.3 m。巢为杯状，主要由草茎构成，内垫兽毛和鸟羽。建巢任务由雌鸟承担。有趣的是，它们更喜欢有鼠兔居住的洞穴。

雌鸟每天产卵 1 枚，通常在早晨 8 时以前。观察发现，产卵期繁殖对并不在巢穴里夜宿。白腰雪雀的窝卵数要大于当地其他营开放巢的鸟类。进化生态学家认为，利用次生洞穴繁殖的鸟类一窝可以产更多的卵，这是因为进化有利于它们通过提高生殖力从而弥补这些来之不易的巢点或者说繁殖机会。不过，这一假说似乎不适用于白腰雪雀，因为白腰雪雀所使用的鼠兔洞穴在高原上比比皆是，它们并不需要为这些洞穴而竞争。研究者认为，洞穴繁殖的白腰雪雀避开了不利的气候和捕食者，因而获得了更高的繁殖力。

雌鸟孵卵，双亲育雏，雄鸟并不表现情饲行为。在记录到的730 次育雏飞行中，雌鸟 405 次，雄鸟 325 次，食物都是节肢动物。5 月中旬之前搜集的 63 个猎物中，95% 属于幼体昆虫；而 5 月中旬搜集的 72 个猎物中，85% 是成体昆虫。在非繁殖期，白腰雪雀主要以植物种子为食。

在甘南尕海标记的 147 个繁殖对中，91% 每年只繁殖 1 窝，只有 9% 繁殖 2 窝。在当雄，繁殖 2 窝的比例是 14%，也就是 14 个繁殖对中的 2 个。尕海的单窝繁殖者开始产卵的平均时间是 5 月 9 日，而双窝繁殖者的第 1 窝是 5 月 5 日，第 2 窝是 5 月 25 日。也就是说，多数在第 1 窝的育雏期就发动了第 2 窝，显然，有限的季节时间压力迫使它们选择了这一策略。

在离巢前 3 天左右，雏鸟就不愿意待在阴暗的鼠兔洞穴里了。它们跑到洞口等待双亲带来的食物。此时，双亲也不再与雏鸟在一起夜宿。随后，雏鸟离巢，它们晚上夜宿在巢附近的鼠兔洞穴内。离巢后双亲依然要喂养 2～3 周，幼鸟才能独立获取食物。

后代性别的适应性调控 雄性和雌性后代对于双亲的适合度回报是有所不同的。雄性个体之间的繁殖成功率变化程度要明显大于雌性个体。进化理论认为，为了最大化繁殖成功率，动物可以适应性地控制后代性别。身体素质好的父母会愿意投资在儿子身上，继承父母优秀条件的儿子可以战胜竞争对手，从而更可能产生较多后代。如果母亲条件不佳，为了保险起见，它们会更愿意生女儿。白腰雪雀的研究为这个理论提供了支持。

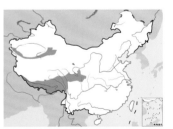

白腰雪雀。左上图曹宏芬摄，下图董磊摄

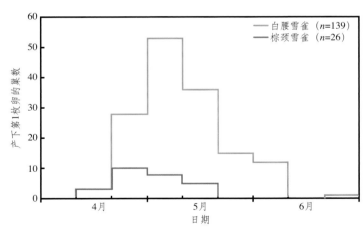

甘肃南部尕海草原白腰雪雀和棕颈雪雀巢繁殖开始日期的时间分布

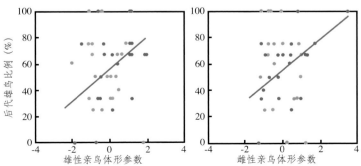

后代性别比例与雄性和雄性亲本体形大小的关系
（蓝色：配偶体形大于检测方；橙色：配偶体形小于检测方）

白腰雪雀双亲的身体大小共同决定后代的性别比例。身体比较小的父母，产生更多女儿的可能性更大；而身体比较大的父母，则能够产生更多的儿子

青海称多，白腰雪雀亲鸟给刚离巢的幼鸟喂食。贾陈喜摄

甘肃南部尕海和西藏南部当雄草原白腰雪雀的繁殖参数		
繁殖地区	尕海草原	当雄草原
繁殖期	4月下旬至6月上旬	5月上旬至7月上旬
繁殖海拔	3450～3800 m	4300 m
巢位置	鼠兔洞穴，平均距洞口1.6 m	鼠兔洞穴，平均距洞口1.3 m
巢大小	外径23.7 cm，内径9.4 cm，深6.3 cm，高9.3 cm	外径19.0 cm，内径7.6 cm，深7.6 cm
窝卵数	2～6枚，平均4.7枚	3～4枚，平均3.3枚
卵色	白色，无斑点	白色，无斑点
卵大小	长径25.7 mm，短径16.9 mm	长径23.3 mm，短径17.4 mm
孵化期	9～15天，平均12.7天	15～16天
育雏期	18～24天，平均21.3天	19天
繁殖成功率	66%	67%

社会行为 非繁殖季节，白腰雪雀集群活动，群体数量可达数百只。

最早于3月下旬可以看到社会性单配制的配偶对。此时，配偶双方开始驱逐同种乃至其他动物，从而建立繁殖领域。2006年在研究区域标记的成体有50%～71%于翌年再次见到；而对于幼体，重见的概率只有16%～21%。所有重见的成体都有了新的配偶，其中1对被证明是发生了"离婚"。

孵卵前，雄鸟会保护其配偶。但在雌鸟孵卵期间，雄鸟并不在巢附近守候。然而，在雌鸟即将出巢觅食的时候，雄鸟却神奇地到达巢口，并呼唤其配偶出来，如果雌鸟没有出来，雄鸟则进入洞穴中催促。

在艰苦的环境条件下，近缘物种之间的竞争被认为是更为激烈的。对于共同生活在尕海草原的白腰雪雀和棕颈雪雀来说，它们的繁殖季节重叠，都利用鼠兔洞穴繁殖。那么，二者通过何种机制得以共存呢？

研究发现，拥有体形优势的白腰雪雀具有很强的攻击能力，它们不仅攻击体形较小的棕颈雪雀，而且攻击包括鼠兔在内的各种小型动物，一只白腰雪雀每小时发动攻击的频率高达36.7次；在266次攻击事件中，35%针对同种，15%对鼠兔，6%对棕颈雪雀，其余44%对各种草地雀形目鸟类；相比之下，棕颈雪雀则不表现攻击行为。

倚赖这种行为优势，白腰雪雀占领比较缓的山坡，并建立领域，因为这里食物更为充足；190个繁殖对中的182个选择有鼠兔存在的洞穴建巢，因为这样的洞穴里更为清洁。一旦选择了巢穴，白腰雪雀便驱逐巢穴的主人，182个繁殖对中有161个获得了成功，另外23个繁殖对不得不与鼠兔共用巢穴，这是真正的"鸟兽同穴"。而棕颈雪雀只好在白腰雪雀不屑的一些边缘地带繁殖，它们没有能力建立领域，26个繁殖对的25个都是利用废弃的鼠兔洞穴。这种不对称的竞争能力允许二者共存于植被单一的高海拔草原。

在甘肃南部尕海草原标记的白腰雪雀个体下一年的重见记录				
	繁殖者		幼鸟	
	雄性	雌性	雄性	雌性
2006年标记个体	24只	30只	61只	43只
2007年重见个体	17只	15只	13只	7只
重见概率	71%	50%	21%	16%

甘肃南部尕海草原白腰雪雀和棕颈雪雀攻击行为的比较		
被攻击者	攻击者	
	白腰雪雀（次）	棕颈雪雀（次）
白腰雪雀	78	0
棕颈雪雀	13	0
地山雀	20	0
角百灵	38	0
赭红尾鸲	4	0
黄嘴朱顶雀	36	0
大杜鹃	3	0
高原鼠兔	34	0
合计	226	0

白腰雪雀具有很强的领域性，对于同种入侵者，雌鸟和雄鸟都会出击。图为正在打斗的白腰雪雀。徐永春摄

黑喉雪雀

拉丁名：*Pyrgilauda davidiana*
英文名：Small Snowfinch

雀形目雀科

形态 体长约14 cm。因体形比其他地雀小,也被称为小地雀。额、眼先、颏及喉纯黑色,上体黑褐色,初级飞羽基部白色,外侧尾羽偏白色;胸、腹及尾下覆羽白色,两胁沾棕褐色。雌雄相似。

分布 留鸟,分布区从中国青藏高原东北部向北延伸到内蒙古、蒙古和俄罗斯,包括青海东北部和内蒙古中部,最高分布海拔4500 m。

栖息地 栖息于草原和荒漠。

繁殖 鸟武汉大学卢欣团队在青海天峻草原研究了黑喉雪雀的生态学。冬天,它们成大群活动,群体数量可以超过100只。繁殖季节来临,群体解散,配偶关系建立,雄鸟紧密地守护雌鸟,并表现出强烈的领域行为,驱逐同种个体,甚至其他物种比如小云雀、角百灵。与高原的其他几种雪雀一样,黑喉雪雀也把巢安置在鼠兔的洞穴里,巢距离洞口最近0.8 m,最深2.3 m。

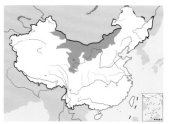

黑喉雪雀。左上图董江天摄,下图寿好选摄

青海天峻草原黑喉地雀的繁殖参数	
繁殖期	5月上旬至6月下旬
繁殖海拔	3400 m
巢位置	鼠兔洞穴,距洞口0.8~2.3 m
巢大小	外径16.0 cm,内径7.0 cm,深7.4 cm
窝卵数	5~6枚,平均5.8枚
卵色	白色,无斑点
卵大小	长径18.8 mm,短径14.4 mm
孵化期	11~13天,平均11.7天
育雏期	19~22天,平均19.9天
繁殖成功率	86%

棕颈雪雀

拉丁名：*Pyrgilauda ruficollis*
英文名：Rufous-necked Snowfinch

雀形目雀科

形态 体长约15 cm。头部图纹特别:红色的眼睛,黑色的贯眼纹,灰白色的额;上体暗灰褐色,枕部和颈背栗色,颈侧棕色延至前胸两侧,背部暗褐色有黑褐色羽干纹,中央尾羽黑褐色,其余尾羽黑褐色并有灰白色端斑,翅黑褐色,羽外缘白色并沾棕色;下体灰白色,喉部白色有两条分开的黑纹,尾下覆羽灰白色并羽端沾棕色。雌雄相似。

分布 留鸟,分布于青藏高原东部和南部以及华中地区,包括青海西部、甘肃南部、四川西部以及西藏东部和南部,最高分布海拔5000 m;在喜马拉雅山脉南麓有过冬种群。

栖息地 栖息于草原和荒漠。

繁殖 在甘肃南部的尕海草原,棕颈雪雀开始繁殖于4月下旬,这里,它们在废弃的鼠兔洞穴里建巢。西藏当雄草原由于海拔更高,繁殖季节相应开始得较迟,5月上旬才开始繁殖;巢址

棕颈雪雀。左上图贾陈喜摄,下图彭建生摄

非繁殖季节,棕颈雪雀吃植物种子;而繁殖季节,它们用虫子喂养后代。贾陈喜摄

选择类似，37 个巢中只有 3 个位于废弃的地山雀洞穴内，其余均在鼠兔洞穴中。巢是杯形的，由草茎组成，里面有兽毛和鸟羽。巢到洞口的平均距离是 1.06 m。有 72% 的棕颈雪雀每年只繁殖 1 窝，28% 的个体可以繁殖 2 窝。

因为受到白腰雪雀的排斥，棕颈雪雀不得不利用植被条件恶劣的栖息地繁殖。

棕颈雪雀的巢和卵。王琛摄

棕颈雪雀刚孵出后雏鸟和逐渐长出羽后的雏鸟。王琛摄

甘肃南部尕海和西藏南部当雄草原棕颈雪雀的繁殖参数		
繁殖地区	尕海草原	当雄草原
繁殖期	4 月下旬至 5 月中旬	5 月上旬至 7 月下旬
繁殖海拔	3450～3800 m	4300 m
巢位置	鼠兔洞穴	鼠兔洞穴
巢大小	?	外径 15.5 cm，内径 5.9 cm，深 3.7 cm
窝卵数	?	2～4 枚，平均 3.0 枚
卵色	?	白色，无斑点
卵大小	?	长径 21.9 mm，短径 15.0 mm
孵化期	?	14～16 天
育雏期	?	19～21 天
繁殖成功率	?	89%

在当雄草原，社会地位处于优势的白腰雪雀占据了植被比较茂密的繁殖地，这里食物更为充足；社会地位处于劣势的棕颈雪雀被迫利用植被条件差、因此食物匮乏的环境。卢欣摄

棕背雪雀

拉丁名：*Pyrgilauda blanfordi*
英文名：Plain-backed Snowfinch

雀形目雀科

体长约 15 cm。头部具特别的黑白色图案：额和脸颊白色，额中心纹黑色，颏、喉黑色，眼先黑色并向后分叉，一支眼后延伸成黑色贯眼纹，一支上扬至眼上形成特征性的短"角"。上体褐色，下体偏白色。留鸟，分布于青藏高原及其周边。栖息于海拔 3000～4500 m 的高山、草原、半荒漠、荒漠地带。

 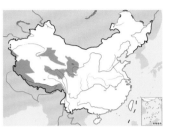

棕背雪雀。沈越摄

棕背雪雀。沈越摄

新疆阿尔金山正在喝水的棕背雪雀幼鸟。郭阳阳摄

鹡鸰类

- 指雀形目鹡鸰科的鸟类，共8属67种，中国有3属20种，青藏高原可见3属13种
- 鸰喙直面细弱，尾细长，外侧尾羽白色；趾强，后爪长，适于地面行走
- 一些物种雄性羽色比雌性更鲜明
- 多栖息于开阔的、靠近水域的环境
- 社会性单配制，在地面灌丛或草丛下以及各种天然或人工缝隙内建杯形巢

类群综述

鹡鸰是雀形目鹡鸰科（Motacillidae）成员的总称，也是雀总科的一部分，由 8 属 67 种组成。全球除南极外均有分布，在欧亚大陆北部和北美繁殖，在北非、东南亚和中美洲越冬；作为留鸟，分布在欧亚大陆中南部，包括欧洲南部、非洲、中东、中亚、朝鲜、日本、中国南部、南亚次大陆、东南亚、大洋洲和南美洲。鹡鸰科与由燕雀科（Fringillidae）和新大陆 9 枚初级飞羽鸣禽组成的支系互为姐妹群。

鹨属 Anthus 是该科中最大的一个属，包含 43 个物种，广布于世界各地。其背部体羽通常以棕色为主，并有条纹，具有很好的隐蔽性；翅尖长，尾细长，外侧尾羽边缘白色，常有规律地上下摆动；腿细长，后趾具长爪，适于在地面迈腿行走；喜欢栖息于水边草地。鹡鸰属 Motacila 是该科的第 2 大属，有 11 个物种，只分布于旧大陆。其体形纤小，体羽颜色较为丰富，常在地面迈腿行走，飞行路线呈波浪状，停栖时尾常上下或左右摆动；典型的栖息地是靠近水域的开阔地带。鹡鸰科鸟类主要以无脊椎动物特别是昆虫为食，此外也吃苔藓、谷粒、草籽，地面觅食。

鹡鸰交配系统多为社会性单配制，虽然一些物种也存在一雄多雌和一雌多雄的情况。巢杯形，位于地面灌丛或草丛下，或各种天然或人工形成的缝隙内。建巢、孵卵任务由雌鸟和雄鸟分担，或由雌鸟单独承担，双亲共同育雏。窝卵数 2～6 枚，孵化期 11～14 天，育雏期 11～17 天。

东非鹨 Anthus sokokensis 等 3 个物种被 IUCN 列为濒危（EN），斯氏鹨 A. spragueii 等 5 个物种为易危（VU），草地鹨 A. pratensis 等 4 个物种为近危（NT）。中国分布的鹡鸰和鹨均为无危物种（LC）。

左：鹡鸰具有细长的尾，且常上下或左右摆动，十分引人注目，故英文名为Wagtail。图为白鹡鸰。彭建生摄

右：鹨属是鹡鸰科中最大的一个属，相对于鹡鸰鲜明的羽色，鹨的羽色则显得朴素。图为田鹨。沈越摄

山鹡鸰
Dendronanthus indicus

北方西部亚种
M. f. beema

西黄鹡鸰
Motacilla flava

juv.

non-br.

br.

灰鹡鸰
Motacilla cinerea

当年冬羽

黄头鹡鸰
Motacilla citreola

灰背眼纹亚种
M. a. ocularis

普通亚种
M. a. leucopsis

当年冬羽

新疆亚种
M. a. personata

白鹡鸰
Motacilla alba

东方田鹨
Anthus rufulus

田鹨
Anthus richardi

林鹨
Anthus trivialis

树鹨
Anthus hodgsoni

粉红胸鹨
Anthus roseatus

non-br.

br.

红喉鹨
Anthus cervinus

non-br.

br.

水鹨
Anthus spinoletta

山鹨
Anthus sylvanus

山鹡鸰

拉丁名：*Dendronanthus indicus*
英文名：Forest Wagtail

雀形目鹡鸰科

体长约 17 cm。上体灰褐色，眉纹白色，翅上有黑白色条纹；下体白色，胸带黑色。

作为夏候鸟，繁殖于亚洲东北部；在中国长江以南、东南亚、印度和斯里兰卡越冬，包括青藏高原东南部。最高分布海拔 2800 m。

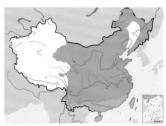

山鹡鸰。沈越摄

西黄鹡鸰

拉丁名：*Motacilla flava*
英文名：Western Yellow Wagtail

雀形目鹡鸰科

体长约 17 cm。最新的分类意见将原黄鹡鸰 *Motacilla flava* 分为 2 个独立物种，中国普遍分布的 *Motacilla tschutschensis* 沿用了黄鹡鸰的中文名，而分布于中国西部的 *Motacilla flava* 中文名改为西黄鹡鸰。头顶蓝灰色，眉纹浅黄色，上体橄榄灰色，尾黑褐色，飞羽黑褐色并有两道浅黄色横斑；下体黄色，胸侧和两胁沾橄榄绿色。雌鸟羽色偏浅。

作为夏候鸟，分布于欧亚大陆北方大部和阿拉斯加西部，包括青藏高原东北部；在非洲大部、南亚和东南亚过冬。最高分布海拔 4500 m。

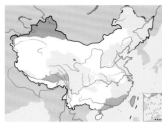

青藏高原的西黄鹡鸰。左上图沈越摄；下图董文晓摄

黄头鹡鸰

拉丁名：*Motacilla citreola*
英文名：Yellow-headed Wagtail

雀形目鹡鸰科

形态 体长约 18 cm。雄鸟头鲜黄色，为其典型特征，背色或灰色，后颈黄色，下有一窄黑色领环，腰暗灰色，尾上覆羽和尾羽黑褐色，但外侧两对尾羽白色，飞行时特别醒目，两翼具大块楔形白斑；下体鲜黄色。雌鸟前额、头和脸颊灰黄色，眉纹黄色，其余上体黑灰色或灰色；下体淡黄色。

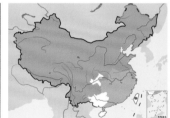

黄头鹡鸰雄鸟。左上图为指名亚种 *M. c. citreola*，背及两翼灰色，沈越摄；下图为西南亚种 *M. c. calcarata*，背及两翼黑色，唐军摄

黄头鹡鸰雌鸟，头灰黄色，无黑色领环。杨贵生摄

青藏高原黄头鹡鸰的繁殖参数

	拉萨	当雄
繁殖季节	5—7月	5—7月
交配系统	单配制	单配制
繁殖海拔	3600 m	4300 m
巢位置	地面	地面
巢大小	外径 12.0 cm，内径 7.1 cm 深 4.7cm，高 8.2 cm	外径 10.9 cm，内径 6.5 cm 深 4.2cm，高 8.1 cm
窝卵数	3~5 枚，平均 3.8 枚	4~5 枚，平均 4.4 枚
卵大小	长径 21.4 mm，短径 15.3 mm	长径 21.0 mm，短径 15.0 mm
繁殖成功率	38%	70%

分布　作为夏候鸟，繁殖于亚欧大陆北方，包括整个青藏高原，最高繁殖海拔 4600 m；在西亚，南亚北部，中国西南、华南和东南，以及中南半岛北部越冬。

习性　在青藏高原为夏候鸟。在海拔 3650 m 的拉萨地区，黄头鹡鸰于 4 月中旬到达，9 月下旬就很少见其踪迹。不过，2004 年 11 月 13 日，在拉萨的拉鲁湿地见到过 1 只。在海拔 4300 m 的当雄，黄头鹡鸰 4 月下旬才现身，而 9 月中旬就已经离开。

相较于白鹡鸰，黄头鹡鸰对水环境的依赖性更强，总是栖息在沼泽、湖泊和河流边缘。繁殖期，雄性的领域性很强，捍卫着以巢为中心的领地。或占领高地大声鸣叫，警告其他雄性不许靠近；或在领地上空飞行巡逻，看看有无来犯之敌。如遇到入侵者，则猛烈追击驱逐。

繁殖　在青藏高原的繁殖海拔为 2800 ~ 4700 m。它们选择在沼泽中草丛稠密的地面上筑巢，尤其是突出的草垛上。因为草垛上不仅薹草长得高，而且相对干燥，可以避免在降水过多时巢被淹没。巢为杯形，外周用草茎编织，内层垫有牛毛、羊毛。卵灰白色，上面有浅褐色斑点。更详细的繁殖信息目前尚未获得。

探索与发现　1999 年 5 月 19 日，武汉大学卢欣和鸟类爱好者吴秀山在西藏墨竹工卡县巴嘎雪湿地考察，这里有青藏高原海拔 3000 m 以上不多见的挺水植被。很多黄头鹡鸰在这里活动，有些飞入芦苇荡里，莫非它们在里面繁殖？卢欣和吴秀山想进芦苇里看个究竟，但没过小腿的水让他们有些踌躇，因为高原的 5 月依然很冷。最终，他们经不住诱惑，穿着球鞋咬牙踏入了刺骨的湖水。

很快他们就在芦苇荡中间的小草地上，发现了黄头鹡鸰的巢，继续寻找，一共发现了 5 个。他们只记录了黄头鹡鸰的一般繁殖参数，返回拉萨。

后来在拉鲁湿地繁殖水鸟的研究中，卢欣又获得了一些黄头鹡鸰巢的数据；再后来，卢欣的研究生在当雄进行地山雀研究时，也顺便观察了一些黄头鹡鸰巢。当雄的沼泽没有挺水植被，黄头鹡鸰就把巢安在薹草草垛里。

灰鹡鸰
拉丁名：*Motacilla cinerea*
英文名：Grey Wagtail

雀形目鹡鸰科

体长约 19 cm。上体灰色，眉纹白色，眼下纹白色，尾羽黑褐色，飞羽黑褐色并有白色羽缘；颏、喉夏季黑色，冬季白色，下体余部黄色。雌雄羽色相似。

作为夏候鸟，繁殖于欧亚大陆北部，包括青藏高原东北部和喜马拉雅山脉；在非洲北部、中东、南亚、中国南方和东南亚越冬；作为留鸟，分布于欧洲南部和非洲北部、中亚。最高分布海拔 4100 m。

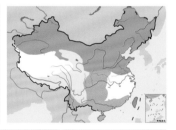

灰鹡鸰。左上图为非繁殖羽，彭建生摄；下图为繁殖羽，沈越摄

白鹡鸰

拉丁名：*Motacilla alba*
英文名：White Wagtail

雀形目鹡鸰科

形态 体长约 18 cm。体羽由黑、白两色组成。额和脸白色，头顶后部、枕和后颈黑色，背黑色，飞羽黑色，翅上有白色覆羽形成的翅斑，尾羽黑色，最外侧一对白色；颏、喉白色，胸黑色，其余下体白色。雌鸟羽色较暗。

分布 作为夏候鸟，繁殖于欧亚大陆北方大部和阿拉斯加西部，包括整个青藏高原，最高繁殖海拔 5700 m；在非洲北部和中部以及亚洲南部越冬；在地中海和东亚有留居种群。

栖息地 栖息于村落、河流、小溪、水塘附近，在离水较近的耕地、草场也可以见到。

习性 在地上行走觅食，或在空中捕食昆虫。飞行时呈波浪式前进，停息时尾部总是上下摆动。在雅鲁藏布江中游的山脚地带的溪流，白鹡鸰属于夏候鸟，通常于 4 月底到达。在拉萨河流域，一年四季都可以看到，冬季成对或形成小群，最大的群体可以达到 50 只个体。

繁殖 在拉萨地区，4 月中旬开始观察到交配行为，大多在房顶和电线上交配，也有在地面上的。交配大多数在 9:30—10:30 进行。

配对活动早期，雄鸟表现出明显的配偶警戒行为，密切跟随雌鸟，站立在高处鸣叫，驱赶来犯者。

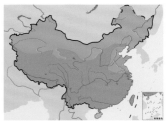

白鹡鸰。左上图为普通亚种 *M. a. leucopsis*，沈越摄；下图为西南亚种 *M. a. alboides*，彭建生摄

拉萨地区白鹡鸰的繁殖参数	
交配系统	单配制
海拔	3650 m
巢基支持	缝隙
巢大小	外径 16.5 cm，内径 7.9 cm，深 7.3 cm，高 12.8 cm
卵形态	灰白色，有淡褐色斑点
卵大小	长径 21.3 mm，短径 15.8 mm
新鲜卵重	平均 2.3 g
窝卵数	4～6 枚，平均 5.0 枚
孵化期	11～12 天，平均 11.5 天
育雏期	16 天

高黎贡山白鹡鸰的巢和卵。梁丹摄

巢址的位置多种多样，石壁缝隙、建筑物缝隙、茂密的灌木丛中都可能出现它们的巢，但都离水源比较近。雌鸟和雄鸟均参与营巢，历时 7～8 天。多在离巢 1～50 m 范围内取材。全天观察记录到亲鸟共运送巢材 170 次，平均每小时 14 次，最少的 1 小时仅 3 次，最多的 1 小时 30 次。

孵卵的任务全部由雌鸟承担，对一个巢的连续观察记录到雌鸟在 12 小时期间共坐巢 450 分钟。雄鸟只是早晚飞到巢旁鸣叫看望。

双亲共同育雏。对有 4 只雏鸟的一个巢的观察表明，雏鸟刚孵出时，双亲平均每小时仅喂食 4 次，到 6 日龄时增长至每小时 14 次。

刚出壳的雏鸟全身裸露，嘴角黄色，眼泡大而双眼紧闭，腹部凸出呈球状。头顶、肩部和体背具灰白色胎绒羽；3 日龄时羽长出羽鞘；6 日龄时眼睛睁开，头顶、肩部和体背均生出羽鞘；9 日龄时飞羽和尾羽放缨；12 日龄时嘴峰变为铅黑色；16 日龄时随亲鸟离巢。离巢后，雏鸟仍然需亲鸟喂食，随着雏鸟的长大家族逐渐远离巢点。

田鹨

拉丁名：*Anthus richardi*
英文名：Richard's Pipit

雀形目鹡鸰科

体长约 18 cm。上体黄褐色并有暗褐色纵纹，眉纹皮黄色；下体白色，喉两侧各有一条暗褐色纵纹，并与胸部的暗褐色纵纹相连。雌雄羽色相似。

作为夏候鸟，繁殖于亚洲北部，包括青藏高原东北部；在南亚次大陆、中国南方和中南半岛北部越冬。迁徙经过海拔 6300 m 的喜马拉雅山脉。

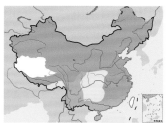

田鹨。沈越摄

东方田鹨

拉丁名：*Anthus rufulus*
英文名：Paddyfield Pipit

雀形目鹡鸰科

体长约 16 cm。上体黄褐色并有暗褐色纵纹，眉纹皮黄色；下体白色，喉两侧各有一条暗褐色纵纹，并与胸部的暗褐色纵纹相连。雌雄羽色相似。

留鸟，分布于喜马拉雅山脉、南亚次大陆、中国西南和东南亚，包括青藏高原东南部，最高分布海拔 3000 m。

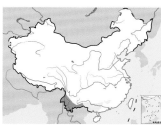

东方田鹨。左上图杨贵生摄，下图沈越摄

林鹨

拉丁名：*Anthus trivialis*
英文名：Tree Pipit

雀形目鹡鸰科

体长约 15 cm。上体橄榄绿色，满布黑色纵纹；下体白色，胸、腹和两胁多纵纹。雌雄羽色相似。

作为夏候鸟，繁殖于欧亚大陆北方，包括青藏高原西南部，最高繁殖海拔 4000 m；在非洲中南部和印度越冬。

林鹨。左上图刘璐摄，下图董文晓摄

树鹨
拉丁名：*Anthus hodgsoni*
英文名：Olive-backed Pipit

雀形目鹡鸰科

体长约 16 cm。上体橄榄绿色，如其英文名所指，头顶细密的黑褐色纵纹一直延伸至背部，眉纹白色且粗，眉纹末端及耳后有一块白色和黑色连在一起的黑白斑，形成明显的脸部图案；喉浅黄色，下体余部白色，胸及两胁有明显的黑色纵纹。雌雄羽色相似。

作为夏候鸟，繁殖在亚洲北部，喜马拉雅山脉，中国西南、华中和华北南部，包括青藏高原东南部、东部和东北部，最高繁殖海拔 4000 m；在印度，中国西南、华南和东南，以及中南半岛北部越冬。

树鹨。沈越摄

粉红胸鹨
拉丁名：*Anthus roseatus*
英文名：Rosy Pipit

雀形目鹡鸰科

体长约 16 cm。上体橄榄灰色并有明显的黑褐色纵纹，眉纹粉红色且显著，尾暗褐色，端部有白斑，翅暗褐色，羽缘白色；颏、喉白色，胸浅棕色，腹和尾下覆羽白色。雌雄羽色相似。

作为夏候鸟，繁殖区自中国西北、阿富汗东北沿喜马拉雅山脉延伸到中国黄河流域，包括青藏高原东部；在喜马拉雅山脉南麓和中南半岛北部有越冬种群；作为留鸟，分布于喜马拉雅山脉、中国西南和华中、中南半岛北部，包括青藏高原东南部。最高分布海拔 5300 m。

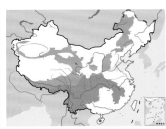

粉红胸鹨。左上图为非繁殖羽，下图为繁殖羽。彭建生摄

红喉鹨
拉丁名：*Anthus cervinus*
英文名：Red-throated Pipit

雀形目鹡鸰科

体长约 15 cm。上体褐色并有黑褐色羽干纹，眉纹棕色；颏、喉、胸棕红色，下体余部白色并有黑褐色纵纹。雌雄羽色相似。

作为夏候鸟，繁殖于欧亚大陆北方；越冬于非洲北部和中部，喜马拉雅山脉，印度，中国西南、华南和东南，以及东南亚。最高分布海拔 3000 m。

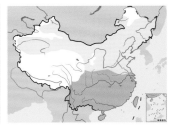

红喉鹨。沈越摄

水鹨
拉丁名：*Anthus spinoletta*
英文名：Water Pipit

雀形目鹡鸰科

体长约 16 cm。头灰色，眉纹皮黄色，上体灰色，有褐色纵纹，尤以翅明显，翅上有 2 道白斑；下体白色，胸沾棕色，两胁有褐色纵纹。雌雄羽色相似。

作为夏候鸟，繁殖于欧洲南部、非洲北部、中亚和青藏高原东北部，最高繁殖海拔 3200 m；在繁殖区南部越冬。

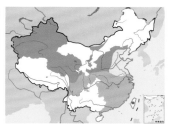

水鹨。左上图为非繁殖羽，董磊摄；下图为繁殖羽，杨贵生摄

山鹨
拉丁名：*Anthus sylvanus*
英文名：Upland Pipit

雀形目鹡鸰科

体长约 17 cm。眉纹白色，上体棕褐色，并有黑褐色纵纹；下体浅棕色，并有黑褐色纵纹。雌雄羽色相似。

留鸟，分布于喜马拉雅山脉，中国西南、华南和东南，最高分布海拔 3000 m。

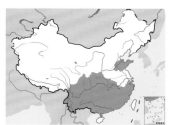

山鹨。董江天摄

站在山崖上的山鹨。董文晓摄

燕雀类

■ 雀形目燕雀科的鸟类，全球共49属228种，中国分布有21属61种，其中17属46种见于青藏高原

■ 喙圆锥形，前端尖锐，夏威夷管舌雀喙呈现高度变异，雄性体羽通常比雌性亮丽

■ 燕雀主食果实、种子，或花蜜、昆虫，繁殖时间与种子成熟期密切相关

类群综述

分类与分布 燕雀是指雀形目燕雀科（Fringillidae）的成员，为雀总科的组成部分，全球共 49 属 228 种，见于除南北极和大洋洲以外的世界各地。燕雀科早期被当作雀科的一个亚科，与鹀亚科（Emberizinae）和橄榄色森莺亚科（Peucedraminae）并列。分子证据认为，新的燕雀科与雀科（Passeridae）互为姐妹关系，但最近的证据则显示，它与新世界 9 枚初级飞羽的鸣禽关系更为密切。在燕雀科内，有 3 个区别明显的亚科，燕雀亚科（Fringillinae）包含 1 属 4 种；歌雀亚科（Euphoniinae）由 2 属 32 种组成；金翅雀亚科（Carduelinae）则覆盖了燕雀科其余所有的成员，其下可分为 5 个族，即锡嘴雀族（Coccothraustini），4 属 9 种；管舌雀族（Drepanini），20 属 39 种；朱

管舌雀的适应辐射

管舌雀原本自成一科——管舌雀科（Drepanididae），只生活在夏威夷群岛，在最新的分类系统中作为管舌雀族（Drepanini）被并入燕雀科。它们有相似的舌结构：舌身如管，舌尖如刷。这种结构可能由食蜜习性进化而来，所以它们的英文名是Honeycreeper。这样的结构也适于捕食昆虫，从而使得管舌雀最大程度地适应于岛屿环境。

管舌雀是一群进化自同一祖先的夏威夷群岛特有鸟类，该原始祖先物种在约500万年前扩散到这个孤立的群岛，在这里发生适应辐射。不同管舌雀的喙发生了高度分化，而这种分化是对特殊食性适应的结果，比如在树皮中啄虫的毛岛管舌雀 *Paroreomyza montana* 的喙短而钝，像鸭一样啄食树皮的考岛悬木雀 *Oreomystis bairdi* 的喙长而略弯，食果的鹦嘴管舌雀 *Psittirostra psittacea* 喙端具钩。可以说，在觅食器官的分化程度上，管舌雀胜于加拉帕戈斯群岛的达尔文雀。

人类踏足夏威夷后，管舌雀的生存受到很大威胁，现在已经有不少种类灭绝，其余许多也沦为濒危物种。

左：燕雀是一个庞大类群，包括燕雀、歌雀、金翅雀、锡嘴雀、管舌雀、朱雀、灰雀等，其中朱雀是青藏高原尤为引人注目的一个类群。朱雀族的27个物种全部都在欧亚大陆，特别是青藏高原高海拔地带。推测青藏高原是朱雀的起源中心。图为曙红朱雀雄鸟。唐军摄

右：大多数燕雀以植物材料为食，而且以植物种子或果实育雏，而不像其他许多植食性鸟类一样以蛋白质含量更高的动物性食物育雏，因此青藏高原的朱雀繁殖时间与其作为食物的植物种子成熟时间一致，比同域分布的那些以昆虫育雏的鸟类要晚得多。图为站在果实累累的灌木枝头的拟大朱雀。卢欣摄

雀族（Carpodacini），1 属 27 种；灰雀族（Pyrrhulini），
9 属 22 种；金翅雀族（Carduelini），12 属 95 种。
中国有燕雀 21 属 61 种，其中 17 属 46 种见于青藏
高原。

习性　少数燕雀为夏候鸟，在北半球北部繁殖，
在繁殖地的南方比如中亚、南亚、菲律宾、东北美、
西北美和中美越冬。而在大多数地区，燕雀为留鸟，
这与其食性有关，大多数燕雀以植物材料为食，许
多物种，特别是那些生活在寒冷地区的，为寻找食
物而表现飘荡性。生活在温暖夏威夷的管舌雀，则
演化出特化的舌而采食花蜜或昆虫。

繁殖　燕雀的交配系统为社会性单配制。许多
物种，特别是生活在季节性的高纬度或高海拔的物
种，繁殖时间与雏鸟食物成熟的时间一致。比如青
藏高原的朱雀、北美的金翅雀，繁殖开始于晚夏，
相应的育雏期在早秋，正是植物种子成熟的时间。
燕雀的巢为杯形，位于灌木或树上，一些物种则筑
巢于岩石缝隙里。特立尼达歌雀 *Euphonia trinitatis*
的巢为囊状，侧面开口。窝卵数 2～7 枚。雌鸟承
担建巢和孵卵任务，孵化期 9～19 天，多为 12～14
天。双亲育雏，持续 10～27 天。离巢后，温带物
种的亲鸟需要继续为后代提供 1～2 周的照顾，而
对于一些夏威夷管舌雀，这个时间可以超过 1 年。

种群现状和保护　燕雀的受胁状态较为严重。
主要原因在于许多燕雀为岛屿分布物种，人类踏
足这些岛屿后带来的栖息地破坏、生物入侵和猎

捕都严重威胁到其生存。莫岛管舌雀 *Paroreomyza
flammea* 等 17 个物种被 IUCN 确认已灭绝（EX）；
毛岛蜜雀 *Melamprosops phaeosoma* 等 13 个物种被
列为极危（CR），其中部分物种可能已灭绝；黄喉
丝雀 *Crithagra flavigula* 等 9 个物种为濒危（EN）；
埃塞丝雀 *Crithagra ankoberensis* 等 12 个物种为易危
（VU）。这些受胁物种绝大多数分布于夏威夷群岛
或其他太平洋岛屿。燕雀一些种类被驯化成为笼养
观赏鸟，如由原产于非洲西北海岸的金丝雀 *Serinus
canaria* 衍生出来的多个品种，包括芙蓉、白玉、白
玉鸟、玉鸟、白燕等。

苍头燕雀
Fringilla coelebs

燕雀
Fringilla montifringilla

黄颈拟蜡嘴雀
Mycerobas affinis

白点翅拟蜡嘴雀
Mycerobas melanozanthos

non-br.

锡嘴雀
Coccothraustes coccothraustes

白斑翅拟蜡嘴雀
Mycerobas carnipes

褐灰雀
Pyrrhula nipalensis

灰头灰雀
Pyrrhula erythaca

红头灰雀
Pyrrhula erythrocephala

蒙古沙雀
Bucanetes mongolicus

巨嘴沙雀
Rhodospiza obsoleta

金枕黑雀
Pyrrhoplectes epauletta

暗胸朱雀
Procarduelis nipalensis

赤朱雀
Agraphospiza rubescens

林岭雀
Leucosticte nemoricola

南疆亚种
L. b. pallidior

高山岭雀
Leucosticte brandti

指名亚种
L. b. brandti

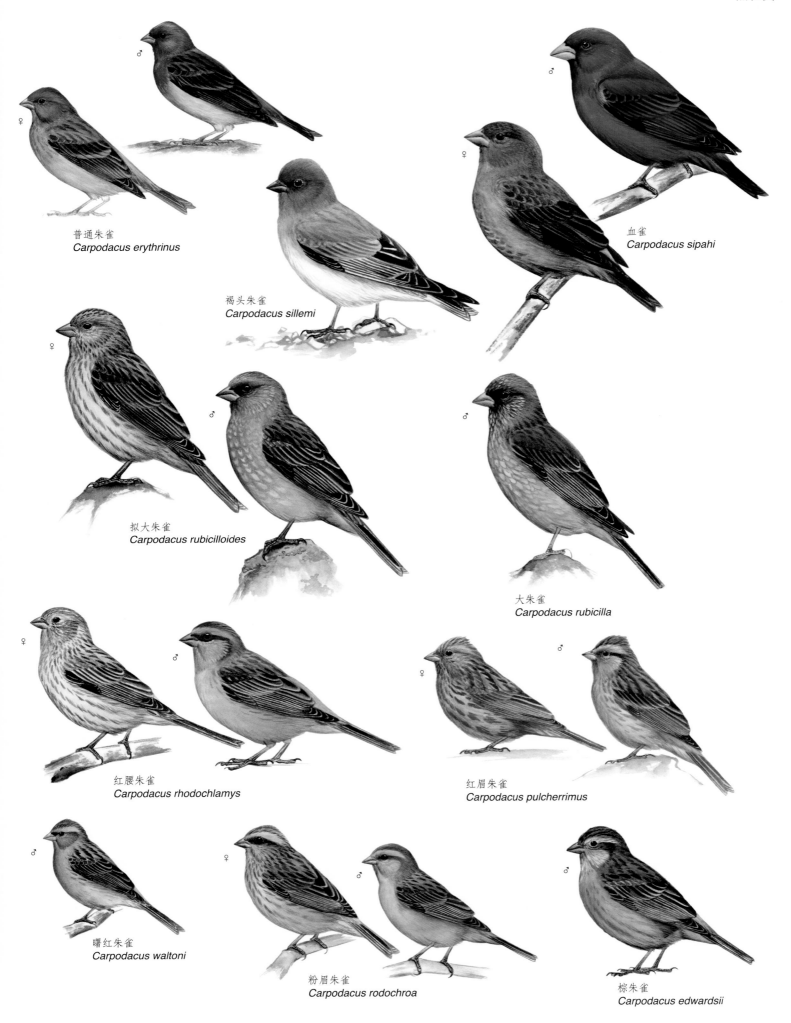

普通朱雀
Carpodacus erythrinus

褐头朱雀
Carpodacus sillemi

血雀
Carpodacus sipahi

拟大朱雀
Carpodacus rubicilloides

大朱雀
Carpodacus rubicilla

红腰朱雀
Carpodacus rhodochlamys

红眉朱雀
Carpodacus pulcherrimus

曙红朱雀
Carpodacus waltoni

粉眉朱雀
Carpodacus rodochroa

棕朱雀
Carpodacus edwardsii

点翅朱雀
Carpodacus rodopeplus

淡腹点翅朱雀
Carpodacus verreauxii

酒红朱雀
Carpodacus vinaceus

沙色朱雀
Carpodacus stoliczkae

藏雀
Carpodacus roborowskii

斑翅朱雀
Carpodacus trifasciatus

长尾雀
Carpodacus sibiricus

白眉朱雀
Carpodacus dubius

喜山白眉朱雀
Carpodacus thura

红胸朱雀
Carpodacus puniceus

指名亚种
C. p. puniceus

青海亚种
C. p. longirostris

红眉松雀
Carpodacus subhimachala

红眉金翅雀
Callacanthis burtoni

金翅雀
Chloris sinica

黑头金翅雀
Chloris ambigua

高山金翅雀
Chloris spinoides

红额金翅雀
Carduelis carduelis

黄嘴朱顶雀
Linaria flavirostris

红交嘴雀
Loxia curvirostra

金额丝雀
Serinus pusillus

藏黄雀
Spinus thibetanus

苍头燕雀

拉丁名：*Fringilla coelebs*
英文名：Common Chaffinch

雀形目燕雀科

体长约 16 cm。雄鸟头顶淡蓝色，脸颊浅棕色，背棕褐色，腰浅绿色，尾褐色，外侧尾羽黑色边缘白色，翅深褐色，羽缘浅黄色并有白斑；下体浅棕色。雌鸟整体橄榄绿色，白色翅斑明显。

作为夏候鸟，繁殖于欧亚大陆北方；在欧洲南部、北非和南亚次大陆北方越冬；作为留鸟，分布于欧洲南部、北非和中亚，在青藏高原的昆仑山有记录。最高分布海拔 4000 m。

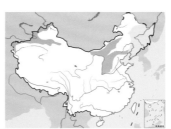

苍头燕雀。左上图为雌鸟，下图为育雏的雄鸟。焦庆利摄

燕雀

拉丁名：*Fringilla montifringilla*
英文名：Brambling

雀形目燕雀科

体长约 16 cm。雄鸟头顶、头侧至背黑色，腰白色，尾、翅黑褐色，翅上有白斑；颏、喉和胸棕色，腹、两胁和尾下覆羽白色。雌鸟体羽不如雄鸟鲜明。

作为夏候鸟，繁殖于欧亚大陆北方；在欧亚大陆温带地区越冬，包括喜马拉雅山脉西段、青藏高原西南部和东南部，冬季最高分布海拔 3050 m。

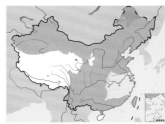

燕雀。左上图为雄鸟非繁殖羽，下图为雌鸟。沈越摄

黄颈拟蜡嘴雀

拉丁名：*Mycerobas affinis*
英文名：Collared Grosbeak

雀形目燕雀科

体长约 22 cm。头黑色，尾、翅黑色，其余体羽黄色。雌鸟羽色不如雄鸟鲜明。

留鸟，分布于喜马拉雅山脉、中国西南和华中、中南半岛北部，包括青藏高原东南部，最高分布海拔 4200 m。栖息于林线附近的矮小栎树和杜鹃灌丛。

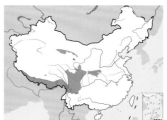

黄颈拟蜡嘴雀。左上图为雄鸟，下图为雌鸟。彭建生摄

白点翅拟蜡嘴雀

拉丁名：*Mycerobas melanozanthos*
英文名：Spot-winged Grosbead

雀形目燕雀科

体长约 22 cm。雄鸟头、喉和整个上体黑色，无黄色的领环，飞羽上有明显黄白色斑点，因此得名；胸、腹部黄色。雌鸟上体暗褐色，下体黄色且具暗褐色纵纹。

留鸟，分布于喜马拉雅山脉、中国西南和中南半岛北部，包括青藏高原东南部，最高分布海拔 3600 m。

 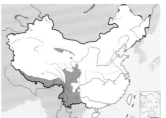

白点翅拟蜡嘴雀。左上图为雌鸟，田穗兴摄；下图为雄鸟，董磊摄

白斑翅拟蜡嘴雀

拉丁名：*Mycerobas carnipes*
英文名：White-winged Grosbeak

雀形目燕雀科

形态　体长约 23 cm。又称黄腰拟蜡嘴雀。与白点翅拟蜡嘴雀相似，但腰黄色，三级飞羽及大覆羽羽端斑点黄色，初级飞羽基部有明显白色块斑，飞行时显而易见；下体胸部黑色。雌鸟与雄鸟的羽毛方式相似但色暗，灰色取代黑色，脸颊及胸具浅色纵纹。

分布　留鸟，分布于中亚、喜马拉雅山脉、青藏高原东部至中国内蒙古、缅甸北部，最高分布海拔 4600 m。

繁殖　在雅鲁藏布江中游高山地带，虽然白斑翅拟蜡嘴雀比较常见，但多年的野外工作中只发现 2 个巢。

巢 1：海拔 4050 m，位于一株 1.8 m 高的蔷薇上，巢距离地面 1.2 m。5 月 29 日，雌鸟卧在巢里孵卵，巢内有 2 枚卵。观察到雄鸟给孵卵的雌鸟喂食。后来这个巢遭天敌捕食。

巢 2：海拔 4100 m，位于一棵 6 m 高的高山柳上，巢距离地面 3.2 m。7 月 5 日，双亲建巢。最终产卵 3 枚，雌鸟孵卵 16 天，孵出 2 只雏鸟，6 天后被捕食。

巢杯形，外层用灌木茎编制，里面是草茎和干的灌木皮。巢外径 13.4～16.0 cm，内径 8.5～9.0 cm，深 4.4～5.0 cm，高 9.5～11.0 cm。卵暗绿色，有深褐色斑点，大小为 26.3 mm×19.1 mm。

 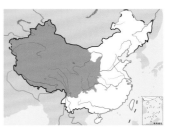

白斑翅拟蜡嘴雀。左上图为雌鸟，下图为雄鸟。彭建生摄

7月以后，雅鲁藏布江中游高山上蔷薇果实开始成熟，它们是白斑翅拟蜡嘴雀最喜欢的食物之一。卢欣摄

白斑翅拟蜡嘴雀的巢、卵和雏鸟。卢欣摄

锡嘴雀

拉丁名：*Coccothraustes coccothraustes*
英文名：Hawfinch

雀形目燕雀科

　　体长约 17 cm。体胖。喙粗大，呈灰蓝色。额、眼先黑色而形成脸罩，头顶和脸颊黄褐色，枕和肩灰色，背棕色，尾上覆羽、尾羽黄褐色，尾羽端部白色，翅上有白色、蓝色和黑色组成的图案；喉黑色，下体余部浅棕色。雌鸟羽色不如雄鸟鲜明。

　　作为夏候鸟，繁殖于欧亚大陆的温带地区；在欧洲南部、非洲北部、中东、中亚至东亚有越冬种群；作为留鸟，分布于欧洲南部、北非、中东、中亚和东亚，包括青藏高原西南部。最高分布海拔 2200 m。

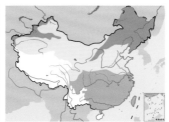

锡嘴雀。左上图为雌鸟非繁殖羽，杨贵生摄；下图为雄鸟，沈越摄

褐灰雀

拉丁名：*Pyrrhula nipalensis*
英文名：Brown Bullfinch

雀形目燕雀科

　　体长约 17 cm。额、眼先黑色而形成脸罩，眼下方白色，整体灰褐色，尾羽、翅后端蓝黑色，翅上有白斑；尾下覆羽白色。雌雄羽色相似。

　　留鸟，分布于喜马拉雅山脉，中国西南、华南和东南，以及中南半岛北部，包括青藏高原东南部，最高分布海拔 3700 m。

褐灰雀。左上图罗永川摄，下图田穗兴摄

锡嘴雀雄鸟。赵国君摄

灰头灰雀

拉丁名：*Pyrrhula erythaca*
英文名：Grey-headed Bullfinch

雀形目燕雀科

形态 体长约 17 cm。雄鸟额、眼先黑色而形成脸罩，眼罩边缘白色，头、上背灰色，尾羽、翅后端蓝黑色，翅上有灰白斑；颏、喉灰色，胸橘黄色，腹灰色，尾下覆羽白色。雌鸟头灰色，背和下体浅褐色。

分布 留鸟，分布于喜马拉雅山脉东段，中国西南、华中和华北，包括青藏高原东部，最高分布海拔 3800 m。

繁殖 在甘肃莲花山，灰头灰雀于 6—7 月间开始筑巢，主要由雌鸟承担。巢位于针叶树的水平侧枝上，距地面 1～16 m。巢呈浅碟状，由植物的细枝和须根组成，外径 13.2 cm，内径 6.5 cm，巢高 7.5 cm，巢深 3.5 cm。窝卵数 3 枚，卵呈灰白色，钝端大多具棕褐色的斑点。卵大小为 21.3 mm×14.9 mm。仅雌鸟孵卵，雄鸟会给孵卵的雌鸟喂食。每次在巢孵卵时间在 10～60 分钟，离巢取食时间少于 5 分钟，白天 85% 的时间雌鸟都在巢里。双亲共同养育雏鸟。

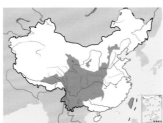

灰头灰雀。左上图为雄鸟，下图为雌鸟。贾陈喜摄

甘肃莲花山灰头灰雀的巢和卵。贾陈喜摄

甘肃莲花山灰头灰雀的巢位。贾陈喜摄

红头灰雀

拉丁名: *Pyrrhula erythrocephala*
英文名: Red-headed Bullfinch

雀形目燕雀科

体长约 17 cm。雄鸟额、眼先黑色而形成脸罩，眼下方脸颊白色，头顶后背、枕、肩橙红色，背灰色，腰白色，尾、翅黑蓝色，翅上有灰色斑块；喉、胸橘黄色，腹和尾下覆羽白色。雌鸟头黄绿色，下体灰色。

留鸟，分布于喜马拉雅山脉，包括西藏东南部，最高分布海拔 4200 m。

红头灰雀。左上图为雄鸟，董磊摄；下图为雌鸟，曹宏芬摄

蒙古沙雀

拉丁名: *Bucanetes mongolica*
英文名: Mongolian Finch

雀形目燕雀科

体长约 15 cm。雄鸟上体沙褐色，腰沾粉红色，翅黑褐色并有白色斑块，飞羽边缘粉红色；下体沙褐色并沾粉红色，腹、尾下覆羽白色。雌鸟体羽粉红色少于雄鸟。

留鸟，分布区从中亚扩展到帕米尔高原、青藏高原东北部，到达中国内蒙古和蒙古，最高分布海拔 4500 m；在印度西北部有越冬种群。山区干燥多石荒漠和干旱灌丛是其典型栖息地。

 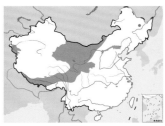

蒙古沙雀。典型栖息地是山区干燥多石荒漠。沈越摄

巨嘴沙雀

拉丁名: *Rhodospiza obsoleta*
英文名: Desert Finch

雀形目燕雀科

体长约 15 cm。嘴黄色且厚。雄鸟通体沙色，背浅褐色而带有黑色纵纹，翼及尾羽黑色而带粉红色羽缘。雌雄相似，但雌鸟色暗且绯红色较少。

留鸟，分布区从中东、中亚向东，经过帕米尔高原扩展到中国新疆和青藏高原北部，并到达中国内蒙古和蒙古，最高分布海拔 2000 m；在阿富汗南部、巴基斯坦北部以及中国西藏西南部有越冬种群。

 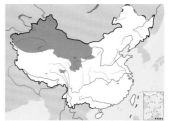

巨嘴沙雀。左上图为雌鸟，沈越摄；下图为雄鸟，雷进宇摄

赤朱雀

拉丁名：*Agraphospiza rubescens*
英文名：Blanford's Rosefinch

雀形目燕雀科

体长约 15 cm。雄鸟头和上体深红色，顶冠和背紫红色，飞羽暗褐色并有深红色边缘，尾暗褐色；喉、胸深红色，腹部暗白色。雌鸟头和上体橄榄褐色，尾暗褐色，飞羽暗褐色并有皮黄色边缘；下体暗皮黄色。

留鸟，分布区从喜马拉雅山脉中部和东部向东延伸，经过横断山脉，扩展到中国华中和西南，最高分布海拔 4000 m。栖息在高山针叶林边缘。

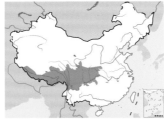

赤朱雀的雏鸟。卢欣摄

赤朱雀。左上图为雄鸟，唐军摄；下图为坐巢孵卵的雌鸟，卢欣摄

金枕黑雀

拉丁名：*Pyrrhoplectes epaulette*
英文名：Gold-naped Finch

雀形目燕雀科

体长约 14 cm。雄鸟枕部金黄色，体羽余部黑色，内侧飞羽白色，翼角处金黄色。雌鸟体羽棕褐色，与雄鸟迥异。

留鸟，分布于喜马拉雅山脉、中国西南和缅甸东北，包括青藏高原东南部，最高分布海拔 4000 m。

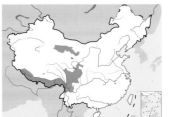

赤朱雀的巢和卵。卢欣摄

金枕黑雀。左上图为雄鸟，董磊摄；下图为雌鸟，董江天摄

暗胸朱雀

拉丁名：*Procarduelis nipalensis*
英文名：Dark-breasted Rosefinch

雀形目燕雀科

体长约 16 cm。雄鸟额、眉纹、脸颊和喉呈鲜亮粉红色，头暗褐色且贯眼纹明显，颈背及上体深褐色，尾暗褐色；胸深紫栗色，因此得名，腹部深粉色。雌鸟通体灰褐色，有 2 道浅色翼斑。

留鸟，分布区从喜马拉雅山脉中部向东延伸，经过横断山脉扩展到中国中南部和中南半岛北部，最高分布海拔 4400 m。生活在林线以上的高山灌丛。

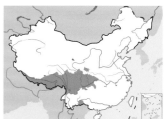

暗胸朱雀。左上图为雄鸟，唐军摄；下图左雄右雌，董江天摄

林岭雀

拉丁名：*Leucosticte nemoricola*
英文名：Plain Mountain-finch

雀形目燕雀科

体长约 15 cm。身体褐色，带浅色纵纹，浅色眉纹，有白色细小翼斑。雌雄羽色相似。

留鸟，分布区包括俄罗斯南部、中亚、南亚以及中国西北、南部和华中，包括青藏高原东部，最高分布海拔 5300 m；在缅甸西北部有越冬种群。

林岭雀。左上图为雄鸟，彭建生摄；下图为雌鸟，沈越摄

高山岭雀

拉丁名：*Leucosticte brandti*
英文名：Brandt's Mountain-finch

雀形目燕雀科

体长约 18 cm。全身体羽灰褐色，头顶褐色甚深，腰偏粉色。雌雄相似。

留鸟，分布区包括整个青藏高原，向东到达陕西秦岭，向北经过中亚到达蒙古和俄罗斯，最高分布海拔 5500 m。生活于高寒山区多石的山坡和高寒草甸。

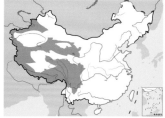

高山岭雀。左上图为沈越摄，下图唐军摄

普通朱雀

拉丁名：*Carpodacus erythrinus*
英文名：Common Rosefinch

雀形目燕雀科

形态 体长约 14 cm。雄鸟头、喉、腰、胸红色，背、翅和尾褐色，羽缘沾红色，腹部灰白色。两性异色。雌鸟上体橄榄褐色，有暗色纵纹；下体暗白色，亦有暗色纵纹。

分布 作为夏候鸟，广泛分布于欧亚大陆，包括整个青藏高原，最高繁殖海拔 4550 m；在南亚和中南半岛北部以及中国西南和华南有越冬种群。

栖息地 栖息于林缘灌丛地带。

繁殖 营巢于灌木间或小树枝杈上，巢距离地面通常小于 1 m。巢杯状，外围由枯草茎、草叶和须根构成，里面是更细的植物材料和少量兽毛。营巢由雌鸟单独承担，雄鸟担任警戒。在甘肃莲花山自然保护区，普通朱雀 6 月才开始繁殖。

更深入的关于普通朱雀繁殖生态学的知识来自青藏高原以外的研究。欧洲鸟类学家证实，其孵卵工作完全由雌鸟承担，一旦开始孵卵，雄鸟就到远离巢点甚至几千米之外的地方活动，但也时常返回巢点为孵卵的雌鸟提供食物。雏鸟出壳后，双亲参与育雏。雏鸟的食物都是植物种子，这些种子采集于离巢很远的地方。同一巢里的雏鸟可能来自 2 个不同的父亲。

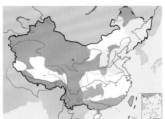

普通朱雀。左上图为雄鸟，下图为雌鸟。沈越摄

普通朱雀的巢和雏鸟。卢欣摄

褐头朱雀

拉丁名：*Carpodacus sillemi*
英文名：Sillem's Rosefinch

雀形目燕雀科

体长约 18 cm。又称桂红头岭雀，原被归于岭雀属 *Leucosticte*，最新分类意见将其移入朱雀属 *Carpodacus*。雄鸟头黄褐色，上体清灰褐色，下体近乎白色。雌鸟整体灰色，喙黄色，全身布满暗褐色纵纹。

留鸟，分布于新疆西南部和青藏高原西北部的帕米尔高原。长期以来，除了标本采集记录其海拔在 5125 m 外，没有任何信息。直到 2012 年 6 月，法国野生生物和自然摄影师 Yann Muzika 才在青海海西西南部的野牛沟中海拔近 5000 m 处拍摄到其野外照片。

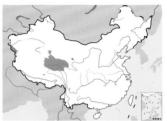

褐头朱雀。左上图为雄鸟，下图为雌鸟。Yann Muzika摄

青海海西野牛沟褐头朱雀的栖息地。Yann Muzika摄

血雀
拉丁名：*Carpodacus sipahi*
英文名：Scarlet Finch

雀形目燕雀科

体长约 18 cm。以前被列为独立的血雀属 *Haematospiza*，现在归入真正的朱雀属 *Carpodacus*。喙黄色。雄鸟体羽血红色，尾和翅端黑褐色。雌鸟体羽橄榄褐色，腰黄色。

留鸟，分布于喜马拉雅山脉、中国西南和中南半岛北部，包括青藏高原东南部，最高分布海拔 3850 m；在中南半岛北部有越冬种群。

血雀。左上图为雌鸟，下图为雄鸟。田穗兴摄

拟大朱雀
拉丁名：*Carpodacus rubicilloides*
英文名：Streaked Rosefinch

雀形目燕雀科

形态 体长约 19 cm。头深红色，顶冠有白色斑纹，上背灰褐色且有深色纵纹，腰粉红；下体深红色，有白色纵纹。雌鸟上体灰褐色而密布纵纹，下体灰色而带褐色纵纹。

分布 留鸟，分布区自青藏高原东部向东延伸至中国西南和华中，最高分布海拔 5200 m；在四川南部和云南北部有越冬种群。

栖息地 栖息于高山森林林线以上的灌丛地带。

繁殖 当拟大朱雀开始繁殖的时候，雅鲁藏布江中游高山上的其他鸟类的繁殖进程已经接近尾声。这是因为它们赖以养育雏

鸟的食物——植物种子，此时刚刚开始趋于成熟，当雏鸟孵出来的时候，恰是这些种子成熟的盛期。

拟大朱雀的繁殖地为阳坡蔷薇－小檗植物群落，位于高山峡谷的上部。它们选择高大的有刺灌木营巢，巢被茂密的枝叶遮挡，隐蔽性良好。雌鸟承担建巢的工作，在巢址周围搜集巢材。此时，雄鸟总是紧紧跟随雌鸟往返，雌鸟编织巢的时候，它就站立在不远处高大灌木的顶端守候。当有其他雄鸟试图靠近其配偶时，它就会飞到入侵雄鸟附近，大声鸣叫，直到入侵者被逼飞走，甚至还会尾随追赶，直至入侵者远离。显然，雄鸟的行为并不是出于

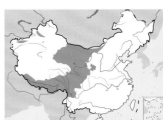

拟大朱雀。左上图为雄鸟，唐军摄；下图为雌鸟，杨贵生摄

雅鲁藏布江中游高山峡谷拟大朱雀的巢和卵。贡国鸿摄

雅鲁藏布江中游高山带拟大朱雀的繁殖参数	
繁殖期	7 月中旬至 8 月上旬
交配系统	单配制
海拔	4050～4600 m
巢基支持	灌木或幼树
距离地面	0.5～2.1 m，平均 1.1 m
巢大小	外径、内径、深、高
窝卵数	2～5 枚，平均 3.69 枚
卵大小	长径 23.8 mm，短径 17.0 mm
新鲜卵重	2.8～4.3 g，平均 3.61 g
孵化期	14～17 天，平均 15.3 天
育雏期	12～15 天，平均 14.0 天
繁殖成功率	47%

对雌鸟自身的安全考虑，而是担心别的雄鸟与其配偶交配，因为产卵前卵受精的机会是最高的。

筑巢完成后，有些雌鸟立刻就开始产卵，但有些雌鸟需要从劳作中恢复1~8天。卵为蓝色，并有少量的褐色或黑色小斑点。产卵期间，雄鸟会给雌鸟提供食物。只有雌鸟承担孵卵的任务，雄鸟同样也为其喂食，每小时平均1.6次。孵卵期间，雌鸟也要自己离巢觅食，所以白天雌鸟实际在巢孵卵的时间比例为66%。在雏鸟孵出的最初几天，雌鸟要为它们抱暖，其间也会得到雄鸟的食物。

育雏的任务由双亲承担，雌鸟携带食物回巢的频率是每小时1.1次，而雄鸟为0.7次。

由于孵化过程中的卵损失，相对于平均窝卵数3.7枚，孵出时的窝雏数为3.3只；而在出飞时，则减少到2.9只，每个巢平均有0.4只雏鸟中途夭折。

探索与发现 适合朱雀生存的高山环境，因为条件严酷，与热带和亚热带环境比较，只能支持少数形态和生态相近的物种，并且导致这些少数物种在资源利用方面出现明显分化。栖息于雅鲁藏布江中游高山带的2种朱雀，为人们提供了检验这个进化假说的机会。

拟大朱雀体重40 g，曙红朱雀只有20 g，分别是朱雀属最大和最小的成员。在非繁殖期，体形介于二者之间的朱雀，比如普通朱雀和白眉朱雀，也在高山带活动。但繁殖开始之后，这些中间体形的物种便从这里消失了。显然，因为一个物种的体形大小决定它对资源的利用方式，繁殖期有限的生态空间只允许体形大小差异巨大的物种共存。那么，这两种朱雀是如何保证生态位分离从而最小化种间竞争呢？

研究发现，拟大朱雀和曙红朱雀是高山带的优势物种，前者的巢密度为每平方千米12个，后者为18个。二者在繁殖时间、

海拔、营巢地带和植物种类上没有表现统计差异，但拟大朱雀明显偏好在高大的灌木上建巢，而曙红朱雀则更多利用低矮的灌木。二者喂养雏鸟的食物也完全不同。拟大朱雀拥有强大的喙，能剥开高山带一种优势豆科植物的豆荚，获取营养丰富的种子。而曙红朱雀的喙小，只能取食各种草本植物的种子。这些差异，允许这两种朱雀和平共存于高山栖息地。

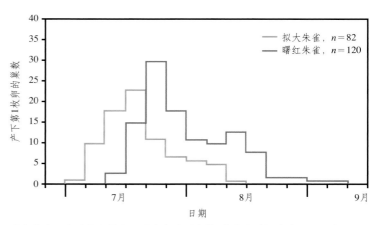

雅鲁藏布江中游高山峡谷两种朱雀种群产第1枚卵的时间分布。曙红朱雀的繁殖时间较拟大朱雀还要推迟10~15天

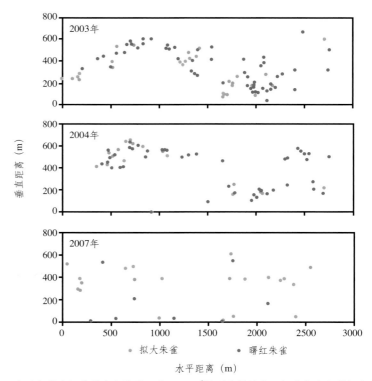

在雅鲁藏布江中游高山峡谷一个182 hm²的研究样地内，拟大朱雀和曙红朱雀巢点的空间分布，说明二者的繁殖位点并没有在海拔尺度上表现分异

在产卵前的一段时间，雄性拟大朱雀紧密地伴随其配偶，这种行为称为配偶警戒（mate guarding），典型地发生在社会性单配制的鸟类中，其作用在于防止其他雄鸟与自己的配偶发生交配。卢欣摄

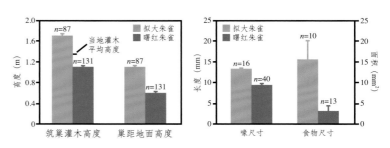

在雅鲁藏布江中游高山峡谷，拟大朱雀相对于曙红朱雀倾向于选择更高的植株，巢距离地面更高，同时也有更大的喙，用更大的植物种子喂养雏鸟

大朱雀
拉丁名：*Carpodacus rubicilla*
英文名：Spotted Great Rosefinch

雀形目燕雀科

体长约 20 cm。雄鸟头洋红色，颊深红色，背部褐灰色并带粉红色的羽缘，腰粉红色，尾羽及长的尾上覆羽褐色，尾羽外侧一对外缘白色；下体粉红色并有白色斑点。雌鸟上体黄褐色，具暗色纵纹，飞羽黑褐色，羽缘淡灰色，外侧一对尾羽具窄的白边；下体淡灰色沾黄色。

留鸟，分布区从喜马拉雅山脉经过帕米尔高原、中亚到达高加索山脉，向东延伸到青藏高原东部、西部及西北，最高分布海拔 5000 m。植被稀疏的高山和亚高山地带是其适宜的栖息地。

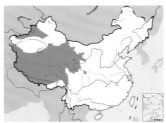

大朱雀。左上图为雄鸟，董磊摄；下图为雌鸟，田穗兴摄

红腰朱雀
拉丁名：*Carpodacus rhodochlamys*
英文名：Red-mantled Rosefinch

雀形目燕雀科

体长约 18 cm。喙黄色且厚。雄鸟通体沾粉色，上背有黑色条纹，腰及眉纹粉红色而无细纹，颊部羽毛先端白色；颈侧及下体为鲜艳的粉红色。雌鸟通体浅灰褐色具深色纵纹，体羽无粉色。

留鸟，分布区自阿富汗西北和东北，向东经巴基斯坦西部和中北部，沿喜马拉雅山脉至印度北部，向东北经青藏高原西北延伸至蒙古和俄罗斯；在印度西北部和青藏高原西南部有越冬种群。最高分布海拔 4900 m。

红腰朱雀。左上图为雄鸟，下图为雌鸟。邢新国摄

红眉朱雀
拉丁名：*Carpodacus pulcherrimus*
英文名：Himalayan Beautiful Rosefinch

雀形目燕雀科

体长约 15 cm。雄鸟羽色没有酒红朱雀那般深红，有些偏红褐色，头部有粉红色眉纹，脸颊、喉部、胸部、腹部以及腰部为粉红色，背部主要以灰褐色为主，翅膀和尾羽则为黑褐色，飞羽具有粉色外缘。雌鸟眉纹黄褐色，不似雄鸟那般明显，总体灰褐色，腹部灰白色，并有黑褐色的纵纹。

留鸟，分布区从喜马拉雅山脉中部向东，经过横断山脉扩展到中国西北和华中以及蒙古，包括青藏高原东部和南部，最高分布海拔 4650 m。生活在高山灌丛环境。需要注意的是，分布于中国华北地区的原红眉朱雀华北亚种 *C. p. davidianus* 已独立为中华朱雀 *Carpodacus davidianus*。

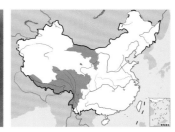

红眉朱雀。左上图为雌鸟，唐军摄；下图为雄鸟，曹宏芬摄

曙红朱雀

拉丁名：*Carpodacus waltoni*
英文名：Pink-rumped Rosefinch

雀形目燕雀科

形态　体长约 13 cm，甚似红眉朱雀但体形较小。雄鸟头顶、枕部红色，玫瑰粉红色眉纹醒目，背灰褐色且具粗的黑褐色纵纹，腰及尾上覆羽玫瑰红色，尾羽褐色；下体玫瑰粉红色。雌鸟上体灰褐色并具黑褐色羽干纹；下体暗白色，有细窄的黑褐色羽干纹。

分布　中国特有物种。留鸟，分布于中国华中和西南，包括西藏东部、青海东南部、四川西部；在云南西北部有越冬种群。最高分布海拔 4900 m。

垂直迁移　4 月底至 5 月初的时候，在海拔 3650 m 的河谷附近的村庄，特别是晒谷场，常见曙红朱雀与其他朱雀一起活动，峡谷山腰处则很少见到它们。随着时间的推移，峡谷内高海拔地带的曙红朱雀多了起来。6 月初，海拔 4300～4500 m 的地带，小群活动的曙红朱雀已经普遍常见了。

食性　曙红朱雀为植食性鸟类，但在育雏期也喂食部分动物性食物，如一些昆虫的幼虫。曙红朱雀雏鸟的主要食物为细小的草籽。根据繁殖季节的推进，其食物也随着生境中可利用植物的

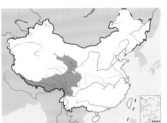

曙红朱雀。左上图为雄鸟，下图为雌鸟。贡国鸿摄

雅鲁藏布江中游高山峡谷的曙红朱雀随着季节推移选择不同的食物育雏。上图为 7 月下旬在藏橐吾上取食花托里的幼虫的雌鸟；下图为 8 月下旬取食植物种子的雄鸟。贡国鸿摄

更替而变化，主要为一些豆科、禾本科、唇形科和玄参科植物的种子。繁殖前期，雏鸟食物中也包含一些昆虫幼虫，这些幼虫存在于藏橐吾的花托及小檗叶芽处。但是 8 月中下旬以后，这些植物开始衰败，幼虫会变成成虫离开花托或叶芽。此时雏鸟食物中幼虫的比例就会有很大程度的下降，直至被其他食物取代。

7 月，伴随着雨季的来临，植被进入旺盛生长期，灌丛枝叶繁茂，郁闭度高，适合曙红朱雀营巢。7 月下旬至 8 月中旬，曙红朱雀进入产卵高峰期，此时藏橐吾的花已盛开，花托里的幼虫渐渐长大，小檗叶芽处的幼虫也与此同步；禾本科、玄参科和豆科植物的种子或果实也接近成熟。当 8 月份雏鸟出壳高峰到来时，也是雏鸟可利用食物最为丰富的时候。在育雏期，曙红朱雀的食物结构随着繁殖季节发生变化，成熟度高、数量大的草籽成为雏鸟食物的主要组成部分。

繁殖　曙红朱雀喜欢在绢毛蔷薇、小檗和锦鸡儿等有刺灌丛上营巢，研究者甚至记录到有一对的巢竟然在尼姑院墙上的柴堆里。营巢由雌鸟单独完成，巢材多数取自巢点周围 10 m 范围内。营巢期 5～7 天。巢为碗状，其壁分为 3 层：基底和外壁由干草茎构成，中层为较柔软的紧密细草茎，内层铺有较厚的牛羊毛，少数巢有植物绒毛、花絮或编织袋线。

巢建好后至产下第 1 枚卵前有段空巢期。空巢期 0～28 天，平均 6.2 天。也就是说，有些巢建好后次日就开始产卵，但也有长达 28 天之后才产卵。产卵总是在日出之前，每次产卵雌鸟要卧巢 35～97 分钟。

就整个种群而言，最早开始产卵的时间是 7 月 17 日，最晚的巢 9 月 3 日才开始产下第 1 枚卵。曙红朱雀每年开始产卵时间在 7 月中下旬，相对于雄色峡谷内其他鸟种来说繁殖起始时间有较大的延迟：花彩雀莺在 4 月初，乌鸫在 5 月初，大草鹛在 5 月初。曙红朱雀开始繁殖的时候，其他鸟种的繁殖期已基本结束或进入繁殖后期。即使与同域分布的近亲拟大朱雀相比，其繁殖开始的时间也要晚 10～15 天。

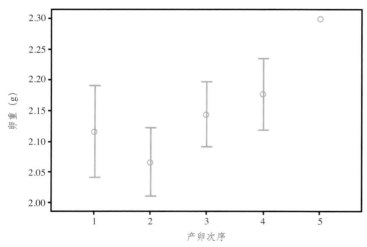

雅鲁藏布江中游高山带曙红朱雀同窝内卵重与产卵次序的关系

寺曙红朱雀的巢和卵。贡国鸿摄

正在给雏鸟喂食的曙红朱雀雄鸟。贡国鸿摄

雅鲁藏布江中游高山峡谷曙红朱雀的繁殖参数

繁殖期	7 月上旬至 9 月上旬
交配系统	单配制
繁殖海拔	4164～4500 m
巢基支持	灌木或幼树
距地面高度	0.2～1.5 m，平均 0.6 m
巢大小	外径 10.4 cm，内径 6.2 cm，深 4.9 cm，高 7.7 cm
窝卵数	2～5 枚，平均 3.81 枚
卵大小	长径 19.8 mm，短径 14.3 mm
新鲜卵重	1.6～2.7 g，平均 2.15 g
孵化期	13～18 天，平均 15.0 天
育雏期	12～16 天，平均 13.5 天
繁殖成功率	42%

雅鲁藏布江中游高山峡谷曙红朱雀孵卵和育雏行为记录

孵卵	每次在巢时间	24～120 分钟，平均 54.3 分钟
	每次离巢时间	3～90 分钟，平均 23.1 分钟
	孵卵期间在巢时间比例	21%～93%，平均 66%
抱暖	抱暖时间	
	雏鸟出壳 0～3 天	64.5 分钟，7～174 分钟
	雏鸟出壳 4～7 天	36.2 分钟，3～49 分钟
喂食	喂食频率	
	雌鸟	1.01 次／时，0.52～2.35 次／时
	雄鸟	1.18 次／时，0.56～1.60 次／时

卵蓝色，上面有少量褐色或黑色小斑点。卵重与产卵顺序呈显著正相关，除第 2 枚卵外，平均卵重随产卵顺序呈小幅增加趋势。随着繁殖季节的推移，窝卵数有明显下降趋势，开始繁殖的时间越晚，窝卵数越小。窝卵数与海拔高度呈显著的负相关性。

多数窝的雌鸟在产完最后一枚卵后才开始孵卵，但有些雌鸟，在产完第 2 或第 3 枚卵后就开始卧巢孵卵。

天敌导致一些巢繁殖失败。研究者把用蜡做的假卵放在巢里，通过上面留下的齿痕确定天敌的种类。最终发现最有威胁的天敌是香鼬。高海拔地区没有蛇，所以不存在被蛇捕食的风险。

社会行为　6 月上中旬可见 4～5 只雄鸟追逐 1 只雌鸟，此时雄鸟鸣唱增多。至 6 月下旬逐渐形成稳定的配偶关系，这时可

雄性曙红朱雀口含用于建巢的植物材料高举着，并伏下身体，展开翅膀，翘起尾巴，其目的是为了获得雌鸟的好感从而达到交配的机会。董磊摄

见雌雄成对活动。形成配偶关系后，配偶双方在整个繁殖季节都保持在一起，直到繁殖期结束。

配对活动期，雄鸟紧紧跟随雌鸟，警戒并阻止其他雄鸟接近。雄鸟一般站在距离雌鸟约 20 m 的灌丛枝头，关注配偶的活动并对周围情况保持高度的警惕性。当有其他雄鸟在周围活动并试图闯入时，雄鸟就会飞至入侵雄鸟附近，大声鸣叫，直到入侵者被逼飞走，雄鸟还会尾随追赶一段距离，直至入侵者远离。

雌鸟产卵、孵卵和抱暖期间，雄鸟为其提供食物，这种现象被称为情饲。情饲被认为有利于提高繁殖成功率。曙红朱雀的情饲强度在产卵和孵卵的时候相当，分别是每小时 0.9 次和 0.8 次，而在为雏鸟抱暖的时候达到每小时 1.2 次。不过此时雌鸟可能把一些食物转给雏鸟。

探索与发现 朱雀是青藏高原最富特色的一类雀鸟，它们成功地适应高海拔的自然环境，家族得以发展壮大。也正因为它们的栖息地在高山林线之上，人们对它们的了解十分有限。《世界鸟类手册》(*Handbook of the Birds of the World*) 关于繁殖的标题下，许多物种没有任何信息。

从 1995 年开始，卢欣在雅鲁藏布江中游高山灌丛从事野外鸟类研究，几乎找到了这里所有繁殖鸟类的巢，可是直到 2001 年都还没有发现一个朱雀的巢，虽然它们是峡谷里最常见的鸟类，特别是曙红朱雀、白眉朱雀和拟大朱雀。这实在令人不解。

2002 年 7 月，卢欣的学生贡国鸿来到雄色寺。此时，大多数鸟类的繁殖已接近尾声。这次他的目标是揭秘朱雀的繁殖生态学。这次他终于有所发现。首先，找到了拟大朱雀的巢；随后，找到了曙红朱雀的巢。原来这些朱雀在 7 月中旬以前并不营巢产卵。显然，它们在等待野果的成熟，这样就可以获得繁育后代需要的充足食物。的确，后来的研究也证实朱雀雏鸟的食物都是新鲜的植物种子。

自此，贡国鸿连续 3 年的野外研究，获得了这 2 种朱雀详实的科学数据，第一次向世人披露了它们的繁殖秘密。

粉眉朱雀

拉丁名：*Carpodacus rodochroa*
英文名：Pink-browed Rosefinch

雀形目燕雀科

体长约 15 cm。眉纹粉色，贯眼纹宽且呈深红色，粉色而鲜亮的额和深粉色的腰是其典型特征；下体粉色。雌鸟眉纹淡皮黄色，整体橄榄褐色，有暗褐色条纹，腰亦是深粉色。

留鸟，分布区从巴基斯坦北部和克什米尔东部，沿喜马拉雅山脉向东南延伸至中国西南以及尼泊尔和印度北部，包括中国西藏南部，最高分布海拔 5150 m。

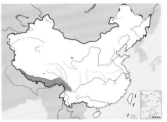

西藏樟木的粉眉朱雀。左上图为雌鸟，董磊摄；下图为雄鸟，叶昌云摄

棕朱雀

拉丁名：*Carpodacus edwardsii*
英文名：Dark-rumped Rosefinch

雀形目燕雀科

体长约 15 cm。雄鸟额和眉纹玫瑰红色，贯眼纹红褐色，头顶、后颈、上体、翅和尾褐色，三级飞羽和覆羽羽端玫瑰红色；颊、颏、喉和上胸淡玫瑰红色，其余下体红褐色。雌鸟上体赭褐色并具暗褐色羽干纹，眉纹皮黄色；下体赭皮黄色并具黑褐色纵纹。

留鸟，分布于喜马拉雅山脉、中国西南和华中、缅甸北部，包括青藏高原东部，最高分布海拔 4270 m。

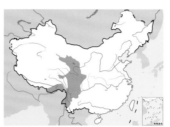

棕朱雀。左上图为雌鸟，下图为雄鸟。董磊摄

点翅朱雀

拉丁名：*Carpodacus rodopeplus*
英文名：Spot-winged Rosefinch

雀形目燕雀科

体长约 17 cm。雄鸟眉纹粉色，背赤褐色而具玫瑰红色纵纹，三级飞羽及覆羽具浅粉色点斑，为该种典型特征，腰及下体暗粉色。雌鸟眉纹皮黄色，身体褐色，有暗色条纹，三级飞羽具浅色羽端，腰染橙色。

留鸟，分布于喜马拉雅山脉，在中国见于西藏聂木拉地区，生活在林线之上多灌丛地带。

点翅朱雀。左上图为雄鸟，邢新国摄；下图为雌鸟，刘璐摄

淡腹点翅朱雀

拉丁名：*Carpodacus verreauxii*
英文名：Sharpe's Rosefinch

雀形目燕雀科

体长约 16 cm。由原点翅朱雀西南亚种 *Carpodacus rodopeplus verreauxii* 独立为种，体形稍小，雄鸟体羽的粉色较淡而明亮。

留鸟，分布于青藏高原东南部，包括四川、云南西部和西藏东部，最高分布海拔 4600 m；缅甸有越冬种群。

淡腹点翅朱雀雄鸟。唐军摄

酒红朱雀

拉丁名：*Carpodacus vinaceus*
英文名：Vinaceous Rosefinch

雀形目燕雀科

形态 体长约 15 cm。通体深红色，有一道明显的白色眉纹，翅膀和尾羽为灰黑色，三级飞羽的末端有白色斑块。雌鸟羽色暗淡，通体褐色，三级飞羽末端有浅黄色斑块。

分布 留鸟，分布于喜马拉雅山脉、中国西南和华中、缅甸东北部，包括青藏高原东部，最高分布海拔 3500 m。分布于中国台湾的原酒红朱雀台湾亚种 *C. v. formosanus* 已独立为台湾酒红朱雀 *C. formosanus*。

栖息地 栖息于林缘灌丛地带。

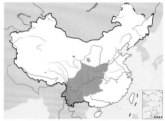

酒红朱雀。左上图为雄鸟，沈越摄；下图为雌鸟，颜重威摄

繁殖 青藏高原酒红朱雀的繁殖生态学信息来自甘肃莲花山自然保护区。在这里，酒红朱雀的繁殖期为每年的 6—8 月。它们筑巢于云杉幼树或小灌木上，距地面高 1.5～1.9 m。巢呈碗状，巢外部以禾本科植物的干草茎和细树枝为主，有少许苔藓，内部铺垫动物毛发，以有蹄类动物毛发为主，并伴有少量鸟类羽毛。与当地的普通朱雀相比，酒红朱雀的巢更精致，除草茎和细树枝外，还有少量苔藓，内部铺垫的毛发也更多一些。巢的外径是 10.9 cm，内径 6.0 cm，高 6.7 cm，深 4.9 cm。

一般每巢产卵 3 枚，每天产 1 枚卵。卵为淡蓝色，钝端有黑褐色斑块和条纹。卵的平均大小为 21.1 mm×14.8 mm，重 2.3 g 左右。雌鸟孵卵，孵化期 14 天。双亲共同喂养雏鸟，雏鸟的食物为植物种子，育雏期 13 天。在发育早期，雏鸟的消化吸收能力较弱，粪便中会有大量未消化的物质，亲鸟会直接吞食雏鸟的粪便，而到育雏后期则不再有此行为。

甘肃莲花山酒红朱雀的巢和卵。胡运彪摄

正在育雏的酒红朱雀。胡运彪摄

长尾雀

拉丁名：*Carpodacus sibiricus*
英文名：Long-tailed Rosefinch

雀形目燕雀科

形态 体长约 16 cm。外形纤细，相对其他朱雀，尾羽的长度占身体比例更大。雄鸟体羽粉红色，眉纹白色，翅膀和尾羽为褐色，翅膀上有 2 道明显的白斑，外侧尾羽白色。雌鸟体羽棕褐色，翅上有 2 道翼斑，腹灰色且有褐色纵纹。以前被列为独立的长尾雀属 *Uragus*，现在归入真正的朱雀属 *Carpodacus*。

分布 作为夏候鸟，繁殖区自西伯利亚向东延伸至太平洋西部海岸地区；在西伯利亚西部地区、中国东北、俄罗斯东南部以及日本有越冬种群；中国西南有留居种群，包括青藏高原东南部。最高分布海拔 3400 m。

栖息地 在青藏高原地区，长尾雀多出现在灌丛、阔叶林和针阔叶混交林中。

食性 主要取食草籽等植物的种子，繁殖期间偶尔捕食昆虫。

繁殖 长白山地区的繁殖期为 5—7 月，产蓝绿色卵，布有黑色斑点或斑纹。青藏高原尚无相关研究，研究者曾于 6 月上旬在甘肃莲花山地区见到雌鸟叼巢材筑巢，推测青藏高原种群的繁殖期可能比长白山地区晚，可能为 6—8 月。

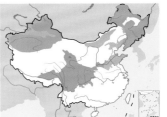

长尾雀。左上图为雌鸟，周华明摄；下图为正在取食植物种子的雄鸟，沈越摄

沙色朱雀

拉丁名：*Carpodacus stoliczkae*
英文名：Pale Rosefinch

雀形目燕雀科

体长约 16 cm。雄鸟前额、眼先、眼周红色，头顶和眉纹白色，颊和耳羽玫瑰红色，上体余部沙褐色，腰粉红色，尾上覆羽、尾羽和翅褐色；喉、胸玫瑰红色，并有白色鳞斑，腹及两胁皮黄色。雌鸟通体沙褐色而无粉色。

留鸟，分布于西亚、中东、帕米尔高原和青藏高原东北部，最高分布海拔 3500 m。生活在多岩石的稀疏的灌丛、草原和荒漠。

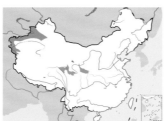

沙色朱雀。左上图为雌鸟，下图为雄鸟。董文晓摄

藏雀

拉丁名：*Carpodacus roborowskii*
英文名：Roborovski's Rosefinch

雀形目燕雀科

体长约 18 cm。脸颊深红色，头顶、背部玫瑰红色，腰部淡玫瑰红色，翅暗褐色并沾玫瑰红色，尾暗棕色；喉深红色，有白色斑点，胸和腹部玫瑰红色。雌鸟全身褐色具暗褐色条纹，并不沾红色。以前被列为独立的藏雀属 *Kozlowia*，现在被归入真正的朱雀属 *Carpodacus*。

中国特有物种。留鸟，分布于中国西北部，包括青海中部和西南部以及西藏东北部，最高分布海拔 5400 m。生活在荒芜、多岩石的高山旷野。

藏雀。左上图为雄鸟，下图为雌鸟。唐军摄

斑翅朱雀

拉丁名：*Carpodacus trifasciatus*
英文名：Three-banded Rosefinch

雀形目燕雀科

体长约 19 cm。雄鸟头顶至上背绯红色，翅和尾黑褐色；颏至上胸白色，下胸、上腹及胁绯红，其余下体白色。雌鸟身体深灰色，满布黑色纵纹。雌鸟和雄鸟肩羽边缘及三级飞羽外侧均为白色，与 2 道显著的浅色翼斑形成物种的典型特征，因此英文名为 Three-banded Rosefinch，意为三斑朱雀。

留鸟，分布于中国西南和华中，包括青藏高原东部；在喜马拉雅山脉东段有越冬种群，最高分布海拔 3050 m。

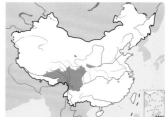

斑翅朱雀。左上图为雌鸟，周华明摄；下图为雄鸟，唐军摄

白眉朱雀

拉丁名：*Carpodacus dubius*
英文名：Chinese White-browed Rosefinch

雀形目燕雀科

体长约 18 cm。由原白眉朱雀 *Carpodacus thura* 在中国分布的 3 个亚种建立的种，包括原白眉朱雀甘肃亚种 *C. t. dubius*、西南亚种 *C. t. femininus* 和青海亚种 *C. t. deserticolor*。雄鸟眉纹粉色，末端是特征性的白色，颊深红色，头顶、枕、背棕褐色具黑褐色羽干纹，腰和尾上覆羽玫瑰红色，尾黑褐色，飞羽暗褐色；下体暗玫瑰红色，颏、喉和上胸白色。雌鸟眉纹皮黄色，额白色，头顶至背橄榄褐色并具黑褐色纵纹，腰和尾上覆羽棕黄色，两翅和尾黑褐色；下体皮黄白色。

留鸟，分布于中国西南和华中，包括青藏高原东部。最高分布海拔 4600 m。栖息于林线以上的灌丛地带。

白眉朱雀。左上图为雌鸟，下图为雄鸟。唐军摄

喜山白眉朱雀

拉丁名：*Carpodacus thura*
英文名：Himalayan White-browed Rosefinch

雀形目燕雀科

体长约 18 cm。原白眉朱雀 *Carpodacus thura* 分裂成 2 个种后，留下来的包括指名亚种在内的 2 个亚种改称喜山白眉朱雀。似白眉朱雀，但雄鸟具白眉朱雀缺乏的深色贯眼纹。

留鸟，分布区从阿富汗沿喜马拉雅山脉向东扩展至青藏高原东南部。

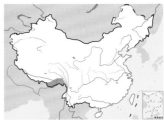

喜山白眉朱雀。左上图为雌鸟，下图为雄鸟。刘璐摄

红胸朱雀

拉丁名：*Carpodacus puniceus*
英文名：Red-fronted Rosefinch

雀形目燕雀科

体长约 20 cm。以前因喙、尾羽和脚趾的形态方面与其他朱雀不同而被归在独立的红胸朱雀属 *Pyrrhospiza*，最近被归入真正的朱雀属 *Carpodacus*。雄鸟眉纹及颊红色，腰和尾上覆羽粉红色；喉、胸红色，腹部褐色，具纵纹。雌鸟全身褐色，下体近白色，全身具暗褐色纵纹。

留鸟，分布区从喜马拉雅山脉向北扩展至帕米尔高原至中亚，向东延伸到青藏高原东部以及中国西南，最高分布海拔 5700 m。栖息在林线以上多岩石地带。

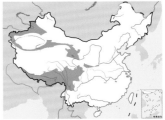

红胸朱雀。左上图刘璐摄，下图彭建生摄

红眉松雀

拉丁名：*Carpodacus subhimachala*
英文名：Crimson-browed Finch

雀形目燕雀科

体长约 20 cm。雄鸟眉纹、额、颊猩红色，上体红褐色并有橄榄绿色羽缘，腰栗色，尾羽黑褐色；颏、喉、胸深红色，腹灰色。雌鸟由黄色取代雄鸟的红色部分，上体橄榄绿色。

留鸟，分布于喜马拉雅山脉至中国西南，包括青藏高原东南部，最高分布海拔 4200 m；在喜马拉雅山脉南麓有越冬种群。

 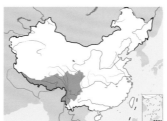

红眉松雀。左上图为雄鸟，下图为雌鸟。唐军摄

红眉金翅雀

拉丁名：*Callacanthis burtoni*
英文名：Spactacled Finch

雀形目燕雀科

体长约 18 cm。雄鸟头顶近黑色，贯眼纹红色，上体棕色，尾褐色而端部白色，翼黑色而有白色斑点；下体棕色，尾下覆羽白色。雌鸟体羽色淡，贯眼纹黄色。

留鸟，分布于喜马拉雅山脉，2015 年 3 月在西藏聂拉木县樟木镇海拔 2860 m 的原始针叶林地首次记录到该物种在中国的分布。

 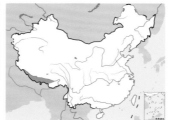

西藏樟木地区首次在中国记录到的红眉金翅雀雄鸟。林植摄

金翅雀

拉丁名：*Chloris sinica*
英文名：Grey-capped Greenfinch

雀形目燕雀科

体长约 13 cm。体羽橄榄灰色，背部沾栗色，腰金黄色，翅上有一块醒目的金黄色斑；下体沾黄色，尾下覆羽黄色。雌鸟体羽不如雄鸟鲜明。

作为夏候鸟，繁殖于东北亚北部；作为留鸟，分布于东北亚至中国西南和中南半岛北部，包括青藏高原东北部和东部，最高分布海拔 3000 m。

金翅雀。左上图为雄鸟，沈越摄；下图左雄右雌，叶昌云摄

叼着植物花絮的金翅雀。朱英摄

黑头金翅雀

拉丁名：*Chloris ambigua*
英文名：Black-headed Greenfinch

雀形目燕雀科

体长约 13 cm。雄鸟头、枕及两颊黑褐色，上体橄榄灰褐色，尾黑褐色，翅黑褐色并有黄色斑；下体橄榄灰褐色，并有黄色细纵纹。雌鸟体羽不如雄鸟鲜明。

留鸟，分布于喜马拉雅山脉东段、中国西南和中南半岛北部，包括青藏高原东南部，最高繁殖海拔 3100 m；在西藏东南部和中南半岛北部有越冬种群。

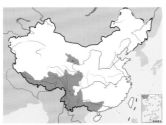

黑头金翅雀。左上图为雌鸟，甘礼清摄；下图为雄鸟，丁文东摄

高山金翅雀

拉丁名：*Chloris spinoides*
英文名：Yellow-breasted Greenfinch

雀形目燕雀科

体长约 14 cm。雄鸟头和脸颊的黑色和黄色组成醒目的图案，上体褐色，翅上有黄色翅斑；下体黄色，腹部变浅。雌鸟体羽不及雄鸟鲜明。

作为夏候鸟，繁殖于喜马拉雅山脉和中国西南，包括西藏南部，最高繁殖海拔 4400 m；在喜马拉雅山脉南麓越冬；在缅甸西部有留居种群。

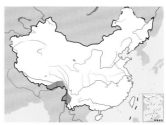

高山金翅雀。左上图罗平钊摄，下图曹宏芬摄

红额金翅雀

拉丁名：*Carduelis carduelis*
英文名：European Goldfinch

雀形目燕雀科

体长约 14 cm。雄鸟额、脸颊、颏朱红色，与淡色的头部对比明显，眼先和眼周黑色，尾上覆羽白色，翅黑色，其上具金黄色大翅斑；下喉及腹部白色，胸灰褐色。雌雄相似，但雌鸟脸部红色较淡，翅上黄色亦较浅。

留鸟，分布于欧亚大陆的毗邻非洲地区，并向东扩展至太平洋西海岸地区，包括青藏高原西南部；在欧亚大陆中部地区有夏季种群，最高分布海拔 4200 m。

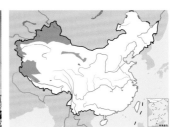

红额金翅雀。左上图为邢新国摄，下图田穗兴摄

黄嘴朱顶雀

拉丁名：*Linaria flavirostris*
英文名：Twite

雀形目燕雀科

形态 体长约 13 cm。雄鸟上体褐色，腰玫瑰红色，翅和尾黑褐色，羽缘白色；下体褐白色，具暗色纵纹。雌鸟与雄鸟相似，但腰不呈玫瑰红色。喙黄色、头顶无红色是其区别于其他朱顶雀的典型特征。

分布 作为夏候鸟，繁殖于英国、北欧至俄罗斯、蒙古、中亚、帕米尔高原、青藏高原北部；在欧洲南部、帕米尔高原西部有越冬种群；在西藏、青海、甘肃和四川西部和北部有留居种群。最高分布海拔 4900 m。

栖息地 栖息于各种植被稀少的开阔的环境，也在居民区活动。

习性 非繁殖期形成几十只甚至几百只的群体。在雅鲁藏布江中游高山地带，每年秋季 20 天左右的时间内，会观察到大量黄嘴朱顶雀出现，可能是因为食物资源的吸引。在藏北当雄草原，全年都可以看到黄嘴朱顶雀。不过，研究者标记了 187 只雏鸟，在之后的繁殖季节，却一只也没有重新看到。

繁殖 在藏北当雄草原，配对活动开始于 5 月下旬，8 月中旬仍然有个体产卵，比当地其他鸟类要晚很多。没有明显的领域行为，雄鸟总是紧紧跟随其配偶，驱逐靠近的同种雄鸟。交配行为仅仅发生于营巢和产卵期。平均每小时有 2.7 次，大多发生在雌

鸟因编巢或产卵刚刚从巢里出来并停栖在巢附近的时候。在鸟类中，雄鸟为了保卫自己的父权可能采取 2 种策略，其一是配偶警惕，防止别的雄鸟靠近其配偶，其二是频繁交配以保持自己的精子包围在输卵管内的卵。显然，黄嘴朱顶雀同时使用了 2 种策略。

巢呈杯状，由纤细的干草茎编织而成，内垫毛发，精致而坚实。巢完成后再经过 0～4 天，雌鸟产下第 1 枚卵。产卵的时候，天刚蒙蒙亮雌鸟就到达巢里，在里面伏卧 16～27 分钟。卵白色，有褐色斑点。

对雏鸟 5 日龄以上巢的观测表明，雌鸟带食物回巢的次数是平均每小时 1.3 次，雄鸟 0.8 次。双亲给雏鸟的食物都是禾本科草籽。

在雌鸟产卵、孵卵和抱暖期间，雄鸟都会为雌鸟提供食物。在孵卵的时候，雄鸟平均每小时返回巢 0.7 次来饲喂配偶。雌鸟也会自己出去觅食，孵卵期间每小时的平均离巢次数是 1.1 次，离巢时间占孵卵总时间的比例只有 18%。

藏北当雄黄嘴朱顶雀的繁殖参数	
繁殖期	5 月下旬至 8 月中旬
交配系统	单配制
繁殖海拔	4300 m
巢基支持	幼树，坚挺的草丛，柴垛
距离地面	0～10 m
巢大小	外径 9.3 cm，内径 6.2 cm，深 4.2 cm
窝卵数	3～7 枚，平均 4.2 枚
卵大小	长径 18.0 mm，短径 13.0 mm
新鲜卵重	1.2～2.2 g，平均 1.6 g
孵化期	10～15 天，平均 12.2 天
育雏期	13～17 天，平均 14.7 天
繁殖成功率	64%

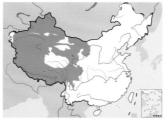

黄嘴朱顶雀。左上图沈越摄，下图曹宏芬摄

红交嘴雀

拉丁名：*Loxia curvirostra*
英文名：Red Crossbill

雀形目燕雀科

　　体长约 16 cm。上喙与下喙在前端交叉，由此得名。雄鸟通体朱红色，尾、翅黑褐色，尾下覆羽灰白色。雌鸟体羽以灰褐色为主。

　　留鸟，分布于亚欧大陆北方、北美洲大部，包括整个青藏高原，最高分布海拔 4500 m；在中亚，中国西北、东南和北美南部有越冬种群。在甘肃莲花山，其巢位于云杉和冷杉等针叶树上，离地面较高，难以接近。8 月初看到雏鸟离巢后的家族活动。

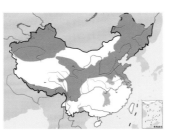

红交嘴雀。左上图为雄鸟，下图为雌鸟。彭建生摄

金额丝雀

拉丁名：*Serinus pusillus*
英文名：Red-fronted Serin

雀形目燕雀科

　　体长约 13 cm。头近黑色，头顶前端有一块鲜红色斑是其典型特征；上体黑褐色，遍布红色和白色斑纹；颏、喉黑色，下体余部白色，满布黑色、金黄色斑纹。雌雄羽色相似。

　　留鸟，分布于中东、中亚、青藏高原西南部和西部，分布海拔 600～4700 m。生活在林线以上的低矮灌丛环境。

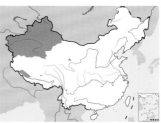

金额丝雀。左上图沈越摄，下图彭建生摄

藏黄雀

拉丁名：*Spinus thibetanus*
英文名：Tibetan Serin

雀形目燕雀科

　　体长约 12 cm。上体纯橄榄绿色，眉纹黄色，腰黄色；下体黄色。雌鸟暗绿色，体羽多纵纹。

　　留鸟，分布于喜马拉雅山脉、中国西南和缅甸北部，包括青藏高原东南部，繁殖海拔 1500～4000 m；在喜马拉雅山脉南麓有越冬种群。

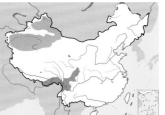

藏黄雀。左上图为雄鸟，下图为雌鸟。彭建生摄

鹀类

- 雀形目鹀科鸟类，共5属42种，中国有5属32种，其中2属14种见于青藏高原
- 喙圆锥形，腿短，多数物种雄性体羽比雌性亮丽
- 栖息于各种开阔环境，繁殖期以各种无脊椎动物为食，非繁殖期以植物种子为食
- 社会性单配制，巢位于地面或靠近地面

类群综述

分类与分布 鹀是雀形目鹀科（Emberizidae）成员的总称，也是雀总科的一部分，之前被置于燕雀科下面的鹀亚科（Emberizinae），该亚科物种数量达到 823 个，囊括了新大陆鸣禽的大多数种类，只有鹀族（Emberizini）的分布超出新大陆的范围。新的分类意见把旧大陆也就是欧亚大陆和非洲的物种组合在一起，独立为鹀科，包括 5 属 42 种。中国有鹀类 5 属 32 种，其中 2 属 14 种见于青藏高原。

德国鸟类学家 Jochen Martens 与中国学者合作，采用形态与分子标记相结合的方法，研究青藏高原鸟类的演化历史。最近，该研究团队关于鹀类谱系地理的结果说明，适应辐射使得古北界鹀类产生 4 个重要的进化支，西古北界和青藏高原特有种形成其中的一支，是仅次于西伯利亚的另一个鹀类起源中心。西古北界－青藏高原起源中心物种的形成可以追溯到中新世，也就是青藏高原整体隆升和环境变化的关键时期。事实上，青藏高原被认为是物种进化的摇篮，包括藏鹀、藏雀和地山雀在内的高原特有鸟种，在这里独立进化了相当长的时间。

栖息地和习性 鹀类在欧亚大陆北方为夏候鸟，在南方越冬，而在大部分地区为留鸟。它们栖息于各种开阔的环境，包括草地、沼泽、灌丛、萨瓦那稀树草原和森林边缘。通常在地面觅食，繁殖期以各种无脊椎动物为食，非繁殖期以植物种子为食。

繁殖 鹀类形成社会性单配制的交配体制。巢杯状，位于地面或靠近地面，由植物茎组成，内常衬有动物毛发。窝卵数 2～6 枚。雌鸟承担孵卵任务，虽然雄鸟有时会分担一下。孵化期 11～15 天。双亲育雏，但一些物种仅由雌鸟育雏，育雏期 8～13 天。

种群状态和保护 鹀的受胁状况较为严重，尤其是植被砍伐、农业集约化和人类捕捉等因素，一些物种的种群数量急剧下降。例如黄胸鹀 *Emberiza aureola* 十几年前还是在欧亚大陆广泛分布的常见鸟类，但因在中国作为食材"禾花雀"受到追捧而被大量非法捕捉，现在已被逼至濒临灭绝的境地。而同样的威胁正在逐渐扩散至其他鹀类。黄胸鹀的受胁等级在 2004 年被 IUCN 由无危（LC）提升为近危（NT），2008 年提升为易危（VU），2013 年提升为濒危（EN），2017 年底进一步提升至极危（CR）；栗斑腹鹀 *Emberiza jankowskii* 则在 2010 年由易危（VU）提升为濒危（EN）；田鹀在 2017 年底由无危（LC）提升为易危（VU），同样被列为易危（VU）的还有硫黄鹀 *Emberiza sulphurata* 和索岛鹀 *E. socotrana*；此外，藏鹀 *Emberiza koslowi* 等 3 个种被列为近危（NT）。

左：鹀栖息于各种开阔环境，其中藏鹀是青藏高原的特有鹀类。图为捕得昆虫正准备回巢育雏的藏鹀雄鸟。唐军摄

右：鹀类的巢杯状，位于地面或靠近地面，由植物茎组成，内衬常有动物毛发。图为灰头鹀的巢、卵和雏鸟。胡运彪摄

凤头鹀
Melophus lathami

蓝鹀
Emberiza siemsseni

白头鹀
Emberiza leucocephalos

灰眉岩鹀
Emberiza godlewskii

淡灰眉岩鹀
Emberiza cia

三道眉草鹀
Emberiza cioides

白顶鹀
Emberiza stewarti

栗耳鹀
Emberiza fucata

小鹀
Emberiza pusilla

黄喉鹀
Emberiza elegans

藏鹀
Emberiza koslowi

褐头鹀
Emberiza bruniceps

灰头鹀
Emberiza spodocephala

芦鹀
Emberiza schoeniclus

凤头鹀
拉丁名：*Melophus lathami*
英文名：Crested Bunting

　　体长约 15 cm。具特征性的细长羽冠。雄鸟头、颈、上背及整个下体辉黑色并具蓝绿色金属光泽，两翼、尾上覆羽及尾羽栗红色，尾端部黑色；尾下覆羽及翼下覆羽均为栗色。雌鸟深橄榄褐色，羽冠较雄鸟短，上背及胸布满暗褐色纵纹，翼羽色深且羽缘栗色。

　　作为留鸟，分布于南亚、东亚以及东南亚，包括中国西南、华中、华东和华南；作为夏候鸟，繁殖于青藏高原南部；在喜马拉雅山脉东部和云贵高原有越冬种群。最高繁殖海拔记录为 2440 m。

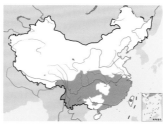

凤头鹀。左上图为雄鸟，王榄华摄；下图为雌鸟，刘璐摄

蓝鹀
拉丁名：*Emberiza siemsseni*
英文名：Slaty Bunting

　　形态　体长约 13 cm。雄鸟通体石蓝灰色，仅腹部、臀部及尾外缘白色，尾羽中央暗褐色。雌鸟头、颈及上胸棕黄色，其余体羽以暗褐色为主。

　　分布　中国特有物种。作为夏候鸟，仅繁殖于中国中部和西部，在青藏高原包括甘肃南部、四川西部和西藏东部，最高繁殖海拔 2100 m；在四川、湖北西部、安徽、云南、贵州、福建以及广东北部越冬。

　　繁殖　在甘肃莲花山，鸟类学家记录了 1 个巢的繁殖过程。该巢发现于 2014 年 7 月初，位于一株小云杉树上，距离地面 0.4 m。巢杯形，外径 8.44 cm，外层由阔叶和草茎组成，内层是纤细的植物材料和动物毛发。巢内有 4 枚卵，乳白色并有一些斑点。双亲参与孵卵和育雏，雏鸟的食物包括昆虫及其幼虫，还有蜘蛛。

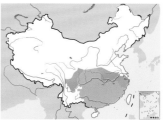

蓝鹀。左上图为雌鸟，下图为雄鸟。董磊摄

甘肃莲花山蓝鹀的巢和坐巢孵卵的雌鸟。胡运彪摄

白头鹀

拉丁名：*Emberiza leucocephalos*
英文名：Pine Bunting

雀形目鹀科

体长约 17 cm。雄鸟头顶白色，紧贴其两侧为黑色的侧冠纹，过眼纹栗色，眼下有白色条带，上体棕色并有暗褐色条纹；颏、喉栗色而胸带白色，腹部白色而有棕色条纹。雌鸟羽色暗淡。

作为夏候鸟，在欧亚大陆北方繁殖，包括青海柴达木、青海湖地区，最高繁殖海拔 2800 m；在欧亚大陆的温带地区越冬，包括北非、中亚、喜马拉雅山脉、中国华北、东南和华南，以及日本。

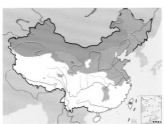

白头鹀。左上图为雌鸟，下图为繁殖期雄鸟。巫嘉伟摄

淡灰眉岩鹀

拉丁名：*Emberiza cia*
英文名：Rock Bunting

雀形目鹀科

体长约 16 cm。头蓝灰色，头顶侧贯纹、过眼纹、眼下纹黑褐色，眉纹白色；颏白色，上胸蓝灰色；身体余部栗色，上体有黑色纵纹，翅上有 2 道细白斑。雌鸟体羽比雄鸟暗淡。

留鸟，分布于欧洲南部、北非、中东、中亚、喜马拉雅山脉西段和青藏高原西部，最高分布海拔 4000 m。

淡灰眉岩鹀。左上图刘璐摄，下图邢睿摄

灰眉岩鹀

拉丁名：*Emberiza godlewskii*
英文名：Godlewski's Bunting

雀形目鹀科

形态 体长约 17 cm。也称戈氏岩鹀。头蓝灰色，头顶侧贯纹、过眼纹、眼下纹栗色，眉纹白色，身体余部栗色，上体有黑色纵纹，翅上有 2 道细白斑；颏、喉、颈侧和胸蓝灰色，下体余部浅红褐色，腹中线较淡。雌鸟体羽比雄鸟暗淡。

分布 留鸟，分布于阿尔泰山，俄罗斯外贝加尔地区，蒙古，中国华北、华中和西南，包括青藏高原东部、东南部和南部，最高分布海拔 4500 m；在蒙古、中国新疆和四川有越冬种群。

栖息地 栖息于多岩石的荒坡、草地和灌丛以及靠近森林边缘的沟谷。它们的食性有季节性变化。繁殖季节主要吃动物性食物，包括昆虫；非繁殖季节则以植物性食物为主，包括草籽、农作物种子。

繁殖 繁殖季节长度决定了繁殖次数多少，北方每年繁殖 1～2 次，南方可以繁殖 2～3 次。在青藏高原，每年繁殖 1～2 次。繁殖期从 5 月中旬开始，到 9 月下旬结束。多营地面巢，最喜欢高寒草甸阳坡。通常选择草丛或灌丛基部的有部分遮挡的小坑，但偶尔也发现有在灌丛上筑巢的例子。巢呈碗状，外层为较粗的草茎，内层为细草茎，内衬有哺乳动物毛发或枯草叶。窝卵数 3～5

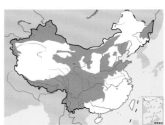

灰眉岩鹀。左上图为繁殖期雄鸟，沈越摄；下图为雌鸟，赵纳勋摄

灰眉岩鹀的巢、卵和雏鸟。左图梁思琪摄，右图贾陈喜摄

枚，通常 4 枚。卵的颜色多变，其上常有红褐色斑点，在钝端排列成一圈。卵平均大小为 21 mm × 16 mm，重约 2.5 g。孵卵由雌鸟单独完成，孵化期 11 ～ 12 天。育雏由双亲共同完成，育雏期 12 天。

三道眉草鹀

拉丁名：*Emberiza cioides*
英文名：Meadow Bunting

雀形目鹀科

体长约 16 cm。栗色的头顶和黑色、白色、灰色组成的面部图案十分醒目，身体余部栗色，上体有黑色纵纹，翅上有 2 道细白斑。雌鸟体羽比雄鸟暗淡。

作为夏候鸟，繁殖于俄罗斯远东地区、日本北海道、中国东北和华北北部；作为留鸟，分布于亚洲中部和东部，包括中国西北、东北、华北、长江中下游和青藏高原东部。最高繁殖海拔 2800 m。

 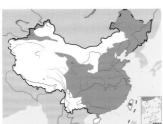

三道眉草鹀。左上图为繁殖期雄鸟，沈越摄；下图为雌鸟，赵国君摄

白顶鹀

拉丁名：*Emberiza stewarti*
英文名：White-capped Bunting

雀形目鹀科

体长约 15 cm。雄鸟灰色的头顶、黑色的贯眼纹、白色的面颊和黑色的颏组成醒目的头部图案，上体栗色，背上有暗褐色条纹，尾、翅褐色，上面有深褐色条纹；胸、腹白色，胸部有栗色斑纹。雌鸟体羽以灰褐色为主。

作为夏候鸟，繁殖于中亚和喜马拉雅山脉西段，包括青藏高原西南部，最高繁殖海拔 3600 m；在伊朗和南亚次大陆西北部越冬。2013 年 5 月在中国首次记录于新疆帕米尔高原东麓的河谷灌丛。

 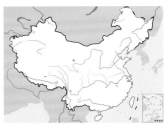

白顶鹀。左上图为雌鸟，下图为雄鸟。邢新国摄

栗耳鹀

拉丁名：*Emberiza fucata*
英文名：Chestnut-eared Bunting

雀形目鹀科

体长约 16 cm。头灰色并有褐色纵纹，耳羽栗色，上体棕色并有黑色纵纹；颏、喉白色并有黑色条斑，胸带栗色，下体余部白色，两胁沾棕色并有褐色纵纹。雌鸟体羽不及雄鸟鲜明。

作为夏候鸟，繁殖于西伯利亚东部、中国东北、朝鲜北部、日本北部及阿富汗；越冬区自喜马拉雅山脉向东延伸至中国西南和东南，包括西藏南部和东南部、云贵高原、长江流域和珠江流域以及海南岛和台湾岛。作为留鸟，分布于朝鲜南部、日本南部、中国西南和东南，包括青藏高原东南部。最高分布海拔 3200 m。

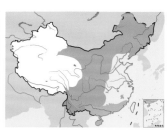

栗耳鹀。左上图为雄鸟，沈越摄；下图为雌鸟，张岩摄

小鹀

拉丁名：*Emberiza pusilla*
英文名：Little Bunting

雀形目鹀科

体长约 13 cm。头部由栗色和黑色条纹组成的图案十分醒目，上体灰褐色并有暗褐色纵纹；下体白色，胸部黑色纵纹明显。雌雄体羽相似。

作为夏候鸟，在欧洲极北部及亚洲北部繁殖；在印度东北部、中国华北及其以南、中南半岛北部有越冬种群，包括青藏高原南部和东南部，最高分布海拔 3000 m。

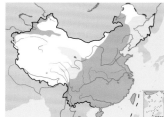

小鹀。沈越摄

黄喉鹀

拉丁名：*Emberiza elegans*
英文名：Yellow-throated Bunting

雀形目鹀科

体长约 16 cm。头部由黑色、黄色和白色组成的图案十分醒目，上体灰色并满布棕色条纹，喉黑色，下体余部白色，两侧有棕色条纹。雌鸟体羽不及雄鸟鲜艳。

作为夏候鸟，在俄罗斯远东、中国东北繁殖；在日本、中国长江以南越冬；作为留鸟，分布于朝鲜、中国长江流域和西南地区，包括青藏高原东南部。最高分布海拔 3000 m。

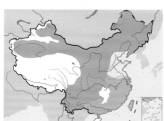

黄喉鹀。左上图为雌鸟，下图为雄鸟。沈越摄

藏鹀

拉丁名：*Emberiza koslowi*
英文名：Tibetan Bunting

雀形目鹀科

形态 体长约 16 cm。喙为圆锥形。雄鸟眉纹白色，眼先及前颊红褐色，头部其余部分为黑色，上背及两肩为特殊的鲜红栗色，尾羽黑褐色；颏及喉白色，上胸的黑带与下胸的纯灰色形成鲜明对比，与其他鹀类明显不同。雌鸟体羽暗淡，头部没有明显色斑。

分布 中国特有物种。留鸟，分布于青海果洛、玉树和四川阿坝地区，最高分布海拔 4600 m。

栖息地 栖息于高山灌丛环境。

习性 非繁殖期常集小群活动，繁殖期群体解散。

繁殖 繁殖开始的时间比当地其他鸟类要晚，最早筑巢的时间为 7 月 10 日，最晚 9 月 9 日。巢多在阳面山坡，每个繁殖对单独占据一个小山谷，巢与巢之间距离大于 300 m。最主要的巢材是高山嵩草。

巢筑好后，经过约 7 天的空置期，雌鸟产下第 1 枚卵并立刻开始孵卵。孵卵任务主要由雌鸟承担，仅在临时离巢觅食时，才由雄鸟代替一会儿。双亲轮流为雏鸟喂食。食物基本由动物性食物组成，主要包括蝴蝶幼虫和成虫、蚂蚱、甲虫和蚊蝇等。

离巢后，幼鸟各自分散开，彼此间距约为 20 m，成鸟分别前往各个幼鸟位置喂食，这样的状况持续约 7 天。之后幼鸟开始自己觅食，以当地称为"燕麦"的垂穗披碱草种子为主。此时，幼鸟仍然会追逐亲鸟索要食物，但常常遭到亲鸟的拒绝。

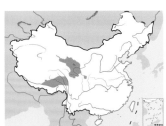

藏鹀。左上图为雄鸟，唐军摄；下图为雌鸟，王志芳摄

青海白玉寺藏鹀的巢、卵和雏鸟。扎西桑俄摄

青海果洛白玉寺藏鹀的繁殖参数	
繁殖期	7 月中旬至 9 月中旬
巢址选择	阳面山坡
海拔	4200～4500 m
巢基支持	地面
巢大小	外径 7.6 cm，深 5.6 cm
窝卵数	2～5 枚，平均 3.40 枚
卵色	浅绿色，有褐斑
卵大小	长径 26.0 mm，短径 16.0 mm
孵化期	14～18 天
育雏期	14～18 天
繁殖成功率	20%

种群现状和保护 2007—2010 年的冬天，研究者在青海白玉寺藏鹀分布的海拔范围调查了当地的藏鹀种群数量。6 个人同时间隔 100 m 近似直线行走，观察自己右侧的藏鹀个体数量。每条样线长 4 km，覆盖面积约为 7.4 km²，每年调查 3～6 次。调查结果为，2007 年 33 只，2008 年 21 只，2009 年 18 只，2010 年 23 只。

IUCN 评估为近危（NT），《中国脊椎动物红色名录》评估为易危（VU）。

青海阿木龙沟藏鹀的栖息地。扎西桑俄摄

探索与发现 作为生活在青藏高原的中国特有物种，藏鹀在人们心目中一直保持着神秘，因为关于它的记录十分有限。

2005 年 8 月，深圳观鸟协会的一位观鸟者来到青海果洛的白玉寺，与白玉寺的一位藏传佛学博士同时也是观鸟爱好者扎西桑俄一起在白玉寺后山发现了 1 只藏鹀。

2006 年 5 月，深圳观鸟协会与扎西桑俄再次联手，继续调查藏鹀。在他们的努力下，白玉寺后山被划定为藏鹀保护试验区。

2007 年春季，在世界自然基金会（WWF）野生动植物保护小额基金和关键生态系统合作基金（CEPF）联合资助下，包括扎西桑俄在内的调查小组对白玉乡近 600 km² 范围内藏鹀的数量进行了系统的记录。7 月 25 日，他们找到了 1 个藏鹀巢，它掩藏于草丛下的牦牛脚印中。

2008 年，扎西桑俄和他的团队又找到几个藏鹀巢。他们在其中一个巢附近搭起帐篷，15 个人值守 46 天，使得这个巢免于天敌捕食，并在 9 月初成功出飞 5 只幼鸟。

冬天下大雪时，扎西桑俄和他的团队买来草籽，撒在山上和石头房子屋顶，为藏鹀补充食物。

在中国－欧盟生物多样性项目资助下，山水自然保护中心的志愿者协助扎西桑俄把当地阿木龙沟 5 km² 的地区划为藏鹀保护区。他们说服牧场主，在藏鹀的繁殖季节让出草场，避免对藏鹀繁殖的影响，同时给予牧场主一定的生态补偿。

保护生物学家、北京大学教授吕植这样评价扎西桑俄："他是一个天生的科学家。他的动力源自对自然的热爱，并且付诸行动，让藏鹀这个珍稀物种得到有效的保护，也填补了当前科学研究的空白。扎西桑俄让我们看到了民间保护的巨大力量。"

画藏鹀的扎西桑俄。吴岚摄

褐头鹀

拉丁名：*Emberiza bruniceps*
英文名：Red-headed Bunting

雀形目鹀科

体长约 16 cm。雄鸟头棕色，后枕黄色，背橄榄绿色并有灰色条纹，腰黄色，尾羽褐色，翅褐色并有白色羽缘；下体黄色。雌鸟体羽浅褐色，尾下覆羽黄色。

作为夏候鸟，繁殖于中亚和中国新疆；在印度越冬。在西藏那曲地区海拔 3900 m 的山地曾记录到该物种，可能是迁徙过境。

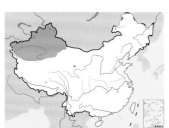

褐头鹀。左上图为雄鸟，邢新国摄；下图为雌鸟，董文晓摄

灰头鹀

拉丁名：*Emberiza spodocephala*
英文名：Black-faced Bunting

雀形目鹀科

体长约 15 cm。头灰色，眼先黑色，上体棕色并有褐色条纹，翅上有两道白色细纹；下体黄色，两侧有栗色纵纹。雌雄羽色相似。

作为夏候鸟，繁殖于俄罗斯远东、蒙古、中国东北和华中、朝鲜和日本北方；在喜马拉雅山脉东段、中国长江以南和日本南方越冬，包括青藏高原东南部，最高分布海拔 3000 m。

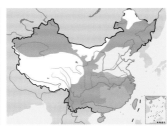

灰头鹀。左上图为雄鸟，沈越摄；下图为雌鸟，董磊摄

芦鹀

拉丁名：*Emberiza schoeniclus*
英文名：Reed Bunting

雀形目鹀科

体长约 15 cm。雄鸟头顶黑褐色，脸颊黑褐色而下缘白色，上体灰色并有棕褐色条带，翅棕色并有深褐色条带；下体白色，胸和两胁有褐色纵纹。雌鸟头部浅褐色，眉纹黄色。

作为夏候鸟，繁殖于欧亚大陆北方，包括中国内蒙古；在中国东部越冬；在青藏高原北部有记录，可能属于迁徙过境，最高分布海拔 3200 m。

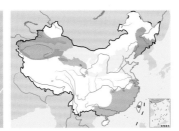

芦鹀。左上图为繁殖期雄鸟，魏希明摄；下图为雌鸟，杨贵生摄

参考文献

阿瓦古丽·玉苏甫，李叶，张翔，等，2016. 阿尔金山国家级自然保护区纵纹腹小鸮食性的季节变化 [J]. 四川动物，35: 351-355.

楚国忠，侯韵秋，张国钢，等，2008. 卫星跟踪青海湖繁殖水鸟的迁徙 [J]. 自然杂志，30: 84-89.

楚国忠，侯韵秋，张国钢，等，2008. 卫星跟踪青海湖繁殖渔鸥的迁徙路线 [J]. 林业科学，44: 99-104.

次仁，巴桑，普布，2009. 西藏拉萨地区小云雀 inopinata 亚种的繁殖生态 [J]. 西藏大学学报（自然科学版），24: 10-14.

次仁，普布，拉多，等，2003. 白鹡鸰 Motacilla alba alboides 在拉萨地区的繁殖生态 [J]. 西藏大学学报（汉文版），18: 61-65.

次仁多吉，普布，拉多，等，2009. 西藏自治区首次发现灰雁 Anser anser[J]. 西藏科技，7: 69-71.

丛培昊，2007. 红腹角雉 (Tragopan temminckii) 的种群密度和繁殖行为研究 [D]. 北京：北京师范大学博士论文.

窦亮，张凯，冉江洪，等，2010. 四川雉鹑孵卵行为初步观察 [J]. 四川动物，29: 593-596.

方昀，孙悦华，Scherzinger W，2007. 甘肃莲花山四川林鸮初步观察 [J]. 动物学杂志，42: 147.

付春利，谷景和，1988. 天山尤尔都斯沼地斑头雁的繁殖生态 [J]. 干旱区研究，3: 27-29.

付义强，文陇英，戴波，等，2016. 四川山鹧鸪冬季栖息地特征 [J]. 生态学杂志，3012-3016.

付义强，张正旺，陈本平，等，2010. 四川省老君山自然保护区棕噪鹛和丽色噪鹛繁殖巢的记述 [J]. 四川动物，29: 488.

高立波，2006. 卫星跟踪黑颈鹤 (Grus nigricollis) 迁徙路线以及迁徙停歇地现状初步研究 [D]. 中国林业科学研究院硕士学位论文.

高立波，钱法文，杨晓君，等，2007. 云南大山包越冬黑颈鹤迁徙路线的卫星跟踪 [J]. 动物学研究，28: 353-361.

高由禧，1984. 西藏气候 [M]. 北京：科学出版社.

格玛嘉措，董德福，龙文祥，1999. 白马鸡生态习性的初步观察 [J]. 动物学杂志，34: 26-28.

郭宗明，陈伟，胡锦矗，2006. 棕头鸦雀的巢生境因子分析和雏鸟的生长发育 [J]. 四川动物，25: 858-861.

韩联宪，邱明江，1995. 四川里塘发现集体迁飞的黑鹳 [J]. 动物学杂志，30: 56.

何芬奇，卢汰春，1985. 绿尾虹雉的冬季生态研究 [J]. 动物学研究，6: 345-352.

何芬奇，卢汰春，芦春雷，等，1986. 绿尾虹雉的繁殖生态研究 [J]. 生态学报，6: 100-106.

侯元生，崔鹏，星智，等，2010. 青海湖主要集群繁殖鸟类巢区分布及其生境特征 [J]. 野生动物，31: 131-134.

胡运彪，常海忠，王小鹏，等，2013. 酒红朱雀的繁殖生态初步报道 [J]. 动物学杂志，48: 294-297.

胡运彪，马玉海，孙悦华，2016. 甘肃莲花山红喉歌鸲繁殖巢记述 [J]. 动物学杂志，51: 1070.

胡运彪，王小鹏，常海忠，等，2013. 鹰鹃在橙翅噪鹛巢中寄生繁殖 [J]. 动物学杂志，48: 292-29.

黄强，张罗虹，2006. 白腰文鸟——西藏新纪录 [J]. 四川动物，25: 492.

贾陈喜，孙悦华，毕中霖，2005. 白腹短翅鸲雄鸟的羽毛延迟成熟现象 [J]. 动物学杂志，40: 1-5.

贾陈喜，王众，孙悦华，2003. 灰蓝姬鹟的孵卵节律 [J]. 四川动物，22: 238-240.

蒋爱伍，2013. 弄岗穗鹛的系统位置及穗鹛属鸟类的生物地理研究 [D]. 兰州：兰州大学博士学位论文.

蒋迎昕，毕中霖，孙悦华，2002. 甘肃莲花山自然保护区栗背岩鹨的繁殖生态初步观察 [J]. 四川动物，21: 94-95.

蒋迎昕，孙悦华，毕中霖，等，2003. 甘肃莲花山自然保护区栗背岩鹨的繁殖记录和孵卵节律 [J]. 四川动物，22: 91-92.

蒋迎昕，孙悦华，毕中霖，2005. 四川瓦屋山金色林鸲的繁殖生态及孵卵节律 [J]. 动物学杂志，40: 6-10.

蒋迎昕，朱永智，孙悦华，2007. 甘肃卓尼橙翅噪鹛繁殖生态报道. 四川动物，26: 555-556.

李炳章，刘锋，舒服，等，2016. 西藏乃东县发现豆雁 [J]. 动物学杂志，51: 622.

李操，胡杰，余志伟，2003. 四川山鹧鸪的分布及生境选择 [J]. 动物学杂志，38: 46-51.

李春秋，李德浩，1981. 青海省祁连林区的血雉 (Ithaginis cruentus) 与蓝马鸡 (Crossoptilon auritum)[J]. 动物学研究，2: 77-82.

李凤山，聂卉，叶长虹，1998. 贵州草海斑头雁的冬季食性分析 [J]. 动物学杂志，33: 29-33.

李桂垣，张清茂，1992. 四川山鹧鸪的巢、卵和鸣声 [J]. 动物学报，38: 108.

李桂垣，张瑞云，刘昌宇，等，1985. 王朗自然保护区蓝马鸡的初步观察 [J]. 四川动物，4: 7-9.

李洪成，黄炎，1991. 橙翅噪鹛的生态习性 [J]. 四川动物，10: 34-35.

李洪成，1988. 绿背山雀繁殖习性的初步观察 [J]. 四川动物，7: 30-31.

李洪成，1991. 眼纹噪鹛的一些繁殖资料 [J]. 四川动物，10: 36.

李来兴，易现峰，李明财，等，2004. 普通大鵟胃容物和食茧分析 [J]. 动物学研究，25: 162-165.

李霞，邓茂林，2015. 甘肃张掖黑河湿地黑鹳种群数量调查 [J]. 甘肃科技，31: 139-140.

李湘涛，逯小毅，1991. 红腹角雉的越冬生态 [J]. 野生动物，94: 17-18.

李湘涛，1987. 红腹角雉的繁殖习性 [J]. 动物学报，33: 99-100.

李志刚，胡天华，翟摇昊，2009. 贺兰山蓝马鸡春夏季对栖息地的选择 [J]. 野生动物，30: 310-313.

梁丹，李炳章，刘务林，等，2014. 西藏墨脱发现猛隼和白胸翡翠 [J]. 动物学杂志，49: 463-463.

廖文波，李操，胡锦矗，等，2007. 老君山自然保护区四川山鹧鸪非繁殖期对栖息地的利用 [J]. 动物学研究，28: 172-178.

廖炎发，王侠，罗焕文，等，1984. 青海湖鱼鸥繁殖习性的初步观察 [J]. 动物学杂志，5: 21-25.

廖炎发，1984. 蓝马鸡的生活习性 [J]. 野生动物，2: 10-13.

林植，何芬奇，2015. 中国鸟种新纪录——红眉金翅雀 Callacanthis burtoni[J]. 动物学杂志，50: 414.

刘昌景，2014. 青藏高原角百灵的亲本抚育研究 [J]. 兰州大学博士论文.

刘冬平，张国钢，钱法文，等，2010. 西藏雅鲁藏布江中游斑头雁的越冬种群数量分布和活动区 [J]. 生态学报，30: 4173-4179.

刘廼发，陈毅峰，1987. 蓝额红尾鸲繁殖习性初步观察 [J]. 动物学杂志，22: 25-26.

刘廼发，李岩，刘敬泽，1989. 大山雀和褐头山雀种间关系研究 [J]. 动物学研究，10: 277-284.

刘廼发，王香亭，1990. 高山雪鸡繁殖生态研究 [J]. 动物学研究，57: 299-302.

刘廼发，包新康，廖继承，等，2013. 青藏高原鸟类分类与分布 [M]. 北京：科学出版社.

刘秀生，孙悦华，宋江宁，等，2003. 甘肃莲花山宝兴歌鸫的繁殖记录 [J]. 四川动物，22: 235-237.

刘振生，曹丽荣，李志刚，等，2005. 贺兰山蓝马鸡越冬期栖息地的选择 [J]. 动物学杂志，40: 38-43.

隆廷伦，邵开清，郭耕，等，1998. 绿尾虹雉冬季生态的跟踪观察 [J]. 四川动物，17: 104-105.

卢汰春，刘如笋，何芬奇，等，1986. 绿尾虹雉生态研究 [J]. 动物学报，32: 273-279.

卢汰春，李桂垣，胡锦矗，1988. 四川宝兴雉类生态和垂直分布的研究 [J]. 动物学报，9: 37-44.

卢汰春，1985. 四川绿尾虹雉的野外考察 [J]. 四川动物，4: 15.

罗时有，杨友桃，张迎梅，1992. 山噪鹛的生态观察 [J]. 四川动物，11: 20-21.

罗时有，张迎梅，杨友桃，1992. 灰背伯劳的生态观察 [J]. 四川动物，11: 12-13.

罗时有，张迎梅，杨友桃，1993. 白顶溪鸲的生态研究 [J]. 四川动物，12: 21-22.

罗旭，韩联宪，艾怀森，2004. 高黎贡山冬季白尾梢虹雉运动方式和生境偏好的初步观察 [J]. 动物学研究，25: 48-52.

马国瑶，1988. 甘肃绿尾虹雉的观察初报 [J]. 四川动物，7: 41-42.

马敬能，菲利普斯，何芬奇，2000. 中国鸟类野外手册 [M]. 长沙：湖南教育出版社.

马鸣，巴吐尔汗，陆健健，1992. 新疆南部地区黑鹳种群密度及其繁殖 [J]. 8: 287-290.

马鸣，巴吐尔汗，陆健健，1993. 新疆南部地区黑鹳种群密度及其繁殖 [J]. 动物学研究，14: 374-382.

马鸣，才代，1997. 天山巴音布鲁克斑头雁巢的聚集分布及其繁殖生态 [J]. 8: 287-290.

马鸣，梅宇，Potapoy E，等，2007. 中国西部地区猎隼 (Falco cherrug) 繁殖生物学与保护 [J]. 干旱区地理，30: 654-659.

马鸣，道·才吾加甫，山加甫，等，2014. 高山兀鹫 (Gyps himalayensis) 的繁殖行为研究 [J]. 野生动物学报，35: 414-419.

马鸣，庭州，徐国华，等，2015. 利用多旋翼微型飞行器监测天山地区高山兀鹫繁殖简报 [J]. 动物学杂志，50: 306-310.

马鸣，魏顺德，程军，2005. 卫星跟踪中亚黑鹳迁徙 [J]. 野生动物，25: 24-25.

马强，肖文发，苏化龙，2006. 湖北兴山县龙门河地区灰林鵖繁殖习性 [J]. 动物学杂志，41: 43-47.

米小其，郭克疾，朱雪林，等，2016.中国鸟类新纪录——东歌林莺 [J]. 四川动物，35: 104.

穆红燕，刘迺发，杨萌，2008.青藏高原赭红尾鸲的繁殖 [J]. 动物学报，54: 201-208.

史红全，2005.藏雪鸡的种群生态 [D]. 兰州大学博士论文 .

苏化龙，李八斤，姚勇，等，2015.青藏高原胡兀鹫繁殖生物学及濒危状况 [J]. 林业科学，51: 78-89.

孙悦华，方昀，Scherzinger W，等，2004.甘肃莲花山鬼鸮繁殖巢址记述 [J]. 动物学杂志，39: 99-100.

覃振峰，王文利，孔庆辉，等，2012.青海大学校园（本部）春夏季鸟群种类调查 [J]. 青海大学学报（自然科学版），30: 81-84.

汤宋华，2008.莲花山鬼鸮 Aegolius funereus 和四川林鸮 Strix davidi 的繁殖生态与育雏行为 [D]. 中国科学院研究生院博士论文 .

田少宣，丁进清，马鸣，等，2013.白顶鹀（Emberiza stewarti）——中国鸟类新纪录 [J]. 动物学杂志，48: 774-775.

王疆评，徐敏，韩联宪，2014.环颈山鹧鸪育雏期栖息地利用 [J]. 四川林业科技，35: 52-55.

王楠，贾非，郑光美，2005.白马鸡巢址选择的研究 [J]. 北京师范大学学报（自然科学版），41: 190-193.

王楠，贾非，郑光美，2005.白马鸡配对期两性行为的比较 [J]. 北京师范大学学报（自然科学版），41: 513-516.

王鹏程，杨艾琳，张正旺，等，2016.小杜鹃对小鳞胸鹪鹛的巢寄生 [J]. 动物学杂志，51: 319-322.

王瑞卿，2010.失踪的公主：白点噪鹛 [J]. 森林与人类，9: 58-65.

王侠，1981.斑头雁繁殖习性的观察 [J]. 野生动物，3: 29-31.

王小立，2012.喜马拉雅雪鸡的分子系统地理学研究 [D]. 兰州大学博士论文 .

王渊，刘锋，次平，等，2016.西藏墨脱县发现长尾阔嘴鸟 [J]. 动物学杂志，51: 372-372.

王众，贾陈喜，孙悦华，2004.中杜鹃寄生繁殖及雏鸟生长一例 [J]. 动物学杂志，39: 103-105.

魏顺德，马鸣，陈怀玉，1990.塔里木盆地黑鹳的分布与繁殖 [J]. 新疆农业大学学报，(1): 55-58.

吴逸群，刘迺发，2010.甘肃南部蓝马鸡的巢址选择 [J]. 生态学杂志，29: 1393-1397.

吴逸群，刘迺发，2011.甘肃南部蓝马鸡的繁殖生物学 [J]. 四川动物，30: 251-253.

吴毅，彭基泰，1994.雉鹑繁殖生态的研究 [J]. 生态学报，14: 221-222.

吴忠荣，韩联宪，匡中帆，2009.怒江河谷栗喉蜂虎的繁殖行为观察 [J]. 动物学杂志，30: 429-432.

冼耀华，1964.青海湖地区斑头雁繁植性的初步观察 [J]. 动物学杂志，1: 12-14.

徐照辉，梅文正，张刚，等，1994.四川山鹧鸪的冬季生态研究 [J]. 动物学杂志，29: 21-23.

闫永峰，朱杰，翟兴礼，等，2007.高山雪鸡繁殖期觅食和警戒行为的性别差异 [J]. 动物学杂志，42: 48-52.

杨炯蠡，孟苏，邹迅，1986.黑喉石䳭繁殖期种群生态的研究 [J]. 生态学杂志，5: 20-24.

杨岚，等，1992.中国雉类——白腹锦鸡 [M]. 北京：中国林业出版社 .

杨岚，等，1995.云南鸟类志（上卷·非雀形目）[M]. 昆明：云南科技出版社 .

杨岚，等，2004.云南鸟类志（下卷·雀形目）[M]. 昆明：云南科技出版社 .

杨萌，2006.甘南高原角百灵（Eremophila alpestris）生活史调查 [D]. 兰州大学硕士论文 .

杨向明，李世广，1998.山噪鹛繁殖习性的观察 [J]. 动物学杂志，33: 35-37.

杨小农，朱磊，郝光，等，2012.瓦屋山圆种山雀的生态位分化和共存 [J]. 动物学杂志，47: 11-18.

杨小农，朱磊，温安祥，等，2015.四川瓦屋山金色林鸲的巢址选择和繁殖记录 [J]. 动物学杂志，50: 703-710.

杨学明，王魁颐，1982.黑喉石䳭繁殖习性的初步观察 [J]. 动物学杂志，17: 24-25.

杨友桃，唐迎秋，1996.黑喉红尾鸲繁殖生态学的观察 [J]. 动物学杂志，31: 21-23.

姚建初，邵孟明，陈兴汉，1991.西藏那曲地区的鸟类 [J]. 四川动物，10: 10-13.

姚敏，胡林，王琳，等，2009.甘肃尕海 — 则岔国家级自然保护区黑鹳栖息活动动态监测 [J]. 四川动物，28: 295-297.

姚檀栋，刘立平，2006.青藏高原环境变化对全球变化的响应及其适应对策 [J]. 地球科学进展，21: 459-464.

扎西桑俄·居，周杰·果洛，2013.藏鹀的自然历史、威胁和保护 [J]. 动物学杂志，48: 28-35.

张东菊，董广辉，王辉，等，2016.史前人类向青藏高原扩散的历史过程和可能驱动机制 [J]. 中国科学：地球科学，46: 1007-1023.

张福成，1996.红腹角雉婚配制度及种间关系研究 [D]. 北京：北京师范大学博士论文 .

张国钢，刘冬平，江红星，等，2007.青海湖非法越冬期水鸟多样性分析 [J]. 林业科学，43: 101-105.

张国钢，刘冬平，江红星，等，2008.禽流感发生后青海湖水鸟的种群现状 [J]. 动物学杂志，43: 51-56.

张国钢，刘冬平，江红星，等，2008.青海湖四种繁殖水鸟活动区域的研究 [J]. 生物多样性，16: 279-287.

张国钢，刘冬平，钱法文，等，2010.西藏夯错水鸟多样性及斑头雁繁殖活动区的变化 [J]. 生态学报，30: 395-400.

张立勋，舒美林，安蓓，等，2014.甘肃盐池湾国家级自然保护区黑颈鹤的种群数量与分布 [J]. 动物学研究，35: 117-123.

张涛，1995.甘肃白水自然保护区绿尾虹雉分布与生态的初步观察 [J]. 动物学杂志，30: 15-170.

张同，马鸣，张翔，等，2012.东昆仑 – 阿尔金山地区黑颈鹤种群分布与秋季数量变化 [J]. 动物学杂志，47: 31-35.

张文广，徐贵森，1985.漠䳭生态的初步研究 [J]. 动物学杂志，20: 16-18.

张晓爱，赵亮，刘泽华，2000.青海北部高寒草甸形目鸟类的繁殖生产力 [J]. 动物学报，46: 265-270.

张营，王舰艇，曾阳，等，2014.青海省鸟类新纪录——高山旋木雀 [J]. 四川动物，33: 521.

赵超，范朋飞，肖文，2015.西藏墨脱发现黑胸楔嘴鹩鹛（Sphenocichla humei）[J]. 动物学杂志 . 50: 141-144.

赵建林，韩联宪，冯理，等，2008.云南纳帕海黑颈鹤越冬行为与生境利用初步观察 [J]. 四川动物，27: 87-91.

赵亮，张晓爱，李来兴，2002.角百灵和小云雀的孵化行为 [J]. 动物学报，48: 695-699.

赵亮，张晓爱，刘泽华，2005.青海北部高寒草甸雀形目鸟类繁殖生态学的研究进展 [J]. 动物学研究，26, 659-665.

郑光美，2018.中国鸟类分类与分布名录（3 版）[M]. 北京：科技出版社 .

郑生武，廖炎发，1983.蓝马鸡的栖息地、活动、食性与繁殖研究 [J]. 动物学报，29: 71-85.

郑生武，皮南林，1979.藏雪鸡的生态初步观察 [J]. 动物学杂志，14: 24-29.

中国科学院青藏高原综合科学考察队，1983.西藏鸟类志 [M]. 北京：科技出版社 .

中科院植物研究所，1988.西藏植被 [M]. 北京：科学出版社 .

周方林，1995.蓝额红尾鸲的繁殖习性 [J]. 四川动物，15: 77-77.

朱磊，2014.四川瓦屋高原繁殖鸟类的研究与保护 [D]. 中国科学院大学博士学位论文 .

左红卫，田应洲，李松，1995.矛纹草鹛的繁殖习性 [J]. 六盘水师范高等专科学校学报，4: 6-10.

Alaine F, Camfield S F, Pearson K M, 2010. Life history variation between high and low elevation subspecies of horned larks Eremophila spp[J]. Journal of Avian Biology, 41(3):273-281.

Alatalo R V, Eriksson D, Gustafsson L, et al, 1987. Exploitation competition influence the use of foraging sites by tits: experimental evidence[J]. Ecology, 68: 284-290.

Alström P, Ericson P G, Olsson U, et al, 2006. Phylogeny and classification of the avian superfamily Sylvioidea[J]. Molecular Phylogenetics and Evolution, 38: 381-397.

Altshuler D L, Dudley R T, 2006. The physiology and biomechanics of avian flight at high altitude[J]. Integrative and Comparative Biology, 46: 62-71.

Badyaev A V, Ghalambor C K, 2001. Evolution of life histories along elevational gradients: Evidence for a trade-off between parental care and fecundity in birds[J]. Ecology, 82: 2948-2960.

BirdLife International. 2018. The IUCN Red List of Threatened Species.

Bishop M A, Can J Z, Song Y L, et al, 1998. Winter habitat use by Black-necked cranes (Grus nigricollis) in Tibet[J]. Wildfow, l49: 228-241.

Bishop M A, Li F S, 2002. Effects of farming practices in Tibet on wintering Black necked crane (Grus nigricollis) diet and food availability[J]. Biodiversity Science, l0: 393-398.

Butler P J, 2010. High fliers: The physiology of Bar-headed geese[J]. Comp Biochem Physiol A Mol Integr Physiol, 156: 325-329.

Camfield A F, Pearson S F, Martin K, 2010. Life history variation between high and low elevation subspecies of Horned larks Eremophila spp[J]. Journal of Avian Biology, 41: 273-281.

Chen F H, Dong J H, Zhang D J, et al, 2015. Agriculture facilitated permanent human occupation of the Tibetan plateau after 3600 B.P[J]. Science, 347: 248-250.

Chen J N, Liu N F, Yan C, et al, 2011. Plasticity in nest site selection of Black redstart (Phoenicurus ochruros): a response to human disturbance[J]. Journal of Ornithology, 152: 603-608.

Chen W, Jiang L C, You Z Q, et al, 2015. Breeding biology of the Upland buzzard (Buteo hemilasius) on the Tibetan Plateau[J]. Journal of Raptor Research, 49: 320-324.

Cheviron Z A, Brumfield R T, 2012. Genomic insights into adaptation to high-altitude environments[J]. Heredity, 108: 354-361.

Dai B, Dowell S D, Garson P J, et al, 2009. Habitat utilisation by the threatened Sichuan hill partridge *Arborophila rufipectus*: Consequences for managing newly protected areas in southern China[J]. Bird Conservation International, 19: 187-198.

Davies N B. 1992. Dunnock behaviour and social evolution[M]. Oxford: Oxford University Press.

Deng T, 2011. Out of Tibet: Pliocene woolly rhino suggests high-plateau origin of Ice Age Megaherbivores[J]. Science, 333: 1285-1288.

Dong F, Zhou F S, Lei F M, et al, 2014. Testing hypotheses of mitochondrial gene-tree paraphyly: unraveling mitochondrial capture of the Streak-breasted scimitar babbler (*Pomatorhinus ruficollis*) by the Taiwan scimitar babbler (*Pomatorhinus musicus*)[J]. Molecular Ecology, 23: 5855-5867.

Dong L, Heckel G, Liang W, et al, 2013. Phylogeography of Silver pheasant (*Lophura nycthemera* L.) across China: aggregate effects of refugia, introgression and riverine barriers[J]. Molecular Ecology, 22: 3376-3390.

Du B, Liu C J, Yang M, et al, 2014. Horned larks on the Tibetan Plateau adjust the breeding strategy according to the seasonal changes in the risk of nest predation and food availability[J]. Journal of Avian Biology, 45: 466-474.

Du B, Liu C J, Bao S J, 2015. Begging form and growth pattern of nestlings correlate with parental food-allocation patterns in the Horned lark (*Eremophila alpestris*)[J]. Canadian Journal of Zoology, 93: 273-279.

Du B, Lu X, 2009. Bi-parental vs. cooperative breeding in a passerine: fitness-maximizing strategies of males in response to risk of extra-pair paternity?[J]. Molecular Ecology, 18: 3929-3939.

Du B, Lu X, 2010. Sex allocation and paternity in a cooperatively breeding passerine: evidence for the male attractiveness hypothesis?[J]. Behavioral Ecology and Sociobiology, 64: 1631-1639.

Du B, Zhao Q S, Liu C J, et al, 2012. Giant Babaxes mix brood reduction and brood survival strategies[J]. Journal of Ornithology, 153: 611-619.

Gebauer A, Kaiser M, Wassmann C, 2006. Remarks on biology, vocalisations and systematics of Urocynchramus pylzowi Przewalski (Aves: Passeriformes)[J]. Zootaxa, 1325: 75-98.

Gelang M, Cibois A, Pasquet E, et al, 2009. Phylogeny of babblers (Aves: Passeriformes): major lineages, family limits and classification[J]. Zoologica Scripta, 38: 225-236.

Gu L Y, Liu Y, Que P J, et al, 2013. Quaternary climate and environmental changes have shaped genetic differentiation in a Chinese pheasant endemic to the eastern margin of the Qinghai-Tibetan Plateau[J]. Molecular Phylogenetics and Evolution, 67: 129-139.

Hawkes L A, Balachandran S, Batbayar N, et al, 2011. The trans-Himalayan flights of Bar-headed geese (*Anser indicus*)[J]. Proc Natl Acad Sci USA, 108: 9516-9519.

Hewitt G M, 2000. The genetic legacy of the quaternary ice ages[J]. Nature, 405: 907-913.

Hoyo J D, Elliot A, Sargatal J, 2002. Handbook of the birds of the world[M]. Lynx Edicions, Barcelona.

Hu Y B, Hao G, Jiang Y X, et al, 2014. Breeding ecology of the Fulvous parrotbill (*Paradoxornis fulvifrons*) in Wawushan Nature Reserve, Sichuan, China[J]. Journal of Natural History, 48: 975-982.

Hu Y B, Sun Y H, 2016. First breeding record of Slaty bunting *Emberiza siemsseni*[J]. Forktail, 32: 90-91.

Hung C M, Drovetski S V, Zink R M, 2013. Recent allopatric divergence and niche evolution in a widespread Palearctic bird, the Common rosefinch (*Carpodacus erythrinus*)[J]. Molecular Phylogenetics and Evolution, 66: 103-111.

Jiang Y X, Sun Y H, Lyu N, et al, 2009. Breeding biology of the Grey-hooded parrotbill (*Paradoxornis zappeyi*) at Wawushan, Sichuan, China[J]. Wilson Journal of Ornithology, 121: 800-803.

Johannessen L E, Ke D H, Lu X, et al, 2011. Geographical variation in patterns of parentage and relatedness in the co-operatively breeding Ground tit *Parus humilis*[J]. Ibis, 153: 373-383.

Katzner T E, Lai C H, Gardiner J D, et al, 2004. Adjacent nesting by Bearded vulture (*Gypaetus barbatus*) and Himalayan Griffon vulture (*Gyps himalayensis*) on the Tibetan Plateau, China[J]. Forktail, 20: 94-96.

Ke D H, Lu X, 2009. Burrow use by Tibetan ground tits *Pseudopodoces humilis*: coping with life at high altitudes[J]. Ibis, 151: 321-331.

Kennedy J D, Weir J T, Hooper D M, et al, 2012. Ecological limits on diversification of the Himalayan core Corvoidea[J]. Evolution, 66: 2599-2613.

Klaus S, Ploner S R, Sun Y H, et al, 2003. The Chestnut-throated partridge (*Tetraophasis obscurus*) in the Lianhuashan Nature Reserve, Gansu, China: ecological observations and taxonomic questions[J]. Journal of Ornithology, 144: 197-200.

Kumar S R, et al, 2012. Blyth's tragopan *Tragopan blythii* in eastern Nagaland: people's

perception[J]. Journal of the Bombay Natural History Society, 109: 82-86.

Lei F M, Qu Y H, Lu J L, et al, 2003. Conservation on diversity and distribution patterns of endemic birds in China[J]. Biodiversity and Conservation, 12: 239-254.

Lei F M, Qu Y H, Song G, 2014. Species diversification and phylogeographical patterns of birds in response to the uplift of the Qinghai-Tibet plateau and Quaternary glaciations[J]. Current Zoology, 60: 149-161.

Lei F M, Wei G A, Zhao H F, et al, 2007. China subregional avian endemism and biodiversity conservation[J]. Biodiversity and Conservation, 16: 1119-1130.

Li J T, et al, 2013. Diversification of rhacophorid frogs provides evidence for accelerated faunal exchange between India and Eurasia during the Oligocene[J]. Proc Natl Acad Sci USA, 110:3441-3446.

Li S B, Lu X, 2012. Breeding biology of Rock sparrows *Petronia petronia* in the Tibetan plateau, with special reference to life history variation across altitudes[J]. Acta Ornithologia, 47: 19-25.

Li S B, Lu X, 2012. Reproductive ecology of Isabelline wheatears at the extreme of their altitude distribution[J]. Ardeola, 59: 301-307.

Li S B, Peng W J, Guo C, et al, 2013. Breeding biology of the Small snowfinch *Pyrgilauda davidiana* on the Tibetan plateau[J]. Forktail, 29: 155-157.

Liao W B, Hu J C, Li C, et al, 2008. Roosting behaviour of the endangered Sichuan hill partridge (*Arborophila rufipectus*) during the breeding season[J]. Bird Conservation International, 18: 260-266.

Liao W B, Hu J C, Li C, 2007. Habitat utilization during the pairing season by the Common hill partridge *Arborophila torqueola* in Baiposhan Natural Reserve, Sichuan, China[J]. Ornithological Science, 6: 87-94.

Liu C, Huo Z P, Yu X P, 2013. Population and conservation status of the Himalayan griffon (*Gyps himalayensis*) at the Drigung Thel Monastery, Tibet, China[J]. Chinese Birds, 4: 328-331.

Liu C J, Du B, Liu N F, et al, 2014. Sex-specific parental care strategies via nestling age: females pay more attention to nestling demands than males do in the Horned lark, *Eremophila alpestris*[J]. Zoological Science, 31: 348-352.

Liu Y, Chen G L, Huang Q, et al, 2016. Species delimitation of the White-tailed rubythroat *Calliope pectoralis* complex (Aves: Turdidae) using an integrative taxonomic approach[J]. Journal of Avian Biology, 47: 887-898.

Lu X, 2003. Notes on flocking and breeding behaviour of Snow pigeon *Columba leuconota* in eastern Tibet[J]. Forktail, 19: 151-152.

Lu X, 2004. Anti-predation strategy of individual Tibetan eared pheasants temporarily separated from the flocks[J]. Acta Zoologica Sinica, 50: 32-36.

Lu X, 2004. Conservation status and reproductive ecology of Giant babax *Babax waddelli* (Aves: Timaliinae), endemic to the Tibet plateau[J]. Oryx, 38: 418-425.

Lu X, 2005. Reproductive ecology of Blackbirds (*Turdus merula maximus*) in a high-altitude location, Tibet[J]. Journal of Ornithology, 146: 72-78.

Lu X, 2006. Abundance and breeding ecology of brown accentors *Prunella fulvescens* in Lhasa, Tibet[J]. Acta Ornithologica, 41: 121-128.

Lu X, 2007. Male behaviors of socially monogamous Tibetan eared-pheasants during the breeding season[J]. Wilson Journal of Ornithology, 119: 593-602.

Lu X, Gong G H, Ma X Y, et a, 2009. Breeding biology of the White-crowed tit-warbler (*Leptopoecile sophiae*) in alpine shrubs, southern Tibet[J]. Condor, 111: 182-188.

Lu X, Gong G H, Zeng X H, 2008. Reproductive ecology of Brown-cheeked laughing thrushes (*Garrulax henrici*) in Tibet[J]. Journal of Field Ornithology, 79: 152-158.

Lu X, Huo R, Li Y, et al, 2011. Breeding ecology of Ground tits in northeastern Tibetan plateau, with special reference to cooperative breeding system[J]. Current Zoology, 57: 751-757.

Lu X, Ke D H, Guo Y Y, et al, 2011. Breeding ecology of the Black redstart *Phoenicurus ochruros* at a Tibetan site, with special reference to cooperative breeding[J]. Ardea, 99: 235-240.

Lu X, Ke D H, Zeng X H, et al, 2009. Status, ecology and conservation of the Himalayan griffon *Gyps himalayensis* (Aves: Accipitridae) in the Tibetan plateau[J]. Ambio, 38: 166-173.

Lu X, Ma X H, Fan L Q, 2007. Nesting and cooperative breeding behaviours of a high-altitude babbler, Tibetan babax *Babax koslowi*. Acta Ornithologica, 42: 181-185.

Lu X, Martens J, 2011. Nesting notes of the White-browed tit *Parus superciliosus* in alpine scrub habitats in Qinghai and Tibet, China[J]. Forktail, 27: 119-120.

Lu X, Wang C, Du B, 2012. Reproductive skew in an avian cooperative breeder: an empirical test for theoretical models[J]. Behavioral Ecology, 23: 11-17.

Lu X, Wang C, Yu T L, 2010. Nesting ecology of the Grey-backed shrike (*Lanius tephronotus*) in south Tibet[J]. Wilson Journal of Ornithology, 122: 395-398.

Lu X, Wu X S, 2003. Growth of spurs of male Tibetan eared pheasant *Crossoptilon harmani*, under captive conditions[J]. Tragopan, 19: 15-17.

Lu X, Yu T L, Ke D H, 2011. Helped Ground tit parents in poor foraging environments reduce provisioning effort despite nestling starvation[J]. Animal Behaviour, 82: 861-867.

Lu X, Yu T L, Liang W, et al, 2010. Comparative breeding ecology of two White-bellied redstart populations at different altitudes[J]. Journal of Field Ornithology, 81: 167-175.

Lu X, Zhang L Y, Ci R, 2003. Breeding ecology of the Rufous turtle dove (*Streptopelia orientalis*) in alpine scrub vegetation, Tibet[J]. Game and Wildlife Science, 20: 225-240.

Lu X, Zhang L Y, Zeng X H, 2007. Comparisons of the alpine bird communities across habitats and between autumn and winter in the mid-Yalong Zangbo River valley, Tibet[J]. Journal of Natural History, 41: 2511-2527.

Lu X, Zheng G M, 2000. Why do Eared-pheasants in eastern Qinghai-Tibet plateau show so much morphological variations?[J]. Bird Conservation International, 10: 305-309.

Lu X, Zheng G M, 2001. Habitat selection and use by hybrid white and Tibetan eared pheasants in eastern Tibet during the post-incubation period[J]. Canadian Journal of Zoology, 79: 319-324.

Lu X, Zheng G M, 2001. Non-social and social behaviours of free-ranging Tibetan eared-pheasant *Crossoptilon harmani*[J]. Proceedings of the International Galliformes Symposium, 158-163.

Lu X, Zheng G M, 2002. Habitat use of Tibetan eared pheasant *Crossoptilon harmani* flocks in the non-breeding season[J]. Ibis, 144: 17-22.

Lu X, Zheng G M, 2003. Reproductive ecology of Tibetan eared pheasant *Crossoptilon harmani* in shrub environment, with special reference to the effect of food[J]. Ibis, 145: 657-666.

Lu X, Zheng G M, 2005. Cooperative young-caring behaviour in a hybrid population of White and Tibetan Eared-pheasants in Tibet[J]. Ardea, 93: 17-24.

Lu X, Zheng G M, 2007. Dominance-dependent microroost use in flock-living Tibetan eared-pheasants[J]. Ardea, 95: 225-234.

Lu X, Zheng G M, 2009. Time budgets of Tibetan eared pheasants during the non-breeding season in an alpine scrub habitat[J]. Current Zoology, 55: 193-199.

Ma X C, Guo J F, Yu X P, 2011. Himalayan Monal (*Lophophorus impejanus*): distribution, habitat and population status in Tibet China[J]. Chinese Birds, 2:157-162.

Martens J, Eck S, Sun Y H, 2002. C*erthia tianquanensis* Li, a treecreeper with relict distribution in Sichuan, China[J]. Journal of Ornithology, 143:440-456.

Martens J, Tietze D T, Päckert M, 2011. Phylogeny, biodiversity, and species limits of passerine birds in the Sino-Himalayan region–a critical review[J]. Ornithological Monographs, 70: 64-94.

Oaks J L, Gilbert M, Virani M Z, et al, 2004. Diclofenac residues as the cause of vulture population decline in Pakistan[J]. Nature, 427: 630-633.

Ogada D L, Shaw P, Beyers R L, et al, 2016. Another continental vulture crisis: Africa's vultures collapsing toward extinction[J]. Conservation Letters, 9: 89-97.

Price T D, Hooper D M, Buchanan C D, et al, 2014. Niche filling slows the diversification of Himalayan songbirds[J]. Nature, 509: 222-225.

Päckert M, Martens J, Sun Y H, et al, 2012. Horizontal and elevational phylogeographic patterns of Himalayan and Southeast Asian forest passerines (Aves: Passeriformes)[J]. Journal of Biogeography, 39: 556-573.

Päckert M, Martens J, Sun Y H, et al, 2015. Evolutionary history of passerine birds (Aves: Passeriformes) from the Qinghai-Tibetan plateau: from a pre-Quaternary perspective to an integrative biodiversity assessment[J]. Journal of Ornithology, 156: S355-S365.

Qian F W, Wu H Q, Gao L B, et al, 2009. Migration routes and stopover sites of Black-necked cranes determined by satellite tracking[J]. Journal of Field Ornithology, 80:19-26.

Qu Y H, Zhao H W, Han N J, et al, 2013. Ground tit genome reveals avian adaptation to living at high altitudes in the Tibetan plateau[J]. Science Foundation in China, 4: 14-14.

Qu Y H, Lei F M, Zhang R Y, et al, 2010. Comparative phylogeography of five avian species: implications for Pleistocene evolutionary history in the Qinghai-Tibetan plateau[J]. Molecular Ecology, 19: 338-351.

Qu Y H, Ericson P G P, Quan Q, et al, 2014. Long-term isolation and stability explain high genetic diversity in the eastern Himalaya[J]. Molecular Ecology, 23: 807-720.

Ren Q M, Luo S, Du X J, et al, 2016. Helper effects in the azure-winged magpie *Cyanopica cyana* in relation to highly-clumped nesting pattern and high frequency of conspecific nest-raiding[J]. Journal of Avian Biology, 47: 449-456..

Scott G R, Egginton S, Richards J G, et al, 2009. Evolution of muscle phenotype for extreme high altitude flight in the bar-headed goose[J]. Proceedings of the Royal Society of London B: Biological Sciences, 276: 3645-3653.

Scott G R, 2011. Elevated performance: the unique physiology of birds that fly at high altitudes[J]. Journal of Experimental Biology, 214: 2455-2462.

Singh S, Tu F, 2008. A preliminary survey for western tragopan *Tragopan melanocephalus* in the Daranghati Wildlife Sanctuary, Himachal Pradesh[J]. Indian Birds, 4: 42-55.

Smith A T, Foggin J M, 1999. The Plateau pika (*Ochotona curzoniae*) is a keystone species for biodiversity on the Tibetan plateau[J]. Animal Conservation, 2: 235-240.

Song H T, Zhang Y S, Gao H F, et al, 2014. Plateau wetlands, an indispensible habitat for the Black-necked crane (*Grus nigricollis*)—a review[J]. Wetlands, 34: 629-639.

Song S, Chen J N, Liu N F, 2016. Variation in egg and clutch size of the Black redstart (*Phoenicurus ochruros*) at the northeastern edge of the Qinghai-Tibetan Plateau[J]. Avian Research, 4: 218-223.

Sun Y H, Jiang Y X, Martens J, et al, 2009. Notes on the breeding biology of the Sichuan treecreeper (*Certhia tianquanensis*)[J]. Journal of Ornithology, 150: 909-913.

Takekawa J Y, Heath S R, Douglas D C, et al, 2009. Geographic variation in Bar-headed geese *Anser indicus*: connectivity of wintering areas and breeding grounds across a broad front[J]. Wildfowl, 59: 102-125.

Thorpe R I, Allen D S, 1996. Little-known Oriental bird: Roborovski's rosefinch *Kozlowia roborowskii*[J]. Oriental Bird Club Bull, 23: 45-47.

Wang C, Lu X, 2011. Female ground tits prefer relatives as extra-pair partners: driven by kin selection?[J]. Molecular Ecology, 20: 2851-2863.

Wang W J, McKay B D, Dai C Y, et al, 2013. Glacial expansion and diversification of an East Asian montane bird, the Green-backed tit (*Parus monticolus*)[J]. Journal of Biogeography, 40: 1156-1169.

Winkler D W, Billerman S M, Lovette I J, 2015. Bird families of the world: an invitation to the spectacular diversity of birds[J]. The Quarterly Review of Biology, 3:374-375.

Wu H Q, Zha K E, Zhang M, et al, 2009. Nest site selection by Black-necked crane *Grus nigricollis* in the Ruoergai Wetland, China[J]. Bird Conservation International, 19: 277-286.

Wu H C, Lin R C, Hung H Y, et al, 2011. Molecular and morphological evidences reveal a cryptic species in the Vinaceous rosefinch *Carpodacus vinaceus* (Aves: Fringillidae)[J]. Zoologica Scripta, 40: 468-478.

Wu Y, Peng J T, 1996. Breeding ecology of the White eared pheasant (*Crossoptilon crossoptilon*) in western Sichuan, China[J]. Journal of Yamashina Institute of Ornithology, 28: 98-98.

Wu Y J, Colwell R K, Han N J, et al, 2013. Explaining the species richness of birds along a subtropical elevational gradient in the Hengduan Mountains[J]. Journal of Biogeography, 40: 2310-2323.

Wu Y J, Colwell R K, Han N J, et al, 2014. Understanding historical and current patterns of species richness of babblers along a 5000-m subtropical elevational gradient[J]. Global Ecology and Biogeography, 23: 1167-1176.

Xu Y, Yang N, Ran J H, Yue B S, et al, 2013. Social ordering of roosting by cooperative breeding Buff-throated partridges, *Tetraophasis szechenyii*[J]. Ethology Ecology and Evolution, 25: 289-297.

Xu Y, Yang N, Zhang K, Yue B S, et al, 2011. Cooperative breeding by Buff-throated partridge, *Tetraophasis szechenyii*: a case study in the Galliformes[J]. Journal of Ornithology, 152: 695-700.

Yao T D, Thompson L G, Yang W, et al, 2012. Different glacier status with atmospheric circulations in Tibetan Plateau and surroundings[J]. Nature Climate Change, 2: 663-667.

Zeng X H, Lu X, 2009. Interspecific dominance and asymmetric competition with respect to nesting habitats between two snowfinch species in a high-altitude extreme environment[J]. Ecological Research, 24: 607-616.

Zeng X H, Lu X, 2009. Breeding ecology of a burrow-nesting passerine, the White-rumped snowfinch *Montifringilla taczanowskii*[J]. Ardeola, 56: 173-187.

Zhan X J, Pan S K, Wang J Y, et al, 2013. Peregrine and saker falcon genome sequences provide insights into evolution of a predatory lifestyle[J]. Nature Genetics, 45: 563-566.

Zhang K, Yang N, Xu Y, et al, 2011. Nesting behavior of Szechenyi's monal-partridge in treeline habitats, Pamuling Mountains, China[J]. Wilson Journal of Ornithology, 123: 93-96.

Zhang Y N, et al, 2011. Tracking the autumn migration of the Bar-headed goose (*Anser indicus*) with satellite telemetry and relationship to environmental conditions[J]. International Journal of Zoology, 323847.

Zink R M, Pavlova A, Drovetski S, Wink M, et al, 2009. Taxonomic status and evolutionary history of the *Saxicola torquata* complex[J]. Molecular Phylogenetics and Evolution, 52: 769-773.

《中国青藏高原鸟类》撰写分工及收录物种受胁与保护等级表

章节／鸟种	受胁等级		保护等级		内容	撰稿人
	全球	中国	中国	CITES		
青藏高原的生态景观——地球上独特的地理单元						卢欣
青藏高原的鸟类多样性——因独特的演化历程而绚丽						卢欣
青藏高原鸟类的研究与保护——中国鸟类学家的责任						卢欣
鸡类						卢欣
斑尾榛鸡	NT	NT	国 I		详写	孙悦华
雪鹑	LC	NT	三有		简写	卢欣
藏雪鸡	LC	NT	国 II	I	详写	史红全
暗腹雪鸡	LC	NT	国 II		简写	史红全
大石鸡	LC	NT	三有		简写	卢欣
石鸡	LC	LC	三有		提及	卢欣
斑翅山鹑	LC	LC	三有		提及	卢欣
高原山鹑	LC	LC	三有		详写	卢欣
西鹌鹑	LC	LC	三有		提及	卢欣
环颈山鹧鸪	LC	LC	三有		简写	卢欣
红胸山鹧鸪	VU	VU	三有		提及	卢欣
红喉山鹧鸪	LC	LC	三有		提及	卢欣
四川山鹧鸪	EN	EN	国 I		详写	卢欣
灰胸竹鸡	LC	LC	三有		提及	卢欣
黄喉雉鹑	LC	VU			详写	冉江洪
红喉雉鹑	LC	VU	国 I		简写	卢欣
血雉	LC	NT	国 II	II	详写	贾陈喜
黑头角雉	VU	DD	国 I	I	简写	邓文洪
红胸角雉	NT	VU	国 I	III	简写	邓文洪
红腹角雉	LC	NT	国 I		简写	邓文洪
灰腹角雉	VU	DD	国 I	I	简写	邓文洪
棕尾虹雉	LC	NT	国 I		简写	卢欣
白尾梢虹雉	VU	EN	国 I	I	简写	卢欣
绿尾虹雉	VU	EN	国 I	I	详写	卢欣
黑鹇	LC	NT	国 II		提及	卢欣
白鹇	LC	LC	国 II		简写	卢欣
白马鸡	NT	NT	国 II	I	详写	王楠
藏马鸡	NT	NT	国 II		详写	卢欣
蓝马鸡	LC	NT	国 II		详写	卢欣
勺鸡	LC	LC	国 II		提及	卢欣
环颈雉	LC	LC	三有		提及	卢欣
白腹锦鸡	LC	NT	国 II		简写	卢欣
红腹锦鸡	LC	NT	国 II		提及	卢欣
灰孔雀雉	LC	EN	国 I	II	提及	卢欣
雁鸭类						卢欣
鸿雁	VU	VU	三有		提及	卢欣
豆雁	LC	LC	三有		提及	卢欣
白额雁	LC	LC	国 II		提及	卢欣
斑头雁	LC	LC	三有		详写	卢欣
灰雁	LC	LC	三有		简写	卢欣

章节／鸟种	受胁等级		保护等级		内容	撰稿人
	全球	中国	中国	CITES		
大天鹅	LC	NT	国 II		简写	卢欣
疣鼻天鹅	LC	NT	国 II		提及	卢欣
赤麻鸭	LC	LC	三有		详写	卢欣
翘鼻麻鸭	LC	LC	三有		提及	卢欣
绿头鸭	LC	LC	三有		详写	卢欣
斑嘴鸭	LC	LC	三有		提及	卢欣
针尾鸭	LC	LC	三有		提及	朱恺杰
绿翅鸭	LC	LC	三有		提及	朱恺杰
赤膀鸭	LC	LC	三有		提及	朱恺杰
赤颈鸭	LC	LC	三有		提及	朱恺杰
白眉鸭	LC	LC	三有		提及	朱恺杰
琵嘴鸭	LC	LC	三有		提及	朱恺杰
鹊鸭	LC	LC	三有		提及	朱恺杰
赤嘴潜鸭	LC	LC	三有		提及	卢欣
红头潜鸭	VU	LC	三有		提及	朱恺杰
凤头潜鸭	LC	LC	三有		提及	朱恺杰
白眼潜鸭	NT	NT	三有		提及	朱恺杰
斑头秋沙鸭	LC	LC	三有		提及	卢欣
普通秋沙鸭	LC	LC	三有		简写	卢欣
中华秋沙鸭	EN	EN	国 I		简写	卢欣
䴙䴘类						卢欣
小䴙䴘	LC	LC	三有		提及	卢欣
黑颈䴙䴘	LC	LC	三有		提及	卢欣
凤头䴙䴘	LC	LC	三有		简写	卢欣
鸠鸽类						卢欣
岩鸽	LC	LC	三有		提及	卢欣
原鸽	LC	LC	三有		提及	卢欣
雪鸽	LC	LC	三有		简写	卢欣
灰林鸽	LC	LC	三有		提及	史红全
斑林鸽	LC	LC	三有		提及	卢欣
紫林鸽	VU	EN	三有		提及	史红全
山斑鸠	LC	LC	三有		简写	卢欣
欧斑鸠	VU	LC	三有		提及	史红全
灰斑鸠	LC	LC	三有		提及	史红全
火斑鸠	LC	LC	三有		提及	史红全
珠颈斑鸠	LC	LC	三有		提及	史红全
楔尾绿鸠	LC	NT	国 II		简写	付义强
针尾绿鸠	LC	NT	国 II		提及	史红全
厚嘴绿鸠	LC	NT	国 II		提及	卢欣
斑尾鹃鸠	LC	NT	国 II		提及	史红全
绿翅金鸠	LC	LC	三有		提及	史红全
沙鸡类						卢欣
毛腿沙鸡	LC	LC	三有		提及	卢欣
西藏毛腿沙鸡	LC	LC	三有		提及	卢欣

章节／鸟种	受胁等级		保护等级		内容	撰稿人
	全球	中国	中国	CITES		
夜鹰类						卢欣
普通夜鹰	LC	LC	三有		提及	卢欣
欧夜鹰	LC	LC	三有		提及	高建云
长尾夜鹰	LC	DD	三有		提及	高建云
毛腿夜鹰	LC	DD	三有		提及	卢欣
雨燕类						高建云
短嘴金丝燕	LC	NT	三有		提及	高建云
大金丝燕	LC	DD	三有		提及	高建云
白喉针尾雨燕	LC	LC	三有		提及	高建云
普通雨燕	LC	LC	三有		提及	高建云
白腰雨燕	LC	LC	三有		提及	高建云
小白腰雨燕	LC	LC	三有		提及	高建云
棕雨燕	LC	LC	三有		提及	高建云
高山雨燕	LC				提及	高建云
杜鹃类						杨晓君
斑翅凤头鹃	LC	LC	三有		提及	吴飞
红翅凤头鹃	LC	LC	三有		提及	卢欣
普通鹰鹃	LC	LC	三有		提及	吴飞
大鹰鹃	LC	LC	三有		简写	吴飞
棕腹鹰鹃	LC	LC	三有		提及	吴飞
四声杜鹃	LC	LC	三有		提及	吴飞
大杜鹃	LC	LC	三有		简写	卢欣
中杜鹃	LC	LC	三有		简写	吴飞
小杜鹃	LC	LC	三有		简写	吴飞
栗斑杜鹃	LC	LC	三有		提及	吴飞
八声杜鹃	LC	LC	三有		提及	吴飞
翠金鹃	LC	NT	三有		提及	吴飞
紫金鹃	LC	NT	三有		提及	吴飞
乌鹃	LC	LC	三有		提及	吴飞
噪鹃	LC	LC	三有		提及	吴飞
绿嘴地鹃	LC	LC	三有		提及	吴飞
褐翅鸦鹃	LC	LC	国II		提及	卢欣
小鸦鹃	LC	LC	国II		提及	吴飞
鹤类						张国钢
灰鹤	LC	NT	国II	II	简写	卢欣
黑颈鹤	VU	VU	国I	I	详写	卢欣
蓑羽鹤	LC	LC	国II	II	提及	卢欣
秧鸡类						王楠
西秧鸡	LC		三有		提及	王楠
长脚秧鸡	LC	VU	国II		提及	王楠
姬田鸡	LC	LC	国II		提及	王楠
棕背田鸡	LC	LC	国II		提及	王楠
紫水鸡	LC	VU	三有		提及	王楠
黑水鸡	LC	LC	三有		详写	卢欣
白骨顶	LC	LC	三有		详写	卢欣
鸻鹬类						张国钢
普通燕鸻	LC	LC	三有		提及	张国钢
灰燕鸻	LC	LC	国II		提及	张国钢

章节／鸟种	受胁等级		保护等级		内容	撰稿人
	全球	中国	中国	CITES		
石鸻	LC	LC	三有		提及	张国钢
彩鹬	LC	LC	三有		提及	卢欣
蛎鹬	NT	LC	三有		提及	卢欣
鹮嘴鹬	LC	NT	三有		简写	王楠
黑翅长脚鹬	LC	LC	三有		提及	卢欣
反嘴鹬	LC	LC	三有		提及	卢欣
凤头麦鸡	NT	LC	三有		提及	张国钢
金鸻	LC	LC	三有		提及	张国钢
灰鸻	LC	LC	三有		提及	张国钢
长嘴剑鸻	LC	NT	三有		提及	张国钢
金眶鸻	LC	LC	三有		提及	张国钢
环颈鸻	LC	LC	三有		详写	刘阳
蒙古沙鸻	LC	LC	三有		简写	刘阳
铁嘴沙鸻	LC	LC	三有		提及	张国钢
丘鹬	LC	LC	三有		提及	张国钢
孤沙锥	LC	LC	三有		提及	张国钢
针尾沙锥	LC	LC	三有		提及	张国钢
扇尾沙锥	LC	LC	三有		提及	张国钢
半蹼鹬	NT	NT	三有		提及	张国钢
黑尾塍鹬	NT	LC	三有		提及	张国钢
小杓鹬	LC	NT	国II		提及	张国钢
白腰杓鹬	NT	NT	三有		提及	张国钢
鹤鹬	LC	LC	三有		提及	张国钢
红脚鹬	LC	LC	三有		简写	卢欣
泽鹬	LC	LC	三有		提及	张国钢
青脚鹬	LC	LC	三有		提及	张国钢
白腰草鹬	LC	LC	三有		提及	张国钢
林鹬	LC	LC	三有		提及	张国钢
矶鹬	LC	LC	三有		提及	张国钢
翘嘴鹬	LC	LC	三有		提及	张国钢
翻石鹬	LC	LC	三有		提及	张国钢
红腹滨鹬	NT	VU	三有		提及	张国钢
红颈滨鹬	NT	LC	三有		提及	张国钢
青脚滨鹬	LC	LC	三有		提及	张国钢
长趾滨鹬	LC	LC	三有		提及	张国钢
尖尾滨鹬	LC	LC	三有		提及	张国钢
黑腹滨鹬	LC	LC	三有		提及	张国钢
流苏鹬	LC	LC	三有		提及	张国钢
鸥类和燕鸥类						卢欣
棕头鸥	LC	LC	三有		详写	卢欣
红嘴鸥	LC	LC	三有		提及	卢欣
渔鸥	LC	LC	三有		详写	卢欣
普通燕鸥	LC	LC	三有		提及	卢欣
白翅浮鸥	LC	LC	三有		提及	卢欣
鹳类						卢欣
彩鹳	NT	DD	国II		提及	王楠
东方白鹳	EN	EN	三有	I	提及	王楠
黑鹳	LC	VU	国I	II	详写	卢欣

章节/鸟种	受胁等级		保护等级		内容	撰稿人
	全球	中国	中国	CITES		
鸬鹚类						卢欣
普通鸬鹚	LC	LC	三有		详写	卢欣
鹈鹕类						卢欣
白鹈鹕	LC	EN	国 II		提及	卢欣
琵鹭类						王楠
白琵鹭	LC	NT	国 II	II	提及	王楠
鹭类和鸻类						王楠
夜鹭	LC	LC	三有		提及	王楠
牛背鹭	LC	LC	三有		提及	王楠
池鹭	LC	LC	三有		提及	王楠
苍鹭	LC	LC	三有		提及	王楠
大白鹭	LC	LC	三有		提及	王楠
白鹭	LC	LC	三有		提及	王楠
鹰类						王琛
鹗	LC	NT	国 II	II	提及	王琛
黑翅鸢	LC	NT	国 II	II	提及	王琛
黑鸢	LC	LC	国 II	II	提及	王琛
栗鸢	LC	VU	国 II	II	提及	王琛
凤头蜂鹰	LC	NT	国 II	II	提及	王琛
苍鹰	LC	NT	国 II	II	提及	王琛
凤头鹰	LC	NT	国 II	II	提及	王琛
雀鹰	LC	LC	国 II	II	提及	王琛
松雀鹰	LC	LC	国 II	II	提及	王琛
白尾鹞	LC	NT	国 II	II	提及	王琛
草原鹞	NT	NT	国 II	II	提及	王琛
鹊鹞	LC	NT	国 II	II	提及	王琛
白头鹞	LC	NT	国 II	II	提及	王琛
白腹鹞	LC	NT	国 II	II	提及	王琛
大鵟	LC	VU	国 II	II	简写	卢欣
棕尾鵟	LC	NT	国 II	II	提及	王琛
普通鵟	LC		国 II	II	提及	王琛
喜山鵟	LC		国 II	II	提及	王琛
毛脚鵟	LC	NT	国 II	II	提及	王琛
白眼鵟鹰	LC	DD	国 II	II	提及	王琛
鹰雕	LC	NT	国 II	II	提及	王琛
金雕	LC	VU	国 I	II	提及	王琛
白肩雕	VU	EN	国 I	I	提及	王琛
草原雕	EN	VU	国 II	II	提及	王琛
乌雕	VU	EN	国 II	II	提及	王琛
玉带海雕	LC	EN	国 II	II	提及	王琛
白尾海雕	LC	VU	国 I	I	提及	王琛
蛇雕	LC	NT	国 II	II	提及	王琛
黑兀鹫	CR	CR	国 II	II	提及	卢欣
秃鹫	NT	NT	国 II	II	提及	卢欣
高山兀鹫	NT	NT	国 II	II	详写	卢欣
长嘴兀鹫	CR	DD	国 II	II	提及	卢欣
白兀鹫	EN		国 II	II	提及	卢欣
胡兀鹫	NT	NT	国 I	II	详写	卢欣

章节/鸟种	受胁等级		保护等级		内容	撰稿人
	全球	中国	中国	CITES		
鸮类						王琛
领角鸮	LC	LC	国 II	II	提及	王琛
红角鸮	LC	LC	国 II	II	提及	王琛
雕鸮	LC	NT	国 II	II	简写	卢欣
林雕鸮	LC	NT	国 II		提及	王琛
黄腿渔鸮	LC	EN	国 II	II	提及	王琛
领鸺鹠	LC	LC	国 II		提及	王琛
斑头鸺鹠	LC	LC	国 II		提及	王琛
鹰鸮	LC	NT	国 II	II	提及	王琛
纵纹腹小鸮	LC	LC	国 II	II	提及	卢欣
褐林鸮	LC	NT	国 II		提及	王琛
灰林鸮	LC	NT	国 II		提及	王琛
四川林鸮	LC	VU	国 II	II	简写	孙悦华
长耳鸮	LC	LC	国 II	II	提及	孙悦华
短耳鸮	LC	NT	国 II	II	提及	孙悦华
鬼鸮	LC	VU	国 II	II	简写	孙悦华
咬鹃类						高建云
红头咬鹃	LC	NT	三有		提及	高建云
红腹咬鹃	NT	NT	三有		提及	高建云
戴胜类						卢欣
戴胜	LC	LC	三有		简写	卢欣
佛法僧类						刘阳
蓝胸佛法僧	LC	NT	三有		提及	刘阳
棕胸佛法僧	LC	NT	三有		提及	刘阳
三宝鸟	LC	LC	三有		提及	刘阳
蜂虎类						刘阳
栗喉蜂虎	LC	LC	三有		提及	刘阳
绿喉蜂虎	LC	LC	国 II		提及	刘阳
栗头蜂虎	LC	LC	国 II		提及	卢欣
蓝须蜂虎	LC	VU	三有		提及	卢欣
翠鸟类						刘阳
冠鱼狗	LC	LC			提及	刘阳
斑鱼狗	LC	LC			提及	刘阳
斑头大翠鸟	NT	VU	三有		提及	卢欣
普通翠鸟	LC	LC	三有		提及	刘阳
三趾翠鸟	LC	DD			提及	刘阳
白胸翡翠	LC	LC			提及	刘阳
蓝翡翠	LC	LC	三有		提及	刘阳
拟啄木鸟类						邓文洪
大拟啄木鸟	LC	LC	三有		提及	邓文洪
金喉拟啄木鸟	LC	DD	三有		提及	邓文洪
蓝喉拟啄木鸟	LC	DD	三有		提及	邓文洪
绿拟啄木鸟	LC	DD	三有		提及	卢欣
赤胸拟啄木鸟	LC	DD	三有		提及	邓文洪
响蜜䴕类						邓文洪
黄腰响蜜䴕	NT	NT			提及	邓文洪
啄木鸟类						邓文洪
蚁䴕	LC	LC	三有		提及	邓文洪

章节／鸟种	受胁等级		保护等级		内容	撰稿人
	全球	中国	中国	CITES		
斑姬啄木鸟	LC	LC	三有		提及	邓文洪
白眉棕啄木鸟	LC	LC	三有		提及	邓文洪
棕腹啄木鸟	LC	LC	三有		提及	邓文洪
星头啄木鸟	LC	LC	三有		提及	邓文洪
纹腹啄木鸟	LC	DD			提及	卢欣
纹胸啄木鸟	LC	DD	三有		提及	邓文洪
褐额啄木鸟	LC				提及	邓文洪
赤胸啄木鸟	LC	LC	三有		提及	邓文洪
黄颈啄木鸟	LC	LC	三有		提及	邓文洪
白背啄木鸟	LC	LC	三有		提及	邓文洪
大斑啄木鸟	LC	LC	三有		提及	邓文洪
三趾啄木鸟	LC	LC	三有		简写	孙悦华
白腹黑啄木鸟	LC	NT	国II		提及	邓文洪
黑啄木鸟	LC	LC	三有		提及	邓文洪
大黄冠啄木鸟	LC	EN	三有		提及	邓文洪
黄冠啄木鸟	LC	NT	三有		提及	邓文洪
纹喉绿啄木鸟	LC	DD	三有		提及	卢欣
鳞腹绿啄木鸟	LC	DD	三有		提及	邓文洪
灰头绿啄木鸟	LC	LC	三有		提及	邓文洪
金背啄木鸟	LC	DD	三有		提及	邓文洪
喜山金背啄木鸟	LC	DD			提及	卢欣
小金背啄木鸟	LC	DD			提及	卢欣
大金背啄木鸟	LC	DD	三有		提及	邓文洪
黄嘴栗啄木鸟	LC	LC	三有		提及	邓文洪
栗啄木鸟	LC	LC	三有		提及	邓文洪
大灰啄木鸟	VU	DD	三有		提及	卢欣
隼类						王琛
猎隼	EN	EN	国II	II	简写	卢欣
矛隼	LC	NT	国II	I	提及	王琛
游隼	LC	NT	国II	I	提及	王琛
灰背隼	LC	NT	国II	II	提及	王琛
燕隼	LC	LC	国II	II	提及	王琛
红隼	LC	LC	国II	II	提及	卢欣
鹦鹉类						吴飞
绯胸鹦鹉	NT	VU	国II	II	提及	卢欣
大紫胸鹦鹉	NT	VU	国II	II	提及	卢欣
花头鹦鹉	NT	DD	国II	II	提及	卢欣
灰头鹦鹉	NT	DD	国II	II	提及	卢欣
青头鹦鹉	LC		国II	II	提及	卢欣
八色鸫类和阔嘴鸟类						卢欣
蓝八色鸫	LC	DD	国II		提及	卢欣
蓝枕八色鸫	LC	VU	国II		提及	卢欣
绿胸八色鸫	LC	VU	国II		提及	卢欣
长尾阔嘴鸟	LC	NT	国II		提及	卢欣
黄鹂类						卢欣
印度金黄鹂	LC		三有		提及	卢欣
细嘴黄鹂	LC	DD	三有		提及	卢欣
黑枕黄鹂	LC	LC	三有		提及	卢欣

章节／鸟种	受胁等级		保护等级		内容	撰稿人
	全球	中国	中国	CITES		
黑头黄鹂	LC	DD	三有		提及	卢欣
朱鹂	LC	NT	三有		提及	卢欣
鹊鹂	EN	EN	三有		提及	卢欣
莺雀类						卢欣
棕腹鵙鹛	LC	DD	三有		提及	付义强
淡绿鵙鹛	LC	NT			提及	付义强
栗喉鵙鹛	LC	DD			提及	付义强
白腹凤鹛	LC	LC			提及	付义强
山椒鸟类						张国月
大鹃鵙	LC	LC	三有		提及	卢欣
暗灰鹃鵙	LC	LC	三有		提及	卢欣
粉红山椒鸟	LC	LC	三有		提及	卢欣
小灰山椒鸟	LC	LC	三有		提及	卢欣
灰喉山椒鸟	LC	LC	三有		提及	卢欣
长尾山椒鸟	LC	LC	三有		提及	卢欣
短嘴山椒鸟	LC	LC	三有		提及	卢欣
赤红山椒鸟	LC	LC	三有		提及	卢欣
钩嘴鵙类						卢欣
褐背鹟鵙	LC	DD	三有		提及	卢欣
钩嘴林鵙	LC	LC	三有		提及	卢欣
雀鹎类						卢欣
黑翅雀鹎	LC	LC	三有		提及	卢欣
扇尾鹟类						卢欣
白喉扇尾鹟	LC	LC			提及	胡慧建
卷尾类						张国月
小盘尾	LC	NT	三有		提及	卢欣
大盘尾	LC	VU	三有		提及	卢欣
鸦嘴卷尾	LC	LC	三有		提及	卢欣
古铜色卷尾	LC	LC	三有		提及	张春兰
发冠卷尾	LC	LC	三有		提及	张春兰
黑卷尾	LC	LC	三有		提及	卢欣
灰卷尾	LC	LC	三有		提及	张春兰
王鹟类						卢欣
黑枕王鹟	LC	LC			提及	卢欣
印度寿带	LC		三有		提及	卢欣
伯劳类						卢欣
牛头伯劳	LC	LC	三有		提及	卢欣
荒漠伯劳	LC	LC	三有		提及	卢欣
棕背伯劳	LC	LC	三有		提及	卢欣
楔尾伯劳	LC	LC	三有		提及	卢欣
红尾伯劳	LC	LC	三有		提及	卢欣
灰背伯劳	LC	LC	三有		详写	卢欣
鸦类						柯坫华
黑头噪鸦	VU	VU	三有		详写	孙悦华
松鸦	LC	LC			提及	柯坫华
蓝绿鹊	LC	NT	三有		提及	柯坫华
黄嘴蓝鹊	LC	LC			提及	柯坫华
红嘴蓝鹊	LC	LC	三有		提及	柯坫华

章节／鸟种	受胁等级		保护等级		内容	撰稿人
	全球	中国	中国	CITES		
喜鹊	LC	LC	三有		提及	杜波
灰喜鹊	LC	LC	三有		详写	杜波
棕腹树鹊	LC	LC			提及	卢欣
灰树鹊	LC	LC	三有		提及	柯站华
黑额树鹊	LC	LC			提及	柯站华
白尾地鸦	NT	VU	三有		简写	卢欣
黑尾地鸦	LC	VU			提及	柯站华
星鸦	LC	LC			提及	柯站华
黄嘴山鸦	LC	LC			提及	卢欣
红嘴山鸦	LC	LC			详写	卢欣
家鸦	LC	LC			提及	卢欣
白颈鸦	NT	NT			提及	卢欣
寒鸦	LC	LC			提及	柯站华
达乌里寒鸦	LC	LC	三有		简写	卢欣
秃鼻乌鸦	LC	LC	三有		提及	柯站华
小嘴乌鸦	LC	LC			提及	柯站华
大嘴乌鸦	LC	LC			提及	柯站华
渡鸦	LC	LC	三有		提及	柯站华
玉鹟类						卢欣
黄腹扇尾鹟	LC	LC			提及	胡慧建
方尾鹟	LC	LC			提及	胡慧建
山雀类						卢欣
火冠雀	LC	LC			提及	卢欣
冕雀	LC	DD	三有		提及	卢欣
沼泽山雀	LC	LC	三有		提及	卢欣
褐头山雀	LC	LC	三有		提及	卢欣
四川褐头山雀	LC	LC	三有		提及	卢欣
白眉山雀	LC	NT	三有		简写	卢欣
红腹山雀	LC	LC	三有		提及	卢欣
棕枕山雀	LC	LC	三有		提及	卢欣
黑冠山雀	LC	LC	三有		简写	卢欣
煤山雀	LC	LC	三有		提及	卢欣
黄腹山雀	LC	LC	三有		提及	卢欣
褐冠山雀	LC	LC	三有		提及	卢欣
大山雀			三有		简写	卢欣
绿背山雀	LC	LC	三有		简写	卢欣
灰蓝山雀	LC	LC	三有		提及	卢欣
黄眉林雀	LC	LC	三有		提及	卢欣
眼纹黄山雀	LC	LC	三有		提及	卢欣
黄颊山雀	LC	LC	三有		提及	卢欣
地山雀	LC	LC			详写	卢欣
百灵类						卢欣
双斑百灵	LC	LC			提及	卢欣
长嘴百灵	LC	LC			提及	卢欣
蒙古百灵	LC	VU	三有		提及	卢欣
大短趾百灵	LC	LC			提及	卢欣
细嘴短趾百灵	LC	LC			提及	卢欣
短趾百灵	LC	LC			提及	卢欣

章节／鸟种	受胁等级		保护等级		内容	撰稿人
	全球	中国	中国	CITES		
凤头百灵	LC	LC			提及	卢欣
云雀	LC	LC	三有		提及	卢欣
小云雀	LC	LC	三有		简写	卢欣
角百灵	LC	LC	三有		详写	卢欣
文须雀类						付义强
文须雀	LC	LC			提及	付义强
扇尾莺类						刘阳
棕扇尾莺	LC	LC			提及	刘阳
金头扇尾莺	LC	LC			提及	卢欣
山鹪莺	LC	LC			提及	刘阳
黑喉山鹪莺	LC	LC			提及	刘阳
暗冕山鹪莺	LC	LC			提及	刘阳
灰胸山鹪莺	LC	LC			提及	刘阳
黄腹山鹪莺	LC	LC			提及	卢欣
纯色山鹪莺	LC	LC			提及	刘阳
长尾缝叶莺	LC	LC			提及	卢欣
苇莺类						卢欣
噪苇莺	LC	LC			提及	贾陈喜
稻田苇莺	LC	LC			提及	贾陈喜
鳞胸鹪鹛类						卢欣
鳞胸鹪鹛	LC	LC			提及	卢欣
小鳞胸鹪鹛	LC	LC			提及	卢欣
尼泊尔鹪鹛	LC	DD			提及	卢欣
蝗莺类						卢欣
高山短翅蝗莺	LC	LC			提及	卢欣
四川短翅蝗莺	LC				提及	卢欣
斑胸短翅蝗莺	LC	LC			提及	贾陈喜
巨嘴短翅蝗莺	NT	NT	三有		提及	贾陈喜
中华短翅蝗莺	LC	LC			提及	贾陈喜
棕褐短翅蝗莺	LC	LC			提及	贾陈喜
小蝗莺	LC	LC			提及	贾陈喜
沼泽大尾莺	LC	LC			提及	卢欣
燕类						冉江洪
崖沙燕	LC	LC	三有		简写	卢欣
淡色崖沙燕	LC	LC	三有		提及	卢欣
家燕	LC	LC	三有		提及	冉江洪
岩燕	LC	LC	三有		提及	冉江洪
烟腹毛脚燕	LC	LC	三有		简写	卢欣
毛脚燕	LC	LC	三有		提及	冉江洪
黑喉毛脚燕	LC	LC	三有		提及	冉江洪
金腰燕	LC	LC	三有		提及	冉江洪
鹎类						雷富民
凤头雀嘴鹎	LC	LC	三有		提及	雷富民
纵纹绿鹎	LC	LC			提及	雷富民
红耳鹎	LC	LC	三有		提及	雷富民
黄臀鹎	LC	LC	三有		提及	雷富民
白头鹎	LC	LC	三有		提及	雷富民
白颊鹎	LC	LC			提及	卢欣

章节／鸟种	受胁等级		保护等级		内容	撰稿人
	全球	中国	中国	CITES		
黑喉红臀鹎	LC	LC			提及	卢欣
白喉红臀鹎	LC	LC	三有		提及	雷富民
黄绿鹎	LC	NT			提及	卢欣
黄腹冠鹎	LC	LC			提及	雷富民
绿翅短脚鹎	LC	LC			提及	雷富民
灰短脚鹎	LC	LC			提及	雷富民
黑短脚鹎	LC	LC	三有		提及	雷富民
柳莺类						贾陈喜
中亚叽喳柳莺	LC	LC	三有		提及	贾陈喜
褐柳莺	LC	LC	三有		提及	贾陈喜
烟柳莺	LC	LC	三有		提及	贾陈喜
黄腹柳莺	LC	LC	三有		详写	卢欣
棕腹柳莺	LC	LC	三有		提及	贾陈喜
灰柳莺	LC	LC	三有		提及	贾陈喜
棕眉柳莺	LC	LC	三有		提及	贾陈喜
灰喉柳莺	LC	LC	三有		提及	贾陈喜
橙斑翅柳莺	LC	LC	三有		提及	贾陈喜
淡黄腰柳莺	LC	LC	三有		提及	贾陈喜
甘肃柳莺	LC	LC	三有		简写	贾陈喜
云南柳莺	LC	LC	三有		提及	贾陈喜
淡眉柳莺	LC	LC	三有		简写	贾陈喜
极北柳莺	LC	LC	三有		提及	贾陈喜
暗绿柳莺	LC	LC	三有		提及	贾陈喜
乌嘴柳莺	LC	LC	三有		提及	贾陈喜
冕柳莺	LC	LC	三有		提及	贾陈喜
西南冠纹柳莺	LC	LC	三有		提及	贾陈喜
云南白斑尾柳莺	LC		三有		提及	贾陈喜
峨眉柳莺	LC	LC	三有		提及	卢欣
黄胸柳莺	LC	LC			提及	卢欣
灰头柳莺	LC	LC			提及	卢欣
白眶鹟莺	LC	LC			提及	孙悦华
金眶鹟莺	LC	LC			提及	孙悦华
韦氏鹟莺	LC	LC			提及	卢欣
灰脸鹟莺	LC	LC			提及	孙悦华
栗头鹟莺	LC	LC			提及	贾陈喜
树莺类						贾陈喜
黄腹鹟莺	LC	LC			提及	卢欣
棕脸鹟莺	LC	LC			提及	孙悦华
黑脸鹟莺	LC	LC			提及	孙悦华
栗头织叶莺	LC	LC			提及	卢欣
宽嘴鹟莺	LC	LC	三有		提及	孙悦华
短翅树莺	LC	LC			提及	卢欣
强脚树莺	LC	LC			提及	贾陈喜
喜山黄腹树莺	LC				提及	贾陈喜
异色树莺	LC	LC			提及	贾陈喜
灰腹地莺	LC	LC			提及	贾陈喜
金冠地莺	LC	LC			提及	贾陈喜
大树莺	LC	LC			提及	贾陈喜

章节／鸟种	受胁等级		保护等级		内容	撰稿人
	全球	中国	中国	CITES		
棕顶树莺	LC	LC			提及	贾陈喜
栗头树莺	LC	LC			提及	贾陈喜
淡脚树莺	LC	LC			提及	卢欣
长尾山雀类						卢欣
银喉长尾山雀	LC	LC	三有		提及	卢欣
红头长尾山雀	LC	LC	三有		提及	卢欣
棕额长尾山雀	LC	LC	三有		提及	卢欣
银脸长尾山雀	LC	LC	三有		提及	卢欣
黑眉长尾山雀	LC	LC	三有		提及	卢欣
花彩雀莺	LC	LC			详写	卢欣
凤头雀莺	LC	NT	三有		简写	贾陈喜
莺鹛类						卢欣
火尾绿鹛	LC	NT			简写	刘阳
白喉林莺	LC	LC			提及	贾陈喜
漠白喉林莺	LC	LC			提及	贾陈喜
东歌林莺	LC				提及	卢欣
金胸雀鹛	LC	LC			提及	付义强
宝兴鹛雀	LC	LC	三有		提及	卢欣
白眉雀鹛	LC	LC			提及	付义强
路氏雀鹛	LC	LC			提及	卢欣
褐头雀鹛	LC	LC			简写	贾陈喜
棕头雀鹛	LC	LC	三有		提及	付义强
中华雀鹛	LC	LC			提及	付义强
金眼鹛雀	LC	LC			提及	卢欣
山鹛	LC	LC	三有		提及	刘阳
红嘴鸦雀	LC	LC	三有		提及	陈伟
三趾鸦雀	LC	NT	三有		提及	陈伟
褐鸦雀	LC	LC	三有		提及	陈伟
白眶鸦雀	LC	NT	三有		提及	陈伟
灰喉鸦雀	LC	LC	三有		提及	陈伟
棕头鸦雀	LC	LC	三有		提及	陈伟
褐翅鸦雀	LC	LC	三有		提及	陈伟
暗色鸦雀	VU	VU	三有		提及	陈伟
灰冠鸦雀	VU	EN	三有		提及	陈伟
黄额鸦雀	LC	LC	三有		提及	陈伟
黑喉鸦雀	LC	DD	三有		提及	陈伟
黑眉鸦雀	LC	LC	三有		提及	陈伟
红头鸦雀	LC	LC	三有		提及	陈伟
灰头鸦雀	LC	LC	三有		提及	陈伟
点胸鸦雀	LC	LC	三有		提及	陈伟
斑胸鸦雀	VU	DD	三有		提及	陈伟
绣眼鸟类						刘阳
红胁绣眼鸟	LC	LC	三有		提及	刘阳
暗绿绣眼鸟	LC	LC	三有		提及	刘阳
灰腹绣眼鸟	LC	LC	三有		提及	刘阳
白颈凤鹛	LC	LC			提及	付义强
黄颈凤鹛	LC	LC			提及	付义强
纹喉凤鹛	LC	LC			提及	付义强

章节／鸟种	受胁等级		保护等级		内容	撰稿人
	全球	中国	中国	CITES		
棕臀凤鹛	LC	LC			提及	付义强
白领凤鹛	LC	LC			提及	付义强
黑颏凤鹛	LC	LC			提及	付义强
林鹛类						卢欣
斑胸钩嘴鹛	LC	LC			提及	卢欣
灰头钩嘴鹛	LC	DD			提及	卢欣
棕头钩嘴鹛	LC	LC			提及	卢欣
棕颈钩嘴鹛	LC	LC			简写	董锋
细嘴钩嘴鹛	LC	NT	三有		提及	卢欣
红嘴钩嘴鹛	LC	DD			提及	卢欣
短尾钩嘴鹛	NT				提及	卢欣
斑翅鹩鹛	LC	LC			提及	卢欣
棕喉鹩鹛	NT	NT			提及	卢欣
锈喉鹩鹛	VU				提及	卢欣
长尾鹩鹛	NT	NT			提及	卢欣
黑胸楔嘴穗鹛	NT		三有		提及	卢欣
楔嘴穗鹛	NT	NT	三有		提及	卢欣
黑头穗鹛	LC	LC			提及	卢欣
红头穗鹛	LC	LC			提及	卢欣
黑颏穗鹛	LC	LC			提及	卢欣
金头穗鹛	LC	LC			提及	卢欣
纹胸鹛	LC	LC			提及	卢欣
红顶鹛	LC	LC			提及	卢欣
幽鹛类						卢欣
黄喉雀鹛	LC	LC	三有		提及	付义强
栗头雀鹛	LC	LC			提及	付义强
棕喉雀鹛	LC	LC	三有		提及	卢欣
褐胁雀鹛	LC	LC			提及	付义强
灰眶雀鹛	LC	LC			提及	付义强
白眶雀鹛	LC	LC			提及	付义强
短尾鹪鹛	LC	LC			提及	卢欣
纹胸鹪鹛	LC	LC			提及	卢欣
棕胸雅鹛	LC	NT			提及	卢欣
棕头幽鹛	LC	LC			提及	卢欣
白腹幽鹛	LC	LC			提及	卢欣
白头鸥鹛	LC	LC			提及	卢欣
长嘴鹩鹛	LC	LC			提及	卢欣
噪鹛类						卢欣
矛纹草鹛	LC	LC	三有		简写	卢欣
大草鹛	NT	NT	三有		详写	卢欣
棕草鹛	NT	NT	三有		详写	卢欣
画眉	LC	NT	三有	II	提及	卢欣
白冠噪鹛	LC	LC	三有		提及	卢欣
褐胸噪鹛	LC	LC	三有		提及	卢欣
黑颏山噪鹛	VU	VU	三有		简写	贾陈喜
灰翅噪鹛	LC	LC	三有		提及	卢欣
棕颏噪鹛	LC	LC			提及	卢欣
斑背噪鹛	LC	LC	三有		提及	卢欣
白点噪鹛	VU	VU	三有		简写	卢欣
眼纹噪鹛	LC	NT	三有		简写	卢欣
大噪鹛	LC	LC	三有		简写	贾陈喜
白喉噪鹛	LC	LC	三有		提及	卢欣
小黑领噪鹛	LC	LC	三有		提及	卢欣
黑领噪鹛	LC	LC	三有		提及	卢欣
栗颈噪鹛	LC	LC	三有		提及	卢欣
山噪鹛	LC	LC	三有		详写	杜波
栗臀噪鹛	LC	NT			提及	卢欣
灰胁噪鹛	LC	LC	三有		提及	卢欣
白颊噪鹛	LC	LC	三有		提及	付义强
棕噪鹛	LC				简写	付义强
斑胸噪鹛	LC	LC	三有		提及	卢欣
条纹噪鹛	LC	LC	三有		提及	卢欣
橙翅噪鹛	LC	LC	三有		详写	卢欣
灰腹噪鹛	LC	LC	三有		详写	卢欣
细纹噪鹛	LC	LC	三有		提及	卢欣
纯色噪鹛	LC	LC	三有		提及	卢欣
蓝翅噪鹛	LC	LC	三有		提及	卢欣
黑顶噪鹛	LC	LC	三有		提及	卢欣
杂色噪鹛	LC	LC	三有		提及	卢欣
红头噪鹛	LC	LC	三有		提及	卢欣
红翅噪鹛	LC	LC	三有		简写	卢欣
红尾噪鹛	LC	LC	三有		提及	卢欣
斑胁姬鹛	LC	LC			提及	付义强
蓝翅希鹛	LC	LC			提及	付义强
斑喉希鹛	LC	LC			提及	付义强
红尾希鹛	LC	LC			提及	卢欣
红翅薮鹛	LC	NT	三有		提及	卢欣
黑冠薮鹛	CR	VU			提及	卢欣
灰胸薮鹛	VU	VU	三有	II	详写	付义强
栗额斑翅鹛	LC	LC			提及	付义强
纹头斑翅鹛	LC	LC			提及	付义强
纹胸斑翅鹛	LC	LC			提及	付义强
灰头斑翅鹛	LC	LC	三有		提及	付义强
红嘴相思鸟	LC	LC	三有	II	简写	付义强
银耳相思鸟	LC	NT	三有	II	提及	付义强
栗背奇鹛	LC	LC			提及	卢欣
黑顶奇鹛	LC	LC			提及	卢欣
黑头奇鹛	LC	LC			提及	付义强
灰奇鹛	LC	LC	三有		提及	付义强
长尾奇鹛	LC	LC			提及	付义强
丽色奇鹛	LC	LC			提及	付义强
旋木雀类						孙悦华
欧亚旋木雀	LC	LC			提及	孙悦华
高山旋木雀	LC	LC			提及	孙悦华
霍氏旋木雀	LC				提及	卢欣
四川旋木雀	NT	VU			简写	孙悦华

章节/鸟种	受胁等级 全球	受胁等级 中国	保护等级 中国	保护等级 CITES	内容	撰稿人
休氏旋木雀	LC				提及	卢欣
褐喉旋木雀	LC	LC			提及	孙悦华
红腹旋木雀	LC	LC			提及	卢欣
鸭类						卢欣
普通鸭	LC	LC			提及	冉江洪
栗臀鸭	LC	LC			提及	冉江洪
白尾鸭	LC	NT			提及	冉江洪
滇鸭	NT	VU	三有		提及	冉江洪
黑头鸭	LC	NT			提及	冉江洪
白脸鸭	LC	NT			提及	冉江洪
绒额鸭	LC	DD			提及	卢欣
巨鸭	EN	EN	三有		提及	冉江洪
丽鸭	VU	EN	三有		提及	卢欣
红翅旋壁雀	LC	LC			简写	卢欣
鹪鹩类						卢欣
鹪鹩	LC	LC			简写	卢欣
河乌类						胡慧建
河乌	LC	LC			简写	卢欣
褐河乌	LC	LC			简写	卢欣
椋鸟类						冉江洪
鹩哥	LC	VU	三有	II	提及	卢欣
家八哥	LC	LC	三有		提及	冉江洪
丝光椋鸟	LC	LC	三有		提及	冉江洪
灰椋鸟	LC	LC	三有		提及	冉江洪
北椋鸟	LC	LC	三有		提及	冉江洪
灰头椋鸟	LC	LC	三有		提及	冉江洪
黑冠椋鸟	LC	LC	三有		提及	卢欣
紫翅椋鸟	LC	LC	三有		提及	卢欣
粉红椋鸟	LC	LC	三有		提及	贾陈喜
鸫类						卢欣
橙头地鸫	LC	LC			提及	卢欣
四川淡背地鸫	LC				提及	卢欣
喜山淡背地鸫	LC				提及	卢欣
长尾地鸫	LC	LC			提及	卢欣
小虎斑地鸫	LC	LC	三有		提及	卢欣
大长嘴地鸫	LC	DD			提及	卢欣
长嘴地鸫	LC	LC			提及	卢欣
蒂氏鸫	LC	DD			提及	卢欣
白颈鸫	LC	LC			简写	卢欣
灰翅鸫	LC	LC			提及	卢欣
乌鸫	LC				提及	卢欣
藏乌鸫	LC				简写	卢欣
灰头鸫	LC	LC			提及	贾陈喜
棕背黑头鸫	LC	LC	三有		简写	贾陈喜
白眉鸫	LC	LC			提及	卢欣
黑喉鸫	LC	LC			提及	卢欣
赤颈鸫	LC	LC			提及	卢欣
斑鸫	LC	LC	三有		提及	卢欣
宝兴歌鸫	LC	LC	三有		简写	孙悦华
田鸫	LC	LC			提及	卢欣
槲鸫	LC	LC			提及	卢欣
紫宽嘴鸫	LC	LC	三有		提及	卢欣
绿宽嘴鸫	LC	LC	三有		提及	卢欣
鹟类						张春兰
栗腹歌鸲	LC	LC			提及	张春兰
红尾歌鸲	LC	LC	三有		提及	张春兰
黑胸歌鸲	LC	NT			提及	刘阳
红喉歌鸲	LC	LC	三有		提及	卢欣
金胸歌鸲	NT	VU	三有		提及	胡慧建
蓝喉歌鸲	LC	LC	三有		提及	胡慧建
白腹短翅鸲	LC	LC			简写	卢欣
蓝眉林鸲	LC		三有		提及	卢欣
金色林鸲	LC	LC			简写	胡运彪
白眉林鸲	LC	LC			提及	卢欣
棕腹林鸲	LC	DD	三有		提及	卢欣
栗背短翅鸫	LC	LC	三有		提及	胡慧建
锈腹短翅鸫	NT	NT	三有		提及	卢欣
白喉短翅鸫	LC				提及	胡慧建
蓝短翅鸫	LC	LC			提及	胡慧建
鹊鸲	LC	LC	三有		简写	贾陈喜
白腰鹊鸲	LC	LC			提及	卢欣
贺兰山红尾鸲	NT	EN	三有		简写	贾陈喜
红背红尾鸲	LC	LC			提及	卢欣
蓝头红尾鸲	LC	LC			提及	贾陈喜
赭红尾鸲	LC	LC			详写	卢欣
黑喉红尾鸲	LC	LC			简写	卢欣
蓝额红尾鸲	LC	LC			简写	卢欣
白喉红尾鸲	LC	LC			简写	卢欣
北红尾鸲	LC	LC	三有		提及	卢欣
红腹红尾鸲	LC	LC			提及	卢欣
红尾水鸲	LC	LC			提及	卢欣
白顶溪鸲	LC	LC			简写	卢欣
白尾蓝地鸲	LC	LC			提及	卢欣
蓝额地鸲	LC	LC	三有		提及	卢欣
紫啸鸫	LC	LC			提及	卢欣
蓝大翅鸲	LC	LC			提及	卢欣
小燕尾	LC	LC			提及	卢欣
黑背燕尾	LC	LC			提及	卢欣
灰背燕尾	LC	LC			提及	卢欣
白额燕尾	LC				提及	卢欣
斑背燕尾	LC	LC			提及	卢欣
白喉石䳭	VU	EN	三有		简写	卢欣
黑喉石䳭	LC	LC	三有		详写	卢欣
白斑黑石䳭	LC	LC			提及	卢欣
灰林䳭	LC	LC			提及	卢欣
白顶䳭	LC	LC			提及	卢欣

章节／鸟种	受胁等级		保护等级		内容	撰稿人
	全球	中国	中国	CITES		
沙䳔	LC	LC			简写	卢欣
漠䳔	LC	LC			提及	卢欣
白背矶鸫	LC	LC			提及	卢欣
蓝头矶鸫	LC	LC			提及	卢欣
蓝矶鸫	LC	LC			提及	卢欣
栗腹矶鸫	LC	LC			提及	卢欣
斑鹟	LC	LC			提及	胡慧建
乌鹟	LC	LC	三有		提及	胡慧建
北灰鹟	LC	LC	三有		提及	胡慧建
褐胸鹟	LC	LC	三有		提及	卢欣
棕尾褐鹟	LC	LC			提及	胡慧建
栗尾姬鹟	LC				提及	卢欣
锈胸蓝姬鹟	LC	LC			提及	张春兰
橙胸姬鹟	LC	LC			提及	张春兰
红胸姬鹟	LC	DD			提及	张春兰
棕胸蓝姬鹟	LC	LC			提及	张春兰
小斑姬鹟	LC	LC			提及	张春兰
白眉蓝姬鹟	LC	LC			提及	张春兰
灰蓝姬鹟	LC	LC			简写	卢欣
玉头姬鹟	LC	LC			提及	胡慧建
铜蓝鹟	LC	LC			提及	胡慧建
海南蓝仙鹟	LC	LC			提及	卢欣
纯蓝仙鹟	LC	LC			提及	胡慧建
灰颊仙鹟	LC	LC			提及	卢欣
山蓝仙鹟	LC	LC			提及	卢欣
蓝喉仙鹟	LC	LC			提及	胡慧建
白喉姬鹟	LC	LC			提及	卢欣
棕腹大仙鹟	LC	LC	三有		提及	卢欣
棕腹仙鹟	LC	LC			提及	胡慧建
棕腹蓝仙鹟	LC	LC			提及	卢欣
大仙鹟	LC	LC			提及	胡慧建
小仙鹟	LC	LC			提及	胡慧建
和平鸟类						卢欣
和平鸟	LC	NT	三有		提及	卢欣
叶鹎类						卢欣
橙腹叶鹎	LC	LC	三有		提及	卢欣
啄花鸟类						刘阳
黄臀啄花鸟	LC	LC			提及	刘阳
黄腹啄花鸟	LC	LC			提及	刘阳
纯色啄花鸟	LC	LC			提及	刘阳
朱背啄花鸟	LC	LC			提及	卢欣
红胸啄花鸟	LC	LC			提及	刘阳
花蜜鸟类						刘阳
紫颊太阳鸟	LC	LC	三有		提及	卢欣
蓝枕花蜜鸟	LC	LC	三有		提及	卢欣
紫花蜜鸟	LC	LC	三有		提及	卢欣
蓝喉太阳鸟	LC	LC	三有		简写	刘阳
绿喉太阳鸟	LC	LC	三有		提及	刘阳

章节／鸟种	受胁等级		保护等级		内容	撰稿人
	全球	中国	中国	CITES		
黑胸太阳鸟	LC	LC	三有		提及	刘阳
黄腰太阳鸟	LC	LC	三有		提及	刘阳
火尾太阳鸟	LC	LC	三有		简写	刘阳
长嘴捕蛛鸟	LC	LC	三有		提及	卢欣
纹背捕蛛鸟	LC	LC	三有		提及	刘阳
岩鹨类						卢欣
领岩鹨	LC	LC			提及	卢欣
高原岩鹨	LC	LC			提及	卢欣
鸲岩鹨	LC	LC			详写	卢欣
棕胸岩鹨	LC	LC			提及	卢欣
棕眉山岩鹨	LC	LC	三有		提及	卢欣
褐岩鹨	LC	LC			详写	卢欣
黑喉岩鹨	LC	LC			提及	卢欣
栗背岩鹨	LC	LC			简写	胡运彪
朱鹀类						卢欣
朱鹀	LC	NT	三有		提及	卢欣
织雀类						卢欣
纹胸织雀	LC	LC			提及	卢欣
梅花雀类						卢欣
白腰文鸟	LC	LC			提及	杜波
斑文鸟	LC	LC			提及	杜波
栗腹文鸟	LC	LC	三有		提及	卢欣
雀类						贾陈喜
树麻雀	LC	LC	三有		简写	卢欣
家麻雀	LC	LC			简写	刘阳
山麻雀	LC	LC	三有		简写	卢欣
石雀	LC	LC			简写	卢欣
白斑翅雪雀	LC	LC			提及	卢欣
藏雪雀	LC	NT			提及	卢欣
褐翅雪雀	LC	LC			提及	卢欣
白腰雪雀	LC	LC			详写	卢欣
黑喉雪雀	LC	LC			简写	卢欣
棕颈雪雀	LC	LC			简写	卢欣
棕背雪雀	LC	LC			提及	卢欣
鹡鸰类						卢欣
山鹡鸰	LC	LC	三有		提及	卢欣
西黄鹡鸰	LC		三有		提及	卢欣
黄头鹡鸰	LC	LC	三有		简写	卢欣
灰鹡鸰	LC	LC	三有		提及	卢欣
白鹡鸰	LC	LC	三有		简写	卢欣
田鹨	LC	LC	三有		提及	卢欣
东方田鹨	LC	LC	三有		提及	卢欣
林鹨	LC	LC	三有		提及	卢欣
树鹨	LC	LC	三有		提及	卢欣
粉红胸鹨	LC	LC	三有		提及	卢欣
红喉鹨	LC	LC	三有		提及	卢欣
水鹨	LC	LC	三有		提及	卢欣
山鹨	LC	LC	三有		提及	卢欣

章节/鸟种	受胁等级		保护等级		内容	撰稿人
	全球	中国	中国	CITES		
燕雀类						卢欣
苍头燕雀	LC	LC			提及	卢欣
燕雀	LC	LC	三有		提及	杜波
黄颈拟蜡嘴雀	LC	LC			提及	卢欣
白点翅拟蜡嘴雀	LC	LC			提及	卢欣
白斑翅拟蜡嘴雀	LC	LC			简写	卢欣
锡嘴雀	LC	LC	三有		提及	贾陈喜
褐灰雀	LC	LC	三有		提及	孙悦华
灰头灰雀	LC	LC	三有		简写	贾陈喜
红头灰雀	LC	LC	三有		提及	贾陈喜
蒙古沙雀	LC	LC			提及	卢欣
巨嘴沙雀	LC	DD			提及	卢欣
赤朱雀	LC	LC	三有		提及	卢欣
金枕黑雀	LC	LC	三有		提及	胡运彪
暗胸朱雀	LC	LC	三有		提及	卢欣
林岭雀	LC	LC			提及	卢欣
高山岭雀	LC	LC			提及	卢欣
普通朱雀	LC	LC	三有		简写	卢欣
褐头朱雀	DD	DD	三有		提及	卢欣
血雀	LC	LC	三有		提及	孙悦华
拟大朱雀	LC	NT	三有		详写	卢欣
大朱雀	LC	LC	三有		提及	卢欣
红腰朱雀	LC	LC	三有		提及	卢欣
红眉朱雀	LC		三有		提及	卢欣
曙红朱雀	LC	LC	三有		详写	卢欣
粉眉朱雀	LC	LC	三有		提及	卢欣
棕朱雀	LC	LC	三有		提及	卢欣
点翅朱雀	LC	LC	三有		提及	卢欣
淡腹点翅朱雀	LC		三有		提及	卢欣
酒红朱雀	LC	LC	三有		简写	胡运彪
长尾雀	LC	LC	三有		简写	胡运彪

章节/鸟种	受胁等级		保护等级		内容	撰稿人
	全球	中国	中国	CITES		
沙色朱雀	LC	LC	三有		提及	卢欣
藏雀	LC	VU	三有		提及	卢欣
斑翅朱雀	LC	LC	三有		提及	卢欣
白眉朱雀	LC	LC	三有		提及	卢欣
喜山白眉朱雀	LC	LC	三有		提及	卢欣
红胸朱雀	LC	LC	三有		提及	卢欣
红眉松雀	LC	LC			提及	卢欣
红眉金翅雀	LC				提及	卢欣
金翅雀	LC	LC	三有		提及	杜波
黑头金翅雀	LC	LC			提及	杜波
高山金翅雀	LC	LC			提及	杜波
红额金翅雀	LC	LC			提及	杜波
黄嘴朱顶雀	LC	LC	三有		简写	卢欣
红交嘴雀	LC	LC	三有		提及	孙悦华
金额丝雀	LC	LC			提及	杜波
藏黄雀	LC	NT			提及	杜波
鹀类						卢欣
凤头鹀	LC	LC	三有		提及	史红全
蓝鹀	LC	LC	三有		简写	卢欣
白头鹀	LC	LC	三有		提及	卢欣
淡灰眉岩鹀	LC	LC	三有		提及	卢欣
灰眉岩鹀	LC	LC	三有		简写	杜波
三道眉草鹀	LC	LC	三有		提及	史红全
白顶鹀	LC				提及	卢欣
栗耳鹀	LC	LC	三有		提及	史红全
小鹀	LC	LC	三有		提及	史红全
黄喉鹀	LC	LC	三有		提及	卢欣
藏鹀	NT	VU	三有		详写	卢欣
褐头鹀	LC	LC	三有		提及	卢欣
灰头鹀	LC	LC	三有		提及	卢欣
芦鹀	LC	LC	三有		提及	卢欣

注：受胁等级评估该物种全球或中国的种群状态，前者引用自 *The IUCN Red List of Threatened Species*. Version 2018-1，后者引用自《中国脊椎动物红色名录》（2016）。LC：无危，NT：近危，VU：易危，EN：濒危，CR：极危，RE：区域灭绝，DD：数据缺乏。保护等级指各物种在中国和《濒危野生动植物种国际贸易公约》（CITES）中的保护级别：国Ⅰ、国Ⅱ指该物被列入《国家重点保护野生动物动物名录》的Ⅰ级或Ⅱ级，三有指该物种被列入《国家保护的有益的或有重要经济、科学研究价值的陆生野生动物名录》※；CITES下的Ⅰ、Ⅱ、Ⅲ指被列入CITES附录Ⅰ、附录Ⅱ、附录Ⅲ。

※：由于时代局限，《国家保护的有益的或有重要经济、科学研究价值的陆生野生动物名录》（简称《三有名录》）中的"有益或者有重要经济、科学研究价值"强调了野生动物对人的价值而忽略了物种本身的价值和生态意义，有违现代保护生物学的思想和理念，在2016年新修订的《野生动物保护法》里"三有"改成了"有重要生态、科学、社会价值"。理论上所有的野生动物都具有这些价值，都应该属于"三有名录"，但新的名录尚未出台，《三有名录》依然是重要的野生动物保护执法依据，故本书依然列出了每个鸟种是否为三有保护鸟类。

中文名索引
（前页码为手绘图，后页码为物种描述）

拉丁名索引
（前页码为手绘图，后页码为物种描述）

英文名索引
（前页码为手绘图，后页码为物种描述）

图书在版编目（CIP）数据

中国青藏高原鸟类 / 卢欣主编 . -- 长沙：湖南科学技术出版社，2018.11
（中国野生鸟类）
ISBN 978-7-5357-9992-0

Ⅰ . ①中… Ⅱ . ①卢… Ⅲ . ①青藏高原－鸟类－介绍 Ⅳ . ① Q959.708

中国版本图书馆 CIP 数据核字 (2018) 第 245051 号

ZHONGGUO QINGZANGGAOYUAN NIAOLEI

中国青藏高原鸟类

主　　编：卢　欣
总 策 划：陈沂欢　李　惟
出 版 人：张旭东
策划编辑：曹紫娟　王安梦　乔　琦
责任编辑：刘　竞　林澧波　戴　涛　孙桂均
特约编辑：曹紫娟
地图编辑：程　远　程晓曦　韩守青　苏倩文
制图单位：湖南地图出版社
插画编辑：翁　哲
图片编辑：张宏翼
流程编辑：刘　微　李文瑶
装帧设计：王喜华　何　睦
责任印制：焦文献
出版发行：湖南科学技术出版社
社　　址：长沙市湘雅路 276 号
　　　　　http://www.hnstp.com
湖南科学技术出版社天猫旗舰店网址：
　　　　　http://hnkjcbs.tmall.com
邮购联系：本社直销科 0731-84375808
印　　刷：北京中科印刷有限公司
制　　版：北京美光制版有限公司
版　　次：2018 年 11 月第 1 版
印　　次：2018 年 11 月第 1 次印刷
开　　本：635mm×965mm　1/8
印　　张：106
字　　数：2074 千字
审 图 号：GS（2018）6013 号
书　　号：ISBN 978-7-5357-9992-0
定　　价：800.00 元